兽药注册的国际技术要求

SHOUYAO ZHUCE DE
GUOJI JISHU YAOQIU

VICH指导委员会　编著
顾进华　梁先明　曲鸿飞　主译

中国农业出版社
北　京

图书在版编目（CIP）数据

兽药注册的国际技术要求：汉英对照 / VICH指导委员会编著；顾进华，梁先明，曲鸿飞主译. —北京：中国农业出版社，2020.4

ISBN 978-7-109-25450-3

Ⅰ.①兽… Ⅱ.①V… ②顾… ③梁… ④曲… Ⅲ.①兽用药-注册-国际标准-汉、英 Ⅳ.①S859.79-65

中国版本图书馆CIP数据核字（2019）第147228号

中国农业出版社出版
地址：北京市朝阳区麦子店街18号楼
邮编：100125
责任编辑：张艳晶
版式设计：杨 婧　　责任校对：巴洪菊
印刷：中农印务有限公司
版次：2020年4月第1版
印次：2020年4月北京第1次印刷
发行：新华书店北京发行所
开本：880mm×1230mm 1/16
印张：54.25
字数：1650千字
定价：480.00元

本书译者

主译： 顾进华　梁先明　曲鸿飞

主审： 沈建忠

译校者（按姓氏笔画排序）：

丁佩佩　于丽娜　马秋冉　王　芳　王庆华　王忠田
王学伟　王德丽　王鹤佳　邓　艳　曲鸿飞　刘　旭
刘自扬　刘艳华　安　肖　孙　梦　孙　雷　孙丰云
阳世勇　苏富琴　杨　星　杨大伟　肖　璐　汪　霞
张　璐　张玉洁　林德贵　赵　耘　娄瑞涵　顾进华
徐　倩　徐　琳　郭海燕　黄耀凌　梁先明　董义春
董玲玲　韩娇娇　滕　颖　薛文志　戴　青

项目指导： 才学鹏　徐肖君

序

进入 21 世纪，世界经济一体化加快推进，以和平、发展、合作、共赢为主题的新时代已经开启。2017 年 6 月，我国正式成为“国际人用药品注册技术协调会（ICH）”成员，中国医药产业将置身于全球格局中参与竞争，中国药品监管机构、制药行业和研发机构，将逐步转化和实施国际最高技术标准和指南，并参与规则制定，推动国际创新药品早日进入中国市场。

中国农业与世界农业高度关联，中国兽药与国际市场融合发展。1949 年以来，我国研究成功的“猪瘟兔化弱毒株”为欧美等国家消灭猪瘟做出了重要贡献，禽流感疫苗在东南亚国家拥有良好的口碑。虽然我国目前还不是“兽药注册技术要求国际协调会（VICH）”成员，但在国际交往中已经得到 VICH 的高度关注，随着中国兽药产业的快速发展，新兽药注册和管理的国际化趋势会越来越明显。

《兽药注册的国际技术要求》是具有重要国际影响力的新兽药注册管理的协调指导原则，翻译出版《兽药注册的国际技术要求》，对于有效提升我国兽药产业创新能力和国际竞争力，促进我国兽药走向国际具有重要意义。

衷心希望该书的出版，能进一步推动我国兽药科技创新，提高我国兽药研发和生产水平，为培养国际型人才、开拓国际视野、培植跨国企业发挥积极作用。

中国兽医药品监察所 所长 [signature]

2019 年 1 月

前言

1990 年，欧洲共同体（简称欧共体，欧盟前身）、美国、日本三方政府兽药注册部门和兽药生产研发部门协商成立“兽药注册技术要求国际协调会（VICH）”，2015 年，VICH 由一个封闭的国际会议机制转变成为在瑞士民法下注册的技术性非政府国际组织。

VICH 通过协商对话使三方对兽药注册的技术要求取得共识，制定出质量、安全性和有效性兼具的技术文件《兽药注册的国际技术要求》［Veterinary International Conference on Harmonization（VICH）Guidance Documents］，简称“VICH 指导原则”。经过二十多年的发展，VICH 发布的技术指导原则已经被全球主要国家兽药监管机构接受和转化，成为兽药注册领域的核心国际规则制定机制。VICH 指导原则对于促进兽药国际贸易、缩短新兽药审批时间、降低新兽药研发成本具有重要意义。

我国新兽药研发势头强劲，兽药产能可观，兽药“走出去”势在必行。为了学习和借鉴国际兽药先进的评审经验，促进我国新兽药开发及管理，提高国际竞争力，中国兽医药品监察所（农业农村部兽药评审中心）接受中国农业出版社的委托，在多年研究 VICH 有关技术文件的基础上，于 2018 年 1 月精心组织国际合作处、化药审评处、生药审评处、化学药品检测室、安全评价室的 20 余位专业技术人员开展翻译、核校工作。同时，勃林格殷格翰动物保健有限公司法规事务部的技术人员应中国农业出版社邀请参与了部分翻译、核校工作。

为了使读者全面掌握VICH的动态和最新观念，全书按照现行版VICH指导原则，将化学药品质量、安全、效力，生物制品质量、安全，以及药物警戒重点内容翻译成中文，按中英文对照的方式出版，并附中英文术语对照表、缩略词表。

本书的翻译出版，得益于勃林格殷格翰动物保健有限公司与VICH秘书处联络，获得中文版的翻译出版授权，并提供支持。特此向勃林格殷格翰动物保健有限公司、VICH秘书处表示感谢。

本书可作为新兽药开发研究、临床研究、申报注册、教学、检验及兽药评审管理等与兽药上市许可和兽药进出口相关人员的重要参考书。

由于译者水平有限，书中难免存在疏漏、不足甚至错误之处，恳请广大读者批评指正。

2018年7月9日

目录　Contents

Contents

Contents

兽药注册的国际技术要求

SHOUYAO ZHUCE DE GUOJI JISHU YAOQIU

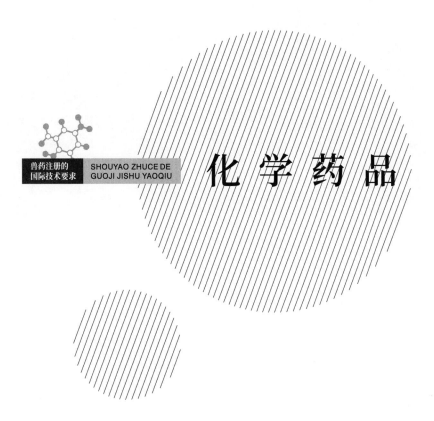

化学药品

质量

质量标准

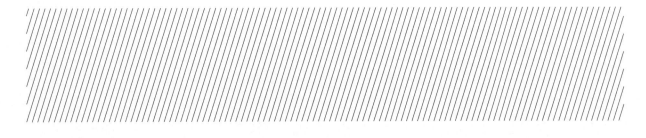

GL39 新兽药原料及制剂的检测方法和标准：化学物质

VICH GL39 （质量）
2005 年 11 月
第七阶段施行

新兽药原料及制剂的检测方法和标准：化学物质

2005 年 11 月
在 VICH 进程第七阶段
由 VICH 指导委员会推荐采用
2006 年 11 月实施

本指导原则由相应的 VICH 专家工作组制定，并已通过 VICH 各部门协商。在进程的第七阶段，最终文稿被推荐给欧盟、日本和美国的管理机构采用。

1 前言

1.1 指导原则的目的

本指导原则旨在尽可能建立起一套全球性的新兽药原料及制剂的质量标准。它为化学合成的新原料药及其制剂检测方法的选择、检测限度的制定和验证提供了指导，这些新药尚未在美国、欧盟、日本注册。

1.2 背景

质量标准由一系列检测项目、分析方法和认可限度组成，认可限度以限度值、范围或其他描述来表示。质量标准建立了一套新原料药和／或制剂都必须遵循的、与其用途相适应的认可标准。“符合标准”是指原料药和制剂按照给定的方法检测，结果符合认可限度。质量标准是重要的质量指标，它由生产商提出和验证，由管理机构批准并作为批准产品的依据。质量标准是确保原料药与制剂质量和一致性的质量控制体系的一部分。质量控制体系的其他部分包括制定质量标准所依据的开发期间获得的全部产品性质，GMP的执行，如合适的设备、已验证的生产工艺、已验证的检测方法、原材料的检验、生产过程中的检验、稳定性试验等。

质量标准是用来进一步确认原料药和制剂的质量，而不是确立所有产品性质。故在质量标准中应重点设立能反映药物安全、有效性的检测项目。

1.3 指导原则的范围

新兽药原料及制剂的质量是由其设计、开发、生产过程的控制，GMP控制和生产工艺的验证以及开发和生产中执行的质量标准所决定的。本指导原则所阐述的质量标准，包含检验项目、分析方法及认可限度，对保证新兽药原料及制剂放行和有效期的质量起到重要作用。质量标准是质量保证体系的重要组成部分，但不是唯一的内容。上述所列举的各部分对确保持续生产高质量的原料药及制剂都是必不可少的。

本指导原则只适用于申请上市的新药制剂（包括复方制剂）或原料药，不涵盖临床研究阶段的药物。本指导原则可适用于合成及半合成抗生素和低分子合成肽，尚不适合用于高分子肽、多肽、生物／生物技术制品。VICH指导原则质量标准“生物／生物技术制品的检验方法和认可限度”阐述了对生物／生物技术制品的标准、检测项目和方法。本指导原则不涵盖放射药物、发酵制品、寡聚核苷酸、草药和来源于动植物的粗制品。

本指导原则阐述了所有的新原料药和制剂都应建立的认可标准，即常规的认可标准；也阐述了对某些原料药和／或剂型的专门标准，但它不包罗万象。新的分析技术在不断发展，现有技术在不断改进，这些新技术经验证后应予以采用。

本指导原则中所述的剂型包括固体口服制剂、液体口服制剂和非肠道用制剂（大、小容积）。这并不意味着只有这些剂型，也并不限制指导原则对其他剂型的适用性。指导原则中所提及的剂型可作为例子，这些例子可用于其他未讨论到的剂型。对于其他剂型，如局部用药制剂（浇泼剂、滴剂、乳膏、软膏、凝胶剂），也鼓励应用本指导原则中的概念。

2 一般概念

下列概念对起草和制定协调性质量标准非常重要，虽然它们不普遍适用，但在特定的情况下应逐项进行考虑。本指导原则对每一个概念进行了简洁的定义，并指出其应用条件。通常情况下，建议申报者在实施这些概念前进行验证并获得有关管理机构批准。

2.1 定期检验

定期检验是指投放市场前对预选批数和／或在预定时间间隔进行的特定检验，并非逐批检验。实施定期检验的前提是要求未测定的批次仍符合这一产品所有的认可标准。这表明试验次数少于整个试验计划，因而在执行前需经验证并报有关机构批准。比如，这一概念可应用于固体口服制剂的残留溶剂和微生物检查等项目时，通常申报上市可能只有有限的数据（见2.5）。因此，本概念通常在上市后才能实施。定期检验结果如有不符合认可标准的情况，应通报有关管理机构，如果这些试验结果证明需恢复常规检测，则需进行逐批释放检验。

2.2 放行与有效期标准限度比较

对于药物制剂，放行与有效期标准限度可以不同，通常放行标准限度严格于有效期标准限度，如对含量和杂质（降解产物）的限度要求。在日本和美国，这一概念只用于内控标准，而不是法定放行标准。因此，在这些地区，法定的认可标准从出厂到有效期均相同。但申报者可选用更严格的内控标准作为放行依据，以确保产品在有效期仍符合法定的认可标准。在欧盟，当放行和有效期标准不同时，管理机构要求提供各自的标准。

2.3 过程检测

本指导原则中所述的"过程检测"是指在原料药和制剂生产过程中进行的检验，而不属于出厂前正式批检验。

某些生产过程中的检验，仅仅是为了在某一操作范围内调节工艺参数，如包衣前片芯的硬度和脆碎度及片重。质量标准规范中一般不包括这些检验项目。

某些生产过程中的检验项目，如其接受限度与放行要求一致或更严格（如溶液的pH）。当这些检验项目收载于质量标准中时，可能会更充分地满足质量标准的要求。在这种情况下，应验证检验结果或产品的各项特性从生产阶段到成品均不改变。

2.4 设计和开发应考虑的问题

在新原料药和制剂开发中积累的经验和数据是制定质量标准的基础。在此基础上可考虑删除检验项目或采用替代检验项目。举例如下：

- 原料药和固体制剂的微生物检查，在开发研究中表明其有抑制微生物存活或生长的作用（见决策树6和决策树8）。
- 药品容器的渗出物已被反复证明在药物制剂中未发现渗出物或其量在可接受的安全性标准之内。
- 粒度检查也属于这个范畴，根据产品性能可在生产过程中检验或在出厂时检验。
- 对于由高溶解性原料药制成的快速释放的固体口服制剂，如果在开发研究中已证明其有稳定的快速释放特性，其溶出度试验可用崩解试验来代替，见决策树7（1）～7（2）。

2.5 有限的申报数据

在申报时，由于仅有有限的数据，所以，会影响可接受限度的制定。因此，在原料药或制剂的生产中获得新的经验时，有必要提出修订可接受限度（如某一特定杂质的认可限度）。申报时接受限度必须基于安全性和有效性的基础上制定。

当申报只获得有限的数据时，有必要随着更多资料的获得对最初获批准的检验项目和接受限度重新审核，必要时可以降低或提高接受限度。

2.6 参数放行

在某些情况下，经管理机构批准后，对制剂来说，参数放行可替代常规的放行检验。终端灭菌制剂的无菌检查就是1例。在此情况下，每个批次的放行取决于对特定参数监测结果的满意度，即制剂生产最终灭菌阶段的温度、压力和时间。这些参数通常可以被更精确地控制和测定。因此，在判断无菌结果时，它们比最终成品的无菌检查结果更可靠。在参数放行的方案中，可包括适当的实验室检测（如化学或物理指示方法）。值得注意的是，在提出参数放行前，灭菌工艺应经过充分验证，并定期进行再验证，以表明其始终保持在有效的状态。在进行参数放行时，仍应在质量标准中制定未直接控制的项目（如无菌）及与其相关的检验方法。

2.7 可替代的方法

可替代的方法是指在检测某个项目时，与法定的方法相比，在控制原料药或制剂质量的程度上相当或更优越。

2.8 药典方法和认可限度

某些方法在每个地区的药典中都有收载，只要适用，都应使用药典方法。如果不同地区的药典方法和/或认可限度存在差异，只要所在地区的管理机构能接受协调后的方法和认可限度，就可采用协调后的质量标准。

本指导原则的充分实施，取决于是否能对新原料药或制剂质量标准中涉及的一些常规项目的药典分析方法完成协调。欧洲药典、日本药局方和美国药典的药典讨论组（PDG）已承诺尽快统一这些分析方法。

一旦取得协调，就可以在3个地区的质量标准中采用统一的方法和认可限度。例如，达成协调后，使用日本药典方法得到的无菌数据以及它的方法和认可限度在这3个地区注册时，均认为是可以接受的。为体现这些方法的协调，三国药典已同意在有关章节中附加说明：来自三国药典这些项目的分析方法和认可限度是等效的，因此，可互相替换。

鉴于本指导原则的总体价值与药典的分析方法和认可限度的协调程度有关，三国药典任何一方均不得擅自修改已协调的各论。按照药典讨论组对已经协调的各论和章节的修改程序，“任何药典在批准和出版后均不得擅自修改任何各论和章节”。

2.9 技术进展

新的分析技术在不断出现，现有技术在不断改进，当认为这些新技术能提供更进一步的质量保证或经过证明其合理性，就应予以采用。

2.10 原料药对制剂质量标准的影响

通常，原料药中已控制的仅和原料药质量相关的检验项目在药物制剂中不必重复。如，在制剂中不必检查已在原料药中控制过的不属于降解产物的工艺杂质。在VICH“新兽药制剂杂质”指导原则中有详细说明。

2.11 对照品

对照品或参比物质系指在含量测定、鉴别、纯度检查中作为标准品的物质。它应具有与其用途相适应的质量要求，常通过增加常规检测以外的方法来检验和评价。用于新原料药含量测定的对照品，其杂质应严格地鉴定和控制，其纯度应用定量的方法测定。

3 指导原则

3.1 质量标准：定义和验证

3.1.1 质量标准的定义

质量标准由一系列的检验项目、检验方法和认可限度组成，这些认可限度以限度值、范围或其他描述来表示。它建立了一套新原料药和制剂都必须遵循的、与其用途相适应的认可标准。“符合标准”是指原料药和制剂按照给定的方法检验，结果符合所建立的认可限度。质量标准是重要的质量指标，它由生产商提出和验证，由管理机构批准并作为批准产品的依据。

除了放行检验外，质量标准中可能还列出了生产过程中的检验项目（见2.3）、定期检验和其他不必每批必检的检验。在这种情况下，申报者应申明哪些检验项目是每批必检的，哪些检验项目不必每批必检，并对实际的检验频次进行验证和说明。不是批批检的情况下，应保证原料药或制剂一旦被检验，其结果应符合认可限度。

应注意，如要修订已经批准的质量标准，应事先获得管理机构批准。

3.1.2 质量标准的验证

首次提出的质量标准应对每一个检验方法和每一个认可限度进行验证。验证包括有关的研究开发数据，药典标准，用于毒理、残留（如有必要）和临床研究的原料药及制剂的检测数据、加速试验和长期稳定性研究的结果；另外，还应考虑分析方法和生产可能波动的合理范围。全盘考虑是非常重要的。

指导原则中未提及的一些其他方法也可以使用和接受。如用其他替代的方法，申报者应验证其合理性。验证应以新原料药的合成和制剂生产过程中获得的数据为基础。对某一给定方法或认可限度的验证，可以考虑理论偏差，但应由所得的实际结果来决定使用哪种方法。

制定和验证质量标准时，应考虑稳定性批次和生产规模放大验证批次的检验结果，特别是初步稳定性试验批次的结果。如果计划有多个生产场所，在初步建立检验项目和认可限度时，应充分考虑所有这些场所获得的数据，尤其是在任一场所所得到的原料药和制剂的生产经验有限时。如果根据一个有代表性场所的数据来制定检验项目和认可限度，那么其他各个生产场所生产出来的产品均应符合该标准。

以图表形式呈报试验结果有助于合理评价各项目的认可限度，尤其是对于含量和杂质检测。呈报的试验结果中应包括研究开发阶段的数据，还应包括采用拟上市工艺生产的新原料药或新药制剂获得的稳定性数据。如欲删除质量标准中的检验项目，应以开发研究中的数据和工艺验证的数据为基础。

3.2 常规检测项目/限度

实施以下各节推荐的内容时，应考虑VICH指导原则“分析方法验证：定义和术语”及“分析方法验证：方法学”。

3.2.1 新原料药

通常，以下检验项目和认可限度适用于所有新原料药。

a）性状：对新原料药状态（如固体、液体）和颜色的定性描述。若任何一种性质在贮藏时发生变化，应进行调查，并采取相应措施。

b）鉴别：理想的鉴别试验应能很好地区分可能存在的结构相似的化合物。鉴别试验对原料药应具专属性，如红外光谱（IR）。仅以1个色谱保留时间作为鉴别是不具专属性的，但用2种具不同分离原理的色谱方法或用1种色谱方法与其他试验结合，如HPLC/UV二极管阵列、HPLC/MS或GC/MS通常是可接受的。如果新原料药是盐，对每个离子应有专属的鉴别，还应有1个对盐的专属的鉴别试验。

具光学活性的新原料药，也需进行专属性鉴别或进行手性含量测定。进一步的讨论参见3.3.1（d）。

c）含量测定：应选专属性强、能反映产品稳定性能的方法测定新原料药含量。在许多情况下可能使用同样方法（如HPLC）测定新原料药含量和杂质量。

如果认为含量测定采用非专属的方法是可行的，则应该用另一种分析方法来补充完善其专属性。若新原料药用滴定法测定含量，应同时选用适当的方法测定杂质。

d）杂质：杂质包括有机、无机杂质和残留溶剂，参考VICH指导原则“新兽药原料中的杂质、新兽药制剂中的杂质、残留溶剂”。

决策树1阐述了如何从开发研究所得到的数据群中推测杂质的合理限度。在申报时，不可能有足够的数据来评估工艺的一致性，因此，紧紧围绕申报时获得的数据来制定认可限度是不适当的（参见2.5）。

3.2.2 新药制剂

以下检验项目和认可限度一般适用于所有新药制剂：

a）性状：应对剂型进行定性描述（如大小、形状、颜色），如果在生产或贮藏中任何一项发生变化，应进行调查，并采取相应的措施。认可限度应包括对最终可接受外观的描述。如果在贮存中颜色发生变化，可考虑进行定量分析。

b）鉴别：制剂的鉴别一般指其所含的新原料药的鉴别试验，该试验能区别可能存在的结构相近的化合物。鉴别试验对该原料药应具专属性，如红外光谱。仅以1个色谱保留时间作为鉴别是不具专属性的，但用2种具不同分离原理的色谱方法或用1种色谱方法与其他试验结合，如HPLC/UV二极管阵列、

HPLC/MS或GC/MS通常是可接受的。质量标准中的鉴别项在稳定性研究中无需进行，除非该鉴别项具有稳定性指示作用。

c）含量测定：所有新制剂的含量测定要用专属性强、能反映产品稳定性的方法。在许多情况下，含量测定和杂质检查可以用同一种方法（如HPLC）。如果含量均匀度的方法也适用于含量测定，新药制剂含量均匀度的结果可用于制剂含量的测定。

如果认为含量测定采用非专属性的方法是可行的，则应该用另一种分析方法来补充加强其专属性。若新制剂在放行时用滴定法测定含量，应同时选用适当的方法测定杂质。当证明用非专属性方法进行含量测定时辅料有干扰，则要采用专属性的方法。

d）杂质：杂质包括有机杂质、无机杂质（降解产物）和残留溶剂。详见VICH指导原则“新药制剂杂质和残留溶剂”。

新原料药降解产生的有机杂质和该制剂在生产过程中产生的杂质均应在新药制剂中检测。应对单个的特定降解产物（包括已知的和未知的）及总的降解产物的限度进行规定。新原料药合成中生成的杂质（工艺杂质）通常在原料的检验中已控制，因此，不包括在制剂总杂质限度中。但当工艺杂质同时也是降解产物时，应监测其量并列入到总降解产物的限度中。当通过适当的分析方法学，以大量有意义的数据证明，原料药在指定处方中、指定贮藏条件下不降解，经管理机构批准可减免对降解产物的测定。

决策树2阐述如何从开发研究的数据群中推测降解产物的合理限度。在申报时，不可能有足够的数据来评估工艺的一致性，因此，紧紧围绕申报时获得的数据来制定认可限度是不适当的（参见2.5）。

3.3 专属性检测项目/限度

除上述常规检测外，可根据各原料药或制剂的具体情况考虑以下检验项目。当其中某个检验项目对原料药和制剂批间质量控制有影响时，质量标准中应包括该项检验及限度要求。在特殊情况或获得新的信息时，可能还需进行下列检验项目以外的其他检验。

3.3.1 新原料药

a）物理化学性质：如水溶液的pH、熔点/熔距、折光系数。测定这些性质的方法通常独特，又无需过多解释，如毛细管测熔点，阿贝折射仪测折光。这类检验项目的设立取决于新原料药的物理性质及其预期用途。

b）粒度：对一些要制成固体制剂或混悬制剂的新原料药，粒度大小可能会显著影响溶出速率、生物利用度、可能的残留损耗和/或稳定性。在这种情况下应用适当方法测定粒度及粒度分布，并建立认可限度。

决策树3提供了在何种情况下需考虑粒度大小的附加指导。

c）多晶型：有些新原料药以不同晶型存在，晶型不同物理性质不同。多晶型也可能包括溶剂化物或水合物（也称为假多晶型物）和无定型物。有些情况下，晶型不同可能影响新药制剂的质量或功效。如果已证明存在不同晶型且不同晶型会影响制剂的功效、生物利用度、可能的残留损耗或稳定性，就应规定合适的晶型。

物理化学测试和技术常用于测定是否存在多种形态，这些方法列举如下：熔点（包括热层显微镜）、固体形态的红外光谱、粉末X-衍射、热分析法［差热扫描（DSC）、热重分析（TGA）和差热分析（DTA）］、拉曼光谱、光学显微镜、固态核磁共振光谱（NMR）。

决策树4（1）～（3）对何时和如何监测和控制多晶型提供了附加的指导。

注意：应按这些决策树的顺序来判断。决策树1和决策树2考虑原料药是否存在多晶型及不同晶型对药物制剂是否有影响。决策树3只用于已确证原料药具多晶型且表明晶型不同会影响制剂特性。决策树3考虑在制剂中多晶型的潜在变化以及这种变化是否影响其性能。

测定制剂中多晶型的变化，在技术上通常很困难，一般可用替代方法（如溶出度）［见决策树4（3）］

来监测产品性能。在无其他替代办法的情况下，才需将多晶型的含量测定作为1个检验项目。

d）手性新原料药检验：如果1个新原料药中主要含1个对映异构体，由于另一个对映体很难定量，在"新原料药中的杂质"和"新兽药制剂中的杂质"这2个VICH指导原则中都没有给出手性杂质的鉴定限度和质控限度。但是，应根据这些指导原则中所确定的原则，对手性新原料药及其制剂中的这些手性杂质进行研究。

根据以下概念，决策树5总结了何时或是否需要对新原料药和新药制剂进行手性鉴别试验、手性杂质检查和手性含量测定。

原料药： 杂质。对于被开发为单一对映体的手性原料药，需要像控制其他杂质一样对另一对映体进行控制。然而，由于技术上的局限性，可能不能采用相同的鉴别或质控限度。经验证，也可以通过对原材料及中间体进行适当的检验来进行控制。

含量测定： 质量标准中应包含光学特异性的含量测定方法。为此，可以采用手性含量测定方法或把非手性含量测定与控制对映体杂质结合起来的方法。

鉴别： 当原料药为单一对映异构体时，其鉴别试验应能区分2种对映体和其外消旋体混合物。对于外消旋体的原料药，通常在下列2种情况下，其放行／注册检验中需要进行立体特异性鉴别试验：(1) 外消旋体被对映体取代的可能性极大；(2) 有证据显示所选择的结晶工艺可能产生不需要的非消旋体混合物。

制剂： 降解产物。有必要控制制剂中的另一对映体，除非已证明在制剂的生产和贮存中外消旋化微乎其微。

含量测定： 如已证明制剂的生产和贮存中外消旋化微乎其微，采用非手性含量测定方法进行含量测定即可。否则，应采用手性含量测定方法，或者可以采用非手性含量测定方法并结合采用经验证的可控制另一对映体含量的方法。

鉴别： 在制剂的放行标准中通常不必列入立体特异性鉴别试验。如果制剂在生产和贮存中外消旋化微乎其微，则立体特异性鉴别试验更适合列入原料药的标准中。如果制剂中会发生外消旋化，可通过制剂的手性含量测定或对映体的杂质检查来确证其手性。

e）水分：若已知新原料药易吸湿或吸湿后降解，或原料药含结晶水，则此项检查是重要的。可以根据结合水的多少或吸湿的数据来确定认可限度。某些情况下，可以采用干燥失重测定水分，但是应首选专属性好的测定方法（如费休氏法）。

f）无机杂质：在开发阶段就应根据生产工艺考虑是否需要制定对无机杂质（如催化剂）的检测。硫酸盐灰分／炽灼残渣的检测方法和认可限度应参照药典要求。其他无机杂质可用其他合适的方法来测定，如原子吸收光谱。

g）微生物限度：有可能需要规定需氧菌总数、酵母和霉菌总数和不得检出的特定致病菌（如金黄色葡萄球菌、大肠杆菌、沙门氏菌、铜绿假单胞菌），这些都应用药典方法测定。应根据原料药性质、生产方式和制剂预期用途确定微生物检查的种类和认可限度。例如，对于无菌原料药应设定无菌检查，对于用于注射剂的原料药，要设定细菌内毒素检查。

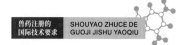

决策树6提供了何时应设定微生物检查的附加指导。

3.3.2　新药制剂

在特定的新药制剂中应增加一些检验项目和限度要求，下面选择性的提供了一些新药制剂需考虑的检验项目和限度要求的典型实例。这些特定的剂型有：固体口服制剂、液体口服制剂和非肠道给药制剂（大容量、小容量）。其他剂型的申报可参照本指导原则。注意：有关含有光学活性原料药的制剂和制剂中的多晶型问题，参见3.3.1。

3.3.2.1　固体口服制剂

下面的检测适用于片剂（素片和包衣片）和硬胶囊，其中某些检测也适用于软胶囊、粉散剂和颗粒剂。

a）溶出度：固体口服制剂的质量标准中通常包括测定原料药从制剂中释放的试验。对普通制剂而言，通常进行单点测定即可。对调释制剂，应建立合适的试验条件和取样方法。例如，对缓释制剂，应采用多时间点取样，对延迟释放制剂，应采用二阶段试验（连续或平行使用不同的释放介质）。有些情况下（参见3.3.2.1.b），溶出度试验可用崩解试验来代替［决策树7（1）］。

对于普通制剂，如果已证明溶出行为会显著影响生物利用度，就应建立合适的溶出试验条件以区分那些生物利用度不好的批次。如果处方和工艺的改变显著影响溶出度，而这些改变又不能用质量标准中的其他项目来控制，也应采用能区分这些变化的溶出试验条件［决策树7（2）］。

如果溶出度显著影响生物利用度，设置的限度要求应能剔除生物利用度不好的批次。换言之，生物利用度合格的批次应在所建立的试验条件下符合认可限度要求［决策树7（2）］。

对于缓释制剂，如果可获得不同释放速率处方的生物利用度数据，则可根据体内/体外相关性来设置认可限度；如果没有这些数据，而且药物释放与体外试验条件显示依赖关系时，则应根据已获得的批次数据来建立认可限度。一般在任何指定的时间点，平均释放速率的允许变化值不得超过标示量的±10%（即总变异为20%：如规定（50±10）%，则可接受的范围是40%～60%），除非生物等效性研究支持一个更宽的范围［决策树7（3）］。

b）崩解：对于在生理范围内属于高溶解性的原料药（在pH1.2～6.8，“剂量”除以“溶解度”所得的容积小于250mL），如其药物制剂能快速溶出（在pH1.2、4.0和6.8条件下，15min内溶出度大于80%，或适宜的特定兽药品种），一般可用崩解试验替代溶出度试验。当崩解与溶出度有很好的相关性或崩解比溶出度检查更具有区分能力时，崩解试验就更为合适。在这种情况下，一般不必进行溶出度试验。对于选择崩解试验还是溶出度试验，建议能提供研究中获得的数据来支持处方和工艺的耐用性［决策树7（1）］。

c）硬度/脆碎度：通常硬度/脆碎度检查作为过程控制（见2.3），这种情况下质量标准中通常不必包括这些项目。如果硬度和脆碎度对制剂质量有重要影响（如咀嚼片），则应在质量标准中制定相应的限度要求。

d）单位剂量均匀度：包括制剂的重量差异和制剂中活性成分的含量均匀度2个概念，均应采用药典方法测定。通常质量标准中只列入其中之一，而不同时包括2项。如合适，这些项目可进行过程检测，然而在质量标准中仍应列入相应控制。对于因超限而不能用重量差异检验均匀度的制剂，采用重量差异检查时，申报者应该在药物开发阶段就证明制剂是足够均匀的。

e）水分：必要时，应进行水分测定。应根据制剂所含结晶水或吸附水的数据确定认可限度。在某些情况下，做干燥失重试验即可，但建议首选专属的水分测定方法（如费休氏法）。

f）微生物限度：微生物限度检查是GMP的特性之一，同时也是一种质量保证手段。一般来说，制剂要进行该项检测，除非其所有原辅料在生产前已检测过，并且已经有效验证在生产过程中，不会再被微生物污染或微生物不会增殖。值得指出的是，本指导原则不直接讨论辅料问题，但这里讨论的原则既适用于新药制剂也适用于辅料。在这两种情况下，如可能，定期检验是一种合适的方法（决策树6）。

应制定需氧菌总数、霉菌和酵母菌总数及不得检出的特定的致病菌（如大肠杆菌、沙门氏菌）的认可限度，这些都应使用药典中合适的方法来检测。应根据经验和已有数据确定生产过程中的抽样频次或时间点。应根据原料药性质、生产方式和制剂的预期用途确定微生物试验类型和认可标准。对口服固体制剂，经科学的验证，可建议免做微生物限度检查。

决策树8为微生物限度检查提供了附加指导。

3.3.2.2　口服液：下述特定检验适用于口服液体制剂和用于配制成口服液体的粉末剂。

a）单位剂量均匀度：这一概念包括制剂的重量差异和制剂中活性成分的含量均匀度，应使用药典方法检测。通常质量标准中只列入其中之一，而不同时包括2项。对于因超限而不能用重量差异检验均匀度的制剂，采用重量差异作检查时，申报者应该在药物开发阶段就证明制剂是足够均匀的。

如合适，这些项目可进行过程检测，但在质量标准中仍应列入相应控制。这一概念适用于单剂量和多剂量包装。

单位剂量是指动物服用的常规剂量。如果动物服用的实际剂量另有规定，那么该剂量可直接测得或计算而得，即将药物的总重量或总体积除以预定的总服药次数。如果包装中包括量具（如药物滴管或滴瓶），则使用时应使用量具量取剂量。否则，应使用标准的量具。使用的量具在开发阶段就应确定。

对于需重新配制的粉末，一般应考虑做重量差异检测。

b）pH：需要时，应提供pH的认可限度以及限度确定依据。

c）微生物限度：微生物限度检查是GMP的特性之一，同时也是一种质量保证的手段。一般来说，制剂要进行该项检测，除非其所用原辅料在生产前已检测过，并且已经有效验证在生产过程中不会再被微生物污染或微生物不会增殖。值得指出的是，本指导原则不直接讨论辅料问题，但这里讨论的原则既适用于新药制剂也适用于辅料。在这两种情况下，如可能定期检验是一种合适的方法。如经科学验证，对制成口服液体的粉末，可提出免除微生物限度检查。

应制定需氧菌总数、霉菌和酵母菌总数及不得检出的特定致病菌（如大肠杆菌、沙门氏菌）的认可限度，这些都应使用药典中合适的方法来检测。生产过程中的抽样频次或时间点应根据相关试验数据和经验来定。

决策树8为微生物限度检查的应用提供了附加指导。

d）防腐剂含量：对需加入防腐剂的口服液体制剂，应制定防腐剂的含量测定及认可限度。认可限度应根据在整个使用期间和有效期能保证制剂微生物限度符合要求的防腐剂含量水平确定。应采用药典中防腐剂抗微生物有效性试验（效价）方法，来确定防腐剂的最低有效抑菌浓度。

通常放行时要进行防腐剂含量测定。在某些情况下，过程检测可代替放行检验。若在生产过程中进行防腐剂含量检测，仍应将其认可限度列入质量标准。

尽管质量标准中通常包括防腐剂的含量测定，但在开发阶段、规模放大阶段和整个有效期（如在稳定性试验中，参见VICH指导原则“新兽药原料及制剂稳定性试验”）都应证明防腐剂的有效性。

e）抗氧剂含量：通常放行时要进行抗氧剂含量测定。在某些情况下，如有开发和稳定性数据的支持，有效期标准中可不再制定抗氧剂的含量测定，抗氧剂含量测定的过程检测可替代放行检验。如生产过程中进行了抗氧剂的含量测定，其限度要求仍应制定在质量标准中。若仅进行放行检验，则无论是生产工艺还是容器／密闭系统发生改变，都应对“仅进行放行检验”进行重新验证。

f）渗出物：一般来说，如果开发和稳定性数据表明容器／密闭系统的渗出物始终低于可接受的安全水平，可取消该检验。如容器／密闭系统或处方改变，则应重新研究。

如果数据证明有必要，对于用非玻璃容器或玻璃容器系统带有非玻璃内衬包装的口服溶液剂，应制定容器／密闭系统组分（如橡胶塞、瓶帽内衬、塑料瓶等）中渗出物的检测和认可限度。应列出容器／密闭系统各个组成，并尽早地在开发阶段就收集这些组成的数据。

g）溶出度：除了上述项目外，对口服混悬剂和配制成混悬剂的干粉制剂来说，必要时（如难溶性原料药）应进行溶出度试验并制定认可限度。放行时应进行溶出度试验。根据制剂开发时的数据，经验证后，该检验可作为生产过程中的检验。如有可能应采用药典收载的试验装置、介质和条件，否则，所采用方法应经过验证。无论采用药典或非药典的溶出度装置和条件，都应经过方法学验证。

对普通制剂，一般考虑单点测定。对调释制剂，则应以适当的间隔、多点取样测定。根据获得的变异范围以及体内生物利用度理想的多批样品的溶出曲线，确定认可限度。在决定采用溶出度检查还是粒度检查时，应充分考虑开发阶段获得的数据。

h）粒度：对口服混悬剂应建立适宜的粒度分布测定方法并制定合理的限度要求。在决定采用溶出度检查还是粒度检查时，应充分考虑开发阶段获得的数据。

放行时应进行粒度分布测定。根据制剂开发时的数据，经验证后，该检查可作为生产过程中的检验。如果在开发阶段已经证明这些产品始终保持快速释放特征，则粒度分布检查可不列入质量标准中。

经过充分验证，粒度分布检查可代替溶出度检查。认可限度应包括粒度分布，即在一定粒度大小范围内的粒子占粒子总数的百分比，并应严格规定粒度的平均值、粒度上限和/或下限。

根据获得的变化范围，并根据在体内生物利用度理想的多批样品的溶出曲线，以及预期的使用目的，建立认可限度。在产品开发阶段，就应考察粒度增大的潜在可能性，在制定认可限度时应将这些研究结果考虑在内。

i）再分散性：对在贮藏时要沉降（产生沉淀）的口服混悬剂，应制定再分散性的认可限度。振摇也许是一个可行的检验方法。

应注明分散方法（机器或手动），并明确规定用指定的方法达到混悬状态所需时间。根据产品开发阶段所积累的数据，可以提出进行定期抽验还是从质量标准中删除此项检查。

j）流体学特性：对相对黏稠的溶液或混悬液，可能有必要在质量标准中制定流体学特性（黏性/比重）检验。应说明具体的检验方法和认可限度。根据产品开发阶段所积累的数据，可以提出进行定期抽验还是从质量标准中删除此项检查。

k）重新溶解时间：对需要进行重新溶解的干粉制剂，应制定重新溶解时间的认可限度。稀释剂的选择应经过验证。根据产品开发阶段所积累的数据，可以提出进行定期抽验还是从质量标准中删除此项检查。

l）水分：对需要重新配制的口服制剂，必要时建议进行水分测定，并制定合理限度。如果在制剂开发阶段，已明晰吸附水与结晶水之间的影响关系，则一般进行干燥失重试验就足够了。在某些情况下，适合采用专属性更强的方法（如费休氏法）。

3.3.2.3　非肠道给药制剂：下面的检测可适用于非肠道给药制剂。

a）单位剂量均匀度：这一概念包括制剂的重量差异和制剂中活性成分含量均匀度，应采用药典方法进行测定。通常质量标准中只列入其中之一而不是两者均涵盖。对需重新溶解配制的粉末也是如此考虑。对于因超限而不能用重量差异检验均匀度的制剂，采用重量差异作检查时，申报者应该在药物开发阶段就证明制剂是足够均匀的。

如有必要（见2.3），这些检验可在生产过程中进行，但仍应在质量标准中制定相应限度要求。该检验适用于单剂量和多剂量包装的制剂。

对需重新溶解配制的粉末，一般进行重量差异试验。

b）pH：必要时，应建立pH的认可限度并提供限度确定依据。

c）无菌：所有的非肠道给药制剂都应进行无菌检查，建立检验方法和限度要求。如果在开发和验证阶段所积累的数据证明参数放行是可行的，可将参数放行应用于终端灭菌制剂（见2.6）。

d）细菌内毒素/热原：应在质量标准中规定细菌内毒素检验方法和认可限度，如鲎试剂试验。经验证，热原试验可替代细菌内毒素试验。

e）不溶性微粒：非肠道给药制剂必须制定不溶性微粒的限度要求。这通常包括可见微粒和/或溶液澄清度以及在显微镜下可见的微粒。

f）水分：对非水溶液的肠道外给药制剂和需重新溶解配制的肠道制剂，必要时应制定水分检验，列明检测方法和限度要求。如果在制剂开发阶段，已充分认识到吸附水与结晶水之间的影响关系，则一般进行干燥失重试验就足够了。某些情况下，宜采用专属性更强的方法（如费休氏法）。

g）防腐剂含量：对需加入防腐剂的非肠道给药制剂而言，应制定防腐剂的含量限度要求。含量限度需根据在整个使用期间和有效期能保证制剂微生物质量合格的防腐剂水平确定。应采用药典中防腐剂抗微生物有效性试验（效价）的方法，来确定防腐剂的最低有效抑菌浓度。

通常在放行检测时要进行防腐剂含量测定。在某些情况下，如经允许，生产过程中的检测可以替代放行检测。若防腐剂含量在生产过程中进行检测，其限度要求仍应列入质量标准。

尽管质量标准中通常包括防腐剂的含量测定，但在开发阶段、规模放大阶段和整个有效期（如在稳定性试验中，参见VICH指导原则“新兽药原料及制剂稳定性试验”）都应证明防腐剂的有效性。

h）抗氧剂含量：通常放行检验时要进行抗氧剂的含量测定。某些情况下，如有开发和稳定性数据的支持，在进行了过程检测以及放行检测的前提下，有效期标准中可不再制定抗氧剂的含量测定。如生产过程中进行了抗氧剂的含量测定，其限度要求仍应制定在质量标准中。若仅进行放行检验，则无论是生产工艺还是容器／密闭系统发生改变，都应对“仅进行放行检验”进行重新验证。

i）渗出物：对非肠道给药制剂来说，控制容器／密闭系统的渗出物含量比口服液体制剂更重要。如果开发和稳定性数据表明渗出物含量始终低于可接受的安全水平，则可删除该检测。如容器／密闭系统或处方发生改变，则应重新验证该检测是否可删除。

必要时，应对采用非玻璃容器包装或玻璃容器包装带有橡胶密封塞的非肠道给药制剂进行渗出物的测定，并制定相应的限度要求。若结合开发阶段获得的数据进行了验证，可仅在放行时进行该项检测。应列出容器／密闭系统的各组成部分（如橡皮塞），并尽可能早地在开发阶段就收集这些部分的信息。

j）给药系统的功能性试验：对于包装在预填充注射器、自动注射盒或相当的容器中的非肠道给药制剂，应设定与给药系统功能性相关的检测项目和限度要求。这可能包括可注射性、压力、密封性（泄漏）和／或一些参数，如滴帽移动力、活塞释放力、活塞移动力、动力注射器作用力。在某些情况下，这些项目可以在生产过程中进行检测。在产品开发期间所积累的数据可以支持是仅进行定期抽验，或是从质量标准中删除部分或全部测试项目。

k）渗透压：当在标签上注明制剂的张力时，应对其渗透压进行适当的控制。开发和验证阶段积累的数据可支持该项控制是在生产过程中进行检测，还是进行定期抽验或直接计算。

l）粒度分布：对注射用混悬剂，可能有必要建立粒度分布检查方法及限度要求。应结合开发阶段获得的数据，确定究竟是采用溶出度检查还是粒度分布检查。

应在放行检验时进行粒度分布测定。根据制剂开发时的数据，经验证后，该检测可作为生产过程中的检测。如果在开发阶段已经证明这些产品始终具有快速释放特征，则质量标准中可不列入粒度分布测定。

当开发研究证明粒度是影响溶出的主要因素时，经过验证后，粒度分布检测可代替溶出度检测。认可限度应包括粒度分布，即在给定的粒度范围内的粒子数占粒子总数的百分比，并应严格规定粒度的平均值、粒度上限和（或）下限。

根据获得的变化范围，并根据在体内生物利用度理想的多批样品的溶出曲线，以及预期的使用目的，建立认可限度。在产品开发阶段，应研究粒度增大的潜在可能性，在制定认可限度时应将这些研究结果均考虑在内。

m）再分散性：对在贮藏时要沉降（产生沉淀）的注射用混悬剂，应制定再分散性限度要求。振摇可能是一个可行的检测方法。应注明分散方法（机器或手动），并明确规定用指定的方法达到混悬状态所用的时间。根据产品开发阶段所积累的数据可能能够支持是进行定期抽检或从质量标准中删除此项检测。

n）重新溶解时间：对需要重新溶解配制的所有非肠道制剂，应制定重新溶解时间的限度要求。选择的稀释剂应经验证。对于快速溶解制剂，在产品开发阶段和工艺验证中所积累的数据可能能够支持是进行定期抽验或是从质量标准中删除此项检查。

4 术语

下面这些定义适用于本指导原则。

认可限度： 对于分析结果可以接受的数值限度、范围或其他合适的测定值。

手性： 不与它的镜像重叠的一些物体，如分子、构型和宏观物体（如结晶）。本术语已延伸到那些即使宏观上是外消旋、但分子呈现手性的物质。

复方制剂： 含有1种以上原料药的制剂。

降解产物： 药物分子长时间放置和\或受光、温度、pH、水的作用或与辅料和/或直接接触容器/密闭系统反应，发生化学变化而产生的分子称为降解产物，也称为分解产物。

延迟释放： 口服给药后，药物在一定时间后才释放，而不是立即释放。

对映异构体： 与原料药有相同的分子式，在分子内部原子的空间排列不同，并且不与其镜像重叠的化合物。

缓慢释放： 某种制剂，由于处方设计，在服用后，能使药物在一段时间内缓慢释放。

高溶解性药物： 在pH1.2～6.8的范围内，“剂量”除以“溶解度”所得的容积少于或等于250mL的药物［如化合物A，在（37±0.5）℃条件下、pH6.8时具有最低溶解度为1.0mg/mL，规格为100mg、200mg和400mg。因为它的“剂量”除以“溶解度”所得的容积大于250mL（400mg/1.0mg/mL=400mL］，该药物被认为是低溶解性药物。

普通释放： 药物在胃肠道中溶出，而不是延迟或延长其溶出或吸收。

杂质： ①原料药中所含有的不是原料药实体的任何成分；②制剂中含有的不是活性成分或辅料的任何成分。

已知杂质： 已确定结构的杂质。

过程检测： 在原料药或制剂的生产过程中进行的检测，而不是常规放行检测中的一部分。

调释释放： 某种剂型通过选择释药时间和/或位置以达到治疗和方便用药的目的，这是常规剂型，如溶液剂或普通释放剂型所不能做到的。固体口服调释释放制剂包括延迟释放和缓慢释放制剂。

新兽药制剂： 一种药物的制剂形式，如片剂、胶囊剂、溶液剂、乳膏剂，以前未注册过。通常是一种药物成分与辅料的组合，但不一定都是。

新兽药原料： 以前没有在任何地区或成员国注册过的治疗成分（也指新分子实体或新化学体），它可以是曾获得批准药物的复合物、简单的酯或盐。

多晶型： 同一药物以不同晶型存在。它包括溶剂化物、水合物（也被称为假多晶型物）和无定型物。

质量： 原料药或制剂与其预期使用目的的适用性，包括鉴别、规格和纯度等属性。

外消旋体： 2种对映异构体等摩尔混合物（固体、液体、气体或溶液），它没有光学活性。

快速溶出制剂： 在pH1.2、4.8、6.8的介质中，15min内溶出量均不低于标示量80%的普通固体口服制剂，或合适的特定兽药制剂。

试剂： 用于新原料药生产的，除起始原料或溶剂以外的物质。

溶剂： 在新原料药合成或新药制剂生产中用到的用于制备溶液或混悬液的溶媒，为一种无机或有机液体。

质量标准： 由一系列的检测项目、有关分析方法和认可限度组成，这些认可限度以数值限度、范围或其他描述来表示。它建立了一套新原料药和制剂都必须遵循的、与其用途相适应的认可标准。“符合标准”是指原料药和/或制剂按照给定的分析方法检测，其结果符合认可限度。质量标准是一项重要的质量指征，它由生产商提出和验证，由管理机构批准并作为批准产品的依据。

专属性检测： 根据特定的原料药和制剂的特殊性质或用途而设定的检测。

特定杂质： 一种未知或已知的杂质，在新原料药或新药制剂质量标准中单独列出限度要求，以保证新原料药或新药制剂的质量。

未知杂质： 结构未经确证，仅通过定性分析来定义的杂质（如色谱的保留时间）。

常规检测： 可适用于所有新原料药或制剂的一类检测，如外观、鉴别、含量测定、杂质检查。

5 参考文献

VICH GL10.1999. Impurities in New Veterinary Drug Substances.

VICH GL11.1999. Impurities in New Veterinary Medicinal Products.

VICH GL3.2000. Stability Testing of New Drug Substances and Products.

VICH GL1.1999. Validation of Analytical Procedures: Definition and Terminology.

VICH GL2.1999. Validation of Analytical Procedures: Methodology.

VICH GL18.2000. Impurities: Residual Solvents in New Veterinary Medicinal Products, Active Substances and Excipients.

6 附录

决策树1 ~ 8。

本指导原则引用的决策树如下。

决策树1：建立新药中特异性杂质的标准

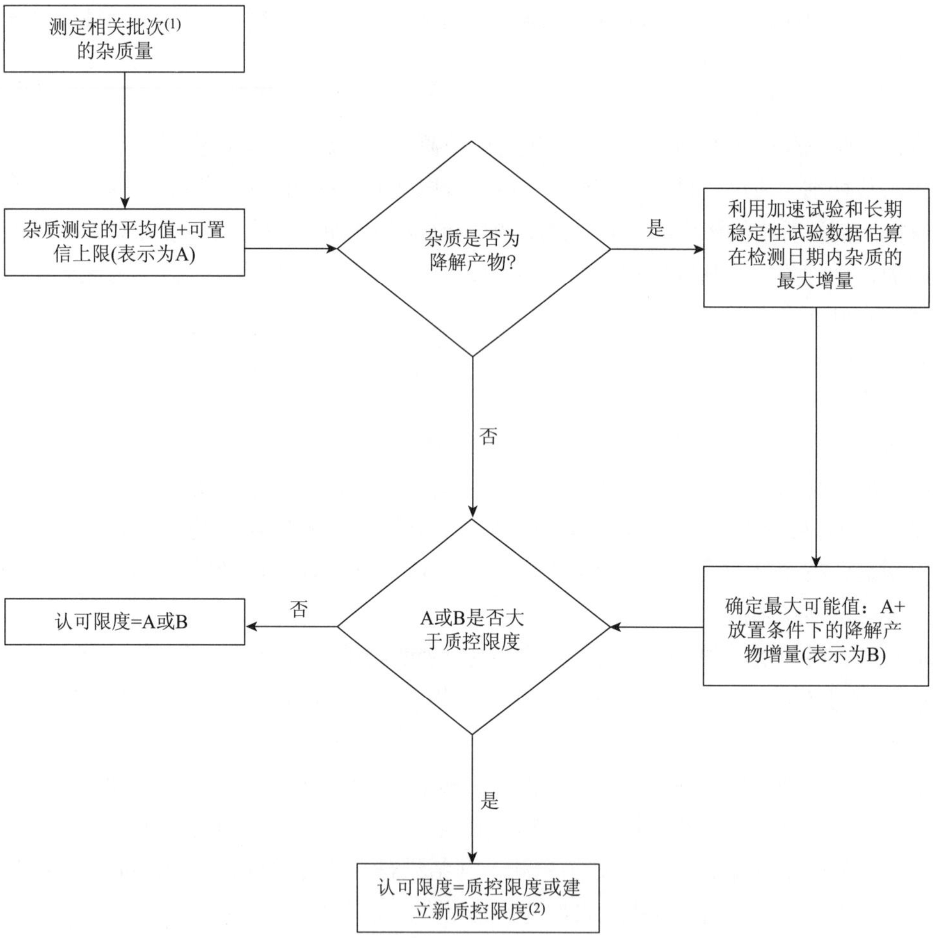

(1) 相关批次指在开发、中试和规模生产研究阶段的批次；

(2) 参考VICH指导原则“新原料药中的杂质”。

定义：可置信上限＝批分析数据标准差的3倍。

决策树2：新药制剂中降解产物认可标准的制定

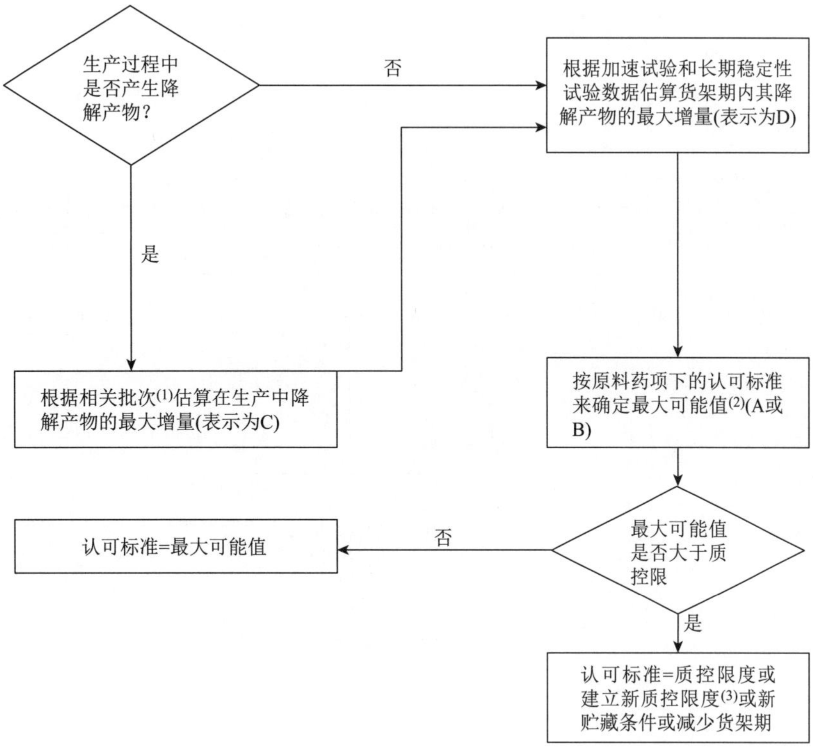

(1) 相关批次指在开发、中试和规模生产研究阶段的批次；

(2) A和B参考决策树1；

(3) 参考VICH指导原则“新药制剂中的杂质”。

决策树3：原料药粒度分布认可标准的制定

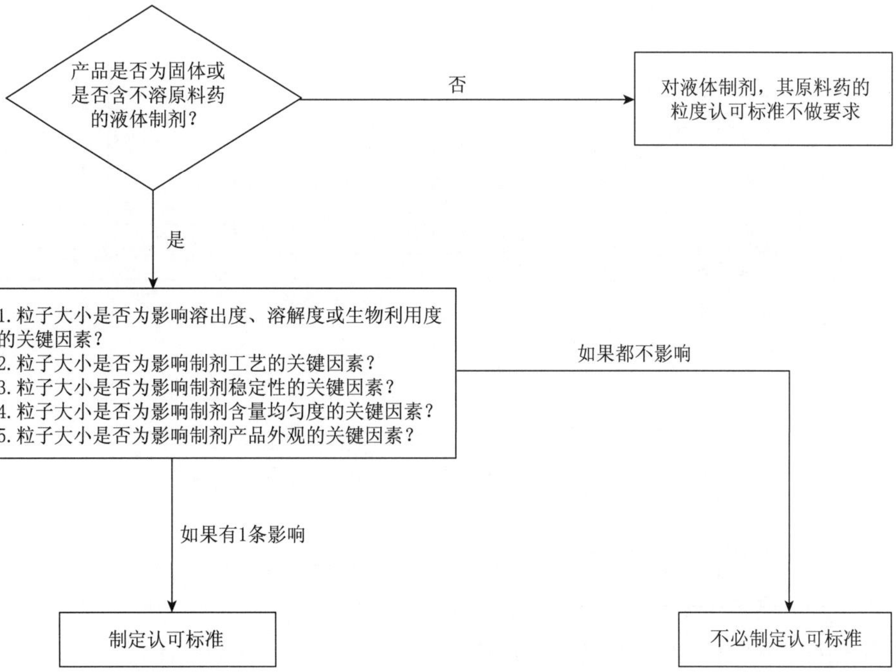

决策树4：考察建立原料药和制剂中的多晶型认可标准的必要性

兽药原料

1

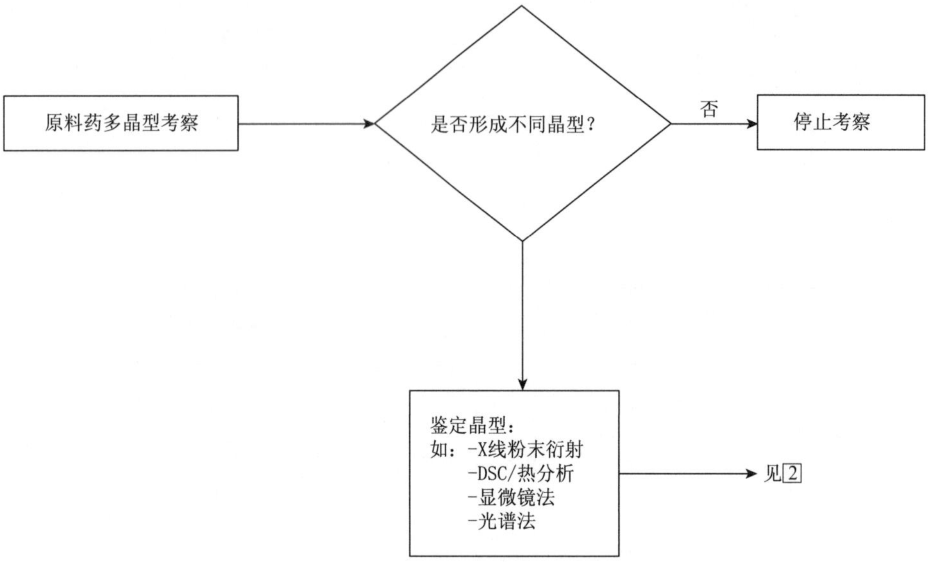

2

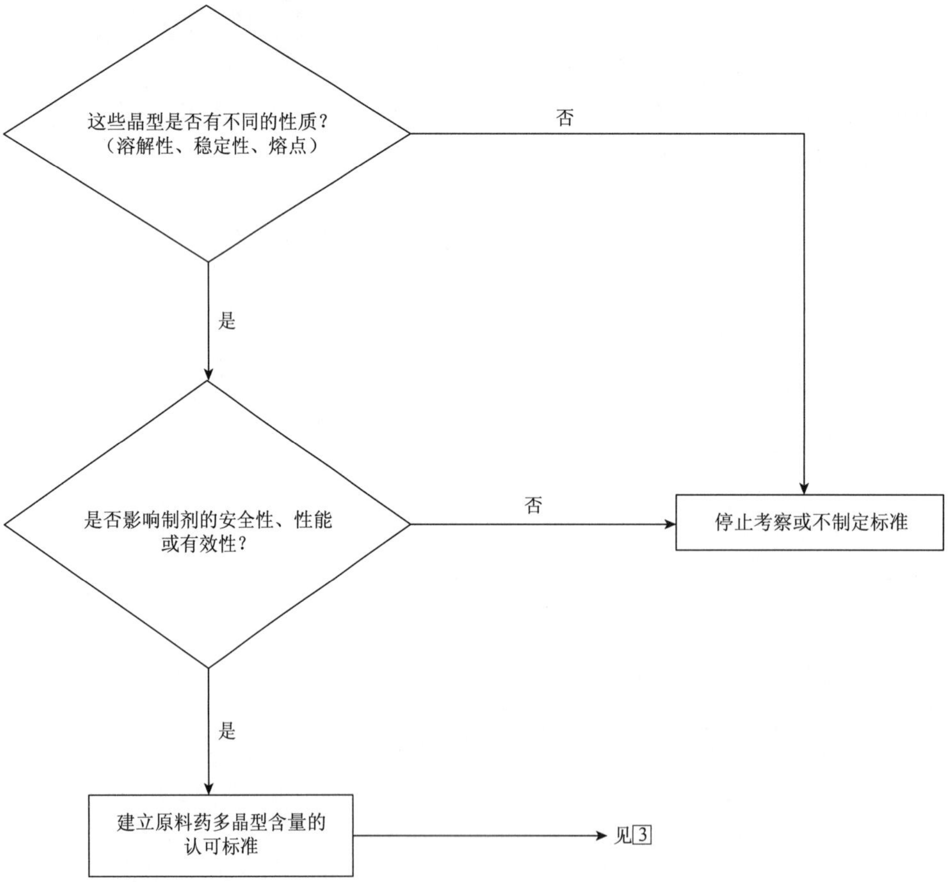

制剂－固体制剂或含有不溶性原料药的液体制剂

注意：仅在技术上可以实现制剂中多晶型含量测定时，采用下述步骤：

3

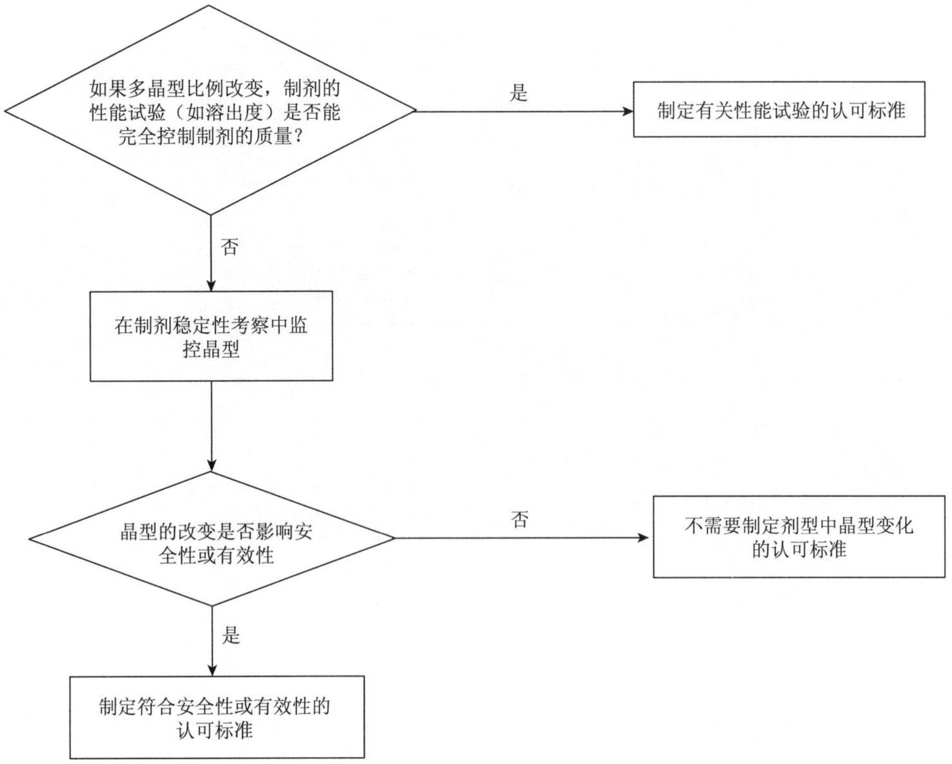

决策树5：手性新原料药和含手性原料药的新制剂的鉴别、含量测定和对映体杂质检查方法的建立

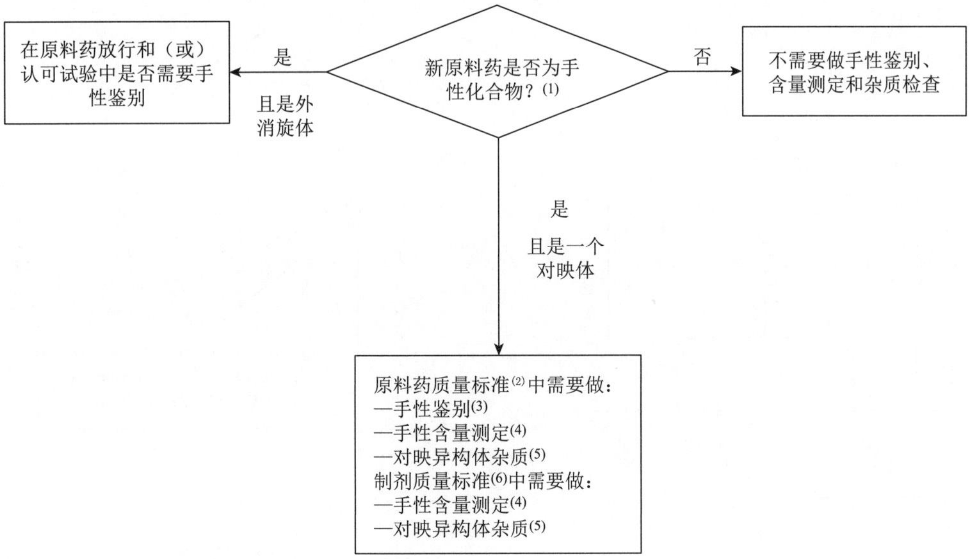

（1）本指导原则中不包括天然的手性物质。

（2）因为在原料药的合成中所用的原材料会引入或产生杂质，如经开发研究阶段的论证，手性的质量可通过控制相应起始物或中间体来替代。基本用于以下情况：①存在多个手性中心（如3个或更多）；②要求对原料药最终产品的前一步进行控制。

（3）手性含量测定或对映异构体杂质检查，可替代手性鉴别试验。

（4）非手性含量测定结合另一对映体控制的方法，可替代手性含量测定。

（5）原料药中另一对映体的量可以从手性含量测定数据或有另一种独立的方法得到。

（6）若证明制剂的生产和贮藏过程中不会发生外消旋化，可不进行制剂的立体特异性检查。

决策树6：原料药和辅料的微生物限度检查

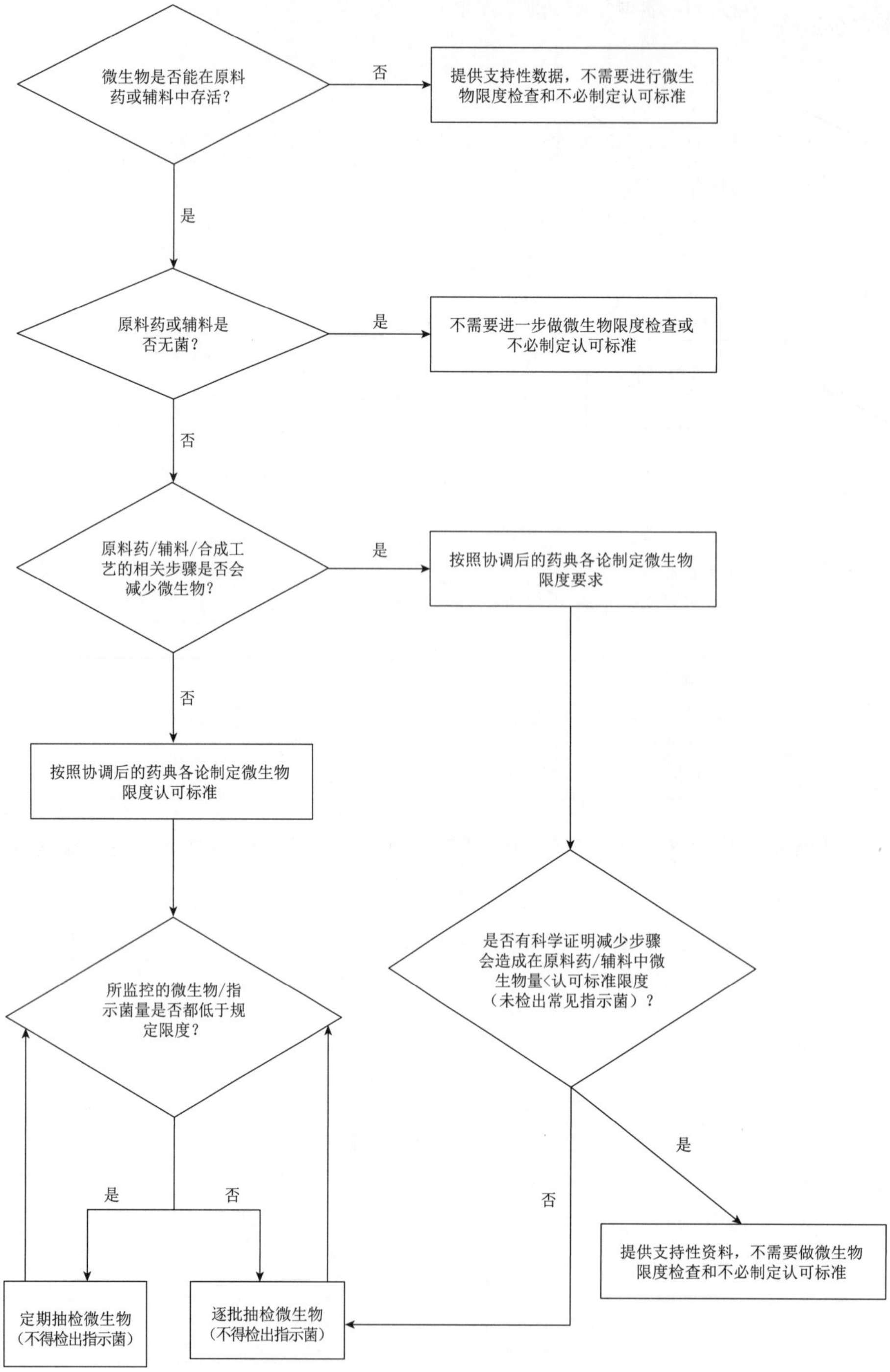

决策树7：制剂溶出度认可标准的制定

1 如何制定合适的药物释放度标准？

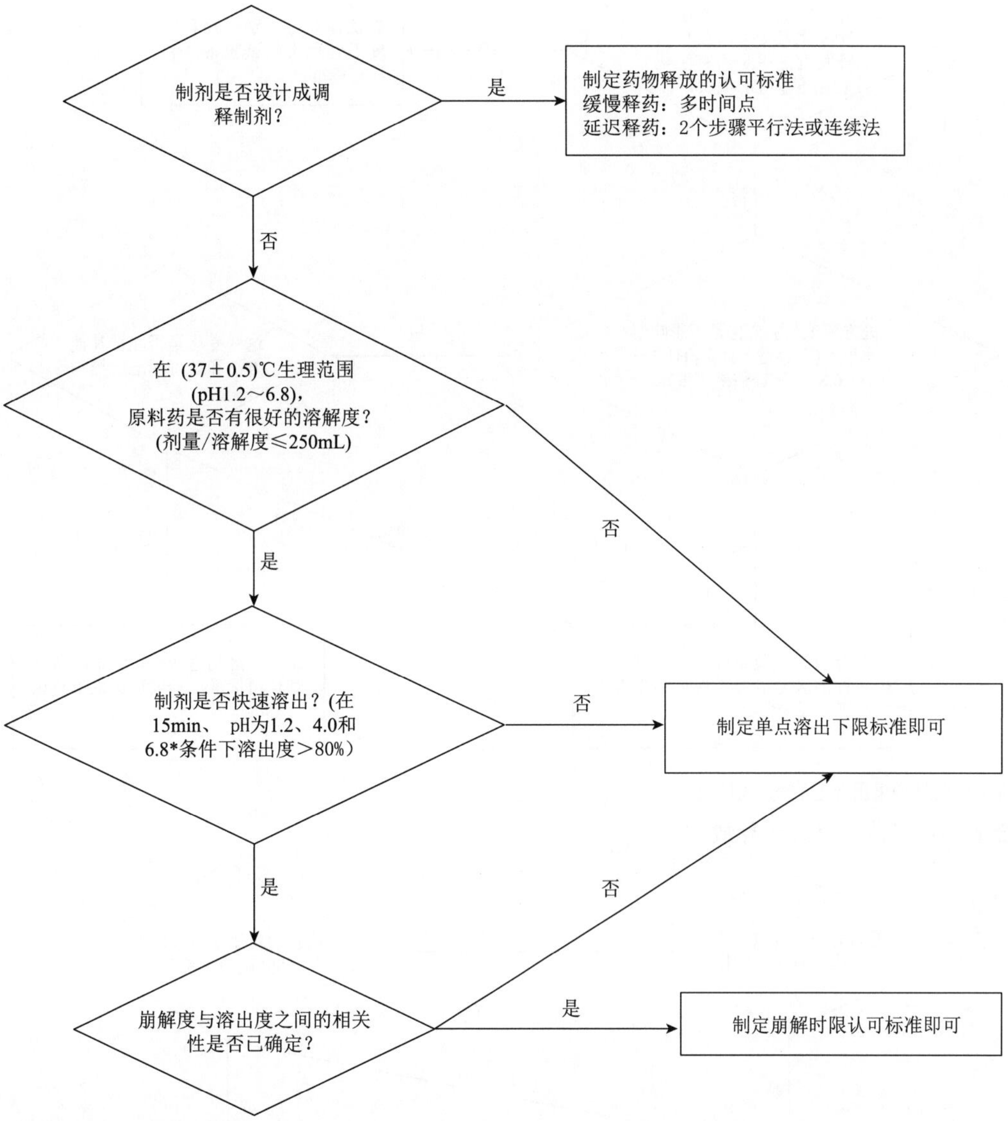

*对特定兽药品种采用合适的pH条件。

2 如何制定合适的释放条件和认可标准（立即释放）

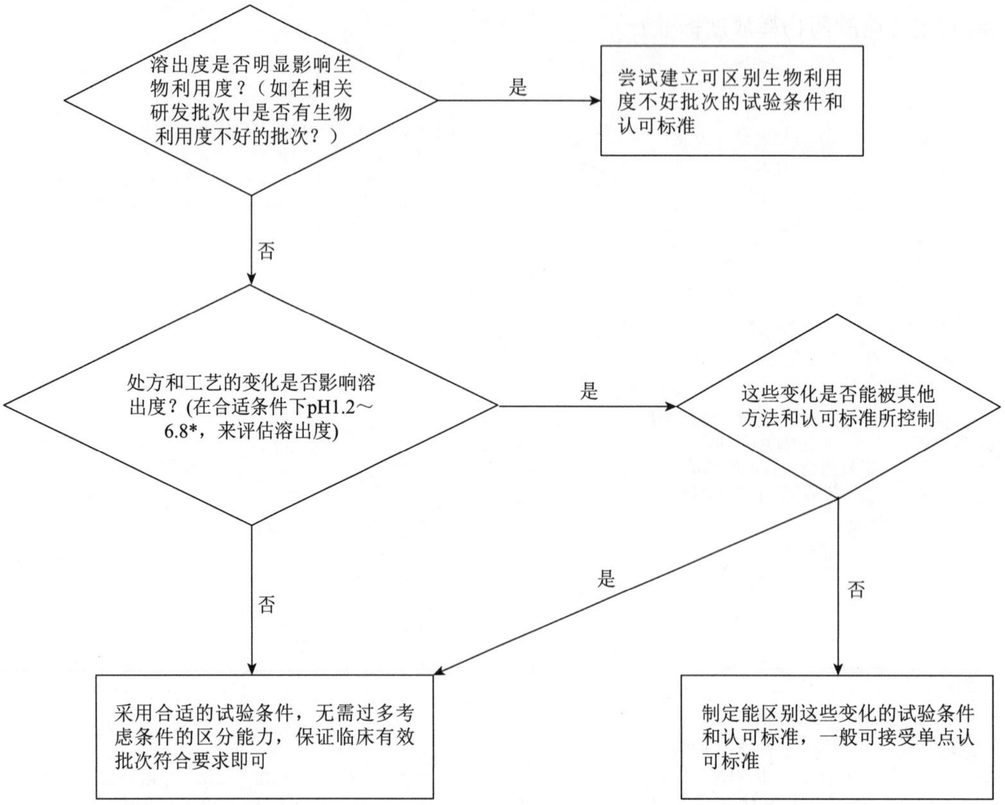

*对特定兽药品种采用合适的pH条件。

3 合适的认可范围（缓慢释放）

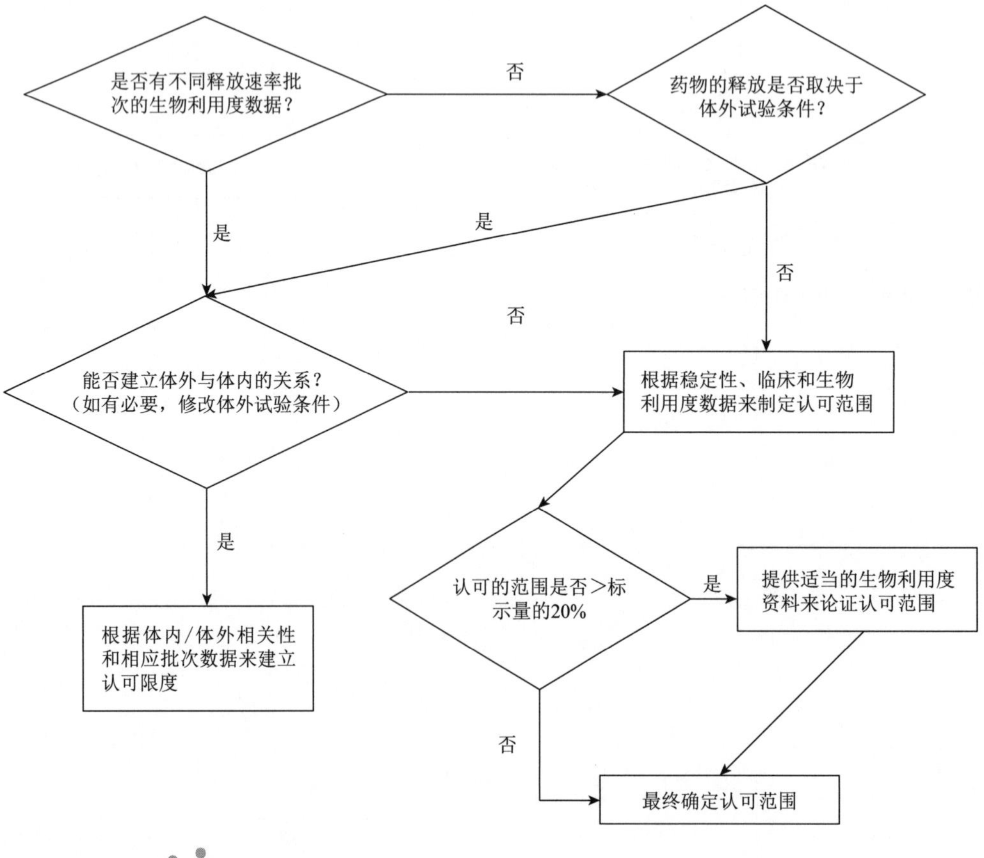

决策树8：非无菌制剂的微生物检查

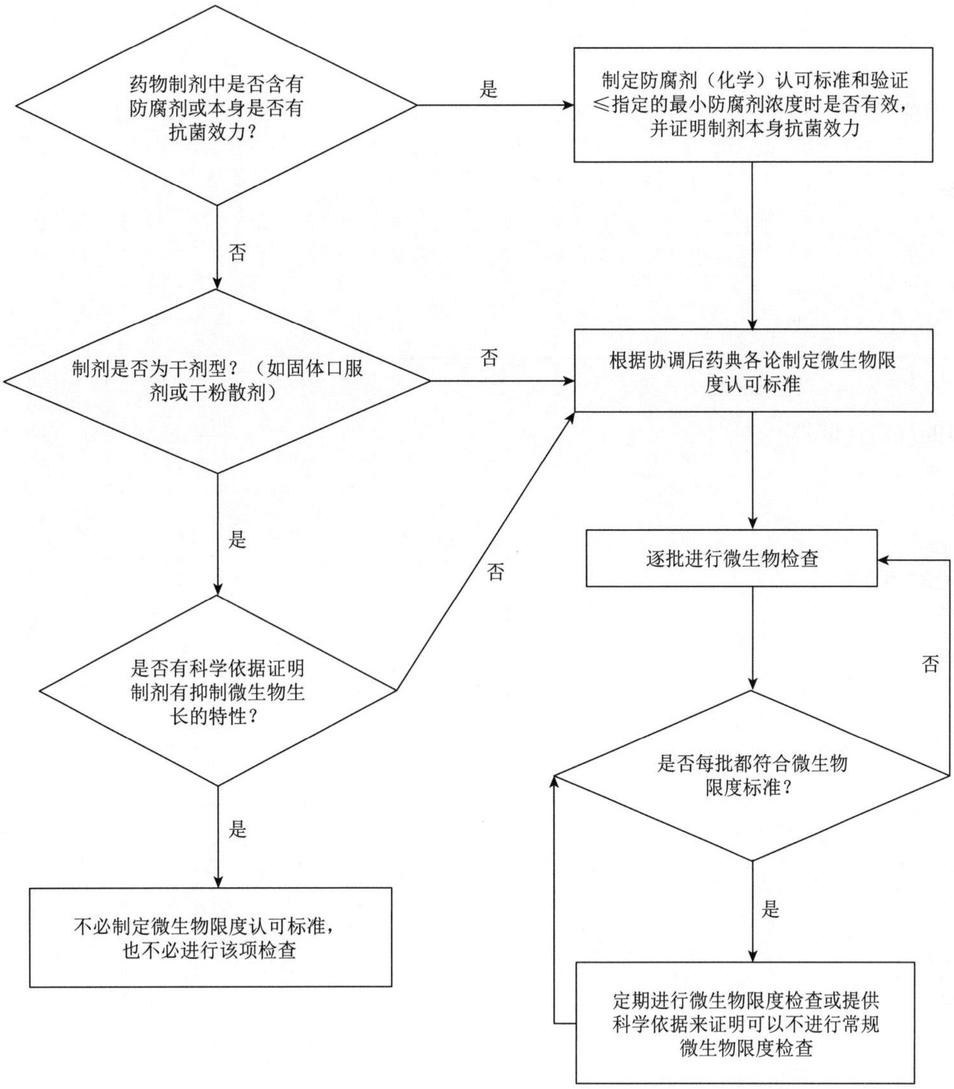

稳定性

GL3 新兽药原料的稳定性试验

VICH GL3 （质量）
2007 年 1 月
第九阶段修订
第七阶段施行

新兽药原料的稳定性试验

2007 年 1 月
在 VICH 进程第七阶段
由 VICH 指导委员会推荐采用
2008 年 1 月实施

本指导原则由相应的 VICH 专家工作组制定，并已通过 VICH 各部门协商。在进程的第七阶段，最终文稿被推荐给欧盟、日本和美国的管理机构采用。

1　前言

1.1　指导原则的目的

本指导原则是VICH　GL3指导原则的修订版，它规定了在欧盟、日本和美国3个地区注册申请新原料药或制剂所需的一整套稳定性资料的要求，它不包括到世界其他国家和地区注册或出口所要求的试验内容。

本指导原则旨在列举新原料药及其制剂稳定性试验主要研究内容，它对实际情况中要求有特定的技术和具有特殊性的药品保留了充分的灵活性。若有科学合理的解释，可选用其他方法。

1.2　指导原则的范围

本指导原则主要阐述新分子实体化合物和相关制剂在注册申请时要提交的资料，目前尚不包括简略申请、变更申请及临床试验申请等所要求的资料。

对于特殊剂型，其取样及检测的特定要求不包括在本指导原则中。

关于新剂型、预混剂和生物技术／生物制品的进一步指导分别参见VICH　GL4，GL8和GL17。首次使用后（如第一次开瓶后）的制剂稳定性试验不包括在本指导原则中。

1.3　一般原则

稳定性试验的目的是提供原料药或制剂在各种环境因素，如温度、湿度和光照等的影响下，其质量随时间变化的情况，并且由此建立原料药的再检期或制剂的有效期及推荐的贮存条件。

本指导原则中的试验条件是根据对欧盟、日本和美国3个地区气候条件影响的分析来选择的。世界上任何地区的平均动力学温度可从气候资料获得，世界可分成Ⅰ～Ⅳ4个气候带。本指导原则仅阐述气候带Ⅰ和Ⅱ。已经建立了一个原则，即对欧盟、日本和美国中任何一方提供的稳定性资料，只要它与本指导原则保持一致，而且其标签符合国家／地区的规定，则该资料可被其他两方接受。

2　指导原则

2.1　原料药

2.1.1　总则

原料药稳定性资料是评价稳定性的系统性方法的重要组成部分。

2.1.2　破坏性试验

原料药的破坏性试验有助于鉴别可能的降解产物，而这些降解产物反过来有助于建立分子的降解途径和内在稳定性，并验证所用分析方法是否能反映产品的稳定性。破坏性试验的类型将取决于各种原料药的性质及其所包含的制剂类型。

破坏性试验通常仅需对一批原料药进行试验。试验应包括温度（高于加速试验温度10℃，如50℃、60℃等）、湿度［如相对湿度（RH）75%或以上］以及必要时氧化、光照对原料药的影响。该试验还应评估原料药在溶液或混悬液状态时，在较宽的pH范围内对水解的敏感程度。光稳定性试验是破坏性试验的重要组成部分。光稳定性试验的标准条件在VICH　GL5中叙述。

检测破坏条件下的降解产物有助于确定降解途径，建立并验证适宜的分析步骤。但是，如果已经证明某些降解产物在加速或长期贮存条件下未形成，则可不必再进行专门的检测。

这些研究的结果是向监管机构提交资料的重要组成部分。

2.1.3　批次的选择

进行正式的稳定性研究，应提供至少3个批次原料药的稳定性资料。这3个批次至少应是中试规模生产的批次，其合成路线和生产工艺应与最终生产时的相同。用于正式稳定性研究的各批次原料药的总体质量应能代表规模化生产时的质量。

可提供其他支持性资料。

2.1.4 包装容器系统

进行稳定性研究的原料药包装容器系统应与所建议的贮存和分装时的包装相同或相似。

2.1.5 质量标准

质量标准就是一系列的试验、分析方法和建议认可的限度要求，在VICH GL39和GL40中阐述。此外，原料药中降解产物的标准在GL10中讨论。

稳定性研究试验应包括那些在贮存时易变化，且有可能影响质量、安全性和/或有效性的项目。在适当情况下，检验项目应包括物理、化学、生物和微生物特性。必须使用验证过的稳定性指示分析方法。是否需要重复试验以及重复的程度取决于验证研究的结果。

2.1.6 试验频率

对于长期试验，试验频率应足以建立原料药的稳定性概况。对建议的再检期至少为12个月的原料药，长期贮存条件下的试验频率通常是：第一年每3个月1次，第二年每6个月1次，以后每年1次，直到建议的再检期。

在加速贮存条件下，为期6个月的研究中至少进行包括初次和末次的3个时间点（如0、3个月、6个月）的试验。根据研究开发的经验，预计加速试验结果可能会接近显著变化限度的，应当增加试验，可以在最后一个时间点增加样本数或在研究设计中增加第4个时间点。

当加速贮存条件下的试验结果产生了显著变化时，应进行中间贮存条件试验。建议进行为期12个月的研究，其中至少包括初次和末次的4个时间点（如0、6个月、9个月、12个月）的试验。

2.1.7 贮存条件

一般来说，应在原料药的贮存条件下（在适当的范围内）评估其热稳定性，必要时还要评估其对湿度的敏感性。选择的贮存条件和研究时间长短应当充分考虑到今后的贮存、运输及其使用的整个过程。

提交注册申请时应至少包括3个批次的至少12个月的长期试验，并应继续进行足够时间的试验，以覆盖建议的再检期。如果有要求，在注册申请的评价期积累的其他资料也应向管理机构提交。加速贮存条件和适用的中间贮存条件下得到的数据可用于评估短期偏离标签上所建议的贮存条件造成的影响（如在运输途中可能发生的情况）。

原料药的长期、加速及必要时的中间贮存条件在下节中详细列出。除另有规定外，原料药应采用下述“一般情况”的贮存条件。如果理由充分，可使用其他贮存条件。

2.1.7.1 一般情况

研究项目	贮存条件	申报数据包括的最短时限
长期*	（25±2）℃ /（60%±5%）RH或 （30±2）℃ /（65%±5%）RH	12个月
中间**	（30±2）℃ /（65%±5%）RH	6个月
加速	（40±2）℃ /（75%±5%）RH	6个月

注：*由申请者决定长期稳定性试验是在（25±2）℃ /（60%±5%）RH或在（30±2）℃ /（65%±5%）RH的条件下进行；

**如果（30±2）℃ /（65%±5%）RH是长期试验的条件，则无中间试验条件。

如果长期试验是在（25±2）℃ /（60%±5%）RH条件下进行，而在加速贮存条件下的6个月试验期间的任何时间点发生“显著变化”，则增加中间贮存条件下的试验，并对照显著变化的限度标准进行评价。除非理由充分，否则，中间贮存条件试验应包括所有试验项目。首次申请应包括在中间试验条件下进行的12个月研究中的至少6个月的数据。

原料药“显著变化”即指不符合规定。

2.1.7.2　拟冷藏的原料药

研究项目	贮存条件	申报数据包括的最短时限
长期	(5±3) ℃	12个月
加速	(25±2) ℃ / (60%±5%) RH	6个月

除以下情况外，应根据本指导原则评价冷藏条件下的稳定性试验数据。

在加速试验贮存条件下，如果在3 ~ 6个月出现了显著变化，则应根据在长期试验贮存条件下实际时间的数据来确定建议的再检期。

如果加速贮存条件试验的前3个月内出现显著变化，则应讨论短期偏离标签上贮存条件，如在运输途中或搬运中对药物的影响。必要时可通过对一批原料药进行少于3个月，但取样更频繁的进一步试验来论证。当前3个月内出现显著变化时，则认为不需要对原料药继续进行6个月的试验。

2.1.7.3　拟冷冻贮存的原料药

研究项目	贮存条件	申报数据包括的最短时限
长期	(−20±5) ℃	12个月

对于拟冷冻贮存的原料药，应根据在长期试验贮存条件下实际时间的数据来确定再检期。拟冷冻贮存的原料药没有加速试验贮存条件，但应取一批样品在较高的温度 [如 (5±3) ℃或 (25±2) ℃] 下放置适当的时间进行试验，以了解短期偏离标签上的所建议的贮存条件，如在运输途中或搬运中对药物的影响。

2.1.7.4　拟在−20℃以下贮存的原料药

拟在−20℃以下贮存的原料药应具体情况具体分析。

2.1.8　稳定性承诺

当申报批次的长期稳定性数据在批准时还无法涵盖所建议的再检期时，应承诺在批准后继续进行稳定性研究，以建立确切的再检期。

当申报的3批生产批次的长期稳定性数据已涵盖了所建议的再检期时，则认为不需进行批准后的承诺。否则，应当做出以下承诺：

(1) 如果提交资料中包含了至少3批生产批次的稳定性研究数据，应承诺继续这些研究，直到建议的再检期。

(2) 如果提交资料中包含的生产批次的稳定性研究数据少于3批，应承诺继续这些研究直到建议的再检期，并补充生产批次至少到3批，进行长期稳定性研究，直到所建议的再检期。

(3) 如果提交资料中不包含生产批次的稳定性数据，则应承诺对前3批生产批次进行长期稳定性研究，直到所建议的再检期。

用于稳定性承诺批次的长期稳定性研究方案应与申报批次的方案相同，除非有合理的科学依据。

2.1.9　评价

稳定性研究的目的是通过对至少3批原料药的试验和对其稳定性资料（包括物理、化学、生物和微生物试验结果）的评价，建立适合未来在相似条件下生产的所有批次原料药的再检期。批次间变异的程度将会影响未来生产的产品在再检期内质量符合标准的可信度。

有时数据表明降解和变异非常小，以至于从数据上就可以明显看出所申请的再检期是合理的，在这种情况下，通常不必进行正式的统计分析，只需提供合理的省略理由。

分析那些可能会随时间变化的定量参数的一个方法是：将平均曲线的95%单侧置信限与认可标准的相

交点所对应的时间点作为再检期。如果分析表明批次间变异较小，最好将数据合并进行整体评估。具体做法是对每批样品的回归曲线的斜率和截距进行统计检验（如$P>0.25$表示无显著性差异）。如果不能合并，总的再检期可以根据其中某批样品预期保持在可接受的标准范围内的最短时间来定。

降解关系的性质将决定是否应将数据转换为线性回归分析。通常可用算术或对数的一次、二次或三次函数关系来表示。各批次及合并批次（如有必要）的数据与假定降解直线或曲线拟合程度的好坏，应该用统计方法进行检验。

如果合理，在报批阶段可依据长期贮存条件下获得的实测数据，有限外推得到超出观察时间范围外的再检期。其合理性应基于已知的降解机制、加速试验的结果、数学模型良好的拟合度、批次规模及所获得的支持性的稳定性数据等。但是，这种外推是假定在观察范围外也存在相同的降解关系。

任何评价不仅要考虑含量，还要考虑降解产物和其他有关的性能指标。

2.1.10　说明／标签

应根据相应国家／地区的要求制定标签上的贮藏说明。说明应建立在原料药稳定性评价的基础上。必要时，应当说明特别要求，尤其是对不能冷冻的原料药。应避免使用如“环境条件”或“室温”这一类术语。

从稳定性资料中可得出再检期，必要时应在容器的标签上注明再检期。

2.2　制剂

2.2.1　总则

制剂的正式稳定性试验设计应以对原料药性质和特点的了解、原料药稳定性研究以及从临床处方研究中得到的经验为基础。应阐述贮存中可能发生的变化以及将产品可变因素选入正式稳定性试验方案的理由。

2.2.2　光稳定性试验

必要时至少应用一批样品进行光稳定性试验。光稳定性试验的标准条件见VICH GL5。

2.2.3　批次的选择

应提供至少3个批次样品的稳定性资料。申报批次应与拟上市产品采用相同的处方和相同的包装容器。申报批次的生产工艺应与拟上市产品相似，其质量应与拟上市产品相同，符合相同的质量标准。如证明合理，3批中至少有2批样品应是中试规模下生产的，另一批可在较小规模下生产。可能的话，生产不同批次的制剂应采用不同批次的原料。

制剂的每一种规格和包装规格都应进行稳定性研究，除非应用了括号法和矩阵化设计。

可提供其他支持性资料。

2.2.4　包装容器系统

应对装在上市包装容器（必要时包括二级包装和容器上的标签）中的制剂进行稳定性试验。在某种情况下，与上市的实际包装容器相似的较小的包装容器是可接受的。但是在这种情况下，需要提供使用小容器的充分理由。采用除去内包装的制剂或装在其他包装材料中的制剂所进行的稳定性研究，可以作为制剂破坏性试验的一部分或作为其他支持性资料。

2.2.5　质量标准

质量标准就是一系列的试验、分析方法和建议认可的限度要求，包含放行标准和有效期标准2个概念，在VICH GL39和GL40中阐述。此外，制剂降解产物的质量标准在GL11中阐述。

稳定性研究应检验那些在贮存期间易变化的、可能影响质量、安全性和／或有效性的项目。检验应包括物理、化学、生物、微生物学特性、保护剂含量（如抗氧化剂、抑菌剂）和功能性测试（如定量给药系统）。应使用充分验证过的稳定性指示分析方法。是否需要重复试验以及重复的程度将取决于验证研究的结果。

根据所有稳定性资料来制定有效期的标准。根据稳定性评价和贮存期内观察到的变化，允许货贺期标准和放行标准存在差异。放行标准和有效期标准中抑菌剂含量限度的任何不同，都应该在药物研发阶段中，对拟上市的最终处方中化合物含量与保护剂有效性之间的相互关系进行验证，以支持这2种标准中限度的制定。无论放行标准和有效期标准中保护剂含量限度有无差异，都要取一批进行稳定性试验的申报制剂，在建议的有效期测定和证实抑菌剂的有效性（除测定抑菌剂含量外）。

2.2.6　试验频率

对于长期试验，试验频率应足以建立原料药的稳定性概况。对建议的再检期至少为12个月的原料药，长期贮存条件下的试验频率通常是：第一年每3个月1次，第二年每6个月1次，以后每年1次，直到建议的有效期。

在加速贮存条件下，为期6个月的研究中至少进行包括初次和末次的3个时间点（如0、3个月、6个月）的试验。根据研究开发的经验，预计加速试验结果可能会接近显著变化限度的，应当增加试验，可以在最后一个时间点增加样本数或在研究设计中增加第四个时间点。

当加速贮存条件下的试验结果产生了显著变化时，应进行中间贮存条件试验。建议进行为期12个月的研究，其中至少包括初次和末次的4个时间点（如0、6个月、9个月、12个月）的试验。

合理的情况下，可采用矩阵化设计或括号法来减少试验频率或不进行某些综合因素的试验。

2.2.7　贮存条件

一般来说，应在制剂的贮存条件下（在适当的范围内）评估其热稳定性，必要时还要评估其对湿度的敏感性或潜在的溶剂损失。选择的贮存条件和研究时间长短应当充分考虑到今后的贮藏、运输及其使用的整个过程。

必要时，对于需配制或稀释后使用的制剂应进行稳定性试验，可为标签上的配制、贮存条件和配制或稀释后的使用期限提供依据。应在建议的使用期限内对配制或稀释的申报批次制剂进行稳定性试验，作为正式稳定性试验初始和最终时间点研究的一部分，如果申报前不能提供整个有效期试验数据，应提供第12个月或最近一次测定的这些数据。通常对承诺的批次不必重复这项试验。

提交注册申请时应至少包括3个批次的至少6个月的长期试验，并应继续进行足够时间的试验，以覆盖建议的有效期。如果有要求，在注册申请的评价期积累的其他资料也应向管理机构提交。加速贮存条件及必要时中间贮存条件下得到的数据可用于评估短期偏离标签上所建议的贮藏条件造成的影响（如在运输途中可能发生的情况）。

制剂的长期、加速及必要时的中间贮存条件在下节中详细列出。除另有规定外，制剂应采用下述“一般情况”的贮存条件。如果理由充分，可使用其他贮存条件。

2.2.7.1　一般情况

研究项目	贮存条件	申报数据包括的最短时限
长期*	(25±2) ℃ / (60%±5%) RH或 (30±2) ℃ / (65%±5%) RH	6个月
中间**	(30±2) ℃ / (65%±5%) RH	6个月
加速	(40±2) ℃ / (75%±5%) RH	6个月

注：*由申请者决定长期稳定性试验是否在（25±2）℃ /（60%±5%）RH或者（30±2）℃ /（65%±5%）RH的条件下进行；**如果（30±2）℃ /（65%±5%）RH是长期试验的条件，则无中间试验条件。

如果长期试验是在（25±2）℃ /（60%±5%）RH条件下进行，而在加速贮存条件下的6个月试验期间的任何时间点发生“显著变化”，则增加中间贮存条件下的试验，并对照显著变化的限度标准进行评价。首次申请应包括在中间试验条件下进行的12个月研究中的至少6个月的数据。

一般来说，制剂的“显著变化”定义如下：

（1）含量与初始值相差5%，或采用生物或免疫法测定时效价不符合规定；

（2）任何一种降解产物的量超过了其认可标准；

（3）外观、物理性质、功能检查试验（如颜色、相分离、再分散性、粘结、硬度）不符合标准要求；但是，一些物理性质的变化（如栓剂的变软、霜剂的熔化）可能会在加速试验条件下出现；

另外，对于某些剂型：

（4）pH不符合规定；

（5）12个剂量单位的溶出度不符合标准的规定。

2.2.7.2　包装在非渗透容器中的制剂

包装在非渗透容器中的制剂可不考虑药物对湿度的敏感性或可能的溶剂损失，因为这种容器具有防止潮湿和溶剂通过的永久屏障。因此，包装在非渗透容器中的制剂稳定性研究可在任何受控或环境湿度条件下进行。

2.2.7.3　包装在半渗透容器中的制剂

包装在半渗透容器中的水溶性制剂除了要进行物理、化学、生物和微生物稳定性评价外，还要进行潜在水分损失的评价。这种评估可在较低的相对湿度下进行，具体见下表。最终应证明贮存在半渗透容器中的水溶性制剂可以耐受相对湿度较低的环境。

对于非水或溶剂型制剂，可建立其他类似的方法并报告。

研究项目	贮存条件	申报数据包括的最短时限
长期*	（25±2）℃／（40%±5%）RH或 （30±2）℃／（35%±5%）RH	6个月
中间**	（30±2）℃／（65%±5%）RH	6个月
加速	（40±2）℃／不超过（NMT）25%RH	6个月

注：*由申请者决定长期稳定性试验是否在（25±2）℃／（40%±5%）RH或者（30±2）℃／（35%±5%）RH的条件下进行；

** 如果（30±2）℃／（35%±5%）RH是长期试验的条件，则无中间试验条件。

如果长期试验在（25±2）℃／（40%±5%）RH的条件下进行，而加速贮存条件试验的6个月内出现了除水分损失外的显著变化，则应增加按“一般情况”下所述的中间贮存条件试验，以考察30℃时温度的影响。加速贮存条件下仅失水一项发生显著性变化，不必再进行中间贮存条件试验。但是，要提供数据证明，在25℃，相对湿度40%的贮存条件下，制剂在建议的有效期内不会出现明显的水分损失。

包装在半渗透容器中的制剂，在40℃／不超过25%RH的条件下经过3个月放置，失水量与初始值相差5%，则认为有显著性变化。但是，对于小容器（≤1mL）或单剂量包装的制剂，如果理由充分，在40℃／不超过25%RH 5%条件下贮存3个月失水5%或以上是可接受的。

可用另一种方法来进行上表推荐的参比相对湿度条件下的研究（无论是长期还是加速试验），即在较高的相对湿度下进行稳定性研究，通过计算算出参比相对湿度时的水分损失率。这可通过试验测定包装容器的渗透系数，或如下面例子所示，计算相同温度下2个不同湿度条件之间的水分损失率之比。1个包装容器的渗透系数可用拟包装的制剂在最差的情况下（如系列浓度中最稀的1种）经试验测定而得。

测定水分损失的例子：

对于包装在给定包装容器、容积和装量的制剂，计算其在参比相对湿度下的水分损失率的方法，是用在相同温度下和实测相对湿度下测得的水分损失率与下表中的水分损失率之比相乘。但应证明在贮存期间实测时的相对湿度与水分损失率之间呈线性关系。

例如，给定温度是40℃，计算在不超过25%RH条件下贮存的水分损失率，就是将75%RH条件下测定的水分损失率乘以相应的水分损失率之比3.0。

实测相对湿度	参比相对湿度	给定温度下的水分损失率之比
60%RH	25%RH	1.9
60%RH	40%RH	1.5
65%RH	35%RH	1.9
75%RH	25%RH	3.0

除了上表所示的数据外，其他相对湿度条件下有充分根据的水分损失率之比也可采用。

2.2.7.4　拟冷藏的制剂

研究项目	贮存条件	申报数据包括的最短时限
长期	(5±3) ℃	6个月
加速	(25±2) ℃ / (60%±5%) RH	6个月

如果制剂包装为半渗透容器，应提供适当的信息以评价水分的损失程度。

除以下情况外，应根据本指导原则评价冷藏条件下的稳定性试验数据。

在加速试验贮存条件下，如果在3 ~ 6个月出现了显著变化，则应根据在长期试验贮存条件下实际时间的数据来确定建议的有效期。

如果加速贮存条件试验的前3个月内出现显著变化，则应讨论短期偏离标签上贮藏条件，如在运输途中或搬运中对药物的影响。必要时可通过对一批制剂进行少于3个月但取样更频繁的进一步试验来论证。当前3个月内出现显著变化时，则认为不需对制剂继续进行6个月的试验。

2.2.7.5　拟冷冻贮存的制剂

研究项目	贮存条件	申报数据包括的最短时限
长期	(−20±5) ℃	6个月

对于拟冷冻贮存的制剂，应根据在长期试验贮存条件下实际时间的数据来确定有效期。拟冷冻贮存的制剂没有加速试验贮存条件，但应取一批样品在较高的温度［如（5±3）℃或（25±2）℃］下放置适当的时间进行试验，以了解短期偏离标签上的所建议的贮藏条件对药物的影响。

2.2.7.6　拟在−20℃以下贮存的制剂

拟在−20℃以下贮存的制剂应具体情况具体分析。

2.2.8　稳定性承诺

当申报批次的长期稳定性数据在批准时还无法涵盖所建议的有效期时，应承诺在批准后继续进行稳定性研究，以建立确切的有效期。

当申报的3批生产批次的长期稳定性数据已涵盖了所建议的有效期时，则认为不需进行批准后的承诺。否则，应当做出以下承诺：

（1）如果提交资料中包含了至少3批生产批次的稳定性研究数据，应承诺继续长期试验，直到建议的有效期和进行6个月的加速试验。

（2）如果提交资料中包含的生产批次的稳定性研究数据少于3批，应承诺继续长期试验，直到建议的有效期和进行6个月的加速试验，并补充生产批次至少到3批，进行长期稳定性研究，直到所建议的有效期和进行6个月的加速试验。

(3) 如果提交资料中不包含生产批次的稳定性数据，则应承诺对前3批生产批次进行长期稳定性研究，直到所建议的有效期和进行6个月的加速试验。

用于稳定性承诺批次的研究方案应与申报批次的方案相同，除非有合理的科学依据。

当申报批次的加速贮存试验出现显著变化而需进行中间试验时，承诺批次可进行中间试验，也可进行加速试验。但是，如果承诺批次在加速贮存条件下出现显著变化，也需要进行中间贮存条件的试验。

2.2.9 评价

在申报和评价稳定性资料时应采用系统评估方法，包括必要的物理、化学、生物和微生物检验的结果等，以及制剂的特殊性能指标（如口服固体制剂的溶出度）。

稳定性研究的目的是通过对至少3批制剂的试验，建立适合未来在相似条件下生产和包装的所有批次制剂的有效期和标签上的贮存条件。批次间变异的程度将会影响未来生产的产品在有效期内质量符合标准的可信度。

有时数据表明降解和变异非常小，以至于从数据上就可以明显看出所申请的有效期是合理的，这时通常不必进行正式的统计分析，只需提供合理的省略理由。

分析那些可能会随时间变化的定量参数的一个方法是：将平均曲线的95%单侧置信限与认可标准的相交点所对应的时间点作为有效期。如果分析表明批次间变异较小，最好将数据合并进行整体评估。具体做法是对每批样品的回归曲线的斜率和截距进行统计检验（如$P>0.25$表示无显著性差异）。如果不能合并，总的有效期可以根据其中一批样品预期保持在可接受的标准范围内的最短时间来定。

降解关系的性质将决定是否应将数据转换为线性回归分析。通常可用算术或对数的一次、二次或三次函数关系来表示。各批次及合并批次（如有必要）的数据与假定降解直线或曲线拟合程度的好坏，应该用统计方法进行检验。

如果合理，在报批阶段可依据长期贮存条件下获得的实测数据，有限外推得到超出观察时间范围外的有效期。其合理性应基于已知的降解机制、加速试验的结果、数学模型的良好的拟合度、批次规模及所获得的支持性的稳定性数据等。但是，这种外推是假定在观察范围外也存在相同的降解关系。

任何评价不仅要考虑含量，还要考虑降解产物和其他有关的性能指标。必要时应考察质量平衡、不同的稳定性和降解特性。

2.2.10 说明/标签

应根据相应国家/地区的要求制定标签上的贮藏说明。说明应建立在对制剂产品稳定性的评价基础上。必要时，应当说明特别要求，尤其是对不能冷冻的制剂产品。应避免使用如“环境条件”或“室温”这一类术语。

标签的贮存说明和制剂表现的稳定性应该有着直接的联系。容器标签上应注明失效期。

3 术语

下面的定义是为便于理解本指导原则而提供的。

加速试验：加速试验是通过使用超常的贮存条件来加速原料药或制剂的化学降解或物理变化，它是正式稳定性研究的一部分。除了长期稳定性研究外，从这些研究中得到的数据可以用来评价在非加速条件下更长时间内的化学变化，也可评价在短期偏离标签上所注明的贮存条件，如运输过程中可能遇到的情况时的影响。加速试验研究的结果有时不能预示物理变化。

括号法：这是一种稳定性试验方案的设计，它仅针对某些设计因子极端点的样品进行试验，如同在所有的时间点进行完整试验一样进行考察。这种设计假定中间条件下样品的稳定性可用这些极端条件下样品的稳定性来代表。在试验一个系列规格的某制剂时，如果其组成相同或非常相近可以采用括号法（如将相似的颗粒压成不同片重的片剂系列，或将相同组分填充于不同容积的空胶囊中所得到的胶囊系列）。括号法也适用于盛装在不同大小的容器或相同大小容器但填充量不同的制剂系列。

气候带：根据常规的年度气候条件，将全球分为4个气候带。依据是W.Grimm提出的概念（Drugs Made in Germany，28：196–202，1985 and 29：39–47，1986）。

承诺批次：在注册申请中，承诺要在批准后开始进行或继续完成稳定性研究的原料药或制剂的生产批次。

包装容器系统：用于盛装和保护制剂的包装总和。包括内包装和次级包装，次级包装是为了给制剂提供进一步的保护。1个包装系统与1个包装容器系统相当。

剂型：一般含有原料药，但不一定含有辅料的药物产品类型（如片剂、胶囊、溶液剂、乳膏剂）。

制剂：以最终直接包装形式投放市场的剂型。

原料药：可与辅料一起生产制剂的未经配方的药物。

辅料：在剂型配方中除原料药以外的其他成分。

有效期：这是制剂容器或标签上规定的一个日期，规定在此日期前，某批制剂只要贮存于规定的条件下，将保持符合其批准的有效期标准的要求，在此日期以后该药不能再用。

正式稳定性研究：按照呈报的稳定性方案对申报和/或承诺的批次的样品进行的长期和加速（和中间）试验，以建立或确定原料药的再检期或制剂的有效期。

非渗透性容器：能够永久性阻止气体或溶剂通过的容器，如半固体用的密封铝管，溶液用的密封玻璃安瓿。

中间试验：为拟在25℃下长期贮存的原料药和制剂所设计的在30℃ /65%RH条件下的试验，以适当加速其化学降解或物理变化。

长期试验：在推荐的贮存条件下进行的稳定性研究，以确定标签上建议（或批准）的再检期和有效期。

质量平衡：在考虑分析误差的情况下，将含量测定值和降解产物水平相加，以考察其是否接近初始值100%。

矩阵化设计：一种稳定性试验设计方法，据此方法，在某一个特定的时间点，只需从所有因子组合的总样品数中取出1组进行测定。在随后的时间点，则测定所有因子组合的总体样品中的另一组样品。此设计假定在特定时间点被测定的每一组样品的稳定性具有代表性。同一制剂样品之间的差异应加以标明，如不同的批号、规格、大小不同的相同包装容器，以及可能在某些情况下不同的包装容器。

平均动力学温度：一个单一的推导温度，如果在相同特定的时期将原料药或制剂维持在该温度下，和同时经历较高和较低温度的情况相比，该推导温度可以对原料药或制剂提供相同的热挑战。平均动力学温度高于算术平均温度，其考虑了Arrhenius方程。

在确定一定时期内的平均动力学温度值时，可用J. D. Haynes公式（J. Pharm. Sci. 60，927—929，1971）。

新分子实体（新原料药）：在有关国家或地区的药品管理机构注册过的任何药品中从未出现过的1种活性药物成分。对于本指导原则的稳定性试验目的，1个已批准原料药的新盐、酯或非共价结合衍生物也被认为是新分子实体。

中试规模批次：能完全代表和模拟完整规模化生产的原料药或制剂批次。对于固体口服制剂，中试规模一般至少是生产规模的1/10。

申报批次：用于正式稳定性研究的原料药或制剂批次，其稳定性数据在注册申请时提交，可分别用于建立再检期或有效期。原料药的申报批次应至少是中试规模批次。对于制剂，3批中至少2批是中试规模批次，如果第三批代表了关键生产步骤，其规模可小一些。然而，一个申报批次也可以是生产规模的批次。

生产批次： 用注册申请中规定的生产设备和场所，按生产规模生产的原料药或制剂批次。

再试验日期： 过此日期之后应对原料药样品进行检验，以保证其仍符合标准，并适合用于相应制剂的生产。

再检期： 在这段时间内，只要原料药保存于规定的条件下，就被认为其质量符合标准，可用于生产相应制剂。在此期限以后，这批原料药要用于生产制剂产品应进行再检测，以考察其是否符合标准，如符合就立刻使用。一批原料药可以多次再检测，每次再检测后只要继续符合标准要求，该批原料药即可用来投料。对已知不稳定的大多数生物技术/生物制品，建立有效期比建立再检期更合适，对某些抗生素也一样。

半渗透性容器： 允许溶剂（通常是水）通过，同时能够防止溶质损失的容器。溶剂转运的机理是，溶剂吸附于一个容器的表面，通过该容器材料的表面向四周扩散，从另外一个表面解吸附。这种液体的转移是通过分压梯度来完成的。半渗透容器的例子包括塑料袋和用于大输液制剂（LVPs）的半硬性的低密度聚乙烯（LDPE）袋及低密度聚乙烯安瓿、瓶、小瓶。

有效期（也称为失效日期）： 在这段时间内，制剂只要在容器标签规定的条件下贮存，就能符合经批准的有效期标准。

质量标准： 见VICH GL39和GL40。

放行标准： 包括物理、化学、生物学、微生物学试验和认可的限度要求，在放行时用于判断制剂是否合格。

有效期标准： 包括物理、化学、生物学、微生物学试验和认可的限度要求，在整个再检期内，用于判断原料药是否合格，或在整个有效期内制剂必须符合其标准的要求。

贮存条件偏差： 正式稳定性试验的贮存设备在温度和相对湿度方面的允许偏差。该设备必须能够控制贮存条件在本指导原则规定的范围内。在稳定性试验贮存过程中，（当需要控制时）应监控实际温度和湿度。由于开启贮存设备的门而导致的不可避免的短期温度、湿度变动是可接受的。应记录设备失控而导致的偏离的影响，如已证明影响稳定性结果，则需报告。超过允许偏差24h的偏离，应在研究报告中说明并评估其影响。

破坏性试验（原料药）： 为揭示原料药内在稳定性进行的试验。它是开发研究的一部分，通常是在比加速试验更剧烈的条件下进行。

破坏性试验（制剂产品）： 为评价剧烈条件对制剂产品的影响进行的试验。这些试验包括光稳定性试验（见VICH GL5）和特定制剂（如定量吸入剂、霜剂、乳膏剂、冷藏的水性液体制剂）的特殊试验。

支持性数据： 除了正式稳定性研究资料外，其他支持分析方法、再检期或有效期和贮存条件的试验数据。这些数据包括：①最初合成路线生产的原料药，小试规模生产的原料药，不作为上市用的研究性处方，相关的其他处方以及非市售容器包装的药品所进行的稳定性研究数据；②对容器进行的试验资料；③其他科学原理的试验资料。

4 参考文献

VICH GL4.Stability Testing of New Veterinary Dosage Forms.

VICH GL5.Photostability Testing of New Veterinary Drug Substances and Medicinal Products.

VICH GL8.Stability Testing for Medicated Premixes.

VICH GL10.Impurities in New Veterinary Drug Substances.

VICH GL11.Impurities in New Veterinary Medicinal Products.

VICH GL17.Stability Testing of Biotechnological/Biological Veterinary Medicinal Products.

VICH GL39.Specifications：Test Procedures and Acceptance Criteria for New Veterinary Drug Substances and New Medicinal Products：Chemical Substances.

VICH GL40.Specifications：Test Procedures and Acceptance Criteria for New Biotechnological/Biological Veterinary Medicinal Products.

GL4 新兽药制剂的稳定性试验

VICH GL4（稳定性 2）
1999 年 5 月
第七阶段施行

新兽药制剂的稳定性试验

1999 年 5 月 20 日
在 VICH 进程第七阶段
由 VICH 指导委员会推荐实施

本指导原则由相应的 VICH 专家工作组制定，并已通过 VICH 各部门协商。在进程的第七阶段，最终文稿被推荐给欧盟、日本和美国的管理机构采用。

总则

这份文件是VICH总指导原则“新兽药原料及制剂稳定性试验”（VICH GL3）的补充，文中对申请者在新原料药和制剂产品申报后开发的新制剂需要报送的稳定性资料进行了阐述。

新制剂

新制剂是指含有与已被相关管理机构批准的、与现有药品具有相同的活性物质、但剂型不同的药品。

药物制剂类型包括不同给药途径（如口服给药改为肠外给药），具有新的特定功能或释放系统的（如速释片改为调节释放片），以及给药途径相同但剂型不同（如胶囊剂改为片剂，溶液剂改为混悬剂等）的产品。

新制剂的稳定性试验方案原则上应遵循稳定性试验的总指导原则。但在经证明合理的情况下，申报时提交简化的稳定性试验数据是可以接受的。

GL5 新兽药原料及制剂的光稳定性试验

VICH GL5 （稳定性 3）
1999 年 5 月
第七阶段施行

新兽药原料及制剂的光稳定性试验

1999 年 5 月 20 日
在 VICH 进程第七阶段
由 VICH 指导委员会推荐实施

本指导原则由相应的 VICH 专家工作组制定，并已通过 VICH 各部门协商。在进程的第七阶段，最终文稿被推荐给欧盟、日本和美国的管理机构采用。

1 总则

VICH三方协调统一的新兽药原料及制剂稳定性试验指导原则（以下称总指导原则）指出光照试验是强力破坏试验必不可少的组成部分。本文是总指导原则的附件，对光稳定性试验提供一些建议。

A. 前言

新兽药原料及制剂的光稳定性应经过考察并评估，适当的光照应不会引起不可接受的变化。通常，按照总指导原则中“批次选择”部分所述，光稳定性试验批次只须选做一批样品。在某些情况下，如产品发生变更或变化（如处方、包装）时，应重新进行光稳定性试验。是否需要重新进行光稳定性试验，应依据申报时测定的光稳定性及产品变更和/或变化的类型确定。

本指导原则主要阐述注册申报新分子实体及其制剂所需报送的光稳定性试验资料，不包括已批准使用的药物（如在使用中的）的光稳定性试验及总指导原则中未涵盖的申请内容。如果有已经证明其科学合理性的替代方法也可采用。

系统的光稳定性试验研究，建议包括以下内容：

Ⅰ）原料药试验；

Ⅱ）除去内包装的制剂试验（如需要）；

Ⅲ）除去外包装（带内包装）的制剂试验（如需要）；

Ⅳ）上市包装的制剂试验。

制剂的试验是依据“制剂光稳定性决策流程图”，通过对其光暴露试验是否产生了不可接受的变化结果判断进行设计。“可接受的变化”是指该变化在申请者能够合理论证的限度内。

国家/地区应对光敏性原料药和制剂的标签制定相应的要求。

B. 光源

以下所述的光源可用于光稳定性试验。除另有规定外，申请者应对温度进行适当的控制，以减少局部环境温度变化对试验的影响，或在相同环境中增加暗度控制。药品生产商/申请者可根据光源制造商提供的光谱分布选择选项1和选项2。

选项1： 采用任何输出强度接近D65/ID65发射标准的光源，如将可见-紫外联合输出的人造日光荧光灯、氙灯或金属卤化物灯。D65是国际认可的ISO10977（1993）标准的户外日光标准。ID65相当于室内间接日光标准。对于发射的主要辐射低于320 nm的光源，有必要加入适当的滤光器去除这种辐射。

选项2： 对于选项2，相同的样品应同时暴露于冷白荧光灯和近紫外灯下。

Ⅰ）冷白荧光灯应具有ISO10977（1993）所规定的近似输出功率。

Ⅱ）近紫外荧光灯的光谱范围应在320～400nm，并在350～370nm有最大发射能量；在320～360nm及360～400nm 2个谱带范围内，紫外光均应占有显著的比例。

C. 方法

在确认研究中，样品应暴露在总照度不低1.2×10^6（Lux·h），近紫外能量不低于200（W·h）/m^2的光源下，使能对原料药和制剂进行直接比较。

样品可并排暴露于经验证过的光化线强度测定系统下，以确保获得规定的光暴露；或在用经校正的测光仪/照度仪监测的条件下，持续暴露相当的时间。附录中提供了光化强度测定方法的实例。

若用遮光对照样品（如用铝箔包装）作为暗度控制，考察由热引起的变化对总观察变化的影响，应将其与受试样品并排放置。

制剂光稳定性试验决策流程图

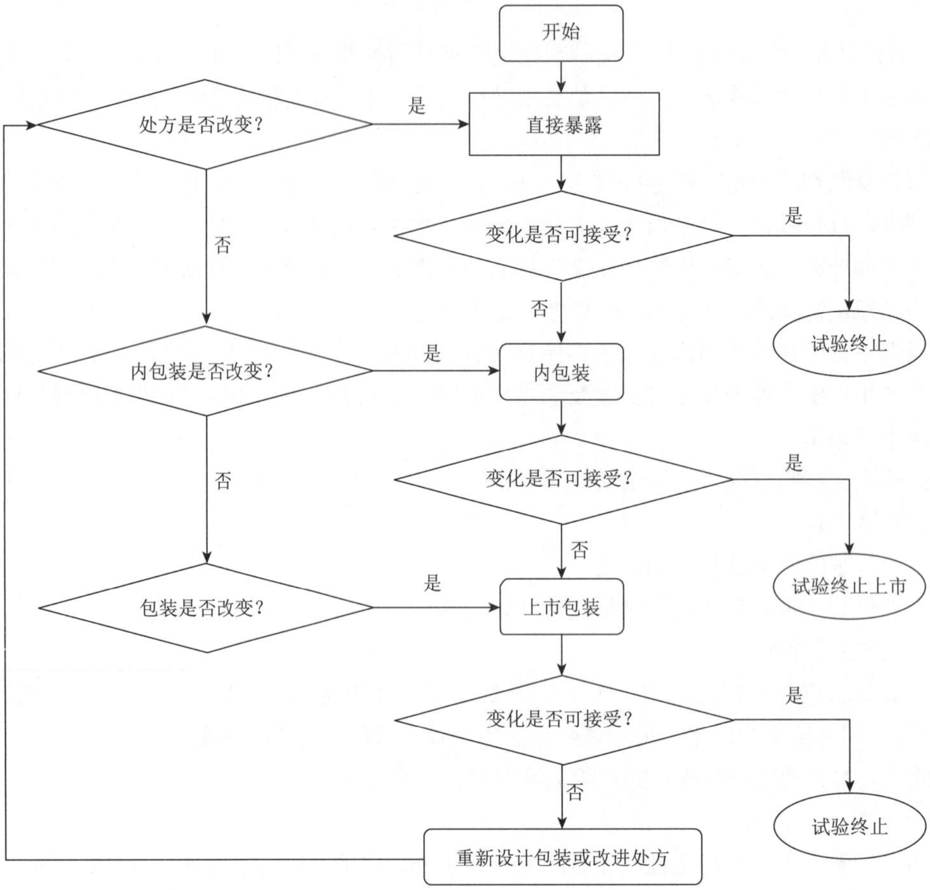

2　原料药

原料药的光稳定性试验应包括2个部分：强制降解试验研究和确认研究。

强制降解试验研究的目的是评价原料药的总体光敏感性，并建立测试方法及阐明降解路径。试验样品包括原料药和/或原料药的简单溶液/混悬液，以验证分析方法。在这些研究中，样品应置于化学惰性的透明容器中。强制降解试验研究可能采用不同的暴露条件，而暴露条件的选择应依据药物本身的光敏感性及所用光源的强度。在建立并验证分析方法时，应采用适宜的暴露条件，如果样品发生过量的降解，即可以终止研究。对光稳定的药物，则在合理的光暴露后即可以终止研究。申请者可自行设计这些试验，但其应证明所采用的暴露水平是合理的。

在强制条件下，可以观察到在确认研究条件下不太可能产生的分解产物，这一信息对建立及验证分析方法是有用的。如果试验证明这些降解产物在确认研究中并不会产生，则无需对这些降解产物进行进一步的检测。

然后应进行确认研究，以提供该原料药的贮藏、包装、标签等所需要的信息（设计这些研究所需的信息，参见1.C“方法”和2.A“样品放置”项下的要求）。

通常，在研发阶段光稳定性试验只需测试一批样品，如果药物明显是光稳定的或是光不稳定的，可以根据总指导原则，选择一批样品来确认光稳定性特征。如果确认研究结果不明确其光稳定性，则应加试2个批号的样品。样品的选择应符合总指导原则的要求。

A. 样品放置

应考虑受试样品的物理性质，并采取措施，如冷藏和/或置密闭容器中，以确保物理状态的变化（如升华、蒸发、熔化）所造成的影响最小。应采取各种预防措施以使供试品光照时其他因素的影响最小化。

无论与进行的试验有无关系，都应考虑并排除样品与包装材料之间可能存在的相互作用。

固体原料药样品，应取适量放在适宜的玻璃或塑料碟中，必要时以适宜的透明盖子保护。固体原料药应分散在容器中，厚度不超过3mm。液体原料药应置于化学惰性的透明容器中。

B. 样品分析

光暴露试验一结束，应立即检查样品物理性质（如外观、溶液的澄清度或颜色）的所有变化，并进行含量和降解物的测定，所用方法应经过相应的方法学验证，证实其适用于检测光化反应产生的降解产物。

对于固体原料药的取样，应确保每一项试验中所用的样品具有代表性。对于光照后可能会不均匀的物质，取样时需将整个样品均质化。如果试验中采用暗度控制对照样品（可用各种方法将样品保护起来不受光照），则应与光照过的样品同时测定。

C. 结果评价

强制降解试验应设计成能为建立并验证确认研究中的试验方法提供适当的信息。所建的试验方法应能分离并检测确认研究中出现的光降解物质。在评价研究结果时，重要的是应认识到这些试验是强力破坏试验的一部分，故无需设计成建立光降解变化定性或定量的限度。

确认研究应能确定在制剂生产和处方配制过程中所必要的预防措施，以及是否需要避光包装。当评价确认研究结果，确定光照所引起的变化是否可以接受时，必需同时考虑其他规范的稳定性试验结果，以确保药物在使用期内符合规定的限度，参见VICH稳定性及杂质指导原则。

3　制剂

通常，制剂的光稳定性研究应进行一系列试验。首先，制剂应完全暴露进行试验；如有必要，再以直接包装进行试验；如再有必要，以上市包装进行试验。试验应一直做到其结果显示该制剂可以充分抵御光照为止。制剂应按1.C中所描述的方法进行光暴露试验。

一般来说，在研发阶段只需测试一批样品。如果药物的光稳定性是确定的，明显是光稳定的或是不稳定的，则光稳定性试验应按照总指导原则所描述的方法选择1个批号进行；如确认研究结果仍不明确其光稳定性，则应加试2个批号的样品。

有些制剂已证明其内包装完全避光，如铝管或铝罐，一般只需进行制剂的直接暴露试验。

有些制剂，如输液、皮肤乳膏等，应做一些附加试验以证明其使用时的光稳定性；试验的设计取决于制剂的使用方式，申报者可自行考虑。

所有的分析方法均应经过相应的方法学验证。

A. 样品放置

应考虑受试样品的物理性质，并应采取措施，如冷藏和/或置密闭容器中，以确保物理状态变化（如升华、蒸发、熔化）所造成的影响最小。应采取各种预防措施以使供试样品光照时受其他因素的影响最小化。无论与进行的试验有无关系，都应考虑并排除样品与包装材料之间可能存在的相互作用。

对除去内包装的样品进行试验时，样品放置应与原料药的条件相似，保证受到最大面积的光照，如片剂，胶囊剂应分散为单层。

如果受试样品不能直接暴露（如兽药产品易氧化），则应放在合适的有保护的惰性透明容器中（如石英容器）。

如果制剂需在内包装或在上市包装条件下进行试验，样品应水平放置或横向面对光源，以保证样品获得尽可能均匀的光照。当试验样品为大容量容器包装（如分包装）时，有些试验条件可能要进行调整。

B. 样品分析

光暴露试验一结束，应立即检查样品物理性质（如外观、溶液的澄清度或颜色、固体制剂如胶囊剂等的溶出度/崩解时限）的所有变化，并进行含量和降解物的测定，所用方法应经过相应的方法学验证，证实其适用于检测光化反应产生的降解产物。

对粉末样品，取样时应确保每一份测定的供试品具有代表性。对于固体口服制剂，取样应适量，如20片（片剂）或20粒（胶囊剂）。对光照后可能不均一的样品（如乳膏剂、软膏剂、混悬剂等），同样应考虑取样的代表性，如对整个样品进行均质化或溶解。如果试验中采用暗度控制对照样品，则应与光照过的样品同时测定。

C. 结果评价

根据变化的程度，可能需要采用特殊的标签或包装以减少制剂对光的暴露。当评价光稳定性研究测定结果，确定光暴露引起的变化是否可以接受时，必须综合考虑其他规范的稳定性研究结果，以确保药品在有效期内符合其质量标准的规定，参见VICH 稳定性和杂质指导原则。

4 附录

奎宁化学光量测定

以下详细介绍监控暴露在近紫外荧光灯（根据FDA/国家标准和技术研究所）下的光量测定方法。对其他光源/光量测定系统，也可使用相同的方法，但各光量测定系统均应对所采用的光源进行校正。

准备足量的2%（W/V）盐酸奎宁二水合物的水溶液（必要时加热溶解）。

方法1 取溶液10mL，置于20mL无色安瓿中，密封，作为样品；另取溶液10mL，置于20mL无色安瓿中（见下注），密封，用铝箔包裹避光，作为对照；将上述2个安瓿置于光源中光照数小时后，在400nm波长处，用1cm石英池测定样品吸光度（AT）和对照吸光度（Ao），计算两者吸光度差ΔA = AT − Ao。光照时间应足够，要确保ΔA不小于0.9。

方法2 将溶液置于1cm石英池中，作为样品；另将溶液置于另一石英池中，用铝箔包好，作为对照；将样品和对照置于光源下暴露数小时，在400nm波长处分别测定AT与Ao，计算两者的吸光度差ΔA = AT − Ao。光照时间应足够，要确保ΔA不小于0.5。

如经验证可采用其他合适的包装，则可使用其他经验证的光量测量仪。

注：安瓿的形状与尺寸［见日本工业标准（JIS）R3512（1974）中安瓿的质量标准］。

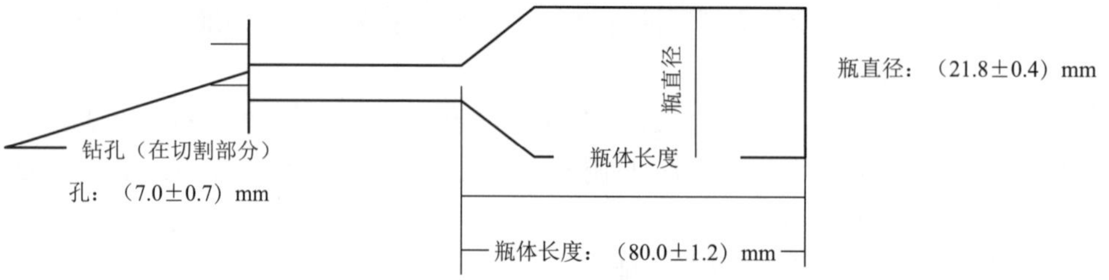

5 术语

内包装：指包装中直接接触原料药或制剂的包装，包括任何适当的标签。

上市包装：指内包装和其他层次包装（如纸盒）的总和。

强制降解试验研究：指有意地使样品降解的试验，该研究通常在原料药研发阶段进行，目的是评价药物的总体光敏感性，并建立测试方法和/或阐明其降解的路径。

确认研究：指在标准化条件下确定光稳定性特征的试验研究。该研究用于确定生产工艺和处方配制中应采取的保护性措施，以及决定是否需要采用避光包装或特殊标签来保护药品并减少光暴露。确认研究样品批次的确定，应依据总指导原则中规定的长期试验和加速试验批次的选择原则。

6 参考文献

Quinine Actinometry as a method for calibrating ultraviolet radiation intensity in light-stability testing of pharmaceuticals.

Yoshioka S. et al.,Drug Development and Industrial Pharmacy,20 (13),2049 − 2062 (1994) .

GL45 新兽药原料及制剂稳定性试验设计：括号法和矩阵法

VICH GL45 （质量）— 括号法和矩阵法
2010 年 4 月
第七阶段施行

新兽药原料及制剂稳定性试验设计：括号法和矩阵法

2010 年 4 月
在 VICH 进程第七阶段
由 VICH 指导委员会采纳
2011 年 4 月实施

本指导原则由相应的 VICH 专家工作组制定，并已通过 VICH 各部门协商。在进程的第七阶段，最终文稿被推荐给欧盟、日本和美国的管理机构采用。

1 前言

1.1 本指导原则的目的

本指导原则的目的是：在按照VICH GL3（R）新兽药原料及制剂稳定性试验三方协调指导原则（以下简称“总指导原则”）进行稳定性研究时，如何应用括号设计法（括号法）及矩阵设计法（矩阵法）。

1.2 背景

总指导原则指出了矩阵法和括号法在经过验证的情况下可以应用于新兽药原料及制剂的稳定性试验，但并未提供进一步的指导原则。

1.3 本指导原则涉及的范围

本文件阐述了括号法与矩阵法研究设计的指导原则。在可以应用括号法和矩阵法时，本指导原则给出了专门的规则。指导原则中提到的设计样例仅仅是用来举例说明，不应当认为是唯一或最佳的设计。

2 指导原则

2.1 总则

一项完整的设计方案是在所有时间点对样品的全部设计因子的每个组合都进行试验。简化的设计方案则是在所有的时间点并非对每个设计因子组合的样品都进行试验。当涉及多种因子时，简化的设计方案可替代完整设计方案。任何一种简化设计方案必须具备足够的预测复检期或有效期的能力。在考虑一种简化设计方案以前，需要评估和验证相关的假设。还需要考虑由于数据收集量的减少而得出与完整设计方案比较相对短的复检期或有效期的潜在风险。

在进行简化设计研究期间，如果有合理的依据，并且试验仍符合完整设计和简化设计的原则，可将简化方案改为完整的试验方案，或者改为简化程度少的设计方案。然而，如果因为设计的改变而造成样本量的增加，视情况对统计分析作合理的调整。一旦改变了设计方案，在稳定性研究的剩余时间点，就应该采用改变后的完整试验方案或简化程度少的方案进行试验。

2.2 简化设计的适用性

简化设计可应用于绝大多数兽药制剂类型的正式稳定性研究。对于某些复杂的给药系统，因为有很多潜在的药物与装置的相互作用，则应提供进一步的合理性验证后才可应用。对兽药原料而言，矩阵法的应用有一定的限制，而括号法则通常不适用。

在什么情况下可以使用括号法与矩阵法，取决于下文所述条件。任何简化设计方案都需要验证。某些情况下，本指导原则中描述的条件已经为应用提供了足够的验证。但有些情况下，则应提供进一步的验证。进行验证的类型和程度，取决于可得到的支持性数据。应用矩阵法时，应当考虑由支持数据所显示的数据波动性和产品的稳定性。

括号法与矩阵法是基于不同原理的简化设计法。因此，在一个设计方案中同时使用括号法与矩阵法，需谨慎考虑并进行科学验证。

2.3 括号法

如同总指导原则中术语所定义的，括号法是一种稳定性试验的设计方案，它仅对某些设计因子（如规格、包装容器大小和／或装量）处在极端状态的样品，与完整设计方案一样，在所有时间点进行试验。这种方案假设任何中间状态样品的稳定性可以用被试验的极端状态样品的稳定性所代表。

如果无法确证被选择受试的规格、容器大小和／或装量确实是处在极端状态，那么使用括号法是不恰当的。

2.3.1 设计因子

设计因子是需要在稳定性研究中评估其对产品稳定性影响的变量（如规格、容器大小和／或装量）。

2.3.1.1　规格

括号法可用于处方相同或相近的多个规格样品稳定性研究中。例子包括但不限于①由相同粉末混合物、不同填充量制成的不同规格的胶囊；②由不等量的同种颗粒压制成的不同规格的片剂；③处方仅在某些微量辅料（如着色剂、矫味剂）上有差别的不同规格的内服溶液剂。

经过验证，可将括号法应用于处方中原辅料比例不同的多个规格的研究中。这样的验证可以包括在临床试验或产品研发中所用批次的产品不同规格间稳定性情况的比较结果。

如果各规格之间使用了不同的辅料，就不能应用括号法。

2.3.1.2　容器大小和／或装量

可将括号法应用于容器大小或者装量不同而其他保持不变的同种包装容器系列的研究。但是，如果在容器大小和装量均发生变化的情况下考虑使用括号法，就不能假设最大和最小的容器代表了所有包装形态的极端状态。应通过比较包装容器系统中可能影响产品稳定性的各种特性来仔细选择包装形态的极端状态。这些特性包括容器壁厚度、闭塞物的几何形状、表面积与容积之比、上部空间与总容积之比、每个剂量单位或单位装量容积的水蒸汽透过率或氧气透过率等。

经过验证，括号法可以用于同种容器、不同闭塞物的研究。验证内容可以包括该系列容器密闭系统的相对通透率的讨论。

2.3.2　设计上的考虑和潜在风险

在研究工作开始以后，如果其中一种极端状态样品不再打算用于上市销售，那么该研究方案可以继续用以支持中间状态样品。还应承诺获得批准后，继续对已上市的极端状态样品进行稳定性研究。

在应用括号法前，应评估它对判断复检期或有效期的影响。如果极端状态样品的稳定性不同，就不能认为中间样品比最不稳定的极端样品更稳定（如中间状态样品的有效期不应超过最不稳定的极端样品的有效期）。

2.3.3　设计示例

在表1中给出了1个括号法的设计示例。该实例为某种有3个规格和3种容器大小的制剂。在本例中，应证明15mL和500mL高密度聚乙烯（HDPE）容器确实代表了极端状态。对于每一选定组合的批次，应如同在完整设计中一样，在每个时间点都进行试验。

表1　括号法示例

规格		50mg			75mg			100mg		
批次		1	2	3	1	2	3	1	2	3
容器大小	15mL	T	T	T				T	T	T
	100mL									
	500mL	T	T	T				T	T	T

注：T＝进行检测的样品。

2.4　矩阵法

如同总指导原则中词汇表定义的一样，矩阵法是一种稳定性试验的设计方案，它在指定的某些时间点对所有具有全部因子组合的总样品中的一个选定因子进行试验。在后续的时间点，对另一个具有全部因子组合的样品因子进行试验。该设计方案假设检测的每个样品因子的稳定性代表着所给时间点上所有样品的稳定性。对于同一种制剂，样品间的各种差异应一一确定，如包括批次不同、规格不同、包装容器相同但大小不同，在某些情况下，可能包装容器也不同。

当一种次级包装系统影响到兽药制剂的稳定性时，可以将该包装系统归入矩阵法。

每个贮存条件都应该在它自身的矩阵设计中分别设置。不能对试验项目进行矩阵设计，但是，经过验证后，对于不同试验项目，可选用另外的矩阵设计方案。

2.4.1　设计因子

可将矩阵法应用到具有相同或相似处方的不同规格。例子包括但不限于：(1) 由相同的粉末混合物用不同的填充量制成的不同规格的胶囊；(2) 由不等量的同种颗粒压制成的不同规格的片剂；(3) 处方中仅在某些微量辅料（如着色剂或矫味剂）上有差别的内服溶液剂。

可以应用矩阵设计的其他例子有：使用相同的工艺和设备制成的、采用相同包装、容器大小或装量也相同的不同批次产品。

经过验证，可以把矩阵设计运用到原辅料比例不同的、使用不同辅料的、或使用不同包装的不同规格制剂。验证通常应有相关数据的支持。例如，针对 2 种不同的闭塞物或包装容器应用矩阵法时，应提供它们的相对水蒸汽透过率或具有相似的避光保护措施的数据。或者，可以提供制剂不受氧气、湿度和光照影响的相关数据。

2.4.2　设计上需考虑的因素

矩阵方案的设计应尽可能均衡，以使每个因子组合在整个拟定的研究期间和在申报前最后一个时间点能被试验到同等的程度。然而，如下所述，推荐的完全试验是在那些固定的时间点进行的，所以，在对时间点进行矩阵的设计方案中，要达到完全的均衡可能是困难的。

在对时间点进行矩阵设计的方案中，应该在起始和结束的时间点对所有选定的因子组合进行测定，而在每个中间时间点仅仅对某些指定组合进行试验。如果在申报时无法提供用来确定有效期的完整的长期试验数据，则关于批次、规格、容器大小和装量以及其他因子的所有选定组合，应该在第12个月或在申报前的最后一个时间点均进行试验。而且，对于每个选定的组合，应提供研究的前12个月中至少3个时间点（包括起始时间点）的数据。在加速试验条件或中间贮存条件下进行矩阵设计时，对于每个选定的因子组合，应注意确保进行最少 3 个时间点的试验，包括最初和最终时间点。

当已进行关于设计因子的矩阵时，如果某个规格或容器尺寸和／或装量不再打算用于上市销售，对该规格或容器尺寸和／或装量的稳定性试验可继续下去，以支持设计方案中的其他规格或容器尺寸和／或装量。

2.4.3　设计实例

表2为某种 2 个规格（S 1和S 2）制剂的针对时间点的矩阵设计示例。术语“1/2简化”和“1/3简化”是指对完整研究设计进行的简化策略。比如，1/2简化是在完整研究设计的每 2 个时间点中去掉 1 个，而1/3简化则是在每 3 个时间点去掉 1 个。在表2的示例中，其简化程度少于1/2或1/3。这是因为如同2.4.2所述，所有因子组合在某些时间点要进行完全试验。这些示例包括在起始、结束和第12个月时间点的完全试验。所以，最终的简化要比1/2（24/48）或1/3（16/48）少，实际上分别是15/48和10/48。

表2　某制剂 2 个规格关于时间点的矩阵设计示例

“1/2简化”

时间点（月）			0	3	6	9	12	18	24	36
规格	S1	批次1	T	T		T	T		T	T
		批次2	T	T		T	T	T		T
		批次3	T		T		T	T		T
	S2	批次1	T		T		T		T	T
		批次2	T	T		T	T	T		T
		批次3	T		T		T		T	T

"1/3简化"

时间点（月）			0	3	6	9	12	18	24	36
规格	S1	批次1	T	T		T	T		T	T
		批次2	T	T	T		T	T		T
		批次3	T		T	T	T	T	T	T
	S2	批次1	T		T	T	T	T	T	T
		批次2	T	T		T	T		T	T
		批次3	T	T	T		T	T		T

注：T＝进行检测的样品。

表3a、表3b给出了另一个有3种规格、3种容器尺寸的某种制剂的矩阵设计示例。表3a是一种仅对时间点进行矩阵的设计，而表3b则是对时间点和因子均进行矩阵的设计方案。在表3a中，批次、规格以及容器尺寸的所有组合都被试验；而在表3b中，某些组合不被试验。

表3a和表3b　某种3个规格3种容器尺寸制剂的矩阵设计示例

表3a　对时间点的矩阵设计

规格	S1			S2			S3		
容器尺寸	A	B	C	A	B	C	A	B	C
批次1	T1	T2	T3	T2	T3	T1	T3	T1	T2
批次2	T2	T3	T1	T3	T1	T2	T1	T2	T3
批次3	T3	T1	T2	T1	T2	T3	T2	T3	T1

表3b　对时间点和因子的矩阵设计

规格	S1			S2			S3		
容器尺寸	A	B	C	A	B	C	A	B	C
批次1	T1	T2		T2		T1		T1	T2
批次2		T3	T1	T3	T1		T1		T3
批次3	T3		T2		T2	T3	T2	T3	

试验安排：

时间点（月）	0	3	6	9	12	18	24	36
T1	T		T	T	T	T	T	T
T2	T	T		T	T		T	T
T3	T	T	T		T	T		T

注：S1、S2和S3代表不同规格，A、B和C 代表不同的容器尺寸。
T＝进行检测的样品。

2.4.4　简化的适用性和程度

设计一个矩阵方案时，应考虑如下因素，虽然它们还不够全面：

- 了解数据的变异性；
- 产品的预期稳定性；
- 支持数据的有效性；

- 在一个因子之内或多个因子之间产品稳定性的差异；
- 研究中因子组合的数量。

一般来说，如果支持数据指示了产品有可以预见的稳定性，则可采用矩阵法。如果支持性数据变异性很小，则说明运用矩阵法是适当的。但是，如果支持性数据显示了中等的变异性，需进行统计分析验证矩阵设计的合理性。如果支持性数据显示了很大的变异性，就不能采用矩阵法。

统计分析验证是对该矩阵设计检测因子间降解速率差异的能力或其估计有效期的准确程度进行评估。

如果一个矩阵设计被认为是可采用的，那么其简化程度可根据被评估的因子组合的数量来决定。与产品相关的因子越多，每个因子的层次越多，可以考虑简化的程度就越大。然而，任何简化的设计都应有足够的预测产品有效期的能力。

2.4.5　矩阵设计的潜在风险

由于数据收集量的减少，一个仅对因子而非对时间点的矩阵设计，与相应的完整设计方案相比，通常在估测有效期的准确性上要差一些，得出的有效期要短一些。而且，这样的矩阵设计方案也许没有足够的能力检测出某些主要因子或因子间相互作用的影响，因此，在评估有效期时，会导致将不同设计因子得来的数据进行不正确的合并。如果在因子组合的试验数量上简化过度，这些试验数据就不能合并以建立一个有代表性的有效期，也就不可能估测那些缺失的因子组合的有效期。

一个仅对时间点进行的矩阵设计研究，在检测各因子之间变化率的差异和建立一个可靠的有效期方面，常常与完整设计方案有相似的能力。这是因为假设这些变化存在线性关系，而且还因为所有因子组合在起始时间点和申报前的最后时间点都仍然进行完全试验。

2.5　数据评估

简化设计研究获得的稳定性数据的处理和评估方式与完整试验设计相同。

GL51 稳定性数据的统计学评价

VICH GL51 （质量：稳定性数据）
2013 年 2 月
现行第七阶段最终版本

稳定性数据的统计学评价

2013 年 2 月
在 VICH 进程第七阶段
由 VICH 指导委员会采纳
2014 年 2 月 28 日实施

本指导原则由相应的 VICH 专家工作组制定，并已通过 VICH 各部门协商。在进程的第七阶段，最终文稿被推荐给欧盟、日本和美国的管理机构采用。

1 前言

1.1 本指导原则的目的

本指导原则对注册申报时如何利用稳定性数据建立复检期或有效期提供建议，这些稳定性数据是按照VICH指导原则GL3（R）（新兽药原料及制剂的稳定性试验）进行试验所得到的。本指导原则阐述了如何及何时可以使用外推法，以获得超过长期稳定性数据覆盖时间外的原料药的复检期和兽药制剂的有效期。本指导原则的应用是可以选择的，申请者可自行决定是否使用统计学分析来支持所制定的复检期或有效期。

1.2 背景

GL3（R）提供的稳定性数据评价及统计分析的指导原则较简要有限。GL3（R）述明：为评估复检期或有效期，对可定量测得的稳定性数据进行分析，"回归分析"是一种合适的方法，并建议以显著水平为0.25进行批次合并可行性的统计检验。然而，GL3（R）不够详细，且没有涵盖在完全设计或简化设计中包括多个因素的情况。

本指导原则是对总指导原则GL3（R）评价部分的补充。

1.3 本指导原则涉及的范围

本指导原则阐述了新分子化合物及其相关兽药制剂在注册申请时应呈报的稳定性数据的评价方法。还推荐了拟贮存在"室温"或低于"室温"* 的原料药或兽药制剂建立复检期及有效期的方法。它涵盖了采用单因素或多因素设计、完全或简化设计进行的稳定性研究。

＊注：术语"室温"指一般环境，不宜用于标签上的贮藏说明。

建立和验证质量标准时可参照VICH GL39和GL40。使用完全或简化设计可参照VICH GL45。

2 指导原则

2.1 总则

正式稳定性研究的设计和执行应遵循GL3（R）中的原则。稳定性研究的目的是：根据至少3批原料药或兽药制剂的试验，确定可应用于以后在相似环境条件下生产和包装的所有批次样品的复检期或有效期及标签上的贮藏条件。批次之间的变异程度将影响以后的产品批次在整个复检期或有效期中能符合质量标准的可靠程度。

尽管在正常生产和分析中存在变异，但重要的是，兽药制剂配方应尽可能保证出厂时含量接近标示量的100%。如果用于注册申请的批次的含量在放行时高于标示量的100%，考虑生产和分析的变异，申请中建议的有效期可能是高估的。反之，如果含量在放行时低于标示量的100%，则在建议的有效期前，其含量可能会低于标准要求。

应对稳定性资料进行系统报告和评价。稳定性资料应包括物理、化学、生物和微生物试验的结果以及有关剂型特性的试验结果（如固体口服制剂的溶出速率）。应进行质量平衡评估，考虑会影响质量平衡的因素，如降解机制、分析方法指示稳定性的能力和其自身的变异性。

单因素或多因素研究、完全或简化研究，它们的稳定性数据评估的基本原则是相同的。应采用从正式稳定性研究中得到的数据，必要时也可采用辅助性资料来确定可能影响原料药或兽药制剂质量和性能的关键性质量指标。每个指标均应分别进行评估，还需对所有的结果进行全面评估，以确定复检期或有效期。所建立的复检期或有效期不能超过任一质量指标预测的有效期限。

附录A中的决策树概括了稳定性数据评估的一种阶梯式方式，并且介绍了在什么情况下可进行外推及如何外推，以得到建议的复检期或有效期。附录B提供了：（1）从1个多因子的完全或简化设计的研究中，如何分析所获得定量指标的长期试验数据；（2）如何使用回归分析估算复检期或有效期；（3）举例说明如何用统计方法判断能否合并从不同批次或不同因子中得到的数据。其他指导原则可在所列的参考文献中找到，但所举的例子和参考资料并没有包含所有可应用的统计方法。

一般来说，可假定原料药或兽药制剂的某些可定量的化学指标（如含量、降解产物、防腐剂含量）在长期贮存期间符合零级动力学。因此，这些数据可照附录B中所述统计分析，包括线性回归和合并性试验方法进行分析。尽管其他一些可定量指标（如pH、溶出度）的动力学尚不明确，如适用，也可采用上述统计分析方法进行分析。定性指标和微生物指标通常不适合进行这一类统计分析。

本指导原则对统计分析方法的推荐，并不表明对于已经验证不需要统计分析的情况仍要求采用统计的方法。然而，在某些情况下，统计分析可用于支持复检期或有效期的外推；在另外的一些情况下，可用于验证建议的复检期或有效期的合理性。

2.2 数据申报

所有指标的数据都应以适当的形式（如表格、图、叙述）申报，同时应包括对这些数据的评价。所有时间点的可定量指标值（如标示百分含量）应以实测值申报。如果进行统计分析，应对所使用的方法及所用模型的假设进行陈述并说明理由。申报资料中应包括对统计分析结果的列表式总结和／或长期试验数据的图表式总结。

2.3 外推法

外推法是一种根据已知数据来推断未来数据的方法。在申报中，可用外推法建立超过长期试验数据覆盖时间范围的复检期或有效期，尤其适用于在加速试验条件下没有发生明显变化的情况。对稳定性数据进行外推的合理性取决于对变化模式的了解程度、数学模型的拟合度和相关支持性数据。任何外推法应保证外推得到的复检期或有效期，对未来放行时检验合格产品批次是有效的。

稳定性数据的外推是假设：在所获得的长期试验数据覆盖范围外，其变化模式相同。在考虑采用外推法时，所假设的变化模式的正确性是关键。当判断长期数据是否符合直线回归或曲线回归时，数据本身也可验证所假设的变化模式的正确性，并可用统计方法对数据与假设的直线或曲线的拟合程度进行检验。在长期数据覆盖的时间范围外，不可能进行这种相互验证。因此，由外推法得到的复检期或有效期，应及时采用后续得到的长期稳定性数据进行不断验证。尤其要对承诺的批次，在外推的复检期或有效期的最后时间点上用测得的数据进行验证。

2.4 对建立原料药或兽药制剂室温贮存复检期或有效期数据的评价

应按本节要求，对从正式稳定性研究中得到的数据进行系统评价。应依次对每一个指标的稳定性数据进行评估。对室温贮存的原料药或兽药制剂，评估应包括加速条件下或在中间条件下出现任何明显变化，以及整个长期试验的数据的变化和趋势。在某些情况下，可超过长期试验数据所覆盖的时间范围，外推复检期或有效期。附录A提供的决策树可用于帮助判断。

2.4.1 在加速条件下没有明显变化

当在加速条件下未发生明显变化时，可根据长期和加速试验的数据来确定复检期或有效期。

2.4.1.1 长期和加速试验数据显示随时间没有或几乎没有变化和变异性

当考察的某一指标的长期试验数据和加速试验数据显示没有或几乎没有随时间的变化及变异性时，表明该原料药或兽药制剂在建议的复检期或有效期内，该指标能很好地符合其认可标准。在这种情况下，一般认为不必进行统计分析，但应当说明省略理由。理由中可包括对变化模式或未变化的讨论，对加速试验数据、质量平衡和／或在GL3（R）中规定的其他支持性数据相关性的讨论。可用外推法来设置超过长期试验数据覆盖范围的复检期或有效期，所设置的复检期或有效期可达到长期试验数据覆盖时间的2倍，但不能超过覆盖时间外12个月。

2.4.1.2 长期或加速试验数据显示有变化和变异性

如果考察的某一指标的长期试验数据和加速试验数据显示了随时间的变化和／或因子内或各因子间的数据有变异性，则在建立复检期或有效期时应对长期试验数据进行统计分析。当稳定性差异发生在批次之间、其他因子（如规格、容器大小和／或装量）之间或除数据组合外的其他因子组合（如规格与容器大小和／或与装量组合）之间，建议的复检期或有效期就不应超过由批次、其他因子或因子组合中所得到的最短时间期限。或者，当指标的变化是由1个特定因子（如规格）引起的，可针对该因子的不同水平（如不同规格）设计不同的有效期。应阐明引起产品变化有差异的原因和这些差异对产品的总体影响。可用外推来设置超过长期试验数据覆盖范围的复检期或有效期，但是，外推的程度取决于该指标的长期试验数据是否能进行统计分析。

- 数据不能进行统计分析

如果长期试验数据不能进行统计分析，但能提供相关支持性数据，建议的复检期或有效期可外推至长期试验数据覆盖时间的1.5倍，但不能超过长期试验覆盖时间外6个月。相关支持性数据包括研发阶段所研究批次的良好的长期试验数据，这些批次与进行初步稳定性研究的批次相比：①处方相近；②生产规模较小；③包装容器相似。

- 数据能进行统计分析

如果长期试验数据能进行统计分析但未进行统计分析，则外推的程度与“数据不能进行统计分析”相同。如果进行了统计分析，当有统计分析和相关支持性数据支持时，复检期和有效期可外推到长期试验数据覆盖时间的2倍，但不得超过覆盖时间外12个月。

2.4.2　在加速条件下产生明显变化

当在加速条件下产生明显变化*时，复检期和有效期应根据中间条件和长期稳定性试验结果来定。

***注：**下列物理变化在加速条件下可能会发生，但它们不属于明显变化。如果没有其他明显变化，则不需要进行中间条件试验：设计应在37℃熔化的栓剂发生软化，且其熔点得到了明确的验证；由明胶交联引起的12粒明胶胶囊或凝胶包衣片的溶出度不符合规定。

然而，如在加速条件下半固体制剂发生相分离，则需进行中间条件试验。另外，在确定“没有其他明显变化”时，应考虑潜在的相互影响。

2.4.2.1　中间条件下没有明显变化

如果在中间条件下没有发生明显变化，可用超出长期试验数据覆盖时间的外推法，外推的程度取决于长期试验数据是否能进行统计分析。

- 数据不能进行统计分析

若某一考察指标的长期试验数据不能进行统计分析时，如果有相关的支持性数据，可将复检期或有效期外推到长期试验数据覆盖时间外3个月。

- 数据能进行统计分析

如果某一考察指标的长期试验数据可以进行统计分析但未进行统计分析，可外推的程度与“数据不能进行统计分析”相同。如果进行了统计分析，在统计分析和相关的支持性数据支持下，可将复检期或有效期外推到长期试验数据覆盖时间的1.5倍，但不得超过覆盖时间外6个月。

2.4.2.2　在中间条件下发生明显变化

如果在中间条件进行试验时发生明显变化，建议的复检期或有效期不应超过长期试验数据覆盖的时间。另外，还可建议比长期试验数据覆盖时间更短的复检期或有效期。

2.5　对建立原料药或兽药制剂低于室温贮存复检期或有效期数据的评价

2.5.1　拟冷藏的原料药或兽药制剂

除非另有规定，需贮存在冰箱的原料药或兽药制剂的数据评估与在2.4中阐述的贮存于室温的原料药或兽药制剂的数据评估的原则相同。附录A中提供的决策树可提供帮助。

2.5.1.1　在加速试验条件下没有明显变化

在加速条件下未发生明显变化时，除外推的程度应更受限制外，可采用在2.4.1节中阐述的原理外推超出长期稳定性数据覆盖时间的复检期或有效期。

如果长期或加速试验数据随时间几乎没有变化或变异时，一般不用统计分析支持。建议的复检期或有效期可外推到长期试验数据覆盖时间的1.5倍，但不能超出覆盖时间外6个月。

如果长期或加速试验数据显示随时间有变化或变异，(1) 长期试验数据可进行统计分析而未进行；(2) 长期试验数据不能进行统计分析，但可提供相关的支持性数据，则建议的复检期或有效期最多可超出长期试验数据覆盖时间外3个月。

如果长期或加速试验数据显示随时间有变化或变异，(1) 长期试验数据可以进行统计分析并已进行了统计分析；(2) 有统计分析结果和相关支持性数据的支持，则建议的复检期或有效期可外推到长期试验数据覆盖时间的1.5倍，但不能超出覆盖时间外6个月。

2.5.1.2　在加速试验条件下发生明显变化

如果在加速放置条件的第3～6个月发生明显变化，建议的复检期或有效期应依据长期试验数据来定，不宜外推。另外，还可定一个比长期试验数据覆盖时间更短的复检期或有效期。如果长期试验的数据显示变异性，应采用统计分析对建议的复检期或有效期进行验证。

如果在加速试验的前3个月发生明显变化，建议的复检期或有效期应依据长期试验数据来定，不宜外推。还可定一个比长期试验数据覆盖时间更短的复检期或有效期。如果长期试验的数据显示变异性，应采用统计分析对建议的复检期或有效期进行验证。另外，还应讨论说明在短期偏离标签贮存条件（如在运输途中或处置过程中）时所产生的影响。可用一批原料药或兽药制剂进行短于3个月的加速试验，进一步支持这一讨论。

2.5.2　拟冷冻贮藏的原料药或兽药制剂

如果原料药或兽药制剂需冷冻贮存，复检期或有效期应根据长期试验数据来定。对于需要冷冻贮存的原料药或兽药制剂，在缺乏适宜的加速试验条件情况下，可取一批样品在较高的温度［如（5±3）℃或（25±2）℃］下、在一个适当的时间周期内进行试验，以说明短期偏离标签贮存条件（如运输途中或处置过程中）所产生的影响。

2.5.3　需在低于−20℃贮存的原料药或兽药制剂

需贮存于−20℃以下的原料药或兽药制剂，其复检期或有效期应根据长期试验数据来定，并个案评估。

2.6　一般统计方法

如果可能，申报资料中应采用适当的统计方法来对长期稳定性数据进行分析。其目的是建立一个高可信度的复检期或有效期，以确保将来在相似条件下生产、包装和贮藏的所有批次的样品的定量指标在此期间内符合质量标准的要求。

一旦采用一种统计分析方法评价随时间变化或变异的长期试验数据，则应采用相同的统计方法，去分析承诺批次的数据，用于验证或延长原拟定的复检期或有效期。

回归分析是评价定量指标的稳定性数据和建立复检期或有效期的一种合适的方法。定量指标与时间之间的关系决定了这些数据是否需进行转换以进行线性回归分析。一般这种关系可用算术或对数坐标中的线性或非线性函数来表示。有时非线性回归能更好地反映其真实关系。

评估复检期或有效期的一个合适的方法是：通过确定某一定量指标（如含量、降解产物）平均值的95%置信限与建议的认可标准相交的第一时间点来定。

对于随着时间而减小的考察指标，应将其95%单侧置信限的低侧与认可标准相比。对于随时间增大的考察指标，应将其95%单侧置信限的高侧与认可标准相比。对于那些既可能增大又可能是减小或者变化的方向未知的考察指标，应计算95%置信限的双侧并与认可标准的上限和下限进行比较。

选择进行数据分析的统计方法，应考虑所采用的稳定性设计方案，以便为评估复检期或有效期提供有效的统计依据。前文讨论的方法可用于评估单批或经适当的统计分析后合并的多批次产品的复检期或有效期。用于分析单因子或多因子、完全设计或简化设计研究方案的稳定性数据的统计方法的例子，参见附录B。参考文献见附录B.6。

3　附录

附录A　建立原料药或兽药制剂（除冷冻制剂外）复检期或有效期数据的评价决策树

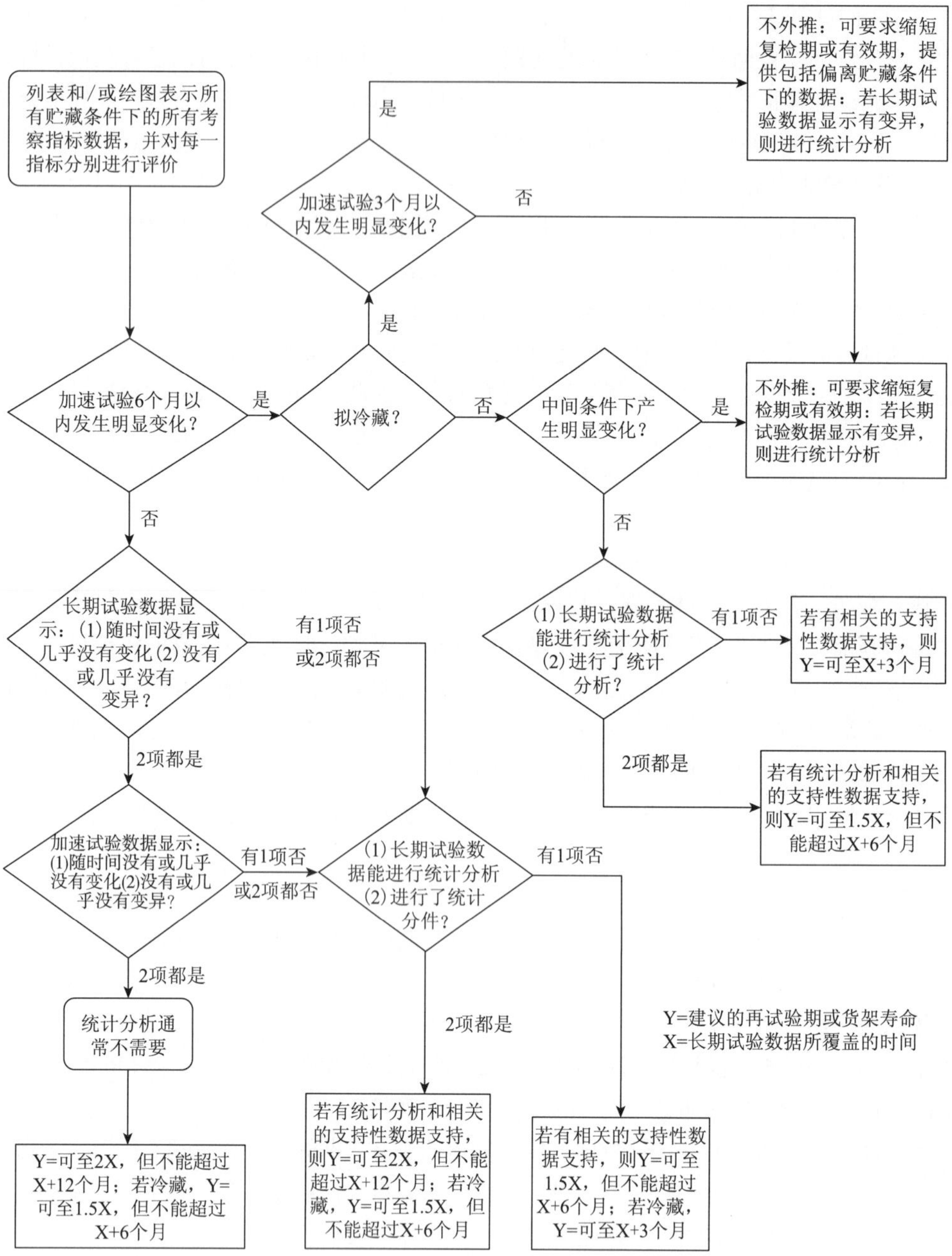

附录B　稳定性数据分析统计方法举例

以下所述的线性回归、合并检验和统计模型是统计方法和步骤的例子，这些方法和步骤可用于具有认可标准的定量指标稳定性数据的统计分析。

B.1　单批的数据分析

通常假设某一定量指标和时间的关系是呈线性的。附图1所示为某一兽药制剂的含量测定数据回归曲线，其认可标准上下限分别为标示量的95%和105%，有12个月的长期试验数据，建议的有效期为24个月。在这个例子中，因为事先不知道含量随时间是增高还是降低（例如，包装在半渗透的容器中的水性制剂），所以，采用平均值的双侧95%置信限。在30个月时，回归线的低侧95%置信限与认可标准下限相交，而高侧置信限在以后也未与认可标准上限相交。因此，按2.4和2.5所述，根据含量测定数据统计分析结果，可将有效期设为24个月。

当分析的某一指标数据仅有认可标准的上限或下限，推荐使用平均值相应单侧的95%置信限。附图2所示为某一兽药产品的降解产物回归曲线，有12个月的长期试验数据，建议的有效期为24个月，降解产物认可标准为不超过1.4%。平均值的高侧95%置信限在31个月处与认可标准相交。因此，按2.4和2.5所述，根据降解产物数据统计分析结果，可支持有效期设为24个月。

如果使用以上方法，可预计在复检期和有效期的终点，定量指标（如含量、降解产物）的平均值在95%的置信水平上，符合认可标准。

上述方法可用于估算单一批次及若干不同批次的复检期或有效期，也可用于估算多个批次按B.2～B.5描述的适合的统计检验合并后的复检期或有效期。

B.2　单因子、完全设计研究的数据分析

对原料药和/或单一规格、单一容量和/或装量的兽药制剂，通常根据至少3个批次的稳定性试验数据来确定复检期或有效期。在分析这些单因子、仅与批次有关、完全设计研究的数据时，可考虑采用2种统计方法。

第一种方法的目的是确定从所有批次中得到的数据是否支持建议的复检期或有效期。

第二种方法即合并检验，目的是确定从不同批次中得到的数据是否能合并，用于全面评估一个共同的复检期或有效期。

B.2.1　评价是否所有批次均支持建议的复检期或有效期

本方法的目的是评估从所有批次中评估得到的复检期或有效期是否比建议的更长。首先采用在B.1中描述的方法得到各个批次的截矩、斜率和从全部批次计算得到的合并均方误差，估算各个批次的复检期或有效期。如果估算的每批复检期或有效期比建议的长，并且遵循2.4和2.5中的外推法指导原则，一般认为建议的复检期或有效期是合适的，没有必要进行合并性检验或对最简化模型的识别。但是，如果一个或多个估算的复检期或有效期比建议的短，应进行合并性检验，以确定能否合并这些批次以评估一个比较长的复检期或有效期。

在B.2.2所述的合并检验中可以使用上述方法。如果所有批次的回归线有1个共同的斜率，并且根据共同斜率和各个截距评估的复检期或有效期均比建议的复检期或有效期长，一般没有必要继续检验截距的可合并性。

B.2.2　多批的合并检验

B.2.2.1　协方差分析

在将几个批次的数据合并估测复检期或有效期之前，应先进行预统计分析来确定不同批次的回归线是否具有共同的斜率和共同的零点截距。如将时间看成协变量，可使用协方差分析（ANCOVA）确定各批次回归线的斜率和截距的差异。每一个检验都用0.25的显著性水平来补偿由于正式稳定性试验时样本量有限所导致的设计上的较低准确度。

如果检验拒绝斜率相同的假设（即：不同批次间斜率有显著性差异），不宜将这些批次数据进行合并。这时可按B.1中所述的方法求得各批次的截距、斜率及从全部批次计算得到的合并均方误差，来估算在稳定性研究中各单个批次的复检期或有效期。所有批次中最短的估测值应被选作全部批次的复检期或有效期。

如果检验拒绝截距相同的假设，但不能拒绝斜率相同的假设（即不同批次间截距有显著差异，而斜率没有显著差异），可合并这些数据，建立共同斜率。这时可按B.1中所述的方法用共同斜率、各自的截距来评估在稳定性研究中各个批次的复检期或有效期。所有批次中最短的估测值应被选作全部批次的复检期或有效期。

如果在0.25的显著性水平不能拒绝斜率和截距相同的假设（即不同批次间斜率和截距均无显著性差

异），则所有批次的数据可以合并。按照B.1的方法，可从合并的数据中估测复检期或有效期并适用于所有批次。从合并的数据中估测的复检期或有效期通常比从各个批次中估测的复检期或有效期长，因为随着批次合并，数据量增多，平均值置信限的宽度变窄。

以上合并检验应按一定顺序进行，如斜率检验在截距检验之前进行。可选择最简化的模型（如不同斜率，相同斜率和不同截距，或相同斜率和相同截距）来评估复检期或有效期。

B.2.2.2　其他方法

除上述方法以外的其他统计方法也可用于估测复检期或有效期。例如，如果事先能确定不同批次间斜率或平均复检期或有效期的可接受差异，可用适当方法评估斜率或评估平均复检期或有效期的相似性以确定数据是否可以合并。但是，应预先制定、评估和论证这一方法，必要时与管理当局讨论。如可能，可使用模拟研究来证明所选替代方法的统计特性是合适的。

B.3　多因子、完全设计研究的数据分析

在多因子完全设计研究中，在不同的因子组合中，兽药制剂的稳定性会有一定程度的差异。在分析这些数据时，可考虑2种方法。

第一种方法的目的是确定从所有不同因子组合得到的数据是否支持建议的复检期或有效期。

第二种方法即合并检验，目的是确定从不同因子组合得到的数据是否能合并，用于全面评估一个共同的复检期或有效期。

B.3.1　评价是否所有因子组合均支持建议的复检期或有效期

本方法的目的是评价从所有因子组合中得到的复检期或有效期是否比建议的更长。根据B.3.2.2.1所述方法，建立一个包括所有因子和因子组合的统计模型，估测每一因子和因子组合的每一水平的有效期。

如果所有由最初模型估测的有效期都比建议的有效期长，并且遵循了2.4和2.5节的指导原则，则不必再建立模型，该建议的有效期一般是可行的。如果一个或多个估测的有效期短于建议的有效期，可使用在B.3.2.2.1中所述的方法建立模型。不过，一般在评价数据是否能支持建议的有效期前，不必确定最后的模型。在建立模型的每一阶段都能进行有效期估测，并且如果在任一阶段所估测到的有效期都比建议的有效期长，就不必进一步考虑简化模型。

与B.3.2.2.1中所述方法比较，该方法能简化复杂的多因子稳定性研究的数据分析。

B.3.2　合并检验

除非合并检验统计结果认为可以合并，否则，多因子的不同组合所得到的稳定性数据不能合并。

B.3.2.1　仅对批次因子的合并检验

如果分别考虑每一个因子组合，对稳定性数据只做批次的合并检验，对每个非批次因子组合的有效期，可分别用B.2所述方法估测。例如，对一个有2种规格、4种包装容器的兽药产品，由2×4（规格-包装）可知需要分析8套数据，因此，相应地有8个有效期。如果需要设置共同的有效期，所有因子组合中估测的最短有效期就是该兽药产品的有效期。但本法没有充分利用来自所有因子组合的数据，因此，得到的有效期比B.3.2.2方法的短。

B.3.2.2　所有因子和因子组合的合并检验

如果对所有因子和因子组合的稳定性数据进行合并检验，而且结果表明数据可以合并，通常可以得到比各因子组合单独估算更长的有效期。因为当批次、规格、容器大小或装量等因子合并后，稳定性数据增多，平均值的置信限宽度变窄，导致有效期更长。

B.3.2.2.1　协方差分析

协方差分析可用于测定不同因子和因子组合的回归线斜率和截距的差异。本方法的目的是确定多种因子组合所得到的数据是否能合并用于估测单一的有效期。

完整的统计模型应包括全部主要影响因子及相互作用因子的截矩和斜率的参数及能反映测量随机误

差的参数。如果能证明某些参数在较高水平相互作用很小，一般不必在模型中列入这些参数。例如，最初时间点的分析结果来自包装前的兽药制剂，则在统计模型中可除去容器的截矩参数，因为在不同容器尺寸和／或装量中得到的结果是相同的。

应采用特定的、有专属性的合并检验，以确定不同因子之间和因子组合之间是否有统计学上的显著性差异。通常，合并检验应按一定顺序进行，如斜率检验在截矩检验之前，相互影响检验在主要影响检验之前。例如，检验从最高水平相互影响因子的斜率开始，然后是其截矩，再是单一主要影响因子的斜率，再后是其截矩。当所有剩余因子都被证明具有统计学显著性差异时，可将所得到的最简化模型用于估测有效期。

所有检验都应当在适当的显著性水平进行。建议0.25的显著性水平用于批次相关因子，0.05的显著性水平用于非批次相关因子。如果合并检验证明不同因子组合的数据可以合并，可按B.1所述，用合并的数据来估测有效期。

如果合并检验证明，某些因子或因子组合所得到的数据不能合并，可用以下2种方法之一进行有效期估测：(1) 可分别估测模型中各剩余因子及每个因子组合的每个水平的有效期。(2) 可根据模型中所有剩余因子及因子组合所有水平中最短的有效期来估测单一的有效期。

B.3.2.2.2　其他方法

可用其他统计方法来替代上述方法。例如，评价斜率或平均有效期相似性的方法可用于确定数据是否能够进行合并，但这一方法要事先制定、验证和评价，必要时与管理当局讨论。如可能，可使用模拟研究，证明替代方法的统计特性是合适的。

B.4　括号法设计研究的数据分析

B.3所述的统计方法可用于括号法设计所获得的稳定性数据的分析。例如，3种规格（S1、S2和S3）和3种包装（P1、P2和P3）的兽药制剂，按照括号法设计进行研究，只试验2个极端的包装（P1和P3），从规格－包装3×2种组合得到6套数据，可根据B.3.2.1对这6种组合的数据分别分析并估测有效期；或根据B.3.2.2在估测有效期前进行合并检验。

括号法设计假设极端时的稳定性可代表中间规格或中间包装的稳定性。如果统计分析表明极端规格或包装间的稳定性是不同的，则应认为中间包装或规格不会比最不稳定的极端规格或包装更稳定。例如，上述括号法设计中，P1比P3不稳定，则P2的有效期不应超过P1，也不应在P1和P3之间。

B.5　矩阵法设计研究的数据分析

矩阵法设计在任何一个指定的时间点只试验总样本的一部分样品。因此，重要的是要明确，能影响有效期估测的所有因子和因子间的组合都已经被合理的测试。对研究结果和有效期估测之间关系的解释，应建立相应的假设，并应经过论证。例如，应能证明“测试样品的稳定性能代表所有样品的稳定性”这一假设是合理的。另外，如果设计不平衡，某些因子或因子间的相互影响可能估测不到。再者，对于因子组合的不同水平的合并，只有在假设更高水平的因子间相互影响可忽略不计的条件下才能进行。因为通常无法用统计分析来验证更高水平的因子间相互影响可忽略不计的假设，因此，只有当支持性数据表明这些相互影响的确非常小的假设是合理的时候，矩阵法设计才可以使用。

B.3所述的统计方法可用于分析矩阵设计所得到的稳定性数据。

需阐明统计分析所用的方法和所用的假设，例如，应申明支持该模型的假设中，相互影响被忽略不计了。如果采用预试验从模型中排除因子的相互影响，应提供所用的方法并说明其合理性。应阐明估测有效期的最终模型，以及对模型中剩余的每个因子进行有效期的估测。使用矩阵设计估测到的有效期可能会比完全设计估测的有效期短。

在一个设计中，同时应用括号法和矩阵法时，可使用B.3所述的统计方法。

B.6　参考文献

Carstensen, J.T., 1977. “Stability and Dating of Solid Dosage Forms” *Pharmaceutics of*

Solids and Solid Dosage Forms, Wiley-Interscience, 182–185.

Ruberg, S.J., Stegeman, J.W., 1991. "Pooling Data for Stability Studies: Testing the Equality of Batch Degradation Slopes" *Biometrics*, 47: 1059–1069.

Ruberg, S.J., Hsu, J.C, 1992. "Multiple Comparison Procedures for Pooling Batches in Stability Studies" *Technometrics*, 34: 465–472.

Shao, J., Chow, S.C., 1994. "Statistical Inference in Stability Analysis" *Biometrics*, 50: 753–763.

Murphy, J.R., Weisman, D., 1990. "Using Random Slopes for Estimating Shelf-life" *Proceedings of American Statistical Association of the Biopharmaceutical Section*, 196–200.

Yoshioka, S., Aso, Y,, Kojima, S., 1997. "Assessment of Shelf-life Equivalence of Pharmaceutical Products" *Chem. Pharm. Bull.*, 45: 1482–1484.

Chen, J.J., Ahn, H., Tsong, Y., 1997. "Shelf-life Estimation for Multifactor Stability Studies" *Drug Inf. Journal*, 31: 573–587.

Fairweather, W., Lin, T.D., Kelly, R., 1995. "Regulatory, Design, and Analysis Aspects of Complex Stability Studies," *J. Pharm.Sci.*, 84: 1322–1326.

B.7 附图

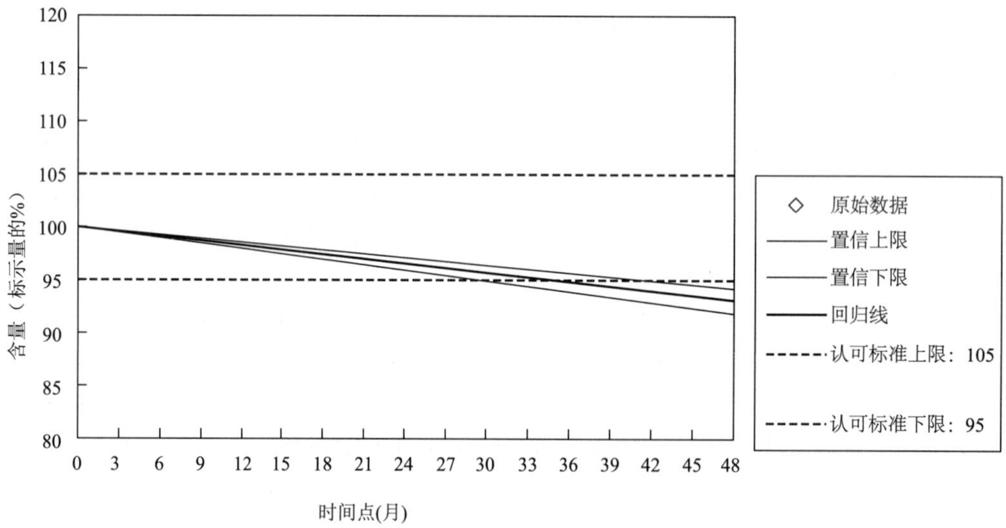

附图1　根据含量测定限度评价有效期（25℃ /60%RH）

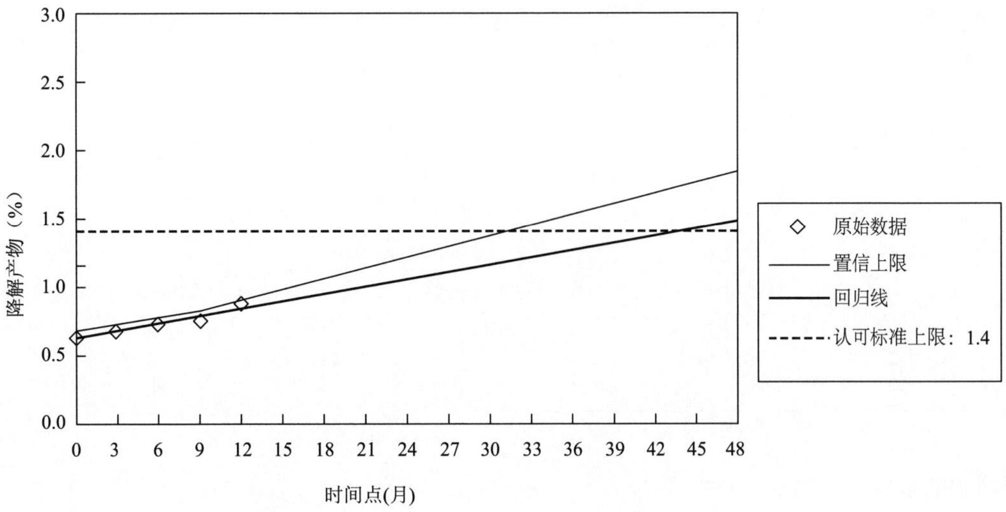

附图2　根据降解产物上限评价有效期（25℃/60%RH）

杂质

GL10 新兽药原料中的杂质

VICH GL10 （质量）
2007 年 1 月
第九阶段修订
第七阶段施行

新兽药原料中的杂质

2007 年 1 月
在 VICH 进程第七阶段
由 VICH 指导委员会推荐采用
2008 年 1 月实施

本指导原则由相应的 VICH 专家工作组制定，并已通过 VICH 各部门协商。在进程的第七阶段，最终文稿被推荐给欧盟、日本和美国的管理机构采用。

1 引言

本指导原则旨在为化学合成的新兽药原料（尚未在任何地区或成员国注册）在注册时，对其杂质的含量和质控的申请提供指导。如果其他替代方法满足法律法规的要求也可采用。本指导原则不适用于临床研究期间所用的新兽用原料，也不涵盖生物/生物制品、肽、寡聚核苷酸、放射性药物、发酵和半合成产品、草药以及来源于动物、植物的粗制品。

新原料药中的杂质分2个方面阐述：

化学方面：包括对杂质的分类和鉴定、检测报告的形成、质量标准中列出杂质的项目以及对分析方法的简要讨论。

安全性方面：为用于安全性研究和临床研究的新原料药批次中不存在或含量较低的杂质的质控提供指导。

2 杂质的分类

杂质可分为下列类型：

- 有机杂质（与工艺和药物有关的）
- 无机杂质
- 残留溶剂

有机杂质可能会在新原料的生产过程和/或贮藏期间有所增加。这些杂质可能是已知的或者未知的、挥发性的或者非挥发性的。包括：

- 起始物料
- 副产物
- 中间体
- 降解产物
- 试剂、配位体、催化剂。

无机杂质可能来源于生产过程，它们一般是已知的和确定的。包括：

- 试剂、配位体、催化剂
- 重金属或其他残留金属
- 无机盐
- 其他物质（如过滤介质、活性炭等）

溶剂是在新原料合成过程中作为载体用于制备溶液或混悬液的有机或无机液体。由于它们一般具有已知毒性，故比较容易选择适当的控制方法，参见VICH GL18：残留溶剂。

不包括在本指导原则中的杂质有：(1) 不应该存在于新原料中的外源性污染物，其可通过 GMP 来控制；(2) 多晶型；(3) 对映异构体杂质。

3 杂质报告和控制的基本规则

3.1 有机杂质

申请人应对新原料在合成、精制和贮藏过程中最可能产生的杂质和潜在的杂质进行总结。该总结应建立在对合成所涉及的化学反应、由原材料引入的杂质及可能的降解产物进行合理的、科学的评估基础之上。可以仅限于根据化学反应以及相关条件下可能会产生的杂质进行讨论。

此外，申请人还应对新原料中杂质检查的实验室研究工作进行总结，其内容包括研发期间生产批次的产品和拟上市批次的产品检查结果，以及为质控在贮藏期间可能产生的潜在杂质而进行的人为强制降解试验的检查结果，参见VICH GL3：稳定性。同时应对拟上市的原料批次和研发期间的原料批次中的杂质谱进行比较，并讨论不同之处。

新原料中实际存在的杂质含量大于（>）附录1中鉴定限度（例如，用原料的响应因子进行计算）时，应对杂质结构进行确证。应该注意的是，拟上市批次产品中出现的任何大于（>）鉴定限度的杂质，其结构均应进行确证。此外，推荐的贮藏条件下进行稳定性研究中出现的任何大于（>）鉴定限度的降解产物，也应对其结构进行确证。当某个杂质的结构无法确证时，应提供1份实验室研究总结以证明在申请过程中所进行的各种尝试。如果对含量不大于（≤）鉴定限度的杂质进行过结构确证研究，那么，在注册资料中提交相关研究结果也是非常有用的。

含量在鉴定限度以下（≤）的杂质一般认为没有必要进行结构确证。但是，对含量不大于（≤）鉴定限度，但可能具有特殊活性或药理毒理作用的潜在杂质，则应制定合适的分析方法。所有杂质均应按照本指导原则后续章节中的要求进行控制。

3.2 无机杂质

无机杂质一般按药典或其他适当的方法来检查和定量。在研发过程中应对残留在新原料中的催化剂进行评估。应对新原料质量标准中是否收载无机杂质检查项目进行讨论。其可接受限度应根据药典标准或已知的安全性数据来制定。

3.3 溶剂

根据VICH GL18残留溶剂的要求，对新原料生产过程中所用溶剂残留量的检查进行讨论和提交。

4 分析方法

注册中应提供资料证明分析方法经过验证并适用于杂质的定性和定量检查，参见VICH GL1和GL2：分析方法验证。技术因素（如生产工艺与分析能力）可用于说明基于所积累的生产经验，为什么在拟上市产品选择不同的杂质限度。杂质限度精确到小数点后2位，并不意味着在日常的生产质控中所用的分析方法也要如此精确。如果提供依据并经过充分验证，可以使用低精确度的分析方法（如薄层色谱法），如果研发中所采用的分析方法和拟上市产品的分析方法不同，在注册资料中应对差异予以讨论。

分析方法的定量限应不大于（≤）报告限度，见附录1。

有机杂质的含量可采用许多方法进行检测，包括将杂质的响应值与适宜对照品的响应值进行比较或与新原料本身的响应值进行比较。对分析方法中用于检查杂质的对照品应根据预期目的进行特性分析和评估。可用原料来评估杂质的量，如果原料和杂质的响应因子不接近，只要应用校正因子或杂质的测得量高于杂质的实际量，该方法仍可行。评估已知或未知杂质的限度和分析方法可基于分析假设（如相同的检测响应等），但这些假设的合理性应在注册资料中予以讨论。

5 各批次产品杂质的含量报告

注册时应提供用于临床试验、安全性试验、稳定性试验的所有批次新原料产品以及拟上市工艺生产的代表性批次产品的分析结果。定量结果应提供具体数据，不应笼统表述为“合格”“符合规定”等。新原料各批次中大于（>）报告限度（附录1）的任何单个杂质和总杂质的量均应报告，并附分析方法。若杂质含量低于1.0%，结果应报告至小数点后2位（如0.06%、0.13%），若杂质含量大于或等于1.0%，结果应报告至小数点后1位（如1.3%）。结果应按规定进行修约（附录2）。建议采用数据表格（如电子数据表格），各杂质均应以编号或合适的描述（如保留时间）作为标识。如果采用更高的报告限度（与附录1相比），应提供合理的依据。所有大于（>）报告限度的杂质均应进行累加，并作为总杂质予以报告。

若在研发期间，分析方法发生了变化，报告的结果应注明所用的分析方法，并提供合适的验证资料以证明所得数据具有可比性。应提供有代表性的色谱图。方法学验证研究中，代表性批次产品的显示杂质分离度和检测灵敏度（如添加样品）的色谱图、以及采用其他杂质检测方法所得到的色谱图，可作为有代表性的杂质概况在注册资料中予以提供。同时申请人应保证，如需要，可提供每个批次产品的完整杂质概况

(如色谱图等)。

此外，申请人还应列表说明各安全性研究和各临床研究中使用样品所对应的新原料药批次。

对每批新兽药原料，报告内容应包括：

- 批号与批量
- 生产日期
- 生产地点
- 生产工艺
- 单个杂质和总杂质的含量
- 批次的用途
- 与所用分析方法有关的参考文献

6 质量标准中的杂质检查项目

新原料质量标准中应包括杂质检查项目。稳定性研究、化学方面的开发研究以及日常批次检验的结果可用来预测拟上市产品中可能出现的杂质。新原料质量标准中是否列入某一杂质，应根据拟上市工艺生产的产品中所发现的杂质来确定。在本指导原则中，对列入新原料质量标准中具有特定限度要求的单个杂质称为特定杂质。特定杂质可以是已知杂质或是未知杂质。

申报资料应对质量标准中杂质列入或不列入提供合理的依据。该依据应包括用于安全性和临床研究的样品中所发现的杂质谱，并考虑拟上市工艺生产的产品中所发现的杂质谱。质量标准中应列入特定已知杂质和含量估计大于（>）鉴定限度（附录1）的特定未知杂质。对于那些具有特殊生理活性或毒性或不可预期药理作用的杂质，其分析方法的定量限或检测限应与该杂质的控制限度相适应。对于未知杂质，所采用的检测方法和确定杂质限度所采用的假设应予以明确说明。特定未知杂质应采用适当定性分析方法进行描述标记（例如，“未知杂质A”，“相对保留时间为0.9的未知杂质”）。一般来说，任何一个非特定杂质的可接受限度应不大于（≤）鉴定限度（附录1），对总杂质也应制定一个合理的可接受限度。

制定的杂质可接受限度不能高于经安全性资料验证的合理水平，且与生产工艺和分析能力所能达到的水平一致。如果没有安全性方面的问题，杂质的可接受限度主要根据拟上市工艺生产的新原料药批次的实测情况来制定，考虑到实际生产情况和分析方法的误差及产品的稳定性，可对限度做适当放宽。尽管常规生产中出现的变化是可以预料到的，但批与批之间杂质水平的显著变化可能预示着该新原料药的生产工艺尚未得到充分的控制和验证，见VICH GL39质量标准，决策树1，建立新原料药中特定杂质的可接受限度。杂质限度精确到小数点后两位，并不意味着特定杂质和总杂质可接受限度也要如此精确。

总之，只要可能，新原料药质量标准中应包括以下杂质检查项目：

有机杂质：

- 每个特定的已知杂质
- 每个特定的未知杂质
- 任何不大于（≤）鉴定限度的非特定杂质
- 总杂质

残留溶剂

无机杂质

7 杂质的质控

杂质的质控是获取和评估数据的过程，这些数据可用于确保单个杂质或特定杂质谱在特定含量下的生物安全性。申请人应提供基于安全性考虑而制定的杂质可接受限度，并说明其依据。对于一个已通过充分的安全性研究和/或临床研究的新原料，其中任何一个杂质的水平即被认为获得了质控。对于同时也是动物和/或人体中重要代谢物的杂质，一般认为已获得了质控。杂质的质控限量如果高于新原料中的杂质量，则同样可以根据先前相关的安全性研究所用样品的实际杂质量来判断其合理性。

如果可获得的数据不能质控某一杂质拟定的可接受限度，且杂质可接受限度大于附录1所列的质控限度时，则应进行进一步研究，以获取相关数据支持该限度的合理性。

对于某些药物，可以根据科学原理并考虑药物的类别和临床经验，对其杂质的质控限度进行适当调整。例如，在一些药物中或治疗类别中某些杂质已证明与动物的不良反应有关，则应在制定该杂质的限度时引起重视，在此情况下应制定更低的质控限度。反之，如果相似情况（动物种属、药物类别、临床情况等）下，考虑与不良反应的相关性较小，那么杂质的质控限度可适当高一些。总之，限度的确定应具体情况具体分析。

杂质鉴定和质控决策树（附录3）介绍了当杂质含量超过限度时应考虑的事项。一般情况下，降低杂质含量使其低于限度要比提供杂质的安全性数据更为简单。或者有比较充分的文献数据证明该杂质的安全性，也可不降低该杂质的限度。如果以上两者途径均不可行，则应考虑进行必要的安全性研究，安全性研究合理可靠取决于一系列的因素，如动物种属、每日剂量、给药途径和疗程等。尽管直接用分离纯化的杂质进行安全性研究比较合适，但也可采用含有杂质的原料药进行研究。

虽然本指导原则不适用于临床研究阶段，但在研发后期，本指导原则中的限度对于评估拟上市工艺制备的原料批次中出现的新杂质是有用的。任何在研发后期发现的新杂质，如果其含量大于（>）附录1中的鉴定限度则应进行鉴定（见附录3杂质鉴定和质控决策树）。同样，如果杂质含量大于（>）附录1中的质控限度，则应考虑对杂质进行安全性评估。在对单个杂质的限度进行安全性评估研究时，所用原料的杂质含量应具有代表性，并与先前不大于质控限度的原料进行比较。也可考虑用已分离纯化的杂质进行安全性研究。

8 术语

化学方面的开发研究：对新原料合成工艺进行放大、优化以及验证的研究。

降解产物：原料在生产和/或贮藏期间受到光照、温度、pH或水等因子影响发生化学变化而产生的杂质。

对映异构体杂质：与原料具有相同的分子式，但其分子中原子的空间排列不同且为不能重叠的镜像化合物。

外源污染物：源于生产工艺以外的杂质。

草药：以植物和/或植物源制品为活性成分制成的药物制剂。在一些传统药中，活性成分也可源自无机物或动物组织。

已知杂质：已确证了其结构特征的杂质。

鉴定限度：高于此限度的杂质应进行结构确证。

杂质：新原料中不是新原料化学实体的任何成分。

杂质谱：对新原料中已知或未知杂质的描述。

中间体：新原料化学合成过程中所产生的某一物质，其必须进一步化学转变才能成为新原料。

配位体：对金属离子具有很强亲和力的试剂。

新原料：尚未在任何成员国或地区注册且在兽药中具有治疗作用的活性成分（也称为新分子实体或新化学实体）。可以是已批准原料的一种复合物、简单的酯或盐。

多晶型：同一原料的不同晶型。包括溶剂化物或水合物（又名假晶型及无定型）。

潜在杂质：理论推测在生产或贮藏过程中可能产生的杂质。其在新原料中可能存在，也可能不存在。

质控：获取和评估单个杂质或特定杂质谱的生物安全性数据的过程。

质控限度：高于此限度的杂质应进行质控。

试剂：用于新原料生产的一种不同于起始物料、中间体或溶剂的物质。

报告限度：高于此限度的杂质应进行报告。报告限度与VICH GL2分析方法验证中的报告限是同一概念。

溶剂：在新原料合成中作为载体用于制备溶液或混悬液的无机液体或有机液体。

特定杂质：在新原料质量标准中单独列出并有特定限度要求的杂质。特定杂质可以是已知或未知杂质。

起始物料：用于新原料合成的物质，是中间体和/或新原料结构的组成部分。起始物料通常可通过市场途径获取，并具有确定的理化性质和分子结构。

未知杂质：结构未经确证，仅通过定性分析来定义的杂质（如色谱的保留时间）。

非特定杂质：在新原料质量标准中，采用常规的可接受限度进行限定而不是单独列出并有其自己特定限度的杂质。

附录

附录1　限度

原　料

报告限度[1,2]	同ICH*
	0.10%**
鉴定限度[2]	同ICH*
	0.20%**
质控限度[2]	0.50%

注：*人兽共用原料；**兽医专用原料。

1．更高的报告限度应经科学论证；2．如果杂质具有特殊毒性则应降低限度。

附录2　注册资料中报告杂质鉴定和质控限度结果的示例 [仅限兽药原料（附录1）；人兽共用原料见ICH相关指导原则]

“原始”结果（%）	报告结果（%）	判断	
		鉴定（限度0.20%）	质控（限度0.50%）
0.166	0.17	否	否
0.196 3	0.20	否	否
0.22	0.22*	是	否
0.649	0.65*	是	是*

注：*杂质经鉴定后，如果确定的响应因子与原假设明显不同，应重新检测该杂质的实际含量，并与质控限度（附录1）比较重新进行评估。

附录3　杂质鉴定和质控决策树

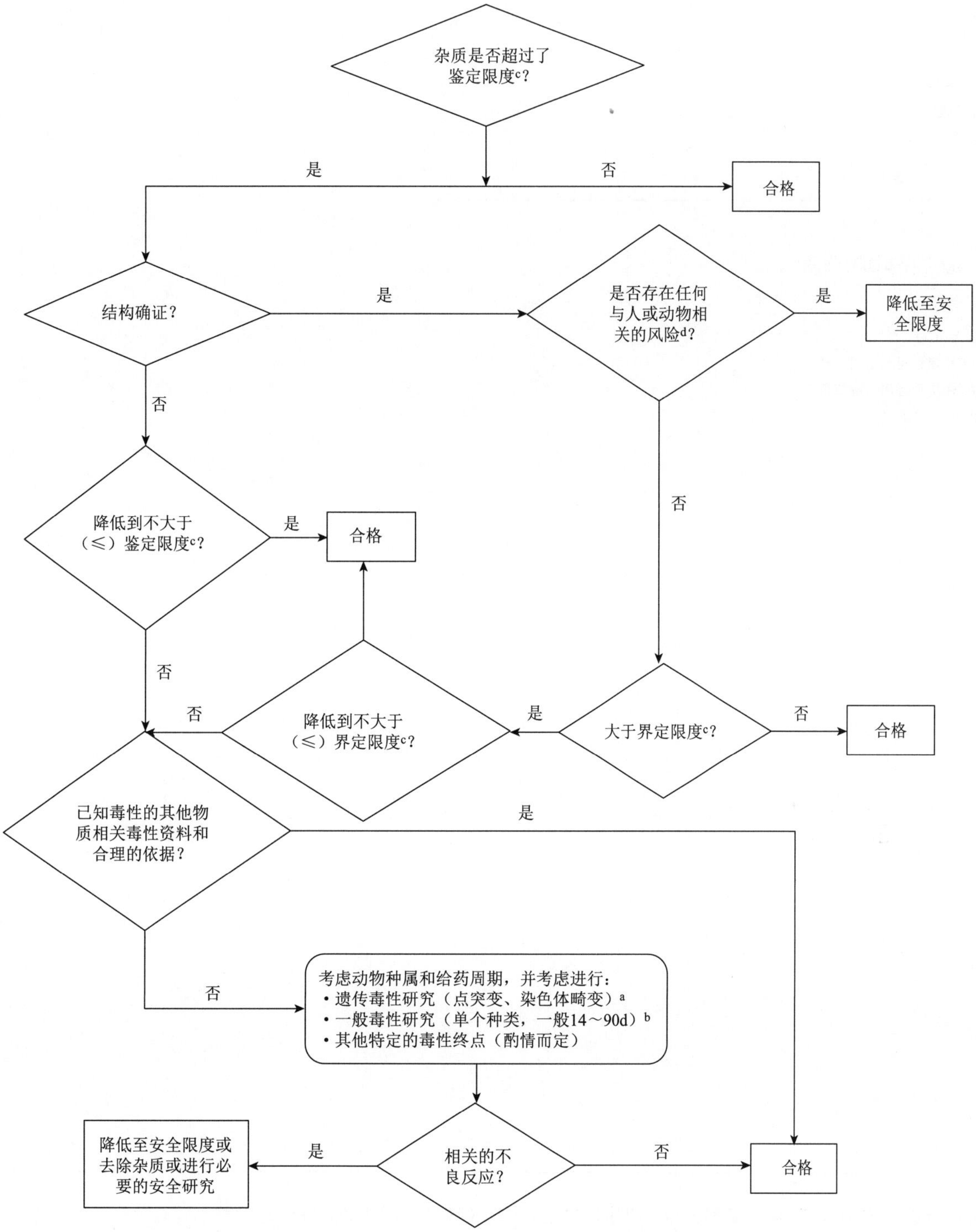

注：a）如需要，应进行最低限度的筛选试验（如潜在遗传毒性）。认可的该类试验包括：体外点突变和染色体畸变试验。

b）如需进行一般毒理研究，应进行一项或多项研究，以便对未质控和已质控的物质进行比较。研究时长根据已知的相关信息而定，应使用最能反映杂质毒性的动物种属。根据具体情况，单剂量给药的药物可进行单次给药试验。一般最短14d，最长90d。

c）如果杂质具有特殊毒性，则应降低限度。

d）例如，已知该杂质的安全性数据或其结构的分类，是否排除了人或动物暴露于特定浓度的可能？

GL11 新兽药制剂中的杂质

VICH GL11（质量）
2007 年 1 月
第九阶段修订
第七阶段施行

新兽药制剂中的杂质

2007 年 1 月
在 VICH 进程第七阶段
由 VICH 指导委员会推荐采用
2008 年 1 月实施

本指导原则由相应的 VICH 专家工作组制定，并已通过 VICH 各部门协商。在进程的第七阶段，最终文稿被推荐给欧盟、日本和美国的管理机构采用。

1 引言

1.1 目的

本指导原则旨在为新兽药制剂（由化学合成的新兽用原料制成且尚未在任何地区或成员国注册）注册时，对杂质研究的内容和限度确定提供指导。如果其他替代方法满足法律法规的要求也可采用。

1.2 背景

本指导原则作为VICH GL10（R）“新兽药原料中的杂质”的补充，“新兽药原料中的杂质”应被视为基本原则。如需要也可参考VICH GL18：残留溶剂。

1.3 适用范围

本指导原则仅阐述新兽药制剂中原料的降解产物或原料与辅料和/或内包装密封系统的反应产物（本指导原则统一称其为“降解产物）。一般来说，存在于新原料中的杂质在新兽药制剂中不必进行检查或限定，除非其属于降解产物，参见VICH GL39：质量标准。

本指导原则不包括新兽药制剂中辅料所引入的杂质或容器密封系统中提取或释放的杂质，也不适用于临床研发阶段的新兽药制剂。本指导原则不涵盖生物/ 生物技术制品、肽、寡聚核苷酸、放射性药物、发酵制品及其半合成产品、草药以及来源于动物、植物的粗制品。此外，也不包括：①不应存在于新兽药制剂中的外源性污染物，其可通过 GMP 来控制；②多晶型；③对映异构体杂质。

2 降解产物报告和控制的基本规则

申请人应对新兽药制剂生产和/或贮藏过程中产生的降解产物进行总结。该总结中应对新兽药制剂可能的降解途径、原料与辅料和/或内包装密封系统反应所产生的杂质进行科学的评价。此外，申请人还应对新兽药制剂降解产物检测的全部实验室研究进行总结。该总结中也应包括研发过程中各生产批次和拟上市工艺生产的代表性批次的检测结果。提供不归属于降解产物的杂质判断依据（如源于原料的工艺杂质和辅料引入的杂质）。比较拟上市工艺生产的代表性批次产品中的杂质谱与研究阶段所用批次产品中的杂质谱，并对存在的差异进行讨论。

采用推荐的贮藏条件进行稳定性考察中发现的任何降解产物，如果含量大于（>）鉴定限度1.0%（附录1），应对其作结构确证。当降解产物的结构无法确证时，应提供实验室研究总结以说明所进行的各种尝试。

含量不大于（≤）鉴定限度1.0%的降解产物，一般认为没有必要进行结构确证。但是，对含量不大于（≤）鉴定限度1.0%，但怀疑可能具有特殊活性或药理毒理作用的降解产物，应制定合适的分析方法。特殊情况下，基于拟上市工艺生产中所积累的生产经验，可考虑技术因子（如生产能力、原辅料的低配比或使用动物、植物源的粗制品作为辅料等）对限度进行合理的调整。

3 分析方法

注册资料中应有证据证明分析方法经过验证并适用于降解产物的定性和定量检测（参见VICH GL1和2：分析方法验证）。尤其重要的是，应能证明分析方法具有检测特定或非特定降解产物的专属性。必要时，还应包括样品放置在相对剧烈条件（光、热、湿、酸/碱和氧化）下所进行的方法验证。当分析方法显示除降解产物外还存在其他色谱峰（如原料、工艺杂质、辅料及辅料中的杂质），则需在色谱图中对其进行标识，并在验证资料中讨论其来源。

分析方法的定量限应不大于（≤）报告限度（附录1）。

降解产物的含量可采用许多方法进行检测，包括将降解产物的响应值与适宜对照品的响应值进行比较或与新原料本身的响应值进行比较。对分析方法中用于检查降解产物的对照品应根据预期目的进行特性分析和评估。可用原料来评估降解产物的量，如果其和杂质的响应因子不接近，只要应用校正因子或降解产物测得量高于降解产物的实际量，该方法仍可行。评估已知或未知降解产物的限度和分析方法可基于分析假设（如相同的检测响应等），但这些假设的合理性应在注册资料中予以讨论。

研发期间和拟上市工艺生产的制剂所用的分析方法如有差异，应进行讨论。

4 各批次产品降解产物的含量报告

注册资料中应提供用于临床试验、安全性试验、稳定性试验的所有批次新兽药制剂产品以及拟上市工艺生产的代表性批次产品的分析结果。定量结果应提供具体数据，不应笼统表述为“合格”“符合规定”等。新兽药制剂各批次产品中大于（>）报告限度0.3%（附录1）的任何单个降解产物和总降解产物均应报告，并附分析方法。结果应报告至小数点后1位（如0.4%、1.3%），并应按规定进行修约。建议采用数据表格（如电子表格），各降解产物均应以编号或合适的描述如保留时间作为标识。如果采用更高的报告限度，应提供合理的依据。所有大于（>）报告限度的降解产物均应进行累加，并计入总降解产物中。

注册资料中应提供代表性批次样品中注有峰标识的色谱图（或采用其他分析方法获取的相关资料），包括分析方法验证、长期和加速稳定性研究中的色谱图。同时申请人应保证，如需要可提供每个批次产品的完整降解产物情况（如色谱图等）。

注册资料中每批新兽药制剂的报告内容应包括：

- 批号、规格和批量；
- 生产日期；
- 生产地点；
- 生产工艺；
- 直接接触的容器／密封系统；
- 降解产物的含量，单个的和总量；
- 批次的用途（如临床研究、稳定性研究）；
- 与所用分析方法有关的参考文献；
- 新兽药制剂所用原料药的批号；
- 稳定性研究的贮藏条件。

5 质量标准中降解产物检查项目

新兽药制剂质量标准中应包括在上市产品生产和推荐贮藏条件下预期会出现的降解产物的检查项目。稳定性研究、降解途径、制剂开发研究以及实验室研究均可用于确定降解的情况。新兽药制剂质量标准中是否列入某一降解产物，应根据拟上市工艺生产的产品中所发现的降解产物来确定。在本指导原则中，对列入新兽药制剂质量标准中具有特定限度要求的单个降解产物称为“特定降解产物”。特定降解产物可以是已知的或是未知的降解产物。质量标准中各降解产物列入或不列入均应提供依据。该依据应包括安全性、临床研究及稳定性研究用样品的降解产物情况，并考虑拟上市工艺生产的批次中的降解产物情况，包括特定已知降解产物和含量估计大于（>）鉴定限度1.0%（附录1）的特定未知降解产物。对于具有特殊生理活性或毒性或不可预期药理作用的降解产物，分析方法的定量限或检测限应与该降解产物的控制限度相适应。对于未知降解产物，采用的检测方法和确定降解产物限度所采用的假设应予以说明。特定的未知降解产物应采用适当定性分析的描述标识（如“未知降解产物A”“相对保留时间为0.9的未知降解产物”）。一般来说，单个非特定降解产物的可接受限度不大于（≤）鉴定限度1.0%（附录1），总降解产物也应制定可接受限度。

在制定某个特定降解产物的可接受限度时，应当考虑原料中该降解产物的可接受限度（如果存在），其通常的含量以及其在稳定性研究中、新兽药制剂推荐的有效期和贮藏条件下的增加情况等。当然，可接受限度不得高于该降解产物经质控的安全含量。

如果没有安全性方面的问题，降解产物的可接受限度主要根据拟上市工艺生产的新兽药制剂批次产品的实测情况确定，考虑到实际生产情况和分析方法的误差及产品的稳定性，可对限度做适当放宽。尽管常规生产中出现的变化是可以预料的，但批与批之间降解产物水平的显著变化预示着该新兽药制剂的生产工艺尚未得到充分的控制和验证，参见 VICH GL39质量标准，决策树2，建立新兽药制剂中特定降解产物的可接受限度。

总之，只要可能，新兽药制剂质量标准中应包括以下降解产物检查项目：

- 每个特定的已知降解产物；
- 每个特定的未知降解产物；
- 任何不大于（≤）鉴定限度1.0%的非特定降解产物；
- 降解产物总量。

6 降解产物的质控

降解产物的质控是获取和评估单个降解产物或特定含量下降解产物谱的生物安全性数据的过程。申请人应提供基于安全性考虑而制定的降解产物可接受限度，并说明其依据。对于一个已通过充分的安全性研究和/或临床研究的新兽药制剂，其中任何一个降解产物的水平即被认为获得了质控。因此，包括安全性研究和/或临床研究所用相关批次产品中降解产物实际含量的相关资料均是有用的。对于是动物和/或人体中重要代谢物的降解产物，一般认为已获得了质控。如果安全性研究所给实际剂量大于新兽药制剂给药剂量，则认为降解产物获得了质控。进行较高限度的合理性论证时应考虑以下因子：①以前的安全性和/或临床研究中该降解产物的给药量被认为是安全的；②降解产物的增加量；③其他安全性因素。

如果建立的降解产物可接受限度大于附录1所列的质控限度1.0%，且缺少资料说明拟定降解产物可接受限度的合理性，则应进行研究以获取相关资料（附录2）。

对于某些新兽药制剂，根据科学原理、药物类别和临床经验，可以对降解产物的质控限度进行适当调整。例如，在一些新兽药制剂中或治疗类别中某些降解产物已证明与动物和/或人体的不良反应有关，则应在制定该降解产物的限度时引起重视，在此情况下，应制定更低的质控限度。反之，如果相似情况（动物种属、药物类别、临床情况等）下，考虑与不良反应的相关性较小，那么，降解产物的质控限度可适当放宽。调整质控限度应具体情况具体分析。

降解产物鉴定和质控决策树（附录2）描述了当降解产物含量超过质控限度时应考虑的事项。一般情况下，降低降解产物含量（如采用更具保护性能的密封容器或改变贮藏条件）使其不大于（≤）限度要比提供降解产物的安全性数据更为简单。或者有比较充分的文献数据证明该降解产物的安全性，也可不降低该降解产物的限度。如果以上两者均不可行，则应考虑进行必要的安全性研究，安全性研究合理可靠取决于一系列的因素，如动物种属、每日剂量、给药途径和疗程等。尽管直接用分离纯化的降解产物进行安全性研究比较合适，但也可采用新兽药制剂或含有降解产物的原料进行研究。

虽然本指导原则不适用于临床研究阶段，但在研发后期，本指导原则中的限度对于评估拟上市工艺制备的新兽药制剂批次产品中发现的新降解产物是有用的。任何在研发后期发现的新降解产物，如果其含量大于（>）附录 1 中的鉴定限度1.0%，则应进行结构鉴定（见附录2降解产物鉴定和质控决策树）。同样，如果降解产物含量大于（>）附录 1 中的质控限度1.0%，则应考虑对降解产物进行安全性评估。

安全性研究应提供含有代表性水平降解产物的新兽药制剂或原料所进行的安全性试验结果，并与不大于质控限度的产品所做的结果进行比较，也可考虑用已分离纯化的降解产物进行安全性研究。

7 术语

降解产物： 新兽药制剂在生产和／或贮藏期间受到光照、温度、pH、水或与辅料和／或直接接触的容器／密封系统相互作用等因子影响，使原料药发生化学变化产生的杂质。

降解产物谱： 对原料或兽药制剂中降解产物的描述。

开发研究： 对兽药制剂工艺放大、优化以及验证的研究。

鉴定限度： 大于（>）此限度的降解产物应进行结构确证。

已知降解产物： 已进行结构确证的降解产物。

杂质： 新兽药制剂中不是原料药和辅料的任何成分。

杂质谱： 对兽药制剂中已知或未知杂质的描述。

新原料： 尚未在任何成员国或地区注册，且在兽药制剂中具有治疗作用的活性成分（也称为新分子实体或新化学实体）。可以是已批准原料的一种复合物、简单的酯或盐。

质控： 获取和评估单个降解产物或特定降解产物谱的生物安全性数据的过程。

质控限度： 大于（>）此限度的降解产物应进行质控。

报告限度： 大于（>）此限度的降解产物应进行报告。

特定降解产物： 在新兽药制剂质量标准中单独列出并有特定限度要求的降解产物。特定降解产物可以是已知或未知降解产物。

未知降解产物： 结构未经确证，仅通过定性分析来定义的降解产物（如色谱的保留时间）。

非特定降解产物： 在新兽药制剂质量标准中，采用常规的可接受限度进行限定，而不是单独列出并有其自己特定限度的降解产物。

附录

附录1 新兽药制剂中降解产物的限度

报告限度[1]	0.3%
鉴定限度[1]	1.0%
质控限度[1]	1.0%

注：1. 更高的限度应经科学论证。

附录2　降解产物鉴定和质控决策树

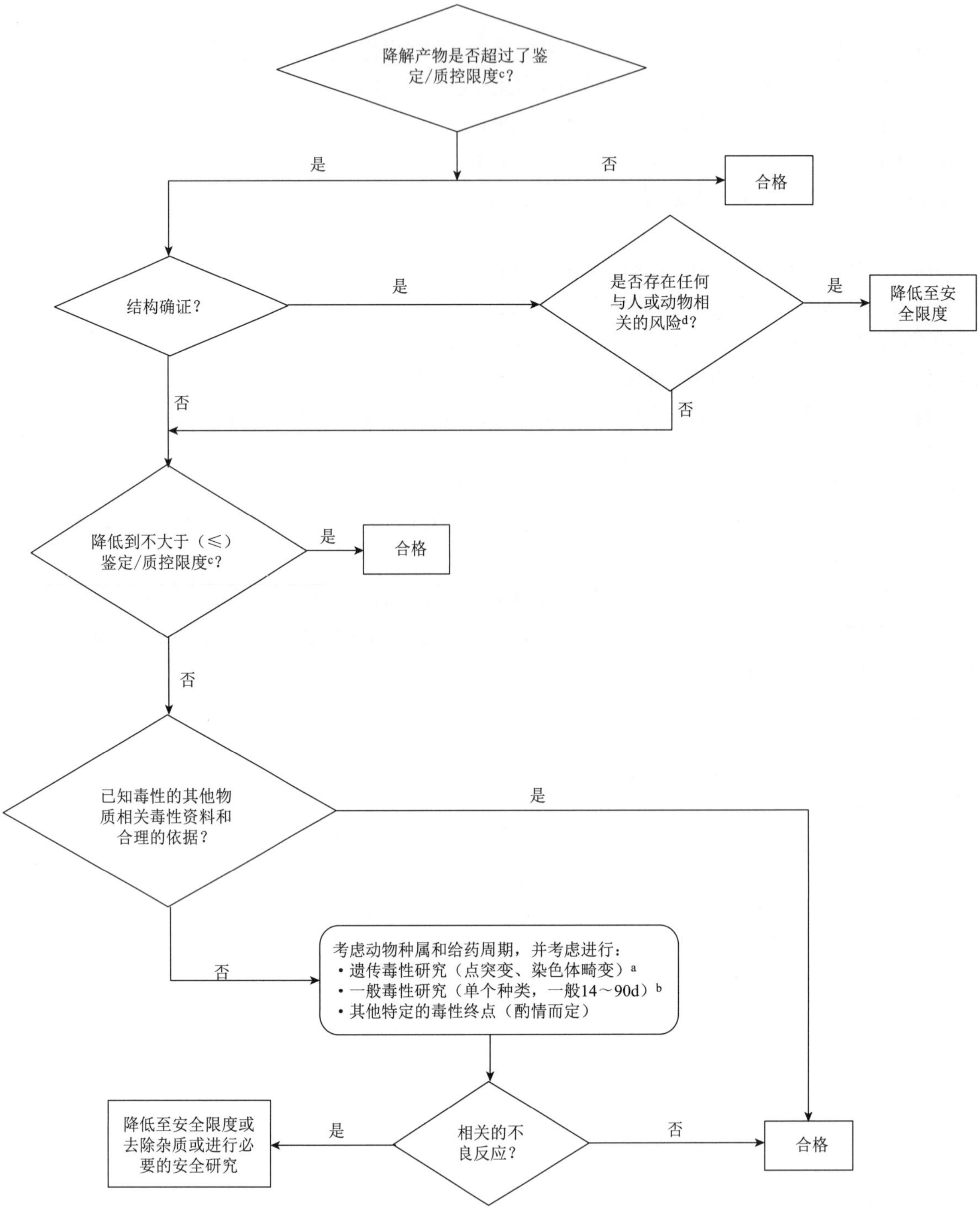

注：a）如需要，应进行最低限度的筛选试验（如潜在遗传毒性）。认可的该类试验包括：体外点突变和染色体畸变试验。

b）如需进行一般毒理研究，应进行一项或多项研究以便对未质控和已质控的物质进行比较。研究时长根据已知的相关信息而定，应使用最能反映降解产物毒性的动物种属。根据具体情况，可进行单次给药试验，尤其是针对单剂量给药的药物。一般最短14d，最长90d。

c）如果降解产物具有特殊毒性，则应降低限度。

d）例如，已知该降解产物的安全性数据或其结构的分类，是否排除了人或动物暴露于特定浓度的可能？

GL18 杂质：新兽药制剂、活性成分和辅料中的残留溶剂

VICH GL18（杂质溶剂）
2011 年 6 月
第九阶段修订
第七阶段施行

杂质：新兽药制剂、活性成分和辅料中的残留溶剂

2011 年 6 月
在 VICH 进程第七阶段
由 VICH 指导委员会采纳
2012 年 6 月实施

本指导原则由相应的 VICH 专家工作组制定，并已通过 VICH 各部门协商。在进程的第七阶段，最终文稿被推荐给欧盟、日本和美国的管理机构采用。

1 介绍

本指导原则旨在为保证靶动物安全和来自用药食源动物的动物性食品的安全而对药物中残留溶剂的可接受量作出推荐。指导原则建议使用较低毒性的溶剂，并对一些残留溶剂的毒理学可接受水平进行阐述。

药物中的残留溶剂在此定义为，在原料或辅料的生产中以及在制剂制备过程中产生或使用的有机挥发性化合物。现有的生产技术不能将这些溶剂完全去除。在合成原料中选择适当的溶剂可提高收率或决定药物的一些性质，如晶型、纯度和溶解度。因此，溶剂有时可能成为合成工艺中关键因素。本指导原则所指的溶剂不包括用作辅料有意使用的溶剂，也不包括溶剂化物，但药物中存在的这些溶剂的含量也应进行评估，并提供合理的依据。

由于残留溶剂不会产生治疗功效，故所有残留溶剂均应尽可能除去，以符合产品质量标准、GMP或其他质量方面的基本要求。制剂中所含残留溶剂不能高于经过安全性试验论证的水平。在原料、辅料及制剂生产中应避免使用那些可产生不可接受毒性的溶剂（第一类，表1），除非通过利益风险评估提供强有力的依据。毒性不是很大的溶剂（第二类，表2）应限制使用，以防对靶动物和人体产生潜在的不良反应。理想的情况是在实践中尽可能使用低毒溶剂（第三类，表3）。本指导原则的附录1中提供了一个溶剂的完整列表。

这个表中所列的溶剂并非没有遗漏，也可以使用其他溶剂，以后还会对该表进行补充。第一、二类溶剂的推荐限度或溶剂的分类会随着新的安全性资料的获取而进行调整。对于含有新溶剂的新兽药制剂，其上市注册的安全性资料应基于本指导原则或原料指导原则有关活性成分（参见VICH GL10新兽药原料中的杂质）或新兽药制剂（参见VICH GL11新兽药制剂中的杂质）中所述的杂质控制原则，或者同时基于上述3个指导原则。

2 适用范围

本指导原则的范围包括原料、辅料或兽药制剂中所含的残留溶剂。因此，生产或纯化过程中出现这些溶剂时应进行残留溶剂的检查。也只有在原料、辅料或兽药制剂中使用或产生溶剂的情况下，才有必要作溶剂的检查。虽然生产商可以选择对兽药制剂进行溶剂检查，但也可以选择对制剂中各成分的残留溶剂水平进行累积来计算制剂的残留溶剂。如果计算结果等于或低于本指导原则的建议水平，该兽药制剂可考虑不检查残留溶剂，但如果计算结果高于建议水平则应进行检查，以确定在制剂制备过程中是否将有关溶剂的量降低到可接受水平。如果兽药制剂生产中用到某种溶剂，应对该制剂进行测定。本指导原则不适用于临床研究阶段使用的准新原料、准辅料和准兽药制剂，也不适用于已上市的兽药制剂。

本指导原则适用于所有剂型和给药途径。特殊情况下或局部用药时，允许存在的残留溶剂水平可以较高。应根据具体的情况评估残留溶剂的水平。

有关残留溶剂的其他背景信息见附录2。

3 总则

3.1 根据风险评估对残留溶剂分类

“日耐受摄入量”（TDI）是国际化学品安全性规划组（IPCS）用于描述毒性化合物暴露限度的术语。“每日允许摄入量”（ADI）是世界卫生组织（WHO）和其他一些国家和国际性卫生机构和研究机构所用的术语。新术语“日允许暴露量”（PDE）是本指导原则中用于定义药物学上残留溶剂允许的摄入量，以避免与同一物质的ADI数值发生混淆。

本指导原则所评估的残留溶剂的通用名和结构式列于附录1，根据其对人体可能造成的危害进行评估，分为以下3类：

第一类溶剂： 应避免使用的溶剂有已知的人体致癌物、高度疑似的人体致癌物或环境危害物。

第二类溶剂：应限制使用的溶剂有非遗传毒性的动物致癌或可能导致其他不可逆毒性（如神经毒性或致畸性）的试剂。可能具有其他严重的但可逆毒性的溶剂。

第三类溶剂：低毒性溶剂有对人体低毒的溶剂，无需制定暴露限度；第三类溶剂的PDE为50mg/d或50mg/d以上。

3.2 制定暴露限度的方法

用于制定残留溶剂的PDE方法见附录3。用于制定限度的毒理数据总结参见欧洲药典，Vol.9，No.1，增补本，1997年4月和ICH杂质指导原则的第Ⅱ和Ⅲ部分：残留溶剂［Q3C（R4）］。

3.3 第二类溶剂限度的表示方法

制定第二类溶剂限度时有3种选择。

方法1：表2中的浓度限度可以表示为mg/kg，假定日给药量为10g，其限度可按公式（1）计算：

$$浓度C（mg/kg）=1\,000\times PDE/剂量 \tag{1}$$

式中，PDE的单位为mg/d；剂量单位为g/d。

这些限度对所有原料、辅料和制剂均适用，因此，该方法可用于日剂量未知或未定的情况。只要在处方中所有的辅料和原料均符合方法1给定的限度，就可以以任意比例用于制剂。只要日剂量不超过10g就无需进一步计算。如果服用剂量超过10g/d，应考虑采用方法2。

方法2：制剂中的每一种成分不必符合方法1的限度。可根据表2中以mg/d为单位的PDE和已知最大日剂量，用上述公式（1）来计算药物中允许的残留溶剂浓度。只要证明已降低至实际最低水平，便可以认为这种限度是可接受的。该限度还应当与分析方法的精度、生产能力和生产工艺的合理变异相关联，并能反映当前生产的标准水平，从而证明是符合实际的。

采用方法2时可将兽药制剂的每种成分中残留溶剂累加，每日的总溶剂量应低于PDE给定的值。

下面举例说明如何用方法1和2来制定制剂中的乙腈限度。乙腈的日允许暴露量是4.1mg/d，因此，由方法1算出限度是410mg/kg；如果含2种辅料的兽药制剂日最大给药量是5.0g，则制剂中各组分及计算得到的最大残留乙腈量见下表：

成分	处方量	乙腈量	日暴露量
原料	0.3g	800mg/kg	0.24mg
辅料1	0.9g	400mg/kg	0.36mg
辅料2	3.8g	800mg/kg	3.04mg
兽药制剂	5.0g	728mg/kg	3.64mg

辅料1符合方法1限度，但原料、辅料2和兽药制剂不符合方法1限度，而制剂符合方法2规定的4.1mg/d，故符合本指导原则的建议值。

乙腈作为残留溶剂的另一例子，含2种辅料的兽药制剂每日最大给药量5.0g，则各组分及计算得到最大残留的乙腈量见下表：

成分	处方量	乙腈量	日暴露量
原料药	0.3g	800mg/kg	0.24mg
辅料1	0.9g	2 000mg/kg	1.80mg
辅料2	3.8g	800mg/kg	3.04mg
兽药制剂	5.0g	1 016mg/kg	5.08mg

此例制剂中乙腈限度总量既不符合方法1，也不符合方法2。生产商可先检查制剂以确定在处方工艺中能否降低乙腈量，如果不能将乙腈量降至允许限度，生产商应采取其他措施降低制剂中的乙腈量或考虑采用方法3。

方法3： 申请人应提供依据说明制定的药物PDE和浓度水平较高是基于实际的日摄入量、靶动物、相关的毒理数据及人体安全性等多方面考虑。管理部门将视具体情况进行处理。该方法可应用于以下情况：

3a—申请人应提供靶动物的体重数据和／或实际剂量、采用ICH公式以及符合ICH规定的毒理数据重新计算的PDE和／或浓度限量。

3b—申请人应提供新的毒理学数据（靶动物或非靶动物的毒理数据和剂量信息）、采用ICH公式重新计算的PDE和浓度限量。

如果以上所有措施均不能降低残留溶剂的水平，生产商应提供其尝试降低残留溶剂以符合指导原则所做工作的总结，并进行风险分析以支持该制剂允许存在较高的残留溶剂。

3.4 分析方法

残留溶剂通常采用色谱技术，如气相色谱法进行测定。如可能，药典规定的残留溶剂应采用通用的方法进行检查。生产商也可选用适宜的、经验证的方法进行溶剂检查。若仅存在第三类溶剂，可用非专属性的方法，如干燥失重法来进行检查。

残留溶剂的方法验证应遵循VICH指导原则："分析方法验证：定义和术语"及"分析方法验证：方法学"。

3.5 残留溶剂的报告限

制剂生产商需了解辅料或原料中残留溶剂量的有关信息，以符合本指导原则的限量。辅料或原料药供应商应提供给制剂生产商的相关信息示例如下。

供应商可选择以下信息中的任一种：

仅可能存在第三类溶剂，干燥失重小于0.5%。

仅可能存在第二类溶剂X、Y……，全部应低于方法1的限度（供应商应将第二类溶剂用X、Y……来表示）。

仅可能存在第二类溶剂X、Y……和第三类溶剂，残留的第二类溶剂低于方法1的限度，残留的第三类溶剂低于0.5%。

如果可能存在第一类溶剂，应进行鉴定并质控。

"可能存在"系指用于工艺最后一步的溶剂和用于较前的工艺步骤中的溶剂经验证不能全部除尽。

如果第二类溶剂高于方法1的限度或第三类溶剂高于0.5%，应进行鉴定并质控。

4 残留溶剂的限度

4.1 避免使用的溶剂

因其具有不可接受的毒性或对环境造成危害，在原料、辅料及兽药制剂生产中不应使用第一类溶剂。但是，如果为了生产有特殊疗效的兽药制剂不得不使用时，除非有其他合理的依据，否则，应按表1控制。1，1，1-三氯乙烷因能造成环境危害列入表1，基于安全性数据制定其限度为1 500mg/kg。

表1 药物中第一类溶剂（应避免使用）

溶剂	浓度限度（mg/kg）	备注
苯	2	致癌物
四氯化碳	4	毒性及环境危害
1，2-二氯乙烷	5	毒性
1，1-二氯乙烯	8	毒性
1，1，1-三氯乙烷	1 500	环境危害

4.2 限制使用的溶剂

列于表2的溶剂，由于具有遗传毒性，在药物中应予限制，规定PDE约为0.1mg/d，浓度约为10mg/kg。所列值不能反映测定所需的分析方法精度，精度应为方法学验证的一部分。

表2 药物中第二类溶剂

溶剂	PDE（mg/d）	浓度限度（mg/kg）
乙腈	4.1	410
氯苯	3.6	360
氯仿	0.6	60
环己烷	38.8	3 880
1，2-二氯乙烯	18.7	1 870
二氯甲烷	6.0	600
1，2-二甲氧基乙烷	1.0	100
N，N-二甲基乙酰胺	10.9	1 090
N，N-二甲基甲酰胺	8.8	880
1，4-二氧六环	3.8	380
2-乙氧基乙醇	1.6	160
乙二醇	6.2	620
甲酰胺	2.2	220
正己烷	2.9	290
甲醇	30.0	3 000
2-甲氧基乙醇	0.5	50
甲基丁基酮	0.5	50
甲基环己烷	11.8	1 180
N-甲基吡咯烷酮	5.3	530
硝基甲烷	0.5	50
吡啶	2.0	200
环丁砜	1.6	160
四氢呋喃	7.2	720
四氢化萘	1.0	100
甲苯	8.9	890
1，1，2-三氯乙烯	0.8	80
二甲苯*	21.7	2 170

注：*通常含有60%间-二甲苯，14%对-二甲苯，9%邻-二甲苯和17%的乙苯。

4.3 可能的低毒溶剂

第三类溶剂（表3）对靶动物和人体健康可能低毒与低风险。第三类溶剂包括在药物中以一般量存在时对人体无害的溶剂，但该类溶剂中许多尚未进行长期毒性或致癌研究。急性毒性或短期毒性试验表明，这类溶剂几乎无毒、无遗传毒性。50mg/d或更少量无需提供依据即可接受（用方法1计算相当于5 000mg/kg或0.5%）。如果考虑生产能力和GMP的实际情况，更大的量也可接受。

表3　GMP或其他质量要求中应限制使用的第三类溶剂

醋酸	庚烷
丙酮	乙酸异丁酯
苯甲醚	乙酸异丙酯
1-丁醇	乙酸甲酯
2-丁醇	3-甲基-1-丁醇
乙酸丁酯	丁酮
叔丁基甲基醚	甲基异丁酮
异丙基苯	2-甲基丁醇
二甲基亚砜	戊烷
乙醇	正戊醇
乙酸乙酯	正丙醇
乙醚	异丙醇
甲酸乙酯	乙酸丙酯
甲酸	

4.4　尚无充分毒性资料的溶剂

以下溶剂（表4）在辅料、原料和制剂生产中也许会被生产商采用，但尚无充分的毒理学数据，故未制定PDE。生产商在药物中使用这些溶剂和其他尚未制定PDE的溶剂时，应提供其残留限度的合理性依据。

表4　无充分毒性资料的溶剂

1，1-二乙氧基丙烷	甲基异丙基
1，1-二甲氧基甲烷	甲基四氢呋喃
2，2-二甲氧基丙烷	石油醚
异辛烷	三氯乙酸
异丙醚	三氟乙酸

5　术语

遗传毒性致癌物：指通过影响基因或染色体而致癌的物质。

最低有作用剂量LOEL：研究人体或动物暴露于某种物质时，观察到机体出现异常反应或任何损害的最低剂量。

转换因子：是由毒理学家评定的、由生物测定的结果转换成与人体安全性相关的系数。

神经毒性：某种物质引起神经系统不良反应的能力。

最大无作用剂量NOEL：人体或动物暴露于某种物质时，未能观察到机体出现异常反应或任何损害的最高剂量。

日允许暴露量PDE：指药物中残留溶剂每日允许的最大摄入量。

可逆毒性：指暴露于某种物质时产生毒性反应，不暴露时反应即消失。

高度疑似的人体致癌物：某种物质对人体无致癌作用的流行病学表征，但基因毒性数据阳性，对啮齿类动物（或其他动物种类）具有致癌作用表征。

致畸作用：怀孕期间服用某一物质而产生的胎儿发育畸形。

6 附录

附录1 本指导原则中所列的溶剂

溶剂	英文名	结构式	类别
醋酸	Acetic acid	CH_3COOH	3
丙酮	Acetone	CH_3COCH_3	3
乙腈	Acetonitrile	CH_3CN	2
苯甲醚	Anisole	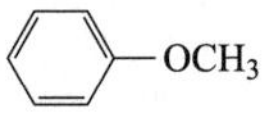	3
苯	Benzene		1
正丁醇	1-Butanol	$CH_3(CH_2)_3OH$	3
2-丁醇	2-Butanol	$CH_3CH_2CH(OH)CH_3$	3
乙酸丁酯	Butyl acetate	$CH_3COO(CH_2)_3CH_3$	3
叔丁基甲醚	*Tert*-Butylmethyl ether	$(CH_3)_3COCH_3$	3
四氯化碳	Carbon tetrachloride	CCl_4	1
氯苯	Chlorobenzene	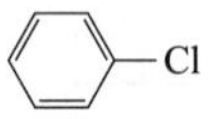	2
三氯甲烷	Chloroform	$CHCl_3$	2
异丙基苯	Cumene	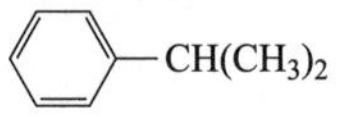	3
环己烷	Cyclohexane		2
1，2-二氯乙烷	1，2-Dichloroethane	CH_2ClCH_2Cl	1
1，1-二氯乙烯	1，1-Dichloroethene	$H_2C{=}CCl_2$	1
1，2-二氯乙烯	1，2-Dichloroethene	$ClHC{=}CHCl$	2
二氯甲烷	Dichloromethane	CH_2Cl_2	2
1，2-二甲氧基乙烷	1，2-Dimethoxyethane	$H_3COCH_2CH_2OCH_3$	2
N，N-二甲基乙酰胺	N，N-Dimethylacetamide	$CH_3CON(CH_3)_2$	2
N，N-二甲基甲酰胺	N，N-Dimethylformamide	$HCON(CH_3)_2$	2
二甲基亚砜	Dimethyl sulfoxide	$(CH_3)_2SO$	3
1，4-二氧六环	1，4-Dioxane	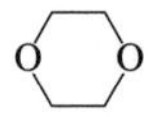	2
乙醇	Ethanol	CH_3CH_2OH	3
2-乙氧基乙醇	2-Ethoxyethanol	$CH_3CH_2OCH_2CH_2OH$	2
乙酸乙酯	Ethyl acetate	$CH_3COOCH_2CH_3$	3
乙二醇	Ethyleneglycol	$HOCH_2CH_2OH$	2
乙醚	Ethyl ether	$CH_3CH_2OCH_2CH_3$	3
甲酸乙酯	Ethyl formate	$HCOOCH_2CH_3$	3
甲酰胺	Formamide	$HCONH_2$	2
甲酸	Formic acid	$HCOOH$	3
正庚烷	Heptane	$CH_3(CH_2)_5CH_3$	3

（续）

溶剂	英文名	结构式	类别
正己烷	Hexane	$CH_3(CH_2)_4CH_3$	2
乙酸异丁酯	Isobutyl acetate	$CH_3COOCH_2CH(CH_3)_2$	3
乙酸异丙酯	Isopropyl acetate	$CH_3COOCH(CH_3)_2$	3
甲醇	Methanol	CH_3OH	2
2-甲氧基乙醇	2-Methoxyethanol	$CH_3OCH_2CH_2OH$	2
乙酸甲酯	Methyl acetate	CH_3COOCH_3	3
3-甲基-1-丁醇	3-Methy-1-butanol	$(CH_3)_2CHCH_2CH_2OH$	3
甲基丁基酮	Methylbutyl ketone	$CH_3(CH_2)_3COCH_3$	2
甲基环己烷	Methylcyclohexane	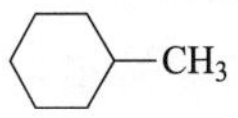	2
丁酮	Methylethyl ketone	$CH_3CH_2COCH_3$	3
甲基异丁基酮	Methylisobutyl ketone	$CH_3COCH_2CH(CH_3)_2$	3
异丁醇	2-Methyl-1-propanol	$(CH_3)_2CHCH_2OH$	3
N-甲基吡咯烷酮	N-Methylpyrrolidone	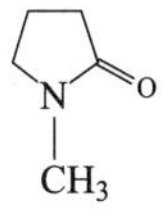	2
硝基甲烷	Nitromethane	CH_3NO_2	2
戊烷	Pentane	$CH_3(CH_2)_3CH_3$	3
戊醇	1-Pentanol	$CH_3(CH_2)_3CH_2OH$	3
正丙醇	1-Propanol	$CH_3CH_2CH_2OH$	3
异丙醇	2-Propanol	$(CH_3)_2CHOH$	3
乙酸丙酯	Propyl acetate	$CH_3COOCH_2CH_2CH_3$	3
吡啶	Pyridine	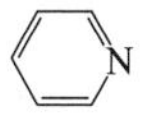	2
环丁砜	Sulfolane	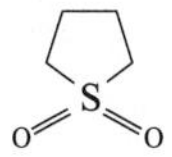	2
四氢呋喃	Tetrahydrofuran		2
四氢化萘	Tetralin	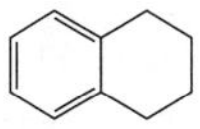	2
甲苯	Toluene	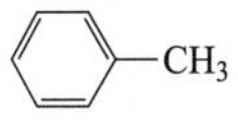	2
1，1，1-三氯乙烷	1，1，1-Trichloroethane	CH_3CCl_3	1
1，1，2-三氯乙烯	1，1，2-Trichloroethene	$HClC=CCl_2$	2
二甲苯*	Xylene*	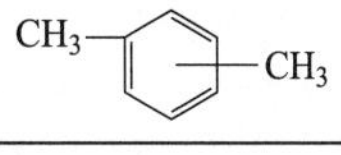	2

注：*通常含有60%间-二甲苯，14%对-二甲苯，9%邻-二甲苯和17%的乙苯。

附录2　其他背景

A2.1　有机挥发性溶剂的环境管理

药物生产中常用的几种残留溶剂作为有毒化合物列于环境健康标准（EHC）和综合风险信息系统

(IRIS)。一些组织，如国际化学品安全性规划组（IPCS）、美国环境保护署（EPA）和美国食品和药品管理局（FDA），其职责涉及制定允许的暴露量。目的是防止长期暴露于化学品后可能对人体健康和整个环境造成危害。评估最大暴露安全限度通常应进行长期试验，当无长期试验数据时，可对短期研究结果进行修正，如对短期研究数据用较大的安全因子校正后使用，其中所述的方法与人群长期或终身暴露的周围环境有关，如周围空气、食品、饮用水或其他介质。

A2.2 药物中的残留溶剂

本指导原则中的暴露限度是参考EHC和IRIS中的毒性数据和方法学而建立的。然而，在建立暴露限度时，应考虑用于合成和制剂处方中溶剂残留的一些特定的假设。即：

（1）患病动物（不是一般动物群）使用药物是为了治疗疾病或预防疾病免受感染。但是有一些兽药制剂作为辅助剂添加到农产品中，与动物本身的感染或患病无任何相关性。

（2）对大多数药物来说，不必假设患病动物的终身暴露量，但对食用给药动物可食性组织的消费者，可作终身暴露量的假设以降低对人体健康的风险。

（3）残留溶剂是药物中不可避免的成分，常是制剂中的一部分。

（4）除特殊情况外，残留溶剂不能超过推荐水平，如超过需提供依据。

（5）用于确定残留溶剂可接受水平的毒理学研究数据，应通过适当的途径获取，包括但不限于DECD、EPA和FDA Red BooK收录的内容。

附录3 制定暴露限度的方法

Gaylor-Kodell 风险评估方法（Gaylor，D. W. and Kodell，R. L.：Linear Interpolation algorithm for low dose assessment of toxic substance. J Environ. Pathology，4，305，1980）适用于第一类致癌溶剂，只有获取了可靠的致癌数据，才可以用数学模型外推来建立暴露限度。第一类溶剂暴露限度应根据最大无作用剂量（NOEL）并使用较大的安全系数（如10 000 ~ 100 000）来确定。应采用最先进的分析技术进行第一类溶剂的检测和定量。

本指导原则中第二类溶剂的可接受暴露量是根据药物中暴露限度的制定方法（药典论坛，Nov-Dec 1989）和IPCS采用的评估化学品对人体健康风险的方法（环境健康标准170，WHO，1994），计算PDE值而得。这些方法与USEPA（IRIS）和USFAD（Red Book）及其他方法相似。在此简述本法有助于更好地了解PDE值的由来，使用本指导原则第4部分表中的PDE值时不必再进行计算。

PDE由对大量相关动物研究得到的最大无作用剂量（NOEL），或最低有作用剂量（LOEL），按下式推导而得：

$$\mathrm{PDE}=\frac{NOEL\times \text{体重调整}}{F1\times F2\times F3\times F4\times F5}$$

PDE首选基于NOEL计算，如果无NOEL值，可采用LOEL。此处所用的用于人体的转换因子与EHC所用的“不确定因子”和药典论坛所用的“转换因子”及“安全因子”相似，无论何种给药途径均假定为100%的全身暴露来计算。

转换因子列举如下：

F1为考虑种属之间差异的系数。

F1=5 从大鼠剂量外推至人用剂量的系数。

F1=12 从小鼠剂量外推至人用剂量的系数。

F1=2 从犬剂量外推至人用剂量的系数。

F1=2.5 从兔剂量外推至人用剂量的系数。

F1=3 从猴剂量外推至人用剂量的系数。

F1=10 从其他动物剂量外推至人用剂量的系数。

F1需考虑相对体表面积：有关动物种类与人的体重比。体表面积计算公式：

$$S=kM^{0.67}$$

式中：M为体重，常数k为10，公式中所用的体重见表A3.1。

F2=10，为考虑个体间变异的系数。

对有机溶剂F2系数一般为10，本指导原则中一律用10。

F3为考虑短期暴露急性毒性研究的可变系数。

F3=1为进行研究时间至少为动物寿命的1/2（鼠、兔1年，猫、犬、猴7年）。

F3=1为进行器官形成的整个过程的生殖研究。

F3=2为对啮齿类动物进行6个月研究或非啮齿类动物进行3.5年的研究。

F3=5为对啮齿类动物进行3个月研究或非啮齿类动物进行2年的研究。

F3=10为进行更短时间的研究。

在所有情况下，进行研究的时间介于上述时间点之间时，应采用较大的系数，如对啮齿类动物进行9个月毒性研究，其系数采用2。

F4为用于产生严重毒性情况的系数，如非遗传致癌毒性、神经毒性或致畸性。研究生殖毒性时，用以下系数：

F4=1为与母体毒性有关的胎儿毒性。

F4=5为无母体毒性的胎儿毒性。

F4=5为受母体毒性影响的致畸反应。

F4=10为无母体毒性影响的致畸反应。

F5为1个可变系数，可用于尚未建立最大无作用剂量（NOEL）但有最小有作用剂量（LOEL）时，根据毒性的严重程度，系数可达10。

“体重调整”假设任意1个成年人的体重（不论性别）为50kg，相对于这类计算常采用的标准体重60 kg或70 kg，这一相对低的体重提供了1个附加的安全因子。有些成年患者体重小于50 kg，对这些患者，应考虑用已建立的用于测定PDE安全因子进行调整。

举例说明公式的应用，小鼠中乙腈毒性研究总结见欧洲药典，Vol. 9，No. 1 增补本，1997 年4月第S24页。NOEL为50.7mg/（kg · d），乙腈的PDE计算如下：

$$PDE=\frac{50.7mg/(kg\cdot d)\times 50kg}{12\times 10\times 5\times 1\times 1}=4.22mg/d$$

式中：F1=12为从小鼠剂量外推至人用剂量的系数。

F2=10为不同人体的差异系数。

F3=5因为研究时间只有13周。

F4=1因为未发现严重的毒性反应。

F5=1因为最大无作用剂量已测得。

表A.3.1　本指导原则中用于计算的值

大鼠体重	425g	小鼠呼吸量	43L/d
怀孕大鼠体重	330g	兔呼吸量	1 440L/d
小鼠体重	28g	豚鼠呼吸量	430L/d
怀孕小鼠体重	30g	人呼吸量	28 800L/d
豚鼠体重	500g	犬呼吸量	9 000L/d

（续）

恒河猴体重	2.5kg	猴呼吸量	1 150L/d
兔体重（无论是否怀孕）	4kg	小鼠水消耗量	5mL/d
比格犬体重	11.5kg	大鼠水消耗量	30mL/d
大鼠呼吸量	290 L/d	大鼠食物消耗量	30g/d

理想气体方程：$PV=nRT$，用于将吸入研究的气体浓度ppm转换成mg/L或mg/m^3。如以大鼠吸入四氯化碳（分子量为153.84）的生殖毒性研究为例，见欧洲药典Vol.9，No.1，增补本，1997年4月，第S9页。

$$\frac{n}{V}=\frac{P}{RT}=\frac{300\times10^{-6}atm\times153\ 840mg/mol}{0.082Latm/(K\cdot mol)\times298K}=\frac{46.15mg}{24.45L}=1.89mg/L$$

关系式1 000L=$1m^3$可用于将单位转换为mg/m^3。

分析方法验证

GL1 分析方法验证：定义和术语

VICH GL1 （验证定义）
1998 年 10 月
第七阶段施行

分析方法验证：定义和术语

1998 年 10 月
在 VICH 进程第七阶段
由 VICH 指导委员会推荐实施

本指导原则由相应的 VICH 专家工作组制定，并已通过 VICH 各部门协商。在进程的第七阶段，最终文稿被推荐给欧盟、日本和美国的管理机构采用。

1 前言

本文件探讨在欧盟、日本和美国注册申请时，提交的分析方法验证所需考虑的特性。本文件不强求涵盖在世界其他地区注册或出口到世界其他地区时的检测要求。此外，该文件仅作为术语及其定义的汇总，不对如何完成验证进行指导。这些术语和定义旨在弥合经常存在于欧盟、日本和美国各种法规和规范之间的差异。

分析方法验证的目的是证明所采用的方法与预期目的相适应。本文件以表格的形式汇总了适用于鉴别、杂质控制和含量测定方法的特性，其他分析方法考虑在以后增加。

2 分析方法验证的类型

分析方法验证讨论以下4种最常见的类型：

——鉴别；

——杂质定量检查；

——杂质限度检查；

——原料药或制剂中有效成分，或制剂中其他成分的含量测定。

虽然许多其他分析方法，如制剂的溶出度试验、原料药粒度检查，没有在分析方法验证的初始文本中提及，但这些方法的验证与本文件所列内容同等重要，并且可能在后续的文件中提出。

本文件讨论的试验类型简述如下：

——鉴别试验旨在确证样品中一种被测物的特性。一般通过将样品的性质（如光谱、色谱行为、化学反应等）与对照品的性质进行比较来达到。

——杂质检查是指样品中杂质的定量测定或限度检查。2种检查都是为了准确反映样品的纯度，定量测定所要求的验证指标多于限度检查。

——含量测定是指测定样品中被分析物的含量。本文件中含量测定是指原料药物中主要成分的定量测定。类似的验证指标也适用于制剂中的活性成分或其他指定成分的含量测定，以及其他与含量测定相关的分析方法（如溶出度）。

应清楚了解分析方法的目的，因为这将决定需要评价的验证指标。需要考虑的典型的验证指标如下：

准确度

精密度

　　重复性

　　中间精密度

专属性

检测限

定量限

线性

范围

各验证指标的定义见后附的术语。下表中列出了不同类型分析方法的验证中最重要的验证指标。表中列出了分析方法的典型指标，但偶有例外，应根据具体情况而定。需要注意的是，耐用性未在表中列出，但在分析方法建立过程的适当阶段应予以考虑。

此外，下列情况需要再验证：

——原料药合成工艺改变；

——制剂处方发生改变；

——分析方法发生改变。

需要再验证的程度取决于改变的情况。某些其他的改变可能也需要再验证。

分析方法的类型 指标	鉴别	杂质检查		含量测定溶出度（仅指测定） 含量／效价
		定量	限度	
准确度	－	＋	－	＋
精密度				
重复性	－	＋	－	＋
中间精密度	－	＋（1）	－	＋（1）
专属性（2）	＋	＋	＋	＋
检测限	－	－（3）	＋	－
定量限	－	＋	－	－
线性	－	＋	－	＋
范围	－	＋	－	＋

注：－表示通常不需要验证的指标。

＋表示通常需要验证的指标。

（1）已有重现性（见术语）验证时，不需要验证中间精密度。

（2）如方法专属性不强，可用其他分析方法予以补充。

（3）视具体情况予以验证。

3 术语

3.1 分析方法

分析方法是指进行分析的方式，应详细描述进行每个分析试验所必需的步骤。它包括但不局限于：样品、对照品和试剂的配制，仪器的使用，标准曲线的绘制，计算公式的运用等。

3.2 专属性

专属性是指在其他成分（如杂质、降解产物、辅料等）存在下，采用的分析方法能正确测定被测物的能力。

如一种分析方法专属性不强，可用其他分析方法予以补充。

该定义具有以下应用意义：

鉴别：确证被分析物符合其特性。

纯度检查：确保采用的分析方法可检出被分析物中杂质的准确含量，如有关物质、重金属、残留溶剂等。

含量测定（含量或效价）：提供样品中被分析物的含量或效价的准确结果。

3.3 准确度

分析方法的准确度是指测定结果与真实值或参考值接近的程度。

准确度有时也称为真实度。

3.4 精密度

分析方法的精密度是指在规定的测试条件下，同一均质供试品，经多次取样测定所得的一系列结果之间的接近程度（离散程度）。精密度可以从3个层次考察：重复性、中间精密度、重现性。

精密度考察应使用均匀的、可信的样品。如果不能得到均匀的样品，可以用人为制备的样品或样品溶液进行研究。

分析方法的精密度通常用多次测量结果的方差、标准偏差或相对标准偏差表示。

3.4.1 重复性

重复性是指在相同的操作条件下，在较短时间间隔内的精密度，也称为批内精密度。

3.4.2 中间精密度

中间精密度是指在同一实验室，由于实验室内部条件的改变，如不同日期、不同分析人员、不同仪器等情况下测定所得结果的精密度。

3.4.3 重现性

重现性是指不同实验室之间测定结果的精密度（协作研究，一般适用于方法学的标准化过程）。

3.5 检测限

分析方法的检测限是指样品中的被分析物能被检测出的最低量，无需准确定量。

3.6 定量限

分析方法的定量限是指样品中的被分析物能被定量测定的最低量，其测定结果应具有一定的精密度和准确度。它是样品中含量低的化合物能够进行定量测定的指标，特别适用于杂质和/或降解产物的测定。

3.7 线性

分析方法的线性是指在设计的范围内，检测结果与样品中被分析物的浓度（量）直接呈比例关系的程度。

3.8 范围

分析方法的范围是指能达到一定的精密度、准确度和线性要求时，样品中被分析物的高低限浓度（量）的区间。

3.9 耐用性

分析方法的耐用性是指测定条件发生小的变动时，测定结果不受影响的承受程度，可用于说明正常使用这种方法的可靠性。

GL2 分析方法验证：方法学

VICH GL2（验证方法学）
1998 年 10 月
第七阶段施行

分析方法验证：方法学

1998 年 10 月 22 日
在 VICH 进程第七阶段
由 VICH 指导委员会推荐实施

本指导原则由相应的 VICH 专家工作组制定，并已通过 VICH 各部门协商。在进程的第七阶段，最终文稿被推荐给欧盟、日本和美国的管理机构采用。

前言

第一部分探讨了分析方法验证应考虑的参数，本文件作为第一部分的补充，其目的是对如何考虑每一种分析方法的各种验证指标提供指导和建议。在某些情况下（如专属性验证），为了确保原料药或制剂的质量，应对几种组合起来的分析方法的总体能力进行研究。此外，本文件还对注册申请时应提交的数据提供了指导。

所有在验证中采集的相关数据以及用来计算验证特性的公式都须提交并适当地进行讨论。

本文件中未提到的方法，也可以应用和采纳。申请人有责任选择最适合其产品的验证方法和方案。但要切记，分析方法验证的主要目的是证明方法适合其预期目的。在某些情况下，由于生物制品和生物技术产品的复杂性，其分析方法可能与本文件的分析方法不同。

在整个方法学验证研究过程中，应当使用已鉴定并且标示纯度的标准物质，其纯度要求取决于预期用途。

与第一部分一样，为清楚起见，本文件对各种验证特性在不同的章节予以讨论。这些章节的排列反映了建立和评估一种分析方法的过程。

实际中，通常在试验设计的时候，同时考虑各种适宜的验证特性，以对该分析方法的能力有一个合理、全面的了解，例如，专属性、线性、范围、准确度和精密度。

1 专属性

在鉴别、杂质检查和含量测定的方法学验证时，均应考察其专属性。证明专属性的方法取决于分析方法的预期目的。

一种分析方法不太可能对某一特定的被分析物具有专属性（完全鉴定）。此时，建议采用2种或2种以上的分析方法以达到能鉴别的水平。

1.1 鉴别

合适的鉴别试验应当能够区分可能存在的结构相似的化合物。这个区分过程可以通过含有被分析物的样品呈正反应（与已知的标准物质比较），而不含被分析物的样品呈负反应来确证。此外，鉴别试验还可以通过与被分析物结构相似或相关的物质不呈正反应来确证。对于这些可能存在的干扰物的选择，应基于对其科学合理的判断。

1.2 含量测定和杂质检查

对色谱法应采用代表性色谱图来证明其专属性，并应标明各成分在图中的位置，其他分离技术也应如此。

在色谱法中，应在一定程度上考察关键性的分离。对关键性的分离，可用洗脱最接近的2个化合物的分离度来证明其专属性。

当采用非专属性的方法测定含量时，可用其他辅助性分析方法来证明整个方法的专属性。例如，采用滴定法测定出厂原料药含量时，可结合使用合适的杂质检查方法。

对含量测定和杂质检查而言，验证方法是类似的。

1.2.1 杂质可获得的情况

对于含量测定，专属性应包括证明被分析物在有杂质和（或）辅料存在时能被区分；实际上，可以在纯物质（原料药或制剂）中加入一定量的杂质和（或）辅料，并与未加杂质或辅料的样品测定结果相比较，以证明含量测定结果不受这些物质的干扰。

对于杂质检查，通过向原料药或制剂中加入一定量的杂质，证明各杂质之间能分离，杂质与样品基质中的其他组分也能分离。

1.2.2 杂质不能获得的情况

如果杂质或降解产物的对照品不能得到，可以将含有杂质或降解产物的样品测定结果与另一种专属性强的方法，如药典方法或其他经验证过的分析方法（独立的方法）得到的测定结果进行比较，来证明专属性。必要时，还应对在破坏试验条件下［如强光照射、高温、高湿、酸（碱）水解和氧化］放置的样品进行测定。

——对于含量测定，应比对2种方法的结果。

——对于杂质检查，应比对检出的杂质谱。

峰纯度检查能很好地证明被分析物色谱峰是由单一组分构成（如二极管阵列检测、质谱检测）。

2 线性

应当评估分析方法在其范围（见本章第三节）内的线性关系。可用所拟定的分析方法，直接对原料药（用标准储备溶液稀释）和（或）分别称取制剂组分的混合物进行测定来证明其线性关系。后者可在考察范围时进行研究。

线性应以测得的响应信号对被分析物的浓度或含量作图，然后用目测观察来评估线性。如果有线性关系，可用适当的统计学方法评估测定结果，如最小二乘法。在某些情况下，为了使测定结果与样品浓度呈线性关系，需要在回归分析前对测试数据进行数学转换。由线性回归计算所得的数据本身又有助于对线性的程度进行数学评价。

申报资料中应含有相关系数、Y轴截距，回归线的斜率和残差平方和，还应包括数据图表。此外，实测值与回归线的偏差也有助于评价线性。

一些分析方法，如免疫测定法，在任何转换后都不呈线性。在这种情况下，响应值应用样品中被分析物的浓度（含量）的合适函数来表示。

建议至少用5个浓度来建立线性关系。若用其他方法则应证明其合理性。

3 范围

特定的范围通常来自于线性的研究，并取决于分析方法的预期用途。通过测定分析方法能达到一定的线性、准确度和精密度要求时，样品中含有被分析物的高低限浓度或量的区间来确定范围。

至少以下特定范围应当予以考虑：

——对于原料药或制剂的含量测定：一般为测试浓度的80% ～ 120%。

——对于含量均匀度检查，一般为测试浓度的70% ～ 130%，根据剂型的特点可适当放宽范围。

——对于溶出度试验：一般为限度的 ±20%，例如，如果是控释制剂，规定从1h后达到20%，24h后达到90%，则验证范围应为标示量的0 ～ 110%。

——对于杂质检查：应为杂质[1]的报告水平至限度的120%。

对于已知具有异常功效的、有毒的或有副作用的杂质，其检测限和定量限应与杂质必须被控制的浓度水平相当。

注：在研制阶段进行杂质检查方法验证时，有必要根据建议（可能）的限度来考虑范围。

——如果一个试验同时进行含量测定与杂质检查，且仅使用100%的标准品，线性范围应覆盖杂质[1]的报告水平至含量限度的120%。

4 准确度

准确度的建立应涵盖分析方法规定的范围。

4.1 含量测定

4.1.1 原料药

下列几种方法可用于测定准确度：①用该分析方法测定已知纯度的被分析物（如标准物质）；②用该

[1] 见VICH“新兽药原料和制剂中的杂质指导原则”中“杂质含量的报告”。

分析方法的测定结果与已知准确度的另一种成熟的分析方法（独立的方法，见1.2）的测定结果进行比较；③准确度也可由所测定的精密度、线性和专属性推断出来。

4.1.2 制剂

下列几种方法可用于测定准确度：①制剂可在处方量空白辅料中，加入已知量的原料药进行测定；②如不能得到制剂辅料的全部组分，可向待测制剂中加入已知量的被分析物进行测定，或用所建立方法的测定结果与已知准确度的另一种成熟的分析方法（独立的方法，见1.2）的测定结果进行比较。③准确度也可由所测定的精密度、线性和专属性推断出来。

4.2 杂质检查（定量测定）

准确度应使用在样品（原料药／制剂）中加入已知量杂质的方式来评价。

如不能得到特定杂质和（或）降解产物的对照品，可以考虑与其他独立的方法（见1.2）测得的结果比较。可以使用原料药的响应因子进行计算。

应明确如何测定单个或总杂质，如相当于主成分的重量百分比或面积百分比。

4.3 数据要求

准确度的评价需要对涵盖规定范围的至少3种不同浓度的供试品溶液至少测定9次（如按完整分析步骤对3种浓度的供试品溶液分别测定3次）。

准确度应报告在样品中加入已知量的被分析物测得的回收率，或测定结果平均值与实测值之差及其置信区间。

5 精密度

含量测定和杂质定量测定的方法验证均包括对精密度的考察。

5.1 重复性

重复性的评价需要：涵盖方法的规定范围至少测定9次（如3种浓度分别重复测定3次），或在100%的试验浓度至少测定6次。

5.2 中间精密度

中间精密度的考察程度应根据方法使用的环境而定。申请人应确定随机事件对分析方法精密度的影响。需要研究的典型变动因素包括日期、分析人员和仪器等，无需逐个考察每个因素。鼓励使用试验设计(矩阵)。

5.3 重现性

重现性通过不同实验室之间的试验来评价。如果分析方法需要标准化，如收载到药典中的方法，则应考察重现性。这些数据申请上市许可时不需提交。

5.4 数据要求

每种精密度的考察均应报告标准偏差、相对标准偏差（变异系数）和置信区间。

6 检测限

根据分析方法是采用非仪器分析还是仪器分析，可用多种方法来确定检测限。除了下列方法外，也可使用其他方法。

6.1 直观法

直观法可用于非仪器分析方法，也可用于仪器分析方法。

检测限是通过对一系列含有已知浓度被分析物的样品进行分析，以确定被分析物能被可靠地检测出的最低浓度。

6.2 信噪比法

本方法仅适用于能显示基线噪声的分析方法。

信噪比的测定是通过比较含有已知低浓度被分析物的样品测出的信号与空白样品测出的信号，确定被分析物能被可靠地检测出的最低浓度。一般以信躁比为3∶1或2∶1时的相应浓度来确定检测限。

6.3 基于响应值标准偏差和标准曲线斜率法

检测限（DL）表示为：$DL=\frac{3.3\delta}{S}$

式中，δ为响应值的标准偏差，S为标准曲线的斜率。

斜率S可从被分析物的标准曲线来估算，δ可由多种方法测得，例如：

6.3.1 根据空白值的标准偏差

通过分析一定数量的空白样品并计算其响应的标准偏差，来测定分析背景响应的大小。

6.3.2 根据标准曲线

应通过测试检测限浓度水平的被分析物样品进行特殊的标准曲线研究。回归线的剩余标准差或回归线Y轴截距的标准差都可用作标准差。

6.4 数据要求

应报告检测限及其测定方法。检测限如果是通过直观法或信噪比法测得的，可附相关的色谱图进行验证。

检测限如果是通过计算或外推估算的，可对一系列接近或等于检测限浓度样品的逐个分析来验证这一估算值。

7 定量限

根据分析方法是采用非仪器分析还是仪器分析，可用多种方法来确定定量限。除了下列方法外，也可使用其他方法。

7.1 直观法

直观法可以用于非仪器分析方法，也可用于仪器分析方法。

定量限一般是通过对一系列含有已知浓度被分析物的样品进行分析，在准确度和精密度都符合要求的情况下，来确定被分析物能被定量测定的最低量。

7.2 信噪比法

本方法仅适用于能显示基线噪声的分析方法。

信噪比的测定是通过比较含有已知低浓度被分析物的样品测出的信号与空白样品测出的信号，确定被分析物能被可靠定量的最低浓度。典型信躁比为10∶1。

7.3 基于响应值标准偏差和标准曲线斜率法

定量限（QL）表示为：$QL=\frac{10\delta}{S}$

式中，δ为响应值的标准偏差，S为标准曲线的斜率。

斜率S可从被分析物的标准曲线来估算，δ可由多种方法测得，例如：

7.3.1 根据空白值的标准偏差

通过分析一定数量的空白样品并计算其响应的标准偏差，来测定分析背景响应的大小。

7.3.2 根据标准曲线

应通过测试定量限浓度水平的被分析物样品进行特殊的标准曲线研究。回归线的剩余标准差或回归线Y轴截距的标准差都可用作标准差。

7.4 数据要求

应报告定量限及其测定方法。

定量限可通过对适当数量的接近或等于定量限浓度的样品进行分析来验证。

8 耐用性

在开始研究分析方法时就应考虑对耐用性进行考察，它取决于所研究的方法类型。在方法参数有小的变动时，应能确保分析方法的可靠性。

如果测定结果表明对分析条件的变化是敏感的，那么该分析条件应适当控制或在方法中预先注明。耐用性评价是为了建立一系列的系统适用性参数（如分离度试验），以确保在任何时候使用该分析方法都是有效的。

典型的变动因素：

——被测溶液的稳定性。

——提取时间。

液相色谱法中典型的变动因素：

——流动相pH变化的影响。

——流动相组分变化的影响。

——不同色谱柱（不同批号和/或不同厂家）。

——温度。

——流速。

气相色谱法中典型的变动因素：

——不同色谱柱（不同批号和/或不同厂家）。

——温度。

——流速。

9 系统适用性试验

系统适用性试验是许多分析方法的组成部分。它对由分析设备、电子仪器、试验操作和测试样品组成的完整系统进行评估。某一特定方法的系统适用性试验参数的设置需根据被验证的方法类型而定。详见药典。

安全性

毒理学

GL22 食品中兽药残留安全性评价研究：生殖试验

VICH GL22（安全性：生殖）
2004 年 5 月第一次修订
第七阶段施行

食品中兽药残留安全性评价研究：生殖试验

2001 年 6 月
在 VICH 进程第七阶段
由 VICH 指导委员会推荐实施

本指导原则由相应的 VICH 专家工作组制定，并已通过 VICH 各部门协商。在进程的第七阶段，最终文稿被推荐给欧盟、日本和美国的管理机构采用。

1 引言

1.1 目的

为保障食品中兽药残留安全性，需进行若干毒理学评价，包括评估对生殖的任何风险。本指导原则的目的是确保对生殖试验进行国际协调，该试验适用于评价长期、低剂量暴露（食品中存在兽药残留时可能遇到此类情况）对生殖的风险。

1.2 背景

欧盟、日本和美国在确立食品中兽药残留安全性方面的生殖和发育毒性试验的要求有很多重叠部分。虽然在某些细节方面各个地区有所不同，但均要求至少在 1 种啮齿类动物种属中进行多代研究，从亲本一代（P_0）组开始给药并持续至少后续两代（F_1和F_2）。此外，上述 3 个地区还要求进行发育毒性（畸形学）研究。发育毒性研究需遵循单独的指导原则（参见VICH GL32），除了不再建议将发育毒性阶段列为多代研究的一部分这项注释外，本节将不做进一步论述。

兽药产品的生殖和发育毒性试验方法在某些方面与国际人用药品注册技术要求协调会（ICH）采用的方法有所不同。ICH 指导原则提倡 3 项研究相结合，延长了给药期，可涵盖成年生育力和早期胚胎发育、产前和产后发育以及胚胎－胎儿发育的较短时间。虽然认为该方法适用于大多数人用药品，但食品中兽药残留的暴露时间可能是长期持续的，包括终生暴露。对于长期、低剂量暴露，认为更适合进行多代研究(给药延续一代以上)。该指导原则提供了关于食品中兽药残留安全性评价的多代研究核心要求的协调指导原则。

现行指导原则是所制定的系列指导原则之一，制定目的是促进相关监管机构互相认可确定食品中兽药残留每日允许摄入量（ADI）所必需的安全性数据。该指导原则在解读时，应当结合食品中兽药残留安全性评价总体策略的指导原则（参见VICH GL33）。在考虑有关“药品的生殖毒性检测”的现有人用药品ICH指导原则及其附录“对男性生育力的毒性”后，结合欧盟、日本、美国、澳大利亚、新西兰和加拿大的食品中兽药残留现行评价惯例，制定了本指导原则。

1.3 适用范围

本文件提供了为确定食品中兽药残留所进行的多代动物研究的核心要求指导原则。不过，该文件并不限制为确定食品中兽药残留的安全性（关于生殖功能）而可能进行的研究。也未排除存在可提供等效安全性保证（包括有关为何不需提供此类数据的科学原因）的替代方法的可能性。该指导原则预期不包括为确立兽药在靶种属生殖功能方面的安全性而可能需要的信息。

1.4 通则

多代生殖毒性研究的目的是检测母体药物或其代谢物对哺乳动物生殖的任何影响，包括对雄性和雌性动物生育力、交配、受孕、着床、维持妊娠至足月的能力、分娩、泌乳、存活、后代从出生至断奶的生长和发育、成年后代的性成熟和随后生殖功能的影响。虽然多代研究并非专门设计用于检测发育异常（因为畸形后代可能会在出生时被母体杀死），但如果出生时幼仔大小、出生体重和出生后最初数天内存活率降低，则此类研究可提供发育毒性指征。

该研究持续一代以上，从而不仅可检测对成年动物生殖能力的任何影响，还可检测因宫内和产后早期暴露对后代产生的任何影响。影响成年动物生殖能力的关键发育方面发生在产前和产后早期。在此关键期内给予性激素及其类似物，对雄性和雌性动物生殖系统发育和功能的不良作用已经众所周知。最近，使用可能扰乱内分泌的其他化学品进行的研究显示，发育早期的暴露对随后成年期生殖能力具有重要影响作用。这对后代生殖能力的影响远大于原始亲代。持续一代以上的研究还可检测出因供试品生物蓄积而导致的生殖影响。对生殖系统发育的干扰或生物蓄积可表现为在连续几代中不良作用的等级或严重程度增加。

研究设计应确保在检测到对生殖产生任何影响时，可明确鉴别引起这些影响的剂量及未引起不良作用的剂量。某些观察结果可能需要进一步研究才可充分体现反应或剂量－反应关系的性质。

2 指导原则

2.1 种属数量

在一个种属中进行多代试验通常即可满足要求。在实践中，所有类别化学物质的多代研究大都在大鼠中进行，而且大鼠必定将会继续作为未来多数研究中的最佳种属选择。假如使用具有较强繁殖力的品系，与小鼠相比，大鼠通常具有更为一致的生殖能力。此外，大鼠的可用历史数据库也明显较大。如有必要，还可参考化合物试验组合范围内大鼠的其他动力学、代谢和毒性试验结果。不过，由于历史原因，最初用于其他目的但随后拟定兽用的化合物的研究有时在小鼠中进行。或者，有充分的科学原因需在小鼠中进行研究（例如，已知代谢情况与人类相似）。如果生殖能力满足要求，对于为何不将小鼠也作为可接受的供试种属这一问题的原因不一。

一般来说，建议在单一啮齿类动物种属中进行研究时优选大鼠。

2.2 代数

仅在一代中进行研究是人用药品的标准试验要求，其中的主要关注点是短期给药阶段的暴露情况。然而，两代或三代的多代研究一直是食品添加剂和食品污染物（如农药和兽药残留）研究的习惯要求。在一代研究中给药至第一代后代断奶后结束，无法评估从产前直至青春期暴露于供试品的动物的生殖能力。因此，认为有必要进行持续一代以上的研究（见1.4）。

持续一代以上的研究还可确认在第一代中观察到的任何影响，或阐明在试验任一阶段观察到的不明影响。此类研究还可提供生物蓄积所致影响的表征。

一般认为，在大多数情况下提供明确和可判定结果所必需的最低代数为两代。虽然在某些情况下，一些化学物质种类的早期多代试验方案要求第三代，但现在一般认为第三代中的明确影响也可在第二代中就能充分检测到。

因此，建议进行两代研究。

2.3 每代窝数

如果研究结果明确显示不存在任何影响或产生不良作用，并有明确定义无不良反应剂量，则每代一窝的研究即可满足要求。然而，在某些情况下，可能要延长研究以繁殖第二窝，建议对研究结果进行密切监测，以便在必要时作出此决定。第二窝的价值在于有助于阐明第一窝中任何具有明显剂量相关性的影响或不明影响的意义，这些影响可能是给药的结果、偶发事件或因与给药无关的较差生殖能力所致。可通过以下方法减少对照组生殖能力较差的情况：避免出现营养问题和其他干扰因素，确保亲代（P_0）动物的体重变化不会太大，以及不让太年幼或太年老的动物交配。

因此，建议一般进行每代产一窝的研究。在上述某些情况下，可能有必要通过繁殖第二窝来延长研究。

2.4 推荐的研究方案

经济合作与发展组织（OECD）试验指导原则416“两代生殖毒性研究”是用于确立食品中任何兽药残留安全性的多代研究的合适参考方法。OECD试验指导原则包括供试动物选择、剂量选择、给药开始时间、交配时间、观察和结果报告方面的讨论，这些内容均与食品中兽药残留安全性评价试验相关。需要注意的是，该试验指导原则当前正处于更新状态。除了根据试验指导原则416（1983年版）进行的多代研究中所包含的常规观察外，指导原则416修订版草案（1999 et seq.）还包含成年精子参数、后代性成熟评价及后代功能检查规定（如果此类研究未包含在其他研究中）。对于按照现代标准进行兽药试验而言，认为加入这些额外参数是合适的。

3 参考文献

ICH.1993.ICH Harmonised Tripartite Guideline S5A. Detection of Toxicity to Reproduction for Medicinal Products. International Conference on Harmonisation of Technical Requirements for Registration of Pharmaceuticals for Human Use.

ICH.1995.ICH Harmonised Tripartite Guideline S5B. Toxicity to Male Fertility: An Addendum to the ICH Tripartite Guideline on Detection of Toxicity to Reproduction for Medicinal Products. International Conference on Harmonisation of Technical Requirements for Registration of Pharmaceuticals for Human Use.

OECD.1983.Test Guideline 416. In: Guidelines for the Testing of Chemicals. Two-Generation Reproduction Toxicity Study. Paris, Organisation for Economic Cooperation & Development.

OECD.1999.Test Guideline 416. Two-Generation Reproduction Toxicity Study. Revised Draft Guideline 416, August 1999. Paris, Organisation for Economic Cooperation & Development.

GL23 食品中兽药残留安全性评价研究：遗传毒性试验

VICH GL23（R）（安全性）- 遗传毒性
2014 年 10 月
第九阶段修订
第七阶段施行

食品中兽药残留安全性评价研究：遗传毒性试验

第九阶段修订
2014 年 9 月
在 VICH 进程第七阶段
由 VICH 指导委员会采纳
2015 年 10 月实施

本指导原则由相应的 VICH 专家工作组制定，并已通过 VICH 各部门协商。在进程的第七阶段，最终文稿被推荐给欧盟、日本和美国的管理机构采用。

1 引言

1.1 指导原则目的

为保障食品中兽药残留安全性，建议进行若干毒理学评价，包括可能存在的遗传毒性活性的风险研究。许多致癌物和／或诱变剂具有遗传毒性作用，出于慎重考虑将遗传毒性物质视为潜在的致癌物，除非有确凿证据证明情况并非如此。此外，引起生殖和／或发育毒性的物质可能具有遗传毒性机制的作用方式。遗传毒性试验的结果通常不影响每日允许摄入量（ADI）的数值，但可能影响是否需要确立ADI的决定。

本指导原则的目的是确保对遗传毒性试验进行国际协调。

1.2 背景

为保障食品中兽药残留安全，欧盟、日本和美国对遗传毒性试验的要求存在差异。

本指导原则是系列VICH指导原则之一，目的是促进相关监管机构对为确立食品中兽药残留ADI所必需的安全性数据的相互认可。该指导原则在解读时应当结合有关食品中兽药残留评价总体策略的指导原则（参见VICH GL33）。在考虑ICH人用药物指导原则："遗传毒性：药物遗传毒性试验标准试验组合"和"受法规监管的药物遗传毒性试验的特定内容指导原则"后，制定了本指导原则。此外，还考虑了OECD化学品检测指导原则和国家／地区指导原则，以及欧盟、日本、美国、澳大利亚、新西兰和加拿大的食品中兽药残留安全性评价的现行实践。

1.3 指导原则范围

本指导原则推荐了一种适用于评价兽药遗传毒性的标准试验组合。多数情况下，结果将明确受试物是否具有遗传毒性。但标准试验组合对某些种类的兽药不适用。例如，一些抗菌药物可能对细菌基因突变试验中所用的试验菌株有毒性。该指导原则建议修订此类药物试验所需的基本试验组合。在某些情况下，试验组合标准或修订版的结果可能不明确或不确定，因此，提供了有关结果评价和解读的建议。在某些情况下，可能需要进行其他试验，例如，显示出潜在非整倍体诱导效应和／或生殖细胞效应的物质。

多数情况下，受试物为母体药物，但在某些情况下，可能还有必要检测残留在食品中的1种或多种主要代谢物。可能需要检测代谢物的情况包括：代谢物中含有母体药物分子结构中所不存在的警示结构，以及食品中的残留物主要是分子结构与母体药物完全不同的代谢物形式。除非能证明情况相反，否则，通常假设盐、酯、结合物和结合残留物具有与母体药物类似的遗传毒性特性。

2 标准试验组合

建议使用下述3项试验组合进行兽药遗传毒性筛选：

2.1 细菌基因突变试验

对于细菌基因突变试验，已针对鼠伤寒沙门氏菌和大肠杆菌菌株基因突变的细菌回复突变试验构建了非常庞大的数据库。经过最佳验证的菌株为鼠伤寒沙门氏菌菌株TA1535、TA1537（或TA97或TA97a）、TA98和TA100。这些菌株可能无法检测某些氧化诱变剂和交联剂，为对此进行校正，在细菌试验中还应使用大肠杆菌菌株WP2（pKM101）、WP2uvrA（pKM101）或鼠伤寒沙门氏菌TA102。然而，细菌基因突变试验对于具有潜在诱导基因突变的化合物而言，是一种有效的初步筛选方法，但无法检测具有致突变潜力的所有化合物。有些致染色体断裂的化合物在沙门氏菌试验中不会产生突变（如无机砷化合物）。

2.2 染色体损伤细胞遗传学试验（体外中期染色体畸变试验或体外微核试验）或体外小鼠淋巴瘤*tk*基因突变试验

第二项试验用于评价化学品产生染色体效应的潜力。可使用下述3项试验中的1项对此进行评价：①采用中期分析的体外染色体畸变试验，可检测致染色体断裂性及非整倍体诱导性；②体外哺乳动物细胞微核试验，可检测致染色体断裂和非整倍体诱导活性；③小鼠淋巴瘤试验，改良后可检测基因突变及染色体损伤。

2.3 体内啮齿类动物造血细胞染色体效应试验

为进一步保证标准试验组合可以检测到所有潜在诱变剂，已在标准试验组合中增添了第三项试验。VICH了解到在检测某些种类的化学品时，一些机构建议使用仅包含体外试验的致突变性试验初始组合，仅在体外组合显示阳性或不确定结果时才需进行体内试验。VICH已考虑到此方法，但选择在基本试验组合中加入1项体内试验，以便与ICH人用药物遗传毒性试验要求保持一致。选择微核试验或细胞遗传学试验均可。

3 标准试验组合的调整

对于大多数物质，标准试验组合能满足要求，但在少数情况下可能需要对试验的选择或所进行各项试验的方案进行调整。物质的理化特性（如挥发性、pH、溶解度、稳定性等）有时会导致标准试验条件不适用。在进行试验之前必须对此给予适当考虑。如果标准条件明显会得到假阴性结果，则应使用调整方案。关于遗传毒性试验的OECD化学品检测指导原则就单项试验对受试物物理特性的敏感性以及可能要采取的补偿措施提出了一些建议。药物试验是否使用遗传毒性试验替代组合将根据具体情况而定。若不使用标准试验组合，则应提供科学依据。

3.1 抗菌药物

一些抗菌药物对细菌的毒性过高，因此，难以在细菌试验中进行检测。在这种情况下，适合使用达到细胞毒性限值的浓度进行细菌试验，并补充体外哺乳动物细胞基因突变试验。

3.2 代谢活化

体外试验应在包含和不包含代谢活化系统的情况下进行。最常用的代谢活化系统是经酶诱导剂（Aroclor 1254或苯巴比妥和β-萘黄酮）联合处理的大鼠肝脏微粒体酶S9混合物，但也可使用其他系统。如果选择替代的代谢活化系统，则应提供科学依据以证明该选择合理。

4 试验实施

4.1 细菌突变试验

细菌回复突变试验应根据OECD试验指导原则471中所述的方案进行。

4.2 体外哺乳动物细胞染色体效应试验

染色体畸变试验应根据OECD试验指导原则473进行。这些细胞遗传学试验应可检测致染色体断裂性，也可检测异倍性。为了检测多倍性诱导，通过更长时间（如3个正常细胞周期）的连续处理可以获得更高灵敏度。通过记录细胞遗传学试验中超倍性、多倍性和/或有丝分裂指数改变的发生率，可获得有关潜在非整倍体诱导性的有限信息。如果存在非整倍体诱导性（如多倍性诱导）的指征，则应使用FISH（荧光原位杂交）或染色体涂染等适当染色方法确认。由于染色体可能会因人为原因而发生明显丢失，因此，应仅将超倍性视为诱导非整倍性的明确指征。

体外哺乳动物细胞微核试验（OECD试验指导原则487）可作为遗传毒性试验初始组合的一部分，替代OECD试验指导原则473中所述的染色体畸变试验。体外哺乳动物细胞微核试验可检测致染色体断裂性及非整倍体诱导性，并可同时检测有丝分裂延迟、细胞凋亡、染色体断裂和染色体丢失。

如果进行小鼠淋巴瘤tk试验，则应使用包括较小集落及较大集落测量的修订版方案。该方案应符合OECD试验指导原则476中所述的标准，并应包括使用适当的阳性对照品（断裂剂）。

4.3 体外哺乳动物细胞基因突变试验

当采用体外哺乳动物细胞基因突变试验时，应按照OECD试验指导原则476进行。

4.4 体内染色体效应试验

哺乳动物红细胞微核试验（OECD试验指导原则474）或哺乳动物骨髓染色体畸变试验（OECD试验

指导原则475）可作为遗传毒性试验初始组合的一部分。可通过骨髓或外周血分析进行哺乳动物红细胞微核试验。如果使用外周血进行此试验，则试验种属应为小鼠而非大鼠，因为后者的脾脏可清除循环微核红细胞。

这些试验旨在对物质是否可在体内表现遗传毒性这一问题进行定性解答，而并非确立无作用水平。

5 试验结果评估

开展化合物的潜在遗传毒性评估应将全部试验结果考虑在内，并确认体外和体内试验的内在价值和局限性。

如果在包括标准试验组合在内的系列试验中，遗传毒性结果明显呈阴性，则通常会将此结果作为无遗传毒性的充分证据。

如果物质的体外遗传毒性结果明显呈阳性，而在使用骨髓进行的体内遗传毒性试验中结果明显呈阴性，则有必要使用除骨髓以外的靶组织另外进行一项体内遗传毒性试验，以确认是否具有遗传毒性。需根据具体情况选择最佳试验方案。

如果在标准试验组合中出现其他阳性或不确定结果，应根据具体情况决定是否需要开展进一步试验。

6 参考文献

OECD.1997.Test Guideline 471.Bacterial Reverse Mutation Test.In：OECD Guideline for Testing of Chemicals.Paris，Organization for Economic Cooperation and Development.

OECD.1997.Test Guideline 473.*In Vitro* Mammalian Chromosome Aberration Test.In：OECD Guideline for Testing of Chemicals.Paris，Organization for Economic Cooperation and Development.

OECD.1997.Test Guideline 474.Mammalian Erythrocyte Micronucleus Test.In：OECD Guideline for Testing of Chemicals.Paris，Organization for Economic Cooperation and Development.

OECD.1997.Test Guideline 475.Mammalian Bone Marrow Chromosome Aberration Test. In：OECD Guideline for Testing of Chemicals.Paris，Organization for Economic Cooperation and Development.

OECD.1997.Test Guideline 476.*In Vitro* Mammalian Cell Gene Mutation Test.In：OECD Guideline for Testing of Chemicals.Paris，Organization for Economic Cooperation and Development.

OECD.2010.Test Guideline 487.*In Vitro* Mammalian Cell Micronucleus Test.In：OECD Guideline for Testing of Chemicals.Paris，Organization for Economic Cooperation and Development.

7 术语

非整倍体诱导性：引起非整倍性的能力。

非整倍性：细胞或微生物中染色体的特征数目偏差，成套染色体的数目增加或减少除外。

断裂剂：一种引起染色体结构变化的试剂，通常可通过光学显微镜检测到。

致染色体断裂性：引起染色体结构变化（染色体畸变）的能力。

细胞遗传学：细胞的染色体分析，通常在染色体浓缩且染色后用光学显微镜可见的分裂细胞中进行。

基因突变：单基因或其调控序列内可检测到的永久性变化。此变化可能是点突变、插入、缺失等。

遗传毒性：广义术语，是指遗传物质中任何有害变化，不论诱发变化的机制如何。

异倍性：细胞或微生物中染色体的任何数目异常。这是一个通用术语，包括多倍性、非整倍性、超倍性等。

超倍性：细胞或微生物中染色体数目增加从而超过正常数目。

微核：细胞中的粒子，内含可用显微镜检测到的核DNA；它可能包含完整的染色体或染色体的破碎中心部分或无着丝粒部分。微核的大小通常定义为小于主核的1/5，但大于其1/20。

致突变性：引起微生物或细胞中遗传物质数量或结构发生永久变化（可能导致微生物或细胞的特性发生变化）的能力。此变化可能包括核酸中碱基序列的变化（基因突变）、染色体的结构变化（致染色体断裂性）和/或细胞中染色体数目的改变（非整倍性或多倍性）。

多倍性：成套染色体的数目增加或减少。

GL28 食品中兽药残留安全性评价研究：致癌试验

VICH GL28（安全：致癌性）
2005 年 2 月
第九阶段修订
第七阶段施行

食品中兽药残留安全性评价研究：致癌试验

第九阶段修订
2004 年 10 月
在 VICH 进程第七阶段
由 VICH 指导委员会推荐采用
2006 年 3 月实施

本指导原则由相应的 VICH 专家工作组制定，并已通过 VICH 各部门协商。在进程的第七阶段，最终文稿被推荐给欧盟、日本和美国的管理机构采用。

1 引言

1.1 目的

为保障食品中兽药残留的安全，必须对兽药的毒理学进行系列评估，包括对诱发肿瘤的可能性进行评估。本指导原则的目的是确保对与人体接触的食品中兽药残留的致癌危险性进行评估。

1.2 背景

已将致癌危险性评估确定为在评估食品中兽药残留的安全性时要考虑的关键步骤之一。通常发生在极低的水平上接触兽药残留，但可能会持续很长时间，甚至可能是一生的时间。为确保能充分评估在相关接触水平下的具有致癌危险性的物质，在必要情况下要考虑更多的问题，包括遗传毒性、代谢转归、物种差异和细胞变化。

1.3 适用范围

本指导原则规定了1种数据驱动的决策方法，以确定是否需要进行致癌试验，并为开展致癌试验提供了指导。

2 致癌性评价

2.1 方法

确定是否进行致癌试验应考虑：①遗传毒性试验的结果；②结构－活性关系；③肿瘤相关的长期全身毒性试验结果。还应考虑已知物种品种的毒性作用机制特性。同时，还应该考虑实验动物、动物和人类之间的代谢差异。

2.2 遗传毒性化合物

许多致癌物质具有遗传毒性，因此，将具有遗传毒性的化合物视为致癌物质是一种谨慎的做法，除非有令人信服的证据表明情况并非如此。

2.3 非遗传毒性化合物

由于通常认为非遗传毒性化合物具有较低的致癌性，人体接触的兽药残留含量水平也很低。因此，非遗传毒性化合物不需要进行常规的致癌试验。但是，如果出现下面一种或几种情况，则可能需要进行致癌试验，①该化合物是已知的动物或人类致癌物化学类别的成员；②已有的全身毒性研究表明，该化合物具有癌前病变或发现有肿瘤形成迹象；③全身毒性研究表明，该化合物与人类肿瘤表观遗传机制有关。

2.4 体内致癌试验

2.4.1 现有的相关指导原则

OECD 451“致癌试验”包括采用实验动物进行致癌试验的方案设计和试验方法。该文件是进行兽药致癌试验的基础，并在以下段落进行了说明。

注：从致癌和慢性毒性合并试验获得的信息（OECD 453“慢性毒性和致癌合并试验”）也是可以接受的。

2.4.2 长期致癌实验动物种系的选择

进行致癌试验研究通常需要进行2年的大鼠试验和18个月的小鼠试验。如果有适当的科学依据，可以对1种啮齿类动物，最好是大鼠进行致癌试验。任何一种实验动物的阳性反应都将认为该物质具有致癌危险性。

2.4.3 实验动物数量和染毒途径

根据OECD 451试验指导原则和通常做法，致癌试验的每一个剂量组（包括对照组）至少应有50只雄性和50只雌性大鼠和／或小鼠。食品中兽药残留致癌试验的染毒途径为经口给药，最好通过饲料给药。其他染毒途径通常与食品中兽药残留的风险评估无关。

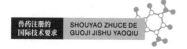

2.4.4 致癌试验的剂量选择

2.4.4.1 概述

在典型的致癌试验中，建议至少设3个剂量组和1个对照组。

2.4.4.2 剂量选择

高剂量组应有最小毒性反应，但不引起动物死亡（肿瘤除外）。在致癌试验中的毒性反应，不能引起动物的死亡或破坏动物正常生理稳态，但要保证动物受到足够刺激，并确保试验的阴性结果是可靠的。

其他剂量组的设置应考虑的因素，包括线性药物动力学、饱和代谢途径、预期人体暴露水平、实验动物的药效学、实验动物阈值效应可能性、作用机制和急性啮齿类动物试验中毒性发展的不可预测性等。一种普遍认可的模式是低剂量组不引起任何显著毒性反应且剂量水平不低于最高剂量的10%。

2.5 临床观察和病理检查

临床观察和病理检查应适合兽药致癌试验，并应符合OECD 451试验指导原则要求。通常应对下述组织进行采样，包括阴蒂或包皮腺（仅啮齿类动物）、汗腺、泪腺、喉腺、鼻腔、视神经、咽腺和任氏腺（仅啮齿类动物）。临床病理检查（血液学、尿液检查和临床化学）对致癌危险性评估没有必要。

3 参考文献

OECD.1981.Test Guideline 451. Carcinogenicity Studies. In：OECD Guideline for the Testing of Chemicals. Organization for Economic Cooperation & Development，Paris.

OECD.1981.Test Guideline 453. Combined Chronic Toxicity/Carcinogenicity Studies. In：OECD Guideline for the Testing of Chemicals. Organization for Economic Cooperation & Development，Paris.

GL31 食品中兽药残留安全性评价研究：重复给药（90d）毒性试验

VICH GL31（安全：重复给药毒性）
2004 年 5 月第 1 次修订
第七阶段施行 - 最终版

食品中兽药残留安全性评价研究：重复给药（90d）毒性试验

2002 年 10 月
由 VICH 指导委员会推荐实施

本指导原则由相应的 VICH 专家工作组制定，并已通过 VICH 各部门协商。在进程的第七阶段，最终文稿被推荐给欧盟、日本和美国的管理机构采用。

1 引言

1.1 指导原则目的

为保障食品中兽药残留的安全性，需进行各种毒理学评价。本指导原则的目的是为国际统一90d重复给药试验提出建议。

FDA的指导原则文件，包括本指导原则，没有在法律上规定强制执行。相反，指导原则描述了当前官方机构对某一主题的想法，除非引用了具体的法规或法律要求，否则，只能将其视为建议。在指导原则中使用的“应该”一词，是指建议或推荐，不是必须。

1.2 背景和适用范围

本指导原则是VICH系列指导原则之一，是为了安全数据的互认，便于确立食品中兽药残留的每日允许摄入量（ADI）。本指导原则根据欧盟、日本、美国、澳大利亚、新西兰和加拿大的食品中兽药残留评估的现行做法而制定的。

虽然本指导原则规定了兽药90d毒性试验体系，但试验设计必须保持灵活。在本指导原则范围内，试验应适当调整，以充分确保根据90d接触受试物试验可以得到剂量－反应关系和无可见不良反应剂量(NOAEL)。

1.3 一般原则

需要大量的毒性试验对重复接触兽药原形和／或代谢物产生的效应进行评估。还需要保证接触的剂量不会产生毒性作用。在试验设计时，与其他类型的毒性试验一样，还应考虑该化合物现有的资料。重复给药毒性试验应选择合适的敏感动物物种。虽然动物的选择始终要考虑与人的代谢、药物动力学和药效学相关性，但通常默认的实验动物是大鼠和犬。重复给药试验应该在动物生命的早期开始，以涵盖实验动物的生长阶段。一般来说，最高剂量应产生明显的毒性效应。从该试验中获得的数据可用于确定兽药的NOAEL。

2 指导原则

2.1 重复给药（90d）毒性试验

2.1.1 目的

重复给药（90d）毒性试验应选择1种啮齿类动物和1种非啮齿类动物，以便于①确定靶器官和毒理学终点，②为确定重复给药（慢性）毒性试验的剂量水平提供信息，必要时，③为之后的重复给药（慢性）毒性试验确定最适动物。应根据每个重复给药（90d）毒性试验的结果确定NOAEL。

2.1.2 90d毒性试验的试验设计

重复给药（90d）毒性试验应符合OECD 408“啮齿类动物90d经口毒性试验”和OECD 408“非啮齿类动物90d经口毒性试验”。

2.1.2.1 病理检查

应根据OECD 408和409试验指导原则要求进行大体解剖和组织病理学检查，但以下例外：对于非啮齿类动物，对所有试验组全部动物标准要求的组织和肉眼病变进行组织病理学评估。

3 参考文献

OECD.1998.Test Guideline 408. Repeated Dose 90-day Oral Toxicity Study in Rodents. In：OECD Guidelines for the Testing of Chemicals. Organisation for Economic Cooperation & Development，Paris.

OECD.1998.Test Guideline 409. Repeated Dose 90-day Oral Toxicity Study in Non-rodents. In：OECD Guidelines for the Testing of Chemicals. Organisation for Economic Cooperation & Development，Paris.

GL32 食品中兽药残留安全性评价研究：发育毒性试验

VICH GL32（安全性：发育毒性）
2004 年 5 月第 1 次修订
第七阶段施行 - 最终版本

食品中兽药残留安全性评价研究：发育毒性试验

2002 年 10 月
由 VICH 指导委员会推荐实施

本指导原则由相应的 VICH 专家工作组制定，并已通过 VICH 各部门协商。在进程的第七阶段，最终文稿被推荐给欧盟、日本和美国的管理机构采用。

1 引言

1.1 指导原则目的

为了了解食品中兽药残留的安全性，包括鉴定产前发育的任何潜在影响，需要进行大量的毒性评价。本指导原则的目的是确保根据协调一致的国际指导原则进行发育毒性评估。为了衡量产前暴露对怀孕动物以及器官发育的影响，需设计一系列试验，本指导原则对此类试验进行了描述。

1.2 背景

在评价食品中兽药残留安全性的研究中，潜在发育毒性评估是其中极为关键的参数。

兽药繁殖和发育毒性试验方法与ICH中人用化学药品注册时所采用的方法有所不同。ICH的指导原则是将3项研究整合在一起，在这些研究中，剂量研究涵盖多个阶段，包括交配前到受孕，受孕到着床，着床到硬腭闭合，硬腭闭合到妊娠终止，出生到断奶，再到性成熟。这种方法适用于绝大多数人用药，而食品中兽药残留的暴露是长期性的，潜在影响整个生命周期。基于该原因，本指导原则连同繁殖试验指导原则（VICH GL22），将更适用于食品中兽药残留安全性评估。本指导原则关注潜在暴露阶段，包括从着床开始的整个怀孕周期，直到分娩前1d。本指导原则是指导食品中兽药残留安全性研究的一致性指导文件，也是核心要求。

本指导原则是系列指导原则的一部分，用于获得相互可接受的确定食品中兽药残留每日允许摄入量所必需的安全性数据。本指导原则需与食品中兽药残留安全性评价的其他指导原则（VICH GL33）联合使用。本指导原则充分考虑了现有ICH人用化学药品指导原则中的“药品的生殖毒性检测”，以及目前欧盟、日本、澳大利亚、新西兰和加拿大食品中兽药残留评价的现行措施。

1.3 适用范围

本文件为用于食品动物的兽用治疗产品的发育毒性试验提供了指导。然而，食品中兽药残留安全性的发育毒性研究并不仅限于这些内容。本指导原则不排除采用其他等效替代方法的可能性，以及基于科学原因，可以不必提供发育毒性的相关研究资料。

1.4 一般原则

发育毒性试验的目的是检测怀孕雌性动物以及胚胎和胎儿在整个怀孕过程中直至分娩前1d暴露于怀孕雌性动物所产生的不良反应。这些不良反应包括与非怀孕雌性动物相比，出现可见的毒性升高；胚胎－胎儿死亡；胎儿生长改变和胎儿畸形等。根据本指导原则的目的，致畸性定义为导致胎儿出现对其有害的结构性改变的能力，无论这种有害性是否对其生命造成不利影响。

试验设计应遵循：如果在发育过程中检测到任何不良反应，应清楚确定导致不良反应产生的剂量，以及不会出现不良反应的剂量。需要对观察到的现象做进一步研究，以获得这些反应的全部本质特性或剂量－反应关系。

在发育毒性试验中，按照惯例一般选择2个物种，1种为啮齿类动物，另一种为非啮齿类动物。在ICH试验指导原则中，人药的发育毒性试验也同样推荐选择啮齿类动物和非啮齿类动物。

然而，广泛的兽药数据回顾性研究显示，分段方法可以为评价发育毒性提供充足数据，同时减少实验动物用量。食品动物用兽药发育毒性试验的分段方法是根据阳性和阴性致畸结果评价而开展的，该方法来自于已经发布的兽用医疗产品欧盟委员会总结报告和JECFA食品中兽药残留报告。数据显示：①考虑了受试物种间的一致性；②没有单个受试物种表现出持续增强的敏感性；③在一些情况下，家兔比大鼠更为敏感，考虑到物种间的差异，敏感性应采用10倍的安全系数。

2 指导原则

2.1 动物数量

该分段方法（图1）以大鼠的发育毒性试验开始。如果观察到了明显的致畸证据，除非在图1中提到的环境条件下，否则，不论母体动物毒性如何，都不需要再进行第二种动物的试验。如果大鼠致畸试验结果为阴性或模棱两可，则需要在第二种动物进行发育毒性试验，一般选择家兔。如果没有进行大鼠致畸试验，即使在大鼠出现了其他发育毒性的证据（如胎儿毒性或胚胎致死），仍需要进行第二种动物的发育毒性试验。

如果对所有关键研究进行回顾，很明显ADI应根据大鼠的致畸毒性进行确定，为了确定第二种动物是否出现更为敏感的发育反应，应在其他动物进行发育毒性试验。因此，推荐在分段方法中以大鼠作为开始。将由最初的试验结果确定是否有必要再用第二种动物进行试验。

图1

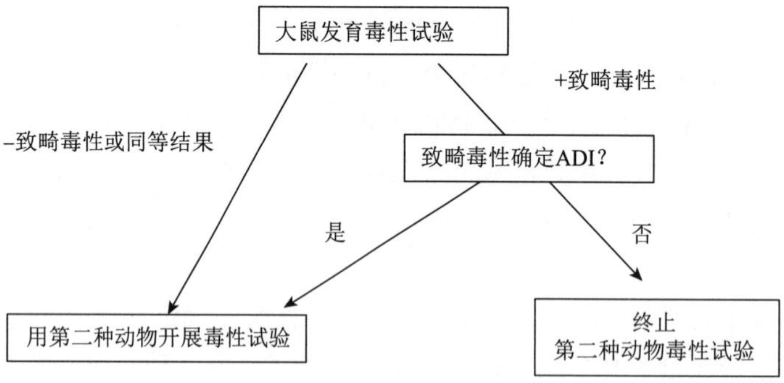

2.2 推荐的试验程序

OECD试验指导原则414“产前发育毒性研究”对于食品动物用兽药的发育毒性试验而言，是一项适于参考的方法。该指导原则包括讨论了受试动物的数量、给药期、剂量选择、母畜观察、胎儿检查和结果报告等内容。

3 参考文献

ICH.1993.ICH Harmonised Tripartite Guideline S5A. Detection of Toxicity to Reproduction for Medicinal Products. International Conference on Harmonisation of Technical Requirements for Registration of Pharmaceuticals for Human Use.

Hurtt, M.E., Cappon, G.D. and Browning, A. Proposal for a Tiered Approach to Developmental Toxicity Testing For Veterinary Pharmaceutical Products for Food Producing Animals. Food & Chemical Toxicology (submitted).

OECD.2001.Test Guideline 414. Prenatal Developmental Toxicity Study. In: OECD Guidelines for the Testing of Chemicals. Organisation for Economic Cooperation & Development, Paris.

GL33 食品中兽药残留安全性评价研究：试验的通用要求

VICH GL33（安全性：通用要求）
2009 年 2 月第九阶段第二次修订
第七阶段施行 - 最终版

食品中兽药残留安全性评价研究：试验的通用要求

2009 年 2 月
在 VICH 进程第七阶段
由 VICH 指导委员会推荐采用
2010 年 2 月实施

本指导原则由相应的 VICH 专家工作组制定，并已通过 VICH 各部门协商。在进程的第七阶段，最终文稿被推荐给欧盟、日本和美国的管理机构采用。

1 简介

1.1 指导原则的目的

本指导原则概述了一系列试验要求，以保证使用兽药后的动物源性食品安全。试验必须提供充分的毒理学试验数据以确保食品安全，同时尽可能减少试验中使用动物的数量和保护资源。

为最低限度地在研究中使用实验动物，VICH一贯支持“3R”原则，即替代（replacement，采用非动物试验或减少使用的动物种类），优化（refinement，降低动物疼痛和应激反应）；减少（reduction，减少试验中使用动物的数量）。VICH的一个目标就是通过兽药产品注册中规定要求的协调一致来尽力避免重复和非必要的动物试验，从而坚定地引领在产品研发和注册过程中减少动物的使用数量。尽可能地适当将实验动物数量降至最低，还可以用推荐的体内或体外试验替代。

下文中推荐的研究，其设计和实施应充分考虑动物福利政策。研究中所使用的动物应符合相关协议、一般伦理标准以及实验动物饲养管理的相关国家标准。

当需要使用VICH控制范围以外的其他经过确认的研究方法时，VICH认识到其国际地位和影响可以提供唯一的机会来鼓励使用已确认的替代方法*。为此，建立了包含动物试验在内的这些指导原则的安全环境工作组（the Safety EWG）已尽责去考虑动物福利，特别是满足“3R”原则的动物试验。

VICH周期性回顾把已确认的协议中的替代方法考虑进去的指导原则，对其指导原则进行了修订，以使其适用于目前大多数替代试验方法的开发。

注：*替代试验确认协议由区域组织负责；在欧盟是ECVAM，在美国是ICCVAM，在日本是JaCVAM。

1.2 背景

通常采用实验室动物饲喂试验来评估消费含有兽药残留的食品的有害性。对试验要求的国际上的协调一致，以确保有价值兽药的研发和注册获得最高效率。评审过程的效率包括对资源消耗的影响，新药从发现到批准的时间，以及创新药物从引进到上市的时间。

目前，兽药毒理学试验要求是根据人药、食品添加剂和农药毒理学试验要求而制定的。本指导原则表明，这些试验与确定兽药的无不良反应剂量（NOAEL）有关。

以评估食品安全为目的的试验的适用性是通过预测人类不良反应的能力而确定的。选择简明而适当的试验至关重要，在广泛考虑历史数据和回顾公认的协议后，根据最小样本量来选择用药方案。为增加发现潜在不良反应的几率，试验方法中应同时包括啮齿类和非啮齿类动物模型。其他试验，如对人类肠道菌群的影响试验，可用于评价化合物的特异性终点。在试验方法设计上应确定一个可以引起不良反应的剂量，以及用于确定无不良反应剂量。无不良反应剂量通常用于建立每日允许摄入量（ADI），每日允许摄入量表示一个人一生中每天摄入该剂量的药物都将是安全的。

1.3 适用范围

本指导原则的适用范围包括：①基础试验：适用于食品动物的所有新兽药，目的是评估食品中药物残留的安全性；②其他试验：基于与兽药的结构、类别和作用机制等相关的特定毒性，而可能要求进行的试验；③特殊试验：有助于解释基础试验或附加试验所获得的数据而进行的试验。

本指导原则中基础试验和可选择的附加试验的协议设计内容见VICH指导原则的各章节。特殊试验以及其他试验的选择和协议设计由各监管当局和／或新药研发主办人斟酌决定。

2 一般原则

试验包括评估系统毒性、繁殖毒性、发育毒性、遗传毒性、致癌性和人类肠道菌群的反应。总体而言，体内试验选择口服给药作为给药途径。本指导原则不排除采用替代方法的可能性。这些方法有可能提供同等的安全性评估，包括基于科学原因不必提供的数据。本指导原则描述的试验符合相关的国家标准和/或与良好实验室管理规范相一致。

2.1 基础试验

2.1.1 重复给药毒性试验（VICH GL31和VICH GL37）

重复给药毒性试验用于确定：①根据化合物和/或其代谢物重复或蓄积暴露得出的毒力；②与暴露剂量和/或持续时间相关的毒性反应的发生率和严重程度；③与毒性和生物反应相关的剂量；④无不良反应剂量。

2.1.2 繁殖毒性试验（VICH GL22）

多代繁殖研究用于测定哺乳动物繁殖过程中的任何反应。包括雄性和雌性的生育能力、交配、受精、着床和维持妊娠到足孕、生产、哺乳、存活、生长的能力以及从出生到断奶、性成熟和成年后繁殖下一代的机能。

2.1.3 发育毒性试验（VICH GL32）

发育毒性试验的目的是检测在从受精到生产前1d整个怀孕过程中的全部不良反应，即怀孕雌性动物、胚胎和胎儿发育的暴露。这些不良反应包括与非怀孕雌性动物相比出现的毒性升高，胚胎-胎儿的死亡，胎儿的生长改变和胎儿的结构改变等。

2.1.4 遗传毒性试验（VICH GL23）

一组遗传毒性试验用于鉴定具有损伤细胞中遗传信息能力的物质。这些物质被认为具有遗传毒性，并存在潜在致癌性。能够引起胚芽细胞基因损伤的物质也具有潜在引起繁殖/发育不良反应的能力。

2.2 其他试验

基于与安全性相关的化合物结构、类别和作用机制的性质等还需进行的试验，例如以下研究：

2.2.1 对人类肠道菌群的影响试验（VICH GL36）

如果化合物具有抗菌活性，应确定药物残留对人类肠道菌群的影响。

2.2.2 药理学影响试验

一些兽药在不出现毒性反应时，或在剂量低于毒性反应剂量时会表现出药理学作用。应确定药理学无不良反应剂量，并考虑制定该药的每日允许摄入量。

2.2.3 免疫毒性试验

一些药物，如β-内酰胺类抗菌药物，可引起敏感个体出现过敏反应，应予以研究。对于其他兽药，如果其他试验表现出潜在的免疫学危害，应进行免疫毒性试验。

2.2.4 神经毒性试验

在重复给药试验中可能会发现神经毒性的潜在证据，这时可进一步开展更多试验，如参见经济合作与发展组织（OECD）试验指导原则424“啮齿类动物的神经毒性试验”。

2.2.5 致癌试验（VICH GL28）

如果怀疑化合物具有潜在致癌性，则需要开展口服给药的致癌性试验。应根据所有的有效数据，包括遗传毒性试验、结构活性关系（SAR）信息、重复给药和机能研究的结果，确定是否需要进行致癌性试验。推荐采用致癌性生物检测进行致癌性试验。然而，对致癌性试验和慢性毒性试验的采用综合分析更为合理。

2.3 特殊试验

这些试验的目的是了解药物的作用机制，从而有助于解释或评估通过基础试验和其他试验所获得数据间的相关性。

3 参考文献

OECD.1997.Test Guideline 424. Neurotoxicity Study in Rodents. In：OECD Guidelines for the Testing of Chemicals. Organization for Economic Cooperation & Development，Paris.

VICH.2001.VICH Harmonized Tripartite Guideline GL22. Studies to Evaluate the Safety of Residues of Veterinary Drugs in Human Food: Reproduction Toxicity Testing. International Cooperation on Harmonisation of Technical Requirements for Registration of Veterinary Medicinal Products.

VICH.2001.VICH Harmonized Tripartite Guideline GL23. Studies to Evaluate the Safety of Residues of Veterinary Drugs in Human Food: Genotoxicity Testing. International Cooperation on Harmonisation of Technical Requirements for Registration of Veterinary Medicinal Products.

VICH.2002.VICH Harmonized Tripartite Guideline GL28. Studies to Evaluate the Safety of Residues of Veterinary Drugs in Human Food: Carcinogenicity Testing. International Cooperation on Harmonisation of Technical Requirements for Registration of Veterinary Medicinal Products.

VICH.2002.VICH Harmonized Tripartite Guideline GL31. Studies to Evaluate the Safety of Residues of Veterinary Drugs in Human Food: Repeat-Dose (90-Day) Toxicity Testing. International Cooperation on Harmonisation of Technical Requirements for Registration of Veterinary Medicinal Products.

VICH.2002.VICH Harmonized Tripartite Guideline GL32. Studies to Evaluate the Safety of Residues of Veterinary Drugs in Human Food: Developmental Toxicity Testing. International Cooperation on Harmonisation of Technical Requirements for Registration of Veterinary Medicinal Products.

VICH.2004.VICH Harmonized Tripartite Guideline GL36. Studies to Evaluate the Safety of Residues of Veterinary Drugs in Human Food: General Approach to Establish a Microbiological ADI. International Cooperation on Harmonisation of Technical Requirements for Registration of Veterinary Medicinal Products.

VICH.2004.VICH Harmonized Tripartite Guideline GL37. Studies to Evaluate the Safety of Residues of Veterinary Drugs in Human Food: Repeat-Dose (Chronic) Toxicity Testing. International Cooperation on Harmonisation of Technical Requirements for Registration of Veterinary Medicinal Products.

GL37 食品中兽药残留安全性评价研究：重复给药慢性毒性试验

VICH GL37（安全性）
2004 年 5 月
第七阶段施行 - 最终版

食品中兽药残留安全性评价研究：重复给药慢性毒性试验

2004 年 5 月
在 VICH 进程第七阶段
由 VICH 指导委员会推荐采用
2005 年 5 月实施

本指导原则由相应的 VICH 专家工作组制定，并已通过 VICH 各部门协商。在进程的第七阶段，最终文稿被推荐给欧盟、日本和美国的管理机构采用。

1 简介

1.1 指导原则的目的

各种各样的毒性评价是为确保食品中兽药残留的安全性。本指导原则的目的是建立国际上协调一致推荐的重复给药慢性毒性试验。

1.2 指导原则的背景和适用范围

目前的指导原则是一系列指导原则中的一项，便于获得相互认可的用于确定食品中兽药残留的每日允许摄入量（ADI）所必需的安全性数据。本指导原则是在考虑了现有欧盟、日本、美国、澳大利亚、新西兰和加拿大的食品中兽药残留评价的实际情况的基础上而制定的。同时，还考虑了从亚慢性和慢性毒性研究中获得的有效数据。

本指导原则推荐了兽药慢性毒性试验的框架，重要的是试验设计保留了灵活性。由于消费者在一生中有重复暴露的风险，预计对大多数的兽药开展慢性暴露不良结果试验。然而，本指导原则并不排除在确保同等安全性的前提下采用其他等效替代方法的可能性，这种可能性还包括基于科学原因，可以不必提供慢性毒性试验资料。在本指导原则中，为检测长期用药的毒性，应以量身定做的充分试验来确定量效关系和无不良反应剂量（NOAEL）。

1.3 一般原则

充分的毒理学试验要求采用重复给药的方法来评价延长暴露于母体化合物和/或代谢物时的反应，以此来解释由于慢性暴露而产生的毒性反应，并确定不会产生毒性的最高剂量。在设计慢性毒性试验时，化合物的所有有效信息均应加以利用。试验中获得的数据可用于确定兽药的无不良反应剂量。

2 指导原则

2.1 重复给药慢性毒性试验

2.1.1 目的

慢性毒性试验用于：（1）确定基于长期暴露于化合物和/或其代谢物时产生的毒性反应；（2）确定与剂量和/或暴露时间有关的靶器官和毒理学终点；（3）确定与毒性和生物学反应相关的剂量；（4）确定无不良反应剂量。

2.1.2 试验物种的选择

试验物种的选择应考虑与人类代谢、药代动力学和药效学的相关性。如果试验需要2种动物，其中一种应为啮齿类动物，另一种应为非啮齿类动物。一般来说，啮齿类动物默认用大鼠，非啮齿类动物默认用犬。

回顾大量化学药物的有效研究数据发现，在不同地区进行的慢性毒性试验，不论采用1种还是2种动物，结果都解读为有效。未来的数据可以阐明这一问题。在日本，慢性毒性研究需要2种动物。然而，基于恰当的科学判断，慢性毒性研究也可以仅使用1种动物（见附录）。在欧盟和美国，慢性毒性研究应基于有效的科学数据，选择最合适的实验动物，其中90d慢性毒性试验的默认物种为大鼠。

2.1.3 试验设计

慢性毒性试验应按照经济合作与发展组织（OECD ）试验指导原则452“慢性毒性研究”进行。

2.1.4 病理学检查

尸体的大体剖检和组织病理学检查应按照经济合作与发展组织试验指导原则408（啮齿类动物90d口服重复给药毒性研究）和409（非啮齿类动物90d口服重复给药毒性研究）以及以下增补内容执行：

需要检查以下组织：骨骼（胸骨、股骨和关节），阴蒂或包皮腺（仅啮齿类动物），哈氏腺，泪腺，喉，鼻腔，视神经，咽和外耳道皮脂腺（仅啮齿类动物）。

对于非啮齿动物，组织病理学检查应包括对所有动物进行上述组织的检查，此外，还要对所有动物进行肉眼可见损伤的检查。

3 参考文献

OECD.1981.Test Guideline 452. Chronic Toxicity Studies. In：OECD Guidelines for the testing of chemicals Organization for Economic Cooperation & Development，Paris.

OECD.1998.Test Guideline 408. Repeated Dose 90-day Oral Toxicity Study in Rodents. In：OECD Guidelines for the testing of chemicals. Organization for Economic Cooperation & Development，Paris.

OECD.1998.Test Guideline 409. Repeated Dose 90-day Oral Toxicity Study in Non-rodents. In：OECD Guidelines for the testing of chemicals. Organization for Economic Cooperation & Development，Paris.

附录

在通常需要进行两种动物试验时，而仅选择一种动物进行慢性毒性试验，部分排除（另一种动物）标准如下：

（1）已显示，受试物在一种动物产生毒性的作用机制不会外推到人类。

（2）已证明，受试物在一种动物的代谢不适用于人类。

如果上述内容未知，则：

（3）如果已证明与其他物种相比，受试物在一种动物肠道的吸收速度极低。

GL54 食品中兽药残留安全性评价研究：建立急性参考剂量的通用方法

VICH GL54（安全性）- 急性参考剂量
2016 年 11 月
第七阶段施行

食品中兽药残留安全性评价研究：建立急性参考剂量的通用方法

2016 年 11 月
在 VICH 进程第七阶段
由 VICH 指导委员会采纳
2017 年 11 月实施

本指导原则由相应的 VICH 专家工作组制定，并已通过 VICH 各部门协商。在进程的第七阶段，最终文稿被推荐给欧盟、日本和美国的管理机构采用。

1 简介

1.1 目的

依据现有指导原则所提出的数据本质和类型应能够用于确定兽药残留的毒理学急性参考剂量(ARfD)，相关研究应能获得这些数据，并能够根据这些数据计算ARfD。

1.2 背景

通常通过受试动物的毒性研究，以及应用适当的安全性、不确定性因子（UF）[1]所确定的NOAEL[2]和ADI，确定食品中兽药的残留安全性。ADI通常表述为每天每千克体重的μg或mg数，定义为在整个生命周期中每天摄入该剂量而不会出现对身体有害的不良反应（见术语）。

已经认识到，一些兽药在人类仅消耗一顿饭时都会引起不良反应。ADI则不适用于这种仅暴露于1顿饭或1d消耗量而产生的急性毒性反应。确定ARfD是解决这一问题的适当方法。

当农药和其他化学物质，包括兽药的使用，可能使人在食用含有药物残留的食品时，残留量高到足以导致急性或长期接触后造成不良反应，ARfD方法的目的是为其提供人类健康指导值。而ADI是根据慢性或长期暴露于食品残留而产生的不良反应而得到的数据。

有多种出版物对ARfD进行了描述。2005年，FAO/WHO农药残留联席会议（JMPR）的部分成员发表了1篇将ARfD应用于农药对人类健康的急性风险评估论文（Solecki等，2005）。OECD最终确定了第124号指南“急性参考剂量推导指南”，该指南最初用于农药、生物杀虫剂和兽药（IOMC，2010）。OECD指南第124号介绍了1种分段方法，目的是最大程度利用有效数据，最大程度减少因推导ARfD而需要的动物试验。该方法同样遵循3R原则，在兽药研发过程中尽量减少动物的使用。此外，JECFA提出“某种物质，如一些金属元素、真菌毒素，或兽药残留，可能会引起急性风险，如导致短期摄入后的急性不良反应会高于ADI或TDI[3]”。JECFA同意根据JMPR的经验和指南建立ARfD，同时应考虑每种药物的实际情况，只有在充分考虑该药物的毒理学数据、其毒理学作用出现和摄入的机制后，如可能由于24h或更短时间暴露而引起急性毒性风险时，才有必要建立ARfD（JECFA，2005）。JECFA和JMPR努力推动IPCS的EHC 240的内容，即在通过MRL、耐受量或其他国家或地区方法建立可食性组织中兽药残留的可接受浓度时推导ARfD（IPCS，2009）。2016年，JECFA起草了1份兽药使用和阐明ARfD的指南。该文件仍在进一步完善中。

1.3 适用范围

本指导原则可用于通过研究提出确定ARfD的有效数据，并且如何利用这些数据推导出ARfD。现行的指南和指导原则仅仅介绍了ARfD在人类暴露于杀虫剂、污染物和化学品时的推导和使用，但不涉及兽药产品。与之相比，本指导原则仅限于毒理学和药理学终点的应用，但特别考虑了兽药残留问题。本指导原则为用于支持兽药注册的ARfD提供了国际统一的技术要求。关于ARfD推导的详细指南可在OECD的第124号指南中找到。

本指导原则不涉及以下内容（除了一些非常概括的术语）：ARfD是否能恰当地反映国家或地区管理机构所关注的问题。

- 对可能导致ARfD测定的特殊药理学或毒理学不良反应进行评估。
- 可与ARfD一起用于推导MRL、耐受量或其他国家或地区用来修订食品中兽药残留可接受浓度参数的人类膳食暴露数据。

---

[1] 虽然一些管理部门当局使用“案例因子”一词，而其他管理部门使用“不确定因子”一词，但在应用这些术语以解决组间（例如，从动物模型到人）和组内（例如，动物到动物或人与人）的变异性。为了本文件的目的，UF表示为案例或不确定因子。

[2] 在历史上，术语NOEL和NOAEL都用于建立ADI。在实践中，NOEL和NOAEL在这方面有相似的含义。

[3] TDI：每日可耐受摄入量。

- 对急性健康风险评估时，对暴露计算进行修订。
- 除口服途径外，人类暴露于兽药的其他途径。

国际上正在努力研究人类急性暴露于兽用抗菌药物残留后，对人类消化道菌群可能产生的急性反应，现有指导原则仅提供了（推导）毒理学ARfD的统一方法。

最后，本指导原则不限制可用于确定食品中残留的急性毒性方面的安全性研究，也不排除其他办法提供同样的安全保证的可能性，包括基于科学的理由，说明为什么这些数据没有根据。

2 ARfD指导原则

2.1 分段程序

在测定急性药理作用和毒理终点以及试验设计之前，应认真考虑3R原则。因此，在开展急性毒性研究之前，推荐下面的分段研究方法：

第一步：评价现有的有效药理学和毒理学数据和信息，包括来源于重复给药毒性试验的数据，用于确定是否对急性终点（给药后的前24h）进行了充分研究。

第二步：如果需要额外的急性毒性信息，应考虑3R原则，例如，在已经计划好的标准毒性研究中，对于将与急性终点有关的观察/检查项目进行整合。

第三步：如果第一步和第二步中的研究并不充分，而无法提供急性终点的充足信息，则需要重新设计新的毒理学试验方案。

见附录推导恰当ARfD的程序。

2.2 支持ARfD的信息和研究

首先需要考虑的是检查描述兽药物理、化学、药理学和毒理学特性的可用数据和信息。根据VICH GL33，这些信息可以从支持食品安全的数据中获得，或通过发表的综述文献获得。此外，按照VICH GL33开展的支持食品安全的研究，可以为开展ARfD评估的急性毒理学终点的评价提供有用的信息。建议在推导化学药物的ARfD时，应考虑有关特定兽药的所有信息。

2.2.1 传统重复给药毒理学研究的使用

在评价与潜在急性毒性有关的信息时，应考虑以下关键点：

- 在缺乏反向数据时，所有在重复给药研究中观察到的与药理学和毒理学反应有关的急性不良反应均应予以考虑，并认为与建立ARfD具有潜在相关性。
- 在重复剂量研究开始时，应特别强调观察和调查。

标准毒性研究中急性毒性的潜在终点的实例见OECD指南第124号（见第36 ~ 59页）和EHC 240（见5.2.9.5）中的内容。终点可以包括，但不限于血液毒性、免疫毒性、神经毒性、肝毒性、肾毒性、发育反应、繁殖反应、药理学反应、消化道直接反应以及临床发现。为了在试验中减少动物的使用数量，有时候可能会对标准毒理学研究程序进行修改，从而为ARfD评估提供更多的相关信息，但不会改变试验的最初目的。例如，某种兽药可能会引起急性血液学变化，大鼠的重复口服给药毒理学研究程序可修改为包括卫星组在内的研究，从给药的第一天开始，一直到给药的前2周内，分别从对照组和给药组采集血液样品，以评价是否在第一次给药或几次给药后能够到达终点。如果高剂量组未见反应，则不必对采集的样品做进一步评价。在此实例中，应进一步根据高剂量组的研究结果确定潜在急性毒性的下限。此外，EHC 240中提到的终点，在研究初期观察到的不良反应均应予以考虑。

修改现有程序之前，应充分考虑兽药物理、化学、药理学和毒理学特性的有效数据和信息，以及可能的作用模式。用于评估ARfDd的相关剂量预计应为急性剂量（单次给药或单天给药剂量），不良反应测定的时间应根据对兽药药代动力学和药效学数据的理解来确定。在确定潜在急性毒性的重复给药研究初期，应强调观察和调查研究。根据急性毒性评价所选择的终点，如果超出了本指南文件所涵盖的范围时，则需要具体问题具体分析。

应考虑剂量选择、动物数量和所使用的卫星组。重复给药毒性研究方案中，与人类消费急性暴露的关注点相关的高剂量组可用于ARfD评价。OECD指南第124号附录2中试验设计的因素可以纳入对现有重复给药毒性研究的修订中。在推导ARfD过程中建立起始点（POD）时，剂量选择十分重要。对于大多数适合的物种而言，应使用来源于与食品安全相关的，且最为敏感的终点而得到的POD。

2.2.2　急性研究

在一些实例中，根据现有信息通过适当的POD来确定ARfD是不现实的。慢性毒性研究可能无法提供充分的信息，从而无法对ARfD进行可靠的评估。在这些实例中，用于支持特定兽药ARfD的单次暴露研究可能是有根据的。在所有这些案例中，建议用于推导ARfD的急性毒性研究设计应考虑所有兽药物理、化学、药理学和毒理学特性的有效数据和信息，以及可能的作用模式（特别是药理学活性物质）。

开展单次暴露毒性研究的指南文件见OECD指南第124号附录2。

2.3　如何推导ARfD

推导ARfD的基本方法是根据所关注的药理学或毒理学终点确定适当的POD或阈值。通常定义为NOAEL或基准剂量置信下限值（BMDL）。POD除以适当的UF，即为ARfD。ARfD表示为每个人或以体重计消耗某种物质的量（如，mg/人或每千克体重的mg数）。

$$\text{ARfD}=POD/UF$$

式中：

*POD*为药理学或毒理学反应的起始点或阈值（见术语）。

*UF*为不确定度或安全因子，或一系列应予以考虑的因子，如动物的变化、物种间的外推、特性数据、反应的严重程度等（见术语）。此外，在选择适当的不确定性因子方面（通常描述为化学特异性评估因子）在OECD指南推导适当的ARfD的分段方法第一步中进行了介绍。

应对OECD指南第124号（见第21页）和EHC 240（见5.2.3）提出的不确定性因子予以考虑。在选择适当的不确定性因子时，应根据现有数据对物种间、人类不同个体间的变异予以考虑。为了将毒理动力学/毒理作用动力学的差异予以定量，默认物种间的安全因子为10，默认人类不同个体间变异的安全因子为10。有时候，由一种或多种特异性变异来源而导致的化学特异性因子可以替代默认的安全因子数值，以适应物种间和人类不同个体间的变异。如果毒理动力学/毒理作用动力学的数据并不充分，应考虑其他信息［如近似化合物的结构–活性定量关系（QSAR）或MOA］，可以降低或提高不确定性。

ARfD可以根据毒理学和/或药理学终点进行确定时，应根据最为相关的终点予以确定，以保护公众健康。

3　术语

3R原则：替代、优化、减少。VICH提出使用实验室动物时应遵循3R原则，同时也应满足适当的科学标准。3R原则最早是在拉塞尔和1959年伯奇的著作《人类试验技术一般原则》中提出的。

ADI：每日允许摄入量。是一个人在整个生命周期中每天的最高摄入量，而不会产生对身体有害的不良反应。ADI通常是依据药物的毒理学、微生物学，或药理学特性而制订的。通常以每天每千克体重的μg量来表示。

ARfD：急性参考剂量。是基于体重的残留量评估，为24h内或更短的时间内摄入药物而不会产生对身体有害的不良反应。

BMD：基准剂量。它更接近可观察到的剂量–反应范围内的数据，如健康反应，或与生物学反应改变相关的剂量等。通常为1%～10%。见基准剂量软件（BMDS，美国环境保护署，2015）和PROAST［国家健康与环境研究院（RIVM），2014］。

BMDL：基准剂量置信下限值。基于从适合于适当终点的可用数据曲线外推的95%置信区间的下单侧置信下限，在定义的下限，某一剂量可产生适当的、较低的和可测量的响应。

EHC：环境卫生标准。国际化学品案例规划组（IPCS）文件提供了国际标准，该标准对包括兽药以及其他物理和生物学制剂在内的化学物质或化学物质联用，对人类健康和环境所产生的反应进行了汇总。

IPCS：国际化学品安全规划组。该计划是由世界卫生组织、国际劳工组织和联合国环境计划联合组成的。

MOA：作用模式。生物学上似是而非的一系列关键事件导致的可观察到的反应，可以通过耐用性试验观察结果和机械数据得到支撑。作用模式描述了关键细胞学和生物化学事件，即在合理的框架下可观察到的反应是可测量的和必需的。

NOEL：最大无作用剂量。在研究中，高剂量给药后未引起任何反应。

NOAEL：无可见不良反应剂量。在研究中，高剂量给药后未引起任何不良反应。

OECD：经济合作与发展组织，多个国家组成的政府间组织，以支持经济增长，促进就业，提高生活标准，稳定财政，帮助其他国家发展经济，推动国际贸易。

POD：起始点。危害特性的参考点；在剂量－反应曲线上，首先出现反应的点，代表所关注的毒理学或药理学反应；通常与NOEL、NOAEL或BMDL是一类数据。

QSAR：定量构效关系。生物学活性（如毒性）与1个或多个分子机制之间的定量关系，通常用于预测活性。

卫星组：在所有或某些治疗成效研究之后对动物进行特殊治疗的额外组别，之后检测终点，该终点可反映出与主要研究组别或其他治疗方式直接的差异。如，大鼠卫星组接受了所有治疗内容，但每个治疗组仅有少量动物，则该组可以用于药代／毒代测量，或卫星组包含所有组别，但仅接受单一剂量的治疗，则可在亚慢性重复给药研究中用于确定剂型反应。

UF：不确定因子。不确定因子通常考虑由动物数据外推到人（物种间变异），人类敏感性差异（个体间的变异），数据质量，反应严重程度或其他因素。如果毒理动力学、毒理作用动力学、QSAR、MOA或其他信息充分，则可以替换之前的不确定因子。

4 参考文献

US Environmental Protection Agency (EPA). Benchmark dose software (BMDS) and User's Manual. Available from: http://www.epa.gov/NCEA/bmds/index

European Food Safety Agency (EFSA). Guidance of the Scientific Committee on a request from EFSA on the use of the benchmark dose approach in risk assessment. The EFSA Journal. 2009. 1150: 1-72.

Inter-Organization Programme for the Sound Management of Chemicals (IOMC). 2010. OECD Environment Directorate Joint Meeting of the Chemicals Committee and the Working Party on Chemicals, Pesticides and Biotechnology. Series on Testing and Assessment. No. 124. Guidance for the Derivation of an Acute Reference Dose. Env/JM/MONO (2010) 15.

Joint FAO/WHO Expert Committee on Food Additives. Sixty-fourth meeting. Rome, 8-17 February 2005. Summary and Conclusions. Available from: ftp://ftp.fao.org/es/esn/jecfa/jecfa64_summary.pdf)

International Programme on Chemical Safety.2009.Environmental Health Criteria 240. Principles and Methods for the Risk Assessment of Chemicals in Food. Food and Agriculture Organization of the United Nations and World Health Organization.

Solecki, R, Davies L, Dellarco V, Dewhurst I, van Raaij M, and Tritscher A. 2005. Guidance on setting of acute reference dose (ARfD) for pesticides. Food and Chemical Toxicology

43：1569-1593.

VICH.2009.VICH Guideline 33, Safety Studies for Veterinary Drug Residues in Human Food：General Approach to Testing.

5 附录

推导恰当ARfD的程序

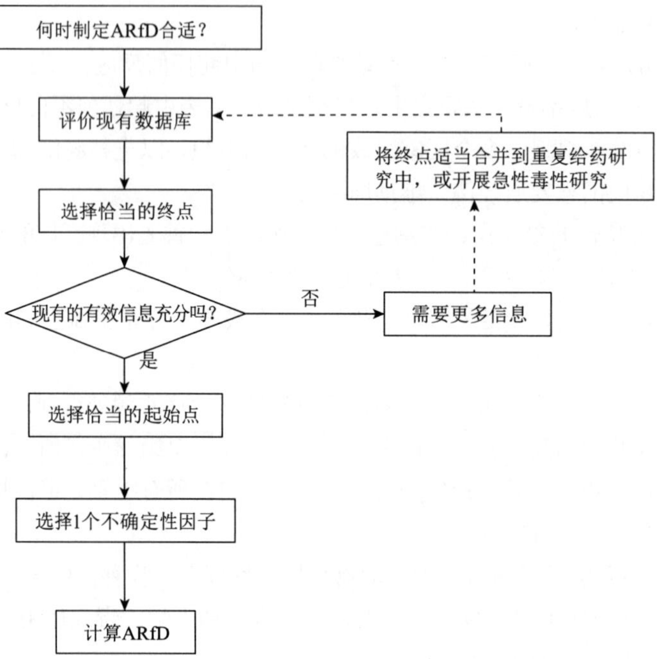

抗微生物安全性

GL27 食品动物用抗微生物新兽药耐药性资料申报指南

VICH GL27（抗微生物药耐药性：申报）
2003 年 12 月
第七阶段施行 - 最终版

食品动物用抗微生物新兽药耐药性资料申报指南

2004 年 12 月 15 日
在 VICH 进程第七阶段
由 VICH 指导委员会推荐实施

本指导原则由相应的 VICH 专家工作组制定，并已通过 VICH 各部门协商。在进程的第七阶段，最终文稿被推荐给欧盟、日本和美国的管理机构采用。

引言

人类、动物或植物使用抗微生物制剂，都可能会导致产生耐药性。人畜共患病病原，如非伤寒沙门氏菌、弯曲杆菌和肠出血性大肠杆菌（如O157），根据人畜共患病定义来看，这些细菌能够从动物传染给人类。因此，具有抗微生物药抗性的人畜共患病病原也可以传染人类。具有抗微生物药抗性的非人畜共患细菌或其遗传物质也可能通过食物链从动物传染给人类。但是，有数据表明，这种转移的规模和重要性，以及人类通过摄入被动物排泄物污染的肉类、水和蔬菜而引发的这种转移的可能性都是有限的。人类也是耐药病原微生物的潜在蓄积者。

人类暴露于耐药病原微生物的过程中，食品动物起到的作用是难以量化的。但是，在对食品动物用抗微生物兽药进行安全性评价时，监管机构应考虑这些抗微生物药导致出现耐药菌株的潜在性。因此，药品申请方需要1份指导原则来指导其应向监管机构提供哪些相关信息。这些信息应阐述因使用该药品而导致影响人体健康的耐药性细菌产生的潜在性。所提供的信息应作为该产品对人类健康所产生潜在影响总体评估的一部分。

目的

本指导原则的目的是为食品动物用抗微生物药制剂在欧盟、日本和美国地区注册时，在关于抗微生物制剂导致出现耐药性菌株从而影响人类健康的潜在性方面提供统一的技术指导。

在此澄清，本指导原则对用于阐述耐药性发展潜力的推荐研究和数据类型进行概述，因为根据建议的药物使用条件，这种情况可能发生在食品动物上。

内容主要包括原料药属性、药品、抗菌特性以及暴露于靶动物肠道菌群中的潜力等相关信息。本指导原则不涉及屠宰后的因素，如食品加工或厨房卫生等因素对人类健康的影响。

本指导原则不包括以下内容：病原含量研究、生态毒性研究、风险评估过程、建立每日允许摄入量（ADI）以及抗微生物制剂残留量。

由于水产养殖用兽药在生产系统、存在的细菌种群以及人畜共患病潜在健康威胁等方面存在一定差异，所以，需要考虑一些特殊因素。

数据建议

后续章节中的信息将分为“基本数据”和“附加数据”。如果信息被指定为“基本数据”，则建议由药品申请方提供该信息。如果信息被指定为“附加数据”，药品申请方则可以选择提供部分或全部数据。药品申请方可能提供的“附加数据”有：药物建议的使用条件、动物肠道细菌暴露于抗微生物制剂的潜在性、人类暴露于耐药细菌或其抗性基因的潜在性以及该药物（或相关药物）对人类医学的重要性。

1 基本信息

1.1 抗微生物制剂分类

这些信息可以基于原料药的化学结构、专利信息以及后续章节中所包含的信息。例如，推荐的信息包括通用名称、化学名称、CAS（美国化学文摘社）注册号、化学结构和生产商的地区代码或其同类信息。

1.2 抗微生物作用的原理和类型

这些信息可以来源于文献研究、专利信息或由药品申请方提供的关于抗菌作用具体原理的研究。该部分应包含关于抑菌作用与杀菌作用对比的特征描述。

1.3 抗菌谱

1.3.1 一般数据

有关抗微生物制剂的信息应由药品申请方提供，其中应包括针对各种微生物的最小抑菌浓度（MIC）

检测数据或相关文献研究数据，以全面确定抗菌谱。如果MIC数据由药品申请方确定，则分离株可能来源于菌种保藏中心、诊断实验室或其他贮藏库。

在可能的情况下，应使用经验证并可控的方法来测定MIC值，如美国临床实验室标准化委员会(NCCLS）文件中所述的方法（例如，M31-A2，用于从动物中分离的细菌抑菌圈和稀释法药敏试验的性能标准；经审批的标准)。

1.3.2　靶动物病原菌的MIC（按照每种产品标签要求）

这些数据应能够支持本指导原则的目的。关于靶动物病原菌的MIC信息可以从文档的效力部分数据处获得。

1.3.3　食源性病原菌和共生微生物的MIC

该数据应能够体现食源性病原菌和共生微生物的MIC。这些信息可能基于发表的数据或者药品申请方所做的研究。根据抗菌谱，适宜的微生物可能包括：

食源性病原菌：

- 肠道沙门氏菌
- 弯曲杆菌

食源性共生菌：

- 大肠杆菌
- 肠球菌

可能的情况下，应根据以下建议选择菌株：

- 从靶动物中分离相关菌种或不同血清型的菌株。当药物应用于广泛的动物物种时，应从主要食品动物物种（如牛、猪和家禽）中分离菌株。
- 适宜情况是，菌株包括近期的分离菌株。

待检菌株的信息应包括：

- 至少鉴定至种水平。
- 分离菌株的起源、来源和分离日期。

1.4　耐药性机制和遗传学

在可能的情况下，应提供有关耐药机制以及和耐药性分子遗传学有关的基础信息。该信息可能来自文献或药品申请方的研究。在缺少此类药物数据的情况下，可提供关于类似物的信息。

1.5　耐药基因的出现和转移率

应提供关于耐药基因是否出现转移以及转移率的信息。该信息可能来自文献或药品申请方的研究。评估发生基因转移的具体研究方法可参考Antibiotics in Laboratory Medicine, 4th ed., V. Lorian, ed. 1996. Williams and Wilkins, Baltimore, Maryland。

药品申请方可以考虑提供包括靶动物病原菌、相关食源性病原菌以及相关共生微生物的数据。在缺少抗微生物制剂数据的情况下可提供类似物的相关信息。

1.6　交叉耐药性的产生

应提供有关抗微生物制剂交叉耐药性的信息。该信息可来自文献或药品申请方的研究。应提供1份表型报告，以及在可能的情况下提供1份基因型报告。

1.7　联合耐药的产生

应提供关于该抗微生物制剂与其他抗微生物制剂联合耐药的信息，该信息应来自文献或药品申请方的研究。应提供1份表型报告，以及在可能的情况下提供1份基因型报告。

1.8　药物代谢动力学数据

药物代谢动力学数据可以从档案的其他部分获得，以预测药物在肠道中的抗菌活性。数据可能包括以下内容：

- 血清/血浆药物浓度时间数据
- 血药浓度峰值（Cmax）
- 达峰时间（Tmax）
- 表观分布容积（VD）
- 清除率（CL）
- 药时曲线下面积（AUC）
- 生物利用度
- 蛋白结合

2 附加信息

药品申请方也可以选择提供以下部分或全部信息：

2.1 体外突变频率研究

涉及待检菌株的体外突变频率研究的方法可参考Antibiotics in Laboratory Medicine，4th ed.，V. Lorian，ed. 1996. Williams and Wilkins，Baltimore，Maryland。

2.2 肠道中抗微生物制剂活性

在可能的情况下，提供在建议条件下使用该抗微生物制剂后，肠道内容物或粪便中微生物学活性物质浓度的详细资料。该活性可能是由母体抗微生物制剂或其活性代谢物而产生的。

在没有上述数据的情况下，可以提供相关肠道代谢研究的具体信息。代谢研究的数据可以来自文档的其他章节。

2.3 其他动物研究

药品申请方可以选择提供其他动物研究的信息，这些研究有助于描述推荐使用该抗菌药后，相关耐药性的发展速度和程度。这可能包括来自临床研究的数据支持档案的其他部分。

目前，这些研究结果的预期价值还没有与耐药性发展建立联系。因此，应将这些研究结果综合本指导原则中所有其他预审批信息后再进行诠释。

2.4 支持信息

在可能以及有关的情况下，可从该药品或相关产品以前的批准使用文献或研究中获得一些支持性信息。

3 讨论

药品申请方应阐明因使用该产品而导致产生影响人类健康的耐药菌株的潜在性。为此，药品申请方应当就前文中提及的关于在建议的条件下使用兽药后靶动物的食源性病原菌以及共生微生物暴露于微生物活性物质的信息进行讨论。

4 术语

抗微生物制剂或抗菌剂：天然存在的、半合成的或合成的，表现出抗微生物活性的物质（杀死或抑制其他微生物的生长）。

食品动物：通常认为牛、家禽和猪是食品动物。由于地区差异，在一些国家食品动物也可以是其他种类的动物。

靶动物病原菌：能够引起靶动物感染的致病细菌，需要根据产品标签说明使用兽用抗微生物药品。

食源性病原菌：人畜共患病病原菌，动物可能通过肠道内容物携带病菌，并通过食物链传播给人类，进而引起人类食源性感染。

食源性共生微生物：生活在动物肠道内容物中的非人畜共患病病原菌，可以通过食物链传播给人类，通常不会导致人类食源性感染。

5 参考文献

Ministry of Agriculture Fisheries and Food. A Review of Antimicrobial resistance in the Food Chain：A Technical Report for MAFF. July 1998.

http：//www.foodstandards.gov.uk/maff/pdf/resist.pdf.

European Commission. Opinion of the Scientific Steering Committee on Antimicrobial Resistance.May 1999. http：//europa.eu.int/comm/food/fs/sc/ssc/out50_en.pdf.

Commonwealth Department of Health ad Aged Care and the Commonwealth Department of Agriculture, Fisheries and Forestry-Australia. The use of antibiotics in food-producing animals：antibiotic-resistant bacteria in animals and humans. Report of the Joint Expert Advisory Committee on Antibiotic Resistance (JETACAR) . September 1999. http：//www.health.gov.au/pubs/jetacar.pdf.

H. Kinde, et.al. Sewage Effluent：Likely Source of Salmonella enteritidis, Phage Type 4 Infection in a Commercial Chicken Layer Flock in Southern California. Avian Diseases 40：672-679, 1996.

H. Kinde, et.al. Prevalence of Salmonella in Municipal Sewage Treatment Plant Effluents in Southern California. Avian Diseases 41：392-398, 1997.

GL36 食品中兽药残留安全性评价研究：建立微生物 ADI 的通用方法

VICH GL36（安全性 - 微生物 ADI）
2012 年 5 月
第九阶段修订
第七阶段施行

食品中兽药残留安全性评价研究：建立微生物 ADI 的通用方法

2012 年 5 月
在 VICH 进程第七阶段
由 VICH 指导委员会采纳
2013 年 6 月实施

本指导原则由相应的 VICH 专家工作组制定，并已通过 VICH 各部门协商。在进程的第七阶段，最终文稿被推荐给欧盟、日本和美国的管理机构采用。

1　引言

1.1　目的

确定食品中兽药残留的安全性需要进行各种毒理学评价。进而阐明兽用抗菌药物残留物对人类肠道菌群的安全性。本指导原则的目的是：①概述是否需要确定微生物每日允许摄入量（ADI）的步骤；②针对健康终点的浓度，推荐用于确定无可见不良反应浓度（NOAEC）和无可见不良反应剂量（NOAEL）的试验系统和方法；③推荐用于推导微生物ADI的程序。根据以往经验，我们认为不同试验均可能有用。从所推荐的试验中获得的经验，也可能会对本指导原则及其建议未来进一步修改提供参考。

1.2　背景

肠道菌群在维持和保护个体健康方面发挥着重要作用。此菌群为宿主提供了重要的功能，例如，①代谢内源性和外源性化合物及膳食组分；②生成代谢后可被吸收的化合物；③防止致病微生物入侵和定殖。

摄入的抗菌药物可能会潜在地改变肠道菌群的生态环境。它们可能由于不完全吸收而到达结肠，或者可能被吸收、循环，然后通过胆汁排泄或通过肠黏膜分泌。

确定微生物ADI时，应考虑当前影响公共健康问题的微生物终点浓度，包括：

定殖屏障的破坏：定殖屏障是正常肠道菌群的功能，它可以限制外源性微生物在结肠定殖，也可以限制内源性潜在致病微生物过度生长。已确定的一些抗菌药物具有破坏此屏障的能力，并且会对人类健康产生影响。

耐药细菌菌群的增加：就本指导原则而言，耐药性的定义为肠道中对试验药物或其他抗菌药物不敏感的细菌菌群增加。造成这种影响的原因可能是先前敏感的微生物获得了抗性，也可能是对药物已不太敏感的微生物的比例相对增加。

大量文献综述中并未揭示关于因人肠道中正常菌群抗菌药物耐药细菌比例的变化而导致对人类健康产生影响（例如，抗菌治疗时间延长、住院时间延长、易感染和治疗失败等）的报告。但是，基于微生物生态学知识，该类影响并不可排除。

虽然多年以来，食品中抗微生物药物的残留对人肠道菌群的影响一直备受关注，但尚未有统一的方法来确定可能对菌群产生不利影响的阈值。国际监管机构采用公式化方法来确定抗微生物药物的ADI。这些公式将相关数据考虑在内，包括针对人肠道细菌的最小抑菌浓度（MIC）数据。由于肠道菌群的复杂性，传统上已将不确定因子包括在该公式中。然而，使用不确定因子会导致保守估计数据，所以，应该开发更多相关试验系统，以便可以在不使用这些因子的情况下，对微生物ADI进行更切实的估计。

本指导原则试图阐述人肠道菌群的复杂性和减少确定微生物ADI时的不确定性。指导原则概述了确定是否需要微生物ADI的过程，并讨论了将人肠道菌群复杂性考虑在内的试验系统。出于监管目的，这些试验系统可用于确定抗菌药物残留对人肠道菌群的影响。

由于本指导原则中所讨论的所有试验系统的可靠性和有效性还需要进一步的研究确认（见附录A），所以，本指导原则并未推荐任一特定系统用于监管决策。相反，本指导原则提供了确定微生物ADI的统一方法的建议，并提供检测选项而不是指明检测方案。

1.3　范围

从对人肠道菌群的影响方面，本文对兽用抗菌药物残留的食品安全性评估提供了相应的指导原则。然而，针对人肠道菌群的不良作用方面，需要选择开展哪些研究用于确定食品中残留物安全性，本文并未限制。本指导原则不排除其他可能提供同等案例保证的替代方法，包括不需要提供微生物检测的科学依据。

2　指导原则

如果拟用于食用动物的某种药物具有抗菌活性，则需要确定其残留物对人肠道菌群中的安全性。当残留物可到达人类结肠且具有影响微生物活性时，才需进行推导微生物ADI。

2.1　确定是否需要微生物ADI的步骤

建议通过以下一系列步骤来确定是否需要微生物ADI。数据可通过试验或从其他相应资源（如科学文献）获得。

步骤1．药物残留和/或其代谢物对人肠道代表菌群是否有微生物活性?

• 推荐数据

——MIC数据，通过标准检测方法从以下相关肠道细菌属中获得［大肠杆菌、拟杆菌属、双歧杆菌属、梭菌属、肠球菌属、真杆菌属（柯林斯菌属）、梭杆菌属、乳杆菌属、消化链球菌属/消化球菌属］。

——众所周知，目前尚未完全了解这些微生物的相对重要性，而且这些微生物的分类地位可能发生变化。选择微生物时应考虑当前的科学知识。

• 如果无可用信息，则假定化合物和（或）其代谢物具有微生物活性。

步骤2.残留物是否会进入人类结肠?

• 推荐数据：

——吸收-分布-代谢-排泄（ADME）、生物利用度或类似数据可以提供有关摄入残留物进入结肠的百分比信息。

——如果尚无人类信息可用，可使用适当的动物数据。如果尚无可用信息，则假定100%摄入残留物进入结肠。

步骤3.进入人类结肠的残留物是否具有微生物活性?

推荐数据：——与粪便一起培养的药物体外灭活研究，或评价药物在动物粪便或动物结肠中微生物活性的体内研究数据显示微生物活性丧失。

• 如果步骤1、2或3中任何一个问题的答案为“否”，那么，ADI将不会基于微生物终点确定，也不需要进行其余步骤。

步骤4.评估是否存在任何1个或2个终点无需检测的科学依据。将有关定殖屏障破坏和药物耐药性发生的信息考虑在内。如果无法根据可用信息做出决定，则需要检测2个终点。

步骤5.在步骤4中确定NOAEC/NOAEL的关注终点。使用最合适的NOAEC/NOAEL来确定微生物ADI。

2.2　有关确定终点NOAEC和NOAEL的建议

2.2.1　定殖屏障的破坏

2.2.1.1　定殖屏障破坏检测

细菌菌群的变化是定殖屏障破坏的潜在间接指标。可以通过各种检测系统中的多种计数技术对这些变化进行监控。指示屏障破坏的更直接指标是病原体在肠道生态系统中的定殖或过度生长。体内试验系统或复杂的*体外*试验系统（如补料分批、连续或半连续培养系统）具有评价屏障破坏的潜力，这可通过添加到试验系统中的接种微生物的定殖来证明。

接种微生物（如沙门氏菌、梭状芽孢杆菌）应该对试验药物不敏感。接种微生物的接种方案应该将药物治疗相关的接种时间、每一接种微生物的剂量以及整个试验系统受到接种的次数考虑在内。

2.2.1.2　试验系统和研究设计

2.2.1.2.1　体外试验

使用MIC来评估药物破坏定殖屏障的可能性时，未能将人肠道菌群的复杂性考虑在内。因此，药物活性最相关属的MIC_{50}（见2.1）导致了对破坏定殖屏障NOAEC的保守估计。NOAEC估计值属于保守估计值，其中一个原因是接种物密度比肠道细菌菌群低1个数量级。因此，可考虑确定1个ADI。菌种应为从多个健康个体中获得的分离物，并且包括来自2.1所列每个属中的至少10个分离物。

每种菌属的相关分离物纯培养物的MIC试验为此单个菌属提供了数据。粪便接种体外试验系统可提供数百个细菌种属（每克$>10^8$细菌细胞）的信息。可以重复检测每种接种物以确定治疗效果。综上所述，采用粪便分批培养的体外试验系统本质上比MIC试验系统更稳健可靠且更具相关性。

下文所讨论的模拟肠道菌群的其他试验系统，可能会得出更合适的NOAEC和更高的ADI。

粪便浆液提供了一个简单试验系统，该系统可推导出短期暴露于药物之后定殖屏障破坏的NOAEC，并且可能适用于剂量滴定研究。浆液中细菌菌群的变化和短链脂肪酸的产生是可以被监测的。当对这2个响应变量一起被监测时，可将其作为屏障破坏的间接指标。根据此试验系统推导出的NOAEC可能被证明是对屏障破坏的保守估计值。

粪便接种物的半连续、连续和补料分批培养可能适于评估长时间暴露于药物后的定殖屏障的破坏。然而，由于方案差异，采用连续和半连续培养的探索性工作得出不同的屏障破坏的NOAEC。因此，研究设计应考虑到附录A中提出的问题。

粪便浆液、粪便接种物的半连续、连续培养和补料分批培养等情况也存在未解决的问题，例如粪便接种物的影响（个体差异和性别）、稀释率、药物暴露持续时间以及试验的重现性。

2.2.1.2.2　体内试验

采用人体菌群相关（HFA）动物和普通级实验动物的体内试验系统可能适用于定殖屏障破坏的评估。与普通级实验动物相比，HFA动物的肠道菌群在细菌种群范围和代谢活性方面与人肠道菌群具有较大的相似性。然而，来自人类的肠道菌群在HFA动物中可能不稳定。植入菌群稳定性的相对重要性和菌群的特定组成尚不清楚。由于技术原因，可对更多数量的普通级实验动物进行试验，从而可对结果进行更稳健的统计分析。

研究设计应考虑动物种属、性别、供体间的接种物变异、每组动物数量、饮食、分组随机化、粪便最小化／消除、隔离器内动物的饲养情况、隔离器内交叉污染以及药物给药途径（如饲养管理、饮水）等因素。应按顺序向无菌动物接种，首先接种脆弱拟杆菌菌株，然后接种粪便接种物。

2.2.2　人类结肠中耐药细菌菌群增加（如1.2所定义）

以下指导原则强调了在处理此终点时需要考虑的注意事项。

2.2.2.1　耐药细菌菌群变化检测

评价耐药性发生的研究应将肠道中的相关微生物以及已记录的对该类药物的耐药性机制考虑在内。有关人肠道菌群中耐药性流行的初步信息，如个体内部的日间差异和个体间差异，在开发用于评价耐药性发生的标准时是有用的。敏感性和相关已知耐药性微生物的MIC分布可以为确定选择琼脂培养基中应使用多少药物浓度来计算粪便样本中的耐药性微生物提供相应基础。由于针对某种微生物的药物活性会随试验条件而改变，因此，应对在所选择培养基上生长的微生物MIC与通过标准方法，如美国临床实验室标准委员会（NCCLS）测定的MIC进行比较。可通过在使用和不使用抗菌药物的培养基上执行的计数技术、应用表型和分子学方法评价预处理、处理和处理后期间耐药性微生物的比例变化。

耐药性变化可能受到除药物暴露以外的因子（如动物应激）的影响，动物试验系统中应考虑到这些因子。

2.2.2.2　试验系统和研究设计

2.2.2.2.1　体外试验

在细菌菌群中产生耐药性所需的暴露持续时间可能取决于药物本身、耐药性机制的性质以及实际进化方式（如通过细胞间基因转移、通过基因突变）。由于这些原因，认为对纯培养物进行急性研究以评估终点是不适当的。因此，对于耐药性菌群的增加，不能使用MIC试验确定NOAEC。

确定培养物可提供有用信息，可以确定因1个分离株突变和／或分离株间基因转移导致产生耐药性菌群的可能性。然而，这些试验系统并不是为了评价耐药性菌群的变化而设计，因此，不建议使用。

不建议将粪便浆液药物短期暴露的试验系统用于耐药性出现评价的试验，因为试验的持续时间不足以评估耐药性菌群的变化。

粪便接种物的连续和半连续培养及补料分批培养提供了用于评价细菌－药物长期暴露的方法。有关研究开展和数据评价所必须解决的问题，参见附录A。

2.2.2.2.2　体内试验

可在HFA啮齿类动物中评估耐药性菌群的变化。通常研究设计和支持方案应遵循2.2.1.2.2中所述建议。该试验系统支持复杂菌群，并将成为遗传耐药性决定因素的来源。该系统比连续或半连续培养系统容纳更多重复，但补料分批培养会变少。尚未评估HFA啮齿类动物试验的差异性，但其在鉴别性别差异方面很有用。此外，在普通级实验动物中进行耐药性研究也有优势。

HFA啮齿类动物和普通级动物提供了评价细菌长期暴露于药物后出现耐药性可能性的方法。

有关研究开展和数据评价必须解决的问题，参见附录A。

2.3　一般建议

- 应从已知至少3个月内未暴露于抗菌药物的健康受试者中获得来源于人供体的粪便样本或细菌分离株。
- 对于体内试验，选定用于试验的试验种属应允许：①最大独立重复；②采集足够数量的粪便以进行分析；③最低限度的粪便。除非数据表明仅对唯一性别是适当，否则，应考虑针对2种性别的评价。
- 设计抗菌药物残留物研究时，需要解决统计问题（见附录B）。
- 对于试验系统的后续验证，应将预验证和验证工艺（如自1996年起由OECD开发的工艺）考虑在内，以评估抗菌药物对人肠道菌群的影响。根据待验证的测试系统的不同，应对工艺进行调整和修改。
- 研究设计应考虑到贮存和孵育条件对粪便接种物影响的这一未解决的问题。

2.4　微生物ADI的推导

在确定微生物ADI的多个值时，按照下面讨论的方法，应使用最适合的值（与人相关）。

2.4.1 定殖屏障的破坏

2.4.1.1　根据体外数据推导ADI

如果相关终点是定殖屏障破坏，则可根据MIC数据、粪便浆液、半连续、连续和补料分批培养试验系统推导ADI。

根据MIC数据推导出的ADI：

$$ADI=\frac{MIC_{calc}\times \text{结肠内容物质量（220 g/d）}}{\text{微生物可用口服给药剂量分数}\times 60\ \text{kg体重}}$$

MIC_{calc}：MIC_{calc}推导自具有药物活性的相关属平均MIC_{50}的90%置信下限，如附录C所述。

根据*体外*试验系统推导出的ADI：

$$ADI=\frac{NOAEC\times \text{结肠内容物质量（220 g/d）}}{\text{微生物可用口服给药剂量分数}\times 60\ \text{kg体重}}$$

<u>NOAEC：</u>应根据体外系统平均NOAEC的90%置信下限推导出的NOAEC说明数据差异性。因此，在这个公式中，通常不需要不确定因子来确定微生物ADI。

<u>结肠内容物质量：</u>220g这一数值是基于从事故受害者中测得的结肠内容物得出的。

<u>微生物口服给药剂量可用分数：</u>结肠微生物的口服给药剂量可用分数应基于口服药物的*体内*测量值得出。或者，如果有足够数据可用，则结肠微生物的剂量可用分数可以计算为1减去在尿液中排泄的分数（占口服给药剂量）。人类数据为优选，但在无人类数据的情况下，非反刍动物数据符合要求。在没有相反的数据的情况下，假定代谢物具有与母体化合物相等的抗菌活性。如果申请者提供的定量体外或体内数据显示药物在穿过肠道运输过程中失活，则分数可能会降低。

2.4.1.2　根据体内数据推导ADI

微生物ADI是通过NOAEL除以不确定因子而得出。

考虑到化合物的类别、方案、供体数量和测量结果变量的敏感性，应酌情指定体内研究的不确定因子。

2.4.2　耐药细菌菌群的增加

2.4.2.1　根据体外数据推导ADI

如果相关终点是耐药细菌菌群增加，则可使用根据半连续、连续和补料分批培养试验系统推导出的NOAEC确定微生物ADI。

$$ADI=\frac{NOAEC\times 结肠内容物质量（220\ g/d）}{微生物口服给药剂量分数\times 60\ kg体重}$$

NOAEC：应根据*体外*系统平均NOAEC的90%置信下限推导出的NOAEC说明数据差异性。因此，在这个公式中，通常不需要不确定因子来确定微生物ADI。然而，在存在因确定NOAEC所用*体外*数据的质量或数量不足引起的问题时，可能需要合并不确定因子。

2.4.2.2　根据体内数据推导ADI

微生物ADI通过NOAEL除以不确定因子得出。

考虑到化合物的类别、方案、供体数量和测量的结果变量的敏感性，应酌情指定*体内*研究的不确定因子。

3　术语

包括附录和正文中提到的术语。

每日允许摄入量（ADI）：根据体重，在对人体健康没有明显风险的情况下，某种物质每日可摄入量的估计值。

抗菌活性：抗菌药物对细菌菌群的影响。

抗菌制剂：生物衍生或化学合成的原料药，抗菌活性为其主要作用。

平衡设计：如果设计中所有因子（处理因子、性别或区组因子等目标因子）数值或水平的每种组合具有相同数量的试验单位或重复次数，则需要平衡统计设计。部分平衡设计是不平衡的，但是处理与其他因子的组合以常规方式发生，从而使得分析保持相对简单。

分批培养：在孵育完成之前不会去除底物和废物的培养物，通常孵育时间较短，一般培养24h。

区组因子：一项试验因子，其数值或水平规定了相似或预期可以相似方式做出响应的试验单位组。可根据统计分析误差估计消除区组间的系统差异，从而获得更高的精密度。例如，1个包含数只动物的笼子，可以作为试验单位，或者1个包含数个笼子的隔离器。

微生物接种：通过试验将微生物添加至试验系统，以评价定殖屏障破坏情况。

定殖：微生物在肠道中的建立。

定殖屏障：正常肠道菌群的功能，可限制外源微生物在结肠定殖，也可限制内源潜在致病微生物过度生长。

完整设计：如果设计中因子或组的所有组合都有至少1个观察值，则统计设计完整。不完整设计是指设计中因子的某些组合未获得观察值。

连续培养：通过同时供应营养物和去除废弃培养基使得在固定孵育体积内维持恒定的微生物负荷，从而维持微生物持续生长。

普通级实验动物：具有天然内源肠道菌群的实验动物。

食粪：摄入粪便。

已知成分培养：所有微生物种属都已知的微生物培养。

稀释（流动）率：连续培养系统中培养基的供应和去除比率。稀释率控制连续培养系统内的微生物生长率。

供体（粪便）接种物：从人类志愿者获得并用于接种试验系统的粪便菌群。认为粪便菌群与肠道菌群相当。

药物残留：食品中或食品上存在的药物（包括所有衍生物、代谢物和降解产物）。

试验单位：经过处理和结果测定的标准对象。例如，整个动物或特定器官或组织、包含数只动物的笼子或细胞培养物。

析因设计：涉及多种因子（包括处理因子）组合的试验设计，每个因子都有2个或更多数值或水平。其他因子可能包括分层（如性别）或区组因子（如笼）。通常，在各种因子的各组合情况下，针对多种实验单位测量结果变量。数据的统计分析涉及多因子方差分析。

粪便浆液：用厌氧缓冲液以最小限度稀释的人类粪便或粪便固体。

补料分批培养：连续或半连续补给营养培养基的分批培养。可按预定的时间间隔弃去一部分补料分批培养物。培养体积不是恒定的。

人体菌群相关（HFA）动物：植入人体粪便菌群的无菌宿主动物。

相互作用效应：因存在其他因子而改变的处理效应。例如，雄性中的处理效应可能比雌性强或弱，或可能随时间改变。

肠道菌群：结肠中的正常微生物菌群。

最小抑菌浓度（MIC）：抗菌化合物抑制供试微生物生长的最低浓度，由标化检测方法确定。

MIC_{50}：使相关种属内50%受试分离株受抑制的抗菌化合物浓度。

微生物ADI：根据微生物数据确定的ADI。

无可见不良反应浓度（NOAEC）：在特定研究中未观察到导致任何不良反应的最高浓度。

无可见不良反应剂量（NOAEL）：在特定研究中未观察到导致任何不良反应的最高给药剂量。

结果变量：在试验中测量的特定参数。须将特定结果变量作为方案的一部分，并且是研究中得到的实际测量值。

半连续培养：以半连续方式添加和（或）去除底物和（或）废物，从而维持固定孵育体积的培养。

短链脂肪酸：肠道菌群产生的挥发性脂肪酸。主要是乙酸、丙酸和丁酸。

固相：体外试验系统中的不溶性微粒。

系统差异：影响结果变量的因子。此差异具有系统性，因为其代表一种确实存在的作用。系统差异随机差异，后者不可预测。系统差异可能由目标因子（如性别）或非目标因子（如特定隔离器）引起。

试验系统：用于确定抗菌药物残留对人肠道菌群影响的方法。

4 参考文献

Cerniglia，C.E.，Kotarski，S.1999.Evaluation of Veterinary Drug Residues in Food for Their Potential to Affect Human Intestinal Microflora. Regulatory Toxicology and Pharmacology. 29，238-261

National Committee for Clinical Laboratory Standards（NCCLS）.2004.Methods for Dilution Antimicrobial Susceptibility Tests for Bacteria that Grow Anaerobically；Approved Standard – Sixth Edition. NCCLS document M11-A6. NCCLS，940 West Valley Road，Suite 1400，Wayne，PA，USA.

National Committee for Clinical Laboratory Standards（NCCLS）.2003.Methods for Dilution Antimicrobial Susceptibility Tests for Bacteria that Grow Aerobically；Approved Standard – Sixth Edition. NCCLS document M7-A6. NCCLS，940 West Valley Road，Suite 1400，Wayne，PA，USA.

OECD.2001.Series of Testing and Assessment No. 34，Environment，Health and Safety Publications. Draft Guidance Document on the Development，Validation and Regulatory Acceptance of New and Updated Internationally Acceptable Test Methods and Hazard Assessment. Organization for Economic Cooperation & Development，Paris.

附录A

在开发试验系统和数据分析中需要考虑的问题

1. 试验条件

连续流动、半连续流动和补料分批研究生成的数据将受到生长条件（如生长培养基、pH、稀释率）的影响。在试验系统所采用的试验条件下，不同细菌种属可能具有不同生长率。如果培养物的稀释率超过细菌种属的生长率，那么，该细菌最终会从培养物中消失。应将试验系统设计为能够最大限度地保留不同的细菌，并维持初始接种物的复杂性。

供试抗菌药物可影响不同细菌群的生长率。生长率降幅低于试验系统所用稀释率降幅可能导致混合培养组分损失，从而导致一些菌群组分从培养物中清除。开发具有较低稀释率的试验条件可最大程度地减少上述情况。

抗菌敏感性会受到暴露微生物的实际状态影响，而暴露微生物实际状态受试验系统所用生长条件影响。基于上述情况，需要进行进一步的工作以确定不同生长条件对定殖屏障破坏NOAEC的影响以及耐药细菌菌群的增加。

体内试验系统方案应考虑多种因子。例如，在无菌隔离器中进行动物研究时，交叉污染是一个主要问题。应将方案设计为可最大程度地减少交叉污染。

2. 接种物

不同个体间的肠道菌群组成可能在细菌群和耐药性微生物方面有所不同。单一个体内的细菌菌群相对稳定，但耐药细菌群并不一定如此。

应使用多个供体来解释个体间菌群的差异。合并接种物不能解释个体间菌群的差异。因此，使用从单一供体获得的粪便接种物的试验系统是确定抗菌药物残留对肠道菌群影响的首选。此外，在分析研究结果时应考虑供体接种物的组成。

3. 研究持续时间

需要确定用于监测粪便分批培养中细菌菌群变化的最佳孵育时间。同样，在复杂的长期体外或体内试验系统的情况下，确定肠道菌群在完整性和复杂性上保持稳定并能代表肠道菌群的时期也是非常重要的。

附录B

设计抗菌药物残留研究时需要考虑的统计问题

已确定了当前公共卫生问题的2个主要因素，即定殖屏障破坏和耐药细菌菌群增加。试验设计必须根据要解决其中哪一项而定，并应考虑特定结果变量。这些试验系统的设计模式涉及试验系统的选择、处理的应用以及随时间进行的系统跟踪。试验系统的选择必须根据试验系统代表的人体肠道特征而定。由于MIC试验设计简单，下面讨论的许多问题不适用于这种方法。

试验单位是研究设计的核心部分。例如，对于体内试验系统，试验单位可能是个体动物或整个笼子。如果将隔离器内的笼子分组，则可对隔离器内不同笼子进行部分或全部处理。在这种情况下，隔离器成为区组因子，原因是预计同一隔离器内的笼子会以相似的方式响应。使用区组因子是减少系统差异的重要手段。一个相关问题是，是否有其他必须包括在内的系统因子（如性别），即是否必须使用析因设计。如果有多个因子，则设计应包括这些因子组合情况的选择。平衡设计是非常重要的。在一个完整的平衡设计中，所有组合都被表示出来，并且出现次数相同。也可能存在不完整的设计以及各种类型的部分平衡。对于此类设计，可能需要方差分析；但是，在试验资源有限等情况下，可以使用此类设计。不完整设计的1个示例为标准的2周期交叉设计。

必须决定如何将处理应用于试验单位。在一些情况下，可能需要涉及药物处理和细菌接种2个阶段的处理。除适当的对照组之外，至少应有3个抗菌药物处理组。抗菌药物处理的选择取决于所需剂量范围，但应涵盖作用和无作用水平。给药的持续时间和方法取决于试验系统。一些研究中的其中一个重要方面是作用随时间变化，并且可能需要重复测量结果变量。常见问题是测量的时间和间隔以及因缺失数据而引起的偏倚。对因生物差异和测量误差导致的随机差异的控制取决于试验单位数量和样本数量。该数量可根据试验系统和结果变量的先前知识确定，也可以从过去的经验中或通过样本量计算（应尽可能采用该方法）来确定。应有足够量的重复，才能实现处理结果和适当的相互作用结果（如随时间变化的结果）的精确测量。在一些研究中，将上述相互作用的结果作为统计分析的一部分或许非常重要。另一种类型的重复是将来自单个笼中的动物粪便样本合并或合并来自不同供体的粪便样本。在这2种情况下，我们能获得平均值，但不能评估重复项之间的差异性。合并可能会掩盖个体效应（处理和/或接种物），因此，必须根据研究目的来考虑其使用情况。

附录C

MIC_{calc}的计算

MIC_{calc}由具有药物活性的最相关种属平均MIC_{50}的90%置信下限计算得出。使用对数转换数据计算90%置信下限。因此，平均值和SD由MIC_{50}对数值计算得出。这也意味着90%置信下限需要进行逆转换，以获得正确值。置信限公式为：

$$90\%CL\text{下限}=\text{平均}MIC_{50}-\frac{StdDev}{\sqrt{n}}\times t_{0.10,df}$$

式中：平均MIC_{50}是MIC_{50}对数值的平均值，

$Std\ Dev$是MIC_{50}对数值的标准差，n是计算中使用的MIC_{50}值的数量，$t_{0.10,df}$是中心t分布（具有df自由度）的第90百分位数，其中$df=n-1$。

检查相关属的MIC_{50}（见2.1）。MIC_{calc}由对化合物不具有固有耐药性种属的总结值得出。也就是说，MIC_{calc}由具有化合物活性的种属MIC_{50}得出。确保所有MIC_{50}值均未被表征为“</=”，因此，其可用于计算MIC_{calc}。

示例计算

可以使用MIC_{50}值的任何底对数转换。然而，如果在MIC检测方法中使用2倍稀释度的药物，则以2为底的对数转换将方便用于计算整数值。在以下示例中，MIC_{50}值经过如下转换：

$$\log_2(MIC_{50})-\log_2[\text{最小值}(MIC_{50})/2]$$

MIC_{calc}示例计算								
双歧杆菌属	真杆菌属	梭菌属	拟杆菌属	梭杆菌属	肠球菌属	大肠杆菌	消化球菌属/消化链球菌属	乳杆菌属
MIC_{50}								
0.031 25	0.25	0.25	8.0	32	2.0	>128	0.25	1.0
$\log_2(MIC_{50})-\log_2(0.031\,25/2)$								
1	4	4	9	11	7	R*	4	6

平均 $[\log_2(MIC_{50})-\log_2(0.031\,25/2)]=5.75$

标准差 $[\log_2(MIC_{50})-\log_2(0.031\,25/2)]=3.196$

$t_{0.10,7}=1.415$

90%置信下限=5.75－3.196/sqrt（8）*1.415=4.15

MIC的逆转换$=2^{[4.15+\log2(0.031\,25/2)]}=0.277$

$MIC_{calc}=0.277$

*固有耐药属的MIC_{50}值不包括在计算中。

附录D

关于确定对微生物有效的口服给药剂量分数的补充

1. 引言

VICH GL36自2005年起实施。根据指导原则相关工作经验，所有VICH地区的监管机构均认为，需要关于体内和体外检测方法的其他指导原则和具体说明，以确定对微生物有效的口服给药剂量分数。

本附录基于已公开的由申请者提交资料中的新数据、科学文献以及信息进行的审查。

本附录包含3个部分：用于评估对微生物有效的口服给药剂量分数的试验系统示例表、关于在试验系统中方法学使用的一般考虑因素以及关于如何使用这些试验系统确定对微生物有效的口服给药剂量分数的说明。

2. 用于评估对微生物有效的口服给药剂量分数的试验系统示例

可以单独及组合使用各种体外和体内试验系统来确定对微生物有效的口服给药剂量分数。下表提供了此类试验系统、生成数据的类型以及与用途相关的考虑因素的示例。

用于评估微生物相关口服给药剂量可用分数的试验系统和分析方法示例*		
试验系统	**生成数据的类型**	**考虑因素**
体内试验系统		
人和（或）动物的吸收、分布、代谢和排泄（ADME）研究	—给药药物（和代谢物）在尿液和（或）粪便中的浓度 —给药药物在尿液和（或）粪便中的代谢物谱 —进入结肠的给药药物的百分比	—应使用口服给药途径（非母体）的数据； —可能考虑给予动物的口服给药剂量水平和给药持续时间； —首选候选药物的数据，尽管同类药物类似物口服给药的人类数据可以提供支持性信息； —当人类ADME数据不可用时，可以使用动物的ADME数据； —靶动物残留消除研究可提供关于粪便代谢物谱和（或）对结肠微生物有效的药物信息； —来自化学或放射性标记试验的数据可通过微生物试验的数据加以补充，以确定对微生物有效的口服给药剂量百分比
口服给药的实验动物，用于确定对结肠微生物有效的药物	—通过微生物和（或）化学试验确定的粪便或肠内容物中的药物浓度 —粪便或肠内容物中的代谢物谱	—可能考虑给予动物的口服给药剂量水平和给药持续时间； —可能会考虑使用人体菌群相关的啮齿类动物和常规动物； —反刍动物和禽类种属不适于使用
体外试验系统		
添加至粪便浆液中以确定对微生物有效的药物分数	—试验系统中游离药物的浓度（每单位容积质量） —可结合的已添加药物的百分比 —粪便浆液中经过代谢的已添加药物量	—试验设计应包括孵育、动力学取样时间点、待测药物浓度、粪便参数（如未灭菌和已灭菌粪便）以及其他检测条件等考虑因素； —试验包括微生物活性测定和药物化学分析（见微生物和化学试验方法）； —可孵育无菌粪便浆液以确定药物降解情况
微生物试验方法		
用于测量粪便样本或粪便浆液孵育中药物浓度微生物活性的微生物试验	—测量游离药物浓度的微生物生长或生长抑制的定量测定	—对于定量微生物学试验，指标细菌菌株的选择应考虑所使用的方法和药物活性谱； —检测可以包括细菌计数、MIC、杀菌曲线、最可能的数目、最小破坏浓度检测、指标代谢物质检测和分子方法
化学试验方法		
粪便样本或粪便浆液孵育中药物浓度的化学、放射性同位素和（或）免疫学试验	—总药物浓度和游离药物浓度的定量测定 —药物和代谢物的定量测定	—化学分析试验［如气相色谱法、高效液相色谱法（HPLC）、HPLC质谱分光光度法］、放射性同位素试验和（或）免疫学试验可用于检测和定量测定粪便浆液中的药物和潜在代谢物

注：*这并非全面的试验系统选项列表。一个或多个试验系统可能适用于此药物，用于确定对微生物有效的口服给药剂量分数。

3. **试验系统的方法学**

本节提供了研究设计和执行时使用的有关试验条件的一般考虑因素，以确定对微生物有效的口服给药剂量分数。

a）剂量和药物浓度：

- 拟用于试验系统和试验目的的剂量和药物浓度范围应是合理的。
- 用于检测的剂量和药物浓度应该包括残留物摄入的水平以及更高水平。

b）粪便参数：

- 粪便样本的来源和数量：
  - 供体应在收集粪便之前至少3个月时健康状况良好，且无已知的抗菌药物暴露（见指导原则2.3）。
  - 供体之间的差异性（如年龄、性别、饲料）是固有的，供体差异性对试验设计的影响应予以考虑。粪便供体的数量应基于试验目的确定，建议采用至少6个供体（图1）。
  - 建议应在收集当天处理新鲜样本（当天的首项任务）。在冷藏温度下厌氧储存72h是符合相关要求的。
- 建议对粪便样本进行物理特征鉴定（如粪便黏度、含水量、pH和固体含量）。这可能有助于解释后续研究结果的差异性。
- 粪便浓度：
  - 应考虑至少1种粪便浓度。建议使用25%粪便制剂（1份粪便样本+3份稀释液）作为代表性结肠内容物。
- 用于制备粪便浆液的稀释液：
  - 用于稀释粪便材料的化学成分应标准化，以最大限度地减少差异性。
  - 应该使用含盐量最少的厌氧缓冲液。
- 粪便孵育：
  - 初始试验应考虑使用至少2份供体样本以确定适当方案。包括相关的残留物浓度范围、孵育时间和多个时间点的取样，以便能够进行动力学计算。
  - 应使用至少6个供体的数据以最终确定对微生物有效的口服给药剂量分数。
- 使用未灭菌或灭菌粪便样本：
  - 在化学试验的初始研究中应考虑粪便灭菌对于粪便混悬液与药物结合率的影响。
  - 在进行体外药物结合率/灭活研究时，应尽可能使用未灭菌的粪便。未灭菌与灭菌粪便混悬液结合率之间的微小差异可能需要对灭菌粪便进行进一步的研究。

c）定量测定对微生物有效的活性药物分数的方法：

- 虽然可在这些试验中使用微生物或化学试验，但应提供特定分析类型的依据。如果使用化学试验，则应将其与微生物活性联系起来。
- 指标细菌种属菌株将取决于药物的抗菌谱。
- 应考虑试验的灵敏度和重现性。
- 应根据所使用的试验系统考虑研究对照品。

d）观察到的药物结合可逆性：

- 建议使用时间过程方法，此方法将揭示可能的药物结合可逆性。
- 确定对微生物有效的口服给药剂量分数时，阐明结合机制的工作不是必要的。

4. **关于在确定对微生物有效的口服给药剂量分数时如何使用试验系统的说明**

关于体内和体外方法，确定和审查多种不同的适用于确定对微生物有效的口服给药剂量分数试验系统。关于此分数推导应用的概念方法概述如下，见图1。

方法1：体内试验系统

对动物给药，然后进行以下选项之一：

- 选项A：采用用于确定总药物浓度的肠内容物和（或）粪便的化学提取和分析方法，以确定对微生物有效的口服给药剂量分数。

- 选项B：采用给药动物肠内容物和（或）粪便化学和微生物活性试验，用以确定对微生物有效的口服给药剂量分数。

方法2：体外试验系统

此方法包括2个步骤（A阶段和B阶段），使用体外粪便浆液试验系统（图1）。A阶段是初始试验，使用来自2个供体的粪便样本，以确定孵育时间和在多个时间点添加药物的浓度范围。此阶段包括化学和微生物试验。B阶段基于A阶段的结果进行，使用的是来自另外4个供体的样本，并使用微生物试验。使用所有6个供体的数据，以最终确定对微生物有效的口服给药剂量分数。

方法3：方法1（选项A）+方法2

此方法结合了体内研究和体外研究。

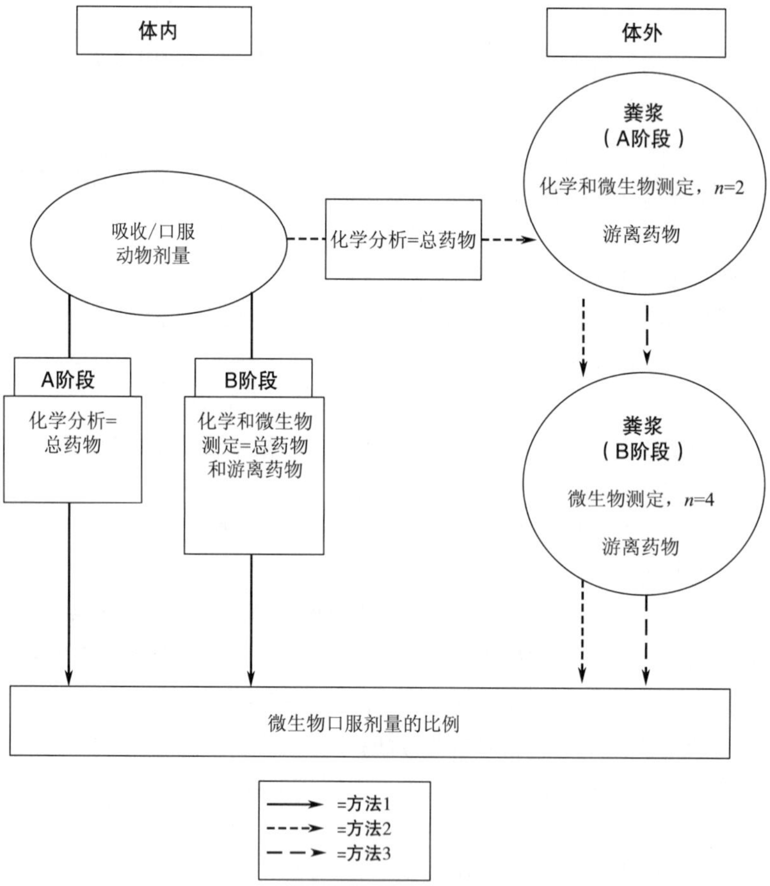

图1　用于测定对微生物有效的口服给药剂量分数试验系统

靶动物安全性

GL43 兽用化学药品的靶动物安全性

VICH GL43（靶动物安全性）- 化学药品
2008 年 7 月
第七阶段施行

兽用化学药品的靶动物安全性

2008 年 7 月
在 VICH 进程第七阶段
由 VICH 指导委员会采纳
2009 年 7 月实施

本指导原则由相应的 VICH 专家工作组制定，并已通过 VICH 各部门协商。在进程的第七阶段，最终文稿被推荐给欧盟、日本和美国的管理机构采用。

1 引言

在遵循VICH指导原则的地区进行兽药注册需要提供靶动物安全性（TAS）研究数据。基本TAS研究标准的国际协调方法将有助于促进研究数据的充分性，并最大限度地减少不同国家监管机构单独进行研究的必要性。一个适当的国际标准应尽量减少各地区类似研究的重复开展，从而降低研究和开发成本。同时，因可能减少的实验动物使用数量，动物福利也将受益。作为协调标准，本VICH TAS指导原则，有助于相关政府监管机构开展互相认可的TAS研究。尽管当地监管机构可以自行决定是否使用VICH指导原则，但是，对于注册用于当地销售的兽药产品，仍强烈建议使用该指导原则。

1.1 目的

本协调指导原则旨在提供关于研究性兽药（IVPP）注册申报的TAS评估建议，适用于确定IVPP在靶动物中的安全性，包括在可能的情况下识别靶器官，并使用满足试验要求的最小实验动物数量来确定安全范围。

1.2 背景

VICH启动制定国际协调指导原则，致力于在参与该计划的地区范围内对满足基本要求的IVPP的注册提供一个概括性建议。根据其性质，指导原则不能概括所有可能性。TAS专家工作组制定的本指导原则中包含的一般原则是用于帮助开展和执行TAS研究，以及监测田间研究中的潜在不良事件。在可能情况下，为获得更加具体的建议，鼓励相关监管机构在启动研究前对研究方案进行审查。

在特定情况下，如果申请者认为替代方法更加合适，则鼓励其在试验工作开始之前提供合理的说明文件并与监管机构进行讨论。

1.3 范围

本指导原则旨在涵盖用于以下动物种属的所有IVPP：牛、绵羊、山羊、猫、犬、猪、马和家禽（鸡和火鸡）。本指导原则中的建议可能不适用于各国或区域管理部门对少数动物或小品种产品的地方注册。本指导原则未提供包括水产动物在内的其他动物种属的TAS研究信息。对于其他种属，应该按照国家或区域指导原则设计TAS研究方案。

本指导原则有助于IVPP评价方法的国际协调。本指导原则旨在帮助申请者准备并执行实验室条件和田间条件下的TAS研究。本文件中的所有建议不一定对所有IVPP均有必要。对于其他IVPP，本文件中未注明的其他信息则可能是证明靶动物安全性的重要信息。

2 安全范围研究

TAS研究旨在提供IVPP在规定条件下对目标动物种属使用的安全性相关信息。在IVPP批准过程中，安全范围研究不可或缺。此外，在可能情况下，还应指明IVPP因过量用药和超治疗期用药所导致的不良反应。为了确认IVPP有效性而进行的剂量确认和田间研究提供了关于靶动物种属安全性的更多信息。根据IVPP的已知或疑似特性，可能需要进行额外的毒理学或特定试验。

如果研究包括了推荐剂量给药和超剂量给药以及规定给药期和超治疗期给药的试验数据，则可以认定该产品的安全范围。考虑到产品的预期用途以及已知的药物活性成分（API）的药理学和毒理学特性，申请者应给出规定剂量和超剂量的选择依据以及给药时间的合理依据。如果用途或制剂包含了较大风险或可能导致超剂量用药，则建议对IVPP进行单独试验或者在安全范围研究中纳入剂量水平更高的试验。同样地，也适用于可能发生剂量计算错误的情况，如在添加饲喂时小数点识别错误。

应该参考发表文献和初步研究相关数据，包括实验室靶动物或非靶动物研究的药代动力学、药效学和毒理学数据，辅助设计TAS评价方案以及预测靶动物可能发生的潜在不良反应。用于评价IVPP安全性的具体信息取决于多项因素，如拟定的用药方案和剂量、药物类型、化学和生产影响因素、权利要求、使用类似产品的既往史及动物种属（包括种类和品种）。为识别IVPP可能的不良反应，应进行适当观察、体检、临床病理学检查（血液学、血液化学、尿分析、粪便分析等）、尸检以及组织病理学检查。

API新的盐类化合物或新处方通常需要进行安全范围研究。应对例外情况的合理性进行证明，例如，根据API已知的毒理学和靶动物安全性特性，目前临床上广泛使用的产品，以及（或者）证明新产品全身或局部暴露量（如适用）等同于或低于现有产品。

如果API的全身暴露量可以忽略不计，且基于已有药理学和毒理学知识不存在安全性问题，则可无需进行安全范围研究。但是，申请者应对以上内容进行证明，并建议对给药部位的安全性进行研究（见3.1 ~ 3.4）。

2.1 标准

安全范围和其他实验室安全性研究必须符合GLP的要求。与供研究用的新产品一样，IVPP必须符合cGMP的要求。

2.2 动物

应选取IVPP应用范围内具有代表性的特定种属和类别的健康动物进行TAS研究。应慎重考虑实验动物的年龄；如果该产品预应用于幼龄未成熟动物，则TAS研究中的动物通常应选择申报批准的最低年龄。其他情况下，应使用幼龄成熟健康动物。如果在预期目标群体中识别出潜在敏感的亚群，则可能需要对该群体进行附加研究。

建议驯化动物以适应试验条件。应对给药组和对照组动物进行相同管理，并在可能情况下，在研究的基线期之前完成预防性治疗。如果研究期间同时使用其他产品进行联合治疗，则可能更难识别由IVPP所引起的安全性问题，因此，不建议联合治疗。应该慎重制定试验计划，以便在尽量减少实验动物数量的前提下获取足够信息。在符合地方动物福利法规的前提下，应能具备足够条件针对研究目的对动物进行圈养或饲养。整个研究过程中，应根据动物种属、生理状态和年龄控制环境条件、饲料和饮水。建议在整个研究过程中监测饲料和饮水的质量与组成。需采取适当措施减少或消除实验动物在研究中的痛苦。建议对濒死动物进行人道处死和尸检。

2.3 研究性兽药和给药途径

待评价的IVPP应为计划上市产品。如果未使用待上市产品的配方，则可能需要进行比较（桥接）研究，例如，可以通过使用2种配方之间的生物等效性或其他数据证明IVPP的一种配方与另一种配方的TAS数据具有相关性。应通过与安慰剂（如生理盐水）或未处理对照组进行比较来评价IVPP。配方详情、通用名或商品名和批号应记录在案。应记录IVPP制备、处理和贮存情况，并按照研究方案使用该产品。应确定给药部位。按照拟定标签中的建议使用条件确定给药剂量。如果进食影响API的生物利用度，则应在给药前饲喂或禁食，以提供显示不良反应的最大可能性。如果给药容积或适口性成为高剂量水平的限制因素，可以考虑采用替代技术（例如，多个位置、灌胃或增加给药频率）给药。如果申请者提交了多个给药途径，则应该选择最有可能导致不良反应的给药途径作为安全性研究的基础。应酌情进行局部耐受性的其他研究（见3.1或3.2）。

2.4 给药剂量、频率和持续时间

安全范围研究一般使用IVPP的多个拟用给药剂量和用药持续时间来进行研究。应根据IVPP的药理学和毒理学特性选择TAS中使用的具体给药剂量、频率和持续时间组合，并证明选择的合理性。

除非API的药理学-毒理学特性以及产品的拟定用途另有说明，安全范围研究设计应该包括阴性对照、最高推荐剂量水平（1X）以及该给药剂量的2倍剂量［在大多数情况下为3倍（3X）和5倍（5X）］，并且给药时间超过推荐的最长用药时间。最高推荐剂量水平（1X）定义为拟定产品标签上规定的最高实际剂量。建议最高剂量可用于固定质量离散剂型（例如，单位剂量容积、片剂组合等）API重量范围内体重最低的动物。在部分地区，也可以接受基于药理学和毒理学特性的其他设计方案，例如，仅针对最高推荐剂量水平（1X）共用药时间超过产品推荐的最长用药时间。无论哪种设计方案，均应包括阴性对照。

一般而言，建议每个剂量组的给药时间至少为3倍的拟定给药时间，最多为90d（例如，对于拟定单次给药的IVPP，应根据IVPP的药理学特性，在3个连续间隔内给药；或者，对于拟连续7d每天给药的IVPP，应连续给药21d）。如果预期给药时间短，预采用间歇性给药方式，应按3倍推荐间隔持续给药（例如，拟每周给药的IVPP应连续3周给药）。如果预期个体动物使用产品的时间超过连续3个月，则根据产品的药理学和毒理学特性，在适宜情况下（例如，药物蓄积可能随着时间的增加而增加，或者单次给药后药物活性超过2个月），建议进行6个月或更长时间的研究。

2.5 研究设计

研究中避免偏差的最重要方法是随机化和设盲。使用随机化方案将动物分配到给药组。区组可用于尽可能地控制1个或2个最重要的因素分布，例如，性别、年龄、泌乳阶段或体重，以确保给药组之间的平衡。

靶动物安全性研究中的试验单位通常数量较少（每个给药组通常为8只），同时包含大量变量。除非产品预期仅用于1种性别，否则，应同时包含雄性（每个给药组4只）和雌性（每个给药组4只）。在评价潜在安全性问题时，通常要结合医学、动物福利和统计方面的因素来确定实验动物数量。如果预先考虑到可能因其他原因中期处死或撤回动物，应相应增加实验动物数量。虽然常常会设立一个在给药组之间没有任何差异的零假设，但是，研究设计约束条件限制了这些研究的统计效能和判别能力。在这些条件下，仅统计分析可能无法检出潜在的不良反应，从而无法提供安全性保证。应该结合医学、毒理学和统计学原理并考虑生物显著性和合理性，对研究结果进行评价和解读。

为提供适当的动物福利以及适宜的试验条件，可能需要将实验动物分组圈养，这种情况下可能难以逐一以个体动物为基础衡量某些变量，例如，腹泻、呕吐或摄食量和饮水量。此外，甚至来自同一个笼子或围栏的个体动物，虽然其变量可以准确测量，但该测量值也可能受到同组其他动物的影响而有所偏差。例如，围栏中的优势动物可能是组内其他动物体重减轻所导致的结果。解读一项研究中的药物作用时，即使不使用统计分析，也应考虑分组圈养的潜在影响。未能考虑此信息可能导致对IVPP的影响进行错误地归因。

研究方案中应记录测量各变量的计划时间。该时间表通常包括整个研究期间每日观察动物的次数，从试验开始直至结束，在具体几个时间点都进行哪些详细的测量。应进行给药前测量，以确定基线水平。在IVPP标签拟定使用期限内的时间点进行测量可能有助于发现潜在安全性问题发生的时间进程。等距测量间隔可能有助于建立统计模型。对于持续时间较长的研究，可以分阶段采集数据，但不同时间段采集数据的频率可能不同。

采集数据时应尽可能减小偏差。例如，如需对每个给药组的亚组进行测量，则应在研究开始之前将动物随机分至各亚组中。应对采集数据（包括所有肉眼尸检结果）的人员进行设盲分组。应该使用认证方法评价组织病理学数据（例如，Crissman et al.，Toxicologic Pathology，32（1），126–131，2004）。

2.6 变量

动物安全性研究期间需要测量多个变量。根据IVPP的性质、拟定用途、靶动物和潜在不良反应制定安全性观察、检查和试验类型。一般来说，在安全范围研究中应该考虑4种类型的变量：体检和观察、临床病理学检查、尸检和组织病理学检查。此外，还可以考虑其他类型的变量，如药物暴露的毒代动力学评价（例如，预期峰浓度和谷浓度时间点附近的稀疏采样）。但是，为避免干扰主要安全性终点，应尽量减少其他时间点的样品数量。

2.6.1 体检和观察结果

在研究开始时和结束时以及研究期间的几个时间点，需由合格人员（通常是兽医）对实验动物进行详细的体检。在研究开始时应由合格人员对其他变量进行基线观察。在整个研究期间，每天、每周几天或者在设计好的预定时间间隔，需由经培训人员（通常不是兽医）观察记录所有动物的整体健康状况和行为。应在适当时间间隔监测饮食量和饮水量。在研究开始、结束以及其他适宜时间点测量体重。

一般来说，应根据IVPP的性质和目标群体考虑并测量以下项目：

整体体检（这些检查一般应由兽医完成）

眼系统	神经系统
肌肉骨骼系统	表皮系统
心血管系统	呼吸系统
生殖系统	泌尿系统
淋巴系统	胃肠系统
行为	

注射／用药部位的特定检查（如果可能，应使用半定量或定量评估）

外观（例如，红斑、焦痂生成、脱毛、鳞屑、色素沉着）	肿胀
疼痛	发热

观察结果（这些工作应由经过适当培训的工作人员完成）

采食量	饮水量
体重	行为
体温	疾病体征
粪便（稠度、颜色和黏液、血液）	

2.6.2　临床病理学检查（血液学、血液化学、尿分析）

应该在研究开始和结束时期以及研究其间的几个时间点进行血液学、血液化学和尿分析检查。根据IVPP，可针对某些生理参数进行其他特定检查。在样品采集前应遵循标准化饲养计划。应该对所有动物进行检测，或者，如果每组动物数量大于8只（如家禽），应在研究开始时随机区分亚组，之后进行亚组检测。考虑到样品采集条件的不同，例如，喂食或禁食，镇静或麻醉，检测结果可能会受到影响，因此，按照相同采样方法对阴性对照组和给药组动物同时采样至关重要。多个动物的血样不得合并。对于表现出不良反应的动物，为确定病因有必要进行额外的临床病理学和其他诊断检查。为获得可靠的基线数据，准确解读研究结果，可在预处理阶段2次采集临床病理学数据。根据IVPP的性质和目标群体，测量的变量可能包括（根据地区情况确定适用单位）：

血　液　学

红细胞： 总计数；网织红细胞计数（适用情况下）	白细胞： 总计数和分类计数
红细胞压积（PCV）	平均红细胞体积（MCV）
平均红细胞血红蛋白含量（MCH）和平均红细胞血红蛋白浓度（MCHC）	血红蛋白
凝血酶原时间	血小板计数
活化部分凝血活酶时间	颊黏膜出血时间
全血凝血时间	纤维蛋白原
急性期蛋白	

血液化学

钠	尿素氮
钾	肌酐
氯化物	丙氨酸转氨酶（ALT）
钙	天门冬氨酸转氨酶（AST）
磷酸盐	乳酸脱氢酶（LDH）
镁	γ－谷氨酰转移酶（GGT）
总蛋白	碱性磷酸酶（ALP）
白蛋白	肌酸激酶（CK）
球蛋白	总胆汁酸
葡萄糖	胆固醇
淀粉酶	

尿 分 析

颜色	蛋白质
pH	酮体
密度（例如，通过折射计）	胆红素
葡萄糖	尿胆素原
尿沉渣的显微镜检查（结晶、管型、红细胞、白细胞、上皮细胞）	

2.6.3 尸检和组织病理学检查

应对各个剂量组的组织样品实施肉眼检查，保存并用于显微镜评价。因使用的动物数量较少，且一般缺乏靶动物的其他安全性信息，建议对包含新API的IVPP所有剂量组动物组织进行肉眼和显微镜检查。对于其他产品，至少应该对阴性对照组和最高剂量组的所有动物组织进行显微镜检查［推荐方法参见Crissman et al.，Toxicologic Pathology，32（1），126–131，2004］。如果在最高剂量组动物组织中发现病变，则应检查IVPP次高剂量组动物组织样本，以此类推，直到通过显微镜检查确定无明显不良作用水平。此外，所有表现出全身临床体征或者在临床病理学检查中显示异常发现的动物通常都应进行肉眼和显微镜检查。如果预期IVPP的毒性相对较高，或者现有资料已表明其毒性信息，则可推荐不同的尸检方案，包括对所有动物或者在研究开始时随机选择的实验动物亚组进行肉眼和显微镜检查。对于信息资料充分且安全范围较宽的IVPP（包括但不限于比较药代动力学和比较代谢数据），在没有全身临床体征或临床病理学异常发现的情况下，根据适当依据和研究方案的规定，无需进行尸检。

适当情况下，应记录器官重量和肉眼病变。将根据动物种属和靶组织差异选择需要进行肉眼和显微镜检查的器官。应对器官或组织，特别是显示肉眼病变的器官或组织以及注射部位（在可获得的情况下），进行组织病理学检查。一般来说，建议对以下组织或器官进行肉眼和显微镜检查：

肉眼和显微镜检查的器官／组织：

脑下垂体	大脑	骨质和骨髓
甲状腺	脊髓	骨髓涂片
甲状旁腺	眼	脾脏
肾上腺	肺	胃
胰腺	肌肉	十二指肠
卵巢	乳腺	空肠

（续）

子宫	肝脏	回肠
睾丸	胆囊	结肠
前列腺	肾脏	盲肠
附睾	膀胱	胸腺
心脏	淋巴结	注射部位：例如，肌肉、皮下组织
嗉囊	前胃	法氏囊
心室	皮肤	

2.7 统计分析

大多数研究中，对数据应用描述性统计是表明安全性意义的最好方法。表格和描述性文本是数据汇总的常用方法，但是，图形展示也是一个可以很好地显示给药组之间和个体动物之间的不良事件的模式。根据响应变量的性质和研究方案选择统计模型的一般形式以及模型中的要素。无论选择何种方法，统计评价所用的所有程序和步骤都应给予明确说明。为便于评价潜在安全性问题，数据分析结果应清晰明了。为阐明结果并有助于解读，应选择适宜的术语和表述方法。

可以使用表格的形式将动物个体间以及给药组间汇总统计的数据表现出来。对于定量变量，有用的描述性数据包括各给药组的动物数量、中位数、平均值、标准偏差、最大值、最小值以及参数值超出公认参考范围的病例数量和百分比。对于某些定量变量，对参数值在不同范围内的动物进行分类可能有助于识别不同的模式。对于定性变量，有用的描述性统计包括评价的动物总数和每个响应类别内实验动物数量和百分比。其他事件，例如，不良事件、死亡和提前终止也可以列表显示。

利用图表可以很好地描述数据和识别潜在的安全性问题，包括可能的剂量趋势、时间相关性模式和超出参考范围的数值。显示给药组间和动物个体间的时间－反应曲线可以说明动物或性别、年龄以及剂量水平之间的反应一致性。这些图表可以显示给药不良反应的趋势或时间相关模式。

统计模型应能反映研究设计。当每只动物单独圈养或来自所有给药组的动物在1个围栏内混养时，可认为个体动物是1个试验单位。如果圈养在一起的动物全部分配至相同给药组，则通常该围栏为1个试验单位。如果不同试验单位的环境条件、性别或预处理协变量不同，设计中应平衡这些因素，并在分析中用适当方法对此进行解释。一个有用的方法应能用最少数量的术语表述生成安全性数据的基本过程，并且可表示设计的纵向性质（重复测量，如适用）。根据响应变量的性质选择模型表格。任何缺失数据对结果的潜在影响都应予以考虑。

统计建模的分析结果应包括所含条目的显著性水平陈述。p值的计算有时可以帮助评价相关的特定差异，或者作为应用于大量安全性变量的“标记”策略，以强调值得进一步关注的差异。这对于临床病理学数据特别有用，而其他方法可能难以适当地汇总。建议对临床病理学数据既进行定量分析，例如，处理均值评价；也对高于或低于某些阈值的数量计数进行定性分析。虽然p值是一个临床评价实质性差异的指示值，但对于小样本量的安全性研究，用于评价所有差异的临床判断至关重要，而与观察到的p值无关。统计显著性检验不一定表示存在安全性问题。与此类似，非统计显著性检验不一定表示不存在安全性问题。多重性统计判定可能对安全性判断造成相反结果；结果的重要性和合理性将取决于是否提前掌握了药物药理学知识，并且结果评价应由具有相关性经验并经过生物相关性解读训练的临床医生或科学家做出。

2.8 研究报告

研究报告是描述TAS研究的目的、材料与方法、对研究方案的修订或偏离、结果（包括个体动物数据、数据汇总及分析）和结论的文件。在一些地区，可能需要另外提供原始数据。

3 其他实验室安全性研究设计

根据IVPP的使用条件和特性，可能需对特定IVPP进行其他安全性研究。此类研究可以与安全范围评价以及食品动物中的残留研究相结合。这些研究应按以下概述的一般原则进行，同时须遵守当地官方指导原则。建议具体研究计划由申请方和监管机构进行沟通确定。

3.1 注射部位安全性研究

基本研究设计应考虑剂量（1X）、持续时间、给药途径、溶剂和注射的最大体积，通常每组使用8只动物。研究应包括盐水对照，其容积与IVPP的完整和最终制剂容积相同。如果IVPP非液体，也应使用适宜的阴性对照。应特别注意每次注射的位置和时间，以便于确定复溶时间。研究应考虑注射器或其他涂药器通过血管内、皮内、肌内和/或皮下途径对给药部位产生的损伤。如果血管内给药是IVPP的唯一拟定途径，则应考虑血管外给药影响。对用于血管内给药的制剂，若其本身并不预期用于血管内给药且存在与非预期血管内注射（例如，耳部某些皮下注射）相关的潜在风险，则应考虑血管内注射的安全性问题。

注射部位安全性数据可以包括以下内容：

——临床体征，包括行为或运动的变化；

——注射部位的外观、炎症、水肿或其他变化；

——测量肌酸激酶和天门冬氨酸转氨酶水平；

——在适当时间的整体病理学和组织病理学。

如果注射部位存在炎症，且目视检查或计划研究结束时通过触诊发现炎症尚未缓解，则应确定注射部位恢复到临床可接受缓解程度所需的时间。如果指示注射部位效应的临床体征明显，可能需要对病变组织进行组织病理学检查。

3.2 皮肤外用产品的给药部位安全性研究

对于外用IVPP的局部不良反应，除非产品的药理学和毒理学证明多倍剂量和/或持续时间是合理的，否则应按照标签拟定剂量进行评价，一般每组8只动物。对于全身吸收的局部用IVPP，建议将局部给药部位评价纳入全身TAS结果的研究中。一般来说，应该检查该部位的肿胀、疼痛、发热、红斑等临床体征。应注意动物的运动或行为变化。如果在局部用药部位存在炎症或其他临床体征，计划研究结束时通过目视检查或触诊发现炎症尚未缓解，则应确定局部用药部位恢复到临床可接受缓解程度所需的时间。如果证明临床体征与给药部位效应呈相关性，则可能需要进行病变部位的组织病理学检查。

如果在给药后可能发生意外摄入（如舔食），则建议以最大拟用剂量经口给予该外用制剂，用以检查该IVPP的安全性。如果基于药理学和毒理学，经口给药暴露不存在安全性问题，则可免除该项研究。

3.3 生殖安全性研究

对预期用于育种动物的全身吸收API需要进行生殖安全性研究。生殖安全性研究旨在确定IVPP对雄性或雌性繁殖或后代生存力的任何不良影响。这些研究也可以收集其他身体系统的安全性数据，但通常集中于生殖变量。基于API的药理学和毒理学性质，除非存在可能影响诸如性成熟等的具体证据，否则，这些研究通常不再考虑产后期以及后代的生存力。

应选择健康、性器官完整、生殖良好的雄性和雌性来代表靶动物的种属、年龄和类别。一般建议每个给药组纳入每种性别8只动物。雄性和雌性可以在同一研究中进行评价，也可分开进行。应根据IVPP的药理学和毒理学性质以及预期用途选择给药剂量、频率和持续时间，证明其合理性，应确保IVPP在整个研究间隔持续暴露。通常对雄性动物来说，至少要在1个生精周期内给予3倍剂量的IVPP并设置阴性对照。一般来说，对于雌性动物，在育种前（卵泡期直至妊娠）、整个妊娠期（包括胚胎期、胎儿期和出生期）以及在分娩适当时间（包括产后期，足以评估后代的初期发育和运动功能），需要给予3倍剂量的IVPP并设置阴性对照。除非在分娩时或分娩前后特别指明使用IVPP，否则，在此时间不需要给予IVPP。

生殖安全性研究应酌情评价以下内容：

——雄性动物：精子发生、精液质量和交配行为。

——雌性动物：发情周期、交配行为、妊娠率、妊娠时间、分娩和哺乳期。

——接受给药的雄性和／或雌性动物的后代：发育毒理学（包括致畸性、胎儿毒性）、胎儿发育、后代数、生存力和生长、健康和发育至断奶。

——家禽：包括蛋重、壳厚、产蛋数、蛋繁殖力、孵化率和雏禽生存力。

理想的情况是，生殖安全性研究在靶动物中进行；但是，如果实验动物和预期使用IVPP的所有动物种属中API的药代动力学特性相当，则可以考虑实验动物生殖研究获得的数据同样适用。根据此类评价结果，标签应包含适当的信息。但是，如果未对靶动物进行生殖安全性研究，标签应反映这一点，并指出在育种、妊娠或泌乳期动物或其后代中的安全性尚未确定。

3.4 乳腺安全性研究

对预期用于泌乳期或非泌乳期动物乳房内使用的IVPP安全性评价，应进行乳腺安全性研究。这些研究所用动物不得患有亚临床或临床性乳腺炎。IVPP应以每个乳头相同剂量的方式施用。采用标签拟定的使用条件、剂量（1X）和施用频率。应由申请方证明备选方案的合理性。

建议对预期用于泌乳期雌性动物的IVPP的安全性评价应包括对早期至中期泌乳期动物的急性炎症效应的客观评价（根据GLP原则采集数据）。建议对预期用于非泌乳期动物的IVPP的安全性评价包括对泌乳期动物急性炎症效应的客观评价（根据GLP原则采集数据）和非泌乳期动物慢性炎性效应的临床评价[根据临床试验质量管理规范（GCP）或GLP的原则采集数据]。

考虑到泌乳期和非泌乳期动物福利要求，优选使用单组比较设计来评价每只动物给药前和给药后参数值的相似性。也可以使用2组设计，比较给药组与阴性对照组动物。一般来说，无论哪种设计方案，结合泌乳期和非泌乳期动物福利要求，各给药组都应包括8只泌乳期动物，其中4只为初乳期动物。

应对所有研究动物进行体检，包括触诊，以确定是否存在肿胀、红斑、疼痛或发热。对于泌乳期动物的任何一种研究设计（泌乳期和非泌乳期动物权利要求），应该在给药前、给药期和给药后采集与组织刺激和产乳量相关的所有相关变量数据。应该根据参数值恢复到给药前参数值的预期时间提前确定给药后监测期。应在挤奶前采集每个乳头样品用于定量体细胞计数（SCC）和细菌培养。应记录每日产乳量、组成（如脂肪、蛋白质、乳糖和非脂肪固体物）和外观。安全性评估的关键变量通常包括乳腺刺激、SCC升高和产乳量变化。给药后出现SCC显著升高或SCC延长是不可接受的，应由申请方给出解释。

4 田间试验的靶动物安全性数据

用于评价IVPP有效性的田间试验也需要提供必要的在预期使用条件下的TAS数据。这些研究应根据GCP原则进行。

田间试验通常包含更多数量的实验动物，用以评价预期使用剂量在拟用于靶动物群体条件下的潜在不良反应。田间研究使用靶动物群体，在适宜条件下包括患病动物。如果各区域的疾病和饲养条件相似，只要在要求批准的区域内产生该区域可接受的最低比例的数据，则区域间数据也可用于田间研究。在研究中使用相对大量的动物可以提高对低频率不良事件的检测能力。实验动物应代表IVPP拟定靶动物的年龄范围、种类、品种和性别。研究应设计1个适当的对照组。各项研究中，在给药前、给药期和给药后，应由适当设盲的人员进行健康观察，具体评价潜在的不良反应（如体检和临床病理检查）。可以根据实验动物的药效学研究或靶动物研究结果确定评价的适当变量。应报告不良事件并尝试确定不良事件的因果关系。

5 动物安全性评价中的风险评估

对于一些IVPP，实验室和田间安全性数据无法提供足够的信息来确定是否存在与IVPP获益相关的安全性特性。在这种情况下，风险评估提供了另一种方法，可以补充或扩大靶动物安全性评价。风险评估使用可用的证据来衡量不良反应（危害）的严重性、潜在可逆性以及发生的可能性。

6 术语

药物活性成分（API，或原料药）： 预期用于制剂（药品）生产和用于药物生产时成为制剂活性成分的任何物质或混合物。此类物质预期在诊断、治疗、缓解、给药或疾病预防方面提供药理活性或其他直接效果，或影响身体的结构和功能。

不良反应： 怀疑与IVPP相关的不良事件。

不良事件： 使用IVPP后，在动物身上观察到的，无论是否与产品相关的不利和非预期结果。

基线数据： 在驯化期后IVPP给药前采集的信息。

育种动物： 任何正处于育种期、拟用于育种或妊娠的动物。

种类： 靶动物种属的子集，其表征为诸如生殖状态和/或用途（奶牛与肉牛，肉鸡与蛋鸡）等因素。

动态药品生产质量管理规范（cGMP）： 质量体系的一部分，确保产品的生产质量始终符合其代表的质量标准，并进行控制。

试验单位： 考虑到分组和给药方法，在研究期间可以接受不同给药的动物最小独立分组。

临床试验质量管理规范（GCP）： 临床研究的设计、实施、监测、记录、稽查、分析和报告的标准。遵守标准保证数据和报告结果的完整性、正确性和准确性，确保研究动物的福利和参与研究的研究人员的安全性，并保护环境以及人类和动物食物链。

非临床研究质量管理规范（GLP）： 非临床研究的设计、实施、监测、记录、稽查、分析和报告的标准。遵守标准保证数据和报告结果的完整性、正确性和准确性，确保研究动物的福利和参与研究的研究人员的安全性，并保护环境以及人类和动物食物链。

研究性兽药（IVPP）： 含有一种或多种药物活性成分（API）的任何剂型或动物饲料，在临床或非临床研究中对其进行评价，以研究动物服用或施用时的任何保护性、治疗性、诊断性或生理学效应。

安全范围研究： 控制良好的旨在证明IVPP对预期种属是否安全的研究。

设盲： 减少潜在研究偏倚的程序，其中指定的研究人员不了解给药分组情况。

阴性对照： 接受安慰剂或未接受给药的研究动物。

参考范围（临床病理学或血液化学）： 在给定种类的健康动物中发现的正常值范围。

靶动物： IVPP预期应用对象所特定的动物种属、种类和品种。

代谢和残留动力学

GL46 食品动物体内兽药的代谢和残留动力学评价研究：用于残留物定性和定量的代谢试验

VICH GL46 （MRK）- 代谢和残留动力学
2011 年 2 月
第七阶段施行 - 最终版

食品动物体内兽药的代谢和残留动力学评价研究：用于残留物定性和定量的代谢试验

2011 年 2 月
在 VICH 进程第七阶段
由 VICH 指导委员会采纳
2012 年 2 月实施

本指导原则由相应的 VICH 专家工作组制定，并已通过 VICH 各部门协商。在进程的第七阶段，最终文稿被推荐给欧盟、日本和美国的管理机构采用。

1 引言

1.1 指导原则目的

药物研究发起方应进行一组全面的代谢、残留消除和药代动力学研究，确定食品中的兽药安全性。本指导原则的目的：为食用动物中的兽药残留量及其性质的研究，提供国际间相互协调的推荐试验程序。

1.2 背景

本指导原则为促进国家/地区监管机构相互认可食品动物中兽药的残留化学数据而制定的系列指导原则之一。在考虑当前国家/地区要求及欧盟、日本、美国、澳大利亚、新西兰和加拿大的兽药残留评价建议后制定了本指导原则。

尽管本指导原则提出了代谢试验的框架建议，但试验设计仍需保留适当的灵活性。建议调整试验以便充分体现目标残留组分。

2 指导原则

2.1 目的

食品中兽药安全性评价有助于确保来自给药动物的食品可安全地用于人类消费。作为数据采集过程的一部分，应进行研究以评估来自给药动物的食品中兽药残留量及其性质。代谢研究将提供以下数据：①给药后不同时间给药动物的可食组织中目标残留物消除情况；②可食组织中目标残留物的个体组分或残留情况；③预期用作分析方法标记物的残留物（即监测适当的药物使用）；④确定各国家或地区项目可用的靶组织或组织。

2.2 范围

食品动物的代谢研究常使用放射性标记药物进行。这些研究能够监测供试药物给药后产生的所有（即"总"）药物残留，故有时也称作总残留研究。如进行此类研究，本指导原则提供了使用放射性标记药物进行代谢研究的程序建议。

用于体现来自给药动物的食品中残留组分的替代方法（即未使用放射性标记药物）可能也适用。

任何情况下，均应按照适用的非临床研究质量管理规范（GLP）进行检测。

2.3 残留物定性和定量的研究

2.3.1 供试物质

2.3.1.1 药物

应描述原料药的化学特性（包括通用名、化学名、CAS登记号、结构和分子量等）和纯度。化学名称和结构应指出放射性标记的位置。放射性标记物质应按照适用的法律和法规处理和处置。

2.3.1.2 放射性标记药物

2.3.1.2.1 标记物性质和位点

碳-14（^{14}C）因不会发生分子间交换而成为优选标记物。也可使用其他同位素，如^{3}H、^{32}P、^{15}N或^{35}S。如果能提供氚标记物稳定性的严格证明，也可使用氚（^{3}H）；例如，评估与水交换的程度，结果≤5%。

应在药物的1个或多个位点进行放射性标记，确保可能会引起关注的原型药物部分被适当标记。应在代谢稳定的位置进行放射性标记。

2.3.1.2.2 放射性标记药物的纯度

放射性标记药物应具有高纯度含量，最好为95%左右，以最大程度降低伪结果。放射化学纯度应通过适当的分析方法证明（如使用2个色谱系统）。

2.3.1.2.3 比活度

研究报告中应指明合成放射性标记药物的比活度。比活度应足够高以便跟踪可食组织中的目标残留物。应通过药物效价确定灵敏度。

可将放射性标记药物与未标记药物混合调整比活度。为便于分析测量和保存放射性标记药物，可向休药期早期实施人道处死的动物给予较低比活度的药物，而向休药期晚期实施人道处死的动物给予较高比活度的药物。

2.3.1.3　分析标准品

应提供原型药物和假定的代谢物（如可能）的分析标准品，用于药物残留物的色谱分析。

2.3.2　试验系统

各国家/地区间的主要和次要种属名称存在一些差异，尤其是火鸡和羊。这些差异可影响国家/地区的数据采集要求和建议。某些情况下，可将主要种属中的药物总残留和代谢数据外推至次要种属。一个国家/地区监管机构要求对次要种属或在一个地区为主要而在另一个地区不为主要的种属进行总残留和代谢研究时，可参照本指导原则中所概述的研究设计。

2.3.2.1　动物

用于代谢研究的动物，应具有代表性，能代表产品所使用的商品物种和靶动物。应提供实验动物的来源、体重、健康状况、年龄和性别等信息。

一般可在猪（40 ~ 80kg)、羊（40 ~ 60kg）和家禽中进行单项研究。对于牛，可将肉牛（250 ~ 400 kg）的单项研究用于奶牛，反之亦然。一般情况下，可将成年牛和羊的代谢研究结果分别外推至小牛和羔羊。但如有充分理由认为反刍前的动物与成年动物存在显著代谢差异，则可对反刍前的动物进行第二项研究。用另一项研究来确定奶牛乳汁中的总残留。

如果研究是为了支持休药期，则研究参数应阐述最差研究条件（例如，动物体重及相关的最大注射量）。

2.3.2.2　动物处理

动物应给予适当时间以便适应环境。应尽可能采用标准的饲养管理模式。此类研究可能会用到代谢笼，变成一种偏离“正常”的模式饲养；因此，在研究过程中，只能在需要收集尿液和粪便或其他特殊情况下，才可使用代谢笼。应采用健康动物，最好未曾用过药的动物。向动物提供的饲料和水均应无其他药物和/或污染物，且应遵循适用的国家和地区法规，确保环境条件适当，与动物福利要求一致。但也认识到动物可能已接种生物疫苗或接受其他治疗（如驱虫剂)。任何情况下，研究前都应将动物维持适当的饲养观察时间，动物的用药史也应已知。

对于给予放射性标记物质的动物和动物组织，应按照适用的法律和法规进行处理和处置。

2.3.3　试验程序

2.3.3.1　药物剂型

研究报告中应描述药物剂型、剂量制定方法和给药期药物剂型的稳定性。尽管认识到代谢研究可能在最终剂型决定前进行，但应尽可能用预期的最终剂型向实验动物给药；或者，也可使用有代表性的或样品剂型。

2.3.3.2　给药途径

药物应用预期的给药途径给药（如经口、经皮、肌内、皮下给药)。对于预期经口给药的药物，尤其是经饲料或饮用水给药时，可灌胃或推注给药，确保动物接受整剂药物并将环境问题降到最低。对于预期经口和胃肠外给药的药物，通常应进行单独的代谢研究。胃肠外给药途径单项研究一般适用于所有胃肠外给药途径，包括肌内、乳房内、皮下或局部给药。同样地，经口给药单项研究一般适用于所有潜在口服制剂（如饮水、拌料和速释片)。

2.3.3.3　剂量

剂量应为预期最高给药浓度，且应以预期最长的时间或可食组织中达到稳态所需的时间给药。不建议向动物预先给予未标记的药物后再给予放射性标记药物。

对于连续给药的药物，可进行单独研究，确定可食组织中药物残留达到稳态所需的时间。预期单次给药的药物无休药期时，应证明吸收相结束。

经由饲料和水灌胃给药时，应分成上午和下午给药，以更接近实际使用条件。

2.3.3.4 动物数量和人道处死时间间隔数量

如果药物有意用于雄性和雌性动物，那么试验时，需至少设计4个试验组，且每组需性别均匀分布，在对动物进行人道处死时，需有适当的时间间隔。人道处死动物数量建议如下：

大型动物（牛、猪、羊）：每个人道处死时间点≥3头。

家禽：每个人道处死时间点≥3只。

收集奶用泌乳牛：≥8头，代表高和低泌乳的经产牛。

收集蛋用禽：足以收集≥10个蛋的家禽数量。

对于休药期不可预计的药物，人道处死时间点应为动物运往屠宰场的地理距离的时间反映。

对于休药期为0的典型时间点如下：

家禽：0 ~ 2、3 ~ 4和6h

大型动物：0 ~ 3、6 ~ 8和12h以上

泌乳动物：12h以上

应提供足量的对照组织，以便测定背景浓度和回收效率，并提供相关分析方法检测用组织。

2.3.3.5 动物人道处死

应通过商品化的程序对动物实施人道处死，务必遵循适当的放血时间。可使用不干扰目标代谢物分析的化学方式人道处死。

2.3.3.6 采样－可食组织

人道处死后应采集足量可食组织样本，修整外部组织，称量并分为等份试样。如果不能马上完成分析，应将样本冻存以备分析。在采样后储存样本时，申请方应确保放射性标记化合物在整个储存期内保持完好无损。

推荐样本见表1。

表1 从代谢研究动物中采集的建议样本

可食组织类型	动物种类／样本描述		
	牛／羊	猪	家禽
肌肉	腰部	腰部	胸部
注射部位肌肉	核心肌肉组织，约500 g IM直径10 cm×深6 cm； SC直径15 cm×深2.5 cm	核心肌肉组织，约500 g IM直径10 cm×深6 cm； SC直径15 cm×深2.5 cm	从整个注射部位采样，例如，鸡：整个鸡脖、整个鸡胸或整个鸡腿。较大家禽：不超过500 g
肝脏	小叶横截面	小叶横截面	整个
肾脏	双肾混合物	双肾混合物	双肾混合物
脂肪	肾周围	NA	NA
皮肤／脂肪	NA	含天然比例脂肪的皮肤	含天然比例脂肪的皮肤
乳汁	全乳	NA	NA
蛋	NA	NA	合并蛋白和蛋黄的复合物

NA：不适用。

应分析表1所示组织。也应采集并分析其他组织，以提供标记残留物消除研究中分析的其他组织信息（见VICH GL48“食品动物体内兽药的代谢和残留动力学评价研究：用于建立休药期的残留标志物消除

试验”，2.2.6.1）。对适用的种属，其他组织可能包括心脏（牛、猪、羊、家禽）、小肠（牛和猪）和砂囊（家禽）；此外，如果其对安全性评估很重要，则可采集并分析各种属动物的其他可食内脏（例如，预期残留浓度较高、残留消除速率较慢的内脏）。

2.3.3.7　采样－排泄物和血液

一般不采集排泄物和血液。但从几个角度看分析此类样本较有用：首先，通过分析排泄物和血液可估算质量平衡，其为评估研究质量的一个有用工具；其次，排泄物样本可能为代谢物的良好来源；第三，样本可用于环境风险评估。如果决定采集此类数据，建议每天收集选定动物的尿液和排泄物。

在不同时间点和实施人道处死时，从选定动物采集血样。血液中总残留数据可提供有价值的药代动力学信息。

2.3.3.8　总放射性测定

应以确定的方法测定样本总放射性，其包括回收及随后的液体闪烁计数、增溶和计数或直接计数，具体视样本性质而定。应详述放射性分析情况，包括分析样本制备、仪器及标准品、对照组织、添加组织和真实组织的数据。应证明该方法能够回收添加到对照组织中的放射性。

应以湿重和重量/重量（w/w，首选μg/kg单位）报告样本的放射性分析结果。研究报告中应描述从cpm/重量或dpm/重量转换成w/w的样本计算。

2.3.4　代谢物分离和鉴别

常用的分析技术（包括薄层色谱法、高效液相色谱法、气相色谱法和质谱法等）可将总残留分离成各组分并鉴别药物残留物。

2.3.4.1　分析方法

研究报告中应提供分析方法详情，包括标准品、试剂、溶液、分析样本的制备；残留物提取、分馏、分离和隔离；仪器；标准品、对照组织、添加组织和真实组织的数据。至少要验证分析方法以验证其回收率、检测限和特异性。

2.3.4.2　表征程度/主要代谢物

表征程度和结构鉴别取决于数个因素，包括残留量、目标化合物或其所属类别和基于以往知识和经验的残留物潜在显著性。

一般情况下，主要代谢物表征和结构鉴别应使用一系列技术组合完成，其可能包括与标准品进行色谱比较或质谱分析。主要代谢物作为参照物，其为最早人道处死时间点（或达到稳态后或在连续使用制剂治疗结束时或快结束时）采集的样本中含量≥100μg/kg或≥10%总残留量的代谢物。某些情况下，适用化学表征而非主要代谢物的明确结构鉴别［如存在结合物或质谱信息指示可能的生物转化途径时（例如，羟基化反应M+16）］。除非关注低水平残留物，否则，一般不建议区分低于上述水平的放射性（即次要代谢物）。

2.3.4.3　结合和不可提取残留物的表征

结合残留物的性质研究一般为可选项。但此类研究获得的信息可能使我们有理由从所关注的全部残留物中排除一些残留物。

2.3.4.3.1　一般性评论

食品动物用药后可能产生无法以较低水性或有机提取条件从组织中提取，也不易表征的残留物。残留物可能通过以下方式形成：①药物残留物掺入内源性化合物中；②原型药物或其代谢物与大分子发生化学反应（结合残留物）；或③放射性残留物物理封装或整合至组织基质中。

由药物小片段（一般为1～2个碳单位）掺入天然分子形成的不可提取残留物无显著性。

结合残留物占总残留物很大比例或结合残留物的浓度高至无法对该药物分配实际休药期时（即结合残留量导致总残留量不能降至目标残留物以下），通常需要表征兽药的结合残留物。结合残留物的数据采集程度取决于诸多因素，包括结合残留量、结合残留物的性质及用于计算每日允许摄入量（ADI）的原型药物或代谢物效价。

2.3.4.3.2　结合残留物表征

结合残留物通常难以表征，其涉及可破坏残留物或生成伪信息的剧烈提取条件或酶制备。

但食品中的兽药残留的生物学意义通常取决于摄入食品时的残留物吸收程度。故可通过向实验动物饲喂含结合残留物的组织测定残留物的生物利用度进行表征［可采用Gallo-Torres方法（*Journal of Toxicology and Environmental Health，2：827-845*，1977）证明生物利用度］。

3　数据报告

如国家/地区监管机构提出要求，则应提供数据测定标记残留物/总残留物比、标记残留物和靶组织。应报告各采集时间点的各组织总残留浓度。提供各种处理（酶解法、酸解法）的总残留放射性提取量（%提取量）。靶组织为用于监测靶动物中总残留的选定可食组织。靶组织通常但未必为残留消除速率最慢的组织。

应报告各采集时间点的总残留组分，以与总残留浓度比较。应检查总残留（原型药物+代谢物）组分，选择标记残留物。标记残留物可能为原型化合物。但标记残留物也可定义为原型化合物+代谢物组合或可化学转化成单个衍生物或分子片段的残留物之和。

适当的标记残留物应具备以下性质：

（1）目标组织中的标记残留物与总残留浓度间存在已知的相关性；

（2）标记残留物应适用于检测目标时间点是否存在残留物，即遵循休药期；

（3）应存在切实可行的分析方法测定最大残留限量（MRL）水平的标记残留物。

4　术语

以下定义适用于本文件。

每日允许摄入量（ADI）：为在整个寿命期间不会对消费者健康造成明显风险的日摄入量。ADI常根据药物毒理、微生物或药理性质设定。其通常以μg或mg化学制剂/kg体重表示。

结合残留物：为食用动物体内原型药物或其代谢物与大分子共价结合形成的残留物。

可食组织：为可进入食物链的动物源性组织，包括但不限于肌肉、注射部位肌肉、肝脏、肾脏、脂肪、含天然比例脂肪的皮肤、全蛋和全乳。

非临床研究质量管理规范（GLP）：为计划、实施、监测、记录、报告和稽查兽药实验室研究的形式化过程和条件。按照GLP进行的研究均根据国家或地区的要求建立，且旨在确保研究及相关数据的可靠性和完整性。

主要代谢物：为代谢研究中从靶动物采集的样本中含量≥100μg/kg或≥10%总残留的代谢物（VICH GL 46）。

标记残留物：为浓度与可食组织中总残留浓度存在已知相关性的残留物。

最大残留限量（MRL）：为法律允许或认可的食品中可接受的最高兽药残留浓度，由国家或地区监管机构设定。多数情况下，有些国家使用的“容限”术语为MRL的别名。

代谢：指兽药在生物体内引起的所有物理和化学过程的总和。其包括药物被摄入体内并分布、药物变化（生物降解）和药物及其代谢物消除。

实际无停药期：为从末次给药（例如，在农场）至屠宰（包括自农场运送）的最短间隔时间。

残留物：指兽药（原型）和/或其代谢物。

目标残留物：指与确立的兽药ADI相关的总残留量。

药物总残留：为放射性标记研究或其他等效研究中测定的兽药（原型）和所有代谢物的总和。

湿重：指新鲜分析样本，不扣除含水量。

GL47 食品动物体内兽药的代谢和残留动力学评价研究：实验动物的比较代谢试验

VICH GL47 （MRK）- 代谢和残留动力学
2011 年 2 月
第七阶段施行 - 最终版

食品动物体内兽药的代谢和残留动力学评价研究：实验动物的比较代谢试验

2011 年 2 月
在 VICH 进程第七阶段
由 VICH 指导委员会采纳
2012 年 2 月实施

本指导原则由相应的 VICH 专家工作组制定，并已通过 VICH 各部门协商。在进程的第七阶段，最终文稿被推荐给欧盟、日本和美国的管理机构采用。

1 引言

1.1 指导原则目的

本指导原则的目的是提供鉴别兽药在实验动物体内产生的代谢物的国际协调方法建议。比较代谢研究旨在将毒理学检测用实验动物的代谢物与食品动物可食组织中的兽药残留物进行比较，以确定毒理学检测用实验动物暴露于其中的代谢物是否与人体暴露于其中的食品动物产品中的兽药残留物相同。

1.2 背景

本指导原则为促进食品动物所用兽药的残留化学数据相互认可而制定的一系列指导原则之一。在考虑欧盟、日本、美国、澳大利亚、新西兰和加拿大的现行兽药残留评价程序后制定了本指导原则。

2 指导原则

2.1 目的

食品中兽药残留安全性评价可确保来自给药食品动物的食品能够安全地用于人类消费。作为数据采集过程的一部分，应进行研究来明确实验动物在兽药毒理学试验期间自动暴露于其中的代谢物。这些研究旨在确定人类从食用靶动物组织消费的代谢物是否与安全性试验用实验动物所产生的代谢物相同。据了解，如果实验动物与食品动物中产生的代谢物大体相似，说明实验动物自动暴露于人类从给药食品动物组织中消费的代谢物。代谢物的自动暴露通常会用作毒理学研究中充分评估代谢物安全性的证据。

2.2 范围

一般通过1项或多项体外研究或1项体内研究证明实验动物中的代谢物。

可使用1项或多项体外实验动物代谢研究（如实验动物肝切片代谢）比较食品动物产生的代谢物，证明相关实验动物中产生的代谢物也作为残留物出现在食用靶动物的可食组织中。通过体外研究可免除体内实验动物研究、减少人道处死动物的数量并降低比较代谢研究的费用。如果体外或体内研究均未证实食用靶动物中产生的代谢物，则发起方应通过其他方式解决食品动物代谢物所引起的消费者安全相关问题。

实验动物的体外和体内代谢研究常使用放射性标记药物进行。这些研究可监测供试药物给药后的所有药物残留（注：一般只鉴别主要代谢物）。故本指导原则建议以放射性标记药物进行代谢研究方法。但通过化学方法易于从实验动物的尿液或组织中鉴别到作为残留物出现在食用靶动物可食组织中的代谢物时，也可采用替代法（即未使用放射性标记药物）来体现实验动物中的代谢物。

如果实验动物生成的各主要残留代谢物出现在供人类消费的给药食品动物可食组织中，一般可认为自动暴露得到充分证明。应报告实验动物中的代谢物定性信息。通常，不将实验动物尿液、体液或组织中的代谢物进行定量作为比较代谢研究的目的。实验动物中通常仅鉴别作为残留物出现在食品动物中的主要代谢物。仅在实验动物中观察到而未出现在食品动物中的代谢物，与确保实验动物自动暴露于人类将消费的残留代谢物的目的无关。

比较代谢研究应按照适用的非临床研究质量管理规范（GLP）进行。

2.3 实验动物中的比较代谢研究

2.3.1 供试物质

2.3.1.1 药物

应描述原料药的化学特性（包括通用名、化学名、CAS登记号、结构、立体化学和分子量等）和纯度。供试药物应可代表商业制剂中使用的活性成分。

2.3.1.2 放射性标记药物

应指出放射性标记的位置。比较代谢研究中使用的放射性标记药物特征应符合指导原则VICH GL 46“食品动物中的兽药代谢和残留动力学评价研究：测定兽药残留量并鉴别残留物性质的代谢研究”中确定的质量标准：①放射性标记物的性质；②供试分子的标记位点；③放射性标记药物的纯度和比活度。

2.3.1.3 分析标准品

应提供原型药物及已知或预期存在的代谢物（如可能）的分析标准品，用于药物代谢物的色谱比较。可从食用靶动物代谢研究所需要的组织中分离代谢物（VICH GL 46）。

2.3.2 体外试验系统

可使用单项或多项体外代谢试验研究作为体内比较代谢研究的替代法。

比较代谢研究使用的实验动物种属最好与测定兽药毒理学每日允许摄入量（ADI）的关键研究中使用的种属相同（啮齿类动物也要求品系相同）。如果使用其他种属，应就相关性证明所选的种属是合理的。应报告动物来源、体重、健康状况、年龄和性别。

已报道有各种不同的试验系统并得以广泛应用。比较代谢研究的体外试验系统包括原代肝细胞、肝微粒体、S9亚细胞组分、胞浆、肝切片和全细胞系。尚未对这些体外研究方案进行标准化处理（如OECD），因此，下文讨论了这些系统的一些优点和缺点：

——原代（新鲜或冻存）肝细胞：原代肝细胞适用于评价Ⅰ相和Ⅱ相代谢，且有考虑膜转运效应的另一优点。这些肝细胞可在混悬液、单层细胞培养物或夹层培养物中制备。夹层培养物的优点是可保持较长时间的酶活性。如果证实在原代肝细胞系统中存在食品动物的残留代谢物，一般可认为比较代谢得到证实。原代肝细胞的系统可与1个或多个其他体外系统互补，用来证实实验动物种属中的代谢。

——肝微粒体：肝微粒体包含用于评价Ⅰ相代谢的细胞色素P450（CYP）和黄素单核苷酸加氧酶（FMO）系统及Ⅱ相葡萄糖醛酸化反应的尿苷二磷酸葡萄糖醛酸转移酶（UDPGT）的大部分活性。如果在肝微粒体系统中证实存在食品动物的残留代谢物，一般可认为比较代谢得到证实。肝微粒体系统可与1个或多个其他体外系统互补，用来证实实验动物种属中的代谢。

——S9亚细胞组分：S9亚细胞组分含与肝微粒体中存在的相同的Ⅰ相和Ⅱ相酶及其他系统（如磺基转移酶和N-乙酰基转移酶）。S9亚细胞组分适用于评价Ⅰ相和Ⅱ相代谢或Ⅰ相代谢及后续Ⅱ相结合反应。如果证实在S9亚细胞组分系统中存在食品动物的残留代谢物，一般可认为比较代谢得到证实。S9亚细胞组分的系统可与1个或多个其他体外系统互补，用于证实实验动物种属中的代谢。

——胞浆：胞浆为微粒体离心后剩下的上清液组分。胞浆含一些Ⅱ相结合系统，但在其他方面为相对不完全的代谢工作基质。一般情况下，单用胞浆系统不太可能提供完整的比较代谢谱，但如果证实在胞浆系统中存在食品动物的残留代谢物，一般可认为比较代谢得到证实。基于胞浆的系统可与1个或多个其他体外系统互补，用于证实实验动物种属中的代谢。

——肝切片：可使用全肝切片进行代谢研究，但肝细胞活性和相应酶活性相比其他替代物迅速下降。除非可证实细胞活性和酶活性，否则，不宜使用肝切片方法进行比较代谢研究。但如果证实在肝切片系统中存在食品动物的残留代谢物，一般可认为比较代谢得到证实。基于肝切片的系统可与1个或多个其他体外系统互补，用于证实实验动物种属中的代谢。

——全细胞系：由于酶活性普遍较低，目前，还不建议使用全细胞系。但如果证实在全细胞系系统中存在食品动物的残留代谢物，一般可认为比较代谢得到证实。基于全细胞系的系统可与1个或多个其他体外系统互补，用于证实实验动物种属中的代谢。

一般可只用上述一种特定体外系统证实比较代谢。但如果靶种属代谢谱同时存在Ⅰ相和Ⅱ相生物转化证据，则发起方应研究多个系统（如微粒体和S9）以重现完整的代谢谱。

尽管文献中已报告试验条件存在诸多变异，但有关实施体外比较代谢研究的一些一般性指导原则如下：

- 通常在37℃下用体外系统孵育供试分子；
- 靶分子浓度一般低于100μM；
- 孵育时间取决于靶分子的代谢速率且应做相应调整；

• Ⅰ相和Ⅱ相代谢的辅因子对于肝微粒体和S9孵育在科学上是必需的，如Ⅰ相代谢的NADPH（NADPH再生系统）、葡萄糖醛酸化反应的UDPGA和硫酸化反应的PAPS。

在出现更加标准化的体外系统代谢研究方案时，可根据标准化方案替换上述一般性指导原则。

2.3.3 体内试验系统

2.3.3.1 动物

比较代谢研究使用的实验动物种属最好与确定兽药毒理学每日允许摄入量（ADI）的关键研究中使用的种属相同（啮齿类动物也要求品系相同）。如果使用其他种属，应就相关性证明所选种属合理。应报告动物来源、体重、健康状况、年龄和性别。

2.3.3.2 动物处理

动物应给予适当时间以便适应环境。应尽可能采用标准的饲养管理模式（注：可饲养在代谢笼中）。

应采用健康动物，最好未曾用过药。但也应认识到动物可能已接种生物疫苗或接受其他治疗（如驱虫剂）。任何情况下，研究前都应将动物维持适当的饲养观察时间，动物的用药史也应已知。

对于给予放射性标记物质的动物和动物组织，应按照适用的法律和法规进行处理和处置。

2.3.3.3 动物数量

在比较代谢研究中应对足够的动物给药，提供足够的所需组织或排泄物进行分析。可合并不同动物的同类材料样本进行单项分析。比较代谢研究无最低动物数量要求；但通常为雄雌各4只（也可能使用更少），确保可提供足量的样本材料。通常不在各性别中进行比较代谢证明，如代谢率存在性别差异时，可合并同类材料样本（任何性别），提高证实目标代谢物的可能性。

2.3.3.4 药物配制

应描述药物配制、剂量制备方法和给药期制备药物的稳定性。比较代谢研究中使用的制剂与商业产品是否相同并非关键问题。

2.3.3.5 给药途径

药物应经口给药。灌胃或推注给药可确保动物接受整剂药物并将环境问题降到最小。

2.3.3.6 给药

给药剂量应足够高，使排泄物或组织中的代谢物浓度可用于比较。应每天给药适当时间，使药物经历所有相关的代谢过程，包括酶诱导相关过程。除非研究数据表明长时间给药可以更好地证实目标代谢物的形成，否则，通常给药5d。可使用接近最低毒性剂量的剂量，使组织和尿液中生成高浓度的目标代谢物，但也可能使用较低剂量。

2.3.3.7 动物人道处死

应对动物进行人道处死。可使用不干扰目标代谢物分析的化学方式人道处死。

应在单个时间点对动物实施人道处死用来进行代谢物分析，通常为供试物质末次给药后2～4h。原型药物给药多天可随时间依次代谢产生代谢物，故不需要其他人道处死时间点。

2.3.3.8 采样

在实施人道处死前，可采集尿液、粪便和血液用于分析。样本应立即分析或冻存（除非冷冻会引起目标代谢物的稳定性问题）以备分析。样本冷冻可通过改变代谢谱而减少微生物代谢。如果采样后储存，则发起方应确保放射性标记化合物在整个储存期间保持完好无损。

实施人道处死后可采集组织样本。组织样本应立即分析或冻存（除非冷冻会引起目标代谢物的稳定性问题）以备分析。样本冷冻可通过改变代谢谱而减少微生物代谢。如果采样后储存，则发起方应确保放射性标记化合物在整个储存期间保持完好无损。

可使用一个或多个排泄物或组织证实比较代谢。通常用于定性代谢物分析的样本包括血液/血液组分、排泄物、肝脏、胆汁、肾脏、脂肪或其他组织。应从各动物中采集足量的各类型组织用于分析或合并多只动物的组织进行分析。

2.3.3.9 总放射性测定

体内比较代谢研究通常并不测定样本中的总放射性，且不考虑放射性质量平衡。如需测定总放射性，则应遵循VICH GL 46中的程序。

2.3.4 代谢物分离和比较

常用的分析方法（如高效液相色谱法、薄层色谱法、气相色谱法和质谱法等）通常可将总残留物分离成各组分并比较药物残留物。

2.3.4.1 分析方法

实验动物体内比较代谢研究使用的色谱和化学表征程序应与VICH GL 46中使用的程序相似。尽管样品制备法不同，但这些方法也可用于体外研究。应按照VICH GL 46所述对分析方法进行描述。还应证明分析方法的保留时间重复性。

2.3.4.2 表征程度/主要代谢物

如果色谱保留时间比较显示实验动物中存在目标代谢物，则通常不进行比较代谢研究中的代谢物表征和结构鉴别及组织提取效率证明。

2.3.4.3 不可提取代谢物

通常不进行实验动物比较代谢研究中的不可提取代谢物表征。仅在不可提取残留物所含的目标代谢物量不足以进行早期提取部分表征时，才对实验动物中的兽药共价结合代谢物进行表征。该情况下应遵循VICH GL 46规定的程序。

3 术语

每日允许摄入量（ADI）：为一生当中不会对消费者健康造成明显风险的日摄入量。ADI常根据药物毒理、微生物或药理性质设定。其通常以μg或mg化学制剂/kg体重表示。本指导原则适用于毒理学ADI相关的信息。

主要代谢物：为代谢研究中从靶动物采集的样本中含量≥100μg/kg或≥10%总残留的代谢物（VICH GL 46）。

不可提取残留物：为在温和水性或有机提取条件下不易提取的残留物。残留物可能通过以下方式形成：(a) 药物残留物掺入内源性化合物中；(b) 原型药物或其代谢物与大分子发生化学反应；或 (c) 放射性残留物物理封装或整合至组织基质中。

代谢：指兽药在生物体内引起的所有物理和化学过程的总和。其包括药物被摄入体内并分布、药物变化（生物降解）和药物及其代谢物消除。

目标代谢物：指食品动物可食组织中证实的兽药（原型）及其代谢物，与确立的兽药毒理学ADI有关。

残留物：指兽药（原型）和/或其代谢物。

GL48 食品动物体内兽药的代谢和残留动力学评价研究：用于建立休药期的残留标志物消除试验

VICH GL48（R）（MRK）- 代谢和残留动力学
2015 年 2 月
第九阶段修订
第七阶段施行 - 最终版 - 修正

食品动物体内兽药的代谢和残留动力学评价研究：用于建立休药期的残留标志物消除试验

第九阶段修订
2015 年 1 月
在 VICH 进程第七阶段
由 VICH 指导委员会采纳
2016 年 1 月实施

本指导原则由相应的 VICH 专家工作组制定。在进程的第七阶段，最终文稿被推荐给欧盟、日本和美国的管理机构采用。

1 引言

1.1 指导原则目的

兽药在食品动物中的残留消除试验是兽药注册环节的一部分，国家/地区监管机构要求提供兽药残留标志物消除试验的资料，以确定可食组织（包括肉、奶和蛋）的休药期。本指导原则旨在为试验设计提出建议，使残留消除试验数据可以得到普遍认可，以满足当前国家/地区的注册要求。

1.2 背景

本指导原则为促进食品动物所用兽药的残留化学数据相互认可而制定的一系列指导原则之一。在考虑当前国家/地区要求及VICH地区兽药残留评价建议后制定本指导原则。

2 指导原则

2.1 目的

建议进行注册或审批（如适用）所需的新兽药在靶动物的残留标志物消除试验：

以证明停药后残留标志物消除达到规定的安全水平（如最高残留限量或耐受浓度）。

获得详实的试验数据，以确定适当休药期/停药时间，解决消费者的安全问题。

2.2 适用范围

本指导原则目的在于使在任何VICH地区进行的残留物消除试验（每个种属）均获得满意的数据，以推荐确定特定产品在食品动物中适当的休药期。

本指导原则涵盖了最常见的动物种属（即牛、猪、羊和家禽）；同时也适用于未列入此核心的相关种属（例如，由牛推及其他反刍动物）。本指导原则未提供鱼或蜜蜂（蜂蜜生产者）的试验设计建议。

试验应按照适用的非临床研究质量管理规范（GLP）原则进行研究。

2.3 残留标志物消除试验

2.3.1 供试品

用于试验的供试品应与上市的产品一致。供试品最好为GMP车间生产的制剂（中试规模或生产规模）；但也可使用符合GLP要求的实验室制备的制剂。

2.3.2 动物和动物饲养

通常应在猪、羊和家禽中进行残留标志物消除研究（针对组织）。在肉牛进行的试验也可用于奶牛（反之亦然）。但因反刍动物与反刍前动物存在生理差异，故建议，如果靶动物同时涵盖成年和反刍前动物时应单独进行试验。产奶动物奶的残留消除试验和蛋的残留消除试验应单独进行。

应采用健康动物，最好未曾用过药。但可以接受生物疫苗免疫或其他治疗（如驱虫剂）。后者，在动物进入实际试验前应保持适当的清洗期。实验动物必须是具有代表性的商业品种和靶动物，要提供动物来源、体重、健康状况、年龄和性别等数据。

所有动物在试验前必须有足够的适应期，饲养过程尽可能采用标准的饲养管理规范。向动物提供的饲料和饮水应无其他药物和/或污染物，且应遵循适用的国家和地区法规，确保环境条件适当，符合动物福利要求。

2.3.2.1 乳房内给药研究

对于乳房内给药制剂研究，所有动物应乳房健康，无慢性乳腺炎。在产前研究中，应将已知预产期的妊娠动物在试验入选前便饲养在试验设施内。

2.3.2.2 其他参数

残留标志物消除试验在试验方案设计和试验进行时应考虑可能影响动物产品残留水平变异性的所有因素。目的是动物组在入选残留标志物消除研究时应考虑“其他因素”（如动物品种、身体成熟性等），而不需要增加2.3.3建议的动物数量。例如，如果奶中残留消除试验建议使用20头动物，初选的20头动物应涵盖所有“其他因素”（而不使用另外20头动物代表各个“其他因素”）。

2.3.3 实验动物数量

试验的动物数量应足够，可以对数据进行有意义的评估。从统计学角度而言，建议最少16只动物，分4个采样点。每个采样点至少4只动物。如果预期生物学变异性较大，应考虑增加动物数量，增加动物数量可更好地定义休药期。实际残留标志物消除试验无需对照（非给药）动物；但应提供足量的对照样品用于相关的分析方法检测。下面章节为试验设计的动物数量提供的建议。

2.3.3.1 牛、猪和羊体内组织残留消除试验

每个采样时间点至少4头动物（不同性别均匀混合）。建议动物体重分别为：猪40 ~ 80kg、羊40 ~ 60kg、肉牛250 ~ 400 kg。按照2.3.2，非泌乳奶牛也可用于组织残留试验。

2.3.3.2 产奶动物奶中残留消除试验

对于泌乳期的动物试验，随机抽取不同泌乳阶段的动物至少20头。早期阶段的动物产奶量高，晚期阶段的动物产奶量低，但各自数量不作具体要求。

对于产前（即干奶期奶牛）的动物试验，最低也要求有20头动物。实验动物必须是从具有代表性的商业品种的动物中随机选择。

2.3.3.3 家禽残留消除试验

组织残留试验应使用足量的家禽，保证在每个采样时间点至少有6份样品。

蛋中残留试验，必须保证每个采样点可以收集10个或以上的蛋。

2.3.4 给药剂量和给药途径

2.3.4.1 一般性指导原则

动物给药必须按照标签说明进行，如用于注射的产品，应遵守给药部位和给药的方法。对于多次给药的产品，应在动物身体的左右两侧交替注射给药。

给药剂量采用标签推荐的最高剂量，给药时间采用标签推荐的最长给药疗程时间。如果计划延长给药期，可用靶组织中足以达到稳态的给药时间替代整个疗程。达到稳态的时间通常可作为总残留（TRR）研究的一部分，见VICH GL46“食品动物中的兽药代谢和残留动力学评价研究：确定残留物质定性定量的代谢研究”。

2.3.4.2 乳房注入剂的注意事项

在泌乳期动物或产前（即干奶期给药）动物的试验研究中，乳房注入剂应给予所有乳区（牛通常有4个乳区）。尽管在正常泌乳期间不太可能对所有乳区给药，但残留设计应代表最差情况。

对于产前（即干奶期奶牛给药）动物试验，应在最后一次泌乳（干奶）后给药并遵循所需的产犊前间隔。一般认为此类（干奶期）试验同时受奶中残留消除相（产犊后）和产犊前给药间隔决定。为减少残留数据变异性，应在产犊前就严格控制，使有足量动物在限定时间间隔分娩（即应尽量减少实验动物的干奶期差异）。例如，为了在产犊前有30d给药间隔，至少采集20头在给药后，如20 ~ 30d的分娩奶牛的数据。对于产犊前60d给药间隔，至少采集20头在给药后，如40 ~ 60d的分娩奶牛的数据。具体做法是根据预产期对干奶期动物灌注供试品。

2.3.4.3 多种给药途径制剂的注意事项

如果制剂有多种胃肠外给药途径[肌内注射（IM）、皮下注射（SC）或静脉注射（IV）]，应对各个给药途径进行单独的残留消除试验。如果休药期通过SC或IM给药后注射部位的残留消除来确定，则IV给药途径（相同给药剂量）的休药期可与SC或IM途径的相同，不建议进行单独的静脉给药的残留消除试验。

对含相同活性物质但以不同经皮给药（如浸涂、喷雾或浇泼）的制剂可进行一项残留消除试验。但试验中应给予最高给药剂量并予以适当证明。该方法将使获批产品的所有经皮给药途径采用相同的休药期。如需区别这些给药途径，则建议进行单独的残留消除试验。

2.3.4.4 多个注射部位制剂的注意事项

如果休药期通过注射部位的残留消除来确定，则申请方通常会选择对每个动物采集2个注射部位数据（并同时使用这2个部位的数据确定休药期）。这种做法可减少动物数量，就动物福利而言，其对试验设计

具有积极影响。该方法的示例如下：对于单次注射给药的产品，可在第0天对颈部右侧和第4天对颈部左侧给药。在停药后第7天实施人道处死，则可以提供停药7d[左侧注射部位（IJS）]和11d[右侧注射部位（IJS）]的消除数据。但本例中因未按标签说明给药（注射2次对注射1次）且残留可能过度升高，因而没有必要采集和分析其他组织。这种给药方案可以为测定注射部位的残留消除专门设计。

2.3.5 动物人道处死

应通过正常屠宰程序对动物实施人道处死，务必遵循相应的放血时间。可使用不干扰残留标志物分析的化学方式人道处死。

2.3.6 采样

2.3.6.1 总则

人道处死后应采集足量可食组织样品，剔除无关组织，称量并分为若干等份。如果不能马上分析，样品应冷冻保存以备分析。在采样后要保存样品，申请方应负责证明残留物在分析期间的稳定性。

组织采样方案包括2个部分：①所有VICH地区注册或审批推荐采集的组织；②考虑特定国家／地区的消费习惯和／或受法律关注而采集的其他组织。表1为所有VICH地区推荐采集的样品。表2为推荐采集的其他样品。

就本指导原则而言，应根据总残留（TRR）研究结果选择表2的1种其他组织（每个种属）进行分析。一般选择残留最高或消除速率最慢的其他组织。需强调的是，建议仅采集1种其他组织。例如，如果TRR研究表明在兽药残留消除试验中，残留标示物在牛心脏的消除速率最慢，则应选择心脏作为其他组织进行分析，而不建议使用牛小肠的残留标示物数据。同样，如果家禽肌胃中残留最高，则不建议分析家禽的心脏。如果无其他组织的可用TRR数据，则建议申请方与相关国家／地区监管机构商量如何更好地进行残留标示物试验，以符合特定国家／地区的消费习惯和／或法律关注问题。

表1 残留消除试验中的动物样品采集（所有地区）

可食组织类型	种属／样品描述		
	牛／羊	猪	家禽
肌肉	腰	腰	胸
注射部位肌肉	以注射点为中心，取样约500 g；肌内注射：10 cm(直径)×6 cm(深)；皮下注射：15 cm（直径）×2.5 cm（深）	以注射点为中心，取样核心肌肉组织，约500 g；IM：10 cm（直径）×6 cm（深）；SC：15 cm（直径）×2.5 cm（深）	收集整个给药部位样品，如，鸡：整个脖子、整个胸部或整个腿部。体型较大的取样不超过500 g
肝脏	肝叶纵切	肝叶纵切	全部
肾脏	双肾合并	双肾合并	双肾合并
脂肪	肾周	NA	NA
皮肤／脂肪	NA	带脂肪的皮	带脂肪的皮
奶	全部	NA	NA
蛋	NA	NA	取蛋白和蛋黄混合

NA：不适用。

表2 残留消除研究中为解决特定国家/地区的消费习惯和/或法律关注问题而采集的其他组织

可食组织类型	种属／样品描述			
	牛／羊		猪	家禽
肌胃	NA		NA	全部
心脏	纵切		纵切	全部
小肠	混合，需冲洗内容物		混合，需冲洗内容物	NA
其他组织	混合	混合	混合	混合

NA：不适用。

2.3.6.2 注射部位

对于胃肠外制剂（IM或SC），应提供注射部位的残留物消除数据。注射部位残留是可能留在或未留在给药部位的局部药物残留（即未经由体循环产生）。为此，申请方需建立相应的质控采样程序，确保采集的组织包括整个注射部位。申请方应考虑可用数据和制剂特性，依具体情况证明所用方法的合理性。下面内容是应考虑的方法，但并不全面。无论如何选择，主核心样品均应为500 g±20%。

- 在主核心样品（500g±20%）周围进行环形采样（300 g±20%）。这些组织采样通常不适用于小型动物，其不允许采样500g。这种情况下，应根据具体情况采取最佳采样策略，且策略应合理。但采集的2份样品（核心和周围样品）仍应当合理。
- 沿注射轨迹和/或刺激部位进行椭圆形（或其他适当形状）采样。申请方应证明该方法可正确定位注射部位，如提供采样部位的照片等。
- 根据TRR研究资料，提供的注射部位残留的扩散可能性数据。例如，应沿注射轨迹和/或刺激部位进行圆形核心（或椭圆形）采样并采集数个邻近样品用于TRR比较。如果本方案证实采样技术合适，则在残留消除试验中仅采集主要样品。在本研究中可能建议再增加1个时间点（即更长休药期）。
- 根据靶动物安全性试验资料，提供的注射部位残留物的扩散可能性数据（即注射部位的病理检查）。
- 在上述的试验设计中使用有色染料，对注射部位残留扩散可能性进行目视评估。

应在最后一次给药后采集样品（见2.3.4.4，多个注射部位制剂的注意事项）。如果产品需要多次注射给药，则在试验设计中应在动物接受次数更多的注射部位进行最后注射。当在注射部位肌肉组织（大型动物）进行圆形核心采样时，应按照表1的推荐，以注射部位为中心进行采集。

2.3.6.3 其他注意事项

- 对于存在局部残留的制剂，如皮肤浇泼剂，应采集相关组织（如给药部位的肌肉、皮下脂肪或皮肤/脂肪）样品进行分析（还包括表1中规定的样品）。
- 为清晰起见，如果将2个或以上组织作为复合组织[如含自然比例脂肪的皮（猪和家禽）]进行分析，不建议检测单独的皮肤和脂肪样品。
- 可在含自然比例脂肪的骨骼肌（横纹肌）中采集肌肉样品。

2.3.6.4 乳样采集

应定期采集所有动物的奶样。根据全球商业奶业管理规范，最常用的挤奶频率为每12h采样。变动范围为6（4次/d）~ 24h（1次/d），且申请方应说明采样间隔的选择理由。在各时间点应采集4个乳区混合样品。对于多次给药的产品，乳样应该从最后一次给药后采集。定义为0d弃奶期的产品，在给药期间也要采集奶样。无标准采样次数，必须持续采集，直至样品中残留标示物的浓度低于相应的基准点（例如，MRL、耐受浓度、LOQ等）以下。

如果人类食用哺乳期动物（如小肉牛），申请方可要求对给药成年动物（即母牛）喂奶（包括初乳）的小牛体内兽药残留进行评估，但这不在本指导原则的适用范围内。

2.3.6.5 蛋样采集

蛋样在每个采样点，必须获得10个或以上的蛋，在给药期间和最后一次给药后都必须取样。样品应在蛋黄完全形成后采集，一般为12d。蛋白和蛋黄混在一起分析检测。

2.3.7 0d组织休药期或0d（无）弃奶期的产品建议

无论某种产品是单次给药、数次给药（如1次/d，连续3 ~ 5d），还是使残留达到稳态的连续给药，单采样时间点试验可证实0d组织休药期或有限采样时间点试验可证实0d弃奶期。申请方应提供采用单（组织）或有限采样时间点（奶）试验设计的理由。考虑的因素可能包括：①通过符合VICH GL 46指导原则要求的试验，获得的足量与最终商业产品相关的描述药物总残留物消除特征的信息；②公共领域的信息资料（如监管简报或一般科学文献）。如果可以获得此类信息，则建议使用规定的最低动物数量进行单（组织）或有限（奶）采样时间点试验，来证实0d组织休药期或0d弃奶期是可接受。

2.3.7.1　0d组织休药期试验设计

- 家禽：12只（提供至少6份单独样品进行分析）。
- 大动物：6头。

试验中，采样时间的选择应考虑总残留消除试验期间观察到的峰值浓度、最小分布时间（实际0休药期；如≥3h）及仍符合0d休药期条件的最长时间（如≤12h）相符。在单时间点试验中，一般要增加2.3.3建议的动物数量。

2.3.7.2　0d（无）弃奶期试验设计

采样时间应与峰值浓度和商业奶业生产操作保持一致。给药动物每天的奶样采集次数在不同地方和地区可能存在差异，短的每6 h 1次（4次/d），有的每24 h 1次（1次/d）不等。另一方面，商业生产中不采用每2 h采奶的做法（即每天12次/d）。建议试验时将所有潜在的给药和采样方案等因素考虑在内，但这不符合VICH原则和常规试验设计的目的。大多数历史资料表明，2次/d收奶。但改变挤奶频率，尤其在0d（无）休药期试验时，仅考虑2次/d收奶不足以解决全球监管问题。故在0d休药期（无弃奶期）试验时，包括给药期间不弃奶，注意以下建议：

- 不少于16头动物，并分成3组（第1组：n=3，第2组：n=3，第3组：n=10）。
- 根据大多数全球商业饲养管理规范，所有动物在早晨（或晚上）挤奶后应尽快用药，此时动物最易处理。
- 对于多次给药的产品（如1次/d，连续3～5d），在给药期间内申请方应采取适当的时间间隔采集奶样。
- 第1组动物（不少于3头）在最后一次（或停止）给药后6h左右，充分挤奶采集，然后在最后一次（或停止）给药后12h左右再次挤奶采集。
- 第2组动物（不少于3头）在最后一次（或停止）给药后8h左右，充分挤奶采集，然后在最后一次（或停止）给药后12h左右再次挤奶采集。
- 第3组动物（不少于10头）在最后一次（或停止）给药后12h左右，充分挤奶采集。
- 所有动物在24h左右及随后每隔12h左右充分挤奶采集，以确认奶中残留未增加。

本研究设计示意图如下。

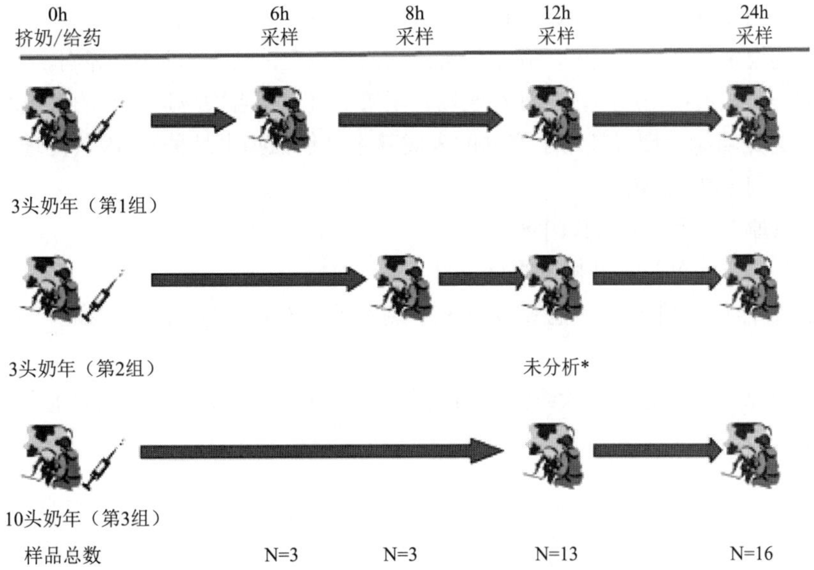

*未分析（可选）：由于该样品仅代表4h收奶间隔，故分析意义有限。该采样时间点使动物回归到12h的挤奶周期，可以与另外2组保持一致。

给药后12h采集奶样是最大采样间隔，这仍可表示符合0d休药期要求。

尽管仅仅根据这个试验设计（只要有足够的信息确定Cmax）来确定0d弃奶期，但仍强烈建议在12h采样后另外采集至少4份样品，以确认残留浓度未增加（这不是0d休药期产品所期望的）。奶中残留消除试验不要求采样后实施人道处死，因此，显然可以采用上述建议。按照推荐的每隔12h或其他时间间隔采样，由申请方酌情决定。

如果按照以上条件进行消除试验（包括分3组），在最后一次（或停止）给药后12h内采集的样品中药物浓度根据当地数据分析，低于相应基准点（如MRL、耐受浓度），符合0d弃奶期要求。在给药后任何时间（如6h、8h和10h等）的奶都可食用。注意，如果研究设计未包含4h和8h之间的采样点（组1 ~组2）且仅在12h采样（组3），则只能在12h后的奶可被食用，而之前12h的奶应弃去。

本节所述的试验设计针对的是0d弃奶期，对其他弃奶期试验不适用。对预估有一定弃奶期的产品（>0d），根据2.3.3.2指示，需要至少20头动物。

如果申请方有充分理由，可针对0d弃奶期采用其他试验设计。

2.4 残留标示物分析方法

申请方应递交经验证的分析方法，用于测定残留消除试验采集的可食组织及蛋和奶中的残留标示物。该方法应能可靠地测定组织或产品中相应基准点（即MRL/耐受浓度）的残留标示物浓度。

方法验证中所含的参数在VICH GL49“食品动物用兽药代谢和残留动力学评估：残留物消除试验的方法验证”中进行了详细讨论。

3 术语

以下定义适用于本指导原则。

每日允许摄入量（ADI）：为人体终生每日摄入某种化学物质，对健康没有明显危害的量。ADI常根据药物的毒理学、微生物学或药理学性质设定。通常相当人体的μg/kg（按体重）或mg/kg（按体重）表示。

可食组织：为可进入食物链的动物源性组织，包括但不限于肌肉，注射部位肌肉、肝脏、肾脏、脂肪、含自然比例脂肪的皮、全蛋和全奶。

残留标示物：为其浓度与可食组织中总残留浓度存在已知关系的残留物。

最大残留限量（MRL）：为法律允许或认可的允许存在食品表面或内部的该兽药残留最高浓度，其由国家或地区监管机构设定。多数情况下，有些国家使用的“耐受浓度”与MRL等同。

实际无休药期：为从最后一次给药（如在农场）至屠宰（包括自农场运送）的最短间隔时间。

反刍前动物：为无功能性瘤胃且用于产肉的未成熟牛（包括奶牛品种）。因其处理、饲养及常用于屠宰等特征而被认为不同于哺乳小牛。

残留：为兽药（原型）和/或其代谢物。

关注残留：为与确定的兽药ADI相关的总残留量。

总残留：为放射性标记研究或其他等效研究中测定的可食组织中兽药（原型）和其所有代谢物的总和。

0d休药期：为不需要考虑最后一次给药时间就允许可食组织进入食物链的标签标识。

GL49 食品动物体内兽药的代谢和残留动力学评价研究：残留消除试验分析方法验证

VICH GL49（R）（MRK）- 代谢和残留动力学
2015 年 1 月
第九阶段修订
第七阶段施行 - 最终版

食品动物体内兽药的代谢和残留动力学评价研究：残留消除试验分析方法验证

第九阶段修订
2015 年 1 月在 VICH 进程第七阶段由 VICH 指导委员会采纳
2016 年 1 月实施

本指导原则由相应的 VICH 专家工作组制定。在进程的第七阶段，最终文稿被推荐给欧盟、日本和美国的管理机构采用。

1 引言

1.1 指导原则目的

本指导原则旨在概述欧盟、日本、美国、澳大利亚、新西兰和加拿大建立的适用于兽药残留消除试验分析方法的验证指标。

1.2 背景

在兽药开发过程中要进行兽药残留消除研究，测定给药后动物的可食产品（组织、奶、蛋或蜂蜜）中兽药残留浓度。该资料将用于全球监管。世界各地的不同监管机构对于监管方法（即已批准的监管方法）的提交和验证均有明确的规定，甚至可能由国家或地区法律进行规定，但残留消除研究通常在监管方法完成之前进行。内部验证的残留检测方法通常为残留监管提供了方法框架。应对残留消除研究期间使用并提交给监管机构的，并用于获得最大残留限量（MRL）和休药期的方法验证要求予以协调。本指导原则旨在描述可为VICH地区监管机构所接受的用于残留消除研究的方法验证程序。经验证的方法可继续成为“监管方法”，但本指导原则未对这些过程步骤作详细阐述。

对分析方法的验证已有各种不同的指导原则，且这些验证程序中的许多方面已整合到本文件中[VICH GL01（验证定义），1998年10月；及VICH GL02（验证方法），1998年10月]。但残留验证程序方面的内容将在本指导原则中进行阐述，而不在先前文件中描述。本指导原则旨在专门介绍兽药残留分析法的验证。

2 指导原则

2.1 目的

本指导原则是对残留消除研究中组织样品分析方法验证程序的一般性描述。

本指导原则中，“可接受”指根据所述验证标准对分析方法进行科学评价。

2.2 适用范围

本指导原则仅适用于为评价兽药残留检测方法（用于测定残留消除研究中残留标志物的方法）而建立的方法程序，并不是为满足监管分析方法验证所需而制定的标准。

本文件提供了VICH地区监管机构认可的残留分析方法性能指标。目的是按照本指导原则验证的方法可以被监管机构所认可，其获得的残留数据可用于确定相应的休药期。

尽管认识到应采用按照非临床研究质量管理规范（GLP）要求验证的方法进行残留研究，但实际上，方法验证不属于GLP管理范围。方法验证产生的原始数据应进行存档，并根据监管机构的要求予以提交。

3 性能指标

一般情况下，方法验证具有特定的性能指标，这些性能指标定义如下：线性、准确度、精密度、检测限（LOD）、定量限（LOQ）、特异性、待测物在基质中的稳定性、待测物在处理后样品中的稳定性、耐用性。

下面将对用于验证兽药残留物消除研究的分析方法的各指标进行描述。

3.1 线性

应对校正曲线的线性关系进行评价，校正曲线的浓度范围应覆盖被测基质（组织、奶、蛋或蜂蜜）的浓度。根据使用的方法，有3种校准标准曲线：溶剂/缓冲液稀释的标准溶液、添加到空白基质提取液中的标准溶液及添加到空白基质中并按照提取程序处理后的标准溶液。校准曲线至少需要5个不同浓度，根据已知浓度与响应值绘制线性方程或其他（如适用）回归图来描述线性关系。制作3条校准曲线，通过评价残差确定是否为随机分布，从而确定加权因子的可接受性。残差评价至少需要3条单独制作的校准曲线。

标准曲线的验收标准取决于标准曲线的类型。添加到空白基质并按照提取程序处理后生成的校准标准曲线遵循的验收标准与样品相同（见3.3精密度）。通过溶剂/缓冲液稀释的标准曲线或添加到空白基质提取液中生成的校准标准曲线则需更严格的验收标准（所有浓度下重复性≤15%，但≤LOQ时除外，其重复性≤20%）。

有些分析（如微生物分析）可能需要对数（log）转换才能达到线性，而有些其他分析（如ELISA法、RIA法）可能需要更复杂的数学方程才能建立浓度与响应值之间的关系。选定的方程也需要进行残差评价才能接受。

3.2 准确度

准确度指在一定条件下测得的平均值与待测物浓度真实值的符合程度。准确度与系统误差（分析方法偏差）和待测物回收率（以%表示）密切相关。残留检测方法的准确度随待测物浓度而变化（表1）。

表1 不同添加浓度的准确度范围要求

待测物浓度	准确度的可接受范围
<1μg/kg	−50% ~ +20%
≥1μg/kg <10μg/kg	−40% ~ +20%
≥10μg/kg <100μg/kg	−30% ~ +10%
≥100μg/kg	−20% ~ +10%

* μg/kg=ng/g=ppb。

3.3 精密度

方法精密度为在规定条件下，同一均匀样品经多次平行测定所得结果间的接近程度。不同实验室间分析的变异性定义为重现性，实验室内重复分析的变异性为重复性。单一实验室验证精密度应包含批内（重复性）和批间精密度。

分析方法的批内和批间精密度可作为验证程序的一部分进行测量。在残留消除研究时，一般不需要测量重现性（实验室间精密度），因为开发该方法的实验室通常也是同一个检测残留样品的实验室。因此，可以确定方法的批内精密度，但不包括方法的重现性。在3个分析日内，在验证浓度范围选择3个不同浓度（应包括LOQ），每个浓度至少3个重复样品，测定后评价批内和批间精密度。

残留检测方法验证中，可接受的变异系数取决于待测物残留浓度（表2）。

表2 方法在不同添加浓度的精密度要求范围

待测物浓度	批内精密度（重复性，%CV）	批间精密度（%CV）*
<1μg/kg	30%	45%
≥1μg/kg <10μg/kg	25%	32%
≥10μg/kg <100μg/kg	15%	23%
≥100μg/kg	10%	16%

注：*按照Horwitz公式计算：$CV = 2^{(1-0.5\log C)}$，式中，C 为含小数的浓度（例如，1μg/kg输入为10^{-9}）。

3.4 检测限

检测限（LOD）为样品中待测物的最低浓度，根据该浓度可以确定样品中是否存在待测物。确定LOD有几种科学有效的方法，只要有科学依据，其中任何一种方法都可以使用。LOD确定方法示例见附录1和附录2，在单独研究中，确定准确度、精密度、LOD、LOQ和特异性推荐试验方案见附录3。

3.5 定量限

定量限（LOQ）为在精密度和准确度可接受的情况下，样品中可被定量测定的待测物最低含量。如同LOD，LOQ的确定也有几种科学有效的方法，只要有科学依据，其中任何一种方法都可以使用。LOQ确定方法示例见附录1和附录2，在单独研究中，确定准确度、精密度、LOD、LOQ和特异性推荐试验方案见附录3。

3.6 特异性

特异性为方法区分待测物与样品中可能存在的其他物质的能力。对于残留消除试验使用的方法，特异性主要根据待测样品中的内源性物质定义。由于残留消除试验严格受控，因此，进入体内的外源物质（如其他兽药或疫苗）在研究期间可能为已知的或不会允许使用。如果计划将经验证的方法作为监管方法，研究者应谨慎地用含有可能产生干扰物质的动物样品来评估对方法的影响。

测定特异性的良好方法是测定对照样品的响应值（见3.5）。该响应值应不超过LOQ水平响应值的20%。在单独研究中，确定准确度、精密度、LOD、LOQ和特异性推荐试验方案见附录3。

3.7 待测物在基质中的稳定性

残留消除试验中采集的样品（组织、奶、蛋或蜂蜜）一般在检测前冷冻储存。在分析前，必须确定这些样品在规定储存条件下可以储存多久而不会过度降解。作为验证程序的一部分或作为单独研究时，需进行稳定性研究来确定样品在分析之前的合适储存条件（如4℃、−20℃或−70℃）及储存时间。

向样品中添加已知量的待测物，并在适当条件下储存。在规定间隔（例如，开始时、1周、1个月、3个月）内定期分析样品。如果冻存样品，应进行冻融研究（至少冻融3次，1次/d）。另外，应对实际样品进行初始检测，确定初始浓度。待测物在基质中的稳定性评估推荐试验方案是选择2个接近验证浓度范围上限和下限的浓度，重复分析3次。如果在规定时间点测得的平均浓度与初始检测结果或新鲜制备的空白添加样品处理后得到的检测结果符合3.2建立的准确度验收标准，则判定待测物在基质中是稳定的。

3.8 待测物在处理后样品中的稳定性

通常样品在第1天处理并在次日分析，如果出现仪器故障，可能多储存几天，如过了周末后再测。因此，必要时可考察样品处理后提取液中的待测物稳定性，测定储存条件下处理后样品的稳定性。如室温下储存4 ～ 24h和4℃冷藏48h等。也可按照方法要求进行其他储存条件的考察。处理后样品稳定性评估的推荐试验方案是选择2个接近验证浓度范围上限和下限的浓度，重复分析3次。如果在规定时间点测得的平均浓度与初始检测结果或新鲜制备的空白添加样品处理后得到的检测结果符合3.2建立的准确度验收标准，则判定待测物在处理后样品中是稳定的。

3.9 耐用性

评价监管方法的耐用性至关重要。残留方法学的耐用性评估很少受到重视，因为通常仅在单一实验室内使用相同的仪器来评价方法的耐用性。但是，仍然需要对方法的耐用性进行评估，尤其是方法可能随时间发生改变或调整。其中包括试剂批次、孵育温度、提取溶剂组成和体积、提取时间和提取次数、固相萃取（SPE）柱填充物品牌和批次、色谱柱品牌和批次及高效液相色谱流动相组分的变化。在方法开发、验证或检测期间，方法对任何或所有这些条件的敏感性都是显而易见的，因此，应该评估可能影响方法性能的各种变异。

4 术语

准确度：指待测物浓度真实值与分析方法测得平均值的符合程度。其通常以%回收率或%偏差表示。

对照样品：未接受相应兽药处理的动物的组织、奶、蛋或蜂蜜。

批间精密度：指实验室内部的批间变异。

实际样品：动物给予兽药处理后，含一定目标待测物残留的组织、奶、蛋或蜂蜜。

检测限：单个分析方法的检测限为样品中待测物的最低浓度，可被定性检出，但不能准确定量。

定量限：单个分析方法的定量限在精密度和准确度可接受的情况下，样品中可被定量测定待测物的最低量。

线性：指样品中待测物浓度（含量）在一定浓度范围内与检测结果呈正比关系的能力。

残留标示物：其浓度与可食组织中总残留浓度存在已知关系的残留物。

基质：指含有或可能含有目标残留物的初级可食动物产品（组织、蛋、奶或蜂蜜）。

精密度：指在规定条件下，同一均匀样品，经多次平行测定所得结果之间的一致程度。通常以系列测量值的方差、标准差或变异系数表示。

处理后样品：指经提取的样品或经其他方式处理，从许多原始样品基质中除去待测物后的样品。

重复性：指在较短间隔内相同操作条件下的精密度。

重现性：指实验室间精密度。

残留物：兽药（原型）和/或其代谢物。

耐用性：指衡量其不受方法参数微小变化影响的能力，也显示方法在正常使用下的可靠性。

特异性：指方法区分待测物与可能存在的组分（内源性物质、降解产物、其他兽药）的能力。

批内精密度：指实验室内的批内变异。

5 附录

附录1

检测限和定量限确定方法示例

常用的一种方法为IUPAC规定的方法。该程序中，LOD估计值为20份空白样品（至少6个不同来源）检测结果的平均值+3倍平均值标准差。LOQ估计值为相同结果平均值+6倍平均值标准差或+10倍平均值标准差。LOQ估计值浓度下的准确度和精密度可作为LOQ判定的决定性证据。如果该浓度下的重复性测量%CV小于或等于准确度和精密度验收标准（见3.2和3.3），则LOQ估计值为可以接受。

附录2

美国国家环境保护局的检测限和定量限确定方法

下述程序是对CFR第40卷第136部分附录B中公布的美国农业部（USDA）区域项目4号计划使用的程序稍作修改后形成的。修改程序见美国国家环境保护局“人类健康食品暴露评估中未检出/未定量农药残留的赋值”文件附录1。下面是对该程序所做的微小修改，使其更能作为组织标示残留物分析方法的示例。

该程序中，可按以下2个步骤估计特定基质中特定待测物的特定分析方法的LOD和LOQ。

第一步为初步估计LOD和LOQ，并确认浓度与仪器响应值间是否存在线性关系。初步估计值分别对应于IDL（仪器检测限）和IQL（仪器定量限）。下一步为向目标基质添加（加标）LOQ估计浓度的待测物，以实际估计该方法的LOD和LOQ。

第二步根据第一步测定的初始LOD和LOQ估计值，来估计目标基质中的方法检测限和方法定量限。

示例说明如下：

步骤1. 检测人员得出目标方法的标准曲线。该情况下，检测人员采用缓冲液或水稀释制备系列浓度的待测物标准溶液：0.005μg/mL、0.010μg/mL、0.020μg/mL、0.050μg/mL和0.100μg/mL。记录各浓度标准溶液的仪器响应值（测量峰高），具体如下：

浓度（μg/mL）	仪器响应值（峰高）
0.100	206 493
0.050	125 162
0.020	58 748
0.010	32 668
0.005	17 552

为确认在整个检测范围内观察到响应值的线性关系，以仪器响应值对进样浓度做图。得到的结果（及相关统计量）见图1。结果显示在整个检测浓度范围（0.005～0.100μg/mL）内仪器响应值完全呈线性，图1中“拟合概况”框的R^2值（作为均方根误差）为8 986.8。该关系拟合方程（见图1中的“参数估计值”框）如下：

$$Y=15\ 120+1\ 973\ 098\times（浓度）$$

式中，Y为仪器响应值（峰高）。

LOD和LOQ估计值计算如下（假设这些值分别为空白响应值+3SD和+10SD）：

（1）LOD（Y_{LOD}）峰高以3SD计算，而LOQ峰高（Y_{LOQ}）以10SD计算

$$Y_{LOD}=15\ 120+3\times 8\ 987=42\ 081$$

$$Y_{LOQ}=15\ 120+10\times 8\ 987=104\ 990$$

（2）然后，用上述值（LOD峰高和LOQ峰高）计算与这些峰高对应的相关浓度，计算式如下：

$$Y=15\ 120+1\ 973\ 098\times（浓度）$$

重排，

$$浓度=(Y-15\ 120)/1\ 973\ 098$$

则

$$LOD=(Y_{LOD}-15\ 120)/1\ 973\ 098=(42\ 081-15\ 120)/1\ 973\ 098=0.014\mu g/mL$$

$$LOQ=(Y_{LOQ}-15\ 120)/1\ 973\ 098=(104\ 990-15\ 120)/1\ 973\ 098=0.046\mu g/mL$$

因此，分别对应于IDL和IQL的LOD和LOQ初始估计值分别为0.014μg/mL和0.046μg/mL。

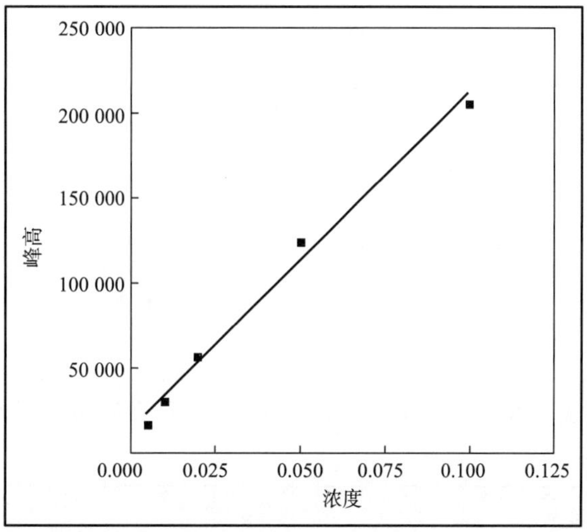

拟合概况

R^2	0.990 03
调整后的R^2	0.986 707
均方根误差	8 986.837
平均响应	88 124.5
测定结果（权重和）	5

估计参数

项目	估计值	标准误	t分布值	显著性概率	下限95%	估计参数
截距	15 119.954	5 834.672	2.59	0.081 0	−3 448.891	33 688.799
浓度	1 973 098.5	114 317.5	17.26	0.000 4	1 609 283.2	2 336 913.9

图1　统计结果

这些LOD（或IDL）和LOQ（或IQL）估计值以溶液浓度而非基质浓度表示。该阶段应将溶液浓度（μg/mL溶液）换算成有效的基质浓度（如μg/g基质）。

步骤2.获得LOD（或IDL）和LOQ（或IQL）初始估计值并确认线性后，第二步制备添加浓度为LOQ和LOD估计值的基质样品。该程序根据仪器LOQ估计值和CFR第40卷第136部分附录B详述的程序，以更好地估算LOQ并确认方法回收率是否可接受。

该方法至少需要在7份未给药对照样品添加LOQ估计值浓度，并加以分析。这些样品测定的SD以及LOD和LOQ，计算如下：

$$LOD = t_{0.99} \times S$$

$$LOQ = 3 \times LOD$$

式中，t= 在99%置信水平下n−1份重复样品的单侧t统计量，

S= 以LOQ估计值添加的n份样品标准差。

用于上述公式的1组t值如下：

重复样品数（n）	自由度（n−1）	$t_{0.99}$	重复样品数（n）	自由度（n−1）	$t_{0.99}$
3	2	6.965	13	12	2.681
4	3	4.541	14	13	2.650
5	4	3.747	15	14	2.624
6	5	3.365	16	15	2.602
7	6	3.143	17	16	2.583
8	7	2.998	18	17	2.567
9	8	2.896	19	18	2.552
10	9	2.821	20	19	2.539
11	10	2.764	21	20	2.528
12	11	2.718	22	21	2.518

本例中，分析人员以上述LOQ估计值0.05μg/g为添加浓度在未给药对照样品制备7份添加样品。得到的结果如下：

检测浓度（μg/g）	回收率（%）
0.039 7	79.4
0.040 3	80.6
0.040 0	80.0
0.036 0	72.0
0.049 8	99.6
0.037 9	75.8
0.038 8	77.6

平均浓度：0.040 4μg/g

SD：0.004 4μg/g

平均回收率：80.7%

鉴于LOQ下的回收率满足条件（平均值=80.7%，范围=72.0%～99.6%），该方法的LOD和LOQ估计如下：

$LOD=t_{0.99}\times S$（自由度：7−1=6）

$=3.143\times0.004\ 4\mu g/g$

$=0.013\ 8\mu g/g$

$LOQ=3\times LOD$

$=3\times0.013\ 8\mu g/g$

$=0.041\ 4\mu g/g$

附录3

残留物分析法验证试验方案

特异性、LOD和LOQ相互关联，且受分析基质中可能存在的内源性物质干扰。LOD常难以确定，尤其在液相色谱/质谱法（LC/MS）中，对照样品在待测物保留时间处生成的响应值为0。在无响应值情况下，无法计算SD，因此，不能根据平均值加3倍平均值标准差计算LOD。即使可确定平均值加3倍平均值标准差，其通常是仪器LOD，而与方法LOD无关。因此，设计以下试验方案以在单项研究中确定特异性、LOD、LOQ、精密度和准确度。

（1）从6个单独来源样品（动物）中采集不含药物的空白样品并筛查可能的待测物污染。

（2）在6份对照样品中选择至少3份（各检测来源随机选定，使每个浓度含各来源的至少1份样品）分别添加（加标）0、LOD估计值（在方法开发期间测定）、3倍LOD估计值（LOQ估计值）和涵盖关注浓度范围的3个其他浓度待测物（表1）。在第2天和第3天选择6份对照样品中的第2组和第3组的3份样品（各检测来源随机选定，使每个浓度含各来源的至少1份样品）重复上述添加流程。

表1　在单项研究中确定LOD、LOQ、准确度和精密度（6个来源/动物：A、B、C、D、E和F）的最低试验设计

添加浓度	动物/来源ID†		
	分析日/检测1	分析日/检测2	分析日/检测3
0（对照品）	B、F、D	A、C、C	B、E、F
eLOD*	B、C、E	D、F、F	A、B、E
eLOQ（3×eLOD）*	C、C、E	A、B、E	D、F、D
验证浓度范围低浓度	A、B、E	A、C、D	B、E、F
验证浓度范围中间浓度	B、C、E	C、E、F	A、D、F
验证浓度范围高浓度	A、B、B	D、F、F	A、C、E

注：* eLOD（LOD估计值）通常根据方法开发期间进行的初步研究确定。eLOQ（LOQ估计值）为3倍eLOD；
†随机选择各来源样品，使3个验证检测中的每个浓度含各来源的至少1份样品。

（3）每天分析这18份样品并对照校准标准曲线评价结果。

（4）将浓度测量结果对全部3个分析日的添加浓度做图。将各分析日的数据结果归一化处理，并根据3次检测的数据用于确定LOD和LOQ。

（5）根据概率α（假阳性）的置信区间上限和基于概率β（假阴性）的置信区间下限，计算加权回归线的预测区间来建立决定限。检测为置信上限与Y轴相交的点，可通过回归线换算成X轴的浓度（L_C）。这50%响应值是真正的关键点。可通过将假阴性率降至指定β水平，即置信下限β，来估计浓度，以测定L_D或LOD。通常情况下，α和β均可设为5%。

（6）将检测限（Y_C）乘以3（LOQ/LOD比公认为3）确定测定限（Y_Q）。然后，估计Y_Q直线与将测量LOQ的假阴性率降至β水平（一般为5%）的置信下限β相交的点，确定LOQ（L_Q）。

（7）计算各评价浓度的%CV，确定日间精密度。比较各添加浓度所得的结果以确定准确度。准确度和精密度验收标准分别见3.2和3.3。

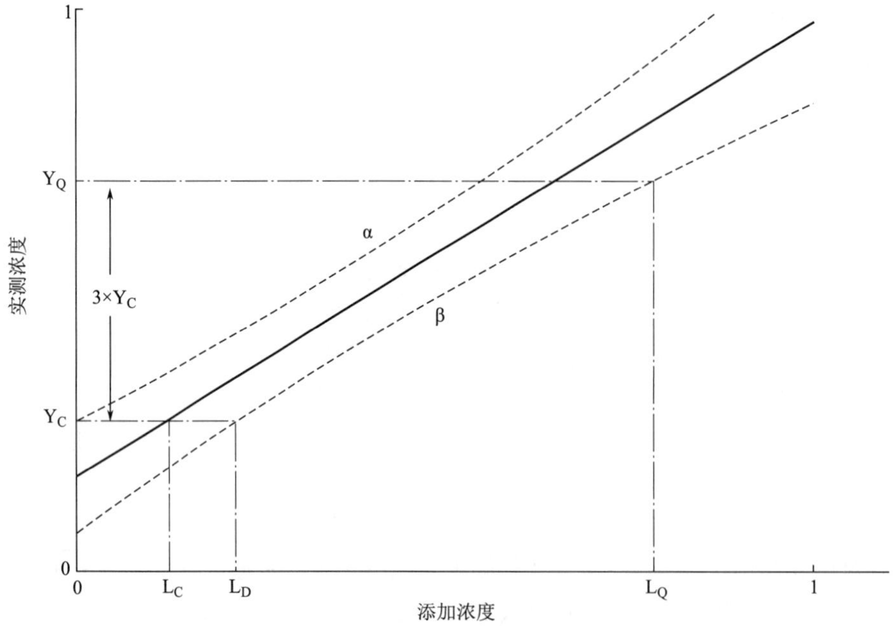

本方法考虑了特异性、LOD和LOQ间的相互关系。通过6个不同来源的基质样品测定LOD和LOQ，同时考虑了基质和方法的变异。由于基质中可能干扰的组分决定了残留检测方法的特异性，因此，该方法也讨论了特异性并确保在确定LOD和LOQ时特异性是可被接受的。本方法与VICH GL2（验证方法）指导原则中规定的检测限和定量限确定法相符。

数据集示例：

奶的LC-MS/MS检测方法也按照上述程序验证。

6份分别采自不同动物，对照牛奶中各添加0、4.2、14.0、35.0、140和400 ng/mL浓度的待测物，共计36份样品。每个添加水平每天随机选择3/6头动物的奶样（确保这6头动物样品至少分别检测1次）进行检测，每天共计检测18份样品，连续3d。

根据3d共54份的检测结果，计算以下参数值：重复性（日内精密度）、日间精密度、LOD和LOQ。原始数据和统计分析结果见表2。

表2　在3个分析日分别添加0、4.2、14.0、35.0、140和400ng/mL浓度的对照奶样中待测物浓度

添加浓度（ng/mL）	检测1		检测2		检测3	
	动物ID	所得浓度（ng/mL）	动物ID	所得浓度（ng/mL）	动物ID	所得浓度（ng/mL）
0	B	0.494	A	0.233	B	0.154
	F	0.654	C	0.012	E	0.120
	D	0.588	C	0.117	F	0.313
4.2	B	4.38	D	4.97	A	3.80
	C	4.13	F	3.85	B	4.12
	E	4.33	F	4.41	E	3.67

（续）

添加浓度（ng/mL）	检测1		检测2		检测3	
	动物ID	所得浓度（ng/mL）	动物ID	所得浓度（ng/mL）	动物ID	所得浓度（ng/mL）
14.0	C	13.2	A	11.1	D	11.8
	C	13.5	B	12.0	F	10.5
	E	11.9	E	12.8	D	11.7
35.0	A	31.5	A	51.0	B	27.3
	B	32.7	C	33.2	E	29.4
	E	34.4	D	32.9	F	25.5
140	B	131	C	137	A	118
	C	147	E	124	D	106
	E	127	F	131	F	118
400	A	396	D	396	A	335
	B	394	F	390	C	316
	B	384	F	373	E	344

对上述数据进行统计评价，结果如下：各样品的%回收率以测得浓度和检测前添加浓度计算。模型以给药（添加水平）作为固定效应，以检测（日）作为随机效应，按照给药交互作用和残差，计算最小二乘均值和变异值。以加权（1/方差）回归方法做方法校准曲线，计算获得表中数据。在计算校准曲线的回归方程时，可酌情考虑其他加权因子（如1/x、$1/x^2$，见Zorn参考文献）。

为评估日内变异性，使用残差计算批内和批间的CV。将残差平方根除以平均值再乘以100，计算CV。

为评估日间变异性，在计算各批内和批间的CV时，将残差、检测方差、批内和批间样品方差相加估算方差。

分析结果见表3。

表3　检测方法的批内和批间精密度和准确度*

理论浓度（ng/mL）	n	平均回收率（%）*	95%置信区间	精密度（%CV）	
				批内	批间
4.2	9	99.6	87.9 ~ 111.4	7.8	10.2
14.0	9	86.1	75.0 ~ 97.2	7.1	7.5
35.0	9	94.6	77.3 ~ 111.9	19.3	22.6
140	9	90.4	79.5 ~ 101.3	5.8	9.2
400	9	92.4	82.1 ~ 102.8	3.0	8.2

注：*报告数据由可进行混合模型分析的统计软件（如SAS）得出。

LOD和LOQ确定的图示如下：

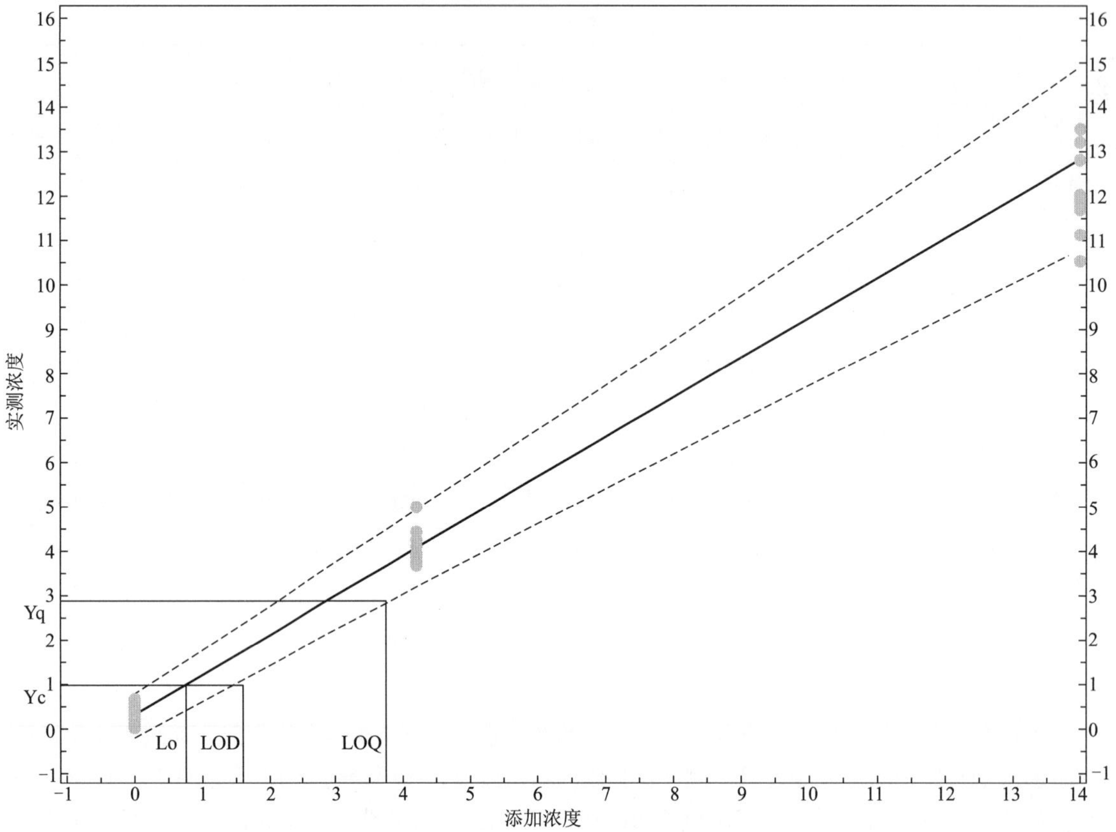

LOD=1.6ng/mL

LOQ=3.7ng/mL

这是在单项试验中经3个验证日准确确定精密度、准确度、LOD和LOQ的直观方式。

6 参考文献

Codex Alimentarius Procedural Manual, 15th Ed., Twenty-eight Session of the Codex Alimentarius Commission, Rome, 2005, 81.

U.S. Code of Federal Regulations, Title 40: Protection of Environment , Part 136 – Guidelines Establishing Test Procedures for the Analysis of Pollutants, Appendix B to Part 136 – Definition and Procedure for the Determination of the Method Detection Limit – Revision 1.11.

U.S. Environmental Protection Agency, Office of Pesticide Programs, March 23, 2000, "Assigning Values to Nondetected/Non-quantified Pesticide Residue in Human Health Food Exposure Assessments" Appendix 1, A-1 through A-8.

Zorn ME, Gibbons RD, Sonzogni WC. Weighted Least-Squares Approach to Calculating Limits of Detection and Quantification by Modeling Variability as a Function of Concentration, Anal Chem 1997, 69, 3069-3075.

环境安全性

GL6 兽药产品的环境影响评估：第一阶段

VICH GL6（生态毒性第一阶段）
2000 年 6 月
第七阶段施行

兽药产品的环境影响评估：第一阶段

2000 年 6 月 15 日
在 VICH 进程第七阶段
由 VICH 指导委员会推荐实施

本指导原则由相应的 VICH 专家工作组制定，并已通过 VICH 各部门协商。在进程的第七阶段，最终文稿被推荐给欧盟、日本和美国的管理机构采用。

概述

1996年，VICH指导委员会（VICH SC）授权成立工作小组，制定欧盟、日本和美国间协调一致的兽药产品（VMPs）环境影响评估（EIAs）指导原则。VICH指导委员会对VICH生态毒性/环境影响评估工作小组（VICH Ecotox WG）[1]的授权如下：

“精心制定兽药产品的研究设计和环境影响评估的三方指导准则。建议在基于风险分析的原则上遵循分级式评估方法。不同类别产品应依照不同级别指导准则。应当参考欧盟、日本和美国现行或草拟的指导准则。”

本文所述准则是对兽药产品而非生物制品如何进行第一阶段环境影响评估进行指导。为与授权一致，建议进行2个阶段环境影响评估。在阶段Ⅰ，对环境的潜在暴露是通过兽药产品的使用意图来评估的。一般认为，对于被有限使用且对环境暴露有限的兽药产品，其对环境的影响也是有限的，那么只需进行阶段Ⅰ评估[2]。阶段Ⅰ同时也决定该兽药产品是否需要通过阶段Ⅱ更广泛的环境影响评估[3]。某些兽药产品也可以仅经过阶段Ⅰ评估，此时可能需要更多的环境信息来阐明其活性和使用的相关问题[4]。这种情况属于非常规的，必须有据可依。为尽可能广泛实施环境影响评估，期望欧盟、日本和美国将会遵循本指导原则进行兽药产品第一阶段环境影响评估。

阶段Ⅰ准则

兽药产品阶段Ⅰ的环境影响评估决策树见图1。申请人[5]使用阶段Ⅰ决策树回答一系列问题，直到某一问题能得出产品符合阶段Ⅰ的合格报告为止。如果缺少某问题信息，申请人可忽略该问题并继续下一问题。若在完成决策树的过程中，申请人确定其兽药产品不需进行环境影响评估，仍需要完成问题1。当申请人确定至少已满足阶段Ⅰ中的1个条件，则应当提交1份阶段Ⅰ的环境影响评估报告来论述做出这种决定的依据。如果评估中多条原因认定兽药产品暴露有限，则每条原因应在环境影响评估阶段Ⅰ报告中讨论以增加说服力。

问题1：依据相关法律和规定，该兽药产品能否免于进行环境影响评估[6]？

阶段Ⅰ的这个问题考虑了欧盟、日本和美国之间不同的法律和监管要求。如果问题1的答案是肯定的，则申请人不需要继续完成阶段Ⅰ的决策树，但应遵循地区规定提交所需文件。

问题2：兽药产品是否为天然物质？其使用是否会改变该物质在环境中的浓度或分布？[7]

人们认为许多天然物质已经存在于环境中，或者在进入环境当中后会迅速分解，环境暴露并不会改变。可能本问题的答案为兽药产品包括电解质、肽类、蛋白质、维生素和其他在环境中自然存在的化合

---

[1] 当前的工作组成员包括：Ms. Carol Aldridge （EMEA），Dr. Yuuko Endoh （JMAFF），Mr. Shuhei Ishihara （JVPA），Dr. Charles Eirkson （US/FDA/CVM），Dr. Joseph Robinson （AHI） 和Dr. Leo Van Leemput （FEDESA）。

[2] 在美国，提及第一阶段环境影响评估相当于在国家环境政策法（NEPA）框架下的进行类别排除或环境评估（EA）。一种可能止于第一阶段的兽药产品等同于类别排除或环境评估，这种环境评估应得出对环境无重大影响的结论（FONSI）。

[3] 阶段Ⅱ是指第二级的环境分析，可能包括相关检测。在美国，环境影响评估阶段Ⅱ比阶段Ⅰ所需环境评估数据更加广泛。环境影响评估阶段Ⅱ可能得出对环境无重大影响的结论或者提供在国家环境政策法要求下的环境影响报告书。

[4] 在美国，这相当于国家环境政策法下的特殊情况。
然而，依据阶段Ⅰ决策树，阶段Ⅱ所需进行的研究将会根据阶段Ⅰ所关注的不同重点而变化。当需澄清有关问题时，申请人应当联系相关监管机构。

[5] 在美国，申请人是指药品开发机构。

[6] 在美国，这包括国家环境政策法下被明确排除在外的产品。如果某个产品因特殊原因未被明确排除，无论何种情况该问题的答案都是否——即兽药产品不能免于进行环境影响评估。

[7] 在美国，这些兽药产品通常在国家环境政策法框架下被明确排除在外。[21 CFR 25.33 (c)，25.33(d) (1)，25.33 (d) (2)，25.33 (d) (3)，25.33 (d) (4)，25.33 (d) (5)]。

物。在回答本问题时，申请人应当提供一个合理的兽药产品使用情况，证明该兽药产品的使用不会改变环境中的物质浓度和分布。

问题3：兽药产品是否只用于非食用动物？[7]

一般来说，非食用动物不会集中饲养。同时，用于该类动物的产品通常都是个体治疗。因产品使用量小，批准兽药产品用于非食用动物可能比批准其用于食品动物涉及更少的环境问题。对非食品动物的定义在3个地区中存在差异。

问题4：兽药产品是否用于稀有物种，且其饲养和治疗方式与已完成环境影响评估的常见物种相似？[7]

如果某兽药产品已经批准用于常见物种、且稀有物种与常见物种的饲养条件相似、同时给药途径相同且用于稀有物种的给药总剂量不高于常见物种时，则该兽药用于稀有物种时，只需进行阶段I评估。在该情况下，我们认为用于稀有物种的兽药产品对环境影响有限。欧盟、日本和美国之间，对常见物种和稀有物种组成存在差异。

问题5：兽药产品是否仅用于治疗羊群或牛群中少量的动物？[7]

当产品用于治疗羊群或牛群中的单个或少数动物时，本问题可能免除兽药产品所需进行的进一步评估。一般认为基于本问题下兽药产品所获的批准可能产生的环境暴露远低于造成环境影响的浓度。用于治疗奶牛临床型乳房炎产品、手术麻醉剂、眼药以及动物个体辅助生育的激素可能包含在该问题涉及的范围内。

问题6：兽药产品在被治疗动物体内是否被充分代谢？[8]

一般认为兽药产品在被治疗动物体内充分代谢后不会进入环境，可以通过对代谢分解产物和排泄物进行放射性标记研究来证明。当排泄物分析表明，兽药产品在常见的基本生化途径下已转化为失去与母体药物相似结构的代谢产物，或者当单一代谢物或母体药物的总放射性排出不超过5%时，该兽药产品可被定义为“充分代谢”。

问题7：兽药产品是用于治疗水生物种还是陆生物种？

本问题的答案确定了兽药产品进入环境的最初路径。如果兽药产品是用于治疗水生物种，则继续完成问题8 ～ 13。如果兽药产品用于治疗陆生物种，则转到问题14 ～ 19。

水生动物分支

问题8：水生动物兽药的废弃物处理程序是否能阻止其进入水生环境？[8]

一些用于水产养殖的兽药产品不会进入环境，因为治疗后残余物可以被焚烧处理或通过其他同样能阻止兽药产品进入环境的方式处理。这些兽药产品没有机会对环境造成影响。对本问题的回答为“是”的申请人应当提供相关文件以证明兽药产品不会进入环境。这种通过焚烧含有兽药产品的处理程序，如果能够提供上述文件，就是一个仅进行阶段 I评估的实例。

问题9：水生动物是否饲养在一个封闭的设施内？[8]

封闭设施是指其内废弃物能被处理和污水排放能被控制设施。这包括诸如蓄水池、有内衬的池塘和管道、沟渠等设施。兽药产品直接投入水生环境有更大的污染水生环境的潜在可能。这是因为水产养殖设施与水生环境密切接触，并且没有机会对废水和废弃物进行处理。因此，任何通过直接投入水生环境来治疗水生动物的兽药产品都不能仅进行阶段I评估，如网箱养殖。

问题10：兽药产品是否是体外和／或体内驱虫剂？

用于开发问题11中的定量值的生态毒性数据库，包括用于人医的所有药物（参考文献1）。极少量的驱虫剂用于人类治疗，因此，人类数据库不足以为这些化合物建立一个定量的触发值。这类化合物的生态毒理潜在性需要在第二阶段通过水生效应测试进行评估。

---

[8] 在美国，回答本问题的信息必须也在环境影响评估中提供，包括文档和缓解措施情况，并能恰当地支持对环境无重大影响的结论。

问题11：兽药产品从水产养殖设施释放进入环境的浓度（$EIC_{aquatic}$）是否低于1μg/L？[8]

选择1μg/L作为$EIC_{aquatic}$的基本原理已被阐明（参考文献1）。这一数值低于在人药水生动物生态毒性研究中产生负面影响的浓度水平。$EIC_{aquatic}$仅适用于治疗鱼类和其他水生动物的兽药产品，且这些鱼类和水生动物是饲养在废水排入环境前能被处理和控制的区域中。应用该数值评估时，必须首先估算兽药产品从水产养殖设施进入污水的预期浓度。为计算$EIC_{aquatic}$，采用了总残留这一概念。总残留包括母体药物和所有从靶物种中排出的以及进入水生环境的相关代谢物；同时也计算未食用饵料中和释放入水中的兽药产品。除非有数据证明其排泄数值＜100%，否则，我们都假设药物100%排泄。假如申请人能提供相关文件，$EIC_{aquatic}$计算便能够说明当前的管理手段和工艺操作情况。将计算值与1μg/L比较，如果计算出的兽药产品排入环境的$EIC_{aquatic}$值＜1μg/L，则兽药产品可仅进行阶段Ⅰ评估。

问题12：是否存在能改变$EIC_{aquatic}$的数据和缓解措施？[8]

过滤、处理、稀释或其他缓解措施能够降低兽药产品在污水中的浓度。其他缓解措施（包括自然降解和管理手段）可以减少兽药产品在水中的浓度，从而减少环境暴露。一个特别的例子就是，如果在治疗期间将增加额外水量，则水产养殖设施的$EIC_{aquatic}$可能会降低。此外，如果已知兽药产品对紫外线（UV）/臭氧不稳定，那么，这些措施也能够降低$EIC_{aquatic}$。当申请人能证实一种缓解措施时，该缓解措施便可以被纳入$EIC_{aquatic}$计算。

问题13：重新计算后的$EIC_{aquatic}$是否低于1μg/L？[8]

将这一重新计算后的数值与1μg/L比较。如果重新计算出的排入环境的兽药产品$EIC_{aquatic}$值＜1μg/L，则兽药产品可以仅进行阶段Ⅰ评估。

陆生动物分支

问题14：陆生动物兽药的废弃物处理程序是否能阻止其进入陆地环境？[8]

一些用于集约化畜牧生产的兽药产品不会进入环境，因为治疗废弃物被焚烧处理，或通过其他类似方式阻止兽药产品进入环境。这些兽药产品没有机会影响环境。对该问题的回答为“是”的申请人，应当提供相关文件以证明兽药产品不会进入环境。这种通过焚烧含有兽药产品的处理程序，如果能够提供上述文件，就是一个仅进行阶段 Ⅰ评估的实例。

问题15：动物是否饲养在牧场？

对于那些在室内或通过围栏进行集约化养殖的动物，排泄物通过粪肥方式收集、成浆、存储，随后施放于耕作或未耕作的农业用地中，这些兽药产品的处理方式可直接跳至问题17。这与那些天然放牧的动物相反，后者直接将排泄物排入环境中。这些兽药产品的处理方式可直接进至问题16。对于天然放牧的动物，需要特别考量其直接排入环境中含有哪些类型的产品。对于某些产品，问题16和问题17都适用。

问题16：兽药产品是否是体外和/或体内驱虫剂？

体内和体外驱虫剂有特殊的生态毒性，尤其是将其应用于牧场饲养的动物。这些兽药产品的药物活性针对于牧场无脊椎动物。因为原生动物与牧场无脊椎动物没有生物学相关性，所以，用于治疗原生动物的产品不包含在本问题。用于牧场的体外或体内驱虫剂兽药产品应该直接进行阶段Ⅱ评估，从而阐明需要特殊关注的问题，如动物粪便。其他用于牧场动物的兽药产品应当进至问题17。

问题17：土壤中兽药产品的预测环境浓度（PEC_{soil}）是否低于100μg/kg？[8]

选择100μg/kg作为PEC_{soil}值的基本原理已被阐明（参考文献2）。该数值低于美国目前注册的兽药产品在蚯蚓、细菌和植物上进行的生态毒性研究中显效的浓度值。

应用该数值评估时，需首先估算兽药产品在陆地生态系统中的浓度。一个如何计算兽药产品的PEC_{soil}值的实例已被提供（参考文献3）。如果PEC_{soil}与某一特定区域相关，则需用其他方法对PEC_{soil}进行计算。为计算PEC_{soil}，采用了总残留这一概念。总残留包含母体药物和所有被治疗动物排出的相关代谢物。除非残留物降解数据能够证明数值＜100%，否则，我们都假设药物100%被排出。总残留量方法被认为是保守的评估方法，因为它结合母体药物和代谢物共同计算环境浓度，但是，代谢物的生物活性通常低于其母体化合物。药物在肥料和土壤中分解研究的结果可以用来改进土壤中兽药产品浓度的估算（参考文献3）。将计算的PEC_{soil}值与100μg/kg 相比较，如果兽药产品的$PEC_{soil} < 100$μg/kg，则该兽药产品可以仅进行阶段Ⅰ评估。

一些用于集约化饲养动物的产品也被用于牧场动物。在这种情况下，PEC_{soil} 值的计算可能有所不同。然而，即使在牧场环境中，仍然有一些兽药产品迁移进入土壤。估算排泄入牧场的兽药产品PEC_{soil} 值是基于假设其直接进入土壤且均匀分布在土壤上层5 cm中。对整个牛群／羊群治疗的估算是基于：①剂量／动物是以mg/kg为单位和根据动物的体重来计算；②被治疗动物排泄剂量的百分数（如果没有可获得的排泄数据以100%计算）；③被治疗动物的饲养密度（动物／hm^2）；④排泄的兽药产品分布在土壤上层5cm；⑤土壤的颗粒密度。实际上，这意味着土壤颗粒密度为1 500kg/m^3，总剂量／hm^2是指分布在750 000kg 的土壤上。

问题18：是否存在任何能改变PEC_{soil} 值的缓解措施？[8]

土壤中的兽药产品浓度可能通过畜牧业标准管理、肥料管理或其他缓解措施而得到减少。其他的缓解措施（自然缓解和管理实践）也可以降低土壤中兽药产品的浓度，由此减少环境暴露。举一个特别的例子，如有法律文件规定粪肥必须有最短的存放期且有数据表明在这段时期内药物能降解，则可以降低PEC_{soil}值。当申请人能够证实一个缓解措施的存在，则该缓解措施便可以被纳入PEC_{soil} 值的计算。

问题19：重新计算后的PEC_{soil} 值是否低于100μg/kg？[8]

将重新计算的PEC_{soil} 值与100μg/kg进行比较。如果重新计算的排入环境中的兽药产品PEC_{soil} 值低于100μg/kg，则兽药产品可以仅进行阶段 Ⅰ评估。

参考文献

Center for Drug Evaluation and Research (CDER), US Food and Drug Administration, 1997. Retrospective review of ecotoxicity data submitted in environmental assessments for public display. Docket No. 96N-0057.

AHI Environmental Risk Assessment Working Group, 1997, Analysis Of Data And Information To Support A PECsoil Trigger Value For Phase I (A retrospective review of ecotoxicity data from environmental assessments submitted to FDA/CVM to support the approval of veterinary drug products in the United States from 1973-1997) .

Spaepen, K. R. I., L. J. J. Van Leemput, P. G. Wislocki and C. Verschueren, 1997. A uniform procedure to estimate the predicted environmental concentration of the residues of veterinary medicines in soil. Environmental Toxicology and Chemistry 16: 1977-1982.

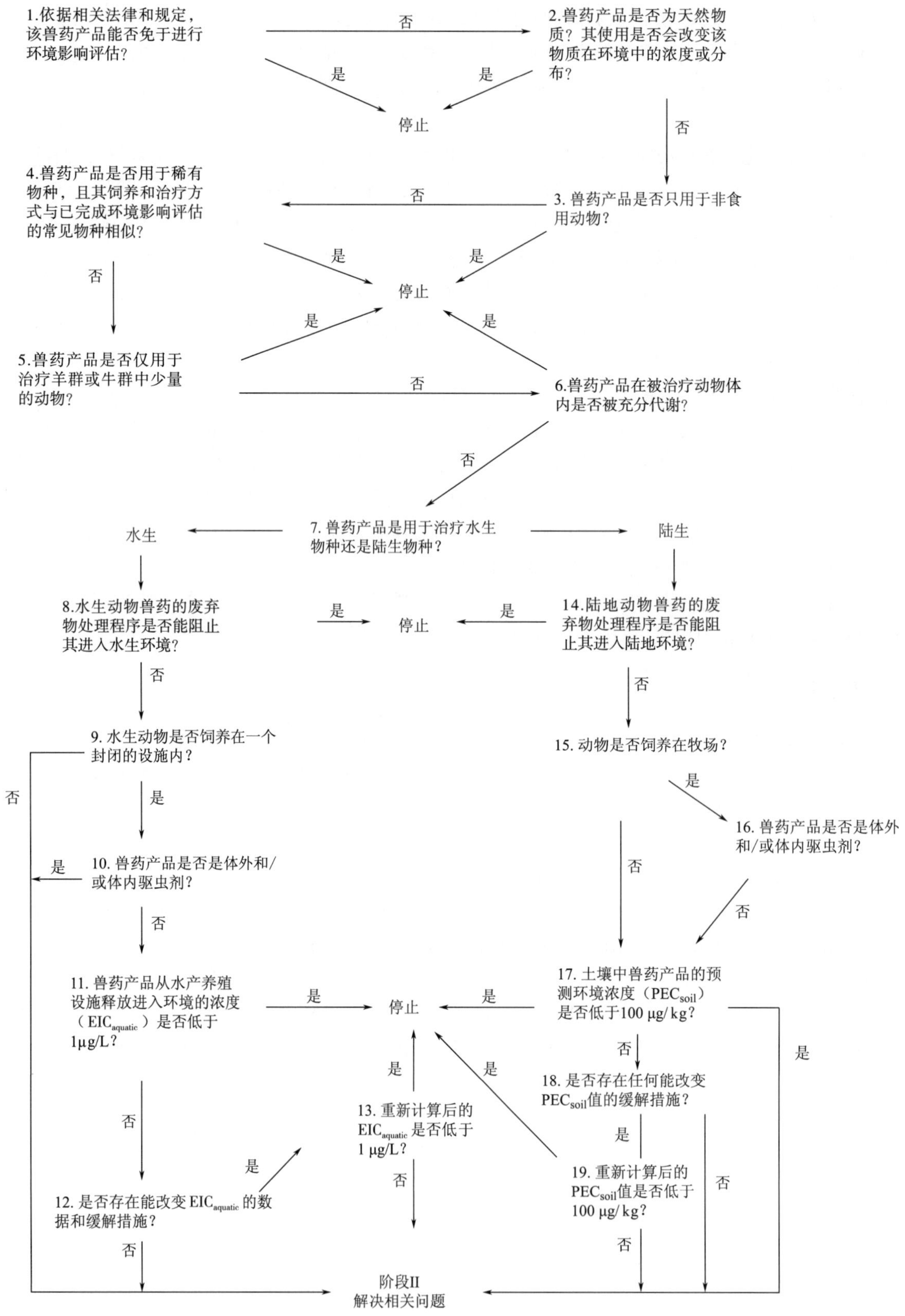
1.依据相关法律和规定，该兽药产品能否免于进行环境影响评估？
否
2.兽药产品是否为天然物质？其使用是否会改变该物质在环境中的浓度或分布？
是
是
停止
否
4.兽药产品是否用于稀有物种，且其饲养和治疗方式与已完成环境影响评估的常见物种相似？
否
3. 兽药产品是否只用于非食用动物？
是
是
停止
否
是
是
5.兽药产品是否仅用于治疗羊群或牛群中少量的动物？
否
6.兽药产品在被治疗动物体内是否被充分代谢？
否
水生
7. 兽药产品是用于治疗水生物种还是陆生物种？
陆生
8.水生动物兽药的废弃物处理程序是否能阻止其进入水生环境？
是
停止
是
14.陆地动物兽药的废弃物处理程序是否能阻止其进入陆地环境？
否
否
9. 水生动物是否饲养在一个封闭的设施内？
15. 动物是否饲养在牧场？
否
是
是
16. 兽药产品是否是体外和/或体内驱虫剂？
是
10. 兽药产品是否是体外和/或体内驱虫剂？
否
否
否
11. 兽药产品从水产养殖设施释放进入环境的浓度（EICaquatic）是否低于1μg/L？
是
停止
是
17. 土壤中兽药产品的预测环境浓度（PECsoil）是否低于100 μg/kg？
是
否
是
是
18. 是否存在任何能改变PECsoil值的缓解措施？
否
13. 重新计算后的EICaquatic是否低于1 μg/L？
是
是
12. 是否存在能改变EICaquatic的数据和缓解措施？
否
19. 重新计算后的PECsoil值是否低于100 μg/kg？
否
否
否
阶段II
解决相关问题

图1　阶段I决策树

GL38 兽药产品的环境影响评估：第二阶段

VICH GL38（生态毒性第二阶段）
2004 年 10 月
第七阶段施行

兽药产品的环境影响评估：第二阶段

2004 年 10 月
在 VICH 进程第七阶段
由 VICH 指导委员会推荐采用
2005 年 10 月实施

本指导原则由相应的 VICH 专家工作组制定，并已通过 VICH 各部门协商。在进程的第七阶段，最终文稿被推荐给欧盟、日本和美国的管理机构采用。

1 概述

1.1 指导原则的目的

本指导原则的目的在于指导申请人/生产商在VICH互认区域内使用1套环境归宿和毒性数据，通常，以获取兽药产品（VMPs）的上市许可，兽药产品MP在阶段I评估中被确定需要这些支持数据。另一个目的是，本指导原则作为获取相关试验数据最主要的常规试验方法。

需要强调的是，本文内容并非设置了多种苛刻条款，而是根据实际需求，仅为最基本的符合规定的要求。也就是说，本指导原则只是书面指导，不能完全满足可能发生的所有实际情况。每一项试验需要根据其优缺点加以判断，在某些特殊情况下，如果采用1种试验方法，例如，在已发表文献中引用该方法的数据更加具有说服力，在实施试验之前需要与监管机构进行沟通，并给出采用这种试验方案的合理性。

此外，作为环境影响评估（EIA）的共有基础，本文提供了试验过程中为保护环境而需实行的操作详情。生态毒理学是一门比较复杂的学科，而且在数据和认知上存在很大差异。尽管如此，在第二阶段中我们仍建议遵循科学规则和依据，争取做到客观、真实。在每一项试验中，尽量从中获取最大量的数据，以评估兽药产品对环境的潜在影响。

本指导原则中重要部分之一即对试验的专业评估。为兽药产品设计EIA试验的先决条件是需要足够专业的科学知识。这些知识在评估各个试验数据之间的联系、预测环境压力、认证被推荐的研究以及解释试验结束后所获取数据的意义等方面具有重要的作用。

1.2 适用范围

VICH指导委员会授权指定本指导原则的内容已在第一阶段文件中给出（http://www.emea.eu.int/pdfs/vet/vich/059298en.pdf，http://www.fda.gov/cvm/guidance/guide89.pdf）。

本指导原则的适用范围应由不同地区的VICH根据其具体情况进行划定。某些特殊VICH地区可能会在法律方面授权规定哪种情况该指导原则只能用于新产品的评估，哪种情况可以适用于新产品和老产品的评估。所以，这在很大程度上需要申请人/生产商自己判断所评估的兽药产品适用于何种指导原则。如果申请人/生产商需要使用其他方法代替EIA，他们需要阐明替代方法的适用性，替代方法与指导原则EIA的差异，并且事先需要与注册管理机构沟通。由于替代方法是偏离指导原则的方法，因此，采用替代方法申请注册，可能不会被所有VICH地区认可。

2 一般原则

第二阶段的内容为兽药产品在欧盟、日本、美国、加拿大、澳大利亚和新西兰各国之间进行EIA试验提供了共同的信息基础。值得注意的是，由于不同地区地理位置的差异（动物的饲养条件、气候、土壤和水体等的差异），使得各地区的试验条件并不能严格统一。试验中环境归宿原则、药效和风险评估可进行统一协调，但是具体到各指标的量化和相关决定应由各地管理机构掌握。为此，EIA推荐信息的范围和程度不能细化到所有地区。第二阶段的试验应尽可能提供标准数据，并且给出了在哪种情况下需要对所测兽药产品进行额外试验以获得足够的数据。

2.1 立法保护的目的

EIA中明确指出了在VICH范畴内对环境质量立法和出台相关政策的目的。本文涉及的所有项目的评估最终目的都是为了保护生态系统。

第二阶段指导原则（包括第一阶段指导原则）旨在评估兽药产品对环境中非靶动物的（包括水生动物和陆生动物）潜在影响。但是，不可能对使用过兽药产品的动物相关的所有其他物种全部进行评估，所以，只能从中选出几种动物作为哨兵动物进行兽药产品的环境毒性评估。

所调查的动物应为在群落和生态系统中具有重要作用的动物，这样可以间接对大多数物种进行保护。但是，要注意区分局部地区效应和地理隔离引起的差异。在某些特殊品的情况下，兽药产品的影响对该局部地区的某些濒危物种或者生态系统具有关键功能物种的影响较大，这时应及时进行危机干预，可以限制甚至禁止在该地区使用相关的兽药产品。另外，某些兽药产品在某种特定的地形环境中会产生累加效应，这种情况很难进行协调处理，只能将其列为EIA事件，必要时需要与注册管理机构进行沟通。

2.2 第二阶段的定义与使用

第二阶段指导原则共包含3个部分：①水产养殖；②高密度饲养的陆生动物；③放牧动物。每一部分均含有与本部分相关的决策树／流程图。本指导原则还包括用于研究药物的推荐试验，如药物的物理化学性质、环境归宿和环境效应，并且描述了哪些试验可以仿照本部分所给方案实施。

本指导原则共设置2套环境危机评估方案，方案A和方案B。方案A采用比较简单、经济的研究探索药物的环境暴露评估和所关心生态圈效应。如果由于某些不可预知的原因，EIA不能通过方案A获得足够的数据，那么申请人／生产商需要采用方案B对EIA数据进行补充。

在某些情况下，可以使用方案B而进行风险管理亦可达到目的。在这种情况下，需要与注册管理机构进行沟通。但是值得注意的是，所有的风险管理并不能适用于所有地区，有些地区免做方案B，有些地区则推荐使用方案B。

由于某些特殊的兽药产品研究比较复杂，或者存在一些争议，亦或是当地地域的限制，不能使用方案B，在出现方案A不能涵盖的情况时，只能采用风险评估的方法尽可能获得更多的研究数据。正因为如此，这些研究数据不能作为协调指导原则的主体。这些试验数据不能按照正常的试验文档进行归档，而应在注册管理机构的监督下，根据各个试验的具体情况，逐个进行说明归档。例如，所需要的试验数据已经不是方案B能够获取，而是需要进一步试验和／或采取风险消减方法。由于风险管理措施不属于本指导原则的内容，所以，在这方面没有特殊说明。

2.3 兽药产品的环境暴露

药物进入环境的途径和数量是评估药物对环境影响的基本信息，这样才能对环境风险进行有效的评定和分析。本指导原则通过几个假设场景，给出了药物在环境中重新分布的几种模式，其中某些模式可能在某些地区并不适用。药物在环境的重新分布伴随于药物的整个活性周期，有各自不同的重新分布模式。但除去局部用药和投入水体中的用药以外，一般情况下，最主要的环境影响来自用药动物的排泄物，其中含有活性的药物及其代谢产物。这些物质被排到环境中后，可认为其会平均分布于整个环境中或在局部环境中。

2.4 风险系数（RQ）法

所谓风险系数是指兽药产品在暴露于环境之后，其转归和其他药效对生态圈的影响程度，而EIA的操作原则是基于在可接受范围内的风险系数进行评估的。第二阶段EIA的评估基础是“风险系数法”，所谓风险系数法是指药物暴露于环境之后，该药物的预测环境浓度（predicted environmental concentration，PEC）与该药物作用于非靶生物的预测无效作用浓度（predicted no effect concentration，PNEC）的比值。在进行评估时，将RQ（PEC/PNEC）与数值1进行比较：若RQ<1，则说明不需要进行进一步的测试。在某些特殊情况下，即使RQ<1，仍需要相关专家进行判断，最后决定是否需要进一步的试验。

RQ中的PEC指药物进入环境后，药物在土壤圈、水圈和岩石圈中的原药及其代谢产物的浓度。在计算PEC时需要注意很多方面的差异，例如，饲养实验动物的地区差异、在不同VICH地区的不同环境情况、治愈率和治疗频率的不同等。所以，目前还不存在一种适用于全球的PEC计算方法。考虑到以上原因，本指导原则中没有给出计算PEC的代表性个例，只是列出了计算PEC的大体原则。评估过程中申请人／生产商应当根据具体兽药产品的实际情况，依照一般原则，选择在该种情况下最合适的评估方法。

RQ中的PNEC是通过试验确定的效应终点除以合适的评价因子（assessment factor，AF）。AF需要涵盖所有不确定的因素，例如，实验室内的差异、实验室之间差异、动物种属差异、从实验室研究结果外推到田间的研究，从药物短期毒性研究外推到长期毒性研究（急性慢性比）。AF值因不同的研究类型而异。所应用的AF值变异应该在提交资料中予以明确的判断。

在评估过程中，AF值在10 ~ 1 000都有应用。AF1 000用于那些只能获取有限数据的试验，是一种保守的和保护性的应用。当获取的数据增加时，AF值可以大幅度降至10。这些情况包括：

（1）具有很多种物种的可用数据，这些物种包括具有代表意义的敏感性物种；

（2）化学结构相似药物的相关信息中提示其急性慢性比值比其他药物低；

（3）有证据显示该药物在环境中会迅速被降解，并且非重复给药模式不会引起长期药物暴露。

2.5 试验指导原则

第二阶段中所推荐的试验指导原则和试验方法是由OECD/ISO制定完成的。这足以说明在全球范围内，此环境研究方法是普遍使用并且得到注册管理机构认可的。即使缺乏某些特定的研究规程，也不能减小特定生物相关数据在试验研究中的重要性。在这种情况下，申请人/生产商应当积极向注册管理机构寻找适于当下情况的相关指导原则。

最后，根据各地区的要求，EIA研究应遵循良好的实验室研究质量管理规范（GLP）。对于某些地区而言，研究中所使用的方案进行数据核查是必要的。但是必须明确的是，不符合GLP的研究很可能不会被VICH审批通过。

2.6 代谢产物

正如第一阶段文件中问题11和问题17所提及的暴露研究是基于总残留方法的第二阶段评估。化学药物在环境中的转归情况是由其物理和化学性质以及可降解程度决定。而药物本身和其代谢产物的这些性质差别可能会很大，例如，如果代谢产物的水溶性大于原药，代谢产物在环境中更易发生扩散，持续时间也会更长。

一般来讲，第二阶段中的试验数据来源于原药的相关信息，但在进行风险评估时，需要将其代谢产物考虑在内。尤其对于那些前体药物，即经过动物体内代谢才会转化为具有活性的单一代谢物更适合此项研究。

在方案A中，不推荐将药物的排泄考虑在内，而应采用总残留检测方法及估计$PEC_{初始}$。前提是保证所测兽药产品100%以药物原形排泄到环境中。

如果在一类或几类生物水平试验中RQ≥1时，则在PEC修改内容中需考虑代谢/排泄数据及递交材料中ADME部分。如果排泄到环境中的药物代谢产物总量达到10%或甚至超过所给药物剂量的10%，并且不是生化代谢途径中的活性物质，则应将其考虑置入PEC中，并重新进行计算。

当PEC修改之后，RQ仍然≥1，则应启动方案B，之后应向管理机构询问合适的指导原则，包括是否应将与环境归宿相关的代谢产物纳入检测目标范围之内。

2.7 生物降解数据的特殊考虑

在方案A中，如果所有种类动物的RQ值均小于1，则评估可以终止。但是对于较难降解的药物（例如每年使用1次的药物其在土壤中的$DT_{90}>1$年），考虑到累积效应，有必要对$PEC_{初始}$重新进行计算。

对于某些特殊情况，例如，在环境归宿的研究中，药物生物降解产物的持续性和/或可扩散性应该进行进一步的调查。值得一提的是，某些物质在环境中可以同时是排泄代谢产物又是降解产物。在这两种情况下，应当及时向注册管理机构咨询相关指导原则。

3 方案A和方案B中的推荐研究

一些特殊的兽药产品进入环境中后，可以同时暴露于陆地圈和水圈。例如，在给予某些种群密度较高动物药物时，极有可能直接会影响其他周边的非靶标物种，并且可能会随着水流影响其他水体表层的非靶标物种，包括药物进入水体附近的土壤或其他生物体内。同样，放牧动物也会影响到非靶标水生物种和非靶标陆生物种。所以，必须建立一套通用的评估和研究标准，以决定所使用的测试方式。这一标准可以用于所有3种或2种分支（陆生、水生、放牧动物）情况，如高密度饲养的动物、放牧动物以及这两者交叉调查的情况。如果某一研究不能明确指出所研究对象所处的生态圈（即水圈、土壤圈等），则应尽可能将该试验废除。但是，在报告中对缺乏这一试验给出合理的科学解释。

这部分内容总结了已经历过1次第一阶段测试的试验，并且采用所推荐的方案A进行第二阶段试验。

并且给出了决定是否适用于方案B进行试验的大纲。

除去那些前体药物（2.6部分已有讨论），所有的试验必须使用原药进行试验。

3.1 方案A

3.1.1 方案A中药物理化性质的研究

表1所示为方案A适用于所有3种分支（陆生、水生、放牧动物）情况所推荐的试验，除非有特殊说明，所有试验必须按照以下推荐内容进行。

表1 方案A中药物理化性质的研究

研究内容	指导原则
水溶性	OECD 105
水解离度	OECD 112
紫外线－可见光吸收光谱	OECD 101
熔点／熔化温度范围	OECD 102
水汽压*	OECD 104
n－辛醇与水的分离系数**	OECD107或117

注：*仅为计算值，根据其他研究所提供的该药物的其他理化特性，如分子质量、熔点、热重等，通过计算得出该药物在20℃时的水汽压，数量级可能＞10^{-5} Pa。

**该性质不适用于在环境pH下可解离的药物。如果可以的话，可以测定这些药物在环境pH中非解离状态下的$logK_{ow}$。

3.1.2 方案A中环境归宿的研究

表2所示为方案A适用于所有3种分支情况所推荐的试验。根据所研究药物具体暴露于陆地圈还是水圈，该药物的降解度需要在其所暴露的环境中进行测试，例如，暴露于陆地圈的药物应在土壤中进行测试，暴露于水圈的药物应在水中进行测试。药物的光分解度和水解度在这3种分支中可作为备选项目来做（见4.2.1.2、5.2.1.2和6.2.1.2）。

表2 方案A中环境归宿的研究

研究内容	指导原则
土壤吸收度／非吸收度*	OECD 106
土壤生物降解度（途径和降解率）**	OECD 307
水体降解度**	OECD 308
光解度（选做）	咨询注册管理机构***
水解度（选做）	OECD 111

注：*研究药物土壤吸收度和非吸收度的试验报告中必须给出所测药物在土壤中的K_{oc}和K_d值。根据土壤中的信息进行分析时应详尽，尤其对于在环境条件下为解离状态的药物。

**本研究内容仅适用于陆地圈或者水圈的研究。后者最好在盐水中进行（需要另外咨询相应指导原则）。

***OECD试验指导原则草案中水体光解度和土壤光解度的试验指导还在制订中。

3.1.3 方案A中效果的测试

3.1.3.1 方案A水体效果研究

表3所示为方案A用于研究直接或间接暴露于水体的研究和推荐的AF。建议试验中包含3类动物。即试验中至少包含1种鱼、1种水生无脊椎动物和1种水藻，并且所有种类动物针对RQ的PNEC计算都需要分别进行。

用于淡水中的兽药产品需要使用淡水物种，并且在淡水中进行试验。同样，用于海水中的兽药产品需要使用海水物种，并在海水条件下进行试验。其中，用于陆生动物的兽药产品需要对其进行淡水的相关试验。需要描述在试验地区使用动物生活在自然环境下的条件（尤其是气温）。

表3 方案A水体效果研究

介质	研究内容	毒性作用终点	AF	指导原则
淡水	水藻生长抑制试验*	EC_{50}	100	OECD 201
淡水	水蚤活动抑制试验	EC_{50}	1 000	OECD 202
淡水	鱼的急性毒性试验	LC_{50}	1 000	OECD 203
海水	水蚤生长抑制试验	EC_{50}	100	ISO 10253
海水	甲壳动物急性毒性试验	EC_{50}	1 000	ISO 14669
海水	鱼急性毒性试验	LC_{50}	1 000	咨询管理机构

注：*对于某些抗微生物药物的研究，一些管理机构比较倾向使用蓝绿藻而不是绿藻作为测试物种。

3.1.3.2 方案A陆地效果研究

表4所示为暴露于土壤药物所推荐的研究和AF。这些情况仅适用于治疗陆生动物的兽药产品。所有试验必须对所有类别的动物分别进行RQ中PNEC计算。对于驱除高密度饲养动物体内外寄生虫的驱虫药，某些管理机构更倾向寻找其他额外非靶标节肢动物（如跳虫）进行毒性试验。

一般来讲，驱体内外寄生虫的药物一般不会对植物和微生物产生毒性作用。所以，放牧动物的抗体内外寄生虫药物在植物和微生物毒性作用的研究，只有在第一阶段中达到甚至超过启用值的试验中才会进行。

表4 方案A土壤效果研究

研究内容	毒性作用终点	AF	指导原则
氮素转化（28d）*	≤25%的控制组	**	OECD 216
陆生植物	EC_{50}	100	OECD 208
蚯蚓亚急性毒性/繁殖毒性	NOEC	10	OECD 220/222

注：*该试验应在1倍和10倍最大PEC条件下进行；

**这种情况下，评估因子（AF）与毒性作用终点没有必然联系——第28天以前，如果低剂量治疗组和空白对照组的氮素转化率相同（如最大PEC）或者仅存在<25%的差异性，那么说明该兽药产品对土壤氮素转化没有长期显著的影响。如果不是这种情况，则该研究需要延长至100d（表8）。

某些特殊的用于治疗放牧动物体内外寄生虫的药物，建议对动物的粪便同时进行检测，表5所示为推荐检测的粪便指标。在进行动物粪便毒性研究时，需要根据实际情况调整指导原则，以达到最适合于当下情况的条件。对粪便中的抗体内外寄生虫药进行检测时，建议将食粪甲虫幼虫和苍蝇的幼虫作为研究对象进行检测。在进行动物粪便毒性研究时，需要根据实际情况调整指导原则，以达到最适合于当下情况的条件。在某些具有合理解释的情况下，可以免做该试验，例如，有足够证据说明局部用药对药物无吸收作用或药物主要经尿排泄。

表5 方案A中用于检测驱除放牧动物体内外寄生虫药物其他效果的研究

研究内容	毒性作用终点	AF	指导原则
苍蝇幼虫	EC_{50}	100	咨询管理机构*
食粪甲虫幼虫	EC_{50}	100	咨询管理机构*

注：*目前国际上没有适用于这种情况下研究的指导原则文件或草案，但是VICH专家小组正在致力于标准化粪便中苍蝇幼虫和食粪甲虫幼虫研究的规程，并将在最后归档至OECD试验指导原则。

不推荐对脊椎动物（如哺乳动物和鸟类）进行毒性试验。但是在某些情况下，一些药物毒性很高，可能会通过食物链在高层动物中产生蓄积效应。例如，很多鸟类捕捉节肢动物为生，但是一些喷洒的抗体内外寄生虫药会分布在环境中的节肢动物，这些抗寄生虫药就会在鸟类和家禽体内逐渐累积，产生毒性作用。在这种情况下，申请人/生产商需要考虑是否要把哺乳动物和鸟类的毒性作用纳入研究范围之内，当然，这需要得到管理机构最终决定是否增加这一部分数据。

3.1.4 方案A中的风险评估

与基于对所有常在动物进行调查研究的初始PEC相比，在进行风险评估时更倾向于使用上述所提到的基于选取几类动物进行研究的总残留和PNEC。如果所有种类动物的RQ均小于1，则足以说明所测兽药产品不会给环境带来风险，除非该药物的活性物质会长期存在，在环境中可能会有蓄积效应（见2.7）。如果RQ≥1，则不能排除所测药物不会对环境带来风险，需要进行进一步评估。

3.1.4.1 PEC修订

首先需要根据方案A中所有动物的代谢和排泄相关的信息以及所测药物在粪便、土壤和水体中的降解度，对基于总残留的$PEC_{初始}$进行修订（见2.6和2.7）。之后需要将相关动物的$PEC_{修订}$与PNEC进行对比，并且需要对两者的RQ重新进行计算。如果修订之后所有动物的RQ都小于1，那么评估即可终止。

如果修订之后所有动物的RQ仍然≥1，那么所测兽药产品需要采用方案B进行试验，并且推荐对该环境中所有动物进行检测。

在对放牧动物进行检测时，如果粪便中使用$PEC_{粪便初始}$计算的粪便昆虫RQ≥1，则需要对动物排泄药物的数据进行检查，同时使用$PEC_{粪便修订}$计算RQ。在计算$PEC_{粪便初始}$时，假定单日内所有药物均会被排出到体外。$PEC_{粪便修订}$更加切合实际，它会将粪便中所有的活性物质排泄时间及其浓度纳入考虑（见6.2.3.3）。如果RQ仍然≥1，则需要进行进一步调整指导原则。

3.2 方案B的标准

当所测RQ≥1或者土壤中微生物受到影响>25%时，则会转换到方案B。方案B中的生物推荐为仅受到影响的分类水平。另外，还有2种情况推荐使用方案B，即与生物累积效应和无脊椎动物毒性有关的情况。

评估生物累积效应的1个指标是$\log K_{ow}$≥4。该标准不适用于在环境pH值下可解离的物质，这类物质的$\log K_{ow}$需要在与环境pH值最接近的条件下的非解离状态下进行测定。

如果水生无脊椎动物的RQ≥1时，推荐使用$PEC_{沉积物}$/ $PNEC_{沉积物}$计算RQ值。沉积PNEC使用分区平衡法进行计算。这种方法可以采用对$PNEC_{水生无脊椎动物}$和沉积物/水分配系数2项指标进行评估。如果RQ≥1，则推荐测试沉积物微生物。如果所测物质的$\log K_{ow}$≥5，则考虑动物对沉积物可能有摄取消化，将再额外增加1个评估因子10。如果RQ≥1，则建议采用沉积泥沙对沉积物微生物进行长时程研究。

3.3 方案B

3.3.1 方案B中药物理化性质的研究

一般情况下，在方案B中不涉及药物理化性质的研究。

3.3.2 方案B中环境归宿的研究

如果$\log K_{ow}$≥4，则应密切观察药物的代谢/残留/排泄情况、生物降解及分子质量的研究结果，以判断是否存在生物蓄积效应。如果发生生物蓄积效应，则应按照表6所推荐内容实施方案B。为了评估继发中毒的风险，可以考虑使用基于QSARs的预估BCF。若有疑问，请及时咨询注册管理机构。

表6 方案B中环境归宿的研究

研究内容	指导原则
鱼体内生物富集效应的研究	OECD 305

如果BCF≥1 000，需要及时咨询管理机构。

3.3.3 方案B中环境效应的研究

3.3.3.1 方案B中水体效应的研究

表7所示为使用$PEC_{修订}$后计算所测药物涉及的动物RQ≥1时所推荐的研究内容（参考3.1.4）。

表7　方案B中水体效应的研究

环境	研究内容	毒性作用终点	AF	指导原则
淡水	水藻生长抑制试验*	NOEC	10	OECD 201
淡水	试验用大型水蚤繁殖试验	NOEC	10	OECD 211
淡水	鱼，生命早期**	NOEC	10	OECD 210
淡水	水底无脊椎动物毒性试验	NOEC	10	OECD 218，219***
海水	水藻生长抑制试验*	NOEC	10	ISO 10253
海水	甲壳动物慢性毒性试验和繁殖试验	NOEC	10	咨询注册管理机构
海水	鱼慢性毒性试验	NOEC	10	咨询注册管理机构
海水	水底无脊椎动物毒性试验	NOEC	10	咨询注册管理机构

注：*研究内容与方案A相同，但是NOEC按方案B进行。

**鱼类试验的可代替试验：鱼类胚胎和卵黄期幼鱼（OECD TG212）进行短期毒性试验以及亚成年鱼的生长抑制试验（OECD TG 215），一般认为是不可取的。在本指导原则的第1页前半部分已经说明为什么这种情况下OECD TG 210指导原则更适合。

***如果药物通过水体进入环境的，则应采用OECD TG219指导原则；如果药物通过沉积或者经土壤吸收进入环境，则应采用OECD TG 218指导原则。

3.3.3.2　方案B中对陆生动物效应的研究

表8中所示内容适用于使用$PEC_{修订}$时，药物受影响的动物RQ≥1，或者对土壤中微生物效应＞25%。

表8　方案B中陆生动物效果的研究

研究内容	终点	AF	指导原则
氮素转化（100d-方案A的扩展）	≤25%空白对照组	*	OECD 216
陆生植物的生长，更多种类**	NOEC	10	OECD 208
蚯蚓			无

注：*这种情况下评估因子（AF）与毒性作用终点没有必然联系——第28天以前，如果低剂量治疗组和空白对照组的氮素转化率相同（如最大PEC）或者仅存在＜25%的差异性，那么说明该兽药产品对土壤氮素转化没有长期显著的影响。如果不是这种情况，则该研究需要延长至100d，直至申请人/生产商的评估结果为该兽药产品对土壤氮素转化没有长期显著的影响。

**该试验需要从方案A中所列出的实验动物中另外选取2种最敏感的动物进行重复试验，此外，还要重复最敏感动物的相关试验。

如果按照方案B评估之后RQ≥1，亦或土壤中微生物受影响率＞25%时，需要向注册管理机构咨询解决办法。

对于放牧动物，使用$PEC_{粪便修订}$计算得到的动物群粪便RQ≥1时，则推荐终止该评估，并向注册管理机构咨询相关信息。

4　水产业

4.1　简介

本部分内容介绍了在水产业中兽药产品对环境的风险评估。有很多兽药产品可以作用于水体生物。在很多情况下，药物是直接投放到水中或者饲料中；但是也有很多情况也会直接注射给药。

在VICH施行区域中，不同的水产业会有很大的差别，但总体上可以将它们分为以下几类：①海水养殖，利用海湾、河口、峡湾、湖泊等，投放饲养笼或围塘的养殖；②在单条溪流或河流旁边人工开发的水沟、水池或水塘，其活水来自于旁边的河流，并会汇入原来的河流；③从河流或溪流分流出来的水沟、水池或水塘；④单独存在的水池或水塘，并且有可控的排水渠道。

以上分类为常见的水产业养殖模式，其中有完全开放式养殖，也有完全封闭式养殖。不管是在哪种养殖模式下，药物进入水体后均会被稀释，而且会通过水体进入环境。

即使在全开放式水产养殖体系中，使用兽药产品时也应将鱼饲养于隔离网箱中，例如，置入有足够水量和2～3m深的隔水袋中，之后向其内加入足够浓度的兽药，并持续足够的治疗时间。治疗完成时，假定药物在隔水袋中是平均分布的。之后将隔水袋撤离，隔水袋中的活性物质将在环境中一定区域的水体中等浓度扩散。之后由于洋流以及物质的扩散作用，这些物质会进而扩散至更广阔的区域，并逐渐形成浓度梯度。在另外一些情况下，由于没有任何阻碍物，物质的扩散可能会更快更直接。有些情况可以将隔水袋的底部打开，这样药物可以通过隔水袋底部扩散至周围水域。

在那些半封闭的水产养殖体系中，在治疗之后，含有兽药产品的水会从特定排水口排入到不含药物的水体中。同样，排放的最初阶段，药物在一定的区域内会被稀释，之后发生更广阔的扩散。在某些区域内，含有活性成分药物的水会通过特定的污水处理系统，该系统会将活性成分吸收或降解，之后再排放到环境中。

图1所示为决策流程图，在其最后的部分是对用于水产业各类兽药产品对环境风险的评估概述。图中给出了简要的文字说明，其中包括所推荐的终点参考内容。当然，图表一定要与主要指导原则一起使用。

4.2 方案A

4.2.1 方案A中推荐的数据

当所测兽药产品用于水产养殖后不能达到第一阶段的要求，如果采用方案A，则需要按照以下内容检测其基本信息。

4.2.1.1 药物理化性质研究

表1给出了方案A所推荐的检测内容。除非有特殊说明，在本部分内应完全按照表1所示内容进行。

4.2.1.2 环境归宿研究

表2给出了方案A所推荐的检测内容。在本部分内容中，药物降解试验需要在水环境下进行。如果最初信息提示该药物可能会发生光降解或水解，则需要进行光降解试验和水解试验。

4.2.1.3 环境效应研究

表3给出了方案A所推荐的研究内容和AF。在本部分内容中，在3大物种种类中，至少从每一类中选择1种物种进行试验，例如，相关水体中的鱼类、无脊椎动物和水藻（淡水或海水），并且分别统计PNEC值以计算各类物种的RQ。

4.2.2 $PEC_{表层水体}$的计算与比值

4.2.2.1 $PEC_{初始表层水体}$（$PEC_{初始土壤水}$）的计算

最初的风险评估需要针对$PEC_{初始土壤水}$进行。

PEC的计算应基于以下几点：

- 在水产养殖系统中，在1个疗程内所使用兽药总量（见术语）；
- 环境中涉及治疗用药的水体容积：由当地特定的实验物种种类和养殖设施所决定的（如围塘）；
- 假定药物活性物质进入治疗水体后会被稀释（具体稀释的方式依不同的养殖方式、养殖设施以及运转方式而不同），并且之后会扩散至外界环境中；
- 在半封闭式养殖系统中，鱼塘中药物稀释的程度以及排放已使用水时，新鲜水（河水或溪水）进入鱼塘的水量；
- 对于开放式养殖系统中，药物的稀释程度很大程度上依赖于鱼塘的形状、宽度和深度，以及水流的情况。

4.2.2.2 PNEC与$PEC_{初始土壤水}$的比较

在本部分内容中，水体效应试验中被试的所有动物种类的PNEC都需要与$PEC_{初始土壤水}$进行比较。如果所有动物的RQ（$PEC_{初始土壤水}$/PNEC）均<1，则不需要进一步的评估。但是，如果RQ≥1，则需要利用4.2.2.3提到的几种缓和的方式对$PEC_{初始土壤水}$进行修订。

4.2.2.3 $PEC_{修订土壤水}$的计算

计算$PEC_{初始土壤水}$时，假定所有药物活性成分在换水之前一直存在于整个水体中，并且其稀释作用仅发生在有限的空间内。开放系统中，必须考虑药物进一步的扩散。药物的扩散会受到多种因素的影响，例如，气流、洋流、以及其他会影响水温和溶解度的因素。而且需要考虑水体底部泥沙对药物的吸收作用。也有一些个别的试验，在其1个疗程之内，会有几批药物或其代谢产物陆续释放到环境中，并且会大范围与下一次的试验发生重叠。

4.2.3 $PEC_{水底生物}$的计算与比值

4.2.3.1 $PEC_{水底生物}$的计算

如果根据$PEC_{海水修订}$计算所得的水生无脊椎动物RQ仍然≥1，则需要计算$PEC_{水底生物}$，然后除以$PNEC_{水底生物}$计算得出水底生物RQ，来判断药物的毒性作用是否波及到水底生物圈，并且需要按照方案B进行操作。至于$PEC_{表层水体}$在试验最初就已经计算得出，所以，应按照需要及时进行修订。在计算$PEC_{水底生物}$基础值时，假定水和泥沙是完全分开的，因为在真实的环境条件下，水和底层泥沙之间是处于动态平衡的一个状态。

4.2.3.2 饲料中添加兽药产品的$PEC_{水底生物}$的计算

在鱼饲料中添加兽药产品是常用的给药手段，尤其在需要连续几天使用的时候更加适用。在这种情况下，兽药产品会随着残留的食物一起沉积到围塘的水底以及周围的水底中。这类兽药产品比较适合使用$PEC_{水底生物}$来进行影响评估，需要以下几项评判指标：

- 未被鱼取食并逐渐沉入水底鱼饲料占所给鱼饲料总量的百分比；
- 鱼饲料中所含兽药产品的总量；
- 粪便中兽药产品含量占所给剂量的百分比（如果这部分数据缺失，那么假定该百分比为100%，即与未被取食的鱼饲料相同）；
- 围塘正下方水底的面积以及未被取食的鱼食和鱼粪便所能到达的周围水底的面积；
- 药物活性物质所能渗透到水底泥沙中的深度；
- 水底泥沙的密度。

所以，水底活性药物的浓度就是沉积到水底的残余鱼饲料和鱼排泄物的总量与水底泥沙和水体质量/容积之间的函数关系。

4.2.3.3 PEC与PNEC的比值

$PEC_{水底生物}$计算得出之后，需要与$PNEC_{水底生物}$进行除法计算，如4.2.3.1所描述，用于判断所测药物是否影响到水底生物，并且需要按照方案B进行操作。

4.3 方案B

4.3.1 方案B的启用

启用方案B的评判标准已在3.2中给出。

4.3.2 方案B所推荐的必要数据

4.3.2.1 药物理化性质的研究

在方案B中一般不要求做额外的物理化学试验。

4.3.2.2 环境归宿研究

正如3.3.2内容所述，如果$\log K_{ow}$≥4，并结合考虑该部分所给出的信息，则方案B需要对所用兽药产品在鱼的生物富集效应进行研究，表6给出了所推荐的研究内容。

4.3.2.3 环境效应的研究

如果方案A中使用$PEC_{土壤水修订}$与PNEC所比得出的一种甚至多种水生动物RQ仍然≥1，则推荐使用

表7所列试验内容对该几种水生动物进行检测。

如果修订后的表层水生无脊椎动物RQ值仍然≥1，则需要计算$PEC_{水底生物修订}/PNEC_{水底生物}$。若其RQ仍然≥1，则推荐使用方案B中给出的水底无脊椎动物效应研究内容。

4.3.3 进一步评估

按照方案B完成评估之后，如果仍有发生其他风险的可能，如所测兽药产品的RQ始终≥1，亦或BCF始终≥1 000，则建议申请人/生产商应就他们的材料以及基于更多数据和风险缓解措施的提议与管理机构进行讨论。

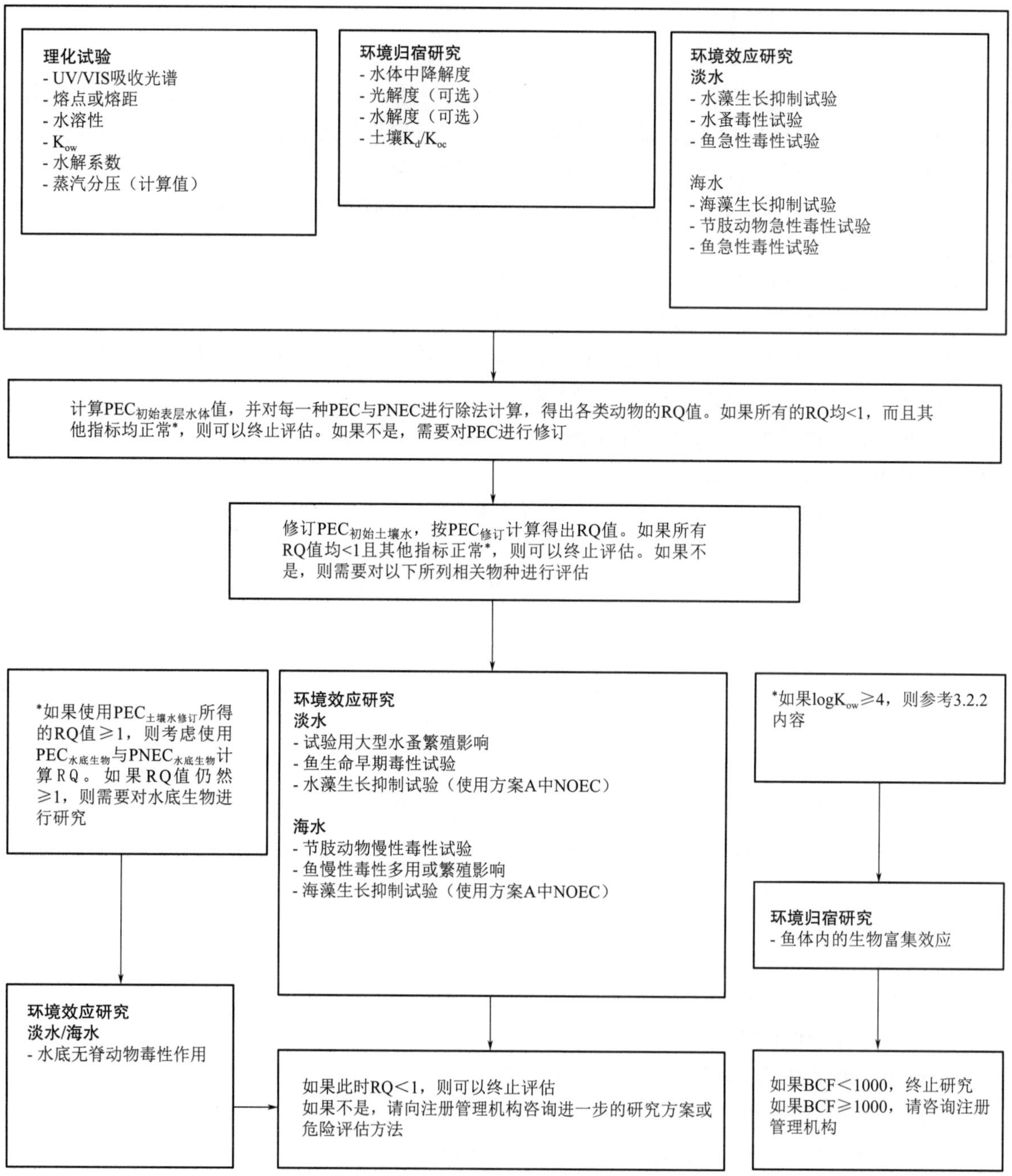

图1 水产业兽药产品评估决策树/流程图

5 集约化饲养的动物

5.1 简介

第二阶段的指导原则是用于集约化养殖动物使用兽药产品的风险评估。

集约化养殖是指在限定的区域内饲养动物，这些动物包括圈养动物和育肥动物。饲养者将动物、饲料、粪便和尿液限制在一个相对较小的区域（采食区），并为所饲养的动物提供食物和饮水，而非像放牧动物那样任动物自由觅食。污物通常排放到厂区外及其邻近的地域。一个标准的集约化养殖场应拥有育肥圈，并且育肥圈的地面应该是硬化地面，如使用混凝土或者金属槽构筑的地面。如果养殖场的地面虽然不是硬化地面，但是，地面上没有被植被覆盖（包括囤污区），那么该养殖方式也可归为集约化养殖。如果育肥场边缘生长有一些不知名的植物，不管该育肥场是否在被使用中，该种养殖方式也可以被认为是集约化养殖。常见集约化养殖的动物包括肉牛、奶牛、猪、鸡以及火鸡。

图2所示的决策树／流程图是用于集约化养殖中各类兽药产品的风险评估的概述。图中提供了本节汇总，可以作为本建议书的快速参考。当然，图表一定要与主要指导原则一起使用。

5.2 方案A

5.2.1 方案A中推荐的数据

如果某种用于集约化养殖的兽药产品不能满足第一阶段的标准，以下是采用方案A所要求的基本检测值。

5.2.1.1 理化性质试验

表1给出了方案A所推荐的试验内容。除非有特殊说明，在本部分内应完全按照表1所示步骤进行。

5.2.1.2 环境趋势试验

表2给出了方案A所推荐的试验内容。在本部分内容中，药物降解试验需要在土壤环境下进行。如果最初信息提示该药物可能会发生光降解或水解，则需要进行光降解试验和水解试验。

5.2.1.3 环境效应研究

表3给出了方案A所推荐的水生生物影响试验和AF。在集约化养殖的兽药产品研究中，在三大动物种类中，至少从每一类中选择1种生物进行试验，例如，相关水体中的鱼类、无脊椎动物和水藻（淡水或海水），并且分别统计PNEC值以计算各类生物的RQ。

表4给出了方案A所推荐的陆生动物影响试验和AF。试验中包含了存在于陆地环境中会接触到的3种环境分类等级生物，无脊椎动物、植物、微生物对于试验潜在影响的数据分析。分别统计PNEC值以计算各类级生物的RQ。

5.2.2 $PEC_{土壤}$的计算与比值

PEC作为兽药产品用于集约化养殖引起土壤中残留的一个结果，通常基于以下几个方面：

- 所使用药物的总剂量；单个动物的使用剂量和频率以及群体动物的应用模式；
- 药物在动物体内的代谢情况，包括原药及其代谢产物的排泄信息；
- 基于动物体重的粪便排泄量；
- 养殖场内所饲养动物每年的饲养周期数量、每个饲养周期的时长以及时间；
- 粪便的储存时间与所使用药物的关系；
- 撒厩肥方式要满足任何与施肥时间相关的限制，1年中不论单次还是数次施肥，要合法并且咨询施肥数量的限制条件。

5.2.2.1 $PEC_{土壤初始}$的计算

方案A第二阶段中首先要计算$PEC_{土壤初始}$以用于风险评估。正如2.6所述，假设药物以100%的原形被动物排泄，要计算$PEC_{土壤初始}$并且将用于第一阶段的评估。

计算$PEC_{土壤初始}$时，应考虑到在同一区域内可能会反复施予含有活性物质的粪肥。如2.7所述，这里要特别考虑化学性质比较稳定的物质，数年内反复应用可导致其在土壤中浓度升高，随之影响土壤功能并且可能会产生其他环境影响。

5.2.2.2　PNEC与$PEC_{土壤初始}$的比较

在方案A中，陆生动物影响试验中被试的所有动物种类的PNEC都需要与$PEC_{土壤初始}$进行比较。如果所有动物的RQ（PEC/PNEC）均<1，则不需要进一步的评估。如果所得RQ≥1，则需要按照5.2.2.3将最差的$PEC_{土壤初始}$进行修订，并重新计算RQ。

5.2.2.3　$PEC_{土壤修订}$的计算

$PEC_{土壤}$的修订首先需要考虑方案B中所有测试的施行。任何修订都应采用适当的计算和方法来进行。

$PEC_{土壤初始}$的修订可以通过测定处理动物排泄量的实际成分来进行。正如2.6所述，当排泄物数据可用时，那么应当增加测定活性物质以及相关代谢产物（定义为给药剂量的10%及以上，并且不是来自生化过程的部分）用于估计$PEC_{土壤修订}$。

PEC还可以通过几项调整来进一步细化，包括且不限定于以下内容：

• 任何粪便在施用到田地前的储存中发生的活性物质降解，应视情况而定；

• 田地中基质和相关代谢产物的降解，使用方案A中实验室土壤退化研究的结果。矿化作用的时间，基质残留或降解界限的确立作为生化过程的组成可被用于本方案中PEC修订。

5.2.3　水体PEC的计算与比值

如3.所述，集约化养殖中使用的兽药产品可能会通过水体在土壤中的流动和吸附作用间接影响生态圈表层水体中的非靶标动物。因此，有必要计算地表水及地下水中PEC。

5.2.3.1　$PEC_{初始土壤水}$的计算与比值

计算通过任何形式间接进入地表水的$PEC_{初始土壤水}$。通过$PEC_{初始土壤水}$计算$PEC_{土壤初始}$。

影响活性物质向地表水中运动的可能性因素包括其物理和化学特性，降雨量和流失比例，还有土壤水文特性。

在本部分内容中，水体效应试验中被试的所有生物种类的PNEC都需要与$PEC_{初始土壤水}$进行除法计算。如果所有生物的RQ均<1，则不需要进一步的评估。如果一种或一种以上动物所得RQ≥1，则需要利用5.2.2.3所提到的几种缓和的方式对$PEC_{初始土壤水}$进行修订，重新计算RQ。

5.2.3.2　$PEC_{地下水}$的计算

影响活性物质向地下水中运动的可能性重要因素包括其物理和化学特性，土壤有机质含量、降水量和含水土层或者季节性饱和层和优先流的深度。

评估$PEC_{地下水}$时，考虑到公共卫生问题，需要一定范围内进行附加试验，同时/或者采取缓解措施。地下水是一种自然资源，不应只在于公共卫生的方面进行风险评估，同时也需要评估对地下水生物群的潜在不良影响。

5.3　方案B

5.3.1方案B的启用

启用方案B的评判标准已在3.2中给出。

5.3.2　方案B所推荐的必要数据

5.3.2.1　药物理化性质的试验

在方案B中一般不要求做额外的物理化学试验。

5.3.2.2　环境归宿试验

正如3.3.2所述，如果$\log K_{ow} \geq 4$，并结合考虑该部分所给出的信息，则方案B要求对所用兽药产品在鱼的生物富集效应进行研究，表6给出了所推荐的研究内容。

5.3.2.3　环境效应的研究

当修订$PEC_{土壤/水土壤}$与方案A中的数据相比，如果微生物>25%或者一种甚至多种生物种类（水生和陆生动植物）的RQ仍然≥1，那么，这些个别的生物种类应该按照表7和表8所示进行检测。

如果修订后的表层水生无脊椎动物RQ值仍然≥1，则需要计算$PEC_{沉积物修订}$/$PNEC_{沉积物}$。若其RQ仍然≥1，则推荐使用方案B中给出的水底无脊椎动物效应研究内容。$PEC_{沉积物}$的计算方法见4.2.3.1。

5.3.3　进一步评估

按照方案B完成评估之后，如果仍有发生其他风险的可能，如所测兽药产品的RQ始终≥1，或BCF≥1 000，则建议申请人/生产商应就他们的材料以及基于更多数据和风险缓解措施的提议与注册管理机构进行讨论。

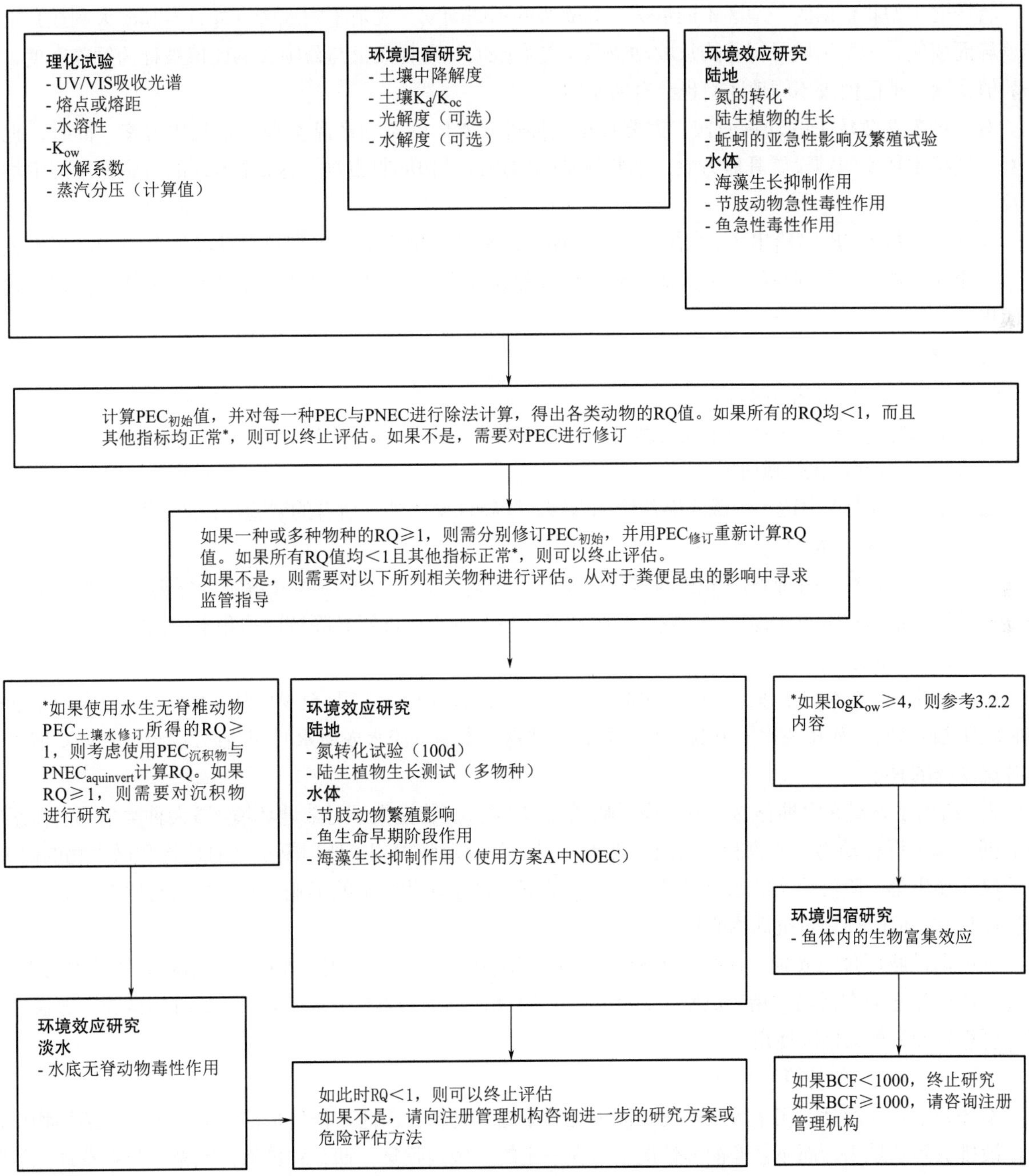

图2　集约化养殖动物兽药产品评估决策树/流程图

6 放牧动物

6.1 简介

本部分内容介绍了牧场饲养动物的兽药产品环境风险评估。

牧场是指被禾本科植物或牧草覆盖，用于放牧或适合放牧的土地。放牧动物仅考虑在牧场上的饲养时间，特指一年中某一阶段或全部时间饲养在牧场上的家畜。放牧动物的排泄物直接排放到牧场，或是排放到栖息地中其他被牧草覆盖的区域。这与将粪污收集处理后再排放到农田或草地的集约化养殖有所不同。在牧场，牧草是家畜的主要食物来源。

牧场的类型将根据同一地区不同情况（如欧盟的不同国家）或是不同地区（如日本和澳大利亚）之间的差异而变化。一个区域可饲养的放牧动物数量是有限的，动物数量与公顷数的比值被称为饲养密度，这一数值在同一地区内或不同地区间也会有所不同。

对于饲养在牧场上的动物而言，需要根据直接进入水体的不同产品类型制定具体方案。同时，也要针对一些特定环境问题设置具体方案，如牧场动物内用或外用的驱虫剂，这2个方面的方案在本文中均有涉及。

本部分结尾处的图3给出了1个决策树/流程图，来总结用于不同类型放牧动物的兽药产品环境风险评估。流程图是对文章的总结，可快速的对推荐方案进行浏览。并且，图表一定要与主要指导原则一起阅读使用。

6.2 方案A

6.2.1 方案A中的推荐数据

当用于放牧动物的兽药产品不能达到第一阶段的要求，以下是方案A中推荐的基本检测值。

6.2.1.1 药物理化性质研究

表1给出了方案A中这一领域的推荐检测内容。除特殊说明外，所有的试验应照此进行。

6.2.1.2 环境归宿研究

表2给出了方案A所推荐的试验内容。在本部分内容中，药物的生物降解试验需要在土壤环境下进行。如果最初信息提示该药物可能会发生光降解或水解，则需要进行光降解试验和水解试验。

6.2.1.3 环境效应研究

表3给出了方案A中水体影响试验和推荐的AF。放牧动物兽药产品至少要从3大种类的每一类中选择1种生物进行试验，如相关水体中的鱼类、无脊椎动物和水藻（淡水或海水），并且分别统计PNEC值以计算各类动物的RQ。

表4给出了方案A中推荐的陆生生物影响试验和AF。试验提供了对陆地环境下3大种类生物潜在影响的数据，如无脊椎动物、植物和微生物。然而，对于放牧动物内用/外用驱虫剂对植物和微生物的研究，推荐仅在超出第一阶段给出的阈值时进行。如果数据能显示这些分类的影响，则需要进行研究。同样，分别统计PNEC值以计算各类动物的RQ。

可根据动物所排出粪便中蜣螂幼虫和粪蝇幼虫的数据，来评估内用/外用驱虫剂对粪便动物的影响。监管办法应当建立在适当的指导原则上，用以评估对粪便动物的毒性。表4中列出的蚯蚓试验，建议在粪便主要靠蚯蚓分解的地区使用。

6.2.2 $PEC_{土壤}$的计算和比值

本部分中兽药产品是用于放牧动物，而不是用于圈养动物。因此，任何尿液或粪便中药物活性物质都直接被排放到草地上，而不是像圈养情况下，在一定的区域内收集、储存和扩散。家畜一年在草地上放牧的比例，与放牧的时间有关，是计算PEC值范围时一个重要的考虑因素。

6.2.2.1 $PEC_{土壤初始}$的计算

方案A中，$PEC_{初始土壤}$的原始计算结果覆盖用于所有放牧动物的兽药产品，包括吸收和排泄的局部给药的药物。随后完成$PEC_{土壤初始}$的计算，在这个阶段，统计$PEC_{土壤初始}$时最糟的情况是将粪便和尿液中排出的有效物质同时统计。虽然一般情况下，会有排泄的数据来确定兽药产品服用量的排泄的比例以及药物原形和代谢物的相对比例，但最开始时，应该假设服用量将会100%排泄到草地上。

$PEC_{土壤初始}$的计算应基于以下几点：

- 服用剂量的100%排泄；
- 药物残留分布与土壤深度相关的假设；
- 牲畜的饲养密度；
- 活性物质在地面的均匀分布。

6.2.2.2 PNEC和$PEC_{土壤初始}$的比较

在这个阶段，所有种类的陆生动物影响测试PNEC水平应该与其$PEC_{土壤初始}$进行除法计算。如果所有种类的RQ<1，则无需进行后续评估；如果RQ≥1，应该如6.2.2.3所述将$PEC_{土壤初始}$进行修订，重新计算RQ。

6.2.2.3 $PEC_{土壤修订}$的计算

$PEC_{土壤}$的修订应当在进行方案B的任意测试前考虑进行。修订应使用适当的计算方式和试验方法。$PEC_{土壤}$的进一步修订可以按照5.2.2.3介绍的方法进行。

6.2.3 $PEC_{粪便}$的计算和比值

6.2.3.1 $PEC_{粪便初始}$的计算

一些兽药产品主要通过粪便而不是尿液排出。通过粪便排出到环境中的兽药产品最初可能并不分布在土壤里，而是后期随着粪便/土壤动物，或土壤的浸吸作用进入土壤中。

对于粪便排泄的活性物质，应该估计$PEC_{粪便初始}$。这是粪便中药物活性物质的最大浓度，并且应该假设最初并没有粪便活性物质的排泄数据。因此，$PEC_{粪便初始}$的计算是基于假设单日内的药物100%都是通过粪便排泄。

这关系到，特别是内用驱虫药和外用驱虫药，在口服、注射、局部给药后在草地上的排泄。对于这些产品，也应该对$PEC_{粪便初始}$进行估算。并且，还需要估计粪便中药物的浓度，以及这些产品对粪便动物是否有潜在的影响。

6.2.3.2 PNEC和$PEC_{粪便初始}$的比较

在这个阶段，粪蝇、蜣螂以及如果适用于蚯蚓，这些种类的PNEC水平应该与其$PEC_{粪便初始}$进行除法计算。如果所有种类的RQ<1，则无需进行后续评估；如果RQ≥1，应该如6.2.3.3所述将$PEC_{粪便初始}$进行修订，重新计算RQ。

6.2.3.3 $PEC_{粪便修订}$的计算

方案B中，粪便的浓度、$PEC_{粪便}$不是一个单一的值。需要进行排泄试验来提供对$PEC_{粪便}$进行更合理的估计。数据应该包含实验动物排泄的新鲜粪便中活性物质的浓度。粪便的浓度应该用适当的方式来获得，并通过一个适当的阶段来确定生态毒理学意义上的浓度。

将任意时间点排泄的粪便中最大的PEC，与粪便动物的PNEC进行比较。可在进行一段时间的“粪便是否对粪便动物有毒害作用”试验后进行评估。

6.2.4 水体PEC的计算和比较

6.2.4.1 地表水和地下水

放牧动物的兽药产品可能通过水的流动以及土壤的吸收间接影响到地表水中的非靶标物种。因此，应当同时统计地表水及地下水的PEC（见5.2.3）。并且，$PEC_{地下水}$应该考虑在同一地区的水平。

此外，对饲养在牧场上的动物而言，还有其他途径接触到水生环境。这些在6.2.4.2中将有所涉及，也应该考虑在内。

6.2.4.2 水生环境的污染

水生环境有很多方式会受到污染，并且单一产品可能会引起以下不止一种的污染情形。因此，有必要将不同接触途径的PEC值汇总在一起，计算出总PEC。或者，这些不同的接触途径也说明地表水的污染将会发生在更长一段时间内。在评估$PEC_{土壤水初始}$时应考虑这些因素。

方案A中，最初的风险评估可以用基于以下情况的$PEC_{土壤水初始}$浓度进行估计。

6.2.4.2.1　放牧动物直接排泄的方式使有效活性物质进入地表水中

放牧条件下，直接涉及的水体有可能是家畜作为饮水的水体，此外，也有可能是仅与这个物种有关的水体，如肉牛是站在水里。

6.2.4.2.2　使用局部外用驱虫剂造成的硬地表区域污染，导致水生环境通过降雨引起的地表径流间接被污染

这个接触途径适用于动物聚集在农场的一个特定区域内，接受局部外用驱虫剂的药物治疗。可能是牧场的某一区域，也可能是某一裸露的地面，或某一处混凝土地面。这些区域受到兽药污染，有可能来自混合集中的、用药时飞溅的，或是动物流失的过量液体中的。在随后的降雨中，这个区域地表径流中的有效物质将污染周围的土壤以及附近的地表水。

6.2.4.2.3　对动物使用的高剂量外用驱虫剂，进入地表水，直接引起的水生环境污染

对动物使用大剂量兽药产品治疗方法，包括浸泡、喷洒以及药浴。在经过一段时间让多余的药液流失后，动物会被送回牧场。如果在进入地表水之前，羊毛油脂上或隐藏部分有活性物质已经变干或者吸附，当接受治疗的躯体部分进入或直接接触水时，有效物质也将很容易进入地表水中。这通常会影响浅层地表水，可能只是动物的腿部，或只是下腹部接触到水。

一般来说，使用浇泼剂（即低剂量）治疗的动物，不会以这种方式污染地表水，这取决于低剂量的使用，以及动物用药的面积。

6.2.4.2.4　羊用防腐浸液的使用与处置

植被地区的低浓度浸液，可能会导致土壤与相关的植被以及地下水受到污染。地面上高剂量的外用驱虫剂，是环境的主要影响因素，也是风险管理的主要管理对象。在这种操作允许进行的地区，应该建立能够执行环境风险评估的数据，作为这些兽药产品授权过程的一部分。这种情况，应由申请人与注册监管机构在个案基础上协商处理。

6.2.4.2.5　绵羊毛的处理污水

这个问题仅在某些地区考虑，并不适用于VICH施行的所有地区。因此，这个问题不会在本规定中有所涉及。申请人应该向相关的注册监管机构寻求帮助。

6.2.4.3　PNEC与$PEC_{土壤水初始}$的比较

所有分类水平水体影响试验确定的PNEC与$PEC_{土壤水初始}$相比。如果$RQ<1$，则不需要进一步验证。然而，如果$RQ \geqslant 1$，$PEC_{土壤水初始}$应该如6.2.4.4所述被修订，重新计算RQ。

6.2.4.4　$PEC_{土壤水初始-修订}$的计算

对于$PEC_{土壤水初始}$而言，假设进入地表水后，稀释和分散更切合实际，当任一水生分类的$RQ>1$时，可以修订出修订地表水PEC。这需要考虑被污染水的容积以及流速来估算分散和稀释的程度。由于降解、稀释、吸附和分散，最终的修订地表水PEC会有所降低，但将涉及更大的区域。

应该依据受影响地区和最终浓度来进行估算。这些估计针对特定的地区，应该从注册监管理机构处寻求建议。并且，在这个阶段，评估只是基于简单估计的经验模型，如有必要，后期可进行修正。

6.3　方案B

6.3.1　启用方案B进行进一步检测的评判标准

进一步检测的评判标准见3.2的方案B。

6.3.2　方案B中的推荐值

6.3.2.1　理化性质研究

一般来讲，方案B中没有设立补充的理化试验。

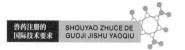

6.3.2.2 环境归宿研究

如果$\log K_{ow}$ ≥ 4，则进一步的考虑因素见3.3.2，表6方案B鱼类生物浓缩研究。

6.3.2.3 环境效应研究

如果PEC修订后，$PEC_{土壤/土壤水修订}$与来自方案A的PENC相比，一个或多个种类（包括水生或标准陆地）仍然RQ ≥ 1，或是微生物的影响> 25%，则该特定种类的后续试验应按照表7和表8的说明进行。

粪便动物的研究中，如果方案B中的RQ，即一个或多个种类$PEC_{粪便修订}$与PENC的比值仍 ≥ 1，还应进行进一步的检测以确定风险。应与注册管理机构就合适的研究方案进行沟通。

如果修订后，地表水中水生无脊椎动物的RQ ≥ 1，应该考虑$PEC_{沉积物修订}$与$PNEC_{沉积物}$的比值。如果RQ ≥ 1，沉积物无脊椎动物影响的研究，见方案B中4.2.3.1计算$PEC_{沉积物}$。

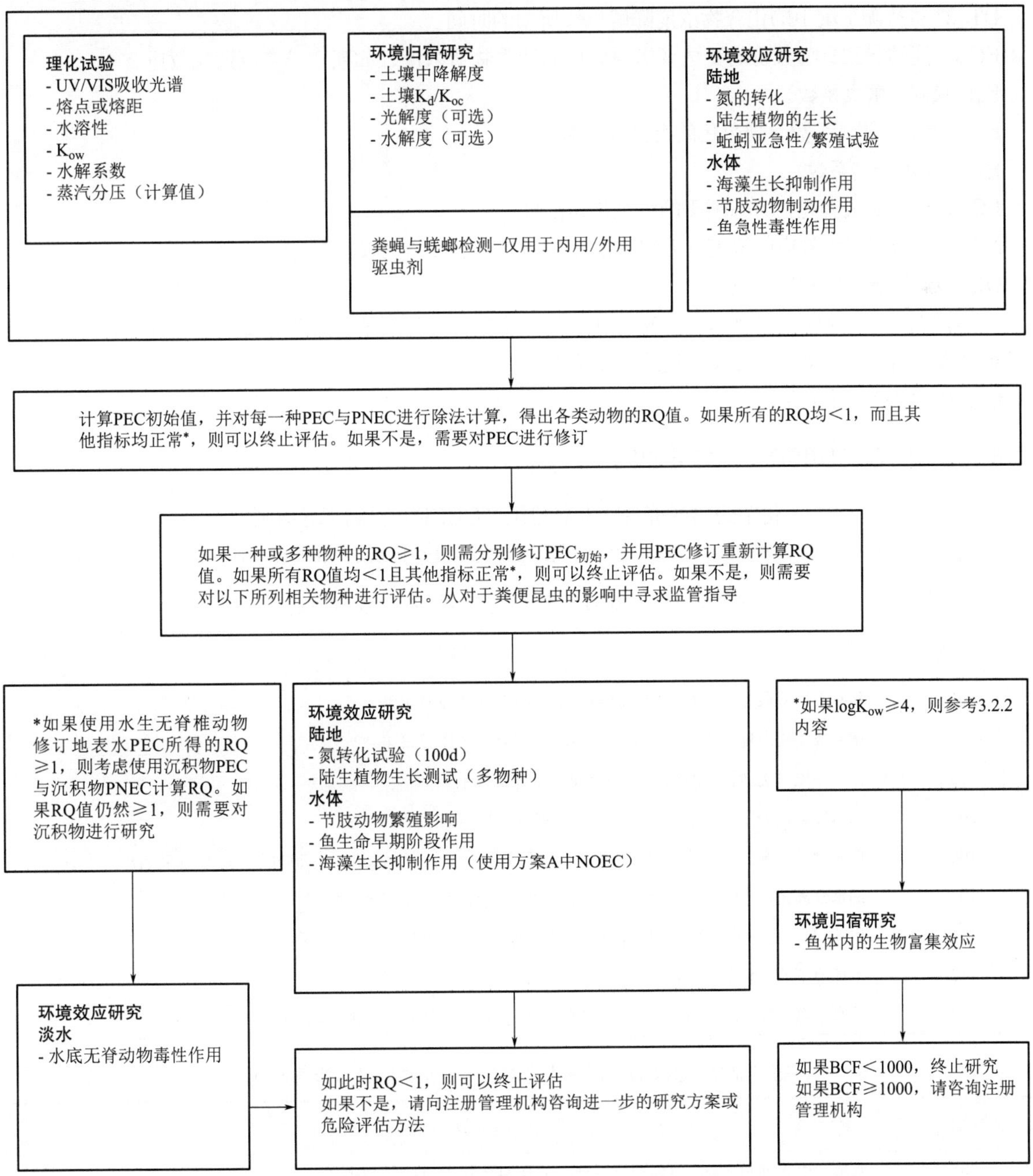

图3 放牧动物兽药产品评估决策树/流程图

6.3.3　进一步评估

如果方案B的评估完成后，仍然存在风险预警，如所测的兽药产品中始终有1个RQ ≥ 1，或是BCF≥1 000，则建议申请人/生产商应就他们的材料以及基于更多数据和风险缓解措施的提议与注册管理机构进行沟通。

7　术语

活性物质：药物原形（原药）和/或其代谢产物。

ADME：吸收，分布，代谢，排泄。

BCF：生物富集因子。

DT_{90}：将待测土壤中的化合物浓度降解90%所用的时间。

EC_{50}：能够导致50%数量的受试者出现效应的待测物质浓度，如死亡或者亚致死效应。

K_d：吸附/解离系数。

K_{oc}：吸附/解离系数，规范化的有机碳含量。

K_{ow}：油水分离系数。

LC_{50}：导致受试者死亡50%所需的待测物质浓度。

NOEC：未观察到效应的浓度（无作用浓度），如测试中没有引起有害作用的浓度。

OECD：经济合作发展组织。

1个疗程：包括根据该药物的生产商/申请人所推荐的给药剂量、给药总量以及给药途径。一个疗程可以包含数次给药（例如，1次/d，连续使用7d）。

QSAR：定量构效关系。

8　推荐的OECD/ISO检测指导原则

化学药物经济合作发展组织（OECD）检测指导原则

(http://www.oecd.org/en/home/0,en-home-524-nodirectorate-no-no-no-8,00.html)

第一部分　OECD理化性质已采纳的试验指导原则

TG编号	题　目
101	UV-VIS吸收光谱（初始指导原则，于1981年5月12日采纳）
102	熔点或熔化温度范围（更新指导原则，于1995年7月27日采纳）
104	蒸汽分压（更新指导原则，于1995年7月27日采纳）
105	水溶性蒸汽分压（更新指导原则，于1995年7月27日采纳）
106	使用批量平衡法研究药物在土壤中的吸收和解吸（更新指导原则，于2000年1月21日采纳）
107	油水分离系数（n-辛醇/水）：摇瓶法（更新指导原则，于1995年7月27日采纳）
111	生理pH条件下的水解作用研究（初始指导原则，于1981年5月12日采纳）
112	水环境下的分解系数（初始指导原则，于1981年5月12日采纳）
117	油水分离系数（n-辛醇/水），HPLC法（更新指导原则，于2004年2月1日采纳）

第二部分　OECD对活体生物的作用已采纳的试验指导原则

TG编号	题　目
201	水藻，生长抑制试验（更新指导原则，于1984年6月7日采纳采纳）
202	水蚤，急性活动抑制试验和繁殖试验（更新指导原则，于2004年2月1日采纳）

（续）

TG编号	题　目
203	鱼，急性毒性试验（更新指导原则，于1992年7月17日采纳）
208	陆生植物，生长试验（初始指导原则，于1984年4月4日采纳）
210	鱼，早期生命阶段毒性试验（初始指导原则，于1992年7月17日采纳）
211	大型试验用水蚤繁殖试验（初始指导原则，于1998年9月21日采纳）
216	土壤微生物，氮素转化试验（初始指导原则，于2000年1月21日采纳）
218	沉积物-水系统中摇蚊毒性试验：使用加标于沉积物法（初始指导原则，于2004年2月1日采纳）
219	线蚓繁殖试验（初始指导原则，于2004年2月1日采纳）
222	蚯蚓繁殖试验（初始指导原则，于2004年2月1日采纳）

第三部分　OECD生物降解与生物富集已采纳的试验指导原则

TG编号	题　目
305	生物富集作用：流水鱼类试验（更新指导原则，于1996年6月14日采纳）
307	土壤好氧厌氧转化试验（初始指导原则，于2002年4月24日采纳）
308	沉积物-水系统好氧厌氧转化试验（初始指导原则，于2002年4月24日采纳）

第四部分　ISO标准指导原则已采纳的试验指导原则

ISO编号	题　目
10253	用骨条藻属和三角褐指藻属进行的海底藻类生长抑制试验
14669	海洋甲壳纲致命毒素的测定（桡足纲，甲壳纲）

有效性

兽药临床试验质量管理规范

GL9 兽药临床试验质量管理规范

VICH GL9（GCP）
2000 年 6 月
第七阶段施行

兽药临床试验质量管理规范

2000 年 6 月 15 日
在 VICH 进程第七阶段
由 VICH 指导委员会推荐实施

本指导原则由相应的 VICH 专家工作组制定，并已通过 VICH 各部门协商。在进程的第七阶段，最终文稿被推荐给欧盟、日本和美国的管理机构采用。

引言

本规范的目的是为在各种靶动物上进行的所有兽药临床试验的设计和实施提供指引。

涉及各种靶动物临床试验设计、实施、监督、记录、审查、分析和报告的所有个人和组织均需遵守本规范，本规范旨在确保前述试验的实施、记录与报告遵循临床试验质量管理规范（GCP）的要求。

GCP旨在作为评估兽药产品的临床试验设计、实施、监督、记录、审查、分析和报告的国际伦理和科学质量标准。遵循本标准可提供对临床试验数据完整性的公共可信度，使试验涉及的动物福利获得保障，使试验人员、环境以及人类和动物食物链获得保护。

本规范根据兽药注册技术要求国际协调会（VICH）的原则编制，将为欧盟、日本和美国提供统一的标准，以便于相关监管机构对临床数据的相互认可。本规范在制定过程中参考了欧盟、日本、美国以及澳大利亚和新西兰的现行实践标准。

旨在向监管机构提交的临床试验数据应遵守本规范的规定。

本规范体现了当前相关监管机构对临床试验质量管理规范的最佳判断标准。本规范不为任何人提供或赋予其权力，也不对相关监管机构或公众造成约束。在满足相应法规要求的情况下，亦可以采用其他替代途径。若申请人采用替代程序或实践标准，建议其与监管机构进行磋商。

本规范所述要求如为法律规定，则该要求具备法律效力，其效力不因入选本规范而发生任何改变。

1 术语

1.1 不良事件（AE）

在实验动物上使用兽药产品或研究性兽药产品后出现的任何不良和非预期结果，无论是否与兽药产品或研究性兽药产品相关。

1.2 相关规定

任何相关监管机构发布的与研究性兽药试验相关的法律和法规。

1.3 审查

对试验相关活动和文档进行的系统性和独立性检查，以确定试验是否依据试验方案、试验相关标准操作规程（SOP）、临床试验质量管理规范（GCP）及相关规定进行，并按上述要求对试验数据进行了记录、分析和准确报告。

1.4 经鉴定副本

完全反映原始文件的副本，载有或含有证明副本完整性与准确性的复制人备注、签字及日期。

1.5 设盲（屏蔽）

用于减少潜在试验偏差的程序，使指定试验人员对给药的分配信息不知情。

1.6 病例报告表/数据收集表/记录表

专门设计的打印或光学、电子、磁介质文档，用于记录试验方案要求记录的实验动物观察结果以及其他观察结果或实验室检查结果。

1.7 临床试验

在靶动物上进行的单项科学试验，用以检验所研究的兽药产品对预期适应证的有效性或者对靶动物的安全性，或者其中至少一项。在本规范中，“临床试验”和“试验”为同义词。

1.8 （试验）符合性

对试验方案、相关标准操作规程、临床试验质量管理规范和适用法规的遵循。

1.9 对照药

临床试验中用于与研究性兽药进行比较的或评价的安慰剂或按标签说明书使用的已批准产品。

1.10 合同研究组织（CRO）

与申请人或试验负责人签订合同，以履行申请人或试验负责人的一项或多项义务的个人或机构。

1.11 研究性兽药的处置

试验过程中或试验结束后对研究性兽药和对照药的处理。例如，在尽可能减少公共健康影响的前提下，将研究性兽药和对照药退还申请人，或采用其他批准的方法进行销毁或处置。

1.12 实验动物的处置

试验过程中或试验结束后对实验动物或其可食性产品的处理。例如，在尽可能减少公共健康影响的前提下，将实验动物屠宰，退还至牧群，销售或退还畜主。

1.13 最终试验报告（FSR）

对研究性兽药试验的综合描述。在获得所有原始数据之后或在试验中断之后形成，对试验目的、试验材料和方法（包括统计学分析）进行完整描述，提供试验结果，并对试验结果做出评估。

1.14 临床试验质量管理规范（GCP）

临床试验设计、实施、监督、记录、审查、分析和报告的标准。遵循该标准可确保数据和报告结果的完整性、正确性和准确性，确保机构涉及的动物福利和试验人员的安全，并保护环境及人类和动物的食物链。

1.15 知情同意

实验动物畜主或其代理人在获得需要了解的各方面试验信息之后，决定自愿允许其动物参与某项试验的过程，该过程以书面文件形式体现。

1.16 视察

相关监管机构根据其法定权限，对试验文件、设施、设备、用完和未用完的材料（以及相关文档）、标签以及其他任何与研究性兽药注册相关的资源进行的官方审查，视察可在与试验相关的任何地点进行。

1.17 研究性兽药

通过临床试验进行评估的含一种或多种活性物质的生物、化学药品或动物饲料，通过临床试验考察其在动物上使用之后的保护、治疗、诊断或生理作用。

1.18 试验负责人

在试验场所负责试验各项目实施的个人。若临床试验在试验场所内由1组人员负责执行，则小组负责人为试验负责人。

1.19 监查员

负责监督临床试验，确保试验的实施、记录和报告遵循试验方案、标准操作规程、临床试验质量管理规范及相关规定的个人。

1.20 多中心试验

根据同一个试验方案在1个以上试验中心实施的试验。

1.21 质量保证（QA）

为确保试验的执行和数据的收集、存档（记录）和报告均符合本规范和适用法规要求而建立的计划性和系统性过程。

1.22 质量控制（QC）

在质量保证体系内采取的操作技术和活动，以保证试验相关活动符合要求。

1.23 随机化

采用随机方法将实验动物（或实验动物组）分配进入给药组或对照组的过程，以减少偏差。

1.24 原始数据

试验重建和评估所需的所有原始工作表、校正数据、记录、备忘以及一手观察结果和试验活动备注。原始数据包括但不限于影像材料、磁性、电子或光学介质，自动设备记录的信息和手工记录的数据表。传真和转录数据不视为原始数据。

1.25 监管机构

具有法定监管权力的机构。本规范中“监管机构”包括临床数据审核机构和临床试验视察机构。

1.26 申请人

负责研究性兽药临床试验的启动、管理和资金筹措的个人、企业、机构或组织。

1.27 标准操作规程（SOP）

旨在促进特定操作一致性的详细书面说明。

1.28 实验动物

临床试验中接受研究性兽药或对照药的所有动物。

1.29 试验方案

由试验负责人和申请人签字、注明日期，全面陈述试验目标、试验设计、试验方法、统计学考量与试验组织的文件。试验方案中也可提供试验背景和依据，但试验背景和依据可在试验方案参考文件内提供。本规范所指试验方案包含对试验方案的所有修改。

1.30 试验方案修订

对已生效试验方案在试验方案或试验任务执行前的书面修改或变更。对试验方案的修订应经试验负责人和申请人签字并注明日期，并加入试验方案。

1.31 试验方案偏离

对试验方案规定过程的偏离。试验负责人应对试验方案的偏离进行记录，说明偏离及发生原因（若可确定），签字并注明日期。

1.32 靶动物

按种类、类别和品种确定研究性兽药预期应用的特定动物。

1.33 兽药产品

任何根据其批准的说明书在动物上使用后具有保护、治疗或诊断作用，或可影响动物生理功能的产品。本术语适用于治疗性制品、生物制品、诊断试剂和生理功能调节剂。

2 兽药注册技术要求国际协调会（VICH）GCP原则

2.1 VICH GCP的目的是建立临床试验指导原则，以确保数据的准确性、完整性和正确性。充分考虑实验动物福利，对环境和试验人员的影响，以及试验用食品动物的可食用产品的药物残留。

2.2 对临床试验的组织、执行、数据收集、存档和核实事先建立系统性书面程序，可确保数据的有效性以及试验的伦理、科学和技术质量。由于监管机构对遵循上述事先程序的试验的完整性具有信心，因而根据本规范进行设计、实施、监督、记录、审查、分析和报告的临床试验数据可加速审批进程。

2.3 通过上述事先程序，申请人可以避免关键性试验的不必要重复。当地要求进行的对关键性试验结果进行确认的试验不受本规范的影响。此外，特定兽药产品的试验设计和有效性标准可能存在另外的规范。但这些试验的实施也应遵循GCP原则。

2.4 参与临床试验实施的每个人都应具备相应的教育、培训和专业技术资格，且具备执行相应试验工作的操作能力。上述人员在记录和报告试验观察结果时，应能明显体现出其所具备的最高专业性。

2.5 相关监管机构应该提供可独立确保实验动物及人类和动物食物链得到保护的措施。相关监管机构同时应确保试验已获得实验动物畜主出具的知情同意书。

2.6 属于非临床研究质量管理规范（GLP）范围的试验、基础探索性试验以及不用于注册目的的其他临床试验，不属于本规范的范畴。然而，可能需要向相关监管机构提交安全性试验和临床前试验数据，以获得批准进行后续临床试验。

2.7 若条件允许，研究性兽药应该根据相关监管机构的兽药生产质量管理规范（GMP）进行制备、处理和保存。研究性兽药的制备、处理和保存细节应该记录存档，且应该根据试验方案进行使用。

2.8 试验各方面的质量保证是良好科学实践的基础。GCP原则支持临床试验采用质量保证（QA）程序。一般来说，申请人负责试验的QA工作。鼓励所有临床试验参与者采纳并遵循公认的QA规范。

3 试验负责人

3.1 概述

3.1.1 试验负责人为全面负责试验实施的人员。包括研究性兽药和对照兽药产品的分配及给药、试验方案的实施、试验数据的收集和报告、试验过程中试验人员及动物的健康保护和福利保证。

3.1.2 试验负责人应通过最新的履历和其他证书证明其具有充分的专业知识，接受过足够的科学训练，具备足够的经验，才能实施临床试验，考察研究性兽药在靶动物上的有效性和使用安全性。接收研究性兽药之前，试验负责人应熟悉试验的背景和要求。

3.1.3 若试验由1组人员实施，试验负责人为小组负责人。

3.1.4 试验负责人可在训练有素人员的协助下进行数据的收集、记录和后续处理。

3.1.5 同一个人不能同时担任同一项试验的试验负责人和监查员。

3.2 试验负责人的职责

试验负责人应当：

3.2.1 在试验启动之前，向申请人提交最新的个人履历和其他相关证书。

3.2.2 与申请人议定试验方案并签字，承诺将遵循GCP原则和相关规定，按照试验方案实施试验。

3.2.3 确保试验根据试验方案、相关标准操作规程、GCP和相关规定要求进行。

3.2.4 在试验文件中，保存1份已签字并注明日期的试验方案副本，该副本包括试验方案的各修正案。各修正案无论是由申请人或试验负责人撰写，均需经申请人和试验负责人共同签字、注明日期，并说明修改或修正的内容以及相应原因。

3.2.5 记录所有对试验方案的偏离及其原因（若可确定）并签字、注明日期，保存在试验文件内。

3.2.6 及时向申请人通报对试验方案的偏离。

3.2.7 提供足够数量的有资质人员，包括照料实验动物的兽医（如有必要），以确保试验及时和正确实施。使试验参与人员或实验动物管理人员充分了解并提供必要的培训，以确保试验按照试验方案和相关法规要求进行。

3.2.8 向有资质人员授予权限、委派工作，包括分包工作，但仅限于经过培训并具有执行所分配任务相关经验的个人。

3.2.9 从申请人处获得的相关资料和信息提供给试验人员。

3.2.10 确保有足够数量且维护良好的自有或租借设施和设备用于试验的进行。

3.2.11 恰当的使用标准操作规程操作。

3.2.12 遵循人性对待实验动物的相关规定。

3.2.13 在动物参加试验之前，从各畜主或畜主代理人处获得知情同意书。各畜主或畜主代理人在签署知情同意书之前，应事先从试验负责人处获得所参加试验的相关信息。

3.2.14 监督试验场所内所有实验动物的饲养环境、饲喂和照料情况，对于试验场所外的动物，应将试验方案中规定的畜主义务告知畜主。

3.2.15 记录兽医护理和操作、动物健康状况变化以及显著的环境变化。

3.2.16 对于研究性兽药和对照兽药产品处理过的食品动物的可食性产品，以及实验动物的处置，应遵守试验方案的要求。

3.2.17 及时向申请人通报不良事件（AE）。

3.2.18 以专业谨慎的态度管理编码程序和文档（如随机化信封、设盲信息），并确保所有给药处理编码仅可根据试验方案进行破盲，并经申请人知情同意。无法设盲或没有被设盲（屏蔽）的试验人员应尽可能少参加试验。

3.2.19 负责试验用研究性兽药和对照兽药产品的接收、控制、保存、分配以及进一步混合（如果后续试验需要）。

3.2.20 根据试验方案和标签说明，妥善保存研究性兽药和对照兽药产品，并控制其取用。

3.2.21 对需要试验负责人进一步混合的饲料和饮水中的研究性兽药和对照兽药产品的接收、使用和分析结果，以及研究性兽药和对照兽药产品的库存，维持完整的库存清单。

3.2.22 确保根据试验方案分发研究性兽药和对照兽药产品，在实验动物上给药。

3.2.23 不得将研究性兽药和对照兽药产品分发给无接收权限者。

3.2.24 试验结束时，核对研究性兽药和对照兽药产品的配送记录以及使用和返还数量，并对数量差异进行说明。

3.2.25 试验结束或中断时，负责研究性兽药和对照兽药产品（包括含有研究性兽药和对照兽药产品的饲料）的最终安全处置，并予详细记录。可返还申请人或通过其他适当方式进行处置。

3.2.26 整理保存试验文件。

3.2.27 记录可能影响试验质量和试验完整性的非预期事件，以及所采取的纠正措施。

3.2.28 根据试验方案和相关规定，客观、准确、完整地反映试验观察结果，收集和记录试验数据，包括非预期结果。

3.2.29 就试验的设计、实施、记录和报告进行沟通，包括所有电话、面谈、信件以及与申请人代表、相关监管机构代表和其他人员（如合同试验机构人员）进行的联系，建立准确完整的沟通记录并予以维护。沟通记录应包括：沟通的日期和时间、沟通的性质、所有参与人员的姓名和组织关系、沟通的目的与问题的总结，同时提供足够的细节，以便阐述试验负责人和申请人可能因沟通结果而采取措施的依据。

3.2.30 确保根据试验方案和相关规定要求保留的所有标本都可以通过完整、准确、易辨认的方式识别，且识别标识不易丢失。

3.2.31 在相关监管机构要求的期限内，对要求由试验负责人保存的所有试验文件或经鉴定有效的试验文件副本进行安全保存，避免文件破损、毁坏、被篡改或被故意破坏。

3.2.32 经申请人要求向其提供签字的试验文件或有效副本。向申请人移交全部或部分试验文件时，试验负责人应保留有效副本。

3.2.33 若有可能，参与最终试验报告的撰写。

3.2.34 允许对临床试验进行监督和质量审查。

3.2.35 允许相关监管机构视察其实施试验使用的试验设施，并出于验证数据有效性的目的，检查和复印试验负责人撰写或保存的与试验相关的任何或全部试验文件。

4 申请人

4.1 概述 负责研究性兽药临床试验的启动、管理和资金筹措的个人、企业、机构或组织。

4.2 职责 申请人应当：

4.2.1 确定对于研究性兽药的有效性和安全性存在充分科学的有效信息，支持临床试验实施的合理性。申请人同时应根据上述信息确定，不存在可能妨碍临床试验实施的环境、福利、伦理或科学背景问题。

4.2.2 如有必要，确保根据要求向监管机构提交与试验实施相关的通告或申请。

4.2.3 选择试验负责人，确保试验负责人资质符合要求，能够参与整个试验过程，并同意根据试验方案、GCP和相关规定开展试验。

4.2.4 指定有资质且训练有素的监查员。

4.2.5 如有必要，安排撰写针对试验操作和技术环节的标准操作规程。

4.2.6　视实际情况与试验负责人磋商后，充分考虑上述条件，按照GCP原则撰写试验方案。

4.2.7　与试验负责人签署试验方案，同意临床试验依据试验方案实施。对试验方案的修订均需经申请人和试验负责人共同签字同意。

4.2.8　对于多中心试验，确保：

4.2.8.1　所有试验负责人均严格遵循经申请人同意和监管机构批准（如果需要）的试验方案实施试验。

4.2.8.2　数据收集系统的设计应适用于各中心的试验数据收集。对于需要收集申请人要求的额外数据的试验负责人，应向其提供用于额外数据收集的收集系统。

4.2.8.3　就试验方案的遵循、临床试验和实验室结果评估的标准以及数据的收集，给予所有试验负责人1套统一说明。

4.2.8.4　促进试验负责人之间的沟通。

4.2.9　作为开展试验的前提，向试验负责人提供适当的化学、药学、毒理学、安全性、有效性以及其他相关信息。试验过程中，申请人同样应将试验期间得到的所有上述相关信息告知试验负责人，并在必要时向相关监管机构通报。

4.2.10　根据相关规定报告所有不良事件。

4.2.11　确保根据相关规定对所有实验动物及其产生的可食性产品进行正确处置。

4.2.12　确保研究性兽药和对照兽药产品的准备、标记和运输符合相关监管机构的要求。

4.2.13　撰写并保存研究性兽药和对照兽药产品的运输记录。试验结束或中断时，确保所有已提供的研究性兽药和对照兽药产品的适当最终处置，以及所有含有研究性兽药或对照兽药产品的动物饲料的适当最终处置。

4.2.14　在已提交试验以支持研究性兽药注册的国家，按照该国相关规定要求的期限，维护试验文件，避免文件的破损、毁坏、被篡改或被故意破坏。

4.2.15　如果已经用研究性兽药在1只实验动物上进行了给药，则无论试验是否已按计划完成，均需要撰写试验报告。

4.2.16　依据公认且广泛接受的质量保证原则实施质量审查，以确保临床试验数据的质量和完整性。

4.2.17　遵循人性对待实验动物的相关规定。

4.3　委托合同研究组织（CRO）进行试验

4.3.1　申请人可以将申请人的试验职责和职能部分或全部委托给合同研究组织，但试验数据质量和完整性的最终责任仍由申请人承担。

4.3.2　所有委托的职责或职能均需以书面形式进行详细规定。申请人应告知合同研究组织其应遵循相关规定的义务。

4.3.3　所有未明确委托给合同研究组织的试验相关职责或职能均由申请人保留。

4.3.4　合同研究组织所承担的申请人的试验职责和职能，适用本指导原则内对申请人的相关规定。

5　监查员

5.1　概述

申请人委派的个人，负责代申请人监督并向其报告试验进程，验证数据，并确认临床试验的实施、记录和报告符合GCP和相关规定。监查员应受过科学的训练，并有特定试验的监督经验；应接受过质量控制技术和数据验证过程培训；应了解所有适用的试验方案要求，并可以确定试验的实施是否符合试验方案和相关标准操作规程。同一个人不可以同时担任同一项试验的监查员和试验负责人。监查员是申请人和试验负责人之间的主要沟通渠道。

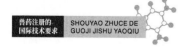

5.2　职责

监查员应当：

5.2.1 如有需要，协助申请人选择试验负责人。

5.2.2 具有合理的时间与试验负责人面对面、电话或其他方式咨询。

5.2.3 确定试验负责人及其人员有充足的时间开展试验，确定在试验期间，试验场所有足够的空间、设施、设备、人员以及足够数量的实验动物可供使用。

5.2.4 确定试验人员对试验细节充分了解。

5.2.5 确保试验负责人接受实施试验的责任，即了解：所评估的研究性兽药的状态；试验方案的性质与细节；有关对实验动物人性关怀的相关规定；使用过研究性兽药或对照兽药产品的食品动物，其可食用产品的批准使用情况，以及关于实验动物处置和后续使用的相关限制规定。

5.2.6 根据申请人的要求开展工作，在试验之前、试验期间和试验之后充分与试验负责人接洽，以使试验符合试验方案、GCP和相关规定。

5.2.7 确保试验符合现行试验方案、相关标准操作规程、GCP和相关规定，此外，不得以任何形式影响数据收集过程或试验结果。

5.2.8 确保在动物参加试验之前获得畜主或畜主代理人的知情同意书，并对其进行记录。

5.2.9 确保所有数据的正确、完整记录。

5.2.10 确保对难以辨认、丢失或修正的试验文件进行了充分说明。

5.2.11 确保研究性兽药和对照兽药产品的保存、分发和记录安全、适当，保证所有未使用的产品由试验负责人返还给申请人或进行适当处理。

5.2.12 审查原始数据以及其他必要的试验文件，以确定试验依据试验方案进行以及试验负责人所维护或保存信息的准确与完整。

5.2.13 就试验的设计、实施、记录和报告进行沟通，包括所有电话、面谈、信件及与试验负责人、申请人代表、相关监管机构代表和其他人员（如合同研究组织人员）进行的联系，建立准确、完整的沟通记录并予以维护。沟通记录应包括：沟通的日期和时间、沟通的性质、所有参与人员的姓名和组织关系、沟通的目的与问题的总结，同时提供足够的细节，以便阐述试验负责人和/或申请人可能因沟通结果而采取措施的依据。

5.2.14 就试验实施期间进行的沟通、拜访以及见证的活动提供署名并注明日期的总结报告，以确认试验负责人符合GCP原则。该报告应在试验结束时提交给申请人。

6 试验方案

6.1 概述

6.1.1 试验方案是陈述试验目的、规定试验的开展与管理条件的文档。

6.1.2 合理的试验主要取决于考虑周密、结构合理和综合全面的试验方案，在试验开始之前申请人和试验负责人应共同完成并核准方案。

6.1.3 对于实施试验的试验负责人以及审查试验方案与试验结果的相关监管机构而言，易于理解的试验方案，可能有助于兽药的注册进程。

6.2 试验方案审阅

在临床试验启动之前，鼓励依据GCP原则由相关监管机构对试验方案进行审阅，特别是对试验设计存在不确定性，或对于试验实施的多项选择存在不同意见。相关监管机构对试验方案的审阅不会迫使其接受采用该方案得到的数据。然而，对试验方案的审阅可增进申请人和相关监管机构对注册要求与试验目的相关性的相互理解。

6.3 试验方案内容列表

试验方案应包含以下列表中的内容，或在计划试验时应予考虑。该列表非详尽列表，同时并非每个项目均适用于所有试验方案，该列表仅为规范之用。

6.3.1 试验标题

6.3.2 试验的唯一性标识包括试验方案编号、试验方案状态（草案、终稿、修订稿）及试验方案的版本、日期，均需在首页列出。

6.3.3 试验联系人包括试验负责人、申请人代表和其他所有主要试验任务的负责人。列出每个联系人的职位、资质、专业背景以及邮寄地址、电话号码和其他通讯方式。

6.3.4 场所标识（若在制订试验方案时已知）。

6.3.5 试验目标／目的

6.3.6 试验依据陈述所有与试验目的相关的内容（已发表的临床前数据或临床数据或其他可用信息），作为临床试验的实施依据。

6.3.7 试验进度表动物试验阶段关键环节的时间进度表，包括：动物试验阶段的预期开始日期和时间、研究性兽药和对照兽药产品的给药期、给药后的观察期、停药期（若适用）和结束日期（若已知）。

6.3.8 试验设计需说明：

6.3.8.1 试验的整体设计，例如：设安慰剂对照组的田间临床有效性试验或设阳性对照组的随机分组盲法试验。

6.3.8.2 对照组或对照阶段如有给药，说明详细情况。

6.3.8.3 随机化方法，包括采用的程序、将动物分配至各试验组以及从试验组分配至试验单元的具体操作。

6.3.8.4 试验单元，以及选择依据。

6.3.8.5 设盲（屏蔽）程度和方法，以及所采用的其他减少偏差的技术，并说明获得给药编码的相关规定，包括操作过程和人员。

6.3.9 实验动物选择和鉴别详细说明所采用的实验动物的来源、数量、鉴别和类型，如动物种类、年龄、性别、品种、体重、生理状态和预后因素。

6.3.10 入选、排除和剔除标准详细说明实验动物的入选、排除和剔除的客观标准。

6.3.11 实验动物管理和饲养需说明：

6.3.11.1 实验动物的饲养方式，如围栏、圈舍、牧场。

6.3.11.2 每个实验动物的空间分配（与标准管理比较）。

6.3.11.3 动物圈舍的温度调节（供热／制冷）和通风。

6.3.11.4 允许和不允许的同期兽医护理和治疗。

6.3.11.5 饲料（包括牧场管理和混合饲料的制备和储藏）、饮水（包括饮水的供给、可获得性及质量）以及实验动物的给料、饮水过程管理。

6.3.12 实验动物饲料参考权威文献确定实验动物的营养需求并制备饲料。与实验动物日粮有关的试验文件应足以证明可满足实验动物的营养需求，以免影响试验目的，同时确保动物福利获得保障。当动物营养状态对试验测量值有重要影响时，应详细记录饲料参数。如果适用，包括：

6.3.12.1 确定实验动物的营养需求，并准备满足需求的饲料。

6.3.12.2 提供成分定量构成[如饲料原料、维生素、矿物质以及（如适用）允许的饲料添加剂]，并计算试验所使用的所有饲料的营养含量。

6.3.12.3 说明试验所用饲料的采样以及样本中指定营养成分的后续分析程序。

6.3.12.4 制定标准，根据实验室实际营养分析，确定试验所用饲料是否满足预先计算确定的要求，并遵守标准。

6.3.12.5 提供饲喂程序（饲喂时间表）。

6.3.12.6 记录给料量和拒绝进食量。

6.3.13 研究性兽药和对照兽药产品

6.3.13.1 清晰准确识别研究性兽药，以便于确定配方。具体说明进一步的混合（如有）、包装和保存要求。

6.3.13.2 若研究性兽药通过饲料或饮水给药，则需说明饲料或饮水中研究性兽药含量的确定过程，包括采样和检测方法（如所用实验室、分析方法、重复数、检测限、允许的分析误差）。制定客观标准，以确定饲料或饮水中研究性兽药的浓度是否符合要求，并予以遵循。

6.3.13.3 说明对照兽药产品的通用名称或商标名称、剂型、配方（成分）、浓度、批号、有效期。根据标签说明保存和使用对照兽药产品。

6.3.14 给药对于研究性兽药和对照兽药产品：

6.3.14.1 确定给药剂量依据。

6.3.14.2 说明用法与用量（给药路径、注射部位、剂量、给药频率和给药时间）。

6.3.14.3 说明可能进行的同期用药的控制标准。

6.3.14.4 说明在给药之前和给药过程中需采取的方法和注意事项，以确保试验操作人员的安全。

6.3.14.5 说明确保研究性兽药和对照兽药产品的使用符合试验方案或标签说明的措施。

6.3.15 实验动物、源自实验动物的产品以及研究性兽药与对照兽药产品的处置

6.3.15.1 说明实验动物的计划处置方法。

6.3.15.2 说明根据预先设定的标准对需要淘汰动物进行的护理。

6.3.15.3 说明并遵守源于食品动物的可食用产品的使用条件，以符合相关监管机构的批准要求。

6.3.15.4 说明研究性兽药和对照兽药产品的预期处理方法。

6.3.16 有效性评估

6.3.16.1 定义有效性判定需达到的效果和临床试验终点。

6.3.16.2 说明如何衡量和记录上述效果和终点。

6.3.16.3 具体说明试验观察时间和频率。

6.3.16.4 说明需进行的特定分析和检测，包括采样时间和采样间隔、样品保存及其分析与检测。

6.3.16.5 选择和定义能客观衡量实验动物目标反应以及临床反应的评分系统和检测值。

6.3.16.6 定义研究性兽药效果的计算和运算方法。

6.3.17 统计/生物统计详细说明评估研究性兽药有效性的统计学方法，包括检验的假设、估计的参数、假设条件、显著性水平、试验单元和统计学模型。计划样本数量应依据靶动物群体数量、试验权重以及相关临床情况确定。

6.3.18 记录处理详细说明原始数据以及其他相关监管机构要求的试验文件的记录、加工、处理和保留程序。

6.3.19 不良事件规定以下操作流程：

6.3.19.1 对实验动物进行足够频率的观察，以观察不良事件的发生。

6.3.19.2 对观察到的不良事件采取适当措施。其中可能涉及设盲编码的定位和破盲，以便提供适当的医学治疗。

6.3.19.3 在试验文件中记录不良事件。

6.3.19.4 向申请人报告不良事件。

6.3.20 试验方案附加材料

6.3.20.1 列出用于试验实施、监督和报告的所有标准操作规程。

6.3.20.2 附上试验过程中使用的所有数据收集表和事件记录表副本。

6.3.20.3 附上其他所有相关补充材料，例如，准备向畜主提供的信息，给试验人员的说明。

6.3.21 试验方案的修订给出试验方案修订撰写及偏差报告规定。

6.3.22 参考文献给出试验方案中参考的相关文献出处。

7 最终试验报告

7.1 概述

7.1.1 最终试验报告为试验结束后撰写的全面完整的试验说明。报告应包括试验材料和方法、结果陈述与评估、统计学分析以及关键性的临床、科学和统计学的评价。报告格式应与试验方案格式一致。

7.1.2 对于已有动物接受研究性兽药给药的任何试验，无论试验是否已按计划完成，申请人均有责任撰写最终试验报告。

7.2 作者

7.2.1 可通过以下方式撰写报告：

7.2.1.1 申请人撰写最终试验报告。

7.2.1.2 试验负责人为申请人撰写最终试验报告。

7.2.1.3 申请人和试验负责人联合撰写最终试验报告。

7.2.2 所有参与撰写最终试验报告的人员均视为作者。

7.2.3 若试验负责人不参加最终试验报告的撰写，其应向作者提供：

7.2.3.1 试验负责人在特定试验地点进行试验的全部必要试验文件。

7.2.3.2 1份署名并注明日期的文档，对向作者提供的试验文件进行充分说明，并证明所提供文档的准确性和完整性。该文件应附于最终试验报告内。

7.2.4 最终试验报告的作者应在报告中签字并注明日期。最终试验报告作者应明确，监管机构将这些签字视为对以下内容的确认：所有数据的收集都符合试验方案、相关标准操作规程、GCP和相关规定，所有陈述均为试验活动和试验结果的完整、准确表达，并具有试验文件的充分支持。因此，作者可以在报告中加入简要说明，陈述其对报告的贡献。

7.3 最终试验报告的内容

最终试验报告应包括以下列表中的相关内容。该列表非详尽列表，同时，并非每个项目均适用于所有试验报告，该列表仅为规范之用。对各项目的说明可参考试验方案部分。

7.3.1 试验标题和标识。

7.3.2 试验目的。

7.3.3 所有参与试验关键部分的人员的头衔、姓名、资质和试验角色。

7.3.4 试验实施场所的标识。

7.3.5 关键试验日期。

7.3.6 材料和方法。

7.3.6.1 试验设计。

7.3.6.2 实验动物选择和鉴别。

7.3.6.2.1 各组实验动物的详细信息，包括但不限于：数量、品种、年龄、性别和生理状态。

7.3.6.2.2 （若可获得且适合）与所试验的疾病相关的发病历史，尤其是与动物单元相关的特定疾病。

7.3.6.2.3 （若适用）对所治疗或预防疾病的诊断，包括根据常规标准对临床症状或其他诊断方法的说明。

7.3.6.2.4 详细的实验动物入选和排除标准。

7.3.6.2.5 剔除的实验动物全部信息。

7.3.6.3 **实验动物管理和饲养。**

7.3.6.3.1 实验动物饲养和管理的详细情况。

7.3.6.3.2 饲料组分以及饲料添加剂的性质和数量。

7.3.6.3.3 试验期间（在研究性兽药或对照兽药产品给药前、给药期间或给药后）的同期给药的详细信息，以及观察到的所有相互作用。

7.3.6.4 **实验动物**。处理实验动物及其可食用产品的处置总结。

7.3.6.5 **给药**。

7.3.6.5.1 试验中使用的试验用配方的标识，包括规格、纯度、组分、数量、批号或代码。

7.3.6.5.2 研究性兽药的剂量、给药方法、给药途径和给药频率以及在给药过程中采取的注意事项（若有）。

7.3.6.5.3 所采用的对照兽药产品的详细信息及选择依据。

7.3.6.5.4 给药期和观察期。

7.3.6.5.5 试验负责人所接收的所有研究性兽药和对照兽药产品的使用和处置总结。

7.3.6.6 **试验过程**。对试验方法的完整说明，以及（若适用）饲料、饮水、体液和机体组织中研究性兽药浓度的检测方法。

7.3.6.7 **统计方法**。对原始数据进行的转换、计算或操作的说明以及用于原始数据分析的统计方法的说明。若所采用的统计方法与试验方案规定方法不同，则需说明原因。

7.3.7 **试验结果与评估**。完整阐述试验结果，无论结果是否有利，同时提供试验过程中记录的所有数据的表格。

7.3.8 **基于试验个体或给药组（如适用）的结论。**

7.3.9 **管理和符合性。**

7.3.9.1 说明原始数据和其他试验文件的记录、处理、操作和保留程序。

7.3.9.2 说明试验方案的偏离和/或修订，并对试验结果的影响进行评估。

7.3.9.3 说明可能影响数据质量或完整性的情况，具体说明发生的时间范围和程度。

7.3.9.4 说明试验中发生的不良事件以及所采取的措施。对于没有观察到或记录到不良事件的试验，应就此做出声明并附于最终试验报告内。

7.3.9.5 说明所有试验文件的存放地点。

7.3.10 **其他可将以下内容列入报告正文或作为附录：**

7.3.10.1 试验方案。

7.3.10.2 监查员拜访日期。

7.3.10.3 审查者出具的审查证明，包括现场审查日期、审查内容以及向申请人提供报告的日期。

7.3.10.4 补充报告，如分析、统计等。

7.3.10.5 支持试验结论的试验文件副本。

7.4 报告修订

对最终试验报告的任何增删或修正均需由报告作者以修正版的形式进行。修正版应明确指出所增删或修正的具体内容以及修订原因，同时由作者签字并注明日期。小错误，如报告定稿后发现的拼写错误，可直接在最终试验报告上标注，同时需作者签字首字母、日期和原因。

8 试验文件

8.1 概述

8.1.1 试验文件由可以单独或集体用于评估试验实施和所得数据质量的记录组成。试验负责人和申请人在其场所及时填写试验文件以及其后的经鉴定副本，可以有效帮助试验负责人和申请人对试验的成功管理。

8.1.2 所有试验文件都应在相关监管机构要求的期限内存档。本指导原则所规定的任何或全部试验文件均需接受来自申请人的监督，并应在监督时可供使用。试验文件应依据公共认可的质量保证原则，按申请人的质量审查程序进行审查。质量审查结束后，审查人员应向申请人撰写报告，详细说明审查过程，同时证明审查已经开展。

8.1.3　相关监管机构可以检查、审查和拷贝本指导原则所规定的任何或全部试验文件，以部分证实试验实施的有效性和所收集数据的完整性。

8.1.4　试验文件的提交应遵守相关监管机构的规定。

8.2　试验文件的分类

试验文件包括但不限于：

8.2.1　**试验方案**。包括原始试验方案、所有对试验方案的修订和试验方案偏离记录。

8.2.2　**原始数据**。通常包括几类数据。包括但不限于以下分类以及各分类示例。

8.2.2.1　实验动物记录。所有与实验动物相关的数据，例如，购买记录，实验动物排除、入选和剔除记录，畜主知情同意书，给药分配，所有观察记录（包括生物学样本的分析结果），病例报告表，不良事件，动物健康状况观察结果，动物饲料的组成和营养含量分析以及最后的实验动物处置。

8.2.2.2　研究性兽药和对照兽药产品的记录。研究性兽药和对照兽药产品、含有研究性兽药或对照兽药产品的动物饲料的所有相关记录，包括购买、接收、保存、分析、使用或给药（记录给药方案，如给药剂量、频率、路径和时间）、返还和／或处置。

8.2.2.3　沟通记录。监查员和试验负责人与试验的设计、执行、存档和报告相关的所有联系记录（如拜访、电话沟通、书面和电子方式的联系）。

8.2.2.4　设施和设备记录。（如适用）提供试验场所的说明，如图片和照片，设备的确认与型号，提供设备的校准及维护记录，设备故障及修理记录，气象记录和环境记录。

8.2.3　**报告**。试验报告包括：

8.2.3.1　安全性报告。不良事件报告。

8.2.3.2　最终试验报告。

8.2.3.3　其他报告。例如，统计、分析和实验室报告。

8.2.4　**标准操作规程和参考材料**。包括与试验的关键内容相关的所有参考材料和标准操作规程。

8.3　试验文件的记录和处理

8.3.1　原始数据，无论手写还是电子文件形式，均应可追溯，具原始性、准确性，有同期性且易于识别。可溯源是指可以通过签字或姓名首字母签字及日期追踪到观察记录该原始数据的个人。若原始数据由多人观察或记录，则应在数据录入时予以反映。对于自动化数据收集系统，负责直接输入数据的个人应在输入数据时记录其姓名和日期。原始性和准确性是指原始数据为一手资料。同期性是指原始数据是在观察时进行的记录。易于识别是指原始数据可读并记录在永久介质内，如墨水书写的书面记录或不可修改的电子记录。

8.3.2　原始数据应有序保存，若适用，应使用专门的实验室记录本进行记录或使用预先设计的用于特定观察记录的表格进行记录。应尽可能按试验方案的要求完成所有数据记录，以使记录完整。当需要进行补充观察时，如提供预先计划的试验观察的补充信息或对非预期事件的观察，则也应予以记录。

8.3.3　应始终标明观察结果的计量单位，应始终指明并记录单位的转换。应始终将实验室分析数据记录在记录表内或附在记录表上。如有可能，应列出样本分析实验室的正常参考值。

8.3.4　若部分原始数据需要进行拷贝或因易读性原因需要转录，则应制作该数据的经鉴定副本。应在备忘或转录记录内记录，注明日期，说明拷贝或转录原因，并由拷贝或转录人员签字。因此，被拷贝过的原始数据、原始数据的拷贝或转录以及备忘应在试验文件内一起保存。

8.3.5　对手写试验文件内容的修正，通过在原始记录上画一道横线进行。原始记录应仍然可以辨别。修正处应有修正人的姓名首字母签字和修正日期，并说明原因。

8.3.6　与之类似，若将数据直接录入计算机系统，则电子记录视为原始记录。计算机系统应能保证记录的保存和存档方法至少可以提供与纸质系统等同的可信度。例如，每次录入以及任何修改，均应由录入人员进行电子签名，对电子介质中保存的数据进行的任何修改均应保留检查索引，以确保电子记录的真实性和完整性。

8.4 试验文件的保存

8.4.1 所有试验文件均应根据记录的性质进行妥善保存，避免文件的破损、毁坏、被篡改或被故意破坏。保存场所应能保证文件的有序存放，并易于取阅。

8.4.2 在最终试验报告中，说明试验文件和经鉴定副本的存放位置。

8.4.3 准备提交或已提交试验文件以支持研究性兽药注册的，应按照相关机构要求的期限保存所有试验文件。

生物等效性

GL52 血药浓度法生物等效性研究

VICH GL52（生物等效性）
2015 年 8 月
第七阶段施行

血药浓度法生物等效性研究

2015 年 8 月
在 VICH 进程第七阶段
由 VICH 指导委员会采纳
2016 年 8 月实施

本指导原则由相应的 VICH 专家工作组制定，并已通过 VICH 各部门协商。在进程的第七阶段，最终文稿被推荐给欧盟、日本和美国的管理机构采用。

I 引言

A 目的

本指导原则用于协调与兽药体内血药浓度法生物等效性相关的数据要求。为此，本指导原则包括以下议题：

- 协调一致的生物等效性概念；
- 进行科学合理的血药浓度法生物等效性试验设计时需考虑的因素/变量；
- 血药浓度法生物等效性试验报告应收录的信息。

兽药注册技术要求国际协调会（VICH）通过协调兽药注册的法规要求，排除重复和不必要的试验，此举无疑会减少用于产品开发和注册的动物数量。

B 背景

本指导原则中，将生物等效性（BE）定义为：在适当设计的研究中，在相似条件下，以相同摩尔剂量给药时，药物活性成分（API）或其代谢物在作用部位的生物利用度无差异（在预先设定的接受标准内）。以血药浓度作为指标证明产品生物等效性时，基本假设为通过检测血浆中药物浓度，证明2个产品具有“相等”的药物吸收速率和程度，因此，在疗效上没有区别，故在临床背景下可互换使用。

在动物体内测定产品生物等效性时，可能面临统计学、组织实施和法规等各方面的挑战。解决这些挑战和定义产品生物等效性的相应标准具有国际差异，这可能会阻碍数据交换并引起科学困惑。因此，制定协调一致的指导原则，以统一全球兽医界对基础药代动力学（PK）、试验设计的考量和确定生物等效性所依据的统计原则的理解。根据其性质，指导原则可以解决多数而非所有可能发生的事件。如果科学合理，也可使用替代方法。

C 范围

本指导原则重点关注血药浓度法生物等效性研究的试验设计和原理。以下议题不在本指导原则的范围内：

- 生物豁免；
- 微生物全发酵产品；
- 治疗性蛋白或肽；
- 加药预混料；
- 药理终点研究；
- 临床终点研究；
- 体外溶出度试验；
- 食品安全；
- 血药浓度不能代表作用部位药物浓度的产品。例如，局部活性制剂、乳房注入剂和直接向作用位点释放药物活性成分的复杂给药系统的静脉给药制剂；
- 可能需要支持性研究，如适口性或舔食研究（如透皮产品、加药饲料块）；
- 难以多次采血的动物种属（例如，鱼、蜜蜂等）。

适用时，应遵循地方指导原则以解决不在本生物等效性指导原则范围内的议题。

生物等效性不仅涉及比较仿制药（供试制剂）与参比制剂，也涉及产品开发。例如，可通过生物等效性或相对生物利用度评估桥接不同制剂、药物剂型、给药途径及关键临床试验与早期临床试验中所用制剂的比较。

术语表提供本指导原则中所用各种术语的定义，及地方辖区可用指导原则中应用的某些同义术语。

附录用于补充说明本指导原则中描述的科学和统计概念。还应参照其他相关VICH指导原则。

描述样本量估算生物等效性数据统计分析的示例演练和序列分析在标题为“VICH指导原则#52中描

述的统计概念补充说明示例”的单独支持性文件中提供。

请注意，补充材料中提供的示例仅供参考，不作为指导原则使用。

本指导原则中术语血液、血浆和血清可互换使用。

II 体内研究方案制订

所有生物等效性研究均应以能够保证获得可靠数据的方式进行。为得到国际认可，生物等效性研究应按照非临床研究质量管理规范（GLP）原则进行。

A 产品选择

尽管未定义参比制剂开发期间进行生物等效性或相对生物利用度研究的产品选择标准，但以下条件一般适用于支持仿制兽药审批的生物等效性研究中的产品选择：

- 生物等效性研究所用供试制剂和参比制剂含有相同的药物活性成分；
- 供试制剂应代表拟上市产品的最终制剂；
- 参比制剂应来自仿制药审批辖区已获批准的兽药相关批次，以便于仿制药可以被合法批准；
- 应在生物等效性研究前测定供试制剂和参比制剂的药物活性成分含量。为得到国际认可[1]，建议供试制剂、参比制剂批次的含量测定差异不超过 ±5%；
- 在用于体内生物等效性研究时，除非证明合理，否则，供试制剂应来自至少1/10生产规模的批次；
- 应在已证实生物等效性的供试批次中表征药物活性成分的关键质量属性和质量标准，如溶出度。

研究报告应提供参比制剂的名称、规格（包括测定的含量）、剂型、批号、失效日期（适用时）和购买国。也应提供供试制剂的名称、规格（包括测定的含量）、剂型、组成、批量、批号、生产日期和失效日期（适用时）。

B 剂量选择

对于血药浓度法生物等效性研究，不按照供试制剂和参比制剂批次的测定含量，而按照标示剂量向动物给药。

血药浓度法生物等效性研究一般应以参比制剂批准的最高标示剂量（如mg/kg）给药。通过使用最高批准剂量，多数情况下更容易检出制剂间的显著差异。但如果能够证明参比制剂在整个剂量范围内呈线性药代动力学，且可提供不能使用最高剂量的科学依据时，可使用任何批准的剂量。在不能得到与供试制剂含量测定差异<5%的参比制剂的特殊情况下，可对数据进行剂量归一化。此时，在试验方案中应预定剂量归一化程序并纳入供试制剂和参比制剂含量测定结果作为依据。

按照最高批准剂量多次给药才能达到可测量血药浓度时，生物等效性研究选用的剂量可以高于批准剂量。最高剂量一般不应超过参比制剂最高批准剂量的3倍。在高于批准剂量下，参比制剂应具有适当的安全系数且应显示线性药代动力学（即无饱和吸收或消除过程）。该情况下，应提供剂量选择的科学依据。

对于治疗剂量范围内的AUC增幅小于给药剂量增幅比例的参比制剂（非线性动力学），应考虑以下因素：

- 当有证据表明，饱和吸收过程限制了产品吸收过程，可能会导致2种制剂在以最高标示剂量给药时显示生物等效性，而以较低批准剂量给药时生物不等效。为避免该情况发生，使用的剂量最好低于最高批准剂量。该情况下，应提供剂量选择的科学依据（证明剂量在线性范围内）。
- 如果因溶解度较低而导致在治疗范围内呈现非线性药代动力学特征，应同时在最高和最低标示剂量（或线性范围内的剂量）下确定生物等效性，即该情况下可能需要进行2项生物等效性研究。

在交叉研究的所有研究周期，每只动物接受的总剂量应相同。在预计出现较大体重变化（例如，在生

---

[1] 该表述指示某些辖区要求可能不太严格。如果提交的研究仅支持在特定区域的产品上市，则可考虑此差异。

长较快的动物中进行的研究，其周期1与周期2之间的药物吸收、分布、代谢或消除可能存在差异，而使受试动物内比较出现偏差）的极少数情况下，可能需要调整剂量，具体视情况而定。

适用时，应根据市售的固体口服剂型规格，对剂量进行四舍五入，或舍入至最接近给药设备的上界。

不能通过研磨或磨碎等方式处理固体口服剂型以达到等剂量，其可导致研究偏差。如果制药/生产数据支持刻痕部分的均匀度（例如，对半含量均匀度），可沿刻痕分割片剂。对于无生产或药学数据的参比制剂，可使用产品说明书中的信息作为片剂操作指导。

研究报告应包括每只动物在研究各周期接受的标示剂量。

C　给药途径选择

在进行体内生物等效性研究时除非依据合理，否则，应遵循以下要求：

- 供试制剂和参比制剂的给药途径和部位应相同；
- 应提交参比制剂每种批准给药途径的单独生物等效性研究。

D　研究设计思路

1．交叉与平行研究设计比较

血药浓度法生物等效性试验一般采用两周期、两序列、交叉研究，因其能够消除研究的变异主要来源：受试动物间药物吸收、清除或分布容积的差异。研究设计如下：

	序列A	序列B
周期1	供试制剂	参比制剂
周期2	参比制剂	供试制剂

注意，为消除潜在的周期效应，需在两周期交叉研究设计中纳入2个序列。

鉴于交叉设计存在失效的潜在风险，周期1给药应不影响周期2给药的药代动力学过程。为此，清洗期应足够长，以确保体内药物及其代谢物基本上被清除，且不改变处理周期2中受试动物对药物处置过程的残留生理效应。故除了证明未出现给药前浓度外，为最大程度降低延滞效应风险，建议清洗期至少为药物活性成分及其代谢物（当有证据表明代谢物可能影响周期2的母体化合物药代动力学）血液终末消除半衰期的5倍。

在处理内源性物质时，难以对存在的延滞效应进行定量。故应谨慎，以确保清洗期足够长。方案中应讨论清洗期时长并提供预试验数据依据。对于内源性物质，周期1的给药前（基线）药物浓度应与周期2的给药前浓度相当。

以下情况首选平行研究设计：

- 母体化合物和/或其代谢物诱导动物生理学变化（如诱导肝微粒体酶、改变血流量）可能影响周期2药物给药的生物利用度；
- 母体化合物和/或代谢物，或制剂（如翻转动力学）的终末消除半衰期很长，使周期2给药时血液中的残留药物可能引发风险（即清洗期不可行）；
- 两周期交叉研究的清洗期过长导致受试动物体内引起显著生理学变化；
- 种属中的总血容量不能用于采集多个周期的血药浓度-时间曲线。

可考虑替代研究设计。例如，

- 重复研究设计；
- 序贯研究设计；
- 为在多个区域得到批准，当使用2种不同参比制剂进行1项研究时，可考虑采用三制剂交叉或多参比制剂平行研究设计，具体视相应区域注册产品而定。

进行生物等效性研究前可与监管机构讨论替代设计和对应的拟定统计分析方法。可使用预试验数据或文献数据支持替代研究设计。

无论研究如何进行，方案中均应根据预试验结果进行设计。

2. 重复研究设计

重复研究设计为至少重复1次给药处理的研究。

如果估计未纳入大量动物情况下传统交叉设计不可行，可考虑重复研究设计，在各组内使用3（部分重复，例如，所有受试动物重复接受参比制剂给药）或4（完全重复，各受试动物接受供试和参比制剂给药2次）个周期。在某些辖区，重复研究设计也可用于参比制剂校正的体内生物等效性方法。考虑使用替代统计法的个体应联系监管机构，获取潜在统计考量及此类替代法为可接受的条件或是否可接受的更多信息。

3. 序贯研究设计

可使用序列法证明产品生物等效性。采用序贯研究设计时，可对初始受试动物组给药并分析其数据。如果尚未证实生物等效性，可多招募1组并合并2组结果用于最终分析。

如果采用该方法，应采取相应步骤保持该试验的总体Ⅰ类误差，并在研究启动前明确定义中止标准。第1阶段数据分析应视为中期分析，并在校正的显著性水平下进行这两次分析[使用>90%的校正涵盖率对置信区间（CI）作相应校正]。方案中应预定使用两阶段方法的计划及每个阶段纳入的动物数量和用于各分析的校正显著性水平。

4. 单次与多次给药研究设计比较

多数情况下，鉴于单次给药研究一般可较灵敏地评估制剂中药物活性成分释放到体循环的差异，建议对速释和调释制剂采用单次给药生物等效性研究。

对拟重复给药的缓释制剂，如果每次给药间存在药物蓄积（即稳态下药物浓度至少是单次给药观察结果的2倍），应根据多次给药研究证明生物等效性。该情况下除C_{max}和AUC外，谷浓度（$C_{谷}$）也为重要的考虑参数。值得注意的是，如果是时滞产品，$C_{谷}$可能会不等于C_{min}。如果药物没有蓄积或几乎可忽略，拟用于重复给药的缓释制剂只需单次给药生物等效性数据即可。

另外，出现以下情况时多次给药研究也可能为适当：

- 存在可饱和消除过程；
- 分析灵敏度不足以进行药物定量，而无法适当描述单次给药后的AUC（见Ⅱ.Ⅰ采血时间表）。

单次和多次给药研究均可使用交叉研究或平行设计进行。鉴于长时间研究的复杂性，一般多次给药研究不建议采用序贯和重复研究设计。

E　受试动物和种属选择

研究的动物应为靶种属。对于申请注册的各个辖区，应以参比制剂批准说明书中所述的主要靶动物种属进行生物等效性研究。考虑种属解剖学和生理学及药物活性成分和制剂特性情况下，可将主要种属确定生物等效性的结果外推至次要种属上，但需提供有效的科学依据以支持此类外推。

在体内生物等效性研究阶段之前，实验动物应无任何药物残留。某些情况下，考虑到可能影响生物等效性试验数据的残留药物的潜在生理学延滞效应，必要时停药期可能需要超过药物残留时间。

应在代表靶动物种群的健康动物中进行试验研究。对于平行设计研究，实验动物/处理组应同质且在可能影响药物活性成分的药代动力学的所有已知和预后变量上相当，如年龄、体重、性别、营养、生理状况和生产水平（如相关）。

随机分配动物，且应向每个序列（交叉设计）或给药组（平行研究设计）分配相等数量动物。

研究报告中应收录上述信息的完整描述。

F　进食状态

对于所有种属的动物，进食状态和饲喂的准确时间应符合动物福利（例如，反刍动物将不禁食）和活性成分的药动学特征。

对于经口给药的犬和猫用制剂，除非参比制剂批准中建议仅在进食状态给药，才需在进食状态研究，否则，应在禁食状态研究。应在给药前至少8h和给药后至少4h禁食。

对拟用于非反刍动物的经口调释制剂，除非有充分的依据，否则，一般应在进食和禁食2种状态下确定生物等效性。

研究方案和研究报告应提供在进食或禁食状态进行生物等效性研究的理由，且应描述饮食和饲喂方案。

G　分析中的数据剔除

可能出现许多要求从研究中删除某一动物全部或部分数据的情况。此时，应在研究报告中提供充分的删除依据，且应在分析血样前做出删除数据的决定以免偏倚。

有些情况可能多次出现，而需在研究方案中做出限定。例如，口服制剂因呕吐存在失去全部或部分给药剂量的风险，应在研究方案中预先设定因呕吐将受试动物数据从分析中删除的标准。在定义此类标准时应考虑以下方面：

- 从给药至呕吐发生的可接受时长（考虑药物离开胃的预计时间、动物进食状态）？
- 药物流失到呕吐物中的容许量是多少？

另外，研究中将呕吐后再给药作为1个选项时，应在研究方案中预先设定再给药的标准。将所有可用数据用于统计分析是很重要的。例如，如果从周期2排除动物，不应从统计评价中排除周期1采集的该动物数据。

为确保所有潜在统计问题都得到解决，应提供从生物等效性评价中排除和不排除动物数据时的描述性统计量。

H　样本量测定

初步研究有助于估算关键生物等效性研究的相应样本量。

样本量计算假设使用的估计量（例如，处理偏差和方差）将在后续研究中实现。此外，如果实现上述估计量，样本量一般估算为证明生物等效性所需的“最低数量”。应提供描述样本量计算的参考文献。

生物等效性研究的样本量应基于预期具有最大变异性和／或制剂平均值差异的药动学参数（如C_{max}）以实现生物等效性所需的受试动物数量。计算公式和示例见附录。

值得注意的是，国际认可的研究要求每种制剂至少有12只可评价动物。对于交叉试验，这意味着每个序列的受试动物最少为6只（故在两周期、两序列交叉研究中研究动物总数N应≥12只）。对于平行研究设计，每个处理组可评价的受试动物数量应不少于12只（故入组生物等效性试验的动物总数将≥24只）。

如果考虑受试动物损失的风险，申请人可在试验时设计使用更多动物。该情况下，如果在试验过程中动物被移除（由于呕吐或给药错误或死亡／受伤所致），允许研究中纳入更多动物以保持相应的统计把握度。

应在研究方案中预先说明样本量的选择依据。

I　采血时间表

采样时间表应包括在T_{max}附近的频繁采样，以可靠地估算C_{max}。对于静脉注射以外的给药途径，采样时间表应避免首次采样点为C_{max}。采血时间应能够可靠地估算达到的暴露程度，即AUC_{0-Last}至少为$AUC_{0-\infty}$的80%。在终末对数－线性期需采集至少3份样本，以可靠地估算k_e，从而准确估算$AUC_{0-\infty}$。

对于终末消除半衰期较长的药物活性成分，只要采样时段完成吸收相，便可根据＜80%全身总暴露量的AUC_{τ}（及C_{max}）判定生物等效性。

多次给药研究中，给药前样本应在临给药前采集，最后1份样本尽量紧挨着给药间隔末端采集，以准确地测定AUC。采样也应证明达到稳态条件（即应序列采样测定谷浓度，直至$C_{谷}$稳定）。

对于内源性化合物，给药前采样时间表应与基线校正法保持一致（见Ⅱ.J血药浓度法生物等效性参数）。

研究报告中应提供各个实验动物的计划和实际采血时间。

J 血药浓度法生物等效性参数

应采集以下参数。其中有些参数将不用作统计生物等效性参数（见Ⅱ．D研究设计思路）。

单次给药研究中，应测定C_{max}、T_{max}、AUC_{0-Last}和$AUC_{0-\infty}$。

多次给药研究中，应测定AUC_{τ}、稳态C_{max}值（$C_{max\ ss}$）、稳态$C_{谷}$值和稳态T_{max}值（$T_{max\ ss}$）。如果是迟释剂型，比较供试制剂与参比制剂的$C_{谷}$值可能比较合适。

如果药物活性成分为内源性化合物，生物等效性参数计算应包括基线浓度校正。应在研究方案中预先设定基线校正法并提供依据。建议的基线校正法为减去连续3d在同一时间点的给药前内源性浓度平均值。如果预期内源性化合物浓度存在昼夜变异，可使用表征该变异的曲线。

适用于报告的其他参数包括k_e、终末消除半衰期和T_{lag}。

生物等效性研究中应使用非房室法测定药动学参数。

研究报告应说明用于根据原始数据推导药动学参数的方法。

K 分析物定义

原则上，生物等效性评价应建立在母体化合物的测定浓度上，原因是母体化合物C_{max}判定制剂间吸收速率差异的灵敏度要高于代谢物C_{max}。制剂生物等效性一般根据药物活性成分总浓度（游离型＋蛋白结合型）确定。

1．前药

除非母体化合物为前药且前药的血药浓度可忽略，否则，应根据母体化合物证明生物等效性。如果前药的全身浓度可忽略，应测定活性代谢物（在前药吸收后形成的化合物）。申请人应提供要定量化合物的科学依据。

2．对映异构体

多数情况下使用非手性分析法足以评估产品生物等效性。但在符合下述所有条件时，应使用特定的对映异构体分析方法：

- 对映异构体显示不同的药动学特征。
- 对映异构体药时曲线下面积（AUC）比受各自吸收速率差异影响。
- 对映异构体显示明显不同的药效学特性。

如果符合上述所有3个条件，需使用手性（立体专一性）分析法。此外，如果供试制剂或参比制剂含可选择性改变1或2种对映体吸收的立体专一性（手性）辅料，可能需要采用手性方法。如果药物为单一对映体，但在体内出现手性转化的，也可能需要采用手性方法。

L 生物分析方法验证

生物等效性研究的生物分析阶段应建立在适当验证的生物分析方法上。

研究报告中应总结生物分析方法验证和性能的以下方面（或监管机构认为适当的其他方面）：

- 浓度范围和线性；
- 基质效应；
- 定量限（LOQ）；
- 特异性（选择性）；
- 准确度；
- 精密度；
- 分析物和内标物的稳定性。

应提供在真实样本的同阶段分析运行期间得到的如下质控品（QC）数据：

- 精密度；
- 准确度。

有关是否需要纳入真实样本再分析（IRS）作为方法验证的一部分（IRS为单独分析运行中受试样本亚组的重复分析），应联系监管机构咨询。

Ⅲ. 统计分析

生物等效性统计评价最好采用90%CI（置信区间，即双侧CI法）。处理参数平均值比的双侧CI表征如下："如果研究者从许多独立和随机样本中重复计算这些区间，90%区间将适当涵盖真实种群比"。

CI法应用于每一个有意义的参数，典型的如，AUC和C_{max}（见J）。申请人在统计分析前应对参数进行自然对数转换（Ln转换）。

A 统计模型

用于方差分析（ANOVA）的精密模型应考虑各种误差来源，以便合理的假设对反应变量具有的效应。

对于两周期、两序列、两处理交叉研究，模型项一般包括（但不限于）序列、序列内动物、周期和处理。在检测周期和处理效应时应使用固定而非随机效应。在使用平行研究设计时，一般使用单因素ANOVA分析（即处理为统计模型检测的唯一效应）比较处理效应。相应地，残差（随机效应）适用于统计比较供试制剂与参比制剂的误差。

也可采用其他统计方法，具体视研究设计而定。

统计模型和随机化过程应在研究方案中预先定义。

B Ln转换

Ln转换一般可提高符合ANOVA假设的能力，故应用于生物等效性评价。此举理由包括：

- 药动学模型为乘法而非加法模型；
- Ln转换可使方差保持稳定；
- 生物等效性比较一般以比值而非差值表示。

其他数据转换类型较难解释。

C 剂量归一化

除Ⅱ.B剂量选择所述情况外，剂量归一化不适用于交叉研究设计。在生物等效性试验设计为平行研究且以mg而非mg/kg给药的极少数情况下，动物间体重差异可能导致残差膨胀，而需大幅增加受试动物数量以保持研究把握度。该情况下，应在方案制定期间与监管机构讨论剂量归一化的可接受性和对应数据分析方法。

D 置信区间接受标准

为得到国际认可，需符合以下条件：

- AUC和C_{max}接受标准应为0.80～1.25。
- 如果对缓释制剂采用多次给药研究且存在药物蓄积时，这些标准也适用于$C_{谷}$值。

如果申请人计划使用替代研究设计以根据参比制剂变异性调整接受标准，可向区域监管机构咨询相应的统计方法和研究设计。

E 统计报告

研究报告至少应包含各研究周期的每个受试动物浓度-时间数据（阐明与各血药浓度曲线相关的周期和处理）、各序列的受试动物分配、个体参数估计值、参数估计所有的方法、统计概述和统计输出[例如，方差分析（ANOVA）]，以便监管机构在必要时能够进行药动学和统计分析。

Ⅳ. 术语

- **接受标准（同义词：置信限）**：用于定义产品生物等效性的90%CI上限和下限（范围）。
- **药物活性成分（API；同义词：活性物质）**：成品制剂中所用物质，拟提供药理活性，或对诊断、治愈、减轻、治疗或预防疾病具有直接影响，或对恢复、矫正或修复机体生理功能具有直接影响。

注：在考虑不同盐类或酯类时，因国际上对“相同API”的定义解释存在差异，故未能提供一致定义。申请人应向当地监管机构咨询辖区对“相同API”的解释。

- **药时曲线下面积（AUC）**：血药浓度-时间曲线下面积，用作药物暴露量指标。其包括数个不同类型的AUC估计值：
  - **AUC_{0-Last}**：至可定量药物浓度相关最后采血时间点的AUC。最后可定量浓度[定量限（LOQ）]由分析方法灵敏度决定。最后可定量药物浓度可能出现在最后采血时间前。
  - **$AUC_{0-\infty}$**：AUC_{0-Last}加上从最后可定量药物浓度至无穷大时间的外推面积。从最后可定量药物浓度至无穷大时间的末端面积估算为C_{last}/λ_e，其中，C_{last}为最后可定量药物浓度、λ_e为Ln浓度-时间曲线的末端斜率。
  - **AUC_{tau}（AUC_{τ}）**：在1个稳态给药间期的AUC。如果存在线性（非可饱和）PK，其数值等于首次给药的$AUC_{0-\infty}$。
- **含量**：样本中分析物的量。
- **生物利用度**：API或活性代谢物进入体循环的速率和程度。
- **生物等效性**：在适当设计的研究中，在相似条件下以相同摩尔剂量给药时，作用位点的API或其代谢物的生物利用度无差异（在预定接受标准范围内）。
- **微生物全发酵产品**：发酵粗品，未经提取或纯化的发酵产物；更确切地讲为发酵混合液，含API和发酵液，经干燥后用于生产加药饲料或饲料添加剂。
- **生物豁免**：免除证明供试制剂与参比制剂体内生物等效性的要求。
- **血液**：本指导原则中术语血液、血浆和血清可互换使用。
- **处方组成**：制剂中成分及这些成分的绝对量。
- **C_{max}**：血液中API或其代谢物的最大（或峰值）浓度。
- **C_{min}**：稳态下血液中API或其代谢物的最小浓度。给药至体循环中首次出现药物之间无可测量的延迟时C_{min}等于$C_{谷}$。
- **$C_{谷}$**：稳态下的下一次给药前血液中API或其代谢物的浓度。
- **剂型（同义词：药物剂型）**：一种药物给药的物理形态，如片剂、胶囊剂、贴剂、溶液、混悬剂等。

注：鉴于国际差异，一些辖区判定为“相同剂型”的制剂在其他辖区可能为不同剂型。药物申请人应向地方监管机构咨询辖区对“相同剂型”的解释。

- **制剂（同义词：药品）**：含API且通常有一种或多种辅料的成品剂型。
- **消除速率常数（k_e）**：用于描述体内药物消除的一级速率常数。尽管一级动力学过程的药物消除量与浓度呈比例变化，但药物消除分数保持不变。故消除速率常数为单位时间内从体内消除的药物分数。
- **对映异构体**：一对手性异构体（立体异构体），相互间为直接不重叠镜像。由于药物吸收、分布、代谢和排泄中的一个或多个过程存在对映选择性，而可能出现药动学对映特异性。
- **辅料（同义词：非活性成分）**：已适当评价安全性并纳入制剂中的API以外的物质，用于促进制剂生产；保护、支持或提高稳定性、生物利用度或靶动物可接受性；协助产品鉴别；在储存或使用期间提高制剂总体安全性和有效性的任何其他属性。
- **缓释制剂**：相比速释剂型，有意改变以延长API释放速率的剂型。该术语为长效或持续释放剂型的同义词。
- **成品剂型**：预期配售或向动物给药的API剂型，除包装和贴标外，无需进一步的生产或加工。
- **非临床研究质量管理规范（GLP）**：进行非临床实验室研究和田间试验的质量标准。由各监管辖区规定区域标准/法规。
- **最高标示剂量**：标签中指示的参比制剂最高批准剂量（一般定义为每单位体重规格，如mg/kg）。

如果存在批准的剂量范围，最高标示剂量将为该范围的最高剂量。

- **线性药代动力学**：血液中的API或其代谢物浓度随剂量递增而成比例增加，且消除速率与浓度呈比例，说明该药物药代动力学呈线性。此类药物的清除率和分布容积与剂量无关。
- **调释制剂**：API释放速率和／或位点不同于相同途径给药的速释制剂。通过特别的处方设计和／或生产方法进行有意改变。
- **加药预混料**：已获得上市许可拟加至动物饲料后用于经口给药的兽药。加药预混料常由API、载体和稀释剂组成。
- **非线性药代动力学**：不同于线性药代动力学，血液中的API或其代谢物浓度未随剂量递增而成比例增加。其清除率和分布容积可能随给药剂量变化而变化。非线性可能与吸收、分布和／或消除过程之一有关。
- **药代动力学（PK）**：API和／或其代谢物的吸收、分布、代谢和排泄研究。
- **参比制剂**：用于与供试制剂体内生物等效性及某些情况下体外等效性比较的制剂。
- **重复研究设计**：至少1种重复给药的研究。
- **相对生物利用度**：同一药物血管外给药的不同剂型间的生物利用度比较。
- **稳态（ss）**：API输入速率与输出（消除）速率处于动态平衡的情况。
- **立体异构体**：仅其原子空间排列不同的化合物。
- **规格**：以特定测量单位表示的制剂中API含量（例如，10 mg/mL、25 mg/片）。
- **供试制剂**：与参比制剂进行生物等效性比较的制剂。
- **滞后时间（T_{lag}）**：从给药至体循环中出现API的持续时间。
- **达峰时间（T_{max}）**：浓度达峰时间。
- **透皮剂**：设计用于完整皮肤的剂型，通过皮肤吸收API并进入体循环。

Ⅴ．附录

乘法模型中单变量在α=0.05达到80%把握度所需的样本量示例见表1。由于生物等效性评估建立在双单侧检验程序上，故样本量基于每侧α=0.05计算，将其转化成90%CI（2α= 0.10）。表中提供的受试动物数量（N）为供试制剂／参比制剂指定比的两周期交叉设计（其中，N = 2n，且n=每个序列的受试动物数量）所需的受试动物总数。

表1　基于供试制剂/参比制剂平均值比值和受试动物个体变异置信限（接受标准）为0.80～1.25的样本量估算示例

	供试制剂／参比制剂比值							
%CV	0.85	0.9	0.95	1	1.05	1.1	1.15	1.2
12.5	56	16	10	8	10	14	30	118
15	78	22	12	10	12	20	42	170
17.5	106	30	16	14	16	26	58	230
20	138	38	20	16	18	32	74	300
22.5	172	48	24	20	24	40	92	378
25	212	58	28	24	28	50	114	466
27.5	256	70	34	28	34	60	138	>500
30	306	82	40	34	40	70	162	>500
35	414	112	54	44	52	96	220	>500
40	>500	146	70	58	68	124	288	>500
50	>500	226	108	88	104	192	446	>500

%CV反应残差且包含统计模型中未考虑的所有变异源。交叉试验的优点是残差仅包含受试动物内变异源。由于平行研究设计是在受试动物间而非受试动物内比较，故可能产生较大的残差。因此，残差同时包含受试动物内和受试动物间误差源。

在考虑交叉研究设计时，如果使用乘法模型（受试动物内%CV为20且供试制剂/参比制剂比=0.95），按公式估算的受试动物数量为20例（序列1和2各10例）。但将该公式用于平行研究设计时，N=受试动物数量/制剂，故2×N=受试动物总数=N（供试制剂）+N（参比制剂）。

样本量估算

Ln转换数据（基于Hauschke等，1992）

一项交叉研究中，在α标称水平下为达到1-β把握度所需的受试动物数量为N，且N=2n，其中，n为每个序列所需的受试动物数量。对于乘法模型，受试动物数量估算如下：

如果θ=1，则：$n \geqslant [t(\alpha, 2n-2)+t(\beta/2, 2n-2)]^2[CV/\ln 1.25]^2$

如果1<θ<1.25，则：$n \geqslant [t(\alpha, 2n-2)+t(\beta, 2n-2)]^2[CV/(\ln 1.25-\ln\theta)]^2$

如果0.8<θ<1，则：$n \geqslant [t(\alpha, 2n-2)+t(\beta, 2n-2)]^2[CV/(\ln 0.8-\ln\theta)]^2$

式中：

n=受试动物数量/序列

t（α，2n-2）=与估算CI相关的t值

α=I类误差，单侧检验为0.05，双侧检验为0.10。例如，使用双侧检验（每侧α=0.05）且自由度为10时，T分布表的对应值=1.812

2n-2=用于估算CI的误差自由度

β=Ⅱ类误差（一般为0.20）。例如，在自由度为10时，T分布表的对应值=0.879。同样地，β/2（在θ=1时使用）=1.372

μ_T=供试制剂的预计总平均值（对数转换值）

μ_R=参比制剂的预计总平均值（对数转换值）

θ=（$\mu_T-\mu_R$）

CV=变异系数，计算为方差（即标准差）平方根除以所有研究实测值的平均值。

使用平行而非交叉研究设计时也适用上述公式。但当该公式用于平行研究设计时，n=受试动物数量/制剂。故N=受试动物总数=n（供试制剂）+n（参比制剂）。

注：上述公式为迭代公式。在进行关键研究时可能出现较大差异和方差，故使用较大变异及制剂平均值比的较高和较低估计值重复样本量估算时须谨慎。基于此补充信息并使用可用资源，选择成功机会最大的动物数量。

参考文献

Hauschke D, Steinijans VW, Diletti E, Burke M.1992.Sample size determination for bioequivalence assessment using a multiplicative model. *J Pharmacokinet Biopharm*.20：557-561.

VICH体内生物等效性指导原则GL52中统计学概念的补充示例

示例：样本量估算

情境：研究将采用两周期、两制剂、两序列交叉设计，受试动物接受供试制剂和参比制剂单次给药。本示例中，按识别号（ID）分类动物并随机分配至序列1或2。该研究设计如下所示：

序列1：周期1=供试制剂；周期2=参比制剂

序列2：周期1=参比制剂；周期2=供试制剂

为估算研究所需的受试动物数量，进行初步交叉研究。预期的供试制剂/参比制剂平均值比=1.05。预期的受试动物内误差=15%变异系数（%CV）。用于估算受试动物数量的迭代公式如下：

如果$\theta=1$，则：$n\geqslant[t(\alpha, 2n-2)+t(\beta/2, 2n-2)]^2[CV/\ln 1.25]^2$

如果$1<\theta<1.25$，则：$n\geqslant[t(\alpha, 2n-2)+t(\beta, 2n-2)]^2[CV/(\ln 1.25-\ln\theta)]^2$

如果$0.8<\theta<1$，则：$n\geqslant[t(\alpha, 2n-2)+t(\beta, 2n-2)]^2[CV/(\ln 0.8-\ln\theta)]^2$

其中，$1-\beta$=研究把握度（80%）；α=90%置信区间（CI）单侧的I类误差（=0.05），n=受试动物数量/序列（受试动物总数=N=2n），θ=预期的供试制剂/参比制剂平均值比。

根据上述公式和初步研究结果，样本量估算程序如下：

如果以n=5（N=10）开始估算样本量，得到的公式为：

$5\geqslant[1.860+0.889]^2\times[0.15/(\text{Ln } 1.25-\text{ Ln } 1.05)]^2=5.59$

这是不正确的，故需采用次最高值n=6（N=12）。该情况下，计算公式如下：

$6\geqslant[1.812+0.879]^2\times[0.15/(\text{Ln } 1.25-\text{ Ln } 1.05)]^2=5.40$

使用n=6时，所有条件都正确。故样本量（受试动物数量/序列）估算为6例，且用于本研究的受试动物总数应不低于12例。

N=12时，模拟的生物等效性（BE）试验结果如下：

示例：生物等效性数据统计分析

情境：研究将采用两周期、两制剂、两序列交叉设计，受试动物接受供试制剂和参比制剂单次给药。本示例中，按ID分类受试动物并随机分配至序列1或2。该研究设计如下：

序列1：周期1=供试制剂；周期2=参比制剂

序列2：周期1=参比制剂；周期2=供试制剂

N=12时，模拟试验结果如下（表1）：

表1　模拟生物等效性试验数据

动物	序列	周期	制剂	数值
1	1	2	参比制剂	86.76
2	1	2	参比制剂	72.23
3	1	2	参比制剂	102.10
4	1	2	参比制剂	138.42
5	1	2	参比制剂	120.67
6	1	2	参比制剂	81.83
7	2	1	参比制剂	84.91
8	2	1	参比制剂	92.84

（续）

动物	序列	周期	制剂	数值
9	2	1	参比制剂	114.42
10	2	1	参比制剂	119.48
11	2	1	参比制剂	95.32
12	2	1	参比制剂	105.77
1	1	1	供试制剂	93.38
2	1	1	供试制剂	78.81
3	1	1	供试制剂	108.81
4	1	1	供试制剂	154.68
5	1	1	供试制剂	131.96
6	1	1	供试制剂	71.30
7	2	2	供试制剂	75.80
8	2	2	供试制剂	96.98
9	2	2	供试制剂	129.46
10	2	2	供试制剂	131.24
11	2	2	供试制剂	91.27
12	2	2	供试制剂	90.47

分析前，将所有数据转换成自然对数值。在分析使用的统计模型中，以序列、周期和制剂作为固定效应，以序列内动物作为随机效应。有许多可使用的统计程序和程序标准。所有适当设定的分析数据应生成以下结果（表2和表3）：

表2　固定效应检验

效应	自由度分子	自由度分母	F值	>F的概率
序列	1	10	<0.01	0.952 7
周期	1	10	0.89	0.366 7
制剂	1	10	0.43	0.527 4

表3　差值和置信区间

差值	标准误差	90%CI 下限	90%CI 上限
0.019 58	0.029 91	−0.034 6	0.073 8

使用统计输出信息计算置信限：

BE上限=Exp（−0.034 6）=0.97

BE下限=Exp（0.073 8）=1.08

根据上述值得出，BE下限和上限在0.80～1.25，则确定生物等效性。

示例：序列分析

使用序列分析可通过改变α以进行数据集中期分析，能够根据观察到的研究方差重新计算样本量。但值得注意的是，为避免Ⅰ类误差溢出，序列分析不允许根据不正确的制剂平均值比假设来调整样本量。

有数种序列设计类型可用于BE研究。以下为如何进行该分析的唯一一种可能示例。该示例撰写时使用的主要参考文献为Potvin et al.，2008，*Pharm Stat*，7：245−262。读者也可参考该组的后续文献：Montague et al.，2012，*Pharm Stat*，11：8−13。

方法B：无论把握度如何，均在α=0.029 4下检验BE。在第1阶段，重新计算整个研究的必需样本量。

可同时在第1阶段和第2阶段估算CI。方法B版的序列分析（基于Potvin 等，2008）的步骤见图1。

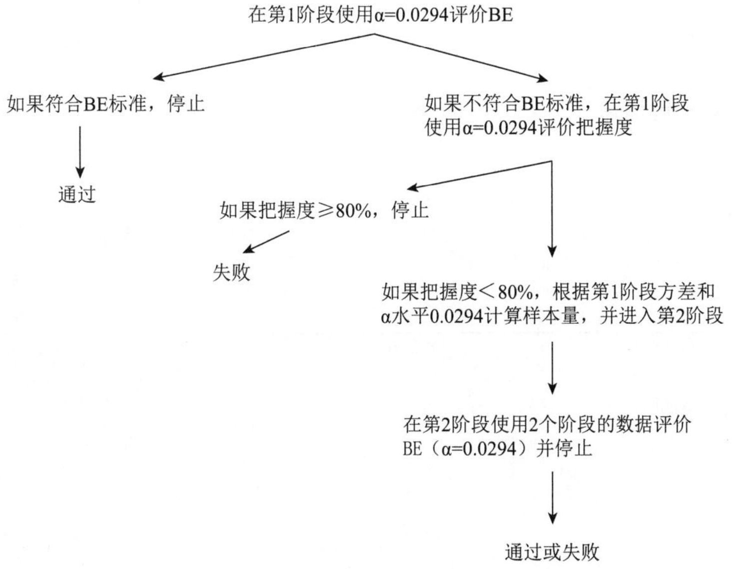

图1　方法B版序列分析中涉及的步骤示意图

在第1阶段使用α水平0.029 4评价BE，而与达到的把握度无关。如果符合BE标准或研究把握度≥80%，不应检验额外受试动物。相反，如果不符合BE标准，应根据第1阶段得到的信息计算达到80%把握度所需的样本量。在第2阶段，使用第1阶段和第2阶段生成的数据，在α=0.029 4下重新计算CI。

无论结果如何，第2阶段之后将不再进行BE评价。

情境：本示例中，使用以下第1阶段假设：

- 估算残差为20%CV且供试制剂/参比制剂平均值比为0.90。
- 第1阶段使用20例受试动物（每个序列10例）进行。

第1阶段不符合0.80～1.25的BE标准。因预计使用序列分析（采用方法B），故可将最初20例受试动物生成的数据与第2阶段额外受试动物得到的数据合并。因此，第1个问题是该情况下共需要多少受试动物证明产品BE及第2阶段试验中需多少额外受试动物？

为回答上述问题，需将实测值插入样本量公式：

样本量公式：

如果$0.8<\theta<1$，则：$n \geqslant [t(\alpha, 2n-2)+t(\beta, 2n-2)]^2[CV/(\ln 0.8-\ln\theta)]^2$

最先估算N=40（每个序列20例）。该情况下，使用第I阶段计算的CV时，计算如下（注意，α现设为0.029 4）：

$[t(\alpha, 2n-2)=1.948, t(\beta, 2n-2)=0.851$

$[t(\alpha, 2n-2)+t(\beta, 2n-2)]^2=7.834$

$[CV/(\ln 0.8-\ln\theta)]^2=[0.2/(\ln 0.8-\ln 0.90)]^2=2.883$

$n \geqslant [t(\alpha, 2n-2)+t(\beta, 2n-2)]^2[CV/(\ln 0.8-\ln\theta)]^2=22.587$

使用n=23重复计算样本量。将对应的t值代入公式后，得到的结果再次表明，每个序列受试动物n至少为23例（即实现收敛）。据此总结，认为在20%CV和θ=0.90（α=0.029 4）时符合BE标准所需的受试动物总数（N）为46例。由于第1阶段已使用N=20（即每个序列10例）生成数据，根据修订的估算值，第2阶段每个序列额外需要13例受试动物（N=26）。

为作比较，如果在关键BE试验前选择进行初步研究，在当前估算值θ=0.90和CV=0.20（α=0.05而非0.029 4）下所需的受试动物总数（N）为38例而非46例。

抗寄生虫药

GL7 驱（蠕）虫药药效评价通则

VICH GL07（驱蠕虫药通则）
2000 年 11 月
第七阶段施行

驱（蠕）虫药药效评价通则

2000 年 11 月 21 日
在 VICH 进程第七阶段
由 VICH 指导委员会推荐实施

本指导原则由相应的 VICH 专家工作组制定，并已通过 VICH 各部门协商。在进程的第七阶段，最终文稿被推荐给欧盟、日本和美国的管理机构采用。

引言

兽药注册技术要求国际协调具有政治上和经济上的重要性。

为了获得上市许可而提供的各种申报资料如获得减免，可大幅度降低研发成本，有利于产品的批准进程。在驱蠕虫药安全性和有效性试验中减少实验动物数量，避免不必要的重复研究，也符合动物福利的要求。另一项益处是，采用一组试验数据即可获得治疗次要动物产品的上市许可。

政府注册管理部门也可从达到统一标准的共识上获益，节约注册审批资源，减少工作量。

目前，本指导原则对兽用新驱蠕虫药和仿制药的评价提供标准化和简化方法。该通则是以单个物种，包括牛、绵羊、山羊、马、猪、犬、猫和禽在内的各自指导原则为支撑，但这些单个物种的指导原则不适用于其他物种。

指导原则需要：

(1) 政府注册管理部门作为其国家制定药效注册评价的参考；

(2) 帮助申请人制定确定驱蠕虫药药效的基本试验方案；

(3) 优化试验数量和实验动物数量。其目的不仅是为了降低总体研发成本，也考虑了动物福利问题。

指导原则不是硬性规定，而是明确给出一个最低标准要求的建议。本质上，指导原则应给出尽可能多的建议，但不可能涵盖所有的可能性。每个试验都要考虑其优劣，如果在特定的情况下，另一替代方法更合适，则应进行替代方法的合理性论证，如果可能，在试验实施前应就试验方案与政府注册管理部门提前进行沟通。公开出版的数据也可以作为试验有效性的佐证。替代方法的合理性应提前与政府注册管理部门进行讨论。强调国际化注册数据的可接受性仍是VICH指导原则的一个重要问题。

驱蠕虫药指导原则概述

该指导原则分两部分：通用要求和具体评价研究。通则部分包括：临床试验质量管理规范（GCP）、有效性数据评价、感染类型和寄生虫种属、产品等效性、推荐的有效性计算方法、有效性标准和寄生虫药适应证的定义。具体评价研究部分包括：剂量确定、剂量确证、田间试验和药效持续期研究。

A．通用要求

1 临床试验质量管理规范（GCP）

所有临床试验研究应遵循GCP原则，申请人应按照GCP推荐的原则开展试验。未遵循GCP的试验则认为是非关键性的试验研究，仅用作佐证。

2 有效性数据评价、自然感染和人工诱发感染的使用、实验室和田间（蠕虫）虫株的定义

剂量确定和剂量确证研究要基于寄生虫的计数（成虫、幼虫）进行有效性数据评价；田间试验更倾向于采用虫卵/幼虫计数来进行有效性评价。剂量确定和剂量确证研究中可采用空白对照试验和决定性试验(不能用于对寄生虫虫体有损伤的兽药)。但是优先采用空白对照试验，如采用自身对照（临界试验法），申请人应进行解释说明以支持该选择。

有效性研究中，由申请人根据寄生虫的种类及拟定的适应证来决定选择自然感染还是人工诱发感染。除了具有重要流行病学意义的寄生虫，对于罕见寄生虫种类，只能采取人工诱发感染来进行试验。

在一些情况下，虽然可用实验室分离株（见术语），但一般更倾向于采用近期分离的野外株（田间株）进行人工诱发感染。野外（田间）分离株更能准确地反映寄生虫的实际状况。最终试验研究报告应说明所用的每一种实验室分离株的特性，如来源、保存方法、药物敏感性、传代次数和对宿主的感染速度等。对于野外（田间）分离株，同样需要说明来源、日期、分离地点、对已有驱蠕虫药的暴露情况和保存方法等特性。

3 产品等效性

等效性原则用于含已批准相同活性成分的2个产品，如使用相同剂量、相同给药途径和相同靶动物的

仿制药。对于与已批准产品活性成分相同但处方不同的，药物药动学特性和目标寄生虫作用位点决定进行产品等效性研究的类型。

对于可进行血药浓度测定，且有效性与药动学参数具有相关性的可吸收性药物，可以进行血药法生物等效性研究。其他尤其是药代动力学参数与药效不具有相关性的药物，需要使用适应证中剂量限制性寄生虫进行2个剂量确证研究和/或每种靶动物进行2个药效持续期研究。

4 推荐的有效性计算方法

有效性可采用一些反映治疗效果的寄生虫参数进行评价，包括粪便中虫卵计数和虫体计数。在大多数自然感染和少数人工诱发感染情况下，对于相同处理的实验动物，如果得到的试验数据存在较大变异，则要求增加试验观察例数进行进一步研究。

4.1 推荐的数据分析标准

研究的统计学分析分2个阶段。驱蠕虫药的上市许可，要求治疗组和对照组具有统计学上的显著性差异，并且有效率应达到90%或更高。

申请人应在数据分析前的方案设计阶段确定所采用的统计分析类型，如参数统计或非参数统计。如果申请人能够证明试验组和对照组存在显著统计学差异，则有效率可用几何平均值表示，有效率至少达到90%（见有效性标准），可认为该产品有效。

4.2 几何平均值和算术平均值

无论采用几何平均值还是算术平均值，均能表示有效性的差异。但是，根据注册技术协调的要求，需要推荐一种计算平均值的方法。虫体数或虫卵数经对数转换比未经对数转换的数值更易趋于正态分布，因此，几何平均值比算术平均值更适用于集中趋势的评估，以减少误判。采用算术平均值进行有效性评价，则认为是在较严苛评判标准下采用的方法，评估的治疗效果更加保守，仅用于特定的情况。

在剂量确定、剂量确证、田间试验和药效持续期研究中，要求采用几何平均值计算有效率。在特定情况下，可有条件地采用算术平均值进行计算。

4.3 动物数量（剂量确定、剂量确证和药效持续期试验）

每个试验组所要求的最少实验动物数量非常关键。动物数量需要根据所用的统计分析类型决定，但是，建议每个试验组至少包括6只实验动物。

4.4 合并数据

允许采用特定标准纳入合并数据。申请人采纳合并数据时，必须确保剂量确证、田间试验和药效持续期试验中各个研究的标准化。每组实验动物数量、寄生虫数量、动物种类和试验条件均应相类似，采纳的合并数据中出现任何偏倚结果均需向注册管理部门提供解释说明。

只有在进行2个以上的试验研究（见B−2），且大多数单独研究结果显示90%或更高的有效性时，才进行合并数据。例如，最少进行3个研究，且至少其中2个研究证明具有90%或更高的有效性时，才考虑采用合并数据。合并研究的总体有效性应达到90%或更高。

对于罕见寄生虫，可采用替代方法进行研究（即可能要求进行更多的试验）。

几何平均值是基于所有对照组数据进行计算的，如对照组中计数为零的数据可删除，但相应给药组计数为零的数据则不允许删除。

4.5 确定动物充分感染的载虫量

因为评价蠕虫的种、属、虫株存在差异，充分感染的统一定义不能用公式表示，且寄生虫的各试验株可能具有不同的易感性和病原特性。因此，在制定研究方案时，尤其是在统计学、寄生虫学、每个对照动物的感染水平与临床的相关性、每种感染的对照动物数量时，应规定充分感染。实验动物的感染水平及其分布应符合有效性标准，满足统计和生物置信限的要求。也可采用多重感染，但各蠕虫种类需达到最低的感染水平。

在对照组所有动物均感染的情况下，一种可能的统计方法是计算对照组载虫量几何平均值的95%置信下限值。如果该值大于对照组载虫量几何平均值的10%，则认为是充分感染。当对照组中存在未感染（计数=0）动物时，可用中位值替代几何平均值，并根据对照组载虫量中位值计算95%置信限。无论采取何种推荐的统计学方法，在相关种属特异性指导原则概述中，充分感染试验均要求（至少）6只对照动物。

4.6 样本量

检测寄生虫感染负荷的样本量至少达到总量的2%。如采用更小的样本量则需提供理由。

5 有效性标准

只有当使用合并数据（必要时）计算的几何平均值得到标签中标明的每种寄生虫有效率达到90%或更高，对照组和试验组的寄生虫数具有统计学显著性差异时，才能在标签上标明有效。但是，由于地域差异，某些流行性寄生虫病的寄生虫感染可能要求使用比最低有效剂量更高的剂量，尤其是旨在防止牧区牧草被寄生虫污染的药物。这部分内容可参见寄生虫各宿主相应的指导原则。如目前针对该寄生虫没有任何有效的治疗药物时，有效性低于90%的结果也可以接受。

6 抗寄生虫药的适应证

产品标签上所列的所有寄生虫种属均需明确。适应证中每一种属的寄生虫主要是成虫，但是，标签中对该种属下一个或多个寄生虫种类中的无法明确的非成熟阶段的描述也是可以接受的。如果标签中明确了寄生虫的种类，则每个种类寄生虫需进行2个剂量确证试验。

B．具体的评价研究

评价新驱蠕虫药时需进行3种类型的试验研究，即剂量确定、剂量确证和田间药效研究，同时也需要进行驱蠕虫药的药效持续期研究。

1 剂量确定试验

剂量测定试验现在一般称为剂量确定试验，其目的是探索特定靶动物的推荐给药剂量。剂量确定试验可以采用也可不采用最终的药物处方。但是，如果不采用最终的处方，应对处方中的任何变化提供合理的解释。如果提供的其他数据可以支持推荐剂量，一些管理部门可豁免剂量确定试验。对于仿制药，活性成分的优化剂量已被认可，因此，不必提供剂量确定试验资料。

当驱蠕虫药适应证拟标示具有广谱抗寄生虫活性时，剂量确定试验应包括适应证中剂量依赖性寄生虫种类，且无论这种寄生虫流行性高或低（罕见），剂量确定试验的结果不受该寄生虫流行情况的影响，申请人选择寄生虫时，还应考虑其对宿主健康的影响。每种寄生虫种属的有效性确定将在相应的剂量确证试验中完成。

当标签仅为适用于一种寄生虫（如犬心丝虫）时，则不必考虑寄生虫虫种的数量和剂量依赖性。

国际间普遍接受的试验设计方案，应最少包括3个不同给药剂量的驱蠕虫药试验组和1个不给药的对照组，如0、0.5、1和2倍推荐剂量组。建议应在预试验的基础上选择有效剂量的剂量范围，并提供剂量选择依据。对于每种寄生虫，给药组和不给药对照组应包括至少6只（推荐）充分感染的实验动物，但是，如果对感染程度存疑，则需要相应地增加实验动物数量（见数据分析）。

这一阶段的试验应使用寄生虫成虫，除非有数据表明特定的寄生虫幼虫具有剂量依赖性或产品仅适用于特定的寄生虫幼虫（如犬心丝虫）。剂量确定研究可采用自然感染，但最好采用人工诱发感染。实验室虫株和最新的野外（田间）分离虫株均可进行人工诱发感染。

2 剂量确证试验

剂量确证试验应采用拟上市产品的最终处方。剂量确证试验不能用已知耐药的寄生虫进行试验。寄生虫成虫的有效性试验，最好采用自然感染的实验动物。但是，对于某个具体试验，采用近期分离的野外株（田间株）进行人工诱发感染也可接受。对于罕见的寄生虫，可采用实验室株进行试验，可以在产品拟上市区域之外进行研究。幼虫的剂量确证试验应采用人工诱发感染。对偏离以上建议的试验研究，申请人应进行解释说明。针对生长抑制阶段进行的研究仅推荐采用自然感染方式。

适应证中标明的每种寄生虫至少进行2个对照试验或（如果可以）自身对照（临界）试验的剂量确证试验（单独或多重感染）。不同地理位置和气候条件、不同饲喂条件下的实验动物感染的各蠕虫种属需进行至少2个试验研究以确证药物的有效性。至少其中的1个试验要在拟注册国家所属的地理区域内进行，2个试验研究都必须在能充分代表产品拟上市区域的不同条件下开展。如果某一地区寄生虫非常罕见，那么，在拟上市区域外开展的2个试验研究均可接受。如果采用最终处方，并按标签推荐的给药方式，则剂量确定研究可替代剂量确证研究中的一个试验。

每项研究的每个试验组应包括至少6只充分感染的动物。在试验方案中应对充分感染进行定义。试验前应对感染动物进行检查，确保试验开始时至少有6只充分感染寄生虫或有寄生虫存在的实验动物（见推荐的有效性计算方法）。

3 田间药效试验

田间药效试验研究是采用拟上市兽药的最终处方进行有效性和安全性的确认研究。开展田间试验的数量和每个试验所需要的实验动物数依据动物种类、地理位置和地区／区域情况而定。对照组如不给药动物或给予已上市驱蠕虫药的实验动物，其数量应至少相当于25%的给药动物数量。地区／区域是指在一个国家或一种气候上的区域或管理区域范围内（见术语）。为达到要求的动物数量，每个地区／区域以亚中心形式进行多中心试验研究也是可以接受的。政府注册管理部门要求提供额外的（或减免）试验、和／或动物数量（动物福利考虑）等均应提供充分的理由。根据标签拟标示的适用动物年龄范围、种类、产品类型进行试验。

4 药效持续期试验

目前，广谱驱蠕虫药由于在治疗动物体内残留具有活性的母体药物或代谢物，可能显示持续的有效性。药效持续期仅可通过测定实际存在的蠕虫数来证实，不能通过每克粪便中的虫卵数进行证实。少于7d的活性观察认为不具有持续期药效，药效持续期需注明确定的天数。根据动物种类制定试验方案，具体可见特定靶动物的相关指导原则。

同上述剂量确证试验，标示最低持续期（适用的每种寄生虫及相应的持续期）试验应包括2个试验（采用蠕虫计数），各包括1个不给药组和1个给药组。每个治疗组至少应包括6只充分感染动物。在试验方案中应规定充分感染。标示的药效持续期需根据各种属的具体试验结果而定。

术语

充分感染（adequate infection）：在试验方案中定义的自然感染或人工感染水平，当比较给药动物和对照动物的寄生虫参数（如寄生虫数量）时，用以评价药物的治疗有效性。

样本量（aliquot size）：用于测定寄生虫数量的胃肠道或其他内容物（肺等）样本（已知体积）。

适应证（claim）：标签上所列的对某种驱蠕虫药敏感（90%或更高的有效性）的寄生虫种属（成虫和／或幼虫）。

空白对照试验（controlled test）：采用2个试验组进行药物有效性研究，1个实验动物对照组，至少1个实验动物给药组。各给药组和对照组的实验动物均为寄生虫充分感染的动物；给药后经一定的时间，将实验动物剖检，对寄生虫进行计数和鉴定。药物的有效性按下式计算：寄生虫或特定生命期的驱虫率%=100[（对照组虫体数的GM）－（给药组动物虫体数的GM）] ÷[对照组虫体数的GM]（GM=几何均数）。当样本数量相同时通常采用此计算方法。

自身对照（临界）试验（critical test）：实验动物给药后排出的寄生虫虫体数，加上尸检时肠道内虫体数作为给药期间动物体内寄生虫的总数。有效性试验按下式计算：各实验动物的有效性%=[排出的虫体数]÷[（排出的虫体数）+（残存的虫体数）]。

剂量确证试验（dose confirmation study）：用于确认药物剂量和处方的体内研究；可在实验室或田间进行。

剂量确定试验（dose determination study）：用于测定兽药有效剂量或剂量范围的体内研究。

剂量依赖性寄生虫（dose-limiting parasite）：在剂量确定试验中，用于表明在一定药物剂量下达到90%有效性时所用的寄生虫。对于剂量依赖性寄生虫，如给药量低于此剂量，则有效性低于90%，即使对于宿主的其他寄生虫有较好的有效性（90%或更高）。

有效性（effectiveness）：标签上生产商声称的、已有数据支持的有效程度，即空白对照试验的统计数据按几何平均值计算时，有效性至少达到90%。

田间药效试验（field efficacy）：兽药在实际使用条件下进行更大规模的有效性和安全性研究。

临床试验质量管理规范（GCP，good clinical practice）：为提高试验数据的质量和准确性而采取的一系列措施。涵盖试验的组织过程和试验设计、执行、监管、记录和报告等内容。

仿制药（generic）：仿制药需要证明与已批准药物具有相同的活性成分、相同的给药剂量和生物等效性，按各注册管理部门的相应要求进行注册。

地理位置（geographical location）：实施指导原则的地域：日本、欧盟、美国和澳大利亚/新西兰。

田间分离虫株（field isolate）：从田间分离不到10年，用于药物有效性试验的蠕虫亚群。作为目前田间寄生虫感染的代表性蠕虫株，已进行特性鉴定（来源、日期、地点、已有驱蠕虫药的暴露情况和保存方法）。

实验室虫株（laboratory strain）：从田间分离至少10年，已在实验室进行特性鉴定和分离的蠕虫亚群。根据特定的性能进行分离使其成为研究领域的唯一，如对某一驱虫药的耐药性。

罕见寄生虫（rare parasite）：流行性较低的寄生虫种属，不会大规模发病和出现临床症状，通常在特定的地理区域发病。

地区（region）：按气候、饲养的靶动物和寄生虫耐药性情况等定义的地理区域。

VICH（veterinary international cooperation on harmonization）：兽药注册技术要求国际协调会。

GL12 牛驱蠕虫药药效评价

VICH GL12（驱蠕虫药：牛）
1999 年 11 月
第七阶段施行

牛驱蠕虫药药效评价

1999 年 11 月 16 日
在 VICH 进程第七阶段
由 VICH 指导委员会推荐实施

本指导原则由相应的 VICH 专家工作组制定，并已通过 VICH 各部门协商。在进程的第七阶段，最终文稿被推荐给欧盟、日本和美国的管理机构采用。

概述

本指导原则由VICH工作组共同起草完成，即驱蠕虫药药效原则。读者应结合VICH驱蠕虫药药效通则（EAGR，简称“通则”）的内容进行研读。EAGR从宏观角度阐释了评估驱蠕虫药相关产品药效的关键性数据。为了方便读者比较，本指导原则采用与EAGR类似的写作结构。

牛驱蠕虫药药效原则属于EAGR的一部分，且目的是：①阐明牛驱蠕虫药注册的具体要求，而非通用指导原则；②着重讨论本指导原则与EAGR关于药效数据要求的不同点；③对这些不同点给予解释。

值得注意的是，本指导原则的目的并不是为了给出研究中的技术步骤，我们推荐申请人参考其他已发布文件中详述的有关步骤，例如，《兽医寄生虫学》（第二版）中“国际兽医寄生虫学促进协会（WAAVP）驱蠕虫药在反刍动物（牛、绵羊和山羊）的药效评价指导原则”一章（58：181–213，1995）。

A.一般要求

1　药效数据的评价

在剂量确定试验和剂量确证试验中，由于自身对照（临界试验法）的有效性在反刍动物中并不可靠，因此，只有基于寄生虫成虫和幼虫计数的空白对照试验才可能接受。在田间试验中，虫卵和幼虫计数为评价药物有效性的推荐方法。长效药或缓释剂的试验，也应遵循与其他治疗性驱蠕虫药相同的评价程序。试验方案中，必须根据所调查地区的相关寄生虫病流行情况、流行病史以及现有统计学数据，确定研究方案中寄生虫的充分感染数量。

2　试验用牛：自然感染或人工诱发感染

在剂量确定试验中，人工诱发感染的病原一般来源于实验室虫株或者近期的田间分离虫株。但是，如果某种寄生虫感染模型仍未建立（如牛弓首蛔虫、绦虫和分枝双腔吸虫），在其试验中，可以采用自然感染代替人工诱发感染。

在剂量确证试验中，一般使用自然感染的动物，但是，也会采用人工诱发感染和多种寄生虫混合感染的动物进行。这样在同一个试验中可以同时研究该药物对多种寄生虫的有效性。对于药物适应证为对第四期幼虫有效的试验中，必须采用人工诱发感染的动物；而在药物适应证为对非感染期幼虫有效的研究中，只能采用自然感染的动物。申请人在选取实验动物时，应选用那些累积充分感染时间最长的动物，但这取决于区域或地域特点。如需要，区域或地域中的具体情况，需从专家处按照每个案例分别获得。所有案例中的实验动物在治疗前至少2周内必须室内饲养，以防再次感染。

研究药物的持续效果需要使用近期从田间分离的寄生虫进行人工诱发感染的结果来判定。

终期报告中必须包括所有使用过的人工诱发感染寄生虫相关记录。

3　人工诱发感染试验中推荐的寄生虫感染数量

试验中实际的寄生虫感染量只是一个大概数字，而且需要根据不同的分离虫株进行调整。人工诱发感染幼虫的最终数量需要在终期报告中反映出来。表1为在既有实验动物模型中，不同种属寄生虫的推荐感染数量范围。

表1　驱蠕虫药在牛药效研究中达到充分感染所需的幼虫感染数量范围

寄生虫种属	虫卵／幼虫数量范围（条）
皱胃	
牛血矛线虫 *Haemonchus placei*	5 000 ~ 10 000
奥氏奥斯特线虫 *Ostertagia ostertagi*	10 000 ~ 30 000
艾克氏毛圆线虫 *Trichostrongylus axei*	10 000 ~ 30 000

（续）

寄生虫种属	虫卵/幼虫数量范围（条）
小　肠	
肿孔库柏线虫 *Cooperia oncophora*	10 000 ~ 30 000
点状库柏线虫 *C. punctata*	10 000 ~ 15 000
蛇形毛圆线虫 *T. colubriformis*	10 000 ~ 30 000
钝刺细颈线虫 *Nematodirus spathiger*	3 000 ~ 10 000
海尔维第细颈线虫 *N. helvetianus*	3 000 ~ 10 000
巴塔细颈线虫 *N. battus*	3 000 ~ 6 000
辐射食管口线虫 *Oesophagostomum radiatum*	1 000 ~ 2 500
微管食管口线虫*O. venulosum*	1 000 ~ 2 000
羊夏柏特线虫 *Chabertia ovina*	500 ~ 1 500
牛钩口线虫 *Bunostomum phlebotomum*	500 ~ 1 500
乳突类圆线虫 *Strongyloides papillosus*	1 000 ~ 200 000
鞭虫 *Trichuris* spp.	1 000
肺	
胎生网尾线虫*Dictyocaulus viviparus*	500 ~ 6 000
肝	
肝片吸虫（囊蚴）*Fasciola hepatica (metacercaria)*	
成年牛	1 000
育成牛	500 ~ 1 000

4　药效评价的推荐方法

4.1　批准标签的一项适应证标准

批准一项适应证需要以下关键内容：

a）需要进行2个剂量确证试验，每个试验包含不用药的对照组和治疗组，每组至少6只充分感染的实验动物；

b）治疗组和对照组的寄生虫计数结果的差异性需要具有显著统计学意义（$P<0.05$）；

c）经过数据转换（几何平均数）后，药物的有效性必须达到或者高于90%；

d）结合实验动物的病史、寄生虫学检查结果以及统计标准，所有感染动物应是达到充分感染标准的。

药物的有效性标准（≥90%）是基于实验动物寄生虫的清除率来制定的。但是，如果该药物的治疗目的在于防止某些胃肠道寄生蠕虫污染该地区的牧草，根据动物流行病学原理，其有效率标准水平应适当上调。在这种情况下，申请人在开始试验之前需要与监管机构进行商讨。

4.2　试验牛的数量（剂量确定试验、剂量确证试验和持续性试验）

试验中各组的最少实验动物数量是一个关键点。尽管实验动物的数量需要根据统计学原理足以获取有效的试验数据，但是，为了达到协调一致的目的，我们建议每组实验动物的数量不少于6只。

在某些情况下，任何一个试验的对照组都无法达到6只充分感染动物（如极罕见蠕虫），那么，各个试验的对照组动物可以合并，成为一个实验动物数量至少为12只的对照组，进行统计学计算。如果试验结果的差异性显著（$P<0.05$），则认为该药物有效，如果实验动物的充分感染符合要求，该适应证可能

获得批准。在采用合并对照的试验中，各个实验室或试验地点所采用的采样技术和充分感染估算技术应该相同或相似，以保证研究结果能充分地外推至整个群体。

4.3 确定牛充分感染数量

综合统计学数据、实验动物的病史、文献综述以及专家意见，实验动物充分感染的所需最少寄生蠕虫量会在终期报告中确定。批准一项适应证所考虑的牛寄生蠕虫的（成虫）数量范围依不同虫体种属的不同而有所差异。一般而言，线虫充分感染所需的平均感染寄生虫数量最低限为100条。钩口线虫、食管口线虫、鞭虫以及网尾线虫，其平均感染寄生虫数量最低限可能会更低。对于片形吸虫来讲，其平均感染寄生虫数量最低限达到20条，即可认为充分感染。

4.4 标签适应证

对于适应证中作用于成虫阶段的药物，一般规定为，治疗不能早于感染后21 ~ 25d；对于大多数虫种来说，最佳治疗时间应在感染后28 ~ 32d。以下虫种除外：食管口线虫（34 ~ 49d）、钩口线虫（52 ~ 56d）、乳突类圆线虫（14 ~ 16d）和片形吸虫（8 ~ 12周）。

对于适应证中作用于第四期幼虫阶段的药物，最佳治疗时间因虫种而定，例如，乳突类圆线虫应在感染后3 ~ 4d进行治疗，血矛线虫、毛圆线虫和库柏线虫为5 ~ 6d，奥氏奥斯特线虫和田螺网尾线虫为7d，细颈线虫为8 ~ 10d，食管口线虫为15 ~ 17d。标签上不允许出现未成熟幼虫的内容。对于早期未成熟片形吸虫，最佳治疗时间为感染后1 ~ 5周，晚期未成熟幼虫感染的最佳治疗时间为感染后6 ~ 9周。

5 治疗程序

给药途径（口服给药、非胃肠道给药、外用药和缓释药物等）、药物剂型和药物的其他活性作用均会影响试验方案的设计。对于外用制剂，建议在考察体外给药的产品效力时，应考虑天气与动物之间的关系。缓释药物的整个药物释放过程中，建议的检测时间点均需要对药物的效果进行评价，除非在某些情况下有官方文件说明不需要进行全程监测，例如，在整个治疗过程中，实验动物的血药浓度在建议治疗时间内的每个检测点的结果显示均处于稳态。

当药物是通过饮水或饲料预混剂给药，应严格按照标签进行操作。预混剂需要对产品适口性进行研究。含药的混饮水和混饲饲料均应采样检测，以确定药物浓度。每只动物摄入的含药产品量均应准确记录，以确定这种处理方式是否能够满足标签要求。对于外用药物，在评价药物有效性，应考虑当地的气候环境（如紫外线强度、降水）和实验动物的被毛厚度。

6 动物的选择、分组以及处置

实验动物的临床表现应无任何疾病症状，并且可以代表该受试驱虫药所适用动物的年龄、性别以及种属。一般情况下，实验动物应具备自行反刍的能力，并且年龄＞3月龄。实验动物应随机分组。对实验动物的体重、性别、年龄和／或暴露于寄生虫的情况进行分组处理，可以有效减少试验变异。粪便中虫卵或幼虫的计数也可以作为实验动物的分组因素。

在人工诱发感染试验中，建议使用体内没有寄生虫寄生的实验动物。如果该实验动物的饲养环境不能保证是无寄生虫环境，则试验前应进行一定时间的驱蠕虫治疗，所用驱虫药的化学成分不能与试验药有关，并且需要通过粪便检查来判断动物体内寄生蠕虫是否被彻底清除。

实验动物的棚舍、饲养及护理需要严格遵循动物福利的要求，包括定期进行疫苗免疫等，并且终期报告需要提供相关信息。建议给予实验动物至少7d的适应期。棚舍、饲料／饮水应保证充足。试验期间，需要每天定时观察实验动物，以便及时发现某些不良反应或副作用。

B.每个试验的特殊要求

1 剂量确定试验

试验中无特殊种属要求。

2 剂量确证试验

每种适应证的剂量确证试验均应包含寄生虫成虫及幼虫的情况，并且需要说明何时使用蛰伏期幼虫。

3 田间药效试验

试验中无特殊种属要求。

4 药效持续期试验

支撑适应证中的药效持续作用的最基本试验设计方案有2种：一是采用单次寄生虫感染攻击，二是在治疗后不同时间进行多次寄生虫感染攻击。在这2种试验方案中，均无标准化的试验方案。但在为每一项试验所设计的试验方案中均需要包含以下信息：试验过程中评判寄生虫幼虫活性的标准、药物驱除寄生虫幼虫的原理以及确定处死实验动物日期的原因。在这些试验中，建议使用体内没有寄生虫寄生的奶牛作为实验动物。我们推荐治疗后不同时间进行多次寄生虫感染攻击试验，以最大程度接近真实情况。

每个持续药效适应证（每个药效持续时间和每种蠕虫适应证）试验的最低要求：每个适应证包括2个试验（采用寄生虫计数），每个试验均需要设置不给药对照组和1个或多个治疗组。对照组至少有6只充分感染的实验动物。持续药效适应证仅能说明特定种类的寄生虫在特定种类实验动物的药效情况。

在不同时间点多次寄生虫感染攻击试验中，不同组别的动物在治疗后的第7天、第14天、第21天或更长的时间点接受寄生虫的自然感染或人工诱发感染，在末次感染后的大约3周（或提前一点时间）进行寄生虫载虫量检测。寄生虫感染攻击间隔时间和时程在长效药的试验中可能会有差异。

药效持续适应证也需要有效性结果的几何平均数达到90%以上才能获得认可。

GL13 绵羊驱蠕虫药药效评价

VICH GL13（驱蠕虫药：绵羊）
1999 年 11 月
第七阶段施行

绵羊驱蠕虫药药效评价

1999 年 11 月 16 日
在 VICH 进程第七阶段
由 VICH 指导委员会推荐实施

本指导原则由相应的 VICH 专家工作组制定，并已通过 VICH 各部门协商。在进程的第七阶段，最终文稿被推荐给欧盟、日本和美国的管理机构采用。

概述

本指导原则由VICH工作组共同起草完成，即驱蠕虫药药效原则。读者应结合VICH驱蠕虫药药效通则（EAGR，简称“通则”）的内容进行研读。EAGR从宏观角度阐释了评估驱蠕虫药相关产品药效的关键性数据。为了方便读者比较，本指导原则采用与EAGR类似的写作结构。

绵羊驱蠕虫药药效原则属于EAGR的一部分，且目的是：①阐明牛驱蠕虫药注册的具体要求，而非通用指导原则；②着重讨论本指导原则与EAGR关于药效数据要求的不同点；③对这些不同点给予解释。

值得注意的是，本指导原则的目的并不是为了给出研究中的技术步骤，我们推荐申请人参考其他已发布文件中详述的有关步骤，例如，《兽医寄生虫学》（第二版）中“国际兽医寄生虫学促进协会（WAAVP）驱蠕虫药在反刍动物（牛、绵羊和山羊）的药效评价指导原则”一章（58：181–213，1995）。

A.一般要求

1　药效数据的评价

在剂量确定试验和剂量确证试验中，由于自身对照（临界试验法）的有效性在反刍动物中并不可靠，因此，只有基于寄生虫成虫和幼虫计数的空白对照试验才可能接受。在田间试验中，虫卵和幼虫计数为评价药物有效性的推荐方法。长效药或缓释剂的试验，也应遵循与其他治疗性驱蠕虫药相同的评价程序。试验方案中，必须根据所调查地区的相关寄生虫病流行情况、流行病史以及现有统计学数据，确定研究方案中寄生虫的充分感染数量。

2　试验用绵羊：自然感染或人工诱发感染

在剂量确定试验中，人工诱发感染的病原一般来源于实验室虫株或者近期的田间分离虫株。但是，如果某种寄生虫感染模型仍未建立（如绵羊原圆线虫、绦虫和双腔吸虫），在其寄生虫试验中，可以采用自然感染代替人工诱发感染的方法。

在剂量确证试验中，一般使用自然感染的动物，但是，也会采用人工诱发感染和多种寄生虫混合感染的动物进行。这样在同一个试验中可以同时研究该药物对多种寄生虫的有效性。对于药物适应证为对第四期幼虫有效的试验中，必须采用人工诱发感染的动物；而在药物适应证为对非感染期幼虫有效的研究中，只能采用自然感染的动物。申请人在选取实验动物时，应选用那些累积充分感染时间最长的动物，但这取决于区域或地域特点。所有案例中的实验动物在治疗前至少2周内必须室内饲养，以防再次感染。

研究药物的持续效果需要使用近期从田间分离的寄生虫进行人工诱发感染的结果来判定。

终期报告中必须包括所有使用过的人工诱发感染寄生虫相关记录。

3　人工诱发感染试验中推荐的寄生虫感染数量

试验中实际的寄生虫感染量只是一个大概数字，而且需要根据不同的分离虫株进行调整。人工诱发感染幼虫的最终数量需要在终期报告中反映出来。表1为在既有实验动物模型中，不同种属寄生虫的推荐感染数量范围。

表1　驱蠕虫药在绵羊药效研究中达到充分感染所需的幼虫感染数量的范围

寄生虫种属	虫卵/幼虫数量范围（条）
皱　胃	
捻转血矛线虫 *Haemonchus contortus*	400 ~ 4 000
环纹背带线虫 *Teladorsagia circumcincta*	6 000 ~ 10 000
艾克毛圆线虫 *Trichostrongylus axei*	3 000 ~ 6 000

（续）

寄生虫种属	虫卵/幼虫数量范围（条）
小　肠	
柯氏库柏线虫 *Cooperia curticei*	3 000 ~ 6 000
蛇形毛圆线虫和透明毛圆线虫 *T. colubriformis* & *T. vitrinus*	3 000 ~ 6 000
细颈线虫 *Nematodirus* spp.	3 000 ~ 6 000
食管口线虫 *Oesophagostomum* spp.	500 ~ 1 000
羊夏柏特线虫 *Chabertia ovina*	800 ~ 1 000
羊仰口线虫 *Bunostomum trigonocephalum*	500 ~ 1 000
乳突类圆线虫 *Strongyloides papillosus*	80 000
厚缘盖格线虫 *Gaigeria pachyscelis*	400
鞭虫 *Trichuris* spp.	1 000
肺	
丝状网尾线虫 *Dictyocaulus filaria*	1 000 ~ 2 000
肝	
肝片吸虫（囊蚴）*Fasciola hepatica* (*metacercaria*)	
慢性	100 ~ 200
急性	1 000 ~ 1 500

4　药效评价的推荐方法

4.1　批准标签的一项适应证标准

批准一项适应证需要以下关键内容：

a）需要进行2个剂量确证试验，每个试验包含不用药的对照组和治疗组，每组至少6只充分感染的实验动物；

b）治疗组和对照组的寄生虫计数结果的差异性需要具有显著统计学意义（$P<0.05$）；

c）经过数据转换（几何平均数）后，药物的有效性必须达到或者高于90%；

d）结合实验动物的病史、寄生虫学检查结果以及统计标准，所有被感染的动物应达到充分感染标准。

药物的有效性标准（≥90%）是基于实验动物寄生虫的清除率来制定的。但是，如果该药物的治疗目的在于防止某些胃肠道寄生蠕虫污染该地区的牧草，根据动物流行病学原理，其有效率标准水平应适当上调。在这种情况下，申请人在开始试验之前需要与监管机构进行商讨。

4.2　试验绵羊的数量（剂量确定试验、剂量确证试验和持续性试验）

试验中各组的最少实验动物数量是一个关键点。尽管实验动物的数量需要根据统计学原理足以获取有效的试验数据，但是，为了达到协调一致的目的，我们建议每组实验动物的数量不少于6只。

在某些情况下，任何一个试验的对照组都无法达到6只充分感染动物（如极罕见蠕虫）时，那么，各个试验的对照组动物可以合并，成为一个实验动物数量至少为12只的对照组，进行统计学计算。如果试验结果的差异性显著（$P<0.05$），则认为该药物有效，如果实验动物充分感染符合要求，该适应证可能获得批准。在采用合并对照的试验中，各个实验室或试验地点所采用的采样技术和重组感染估算技术应该相同或相似，以保证研究结果能充分地外推至整个群体。

4.3　确定绵羊充分感染的虫量

综合统计学数据、实验动物的病史、文献综述以及专家意见，实验动物充分感染的所需最少寄生蠕虫量会在终期报告中确定。批准一项适应证所考虑的绵羊寄生蠕虫的（成虫）数量范围依不同虫体种属的不同而有所差异。一般而言，线虫充分感染所需的平均感染寄生虫数量最低限为100条。仰口线虫、食管口线虫、鞭虫、厚缘盖格线虫以及丝状网尾线虫，其平均感染寄生虫数量最低限可能会降低。对于片形吸虫，其平均感染寄生虫数量最低限达到20条，即可认为充分感染。

4.4 标签适应证

对于适应证中作用于成虫阶段的药物，一般规定为，治疗不能早于感染后21 ~ 25d；对于大多数虫种来说，最佳治疗时间应在感染后28 ~ 32d。以下虫种除外：食管口线虫（28 ~ 41d）、仰口线虫（52 ~ 56d）、乳突类圆线虫（14 ~ 16d）和片形吸虫（8 ~ 12周）。

对于适应证中作用于第四期幼虫阶段的药物，最佳治疗时间因虫种而定，例如，乳突类圆线虫应在感染后3 ~ 4d进行治疗，血矛线虫、毛圆线虫和库柏线虫为5 ~ 6d，环纹奥斯特线虫和环纹背带线虫为7d，细颈线虫为8 ~ 10d，食管口线虫为15 ~ 17d。标签上不允许出现未成熟幼虫的内容。对于早期未成熟片形吸虫，最佳治疗时间为感染后1 ~ 4周，晚期未成熟幼虫最佳治疗时间为感染后6 ~ 8周。

5 治疗程序

给药途径（口服给药、非胃肠道给药、外用药和缓释药物等）、药物剂型和药物的其他活性作用均会影响试验方案的设计。对于外用制剂，建议在考察体外给药的产品效力时，应考虑天气与动物之间的关系。缓释药物的整个药物释放过程中，建议的检测时间点均需要对药物的效果进行评价，除非在某些情况下有官方文件说明不需要进行全程监测，例如，在整个治疗过程中，实验动物的血药浓度在建议治疗时间内的每个检测点的结果显示均处于稳态。

当药物是通过饮水或饲料预混剂给药，应严格按照标签进行操作。对于预混剂需要对产品适口性进行研究。含药的混饮水和混饲饲料均应采样检测，以确定药物浓度。每只动物摄入的含药产品量均应准确记录，以确定这种处理方式是否能够满足标签要求。对于外用药物，在评价药物有效性时，应考虑当地的气候环境（如紫外线强度、降雨）和实验动物的被毛厚度。

6 动物的选择、分组以及处置

实验动物的临床表现应无任何疾病症状，并且可以代表该受试驱虫药所适用动物的年龄、性别以及种属。一般情况下，实验动物应具备自行反刍的能力，且年龄＞3月龄。实验动物应随机分组。对实验动物的体重、性别、年龄和／或暴露于寄生虫的情况进行分组处理，可以有效减少试验变异。粪便中虫卵或幼虫的计数也可以作为实验动物的分组因素。

在人工诱发感染试验中，建议使用体内没有寄生虫寄生的实验动物。如果该实验动物的饲养环境是无寄生虫环境，则试验前进行一定时间的驱蠕虫治疗，所用驱虫药的化学成分不能与试验药有关，并且需要通过粪便检查来判断动物体内寄生蠕虫是否被清除彻底。实验动物的棚舍、饲养及护理需要严格遵循动物福利的要求，包括定期进行疫苗免疫等，并且终期报告需要提供相关信息。建议给予实验动物至少7d的适应期。棚舍、饲料／饮水应保证充足。试验期间，需要每天定时观察实验动物，以便及时发现某些不良反应或副作用。

B.每个试验的特殊要求

1 剂量确定试验

试验中无特殊种属要求。

2 剂量确证试验

每种适应证的剂量确证试验应包含寄生虫成虫及幼虫的情况，并且需要说明何时使用蛰伏期幼虫。

3 田间药效试验

试验中无特殊种属要求。

4 药效持续期试验

支撑适应证中的药效持续作用的最基本试验设计方案有2种：一是采用单次寄生虫感染攻击，二是在治疗后设置不同时间进行多次寄生虫感染攻击。在这2种试验方案中，均无标准化的试验方案。但在为每一项试验所做的试验方案中均需要包含以下信息：试验过程中评判寄生虫幼虫活性的标准、药物驱除寄生虫幼虫的原理以及确定处死实验动物日期的原因。在这些试验中，建议使用体内没有寄生虫寄生的绵羊作为实验动物。我们推荐治疗后不同时间进行多次寄生虫感染攻击试验，以最大程度接近真实情况。

每个持续药效适应证（每个药效持续时间和每种蠕虫适应证）试验的最低要求：每个适应证包括2个试验（采用寄生虫计数），每个试验均需要设置不给药对照组和1组或多组治疗组。在对照组至少有6只充分感染的实验动物。持续药效适应证仅能说明特定种类的寄生虫在特定种类实验动物的药效情况。

在不同时间点多次寄生虫感染攻击试验中，不同组别的动物在治疗后的第7天、第14天、第21天或更长的时间点接受寄生虫的自然感染或人工诱发感染，在末次感染后的大约3周（或提前一点时间）进行寄生虫载虫量检测。寄生虫感染攻击间隔时间和时程在长效药的试验中可能会有差异。

药效持续适应证也需要有效性结果的几何平均数达到90%以上才能获得认可。

GL14 山羊驱蠕虫药药效评价

VICH GL14（驱蠕虫药：山羊）
1999 年 11 月
第七阶段施行

山羊驱蠕虫药药效评价

1999 年 11 月 16 日
在 VICH 进程第七阶段
由 VICH 指导委员会推荐实施

本指导原则由相应的 VICH 专家工作组制定，并已通过 VICH 各部门协商。在进程的第七阶段，最终文稿被推荐给欧盟、日本和美国的管理机构采用。

概述

本指导原则由VICH工作组共同起草完成，即驱蠕虫药药效原则。读者应结合VICH驱蠕虫药药效通则（EAGR，简称“通则”）的内容进行研读。EAGR从宏观角度阐释了评估驱蠕虫药相关产品药效的关键性数据。为了方便读者比较，本指导原则采用与EAGR类似的写作结构。

山羊驱蠕虫药药效原则属于EAGR的一部分，且目的是：①阐明牛驱蠕虫药注册的具体要求，而非通用指导原则；②着重讨论本指导原则与EAGR关于药效数据要求的不同点；③对这些不同点给予解释。

值得注意的是，本指导原则的目的并不是为了给出研究中的技术步骤，我们推荐申请人参考其他已发布文件中详述的有关步骤，例如，《兽医寄生虫学》（第二版）中“国际兽医寄生虫学促进协会（WAAVP）驱蠕虫药在反刍动物（牛、绵羊和山羊）的药效评价指导原则”一章（58：181–213，1995）。

A.一般要求

1 药效数据的评价

在剂量确定试验和剂量确证试验中，由于自身对照（临界试验法）的有效性在反刍动物中并不可靠，因此，只有基于寄生虫成虫和幼虫计数的空白对照试验才可能接受。在田间试验中，虫卵和幼虫计数为评价药物有效性的推荐方法。长效药或缓释剂的试验，也应遵循与其他治疗性驱蠕虫药相同的评价程序。试验方案中，必须根据所调查地区的相关寄生虫病流行情况、流行病史以及现有统计学数据，确定研究方案中寄生虫的充分感染数量。

2 试验用山羊：自然感染或人工诱发感染

在剂量确定试验中，人工诱发感染的病原一般来源于实验室虫株或者近期的田间分离虫株。但是，如果某种寄生虫感染模型仍未建立（如山羊原圆线虫、绦虫和双腔吸虫），在其试验中，可以采用自然感染代替人工诱发感染的方法。

在剂量确定试验中，人工诱发感染的病原一般来源于实验室虫株或者近期的田间分离虫株。但是如果某种寄生虫感染模型仍未建立（如绵羊原圆线虫、绦虫和双腔吸虫），在其寄生虫试验中，可以采用自然感染代替人工诱发感染的方法。

在剂量确证试验中，一般使用自然感染的动物，但是，也会采用人工诱发感染和多种寄生虫混合感染的动物进行。这样在同一个试验中可以同时研究该药物对多种寄生虫的有效性。对于药物适应证为对第四期幼虫有效的试验中，必须采用人工诱发感染的动物；而在药物适应证为对非感染期幼虫有效的研究中，只能采用自然感染的动物。申请人在选取实验动物时，应选用那些累积充分感染时间最长的动物，但这取决于区域或地域特点。所有案例中的实验动物在治疗前至少2周内必须室内饲养，以防再次感染。

研究药物的持续效果需要使用近期从田间分离的寄生虫进行人工诱发感染的结果来判定。

终期报告中必须包括所有使用过的人工诱发感染寄生虫相关记录。

3 人工诱发感染试验中推荐的寄生虫感染数量

试验中实际的寄生虫感染量只是一个大概数字，而且需要根据不同的分离虫株进行调整。人工诱发感染幼虫的最终数量需要在终期报告种反映出来。表1为在既有实验动物模型中，不同种属寄生虫的推荐感染数量范围。

表1　驱蠕虫药在山羊药效评价中达到充分感染所需的幼虫感染数量的范围

寄生虫种属	虫卵/幼虫数量范围（条）
皱　胃	
捻转血矛线虫 *Haemonchus contortus*	400 ~ 4 000
环纹背带线虫 *Teladorsagia circumcincta*	6 000 ~ 10 000
艾克毛圆线虫 *Trichostrongylus axei*	3 000 ~ 6 000

（续）

寄生虫种属	虫卵／幼虫数量范围（条）
小　肠	
柯氏库柏线虫 *Cooperia curticei*	3 000 ~ 6 000
蛇形毛圆线虫和透明毛圆线虫 *T. colubriformis* & *T. vitrinus*	3 000 ~ 6 000
细颈线虫 *Nematodirus* spp.	3 000 ~ 6 000
食管口线虫 *Oesophagostomum* spp.	500 ~ 1 000
羊夏柏特线虫 *Chabertia ovina*	800 ~ 1 000
羊仰口线虫 *Bunostomum trigonocephalum*	500 ~ 1 000
乳突类圆线虫 *Strongyloides papillosus*	80 000
厚缘盖格线虫 *Gaigeria pachyscelis*	400
鞭虫 *Trichuris* spp.	1 000
肺	
丝状网尾线虫 *Dictyocaulus filaria*	1 000 ~ 2 000
肝	
肝片吸虫（囊蚴）*Fasciola hepatica* (*metacercaria*)	
慢性	100 ~ 200
急性	1 000 ~ 1 500

4　药效评价的推荐方法

4.1　批准标签的一项适应证标准

有效数据需要以下关键内容：

a）需要进行2个剂量确证试验，每个试验包含不用药的对照组和治疗组，每组至少6只充分感染的实验动物；

b）治疗组和对照组的寄生虫计数结果的差异性需要具有显著统计学意义（$P<0.05$）；

c）经过数据转换（几何平均数）后，药物的有效性必须达到或者高于90%；

d）结合实验动物的病史、寄生虫学检查结果以及统计标准，所有感染动物应达到充分感染标准。

药物的有效性标准（≥90%）是基于实验动物寄生虫的清除率来制定的。但是，如果该药物的治疗目的在于防止某些胃肠道寄生蠕虫污染该地区的牧草，根据动物流行病学原理，其有效率标准水平应适当上调。在这种情况下，申请人在开始试验之前需要与监管机构进行商讨。

4.2　试验山羊的数量（剂量确定试验、剂量确认试验和持续性试验）

试验中各组的最少实验动物数量是一个关键点。尽管实验动物的数量需要根据统计学原理足以获取有效的试验数据，但是，为了达到协调一致的目的，我们建议每组实验动物的数量不少于6只。

在某些情况下，任何一个试验的的对照组都无法达到6只充分感染动物（如极罕见蠕虫），那么，各个试验的对照组动物可以合并，成为一个实验动物数量至少为12只的对照组，进行统计学计算。如果试验结果的差异性显著（$P<0.05$），则认为该药物有效，如果实验动物的的充分感染符合要求，该适应证可能获得批准。在采用共同空白对照的试验中，各个实验室或试验地点所采用的采样技术和充分感染估算技术应该相同或相似，以保证研究结果能充分地外推至整个群体。

4.3　确定山羊充分感染的虫量

综合统计学数据、实验动物的病史、文献综述以及专家意见，实验动物充分感染的所需最少寄生蠕虫量会在终期报告中确定。批准一项适应证所考虑的山羊寄生蠕虫的（成虫）数量范围依不同虫体种属的不同而有所差异。一般而言，线虫充分感染所需的平均感染寄生虫数量最低限为100条。仰口线虫、食管口线虫、鞭虫、厚缘盖格线虫以及丝状网尾线虫，其平均感染寄生虫数量最低限可能会更低。对于片形吸虫来讲，其平均感染寄生虫数量最低限达到20条，即可达到充分感染。

4.4 标签适应证

对于适应证中作用于成虫感染阶段的药物，一般规则为，治疗不能早于感染后21 ~ 25d；对于大多数虫种来说，最佳治疗时间应在感染后28 ~ 32d。以下虫种除外：食管口线虫（34 ~ 49d）、羊夏柏特线虫（49d）、仰口线虫（52 ~ 56d）、乳突类圆线虫（14 ~ 16d）和片形吸虫（8 ~ 12周）。

对于适应证中作用于第四期幼虫阶段的药物，最佳治疗时间因虫种而定，例如，乳突类圆线虫应在感染后3 ~ 4d进行治疗，血矛线虫、毛圆线虫和库柏线虫为5 ~ 6d，环纹奥斯特线虫和环纹背带线虫为7d，细颈线虫为8 ~ 10d，食管口线虫为15 ~ 17d。标签上不允许出现未成熟幼虫的内容。对于早期未成熟片形吸虫来讲，最佳治疗时间为感染后1 ~ 4周，晚期未成熟幼虫最佳治疗时间为感染后6 ~ 8周。

5 治疗程序

给药途径（口服给药、非胃肠道给药、外用药和缓释药物等）、药物剂型和药物的其他活性作用均会影响试验方案的设计。对于外用制剂，建议在考察体外给药的产品效力时，应考虑天气与动物之间的关系。缓释药物的整个药物释放过程中，建议的检测时间点均需要对药物的效果进行评价，除非在某些情况下有官方文件说明不需要进行全程监测，例如，在整个治疗过程中，实验动物的血药浓度在建议治疗时间内的每个检测点的结果显示均处于稳态。

当药物是通过饮水或饲料预混剂给药，应严格按照标签进行操作。预混剂需要对产品适口性进行研究。含药的混饮水和混饲饲料均应采样检测，以确定药物浓度。每只动物摄入的含药产品量均应准确记录，以确定这种处理方式是否能够满足标签要求。对于外用药物，在评价药物有效性时，应考虑当地的气候环境（如紫外线强度、降雨）和实验动物的被毛厚度。

6 动物的选择、分组以及处置

实验动物的临床表现应无任何疾病症状，并且可以代表该被试驱虫药所适用动物的年龄、性别以及种属。一般情况下，实验动物应有能力自行反刍，并且年龄大于3月龄。实验动物应随机分组。对实验动物的体重、性别、年龄和／或暴露于寄生虫的情况进行分组处理，可以有效减少试验结果的变异。粪便中虫卵或幼虫的计数也可以作为实验动物的分组因素。

在人工诱发感染试验中，建议使用体内没有寄生虫寄生的实验动物。如果该实验动物的饲养环境中不能保证是无寄生虫环境，则试验前应进行一定时间的驱蠕虫治疗，所用驱虫药的化学成分不能与试验药有关，并且需要通过粪便检查来判断动物体内寄生蠕虫是否被清除彻底。

实验动物的棚舍、饲养及护理需要严格遵循动物福利的要求，包括定期进行疫苗免疫等，并且终期报告需要提供相关信息。建议给予实验动物至少7d的适应期。棚舍、饲料／饮水应保证充足。试验期间，需要每天观察实验动物，以便及时发现某些不良反应或副作用。

B.每个试验的特殊要求

1 剂量确定试验

试验中无特殊种属要求。

2 剂量确证试验

每种适应证的剂量确证试验均应包含寄生虫成虫及幼虫的情况，并且需要说明何时使用蛰伏期幼虫。

3 田间药效试验

试验中无特殊种属要求。

4　药效持续期试验

支撑适应证中的药效持续作用的最基本试验设计方案有2种：一是采用单次寄生虫感染攻击，二是在治疗后不同时间进行多次寄生虫感染攻击。在这2种试验方案中，均无标准化的试验方案。但在为每一项试验所设计的试验方案中均需要包含以下信息：试验过程中评判寄生虫幼虫活性的标准、药物驱除寄生虫幼虫的原理以及确定处死实验动物日期的原因。在这些试验中，建议使用体内没有寄生虫寄生的山羊作为实验动物。我们推荐治疗后不同时间进行多次寄生虫感染攻击试验，以最大程度接近真实情况。

每个持续药效适应证（每个药效持续时间和每种蠕虫适应证）试验的最低要求：每个适应证包括2个试验（采用寄生虫计数），每个试验均需要设置不给药对照组和1个或多个治疗组。对照组至少有6只充分感染的实验动物。持续药效适应证仅能说明特定种类的寄生虫在特定种类实验动物的药效情况。

在不同时间点多次寄生虫感染攻击试验中，不同组别的动物在治疗后的第7天、第14天、第21天或更长的时间点接受寄生虫的自然感染或人工诱发感染，大约3周（或提前一点时间）进行寄生虫载虫量检测。寄生虫感染攻击间隔时间和时程在长效药的试验中可能会有差异。

药效持续适应证也需要有效性结果中的几何平均数达到90%以上才能获得认可。

GL15 马驱蠕虫药药效评价

VICH GL15（驱蠕虫药：马）
2001 年 6 月
第七阶段施行 - 草案 1

马驱蠕虫药药效评价

2001 年 6 月
在 VICH 进程第七阶段
由 VICH 指导委员会推荐实施

本指导原则由相应的 VICH 专家工作组制定，并已通过 VICH 各部门协商。在进程的第七阶段，最终文稿被推荐给欧盟、日本和美国的管理机构采用。

概述

本指导原则由VICH工作组共同起草完成，即驱蠕虫药药效原则。读者应结合VICH驱蠕虫药效评价通则（EAGR，简称“通则”）使用。EAGR从宏观角度阐释了评估驱蠕虫药相关产品药效的关键性数据。为了方便读者比较，本指导原则采用与EAGR类似的写作结构。

马驱蠕虫药用药原则属于EAGR的一部分，且目的是：①更具体地阐明通则中未涉及的马属动物驱蠕虫药的特殊要求；②着重讨论本指导原则与EAGR关于药效数据要求的不同点；③对这些不同点给予解释。

值得注意的是，本指导原则的目的并不是为了给出试验中的技术步骤，我们推荐申请人参考其他已发布文件中详述的有关步骤，例如，《兽医寄生虫学》（30：57—72，1988）中“国际兽医寄生虫学促进协会（WAAVP）对马属动物驱蠕虫药的药效评价的指导原则。”

A．一般要求

1　药效数据的评价

空白对照试验法适用于剂量确定试验和剂量确证试验。在某些大型成年线虫，如马副蛔虫和马尖尾线虫的试验中也使用自身对照试验法（临界试验法）。长效药或缓释剂的试验，也应遵循与其他治疗性驱蠕虫药相同的评价程序。试验方案中，必须根据所试验地区的相关寄生虫病流行情况、流行病史以及现有统计学数据，确定试验方案中寄生虫的充分感染数量。

对于韦氏类圆线虫，可能会通过虫卵计数的方法对药效进行评价（至少需2个田间试验）。这是因为韦氏类圆线虫只在幼年马驹中可见。而在这个年龄段，其他种类的蠕虫很少变为成虫，而用幼年马驹进行感染晚期试验，从动物福利方面考量，又不合适。

2　试验用马：自然感染或人工诱发感染

由于在蠕虫阴性马中进行人工诱发感染很难，所以，大多数试验可以用自然感染过的马开展研究。

在剂量确定试验中，可使用自然感染动物，或者用实验室保存的蠕虫株或近期从田间分离的虫株通过人工诱发感染的动物进行试验。

对于广谱驱蠕虫药的抗成虫剂量确证试验，可以用下列马进行试验：自然感染的马，并用近期从田间分离的虫株再次人工诱发感染；也可是人工诱发感染的马，用近期从田间分离的虫株人工诱发感染。如果标签中标明能够对L4期幼虫（生长期）有效，可以考虑只用近期从田间分离的虫株进行人工诱发感染。如果标签中标明能够对潜伏期幼虫（如小型圆线虫幼虫L3早期）有效，可以考虑只用自然感染病例。进行上述试验时，实验动物应提前2周进入试验场地，以避免再次感染。

为确定潜伏期幼虫的数量，需要对大肠黏膜进行酶消化处理，同时，由于酶消化方法和透视法在分离时都有一定的局限性，应通过2种方法共同对肠黏膜内处于生长期（小型圆线虫L3/L4晚期）的幼虫进行计数。

药效的持续期试验应使用近期从田间分离的寄生虫虫株诱发感染幼龄马属动物（如＜12月龄）进行试验。

最终的试验报告中须说明试验中用于诱发感染的寄生虫相关记录。

3　人工诱发感染试验中推荐的寄生虫感染数量

由于诱发感染马属动物并不常见（如上所述），所以，对于诱发感染所推荐的幼虫数量的研究数据很少。以下是几种感染性幼虫／虫卵的推荐使用剂量范围（条）：

马副蛔虫（马蛔虫）（*Parascaris equorum*）	100 ~ 500
艾克毛圆线虫（*Trichostrongylus axei*）	10 000 ~ 50 000
普通圆线虫（*Strongylus vulgaris*）	500 ~ 750
小圆线虫（杯口线虫亚科）[*Small strongyles*（*Cyathostominae*）]	100 000 ~ 1 000 000

4 药效评价的推荐方法

4.1 批准标签的一项适应证标准

批准标签一项适应证应包括以下关键数据：① 2次剂量确证试验，每次试验应包含至少6匹充分感染寄生虫后不给药马（对照组）和6匹充分感染寄生虫后给药马（治疗组）；而自身对照试验法（临界试验）是每个试验只使用6匹马，每匹马以其自身作为对照；②治疗组和对照组的寄生虫计数结果需具有统计学显著性差异（$P<0.05$）；③数据转换为几何平均数后，计算药物的有效性，必须达到或者高于90%；④结合实验动物的病史、寄生虫学检查结果以及统计标准，所有实验马应被感染过足量的寄生虫。

4.2 实验动物的数量（剂量确定试验、剂量确证试验、持续期试验）

各试验组中所需实验马的最少数量是一个关键点。尽管实验马的数量需要根据统计学原理获取足够有效的试验数据，但是，为了达到协调一致的目的，我们建议每组试验马的数量不少于6匹。

如果出现特殊情况，需要进行几个试验，且任何一个实验都无法找到6匹感染的马作为空白对照组（如某些重要但罕见的寄生虫），那么，可以将所有试验的空白对照组结果合并，累计至12匹，作为累计后的空白对照组，用于统计学差异显著性分析。

如果试验结果的差异性显著（$P < 0.05$），计算的药效符合要求，同时试验马所感染的寄生虫足量，则标签中所标示的该项适应证可以获得批准。参与研究的所有实验室中，不同实验室间的采样方法和预估寄生虫感染量的方法应该相近，使得试验所获得的结果推演至更广泛的蠕虫种时，具有更好的说服力和可信度。

4.3 确定马充分感染的虫量

蠕虫充分感染的最小数量，要在提交的最终报告中根据统计学、历史数据、文献综述和专家意见来确定。用于支持标签中所标示的某项适应证成立时，马被充分感染的成虫量，在不同的虫种之间是不同的。一般来讲，线虫：马被充分感染的平均量为100条；马副蛔虫、安氏网尾线虫和片形吸虫，其平均数量可以降低。

4.4 标签适应证

成虫或幼虫L3/L4期：产品标签上不能仅用“未成熟”这一术语。对于成虫和幼虫，应结合相应蠕虫虫种的生活史，给出相应的治疗方法。当研究小圆线虫时，需要区别早期（潜伏期）L3期，（生长期）黏膜内L4期，细胞腔L4期和成虫。

通过虫种鉴定来决定标签所能标示的适应证。强烈推荐按照虫种来标示标签适应证。对于小圆线虫，可以按照虫属来标示适应证，通常来说，在1个虫属下会有多个虫种，而且试验也会以多个虫种混合感染来进行试验。

5 治疗程序

给药途径（口服、非肠道、外用、缓释等）、产品配方和活性均影响试验设计。建议在考察体外给药的产品效力时，应考虑天气和动物之间的关系。缓释药物的效力试验期限，如果没有特殊说明，应覆盖产品所标示的具有驱虫效果的整个时间段，例如，在产品所标示的有效治疗时间段内，所有时间点的系统有效血药浓度趋于稳定状态，则无需进行全程试验。如果药物是通过饮水或混饲方式给药，应尽量多的按标签所示推荐量给药。对于混饲给药的，需要进行适口性研究。此外，还需要对给药后的饮水或混药后的饲料采样，检测验证样品中的药物浓度。应记录试验中每匹实验马或每组实验马所消耗的药量，以确定试验治疗剂量是符合标签所推荐的治疗剂量。对于体外给药，天气的影响（如暴雨、紫外线）以及皮毛的长度均应列入评价产品药效的要素中。

6 动物的选择、分组和处置

实验动物应选择临床健康动物，且在与受试驱蠕虫药推荐动物的年龄、性别以及种属中具有代表性。通常情况下，如果采用诱发感染方式进行试验，由于无法百分百剔除试验前已感染病例，应选择3 ~ 12月龄无蠕虫感染的动物进行试验。对于自然感染，首选12 ~ 24月龄的动物（S. westeri卫氏圆线虫除外），并且要减少蠕虫计数时不同动物间的个体差异，按惯例需将该群试验马置于同一牧场中放养至少5个月。动物随机分组进行试验。体重、性别、年龄和/或对寄生虫的暴露部位应尽可能一致，以便减少试验的误差。粪便中虫卵/幼虫计数，也有助于实验动物分组。实验动物的动物设施、饲养及护理需要严格遵照动物福利的要求来进行，包括按照试验场的免疫程序进行疫苗免疫等。并在终期报告中记录相关信息。建议实验动物进场后，设置最少7d的适应期。试验过程中，应因地提供充足的饲养空间、饲料和饮水。试验期间，需要每天定时观察实验动物，及时发现某些不良反应。

B. 每个试验的特殊要求

1　剂量确定试验

无特殊要求。

2　剂量确证试验

剂量确证试验结果应支持标签中的每项适应证，包括成虫、幼虫以及所适用的潜伏期幼虫。详细的信息请参考通则（EAGR）。

3　田间药效试验

无特殊要求。

4　药效持续期试验

对于标签中所标示的每项药效持续期，只能采用实际成虫计数的方法对试验进行评价，而不能采用每克粪便虫卵计数方法评价试验。

对于产品说明书中所标示的每项药效持续期（每种蠕虫的每项药效持续期）均需至少进行2个试验（采用成虫计数法），每个试验需包括空白对照组和1个或多个治疗组。在空白对照组中，实验动物最少为6匹，而且均需被蠕虫充分感染。对于标签所标示的每种蠕虫的药效持续期均需按照虫种进行一一验证；对于小圆线虫可以按照虫属进行一一验证。

为了支持产品说明书中所标示的药效持续期，应设计2个基本试验：其中一个采用单次感染寄生虫的方法；第二个是在治疗过程中，一段时间内，每天用寄生虫进行感染。为了使试验结果具有一致性，推荐使用第二种方案作为标准化的试验设计，这样可以最大程度接近临床真实情况。

在一段时间内，每天用寄生虫进行感染的试验方案中，需要设置多个治疗组，且每组在治疗后需要进行自然暴露感染或进行人工诱发感染，人工诱发感染的持续时间为7d，14d，21d或甚至更长时间。并在最后一次感染后3周左右（或更早），对所有实验动物统一检测寄生虫的感染量。

用几何平均数计算驱虫效力，对于说明书中所标示的药效持续期，驱虫效力应达到90%以上。

5　虫卵再现期（ERP）研究

ERP研究仅适用于圆线虫。ERP是一个牧场污染管理的工具，不能用于评估个体圆线虫的感染情况。这是一个新开发的牧场马圆线虫病管理工具，必须以群体为基础，主要针对于牧场污染管理。标签中标示用药后能减少虫卵排出，必须是：用药后一段时间内，经治疗动物的虫卵量比治疗前减少90%以上。对于ERP适应证的验证，至少需要开展2次试验。而且在这2次试验中，至少有一个试验需要在产品拟注册的地区开展。这项试验是强制性的，以保证产品在拟上市的地方，对于不同的条件均具有充分的代表性。

GL16 猪驱蠕虫药药效评价

VICH GL16（驱蠕虫药：猪）
2001 年 6 月
第七阶段施行 - 草案 1

猪驱蠕虫药药效评价

2001 年 6 月
在 VICH 进程第七阶段
由 VICH 指导委员会推荐实施

本指导原则由相应的 VICH 专家工作组制定，并已通过 VICH 各部门协商。在进程的第七阶段，最终文稿被推荐给欧盟、日本和美国的管理机构采用。

概述

本指导原则由VICH的专家工作组共同起草完成，即驱蠕虫药药效指导原则。读者应结合VICH驱蠕虫药药效通则（EAGR，简称“通则”）使用。EAGR从宏观角度阐释了评估驱蠕虫药相关产品药效的关键性数据。为了方便读者比较，本指导原则采用与EAGR类似的写作结构。

猪的驱蠕虫药药效原则属于EAGR的一部分，且目的是：①更具体地阐明通则中未涉及的猪驱蠕虫药的特殊要求；②着重讨论本指导原则与EAGR关于药效数据要求的不同点；③对这些不同点给予解释。

值得注意的是，本指导原则的目的并不是为了给出试验中的技术步骤，我们推荐申请人参考其他已发布文件中详述的有关步骤，例如，《兽医寄生虫学》（21：69–82，1986）中“国际兽医寄生虫学促进协会（WAAVP）对猪驱蠕虫药的药效评价的指导原则”。

A．一般要求

1 药效数据的评价

空白对照试验法适用于剂量确定试验和剂量确证试验。而自身对照（临界试验法）试验法用于猪驱蠕虫试验，通常被认为并不可信。

长效或缓释剂的试验，也应遵循与其他治疗驱蠕虫病药物相同的评价程序。试验方案中，必须根据所试验地区的相关寄生虫病流行情况、流行病史以及现有统计学数据，确定本试验方案中的寄生虫充分感染数量。

2 试验用猪：自然感染或人工诱发感染

在剂量确定试验中，诱发感染的虫株一般来源于实验室或者近期从田间分离的寄生虫虫株。

在剂量确证试验中，一般使用自然感染的试验猪。也可用近期从田间分离的寄生虫虫株诱发感染试验猪；此外，也可用在自然感染基础上，用几种确定的寄生虫进行混合诱发感染的猪。本试验可以用多种寄生虫进行试验。

药物的持续期试验应使用近期从田间分离的寄生虫虫株诱发感染的猪进行试验。

最终的试验报告中须说明试验中用于诱发感染的寄生虫相关记录。

3 人工诱发感染试验中推荐的寄生虫感染数量

试验中实际的寄生虫感染数量只是一个估计值，而且需要根据分离种群数量而定。最终报告中应记录猪诱发感染的幼虫或虫卵数量。表1所示为不同种属寄生虫L3期感染性幼虫或寄生虫虫卵的推荐感染数量范围。

表1　猪驱蠕虫药物药效评价中达到充分感染的L3期幼虫或虫卵数量范围

寄生虫种属	虫卵或幼虫数量范围（条）
胃	
圆若蛔线虫 *Ascarops strongylina*	200
淡红猪胃圆线虫 *Hyostrongylus rubidus*	1 000 ~ 4 000
六翼泡首线虫 *Physocephalus sexalatus*	500
肠	
猪蛔虫 *Ascaris suum**	250 ~ 2 500
食管口线虫 *Oesophagostomum* spp.	2 000 ~ 15 000
兰氏类圆线虫 *Strongyloides ransomi*	1 500 ~ 5 000
猪鞭虫 *Trichuris suis*	1 000 ~ 5 000

（续）

寄生虫种属	虫卵或幼虫数量范围（条）
肺	
猪后圆线虫 *Metastrongylus* spp.	1 000 ~ 2 500
肾	
有齿冠尾线虫 *Stephanurus dentatus*	1 000 ~ 2 000

注：*为了最大限度地建立成虫感染，建议用低数量的虫卵滴灌感染。

4 药效评价的推荐方法

4.1 批准标签的一项适应证标准

批准标签一项适应证应包括以下关键数据：①2次剂量确定试验，每次试验应包含至少6头充分感染寄生虫后不给药猪（对照组）和6头充分感染寄生虫后给药猪（治疗组）；②治疗组和对照组的寄生虫计数结果需具有统计学显著性差异（$P<0.05$）；③数据转换为几何平均数后，计算药物的有效性，必须达到或者高于90%；④结合实验动物的病史、寄生虫学检查结果以及统计标准，所有试验猪应被感染过足量的寄生虫。

4.2 实验动物的数量（剂量确定试验、剂量确证试验和持续期试验）

各试验组中所需最少试验猪的数量是一个关键点。尽管试验猪的数量需要根据统计学原理获取足够的试验数据，但是，为了达到协调一致的目的，我们建议每组试验猪的数量不少于6头。

如果开展了几个试验，任何一个试验的对照组都无法找到6头充分感染猪（如极罕见蠕虫），那么，各对照组的试验猪可以合并，累计至12头，用于统计学差异显著性分析。

如果试验结果的差异性显著（$P<0.05$），计算的药效符合要求，同时试验猪被感染的寄生虫足量，则标签中所示的该项适应证可以获得批准。

参与研究的所有实验室中，不同实验室间的采样方法和预估寄生虫感染量的方法应该相近，使得试验所获得的结果推演至更广泛的蠕虫种时，具有更好的说服力和可信度。

4.3 确定猪充分感染的虫量

蠕虫充分感染的最小数量，要在提交的最终报告中根据统计学、历史数据、文献综述和专家意见来确定。用于支持标签中所示的某项适应证时，猪被充分感染的蠕虫成虫量在不同的虫种之间是不同的。一般来讲，线虫：猪被充分感染的平均量为100条；猪蛔虫、圆若蛔线虫、六翼泡首线虫、有齿冠尾线虫、后圆线虫以及肝片吸虫，其平均数量可以降低。

4.4 标签适应证

产品标签上不能标示对未成熟的蠕虫有效。对于猪驱蠕虫成虫的标示，一般来讲，治疗圆若蛔线虫应在感染35d后用药，淡红猪胃圆线虫26d，六翼泡首线虫55d，猪蛔虫65d，兰氏类圆线虫10d，有齿食管口线虫和四刺食管口线虫28 ~ 45d，猪鞭虫50d，猪后圆线虫35d，有齿冠尾线虫10个月。

对于第四期幼虫的治疗，在大多数虫种感染后7 ~ 9d给予治疗，但以下虫种除外：兰氏类圆线虫3 ~ 4d，猪蛔虫11 ~ 15d以及猪鞭虫16 ~ 20d。

为防止兰氏类圆线虫幼虫经乳传播，自然或人工感染的母猪应该在分娩前不同时间点多次给药治疗，通过母猪乳汁中的幼虫和小肠内容物中的成虫计数计算药效。

5 治疗程序

给药途径（口服、非肠道等）、产品配方和活性成分均会影响试验方案的设计。缓释药物的效力试验期限，如果没有特殊说明，应覆盖产品所标示的具有驱虫效果的整个时间段，例如，在产品所标示的有效治疗期间内，所有时间点的系统有效血药浓度趋于稳定状态，则无需进行全程试验。如果药物通过饮水或混饲方式给药，应严格遵循标签说明推荐剂量进行试验。对于混饲给药的，需要进行适口性研究。此外，还需要对给药后的饮水或混药后的饲料采样，检测后确证样品中的药物浓度。应记录试验中每头试验猪或每组试验猪所消耗的药物量，以确定试验治疗剂量是符合标签所推荐的治疗剂量。

6　动物的选择、分组以及处置

实验动物应选择临床健康动物，且在与受试药推荐动物的年龄、性别以及种属中具有代表性。通常情况下，挑选年龄在2～6月龄的猪，且随机分组进行试验。根据实验动物的体重、性别、年龄和/或暴露于寄生虫的情况进行分组处理可以有效减少试验结果的变异。粪便中虫卵或幼虫的计数也是对实验动物进行分组的适当方法。

在诱发感染试验中，建议采用没有蠕虫感染的实验动物。如果该实验动物的饲养环境中不能保证没被蠕虫污染，则试验前需用已获得批准的驱蠕虫药进行治疗，驱净被感染的蠕虫，并通过粪便检查来确定实验动物体内已无蠕虫。

实验动物的动物设施、饲养及护理需要严格遵照动物福利的要求来进行，包括按照试验场的免疫程序进行疫苗免疫等。并在最终的报告中记录相关信息。建议实验动物进场后，设置最少7d的适应期。试验过程中，应根据地理位置提供充足的饲养空间、饲料和饮水。试验期间需要每天观察实验动物，及时发现某些不良反应。

B．每个试验的特殊要求

1　剂量确定试验

无特殊要求。

2　剂量确证试验

剂量确定试验结果应支持标签中的每项适应证，包括成虫和幼虫。详细的信息请参考通则（EAGR）。

3　田间药效试验

无特殊要求。

4　药效持续期试验

为了支持产品说明书中所标示的药效持续期，应设计2个基本试验：其中一个采用单次感染寄生虫的方法，第二个是在治疗过程中，一段时间内，每天用寄生虫进行感染。为了使试验结果具有一致性，推荐使用第二种方案作为标准化的试验设计，这样可以最大程度接近临床真实情况。

对于产品说明书中所标示的每项药效持续期（每种蠕虫的每项药效持续期）均需至少进行2个试验（采用成虫计数法），每个试验需包括空白对照组和1个或多个治疗组。在空白对照组中，实验动物最少为6头，而且均需被蠕虫充分感染。对于标签所标示的每种蠕虫的药效持续期均需进行验证。

在一段时间内，每天用寄生虫进行感染的试验方案中，需要设置多个治疗组，且每组在治疗后需要进行自然暴露感染或进行人工诱发感染，人工诱发感染的持续时间为给药后7d，14d，21d或甚至更长时间。并在最后一次感染后3周左右（或更早），对所有实验动物统一检测寄生虫的感染量。

用几何平均数计算驱虫效力，对于说明书中所标示的药效持续期，驱虫效力应达到90%以上。

GL19 犬驱蠕虫药药效评价

VICH GL19（驱蠕虫药：犬）
2001 年 6 月
第七阶段施行 - 草案 1

犬驱蠕虫药药效评价

2001 年 6 月
由 VICH 指导委员会推荐实施

本指导原则由相应的 VICH 专家工作组制定，并已通过 VICH 各部门协商。在进程的第七阶段，最终文稿被推荐给欧盟、日本和美国的管理机构采用。

概述

本指导原则由VICH的专家工作组共同起草完成，即驱蠕虫药药效指导原则。读者应结合VICH驱蠕虫药药效通则（EAGR，简称“通则”）使用。EAGR从宏观角度阐释了评估驱蠕虫药相关产品药效的关键性数据。为了方便读者比较，本指导原则采用与EAGR类似的写作结构。

犬的驱蠕虫药用药原则属于EAGR的一部分，且目的是：①更具体地阐明通则中未涉及的犬、猫驱蠕虫药的特殊要求；②着重讨论本指导原则与EAGR关于药效数据要求的不同点；③对这些不同点给予解释。

值得注意的是，本指导原则的目的并不是为了给出试验中的技术步骤，我们建议申请人参考其他已发布文件中详述的有关步骤，例如，《兽医寄生虫学》(52:179–202，1994）“国际兽医寄生虫学促进协会（WAAVP）对驱蠕虫药物在犬和猫的药效评价指导原则”。

A．一般要求

1　药效数据的评价

药效是根据剂量确定试验和剂量确证试验中寄生虫（成虫和幼虫）的计数进行评判；在田间药效试验中，推荐使用虫卵计数和幼虫虫种鉴别的方法进行药效评价。

空白对照试验法作为评估驱蠕虫药药效的检测方法而被广泛使用。但在某些种类的肠道寄生虫，例如蛔虫，也可以使用自身对照（临界试验法）试验法。

试验方案中，必须根据所试验地区的相关寄生虫病流行情况、流行病史以及现有统计学数据，确定本试验中能产生寄生虫充分感染的感染数量。

2　试验用犬：自然感染或人工诱发感染

在剂量确定试验中，人工诱发感染的虫株一般来源于实验室或者近期从田间分离的寄生虫虫株。

在剂量确证试验中，一般使用自然感染或人工诱发感染的实验犬，其中在对标签上所标示的对每种寄生虫的适应证的试验中必须至少有1组为自然感染的实验犬。考虑到公共卫生安全的问题，细粒棘球绦虫和犬心丝虫的试验可以采用隐性感染对实验犬进行诱发感染。考虑到细粒棘球绦虫在动物间的高度传染性，对该种寄生虫进行试验时必须在生物安全性高的条件下进行。

对于以下寄生虫，很难获得足够被感染的临床病例，因此，人工诱发感染的方法可能是对药物的药效进行评价的唯一方式。这类寄生虫有：乳样类丝虫（*Filaroides milksi*），希尔德类丝虫（F. *hirthi*）、肾膨结线虫（*Dioctophyma renale*）、肺毛细线虫（*Capillaria aerophila*）、狐膀胱毛细线虫（*C. plica*）、狼旋尾线虫（*Spirocerca lupi*）、泡翼线虫（*Physaloptera* spp.）、中殖孔绦虫（*Mesocestoides* spp.）和犬锯体线虫（*Crenosoma vulpis*）。对于标签中标示驱幼虫的适应证，可以仅采用人工诱发感染进行研试验。

最终的试验报告中须说明试验中用于人工诱发感染的寄生虫相关记录。

3　人工诱发感染试验中推荐的寄生虫感染数量

试验中实际的寄生虫感染量只是一个估计值，而且需要根据分离的种群数量而定。最终报告中应记录犬诱发感染的幼虫或虫卵数量。表1所示为人工诱发感染的常见寄生虫的感染量范围。

表1　犬驱蠕虫药物药效评价中达到充分感染所需的虫卵或幼虫数量范围

寄生虫种属	虫卵或幼虫数量范围（条）
小　肠	
犬弓首蛔虫 *Toxocara canis*	100 ~ 500*
狮弓蛔线虫 *Toxascaris leonine*	200 ~ 3 000
犬钩口线虫 *Ancylostoma caninum*	100 ~ 300

（续）

寄生虫种属	虫卵或幼虫数量范围（条）
巴西钩口线虫 *Ancylostoma braziliense*	100 ~ 300
窄头钩虫 *Uncinaria stenocephala*	1 000 ~ 1 500
粪类圆线虫 *Strongyloides stercoralis*	1 000 ~ 5 000
细粒棘球绦虫 *Echinococcus granulosus*	20 000 ~ 40 000
带状绦虫 *Taenia* spp.	5 ~ 15
大　肠	
犬鞭虫 *Trichuris vulpis*	100 ~ 500
心　脏	
犬心丝虫 *Dirofilaria immitis*	30 ~ 100**

注：* 存在于哺乳期或5月龄以下的幼犬；

** 杀成虫或微丝蚴的药物试验，需要5 ~ 15对成虫诱发感染实验犬。

4　药效评价的推荐方法

4.1　批准标签的一项适应证标准

批准标签一项适应证应包括以下关键数据：

a）2次剂量确证试验，每次试验应包含至少6只充分感染寄生虫后不给药犬（对照组）和6只充分感染寄生虫后给药犬（治疗组）。

b）治疗组和对照组的寄生虫计数结果需具有统计学显著性差异（$P<0.05$）。

c）数据转换为几何平均数后，计算药物的有效性，必须达到或者高于90%；对于那些对公众卫生健康、动物福利/临床具有重要意义的虫种，需要根据实际情况提高药物有效标准（例如，提高到100%），这些寄生虫包括：犬细粒棘球绦虫和犬心丝虫等。该药物产品在申请注册之前需要咨询当地的注册监管机构。

d）结合实验犬的病史、寄生虫学检查结果以及统计标准，所有实验犬应充分感染寄生虫。

e）通过检测实验犬粪便和血液中是否存在寄生虫的成分来评估驱蠕虫药药效。考虑到棘球绦虫对公众卫生安全的隐患，无需进行田间效力试验。

4.2　实验犬的数量（剂量确定试验和剂量确证试验）

各试验组中所需最少实验犬数量是一个关键点。尽管实验犬的数量需要根据统计学原理获取足够的试验数据，但是，为了达到协调一致的目的，我们建议每组实验犬的数量不少于6只。

如果开展了几个试验，任何一个试验的对照组都无法达到6只充分感染动物（如极罕见蠕虫），那么，各对照组实验动物可以合并，累计至12只，用于统计学差异显著性分析。

如果试验结果的差异性显著（$P < 0.05$），计算的药效符合要求，同时实验犬被感染的寄生虫足量，则标签中所标示的该项适应证可以获得批准。参与试验的所有实验室的采样方法和预估寄生虫感染量的方法应该相近，使得试验所获得的结果推演至更广泛的蠕虫虫种时具有更好的说服力和可信度。

4.3　确定犬充分感染的虫量

关于蠕虫充分感染的最小数量，根据统计学、历史数据、文献综述和专家意见决定并在最终报告中提交。一般来讲，线虫，犬被充分感染的平均量为5 ~ 20条；犬钩口线虫和窄头钩虫，其平均数量需要提高。

4.4　标签适应证

根据不同寄生虫的生活周期，应具体以每一种寄生虫自然感染时的生活周期或者诱发感染时的天数判定驱虫药的有效性。表2中给出了诱发感染的推荐治疗时间。

对于大多数寄生虫来说，终止治疗后7d即可尸检。以下寄生虫除外：

—泡翼线虫、狼旋尾线虫、狐膀胱毛细线虫、肾膨结线虫、细粒棘球绦虫、带状绦虫、犬钩口线虫、中殖孔绦虫：10 ～ 14d；

—犬锯体线虫：14d；

—乳样类丝虫、希尔德类丝虫：42d；

—奥斯勒类丝虫：一半实验犬14d，另一半28d；

—犬心丝虫：根据试验设计而定。

表2　感染后推荐治疗时间

寄生虫种属	成虫阶段（d）	幼虫阶段（d）
粪类圆线虫 *S. stercoralis*	5 ～ 9	
犬鞭虫　*T. vulpis*	84	
犬钩口线虫 *A. caninum*	>21	6 ～ 8*（L4）
巴西钩口线虫 *A. braziliense*	>21	6 ～ 8（L4）
窄头钩虫 *U. stenocephala*	>21	6 ～ 8（L4）
犬毛首线虫 *T. canis*	49	3 ～ 5（L3/L4） 14 ～ 21（L4/L5）
狮弓蛔线虫 *T. leonine*	70	35（L4）
犬心丝虫 *D. immitis*	180	2（L3），20 ～ 40（L4） 70 ～ 120（L5），220（微丝蚴）
细粒棘球绦虫 *E. granulosus*	>28	
带状绦虫 *Taenia* spp.	>35	

注：*对于体细胞幼虫，试验应在怀孕动物分娩前2d进行。

犬毛首线虫体壁幼虫通过自然感染或人工感染方式经胎盘和/或哺乳感染怀孕母犬时，应在母犬分娩前进行治疗，并对乳汁中的幼虫或者小肠中的成虫进行计数，以评判药物的有效性。

5　治疗程序

给药途径（口服给药、非口服给药、局部给药）、产品配方和活性均会影响试验方案的设计。对于局部给药的试验，我们建议应结合当地气候环境以及实验犬种内关系与种间关系以及淋浴等因素来综合评定药效。

对于口服制剂，产品有效性评价应包括适口性试验。局部给药的制剂，产品有效性评价应包括气候（如降雨、紫外线强度等）、淋浴以及被毛厚度等环境因素。

6　动物的选择、分组以及处置

6月龄左右的犬是进行药效试验的最佳实验犬，但对以下几种寄生虫除外：

—粪类圆线虫：小于6月龄；

—犬钩口线虫、巴西钩口线虫、管性钩口线虫、窄头钩虫：6 ～ 12周龄；

—犬毛首线虫、狮弓蛔虫：2 ～ 6周龄；

—犬复孔绦虫：≥3月龄；

—窄头钩虫和犬鞭虫：年长的犬。

对肠道寄生虫，依据蠕虫虫卵的排出量或者节片的排出量选择自然感染的动物。针对犬心丝虫，根据寄生虫学和/或免疫学方法进行选择。这些实验犬需要合理分组标记，采用适当的方法进行重复，并记录在最终的报告中。重复需要包括影响药物药效最终评价的所有因素。动物的饲养及护理应严格按照犬类动物福利的要求进行。建议实验犬在受试之前至少在试验点适应环境7d。试验期间需要每天观察实验犬，及时发现可能出现的不良反应。

B．每个试验的特殊要求

1　剂量确定试验

无特殊要求。

2　剂量确证试验

无特殊要求。

3　田间药效试验

犬细粒棘球绦虫不适用于田间药效试验。

4　药效持续期试验

由于犬寄生蠕虫种类较多，生物学特性不同且缺乏一定的药效持续试验经验，所以，不提供进一步的建议。

GL20 猫驱蠕虫药药效评价

VICH GL20（驱蠕虫药：猫）
2001 年 6 月
第七阶段施行 - 草案 1

猫驱蠕虫药药效评价

2001 年 6 月
由 VICH 指导委员会推荐实施

本指导原则由相应的 VICH 专家工作组制定，并已通过 VICH 各部门协商。在进程的第七阶段，最终文稿被推荐给欧盟、日本和美国的管理机构采用。

概述

本指导原则由VICH的专家工作组共同起草完成，即驱蠕虫药药效指导原则。读者应结合VICH驱蠕虫药药效通则（EAGR，简称“通则”）使用。EAGR从宏观角度阐释了评估驱蠕虫药相关产品药效的关键性数据。为了方便读者比较，本指导原则采用与EAGR类似的写作结构。

猫的驱蠕虫药用药原则属于EAGR的一部分，且目的是：①更具体地阐明通则中未涉及的猫驱蠕虫药的特殊要求；②着重讨论本指导原则与EAGR关于药效数据要求的不同点；③对这些不同点给予解释。

值得注意的是，本指导原则的目的并不是为了给出试验中技术步骤，我们建议申请人参考其他已发布文件中详述的有关步骤，例如，《兽医寄生虫学》（52：179－202，1994）中“国际兽医寄生虫学促进协会（WAAVP）对驱蠕虫药在犬和猫的药效评价指导原则”。

A．通用原则

1　药效数据的评价

药效是根据剂量确定试验和剂量确证试验中寄生虫（成虫和幼虫）计数进行评判的；在田间药效试验中，推荐使用虫卵计数和幼虫虫种鉴别的方法进行药效评价。

空白对照试验法作为评估驱蠕虫药药效的检测方法而被广泛使用。但在某些种类的肠道寄生虫，例如蛔虫，也可以使用自身对照（临界试验法）试验法。

试验方案中，必须根据所试验地区的相关寄生虫病流行情况、流行病史以及现有统计学数据，确定本试验中能产生寄生虫充分感染的感染数量。

2　试验用猫：自然感染或人工诱发感染

在剂量确定试验中，人工诱发感染的虫株一般来源于实验室或者近期从田间分离的寄生虫虫株。

在剂量确证试验中，一般使用自然感染或人工诱发感染的实验猫，其中在对标签上所标示的每种寄生虫的适应证的试验中必须至少有1组为自然感染的实验猫。考虑到公共卫生安全的问题，多房棘球绦虫和心丝虫的试验可以在隐性诱发感染的动物上进行。考虑到多房棘球绦虫在动物间的高度传染性，对该种寄生虫进行试验时必须在生物安全性高的条件下进行。

对于下列较难获得足够数量的感染动物的寄生蠕虫，人工诱发感染法可能是确定药物药效的唯一方法。该类肠道蠕虫包括：肺毛细线虫（*Capillaria aerophila*）、泡翼线虫（*Physaloptera* spp.）、犬锯体线虫（*Crenosoma vulpis*）。对于标签中标示驱幼虫的适应证，可以仅采用人工诱发感染进行试验。

最终的试验报告中须说明试验中用于人工诱发感染的寄生虫相关记录。

3　人工诱发感染试验中推荐的寄生虫感染量

试验中实际的寄生虫感染量只是一个估计值，而且需要根据分离种群数量而定。最终报告中应记录人工诱发感染的幼虫数量。表1为推荐的常见寄生虫充分感染量的范围。

表1　猫驱蠕虫药物药效试验中达到充分感染所需的虫卵或幼虫数量范围

寄生虫种属	虫卵或幼虫数量范围（条）
小　肠	
猫弓首蛔虫 *Toxocara cati*	100 ~ 500
狮弓首蛔线虫 *Toxascaris leonina*	200 ~ 3 000
猫钩口线虫 *Ancylostoma tubaeforme*	100 ~ 300
巴西钩口线虫 *Ancylostoma braziliense*	100 ~ 300
粪类圆线虫 *Strongyloides stercoralis*	1 000 ~ 5 000
巨颈绦虫 *Taenia taeniaeformis*	5 ~ 15

（续）

寄生虫种属	虫卵或幼虫数量范围（条）
大　肠	
钟形鞭虫*Trichuris campanula*	100 ～ 500
心　脏	
心丝虫*Dirofilaria immitis*	30 ～ 100*

注：*杀成虫或微丝蚴的药物试验，需要5 ～ 15对成虫诱发感染实验猫。

4　药效评价的推荐方法

4.1　批准标签的一项适应证标准

批准标签一项适应证应包括以下关键数据：

a）2次剂量确证试验，每次试验应包含至少6只充分感染寄生虫后不给药猫（对照组）和6只充分感染寄生虫后给药猫（治疗组）。

b）治疗组和对照组的寄生虫计数结果需具有统计学显著性差异（$P<0.05$）。

c）转换为几何平均数后的数据计算的药物有效性必须达到或者高于90%；对于那些对公众卫生健康、动物福利/临床具有重要意义的虫种，需要根据实际情况提高药物有效标准（如提高到100%），这些寄生虫包括：多房棘球绦虫和心丝虫。该产品在申请注册之前需要咨询当地的注册监管机构。

d）结合实验猫的病史、寄生虫学检查结果以及统计标准，所有实验猫应充分感染寄生虫。

e）通过检测实验猫粪便和血液中是否存在寄生的成分来评估驱蠕虫药的药效。考虑到多房棘球绦虫对公共卫生安全的隐患，无需进行田间效力试验。

4.2　实验动物的数量（剂量确定试验和剂量确证试验）

各试验组中所需最少实验猫数量是一个关键点。尽管实验猫的数量需要根据统计学原理获取足够的试验数据，但是，为了达到协调一致的目的，我们建议每组实验猫的数量不少于6只。

如果开展了几个试验，任何一个试验的对照组都无法达到6只充分感染动物（如极罕见蠕虫），那么，对照组实验动物可以合并，累计至12只，用于统计学差异显著性分析。

如果试验结果的差异性显著（$P<0.05$），计算的药效符合要求，同时实验猫充分感染寄生虫，则标签中所标示的该项适应证可以获得批准。

参与试验的所有实验室中，不同实验室间的采样方法和预估寄生虫感染量的方法应该相近，使得试验所获得的结果推演至更广泛的蠕虫种时具有更好的说服力和可信度。

4.3　确定猫充分感染的虫量

关于蠕虫充分感染的最小数量，根据统计学、历史数据、文献综述和专家意见决定并在最终报告中提交。一般来讲，线虫：猫充分感染的平均量为5 ～ 20条；猫钩口线虫，其平均数量需要提高。

4.4　标签适应证

根据不同寄生虫的生活周期，应具体以每一种寄生虫自然感染时的生活周期或者诱发感染时的天数判定驱虫药的有效性。表2给出了诱发感染的推荐治疗时间。

对于大多数寄生虫来说，终止治疗后7d即可尸检。以下寄生虫除外：①泡翼线虫、嗜气毛细线虫、多房棘球绦虫、巨颈绦虫、犬复孔绦虫：10 ～ 14d；②犬锯体线虫：14d；③心丝虫：根据试验设计而定。

表2　感染后推荐治疗时间

寄生虫种属	成虫阶段（d）	幼虫阶段（d）
粪类圆线虫*S. stercoralis*	5 ～ 9	
钟形鞭虫*T. campanula*	84	

（续）

寄生虫种属	成虫阶段（d）	幼虫阶段（d）
猫钩口线虫*A．tubaeforme*	＞21	6～8（L4）
巴西钩口线虫*A．braziliense*	＞21	6～8（L4）
猫弓首蛔虫*T．cati*	60	3～5（L3/L4） 28（L4/L5）
狮弓首蛔线虫*T．leonina*	70	35（L5）
心丝虫*D．immitis*	180	2（L3），20～40（L4） 70～120（L5），220（微丝蚴）
巨颈绦虫*T．taeniaeformis*	＞35	

猫弓首蛔虫体壁幼虫通过自然感染或人工诱发感染方式经乳腺感染怀孕母猫时，应当在分娩前或刚刚分娩后进行治疗，并对母猫乳汁中的幼虫和/或幼崽小肠中的成虫计数来评判药物疗效。

5　治疗程序

给药方法（口服、非肠道和外用），产品配方和活性均会影响试验方案的设计。关于局部给药制剂的药效，我们建议应考虑当地气候环境、实验猫间关系以及淋浴等因素。

对于口服制剂，适口性试验应当包含在药物药效的评价中。对于体外给药的制剂，评判其药效时需要将气候（如降水、紫外线强度等）、淋浴以及被毛厚度等环境因素考虑在内。

6　动物的选择、分组以及处置

6月龄左右的猫适用于对照试验，小于或大于6月龄的猫也适用，但需考虑以下几种特殊情况：

粪类圆线虫：＜6月龄；

巴西钩口线虫、管型钩口线虫：6～16周龄；

猫弓首蛔虫、狮弓首蛔线虫：4～16周龄；

犬钩口线虫：3月龄或＞3月龄。

对肠道寄生虫，应根据蠕虫虫卵的排出量或寄生虫节片的排出量筛选自然感染动物。对犬心丝虫，根据寄生虫学和/或免疫学方法来筛选。这些实验猫需分组标记，用适当的方法进行重复，且记录在最终报告中。试验所设置的重复数量应该覆盖所有可影响药物药效最终评估的每个因素。实验猫的饲养及护理需要严格按照动物福利要求进行。建议实验猫在受试之前至少在试验点适应环境7d。试验期间，需要每天定时观察实验猫，及时发现某些不良反应。

B．每个试验的特殊要求

1　剂量确定试验

无特殊要求。

2　剂量确证试验

无特殊要求。

3　田间药效试验

多房棘球绦虫和心丝虫不适用于田间药效试验。

4　药效持续期试验

由于猫寄生蠕虫的生物学特性不同以及缺乏一定的药效持续试验的经验，故不提供相关建议。

GL21 禽（鸡）驱蠕虫药药效评价

VICH GL21（驱蠕虫药：禽 - 鸡）
2001 年 6 月
第七阶段施行 - 草案 1

禽（鸡）驱蠕虫药药效评价

2001 年 6 月
由 VICH 指导委员会推荐实施

本指导原则由相应的 VICH 专家工作组制定，并已通过 VICH 各部门协商。在进程的第七阶段，最终文稿被推荐给欧盟、日本和美国的管理机构采用。

概述

本指导原则由VICH的专家工作组共同起草完成，即驱蠕虫药用药指导原则。读者应结合VICH驱蠕虫药效评价通则（EAGR，简称“通则”）使用。EAGR从宏观角度阐释了评估驱蠕虫药相关产品药效的关键性数据。为了方便读者比较，本指导原则采用与EAGR类似的写作结构。

鸡的驱蠕虫药用药原则属于EAGR的一部分，且目的是：①更具体地阐明通则中未涉及的家禽驱蠕虫药的特殊要求；②着重讨论本指导原则与EAGR关于药效数据要求的不同点；③对这些不同点给予解释。

尽管本指导原则的目的并不是为了给出试验中的技术步骤，但对于在其他任何文献资料中未描述的相关步骤，在此还是提供了详细的描述。

A．一般要求

1 药效数据的评价

在剂量确定试验和剂量确证试验中，自身对照（临界试验法）试验法在鸡中并不可靠，故只接受基于寄生虫成虫和幼虫计数的空白对照试验法。在田间效力试验中，推荐使用虫卵计数和虫种鉴别的方法对药效进行评价。

试验方案中，必须根据所试验地区的相关寄生虫病流行情况、流行病史以及现有统计学数据，确定本试验方案中能产生寄生虫充分感染的感染数量。

2 试验用鸡：自然感染或人工诱发感染

在剂量确定试验中，人工诱发感染的虫株一般来源于实验室或者近期从田间分离的寄生虫虫株。

在剂量确证试验中，一般使用在自然感染基础上，用几种确定的寄生虫进行混合人工诱发感染动物。本试验可以用多种寄生虫进行试验。幼虫阶段的试验只能使用人工诱发感染动物。

最终的试验报告中须说明试验中用于人工诱发感染的寄生虫的相关记录。

3 人工诱发感染试验中推荐的寄生虫感染量

表1所示为不同分离种的虫卵／囊尾蚴的推荐感染虫量。在最终报告中，应记录用于人工诱发感染虫卵／囊尾蚴的最终数量。

表1　鸡驱蠕虫药物药效试验中达到充分感染所需的虫卵或囊尾蚴数量范围

寄生虫种属	虫卵／囊尾蚴数量范围（条）
鸡蛔虫 *Ascaridia galli*	200 ~ 500
鸽毛细线虫 *Capillaria obsignata*	100 ~ 300
鸡异刺线虫 *Heterakis gallinarum*	200 ~ 300
有轮瑞立绦虫 *Raillietina cesticillus*	50 ~ 100
气管比翼线虫 *Syngamus trachea*	200 ~ 600

鸡人工诱发感染中需要考虑的因素有：

a）研究中应使用幼禽；

b）推荐使用最低数量的感染性阶段虫体建立充分感染的最大值；

c）避免应激（如饮食不良）因素造成寄生虫感染；

d）禽舍条件应不造成意外感染。

4 药效评价的推荐方法

4.1 批准标签的一项适应证标准

批准标签一项适应证应包括以下关键数据：

a）2次剂量确证试验，每次试验应包含至少6只充分感染寄生虫后不给药鸡（对照组）和6只充分感染寄生虫后给药鸡（治疗组）；

b）治疗组和对照组的寄生虫计数结果需具有统计学显著性差异（$P<0.05$）；

c）数据转换为几何平均数后，计算药物的有效性，必须达到或者高于90%；

d）结合实验动物的病史、寄生虫学检查结果以及统计标准，所有实验鸡应被感染过足量的寄生虫。

4.2 实验动物的数量（剂量确定试验、剂量确证试验）

各试验组中所需最少实验动物鸡是一个关键点。尽管实验鸡的数量需要根据统计学原理获取足够的试验数据，但是为了达到协调一致的目的，我们建议每组实验鸡的数量不少于6只。

4.3 确定鸡充分感染的虫量

关于蠕虫充分感染的最小数量，根据统计学、历史数据、文献综述和专家意见决定并在最终报告中提交。用于支持标签中所标示的某项适应证成立时，鸡充分感染的成虫量，在不同的虫种之间是不同的。一般来讲，鸡蛔虫成虫：鸡充分感染的平均量为20条；鸡异刺线虫、鸽毛细线虫、有轮瑞立绦虫，其平均数量可以降低。应在给药后10d内进行剖检。

4.4 标签适应证

通常对于成虫感染的试验，给药不能早于感染后28d。在给药前推荐至少使用6只哨兵动物对寄生虫进行鉴别和定量。对于感染第四期幼虫的试验，大多数虫种在感染后7d给药，鸡蛔虫和鸡异刺线虫应在感染后16d给药。

5 治疗程序

给药方法（口服、非肠道、外用和缓释等），产品配方和活性均会影响试验方案的设计。

如果药物是饮水给药或混饲给药，应严格按照标签说明进行操作。对于混饲给药的，需要进行适口性/采食量试验。而且需要对加药后的饮水或混药后的饲料采样，检测后验证样品中的药物浓度。应记录试验中每只实验鸡或每组实验鸡所消耗的药物量，以确定试验治疗剂量是符合标签所推荐的治疗剂量。

6 动物的选择、分组以及处置

实验动物应选择临床健康动物，且在与受试驱虫药推荐动物的年龄、性别以及种属中具有代表性。通常情况下，应挑选对蠕虫感染敏感的幼禽用于试验。所挑选的实验鸡随机分组。将实验鸡按照体重、性别、年龄和/或暴露于寄生虫的情况进行分组处理可有助于减少试验结果的变异。也可以通过粪便中虫卵计数对实验动物进行分组。对照组的鸡必须与治疗组的鸡在体重、年龄、品种、性别和背景上相同。对于人工诱发感染实验鸡，建议使用蠕虫阴性鸡。

实验动物的动物设施、饲养及护理需要严格遵照动物福利的要求进行，包括按照试验场的免疫程序进行疫苗免疫等。并在终期报告中记录相关信息。建议实验动物在抵达试验点后进行最少10d的适应期。试验过程中，应因地提供充足的饲养空间、饲料和饮水。试验期间，需要每天定时观察实验动物，及时发现某些不良反应。

B．每个试验的特殊要求

1 剂量确定试验

如果治疗期延长，则需要增加一项或更多试验以确定最短治疗期。

2 剂量确证试验

无特殊要求。

3 田间药效试验

由于商业原因限制，试验单元为小棚或禽舍。1个小棚或禽舍可接受1项治疗方式，如对照组或给药组。

应保留临床观察结果，生产性能指标和死亡记录，并与该商品鸡场的历史数据进行比较。如果无法确定实验动物的数量时，应将屠宰厂的卫生检疫报告附在最终的田间试验报告中。

药物警戒

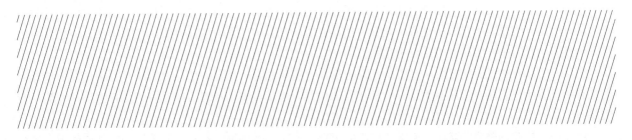

GL24 兽药产品警戒：不良反应报告的管理

VICH GL24（药物警戒：不良反应事件报告）
2007 年 10 月
第七阶段施行

兽药产品警戒：不良反应报告的管理

2007 年 10 月 18 日
在 VICH 进程第六阶段
由 VICH 指导委员会采纳
具体实施时间待定

VICH GL30（控制列表项）以及 VICH GL35（数据传输的电子标准）目前仍待采纳。如条件合适，监管机构可以考虑提前实施。

1 引言

兽药不良反应的定义：对所用兽药产品效果的评估与调查，主要目的是评估药物对动物的安全性和有效性，以及对应用兽药人员的安全性。此文件所涉及的仅为如何应用自发同期及时报告系统，鉴定评估应用市售兽药产品后出现的可能不良反应问题。

在VICH相关的任何地区内，制药企业及负责药品销售的商业集团，都应当对收到的不良反应事件报告负有明确的法律责任。这些法律责任包括接收和保存不良反应事件报告，以及将该报告递交给相关的政府部门。

建立统一的药物警戒的系统、定义及标准的术语，对于营销许可持有者、监管机构及兽药使用者等各方来说，都是十分重要的。将各个区域的这些相关内容同一化，可有效地明确营销许可持有者对不良反应报告的责任，特别是许多在全球都有业务的兽药公司。同时，系统及相关要求的同一化还可以促进区域间数据的比对及信息的交换，从而增加对产品总体疗效及安全性的认识。

2 应用范围

本VICH文件将药物警戒的应用范围定义为：监测和调查上市兽药产品临床效果方面的管理，主要评估药物对动物的安全性和有效性，以及对兽药应用者的安全性。尽管广义范围的药物警戒包含更广泛的活动，但此文件所涉及的仅为如何应用自发报告系统，鉴定评估应用市售兽药产品后出现的可能的不良反应问题。

3 定义

本文件将以往相同概念的术语及定义进行了统一。在本文应用范围内，统一了以下对产品及行为的定义。

3.1 兽药产品（VMP）

兽药产品是指已被批准认证的，对动物具有任何保护、治疗、诊断功能或可以改变其生理功能的医药产品。这一术语应用于治疗药物、生物制剂、诊断产品及生理功能的改变制剂。

“相同的生药兽药产品”：生产于同一家对此药或此类药品造成的药物警戒负责的兽药经营公司，且生药的生产标准相同。

“相同的化药兽药产品”：生产于同一家对此药或此类药品造成的药物警戒负责的兽药经营公司，且化药的配方相同。

“相似的化药兽药产品”的定义为：

- 生产于同一个对此药或此类药品造成的药物警戒负责的兽药经营公司；
- 化药兽药产品的活性成分相同；
- 主要辅料的药物功能相同或者类似；
- 至少注册应用于一个共同的动物种类。

3.2 不良反应（AE）

不良反应事件是指动物应用兽药后出现的任何不良或者非预期的效果，无论是否认为与产品相关（无论是根据标签用药，还是没有按标签用药）。不良反应还包括动物用药后疑似缺乏注册标准预期的效力，或者对接触此兽药后的人员所出现的毒性反应。

当至少有一个合理的可能性时（例如，不能排除与用药无关），监管机构某种程度上会认定一个不良事件为药物不良反应。即在正常剂量下，使用进行疾病预防、诊断、治疗或者改变生理功能的兽药产品时，动物出现了由于兽药的使用而导致的有害或者没有预期效力的反应。

3.3 严重不良反应

严重不良反应事件是指任何导致死亡或者生命威胁的事件，引发持久或严重致残的，或者先天性异常及出生缺陷的事件。

对于统一管理和用药的动物群体，要关注严重不良反应发生率。只有上述不良反应发生率超过预期的正常值，才被定义为严重不良反应事件。

3.4 非预期不良事件

非预期不良事件是指不良反应事件的属性、严重性或结果与获批标签或许可文件中描述的不良反应事件不一致。

3.5 不良反应事件报告（AER）

不良反应事件报告是指来自于可识别的第一手报告人（见4.7）的直接沟通信息，至少包含以下信息：

- 1位可识别的报告人；
- 1个可识别的动物或人；
- 1种可识别的兽药；
- 1个或多个不良反应事件；
- 在1份报告中，应包含1只动物、1个人或者1组具有类似临床症状的治疗群体。

3.6 营销许可持有者（MAH）

根据监管机构的法规，营销许可持有者是1个商业集团，对其兽药产品的药物警戒负责。

3.7 监管机构（RA）

监管机构是国家或地区权威机构。根据法律，监管机构负责签发、修改或者撤销兽药产品的市场授权许可/执照，以及负责药物警戒活动。

3.8 定期总结更新报告（PSU）

该文件以规定的时间间隔递交给监管机构，以保证其兽药产品的持续销售及获批准标签的充分认证，同时应包括间隔期内对所有不良反应报告的分析。

3.9 国际诞生日

国际诞生日是相同或相似产品首次在任何VICH区域内，获得上市许可的日期。

4 药物警戒程序

4.1 药物警戒系统的信息流

信息流如图1所示。

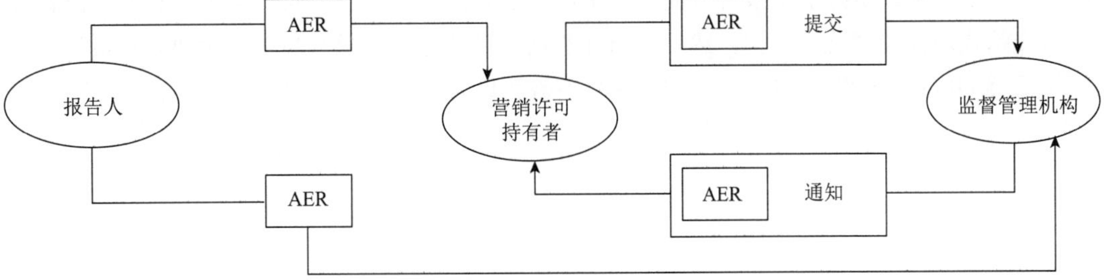

图1 药物警戒系统中的信息流

流程图上半部分是更为推荐的信息流方式，即报告者将报告提交给营销许可持有者，之后再由营销许可持有者将报告提交给监管机构。流程图下半部分给出了另一种信息流的方式，即报告人先将报告递交给监管机构，再由监管机构通知营销许可持有者。

4.2 信息元素

本文件所涵盖的药物警戒系统基本信息元素是不良反应事件报告。

4.3 记录药物不良反应报告

营销许可持有者必须记录收到的每一个不良反应事件报告，并以一种容易获取的方式进行储存。营销许可持有者或监管机构对不良反应事件报告进行接收、确认或记录，并不意味着报告的准确性或真实性，也不说明此不良反应与药物的应用有任何程度的因果关系。

4.4 提交药物不良反应报告

营销许可持有者应当根据相关法律或规定，将不良反应事件报告以紧急或定期总结的形式提交给当地监管机构。

除非地区或国家规定有不同的要求，否则，提交1份电子文件并不一定意味着认可或同意其内容。

4.5 紧急不良反应事件报告的提交

根据报告事件的严重程度或意外程度，或者考虑到药物对人畜安全有十分紧急的影响，可能会要求立即提交某个不良反应事件报告。当出现以下几种情况时，应及时将不良反应事件报告紧急提交给其他VICH地区或观察员国家的监管机构：

- 不良反应事件报告在事件发生国需紧急提交；
- 该兽药产品已经在其他VICH地区或观察员国家获批上市；
- 不良反应事件报告中涉及的动物种类在其他VICH地区或观察员国家获批；
- 对人类安全有着严重的影响。

当其地区的营销许可持有者得知该不良反应事件报告时，应立即将该报告紧急提交至其他VICH地区／观察员国家的监管机构。当不良反应事件发生国的营销许可持有者完成了对事件调查时，将提交此不良反应事件的跟进报告给所在国的监管机构。

如果监管机构根据紧急报告决定采取监管行动，则营销许可持有者需立即将该监管行动通知所有批准该兽药产品的VICH地区／观察员国家。

除此之外，当营销许可持有者根据收到的不良反应事件报告，判断非常有可能要执行监管行动的时候，其应当联系所有批准该兽药产品的VICH地区／观察员国家的监管机构，告知他们营销许可持有者的顾虑以及可能采取的行动。

4.6 定期不良反应报告的提交

按照有规律的时间间隔，营销许可持有者应当提交之前未提交的所有不良反应事件报告。

4.7 报告来源

尽管鼓励通过主治兽医师进行不良反应报告，但是，不良反应事件报告也可由直接参与到不良反应事件中的任何人员提供。最好是由报告人直接将不良反应事件报告提交给营销许可持有者，但有些时候是先将报告提交给代理人或者监管机构，然后再通知营销许可持有者。只有当中间代理人被报告人授权，并且能够提供足够的信息以确保报告人和营销许可持有者可以直接沟通，才可认定该不良反应事件报告是有效的。

GL29 兽药产品警戒：定期汇总更新报告的管理

VICH GL29（药物警戒）
2006 年 6 月
第七阶段施行 - 最终版

兽药产品警戒：定期汇总更新报告的管理

2006 年 6 月
在 VICH 进程第七阶段
由 VICH 指导委员会推荐
2007 年 6 月实施

本指导原则由相应的 VICH 专家工作组制定，并已通过 VICH 各部门协商。在进程的第七阶段，最终文稿被推荐给欧盟、日本和美国的管理机构采用。

Ⅰ. 引言

兽药药物警戒对于确保兽药在临床应用中持久的安全性和有效性具有十分重要的意义。本指导文件旨在将提交至定期总结更新报告中的数据进行标准化。一致性的数据有助于将兽药不良反应的评估与调查同一化，从而提高公共健康及动物健康。根据GL24文件中的定义以及术语，本文件将给出关于定期总结更新报告的应用范围、提交时间及书写内容方面的指导。

Ⅱ. 应用范围

本VICH文件将药物警戒的应用范围定义为：监测和调查市售兽药产品临床效果方面的管理，主要评估药物对动物的安全性和有效性，以及对应用兽药人员的安全性。本文件定义了在定期总结更新报告中提交的关于不良反应事件报告的所有条目。尽管广义范围的药物警戒包含更广泛的活动，但此文件所涉及的仅为如何应用自发性报告系统，鉴定评估应用市售兽药产品后出现的可能的不良反应问题。监管机构可以根据特殊情况要求提供兽药产品的附加信息。

Ⅲ. 定义

定义请参考GL24不良反应报告的管理。

Ⅳ. 报告时间

根据GL24文件中的定义，每一种兽药产品都应当有1个国际诞生日。如果营销许可持有者要求，为方便管理可以将国际诞生日指定为同一个月的最后一天。国际诞生日是协调营销许可持有者定期报告日期的基础。

报告的频率应符合当地的监管要求，而这些要求可能会受到兽药产品的授权时间所影响。在商业化的初期几年，不同国家产品的授权和市场推广有所不同。在此期间，报告的频率以及频率的同一化是很重要的。因此，对于时间及地域的要求，我们建议如下：在VICH地区的国家内，定期总结更新报告应根据国际诞生日，在产品获批上市后的前2年内，每6个月向所有的监管机构提交1次；或者按照各国家法规要求，超过6个月提交1次。

VICH的各方已经承诺将来会重新考虑定期总结更新报告的频率。如果在最少2年内，1个VICH地区中兽药产品的使用未检测到重大疗效或者安全问题，可考虑将报告频率减少至每12个月1次。

在国际诞生日销售2年之后，任何VICH地区在接下来的4年销售中定期总结更新报告的频率不必超过每年1次，销售6年之后，定期总结更新报告提交的频率不必超过每3年1次。

Ⅴ. 报告内容

1. 在定期总结更新报告中应详细记录负责兽药产品的营销许可持有者的名称和地址。
2. 定期总结更新报告要清楚地识别出兽药产品。
3. 定期总结更新报告所涵盖的时间段（开始日期和结束日期）。
4. 定期总结更新报告将包括Ⅴ.2所提的兽药产品的不良反应事件报告，以及相同/相似化药或相同生药兽药产品的不良反应事件报告。
5. 所有定期总结更新报告中提交的不良反应事件报告的数据元素都在GL42文件中进行了描述。在监管机构正式实行文件的电子提交（GL35）之前，应提交GL42所要求的文档报告，作为不良反应事件的列出项目。
6. 报告应包含1份与Ⅴ.2所提的兽药产品不良反应事件有关的文献列表，这些文献应可以在被广泛接受的搜索引擎中找到，且在定期总结更新报告期间内发表；也应包含1份简要说明，评估这些文献与兽药产品的相关性。另外，也应包含1份不良反应事件的文献列表，以及对Ⅴ.2所提及的兽药产品负责的营销许可持有者的信息。

7.定期总结更新报告应当评估Ⅴ.2所提的兽药产品的销售额与不良反应事件报告数量之间的关系，且报告中应提供各国的销售额。

8.对于相同或者相似兽药产品，如果已经采取了由监管机构强制执行的或者由营销许可持有者发起的监管行动（如兽药产品改变，标签变更以及市场停售），或者在报告期间引发安全性和有效性问题的原因尚不明确，需提交1份更新报告。格式应用简短的叙述说明采取行动的原因，如适合的话，附上相关文件。

9.定期总结更新报告应当对Ⅴ.2所提及的兽药产品的风险/收益概要给出简明的关键分析和意见。评论应包括以下几个重要事项：

a.先前未确认问题的证据；

b.不良反应频率的变化；

c.药物的相互作用；

d.人类对药物的不良反应。

评估应表明该数据是否仍然与迄今为止累积的事件以及批准的标签（包括提议的行动）保持一致。

GL42 兽药产品警戒：提交不良反应报告的数据元素（AERS）

VICH GL42（药物警戒：AERS）
2010 年 6 月
第七阶段施行 - 最终版

兽药产品警戒：提交不良反应报告的数据元素（AERS）

2010 年 6 月
在 VICH 进程第七阶段
由 VICH 指导委员会推荐实施
具体实施日期由 VICH 电子标准实施工作组确定

本指导原则由相应的 VICH 专家工作组制定，并已通过 VICH 各部门协商。在进程的第七阶段，最终文稿被推荐给欧盟、日本和美国的管理机构采用。

Ⅰ. 简介

兽药产品警戒对于保证兽药产品在使用时持续的安全性和有效性至关重要。本指导文件的目标是对提交与兽药产品有关的不良事件的数据进行标准化。标准化的数据将有助于采用统一方法检测和调查市场上兽药产品的不良反应，从而有助于提高公众和动物健康。

Ⅱ. 范围

本指导文件的范围是描述营销许可持有者和监管机构之间用于提交和交换自发不良事件报告的具体数据元素。关于本指导文件的目的，请参阅VICH GL24（不良事件报告管理）中给出的定义。如用于电子报告，应将本文件与GL30（受控术语）、GL35（数据传输电子标准）以及其他相关的VICH指导原则一起阅读。

本指导文件也适用于收集不良事件报告信息的最低限度信息。提交不良事件报告时，必须提供本指导性文件中描述的必填数据元素。如果数据元素已经报告给营销许可持有者，则需要提交本指导文件中描述的选填数据元素。营销许可持有者需尽力收集完成本指导文件中所有数据元素所需的信息。除非监管机构特别要求，否则，不需要提交本指导性文件中未描述的非结构化数据，如临床记录或图像。

对于使用受控术语（GL30）的数据字段，用户系统可以为了便于报告或输入而使用GL30中列出的与该区域和相关产品相关的术语子集。但是，当以电子方式接收符合VICH相关指导原则的报告时，所有系统必须能够导入并存储包括所有标准术语和代码的完整报告，确保不会丢失信息。

Ⅲ. 数据元素的格式和描述

数据元素充分全面，能够涵盖大多数不同来源、不同集合、不同传输情况或不同要求的复杂报告。强烈建议使用结构化数据以便于标准化的数据输入、提交和分析。为此目的已经开发了受控词汇表和术语表(GL30)。在某些情况下，还有关于提交一些非结构化自由文本项目的规定。

本文件定义的数据元素将用于不良事件报告信息的电子传输以及其他传输信息（如发送者和接收者标识符）。相关问题详见GL30和GL35。

具体数据元素如下所述。用户指南以斜体显示，提交格式的注释以小号大写字母显示。关于如何填写人类接触兽药产品而产生的不良事件报告，请参阅附录1，标题为“提交人类不良事件报告的指导原则”。

A 行政和身份信息

A.1 监管机构（RA）

监管机构名称

街道地址

市

州／县

邮件／邮政编码

国家（3个字符的国家代码ISO 3166）

用户指南：初次接收不良事件报告的监管机构必须提供。

A.2 营销许可持有者（MAH）

A.2.1 营销许可持有者信息

商家名称

街道地址

市

州／县

邮件／邮政编码

国家（3个字符的国家代码ISO 3166）

用户指南：仅要求提交不良事件报告的营销许可持有者必须提供。

A.2.2 代表营销许可持有者的自然人

职位

名

姓

电话

传真

电子邮件

用户指南：选填。代表营销许可持有者的人是不良事件报告及其内容的联系人。

提交注意事项：文本。

A.3 不良事件报告涉及的人

A.3.1 主要报告人

姓

名

电话

传真

电子邮件

商家名称

街道地址

市

州／县

邮件／邮政编码

国家（3个字符的国家代码ISO 3166）

用户指南：姓和国家代码必须填写，其他的可选填。如果报告人要求不公开，那么在“姓”字段中输入“匿名”。如果“匿名”，在隐私立法允许的情况下提交报告人的地理信息。主报告人被营销许可持有者视为持有／提供与不良事件最相关信息的个人／组织。

提交注意事项：文本。

A.3.1.1 主要报告人类别

用户指南：必填。作为所有者的代理人将被登记为动物所有人（A.3.1.1）。

提交注意事项：从报告人分类受控列表中选择。

A.3.2 其他报告人

姓

名

电话

传真

电子邮件

商家名称

街道地址

市

州／县

邮件/邮政编码

国家（3个字符的国家代码ISO 3166）

用户指南：选填。如果报告人要求不公开，那么在“姓”字段中输入“匿名”。如果“匿名”，在隐私立法允许的情况下提交报告人的地理信息。其他报告人是为不良事件提供信息的个人/组织。

提交注意事项：文本。

A.3.2.1 其他报告人分类

用户指南：如提供了A.3.2的信息，则此项信息是必填。作为所有者的代理人将被登记为动物所有人(A.3.2.1)。

提交注意事项：从报告人分类受控列表中选择。

A.4 不良事件信息

A.4.1 唯一的不良事件报告识别号码

用户指南：必填。是由营销许可持有者和监管机构指定的不良事件报告的全球唯一标识符，在跟进报告中使用。唯一编号由3个字符的国家代码，代表营销许可持有者的8个字符代码或代表监管机构的8个字符代码及唯一编码组成（例如，USA-MERIALLT-xxxxx，USA-USFDACVM-xxxxx）。国家代码-营销许可持有者或监管机构代表发生不良事件的国家。3个字符的国家代码来自ISO 3166。

提交注意事项：文本。从监管机构识别码的受控列表中选择。

A.4.2 初始接收日期

用户指南：必填。这是主要报告人向营销许可持有者或监管机构就不良事件报告首次进行联系的日期。此日期是固定的，在之后提交的文件中不能更改。

提交注意事项：日期格式：日，月，年。

A.4.3 当前提交的日期

用户指南：必填。是当前不良事件报告提交给监管机构的日期。

提交注意事项：日期格式：日，月，年。

A.4.4 报告类型

A.4.4.1 提交类型

用户指南：必填。

提交注意事项：从提交类别的受控列表中选择。

A.4.4.2 报告取消的原因

用户指南：如果在A.4.4.1中选中了取消，则必须提供。

提交注意事项：文本。

A.4.4.3 报告中的信息类型

用户指南：选填。

提交注意事项：从报告类别的受控列表中选择信息类型。

B. 不良事件描述

B.1 动物信息

用户指南：除B.1.1外，该数据仅与受影响的动物有关。

B.1.1 接受治疗的动物数量

用户指南：选填。(估计）接受治疗的动物数量。

提交注意事项：整数。

B.1.2 受影响的动物数量

用户指南：必填。(估计）在不良事件报告中受影响的动物数量，其中还包括间接暴露的动物，例如，在怀孕或哺乳期间接受治疗、混养及传染性传播等。

提交注意事项：整数。

B.1.2.1　使用兽药产品之前主治兽医对动物健康状况的评估

用户指南：选填。这是主治兽医在使用兽药产品之前对涉及不良事件的动物健康状况的评估。营销许可持有者在使用兽药产品治疗之前，应该从列表中选择主治兽医对动物健康状况的评估。兽医将对这些数值的意义提供医学意见。如果主治兽医未提供信息，营销许可持有者应选择“未知”。

提交注意事项：从主治兽医对动物健康状况评估类别的受控列表中进行选择。

B.1.3　物种

用户指南：必填。如果是关于人类的不良事件，物种应选择“人类”。

提交注意事项：从物种受控列表中选择（包括人类）。

B.1.4　品种

用户指南：选填。B.1.4.1.1和B.1.4.2.1是可重复的字段。

对于涉及单个纯种动物的报告，请将该品种放入B.1.4.1.1。对于涉及单个杂交动物且该杂交品种已知（多达3个品种），在B.1.4.2.1中列出。如果此单个杂交动物的品种组成未知，则使用B.1.4.2.1中“杂交/[物种]”一词。

对于纯种动物组，在B.1.4.1.1中列出受影响动物的品种。对于纯种和杂交的受影响动物组，应分别填入B.1.4.1.1和B.1.4.2.1。当受影响的动物包括各种杂交品种，并且它们的品种组成已知时，使用B.1.4.2.1作为可重复的字段来标记每个品种。当受影响的动物包括各种杂交品种，并且某些杂种的品种构成未知时，则还包括B.1.4.2.1中的“杂种/［物种］”一词。如果相关的话，可以在叙述中输入接受治疗但未受影响的动物品种。

B.1.4.1　纯种

用户指南：该字段适用于纯种动物。

B.1.4.1.1　品种

用户指南：这是动物的品种。

提交注意事项：从品种受控列表中选择。

B.1.4.2　杂种

用户指南：该字段适用于杂种动物。

B.1.4.2.1　品种

用户指南：如果实际品种未知，则选择适当的“杂种/[物种]”。

提交注意事项：从品种受控列表中选择。

B.1.5　性别

用户指南：选填。“混合”用于同时包括雄性和雌性的动物组。“未知”仅适用于性别未知的动物。

提交注意事项：从性别受控列表中选择。

B.1.6　生殖状态

用户指南：选填。

提交注意事项：从生殖状况类别的受控列表中选择。

B.1.7　雌性生理状态

用户指南：选填：对于只有雄性动物和（或）已绝育雌性动物的情况，列表中对应选项填“不适用”。如果有1组混合的雄性和雌性动物，则选择适合雌性动物的生理状态。如果该组动物处于多种不同的生理状态，请选择“混合”。如果动物的生理状态未知，则列表中适当的术语为“未知”。

提交注意事项：从雌性生理状态受控列表中选择。

B.1.8　重量

B.1.8.1　测量体重，估计体重，未知体重用户指南：如果指定了最小或最大体重，则必须提供。"未知"意味着报告人没有提供这些信息。如果选择"未知"，则B.1.8.2和B.1.8.3将无法完成。

提交注意事项：从精确类别的受控列表中选择。

B.1.8.2　最小体重

用户指南：选填。对于动物组，以受影响的个体动物的体重kg数估算最小体重。对于单个动物而言，其体重作为最小体重。

提交注意事项：数字（小数点后2位）。

B.1.8.3　最大体重

用户指南：选填。对于动物组，以个体估算最大体重。

提交注意事项：数字（小数点后2位）。

B.1.9　年龄

B.1.9.1　测量年龄，估计年龄，未知年龄

用户指南：如果指定了最小或最大年龄，则必须提供。"未知"意味着报告人没有提供这些信息。如果选择"未知"，则B.1.9.2和B.1.9.2.1、B.1.9.3和B.1.9.3.1将无法完成。

提交注意事项：从精确类别的受控列表中选择。

B.1.9.2　最小年龄

用户指南：选填。（估计）受影响动物的最小年龄。对于单个动物来说，其年龄填在最小年龄字段内。

提交注意事项：数字。

B.1.9.2.1　最小年龄单位

用户指南：如果指定了需要填写最小年龄，则必须提供。

提交注意事项：从测量单位的受控列表中选择时间单位。

B.1.9.3　最大年龄

用户指南：选填。（估计）受影响动物的最大年龄。

提交注意事项：数字。

B.1.9.3.1　最大年龄单位

用户指南：如果指定了需要填写最大年龄，则必须提供。

提交注意事项：从测量单位的受控列表中选择时间单位。

B.2　兽药产品数据和用法

用户指南：对于在不良事件中使用的每一种兽药产品，应重复B.2.1 ~ B.2.5.1中的字段集合，并提供尽可能多的信息。

B.2.1　注册名称或品牌名称

用户指南：营销许可持有者的产品必须提供。对于所有其他非营销许可持有者的产品，应提供B.2.1中的品牌名称或B.2.2中的有效成分。在不良事件中使用的兽药产品注册名称或品牌名称。

提交注意事项：文本字段（多个文本字段）。

B.2.1.1　产品代码

用户指南：选填。

提交注意事项：从待开发的列表中选择。

这些代码的可用性完全取决于监管机构制定的全球兽药产品药典。

B.2.1.2　注册标识符

用户指南：对于营销许可持有者的产品必须提供，若由于报告人提供信息不足而无法确定，则输入"无法确定"。其他营销许可持有者的兽药产品选填。注册标识符由（3个字符的国家代码）-（8个字符的监管机构标识符代码）-（不良事件中使用的兽药产品的注册号）组成。国家代码适用于产品获得批

准的国家。使用来自ISO 3166的3个字符的国家代码（对于欧盟集中授权的产品，GBR代表国家代码，EUEMA000代表8个字符的监管机构标识符代码）。

注意：使用8个字符的监管机构标识符代码。例如，FDA CVM批准的产品，注册标识符可以是[3个字符的国家代码]–[8个字符的监管机构标识符代码]–[FDA CVM NADA / ANADA编号]（例如：FDA–CVM的USA–USFDACVM–xxxxxx）。举例来说，一个美国农业部（USDA）批准的生物制品注册标识符可以是USA–APHISCVB–xxxxxx。对于美国农业部或FDA CVM批准产品以外的产品，请使用产品获批的国家/地区代码和与该国家批准相关的注册编号。对于日本认可的产品，注册标识符为JPN–JPNJMAFF –xxxxxxxxxxxxx。

提交注意事项：文本。

B.2.1.3 ATC兽医代码

用户指南：为便于监管机构搜索，营销许可持有者的产品必须提供。对于提交不良事件报告来说，这不用来定义“相同”或“相似”的兽药产品。如果代码无法确定，可以输入“未知”。有关ATC兽医代码的更多信息，请访问以下网站：http://www.whocc.no/atcvet。

提交注意事项：ATC兽医代码（来自世界卫生组织名单）。

B.2.1.4 公司或营销许可持有者

用户指南：选填。B.2.1规定的不良事件中使用的兽药产品营销许可持有者。

提交注意事项：文本。

B.2.1.5 营销许可持有者评估

用户指南：在需要的地区，营销许可持有者根据分级系统评估兽药产品的使用与不良事件之间的关联。就第三方国家报告的不良事件而言，营销许可持有者最初进行的评估对后续的监管机构充分可用。

提交注意事项：文本和/或代码。

B.2.1.6 监管机构评估

用户指南：兽药产品的使用与不良事件之间的关联。评估每一兽药产品并将其归类到区域内定义的其中一个类别。

提交注意事项：从监管机构评估类别的受控列表中进行选择。

B.2.1.6.1 有关评估的说明

提交注意事项：文本。

B.2.1.7 暴露途径

用户指南：选填。不良事件中使用的兽药产品的暴露/给药途径。对于通过多种途径暴露的兽药产品，此字段B.2.1.7和子字段重复。营销许可持有者应从兽药产品的列表中选择暴露（给药）路径。

提交注意事项：从暴露途径的受控列表中选择。

B.2.1.7.1 用药剂量单位

用户指南：选填。给药剂量，而不是默认的注册剂量。

如果随时间给予不同剂量的兽药产品，则字段B.2.1.7.1和B.2.1.7.2以及相关的子字段是重复的。

分子：这是给定的实际剂量的数量/体积，例如，片剂数量、药丸数量、饲料量、溶液量等。

分母：它描述了单个动物摄取的兽药数量、重量、剂量等。

叙述中应描述复杂的情况，如多种动物的预混料。

例如：

主人给犬3片药片。

数值分子：3

数值分子的单位：片

数值分母：1

数值分母的单位：动物

兽医给动物按照每千克体重投喂10 mL的兽药。

数值分子：10

数值分子的单位：mL

数值分母：1

数值分母的单位：kg

在一个封闭的环境内对10 000只禽通过喷雾以标记的剂量施用疫苗。

数值分子：1

数值分子的单位：剂量

数值分母：1

数值分母的单位：动物

100 000条鱼的池塘以100mg/1 000L剂量施用1L包装的浓度为100mg/L的四环素液体。

数值分子：1

数值分子的单位：容器

数值分母：1 000

数值分母的单位：L

或者

数值分子：1

数值分子的单位：L

数值分母：100 000

数值分母的单位：动物

给1头奶牛的右前乳房内注射1针管兽药。

数值分子：1

数值分子单位：管

数值分母：1

数值分母的单位：乳房

给1只山羊的左乳腺注射1针管兽药。

数值分子：1

数值分子单位：管

数值分母：1

数值分母的单位：乳头

B.2.1.7.1.1　剂量的数值（分子）

提交注意事项：数字字段。

B.2.1.7.1.1.1　剂量的数值单位（分子）

用户指南：符合分子剂量数值的单位。

提交注意事项：从受控列表中的测量单位（不包括所有时间单位）或说明单位选择。

B.2.1.7.1.2　剂量的数值（分母）

提交注意事项：数字字段。

B.2.1.7.1.2.1　剂量的数值单位（分母）

用户指南：符合分母剂量数值的单位。

提交注意事项：从受控列表中的测量单位（不包括所有时间单位）、说明单位或剂量分母限定词中选择。

B.2.1.7.1.3　用药间隔

用户指南：选填。这是不良事件中使用兽药产品的给药间隔或给药频率。如果有多个给药间隔，或者每次给药剂量相同给药频率相同，则B.2.1.7.1.2.1至B.2.1.7.1.2.3和B.2.1.7.1.2.1.1是可重复的。

B.2.1.7.1.3.1　给药间隔的数值

提交注意事项：整数。

B.2.1.7.1.3.1.1　给药间隔的数值单位

用户指南：如果规定了给药间隔，则必须提供。

提交注意事项：从测量单位的受控列表中选择时间单位。

B.2.1.7.1.3.2　初次暴露时间

用户指南：选填。在不良事件中第一次使用兽药产品的暴露或使用时间（大约）。

提交注意事项：日期格式：日，月，年。

B.2.1.7.1.3.3　末次暴露时间

用户指南：选填。在不良事件中最后一次使用兽药产品的暴露或使用时间（大约）。

提交注意事项：日期格式：日，月，年。

B.2.2　活性成分

用户指南：对于使用的所有生物制品，只要B.2.1.2中提供了注册标识符，活性成分（B.2.2.1）和规格（B.2.2.1.1和B.2.2.1.1.1）不需提供。

若用户在使用前改变了兽药产品的物理状态（例如，混合兽药产品或稀释兽药产品），B.2.2.1字段应填写出售的兽药产品的性状。另外，应当忽略B.2.1.7.1字段的用药剂量范围，并应在B.3.1中准确描述给药剂量。

B.2.2.1　活性成分

用户指南：营销许可持有者产品必须提供。对于所有其他非营销许可持有者产品，请在B.2.1中提供品牌名称，或在B.2.2.1中提供有效成分。对于含多种活性成分的兽药产品，重复B.2.2.1和子字段。

用户指南：对于营销许可持有者产品必须提供，若由于报告者提供的信息不足而无法确定，则输入"无法确定"。所有其他非营销许可持有者产品的规格是选填项。兽药产品中每种活性成分的分子和分母都应说明相关规格和规格单位。对于具有多种活性成分的兽药产品，这些字段是重复的。以上所述规格指不良事件中使用的兽药产品的活性药物成分的规格。

提交注意事项：可重复的文本字段。

B.2.2.1.1　规格的数值（分子）

提交注意事项：数字字段。

B.2.2.1.1.1　规格数值的单位（分子）

用户指南：如果指定规格，则必须提供。

提交注意事项：从测量单位的受控列表中选择（不包括所有时间单位）。

B.2.2.1.2　强度的数值（分母）

提交注意事项：数字字段。

B.2.2.1.2.1　强度数值的单位（分母）

用户指南：如果指定强度，则必须提供。

提交注意事项：从测量单位的受控列表中选择（不包括所有时间单位）或陈述单位。

B.2.2.1.3　有效成分代码

提交注意事项：从待开发的列表中选择。

这些代码的可用性完全取决于监管机构制定的全球兽药产品药典的制定进度。

B.2.2.2　剂型

用户指南：选填。不良事件中使用的兽药产品的剂型。营销许可持有者应从列表中选择兽药产品的标签剂型。

提交注意事项：从剂型受控列表中选择。

B.2.3 批号

用户指南：选填。不良事件中使用的兽药产品批号。

提交注意事项：可重复的文本。

B.2.3.1 保质期

用户指南：选填。

提交注意事项：日期格式：日，月，年。

B.2.4 应用兽药产品人员

用户指南：选填。不良事件中应用兽药产品人员。所有者的代理人将被视为所有者。

提交注意事项：从兽药产品使用者的受控列表中选择。

B.2.5 根据标签使用

用户指南：选填。关于是否根据兽药产品标签建议使用的信息。

提交注意事项：从列表中选择：是，否，未知。

B.2.5.1 对未按照标签说明使用兽药产品的解释

用户指南：选填。对没有根据标签建议使用兽药产品进行解释。仅在B.2.5中选择“否”时才需要填写。

提交注意事项：从未按照标签说明使用兽药产品的编码系统受控列表中选择。

B.3 不良事件数据

B.3.1 不良事件叙述

用户指南：必填。

叙述应根据所获信息描述事件发生顺序，包括：

- 兽药产品的给药
- 临床症状
- 反应部位
- 严重性
- 相关的实验室检测结果
- 尸体解剖结果（对整体病理学和包括病理学家评估结果在内的组织病理学的准确描述）
- 可能的影响因素
- 不良事件的治疗
- 相关治疗史
- 使用该兽药产品的原因
- 兽医或营销许可持有者的评估意见
- 事件的时间顺序

提交注意事项：文本。

B.3.2 不良临床表现

用户指南：必填。在不良事件中观察到的不良临床表现。

关于提交的注意事项：从VeDDRA术语受控列表中选择。

营销许可持有者应该使用VeDDRA医学术语来描述不良临床表现。应使用VeDDRA的最低级别术语表达。

提交注意事项：可重复。

B.3.2.1　动物数量

用户指南：选填。与B.3.2中选择的VeDDRA术语相关的动物数目。随着不良事件报告中受影响的动物数量增加，报告人了解出现临床症状动物确切数量的意愿和能力预计会下降。当这些动物作为一个群体饲养时，报告人只能观察到一小部分动物，然后据此估计群体中余下动物的发病率和严重性。无论如何，收集出现每种临床症状的动物数量可能对药物警戒有价值。

因此，营销许可持有者应做出合理的尝试，收集出现每种临床症状的动物数量。如果只有百分比数字，营销许可持有者应将此百分比转换为整数，并将此整数值输入B.3.2.1字段。在叙述中应提供营销许可持有者得到整数的方法。如果报告方不能或不愿意提供整数值或百分比估值，那么，营销许可持有者应在叙述中加以解释。

提交注意事项：整数。

B.3.2.1.1　动物数量的准确性

用户指南：选填。如果在“动物数量”字段中输入了1个值，请说明B.3.2.1下提供的整数是实际数字还是估计数字。

提交注意事项：从准确性受控列表中选择动物数量。

B.3.3　不良事件开始日期

用户指南：必填。不良事件（大约）的起始日期。

提交注意事项：日期格式：日，月，年。

B.3.4　从兽药产品暴露到不良事件出现的时间间隔

用户指南：选填。这段时间是指B.2.1.7.1.2.2暴露时间与B.3.3中不良事件开始的时间间隔。该字段用于使用兽药产品与发生不良事件之间存在明确时间关系的情况。一般来说，这个字段适用于使用单一兽药产品或多种兽药产品同时使用的情况。当清晰的时间难以确定或不容易编码时，特别是在使用多种兽药产品的情况下；或者，当使用单一/多种兽药产品还需要加以说明的情况下，时间关系应在叙述中描述，并尽可能详细。

提交注意事项：从暴露及开始时间受控列表中选择。

B.3.5　不良事件的持续时间

用户指南：不良事件持续的大概时间。

B.3.5.1　持续时间

用户指南：选填。

提交注意事项：整数。

B.3.5.1.1　持续时间单位

用户指南：如果指定了持续时间，则必须提供。

提交注意事项：从测量单位的受控列表中选择时间单位。

B.3.6　严重的不良事件

用户指南：必填。由营销许可持有者完成（是/否）。

提交注意事项：从本清单中选择：是，否。

B.3.7　不良事件的治疗

用户指南：选填。如果对不良事件进行了治疗，相关描述应包括在不良事件的叙述（B.3.1）中。

提交注意事项：从本清单中选择：是，否，未知。

B.3.8　迄今为止的效果

B.3.8.1　正在治疗

B.3.8.2　恢复/正常

B.3.8.3　恢复但有后遗症

B.3.8.4　死亡

B.3.8.5　安乐死

B.3.8.6　未知

用户指南：选填。应提供每一类动物的数量。从B.3.8.1至B.3.8.6的总数应该等于B.1.2中受影响动物的数量。

提交注意事项：整数。

B.3.9　以前使用该兽药产品的情况

用户指南：选填。本字段仅适用于第一次用药日期（B.2.1.7.1.2.2）到最后一次用药日期（B.2.1.7.1.2.3）以外的用药情况。如果之前使用过兽药产品，选择“是”，并在不良事件叙述（B.3.1）中提供之前用药的日期。如果以前没有使用过兽药产品，请选择“否”。如果报告人未提供相关信息，请选择“未知”。

提交注意事项：从本清单中选择：是，否，未知。

B.3.10　以往使用兽药产品的不良事件

用户指南：选填。该字段仅指B.3.9中提到的以往使用兽药产品期间出现的临床症状。如果以前使用兽药产品期间发生过不良情况，选择“是”，反之则选择“否”。如果选择“是”，请在不良事件叙述（B.3.1）中描述临床症状。如果报告人未提供相关信息，请选择“未知”。

提交注意事项：从本清单中选择：是，否，未知。

B.4　停药-二次给药信息

用户指南：本节中的信息与受影响的动物有关。这组字段将用于在使用单一兽药产品时发生的停药或二次给药情况。对于使用多种兽药产品时发生的停药或二次给药情况，应在叙述中尽可能详细地描述。

B.4.1　停药后不良事件是否减弱

用户指南：选填。从列表中选择在停药后不良事件是否停止或减弱。停药是指从动物的治疗方案中去除、撤销或中断使用兽药产品。停药还包括用药剂量显著减少。

如果报告人未提供相关信息，请选择“未知”。

提交注意事项：从本清单中选择：是，否，不适用，未知。

B.4.2　二次给药后不良事件是否再次发生

用户指南：选填。从列表中选择二次给药后不良事件是否再次发生。二次给药是指停药产生积极效果之后重新使用兽药产品。它也包括先前用药剂量减少导致临床症状改善之后又显著增加剂量。如果报告人未提供相关信息，请选择“未知”。

提交注意事项：从本清单中选择：是，否，不适用，未知。

B.5　对不良事件的评估

B.5.1　主治兽医的评估

用户指南：选填。主治兽医对兽药产品和不良事件（人类除外）之间的关系进行评估。营销许可持有者应该从列表中选择主治兽医对兽药产品和不良事件两者关系的评估。这些值的定义将由兽医的医学意见判断。

提交注意事项：从主治兽医的因果关系评估类别的受控列表中进行选择。

B.6　关联报告的报告编号

该字段仅供监管机构使用。本部分应用于识别需要一起评估的报告。

提交注意事项：文本。

B.7　补充文件

用户指南：营销许可持有者根据监管机构的要求或由营销许可持有者自愿提供的关于特定兽药产品的附加信息。该字段是用于病理学、放射学、临床化学报告等的文件附件。营销许可持有者应提供文件内容的描述和文件清单。本部分对每份补充文件均适用。文件内容的描述应在B.3.1对不良事件的叙述中提供。

提交注意事项：对象字段。

B.7.1　附加文档文件名（文本字段）

该字段指定文档的文件名。

提交注意事项：文本。

B.7.1.1　附加文件类型（列表）

营销许可持有者应从补充文档类型列表中进行选择，例如，尸检、病理学和临床化学报告，以描述文件的内容。

提交注意事项：可重复。从受控文档类型列表中选择。

附录

关于提交人类不良事件报告的用户指南

在填写人体接触兽药产品而发生的不良事件报告时，以下用户指南应予以考虑：

A.3.1	主要报告人	输入“主治医师”的信息
A.3.2	其他报告人	输入暴露兽药产品的相关人员信息
B.1	动物信息	与接触兽药产品的其他人员相关
B.1.3	物种	选择“人类”
B.1.4	品种	人类不适用
B.2.1.7	接触途径	说明暴露途径
B.2.1.7.1	每次给药的剂量	说明该人暴露的剂量
B.2.1.7.1.2.3	最后一次接触的日期	对于大多数报告，不会输入日期
B.2.5.1	对未按标签说明使用的解释	不适用
B.5.1	主治兽医的评估	主治医生的评估

兽药注册的国际技术要求
SHOUYAO ZHUCE DE GUOJI JISHU YAOQIU

生物制品

质量

纯度

GL25 甲醛残留量测定

VICH GL25（生物制品：甲醛）
2002 年 4 月
第七阶段施行 - 最终版

甲醛残留量测定

2002 年 4 月
由 VICH 指导委员会推荐实施

本指导原则由相应的 VICH 专家工作组制定，并已通过 VICH 各部门协商。在进程的第七阶段，最终文稿被推荐给欧盟、日本和美国的管理机构采用。

引言

1　目的

许多兽用灭活疫苗（特别是细菌菌苗）都有甲醛残留，测定灭活疫苗中的甲醛残留水平，具有以下意义：

(a) 确保产品的安全性；

(b) 确保产品与其他产品联合使用时，不会使其他产品失活；

(c) 确保产品在有效期内保持有效性；

(d) 确保所有的梭菌类毒素疫苗具有良好的抗原性和安全性。

本指导原则仅提供甲醛残留量测定的一般要求。在特定科学条件或待测产品具有特殊性质的情况下，可对本指导原则的检测方法进行灵活改变。但生产商须对这些变化进行说明，并提供等效性数据。

2　适用范围

本指导原则适用于所有含甲醛的新兽用疫苗的成品检测。

3　背景

有多种方法可用于测定灭活疫苗中残留的游离甲醛，包括乙酰丙酮滴定法、氯化铁滴定法和碱性品红检测法。本指导原则选择氯化铁方法，因为已证明该方法适用于亚硫酸氢钠中和后产品的测定。

甲醛残留量以g/L表示，换算表见附录。

4　基本原理

本方法基于甲醛与甲基苯并噻唑酮腙盐酸盐（MBTH）之间的反应对甲醛总含量进行测定。该反应主要有3步：(a) MBTH与甲醛结合生成一种产物，(b) 过量MBTH氧化生成另一种产物，(c) 上述2种产物结合生成蓝色发色团，可在628nm处进行测定。

氯化铁滴定法

1　试剂

1.1　氯化铁－氨基磺酸溶液。该溶液含氯化铁（10g/L）和氨基磺酸（16g/L）。

1.2　甲基苯并噻唑酮腙盐酸盐（分子量 233.7）溶液试剂,[CAS 149022-15-1]。3-甲基苯并噻唑-2(3H)酮腙盐酸盐一水化合物。类白色或淡黄色结晶性粉末。熔点：约270℃。该溶液含0.5g/L（该溶液不稳定，需检测当天现配现用）。

1.3　醛类测定适用性。取2mL无醛甲醇，加入60μL含1g/L丙醛的无醛甲醇溶液和5mL甲基苯并噻唑酮腙盐酸盐溶液（4g/L）。混合，静置30min。制备不含丙醛的空白溶液。加入25.0mL氯化铁溶液（2g/L）至供试品溶液和空白溶液中，用丙酮（R）稀释至100.0mL并混匀。以空白溶液作为补偿液体，将供试品溶液加至1cm比色皿中，用分光光度计测定660nm处的吸光度。供试品溶液的吸光度须大于或等于0.62个吸光度单位。

1.4　甲醛溶液，甲醛（CH_2O）含量为34.5%w/v ~ 38.0%w/v。

1.5　肉豆蔻酸异丙酯，分析纯。

1.6　盐酸（1M），分析纯。

1.7　氯仿，分析纯。

1.8　氯化钠（9g/L和100g/L水溶液），分析纯。

1.9　聚山梨酯20，分析纯。

2　供试品和对照品溶液的制备

2.1　取适当容积的容量瓶，加水稀释甲醛溶液，制备浓度为0.25、0.50、1.00和2.00g/L的甲醛溶液对照品。

2.2　如果供试品是油乳剂疫苗，需先用适当方法进行破乳。破乳后，测定水相中的甲醛浓度。以下分离技术均已证明适用。

a）将1.00mL疫苗加入1.0mL肉豆蔻酸异丙酯中，混匀。向混合物中加入1.3mL盐酸（1M）、2.0mL氯仿和2.7mL氯化钠（9g/L），充分混合。15 000g离心60min。将水相转移至10mL容量瓶中，加水稀释至刻度。使用稀释的水相进行甲醛残留量测定。如果上述方法不能分离水相，则向氯化钠溶液中加入聚山梨酯20（100g/L），并重复该过程，但离心转速改为22 500g。

b）将1.00mL疫苗加入1.0mL氯化钠溶液（100g/L）中，混匀。1 000g离心15min。将水相转移至10mL容量瓶中，加水稀释至刻度。使用稀释的水相进行甲醛残留量测定。

c）将1.00mL疫苗加入2.0mL氯化钠溶液（100g/L）和3.0mL氯仿中，混匀。1 000g离心5min。将水相转移到10mL容量瓶中，加水稀释至刻度。使用稀释的水相进行甲醛残留量测定。

注：上述方法中所述的破乳容积仅用于举例说明。在实际检测过程中，破乳容积可能有所不同，操作者可根据实际情况按比例进行调整。

3 测定方法

3.1 将供试疫苗按1:200稀释（若为油乳剂疫苗，则将2.2中的稀释水相按1:20稀释），取0.50mL加至试管中；另将各甲醛溶液对照品按1:200稀释，分别取0.50mL加至试管中；最后在各试管中加入5.0mL甲基苯并噻唑酮腙盐酸盐溶液。盖住试管，振摇，静置60min。

3.2 在每支试管中加入1mL氯化铁－氨基磺酸溶液，静置15min。

3.3 以空白溶液作为补偿液体，分别将供试品和对照品溶液加至1cm比色皿中，用分光光度计测定628nm处的吸光度。

4 计算和解读

利用标准曲线，通过线性回归计算供试品中的总甲醛浓度（g/L），可接受相关系数[r]≥0.97。

附录

甲醛浓度换算表

(G/L) 甲醛	(%w/v) 甲醛	(%v/v) 甲醛溶液*	(mg/L) 甲醛
2.0	0.2	0.5	2 000
0.8	0.08	0.2	800
0.4	0.04	0.1	400
0.5	0.05	0.125	500
0.05	0.005	0.012 5	50
0.04	0.004	0.01	40

注：* 以40%甲醛溶液计。

参考文献

Chandler, M.D. & G.N. Frerichs, Journal of Biological Standardization (1980) 8, 145-149.

Knight, H, & Tennant R.W.G. Laboratory Practice (1973) 22, 169-173.

GL26 剩余水分测定

VICH GL26（生物制品：水分）
2002 年 4 月
第七阶段施行 - 最终版

剩余水分测定

2002 年 4 月
由 VICH 指导委员会推荐实施

本指导原则由相应的 VICH 专家工作组制定，并已通过 VICH 各部门协商。在进程的第七阶段，最终文稿被推荐给欧盟、日本和美国的管理机构采用。

简介

1 目的

2 适用范围

3 背景

4 基本原理

剩余水分测定

1 材料与设备

2 测定准备

3 测定

4 计算与结果

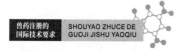

简介

1 目的

冻干疫苗含有一定的水分，通常称之为剩余水分（RM）。因为符合要求的剩余水分能够保证产品足够的有效期和生产企业的冻干工艺可控，因此，测定成品的剩余水分非常重要。剩余水分测定应确保剩余水分始终在生产企业标准控制范围内。

本指导原则介绍剩余水分测定的基本要求。也可以根据具体科学条件或检测样品特性使用其他检测方法。这些改变应在产品生产规程中注明并提供等效性数据。通常认为，替代等效试验的检测限度与重量法不同。

2 适用范围

本指导原则适用于所有新兽用冻干疫苗的成品检测。

3 背景

剩余水分测定常用的3种方法：①滴定法（Karl Fischer）；②共沸法；③重量法。

欧盟和美国农业部均没有指定剩余水分测定的具体方法。美国联邦法规（9CFR 113.29）规定，剩余水分测定方法应在农业部动植物检疫局批准备案产品的生产大纲中列出。欧盟法规／指导原则规定每批产品都要测定剩余水分，并且"在适用的情况下，通过测定剩余水分来检验冻干工艺，测定结果应在产品规定范围内。"日本标准规定采用干燥失重法。

4 基本原理

重量法测定剩余水分：通过真空加热将测试产品的剩余水分蒸发出来。根据干燥周期中测试产品的重量减少来计算剩余水分含量（以%计）。

剩余水分测定

1 材料与设备

1.1 柱形称量瓶：用密封玻璃塞分别编号。

1.2 真空干燥箱：配有校准的温度计和自动调温器。进口阀上配有空气干燥装置。

1.3 天平：精确到0.1mg（精度为±0.1mg）。

1.4 干燥器：内含五氧化二磷，硅胶或其类似物。

1.5 样品：在密封疫苗瓶内的冻干兽用疫苗。

2 测定准备

2.1 测定准备：所有操作在相对湿度＜45%的环境中进行。

2.2 测定准备：称量瓶。

在样品的称量瓶上贴标签。彻底清洗称量瓶。

将瓶塞倾斜地放置在瓶口上，并在（60±3）℃条件下（<2.5kPa）真空干燥至少30min。将瓶和瓶塞趁热迅速转移至干燥器中。冷却至室温后，盖上瓶塞，称重，并记录重量A。再将瓶放回干燥器中。

2.3 样品准备：疫苗瓶内的样品应放置在室温，直至测定时才可打开瓶盖。

3 测定

3.1 步骤

3.1.1 打开疫苗瓶盖。用刀片将冻干疫苗破碎并迅速转移至已称重的称量瓶内（至少100mg疫苗或达到测定精确度的最低要求。必要时单剂量产品可多瓶取样）。盖上瓶塞并立即称重。记录重量B。

3.1.2 将称量瓶转移至真空干燥箱，并将瓶塞倾斜的放置在瓶口上。抽真空至2.5kPa以下，设置温度为（60±3）℃。

3.1.3 至少3h后，关闭真空泵，通入干燥空气，直至真空干燥箱内的压力与大气压相等。

3.1.4 趁热盖上瓶盖，并将称量瓶转移至干燥器中冷却至室温（至少2h或直至恒重）。称重，记录重量C。

4　计算与结果

$$剩余水分（\%）=\frac{B-C}{B-A}\times 100\%$$

A 是称量瓶净重；

$B-A$ 是样品测定前的重量；

$B-C$ 的重量等于样品所含剩余水分的重量。

GL34 支原体污染的检验

VICH GL34（生物制品：支原体）
2013 年 2 月
第七阶段施行 - 最终版

支原体污染的检验

2013 年 2 月
在 VICH 进程第七阶段
由 VICH 指导委员会采纳
2014 年 2 月 28 日实施

本指导原则由相应的 VICH 专家工作组制定，并已通过 VICH 各部门协商。在进程的第七阶段，最终文稿被推荐给欧盟、日本和美国的管理机构采用。

1 引言

1.1 目的

该VICH指导原则旨在促进新兽用产品的协调许可。兽用生物制品无支原体污染是非常重要的，将有助于确保生产的一致性和成品的安全性。在传代和产品配制期间，支原体污染物可以通过基础种子、基础细胞库、动物源性原材料以及生物材料的操作过程引入到细胞培养物和胚源性生物制品中。因此，有必要通过检验证明成品、工作种子、细胞、收获物以及原材料（如基础种子、基础细胞和动物源性成分）中不存在支原体（在检测限度范围内）。该指导原则确立了需要检测的生产过程以及旨在检验是否存在支原体污染的试验方法。将提供一个统一的标准，以便相关监管机构互认检验数据。其他通过科学上可接受的标准证明等同于指导原则的方法同样可被接受。

1.2 背景

当前检验支原体污染的方法见日本“兽用生物制品的最低要求（2002)”、欧洲药典（第7版，2011，2.6.7）和美国联邦法规第9部分113.28。这些要求较为相似，均需要使用肉汤和琼脂技术来检测支原体污染。然而，上述要求在肉汤和琼脂试验的详细信息以及需要或经批准方可用于检测支原体污染的其他替代检验方法方面并不相同。

1.3 适用范围

该指导原则描述了在细胞培养物和兽用胚源性生物制品中支原体污染检验的方法，以确保没有支原体污染。包括针对基础种子、基础细胞库、工作种子和细胞、动物源性成分、收获物、成品活疫苗以及灭活产品收获物的检验。在支原体检验培养基中生长的细菌产品和通过经验证的支原体灭活程序而降低支原体污染风险的产品不在本指导原则范围内。用于生产胚的支原体检验由适当的畜群检验来控制，因此，也不在本指导原则范围内。

1.4 检验方法

本指导原则介绍了2种检验方法：①肉汤培养物扩增和营养琼脂平板菌落形成检测；②细胞培养物扩增和脱氧核糖核酸（DNA）的特征性荧光染色（一种能够检测不可培养菌株的技术）。

还有第三种检测方法－核酸扩增（NAT）已获得了普遍认可，但未包含在本指导原则中。目前，监管机构已经批准或正在考虑使用经验证的NAT技术，以便更快速地进行检测来确认和菌／毒株鉴别。只要结果显示NAT检测的检测限至少等同于本指导原则中检测方法的相应检测限，则可使用适当的经验证的NAT技术作为肉汤／琼脂培养方法和／或指示细胞培养方法的替代方法。NAT检测结果为阳性的样本可能直接被视为不适合使用。如果需要确认供试材料中是否存在活支原体，则应使用肉汤／琼脂培养方法或指示细胞培养方法。在平行检测中鼓励对NAT方法的使用进行评价，以进一步开发、比较和优化NAT技术，以可能在未来版本的指导原则中增加该技术。

2 支原体污染检验的指导原则

2.1 检测支原体污染的一般试验程序

使用肉汤和琼脂的培养法是支原体检验的基本方法。对收获物或最终批次疫苗和动物源性成分进行支原体检验时，应使用固体和液体培养基培养法。对基础种子、基础细胞库以及工作种子和细胞进行支原体检验时，应使用固体和液体培养基培养法以及DNA染色的指示细胞培养法。如果任一种方法显示支原体检验结果为阳性，则认为此样本为阳性且不适合使用。

材料	肉汤和琼脂培养物	DNA染色
基础种子和基础细胞	需要	需要
工作种子和工作细胞	需要	需要

（续）

材料	肉汤和琼脂培养物	DNA染色
动物源性成分[1，2]	需要	/
收获物	需要检测时[3]	/
成品	需要检测时[3]	/

注：1．不包括胚；
2．除非已经应用经验证的支原体灭活程序；
3．监管机构要求对收获物和成品的不同组合进行检测。

2.2 培养检测系统的验证

应采用相应的培养方法以验证实验室支原体检测方法的检测限。应使用足够量的固体和液体培养基，以确保下列5种支原体菌株的低水平生长。

莱氏支原体

猪鼻支原体

口腔支原体

滑液支原体

发酵支原体

上述支原体菌株的选择能够广泛（在实际数量范围内）反映出抗生素敏感性（目的是在试验中检测支原体的生长抑制）、苛养性、生长快速性、成为污染物的可能性以及在禽或哺乳动物种属中的致病性。莱氏支原体是一种常见的动物源性以及可能的环境源性细胞培养污染物。猪鼻支原体具有苛养性，是一种常见的动物源性细胞培养污染物，也是一种哺乳动物病原体。口腔支原体具有抗生素敏感性，是一种常见的人源性细胞培养污染物。滑液支原体具有苛养性［具有烟酰胺－腺嘌呤－二核苷酸（DPN，NAD）和半胱氨酸要求］，并且是禽类病原体。发酵支原体是一种生长缓慢的微生物，也是一种常见的人源性细胞培养污染物。

用于验证实验室支原体污染培养检验系统的参考支原体应具有低传代水平（15代或更低），并且经鉴别，与本种属典型培养物分离株具有相关性（有关参考支原体的进一步信息，见附录3.2）。选用哪种参考支原体来验证培养检验系统主要取决于待检的样品（见下表）。当在开发和生产的任何阶段中使用禽源材料时，需要选用滑液支原体。当在开发和生产的任何阶段中使用哺乳动物源性材料时，需要选用猪鼻支原体和莱氏支原体。当在开发和生产的任何阶段中使用抗生素时，需要选用口腔支原体。此外，参考支原体也需要用来验证各生产批次的肉汤和琼脂。各检验必须至少使用一种参考支原体作为对照品。

所需参考支原体：按照产品类型、检验方法和是否存在抗生素分类

疫苗类型 抗生素含量 检验方法	莱氏支原体	口腔支原体	猪鼻支原体	滑液支原体	发酵支原体
禽类胚源性疫苗 未使用抗生素 肉汤/琼脂方法				×	×
禽类胚源性疫苗 使用抗生素 肉汤/琼脂方法		×		×	×
禽类细胞培养源性疫苗 未使用抗生素 肉汤/琼脂方法	×			×	×

（续）

疫苗类型 抗生素含量 检验方法	莱氏支原体	口腔支原体	猪鼻支原体	滑液支原体	发酵支原体
禽类细胞培养源性疫苗 使用抗生素 肉汤／琼脂方法	×	×		×	×
哺乳动物细胞培养源性疫苗 未使用抗生素 肉汤／琼脂方法	×		×		×
哺乳动物细胞培养源性疫苗 使用抗生素 肉汤／琼脂方法	×	×	×		×
疫苗 未使用抗生素 DNA染色方法		×	×		
疫苗 使用抗生素 DNA染色方法		×	×		

2.3　培养基培养法

2.3.1　培养条件

在空气中将肉汤培养基置于密封加塞容器中进行培养。在微需氧条件下（含5% ~ 10%CO_2的氮气）培养所有的琼脂平板。对于固体培养基，需维持足够的空气湿度，以防止琼脂表面干燥。

2.3.2　新批次培养基的营养特性

各新批次培养基必须使用2.2中规定的参考支原体进行营养特性检测。各检测实验室必须确定各株参考支原体的低水平接种量[低水平接种量应不超过100个菌落形成单位（CFU）]。每60mm平板和每100mL含肉汤培养基的容器中接种含低水平接种量（不超过100CFU）的支原体。每一株参考支原体，均至少接种1个琼脂平板和1个含肉汤的容器。对琼脂和肉汤培养基进行培养，并在指定的时间间隔，从肉汤至琼脂进行继代培养。对于琼脂培养基，如果每株支原体参考品实际得到的增长系数与接种物预期计算得到的值相差不超过5，则判固体培养基合格。对于肉汤培养基，取肉汤培养物接种琼脂平板，如果每株参考支原体在琼脂平板上均出现生长，则判该批肉汤培养基合格。本指导原则的附录3.1中包含了经验证有效的培养基配方。

2.3.3　抑制物质

在获得批准之前及每当生产方法发生可能影响支原体检验的变更时，用加待测样和不加待测样进行培养基的营养特性试验。如果参考支原体的生长，不加待测样时比加待测样时快一代；或如果直接接种平板菌落的生长，加待测样时的菌落不到不加待测样时菌落的1/5，则待测样含有抑制物质。这些抑制物质必须被中和或其影响必须被抵消（比如，通过在不含抑制剂的底物中进行传代，或在更大容积的培养基中进行稀释），方可进行支原体污染检验。对于稀释技术，可以使用较大培养基容积，或者可以将接种容积分至多个100mL瓶中。中和后通过重复进行抑制物质的检测来确认中和或其他过程的有效性。

2.3.4　检验方法

2.3.4.1　每个固体培养基平板的接种量为0.2mL待检样品。当支原体分析涉及基础种子、工作种子、基础细胞和工作细胞以及动物源性成分时，应选取容积不少于10mL的未稀释样品在各液体培养基中进行检测。对于待检成品，其在各液体培养基中的接种容积应符合发布上市许可的监管机构的要求。目前，日本和美国的要求是不少于1mL，欧盟的要求是不少于10mL。于35 ~ 38℃的微需氧条件下，在空气湿度足够的环境中培养琼脂平板10 ~ 14d，以防止表面干燥。将液体培养基置于密封加塞容器中于35 ~ 38℃的空气中培养20 ~ 21d。同时设未接种的100mL液体培养基和琼脂平板作为阴性对照。如果加入待检样品时pH发生任何显著变化（应在批准前确定），应通过添加氢氧化钠或盐酸溶液使液体培养基恢复至其初始pH。接种后第2天和第4天之间，各固体培养基的至少1个平板接种0.2mL液体培养物来继代培养，并在35 ~ 38℃的微需氧条件下培养10 ~ 14d。在检验的第6和第8天之间、第13天和第15天之间及第19天和第21天之间重复此程序。并对第19天、第20天或第21天接种的琼脂平板培养7天。每2d或3d观察一次液体培养基，如果颜色发生变化则进行继代培养。通过向培养基中添加酚红来检测颜色是否发生变化。

2.3.4.2　如果液体培养基显示细菌或真菌污染，则重复检验。如果无法在每个接种日读取至少1个平板，则必须重复进行检验。

2.3.4.3　本检测中包括将低含量（不得超过100 CFU）的至少一种参考支原体接种到琼脂平板上和肉汤培养基中作为阳性对照。如果检测按常规运行，则应定期轮换对照物质。每次使用培养基检验时，均应设置阳性对照，且所用培养基应按本指导原则2.2所列根据待检样品类型使用相应的参考支原体以验证其营养特性。

2.3.5　结果判定

培养期结束时，通过显微镜检查所有接种的固体培养基是否存在支原体菌落。如果接种样品的所有固体培养基上均未出现典型的支原体菌落时，则判该待检样品支原体污染阴性。如果接种样品的任何一个固体培养基上出现典型的支原体菌落，则判该检验和待检样品支原体污染阳性。如果阳性对照中至少有一个继代平板未出现支原体菌落，或阴性对照中出现支原体菌落，则检验无效。若阳性对照或阴性对照无效，则必须重检。如果观察到可疑菌落，则可使用适当和经验证的方法来确认是否有支原体污染。

2.4　指示细胞培养法

该方法是使用可与DNA结合的荧光染料对细胞培养物进行染色。在细胞表面检测支原体的特征性微粒或荧光丝状图样。如果污染严重，则在周围区域检测。细胞质中的线粒体也可能被染色，但可与支原体区分。

2.4.1　指示细胞培养方法的验证

使用VERO或其他同等功能的指示细胞培养底物，以验证接种不超过100CFU或类CFU适当参考支原体（猪鼻支原体和口腔支原体）这一培养程序。检验结束时，2种参考支原体都必须DNA染色阳性。

若待检品是病毒或其他混悬液，其结果判定会受到细胞病变影响。这种情况下，可使用对支原体无抑制作用的特定抗血清来中和病毒，或使用可抑制病毒生长的替代细胞培养底物。为证明血清无抑制作用，需设置含中和抗血清的阳性对照。抗血清批次在使用前需经过确认。

2.4.2　检验方法

2.4.2.1　将指示细胞培养物以合适的密度（即生长3d后将产生细胞融合，比如，2×10^4 ~ 2×10^5个细胞/mL，4×10^3 ~ 2.5×10^4个细胞/cm^2）接种在不超过$25cm^2$的细胞培养容器中。使用前，应对该指示细胞培养物进行无抗生素的继代培养。将1mL待检样品接种到细胞培养容器中，并在35 ~ 38℃下培养。

2.4.2.2　培养至少3d并在细胞已经生长至融合状态后，在合适容器的盖玻片上或适合本检测方法的其他表面（腔室载玻片）上进行继代培养。第二次继代培养时，以低密度接种细胞，使其在培养3 ~ 5d后仅达到50%融合。必须避免完全融合，因为其会在染色后影响支原体的可观察性。

2.4.2.3　从盖玻片或腔室载玻片上去除培养基。用磷酸盐缓冲液（PBS）清洗单层指示细胞，然后用冰醋酸/甲醇（1∶3）或其他合适的固定液固定。

2.4.2.4　弃去固定液。如果将在超过1h后染色，则用无菌水清洗固定液并完全干燥载玻片。

2.4.2.5　加入可与DNA结合的适当荧光染料，如双苯酰亚胺染色剂（Hoechst化合物33258，双苯并咪唑，5μg/L），并进行适当时间的染色。

2.4.2.6　去除染色剂，并用水清洗单层细胞。如适用，盖上盖玻片，并在400倍或更高的放大倍数下通过荧光（对于双苯酰亚胺染色剂，使用330nm/380nm激发滤光片、LP440nm屏障滤光片）观察载玻片。

2.4.2.7　显微镜观察待检培养物的核外荧光，并与阴性对照和参考支原体相比较。支原体在指示细胞的细胞质中会产生针点或细丝，也可能在细胞间隙中产生针点和细丝。应观察多个显微镜区域以验证观察结果。

2.4.3　结果判定

如果核外荧光没有观察到针点或细丝，则待检样品支原体污染阴性。如果接种样品的载玻片上观察到针点或指示支原体的核外荧光，则该检验和待检样品支原体污染阳性。如果阳性对照参考支原体未观察到核外荧光或者阴性对照观察到核外荧光，则该检验无效。如果任何对照品无效，则必须重检。

3　附录

3.1　肉汤和琼脂配方示例

9 CFR支原体肉汤培养基

心浸液肉汤	62.5g
脲蛋白胨＃3	25.0g
酵母提取物	12.5mL
1%醋酸铊	62.5mL
1%氯化四唑	13.75mL
青霉素（100 000IU/mL）	12.5mL
高温灭活马血清	250mL
水	2 425mL

上述成分充分混合后，用10mol/L氢氧化钠溶液调节pH至7.9。用0.2μ滤膜滤过除菌。分装到无菌检测容器中。使用前按每100mL肉汤加入2mL DPN/L－半胱氨酸溶液。

9 CFR 支原体琼脂培养基

心浸液琼脂	25g
心浸液肉汤	10g
脲蛋白胨＃3	10g
1%醋酸铊	25mL
水	995mL
高温灭活马血清	126mL
酵母提取物	5mL
青霉素（100 000IU/mL）	5.2mL
DPN/L－半胱氨酸	21mL

合并心浸液琼脂、心浸液肉汤、脲蛋白胨＃3、醋酸铊和水。混合并煮沸，然后冷却。用10mol/L氢氧化钠溶液调节pH至7.9。以121℃灭菌20min。在水浴中冷却至56℃。无菌添加马血清、酵母提取物、青霉素和DPN/L－半胱氨酸。分装12mL至15mm×60mm培养皿中。

DPN/L-半胱氨酸溶液

烟酰胺－腺嘌呤－二核苷酸（DPN，NAD）	5 g
加水至	500mL
L－半胱氨酸	5g
加水至	500mL

分开混合每种化合物直至溶解。混合2种溶液并滤过除菌。

日本支原体液体培养基

基础培养基成分

50%w/v牛心肌提取物	100mL
肉蛋白胨	10g
氯化钠	5g
葡萄糖	1g
L-谷氨酸钠	0.1g
L-精氨酸盐酸盐	1g
加水至	1 000mL

用0.22μ滤膜滤过除菌或以121℃灭菌15min。灭菌后调节培养基pH至7.2 ~ 7.4。

每77mL基础培养基中添加以下成分：

马血清	10mL
灭活猪血清	5mL
25%w/v新鲜酵母提取物	5mL
1%w/v β-NAD（氧化）	1mL
1%w/v L-半胱氨酸盐酸盐（含1个结晶水）	1mL
0.2%w/v酚红	1mL

预先对添加成分进行滤过除菌，并无菌添加到灭菌基础培养基中。对可高压灭菌的添加成分进行高压蒸汽灭菌。可加入青霉素G钾（500IU/mL培养基）和/或乙酸铊（0.02%w/v）。

日本支原体琼脂培养基

基础培养基	78mL
琼脂	1g

121℃灭菌15min

添加成分：

马血清	10mL
灭活猪血清	5mL
25%w/v新鲜酵母提取物	5mL
1%w/v β-NAD（氧化）	1mL
1%w/v L-半胱氨酸盐酸盐（含1个结晶水）	1mL

可加入青霉素G钾（500IU/mL培养基）和/或醋酸铊（0.02%w/v）。将添加成分加入已通过加热液化的基础/琼脂培养基中，分装入45 ~ 55 mm的无菌培养皿中。冷却并使其凝固。

欧洲药典Hayflick培养基（一般支原体检验的推荐培养基）

液体培养基：

牛心浸液肉汤（1）	90mL
马血清（未加热）	20mL
酵母提取物（250g/L）	10mL
酚红（0.6g/L溶液）	5mL
青霉素（20 000 IU/mL ）	0.25mL
脱氧核糖核酸（2g/L溶液）	1.2mL

调节pH至7.8

固体培养基：

按上述液体培养基的方法进行制备，但用含有15g/L的牛心浸液琼脂代替牛心浸液肉汤。

欧洲药典 Frey培养基（滑液支原体检验的推荐培养基）

液体培养基：

牛心浸液肉汤（1）	90mL
必需维生素（2）	0.025mL
葡萄糖（含1个结晶水）（500g/L溶液）	2mL
猪血清（56℃灭活30min）	12mL
β-烟酰胺腺嘌呤二核苷酸（10g/L溶液）	1mL
盐酸半胱氨酸（10g/L溶液）	1mL
酚红（0.6g/L溶液）	5mL
青霉素（20 000 IU/mL）	0.25mL

先混合β-烟酰胺腺嘌呤二核苷酸和盐酸半胱氨酸溶液，10min后，加入其他成分。调节pH至7.8。

固体培养基：

牛心浸液肉汤（1）	90mL
离子琼脂（3）	1.4g

调节pH至7.8，高压蒸汽灭菌后加入：

必需维生素（2）	0.025mL
葡萄糖（含1个结晶水）（500g/L溶液）	2mL
猪血清（未加热）	12mL
β-烟酰胺腺嘌呤二核苷酸（10g/L溶液）	1mL
盐酸半胱氨酸（10g/L溶液）	1mL
酚红（0.6g/L溶液）	5mL
青霉素（20 000 IU/mL）	0.25mL

欧洲药典Friis培养基（非禽源支原体检验的推荐培养基）

液体培养基：

Hanks平衡盐溶液（改良）（4）	800mL
水	67mL
脑心浸液（5）	135mL
PPLO肉汤	248mL
酵母提取物（170g/L）	60mL
杆菌肽	250mg
甲氧西林	250mg
酚红（5g/L）	4.5mL
马血清	165mL
猪血清	165mL

调节pH至7.40 ~ 7.45

固体培养基：

Hanks平衡盐溶液（改良）（4）	200mL
DEAE-右旋糖酐	200mg
离子琼脂（3）	15.65g

充分混合后高压灭菌。冷却至100℃。将其加入至1 740mL液体培养基中。

注：欧洲药典 培养基。

(1) 牛心浸液肉汤

牛心脏（用于制备浸液）	500g
蛋白胨	10g
氯化钠	5g
加水至	1 000mL

进行高压蒸汽灭菌

(2) 必需维生素

生物素	100mg
泛酸钙	100mg
氯化胆碱	100mg
叶酸	100mg
i-肌醇	200mg
烟酰胺	100mg
盐酸吡哆醛	100mg
核黄素	10mg
盐酸硫胺素	100mg
加水至	1 000mL

(3) 离子琼脂

用于微生物学和免疫学的高度精制琼脂，通过离子交换程序制备，使得产品具有较好的纯度、透明度和凝胶强度。

基本上应包含：

水	12.2%
灰分	1.5%
酸不溶性灰分	0.2%
氯	0.0%
磷酸盐（按P_2O_5计算）	0.3%
总氮	0.3%
铜	8mg/kg
铁	170mg/kg
钙	0.28%
镁	0.32%

(4) Hanks平衡盐溶液（改良）

氯化钠	6.4g
氯化钾	0.32g
硫酸镁七水合物	0.08g
氯化镁六水合物	0.08g
无水氯化钙	0.112g
磷酸氢二钠二水合物	0.059 6g
无水磷酸二氢钾	0.048g
加水至	800mL

(5) 脑心浸液

小牛脑浸液	200g

牛心浸液	250g
脲蛋白胨	10g
葡萄糖	2g
氯化钠	5g
无水磷酸氢二钠	2.5g
加水至	1 000mL

(6) PPLO肉汤

牛心浸液	50g
蛋白胨	10g
氯化钠	5g
加水至	1 000mL

用于DNA染色的双苯酰亚胺染色溶液

Hoechst化合物33258（双苯并咪唑），5μg/L缓冲水溶液。

注：溶液应避光储存。

3.2 参考支原体

实验室间和地区间检验的标准化可通过使用地区内或地区间通用的参考支原体进行加强。然而，这种方法目前已被证明是不切合实际的，因为难以生产出连续批次的冻干参考支原体以及面临的运输问题。因此，地区或实验室可使用自己的参考支原体，前提是参考支原体具有低传代水平（15代或更低），经鉴别与本种属典型培养物分离株具有相关性，性状稳定，且经适当验证证明适合在本指导原则范围内使用。强烈建议在检测限的验证中加入与EDQM参考支原体（如下所述）的比较，以获得国际认可。地区或实验室可生产自己的经验证的参考支原体，或可获得通用的和经适当验证的参考支原体，如EDQM生产的以下参比品。

2.3中列出的5个支原体菌株由欧盟实验室分离，并捐赠给欧洲药品医疗保健质量理事会（EDQM）。EDQM生产了足量同等质量冷冻参比品，并进行了EU地区内验证/稳定性研究（C. Milne，A. Daas. 欧洲药典支原体参考菌株的建立.*Pharmeuropa Bio* 2006（1）：57–72）。日本、美国和加拿大的监管机构和企业完成了进一步的验证研究，证实这些菌株非常适合在本指导原则范围内使用（VICH在欧洲药典支原体参考菌株上的协作研究：EDQM报告的编译和数据集分析以支持VICH在欧洲药典支原体参考菌株上的协作研究：EDQM管理员代表，C. Milne，2010.）。BQMEWG赞赏EDQM工作人员在生产和验证这些极佳参考支原体时付出的努力和坚持不懈的精神。

下列菌株在DNA染色验证中或许也证明有用：

猪鼻支原体——ATCC 29052

口腔支原体——ATCC 23714

3.3 术语

动物源性原材料的批次：由唯一序列号标识的均质材料（如细胞、血清）的总量。

细胞-种子系统：由来自相同基础细胞的细胞培养物生产连续批次的终产品的系统。工作细胞由大量的基础细胞制备。

细胞系：来自机体组织并具有较高体外增殖能力的细胞，经过培养或继代超过10代的细胞群体。

终产品，批，亚批：在密闭最终容器或其他最终剂量单位的培养物，具有相同均质性，在灌装或制备终产品过程中预计具有相同的污染风险。该最终剂量单位是由同一疫苗原液，经冻干或分装或其他方法制备而成。它们有一个能标识最终批次的独特编号或代码。如果疫苗原液通过几个独立的过程进行罐装和/或冻干，则会得到一系列相关的最终批次，通常使用独特编号或代码中的共同部分来标识这些批次；这些相关的最终批次有时被称为亚批或灌装批次。在进行支原体检验时，一个亚批可能被认为能代表整批制品。

收获物：一次或多次从接种相同工作种子批的单一生产培养物中获得的材料（单一收获物）或含单一菌株或类型的微生物或抗原、源自同时处理的鸡胚、细胞培养容器等的合并材料（单价合并收获物）。

基础细胞库：一组用于制备产品的单一传代水平的细胞（原代或细胞系），通过单一操作分装到容器中，一起经过处理，并以确保均匀性和稳定性以及防止污染的方式储存。基础细胞通常储存在−70℃或更低的温度下。

基础种子：一组用于生产所有批次指定兽用生物制品的单一传代水平微生物培养物，以单批量原液形式分装到容器中，并通过能确保均匀性和稳定性以及防止污染的操作方式一起处理。

微需氧条件：含5% ～ 10%CO_2且湿度足够，以防止琼脂平板干燥的氮气环境。

传代：细胞或微生物按照其通常生长的培养期进行的一次转移。

原代细胞培养物：原代细胞培养物是指与用以制备该培养物的动物组织细胞相比基本无变化，且从动物组织的最初制备到检测不超过10次体外传代的细胞培养物。第一次体外培养被视为细胞的第一次传代。

种子批系统：一个由相同的基础种子制备的连续批次产品。在常规生产中，可使用基础种子制备工作种子。

工作细胞库：一组源自基础细胞并处于生产用细胞培养物制备传代水平的细胞。分装到容器中，并按基础细胞项下所述方法进行处理和储存。该术语包括生产细胞。

对照品：在检测实验室生产的，作为对照以满足本文件中所规定参考支原体要求的支原体参考株。

工作种子：一组源自基础种子并处于产品制备传代水平的微生物。分装到容器中并按基础种子病毒项下所述方法进行储存。该术语包括生产种子。

稳定性

GL17 新生物技术 / 兽用生物制品稳定性试验

VICH GL17（稳定性 4）
2000 年 6 月
第七阶段施行

新生物技术 / 兽用生物制品稳定性试验

2000 年 6 月 15 日
在 VICH 进程第七阶段
由 VICH 指导委员会推荐实施

本指导原则由相应的 VICH 专家工作组制定，并已通过 VICH 各部门协商。在进程的第七阶段，最终文稿被推荐给欧盟、日本和美国的管理机构采用。

1 前言
2 范围
3 用语
4 批次的选择
  4.1 制品材料（原液材料）
  4.2 中间产物
  4.3 制品（终产品）
  4.4 样品选择
  4.5 容器/封口物
5 稳定性指标
  5.1 方案
  5.2 效力
  5.3 纯度和分子特性
  5.4 其他产品特性
6 贮藏条件
  6.1 温度
  6.2 湿度
  6.3 加速和应激条件
  6.4 光
7 使用条件
  7.1 首次开启或冻干产品复溶后的稳定性
  7.2 多剂量包装瓶
8 检验频率
9 详细说明
10 标签说明
11 术语

1　前言

在由3部分组成的VICH统一准则中，题为“新兽医药品材料和药品的稳定性试验”（GL3）的标准主要适用于新生物技术/生物产品。但是，生物技术/生物产品具有一些特殊性质，在为了确认产品在预定保存期内的稳定性而进行的任何明确陈述的检验计划中，都必须考虑这一点。对于主要活性成分为典型的、已经明确鉴定的蛋白和/或多肽的产品，保持其分子构型从而保持其生物学活性，既依赖于其共价力，也依赖于其非共价力。这些产品对环境因素，如温度、氧化、光、离子浓度和剪切力等尤其敏感。为了确保维持生物学活性和避免降解，严格的保存条件通常是必要的。

评价稳定性可能需要复杂的分析方法。可适用的生物学活性的测定必须是稳定性研究的关键部分。无论什么时候，只要产品的纯度和分子特性允许应用适宜的物理化学、生物化学和免疫化学方法分析分子特性和定量检测降解产物，则这些方法必须是稳定性试验计划的一部分。

了解了这几点，申请者就应该建立新生物技术/生物产品稳定性的支持性数据，并考虑能够影响产品的效力、纯度和质量的许多外部因素。无论是药品材料还是药品，支持其所需要的保存期的初始数据都应该以长期的、实时的和实际保存条件的稳定性研究为基础。因此，制定一个适宜的长期稳定性试验计划，成为能否成功开发商业产品的关键。本文的目的就是为申请者就支持销售申请所必须提交的稳定性研究的类型提供指导。正如大家所知，在评审和评估过程中，可能会出现不断更新初始稳定性数据的情况。

2　范围

附录中所陈述的本准则适用于已经明确鉴定过的蛋白、多肽和其降解产物的产品。这些产品是从组织、体液以及细胞培养物中分离，或用重组DNA技术制备。因此，这份文件涉及如细胞因子、生长激素、生长因子、胰岛素、单克隆抗体、已经明确鉴定的蛋白和多肽组成的疫苗等产品的稳定性数据的准备和提交，这些蛋白和多肽甚至可以是人工化学合成的。这份文件不适用于抗生素、肝素、维生素、细胞代谢物、DNA物质、变态反应提取物、传统疫苗、细胞、全血和细胞性血液成分的产品。

3　用语

对于本附件中所用基本用语，读者可参阅“新兽医药品材料和药品的稳定性试验”中的“术语汇编”。但是，由于生物技术/生物产品的生产厂商有时使用传统术语，因此，在括号中也列出了传统术语，以对读者有所帮助。另外，还有一个补充的术语，以解释生物技术/生物产品生产中所应用的一些术语。

4　批次的选择

4.1　制品材料（原液材料）

原液材料制备后应在配制和最终生产前，在保存地提交商业性规模生产中生产和保存具有代表性的至少3批次产品的稳定性数据。如果该产品的保存期要求在6个月以上，则在提交报告时应该有至少6个月的稳定性数据。对于保存期不足6个月的药品材料，初次提交的稳定性数据的最短时间应该在个案分析的基础上确定。在发酵和纯化规模较小的试验性规模中，生产的药品材料的稳定性数据可以向管理机构提交申报资料时提供，而条件是承诺将商业性规模生产的前3批次产品的数据纳入长期稳定性计划，并获批准。

在正式的稳定性研究中，所应用的每批药品材料的各项质量指标应该能代表临床前和临床研究中所使用材料的质量，并能代表将用于商业性规模生产中的材料质量。另外，用于试验性生产规模的药品材料（散装材料）的生产工艺和贮藏条件应该能代表商业性规模生产中的生产工艺和贮藏条件。稳定性试验中所用药品材料应保存在容器里，而这些包装容器应能代表规模生产中的实际包装容器。对于药品材料的稳定性试验来说，容器的容量减少是可以被人们接受的，只要制造这种容器的原材料、容器／封口系统的类型与将用于商业性规模生产中的容器原材料、容器／封口系统相同。

4.2 中间产物

在生物技术／生物产品的生产过程中，某些中间产物的质量及其控制可能对其终产品的生产来说是关键的。一般来说，生产厂商应该鉴定中间产物，并获取室内试验数据和在生产工艺变动范围内确保产品稳定性的限值。尽管也可以应用试验性规模生产产品的数据，但生产厂商应该使用商业性规模生产的工艺证明这些数据的适用性。

4.3 制品（终产品）

应该提交至少3批次能够代表商业性规模生产终产品的稳定性试验数据。如果可能，在稳定性试验中使用的每批终产品应该来自于不同批次的散装材料。如果所要求的保存期在6个月以上，在提交申报资料时应该提交至少保存6个月的数据。对于保存期不足6个月的药品，在初次提交时，稳定性试验中产品保存的最短时间应该根据个案分析结果而确定。产品的失效期应该按照申报资料中提交的支持这个申请的实际数据确定。由于保存期是根据所申报的实时／实温试验数据而确定的，所以，在审查和评估过程中应该不断更新初始稳定性试验数据。稳定性试验中所应用的终产品质量应该能代表临床前和临床试验中所用材料的质量。试验性规模生产中的前3批次成品的稳定性试验数据可以在向管理机构提交申报资料时提供，而条件是承诺将商业性规模生产中的前3批次成品纳入长期稳定性试验计划中并获得批准。如果产品的保存期是依据提交的试验性规模生产的产品，结果导致在商业性规模生产中生产的产品在整个试验期内不符合长期稳定性的指标，或不能代表临床前和临床研究中所用材料，则申请者应该向管理机构报告，以确定一个合适的进程。

4.4 样品选择

当一个产品的不同批次间存在分装容积（如1mL、2mL或10mL）、单位数（如10U、20U或50U），或重量（如1mg、2mg或5mg）上的差异，用于稳定性试验的样品可以根据矩阵系统和／或括弧法进行选择。

矩阵法是一种稳定性研究中的统计学设计，这种方法中，在不同的抽样点对样品的不同部分进行抽样。只有当已有适宜的文件证明被检样品的稳定性能代表所有样品的稳定性时，才能应用这种方法。应确认同一种药品的样品差异，例如，应包括不同批次、不同浓度、同种封口物的不同型号，有时可能还包括不同容器／封口系统。如果样品间的差异可能影响稳定性，则不适用矩阵法。如不同的浓度、不同的容器／封口系统等差异，其不能证明在相同保存条件下样品会有相似的反应。

如果在3个或3个以上分装规格中应用同一浓度和相同的精密容器／封口系统，则生产厂商可以在稳定性试验中仅使用最小装量和最大装量，即括弧法。在应用结合括弧法的设计方案中，假设在中间条件下样品的稳定性可以由极端条件下样品的稳定性代表。在某些情况下，可能要求提交数据来证实所有样品均可由极端条件下的样品恰当地代表。

4.5 容器/封口物

产品质量有可能由于生物技术／生物产品的成分与容器／封口物之间的相互作用而发生改变。如果不能排除在液体制品中存在这种相互作用（密封安瓿除外），那么，为了确定封口物对产品质量的影响，在产品的稳定性试验中，除了应用竖直位置保存的样品外，还应有以倒置和水平位置保存的样品（即产品与封口物接触）。应该提交将用于销售的各种容器／封口物的各种组合数据。

5 稳定性指标

总的来说，没有一个单一的稳定指示测定方法或参数能显示生物技术／生物产品的稳定性特性。因此，生产厂商应该提出一个稳定性指示方法，以保证能检出产品在鉴别、纯度和效力方面发生的变化。

申请者在提交时，应该已经验证用以检测稳定性的各种方法，并已获得用于评审的数据。应该根据不同产品的特殊情况确定应用哪些试验。下述各部分所强调的几个方面，并不一定已经将所有包括在内，但是代表了能充分证明产品稳定性所应该提交文件中的几个典型产品特性。

5.1 方案

在申请销售许可证时，提交的资料中应包括一个详细的、关于药品材料和药品稳定性研究设计方案，以支持所提出的贮藏条件和失效期。方案中应该包括证明生物技术/生物产品在所提出的有效期内稳定性的所有必备信息，如阐述明确的检验标准和检验间隔期。在由3部分组成的稳定性准则中已对应该使用的统计方法进行了描述。

5.2 效力

当产品的预定用途与可阐述的和可测定的生物学活性相关联时，则效力试验应该成为稳定性研究的一部分。为了本准则中所描述的产品稳定性试验测定的目的，效力试验是一个产品获得其预定效果的特殊能力。效力试验是以产品一些特性测定为基础并通过合适的定量方法确定。一般来说，由不同实验室检验的生物技术/生物产品的效力，只有以一个适宜的参考材料效力来表达，才能进行有意义的比较。为此，如果可能，在测定中应该包括一个用相应国家或国际参照品直接或间接校准过的参考材料。

应该按照稳定性试验设计方案中阐述的适宜间隔进行效力试验，而且，只要可能，报告的结果应该按照国家或国际认可的标准换算成生物活性单位。如果没有国家或国际认可标准的，也可以利用鉴定过的参考材料将试验结果报告为实验室试验获得的单位数。

对一些生物技术/生物产品，其效力依赖于活性成分与第二部分的接合，或与佐剂结合。应该在实时/实温研究中（包括运输过程中遇到的条件）检查活性成分从接合物或佐剂等载体上解离的情况。对这类产品的稳定性评估可能是困难的，因为在有些情况下，体外生物学活性和理化特性检测是不适用的，或提供的结果不准确。这时，应该考虑用适宜的策略（如在结合/接合前对产品进行检验来评估活性物质从第二组分上的解离，体外检测）或应用适宜的替代试验来克服体外检测试验的不足之处。很多情况下，没有发生显著的解离将表明体内效力试验合格。

5.3 纯度和分子特性

在进行本准则描述的产品稳定性试验中，纯度是一个相对的术语。由于存在糖基化、脱氨基作用或其他杂质的影响，要确定生物技术/生物产品的绝对纯度是极其困难的。因此，必须用一种以上的方法评估一种生物技术/生物产品的纯度，因而得到的纯度值，是因不同方法而异的。为了稳定性试验的目的，纯度试验应该集中在确定降解物的方法上。

只要有可能和有必要，应该报告和论证稳定性试验中所用生物技术/生物产品的纯度和降解产物各自的量和总量。应该根据临床前和临床研究中所用各批药品原料和药品的分析分布图，以确定降解物的可接受限量标准。

物理化学、生物化学和免疫化学等有关分析方法的使用可对药品材料和/或药品进行综合特性鉴定（如分子大小、电荷、疏水性），并可准确检测可能由于在贮藏中发生的脱氨基作用、氧化、硫氧化作用、聚合或剪切作用而导致的降解变化。例如，有助于达到这一点的方法包括电泳（SDS-PAGE、免疫电泳、免疫转印、等电聚焦）、高效色谱（如反相色谱、明胶过滤、离子交换、亲和层析）和肽图谱。

在长期的、加速的和/或应激稳定性研究中，只要检测到表明有降解产物形成的定性或定量显著变化，就应该考虑其潜在的风险。并考虑在长期稳定性研究中对降解产物进行鉴别和定量的必要性。应该结合临床前和临床研究中应用的材料所观察到的水平提出一个可接受的限量标准并证明之。

对于用常规分析方法不能准确鉴别的物质或不能准确分析其纯度的产品，申请者应该提出替代检验方法并证明之。

5.4 其他产品特性

下列产品特征，尽管不是生物技术/生物产品所特有的，但应该对其终容器中的产品进行监测并报告：

产品外观（溶液／悬液的颜色和浑浊度，粉剂的颜色、质地和溶解时间），溶液或粉剂或冻干产品复溶后的可见颗粒物、pH、粉剂和冻干产品的剩余水分。

应该在保存初期和保存期末进行无菌检验或其他替代检验（如容器／封口物的完整性检验）。

在药品的保存期内，添加物（如稳定剂、防腐剂）或赋形剂可能发生降解。在初步的稳定性研究中，如果有迹象表明这些材料的反应或降解对药品质量有不良影响，则在稳定性研究中应该对这些方面进行监测。

容器／封口物也可能对产品有潜在的影响，应该认真评估。

6 贮藏条件

6.1 温度

由于多数生物技术／生物产品的成品需要有准确描述的贮藏温度，实时／实温稳定性研究中产品的保存条件仅限于所提出的贮藏温度。

6.2 湿度

生物技术／生物产品一般分装于防潮的容器中。因此，只要能够证明所用容器（和贮藏条件）对高湿度和低湿度都能提供足够的保护，则通常可以免除在不同的湿度下进行稳定性试验。如果不应用防潮容器，则应该提供合适的稳定性数据。

6.3 加速和应激条件

如前所述，应该根据实时／实温数据确定失效期。但是，我们强烈建议在加速和应激条件下对药品材料和药品进行试验。在加速条件下进行的研究可以提供有助于证明有效期的支持数据，可以为将来的产品开发提供稳定性资料（如对所提出的生产工艺变化，如配方改变、增大规模进行初步评估），可以帮助验证用于稳定性试验中的分析方法，或提供可能有助于阐明药品材料或药品的降解情况的资料。在应激条件下进行的研究能够帮助确定将产品意外暴露于非保存条件下（如运输过程中）是否对产品有害；也有助于评估哪些特殊试验参数可能是产品稳定性的最佳指征。将药品原料或药品暴露于极端条件下的试验可能有助于揭示降解模式。如果是这样，应该在所提出的保存条件下监测这些改变。尽管由3部分组成的有关稳定性的准则中描述了加速试验和应激试验的条件，但申请者应该注意到，这些条件可能不适用于生物技术／生物产品。应该在个案分析的基础上认真选择试验条件。

6.4 光

申请者应该与管理机构协商，在个案分析的基础上确定试验方针。

7 使用条件

7.1 首次开启或冻干产品复溶后的稳定性

应该按照容器、包装和／或包装插页上注明的保存条件和最长保存时间证明冻干产品在复溶后的稳定性。这样的标签说明应该符合有关国家／地区要求。

7.2 多剂量包装瓶

除了针对传统的单剂量包装所必需的标准数据外，申请者还应该证明用于多剂量瓶的封口物能够承受反复盖上和打开的条件，使产品完全保持其效力，并在标签、包装和／或包装插页上的使用说明中所述最长保存期内保持其质量。这样的标签说明应该符合有关国家／地区要求。

8 检验频率

生物技术／生物产品保存有效期可能为数天至数年。因此，很难就稳定性试验的期限和试验频率拟定一个适用于所有类型生物技术／生物产品的统一准则。但是，仍然有一些例外，如现有产品和未来潜在产品的保存有效期将在0.5 ～ 5年内。因此，本准则是以预期保存期处于该范围内为基础的。在长期保存过程中的不同间隔期内生物技术／生物产品的降解可能不是受同样的因素制约的，这一事实已经被考虑在内了。

当预期的保存有效期不足1年时，前3个月内应该每个月进行1次实时稳定性试验，以后每3个月进行1次。对预期保存有效期在1年以上的，保存的前1年内应该每3个月进行1次实时稳定性试验，第二年中每6个月进行1次，其后每年1次。

上述试验间隔适用于批准前或获得许可证前的阶段。在批准后或获得许可证后，由于已经获得充分证明稳定性的资料，因而减少试验次数是合适的。如果用以表明产品稳定性数据毫无疑问，则鼓励申请者提交草案以支持其提出长期试验减免某些特殊时间间隔（如9个月的稳定性试验），这个长期试验是指在批准后／获得许可证后进行的。如果在稳定性草案中包含了体内效力试验，要省略某些试验点的试验则需得到证明。

9　详细说明

尽管生物技术／生物产品可能经受显著的活性损失、理化改变或在贮藏过程中的降解，但是，国际和国家管理机构几乎没有提供有关释放时和有效期末详细说明的指导。对不同类型或不同组分的生物技术／生物产品在预期的保存期内活性损失的最高允许标准、理化改变的限度或降解程度，还没有提出建议，只是在个案分析的基础上进行考虑。每种产品的安全、纯度和效力指标应该在整个保存期内都保持在已经确定的限度内。

应用适宜的统计学方法对引申自现有全部资料的特性和限度进行分析。使用不同的出厂指标和有效期末指标应该有充分的数据支持，以证明其临床表现不受影响，这一点在由3部分组成的稳定性准则中已经作过讨论。

10　标签说明

对大多数生物技术／生物药品材料和药品来说，都建议对贮藏温度有一个准确描述。特殊的建议应该加以说明，特别是不能耐受冷冻的药品原料和药品。这些条件，有时还包括避光和／或防潮的保护措施，应该在容器、包装和／或包装插页上注明。这样的标签应该符合有关国家和地区要求。

11　术语

接合产物：是指为了改善产品效力或稳定性而使一种活性成分（如肽、碳水化合物）以共价或非共价形式接合于一种载体上（如蛋白、肽、无机矿物质）。

降解产物：药品原料（原液）因长时间保存后发生改变而产生的一种分子。为了按照本准则进行稳定性试验，可能因为加工或贮藏（如脱氨基作用、氧化、聚合、蛋白质水解）而发生这些改变。对于生物技术／生物产品来说，某些降解物可能有积极意义。

杂质：存在于药品材料（原液）或药品（成品）中的，不能描述为药品原料、赋形剂或其他药品添加物等化学物质的任何成分。

中间产物：对于生物技术／生物产品来说，在生产过程中产生的、不属于药品材料或药品，但它的制备对成功生产出药品原料或药品来说又起着关键作用。一般来说，中间产物是要被定量检出的，并要制定其指标，以确定在进行下一步工序前的生产步骤是否已经成功完成。这种中间产物包括可能要进行进一步的分子修饰或保存一段时间后进入下一道工序的材料。

商业性规模生产：以销售产品的生产设施内进行商业性规模生产。

试验性规模生产：以完全代表或模仿商业性规模生产中所用工艺而进行的药品原料或药品的生产。除了生产规模外，细胞的扩大、收获和产品纯化的方法应该相同。

GL40 新生物技术 / 兽用生物制品检验方法和标准

VICH GL40（质量）
2005 年 11 月
第七阶段施行

新生物技术 / 兽用生物制品检验方法和标准

2005 年 11 月
在 VICH 进程第七阶段
由 VICH 指导委员会推荐采用
2006 年 11 月实施

本指导原则由相应的 VICH 专家工作组制定，并已通过 VICH 各部门协商。在进程的第七阶段，最终文稿被推荐给欧盟、日本和美国的管理机构采用。

1 前言

1.1 目的

本指导原则尽可能为生物技术和生物产品提供了一套制定和论证统一国际标准的一般性原则，以支持新上市申请。

1.2 背景

标准被定义为检验、可参考的分析程序以及适当标准的列表，它们是所述检验的数字限值、范围或其他标准。它建立了一套原料药、药品或其他生产阶段的材料应符合其预期用途的可接受的标准。“符合标准”是指原料药和药品按所列分析程序进行检验时，将符合验收标准。标准是生产商拟定和论证的关键质量标准，并作为批准条件经监管机构批准。

标准是设计用于确保产品质量和一致性的总体控制策略的一部分。该策略的其他部分包括在开发过程中产品的全面特征描述（许多标准都基于这些特征）、遵守GMP要求、经过验证的生产过程、原材料检验、过程检验、稳定性检验等。

标准是为了确认原料药和药品的质量，而不是建立完整的特征描述，并应将重点放在那些被发现有助于确保产品安全性和有效性的分子和生物学特征。

1.3 范围

本文件所采用和解释的原则适用于由特征明确的蛋白质和多肽及其衍生物组成的产品，这些物质是从组织、体液、细胞培养物中分离出来的，或是用重组脱氧核糖核酸（r-DNA）技术生产。因此，该文件涵盖了细胞因子、生长激素和生长因子、胰岛素和单克隆抗体等产品的标准规范的产生和提交。本文件不包括抗生素、肝素、维生素、细胞代谢物、DNA产品、过敏原提取物、疫苗、细胞、全血和血细胞成分。

单独的VICH指导原则“新兽药原料及制剂的检测方法和标准：化学物质”描述了标准和化学物质的其他标准。

本文件不建议特定的检验方法或特定标准，也不适用于临床前和／或临床研究材料的监管法规。

2 设定标准需考虑的原则

2.1 特性

通过适当的技术鉴定生物技术或生物产品（包括确定物理化学性质、生物活性、免疫化学性质、纯度和杂质）是必要的，以便确立相关的标准。应根据临床前和／或临床研究中大量批次获得的数据、生产一致性的批次数据和稳定性研究的数据以及相关的研究数据，来建立标准并证明其合理性。

在研究阶段进行广泛的鉴定，并在必要时，比如进行重大过程变更也需进行鉴定。在提交注册时，应该将产品与适当的参考标准进行比较（如果有）。如果条件允许，应该将其与对应的天然物质进行比较。此外，在提交注册时，生产商应该已经确立适当鉴定的内部参考品，这些材料将用于生产批次的生物和物理化学检验。新的分析技术和对现有技术的改良正在不断开发中，并应在适当的时候加以利用。

2.1.1 物理化学性质

物理化学鉴定项目通常包括产品的组成、物理性质和预期产品的初级结构。在某些情况下，可通过适当的物理化学方法获得关于期望产品的高级结构（其精确度通常由其生物活性推断）的信息。

由于是使用活微生物生产，其在生物合成过程中，蛋白常存在一定程度的结构异化，因此，预期产品可能是翻译后修饰形式（如糖型）的混合物。这些形式可能有活性，它们的存在可能对产品的安全性和有效性无不利影响（见2.1.4）。生产商应该明确预期产品的异化模式，并证明与临床前和临床研究中使用的批次的一致性。如果证明了产品异化的一致模式，则可能不需要评估个体形式的活性、疗效和安全性（包括免疫原性)。

在原料药或药品的生产和/或储存过程中也可能产生异化。由于这些产品的异化决定了它们的质量，因此，应该对这种异化的程度和特征进行鉴定，以确保批次间一致性。当预期产品的这些变体在活性、疗效和安全性方面具有与预期产品相似的性质时，它们被认为是产品相关的物质。当过程改变和降解产物导致的异化模式与临床前和临床研究中使用的材料观察到的模式不同时，应评估这些改变的重要意义。

附录6.1中列出了阐明物理化学性质的分析方法。新的分析技术和对现有技术的改良正在不断开发中，并应在适当的时候加以利用。

为进行批次放行（见4标准），这些方法需要进行选择和论证。

2.1.2 生物活性

生物学特性的评估是建立完整特性描述的同等重要步骤。一个重要的特性就是生物活性，是指产品能够达到确定生物效应的能力。生产商应提供有效的生物活性检测法来测量生物活性。用于测量生物活性的程序包括：

- 基于动物的生物学检测法，可用于测量生物体对产品的生物反应；
- 基于细胞培养的生物检测法，可测量细胞水平的生化或生理反应；
- 生物化学检测法，可测量生物活性，如酶促反应速率或由免疫学相互作用诱导的生物反应。

其他程序，如配体和受体结合检测法可能是可接受的。

效力（以单位表示）是基于与产品生物学特性相关的生物活性定量测定方法，而数量（以质量表示）是蛋白含量的物理化学测量指标。并非始终有必要模拟临床情况下的生物活性。应在药效学或临床研究中确定预期临床反应与生物检测中活性间的相关性。

生物检测的结果应当以相对国际或国家参考标准校准的活性单位表示（可用且适合所用的检测法时）。如果不存在这样的参考标准，则应确立经鉴定的内部参考物质，并将生产批次的检测结果作为内控单位报告。

通常情况下，对于复杂分子，物理化学信息可能是广泛的，而不能确认高级结构，但可从生物活性推断出来。在这种情况下，具有更宽置信区间的生物检测法与特定的定量测量指标结合时是可接受的。重要的是，测量产品生物活性的生物检测法仅在以下情况下可用物理化学检验代替：

- 通过这些物理化学方法可以充分确立药物足够的物理化学信息，包括高级结构，并且可证明与生物活性的相关性；
- 存在一个完善的生产历史。

如果单独使用物理化学检验来定量生物活性（基于适当的相关性），则结果应以质量表示。

为进行批次放行，相关定量分析（生物和/或物理化学）方法的选择应由生产商证明其合理性。

2.1.3 免疫化学性质

当抗体是预期产品时，其免疫学性质应被充分鉴定。如果可行，抗体与纯化抗原和确定的抗原区域的结合检测法应用于确定亲和力、活力和免疫反应性（包括交叉反应性）。另外，在可行情况下，带有相关表位的靶分子应在生物化学角度定义，并且表位本身也需要被定义。

对于一些原料药或药品，蛋白分子可能需要利用可识别蛋白分子的不同表位的抗体，并使用免疫化学方法（如ELISA、Western印迹）进行检查。蛋白的免疫化学性质可用于确定其鉴定、均质性或纯度，或用于定量。

如果免疫化学性质构成批次放行标准，则应提供抗体的所有相关信息。

2.1.4 纯度、杂质和污染物

- 纯度

绝对以及相对纯度的确定存在相当大的分析难度，并且结果对方法有很大依赖性。在历史上，生物产品的相对纯度可用比活性（每mg产品的生物活性单位）表示，这也是高度依赖于方法的。因此，原料药

和药品的纯度可通过一系列分析程序的组合进行评估。

由于生物技术和生物产品的独特生物合成生产过程和分子特征，原料药可以包括几种分子实体或变体。当这些分子实体来源于预期翻译修饰后的，它们是期望产品的一部分。当在生产过程和/或储存期间形成预期产品的变体并具有与预期产品相当的性质时，它们被认为是产品相关物质，而不是杂质（见2.1.1）。

应酌情设定产品相关物质的个别和/或共性标准。

为进行批次放行（见4），应选择和论证这些方法的适当性，以确定纯度。

- 杂质

除了评估原料药和药品（可能是由预期产品和多种产品相关物质组成）的纯度之外，生产商还应评估可能存在的杂质。杂质可能是过程或产品相关的。它们可能是结构和部分特性已知，或未被识别。当可以产生足量的杂质时，应该对这些物质进行必要的特征鉴定，并在适当情况下对其生物活性进行评估。

过程相关杂质来自生产过程产生的杂质，包括细胞物质（如宿主细胞蛋白、宿主细胞DNA）、细胞培养物（如诱导剂、抗生素或培养基组分）或下游处理产生的物质（见附录6.2.1）。产品相关杂质（如前体、某些降解产物）是在生产和/或储存过程中产生的分子变体，其在活性、疗效和安全性方面不具有与预期产品相当的性质。

此外，杂质的标准应基于临床前和临床研究使用的批次以及一致性生产批次中获得的数据。

应酌情设定杂质的个别和/或共性标准（产品相关和过程相关）。在某些情况下，可能不必要对特定杂质制定标准（见2.3）。

附录6.2列出了可用于检验是否存在杂质的分析方法的例子。新的分析技术和对现有技术的改良正在不断开发中，并应在适当的时候加以利用。

为进行批次放行，应选择和论证这些方法的适用性。

- 污染物

产品中的污染物包括所有偶然引入的、预期不成为生产过程一部分的材料，例如，化学和生物化学材料（如微生物蛋白酶）和/或微生物物种。应严格避免和/或采用原料药或药品标准（见2.3）中的生产过程标准或操作限来适当控制污染物。对于外来病毒或支原体污染的特殊情况，操作限的概念不适用，可采用ICH指导原则“生物技术/生物产品的质量：源自人或动物细胞系的生物技术产品的病毒安全性评估”和“生物技术/生物产品的质量：生产生物技术/生物产品所用细胞基质的来源与鉴定”中拟定的策略。

2.1.5 数量

通常用蛋白含量来衡量的数量对于生物技术和生物产品是关键的，并且应该使用适当的检测法（通常是物理化学性质）来确定。在某些情况下，获得的数量值可能与使用的生物检测方法直接相关。当存在这种相关性时，可能适合使用数量测量值，而不是生产过程（如灌装）中的生物活性测量值。

2.2 分析注意事项

2.2.1 参考标准和参考物质

对于新分子实体的药物申请，不太可能有国际或国家标准。在提交注册时，生产商应确立适当鉴定的内部基础参考物质，通过可代表生产和临床材料的批次而制备。在生产检验中使用的内部工作参考物质应根据此基础参考物质进行校准。在有国际或国家标准物质情况下，应对基础参考物质进行校准。虽然希望在生物检测和物理化学检验使用相同的参考物质，但在某些情况下，可能需要不同的参考物质。另外，可能需要确立与产品相关物质、产品相关杂质和过程相关杂质对应的不同参考物质。注册文件中应包括参考物质的生产和/或纯化描述，以及参考物质稳定性、特性鉴定、储存条件和制剂类型等内容。

2.2.2 分析程序验证

当注册申请提交给管理机构时，申请人应根据VICH指导原则“分析程序的验证：定义和术语”和

"分析程序的验证：方法"验证标准中使用的分析程序，除非分析生物技术和生物产品所用的特定检验法存在特定问题。

2.3 过程控制

2.3.1 过程相关的考虑因素

过程的合理设计及其性能的了解是用于研究可产生符合标准原料药或药品的可控和可重复的生产过程的策略。在这方面，基于从早期开发到商业规模生产的整个过程中获得的关键信息，限值被证明合理。

对于某些杂质，如果通过适当的研究证明可被有效控制或去除至可接受水平，则可能不需要对原料药或药品进行检验，且不需要包括在标准中。这种检验可按照当地法规在商业规模下验证。众所周知，在提交注册申请时，可能只有有限的数据可用。因此，根据当地法规，这个概念有时可能会在上市许可后实施。

2.3.2 过程标准和操作限

在关键决策步骤和其他步骤中进行过程检验，其中数据用于确认原料药或药品生产过程的一致性。过程检验的结果可以记录为操作限或报告为可接受标准。进行此类检验可能不需要对原料药或药品进行检验（见 2.3.1）。在细胞培养结束时，对外来因子进行的过程检验是一个应建立标准的检验实例。

生产商使用内部操作限来评估过程中非关键步骤的一致性也很重要。在研究和验证运行中获得的数据应作为生产过程的临时操作限的基础。这些限值是生产商的责任，可用来启动调查或采取进一步措施。它们应进一步细化，因为额外的生产经验和数据是在产品批准后获得的。

2.3.3 原材料和赋形剂标准

原料药（或药品）生产中使用的原材料质量应满足适合其预期用途的标准。生物原材料或试剂可能需要仔细评估，以确定是否存在有害的内源性或外来因子。使用亲和色谱（如使用单克隆抗体）的程序应配有适当的措施，以确保这些生产和过程相关杂质或潜在污染物不会危害原料药或药品的质量和安全性。应提供抗体相关的适当信息。

药品制剂（以及在某些情况下，原料药）以及容器／密封系统中使用的赋形剂质量应符合药典标准（如可用和适用）。否则，应对非药典赋形剂确立合适的标准。

2.4 药典标准

药典包含某些分析方法和可接受标准的重要要求，这些要求是原料药或药品评估的重要组成部分。这些适用于生物技术和生物产品的专论，通常包括但不限于无菌、内毒素、微生物限值、装量、含量均匀度和颗粒物质等检验。

关于使用药典方法和标准，本指导原则的意义与药典分析方法的协调程度相关。药典致力于开发相同或方法上等同的检验方法和标准。

2.5 放行限值与有效期限值

对于放行与有效期采用不同标准的概念仅适用于医药产品；药品放行标准与有效期标准相比更严格。可能适用的例子包括检测和杂质（降解产物）水平。在某些地区，放行限值的概念可能只适用于内部控制，而不适用于法定有效期限值，在这些地区，监管标准与有效期、内部标准相同；然而，申请人可能会选择在放行时采用更高的内部标准，以便确保产品在整个有效期内符合管理标准。在欧盟，法规要求放行标准和有效期标准是不同的。

2.6 统计概念

必要时，应对所报告的定量数据进行适当的统计分析。应充分描述分析方法，包括合理性和基本原理。这些描述应该足够清晰，以便能够独立计算所呈现的结果。

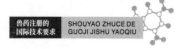

3 标准合理性

原料药和药品标准的设置是整体控制策略的一部分，包括原材料和赋形剂的控制、过程检验、过程评估或验证、符合GMP要求、稳定性检验和批次一致性检验。这些要素综合起来以确保产品的质量得以保持。由于选择了标准来确认质量而不是产品特征，因此，生产商应该提供纳入和／或排除特定质量属性的检验基本原理和合理性。建立科学合理的标准时应考虑以下几点。

- 标准与生产过程相关联

标准应基于从一致性的批次中获得的数据。将标准与生产过程关联起来非常重要，特别是对于产品相关物质、产品相关杂质和过程相关杂质。在储存过程中产生的过程变化和降解产物可能导致临床前和临床研究期间使用的材料中观察到的异化模式。应评估这些改变的重要意义。

- 标准应考虑原料药和药品的稳定性

在制定标准时应考虑到储存过程中可能发生的原料药和药品的降解。由于这些产品固有的复杂性，没有单一的提示稳定性的检测法或参数可描述稳定性特征。因此，生产商应拟定稳定性的特征说明。这个稳定性的特征结果可保证检测到产品质量的变化。决定检验哪些项目与具体产品相关。生产商参考VICH指导原则："新生物技术／兽用生物产品稳定性检验"。

- 标准与临床前和临床研究相关

标准应基于在临床前和临床研究中获得的数据。商业规模生产的材料质量应该代表临床前和临床研究中使用的批次。

- 标准与分析方法相关

关键质量属性可能包括诸如效力、产品相关物质、产品相关杂质以及过程相关杂质的性质和数量等项目。这些属性可以通过多个分析方法进行评估，每个方法给出不同的结果。在产品研究过程中，分析技术与产品并行发展并不罕见。因此，重要的是要确认在研究过程中产生的数据与上市申请提交时产生的数据相关联。

4 标准

标准中检验的选择属于产品特性。应该描述用于确定标准中可接受范围的基本原理。

应根据从临床前和／或临床研究中获得的数据、用于证明生产一致性的批次数据和稳定性研究的数据以及相关的开发数据，确定标准并证明其合理性。在某些情况下，在生产阶段而不是在原料药或药品阶段进行检验可能是适当和可接受的。在这种情况下，检验结果应视为过程标准，并按照当地管理部门的要求纳入原料药或药品标准。

4.1 原料药标准

通常情况下，以下检验和标准被认为适用于所有原料药（分析程序见2.2.2）。适当时应对原料药进行药典检验（如内毒素检验）。

也可能需要其他原料药特定的标准。

4.1.1 外观和描述

应提供描述原料药物理状态（如固体、液体）和颜色的定性陈述。

4.1.2 鉴别检验

鉴别检验应该对原料药具有高度特异性，并且应该基于其分子结构和／或其他特定性质的独特特征。可能需要多项检验（物理化学、生物和／或免疫化学）来确定鉴定结果。鉴别检验可以是定性的。为进行鉴定，可在适当情况下采用和／或改良2.1和附录6.1中描述的典型的用于鉴定产品特征的某些方法。

4.1.3 纯度和杂质

生物技术和生物产品的绝对纯度很难确定，结果取决于方法（见2.1.4）。因此，原料药纯度通常通过多种方法综合估算。分析方法的选择和优化应侧重于将预期产品与产品相关物质和杂质分离。

在这些产品中观察到的杂质被分类为过程相关和产品相关：

- 原料药中过程相关杂质（见2.1.4）可能包括细胞培养基、宿主细胞蛋白、DNA、单克隆抗体或纯化中使用的色谱介质、溶剂和缓冲液成分。这些杂质应该通过使用适当的良好控制的生产过程进行最小化。

• 原料药中产品相关杂质（见2.1.4）是生产和／或储存期间形成的分子变体，其性质不同于预期产品的性质。

对于杂质，分析方法的选择和优化应侧重于将预期产品和其相关物质与杂质分离。

应酌情设定杂质的个性和／或共性标准。在某些情况下，可能不必要对选定杂质设定标准（见2.3）。

4.1.4 效力

效力检测（见2.1.2）应该是生物技术或生物原料药和／或药品标准的重要一部分。当一个适当的效力检测方法用于药品检测时（见4.2.4），替代方法（物理化学和／或生物学）应在原料药研发阶段进行充分评估。在某些情况下，效力检测可能会提供更多有用的信息。

4.1.5 数量

通常基于蛋白含量（质量）的原料药数量应使用适当的检测法来确定。数量确定可以独立于参考标准或参考物质。在产品生产基于效力的情况下，可能不需要另外确定数量。

4.2 药品标准

通常情况下，以下检验和标准被认为适用于所有药品。各节（4.2.1至4.2.5）与原料药下的各节（4.1.1至4.1.5）交叉引用。药典要求适用于相关的剂型。药典中发现的典型检验包括但不限于无菌、微生物限值、装量、颗粒物质、含量均匀度以及冻干药品含水量。如果合适，可按照设定的过程控制和标准进行含量均匀度检验。

4.2.1 外观和描述

应提供描述药品物理状态（如固体、液体）、颜色和澄清度的定性陈述。

4.2.2 鉴别检验

鉴别检验应该对药品具有高度特异性，并且应该基于其分子结构和／或其他特定性质的独特特征。鉴别检验可以是定性的。虽然在大多数情况下，单一检验是足够的，但可能需要多项检验（物理化学、生物学和／或免疫化学）来确定某些产品的鉴定结果。为进行鉴定，可在适当情况下采用和／或改良2.1和附录6.1中描述的典型的用于鉴定产品特征的某些方法。

4.2.3 纯度和杂质

在药品的生产和／或储存过程中可能产生或增加杂质。这些可以与原料药本身产生的杂质相同，与过程相关，或者是在配制或储存过程中形成的降解产物。如果杂质在定性和定量上（即相对含量和／或浓度）与原料药相同，则检验不是必需的。如果已知在药品生产和／或储存过程中引入或形成的，应确定这些杂质的含量并确定检验标准。

标准和分析方法应根据既往使用药品的经验制定和论证，以测量药品生产和／或储存过程中原料药的变化。

分析方法的选择和优化应侧重于将期望产品与产品相关物质和包括降解产物在内的杂质和赋形剂分离。

4.2.4 效力

效力检测（见2.1.2）应该是生物技术和生物原料药和／或药品标准的一部分。当对原料药使用适当的效力检测时，替代方法（物理化学和／或生物学）可能足以在药品阶段进行定量评估。但是，应该提供这种选择的基本原理。

4.2.5 数量

药品中原料药数量通常用蛋白含量（质量）来表示，应使用适当的检测法来确定。在产品基于效力生产情况下，可能不需要另外的数量确定方法。

4.2.6 一般检验

物理描述和其他质量属性的测量对于评估药品功能通常很重要。这种检验的例子包括pH和渗透压。

4.2.7 独特剂型的额外检验

应该认识到某些独特的剂型可能需要上述以外的其他检验。

5 术语

可接受标准： 用于分析方法结果的数值限、范围或其他合适的测量指标。

操作限： 用于非重要步骤评估过程一致性的固有（内部）值。

生物活性： 产品达到确定的生物效应的能力或功能。效力是生物活性的定量指标。

污染物： 任何偶然引入的材料（如化学、生物化学或微生物物种），且并不是原料药或药品生产过程的一部分。

降解产物： 随时间推移和/或通过特定作用，例如，光、温度、pH、水或通过与赋形剂和/或直接容器/密封系统反应而导致预期产品或产品相关物质变化而产生的分子变体。生产和/或储存可能导致这样的变化（例如，脱酰胺、氧化、聚集、蛋白水解）。降解产物可能是与产品相关的物质，或产品相关的杂质。

预期产品： (1) 具有预期结构的蛋白，或 (2) 来自特定的DNA序列并经翻译修饰（包括糖型）后的蛋白或在下游工艺修饰后产生的预期蛋白。

药品（剂型；成品）： 含原料药的药学产品类型，通常也含赋形剂。

赋形剂： 一种有意添加到原料药中，其用量不具有药理学性质的成分。

杂质： (1) 新原料药的任何成分，且不属于定义为新原料药的化学实体。(2) 药品中的任何成分，且不属于药品中定义为原料药或赋形剂的化学实体。

内控基础参考物质： 为了对后续批次进行生物检测和物理化学检验，生产商从代表性批次中制备了适当鉴定的材料，并针对其校准了内控工作参考物质。

内控工作参考物质： 一种用与基础参考物质类似的方式制备的材料，仅用于评估和控制所涉及的个体属性的后续批次。它始终根据内控基础参考物质进行校准。

新的原料药： 指定的治疗成分，且既往未在某个地区或成员国注册（也称为新分子实体或新化学实体）。它可能是之前批准的原料药的一种复杂的、简单的酯或盐。

效力： 基于相关生物学性质的产品属性，使用适当的定量生物检测法（也称为效力检测法或生物检测法）测量生物活性。

过程相关杂质： 来自生产过程的杂质。它们可以源自细胞基质（如宿主细胞蛋白质、宿主细胞DNA）、细胞培养物（如诱导剂、抗生素或培养基组分）或下游处理（如处理试剂或可浸出物）。

产品相关杂质： 预期产品的分子变体（如在生产和/或储存过程中产生的前体、某些降解产物），其在活性、疗效和安全性方面与预期产品不具有相同的性质。

产品相关物质： 生产和/或储存期间形成的预期产品的分子变体，有活性并且对药品安全性和疗效没有不利影响。这些变体具有与预期产品相当的性质，不被视为杂质。

参考标准： 参照国际或国家标准。

标准： 被定义为检验、分析方法以及适当的标准列表，它们是所述数字限值、范围或其他标准。它确立了一套原料药、药品或其他生产阶段的材料应当符合，且对其预期用途可接受的标准。“符合标准”是指原料药和药品按所列分析程序进行检验时，应符合标准。

标准是生产商拟定和论证的合理的关键质量标准，作为批准条件经管理机构批准。

6 附录

6.1 物理化学鉴定

本附录提供了可能用于结构鉴定和确认以及评估预期产品、原料药和/或药品物理化学性质的技术方法示例。所采用的特定技术方法因产品而异，且除了本附录所包括的方法以外，其他备选方法在许多情况下都适用。新的分析技术和对现有技术的改良正在不断开发中，并应在适当的时候加以利用。

6.1.1　结构特性和确认

a）氨基酸序列

预期产品的氨基酸序列应尽可能使用如b～e所述的方法来确定，然后与从预期产品的基因序列推导的氨基酸序列进行比较。

b）氨基酸组成

使用各种水解和分析方法测定总氨基酸组成。如有必要，与从预期产品或天然对应物的基因序列推导的氨基酸组成进行比较。在许多情况下，氨基酸组成分析为肽和小蛋白提供了一些有用的结构信息，但是，这些数据对于大蛋白通常较不确定。在许多情况下，定量氨基酸分析数据也可用于确定蛋白含量。

c）末端氨基酸序列

进行末端氨基酸分析以鉴定氨基和羧基末端氨基酸的性质和均质性。如果发现预期产品的末端氨基酸不均一，则应使用合适的分析方法确定变体形式的相对含量。应将这些末端氨基酸的序列与从预期产品基因序列推导的末端氨基酸序列进行比较。

d）肽图

使用合适的酶或化学物质将产品选择性断裂成离散的肽，并且通过HPLC或其他合适的分析方法分析所得的肽片段。应尽可能使用氨基酸组成分析、N末端测序或质谱等技术鉴定肽片段。使用适当验证的程序对原料药或药品进行肽谱分析是一种常用于确认预期产品结构以进行批次放行的方法。

e）巯基和二硫键

如果基于预期产品的基因序列推断有半胱氨酸残基，则应尽可能确定任何游离巯基和/或二硫键的数量和位置。肽图谱（在还原和非还原条件下）、质谱或其他适当的技术可用于此评估。

(f）碳水化合物结构

应检测糖蛋白、碳水化合物含量（中性糖、氨基糖和唾液酸）。另外，尽可能分析多肽链的碳链结构、寡糖结构（天线结构）和糖基化位点。

6.1.2　物理化学性质

a）分子量或大小

使用尺寸排阻色谱法、SDS-PAGE（在还原和/或非还原条件下）、质谱法和其他合适的技术来确定分子量（或大小）。

b）异构体谱

这是通过等电聚焦或其他适当的技术来确定的。

c）消光系数（或摩尔吸光系数）

在许多情况下，需要在特定的UV/可见光波长（如280nm）下测定预期产品的消光系数（或摩尔吸光系数）。消光系数可使用紫外/可见分光光度法在具有已知蛋白含量的产品溶液（通过诸如氨基酸组成分析或氮测定等技术进行测定）中测定。如果使用紫外吸收来测量蛋白含量，则应使用特定产品的消光系数。

d）电泳图谱

通过聚丙烯酰胺凝胶电泳、等电聚焦、SDS-PAGE、Western-blot、毛细管电泳或其他合适的程序可获得电泳图谱和鉴别、均质性和纯度的数据。

e）液相色谱图谱

可通过尺寸排阻色谱法、反相液相色谱法、离子交换液相色谱法、亲和色谱法或其他合适的程序获得色谱图和关于鉴定、均质性和纯度的数据。

f）分光光度检测

在适当情况下确定紫外和可见光吸收光谱。酌情使用诸如圆二色性、核磁共振（NMR）或其他合适技术等程序来检查产品的更高级结构。

6.2 杂质

本附录列出了潜在的杂质、其来源和相关分析检测方法的例子。特定的杂质和技术方法（如物理化学特征鉴定）因产品而异，且除了本附录所包括的方法以外，其他备选方法在许多情况下都适用。

新的分析技术和对现有技术的改良正在不断开发中，并应在适当的时候加以利用。

6.2.1 过程相关杂质和污染物

这些来源于生产过程（见2.1.4），分为三大类：细胞基质来源、细胞培养物来源和下游来源。

a）细胞基质来源的杂质　包括但不限于源自宿主生物体的蛋白、核酸（宿主细胞基因组、基因载体或总DNA）。对于宿主细胞蛋白，通常使用能够检测宽范围的蛋白杂质的敏感检测法，如免疫检测法。在使用免疫检测法的情况下，用生产细胞缺失预期产品编码基因的培养物、融合物或其他合适的细胞系进行免疫接种，来生产检验中使用的多克隆抗体。 通过对产品直接分析（如杂交技术）可以检测来自宿主细胞的DNA水平。清除研究可能包括实验室规模的加标试验，以证明去除细胞基质衍生杂质，如核酸和宿主细胞蛋白，且有时可不需要确立这些杂质的标准。

b）细胞培养衍生的杂质　包括但不限于诱导剂、抗生素、血清和其他培养基成分。

c）下游衍生的杂质　包括但不限于酶、化学和生物化学处理试剂（如溴化氰、胍、氧化和还原剂）、无机盐（如重金属、砷、非金属离子）、溶剂、载体、配体（如单克隆抗体）和其他可溶出物。

对于有意引入的内源性和外来病毒，应该证明生产过程去除和/或灭活病毒的能力。应考虑ICH指导原则“人或动物来源细胞系衍生的生物技术产品的病毒安全性评估”中描述的策略。

6.2.2 产品相关杂质，包括降解产物

以下是预期产品中最常出现的分子变体，并列出了用于评估的相关技术。为了确定修饰类型，可能需要相当大的努力对这些变体进行分离和鉴定。生产和/或储存过程中产生的大量降解产物应根据适当的标准进行检验和监测。

a）截短形式　水解酶或化学物质可以催化肽键的断裂。这些可以通过HPLC或SDS-PAGE检验。根据变体性质，可使用肽图谱方法。

b）其他变化形式　可通过色谱、电泳和/或其他相关分析方法（如HPLC、毛细管电泳、质谱、圆二色性）检测和鉴定脱酰胺、异构化、错配二硫键、氧化或改变的结合形式（如糖基化、磷酸化）。

c）聚合物　聚合物的类型包括预期产品的二聚体和多聚体。通过适当的分析程序（如尺寸排阻色谱法、毛细管电泳）将这些物质从预期产品和产品相关物质中分离出去和进行定量。

安全性

靶动物批安全性

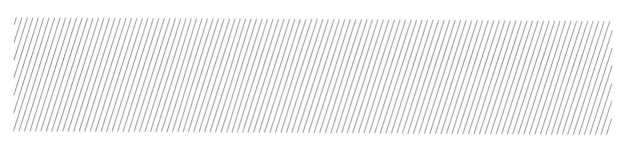

GL50 兽用灭活疫苗豁免靶动物批安全检验的协调标准

VICH GL50（生物制品：TABST）
2017 年 5 月
第九阶段修订
第七阶段施行 - 最终版

兽用灭活疫苗豁免靶动物批安全检验的协调标准

第九阶段修订
2017 年 5 月
在 VICH 进程第七阶段
由 VICH 指导委员会采纳
2018 年 5 月实施

本指导原则由相应的 VICH 专家工作组制定，并已通过 VICH 各部门协商。在进程的第七阶段，最终文稿被推荐给欧盟、日本和美国的管理机构采用。

1 前言

在参与VICH[1]的大多数地区，提交从靶动物或实验室动物中获得的批安全检验数据是兽用疫苗批次放行的一项要求。VICH指导委员会致力于协调不同地区的批安全检验，以便使不同国家/地区监管机构单独进行研究的需求降至最低。然而，由于地区之间的要求差异较大，最终决定采取阶段式协调，第一步是协调数据要求的标准，以便在有要求的区域豁免灭活疫苗的靶动物批安全检验（TABST）。第二步是针对活疫苗制定类似的指导原则（VICH GL55）。此外，VICH还正在制定一项关于协调兽用疫苗实验室动物批安全检验豁免标准的指导原则。

本指导原则依照VICH的原则制定，将提供统一的标准以便监管机构接受TABST豁免。我们仅大力提倡采用此VICH指导原则来支持在当地销售产品采取本方法，但最终采用与否完全由本地监管机构决定。此外，科学上有正当理由采用其他方法时，不需要总是遵循这一指导原则。

全球施行豁免TABST可以减少常规批次放行使用的动物量，应予以鼓励。

1.1 指导原则的目的

本指导原则的目的是针对数据要求标准给出国际协调的建议，以便在有要求的地区豁免兽用灭活疫苗的靶动物批安全检验。

1.2 背景

对终产品在实验室和/或靶动物中进行的大部分批次安全检验可被视为一般安全性检验。它们适用于广泛的兽用疫苗，且应在一定程度上保证产品在靶种属中将是安全的，即它们应显示“生物制品引起的不良反应……”（《美国联邦法规》第9部分）或“无异常变化”（日本“药品、医疗器械、再生细胞治疗产品、基因治疗产品和化妆品质量、功效和安全性保证的法案”中对兽用生物制品的最低要求），或与以前的欧盟要求“异常局部或全身反应”相一致。

在过去二十年内，批次安全检验的相关性受到监管机构代表和疫苗生产商的质疑（Sheffield和Knight，1986年；Van der Kamp，1994年；Roberts和Lucken，1996年；Zeegers等，1997年；Pastoret等，1997年；Cussler，1999年；Cussler等，2000年；AGAATI，2002年；Cooper，2008年）。特别是，将药品生产质量管理规范（GMP）和实验室质量管理规范（GLP；OECD，1998年）或适用于当地要求的类似质量体系以及种子批系统引入疫苗生产之后，极大地提升了生产批次的一致性及其质量和安全性。这也影响到了兽用疫苗传统批次控制中的质控观点（主要基于体内检验），转而更加注重生产一致性的记录，这主要基于体外技术（Lucken，2000年；Hendriksen等，2008年；de Mattia等，2011年）。

2 指导原则

2.1 范围

本指导原则仅限于豁免兽用灭活疫苗靶动物批安全检验（TABST）的数据要求标准。

2.2 地区要求

2.2.1 靶动物批安全检验　本指导原则包括的兽用灭活疫苗靶动物批安全检验，目前要求执行下列检验程序（表1）。

表1

VICH地区	要求	备注
欧盟	自2013年4月起，不再要求进行TABST[2]	

[1] 欧盟TABST中已删除这项要求（见2.2.1）。

[2] 在此之前，可以申请豁免TABST，但前提是来自不同半成品的至少连续10个批次已接受检验并且产品符合检验要求；欧洲药典（2004年）兽用疫苗一般专著（0062）；法国斯特拉斯堡，欧洲理事会第4版补编4.6。

（续）

VICH地区	要求	备注
美国： 9CFR-对灭活细菌疫苗的一般要求（113.100）	需要进行TABST的是： 家禽［9 CFR 113.100（b）（2）］，或水生物种或爬行动物［9 CFR 113.100（b）（3）］	自2013年起，兽医局备忘录第800.116号出台，提供了申请靶动物安全性检验豁免的可能性
9CFR-对灭活病毒疫苗一般要求（113.200）	使用靶种属的安全性检验与效力检验相结合	如果TABST不与效力检验相结合，则兽医局备忘录第800.116号适用
日本： 《药品、医疗器械、再生细胞治疗产品、基因治疗产品和化妆品质量、功效和安全性保证的法案》中对兽用生物制品的最低要求	使用靶种属的安全性检验 哺乳动物：2～4只哺乳动物，1～5倍头份，获批准的给药途径，观察10～14d 禽：10只，1倍羽份，获批准的给药途径，观察2～5周 鱼：15～120条，1倍条份，获批准的给药途径，观察2～3周	自2014年起，只要至少连续10个批次已接受检验并且产品符合检验要求，即可豁免TABST；对兽用生物制品的最低要求（国立兽医检测实验室局长于2014年2月28日发出的第3000号通知）

2.2.2　其他相关要求

2.2.2.1　质量体系

在VICH国家/地区已建立起了药品生产质量管理规范（GMP）和类似的质量体系，涵盖药品（包括兽药产品）生产和检验。这些质量体系可保证上市产品的生产采用了一致的适当方式。

2.2.2.2　种子批系统

建立种子批系统并进行质量和生产控制，可进一步保证疫苗批次生产和质量的一致性。

2.2.2.3　药物警戒

VICH在兽医领域以及协调各类要求和性能方面，日渐增多地纳入了药物警戒（药品上市后监测）。这样可以早期在田间检出与疫苗质量相关的安全性问题。因此，药物警戒提供了与产品安全性相关的额外信息，这些信息并不总能从TABST中获得。

2.3　豁免靶动物批安全检验的资料要求

2.3.1　前言

当在种子批系统的控制下生产足够数量的批次并且符合检验要求，足以证明生产工艺的一致性时，监管机构这时可豁免TABST。

一般来说，评估常规批次质量控制和药物警戒数据中现有的信息已经足够，无需进行任何额外的补充研究。生产商应提交用于支持TABST豁免申请的资料列于下文。但是，不应把这视作完整清单，且在所有情况下，申请豁免TABST时应提交所有数据汇总和持续确保产品安全性的结论。

在特殊情况下，生产工艺若发生重大变更，则可能需要重新进行靶动物批安全检验，以便确立产品的各项安全指标的一致性。若发生采取TABST则可避免的意外不良事件或其他药物警戒问题，也可能需要重新进行检验。对于具有固有安全性风险的产品，可能有必要对每一个批次持续进行TABST。

2.3.1.1　产品及其生产特征

生产商应证实产品是遵照质量原则生产的，即产品是按一致的适合方式生产的。

在那些出于靶动物安全性检验之外的原因（如效力检验）进行体内批次检验，并且这些检验包括安全性信息（如死亡率信息）收集的情况下，建议生产商利用这些检验来获取疫苗在靶动物中的安全性的额外数据。

2.3.1.2　当前批次安全性检验的可用信息

生产商应提交足够数量连续批次的数据，证实已建立了安全且一致的生产。在不妨碍监管机构依据给定疫苗现有资料做出决定的情况下，对大部分产品而言，10个批次（在3年内未生产10个批次的情况下，至少为5个批次）的检验数据可能就足够了。这些数据应从来自不同疫苗半成品的连续检验批次中获得。生产商应检查TABST结果中观察到的各种局部（如适用）和全身反应，以及这些反应的性质与提交用以支持产品注册或获取许可证的任何研究中观察到的反应的关系。

通常，来自联合疫苗TABST的数据可用于豁免含更少抗原和/或佐剂组分的疫苗（衍生疫苗）的TABST，前提是其余组分在每种情况下都完全相同，仅是抗原和/或佐剂的含量减少而已。例如，来自联苗的TABST数据足以支持豁免所有衍生疫苗的TABST。生产商应提交1份这些发现的摘要和讨论。

TABST的开展应依照进行检验时所在地的要求。在检验商定数目的连续批次之时，对于任何未通过TABST的批次，应进行彻底的检查。此种情况及未通过原因的解释，应提交至监管机构。

2.3.1.3　药物警戒数据

递交数据的批次上市期间，应依照VICH指导原则建立的适当的可行的药物警戒体系。药物警戒和TABST的安全性信息从性质上来说是不同的，但是，两者是互补的。

在提交证明疫苗田间使用具有一致安全性能的可行药物警戒数据时，应采用近期相关时间段的周期安全性更新报告。

若存在对新兽用疫苗现场安全性数据进行上市后复检的体系，还应将这些数据与药物警戒数据一并考虑。

2.3.2　豁免靶动物批安全检验的程序

报告应对产品安全的一致性做整体评估，应考虑生产的批次数目、产品上市年数、销售的头份数以及靶动物中任何不良反应的频率和严重性，还有对这些事件可能原因的所有调查。

3　术语

非临床研究质量管理规范（GLP）：非临床研究设计、实施、监测、记录、稽查、分析和报告的标准。遵守该标准可确保数据和报告的结果完整、正确和准确，从而保障研究动物的福利和参与研究人员的安全，并保护环境和人类及动物食物链（OECD，1998年）。

药品生产质量管理规范（GMP）：是质量体系的一部分，涵盖包括兽药在内的药品的生产和检验。GMP是一项指导原则，概述了影响产品质量标准的生产和检验方面，确保药品生产过程中的生产环境和生产工艺质量。

生产批次：在一个工艺或一系列工艺中，处理预定数量的起始物料、包装材料或产品，因此，可以预期它们具有均一性。

注：为了完成生产的某些阶段，可能需要把一个批次分成若干个亚批次，后续将其汇总，形成最终的均一批次。在连续生产的情况下，该批次必须与规定的生产组分一致，具有预期的同质性。

种子批系统：种子批系统是据以使某个产品的连续批次来源于既定传代水平的同一基础菌种/基础毒种批次的系统。对于常规生产，从基础菌种/基础毒种批次制备工作菌种/工作毒种批次。终产品来源于工作菌种/工作毒种批次，并且没有比临床研究中所示疫苗超出基础菌种/基础毒种批次的传代，在安全性和有效性方面均合格。基础菌种/基础毒种批次和工作菌种/工作毒种批次的来源和传代历史均得到记录。

靶动物批安全检验（TABST）：用靶动物进行的作为对所有兽用灭活和/或活疫苗的常规终产品批次检验的安全性检验。

靶动物：被认定为兽用疫苗适用的特定动物种属、种类和品种。

4　参考文献

AGAATI.2002.The Target Animal Safety Test-Is it Still Relevant? Biologicals 30, 277e287.

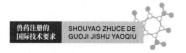

Cooper J.2008. Batch safety testing of veterinary vaccines–potential welfare implications of injection volumes. ATLA 36, 685–694.

Cussler K.1999. A 4R concept for the safety testing of immunobiologicals. Dev. Biol. Standard. 101, 121–126.

Cussler K, van der Kamp MDO, Pössnecker A.2000. Evaluation of the relevance of the target animal safety test. In: Progress in the Reduction, Refinement and Replacement of Animal Experimentation, pp. 809–816. Eds M Balls, A-M van Zeller and ME Halder. Amsterdam, The Netherlands: Elsevier Science B.V.

De Mattia F, Chapsal J, Descamps J, Halder M, Jarrett N, Kross I, Mortiaux F, Ponsar C, Redhead K, McKelvie J & Hendriksen CFM.2011. The consistency approach for quality control of vaccines e A strategy to improve quality control and implement 3Rs. Biologicals 39, 59–65.

Hendriksen CFM, Arciniega J, Bruckner L, Chevalier M, Coppens E, Descamps J, Duchêne M, Dusek D,Halder M,Kreeftenberg H,Maes A,Redhead K.2008. The consistency approach for quality control of vaccines e A strategy to improve qualitycontrol of vaccines. Biologicals 36, 73–77.

Lucken R.2000. Eliminating vaccine testing in animals nimore action, less talk.Developments in Animal and Veterinary Sciences 31, 941–944.

OECD.1998. Principles on Good Laboratory Practice and Compliance Monitoring. OECD, Paris, France. Available at: www.oecd.org.

Pastoret PP, Blancou J, Vannier P, Verschueren C.1997. Veterinary Vaccinology. Amsterdam, Elsevier Science B.V.

Roberts B, Lucken RN.1996. Reducing the use of the target animal batch safety test for veterinary vaccines. In: Replacement, reduction and refinement of animal experiments in the development and control of biological products, pp. 97–102. Eds: F Brown, K Cussler & CFM Hendriksen. Basel, Switzerland: S. Karger, AG.

Sheffield FW, Knight PA.1986. Round table discussion on abnormal toxicity and safety tests. Dev. Biol. Standard. 64, 309.

Van der Kamp MDO.1994. Ways of replacing, reducing and refining the use of animals in the quality control of veterinary vaccines. Institute of Animal Science and Health, Lelystad.

Zeegers JJW, de Vries WF, Remie R.1997. Reducing the use of animals by abolishment of the safety test as routine batch control test on veterinary vaccines. In: Animal Alternatives, Welfare and Ethics, pp. 1003–1005. Eds: LFM Van Zutphen & M Balls. Amsterdam, The Netherlands: Elsevier Science B.V.

GL55 兽用活疫苗豁免靶动物批安全检验的协调标准

VICH GL55（生物制品：活疫苗靶动物批安全检验）
2017 年 5 月
第七阶段施行 - 最终版

兽用活疫苗豁免靶动物批安全检验的协调标准

2017 年 5 月
在 VICH 进程第七阶段
由 VICH 指导委员会推荐采用
2018 年 5 月实施

本指导原则由相应的 VICH 专家工作组制定，并已通过 VICH 各部门协商。在进程的第七阶段，最终文稿被推荐给欧盟、日本和美国的管理机构采用。

1 引言

在参与VICH[1]的大多数地区，兽用疫苗批次放行时均要求提交靶动物或实验室动物的批次安全检验数据。VICH指导委员会决定协调不同地区的批次安全检验要求，以便最大限度减少不同国家监管机构实施单独研究的需要。但是，由于地区之间要求的差异较大，最终决定采取阶段式协调。作为协调的第一步，已制定VICH GL50——兽用灭活疫苗豁免靶动物批安全检验的协调标准，并于2013年最终达成一致。第二步，目前集中于活疫苗靶动物批安全检验（TABST）和在需要进行活疫苗安全检验的地区豁免标准的协调。VICH也致力于制定有关兽用疫苗豁免实验室动物批次安全检验标准协调的指导原则。

本指导原则依据VICH原则制定，并将为监管机构接受TABST的豁免提供统一标准。强烈建议使用该VICH指导原则支持仅在当地销售的产品采取类似的方法，但是，这取决于当地监管机构的决定。此外，当所用替代方法科学合理时，无须始终遵照该指导原则。

全球实施豁免TABST可以减少常规批次放行使用的动物量，应当给予鼓励。

1.1 目的

该指导原则旨在为不同地区兽用活疫苗豁免靶动物批安全检验所需的数据要求标准提供国际协调建议。

1.2 背景

终产品的实验室动物和/或靶动物的大多数批次安全检验可视为一般安全性检验，其广泛适用于兽用疫苗，并且应为本产品在靶动物中的安全性提供保证，即它们应显示“生物制品引起的不良反应……”（《美国联邦法规》第9条）或者“无异常变化”（日本“药品、医疗器械、再生细胞治疗产品、基因治疗产品和化妆品质量、功效和安全性保证的法案”中对兽用生物制品的最低要求），或者与先前的欧盟要求一致，即“异常局部或全身反应”。

过去二十年内，监管机构和疫苗生产商的代表们已对批次安全检验的相关性提出了质疑（Sheffield和 Knight，1986；van der Kamp，1994；Roberts 和 Lucken，1996；Zeegers等，1997；Pastoret等，1997；Cussler，1999；Cussler等，2000；AGAATI，2002；Cooper，2008）。尤其是，将药品生产质量管理规范（GMP）和非临床研究质量管理规范（GLP；OECD，1998）或适用于当地要求的类似质量体系以及种子批系统引入疫苗生产后，已极大地提高了生产批次的一致性及其质量和安全性。这也影响了对兽用疫苗质量控制的态度，从传统的批次控制（主要基于体内检验）转变为更加关注生产一致性的记录，这主要基于体外技术（Lucken，2000；Hendriksen等，2008；de Mattia等，2011）。

在关于兽用灭活疫苗TABST的VICH GL50定稿后，本指导原则描述了豁免活疫苗靶动物批安全检验的标准。

2 指导原则

2.1 范围

本指导原则仅限于豁免兽用活疫苗靶动物批安全检验（TABST）的数据要求标准。

2.2 地区要求

2.2.1 靶动物批安全检验

目前，本指导原则所包括的兽用活疫苗靶动物批安全检验要求执行以下检验程序（表1）。

[1] 在欧盟，不再需要TABST（见2.2.1）。

表1

VICH地区	要求	备注
欧盟	自2013年4月起，不再要求进行TABST[2]	
美国： 9CFR－细菌活疫苗的一般要求（113.64）	用于以下动物的疫苗需进行TABST： —犬［113.40（b）］，推荐用于犬时—2只犬，10倍剂量；14d观察期 —小牛（113.41），推荐用于牛时—2头小牛，10倍剂量；21d观察期 —绵羊（113.45），推荐用于绵羊时—2只绵羊，2倍剂量；21d观察期 —猪（113.44），推荐用于猪时—2头猪，2倍剂量；21d观察期 —在靶种属中检测用于其他种属的疫苗 具体检验参数取决于病原和种属	兽医服务备忘录800.116将在不久的将来进行更新，以涵盖要求豁免活疫苗靶动物安全性检验的可能性
9CFR－病毒活疫苗的一般要求（113.300）	采用上述靶种属（10倍剂量）对犬、牛、绵羊、猪进行安全检验 —猫：［113.39（b）］，推荐用于猫时—2只猫，10倍剂量；14d观察期 —家禽：（25只动物，10倍剂量；14d或21d观察期，取决于病原） —在靶种属中检测用于其他种属的疫苗 具体检验参数取决于病原和种属	兽医服务备忘录800.116将在不久的将来进行更新，以涵盖要求豁免活疫苗靶动物安全性检验的可能性
日本： 《药品、医疗器械、再生细胞治疗产品、基因治疗产品和化妆品的质量、功效和安全性保证的法案》中对兽用生物制品的最低要求	采用靶种属进行安全检验： —牛：1头或2头小牛，1倍剂量，获批途径，14d观察期 —猪：2头、3头、4头或5头猪，1倍、10倍、60倍或100倍剂量，获批途径，2周或3周观察期 —家禽：15只或30只家禽，1倍、5倍、10倍或100倍剂量，获批途径，2周、3周、4周、5周或7周观察期 —犬：5只犬，1倍剂量，获批途径，4 ~ 8周观察期 —猫：5只猫，1倍剂量，获批途径，5周或7周观察期 当使用靶种属进行安全检验时，动物数量、接种剂量和观察期可能会因病原而异	

2.2.2 其他相关要求

2.2.2.1 质量体系

在VICH国家/地区已建立了药品生产质量管理规范（GMP）和类似的质量体系，以涵盖（包括兽用药品）药品生产和检验。这些质量体系可以保证采取一致和适当的方式生产上市产品。

2.2.2.2 种子批系统

建立种子批系统并进行质量和生产控制，从而进一步确保疫苗批次生产以及所得批次质量的一致性。

2.2.2.3 药物警戒

VICH包括的医学领域内药物警戒（药品的上市后监督）以及要求和性能的协调逐渐增多。这样可以早期检测出田间疫苗质量不一致相关的安全问题。因此，药物警戒提供了从TABST中无法获得的有关产品安全性的其他信息。

2.3 豁免靶动物批安全检验的数据要求

2.3.1 引言

当在种子批系统控制下已经生产了足够数量的生产批次，且发现这些批次符合检验要求，进而证明了生产工艺的一致性时，监管机构可以豁免TABST。

一般而言，常规批质量控制和药物警戒数据中获得的现有信息已经足以用于评价，无须任何其他补充研究。由生产商提供用于支持豁免TABST申请的数据见下文。但是，不得将其作为完整清单，并且在所有情况下，豁免TABST的申请应附有所有数据汇总和确保维持产品安全性的结论。

在特殊情况下，生产工艺的显著变更可能需要重新进行靶动物批安全检验，以确立产品安全性特征的

---

[1] 在删除之前，如果至少检测了来自不同半成品的10个连续批次并且该产品符合试验要求，则可以豁免TABST；欧洲药典（2004）总论，兽用疫苗（0062）；第4版，补编4.6。欧洲理事会，法国斯特拉斯堡。

一致性。使用TABST可以避免预期外不良事件或者其他药物警戒问题的发生，这些不良事件或问题的发生也可能导致重新开始靶动物批安全检验。对于具有固有安全性风险的产品，可能有必要对每个批次继续进行TABST。

2.3.1.1 产品及其生产特性

生产商应证明产品遵照质量原则进行生产，即始终采取一致和适当的方式生产该产品。

当出于靶动物安全检验以外的原因实施体内批次检验（例如，效价检测）并且这些检测包括安全性信息的收集时（例如，有关死亡率），建议该生产商使用这些试验以获得该疫苗在靶动物中的其他安全性数据。

2.3.1.2 当前批次安全性检验所得信息

生产商应提交充足数量连续批次的检验数据，以证明已经确立了安全和一致的生产。在不违背监管机构决定的情况下，根据给定疫苗的现有信息，对于大多数产品，10个批次（如果3年内未生产10个批次，则至少5个批次）的检验数据是充足的。应该采集不同疫苗原液所生产的连续检测批次的数据。生产商应检查TABST结果中观察到的局部（如适用）和全身反应的差异，以及提交的所有开发研究中观察到的这些相关反应的性质，以支持该产品的注册或者许可。

一般而言，联苗的TABST数据可以用于豁免含有较少抗原和/或佐剂组分的疫苗（衍生疫苗）的TABST，前提是每种情况下剩余组分相同且其仅为抗原和/或佐剂数量减少。例如，联苗产品的TABST数据足以豁免所有衍生疫苗的TABST。生产商应提供这些发现的总结和讨论。

在实施检查时，依照生效的区域要求执行TABST。在检测协议数量的连续批次期间，应对不符合TABST要求的所有批次进行彻底检查。应将该信息以及失败的原因说明提交给监管机构。

2.3.1.3 药物警戒数据

如适用，在已提交数据的批次上市期间，依照VICH指导原则实施适当的药物警戒系统。来自药物警戒和TABST的安全性信息性质不同，但是，可以相互补充。

应采用相关时间段近期的定期安全性更新报告，提供所得药物警戒数据以证明疫苗在田间具有一致的安全性能。

当存在新兽用疫苗上市后田间安全性数据的复检系统时，该系统数据也应与药物警戒数据一并考虑。

2.3.2 豁免靶动物批安全检验的程序

报告应提供本产品安全性一致的总体评估，而且，需要包括生产批次数量、产品上市后的年数、销售量和靶动物中所有不良反应的频率和严重性，以及对这些事件的可能原因的所有调查。

3 术语

非临床研究质量管理规范（GLP）：非临床研究设计、实施、监测、记录、稽查、分析和报告的标准。遵循该标准可确保数据和报告结果完整、正确和准确，从而确保研究动物的福利以及参与研究人员的安全，并保护环境以及人和动物食物链（OECD，1998）。

药品生产质量管理规范（GMP）：是质量体系的一部分，涵盖包括兽药在内的药品的生产和检验。GMP概述了影响产品质量的生产和检验方面的指导原则，确保药品生产过程中的生产工艺质量以及生产环境。

生产批次：在一个工艺或一系列工艺过程中，处理预定数量的起始物料、包装材料或产品，因此，可以预期它们具有均一性。

注：为了完成生产的某些阶段，可能需要将一个批次分成数个亚批次，随后合并形成最终的均匀批次。在连续生产的情况下，该批次必须与规定的生产组分一致，具有预期的同质性。

种子批系统：由同一基础种子批按照指定的代次水平来制备连续批次产品的系统。在常规生产中，使用基础种子批制备工作种子批，使用工作种子批制备终产品。由基础种子批开始计算，终产品的传代次数应不超过临床研究中已验证安全性和有效性的疫苗的传代次数。对基础种子批和工作种子批的来源和传代历史进行记录。

靶动物批安全检验（TABST）：对于所有兽用灭活和/或活疫苗，按常规终产品批次检验，实施靶动物安全检验。

靶动物：确定为预期使用兽用疫苗的指定动物种属、种类和品种。

4 参考文献

AGAATI.2002. The Target Animal Safety Test – Is it Still Relevant? Biologicals 30, 277-287.

Cooper J.2008. Batch safety testing of veterinary vaccines-potential welfare implications of injection volumes. ATLA 36, 685–694.

Cussler K.1999. A 4R concept for the safety testing of immunobiologicals. Dev. Biol. Standard. 101, 121–126.

Cussler K, van der Kamp MDO & Pössnecker A.2000. Evaluation of the relevance of the target animal safety test. In: Progress in the Reduction, Refinement and Replacement of Animal Experimentation, pp. 809–816. Eds: M Balls, A–M van Zeller and ME Halder. Amsterdam, The Netherlands: Elsevier Science B.V.

De Mattia F, Chapsal J, Descamps J, Halder M, Jarrett N, Kross I, Mortiaux F, Ponsar C, Redhead K, McKelvie J & Hendriksen CFM.2011. The consistency approach for quality control of vaccines – A strategy to improve quality control and implement 3Rs. Biologicals 39, 59–65.

Hendriksen CFM, Arciniega J, Bruckner L, Chevalier M, Coppens E, Descamps J, Duchêne M, Dusek D, Halder M, Kreeftenberg H, Maes A, Redhead K, Ravetkar S, Spieser JM & Swam H (2008) . The consistency approach for the quality control of vaccines. Biologicals 36, 73–77.

Lucken R.2000. Eliminating vaccine testing in animals–more action, less talk. Developments in Animal and Veterinary Sciences 31, 941–944.

OECD.1998. Principles on Good Laboratory Practice and Compliance Monitoring. OECD, Paris, France. Available at: www.oecd.org.

Pastoret PP, Blancou J, Vannier P & Verschueren C.1997. Veterinary Vaccinology. Amsterdam, The Netherlands: Elsevier Science B.V.

Roberts B & Lucken RN.1996. Reducing the use of the target animal batch safety test for veterinary vaccines. In: Replacement, reduction and refinement of animal experiments in the development and control of biological products, pp. 97-102. Eds: F Brown, K Cussler & CFM Hendriksen. Basel, Switzerland: S. Karger, AG.

Sheffield FW & Knight PA.1986. Round table discussion on abnormal toxicity and safety tests. Dev. Biol. Standard. 64, 309.

Van der Kamp MDO.1994. Ways of replacing, reducing and refining the use of animals in the quality control of veterinary vaccines. Institute of Animal Science and Health, Lelystad, the Netherlands.

Zeegers JJW, de Vries WF & Remie R.1997. Reducing the use of animals by abolishment of the safety test as routine batch control test on veterinary vaccines. In: Animal Alternatives, Welfare and Ethics, pp. 1003–1005. Eds: LFM Van Zutphen & M Balls. Amsterdam, The Netherlands: Elsevier Science B.V.

靶动物安全性

GL41 兽用活疫苗靶动物毒力返强试验

VICH GL41（靶动物安全性）- 毒力返强
2007 年 7 月
第七阶段施行

兽用活疫苗靶动物毒力返强试验

2007 年 7 月
在 VICH 进程第七阶段
由 VICH 指导委员会推荐采用
2008 年 7 月实施

本指导原则由相应的 VICH 专家工作组制定，并已通过 VICH 各部门协商。在进程的第七阶段，最终文稿被推荐给欧盟、日本和美国的管理机构采用。

1 前言

在欧盟、日本和美国注册或批准生产活疫苗，通常都要求进行毒力返强或毒力增强试验研究。国际上统一这项检验，将有助于最大限度地减少不同国家注册监管机构单独进行试验。适当的国际标准方法可以通过尽可能避免重复试验来降低研发所需的费用。减少各地区重复的相似试验，可减少实验动物的使用，进而促进动物福利。

本指导原则是根据VICH原则制定的，将为监管机构提供统一标准，以促进有关机构互认毒力返强数据。鼓励使用此VICH指导原则来支持本地经销的产品注册，但这要由当地监管机构决定。此外，当有科学合理的理由使用替代方法时，并不总是需要遵循这一指导原则。

1.1 目的

该指导原则的建立是为开展兽用活疫苗靶动物毒力返强试验研究提供统一的标准和要求。

1.2 适用范围和基本原则

该指导原则适用所有活疫苗。活疫苗[1]是指可以在靶动物体内复制，激发有效的免疫应答，不完全以化学或物理试验为特征。指导原则适用于以下动物：牛，绵羊，山羊，猫，犬，猪，马，禽类（鸡和火鸡）。不适用于包括水生动物在内的其他种类的动物试验设计。对于其他种类动物，试验设计应按照当地指导原则。确定疫苗株是否致弱的实验室检测不属本原则的适用范围。

2 研究设计

该研究应使用基础种子进行。如果基础种子的数量不能满足研究需要，可以使用最低代次的生产种子进行试验。必须证实使用另一代次是合理的。除非已证实进行过更多代次的传代或微生物可以很快从靶动物体消失，通常通过5组动物进行连续传代。每代接种和收获的时间间隔由检验微生物的特点决定。如果复壮成功，应在动物体连续传5代。应采用适当的检测方法，最好用体外检测方法，来鉴定每个代次是否存在被检微生物及确定微生物的数量。禁止将重分离的微生物在体外增殖后再进行传代。

当接种微生物无法再次分离有合理解释时，比如试验操作错误，则应重复前一代次试验。当微生物无法在任何一个中间代次再次分离时，则应尝试将可分离到微生物的最后一代的分离材料在10只动物体上重复试验（20%分离体中有90%可能性分离到微生物——见附录）。如果在重复试验中，可以从1只以上动物中分离到微生物，则将重复试验中的分离材料作为下一次传代的接种物。重复试验计算为一代。如果不能重新分离到微生物，则试验成立，判定该微生物不会产生毒力增强或返强。

一般情况下，对于每种靶动物，应使用最易感的种类、年龄、性别和血清学状态。若使用替代方法，则必须是经过证实的替代方法。通常，前4代应至少使用2只动物，第5代应至少使用8只动物。

畜舍和管理都应满足研究目的并符合当地动物福利要求。动物应满足研究条件。试验开始前应采取一定的预防治疗措施。尽量减少或消除动物痛苦。建议对濒临死亡的动物实施安乐死和剖检。

初次接种和随后的传代应采用推荐的接种途径或自然感染途径，即最适合微生物在动物体内复制而导致毒力返强或毒力增强的途径。这种途径是需要经过证实的。

初次接种物应包含推荐剂量的最高出厂滴度，若没有指定最高出厂滴度，则可以用最低出厂滴度的合理倍数。除非有科学的方法证实可以使用其他材料，一般应从最适合微生物生长的分离材料来收集和制备传代接种物。

一般在试验期间要进行临床观察。除非有其他说明，第5次传代应观察21d。观察项目应包括所有由于毒力返强或毒力增强引起发病的典型相关指标。如果观察到持续的发病症状，则应调查其因果关系。每一代都不应观察到毒力返强或毒力增强的迹象。

---

[1] 若是载体疫苗，则只包括可在靶动物体内复制的载体疫苗种子。

如果在观察期内，第5代动物未出现毒力返强，则不必进行下一步试验。否则，将第1代接种的材料和第5代接种的材料分别至少使用8只动物进行试验，对临床症状和有关指标进行对比。应采用与之前传代相同的接种途径进行试验。如经科学证实，则可以使用其他途径。

如果微生物致弱是由于特异性标志或者基因改变引起的，则应采用适当的分子生物学方法进行附加试验，比较原始种子和再分离的微生物，以评估疫苗株致弱标志的遗传稳定性。

如果有数据或评估表明受试微生物存在毒力返强或增强的潜在风险，则应进行附加试验以提供微生物的进一步信息。

除了例外和已证实合理的情况，如果整个试验都表明受试微生物在靶物体传代后存在毒力返强或增强，则认为该受试微生物不适合用于生产活疫苗。

3 术语

类：以生殖状况和／或用途（乳制品vs牛肉，肉鸡vs蛋鸡）等因素为特征的靶动物种群的集合。

基础种子：从纯培养获得的用于制备产品的微生物悬液，将同一培养物分装到容器中，按照同样程序生产获得，以确保均一性和稳定性。

最高出厂滴度：经安全性试验验证的每头份疫苗出厂时允许的微生物的最高含量。在未设立最高出厂滴度的地区，可采用经验证的抗原含量的数倍。

最低出厂滴度：经效力和稳定性试验验证的每头份疫苗出厂时要求的微生物的最低含量。

传代：将初始种子材料或者前一代动物分离的材料接种动物来传代微生物。

GL44 兽用活疫苗和灭活疫苗的靶动物安全性检验

VICH GL44（靶动物安全性）
2008 年 7 月
第七阶段施行 - 最终版

兽用活疫苗和灭活疫苗的靶动物安全性检验

2008 年 7 月
在 VICH 进程第七阶段
由 VICH 指导委员会推荐采用
2009 年 7 月实施

本指导原则由相应的 VICH 专家工作组制定，并已通过 VICH 各部门协商。在进程的第七阶段，最终文稿被推荐给欧盟、日本和美国的管理机构采用。

1 前言

在VICH成员国内，兽用活疫苗和灭活疫苗的注册或上市许可要求提交靶动物安全检验（TAS）数据。国际协调原则将最大限度地减少不同国家监管机构单独进行研究的需要。适当的国际标准可避免在可能的情况下进行的重复靶动物安全检验研究，以此来降低研发成本。减少每个地区相同的重复研究，以减少使用动物，可更好地保护动物福利。

本指导原则依据VICH原则制定，将为监管机构提供统一的标准，以便于有关机构相互接受靶动物安全检验数据。鼓励使用VICH指导原则来指导制定产品在本地注册的要求，但是否采用，最终应由当地监管机构决定。此外，如果替代方法具有科学合理性，则无须始终遵循此指导原则。

1.1 目的

本指导原则为评估兽用活疫苗和灭活疫苗（研究性兽用疫苗，IVVs）最终配方的安全性研究建立了一致性标准，以保证上市后用于靶动物的安全性。

1.2 背景

VICH 靶动物安全检验工作组的成立是为了制定一项国际统一的指导原则，列出符合参与该倡议地区的研究性兽用疫苗注册监管要求的建议。就其性质而言，准则涉及大多数但不是全部的可能性。本指导原则中包含开发靶动物安全检验研究方案一般原则，以帮助开发靶动物批安全检验研究方案。

值得强调的是，VICH的基本原则之一是国际间对研究数据的互认。

1.3 概述

本指导原则旨在涵盖研究性兽用疫苗在内的安全性研究，包括在以下物种中使用的基因工程产品：牛、绵羊、山羊、猫、犬、猪、马和家禽（鸡和火鸡）。本文不包括作为批准上市后批签发需要进行的靶动物安全检验要求。少数动物用药和少量动物用药在本地注册时，可不需要此项内容。该指导原则不包括水生动物在内的靶动物安全检验研究设计内容。对于其他物种，靶动物安全检验研究应按照国家或地区的指导设计。根据获得授权的地区，基因工程产品可能有其他要求。本指导原则未包括免疫调节剂。在研发过程中，动物安全性试验应使用靶动物进行评估。评估的目的是确定注册疫苗使用剂量的安全性。因此，本指导原则仅限于靶动物的健康和福利。不包括对食品安全或环境安全的评估以及对人体健康的影响。

本指导原则是研究性兽用疫苗对靶动物安全评估的国际统一标准和方法。旨在帮助申请者准备在实验室条件下和相关的实地研究（使用大量动物）进行的靶动物安全检验研究方案。所有的研究可能不需要。对于某些研究性兽用疫苗来说，在本文件中没有阐述的但在疫苗靶动物安全上有特殊考虑的额外研究可能需要进行。因此，本文件中没有规定具体附加信息。这些信息可以由申请者与监管机构之间的沟通来确定。

毒力返强试验指导原则可参阅VICH指导原则的GL41。

1.4 基本原则

证明研究性兽用疫苗的靶动物安全性所需的具体信息取决于如下因素，如提出的使用方案和剂量，研究性兽用疫苗的类型，佐剂的性质，赋形剂，注意事项，同类产品历史使用情况，物种，种类和品种等。

通常，来自多联疫苗安全性试验的数据可以用于证明含有减少抗原和/或佐剂组分的疫苗的安全性，只要其余组分在每种情况下是相同的，并且仅仅是抗原和/或佐剂的减少。在某些地区，这种方法可能不适用于临床安全试验研究。在这种情况下，要进行注册的最终成品中的抗原/佐剂的每种组合都必须进行测试。

试验中的不良反应必须纳入最终报告，并分析造成不良反应的原因。

1.4.1 标准

在实验室条件下进行的靶动物安全性研究应按照非临床研究质量管理规范（GLP）的原则进行和管理，例如，经济合作与发展组织（OECD），临床安全研究应遵守VICH临床试验质量管理规范（GCP）

的原则。

1.4.2 动物

使用的动物在物种、年龄和等级等方面应适合于研究性兽用疫苗的测试目的。免疫组和对照组动物（当使用时）应进行类似的处理。各组的环境条件应尽可能相似。为了研究的目的，动物的空间和饲养条件应满足研究目的，且符合当地的动物福利法规。动物应适当的适应研究条件。在开始研究之前，可以进行适当的预防性治疗。在研究过程中减少或消除痛苦至关重要。推荐安乐死和濒死动物尸检。

1.4.3 研究性兽用疫苗和接种途径

研究性兽用疫苗以及接种途径和方法应适用于本文后面所述的各类研究。

1.4.4 试验设计

如果申请人进行的研究与本文件中指定的研究不同，则申请人可以进行文献检索，并将这些研究结果与预试验的结果结合起来，以证明改变靶动物安全性研究设计的合理性。评估疫苗安全性的基本参数是疫苗接种部位和全身性反应，包括接种部位反应及其严重程度和动物的临床症状。在适用情况下，应评估疫苗对生殖性能的影响。

在某些情况下，可能需要进行特殊测试，如血液学，血液化学，剖检或组织学检查。如果在动物子集中进行这些测试，则应在开始研究之前以足够的采样率随机选择这些动物以避免偏差（除非另有说明）。如果出现未预期的反应或结果，应适当选择样本，以便在可能的情况下查明所观察到的问题的原因。

只要可能，收集研究数据的人员应该设置双盲，以尽量减少偏差。病理学家可知道研究性疫苗的类型和可能的临床效果，但对治疗组应不知情。组织病理学数据应通过公认的程序进行评估［例如，Crissman等，Toxicologic Pathology，32（1），126－131，2004］。

1.4.5 统计分析

在实验室研究中，最好应用描述性统计方法来分析安全性试验数据。表格和描述文本是数据汇总的常用方法。然而，在免疫组和个体动物中的不良事件模式，使用图形表示是很有价值的。在临床试验研究中，如果适用的话，选择统计模型的一般形式和模型中包含的因素取决于分析用的反应变量性质和试验设计。无论选择何种方法，都应描述统计评估的过程和步骤。应明确提出数据分析的结果，以便评估潜在的安全问题。陈述的术语和方法应选择明确的结果和方便的解释。

尽管与免疫组之间没有差异的零假设可能比较容易，但是，研究设计约束限制了这些研究的统计能力和区分能力。在这些情况下，统计分析本身可能不能检测到潜在的不良反应，从而提供应有的安全保证。具有显著性统计检验并不一定证明存在安全问题。同样，一个非显著性统计检验并不一定表明没有安全问题。因此，应根据统计原则对结果进行评估，更应依据兽医学的考虑进行解读。

2 指导原则

研究性兽用疫苗的靶动物安全性应由实验室应用和临床研究来确定。对于活疫苗和灭活疫苗，收集的任何可能与研究性兽用疫苗安全性有关的数据均应出自开发阶段进行的研究报告。这些数据可用于支持靶动物安全性研究的实验室试验设计，并确定要检查的关键参数。

实验室安全性研究旨在成为评估靶动物安全性的第一步，并在开始临床研究之前提供基本信息。实验室安全性研究的设计将随产品类型和测试产品的预期用途而变化。

2.1 实验室安全性试验

2.1.1 活疫苗超剂量试验

活疫苗具有一定的残留致病性，可引起疾病特异性体征或损伤，超剂量试验作为疫苗株可接受风险分析的一部分。研究应该使用实验室制品或中试产品进行。根据提交申请的产品最大释放效价，应给予10倍剂量。在没有规定最大释放效价的情况下，考虑到确保适当的安全余量的需要，研究应以最小释放效价的合理倍数进行。例外情况需要进行科学证明。除非另有说明，一般应使用每组8只动物。如果佐剂或其他成分包含在活疫苗的稀释液中，则在注册档案中说明其在疫苗1个使用剂量中其数量和浓度的合理性。如果10倍滴度的抗原不能以1个使用剂量容积溶解，则应使用足以实现溶解的双倍剂量或其他最小容积。如果所要求的剂量容积或靶动物适合，可以使用多个注射位点来接种。

一般而言，其他疫苗不需要超剂量试验。

一般来说，对于每个靶物种，应使用标签上标明的最敏感的动物类别、年龄和性别。试验中应尽可能使用血清阴性的动物。但在无法获得血清阴性动物的情况下，选用替代动物也是合理的。如果对相关产品指定了多种接种途径和使用方法，建议使用所有途径进行接种。如果一种接种途径已经显示出最严重的影响，那么，可以选择这种单一途径作为研究中唯一使用的途径。

在适用的情况下，用于安全性试验，特别是超剂量研究的批次效价或效力将成为确定批次释放的最大释放效价或效力的基础。

2.1.2 单剂量和重复剂量试验

对于只需要接种一次的疫苗或作为基础免疫接种疫苗，应使用初次疫苗接种方案。对于需要单剂量或初次接种疫苗，随后加强免疫接种的疫苗，应使用带有附加剂量的疫苗接种方案。为方便起见，监管机构对2次免疫之间的建议时间间隔为至少14d。

应使用含有最大释放效价的研究性疫苗的试验或生产批次进行单剂量/重复剂量试验的评估，或者在未规定最大释放效价的情况下，则应使用最小释放效价的合理倍数。

一般而言，除非另有说明，否则，应使用每组8只动物。对于每种靶动物，应使用标签上提出的最敏感的类别，年龄和性别。

血清阴性的动物应该用于活疫苗。试验中应尽可能使用血清阴性的动物。但在无法获得血清阴性的动物的情况下，选用替代动物也是合理的。

如果对相关产品指定了多种接种途径和使用方法，建议使用所有途径进行接种。如果一种接种途径已经显示出最严重的影响，可以选择这种单一途径作为研究中唯一使用的途径。

2.1.3 数据收集

应在每次接种后14d内，每天进行适合研究性兽用疫苗类型和动物物种的一般临床观察。此外，其他相关标准，如直肠温度（哺乳动物）或性能测定，在此观察期内应以适当的频率进行记录。整个时期内所有的观察结果都应该记录。注射部位应在每次研究性兽用疫苗接种后至少14d，每天通过检查和触诊或在其他合理的时间间隔进行检查。当在14d观察结束时出现注射部位不良反应时，应延长观察期直到发生病变的临床症状可接受的情况，或者如果合适的话，直到动物被安乐死并进行组织病理学检查。

2.2 生殖安全试验

当数据显示产品的原辅材料可能是一个风险因素时，必须考虑对种畜繁殖性能的考察，同时，要求有实验室研究与临床安全性研究（2.3中详述）。如果没有进行生殖安全性研究，除非提供有关在种畜中不使用研究性兽用疫苗风险的科学理由，否则，必须在标签中注明。实验室和临床安全研究的设计和范围将基于所涉及的动物的类型、疫苗的类型、接种时间和接种途径以及所涉及的动物品种。

为了检验生殖安全性，根据产品使用说明书，用适合于研究目的的动物，接种不低于推荐使用的最小剂量疫苗。如果对相关产品指定了多种接种途径和使用方法，建议使用所有接种途径进行接种。如果一种接种途径已经显示出造成最严重的影响，那么，可以选择这种途径作为研究中唯一的使用途径。一般而言，除非另有说明，否则，应该使用每组8只动物，使用实验室制品或中试产品。应该观察动物一段时间，以确定生殖安全，包括2.1.3中规定的日常安全观察。例外情况需要进行科学证明。应设立对照组。

用于怀孕动物的疫苗必须按上述要求在标签上推荐使用的怀孕期间进行试验。未经测试的妊娠期需要说明。观察期必须扩大到分娩，以检查妊娠期间或对后代的任何有害影响。例外情况需要进行科学证明。

在科学证明的情况下，可能需要进一步的研究来确定研究性兽用疫苗对精液的影响，包括精液中活的有机体的脱落。观察期应适合本研究的目的。

对于推荐用于后备蛋鸡或蛋鸡的研究性兽用疫苗，研究设计应包括评估适合于接种母鸡种类的参数。

2.3 田间安全试验

在VICH各成员国之间，疾病和畜牧业相似的情况下，国际数据可用于田间研究。申请人只要在获得批准的区域内获得监管机构可接受的最低比例的数据。担保人有责任确保田间研究应在获得授权地区的饲养条件下进行。在进行研究之前，必须获得当地授权。建议在进行研究之前与当地监管机构就研究设计进行磋商。

如果标签指示用于种畜，则需要进行适当的田间安全研究，以显示研究性兽用疫苗在田间条件下的安全性。

2.3.1 动物

标签上应注明预期用于接种的动物类别和年龄。血清学状况需要考虑。在可能的情况下，应包括阴性或阳性对照组。

免疫动物和对照动物应以相同方式管理。为了研究目的，空间和饲养条件应该是足够的，并符合当地的动物福利法规。

2.3.2 试验地点和接种

推荐2个或更多不同的地点。应使用推荐的疫苗接种剂量和途径。应使用研究性兽用疫苗的代表批次进行。有些地区可能要求使用多个批次的产品进行临床安全性研究。

2.3.3 数据收集

应在一段适合研究性兽用疫苗的时间内进行观察，不良事件应记录在案，并纳入最终报告。应该合理地尝试确定不良事件的因果关系。

3 术语

不良反应：怀疑与研究性兽用疫苗有关的不良事件。

不良事件：使用研究性兽用疫苗后发生的任何不利和意外的结果，无论是否被视为与产品有关。

类别：以生殖状态和／或使用（牛奶与牛肉，肉鸡与蛋鸡）等因素为特征的靶动物物种的子集。

剂量：是指研究性兽用疫苗的使用量，包括疫苗的容积或效力（mL），接种频率和持续时间。

田间安全试验：在实际市场条件下，按照标签说明使用研究性兽用疫苗进行的临床试验，用于评价效力和／或安全性。

临床试验管理规范（GCP）：设计，实施，监测，记录，审核，分析和报告临床研究的标准。遵守标准可以保证数据和报告的结果是完整的、正确的和准确的，确保实验动物的福利和参与研究人员安全，并确保环境和人类以及动物食物链得到保护。

非临床研究质量管理规范（GLP）：设计，实施，监测，记录，审核，分析和报告非临床研究的标准。遵守标准可以保证数据和报告的结果是完整的、正确的和准确的，确保实验动物的福利和参与研究人员的安全，并确保环境和人类以及动物食物链得到保护。

研究性兽用疫苗（IVV）：在临床或非临床研究中被评估的活疫苗或灭活疫苗，以调查应用于动物时的保护性、治疗性、诊断性或生理学效应。

设盲：减少潜在的研究偏见的程序，指定的研究人员不了解治疗任务。

最大释放效价：出厂时允许的预期最大抗原含量，以适合于研究性兽用疫苗的单位表示。

最大释放滴度：出厂时疫苗中每头（只）份所需的有效生物的预期最高数量，通过安全性试验进行验证。

最小释放效价：出厂时允许的预期最小抗原含量，以适合于研究性兽用疫苗的单位表示。

最小释放滴度：出厂时疫苗中每头（只）份所需的有效生物的预期最低数量，通过效力和稳定性试验进行验证。

阴性对照：健康的动物，未经治疗或接种疫苗、安慰剂或假处理。

实验室批次：完全代表和模拟将在商业规模应用的程序生产的研究性兽用疫苗批次。细胞扩增，收获和产品纯化的方法除了生产规模外应该是一致的。

阳性对照：给予类似疫苗的健康动物，通常在进行研究的国家进行登记。该产品由公司（发起人）选择，并且针对所测试的研究性兽用疫苗标示的疾病和靶物种。

中试批次：通过申请中描述的方法在预期的生产设施中生产的研究性兽用疫苗批次。

协议书：充分描述研究的目标，设计，方法，统计考虑和组织的文件。该文件由研究者进行临床研究（或GLP研究的研究主任）和申请者签字并注明日期。该协议也可以给出研究的背景和基本原理，但这些可以在其他研究协议参考文件中提供。该术语包括所有协议修正案。

残留致病性：致弱的病毒或细菌在特定靶动物物种和特定接种途径，引起接种动物出现临床症状或组织损伤，或者体内微生物的留存或潜伏的潜在能力。

附录

VICH 缩略语

序号	缩略语	英　文	中文
1	3Rs	Replacement，Refinement，Reduction	3R 原则（替代、优化、减少）
2	ADI	Acceptable daily intake	每日允许摄入量
3	API	Active pharmaceutical ingredient	药物活性成分
4	ARfD	Acute Reference Dose	急性参考剂量
5	AUC	Area Under The Curve	药时曲线下面积
6	BMD	Benchmark Dose	基准剂量
7	BMDL	Benchmark Dose Lower Confidence Limit	基准剂量置信下限
8	cGMP	Current Good Manufacturing Practice	动态药品生产质量管理规范
9	EAGR	Efficacy of Anthelmintic：General Requirements Guidelines	驱蠕虫药药效评价通则
10	EHC	Environmental Health Criteria	环境卫生标准
11	GCP	Good clinical practice	临床试验质量管理规范
12	GLP	Good Laboratory Practice	非临床研究质量管理规范
13	GMP	Good Manufacturing Practice	药品生产质量管理规范
14	IPCS	International Programme on Chemical Safety	国际化学品安全规划组
15	IVPP	Investigational Veterinary Pharmaceutical Product	研究性兽药
16	IVV	Investigational Veterinary Vaccine	研究性兽用疫苗
17	LOEL	Lowest–observed effect level	最低作用剂量
18	MCB	Master Cell Bank	基础细胞库
19	MIC	Minimum Inhibitory Concentration	最小抑制浓度
20	MOA	Mode of Action	作用模式
21	MRL	Maximum Residue Limit	最大残留限量
22	NOAEC	No Observed Adverse Effect concentration	无可见不良反应浓度
23	NOAEL	No Observed Adverse Effect Level	无可见不良反应剂量
24	NOEL	No–observed effect level	最大无作用剂量
25	OECD	Organization For Economic Cooperation And Development	经济合作与发展组织
26	PDE	Permitted daily exposure	日允许暴露量
27	PDG	Pharmacopoeia Discussion Group	药典讨论组
28	PK	Pharmacokinetics	药代动力学
29	POD	Point of departure	起始点
30	PQS	Pharmaceutical quality system	药品质量体系
31	QA	Quality Assurance	质量保证
32	QC	Quality Control	质量控制
33	QSAR	Quantitative structure–activity relationship	定量构效关系
34	TABST	Target animals batch safety Test	靶动物批安全检验

（续）

序号	缩略语	英　　文	中文
35	TDI	tolerable daily intake	日耐受摄入量
36	UF	Uncertainty factor	不确定因子
37	VICH	Veterinary International Cooperation on Harmonization	兽药注册技术要求国际协调会
38	WAAVP	World association for the advancement of veterinary parasitology	国际兽医寄生虫学促进协会
39	WCB	Working Cell Bank	工作细胞库

VICH GL39 (QUALITY)
November 2005
For implementation at Step 7

TEST PROCEDURES AND ACCEPTANCE CRITERIA FOR NEW VETERINARY DRUG SUBSTANCES AND NEW MEDICINAL PRODUCTS: CHEMICAL SUBSTANCES

Recommended for Adoption
at Step 7 of the VICH Process
in November 2005 by the VICH SC
for implementation in November 2006

This Guideline has been developed by the appropriate VICH Expert Working Group and is subject to consultation by the parties, in accordance with the VICH Process. At Step 7 of the Process the final draft will be recommended for adoption to the regulatory bodies of the European Union, Japan and USA.

1 INTRODUCTION

1.1 Objective of the Guideline

This guideline is intended to assist to the extent possible, in the establishment of a single set of global specifications for new veterinary drug substances and medicinal products. It provides guidance on the setting and justification of acceptance criteria and the selection of test procedures for new drug substances of synthetic chemical origin, and new medicinal products produced from them, which have not been registered previously in the United States, the European Union, or Japan.

1.2 Background

A specification is defined as a list of tests, references to analytical procedures, and appropriate acceptance criteria, which are numerical limits, ranges, or other criteria for the tests described. It establishes the set of criteria to which a drug substance or medicinal product should conform to be considered acceptable for its intended use. "Conformance to specifications" means that the drug substance and / or medicinal product, when tested according to the listed analytical procedures, will meet the listed acceptance criteria.

Specifications are critical quality standards that are proposed and justified by the manufacturer and approved by regulatory authorities as conditions of approval. Specifications are one part of a total control strategy for the drug substance and medicinal product designed to ensure product quality and consistency. Other parts of this strategy include thorough product characterization during development, upon which specifications are based, and adherence to Good Manufacturing Practices; e.g., suitable facilities, a validated manufacturing process, validated test procedure, raw material testing, in-process testing, stability testing, etc.

Specifications are chosen to confirm the quality of the drug substance and medicinal product rather than to establish full characterization, and should focus on those characteristics found to be useful in ensuring the safety and efficacy of the drug substance and medicinal product.

1.3 Scope of the Guideline

The quality of drug substances and medicinal products is determined by their design, development, in-process controls, GMP controls, and process validation, and by specifications applied to them throughout development and manufacture. This guideline addresses specifications, i.e., those tests, procedures, and acceptance criteria which play a major role in assuring the quality of the new veterinary drug substance and medicinal product at release and during shelf life. Specifications are an important component of quality assurance, but are not its only component. All of the considerations listed above are necessary to ensure consistent production of drug substances and medicinal products of high quality.

This guideline addresses only the marketing approval of new medicinal products (including combination products) and, where applicable, new drug substances; it does not address drug substances or medicinal products during the clinical research stages of drug development. This guideline may be applicable to synthetic and semi-synthetic antibiotics and synthetic peptides of low molecular weight; however, it is not sufficient to adequately describe specifications of higher molecular weight peptides and polypeptides, and biotechnological/biological products. The draft VICH Guideline Specifications: Test Procedures and Acceptance Criteria for New Veterinary Biotechnological/Biological Products addresses guideline specifications, tests and procedures for biotechnological/ biological products. Radiopharmaceuticals, products of fermentation, oligonucleotides, herbal products and crude products of animal or plant origin are similarly not covered.

Guidance is provided with regard to acceptance criteria which should be established for all new drug substances and new medicinal products, i.e. universal acceptance criteria, and those that are considered specific to individual drug substances and / or dosage forms. This guideline should not be considered all encompassing. New analytical technologies, and modifications to existing technology, are continually being developed. Such technologies should be used when justified.

Dosage forms addressed in this guideline include solid oral dosage forms, powders, liquid oral dosage forms, and parenterals (small and large volume). This is not meant to be an all- inclusive list, or to limit the number of dosage forms to which this guideline applies. The dosage forms presented serve as models, which may be applicable to other dosage forms which have not been discussed. The extended application of the concepts in this guideline to other dosage forms, e.g., to topical formulations (pour-on, spot-on, creams, ointments, gels) is encouraged.

2 GENERAL CONCEPTS

The following concepts are important in the development and setting of harmonized specifications. They are not universally applicable, but each should be considered in particular circumstances. This guideline presents a brief definition of each concept and an indication of the circumstances under which it may be applicable. Generally, proposals to implement these concepts should be justified by the applicant and approved by the appropriate regulatory authority before being put into effect.

2.1 Periodic or Skip Testing

Periodic or skip testing is the performance of specified tests at release on pre-selected batches and / or at predetermined intervals, rather than on a batch-to-batch basis with the understanding that those batches not being tested still must meet all acceptance criteria established for that product. This represents a less than full schedule of testing and should therefore be justified and presented to and approved by the regulatory authority prior to implementation. This concept may be applicable to, for example, residual solvents and microbiological testing, for solid oral dosage forms. It is recognized that only limited data may be available at the time of submission of an application (see section 2.5). This concept should therefore generally be implemented post-approval. When tested, any failure to meet acceptance criteria established for the periodic test should be handled by proper notification of the appropriate regulatory authority(ies). If these data demonstrate a need to restore routine testing, then batch by batch release testing should be reinstated.

2.2 Release vs. Shelf-life Acceptance Criteria

The concept of different acceptance criteria for release vs. shelf-life specifications applies to medicinal products only; it pertains to the establishment of more restrictive criteria for the release of a medicinal product than are applied to the shelf-life. Examples where this may be applicable include assay and impurity (degradation product) levels. In some regions, the concept of release limits may only be applicable to in-house limits and not to the regulatory shelf-life limits. Thus, in these regions, the regulatory acceptance criteria are the same from release throughout shelf-life; however, an applicant may choose to have tighter in-house limits at the time of release to provide increased assurance to the applicant that the product will remain within the regulatory acceptance criterion throughout its shelf- life. In the European Union there is a regulatory requirement for distinct specifications for release and for shelf-life where different.

2.3 In-process Tests

In-process tests, as presented in this guideline, are tests which may be performed during the manufacture of either the drug substance or medicinal product, rather than as part of the formal battery of tests which are conducted prior to release.

In-process tests which are only used for the purpose of adjusting process parameters within an operating range, e.g., hardness and friability of tablet cores which will be coated and individual tablet weights, are not included in the specification.

Certain tests conducted during the manufacturing process, where the acceptance criterion is identical to or tighter than the release requirement, (e.g., pH of a solution) may be sufficient to satisfy specification requirements when the test is included in the specification. However, this approach should be validated to show that test results or product performance characteristics do not change from the in-process stage to finished product.

2.4 Design and Development Considerations

The experience and data accumulated during the development of a new drug substance or product should form the basis for the setting of specifications. It may be possible to propose excluding or replacing certain tests on this basis. Some examples are:

- microbiological testing for drug substances and solid dosage forms which have been shown during development not to support microbial viability or growth (see Decision Trees #6 and #8).
- extractables from product containers where it has been reproducibly shown that either no extractables are found in the medicinal product or the levels meet accepted standards for safety.
- particle size testing may fall into this category, may be performed as an in-process test, or may be performed as a release test, depending on its relevance to product performance.
- dissolution testing for immediate release solid oral medicinal products made from highly water soluble drug substances may be replaced by disintegration testing, if these products have been demonstrated during development to have consistently rapid drug release characteristics (see Decision Trees #7(1) and #7(2)).

2.5 Limited Data Available at Filing

It is recognized that only a limited amount of data may be available at the time of filing, which can influence the process of setting acceptance criteria. As a result it may be necessary to propose revised acceptance criteria as additional experience is gained with the manufacture of a particular drug substance or drug product (example: acceptance limits for a specific impurity). The basis for the acceptance criteria at the time of filing should necessarily focus on safety and efficacy.

When only limited data are available, the initially approved tests and acceptance criteria should be reviewed as more information is collected, with a view towards possible modification. This could involve loosening, as well as tightening, acceptance criteria as appropriate.

2.6 Parametric Release

Parametric release can be used as an operational alternative to routine release testing for the medicinal product in certain cases when approved by the regulatory authority. Sterility testing for terminally sterilized medicinal products is one example. In this case, the release of each batch is based on satisfactory results from monitoring specific parameters, e.g., temperature, pressure, and time during the terminal sterilization phase(s) of medicinal product manufacturing. These parameters can generally be more accurately controlled and measured, so that they are more reliable in predicting sterility assurance than is end-product sterility testing. Appropriate laboratory tests (e.g., chemical or physical indicator) may be included in the parametric release program. It is important to note that the sterilization process should be adequately validated before parametric release is proposed and maintenance of a validated state should be demonstrated by revalidation at established intervals. When parametric release is performed, the attribute which is indirectly controlled (e.g., sterility), together with a reference to the associated test procedure, still should be included in the specifications.

2.7 Alternative Procedures

Alternative procedures are those which may be used to measure an attribute when such procedures control the quality of the drug substance or medicinal product to an extent that is comparable or superior to the official procedure.

2.8 Pharmacopoeial Tests and Acceptance Criteria

References to certain procedures are found in pharmacopoeias in each region. Wherever they are appropriate, pharmacopoeial procedures should be utilized. Whereas differences in pharmacopoeial procedures and/or acceptance criteria have existed among the regions, a harmonized specification is possible only if the procedures and acceptance criteria defined are acceptable to regulatory authorities in all regions.

The full utility of this Guideline is dependent on the successful completion of harmonization of pharmacopoeial procedures for several attributes commonly considered in the specification for new drug substances or new medicinal products. The Pharmacopoeial Discussion Group (PDG) of the European Pharmacopoeia, the Japanese Pharmacopoeia, and the United States Pharmacopeia has expressed a commitment to achieving harmonization of the procedures in a timely fashion.

Where harmonization has been achieved, an appropriate reference to the harmonized procedure and acceptance criteria is considered acceptable for a specification in all three regions. For example, after harmonization sterility data generated using the JP procedure, as well as the JP procedure itself and its acceptance criteria, are considered acceptable for registration in all three regions. To signify the harmonized status of these procedures, the pharmacopoeias have agreed to include a statement in their respective texts which indicates that the procedures and acceptance criteria from all three pharmacopoeias are considered equivalent and are, therefore, interchangeable.

Since the overall value of this Guideline is linked to the extent of harmonization of the analytical procedures and acceptance criteria of the pharmacopoeias, none of the three pharmacopoeias should change a harmonized monograph unilaterally. According to the PDG procedure for the revision of harmonized monographs and chapters, "no pharmacopoeia shall revise unilaterally any monograph or chapter after sign-off or after publication."

2.9 Evolving Technologies

New analytical technologies, and modifications to existing technology, are continually being developed. Such technologies should be used when they are considered to offer additional assurance of quality, or are otherwise justified.

2.10 Impact of Drug Substance on Medicinal Product Specifications

In general, it should not be necessary to test the medicinal product for quality attributes uniquely associated with the drug substance. Example: it is normally not considered necessary to test the medicinal product for synthesis impurities which are controlled in the drug substance and are not degradation products. Refer to the VICH Guideline Impurities in New Veterinary Medicinal Products for detailed information.

2.11 Reference Standard

A reference standard, or reference material, is a substance prepared for use as the standard in an assay, identification, or purity test. It should have a quality appropriate to its use. It is often characterized and evaluated for its intended purpose by additional procedures other than those used in routine testing. For new drug substance reference standards intended for use in assays, the impurities should be adequately identified and / or controlled, and purity should be measured by a quantitative procedure.

3 GUIDELINES

3.1 Specifications: Definition and Justification

3.1.1 Definition of Specifications

A specification is defined as a list of tests, references to analytical procedures, and appropriate acceptance criteria which are numerical limits, ranges, or other criteria for the tests described. It establishes the set of criteria to which a new drug substance or new medicinal product should conform to be considered acceptable for its intended use. "Conformance to specifications" means that the drug substance and / or medicinal product, when tested according to the listed analytical procedures, will meet the listed acceptance criteria. Specifications are critical quality standards that are proposed and justified by the manufacturer and approved by regulatory authorities as conditions of approval.

It is possible that, in addition to release tests, a specification may list in-process tests as defined in 2.3, periodic (skip) tests, and other tests which are not always conducted on a batch-by-batch basis. In such cases the applicant should specify which tests are routinely conducted batch-by-batch, and which tests are not, with an indication and justification of the actual testing frequency. In this situation, the drug substance and / or medicinal product should meet the acceptance criteria if tested.

It should be noted that changes in the specification after approval of the application may need prior approval by the regulatory authority.

3.1.2 Justification of Specifications

When a specification is first proposed, justification should be presented for each procedure and each acceptance criterion included. The justification should refer to relevant development data, pharmacopoeial standards, test data for drug substances and medicinal products used in toxicology, residue (when relevant) and clinical studies, and results from accelerated and long term stability studies, as appropriate. Additionally, a reasonable range of expected analytical and manufacturing variability should be considered. It is important to consider all of this information.

Approaches other than those set forth in this guideline may be applicable and acceptable. The applicant should justify alternative approaches. Such justification should be based on data derived from the new drug substance synthesis and/or the new medicinal product manufacturing process. This justification may consider theoretical tolerances for a given procedure or acceptance criterion, but the actual results obtained should form the primary basis for whatever approach is taken.

Test results from stability and scale-up / validation batches, with emphasis on the primary stability batches, should be considered in setting and justifying specifications. If multiple manufacturing sites are planned, it may be valuable to consider data from these sites in establishing the initial tests and acceptance criteria. This is particularly true when there is limited initial experience with the manufacture of the drug substance or medicinal product at any particular site. If data from a single representative manufacturing site are used in setting tests and acceptance criteria, product manufactured at all sites should still comply with these criteria.

Presentation of test results in graphic format may be helpful in justifying individual acceptance criteria, particularly for assay values and impurity levels. Data from development work should be included in such a presentation, along with stability data available for new drug substance or new medicinal product batches manufactured by the proposed commercial processes. Justification for proposing exclusion of a test from the specification should be based on development data and on process validation data (where appropriate).

3.2 Universal Tests / Criteria

Implementation of the recommendations in the following section should take into account the VICH Guidelines "Validation of Analytical Procedures: Definition and Terminology" and "Validation of Analytical Procedures: Methodology".

3.2.1 New Drug Substances

The following tests and acceptance criteria are considered generally applicable to all new drug substances.

a) Description: a qualitative statement about the state (e.g. solid, liquid) and color of the new drug substance. If any of these characteristics change during storage, this change should be investigated and appropriate action taken.

b) Identification: identification testing should optimally be able to discriminate between compounds of closely related structure which are likely to be present. Identification tests should be specific for the new drug substance, e.g., infrared spectroscopy. Identification solely by a single chromatographic retention time, for example, is not regarded as being specific. However, the use of two chromatographic procedures, where the separation is based on different principles or a combination of tests into a single procedure, such as HPLC/UV diode array, HPLC/MS, or GC/MS is generally acceptable. If the new drug substance is a salt, identification testing should be specific for the individual ions. An identification test that is specific for the salt itself should suffice. Identification should be retained in the specification, however testing during a stability study is not necessary unless the identification test is stability indicating.

New drug substances which are optically active may also need specific identification testing or performance of a chiral assay. Please refer to 3.3.1.d) in this Guideline for further discussion of this topic.

c) Assay: A specific, stability-indicating procedure should be included to determine the content of the new drug substance. In many cases it is possible to employ the same procedure (e.g., HPLC) for both assay of the new drug substance and quantitation of impurities.

In cases where use of a non-specific assay is justified, other supporting analytical procedures should be used to achieve overall specificity. For example, where titration is adopted to assay the drug substance, the combination of the assay and a suitable test for impurities should be used.

d) Impurities: Organic and inorganic impurities and residual solvents are included in this category. Refer to the VICH Guidelines Impurities in New Veterinary Drug Substances and Residual Solvents in New Veterinary Medicinal Products, Active Substances and Excipients for detailed information.

Decision tree #1 addresses the extrapolation of meaningful limits on impurities from the body of data generated during development. At the time of filing it is unlikely that sufficient data will be available to assess process consistency. Therefore it is considered inappropriate to establish acceptance criteria which tightly encompass the batch data at the time of filing. (see section 2.5)

3.2.2 New Medicinal Products

The following tests and acceptance criteria are considered generally applicable to all new medicinal products:

a) Description: A qualitative description of the dosage form should be provided (e.g., size, shape, and color). If any of these characteristics change during manufacture or storage, this change should be investigated and appropriate action taken. The acceptance criteria should include the final acceptable appearance. If color changes during storage, a quantitative procedure may be appropriate.

b) Identification: Identification testing should establish the identity of the new drug substance(s) in the new medicinal product and should be able to discriminate between compounds of closely related structure which are likely to be present. Identity tests should be specific for the new drug substance, e.g., infrared spectroscopy.

Identification solely by a single chromatographic retention time, for example, is not regarded as being specific. However, the use of two chromatographic procedures, where the separation is based on different principles, or combination of tests into a single procedure, such as HPLC/UV diode array, HPLC/MS, or GC/MS, is generally acceptable. Identification should be retained in the specification, however testing during a stability study is not necessary unless the identification test is stability indicating.

c) Assay: A specific, stability-indicating assay to determine strength (content) should be included for all new medicinal products. In many cases it is possible to employ the same procedure (e.g., HPLC) for both assay of the new drug substance and quantitation of impurities. Results of content uniformity testing for new medicinal products can be used for quantitation of medicinal product strength, if the methods used for content uniformity are also appropriate as assays.

In cases where use of a non-specific assay is justified, other supporting analytical procedures should be used to achieve overall specificity. For example, where titration is adopted to assay the drug substance for release, the combination of the assay and a suitable test for impurities can be used. A specific procedure should be used when there is evidence of excipient interference with the non-specific assay.

d) Impurities: Organic and inorganic impurities (degradation products) and residual solvents are included in this category. Refer to the VICH Guidelines Impurities in New Veterinary Medicinal Products and Residual Solvents for detailed information.

Organic impurities arising from degradation of the new drug substance and impurities that arise during the manufacturing process for the medicinal product should be monitored in the new medicinal product. Acceptance limits should be stated for individual specified degradation products, which may include both identified and unidentified degradation products as appropriate, and total degradation products. Process impurities from the new drug substance synthesis are normally controlled during drug substance testing, and therefore are not included in the total impurities limit. However, when a synthesis impurity is also a degradation product, its level should be monitored and included in the total degradation product limit. When it has been conclusively demonstrated via appropriate analytical methodology, that the drug substance does not degrade in the specific formulation, and under the specific storage conditions proposed in the new drug application, degradation product testing may be reduced or eliminated upon approval by the regulatory authorities.

Decision tree #2 addresses the extrapolation of meaningful limits on degradation products from the body of data generated during development. At the time of filing it is unlikely that sufficient data will be available to assess process consistency. Therefore it is considered inappropriate to establish acceptance criteria which tightly encompass the batch data at the time of filing. (see section 2.5)

3.3 Specific Tests / Criteria

In addition to the universal tests listed above, the following tests may be considered on a case by case basis for drug substances and/or medicinal products. Individual tests/criteria should be included in the specification when the tests have an impact on the quality of the drug substance and medicinal product for batch control. Tests other than those listed below may be needed in particular situations or as new information becomes available.

3.3.1 New Drug Substances

a) Physicochemical properties: These are properties such as pH of an aqueous solution, melting point / range, and refractive index. The procedures used for the measurement of these properties are usually unique and do not need much elaboration, e.g., capillary melting point, Abbé refractometry. The tests performed in this category should be determined by the physical nature of the new drug substance and by its intended use.

b) Particle size: For some new drug substances intended for use in solid or suspension medicinal products, particle size can have a significant effect on dissolution rates, bioavailability, residue depletion if appropriate, and / or stability. In such instances, testing for particle size distribution should be carried out using an appropriate procedure, and acceptance criteria should be provided.

Decision tree #3 provides additional guidance on when particle size testing should be considered.

c) Polymorphic forms: Some new drug substances exist in different crystalline forms which differ in their physical properties. Polymorphism may also include solvation or hydration products (also known as pseudopolymorphs) and amorphous forms. Differences in these forms could, in some cases, affect the quality or performance of the new medicinal products. In cases where differences exist which have been shown to affect medicinal product performance, bioavailability, residue depletion if appropriate, or stability, then the appropriate solid state should be specified.

Physicochemical measurements and techniques are commonly used to determine whether multiple forms exist. Examples of these procedures are: melting point (including hot-stage microscopy), solid state IR, X-ray powder diffraction, thermal analysis procedures (like DSC, TGA and DTA), Raman spectroscopy, optical microscopy, and solid state NMR. Decision trees #4(1) through 4(3) provide additional guidance on when, and how, polymorphic forms should be monitored and controlled.

Note: These decision trees should be followed sequentially. Trees 1 and 2 consider whether polymorphism is exhibited by the drug substance, and whether the different polymorphic forms can affect performance of the medicinal product. Tree 3 should only be applied when polymorphism has been demonstrated for the drug substance, and shown to affect these properties. Tree 3 considers the potential for change in polymorphic forms in the medicinal product, and whether such a change has any effect on product performance.

It is generally technically very difficult to measure polymorphic changes in medicinal products. Therefore, a surrogate test (e.g., dissolution) (see Decision tree 4(3)) can generally be used to monitor product performance. Polymorph content should only be measured in cases where a surrogate test is not possible.

d) Tests for chiral new drug substances: Where a new drug substance is predominantly one enantiomer, the opposite enantiomer is excluded from the qualification and identification thresholds given in the VICH Guidelines on Impurities in New Drug Substances and Impurities in New Veterinary Medicinal Products because of practical difficulties in quantifying it at those levels. However, that impurity in the chiral new drug substance and the resulting new medicinal product(s) should otherwise be treated according to the principles established in those Guidelines.

Decision tree #5 summarizes when and if chiral identity tests, impurity tests, and assays may be needed for both new drug substances and new medicinal products, according to the following concepts:

Drug Substance: Impurities. For chiral drug substances which are developed as a single enantiomer, control of the other enantiomer should be considered in the same manner as for other impurities. However, technical limitations may preclude the same limits of quantification or qualification from being applied. Assurance of control also could be given by appropriate testing of a starting material or intermediate, with suitable justification.

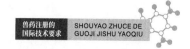

Assay. An enantioselective determination of the drug substance should be part of the specification. It is considered acceptable for this to be achieved either through use of a chiral assay procedure or by the combination of an achiral assay together with appropriate methods of controlling the enantiomeric impurity.

Identity. For a drug substance developed as a single enantiomer, the identity test(s) should be capable of distinguishing both enantiomers and the racemic mixture. For a racemic drug substance, there are generally two situations where a stereospecific identity test is appropriate for release/acceptance testing: 1) where there is a significant possibility that the enantiomer might be substituted for the racemate, or 2) when there is evidence that preferential crystallization may lead to unintentional production of a non-racemic mixture.

Medicinal *Product:* Degradation products. Control of the other enantiomer in a medicinal product is considered necessary unless racemization has been shown to be insignificant during manufacture of the dosage form, and on storage.

Assay: An achiral assay may be sufficient where racemization has been shown to be insignificant during manufacture of the dosage form, and on storage. Otherwise a chiral assay should be used, or alternatively, the combination of an achiral assay plus a validated procedure to control the presence of the opposite enantiomer may be used.

Identity: A stereospecific identity test is not generally needed in the medicinal product release specification. When racemization is insignificant during manufacture of the dosage form, and on storage, stereospecific identity testing is more appropriately addressed as part of the drug substance specification. When racemization in the dosage form is a concern, chiral assay or enantiomeric impurity testing of the medicinal product will serve to verify identity.

e) Water content: This test is important in cases where the new drug substance is known to be hygroscopic or degraded by moisture or when the drug substance is known to be a stoichiometric hydrate. The acceptance criteria may be justified with data on the effects of hydration or moisture absorption. In some cases, a Loss on Drying procedure may be considered adequate; however, a detection procedure that is specific for water (e.g., Karl Fischer titration) is preferred.

f) Inorganic impurities: The need for inclusion of tests and acceptance criteria for inorganic impurities (e.g., catalysts) should be studied during development and based on knowledge of the manufacturing process. Procedures and acceptance criteria for sulfated ash / residue on ignition should follow pharmacopoeial precedents; other inorganic impurities may be determined by other appropriate procedures, e.g., atomic absorption spectroscopy.

g) Microbial limits: There may be a need to specify the total count of aerobic microorganisms, the total count of yeasts and molds, and the absence of specific objectionable bacteria (e.g., Staphylococcus aureus, Escherichia coli, Salmonella, Pseudomonas aeruginosa). These should be suitably determined using pharmacopoeial procedures. The type of microbial test(s) and acceptance criteria should be based on the nature of the drug substance, method of manufacture, and the intended use of the medicinal product. For example, sterility testing may be appropriate for drug substances manufactured as sterile and endotoxin testing may be appropriate for drug substances used to formulate an injectable medicinal product.

Decision tree #6 provides additional guidance on when microbial limits should be included.

3.3.2 New Medicinal Products

Additional tests and acceptance criteria generally should be included for particular new medicinal products. The following section presents a representative sample of both the medicinal products and the types of tests and acceptance criteria which may be appropriate. The specific dosage forms addressed include solid oral medicinal products, liquid oral medicinal products, and parenterals (small and large volume). Application of the concepts in this guideline to other dosage forms is encouraged. Note that issues related to optically active drug substances and to solid state considerations for medicinal products are discussed in part 3.3.1. of this guideline.

3.3.2.1 Solid Oral Medicinal Products: The following tests are applicable to tablets (coated and uncoated) and hard capsules. One or more of these tests may also be applicable to soft capsules, powders and granules.

a) Dissolution: The specification for solid oral dosage forms normally includes a test to measure release of drug substance from the medicinal product. Single-point measurements are normally considered to be suitable for immediate-release dosage forms. For modified- release dosage forms, appropriate test conditions and sampling procedures should be established. For example, multiple time point sampling should be performed for extended-release dosage forms, and two-stage testing (using different media in succession or in parallel, as appropriate) may be appropriate for delayed-release dosage forms. In some cases (see 3.3.2.1 b) Disintegration) dissolution testing may be replaced by disintegration testing (see Decision Tree #7 (1)).

For immediate-release medicinal products where changes in dissolution rate have been demonstrated to significantly affect bioavailability, it is desirable to develop test conditions which can distinguish batches with unacceptable bioavailability. If changes in formulation or process variables significantly affect dissolution and such changes are not controlled by another aspect of the specification, it may also be appropriate to adopt dissolution test conditions which can distinguish these changes (see Decision Tree #7(2)).

Where dissolution significantly affects bioavailability, the acceptance criteria should be set to reject batches with unacceptable bioavailability. Otherwise, test conditions and acceptance criteria should be established which pass clinically acceptable batches (see Decision Tree #7(2)).

For extended-release medicinal products, in vitro / in vivo correlation may be used to establish acceptance criteria when bioavailability data are available for formulations exhibiting different release rates. Where such data are not available, and drug release cannot be shown to be independent of in vitro test conditions, then acceptance criteria should be established on the basis of available batch data. Normally, the permitted variability in mean release rate at any given time point should not exceed a total numerical difference of +/-10% of the labeled content of drug substance (i.e., a total variability of 20%: a requirement of 50 +/- 10% thus means an acceptable range from 40% to 60%), unless a wider range is supported by a bioequivalency study (see Decision Tree #7(3)).

b) Disintegration: For rapidly dissolving (dissolution >80% in 15 minutes at pH 1.2, 4.0 and 6.8, or as appropriate for specific veterinary species) products containing drugs which are highly soluble throughout the physiological range (dose/solubility volume < 250 mL from pH 1.2 to 6.8, or as appropriate for specific veterinary species), disintegration may be substituted for dissolution. Disintegration testing is most appropriate when a relationship to dissolution has been established or when disintegration is shown to be more discriminating than dissolution. In such cases dissolution testing may not be necessary. It is expected that development information will be provided to support the robustness of the formulation and manufacturing process with respect to the selection of dissolution vs. disintegration testing (see Decision Tree #7(1)).

c) Hardness/friability: It is normally appropriate to perform hardness and/or friability testing as an in-process control (see section 2.3). Under these circumstances, it is normally not necessary to include these attributes in the specification. If the characteristics of hardness and friability have a critical impact on medicinal product quality (e.g., chewable tablets), acceptance criteria should be included in the specification.

d) Uniformity of dosage units: This term includes both the mass of the dosage form and the content of the active substance in the dosage form; a pharmacopoeial procedure should be used. In general, the specification should include one or the other but not both. If appropriate, these tests may be performed in-process; the acceptance criteria should be included in the specification. When weight variation is applied for new medicinal products exceeding the threshold value to allow testing uniformity by weight variation, applicants should verify during drug development that the homogeneity of the product is adequate.

e) Water content: A test for water content should be included when appropriate. The acceptance criteria may be justified with data on the effects of hydration or water absorption on the medicinal product. In some cases, a Loss on Drying procedure may be considered adequate; however, a detection procedure which is specific for water (e.g., Karl Fischer titration) is preferred.

f) Microbial limits: Microbial limit testing is seen as an attribute of Good Manufacturing Practice, as well as of quality assurance. In general, it is advisable to test the medicinal product unless its components are tested before manufacture and the manufacturing process is known, through validation studies, not to carry a significant risk of microbial contamination or proliferation. It should be noted that, whereas this guideline does not directly address excipients, the principles discussed here may be applicable to excipients as well as to new medicinal products. Skip testing may be an appropriate approach in both cases where permissible. (See Decision Tree #6 for microbial testing of excipients.) Acceptance criteria should be set for the total count of aerobic microorganisms, the total count of yeasts and molds, and the absence of specific objectionable bacteria (e.g., Escherichia coli and Salmonella; testing of additional organisms may be necessary according to Pharmacopoeial requirements). These should be determined by suitable procedures, using pharmacopoeial procedures, and at a sampling frequency or time point in manufacture which is justified by data and experience. The type of microbial test(s) and acceptance criteria should be based on the nature of the drug substance, method of manufacture, and the intended use of the medicinal product. With acceptable scientific justification, it should be possible to propose no microbial limit testing for solid oral dosage forms.

Decision tree #8 provides additional guidance on the use of microbial limits testing.

3.3.2.2 Oral liquids: One or more of the following specific tests will normally be applicable to oral liquids and to powders intended for reconstitution as oral liquids.

a) Uniformity of dosage units: This term includes both the mass of the dosage form and the content of the active substance in the dosage form; a pharmacopoeial procedure should be used. In general, the specification should include one or the other but not both. When weight variation is applied for new medicinal products exceeding the threshold value to allow testing uniformity by weight variation, applicants should verify during drug development that the homogeneity of the product is adequate.

If appropriate, tests may be performed in-process; however, the acceptance criteria should be included in the specification. This concept may be applied to both single-dose and multiple-dose packages.

The dosage unit is considered to be a representative dose that would be administered to an animal. If the actual unit dose is controlled, it may either be measured directly or calculated, based on the total measured weight or volume of drug divided by the total number of doses expected. If dispensing equipment (such as medicine droppers or dropper tips for bottles) is an integral part of the packaging, this equipment should be used to measure the dose. Otherwise, a standard volume measure should be used. The dispensing equipment to be used is normally determined during development.

For powders for reconstitution, uniformity of mass testing is generally considered acceptable.

b) pH: Acceptance criteria for pH should be provided where applicable and the proposed range justified.

c) Microbial limits: Microbial limit testing is seen as an attribute of Good Manufacturing Practice, as well as of quality assurance. In general, it is advisable to test the medicinal product unless its components are tested before manufacture and the manufacturing process is known, through validation studies, not to carry a significant risk of microbial contamination or proliferation. It should be noted that, whereas this Guideline does not directly address excipients, the principles discussed here may be applicable to excipients as well as to new medicinal products. Skip testing may be an appropriate approach in both cases where permissible. With acceptable scientific justification, it may be possible to propose no microbial limit testing for powders intended for reconstitution as oral liquids. Acceptance criteria should be set for the total count of aerobic microorganisms, total count of yeasts and molds, and the absence of specific objectionable bacteria (e.g., Escherichia coli and Salmonella,; testing of additional organisms may be necessary according to Pharmacopoeial requirements). These should be determined by suitable procedures, using pharmacopoeial procedures, and at a sampling frequency or time point in manufacture which is justified by data and experience.

Decision tree #8 provides additional guidance on the use of microbial limits testing.

d) Antimicrobial preservative content: For oral liquids needing an antimicrobial preservative, acceptance criteria for preservative content should be established. Acceptance criteria for preservative content should be based upon the levels of antimicrobial preservative necessary to maintain microbiological quality of the product at all stages throughout its proposed usage and shelf-life. The lowest specified concentration of antimicrobial preservative should be demonstrated to be effective in controlling microorganisms by using a pharmacopoeial antimicrobial preservative effectiveness test. Testing for antimicrobial preservative content should normally be performed at release. Under certain circumstances, in-process testing may suffice in lieu of release testing. When antimicrobial preservative content testing is performed as an in-process test, the acceptance criteria should remain part of the specification.

Antimicrobial preservative effectiveness should be demonstrated during development and throughout the shelf-life and the in-use period (e.g., in stability testing: see the VICH Guideline, "Stability Testing of New Drug Substances and Products"), although chemical testing for preservative content is the attribute normally included in the specification.

e) Antioxidant preservative content: Release testing for antioxidant content should normally be performed. Under certain circumstances, where justified by developmental and stability data, shelf-life testing may be unnecessary, and in-process testing may suffice in lieu of release testing where permitted. When antioxidant content testing is performed as an in-process test, the acceptance criteria should remain part of the specification. If only release testing is performed, this decision should be reinvestigated whenever either the manufacturing procedure or the container/closure system changes.

f)Extractables: Generally, where development and stability data show evidence that extractables from the container/closure systems are consistently below levels that are demonstrated to be acceptable and safe, elimination of this test can normally be accepted. This should be reinvestigated if the container/closure system or formulation changes. Where data demonstrate the need, tests and acceptance criteria for extractables from the container/closure system components (e.g., rubber stopper, cap liner, plastic bottle, etc.) are considered appropriate for oral solutions packaged in non-glass systems, or in glass containers with non-glass closures. The container/closure components should be listed, and data collected for these components as early in the development process as possible.

g) Dissolution: In addition to the attributes recommended immediately above, it may be appropriate (e.g., insoluble drug substance) to include dissolution testing and acceptance criteria for oral suspensions and dry powder products for resuspension. Dissolution testing should be performed at release. This test may be performed as an in-process test when justified by product development data. The testing apparatus, media, and conditions should be pharmacopoeial, if possible, or otherwise justified. Dissolution procedures using either pharmacopoeial or non-pharmacopoeial apparatus and conditions should be validated. Single-point measurements are normally considered suitable for immediate-release dosage forms. Multiple-point sampling, at appropriate intervals, should be performed for modified-release dosage forms. Acceptance criteria should be set based on the observed range of variation, and should take into account the dissolution profiles of the batches that showed acceptable performance in vivo. Developmental data should be considered when determining the need for either a dissolution procedure or a particle size distribution procedure.

h) Particle size distribution: Quantitative acceptance criteria and a procedure for determination of particle size distribution may be appropriate for oral suspensions.

Developmental data should be considered when determining the need for either a dissolution procedure or a particle size distribution procedure for these formulations. Particle size distribution testing should be performed at release. It may be performed as an in-process test when justified by product development data. If these products have been demonstrated during development to have consistently rapid drug release characteristics, exclusion of a particle size distribution test from the specification may be proposed.

Particle size distribution testing may also be proposed in place of dissolution testing; justification should be provided. The acceptance criteria should include acceptable particle size distribution in terms of the percent of total particles in given size ranges. The mean, upper, and / or lower particle size limits should be well defined.

Acceptance criteria should be set based on the observed range of variation, and should take into account the dissolution profiles of the batches that showed acceptable performance in vivo, as well as the intended use of the product. The potential for particle growth should be investigated during product development; the acceptance criteria should take the results of these studies into account.

i) Redispersibility: For oral suspensions which settle on storage (produce sediment), acceptance criteria for redispersibility may be appropriate. Shaking may be an appropriate procedure.

The procedure (mechanical or manual) should be indicated. Time required to achieve resuspension by the indicated procedure should be clearly defined. Data generated during product development may be sufficient to justify skip lot testing, or elimination of this attribute from the specification may be proposed.

j) Rheological properties: For relatively viscous solutions or suspensions, it may be appropriate to include rheological properties (viscosity/specific gravity) in the specification. The test and acceptance criteria should be stated. Data generated during product development may be sufficient to justify skip lot testing, or elimination of this attribute from the specification may be proposed.

k) Reconstitution time: Acceptance criteria for reconstitution time should be provided for dry powder products which require reconstitution. The choice of diluent should be justified. Data generated during product development may be sufficient to justify skip lot testing or elimination of this attribute from the specification may be proposed.

l) Water content: For oral products requiring reconstitution, a test and acceptance criterion for water content should be proposed when appropriate. Loss on drying is generally considered sufficient if the effect of absorbed moisture vs. water of hydration has been adequately characterized during the development of the product. In certain cases a more specific procedure (e.g., Karl Fischer titration) may be preferable.

3.3.2.3 Parenteral Medicinal Products: The following tests may be applicable to parenteral medicinal products.

a) Uniformity of dosage units: This term includes both the mass of the dosage form and the content of the active substance in the dosage form; a pharmacopoeial procedure should be used. In general, the specification should include one or the other but not both and is applicable to powders for reconstitution. When weight variation is applied for new medicinal products exceeding the threshold value to allow testing uniformity by weight variation, applicants should verify during drug development that the homogeneity of the product is adequate.

If appropriate (see section 2.3), these tests may be performed in-process; the acceptance criteria should be included in the specification. This test may be applied to both single-dose and multiple-dose packages.

For powders for reconstitution, uniformity of mass testing is generally considered acceptable.

b) pH: Acceptance criteria for pH should be provided where applicable and the proposed range justified.

c) Sterility: All parenteral products should have a test procedure and acceptance criterion for evaluation of sterility. Where data generated during development and validation justify parametric release, this approach may be proposed for terminally sterilized medicinal products (see section 2.6).

d) Endotoxins/Pyrogens: A test procedure and acceptance criterion for endotoxins, using a procedure such as the limulus amoebocyte lysate test, should be included in the specification in accordance with regional requirements. Pyrogenicity testing may be proposed as an alternative to endotoxin testing where justified.

e) Particulate matter: Parenteral products should have appropriate acceptance criteria for particulate matter. This will normally include acceptance criteria for visible particulates and / or clarity of solution, as well as for sub-visible particulates as appropriate.

f) Water content: For non-aqueous parenterals, and for parenteral products for reconstitution, a test procedure and acceptance criterion for water content should be proposed when appropriate. Loss on drying is generally considered sufficient for parenteral products, if the effect of absorbed moisture vs. water of hydration has been adequately characterized during development. In certain cases a more specific procedure (e.g., Karl Fischer titration) may be preferred.

g) Antimicrobial preservative content: For parenteral products needing an antimicrobial preservative, acceptance criteria for preservative content should be established. Acceptance criteria for preservative content should be based upon the levels of antimicrobial preservative necessary to maintain microbiological quality of the product at all stages throughout its proposed usage and shelf life. The lowest specified concentration of antimicrobial preservative should be demonstrated to be effective in controlling microorganisms by using a pharmacopoeial antimicrobial preservative effectiveness test. Testing for antimicrobial preservative content should normally be performed at release. Under certain circumstances, in-process testing may suffice in lieu of release testing where permitted. When antimicrobial preservative content testing is performed as an in-process test, the acceptance criteria should remain part of the specification.

Antimicrobial preservative effectiveness should be demonstrated during development and throughout the shelf-life and the in-use period (e.g., in stability testing: see the VICH Guideline, "Stability Testing of New Drug Substances and Products"), although chemical testing for preservative content is the attribute normally included in the specification.

h) Antioxidant preservative content: Release testing for antioxidant content should normally be performed. Under certain circumstances, where justified by developmental and stability data, shelf-life testing may be unnecessary and in-process testing may suffice in lieu of release testing. When antioxidant content testing is performed as an in-process test, the acceptance criteria should remain part of the specification. If only release testing is performed, this decision should be reinvestigated whenever either the manufacturing procedure or the container/closure system changes.

i) Extractables: Control of extractables from container/closure systems is considered significantly more important for parenteral products than for oral liquids. However, where development and stability data show evidence that extractables are consistently below the levels that are demonstrated to be acceptable and safe, elimination of this test can normally be accepted. This should be reinvestigated if the container/closure system or formulation changes.

Where data demonstrate the need, acceptance criteria for extractables from the container/closure components are considered appropriate for parenteral products packaged in non-glass systems or in glass containers with elastomeric closures. This testing may be performed at release only, where justified by data obtained during development. The container/closure system components (e.g., rubber stopper, etc.) should be listed, and data collected for these components as early in the development process as possible.

j) Functionality testing of delivery systems: Parenteral formulations packaged in pre-filled syringes, autoinjector cartridges, or the equivalent should have test procedures and acceptance criteria related to the functionality of the delivery system. These may include control of syringeability, pressure, and seal integrity (leakage), and/or parameters such as tip cap removal force, piston release force, piston travel force, and power injector function force. Under certain circumstances these tests may be performed in-process. Data generated during product development may be sufficient to justify skip lot testing or elimination of some or all attributes from the specification.

k) Osmolarity: When the tonicity of a product is declared in its labeling, appropriate control of its osmolarity should be performed. Data generated during development and validation may be sufficient to justify performance of this procedure as an in-process control, skip lot testing, or direct calculation of this attribute.

l) Particle size distribution: Quantitative acceptance criteria and a procedure for determination of particle size distribution may be appropriate for injectable suspensions. Developmental data should be considered when determining the need for either a dissolution procedure or a particle size distribution procedure.

Particle size distribution testing should be performed at release. It may be performed as an in-process test when justified by product development data. If the product has been demonstrated during development to have consistently rapid drug release characteristics, exclusion of particle size controls from the specification may be proposed.

Particle size distribution testing may also be proposed in place of dissolution testing, when development studies demonstrate that particle size is the primary factor influencing dissolution; justification should be provided. The acceptance criteria should include acceptable particle size distribution in terms of the percent of total particles in given size ranges. The mean, upper, and / or lower particle size limits should be well defined.

Acceptance criteria should be set based on the observed range of variation, and should take into account the dissolution profiles of the batches that showed acceptable performance in vivo and the intended use of the product. The potential for particle growth should be investigated during product development; the acceptance criteria should take the results of these studies into account.

m) Redispersibility: For injectable suspensions which settle on storage (produce sediment), acceptance criteria for redispersibility may be appropriate. Shaking may be an appropriate procedure. The procedure (mechanical or manual) should be indicated. Time required to achieve resuspension by the indicated procedure should be clearly defined. Data generated during product development may be sufficient to justify skip lot testing, or elimination of this attribute from the specification may be proposed.

n) Reconstitution time: Acceptance criteria for reconstitution time should be provided for all parenteral products which require reconstitution. The choice of diluent should be justified. Data generated during product development and process validation may be sufficient to justify skip lot testing or elimination of this attribute from the specification for rapidly dissolving products.

4 GLOSSARY

(The following definitions are presented for the purpose of this Guideline)

Acceptance criteria: **Numerical limits, ranges, or other suitable measures for acceptance of the results of analytical procedures.**

Chiral: Not superimposable with its mirror image, as applied to molecules, conformations, and macroscopic objects, such as crystals. The term has been extended to samples of substances whose molecules are chiral, even if the macroscopic assembly of such molecules is racemic.

Combination product: A medicinal product which contains more than one drug substance.

Degradation product: A molecule resulting from a chemical change in the drug molecule brought about over time and/or by the action of e.g., light, temperature, pH, water, or by reaction with an excipient and/or the immediate container/closure system. Also called decomposition product.

Delayed Release: Release of a drug (or drugs) at a time other than immediately following oral administration.

Enantiomers: Compounds with the same molecular formula as the drug substance, which differ in the spatial arrangement of atoms within the molecule and are nonsuperimposable mirror images.

Extended Release: Products which are formulated to make the drug available over an extended period after administration.

Highly Water Soluble Drugs: Drugs with a dose/solubility volume of less than or equal to 250 mL over a pH range of 1.2 to 6.8, or as appropriate for specific veterinary species. (Example: Compound A has as its lowest solubility at 37± 0.5°C, 1.0 mg/mL at pH 6.8, and is available in 100 mg, 200 mg, and 400 mg strengths. This drug would be considered a low solubility drug as its dose/solubility volume is greater than 250 mL (400 mg/1.0 mg/mL = 400 mL).

Immediate Release: Allows the drug to dissolve in the gastrointestinal contents, with no intention of delaying or prolonging the dissolution or absorption of the drug.

Impurity: (1) Any component of the new drug substance which is not the chemical entity defined as the new drug substance. (2) Any component of the medicinal product which is not the chemical entity defined as the drug substance or an excipient in the medicinal product.

Identified impurity: An impurity for which a structural characterization has been achieved.

In-process tests: Tests which may be performed during the manufacture of either the drug substance or medicinal product, rather than as part of the formal battery of tests which are conducted prior to release.

Modified Release: Dosage forms whose drug-release characteristics of time course and/or location are chosen to accomplish therapeutic or convenience objectives not offered by conventional dosage forms such as a solution or an immediate release dosage form.

Modified release solid oral dosage forms include both delayed and extended release medicinal products.

New veterinary medicinal product: A pharmaceutical product type, for example, tablet, capsule, solution, cream, etc., containing a new or existing drug substance which has not previously been registered in a region or Member State, and which contains a drug ingredient generally, but not necessarily, in association with excipients.

New veterinary drug substance: The designated therapeutic moiety, which has not previously been registered in a region or Member State for use in a veterinary medicine (also referred to as a new molecular entity or new chemical entity). It may be a complex, simple ester, or salt of a previously approved drug substance.

Polymorphism: The occurrence of different crystalline forms of the same drug substance. This may include solvation or hydration products (also known as pseudopolymorphs) and amorphous forms.

Quality: The suitability of either a drug substance or medicinal product for its intended use. This term includes such attributes as the identity, strength, and purity.

Racemate: A composite (solid, liquid, gaseous, or in solution) of equimolar quantities of two enantiomeric species. It is devoid of optical activity.

Rapidly Dissolving Products: An immediate release solid oral medicinal product is considered rapidly dissolving when not less than 80% of the label amount of the drug substance dissolves within 15 minutes in each of the following media: (1) pH 1.2, (2) pH 4.0, and (3) pH 6.8, or as appropriate for specific veterinary species.

Reagent: A substance, other than a starting material or solvent, which is used in the manufacture of a new drug substance.

Solvent: An inorganic or an organic liquid used as a vehicle for the preparation of solutions or suspensions in the synthesis of a new drug substance or the manufacture of a new medicinal product.

Specification: A list of tests, references to analytical procedures, and appropriate acceptance criteria which are numerical limits, ranges, or other criteria for the tests described. It establishes the set of criteria to which a drug substance or medicinal product should conform to be considered acceptable for its intended use. "Conformance to specifications" means that the drug substance and / or medicinal product, when tested according to the listed analytical procedures, will meet the listed acceptance criteria.

Specifications are critical quality standards that are proposed and justified by the manufacturer and approved by regulatory authorities.

Specific test: A test which is considered to be applicable to particular new drug substances or particular new medicinal products depending on their specific properties and/or intended use.

Specified impurity: An identified or unidentified impurity that is selected for inclusion in the new drug substance or new medicinal product specification and is individually listed and limited in order to assure the quality of the new drug substance or new medicinal product.

Unidentified impurity: An impurity which is defined solely by qualitative analytical properties, (e.g., chromatographic retention time).

Universal test: A test which is considered to be potentially applicable to all new drug substances, or all new medicinal products; e.g., appearance, identification, assay, and impurity tests.

5 REFERENCES

VICH GL10: "*Impurities in New Veterinary Drug Substances*", 1999.

VICH GL11: "*Impurities in New Veterinary Medicinal Products*", 1999.

VICH GL3: *"Stability Testing of New Drug Substances and Products*", 2000.

VICH GL1: " *Validation of Analytical Procedures: Definition and Terminology*", 1999.

VICH GL2: "*Validation of Analytical Procedures: Methodology*", 1999.

VICH GL18: "Impurities: *Residual Solvents in New Veterinary Medicinal Products, Active Substances and Excipients*", 2000.

6 ATTACHMENTS

Decision Trees #1 through #8

For the decision trees referenced in this guideline, see the following pages.

DECISION TREE 1: ESTABLISHING ACCEPTANCE CRITERION FOR A SPECIFIED IMPURITY IN A NEW DRUG SUBSTANCE

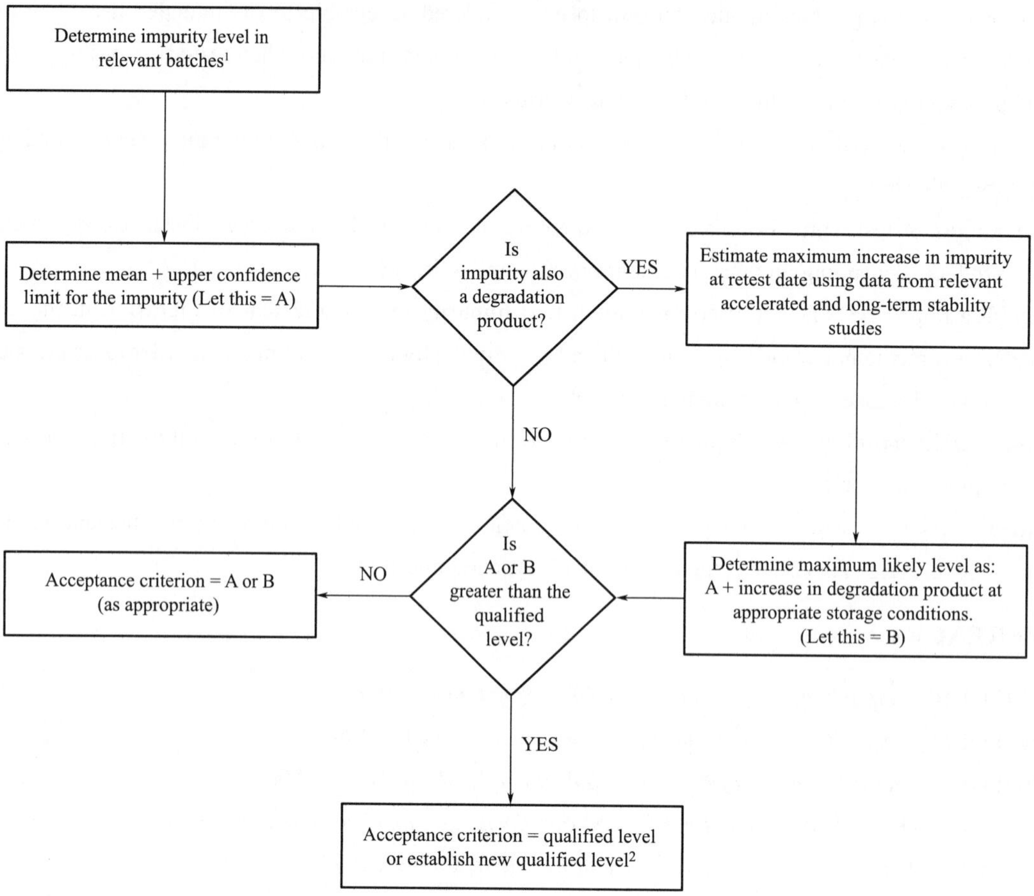

[1] Relevant batches are those from development, pilot and scale-up studies.

[2] Refer to VICH Guideline on Impurities in New Drug Substances

Definition: upper confidence limit = three times the standard deviation of batch analysis data

DECISION TREE 2: ESTABLISHING ACCEPTANCE CRITERION FOR A DEGRADATION PRODUCT IN A NEW MEDICINAL PRODUCT

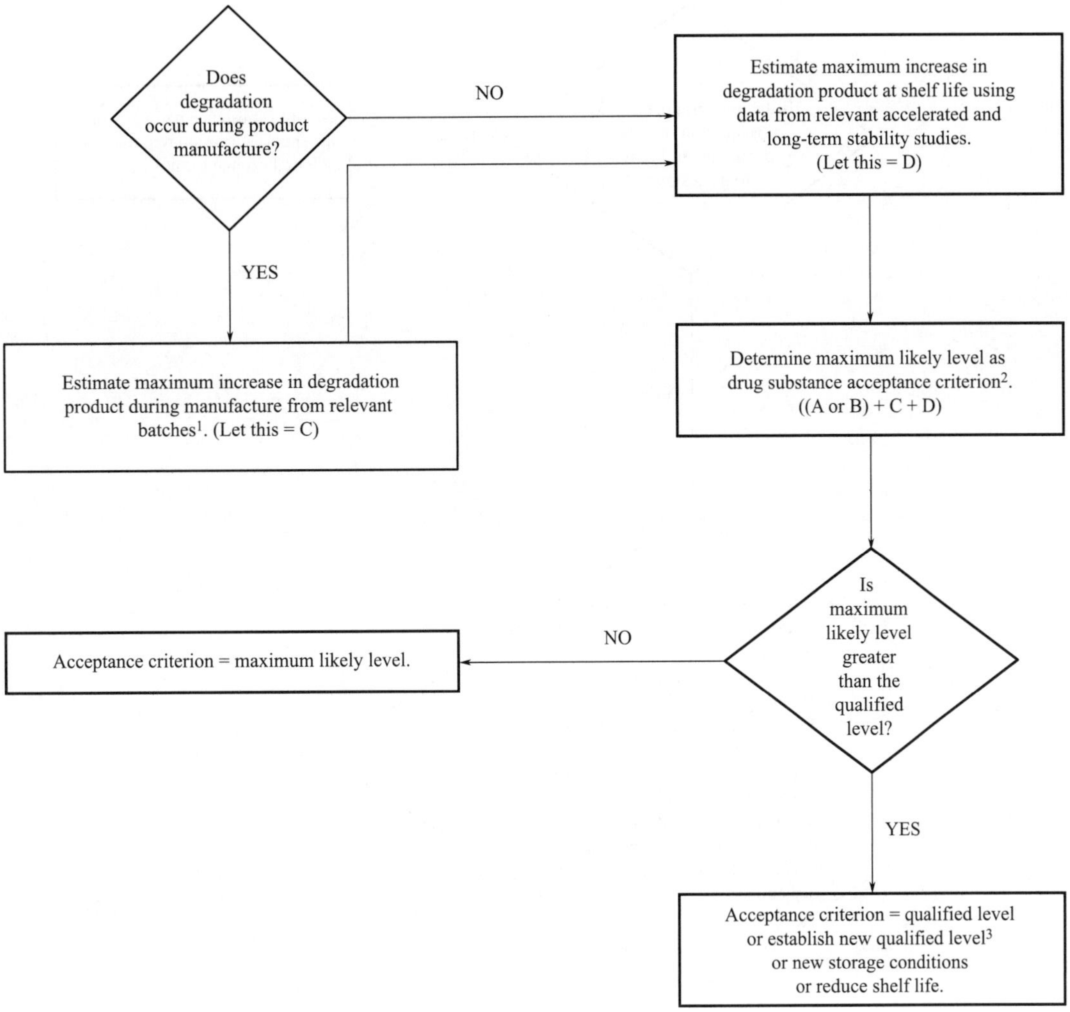

[1] Relevant batches are those from development, pilot and scale-up studies.

[2] Refer to Decision Tree 1 for information regarding A and B.

[3] Refer to VICH Guideline on Impurities in New Veterinary Medicinal Products.

DECISION TREE 3: SETTING ACCEPTANCE CRITERIA FOR DRUG SUBSTANCE PARTICLE SIZE DISTRIBUTION

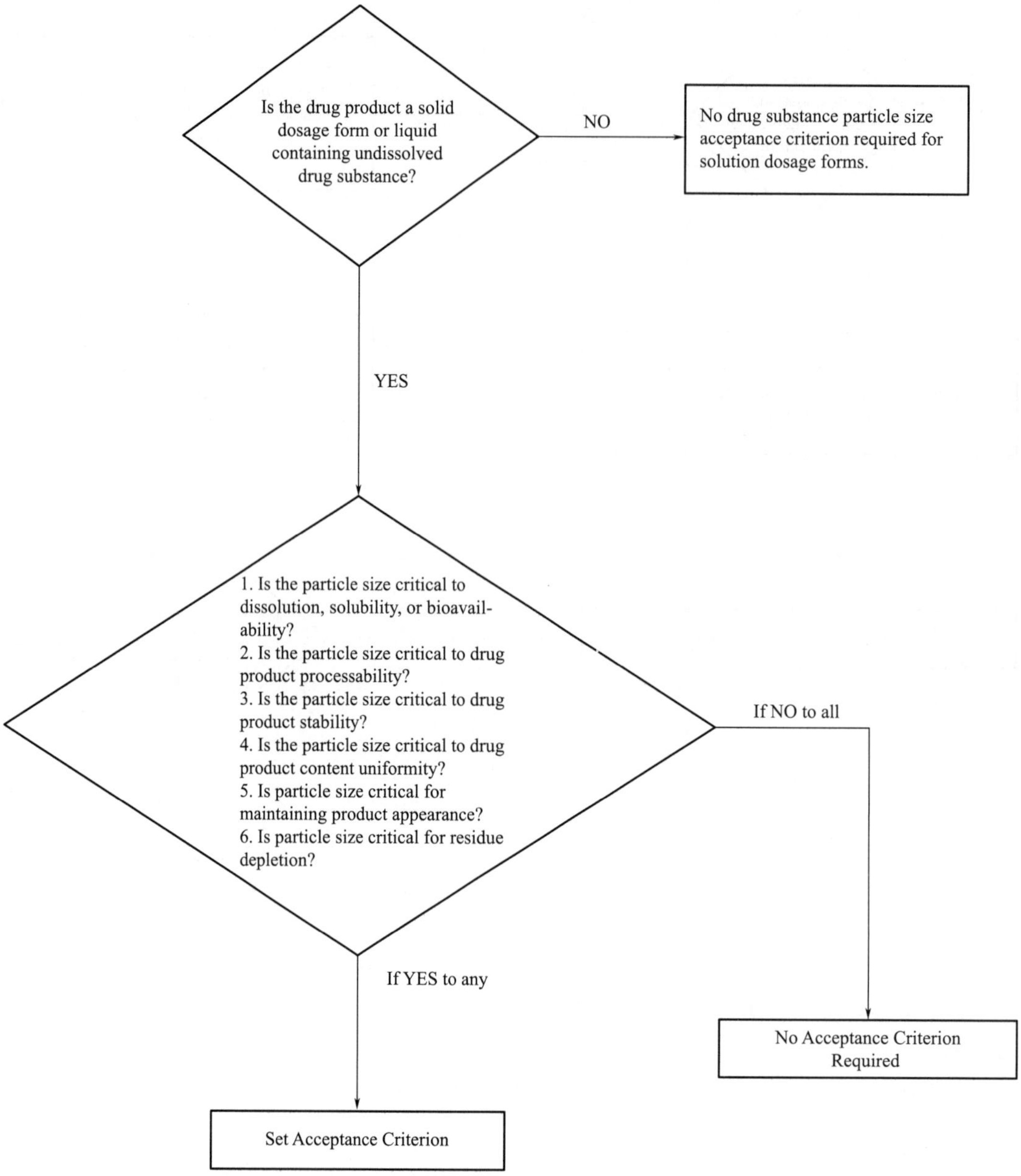

DECISION TREE 4: INVESTIGATING THE NEED TO SET ACCEPTANCE CRITERIA FOR POLYMORPHISM IN DRUG SUBSTANCES AND MEDICINAL PRODUCTS

Drug Substance

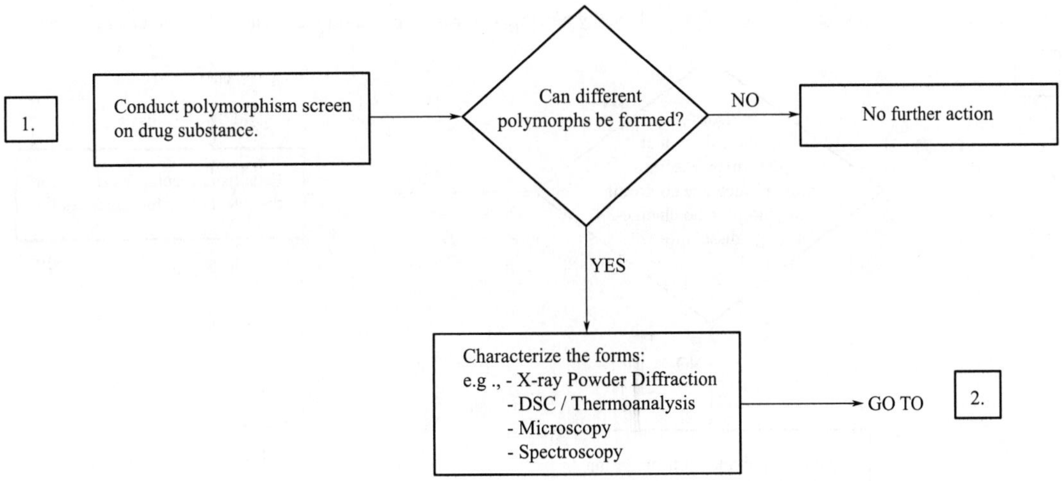

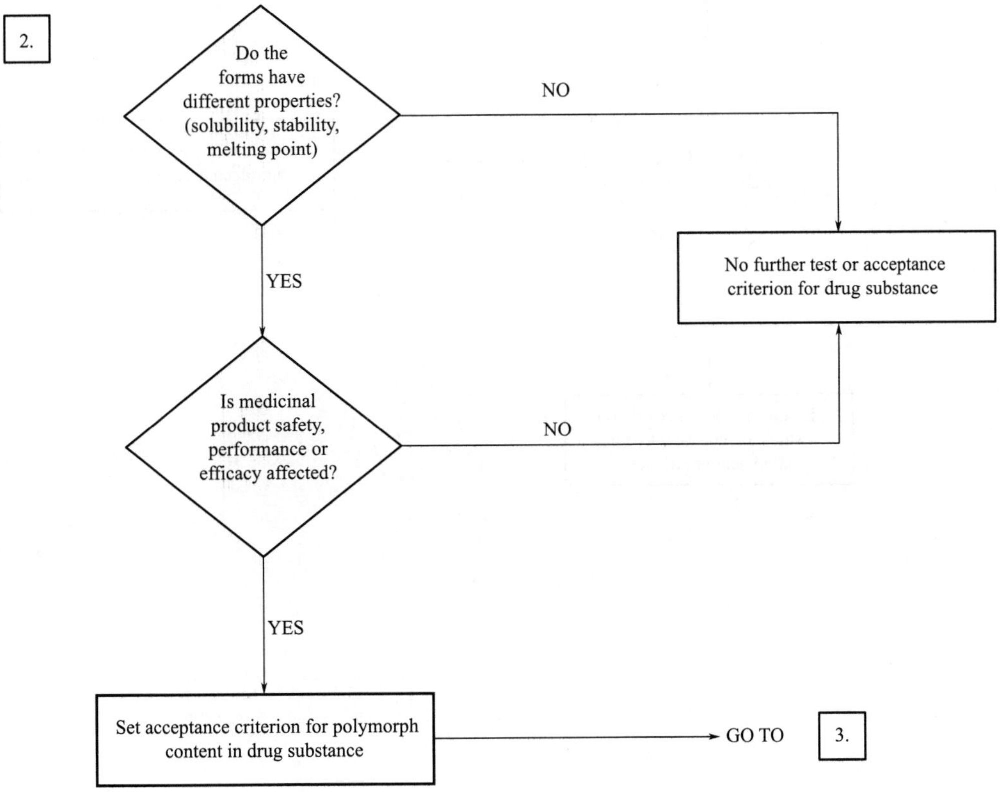

DECISION TREE 4: INVESTIGATING THE NEED TO SET ACCEPTANCE CRITERIA FOR POLYMORPHISM IN DRUG SUBSTANCES AND MEDICINAL PRODUCTS

Medicinal Product - Solid Dosage Form or Liquid Containing Undissolved Drug Substance

N.B .: Undertake the following processes only if technically possible to measure polymorph content in the medicinal product.

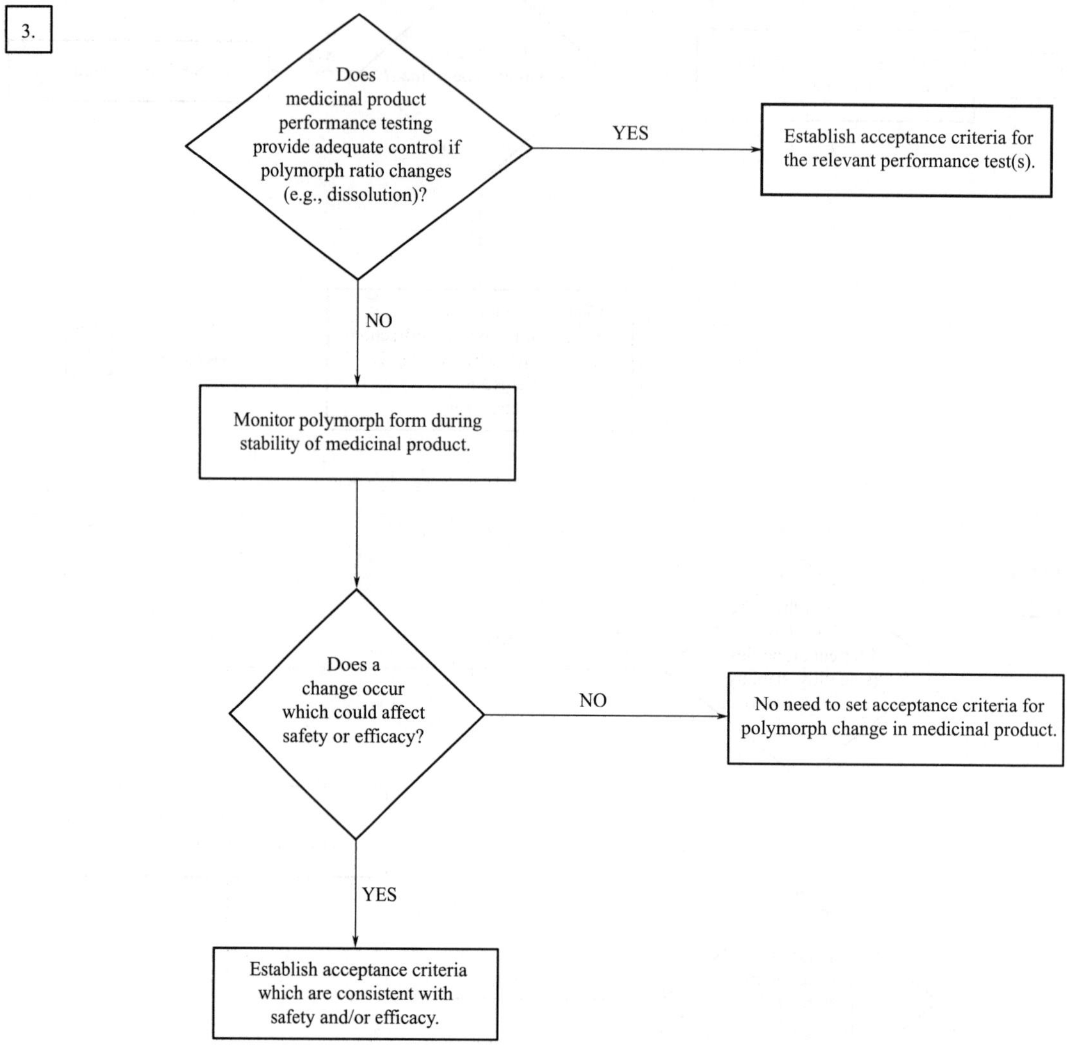

DECISION TREE 5: ESTABLISHING IDENTITY, ASSAY AND ENANTIOMERIC IMPURITY PROCEDURES FOR CHIRAL NEW DRUG SUBSTANCES AND NEW MEDICINAL PRODUCTS CONTAINING CHIRAL DRUG SUBSTANCES

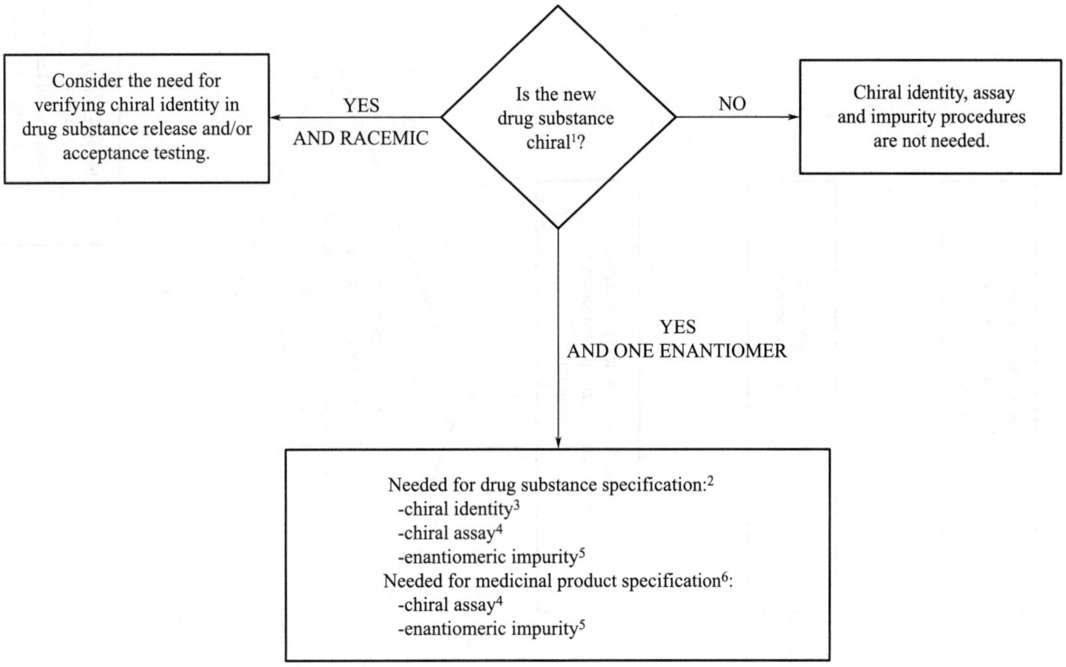

[1] Chiral substances of natural origin are not addressed in this Guideline.

[2] As with other impurities arising in and from raw materials used in drug substance synthesis, control of chiral quality could be established alternatively by applying limits to appropriate starting materials or intermediates when justified from developmental studies. This essentially will be the case when there are multiple chiral centers (e.g., three or more), or when control at a step prior to production of the final drug substance is desirable.

[3] A chiral assay or an enantiomeric impurity procedure may be acceptable in lieu of a chiral identity procedure.

[4] An achiral assay combined with a method for controlling the opposite enantiomer is acceptable in lieu of a chiral assay.

[5] The level of the opposite enantiomer of the drug substance may be derived from chiral assay data or from a separate procedure.

[6] Stereospecific testing of medicinal product may not be necessary if racemization has been demonstrated to be insignificant during drug product manufacture and during storage of the finished dosage form.

DECISION TREE 6: MICROBIOLOGICAL QUALITY ATTRIBUTES OF DRUG SUBSTANCE AND EXCIPIENTS

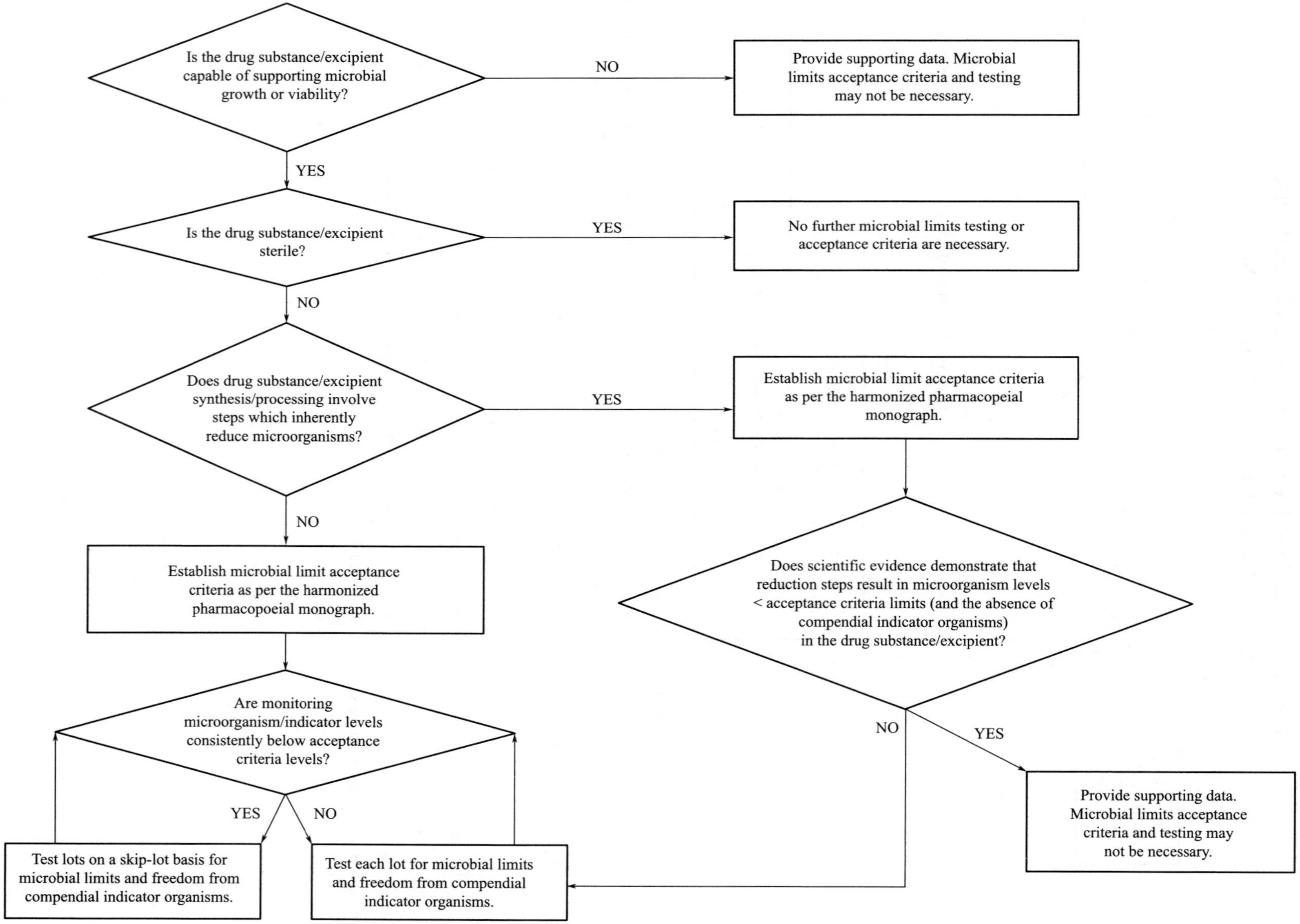

DECISION TREES 7: SETTING ACCEPTANCE CRITERIA FOR MEDICINAL PRODUCT DISSOLUTION

1. What type of drug release acceptance criteria are appropriate?

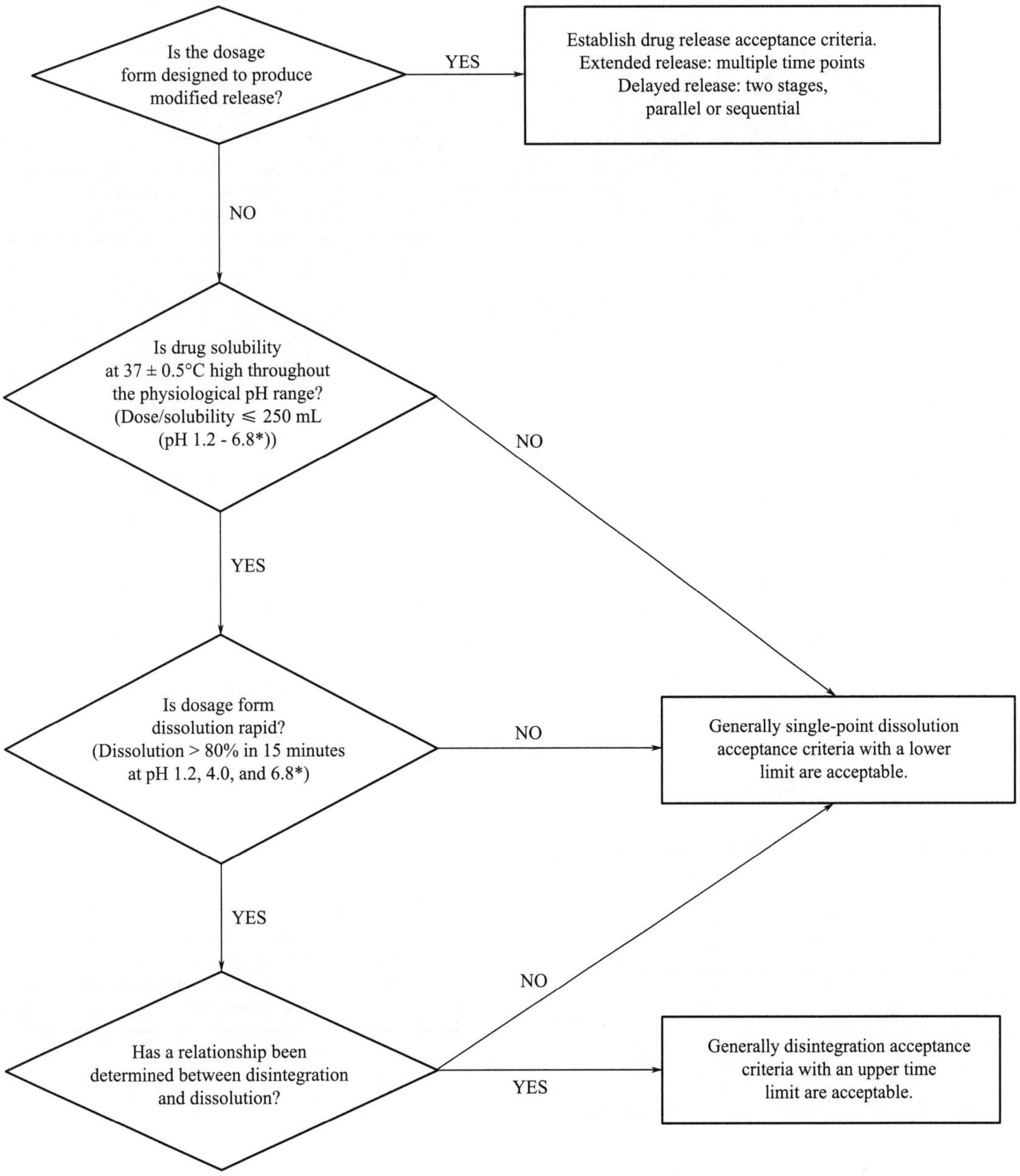

* - use appropriate pH for specific veterinary species

Continued on next page.

DECISION TREES 7: SETTING ACCEPTANCE CRITERIA FOR MEDICINAL PRODUCT DISSOLUTION

2. What specific test conditions and acceptance criteria are appropriate? [immediate release]

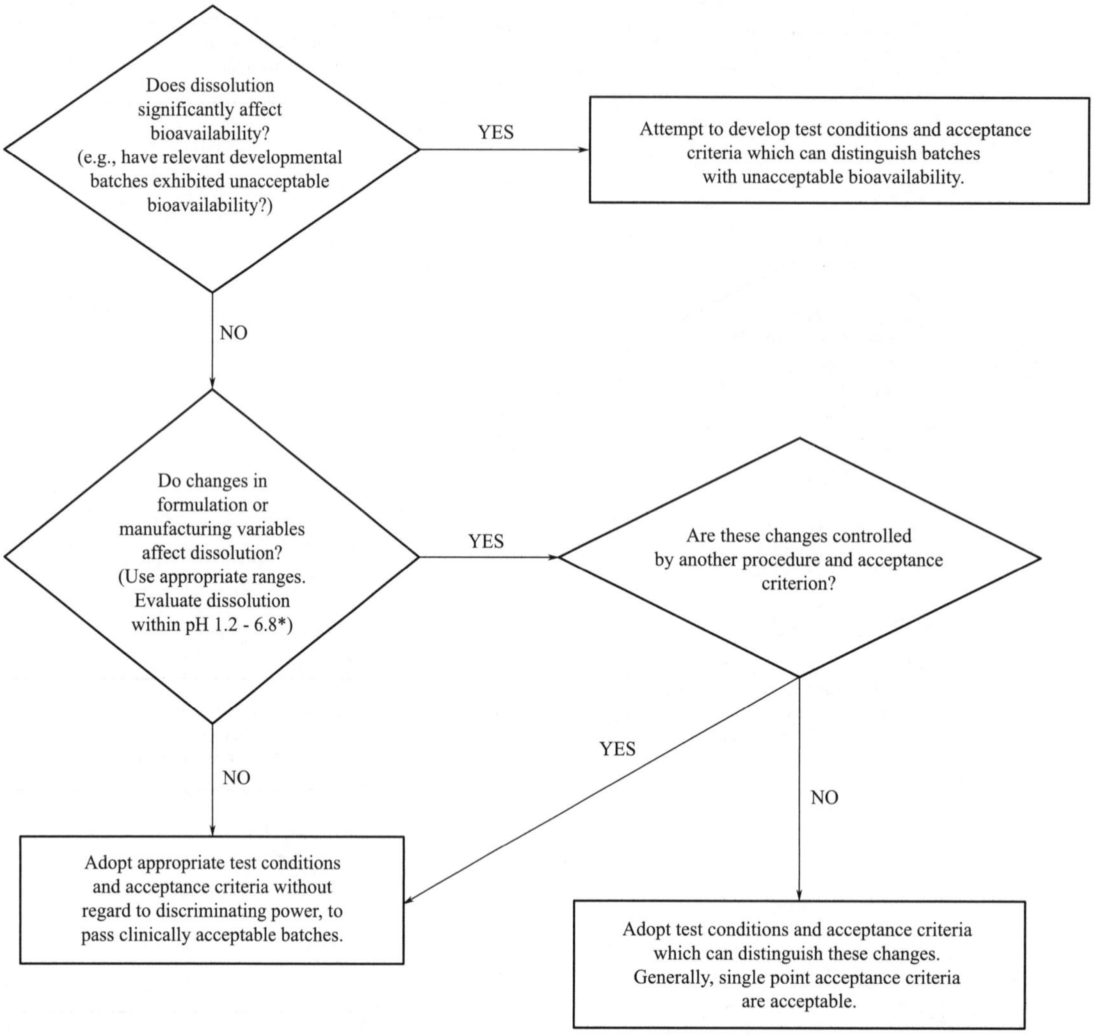

* - use appropriate pH for specific veterinary species

DECISION TREES 7: SETTING ACCEPTANCE CRITERIA FOR MEDICINAL PRODUCT DISSOLUTION

3.	What are appropriate acceptance ranges? [extended release]

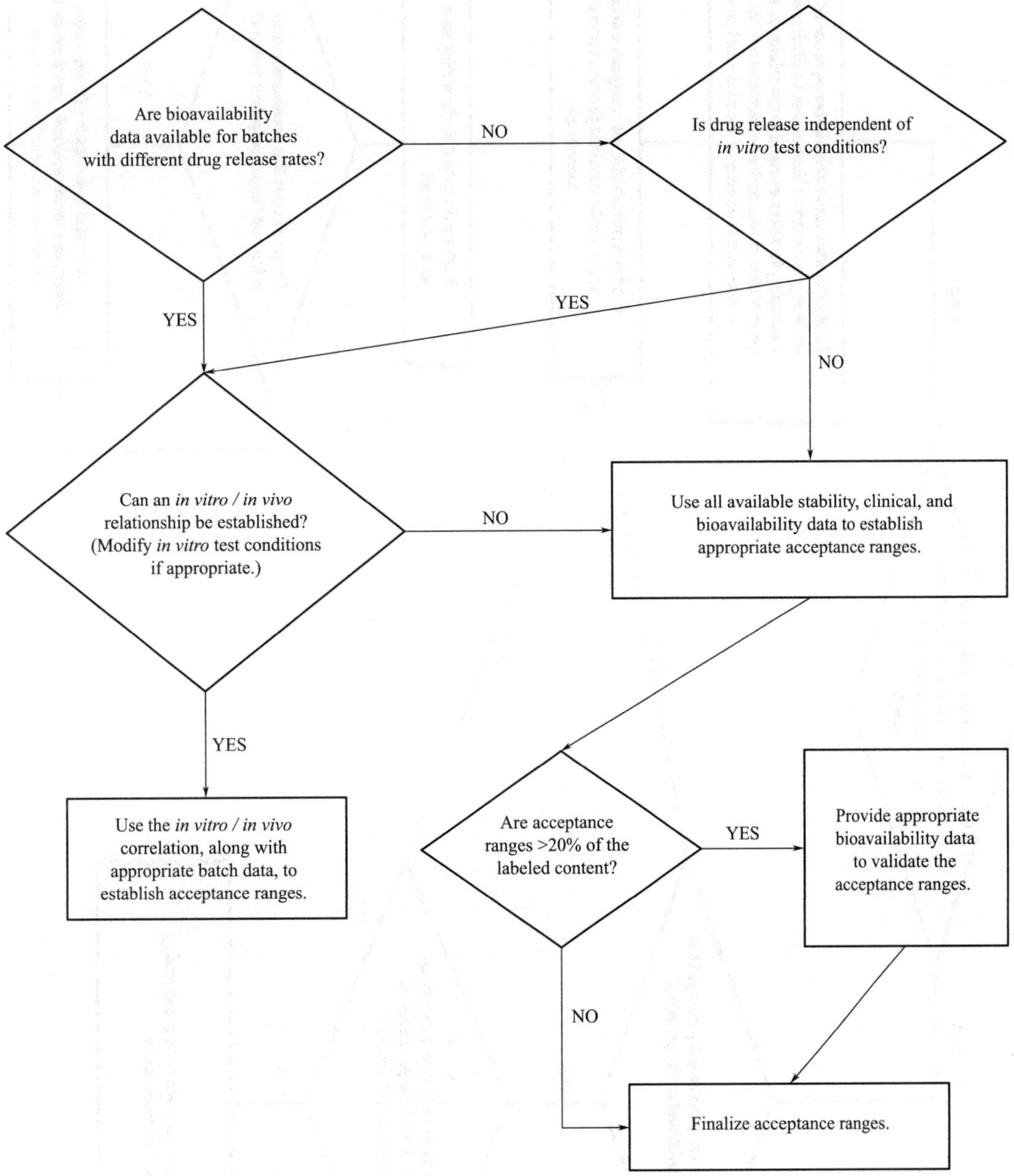

Are bioavailability data available for batches with different drug release rates?
NO
Is drug release independent of *in vitro* test conditions?
YES
YES
NO
Can an *in vitro* / *in vivo* relationship be established? (Modify *in vitro* test conditions if appropriate.)
NO
Use all available stability, clinical, and bioavailability data to establish appropriate acceptance ranges.
YES
Use the *in vitro* / *in vivo* correlation, along with appropriate batch data, to establish acceptance ranges.
Are acceptance ranges >20% of the labeled content?
YES
Provide appropriate bioavailability data to validate the acceptance ranges.
NO
Finalize acceptance ranges.

DECISION TREE 8: MICROBIOLOGICAL ATTRIBUTES OF NON-STERILE MEDICINAL PRODUCTS

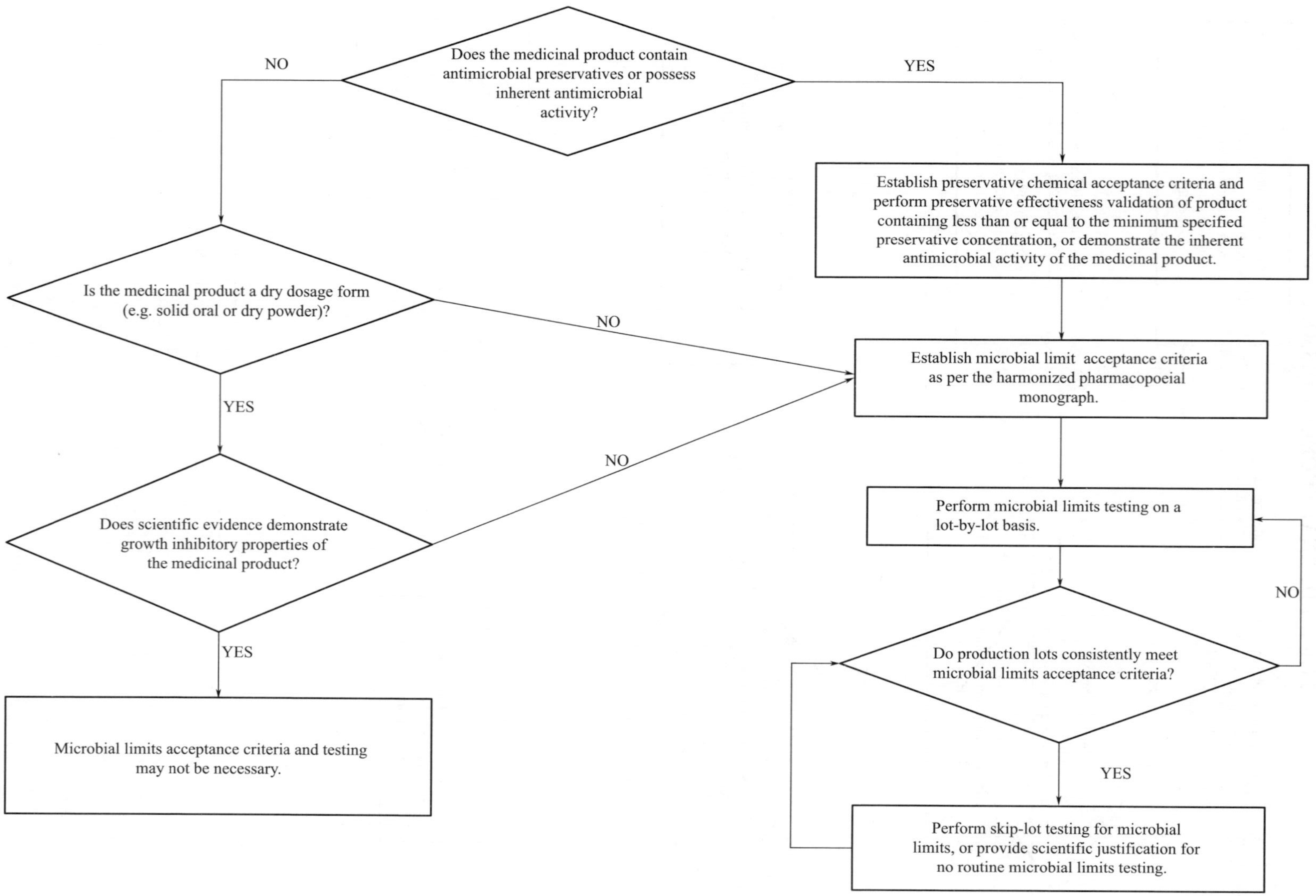

VICH GL3(R) (QUALITY)
January 2007
Revision at Step 9
For Implementation at Step 7

STABILITY: STABILITY TESTING OF NEW VETERINARY DRUG SUBSTANCES (REVISION)

Recommended for Adoption
at Step 7 of the VICH Process
in January 2007 by the VICH SC
for implementation in January 2008

This Guideline has been developed by the appropriate VICH Expert Working Group and is subject to consultation by the parties, in accordance with the VICH Process. At Step 7 of the Process the final draft is recommended for adoption to the regulatory bodies of the European Union, Japan and USA.

1 INTRODUCTION

1.1 Objectives of the Guideline

The following guideline is a revised version of the VICH GL3 guideline and defines the stability data package for a new drug substance or medicinal product that is sufficient for a registration application within the three regions of the EC, Japan, and the United States. It does not seek to address the testing for registration in or export to other areas of the world.

The guideline seeks to exemplify the core stability data package for new drug substances and products, but leaves sufficient flexibility to encompass the variety of different practical situations that may be encountered due to specific scientific considerations and characteristics of the materials being evaluated. Alternative approaches can be used when there are scientifically justifiable reasons.

1.2 Scope of the Guidance

The guideline addresses the information to be submitted in registration applications for new molecular entities and associated medicinal products. This guideline does not currently seek to cover the information to be submitted for abbreviated or abridged applications, variations, or clinical trial applications, etc.

Specific details of the sampling and testing for particular dosage forms in their proposed container closures are not covered in this guideline.

Further guidance on new dosage forms, medicated premixes, and on biotechnological/biological products can be found in VICH guidelines GL4, GL8, and GL17, respectively. Stability testing following first use of the product (e.g., first broaching of a vial) is not covered within this guideline.

1.3 General Principles

The purpose of stability testing is to provide evidence on how the quality of a drug substance or medicinal product varies with time under the influence of a variety of environmental factors, such as temperature, humidity, and light, and to establish a re-test period for the drug substance or a shelf life for the medicinal product and recommended storage conditions.

The choice of test conditions defined in this guideline is based on an analysis of the effects of climatic conditions in the three regions of the EC, Japan, and the United States. The mean kinetic temperature in any part of the world can be derived from climatic data, and the world can be divided into four climatic zones, I-IV. This guideline addresses climatic zones I and II. The principle has been established that stability information generated in any one of the three regions of the EC, Japan, and the United States would be mutually acceptable to the other two regions, provided the information is consistent with this guidance and the labeling is in accord with national/ regional requirements.

2 GUIDELINES

2.1 Drug Substance

2.1.1 General

Information on the stability of the drug substance is an integral part of the systematic approach to stability evaluation.

2.1.2 Stress Testing

Stress testing of the drug substance can help identify the likely degradation products, which can in turn help establish the degradation pathways and the intrinsic stability of the molecule and validate the stability indicating power of the analytical procedures used. The nature of the stress testing will depend on the individual drug substance and the type of medicinal product involved.

Stress testing is likely to be carried out on a single batch of the drug substance. It should include the effect of temperatures (in 10°C increments (e.g., 50°C, 60°C, etc.) above that for accelerated testing), humidity (e.g., 75% RH or greater) where appropriate, oxidation, and photolysis on the drug substance. The testing should also evaluate the susceptibility of the drug substance to hydrolysis across a wide range of pH values when in solution or suspension. Photostability testing should be an integral part of stress testing. The standard conditions for photostability testing are described in VICH GL5.

Examining degradation products under stress conditions is useful in establishing degradation pathways and developing and validating suitable analytical procedures. However, it may not be necessary to examine specifically for certain degradation products if it has been demonstrated that they are not formed under accelerated or long term storage conditions.

Results from these studies will form an integral part of the information provided to regulatory authorities.

2.1.3 Selection of Batches

Data from formal stability studies should be provided on at least three primary batches of the drug substance. The batches should be manufactured to a minimum of pilot scale by the same synthetic route as, and using a method of manufacture and procedure that simulates the final process to be used for, production batches. The overall quality of the batches of drug substance placed on formal stability studies should be representative of the quality of the material to be made on a production scale.

Other supporting data can be provided.

2.1.4 Container Closure System

The stability studies should be conducted on the drug substance packaged in a container closure system that is the same as or simulates the packaging proposed for storage and distribution.

2.1.5 Specification

Specification, which is a list of tests, references to analytical procedures, and proposed acceptance criteria, is addressed in VICH GL39 and GL40. In addition, specification for degradation products in a drug substance is discussed in GL10.

Stability studies should include testing of those attributes of the drug substance that are susceptible to change during storage and are likely to influence quality, safety, and/or efficacy. The testing should cover, as appropriate, the physical, chemical, biological, and microbiological attributes. Validated stability-indicating analytical procedures should be applied. Whether and to what extent replication should be performed should depend on the results from validation studies.

2.1.6 Testing Frequency

For long-term studies, frequency of testing should be sufficient to establish the stability profile of the drug substance. For drug substances with a proposed retest period of at least 12 months, the frequency of testing at the long-term storage condition should normally be every 3 months over the first year, every 6 months over the second year, and annually thereafter through the proposed re-test period.

At the accelerated storage condition, a minimum of three time points, including the initial and final time points (e.g., 0, 3, and 6 months), from a 6-month study is recommended. Where an expectation (based on development experience) exists that the results from accelerated studies are likely to approach significant change criteria, increased testing should be conducted either by adding samples at the final time point or including a fourth time point in the study design.

When testing at the intermediate storage condition is called for as a result of significant change at the accelerated storage condition, a minimum of four time points, including the initial and final time points (e.g., 0, 6, 9, 12 months), from a 12-month study is recommended.

2.1.7 Storage Conditions

In general, a drug substance should be evaluated under storage conditions (with appropriate tolerances) that test its thermal stability and, if applicable, its sensitivity to moisture. The storage conditions and the lengths of studies chosen should be sufficient to cover storage, shipment, and subsequent use.

The long term testing should cover a minimum of 12 months' duration on at least three primary batches at the time of submission and should be continued for a period of time sufficient to cover the proposed re-test period. Additional data accumulated during the assessment period of the registration application should be submitted to the authorities if requested. Data from the accelerated storage condition and, if appropriate, from the intermediate storage condition can be used to evaluate the effect of short term excursions outside the label storage conditions (such as might occur during shipping).

Long-term, accelerated, and, where appropriate, intermediate storage conditions for drug substances are detailed in the sections below. The general case should apply if the drug substance is not specifically covered by a subsequent section. Alternative storage conditions can be used if justified.

2.1.7.1 General case

Study	Storage condition	Minimum time period covered by data at submission
Long term*	25°C ± 2°C/60% RH ± 5% RH or 30°C ± 2°C/65% RH ± 5% RH	12 months
Intermediate**	30°C ± 2°C/65% RH ± 5% RH	6 months
Accelerated	40°C ± 2°C/75% RH ± 5% RH	6 months

* It is up to the applicant to decide whether long-term stability studies are performed at 25 ± 2°C/60% RH ± 5% RH or 30°C ± 2°C/65% RH ± 5% RH.

** If 30°C ± 2°C/65% RH ± 5% RH is the long-term condition, there is no intermediate condition.

If long-term studies are conducted at 25°C ± 2°C/60% RH ± 5% RH and "significant change" occurs at any time during 6 months' testing at the accelerated storage condition, additional testing at the intermediate storage condition should be conducted and evaluated against significant change criteria. Testing at the intermediate storage condition should include all tests, unless otherwise justified. The initial application should include a minimum of 6 months' data from a 12-month study at the intermediate storage condition.

"Significant change" for a drug substance is defined as failure to meet its specification.

2.1.7.2 Drug substances intended for storage in a refrigerator

Study	Storage condition	Minimum time period covered by data at submission
Long term	5°C ± 3°C	12 months
Accelerated	25°C ± 2°C/60% RH ± 5% RH	6 months

Data from refrigerated storage should be assessed according to the evaluation section of this guideline, except where explicitly noted below.

If significant change occurs between 3 and 6 months' testing at the accelerated storage condition, the proposed re-test period should be based on the real time data available at the long term storage condition.

If significant change occurs within the first 3 months' testing at the accelerated storage condition, a discussion should be provided to address the effect of short term excursions outside the label storage condition, e.g., during shipping or handling. This discussion can be supported, if appropriate, by further testing on a single batch of the drug substance for a period shorter than 3 months but with more frequent testing than usual. It is considered unnecessary to continue to test a drug substance through 6 months when a significant change has occurred within the first 3 months.

2.1.7.3 Drug substances intended for storage in a freezer

Study	Storage condition	Minimum time period covered by data at submission
Long term	−20°C ± 5°C	12 months

For drug substances intended for storage in a freezer, the re-test period should be based on the real time data obtained at the long term storage condition. In the absence of an accelerated storage condition for drug substances intended to be stored in a freezer, testing on a single batch at an elevated temperature (e.g., 5°C ± 3°C or 25°C ± 2°C) for an appropriate time period should be conducted to address the effect of short term excursions outside the proposed label storage condition, e.g., during shipping or handling.

2.1.7.4 Drug substances intended for storage below -20°C

Drug substances intended for storage below -20°C should be treated on a case-by-case basis.

2.1.8 Stability Commitment

When available long-term stability data on primary batches do not cover the proposed re-test period granted at the time of approval, a commitment should be made to continue the stability studies post approval to firmly establish the re-test period.

Where the submission includes long term stability data on three production batches covering the proposed re-test period, a post approval commitment is considered unnecessary. Otherwise, one of the following commitments should be made:

(1) If the submission includes data from stability studies on at least three production batches, a commitment should be made to continue these studies through the proposed re-test period.

(2) If the submission includes data from stability studies on fewer than three production batches, a commitment should be made to continue these studies through the proposed re- test period and to place additional production batches, to a total of at least three, on long- term stability studies through the proposed re-test period.

(3) If the submission does not include stability data on production batches, a commitment should be made to place the first three production batches on long-term stability studies through the proposed re-test period.

The stability protocol used for long term studies for the stability commitment should be the same as that for the primary batches, unless otherwise scientifically justified.

2.1.9 Evaluation

The purpose of the stability study is to establish, based on testing a minimum of three batches of the drug substance and evaluating the stability information (including, as appropriate, results of the physical, chemical, biological, and microbiological tests), a re-test period applicable to all future batches of the drug substance manufactured under similar circumstances. The degree of variability of individual batches affects the confidence that a future production batch will remain within specification throughout the assigned re-test period.

The data may show so little degradation and so little variability that it is apparent from looking at the data that the requested re-test period will be granted. Under these circumstances, it is normally unnecessary to go through the formal statistical analysis; providing a justification for the omission should be sufficient.

An approach for analyzing the data on a quantitative attribute that is expected to change with time is to determine the time at which the 95%, one-sided confidence limit for the mean curve intersects the acceptance criterion. If analysis shows that the batch-to-batch variability is small, it is advantageous to combine the data into one overall estimate. This can be done by first applying appropriate statistical tests (e.g., p values for level of significance of rejection of more than 0.25) to the slopes of the regression lines and zero time intercepts for the individual batches. If it is inappropriate to combine data from several batches, the overall re- test period should be based on the minimum time a batch can be expected to remain within acceptance criteria.

The nature of any degradation relationship will determine whether the data should be transformed for linear regression analysis. Usually the relationship can be represented by a linear, quadratic, or cubic function on an arithmetic or logarithmic scale. Statistical methods should be employed to test the goodness of fit of the data on all batches and combined batches (where appropriate) to the assumed degradation line or curve.

Limited extrapolation of the real time data from the long-term storage condition beyond the observed range to extend the re-test period can be undertaken at approval time, if justified. This justification should be based, for example, on what is known about the mechanism of degradation, the results of testing under accelerated conditions, the goodness of fit of any mathematical model, batch size, existence of supporting stability data, etc. However, this extrapolation assumes that the same degradation relationship will continue to apply beyond the observed data.

Any evaluation should cover not only the assay, but also the levels of degradation products and other appropriate attributes.

2.1.10 Statements/Labeling

A storage statement should be established for the labeling in accordance with relevant national/regional requirements. The statement should be based on the stability evaluation of the drug substance. Where applicable, specific instructions should be provided, particularly for drug substances that cannot tolerate freezing. Terms such as "ambient conditions" or "room temperature" should be avoided.

A re-test period should be derived from the stability information, and a retest date should be displayed on the container label if appropriate.

2.2 Medicinal product

2.2.1 General

The design of the formal stability studies for the medicinal product should be based on knowledge of the behavior and properties of the drug substance and from stability studies on the drug substance and on experience gained from clinical formulation studies. The likely changes on storage and the rationale for the selection of attributes to be tested in the formal stability studies should be stated.

2.2.2 Photostability Testing

Photostability testing should be conducted on at least one primary batch of the medicinal product if appropriate. The standard conditions for photostability testing are described in VICH GL5.

2.2.3 Selection of Batches

Data from stability studies should be provided on at least three primary batches of the medicinal product. The primary batches should be of the same formulation and packaged in the same container closure system as proposed for marketing. The manufacturing process used for primary batches should simulate that to be applied to production batches and should provide product of the same quality and meeting the same specification as that intended for marketing. Two of the three batches should be at least pilot scale batches, and the third one can be smaller if justified. Where possible, batches of the medicinal product should be manufactured by using different batches of the drug substance.

Stability studies should be performed on each individual strength and container size of the medicinal product unless bracketing or matrixing is applied.

Other supporting data can be provided.

2.2.4 Container Closure System

Stability testing should be conducted on the dosage form packaged in the container closure system proposed for marketing (including, as appropriate, any secondary packaging and container label). In some cases, a smaller container closure system simulating the actual container closure system for marketing may be acceptable. In these instances, a justification for using a smaller container closure system should be provided. Any available studies carried out on the medicinal product outside its immediate container or in other packaging materials can form a useful part of the stress testing of the dosage form or can be considered as supporting information, respectively.

2.2.5 Specification

Specification, which is a list of tests, references to analytical procedures, and proposed acceptance criteria, including the concept of different acceptance criteria for release and shelf life specifications, is addressed in VICH GL39 and GL40. In addition, specification for degradation products in a medicinal product is addressed in GL11.

Stability studies should include testing of those attributes of the medicinal product that are susceptible to change during storage and are likely to influence quality, safety, and/or efficacy. The testing should cover, as appropriate, the physical, chemical, biological, and microbiological attributes, preservative content (e.g., antioxidant, antimicrobial preservative), and functionality tests (e.g., for a dose delivery system). Analytical procedures should be fully validated and stability indicating. Whether and to what extent replication should be performed will depend on the results of validation studies.

Shelf life acceptance criteria should be derived from consideration of all available stability information. It may be appropriate to have justifiable differences between the shelf life and release acceptance criteria based on the stability evaluation and the changes observed on storage. Any differences between the release and shelf life acceptance criteria for antimicrobial preservative content should be supported by data demonstrating preservative effectiveness of a development batch of the proposed formulation artificially prepared to contain the lowest permitted levels of the antimicrobial preservative(s) according to the shelf-life specification. A single primary stability batch of the medicinal product should be tested for antimicrobial preservative effectiveness (in addition to preservative content) at the proposed shelf life for verification purposes, regardless of whether there is a difference between the release and shelf life acceptance criteria for preservative content.

2.2.6 Testing Frequency

For long-term studies, frequency of testing should be sufficient to establish the stability profile of the medicinal product. For products with a proposed shelf life of at least 12 months, the frequency of testing at the long-term storage condition should normally be every 3 months over the first year, every 6 months over the second year, and annually thereafter through the proposed shelf life.

At the accelerated storage condition, a minimum of three time points, including the initial and final time points (e.g., 0, 3, and 6 months), from a 6-month study is recommended. Where an expectation (based on development experience) exists that results from accelerated testing are likely to approach significant change criteria, increased testing should be conducted either by adding samples at the final time point or by including a fourth time point in the study design.

When testing at the intermediate storage condition is called for as a result of significant change at the accelerated storage condition, a minimum of four time points, including the initial and final time points (e.g., 0, 6, 9, 12 months), from a 12-month study is recommended.

Reduced designs, i.e., matrixing or bracketing, where the testing frequency is reduced or certain factor combinations are not tested at all, can be applied, if justified.

2.2.7 Storage Conditions

In general, a medicinal product should be evaluated under storage conditions (with appropriate tolerances) that test its thermal stability and, if applicable, its sensitivity to moisture or potential for solvent loss. The storage conditions and the lengths of studies chosen should be sufficient to cover storage, shipment, and subsequent use.

Stability testing of the medicinal product after constitution or dilution, if applicable, should be conducted to provide information for the labeling on the preparation, storage condition, and in-use period of the constituted or diluted product. This testing should be performed on the constituted or diluted product through the proposed in-use period on primary batches as part of the formal stability studies at initial and final time points and, if full shelf life long term data will not be available before submission, at 12 months or the last time point for which data will be available. In general, this testing need not be repeated on commitment batches.

The long term testing should cover a minimum of 6 months' duration on at least three primary batches at the time of submission and should be continued for a period of time sufficient to cover the proposed shelf life. Additional data accumulated during the assessment period of the registration application should be submitted to the authorities if requested. Data from the accelerated storage condition and, if appropriate, from the intermediate storage condition can be used to evaluate the effect of short term excursions outside the label storage conditions (such as might occur during shipping).

Long term, accelerated, and, where appropriate, intermediate storage conditions for medicinal products are detailed in the sections below. The general case should apply if the medicinal product is not specifically covered by a subsequent section. Alternative storage conditions can be used if justified.

2.2.7.1 General case

Study	Storage condition	Minimum time period covered by data at submission
Long-term*	25°C ± 2°C/60% RH ± 5% RH or 30°C ± 2°C/65% RH ± 5% RH	6 months
Intermediate**	30°C ± 2°C/65% RH ± 5% RH	6 months
Accelerated	40°C ± 2°C/75% RH ± 5% RH	6 months

* It is up to the applicant to decide whether long-term stability studies are performed at 25 ± 2°C/60% RH ± 5% RH or 30°C ± 2°C/65% RH ± 5% RH.

** If 30°C ± 2°C/65% RH ± 5% RH is the long-term condition, there is no intermediate condition.

If long-term studies are conducted at 25°C ± 2°C/60% RH ± 5% RH and "significant change" occurs at any time during 6 months' testing at the accelerated storage condition, additional testing at the intermediate storage condition should be conducted and evaluated against significant change criteria. The initial application should include a minimum of 6 months' data from a 12-month study at the intermediate storage condition.

In general, "significant change" for a medicinal product is defined as:

(1) A 5% change in assay from its initial value, or failure to meet the acceptance criteria for potency when using biological or immunological procedures;

(2) Any degradation product's exceeding its acceptance criterion;

(3) Failure to meet the acceptance criteria for appearance, physical attributes, and functionality test (e.g., color, phase separation, resuspendibility, caking, hardness); however, some changes in physical attributes (e.g., softening of suppositories, melting of creams) may be expected under accelerated conditions;

and, as appropriate for the dosage form:

(4) Failure to meet the acceptance criterion for pH; or

(5) Failure to meet the acceptance criteria for dissolution for 12 dosage units.

2.2.7.2 Medicinal products packaged in impermeable containers

Sensitivity to moisture or potential for solvent loss is not a concern for medicinal products packaged in impermeable containers that provide a permanent barrier to passage of moisture or solvent. Thus, stability studies for products stored in impermeable containers can be conducted under any controlled or ambient humidity condition.

2.2.7.3 Medicinal products packaged in semi-permeable containers

Aqueous-based products packaged in semi-permeable containers should be evaluated for potential water loss in addition to physical, chemical, biological, and microbiological stability. This evaluation can be carried out under conditions of low relative humidity, as discussed below. Ultimately, it should be demonstrated that aqueous-based medicinal products stored in semi-permeable containers can withstand low relative humidity environments.

Other comparable approaches can be developed and reported for non-aqueous, solvent-based products.

Study	Storage condition	Minimum time period covered by data at submission
Long-term *	25°C ± 2°C/40% RH ± 5% RH or 30°C ± 2°C/35% RH ± 5% RH	6 months
Intermediate**	30°C ± 2°C/65% RH ± 5% RH	6 months
Accelerated	40°C ± 2°C/not more than (NMT) 25% RH	6 months

* It is up to the applicant to decide whether long-term stability studies are performed at 25 ± 2°C/40% RH ± 5% RH or 30°C ± 2°C/35% RH ± 5% RH.

** If 30°C ± 2°C/35% RH ± 5% RH is the long-term condition, there is no intermediate condition.

For long-term studies conducted at 25°C ± 2°C/40% RH ± 5% RH, additional testing at the intermediate storage condition should be performed as described under the general case to evaluate the temperature effect at 30°C if significant change other than water loss occurs during the 6 months' testing at the accelerated storage condition. A significant change in water loss alone at the accelerated storage condition does not necessitate testing at the intermediate storage condition. However, data should be provided to demonstrate that the medicinal product will not have significant water loss throughout the proposed shelf life if stored at 25°C and the reference relative humidity of 40% RH.

A 5% loss in water from its initial value is considered a significant change for a product packaged in a semi-permeable container after an equivalent of 3 months' storage at 40°C/NMT 25% RH. However, for small containers (1 mL or less) or unit-dose products, a water loss of 5% or more after an equivalent of 3 months' storage at 40°C/NMT 25% RH may be acceptable, if justified.

An alternative approach to studying at the reference relative humidity as recommended in the table above (for either long term or accelerated testing) is performing the stability studies under higher relative humidity and deriving the water loss at the reference relative humidity through calculation. This can be achieved by experimentally determining the permeation coefficient for the container closure system or, as shown in the example below, using the calculated ratio of water loss rates between the two humidity conditions at the same temperature. The permeation coefficient for a container closure system can be experimentally determined by using the worst case scenario (e.g., the most diluted of a series of concentrations) for the proposed medicinal product.

Example of an approach for determining water loss:

For a product in a given container closure system, container size, and fill, an appropriate approach for deriving the water loss rate at the reference relative humidity is to multiply the water loss rate measured at an alternative relative humidity at the same temperature by a water loss rate ratio shown in the table below. A linear water loss rate at the alternative relative humidity over the storage period should be demonstrated.

For example, at a given temperature, e.g., 40°C, the calculated water loss rate during storage at NMT 25% RH is the water loss rate measured at 75% RH multiplied by 3.0, the corresponding water loss rate ratio.

Alternative relative humidity	Reference relative humidity	Ratio of water loss rates at a given temperature
60% RH	25% RH	1.9
60% RH	40% RH	1.5
65% RH	35% RH	1.9
75% RH	25% RH	3.0

Valid water loss rate ratios at relative humidity conditions other than those shown in the table above can also be used.

2.2.7.4 Medicinal products intended for storage in a refrigerator

Study	Storage condition	Minimum time period covered by data at submission
Long-term	5°C ± 3°C	6 months
Accelerated	25°C ± 2°C/60% RH ± 5% RH	6 months

If the medicinal product is packaged in a semi-permeable container, appropriate information should be provided to assess the extent of water loss.

Data from refrigerated storage should be assessed according to the evaluation section of this guidance, except where explicitly noted below.

If significant change occurs between 3 and 6 months' testing at the accelerated storage condition, the proposed shelf life should be based on the real time data available from the long term storage condition.

If significant change occurs within the first 3 months' testing at the accelerated storage condition, a discussion should be provided to address the effect of short-term excursions outside the label storage condition, e.g., during shipment and handling. This discussion can be supported, if appropriate, by further testing on a single batch of the medicinal product for a period shorter than 3 months but with more frequent testing than usual. It is considered unnecessary to continue to test a product through 6 months when a significant change has occurred within the first 3 months.

2.2.7.5 Medicinal products intended for storage in a freezer

Study	Storage condition	Minimum time period covered by data at submission
Long-term	−20°C ± 5°C	6 months

For medicinal products intended for storage in a freezer, the shelf life should be based on the real time data obtained at the long-term storage condition. In the absence of an accelerated storage condition for medicinal products intended to be stored in a freezer, testing on a single batch at an elevated temperature (e.g., 5°C ± 3°C or 25°C ± 2°C) for an appropriate time period should be conducted to address the effect of short term excursions outside the proposed label storage condition.

2.2.7.6 Medicinal products intended for storage below -20°C

Medicinal products intended for storage below -20°C should be treated on a case-by-case basis.

2.2.8 Stability Commitment

When available long term stability data on primary batches do not cover the proposed shelf life granted at the time of approval, a commitment should be made to continue the stability studies post approval to firmly establish the shelf life.

Where the submission includes long term stability data from three production batches covering the proposed shelf life, a post approval commitment is considered unnecessary. Otherwise, one of the following commitments should be made:

(1) If the submission includes data from stability studies on at least three production batches, a commitment should be made to continue the long-term studies through the proposed shelf life and the accelerated studies for 6 months.

(2) If the submission includes data from stability studies on fewer than three production batches, a commitment should be made to continue the long term studies through the proposed shelf life and the accelerated studies for 6 months, and to place additional production batches, to a total of at least three, on long-term stability studies through the proposed shelf life and on accelerated studies for 6 months.

(3) If the submission does not include stability data on production batches, a commitment should be made to place the first three production batches on long term stability studies through the proposed shelf life and on accelerated studies for 6 months.

The stability protocol used for studies on commitment batches should be the same as that for the primary batches, unless otherwise scientifically justified.

Where intermediate testing is called for by a significant change at the accelerated storage condition for the primary batches, testing on the commitment batches can be conducted at either the intermediate or the accelerated storage condition. However, if significant change occurs at the accelerated storage condition on the commitment batches, testing at the intermediate storage condition should also be conducted.

2.2.9 Evaluation

A systematic approach should be adopted in the presentation and evaluation of the stability information, which should include, as appropriate, results from the physical, chemical, biological, and microbiological tests, including particular attributes of the dosage form (e.g., dissolution rate for solid oral dosage forms).

The purpose of the stability study is to establish, based on testing a minimum of three batches of the medicinal product, a shelf life and label storage instructions applicable to all future batches of the medicinal product manufactured and packaged under similar circumstances.

The degree of variability of individual batches affects the confidence that a future production batch will remain within specification throughout its shelf life.

Where the data show so little degradation and so little variability that it is apparent from looking at the data that the requested shelf life will be granted, it is normally unnecessary to go through the formal statistical analysis; providing a justification for the omission should be sufficient.

An approach for analyzing data of a quantitative attribute that is expected to change with time is to determine the time at which the 95% one-sided confidence limit for the mean curve intersects the acceptance criterion. If analysis shows that the batch-to-batch variability is small, it is advantageous to combine the data into one overall estimate. This can be done by first applying appropriate statistical tests (e.g., p values for level of significance of rejection of more than 0.25) to the slopes of the regression lines and zero time intercepts for the individual batches. If it is inappropriate to combine data from several batches, the overall shelf life should be based on the minimum time a batch can be expected to remain within acceptance criteria.

The nature of the degradation relationship will determine whether the data should be transformed for linear regression analysis. Usually the relationship can be represented by a linear, quadratic, or cubic function on an arithmetic or logarithmic scale. Statistical methods should be employed to test the goodness of fit on all batches and combined batches (where appropriate) to the assumed degradation line or curve.

Limited extrapolation of the real time data from the long term storage condition beyond the observed range to extend the shelf life can be undertaken at approval time, if justified. This justification should be based, for example, on what is known about the mechanisms of degradation, the results of testing under accelerated conditions, the goodness of fit of any mathematical model, batch size, existence of supporting stability data, etc. However, this extrapolation assumes that the same degradation relationship will continue to apply beyond the observed data.

Any evaluation should consider not only the assay but also the degradation products and other appropriate attributes. Where appropriate, attention should be paid to reviewing the adequacy of the mass balance and different stability and degradation performance.

2.2.10 Statements/Labeling

A storage statement should be established for the labeling in accordance with relevant national/regional requirements. The statement should be based on the stability evaluation of the medicinal product. Where applicable, specific instruction should be provided, particularly for medicinal products that cannot tolerate freezing. Terms such as “ambient conditions” or “room temperature” should be avoided.

There should be a direct link between the label storage statement and the demonstrated stability of the medicinal product. An expiration date should be displayed on the container label.

3 GLOSSARY

The following definitions are provided to facilitate interpretation of the guideline.

Accelerated testing: Studies designed to increase the rate of chemical degradation or physical change of a drug substance or medicinal product by using exaggerated storage conditions as part of the formal stability studies. Data from these studies, in addition to long-term stability studies, can be used to assess longer term chemical effects at non-accelerated conditions and to evaluate the effect of short term excursions outside the label storage conditions such as might occur during shipping. Results from accelerated testing studies are not always predictive of physical changes.

Bracketing: The design of a stability schedule such that only samples on the extremes of certain design factors, e.g., strength, package size, are tested at all time points as in a full design. The design assumes that the stability of any intermediate levels is represented by the stability of the extremes tested. Where a range of strengths is to be tested, bracketing is applicable if the strengths are identical or very closely related in composition (e.g., for a tablet range made with different compression weights of a similar basic granulation, or a capsule range made by filling different plug fill weights of the same basic composition into different size capsule shells). Bracketing can be applied to different container sizes or different fills in the same container closure system.

Climatic zones: The four zones in the world that are distinguished by their characteristic, prevalent annual climatic conditions. This is based on the concept described by W. Grimm (*Drugs Made in Germany*, 28:196-202, 1985 and 29:39-47, 1986).

Commitment batches: Production batches of a drug substance or medicinal product for which the stability studies are initiated or completed post approval through a commitment made in the registration application.

Container closure system: The sum of packaging components that together contain and protect the dosage form. This includes primary packaging components and secondary packaging components if the latter are intended to provide additional protection to the medicinal product. A packaging system is equivalent to a container closure system.

Dosage form: A pharmaceutical product type (e.g., tablet, capsule, solution, cream) that contains a drug substance generally, but not necessarily, in association with excipients.

Medicinal product: The dosage form in the final immediate packaging intended for marketing.

Drug substance: The unformulated drug substance that may subsequently be formulated with excipients to produce the dosage form.

Excipient: Anything other than the drug substance in the dosage form.

Expiration date: The date placed on the container label of a medicinal product designating the time prior to which a batch of the product is expected to remain within the approved shelf life specification, if stored under defined conditions, and after which it must not be used.

Formal stability studies: Long-term and accelerated (and intermediate) studies undertaken on primary and/or commitment batches according to a prescribed stability protocol to establish or confirm the re-test period of a drug substance or the shelf life of a medicinal product.

Impermeable containers: Containers that provide a permanent barrier to the passage of gases or solvents, e.g., sealed aluminum tubes for semi-solids, sealed glass ampoules for solutions.

Intermediate testing: Studies conducted at 30°C/65% RH and designed to moderately increase the rate of chemical degradation or physical changes for a drug substance or medicinal product intended to be stored long term at 25°C.

Long term testing: Stability studies under the recommended storage condition for the re-test period or shelf life proposed (or approved) for labeling.

Mass balance: The process of adding together the assay value and levels of degradation products to see how closely these add up to 100% of the initial value, with due consideration of the margin of analytical error.

Matrixing: The design of a stability schedule such that a selected subset of the total number of possible samples for all factor combinations is tested at a specified time point. At a subsequent time point, another subset of samples for all factor combinations is tested. The design assumes that the stability of each subset of samples tested represents the stability of all samples at a given time point. The differences in the samples for the same medicinal product should be identified as, for example, covering different batches, different strengths, different sizes of the same container closure system, and, possibly in some cases, different container closure systems.

Mean kinetic temperature: A single derived temperature that, if maintained over a defined period of time, affords the same thermal challenge to a drug substance or medicinal product as would be experienced over a range of both higher and lower temperatures for an equivalent defined period. The mean kinetic temperature is higher than the arithmetic mean temperature and takes into account the Arrhenius equation.

When establishing the mean kinetic temperature for a defined period, the formula of J. D. Haynes *(J. Pharm. Sci.,* 60:927-929, 1971) can be used.

New molecular entity (new drug substance): An active pharmaceutical substance not previously contained in any medicinal product registered with the national or regional authority concerned. A new salt, ester, or noncovalent bond derivative of an approved drug substance is considered a new molecular entity for the purpose of stability testing under this guidance.

Pilot scale batch: A batch of a drug substance or medicinal product manufactured by a procedure fully representative of and simulating that to be applied to a full production scale batch. For solid oral dosage forms, a pilot scale is generally, at a minimum, one-tenth that of a full production scale.

Primary batch: A batch of a drug substance or medicinal product used in a formal stability study, from which stability data are submitted in a registration application for the purpose of establishing a re- test period or shelf life, respectively. A primary batch of a drug substance should be at least a pilot scale batch. For a medicinal product, two of the three batches should be at least pilot scale batch, and the third batch can be smaller if it is representative with regard to the critical manufacturing steps. However, a primary batch may be a production batch.

Production batch: A batch of a drug substance or medicinal product manufactured at production scale by using production equipment in a production facility as specified in the application.

Re-test date: The date after which samples of the drug substance should be examined to ensure that the material is still in compliance with the specification and thus suitable for use in the manufacture of a given medicinal product.

Re-test period: The period of time during which the drug substance is expected to remain within its specification and, therefore, can be used in the manufacture of a given medicinal product, provided that the drug substance has been stored under the defined conditions. After this period, a batch of drug substance destined for use in the manufacture of a medicinal product should be re-tested for compliance with the specification and then used immediately. A batch of drug substance can be re-tested multiple times and a different portion of the batch used after each re-test, as long as it continues to comply with the specification. For most biotechnological/biological substances known to be labile, it is more appropriate to establish a shelf life than a re-test period. The same may be true for certain antibiotics.

Semi-permeable containers: Containers that allow the passage of solvent, usually water, while preventing solute loss. The mechanism for solvent transport occurs by absorption into one container surface, diffusion through the bulk of the container material, and desorption from the other surface. Transport is driven by a partial pressure gradient. Examples of semipermeable containers include plastic bags and semirigid, low-density polyethylene (LDPE) pouches for large volume parenterals (LVPs), and LDPE ampoules, bottles, and vials.

Shelf life (also referred to as expiration dating period): The time period during which a medicinal product is expected to remain within the approved shelf life specification, provided that it is stored under the conditions defined on the container label.

Specification: See VICH GL39 and GL40.

Specification - Release: The combination of physical, chemical, biological, and microbiological tests and acceptance criteria that determine the suitability of a medicinal product at the time of its release.

Specification - Shelf life: The combination of physical, chemical, biological, and microbiological tests and acceptance criteria that determine the suitability of a drug substance throughout its re-test period, or that a medicinal product should meet throughout its shelf life.

Storage condition tolerances: The acceptable variations in temperature and relative humidity of storage facilities for formal stability studies. The equipment should be capable of controlling the storage condition within the ranges defined in this guidance. The actual temperature and humidity (when controlled) should be monitored during stability storage. Short term spikes due to opening of doors of the storage facility are accepted as unavoidable. The effect of excursions due to equipment failure should be addressed and reported if judged to affect stability results. Excursions that exceed the defined tolerances for more than 24 hours should be described in the study report and their effect assessed.

Stress testing (drug substance): Studies undertaken to elucidate the intrinsic stability of the drug substance. Such testing is part of the development strategy and is normally carried out under more severe conditions than those used for accelerated testing.

Stress testing (medicinal product): Studies undertaken to assess the effect of severe conditions on the medicinal product. Such studies include photostability testing (see VICH GL5) and specific testing of certain products (e.g., metered dose inhalers, creams, emulsions, refrigerated aqueous liquid products).

Supporting data: Data, other than those from formal stability studies, that support the analytical procedures, the proposed re-test period or shelf life, and the label storage statements. Such data include (1) stability data on early synthetic route batches of drug substance, small-scale batches of materials, investigational formulations not proposed for marketing, related formulations, and product presented in containers and closures other than those proposed for marketing; (2) information regarding test results on containers; and (3) other scientific rationales.

4 REFERENCES

VICH GL4 Stability Testing of New Veterinary Dosage Forms.

VICH GL5 Photostability Testing of New Veterinary Drug Substances and Medicinal Products.

VICH GL8 Stability Testing for Medicated Premixes.

VICH GL10 Impurities in New Veterinary Drug Substances.

VICH GL11 Impurities in New Veterinary Medicinal Products.

VICH GL17 Stability Testing of Biotechnological/Biological Veterinary Medicinal Products.

VICH GL39 Specifications: Test Procedures and Acceptance Criteria for New Veterinary Drug Substances and New Medicinal Products: Chemical Substances.

VICH GL40 Specifications: Test Procedures and Acceptance Criteria for New Biotechnological/Biological Veterinary Medicinal Products.

VICH GL4 (STABILITY 2)
May 1999
For implementation at Step 7

STABILITY TESTING FOR NEW VETERINARY DOSAGE FORMS

Recommended for Implementation
at Step 7 of the VICH Process
on 20 May 1999
by the VICH Steering Committee

This Guideline has been developed by the appropriate VICH Expert Working Group on the basis of the ICH guidelines on the same subject and has been subject to consultation by the parties, in accordance with the VICH Process. At Step 7 of the Process the final draft is recommended for adoption to the regulatory bodies of the European Union, Japan and USA.

GENERAL

This document is an annex to the VICH parent stability guideline, Stability Testing of New Drug Substances and Products in the Veterinary Field (VICH GL3) and addresses the recommendations on what should be submitted regarding stability of new dosage forms by the owner of the original application, after the original submission for new drug substances and products.

NEW DOSAGE FORMS

A new dosage form is defined as a drug product which is a different pharmaceutical product type, but contains the same active substance as included in the existing drug product approved by the pertinent regulatory authority.

Such pharmaceutical product types include products of different administration route (e.g., oral to parenteral), new specific functionality/delivery systems (e.g., immediate release tablet to modified release tablet) and different dosage forms of the same administration route (e.g. capsule to tablet, solution to suspension).

Stability protocols for new dosage forms should follow the guidance in the parent stability guideline in principle. However, a reduced stability database at submission time may be acceptable in certain justified cases.

VICH GL5 (STABILITY 3)
May 1999
For implementation at Step 7

STABILITY TESTING: PHOTOSTABILITY TESTING OF NEW VETERINARY DRUG SUBSTANCES AND MEDICINAL PRODUCTS

Recommended for Implementation
at Step 7 of the VICH Process
on 20 May 1999
by the VICH Steering Committee

This Guideline has been developed by the appropriate VICH Expert Working Group on the basis of the ICH guidelines on the same subject and is subject to consultation by the parties, in accordance with the VICH Process. At Step 7 of the Process the final draft is recommended for adoption to the regulatory bodies of the European Union, Japan and USA.

1 General

- A. Preamble
- B. Light Sources
  - Option 1
  - Option 2
- C. Procedure

2 Drug Substance

- A. Presentation of Samples
- B. Analysis of Samples
- C. Evaluation of Results

3 Drug Product

- A. Presentation of Samples
- B. Analysis of Samples
- C. Evaluation of Results

4 Annex

- Quinine Chemical Actinometry
  - Option 1
  - Option 2

5 Glossary

6 References

1 General

The VICH Harmonized Tripartite Guideline covering the Stability Testing of New Drug Substances and Products in the Veterinary Field (hereafter referred to as the Parent Guideline) notes that light testing should be an integral part of stress testing. This document is an annex to the Parent Guideline and addresses the recommendations for photostability testing.

A. Preamble

The intrinsic photostability characteristics of new drug substances and products should be evaluated to demonstrate that, as appropriate, light exposure does not result in unacceptable change. Normally, photostability testing is carried out on a single batch of material selected as described under Selection of Batches in the Parent Guideline. Under some circumstances these studies should be repeated if certain variations and changes are made to the product (e.g., formulation, packaging). Whether these studies should be repeated depends on the photostability characteristics determined at the time of initial filing and the type of variation and/or change made.

The guideline primarily addresses the generation of photostability information for submission in Registration Applications for new molecular entities and associated drug products. The guideline does not cover the photostability of drugs after administration (i.e. under conditions of use) and those applications not covered by the Parent Guideline. Alternative approaches may be used if they are scientifically sound and justification is provided.

A systematic approach to photostability testing is recommended covering, as appropriate, studies such as:

i) Tests on the drug substance;

ii) Tests on the exposed drug product outside of the immediate pack; and if necessary;

iii) Tests on the drug product in the immediate pack; and if necessary;

iv) Tests on the drug product in the marketing pack.

The extent of drug product testing should be established by assessing whether or not acceptable change has occurred at the end of the light exposure testing as described in the Decision Flow Chart for Photostability Testing of Drug Products. Acceptable change is change within limits justified by the applicant.

The formal labeling requirements for photolabile drug substances and drug products are established by national/regional requirements.

B. Light Sources

The light sources described below may be used for photostability testing. The applicant should either maintain an appropriate control of temperature to minimize the effect of localized temperature changes or include a dark control in the same environment unless otherwise justified. For both options 1 and 2, a pharmaceutical manufacturer/applicant may rely on the spectral distribution specification of the light source manufacturer.

Option 1

Any light source that is designed to produce an output similar to the D65/ID65 emission standard such as an artificial daylight fluorescent lamp combining visible and ultraviolet (UV) outputs, xenon, or metal halide lamp. D65 is the internationally recognized standard for outdoor daylight as defined in ISO 10977 (1993). ID65 is the equivalent indoor indirect daylight standard. For a light source emitting significant radiation below 320 nm, an appropriate filter(s) may be fitted to eliminate such radiation.

Option 2

For option 2 the same sample should be exposed to both the cool white fluorescent and near ultraviolet lamp.

1. A cool white fluorescent lamp designed to produce an output similar to that specified in ISO 10977(1993); and

2. A near UV fluorescent lamp having a spectral distribution from 320 nm to 400 nm with a maximum energy emission between 350 nm and 370 nm; a significant proportion of UV should be in both bands of 320 to 360 nm and 360 to 400 nm.

C. Procedure

For confirmatory studies, samples should be exposed to light providing an overall illumination of not less than 1.2 million lux hours and an integrated near ultraviolet energy of not less than 200 watt hours/square meter to allow direct comparisons to be made between the drug substance and drug product.

Samples may be exposed side-by-side with a validated chemical actinometric system to ensure the specified light exposure is obtained, or for the appropriate duration of time when conditions have been monitored using calibrated radiometers/lux meters. An example of an actinometric procedure is provided in the Annex.

If protected samples (e.g., wrapped in aluminum foil) are used as dark controls to evaluate the contribution of thermally induced change to the total observed change, these should be placed alongside the authentic sample.

DECISION FLOW CHART FOR PHOTOSTABILITY TESTING OF DRUG PRODUCTS

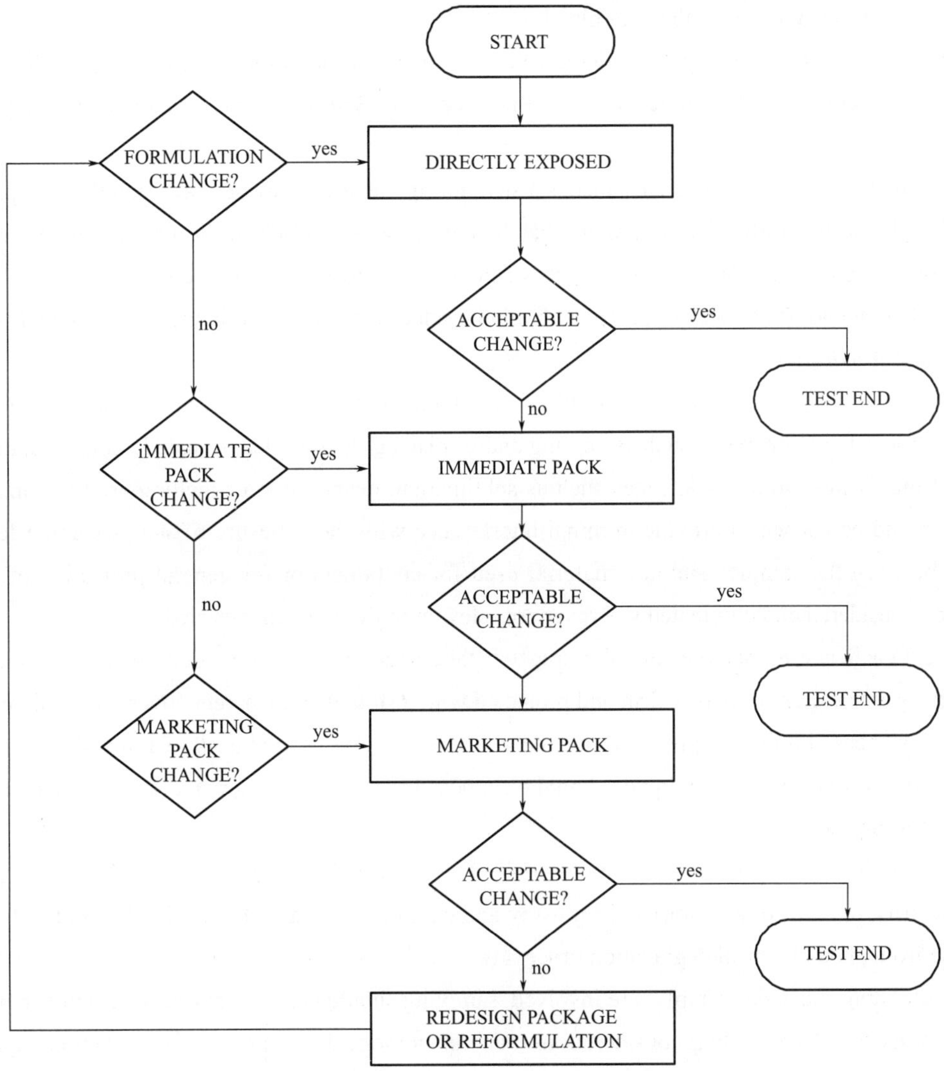

2 Drug Substance

For drug substances, photostability testing should consist of two parts: forced degradation testing and confirmatory testing.

The purpose of forced degradation testing studies is to evaluate the overall photosensitivity of the material for method development purposes and/or degradation pathway elucidation. This testing may involve the drug substance alone and/or in simple solutions/suspensions to validate the analytical procedures. In these studies, the samples should be in chemically inert and transparent containers. In these forced degradation studies, a variety of exposure conditions may be used, depending on the photosensitivity of the drug substance involved and the intensity of the light sources used. For development and validation purposes it is appropriate to limit exposure and end the studies if extensive decomposition occurs. For photostable materials, studies may be terminated after an appropriate exposure level has been used. The design of these experiments is left to the applicant's discretion although the exposure levels used should be justified.

Under forcing conditions, decomposition products may be observed that are unlikely to be formed under the conditions used for confirmatory studies. This information may be useful in developing and validating suitable analytical methods. If in practice it has been demonstrated they are not formed in the confirmatory studies, these degradation products need not be further examined.

Confirmatory studies should then be undertaken to provide the information necessary for handling, packaging, and labeling (see section 1.C., Procedure, and 2.A., Presentation of Samples, for information on the design of these studies).

Normally, only one batch of drug substance is tested during the development phase, and then the photostability characteristics should be confirmed on a single batch selected as described in the Parent Guideline if the drug is clearly photostable or photolabile. If the results of the confirmatory study are equivocal, testing of up to two additional batches should be conducted. Samples should be selected as described in the Parent Guideline.

A. Presentation of Samples

Care should be taken to ensure that the physical characteristics of the samples under test are taken into account and efforts should be made, such as cooling and/or placing the samples in sealed containers, to ensure that the effects of the changes in physical states such as sublimation, evaporation or melting are minimized. All such precautions should be chosen to provide minimal interference with the exposure of samples under test. Possible interactions between the samples and any material used for containers or for general protection of the sample, should also be considered and eliminated wherever not relevant to the test being carried out.

As a direct challenge for samples of solid drug substances, an appropriate amount of sample should be taken and placed in a suitable glass or plastic dish and protected with a suitable transparent cover if considered necessary. Solid drug substances should be spread across the container to give a thickness of typically not more than 3 millimeters. Drug substances that are liquids should be exposed in chemically inert and transparent containers.

B. Analysis of Samples

At the end of the exposure period, the samples should be examined for any changes in physical properties (e.g., appearance, clarity, or color of solution) and for assay and degradants by a method suitably validated for products likely to arise from photochemical degradation processes.

Where solid drug substance samples are involved, sampling should ensure that a representative portion is used in individual tests. Similar sampling considerations, such as homogenization of the entire sample, apply to other materials that may not be homogeneous after exposure. The analysis of the exposed sample should be performed concomitantly with that of any protected samples used as dark controls if these are used in the test.

C. Evaluation of Results

The forced degradation studies should be designed to provide suitable information to develop and validate test methods for the confirmatory studies. These test methods should be capable of resolving and detecting photolytic degradants that appear during the confirmatory studies. When evaluating the results of these studies, it is important to recognize that they form part of the stress testing and are not therefore designed to establish qualitative or quantitative limits for change.

The confirmatory studies should identify precautionary measures needed in manufacturing or in formulation of the drug product, and if light resistant packaging is needed. When evaluating the results of confirmatory studies to determine whether change due to exposure to light is acceptable, it is important to consider the results from other formal stability studies in order to assure that the drug will be within justified limits at time of use (see the relevant VICH Stability and Impurity Guidelines).

3 Drug Product

Normally, the studies on drug products should be carried out in a sequential manner starting with testing the fully exposed product then progressing as necessary to the product in the immediate pack and then in the marketing pack. Testing should progress until the results demonstrate that the drug product is adequately protected from exposure to light. The drug product should be exposed to the light conditions described under the procedure in section 1.C.

Normally, only one batch of drug product is tested during the development phase, and then the photostability characteristics should be confirmed on a single batch selected as described in the Parent Guideline if the product is clearly photostable or photolabile. If the results of the confirmatory study are equivocal, testing of up to two additional batches should be conducted.

For some products where it has been demonstrated that the immediate pack is completely impenetrable to light, such as aluminum tubes or cans, testing should normally only be conducted on directly exposed drug product.

It may be appropriate to test certain products such as infusion liquids, dermal creams, etc., to support their photostability in-use. The extent of this testing should depend on and relate to the directions for use, and is left to the applicant's discretion.

The analytical procedures used should be suitably validated.

A. Presentation of Samples

Care should be taken to ensure that the physical characteristics of the samples under test are taken into account and efforts, such as cooling and/or placing the samples in sealed containers, should be made to ensure that the effects of the changes in physical states are minimized, such as sublimation, evaporation, or melting. All such precautions should be chosen to provide a minimal interference with the irradiation of samples under test. Possible interactions between the samples and any material used for containers or for general protection of the sample should also be considered and eliminated wherever not relevant to the test being carried out.

Where practicable when testing samples of the drug product outside of the primary pack, these should be presented in a way similar to the conditions mentioned for the drug substance. The samples should be positioned to provide maximum area of exposure to the light source. For example, tablets, capsules, etc., should be spread in a single layer.

If direct exposure is not practical (e.g., due to oxidation of a product), the sample should be placed in a suitable protective inert transparent container (e.g., quartz).

If testing of the drug product in the immediate container or as marketed is needed, the samples should be placed horizontally or transversely with respect to the light source, whichever provides for the most uniform exposure of the samples. Some adjustment of testing conditions may have to be made when testing large volume containers (e.g., dispensing packs).

B. Analysis of Samples

At the end of the exposure period, the samples should be examined for any changes in physical properties (e.g., appearance, clarity or color of solution, dissolution/disintegration for dosage forms such as capsules, etc.) and for assay and degradants by a method suitably validated for products likely to arise from photochemical degradation processes.

When powder samples are involved, sampling should ensure that a representative portion is used in individual tests. For solid oral dosage form products, testing should be conducted on an appropriately sized composite of, for example, 20 tablets or capsules. Similar sampling considerations, such as homogenization or solubilization of the entire sample, apply to other materials that may not be homogeneous after exposure (e.g., creams, ointments, suspensions, etc.). The analysis of the exposed sample should be performed concomitantly with that of any protected samples used as dark controls if these are used in the test.

C. Evaluation of Results

Depending on the extent of change special labeling or packaging may be needed to mitigate exposure to light. When evaluating the results of photostability studies to determine whether change due to exposure to light is acceptable, it is important to consider the results obtained from other formal stability studies in order to assure that the product will be within proposed specifications during the shelf life (see the relevant VICH Stability and Impurity Guidelines).

4 Annex

Quinine Chemical Actinometry

The following provides details of an actinometric procedure for monitoring exposure to a near UV fluorescent lamp (based on FDA/National Institute of Standards and Technology study). For other light sources/actinometric systems, the same approach may be used, but each actinometric system should be calibrated for the light source used.

Prepare a sufficient quantity of a 2 per cent weigh/volume aqueous solution of quinine monohydrochloride dihydrate (if necessary, dissolve by heating).

Option 1

Put 10 milliliters (ml) of the solution into a 20 ml colorless ampoule seal it hermetically, and use this as the sample. Separately, put 10 ml of the solution into a 20 ml colourless ampoule (See note 1), seal it hermetically, wrap in aluminum foil to protect completely from light, and use this as the control. Expose the sample and control to the light source for an appropriate number of hours. After exposure determine the absorbances of the sample (AT) and the control (Ao) at 400 nm using a 1 centimeter (cm) path length. Calculate the change in absorbance, $\Delta A = AT - Ao$. The length of exposure should be sufficient to ensure a change in absorbance of at least 0.9.

Option 2

Fill a 1 cm quartz cell and use this as the sample. Separately fill a 1 cm quartz cell, wrap in aluminum foil to protect completely from light, and use this as the control. Expose the sample and control to the light source for an appropriate number of hours. After exposure determine the absorbances of the sample (AT) and the control (Ao) at 400 nm. Calculate the change in absorbance, $\Delta A = AT - Ao$. The length of exposure should be sufficient to ensure a change in absorbance of at least 0.5.

Alternative packaging configurations may be used if appropriately validated. Alternative validated chemical actinometers may be used.

Note: Shape and Dimensions (See Japanese Industry Standard (JIS) R3512 (1974) for ampoule specifications)

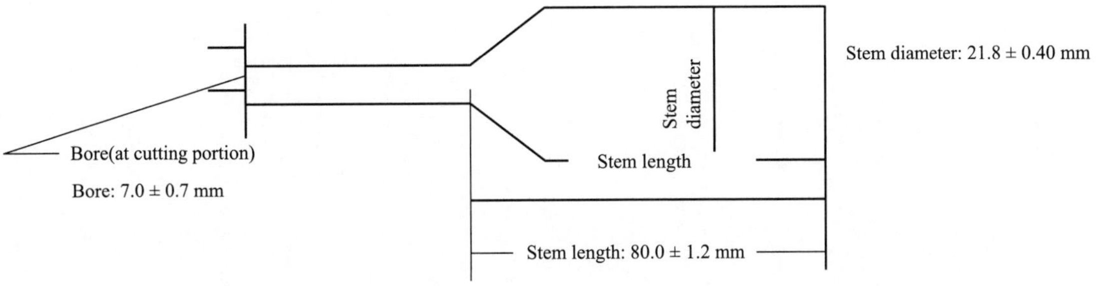

5 Glossary

Immediate (primary) pack is that constituent of the packaging that is in direct contact with the drug substance or drug product, and includes any appropriate label.

Marketing pack is the combination of immediate pack and other secondary packaging such as a carton.

Forced degradation testing studies are those undertaken to degrade the sample deliberately. These studies, which may be undertaken in the development phase normally on the drug substances, are used to evaluate the overall photosensitivity of the material for method development purposes and/or degradation pathway elucidation.

Confirmatory studies are those undertaken to establish photostability characteristics under standardized conditions. These studies are used to identify precautionary measures needed in manufacturing or formulation and whether light resistant packaging and/or special labeling is needed to mitigate exposure to light. For the confirmatory studies, the batch(es) should be selected according to batch selection for long-term and accelerated testings which is described in the Parent Guideline.

6 References

Quinine Actinometry as a method for calibrating ultraviolet radiation intensity in light-stability testing of pharmaceuticals.

Yoshioka S. et al., Drug Development and Industrial Pharmacy, 20 (13), 2049 - 2062 (1994)

QUALITY: BRACKETING AND MATRIXING DESIGNS FOR STABILITY TESTING OF NEW VETERINARY DRUG SUBSTANCES AND MEDICINAL PRODUCTS

Adopted at Step 7 of the VICH Process
by the VICH Steering Committee
in April 2010
for implementation in April 2011

This Guideline has been developed by the appropriate VICH Expert Working Group and is subject to consultation by the parties, in accordance with the VICH Process. At Step 7 of the Process the final draft is recommended for adoption to the regulatory bodies of the European Union, Japan and USA.

1 INTRODUCTION

1.1 Objectives of the Guideline

This guideline is intended to address recommendations on the application of bracketing and matrixing to stability studies conducted in accordance with principles outlined in the VICH GL

3 (R)Harmonised Tripartite guideline on Stability Testing of New Veterinary Drug Substances and Medicinal Products (hereafter referred to as the parent guideline).

1.2 Background

The parent guideline notes that the use of matrixing and bracketing can be applied, if justified, to the testing of new veterinary drug substances and medicinal products, but provides no further guidance on the subject.

1.3 Scope of the Guideline

This document provides guidance on bracketing and matrixing study designs. Specific principles are defined in this guideline for situations in which bracketing or matrixing can be applied. Sample designs are provided for illustrative purposes, and should not be considered the only, or the most appropriate, designs in all cases.

2 GUIDELINES

2.1 General

A full study design is one in which samples for every combination of all design factors are tested at all time points. A reduced design is one in which samples for every factor combination are not all tested at all time points. A reduced design can be a suitable alternative to a full design when multiple design factors are involved. Any reduced design should have the ability to adequately predict the retest period or shelf life. Before a reduced design is considered, certain assumptions should be assessed and justified. The potential risk should be considered of establishing a shorter retest period or shelf life than could be derived from a full design due to the reduced amount of data collected.

During the course of a reduced design study, a change to full testing or to a less reduced design can be considered if a justification is provided and the principles of full designs and reduced designs are followed. However, proper adjustments should be made to the statistical analysis, where applicable, to account for the increase in sample size as a result of the change. Once the design is changed, full testing or less reduced testing should be carried out through the remaining time points of the stability study.

2.2 Applicability of Reduced Designs

Reduced designs can be applied to the formal stability study of most types of new veterinary medicinal products, although additional justification should be provided for certain complex drug delivery systems where there are a large number of potential drug-device interactions. For the study of new veterinary drug substances, matrixing is of limited utility and bracketing is generally not applicable.

Whether bracketing or matrixing can be applied depends on the circumstances, as discussed in detail below. The use of any reduced design should be justified. In certain cases, the condition described in this guideline is sufficient justification for use, while in other cases, additional justification should be provided. The type and level of justification in each of these cases will depend on the available supporting data. Data variability and product stability, as shown by supporting data, should be considered when a matrixing design is applied.

Bracketing and matrixing are reduced designs based on different principles. Therefore, careful consideration and scientific justification should precede the use of bracketing and matrixing together in one design.

2.3 Bracketing

As defined in the glossary to the parent guideline, bracketing is the design of a stability schedule such that only samples on the extremes of certain design factors (e.g., strength, container size and/or fill) are tested at all time points as in a full design. The design assumes that the stability of any intermediate levels is represented by the stability of the extremes tested.

The use of a bracketing design would not be considered appropriate if it cannot be demonstrated that the strengths or container sizes and/or fills selected for testing are indeed the extremes.

2.3.1 Design Factors

Design factors are variables (e.g., strength, container size and/or fill) to be evaluated in a study design for their effect on product stability.

2.3.1.1 Strength

Bracketing can be applied to studies with multiple strengths of identical or closely related formulations. Examples include but are not limited to (1) capsules of different strengths made with different fill plug sizes from the same powder blend, (2) tablets of different strengths manufactured by compressing varying amounts of the same granulation, and (3) oral solutions of different strengths with formulations that differ only in minor excipients (e.g., colourants, flavourings).

With justification, bracketing can be applied to studies with multiple strengths where the relative amounts of drug substance and excipients change in a formulation. Such justification can include a demonstration of comparable stability profiles among the different strengths of clinical or development batches.

In cases where different excipients are used among strengths, bracketing generally should not be applied.

2.3.1.2 Container Closure Sizes and/or Fills

Bracketing can be applied to studies of the same container closure system where either container size or fill varies while the other remains constant. However, if a bracketing design is considered where both container size and fill vary, it should not be assumed that the largest and smallest containers represent the extremes of all packaging configurations. Care should be taken to select the extremes by comparing the various characteristics of the container closure system that may affect product stability. These characteristics include container wall thickness, closure geometry, surface area to volume ratio, headspace to volume ratio, water vapour permeation rate or oxygen permeation rate per dosage unit or unit fill volume, as appropriate.

With justification, bracketing can be applied to studies for the same container when the closure varies. Justification could include a discussion of the relative permeation rates of the bracketed container closure systems.

2.3.2 Design Considerations and Potential Risks

If, after starting the studies, one of the extremes is no longer expected to be marketed, the study design can be maintained to support the bracketed intermediates. A commitment should be provided to carry out stability studies on the marketed extremes post-approval.

Before a bracketing design is applied, its effect on the retest period or shelf life estimation should be assessed. If the stability of the extremes is shown to be different, the intermediates should be considered no more stable than the least stable extreme (i.e., the shelf life for the intermediates should not exceed that for the least stable extreme).

2.3.3 Design Example

An example of a bracketing design is given in Table 1. This example is based on a product available in three strengths and three container sizes. In this example, it should be demonstrated that the 15 ml and 500 ml high-density polyethylene container sizes truly represent the extremes. The batches for each selected combination should be tested at each time point as in a full design.

Table 1: Example of a Bracketing Design

Strength		50 mg			75 mg			100 mg		
Batch		1	2	3	1	2	3	1	2	3
Container size	15 ml	T	T	T				T	T	T
	100 ml									
	500 ml	T	T	T				T	T	T

Key: T = Sample tested

2.4 Matrixing

As defined in the glossary of the parent guideline, matrixing is the design of a stability schedule such that a selected subset of the total number of possible samples for all factor combinations would be tested at a specified time point. At a subsequent time point, another subset of samples for all factor combinations would be tested. The design assumes that the stability of each subset of samples tested represents the stability of all samples at a given time point. The differences in the samples for the same medicinal product should be identified as, for example, covering different batches, different strengths, different sizes of the same container closure system, and possibly, in some cases, different container closure systems.

When a secondary packaging system contributes to the stability of the veterinary medicinal product, matrixing can be performed across the packaging systems.

Each storage condition should be treated separately under its own matrixing design. Matrixing should not be performed across test attributes. However, alternative matrixing designs for different test attributes can be applied if justified.

2.4.1 Design Factors

Matrixing designs can be applied to strengths with identical or closely related formulations. Examples include but are not limited to (1) capsules of different strengths made with different fill plug sizes from the same powder blend, (2) tablets of different strengths manufactured by compressing varying amounts of the same granulation, and (3) oral solutions of different strengths with formulations that differ only in minor excipients (e.g., colourants or flavourings).

Other examples of design factors that can be matrixed include batches made by using the same process and equipment, and container sizes and/or fills in the same container closure system.

With justification, matrixing designs can be applied, for example, to different strengths where the relative amounts of drug substance and excipients change or where different excipients are used or to different container closure systems. Justification should generally be based on supporting data. For example, to matrix across two different closures or container closure systems, supporting data could be supplied showing relative moisture vapour transmission rates or similar protection against light. Alternatively, supporting data could be supplied to show that the medicinal product is not affected by oxygen, moisture, or light.

2.4.2 Design Considerations

A matrixing design should be balanced as far as possible so that each combination of factors is tested to the same extent over the intended duration of the study and through the last time point prior to submission. However, due to the recommended full testing at certain time points, as discussed below, it may be difficult to achieve a complete balance in a design where time points are matrixed.

In a design where time points are matrixed, all selected factor combinations should be tested at the initial and final time points, while only certain fractions of the designated combinations should be tested at each intermediate time point. If full long-term data for the proposed shelf life will not be available for review before approval, all selected combinations of batch, strength, container size, and fill, among other things, should also be tested at 12 months or at the last time point prior to submission. In addition, data from at least three time points, including initial, should be available for each selected combination through the first 12 months of the study. For matrixing at an accelerated or intermediate storage condition, care should be taken to ensure testing occurs at a minimum of three time points, including initial and final, for each selected combination of factors.

When a matrix on design factors is applied, if one strength or container size and/or fill is no longer intended for marketing, stability testing of that strength or container size and/or fill can be continued to support the other strengths or container sizes and/or fills in the design.

2.4.3 Design Examples

Examples of matrixing designs on time points for a medicinal product in two strengths (S1 and S2) are shown in Table 2. The *terms “one-half reduction”* and *“one-third reduction”* refer to the reduction strategy initially applied to the full study design. For example, a “one-half reduction“ initially eliminates one in every two time points from the full study design and a “one-third reduction” initially removes one in every three. In the examples shown in Table 2, the reductions are less than one-half and one-third due to the inclusion of full testing of all factor combinations at some time points as discussed in section 2.4.2. These examples include full testing at the initial, final, and 12-month time points. The ultimate reduction is therefore less than one-half (24/48) or one-third (16/48), and is actually 15/48 or 10/48, respectively.

Table 2: Examples of Matrixing Designs on Time Points for a Medicinal Product with Two Strengths

“One-Half Reduction”

Time point (months)			0	3	6	9	12	18	24	36
Strength	S1	Batch 1	T	T		T	T		T	T
		Batch 2	T	T		T	T	T		T
		Batch 3	T		T		T	T		T
	S2	Batch 1	T		T		T		T	T
		Batch 2	T	T		T	T	T		T
		Batch 3	T		T		T		T	T

Key: T = Sample tested

“One-Third Reduction”

Time point (months)			0	3	6	9	12	18	24	36
Strength	S1	Batch 1	T	T		T	T		T	T
		Batch 2	T	T	T		T	T		T
		Batch 3	T		T	T	T	T	T	T
	S2	Batch 1	T		T	T	T	T	T	T
		Batch 2	T	T		T	T		T	T
		Batch 3	T	T	T		T	T		T

Key: T = Sample tested

Additional examples of matrixing designs for a medicinal product with three strengths and three container sizes are given in Tables 3a and 3b. Table 3a shows a design with matrixing on time points only and Table 3b depicts a design with matrixing on time points and factors. In Table 3a, all combinations of batch, strength, and container size are tested, while in Table 3b, certain combinations of batch, strength and container size are not tested.

Tables 3a and 3b: Examples of Matrixing Designs for a Medicinal Product with Three Strengths and Three Container Sizes

3a Matrixing on Time Points

Strength	S1			S2			S3		
Container size	A	B	C	A	B	C	A	B	C
Batch 1	T1	T2	T3	T2	T3	T1	T3	T1	T2
Batch 2	T2	T3	T1	T3	T1	T2	T1	T2	T3
Batch 3	T3	T1	T2	T1	T2	T3	T2	T3	T1

3b Matrixing on Time Points and Factors

Strength	S1			S2			S3		
Container size	A	B	C	A	B	C	A	B	C
Batch 1	T1	T2		T2		T1		T1	T2
Batch 2		T3	T1	T3	T1		T1		T3
Batch 3	T3		T2		T2	T3	T2	T3	

Key:

Time-point (months)	0	3	6	9	12	18	24	36
T 1	T		T	T	T	T	T	T
T 2	T	T		T	T		T	T
T 3	T	T	T		T	T		T

S1, S2, and S3 are different strengths. A, B, and C are different container sizes.

T = Sample tested

2.4.4 Applicability and Degree of Reduction

The following, although not an exhaustive list, should be considered when a matrixing design is contemplated:

• knowledge of data variability

• expected stability of the medicinal product

• availability of supporting data

• stability differences in the medicinal product within a factor or among factors and/or

• number of factor combinations in the study

In general, a matrixing design is applicable if the supporting data indicate predictable product stability. Matrixing is appropriate when the supporting data exhibit only small variability. However, where the supporting data exhibit moderate variability, a matrixing design should be statistically justified. If the supportive data show large variability, a matrixing design should not be applied.

A statistical justification could be based on an evaluation of the proposed matrixing design with respect to its power to detect differences among factors in the degradation rates or its precision in shelf life estimation.

If a matrixing design is considered applicable, the degree of reduction that can be made from a full design depends on the number of factor combinations being evaluated. The more factors associated with a product and the more levels in each factor, the larger the degree of reduction that can be considered. However, any reduced design should have the ability to adequately predict the product shelf life.

2.4.5 Potential Risk

Due to the reduced amount of data collected, a matrixing design on factors other than time points generally has less precision in shelf life estimation and yields a shorter shelf life than the corresponding full design. In addition, such a matrixing design may have insufficient power to detect certain main or interaction effects, thus leading to incorrect pooling of data from different design factors during shelf life estimation. If there is an excessive reduction in the number of factor combinations tested and data from the tested factor combinations can not be pooled to establish a single shelf life, it may be impossible to estimate the shelf lives for the missing factor combinations.

A study design that matrixes on time points only would often have similar ability to that of a full design to detect differences in rates of change among factors and to establish a reliable shelf life. This feature exists because linearity is assumed and because full testing of all factor combinations would still be performed at both the initial time point and the last time point prior to submission.

2.5 Data Evaluation

Stability data from studies in a reduced design should be treated in the same manner as data from full design studies.

STATISTICAL EVALUATION OF STABILITY DATA

Adopted at Step 7 of the VICH Process by the VICH Steering Committee
in February 2013
for implementation by 28 February 2014.

This Guideline has been developed by the appropriate VICH Expert Working Group and is subject to consultation by the parties, in accordance with the VICH Process. At Step 7 of the Process the final draft is recommended for adoption to the regulatory bodies of the European Union, Japan and USA.

1 INTRODUCTION

1.1 Objectives of the Guideline

This guideline is intended to provide recommendations on how to use stability data generated in accordance with the principles detailed in the VICH guideline "GL3(R) Stability Testing of New Veterinary Drug Substances and Medicinal Products" (hereafter referred to as the parent guideline) to propose a retest period or shelf life in a registration application. This guideline describes when and how extrapolation can be considered when proposing a retest period for a drug substance or a shelf life for a veterinary medicinal product that extends beyond the period covered by "available data from the stability study under the long-term storage condition" (hereafter referred to as long-term data). Application of this guideline is entirely optional and it is up to the Applicant to decide whether or not to use statistical analysis to support the claimed retest period/shelf-life.

1.2 Background

The guidance on the evaluation and statistical analysis of stability data provided in the parent guideline is brief in nature and limited in scope. The parent guideline states that regression analysis is an appropriate approach to analyzing quantitative stability data for retest period or shelf life estimation and recommends that a statistical test for batch poolability be performed using a level of significance of 0.25. However, the parent guideline includes few details and does not cover situations where multiple factors are involved in a full- or reduced-design study.

This guideline is an expansion of the guidance presented in the Evaluation sections of the parent guideline.

1.3 Scope of the Guideline

This guideline addresses the evaluation of stability data that should be submitted in registration applications for new molecular entities and associated veterinary medicinal products. The guideline provides recommendations on establishing retest periods and shelf lives for drug substances and veterinary medicinal products intended for storage at or below "room temperature"*. It covers stability studies using single- or multi-factor designs and full or reduced designs.

*__Note:__ The term "room temperature" refers to the general customary environment and should not be inferred to be the storage statement for labeling.

VICH GL39 and GL40 should be consulted for recommendations on the setting and justification of acceptance criteria, and VICH GL45 should be referenced for recommendations on the use of full- versus reduced-design studies.

2 GUIDELINES

2.1 General Principles

The design and execution of formal stability studies should follow the principles outlined in the parent guideline. The purpose of a stability study is to establish, based on testing a minimum of three batches of the drug substance or the veterinary medicinal product, a retest period or shelf life and label storage instructions applicable to all future batches manufactured and packaged under similar circumstances. The degree of variability of individual batches affects the confidence that a future production batch will remain within acceptance criteria throughout its retest period or shelf life.

Although normal manufacturing and analytical variations are to be expected, it is important that the veterinary medicinal product be formulated with the intent to provide 100 percent of the labeled amount of the drug substance at the time of batch release. If the assay values of the batches used to support the registration application are higher than 100 percent of label claim at the time of batch release, after taking into account manufacturing and analytical variations, the shelf life proposed in the application can be overestimated. On the other hand, if the assay value of a batch is lower than 100 percent of label claim at the time of batch release, it might fall below the lower acceptance criterion before the end of the proposed shelf life.

A systematic approach should be adopted in the presentation and evaluation of the stability information. The stability information should include, as appropriate, results from the physical, chemical, biological, and microbiological tests, including those related to particular attributes of the dosage form (for example, dissolution rate for solid oral dosage forms). The adequacy of the mass balance should be assessed. Factors that can cause an apparent lack of mass balance should be considered, including, for example, the mechanisms of degradation and the stability-indicating capability and inherent variability of the analytical procedures.

The basic concepts of stability data evaluation are the same for single- versus multi-factor studies and for full- versus reduced-design studies. Data from formal stability studies and, as appropriate, supporting data should be evaluated to determine the critical quality attributes likely to influence the quality and performance of the drug substance or the veterinary medicinal product. Each attribute should be assessed separately, and an overall assessment should be made of the findings for the purpose of proposing a retest period or shelf life. The retest period or shelf life proposed should not exceed that predicted for any single attribute.

The decision tree in Appendix A outlines a stepwise approach to stability data evaluation and when and how much extrapolation can be considered for a proposed retest period or shelf life. Appendix B provides (1) information on how to analyze long-term data for appropriate quantitative test attributes from a study with a multi-factor, full or reduced design, (2) information on how to use regression analysis for retest period or shelf life estimation, and (3) examples of statistical procedures to determine poolability of data from different batches or other factors. Additional guidance can be found in the references listed; however, the examples and references do not cover all applicable statistical approaches.

In general, certain quantitative chemical attributes (e.g., assay, degradation products, preservative content) for a drug substance or a veterinary medicinal product can be assumed to follow zero-order kinetics during long-term storage[1]. Data for these attributes are therefore amenable to the type of statistical analysis described in Appendix B, including linear regression and poolability testing. Although the kinetics of other quantitative attributes (e.g., pH, dissolution) is generally not known, the same statistical analysis can be applied, if appropriate. Qualitative attributes and microbiological attributes are not amenable to this kind of statistical analysis.

The recommendations on statistical approaches in this guideline are not intended to imply that use of statistical evaluation is preferred when it can be justified to be unnecessary. However, statistical analysis can be useful in supporting the extrapolation of retest periods or shelf lives in certain situations and can be called for to verify the proposed retest periods or shelf lives in other cases.

2.2 Data presentation

Data for all attributes should be presented in an appropriate format (e.g., tabular, graphical, narrative) and an evaluation of such data should be included in the application. The values of quantitative attributes at all time points should be reported as measured (e.g., assay as percent of label claim). If a statistical analysis is performed, the procedure used and the assumptions underlying the model should be stated and justified. A tabulated summary of the outcome of statistical analysis and/or graphical presentation of the long-term data should be included.

2.3 Extrapolation

Extrapolation is the practice of using a known data set to infer information about future data. Extrapolation to extend the retest period or shelf life beyond the period covered by long-term data can be proposed in the application, particularly if no significant change is observed at the accelerated condition. Whether extrapolation of stability data is appropriate depends on the extent of knowledge about the change pattern, the goodness of fit of any mathematical model, and the existence of relevant supporting data. Any extrapolation should be performed such that the extended retest period or shelf life will be valid for a future batch released with test results close to the release acceptance criteria.

An extrapolation of stability data assumes that the same change pattern will continue to apply beyond the period covered by long-term data. The correctness of the assumed change pattern is critical when extrapolation is considered. When estimating a regression line or curve to fit the long-term data, the data themselves provide a check on the correctness of the assumed change pattern, and statistical methods can be applied to test the goodness of fit of the data to the assumed line or curve. No such internal check is possible beyond the period covered by long-term data. Thus, a retest period or shelf life granted on the basis of extrapolation should always be verified by additional long-term stability data as soon as these data become available. Care should be taken to include in the protocol for commitment batches a time point that corresponds to the end of the extrapolated retest period or shelf life.

2.4 Data Evaluation for Retest Period or Shelf Life Estimation for Drug Substances or Veterinary Medicinal Products Intended for Room Temperature Storage

A systematic evaluation of the data from formal stability studies should be performed as illustrated in this section. Stability data for each attribute should be assessed sequentially. For drug substances or veterinary medicinal products intended for storage at room temperature, the assessment should begin with any significant change at the accelerated condition and, if appropriate, at the intermediate condition, and progress through the trends and variability of the long-term data. The circumstances are delineated under which extrapolation of retest period or shelf life beyond the period covered by long-term data can be appropriate. A decision tree is provided in Appendix A as an aid.

2.4.1 No significant change at accelerated condition

Where no significant change occurs at the accelerated condition, the retest period or shelf life would depend on the nature of the long-term and accelerated data.

2.4.1.1 Long-term and accelerated data showing little or no change over time and little or no variability

Where the long-term data and accelerated data for an attribute show little or no change over time and little or no variability, it might be apparent that the drug substance or the veterinary medicinal product will remain well within the acceptance criteria for that attribute during the proposed retest period or shelf life. In these circumstances, a statistical analysis is normally considered unnecessary but justification for the omission should be provided. Justification can include a discussion of the change pattern or lack of change, relevance of the accelerated data, mass balance, and/or other supporting data as described in the parent guideline. Extrapolation of the retest period or shelf life beyond the period covered by long-term data can be proposed. The proposed retest period or shelf life can be up to twice, but should not be more than 12 months beyond, the period covered by long-term data.

2.4.1.2 Long-term or accelerated data showing change over time and/or variability

If the long-term or accelerated data for an attribute show change over time and/or variability within a factor or among factors, statistical analysis of the long-term data can be useful in establishing a retest period or shelf life. Where there are differences in stability observed among batches or among other factors (e.g., strength, container size and/or fill) or factor combinations (e.g., strength-by-container size and/or fill) that preclude the combining of data, the proposed retest period or shelf life should not exceed the shortest period supported by any batch, other factor, or factor combination. Alternatively, where the differences are readily attributed to a particular factor (e.g., strength), different shelf lives can be assigned to different levels within the factor (e.g., different strengths). A discussion should be provided to address the cause for the differences and the overall significance of such differences on the product. Extrapolation beyond the period covered by long-term data can be proposed; however, the extent of extrapolation would depend on whether long-term data for the attribute are amenable to statistical analysis.

• Data not amenable to statistical analysis

Where long-term data are not amenable to statistical analysis, but relevant supporting data are provided, the proposed retest period or shelf life can be up to one-and-a-half times, but should not be more than 6 months beyond, the period covered by long-term data. Relevant supporting data include satisfactory long-term data from development batches that are (1) made with a closely related formulation to, (2) manufactured on a smaller scale than, or (3) packaged in a container closure system similar to, that of the primary stability batches.

• Data amenable to statistical analysis

If long-term data are amenable to statistical analysis but no analysis is performed, the extent of extrapolation should be the same as when data are not amenable to statistical analysis. However, if a statistical analysis is performed, it can be appropriate to propose a retest period or shelf life of up to twice, but not more than 12 months beyond, the period covered by long- term data, when the proposal is backed by the result of the analysis and relevant supporting data.

2.4.2 Significant change at accelerated condition

Where significant change* occurs at the accelerated condition, the retest period or shelf life would depend on the outcome of stability testing at the intermediate condition, as well as at the long-term condition.

***Note:** The following physical changes can be expected to occur at the accelerated condition and would not be considered significant change that calls for intermediate testing if there is no other significant change:

softening of a suppository that is designed to melt at 37ºC, if the melting point is clearly demonstrated, failure to meet acceptance criteria for dissolution for 12 units of a gelatin capsule or gel- coated tablet if the failure can be unequivocally attributed to cross-linking.

However, if phase separation of a semi-solid dosage form occurs at the accelerated condition, testing at the intermediate condition should be performed. Potential interaction effects should also be considered in establishing that there is no other significant change.

2.4.2.1 No significant change at intermediate condition

If there is no significant change at the intermediate condition, extrapolation beyond the period covered by long-term data can be proposed; however, the extent of extrapolation would depend on whether long-term data for the attribute are amenable to statistical analysis.

• Data not amenable to statistical analysis

When the long-term data for an attribute are not amenable to statistical analysis, the proposed retest period or shelf life can be up to 3 months beyond the period covered by long-term data, if backed by relevant supporting data.

• Data amenable to statistical analysis

When the long-term data for an attribute are amenable to statistical analysis but no analysis is performed, the extent of extrapolation should be the same as when data are not amenable to statistical analysis. However, if a statistical analysis is performed, the proposed retest period or shelf life can be up to one-and-half times, but should not be more than 6 months beyond, the period covered by long-term data, when backed by statistical analysis and relevant supporting data.

2.4.2.2 Significant change at intermediate condition

Where significant change occurs at the intermediate condition, the proposed retest period or shelf life should not exceed the period covered by long-term data. In addition, a retest period or shelf life shorter than the period covered by long-term data could be called for.

2.5 Data Evaluation for Retest Period or Shelf Life Estimation for Drug Substances or Veterinary Medicinal Products Intended for Storage Below Room Temperature

2.5.1 Drug substances or veterinary medicinal products intended for storage in a refrigerator

Data from drug substances or veterinary medicinal products intended to be stored in a refrigerator should be assessed according to the same principles as described in Section 2.4 for drug substances or veterinary medicinal products intended for room temperature storage, except where explicitly noted in the section below. The decision tree in Appendix A can be used as an aid.

2.5.1.1 No significant change at accelerated condition

Where no significant change occurs at the accelerated condition, extrapolation of retest period or shelf life beyond the period covered by long-term data can be proposed based on the principles outlined in Section 2.4.1, except that the extent of extrapolation should be more limited.

If the long-term and accelerated data show little change over time and little variability, the proposed retest period or shelf life can be up to one-and-a-half times, but should not be more than 6 months beyond, the period covered by long-term data normally without the support of statistical analysis.

Where the long-term or accelerated data show change over time and/or variability, the proposed retest period or shelf life can be up to 3 months beyond the period covered by long- term data if (1) the long-term data are amenable to statistical analysis but a statistical analysis is not performed, or (2) the long-term data are not amenable to statistical analysis but relevant supporting data are provided.

Where the long-term or accelerated data show change over time and/or variability, the proposed retest period or shelf life can be up to one-and-a-half times, but should not be more than 6 months beyond, the period covered by long-term data if (1) the long-term data are amenable to statistical analysis and a statistical analysis is performed, and (2) the proposal is backed by the result of the analysis and relevant supporting data.

2.5.1.2 Significant change at accelerated condition

If significant change occurs between 3 and 6 months' testing at the accelerated storage condition, the proposed retest period or shelf life should be based on the long-term data. Extrapolation is not considered appropriate. In addition, a retest period or shelf life shorter than the period covered by long-term data could be called for. If the long-term data show variability, verification of the proposed retest period or shelf life by statistical analysis can be appropriate.

If significant change occurs within the first 3 months' testing at the accelerated storage condition, the proposed retest period or shelf life should be based on long-term data. Extrapolation is not considered appropriate. A retest period or shelf life shorter than the period covered by long-term data could be called for. If the long-term data show variability, verification of the proposed retest period or shelf life by statistical analysis can be appropriate. In addition, a discussion should be provided to address the effect of short-term excursions outside the label storage condition (e.g., during shipping or handling). This discussion can be supported, if appropriate, by further testing on a single batch of the drug substance or the veterinary medicinal product at the accelerated condition for a period shorter than 3 months.

2.5.2 Drug substances or veterinary medicinal products intended for storage in a freezer

For drug substances or veterinary medicinal products intended for storage in a freezer, the retest period or shelf life should be based on long-term data. In the absence of an accelerated storage condition for drug substances or veterinary medicinal products intended to be stored in a freezer, testing on a single batch at an elevated temperature (e.g., 5°C ± 3°C or 25°C ± 2°C) for an appropriate time period should be conducted to address the effect of short-term excursions outside the proposed label storage condition (e.g., during shipping or handling).

2.5.3 Drug substances or veterinary medicinal products intended for storage below −20°C

For drug substances or veterinary medicinal products intended for storage below −20°C, the retest period or shelf life should be based on long-term data and should be assessed on a case- by-case basis.

2.6 General Statistical Approaches

Where applicable, an appropriate statistical method should be employed to analyze the long- term primary stability data in an original application. The purpose of this analysis is to establish, with a high degree of confidence, a retest period or shelf life during which a quantitative attribute will remain within acceptance criteria for all future batches manufactured, packaged, and stored under similar circumstances.

In cases where a statistical analysis was employed to evaluate long-term data due to a change over time and/ or variability, the same statistical method should also be used to analyse data from commitment batches to verify or extend the originally approved retest period or shelf life.

Regression analysis is considered an appropriate approach to evaluating the stability data for a quantitative attribute and establishing a retest period or shelf life. The nature of the relationship between an attribute and time will determine whether data should be transformed for linear regression analysis. The relationship can be represented by a linear or non-linear function on an arithmetic or logarithmic scale. In some cases, a non-linear regression can better reflect the true relationship.

An appropriate approach to retest period or shelf life estimation is to analyze a quantitative attribute (e.g., assay, degradation products) by determining the earliest time at which the 95 percent confidence limit for the mean intersects the proposed acceptance criterion.

For an attribute known to decrease with time, the lower one-sided 95 percent confidence limit should be compared to the acceptance criterion. For an attribute known to increase with time, the upper one-sided 95 percent confidence limit should be compared to the acceptance criterion. For an attribute that can either increase or decrease, or whose direction of change is not known, two-sided 95 percent confidence limits should be calculated and compared to the upper and lower acceptance criteria.

The statistical method used for data analysis should take into account the stability study design to provide a valid statistical inference for the estimated retest period or shelf life. The approach described above can be used to estimate the retest period or shelf life for a single batch or for multiple batches when the data are combined after an appropriate statistical test. Examples of statistical approaches to the analysis of stability data from single or multi-factor, full- or reduced-design studies are included in Appendix B. References to current literature sources can be found in Appendix B.6.

3 APPENDICES

Appendix A: Decision Tree for Data Evaluation for Retest Period or Shelf Life Estimation for Drug Substances or Veterinary Medicinal Products (excluding Frozen Products)

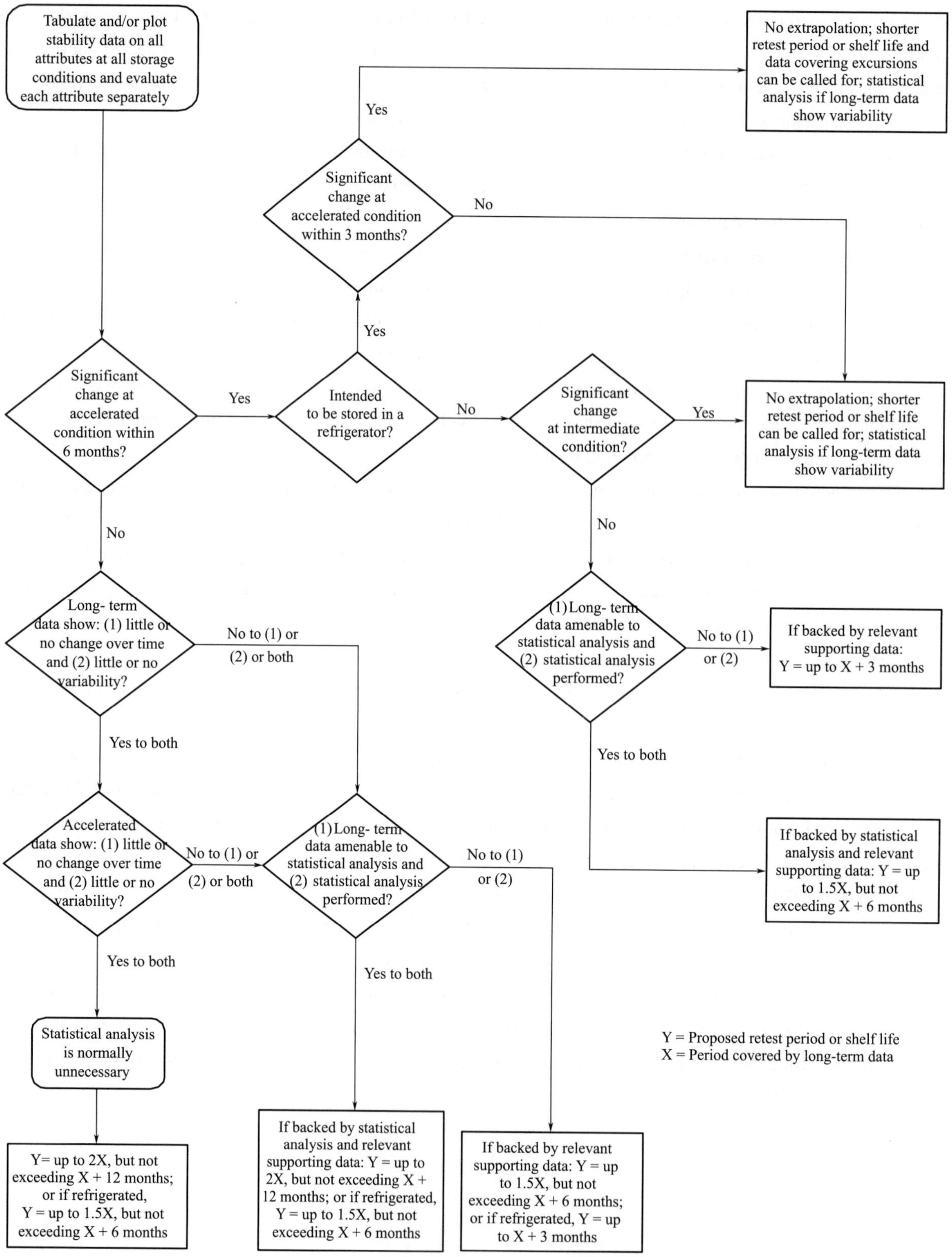

Appendix B: Examples of Statistical Approaches to Stability Data Analysis

Linear regression, poolability tests, and statistical modeling, described below, are examples of statistical methods and procedures that can be used in the analysis of stability data that are amenable to statistical analysis for a quantitative attribute for which there is a proposed acceptance criterion.

B.1 Data Analysis for a Single Batch

In general, the relationship between certain quantitative attributes and time is assumed to be linear. Figure 1 shows the regression line for assay of a veterinary medicinal product with upper and lower acceptance criteria of 105 percent and 95 percent of label claim, respectively, with 12 months of long-term data and a proposed shelf life of 24 months. In this example, two-sided 95 percent confidence limits for the mean are applied because it is not known ahead of time whether the assay would increase or decrease with time (e.g., in the case of an aqueous-based product packaged in a semi-permeable container). The lower confidence limit intersects the lower acceptance criterion at 30 months, while the upper confidence limit does not intersect with the upper acceptance criterion until later. Therefore, the proposed shelf life of 24 months can be supported by the statistical analysis of the assay, provided the recommendations in Sections 2.4 and 2.5 are followed.

When data for an attribute with only an upper or a lower acceptance criterion are analyzed, the corresponding one-sided 95 percent confidence limit for the mean is recommended. Figure 2 shows the regression line for a degradation product in a veterinary medicinal product with 12 months of long-term data and a proposed shelf life of 24 months, where the acceptance criterion is not more than 1.4 percent. The upper one-sided 95 percent confidence limit for the mean intersects the acceptance criterion at 31 months. Therefore, the proposed shelf life of 24 months can be supported by statistical analysis of the degradation product data, provided the recommendations in Sections 2.4 and 2.5 are followed.

If the above approach is used, the mean value of the quantitative attribute (e.g., assay, degradation products) can be expected to remain within the acceptance criteria through the end of the retest period or shelf life at a confidence level of 95 percent.

The approach described above can be used to estimate the retest period or shelf life for a single batch, individual batches, or multiple batches when combined after appropriate statistical tests described in Sections B.2 through B.5.

B.2 Data Analysis for One-Factor, Full-Design Studies

For a drug substance or for a veterinary medicinal product available in a single strength and a single container size and/or fill, the retest period or shelf life is generally estimated based on the stability data from a minimum of three batches. When analyzing data from such one-factor, batch-only, full-design studies, two statistical approaches can be considered.

The objective of the first approach is to determine whether the data from all batches support the proposed retest period or shelf life.

The objective of the second approach, testing for poolability, is to determine whether the data from different batches can be combined for an overall estimate of a single retest period or shelf life.

B.2.1 Evaluating whether all batches support the proposed retest period or shelf life

The objective of this approach is to evaluate whether the estimated retest periods or shelf lives from all batches are longer than the one proposed. Retest periods or shelf lives for individual batches should first be estimated using the procedure described in Section B.1 with individual intercepts, individual slopes, and the pooled mean square error calculated from all batches. If each batch has an estimated retest period or shelf life longer than that proposed, the proposed retest period or shelf life will generally be considered appropriate, as long as the guidance for extrapolation in Sections 2.4 and 2.5 is followed. There is generally no need to perform poolability tests or identify the most reduced model. If, however, one or more of the estimated retest periods or shelf lives are shorter than that proposed, poolability tests can be performed to determine whether the batches can be combined to estimate a longer retest period or shelf life.

Alternatively, the above approach can be taken during the pooling process described in Section B.2.2. If the regression lines for the batches are found to have a common slope and the estimated retest periods or shelf lives based on the common slope and individual intercepts are all longer than the proposed retest period or shelf life, there is generally no need to continue to test the intercepts for poolability.

B.2.2 Testing for poolability of batches

B.2.2.1 Analysis of covariance

Before pooling the data from several batches to estimate a retest period or shelf life, a preliminary statistical test should be performed to determine whether the regression lines from different batches have a common slope and a common time-zero intercept. Analysis of covariance (ANCOVA) can be employed, where time is considered the covariate, to test the differences in slopes and intercepts of the regression lines among batches. Each of these tests should be conducted using a significance level of 0.25 to compensate for the expected low power of the design due to the relatively limited sample size in a typical formal stability study.

If the test rejects the hypothesis of equality of slopes (i.e., if there is a significant difference in slopes among batches), it is not considered appropriate to combine the data from all batches. The retest periods or shelf lives for individual batches in the stability study can be estimated by applying the approach described in Section B.1 using individual intercepts and individual slopes and the pooled mean square error calculated from all batches. The shortest estimate among the batches should be chosen as the retest period or shelf life for all batches.

If the test rejects the hypothesis of equality of intercepts but fails to reject that the slopes are equal (i.e., if there is a significant difference in intercepts but no significant difference in slopes among the batches), the data can be combined for the purpose of estimating the common slope. The retest periods or shelf lives for individual batches in the stability study should be estimated by applying the approach described in Section B.1, using the common slope and individual intercepts. The shortest estimate among the batches should be chosen as the retest period or shelf life for all batches.

If the tests for equality of slopes and equality of intercepts do not result in rejection at a level of significance of 0.25 (i.e., if there is no significant difference in slope and intercepts among the batches), the data from all batches can be combined. A single retest period or shelf life can be estimated from the combined data by using the approach described in Section B.1 and applied to all batches. The estimated retest period or shelf life from the combined data is usually longer than that from individual batches because the width of the confidence limit(s) for the mean will become narrower as the amount of data increases when batches are combined.

The pooling tests described above should be performed in a proper order such that the slope terms are tested before the intercept terms. The most reduced model (i.e., individual slopes, common slope with individual intercepts, or common slope with common intercept, as appropriate) can be selected for retest period or shelf life estimation.

B.2.2.2 Other methods

Statistical procedures other than those described above can be used in retest period or shelf life estimation. For example, if it is possible to decide in advance the acceptable difference in slope or in mean retest period or shelf life among batches, an appropriate procedure for assessing the equivalence in slope or in mean retest period or shelf life can be used to determine the data poolability. However, such a procedure should be prospectively defined, evaluated, and justified and, where appropriate, discussed with the regulatory authority. A simulation study can be useful, if applicable, to demonstrate that the statistical properties of the alternative procedure selected are appropriate.

B.3 Data Analysis for Multi-Factor, Full-Design Studies

The stability of the veterinary medicinal product could differ to a certain degree among different factor combinations in a multi-factor, full-design study. Two approaches can be considered when analyzing such data.

The objective of the first approach is to determine whether the data from all factor combinations support the proposed shelf life.

The objective of the second approach, testing for poolability, is to determine whether the data from different factor combinations can be combined for an overall estimate of a single shelf life.

B.3.1 Evaluating whether all factor combinations support the proposed shelf life

The objective of this approach is to evaluate whether the estimated shelf lives from all factor combinations are longer than the one proposed. A statistical model that includes all appropriate factors and factor combinations should be constructed as described in Section B.3.2.2.1, and the shelf life should be estimated for each level of each factor and factor combination.

If all shelf lives estimated by the original model are longer than the proposed shelf life, further model building is considered unnecessary and the proposed shelf life will generally be appropriate as long as the guidance in Sections 2.4 and 2.5 is followed. If one or more of the estimated shelf lives fall short of the proposed shelf life, model building as described in Section B.3.2.2.1 can be employed. However, it is considered unnecessary to identify the final model before evaluating whether the data support the proposed shelf life. Shelf lives can be estimated at each stage of the model building process, and if all shelf lives at any stage are longer than the one proposed, further attempts to reduce the model are considered unnecessary.

This approach can simplify the data analysis of a complicated multi-factor stability study compared to the data analysis described in Section B.3.2.2.1.

B.3.2 Testing for poolability

The stability data from different combinations of factors should not be combined unless supported by statistical tests for poolability.

B.3.2.1 Testing for poolability of batch factor only

If each factor combination is considered separately, the stability data can be tested for poolability of batches only, and the shelf life for each non-batch factor combination can be estimated separately by applying the procedure described in Section B.2. For example, for a veterinary medicinal product available in two strengths and four container sizes, eight sets of data from the 2x4 strength-size combinations can be analyzed and eight separate shelf lives should be estimated accordingly. If a single shelf life is desired, the shortest estimated shelf life among all factor combinations should become the shelf life for the product. However, this approach does not take advantage of the available data from all factor combinations, thus generally resulting in shorter shelf lives than does the approach in Section B.3.2.2.

B.3.2.2 Testing for poolability of all factors and factor combinations

If the stability data are tested for poolability of all factors and factor combinations and the results show that the data can be combined, a single shelf life longer than that estimated based on individual factor combinations is generally obtainable. The shelf life is longer because the width of the confidence limit(s) for the mean will become narrower as the amount of data increases when batches, strengths, container sizes and/or fills, etc. are combined.

B.3.2.2.1 Analysis of covariance

Analysis of covariance can be employed to test the difference in slopes and intercepts of the regression lines among factors and factor combinations. The purpose of the procedure is to determine whether data from multiple factor combinations can be combined for the estimation of a single shelf life.

The full statistical model should include the intercept and slope terms of all main effects and interaction effects and a term reflecting the random error of measurement. If it can be justified that the higher order interactions are very small, there is generally no need to include these terms in the model. In cases where the analytical results at the initial time point are obtained from the finished dosage form prior to its packaging, the container intercept term can be excluded from the full model because the results are common among the different container sizes and/or fills.

The tests for poolability should be specified to determine whether there are statistically significant differences among factors and factor combinations. Generally, the pooling tests should be performed in a proper order such that the slope terms are tested before the intercept terms and the interaction effects are tested before the main effects. For example, the tests can start with the slope and then the intercept terms of the highest order interaction, and proceed to the slope and then the intercept terms of the simple main effects. The most reduced model, obtained when all remaining terms are found to be statistically significant, can be used to estimate the shelf lives.

All tests should be conducted using appropriate levels of significance. It is recommended that a significance level of 0.25 be used for batch-related terms, and a significance level of 0.05 be used for non-batch-related terms. If the tests for poolability show that the data from different factor combinations can be combined, the shelf life can be estimated according to the procedure described in Section B.1 using the combined data.

If the tests for poolability show that the data from certain factors or factor combinations should not be combined, either of two alternatives can be applied: (1) a separate shelf life can be estimated for each level of the factors and of the factor combinations remaining in the model; or (2) a single shelf life can be estimated based on the shortest estimated shelf life among all levels of factors and factor combinations remaining in the model.

B.3.2.2.2 Other methods

Alternative statistical procedures to those described above can be applied. For example, an appropriate procedure for assessing the equivalence in slope or in mean shelf life can be used to determine the data poolability. However, such a procedure should be prospectively defined, evaluated, properly justified, and, where appropriate, discussed with the regulatory authority. A simulation study can be useful, if applicable, to demonstrate that the statistical properties of the alternative procedure selected are appropriate.

B.4 Data Analysis For Bracketing Design Studies

The statistical procedures described in Section B.3 can be applied to the analysis of stability data obtained from a bracketing design study. For example, for a veterinary medicinal product available in three strengths (S1, S2, and S3) and three container sizes (P1, P2, and P3) and studied according to a bracketing design where only the two extremes of the container sizes (P1 and P3) are tested, six sets of data from the 3x2 strength-size combinations will be obtained. The data can be analyzed separately for each of the six combinations for shelf life estimation according to Section B.3.2.1, or tested for poolability prior to shelf life estimation according to Section B.3.2.2.

The bracketing design assumes that the stability of the intermediate strengths or sizes is represented by the stability at the extremes. If the statistical analysis indicates that the stability of the extreme strengths or sizes is different, the intermediate strengths or sizes should be considered no more stable than the least stable extreme. For example, if P1 from the above bracketing design is found to be less stable than P3, the shelf life for P2 should not exceed that for P1. No interpolation between P1 and P3 should be considered.

B.5 Data Analysis For Matrixing Design Studies

A matrixing design has only a fraction of the total number of samples tested at any specified time point. Therefore, it is important to ascertain that all factors and factor combinations that can have an impact on shelf life estimation have been appropriately tested. For a meaningful interpretation of the study results and shelf life estimation, certain assumptions should be made and justified. For instance, the assumption that the stability of the samples tested represents the stability of all samples should be valid. In addition, if the design is not balanced, some factors or factor interactions might not be estimable. Furthermore, for different levels of factor combinations to be poolable, it might have to be assumed that the higher order factor interactions are negligible. Because it is usually impossible to statistically test the assumption that the higher order terms are negligible, a matrixing design should be used only when it is reasonable to assume that these interactions are indeed very small, based on supporting data.

The statistical procedure described in Section B.3 can be applied to the analysis of stability data obtained from a matrixing design study. The statistical analysis should clearly identify the procedure and assumptions used. For instance, the assumptions underlying the model in which interaction terms are negligible should be stated. If a preliminary test is performed for the purpose of eliminating factor interactions from the model, the procedure used should be provided and justified. The final model on which the estimation of shelf life will be based should be stated. The estimation of shelf life should be performed for each of the terms remaining in the model. The use of a matrixing design can result in an estimated shelf life shorter than that resulting from a full design.

Where bracketing and matrixing are combined in one design, the statistical procedure described in Section B.3 can be applied.

B.6 References

Carstensen, J.T., "Stability and Dating of Solid Dosage Forms" *Pharmaceutics of Solids and Solid Dosage Forms*, Wiley-Interscience, 182-185, 1977

Ruberg, S.J. and Stegeman, J.W., "Pooling Data for Stability Studies: Testing the Equality of Batch Degradation Slopes" *Biometrics*, 47:1059-1069, 1991

Ruberg, S.J. and Hsu, J.C., "Multiple Comparison Procedures for Pooling Batches in Stability Studies" *Technometrics*, 34:465-472, 1992

Shao, J. and Chow, S.C., "Statistical Inference in Stability Analysis" *Biometrics*, 50:753-763, 1994

Murphy, J.R. and Weisman, D., "Using Random Slopes for Estimating Shelf-life" *Proceedings of American Statistical Association of the Biopharmaceutical Section*, 196-200, 1990

Yoshioka, S., Aso, Y, and Kojima, S., "Assessment of Shelf-life Equivalence of Pharmaceutical Products" *Chem. Pharm. Bull.*, 45:1482-1484, 1997

Chen, J.J., Ahn, H., and Tsong, Y., "Shelf-life Estimation for Multifactor Stability Studies" *Drug Inf. Journal*, 31:573-587, 1997

Fairweather, W., Lin, T.D., and Kelly, R., "Regulatory, Design, and Analysis Aspects of Complex Stability Studies" *J. Pharm. Sci.*, 84:1322-1326, 1995

B.7 Figures

Figure 1

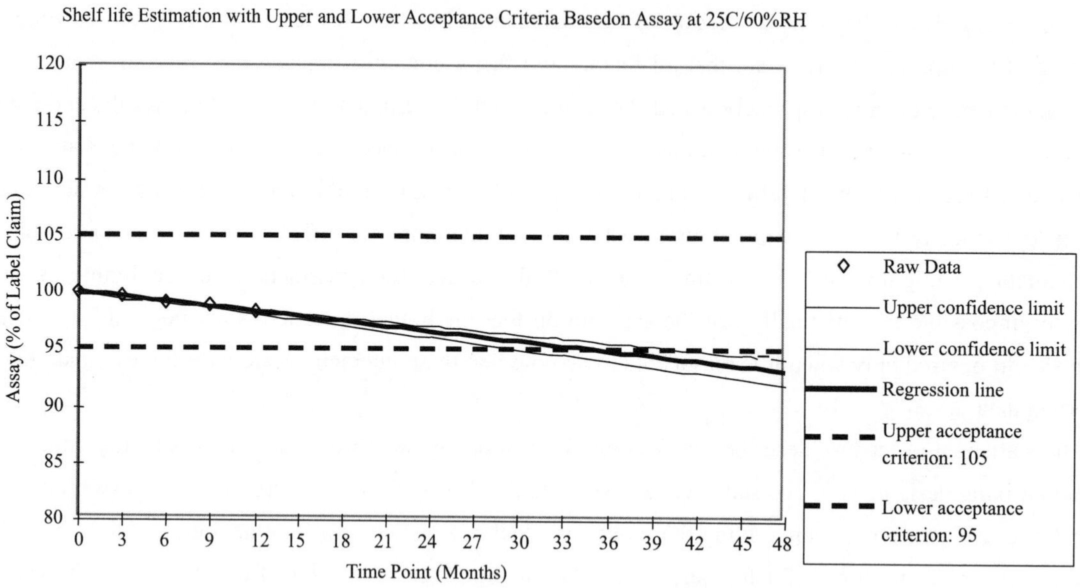

Shelf life Estimation with Upper and Lower Acceptance Criteria Basedon Assay at 25C/60%RH
Assay (% of Label Claim)
120
115
110
105
100
95
90
85
80
0 3 6 9 12 15 18 21 24 27 30 33 36 39 42 45 48
Time Point (Months)
Raw Data
Upper confidence limit
Lower confidence limit
Regression line
Upper acceptance criterion: 105
Lower acceptance criterion: 95

Figure 2

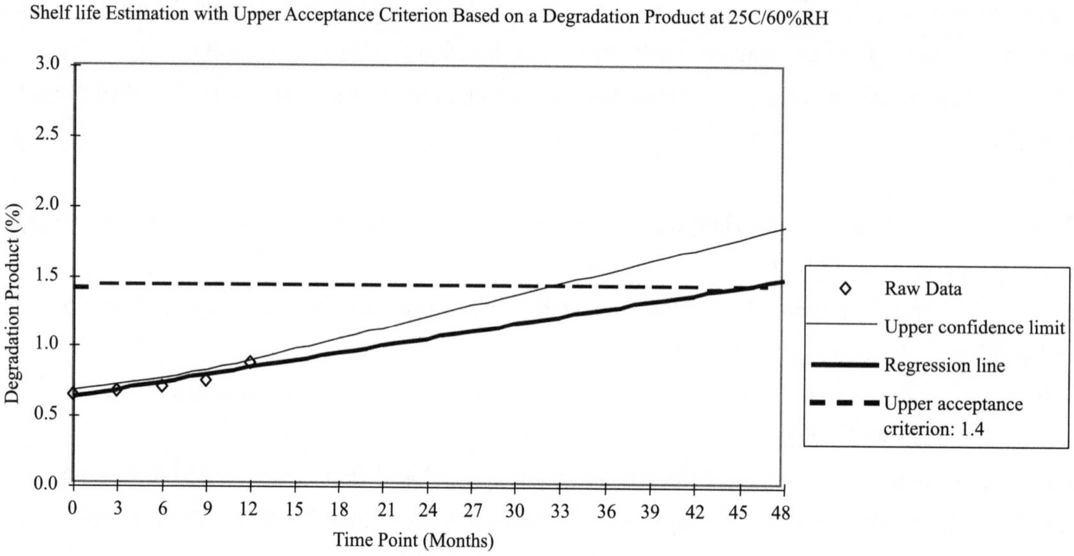

Shelf life Estimation with Upper Acceptance Criterion Based on a Degradation Product at 25C/60%RH
Degradation Product (%)
3.0
2.5
2.0
1.5
1.0
0.5
0.0
0 3 6 9 12 15 18 21 24 27 30 33 36 39 42 45 48
Time Point (Months)
Raw Data
Upper confidence limit
Regression line
Upper acceptance criterion: 1.4

VICH GL10 (QUALITY)
January 2007
Revision at Step 9
For Implementation at Step 7

IMPURITIES IN NEW VETERINARY DRUG SUBSTANCES (REVISION)

Recommended for Adoption
at Step 7 of the VICH Process
in January 2007 by the VICH SC
for implementation in January 2008

This Guideline has been developed by the appropriate VICH Expert Working Group and is subject to consultation by the parties, in accordance with the VICH Process. At Step 7 of the Process the final draft is recommended for adoption to the regulatory bodies of the European Union, Japan and USA.

1 PREAMBLE

This document is intended to provide guidance for registration applications on the content and qualification of impurities in new drug substances intended to be used for new veterinary medicinal products, produced by chemical syntheses and not previously registered in a region or member state. Alternative approaches may be used if such approaches satisfy the requirements of applicable statutes, regulations, or both. It is not intended to apply to new drug substances used during the clinical research stage of development. The following types of drug substances are not covered in this guideline: biological/biotechnological, peptide, oligonucleotide, radiopharmaceutical, fermentation products and semi-synthetic products derived therefrom, herbal products, and crude products of animal or plant origin.

Impurities in new drug substances are addressed from two perspectives:

Chemistry Aspects include classification and identification of impurities, report generation, listing of impurities in specifications, and a brief discussion of analytical procedures; and *Safety Aspects* include specific guidance for qualifying those impurities that were not present, or were present at substantially lower levels, in batches of a new drug substance used in safety and clinical studies.

2 CLASSIFICATION OF IMPURITIES

Impurities can be classified into the following categories:

- Organic impurities (process- and drug-related)
- Inorganic impurities
- Residual solvents

Organic impurities can arise during the manufacturing process and/or storage of the new drug substance. They can be identified or unidentified, volatile or non-volatile, and include:

- Starting materials
- By-products
- Intermediates
- Degradation products
- Reagents, ligands and catalysts

Inorganic impurities can result from the manufacturing process. They are normally known and identified and include:

- Reagents, ligands and catalysts
- Heavy metals or other residual metals
- Inorganic salts
- Other materials (e.g., filter aids, charcoal)

Solvents are inorganic or organic liquids used as vehicles for the preparation of solutions or suspensions in the synthesis of a new drug substance. Since these are generally of known toxicity, the selection of appropriate controls is easily accomplished (see VICH Guideline 18 on Residual Solvents).

Excluded from this document are: (1) extraneous contaminants that should not occur in new drug substances and are more appropriately addressed as Good Manufacturing Practice (GMP) issues, (2) polymorphic forms, and (3) enantiomeric impurities.

3 RATIONALE FOR THE REPORTING AND CONTROL OF IMPURITIES

3.1 Organic Impurities

The applicant should summarise the actual and potential impurities most likely to arise during the synthesis, purification, and storage of the new drug substance. This summary should be based on sound scientific appraisal of the chemical reactions involved in the synthesis, impurities associated with raw materials that could contribute to the impurity profile of the new drug substance, and possible degradation products. This discussion can be limited to those impurities that might reasonably be expected based on knowledge of the chemical reactions and conditions involved.

In addition, the applicant should summarise the laboratory studies conducted to detect impurities in the new drug substance. This summary should include test results of batches manufactured during the development process and batches from the proposed commercial process, as well as the results of stress testing (see VICH Guideline 3 on Stability) used to identify potential impurities arising during storage. The impurity profile of the drug substance batches intended for marketing should be compared with those used in development, and any differences discussed.

The studies conducted to characterise the structure of actual impurities present in the new drug substance at a level greater than (>) the identification threshold given in Attachment 1 (e.g., calculated using the response factor of the drug substance) should be described. Note that any impurity at a level greater than (>) the identification threshold in any batch manufactured by the proposed commercial process should be identified. In addition, any degradation product observed in stability studies at recommended storage conditions at a level greater than (>) the identification threshold should be identified. When identification of an impurity is not feasible, a summary of the laboratory studies demonstrating the unsuccessful effort should be included in the application. Where attempts have been made to identify impurities present at levels of not more than (≤) the identification thresholds, it is useful also to report the results of these studies.

Identification of impurities present at an apparent level of not more than (≤) the identification threshold is generally not considered necessary. However, analytical procedures should be developed for those potential impurities that are expected to be unusually potent, producing toxic or pharmacological effects at a level not more than (≤) the identification threshold. All impurities should be qualified as described later in this guideline.

3.2 Inorganic Impurities

Inorganic impurities are normally detected and quantified using pharmacopoeial or other appropriate procedures. Carry-over of catalysts to the new drug substance should be evaluated during development. The need for inclusion or exclusion of inorganic impurities in the new drug substance specification should be discussed. Acceptance criteria should be based on pharmacopoeial standards or known safety data.

3.3 Solvents

The control of residues of the solvents used in the manufacturing process for the new drug substance should be discussed and presented according to the VICH 18 Guideline for Residual Solvents.

4 ANALYTICAL PROCEDURES

The registration application should include documented evidence that the analytical procedures are validated and suitable for the detection and quantification of impurities (see VICH 1 and 2 Guidelines for Analytical Validation). Technical factors (e.g., manufacturing capability and control methodology) can be considered as part of the justification for selection of alternative thresholds based on manufacturing experience with the proposed commercial process. The use of two decimal places for thresholds does not necessarily reflect the precision of the analytical procedure used for routine quality control purposes. Thus, the use of lower precision techniques (e.g., thin-layer chromatography) can be acceptable where justified and appropriately validated. Differences in the analytical procedures used during development and those proposed for the commercial product should be discussed in the registration application.

The quantitation limit for the analytical procedure should be not more than (⩽) the reporting threshold (see Attachment 1).

Organic impurity levels can be measured by a variety of techniques, including those that compare an analytical response for an impurity to that of an appropriate reference standard or to the response of the new drug substance itself. Reference standards used in the analytical procedures for control of impurities should be evaluated and characterised according to their intended uses. The drug substance can be used as a standard to estimate the levels of impurities. In cases where the response factors of the drug substance and the relevant impurity are not close, this practice can still be appropriate, provided a correction factor is applied or the impurities are, in fact, being overestimated. Acceptance criteria and analytical procedures used to estimate identified or unidentified impurities can be based on analytical assumptions (e.g., equivalent detector response). These assumptions should be discussed in the registration application.

5 REPORTING IMPURITY CONTENT OF BATCHES

Analytical results should be provided in the application for all batches of the new drug substance used for clinical, safety, and stability testing, as well as for batches representative of the proposed commercial process. Quantitative results should be presented numerically, and not in general terms such as "complies", "meets limit" etc. Any impurity at a level greater than (>) the reporting threshold (see Attachment 1) and total impurities observed in these batches of the new drug substance should be reported with the analytical procedures indicated. Below 1.0%, the results should be reported to two decimal places (e.g., 0.06%, 0.13%); at and above 1.0%, the results should be reported to one decimal place (e.g., 1.3%). Results should be rounded using conventional rules (see Attachment 2). A tabulation (e.g., spreadsheet) of the data is recommended. Impurities should be designated by code number or by an appropriate descriptor, e.g., retention time. If a higher reporting threshold is proposed, it should be fully justified. All impurities at a level greater than (>) the reporting threshold should be summed and reported as total impurities.

When analytical procedures change during development, reported results should be linked to the procedure used, with appropriate validation information provided. Representative chromatograms should be provided. Chromatograms of representative batches from analytical validation studies showing separation and detectability of impurities (e.g., on spiked samples), along with any other impurity tests routinely performed, can serve as the representative impurity profiles. The applicant should ensure that complete impurity profiles (e.g., chromatograms) of individual batches are available, if requested.

A tabulation should be provided that links the specific new drug substance batch to each safety study and each clinical study in which the new drug substance has been used.

For each batch of the new drug substance, the report should include:

- Batch identity and size
- Date of manufacture
- Site of manufacture
- Manufacturing process

• Impurity content, individual and total

• Use of batches

• Reference to analytical procedure used

6 LISTING OF IMPURITIES IN SPECIFICATIONS

The specification for a new drug substance should include a list of impurities. Stability studies, chemical development studies, and routine batch analyses can be used to predict those impurities likely to occur in the commercial product. The selection of impurities in the new drug substance specification should be based on the impurities found in batches manufactured by the proposed commercial process. Those individual impurities with specific acceptance criteria included in the specification for the new drug substance are referred to as "specified impurities" in this guideline. Specified impurities can be identified or unidentified.

A rationale for the inclusion or exclusion of impurities in the specification should be presented. This rationale should include a discussion of the impurity profiles observed in the safety and clinical development batches, together with a consideration of the impurity profile of batches manufactured by the proposed commercial process. Specified identified impurities should be included along with specified unidentified impurities estimated to be present at a level greater than (>) the identification threshold given in Attachment 1. For impurities known to be unusually potent or to produce toxic or unexpected pharmacological effects, the quantitation/detection limit of the analytical procedures should be commensurate with the level at which the impurities should be controlled. For unidentified impurities, the procedure used and assumptions made in establishing the level of the impurity should be clearly stated. Specified, unidentified impurities should be referred to by an appropriate qualitative analytical descriptive label (e.g., "unidentified A", "unidentified with relative retention of 0.9"). A general acceptance criterion of not more than (≤) the identification threshold (Attachment 1) for any unspecified impurity and an acceptance criterion for total impurities should be included.

Acceptance criteria should be set no higher than the level that can be justified by safety data, and should be consistent with the level achievable by the manufacturing process and the analytical capability. Where there is no safety concern, impurity acceptance criteria should be based on data generated on batches of the new drug substance manufactured by the proposed commercial process, allowing sufficient latitude to deal with normal manufacturing and analytical variation and the stability characteristics of the new drug substance. Although normal manufacturing variations are expected, significant variation in batch-to-batch impurity levels can indicate that the manufacturing process of the new drug substance is not adequately controlled and validated (see VICH 39 Guideline on Specifications, Decision Tree #1, for establishing an acceptance criterion for a specified impurity in a new drug substance). The use of two decimal places for thresholds does not necessarily indicate the precision of the acceptance criteria for specified impurities and total impurities.

In summary, the new drug substance specification should include, where applicable, the following list of impurities:

Organic Impurities

• Each specified identified impurity

• Each specified unidentified impurity

• Any unspecified impurity with an acceptance criterion of not more than (≤) the identification threshold

• Total impurities

Residual Solvents

Inorganic Impurities

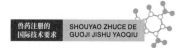

7 QUALIFICATION OF IMPURITIES

Qualification is the process of acquiring and evaluating data that establishes the biological safety of an individual impurity or a given impurity profile at the level(s) specified. The applicant should provide a rationale for establishing impurity acceptance criteria that includes safety considerations. The level of any impurity present in a new drug substance that has been adequately tested in safety and/or clinical studies would be considered qualified. Impurities that are also significant metabolites present in animal and/or human studies are generally considered qualified. A level of a qualified impurity higher than that present in a new drug substance can also be justified based on an analysis of the actual amount of impurity administered in previous relevant safety studies.

If data are unavailable to qualify the proposed acceptance criterion of an impurity, studies to obtain such data can be appropriate when the usual qualification thresholds given in Attachment 1 are exceeded.

Higher or lower thresholds for qualification of impurities can be appropriate for some individual drugs based on scientific rationale and level of concern, including drug class effects and clinical experience. For example, qualification can be especially important when there is evidence that such impurities in certain drugs or therapeutic classes have previously been associated with adverse reactions in animals. In these instances, a lower qualification threshold can be appropriate. Conversely, a higher qualification threshold can be appropriate for individual drugs when the level of concern for safety is less than usual based on similar considerations (e.g., animal species, drug class effects, clinical considerations). Proposals for alternative thresholds would be considered on a case-by-case basis.

The "Decision Tree for Identification and Qualification" (Attachment 3) describes considerations for the qualification of impurities when thresholds are exceeded. In some cases, decreasing the level of impurity to not more than the threshold can be simpler than providing safety data. Alternatively, adequate data could be available in the scientific literature to qualify an impurity. If neither is the case, additional safety testing should be considered. The studies considered appropriate to qualify an impurity will depend on a number of factors, including the animal species, daily dose, and route and duration of drug administration. Such studies can be conducted on the new drug substance containing the impurities to be controlled, although studies using isolated impurities can sometimes be appropriate.

Although this guideline is not intended to apply during the clinical research stage of development, in the later stages of development the thresholds in this guideline can be useful in evaluating new impurities observed in drug substance batches prepared by the proposed commercial process. Any new impurity observed in later stages of development should be identified if its level is greater than (>) the identification threshold given in Attachment 1 (see the "Decision Tree for Identification and Qualification" in Attachment 3). Similarly, the qualification of the impurity should be considered if its level is greater than (>) the qualification threshold given in Attachment 1. Safety assessment studies to qualify an impurity should compare the new drug substance containing a representative amount of the new impurity with previously qualified material. Safety assessment studies using a sample of the isolated impurity can also be considered.

8 GLOSSARY

Chemical Development Studies: Studies conducted to scale-up, optimise, and validate the manufacturing process for a new drug substance.

Degradation Product: An impurity resulting from a chemical change in the drug substance brought about during its manufacture and/or storage by the effect of, for example, light, temperature, pH or water.

Enantiomeric Impurity: A compound with the same molecular formula as the drug substance that differs in the spatial arrangement of atoms within the molecule and is a non- superimposable mirror image.

Extraneous Contaminant: An impurity arising from any source extraneous to the manufacturing process.

Herbal Products: Medicinal products containing, exclusively, plant material and/or vegetable drug preparations as active ingredients. In some traditions, materials of inorganic or animal origin can also be present.

Identified Impurity: An impurity for which a structural characterisation has been achieved.

Identification Threshold: A limit above (>) which an impurity should be identified.

Impurity: Any component of the new drug substance that is not the chemical entity defined as the new drug substance.

Impurity Profile: A description of the identified and unidentified impurities present in a new drug substance.

Intermediate: A material produced during steps of the synthesis of a new drug substance that undergoes further chemical transformation before it becomes a new drug substance.

Ligand: An agent with a strong affinity to a metal ion.

New Drug Substance: The designated therapeutic moiety that has not been previously registered in a region or member state in a veterinary medicinal product (also referred to as a new molecular entity or new chemical entity). It can be a complex, simple ester, or salt of a previously approved drug substance.

Polymorphic Forms: Different crystalline forms of the same drug substance. These can include solvation or hydration products (also known as pseudo-polymorphs) and amorphous forms.

Potential Impurity: An impurity that theoretically can arise during manufacture or storage. It may or may not actually appear in the new drug substance.

Qualification: The process of acquiring and evaluating data that establishes the biological safety of an individual impurity or a given impurity profile at the level(s) specified.

Qualification Threshold: A limit above (>) which an impurity should be qualified.

Reagent: A substance other than a starting material, intermediate, or solvent that is used in the manufacture of a new drug substance.

Reporting Threshold: A limit above (>) which an impurity should be reported. Reporting threshold is the same as reporting level in VICH 2 Guideline on Validation of Analytical Procedures.

Solvent: An inorganic or an organic liquid used as a vehicle for the preparation of solutions or suspensions in the synthesis of a new drug substance.

Specified Impurity: An impurity that is individually listed and limited with a specific acceptance criterion in the new drug substance specification. A specified impurity can be either identified or unidentified.

Starting Material: A material used in the synthesis of a new drug substance that is incorporated as an element into the structure of an intermediate and/or of the new drug substance. Starting materials are normally commercially available and of defined chemical and physical properties and structure.

Unidentified Impurity: An impurity for which a structural characterisation has not been achieved and that is defined solely by qualitative analytical properties (e.g., chromatographic retention time).

Unspecified impurity: An impurity that is limited by a general acceptance criterion, but not individually listed with its own specific acceptance criterion, in the new drug substance specification.

Attachment 1: Thresholds

Drug Substance

Identification [2]	As per ICH* 0.20%**
Reporting [1,2]	As per ICH* 0.10%**
Qualification [2]	0.50%

* drug substance used in veterinary and human medicine

** drug substance not used in human medicine

Attachment 2: Illustration of Reporting Impurity Results for Identification and Qualification in an Application (substances used in veterinary medicine only (see attachment 1); for substances used in human and veterinary medicine see also relevant ICH guideline)

'Raw' Result (%)	Reported Result (%)	Action	
		Identification (Threshold 0.20%)	Qualification (Threshold 0.50%)
0.166	0.17	None	None
0.196,3	0.20	None	None
0.22	0.22*	Yes	None
0.649	0.65*	Yes	Yes*

* After identification, if the response factor is determined to differ significantly from the original assumptions, it may be appropriate to re-measure the actual amount of the impurity present and re-evaluate against the qualification threshold (see Attachment 1).

1 Higher reporting thresholds should be scientifically justified

2 Lower thresholds can be appropriate if the impurity is unusually toxic

Attachment 3: Decision Tree for Identification and Qualification

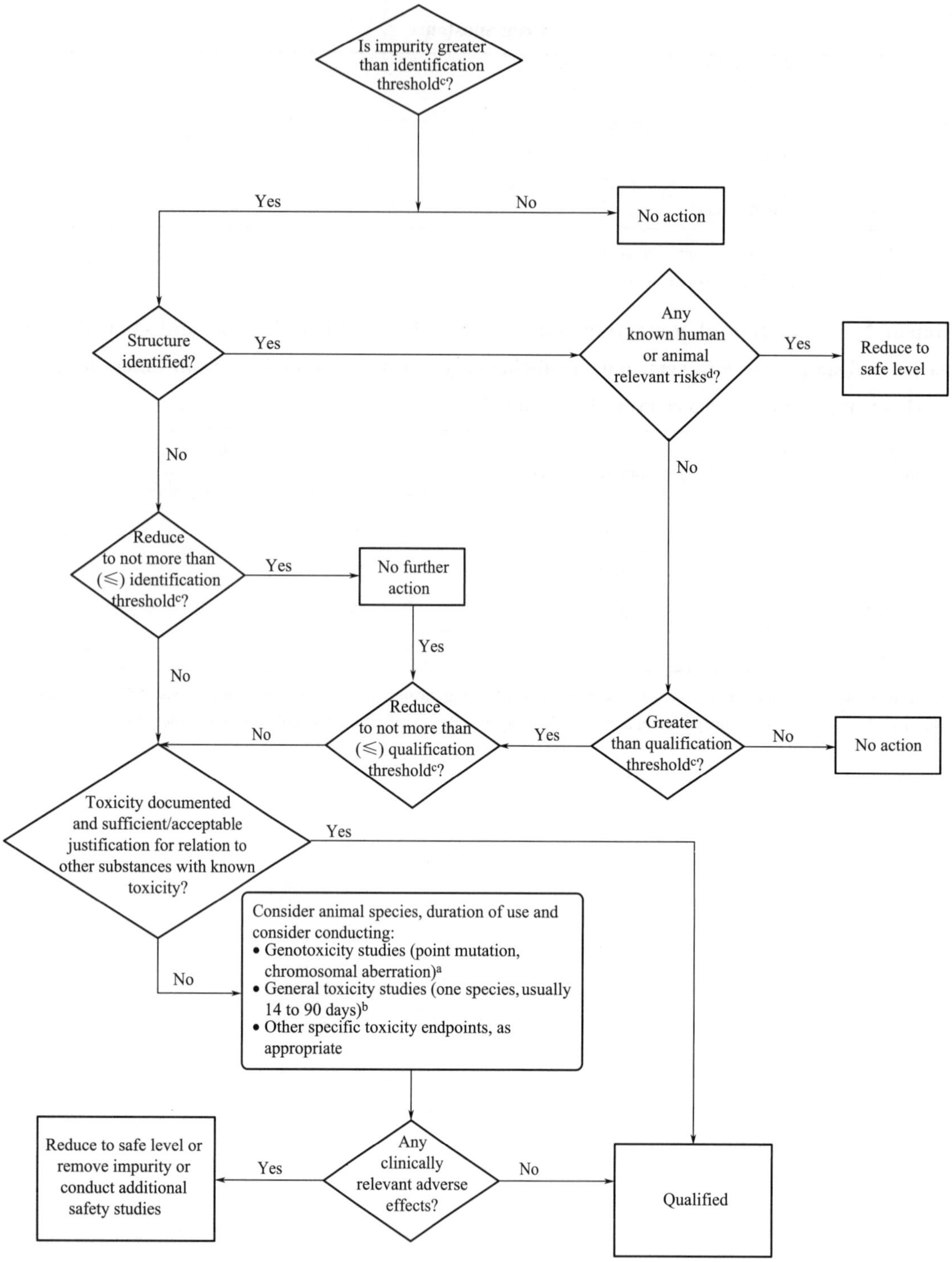

Notes on Attachment 3

a) If considered desirable, a minimum screen (e.g., genotoxic potential), should be conducted.

A study to detect point mutations and one to detect chromosomal aberrations, both in vitro, are considered an appropriate minimum screen.

b) If general toxicity studies are desirable, one or more studies should be designed to allow comparison of unqualified to qualified material. The study duration should be based on available relevant information and performed in the species most likely to maximise the potential to detect the toxicity of an impurity. On a case-by-case basis, single-dose studies can be appropriate, especially for single-dose drugs. In general, a minimum duration of 14 days and a maximum duration of 90 days would be considered appropriate.

c) Lower thresholds can be appropriate if the impurity is unusually toxic.

d) For example, do known safety data for this impurity or its structural class preclude human or animal exposure at the concentration present?

VICH GL11 (QUALITY)
January 2007
Revision at Step 9
For Implementation at Step 7

IMPURITIES IN NEW VETERINARY MEDICINAL PRODUCTS (REVISION)

Recommended for Adoption
at Step 7 of the VICH Process
in January 2007 by the VICH SC
for implementation in January 2008

This Guideline has been developed by the appropriate VICH Expert Working Group and is subject to consultation by the parties, in accordance with the VICH Process. At Step 7 of the Process the final draft is recommended for adoption to the regulatory bodies of the European Union, Japan and USA.

1 INTRODUCTION

1.1 Objective of the guideline

This document provides guidance for registration applications on the content and qualification of impurities in new veterinary medicinal products produced from chemically synthesised new drug substances not previously registered in a region or member state. Alternative approaches may be used if such approaches satisfy the requirements of applicable statutes, regulations, or both.

1.2 Background

This guideline is complementary to the VICH 10(R) guideline "Impurities in New Veterinary Drug Substances", which should be consulted for basic principles. The VICH 18 guideline "Residual Solvents" should also be consulted, if appropriate.

1.3 Scope of the guideline

This guideline addresses only those impurities in new veterinary medicinal products classified as degradation products of the drug substance or reaction products of the drug substance with an excipient and/or immediate container closure system (collectively referred to as "degradation products" in this guideline). Generally, impurities present in the new drug substance need not be monitored or specified in the new veterinary medicinal product unless they are also degradation products (see VICH 39 guideline on specifications).

Impurities arising from excipients present in the new veterinary medicinal product or extracted or leached from the container closure system are not covered by this guideline. This guideline also does not apply to new veterinary medicinal products used during the clinical research stages of development. The following types of products are not covered in this guideline: biological/biotechnological products, peptides, oligonucleotides, radiopharmaceuticals, fermentation products and semi-synthetic products derived therefrom, herbal products, and crude products of animal or plant origin. Also excluded from this document are: (1) extraneous contaminants that should not occur in new veterinary medicinal products and are more appropriately addressed as good manufacturing practice (GMP) issues,(2) polymorphic forms, and (3) enantiomeric impurities.

2 RATIONALE FOR THE REPORTING AND CONTROL OF DEGRADATION PRODUCTS

The applicant should summarise the degradation products observed during manufacture and/or stability studies of the new veterinary medicinal product. This summary should be based on sound scientific appraisal of potential degradation pathways in the new veterinary medicinal product and impurities arising from the interaction with excipients and/or the immediate container closure system. In addition, the applicant should summarise any laboratory studies conducted to detect degradation products in the new veterinary medicinal product. This summary should also include test results of batches manufactured during the development process and batches representative of the proposed commercial process. A rationale should be provided for exclusion of those impurities that are not degradation products (e.g., process impurities from the drug substance and impurities arising from excipients). The impurity profiles of the batches representative of the proposed commercial process should be compared with the profiles of batches used in development and any differences discussed.

Any degradation product observed in stability studies conducted at the recommended storage condition should be identified when present at a level greater than (>) the identification threshold of 1.0 % (Attachment 1). When identification of a degradation product is not feasible, a summary of the laboratory studies demonstrating the unsuccessful efforts to identify it should be included in the registration application.

Degradation products present at a level of not more than (≤) the identification threshold of 1.0 % generally would not need to be identified. However, analytical procedures should be developed for those degradation products that are suspected to be unusually potent, producing toxic or significant pharmacological effects at levels not more than (≤) the identification threshold of 1.0 %. In unusual circumstances, technical factors (e.g., manufacturing capability, a low drug substance to excipient ratio, or the use of excipients that are crude products of animal or plant origin) can be considered as part of the justification for selection of alternative thresholds based upon manufacturing experience with the proposed commercial process.

3 ANALYTICAL PROCEDURES

The registration application should include documented evidence that the analytical procedures have been validated and are suitable for the detection and quantitation of degradation products (see VICH 1 and 2 guidelines on analytical validation). In particular, analytical procedures should be validated to demonstrate specificity for the specified and unspecified degradation products. As appropriate, this validation should include samples stored under relevant stress conditions: light, heat, humidity, acid/base hydrolysis, and oxidation. When an analytical procedure reveals the presence of other peaks in addition to those of the degradation products (e.g., the drug substance, impurities arising from the synthesis of the drug substance, excipients and impurities arising from the excipients), these peaks should be labeled in the chromatograms and their origin(s) discussed in the validation documentation.

The quantitation limit for the analytical procedure should be not more than (≤) the reporting threshold (See attachment 1).

Degradation product levels can be measured by a variety of techniques, including those that compare an analytical response for a degradation product to that of an appropriate reference standard or to the response of the new drug substance itself. Reference standards used in the analytical procedures for control of degradation products should be evaluated and characterised according to their intended uses. The drug substance can be used to estimate the levels of degradation products. In cases where the response factors are not close, this practice can still be used if a correction factor is applied or the degradation products are, in fact, being overestimated. Acceptance criteria and analytical procedures, used to estimate identified or unidentified degradation products, are often based on analytical assumptions (e.g., equivalent detector response). These assumptions should be discussed in the registration application.

Differences between the analytical procedures used during development and those proposed for the commercial product should also be discussed.

4 REPORTING DEGRADATION PRODUCTS CONTENT OF BATCHES

Analytical results should be provided in the registration application for all relevant batches of the new veterinary medicinal product used for clinical, safety, and stability testing, as well as batches that are representative of the proposed commercial process. Quantitative results should be presented numerically, and not in general terms such as “complies”, “meets limit” etc. Any degradation product at a level greater than (>) the reporting threshold of 0.3 %(see Attachment 1), and total degradation products observed in the relevant batches of the new veterinary medicinal product, should be reported with the analytical procedures indicated. The results should be reported to one decimal place (e.g., 0.4%, 1.3%). Results should be rounded using conventional rules. A tabulation (e.g., spreadsheet) of the data is recommended. Degradation products should be designated by code number or by an appropriate descriptor, e.g., retention time. If a higher reporting threshold is proposed, it should be fully justified. All degradation products at a level greater than (>) the reporting threshold of 0.3% should be summed and reported as total degradation products.

Chromatograms with peaks labelled (or equivalent data if other analytical procedures are used) from representative batches, including chromatograms from analytical procedure validation studies and from long-term and accelerated stability studies, should be provided. The applicant should ensure that complete degradation product profiles (e.g., chromatograms) of individual batches are available, if requested.

For each batch of the new veterinary medicinal product described in the registration application, the documentation should include:

• Batch identity, strength, and size

• Date of manufacture

• Site of manufacture

• Manufacturing process

• Immediate container closure

• Degradation product content, individual and total

• Use of batch (e.g., clinical studies, stability studies)

• Reference to analytical procedure used

• Batch number of the drug substance used in the new veterinary medicinal product

• Storage conditions for stability studies

5 LISTING OF DEGRADATION PRODUCTS IN SPECIFICATIONS

The specification for a new veterinary medicinal product should include a list of degradation products expected to occur during manufacture of the commercial product and under recommended storage conditions. Stability studies, knowledge of degradation pathways, product development studies, and laboratory studies should be used to characterise the degradation profile. The selection of degradation products in the new veterinary medicinal product specification should be based on the degradation products found in batches manufactured by the proposed commercial process. Those individual degradation products with specific acceptance criteria included in the specification for the new veterinary medicinal product are referred to as "specified degradation products" in this guideline. Specified degradation products can be identified or unidentified. A rationale for the inclusion or exclusion of degradation products in the specification should be presented. This rationale should include a discussion of the degradation profiles observed in the safety and clinical development batches and in stability studies, together with a consideration of the degradation profile of batches manufactured by the proposed commercial process. Specified identified degradation products should be included along with specified unidentified degradation products estimated to be present at a level greater than (>) the identification threshold of 1.0% (Attachment 1). For degradation products known to be unusually potent or to produce toxic or unexpected pharmacological effects, the quantitation/detection limit of the analytical procedures should be commensurate with the level at which the degradation products should be controlled. For unidentified degradation products, the procedure used and assumptions made in establishing the level of the degradation product should be clearly stated. Specified unidentified degradation products should be referred to by an appropriate qualitative analytical descriptive label (e.g., "unidentified A", "unidentified with relative retention of 0.9"). A general acceptance criterion of not more than (≤) the identification threshold of 1.0% (Attachment 1) for any unspecified degradation product and an acceptance criterion for total degradation products should also be included.

For a given degradation product, its acceptance criterion should be established by taking into account its acceptance criterion in the drug substance (if applicable), its qualified level, its increase during stability studies, and the proposed shelf life and recommended storage conditions for the new veterinary medicinal product.

Furthermore, each acceptance criterion should be set no higher than the qualified level of the given degradation product.

Where there is no safety concern, degradation product acceptance criteria should be based on data generated from batches of the new veterinary medicinal product manufactured by the proposed commercial process, allowing sufficient latitude to deal with normal manufacturing and analytical variation and the stability characteristics of the new veterinary medicinal product. Although normal manufacturing variations are expected, significant variation in batch-to-batch degradation product levels can indicate that the manufacturing process of the new veterinary medicinal product is not adequately controlled and validated (see VICH 39 guideline on specifications, decision tree #2, for establishing an acceptance criterion for a specified degradation product in a new veterinary medicinal product).

In summary, the new veterinary medicinal product specification should include, where applicable, the following list of degradation products:

• Each specified identified degradation product

• Each specified unidentified degradation product

• Any unspecified degradation product with an acceptance criterion of not more than (≤) the identification threshold of 1.0% (see Attachment 1)

• Total degradation products.

6 QUALIFICATION OF DEGRADATION PRODUCTS

Qualification is the process of acquiring and evaluating data that establishes the biological safety of an individual degradation product or a given degradation profile at the level(s) specified. The applicant should provide a rationale for establishing degradation product acceptance criteria that includes safety considerations. The level of any degradation product present in a new veterinary medicinal product that has been adequately tested in safety and/or clinical studies would be considered qualified. Therefore, it is useful to include any available information on the actual content of degradation products in the relevant batches at the time of use in safety and/or clinical studies. Degradation products that are also significant metabolites present in animal and/or human studies are generally considered qualified. Degradation products could be considered qualified at levels higher than those administered in safety studies based on a comparison between actual doses given in the safety studies and the intended dose of the new veterinary medicinal product. Justification of such higher levels should include consideration of factors such as: (1) the amount of degradation product administered in previous safety and/or clinical studies and found to be safe; (2) the increase in the amount of the degradation product; and (3) other safety factors, as appropriate.

If the qualification threshold of 1.0% given in Attachment 1 is exceeded and data are unavailable to qualify the proposed acceptance criterion of a degradation product, additional studies to obtain such data can be appropriate (see Attachment 2).

Higher or lower thresholds for qualification of degradation products can be appropriate for some individual new veterinary medicinal products based on scientific rationale and level of concern, including drug class effects and clinical experience. For example, qualification can be especially important when there is evidence that such degradation products in certain new veterinary medicinal products or therapeutic classes have previously been associated with adverse reactions in animals and/or humans. In these instances, a lower qualification threshold can be appropriate. Conversely, a higher qualification threshold can be appropriate for individual new veterinary medicinal products when the level of concern for safety is less than usual based on similar considerations (e.g., animal species, drug class effects, and clinical considerations). Proposals for alternative thresholds would be considered on a case-by-case basis.

The "Decision Tree for Identification and Qualification of a Degradation Product" (Attachment 2) describes considerations for the qualification of degradation products when thresholds are exceeded. In some cases, reducing the level of degradation product (e.g., use of a more protective container closure or modified storage conditions) to not more than (≤) the threshold can be simpler than providing safety data. Alternatively, adequate data could be available in the scientific literature to qualify a degradation product. If neither is the case, additional safety testing should be considered. The studies considered appropriate to qualify a degradation product will depend on a number of factors, including the animal species, daily dose, and route and duration of new veterinary medicinal product administration. Such studies can be conducted on the new veterinary medicinal product or substance containing the degradation products to be controlled, although studies using isolated degradation products can sometimes be appropriate.

Although this guideline is not intended to apply during the clinical research stage of development, in the later stages of development the thresholds in this guideline can be useful in evaluating new degradation products observed in new veterinary medicinal product batches prepared by the proposed commercial process. Any new degradation product observed in later stages of development should be identified (see the "Decision Tree for Identification and Qualification of a Degradation Product" in Attachment 2) if its level is greater than (>) the identification threshold of 1.0% given in Attachment 1. Similarly, qualification of the degradation product should be considered if its level is greater than (>) the qualification threshold of 1.0% given in Attachment 1.

Safety studies should provide a comparison of results of safety testing of the new veterinary medicinal product or drug substance containing a representative level of the degradation product with previously qualified material, although studies using the isolated degradation products can also be considered.

7 GLOSSARY

Degradation Product: An impurity resulting from a chemical change in the drug substance brought about during manufacture and/or storage of the new veterinary medicinal product by the effect of, for example, light, temperature, pH, water, or by reaction with an excipient and/or the immediate container closure system.

Degradation Profile: A description of the degradation products observed in the drug substance or veterinary medicinal product.

Development Studies: Studies conducted to scale-up, optimise, and validate the manufacturing process for a veterinary medicinal product.

Identification Threshold: A limit above (>) which a degradation product should be identified.

Identified Degradation Product: A degradation product for which a structural characterisation has been achieved.

Impurity: Any component of the new veterinary medicinal product that is not the drug substance or an excipient in the veterinary medicinal product.

Impurity Profile: A description of the identified and unidentified impurities present in a veterinary medicinal product.

New Drug Substance: The designated therapeutic moiety that has not been previously registered in a region or member state in a veterinary medicinal product (also referred to as a new molecular entity or new chemical entity). It can be a complex, simple ester, or salt of a previously approved substance.

Qualification: The process of acquiring and evaluating data that establishes the biological safety of an individual degradation product or a given degradation profile at the level(s) specified.

Qualification Threshold: A limit above (>) which a degradation product should be qualified.

Reporting Threshold: A limit above (>) which a degradation product should be reported.

Specified Degradation Product: A degradation product that is individually listed and limited with a specific acceptance criterion in the new veterinary medicinal product specification. A specified degradation product can be either identified or unidentified.

Unidentified Degradation Product: A degradation product for which a structural characterisation has not been achieved and that is defined solely by qualitative analytical properties (e.g., chromatographic retention time).

Unspecified Degradation Product: A degradation product that is limited by a general acceptance criterion, but not individually listed with its own specific acceptance criterion, in the new veterinary medicinal product specification.

Attachment 1: Thresholds for Degradation Products in New Veterinary Medicinal Products

Identification[1]	1.0%
Reporting[1]	0.3%
Qualification[1]	1.0%

[1] Higher thresholds should be scientifically justified.

Attachment 2: Decision Tree for Identification and Qualification of a Degradation Product

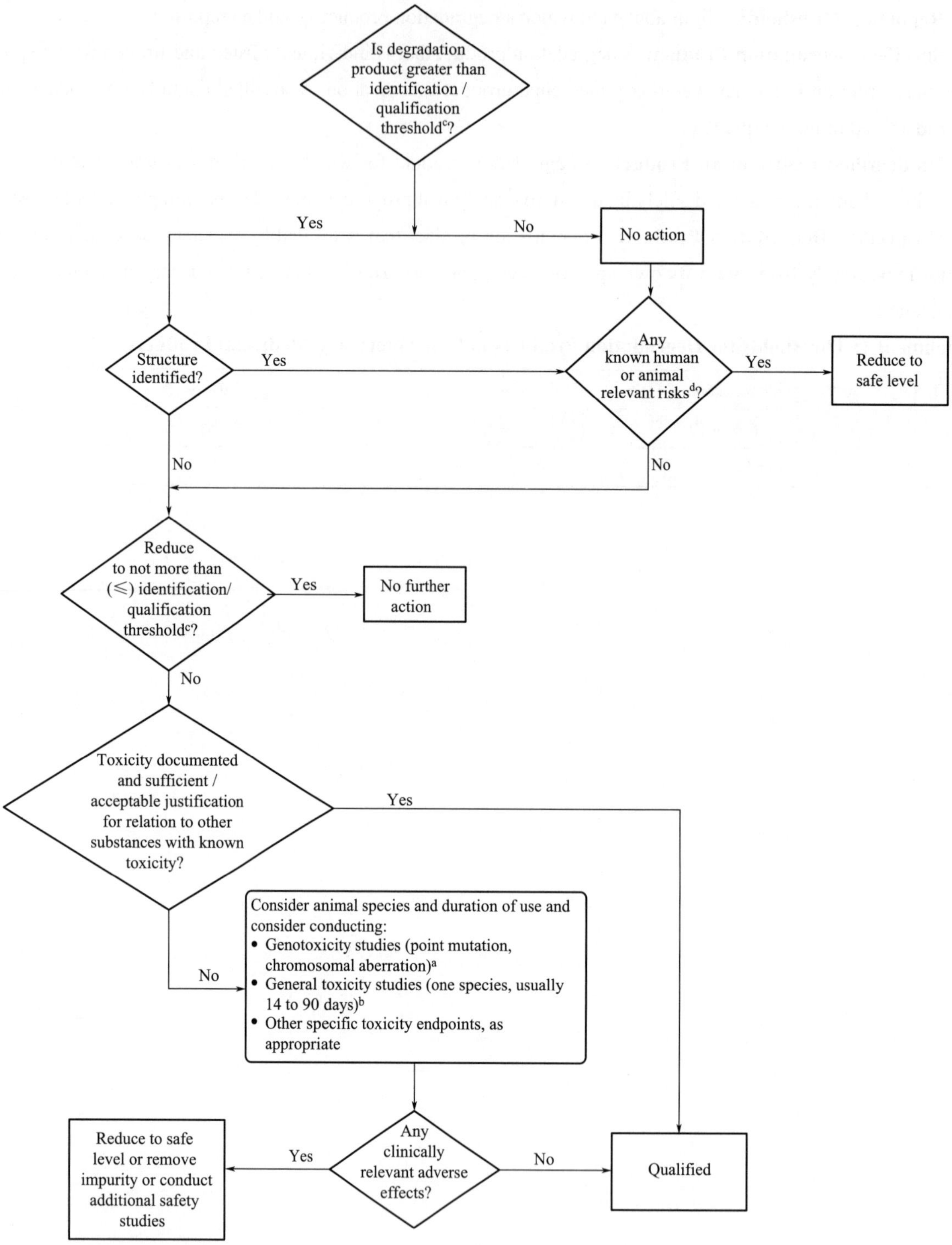
Is degradation product greater than identification / qualification threshold[c]?
Yes
No
No action
Structure identified?
Yes
Any known human or animal relevant risks[d]?
Yes
Reduce to safe level
No
No
Reduce to not more than (≤) identification/ qualification threshold[c]?
Yes
No further action
No
Toxicity documented and sufficient / acceptable justification for relation to other substances with known toxicity?
Yes
No
Consider animal species and duration of use and consider conducting:
• Genotoxicity studies (point mutation, chromosomal aberration)[a]
• General toxicity studies (one species, usually 14 to 90 days)[b]
• Other specific toxicity endpoints, as appropriate
Reduce to safe level or remove impurity or conduct additional safety studies
Yes
Any clinically relevant adverse effects?
No
Qualified

Notes on Attachment 2

a) If considered desirable, a minimum screen (e.g., genotoxic potential), should be conducted.

A study to detect point mutations and one to detect chromosomal aberrations, both in vitro, are considered an appropriate minimum screen.

b) If general toxicity studies are desirable, one or more studies should be designed to allow comparison of unqualified to qualified material. The study duration should be based on available relevant information and performed in the species most likely to maximise the potential to detect the toxicity of a degradation product. On a case-by-case basis, single- dose studies can be appropriate, especially for single-dose drugs. In general, a minimum duration of 14 days and a maximum duration of 90 days would be considered appropriate.

c) Lower thresholds can be appropriate if the degradation product is unusually toxic.

d) For example, do known safety data for this degradation product or its structural class preclude human or animal exposure at the concentration present?

IMPURITIES: RESIDUAL SOLVENTS IN NEW VETERINARY MEDICINAL PRODUCTS, ACTIVE SUBSTANCES AND EXCIPIENTS (REVISION)

Adopted at Step 7 of the VICH Process
by the VICH Steering Committee
in June 2011
for implementation in June 2012

This Guideline has been developed by the appropriate VICH Expert Working Group and is subject to consultation by the parties, in accordance with the VICH Process. At Step 7 of the Process the final draft is recommended for adoption to the regulatory bodies of the European Union, Japan and USA.

1 INTRODUCTION

The objective of this guideline is to recommend acceptable amounts for residual solvents in pharmaceuticals for the safety of the target animal as well as for the safety of residues in products derived from treated food producing animals. The guideline recommends use of less toxic solvents and describes levels considered to be toxicologically acceptable for some residual solvents.

Residual solvents in pharmaceuticals are defined here as organic volatile chemicals that are used or produced in the manufacture of active substances or excipients, or in the preparation of veterinary medicinal products. The solvents are not completely removed by practical manufacturing techniques. Appropriate selection of the solvent for the synthesis of active substance may enhance the yield, or determine characteristics such as crystal form, purity, and solubility. Therefore, the solvent may sometimes be a critical parameter in the synthetic process. This guideline does not address solvents deliberately used as excipients nor does it address solvates. However, the content of solvents in such products should be evaluated and justified.

Since there is no therapeutic benefit from residual solvents, all residual solvents should be removed to the extent possible to meet product specifications, good manufacturing practices, or other quality-based requirements. Veterinary medicinal products should contain no higher levels of residual solvents than can be supported by safety data. Some solvents that are known to cause unacceptable toxicities (Class 1, Table 1) should be avoided in the production of active substances, excipients, or veterinary medicinal products unless their use can be strongly justified in a risk-benefit assessment. Some solvents associated with less severe toxicity (Class 2, Table 2) should be limited in order to protect target animals and human consumers from potential adverse effects. Ideally, less toxic solvents (Class 3, Table 3) should be used where practical. The complete list of solvents included in this guideline is given in Appendix 1.

The lists are not exhaustive and other solvents can be used and later added to the lists. Recommended limits of Class 1 and 2 solvents or classification of solvents may change, as new safety data becomes available. Supporting safety data in a marketing application for a new veterinary medicinal product containing a new solvent may be based on concepts in this guideline or the concept of qualification of impurities as expressed in the guideline for active substance (VICH GL 10, Impurities in New Veterinary Drug Substances) or veterinary medicinal product (VICH GL 11, Impurities in New Veterinary Medicinal Products), or all three guidelines.

2 SCOPE OF THE GUIDELINE

Residual solvents in active substances, excipients, and in veterinary medicinal products are within the scope of this guideline. Therefore, testing should be performed for residual solvents when production or purification processes are known to result in the presence of such solvents. It is only necessary to test for solvents that are used or produced in the manufacture or purification of medicinal substances, excipients, or veterinary medicinal products. Although manufacturers may choose to test the veterinary medicinal product, a cumulative method may be used to calculate the residual solvent levels in the product from the levels in the ingredients used to produce the product. If the calculation results in a level equal to or below that recommended in this guideline, no testing of the veterinary medicinal product for residual solvents need be considered. If, however, the calculated level is above the recommended level, the veterinary medicinal product should be tested to ascertain whether the formulation process has reduced the relevant solvent level to within the acceptable amount. The veterinary medicinal product should also be tested if a solvent is used during its manufacture.

This guideline does not apply to potential new active substances, excipients, or veterinary medicinal products used during the clinical research stages of development, nor does it apply to existing marketed veterinary medicinal products.

The guideline applies to all dosage forms and routes of administration. Higher levels of residual solvents may be acceptable in certain cases or topical application. Justification for these levels should be made on a case by case basis.

See Appendix 2 for additional background information related to residual solvents.

3 GENERAL PRINCIPLES

3.1 Classification of Residual Solvents by Risk Assessment

The term "tolerable daily intake" (TDI) is used by the International Program on Chemical Safety (IPCS) to describe exposure limits of toxic chemicals and "acceptable daily intake" (ADI) is used by the World Health Organisation (WHO) and other national and international health authorities and institutes. The new term "permitted daily exposure" (PDE) is defined in the present guideline as a pharmaceutically acceptable intake of residual solvents to avoid confusion of differing values for ADIs of the same substance.

Residual solvents assessed in this guideline are listed in Appendix 1 by common names and structures. They were evaluated for their possible risk to human health and placed into one of three classes as follows:

Class 1 solvents: Solvents to be avoided

Known human carcinogens, strongly suspected human carcinogens, and environmental hazards.

Class 2 solvents: Solvents to be limited

Non-genotoxic animal carcinogens or possible causative agents of other irreversible toxicity such as neurotoxicity or teratogenicity.

Solvents suspected of other significant but reversible toxicities.

Class 3 solvents: Solvents with low toxic potential

Solvents with low toxic potential to man; no health-based exposure limit is needed. Class 3 solvents have PDEs of 50 mg or more per day.

3.2 Methods for Establishing Exposure Limits

The method used to establish permitted daily exposures for residual solvents is presented in Appendix 3. Summaries of the toxicity data that were used to establish limits are published in Pharmeuropa, Vol. 9, No. 1, Supplement, April 1997 and in Part II and Part III of the ICH Guideline on Impurities: Guideline for Residual Solvents (Q3C(R4).

3.3 Options for Describing Limits of Class 2 Solvents

Three options are available when setting limits for Class 2 solvents.

Option 1: The concentration limits in ppm stated in Table 2 can be used. They were calculated using equation (1) below by assuming a product mass of 10 g administered daily.

$$(1)\ \text{Concentration (ppm)} = \frac{1000 \times \text{PDE}}{\text{dose}}$$

Here, PDE is given in terms of mg/day and dose is given in g/day.

These limits are considered acceptable for residual solvents in all substances, excipients, or products. Therefore this option may be applied if the daily dose is not known or fixed. If the residual solvents in all excipients and active substances in a formulation meet the limits given in Option 1, then these components may be used in any proportion. No further calculation is necessary provided the daily dose does not exceed 10 g. Products that are administered in doses greater than 10 g per day should be considered under Option 2.

Option 2: it is not considered necessary for residual solvents in each component of the veterinary medicinal product to comply with the limits given in Option 1. The PDE in terms of mg/day as stated in Table 2 can be used with the known maximum daily dose and equation (1) above to determine the concentration of residual solvent allowed in the veterinary medicinal product. Such limits are considered acceptable provided that it has been demonstrated that the residual solvent has been reduced to the practical minimum. The limits should be realistic in relation to analytical precision, manufacturing capability, reasonable variation in the manufacturing process, and the limits should reflect contemporary manufacturing standards.

Option 2 may be applied by adding the amounts of a residual solvent present in each of the components of the veterinary medicinal product. The sum of the amounts of solvent per day should be less than that given by the PDE.

Consider an example of the use of Option 1 and Option 2 applied to acetonitrile in a veterinary medicinal product. The permitted daily exposure to acetonitrile is 4.1 mg per day; thus, the Option 1 limit is 410 ppm. The maximum administered daily mass of a veterinary medicinal product is 5.0 g, and the veterinary medicinal product contains two excipients. The composition of the veterinary medicinal product and the calculated maximum content of residual acetonitrile are given in the following table.

Component	Amount in formulation	Acetonitrile content	Daily exposure
Active substance	0.3 g	800 ppm	0.24 mg
Excipient 1	0.9 g	400 ppm	0.36 mg
Excipient 2	3.8 g	800 ppm	3.04 mg
Veterinary medicinal product	5.0 g	728 ppm	3.64 mg

Excipient 1 meets the Option 1 limit, but the active substance, excipient 2, and the veterinary medicinal product do not meet the Option 1 limit. Nevertheless, the product meets the Option 2 limit of 4.1 mg per day and thus conforms to the recommendations in this guideline.

Consider another example using acetonitrile as residual solvent. The maximum administered daily mass of a veterinary medicinal product is 5.0 g, and the veterinary medicinal product contains two excipients. The composition of the veterinary medicinal product and the calculated maximum content of residual acetonitrile is given in the following table.

Component	Amount in formulation	Acetonitrile content	Daily exposure
Active substance	0.3 g	800 ppm	0.24 mg
Excipient 1	0.9 g	2,000 ppm	1.80 mg
Excipient 2	3.8 g	800 ppm	3.04 mg
Veterinary medicinal product	5.0 g	1,016 ppm	5.08 mg

In this example, the product meets neither the Option 1 nor the Option 2 limit. The manufacturer could test the product to determine if the formulation process reduced the level of acetonitrile. If the level of acetonitrile was not reduced during formulation to the allowed limit, then the manufacturer of the product should take other steps to reduce the amount of acetonitrile in the product or option 3 should be considered.

Option 3:

Applicants may justify higher levels for the PDE and concentration limit based upon the actual daily dose, actual target species, and relevant toxicological data and considering consumer safety aspects. Use of Option 3 will be handled on a case by case basis by the regulatory authorities. This option may be applied as:

3a – The applicant may provide an appropriate body weight for the actual target species and / or the actual dose and recalculate the PDE and/or concentration limit using the ICH equations and ICH supporting toxicological data.

3b – The applicant may provide new toxicological data (with or without actual target animal and dose information) and recalculate the PDE and concentration limit using the equation provided by ICH.

If all of these steps fail to reduce the level of residual solvent, in exceptional cases the manufacturer could provide a summary of efforts made to reduce the solvent level to meet the guideline value, and provide a risk-benefit analysis to support allowing the product to be utilised with residual solvent at a higher level.

3.4 Analytical Procedures

Residual solvents are typically determined using chromatographic techniques such as gas chromatography. Any harmonised procedures for determining levels of residual solvents as described in the pharmacopoeias should be used, if feasible. Otherwise, manufacturers would be free to select the most appropriate validated analytical procedure for a particular application. If only Class 3 solvents are present, a non-specific method such as loss on drying may be used.

Validation of methods for residual solvents should conform to the VICH guidelines "Validation of analytical procedures: definition and terminology" and "Validation of analytical procedures: methodology."

3.5 Reporting Levels of Residual Solvents

Manufacturers of pharmaceutical products need certain information about the content of residual solvents in excipients or active substances in order to meet the criteria of this guideline. The following statements are given as acceptable examples of the information that could be provided from a supplier of excipients or active substances to a pharmaceutical manufacturer.

The supplier might choose one of the following as appropriate:

Only Class 3 solvents are likely to be present. Loss on drying is less than 0.5%.

Only Class 2 solvents X, Y, ... are likely to be present. All are below the Option 1 limit. (Here the supplier would name the Class 2 solvents represented by X, Y, ...)

Only Class 2 solvents X, Y, ... and Class 3 solvents are likely to be present. Residual Class 2 solvents are below the Option 1 limit and residual Class 3 solvents are below 0.5%.

If Class 1 solvents are likely to be present, they should be identified and quantified.

"Likely to be present" refers to the solvent used in the final manufacturing step and to solvents that are used in earlier manufacturing steps and not removed consistently by a validated process.

If solvents of Class 2 or Class 3 are present at greater than their Option 1 limits or 0.5%, respectively, they should be identified and quantified.

4 LIMITS OF RESIDUAL SOLVENTS

4.1 Solvents to be Avoided

Solvents in Class 1 should not be employed in the manufacture of active substances, excipients, and veterinary medicinal products because of their unacceptable toxicity or their deleterious environmental effect. However, if their use is unavoidable in order to produce a veterinary medicinal product with a significant therapeutic advance, then their levels should be restricted as shown in Table 1, unless otherwise justified. 1,1,1-Trichloroethane is included in Table 1 because it is an environmental hazard. The stated limit of 1,500 ppm is based on a review of the safety data.

Table 1: Class 1 Solvents in pharmaceutical products (solvents that should be avoided)

Solvent	Concentration Limit (ppm)	Concern
Benzene	2	Carcinogen
Carbon tetrachloride	4	Toxic and environmental hazard
1,2-Dichloroethane	5	Toxic
1,1-Dichloroethene	8	Toxic
1,1,1-Trichloroethane	1,500	Environmental hazard

4.2 Solvents to be Limited

Solvents in Table 2 should be limited in pharmaceutical products because of their inherent toxicity. PDEs are given to the nearest 0.1 mg/day, and concentrations are given to the nearest 10 ppm. The stated values do not reflect the necessary analytical precision of determination. Precision should be determined as part of the validation of the method.

Table 2: Class 2 Solvents in Pharmaceutical Products

Solvent	PDE (mg/day)	Concentration Limit (ppm)
Acetonitrile	4.1	410
Chlorobenzene	3.6	360
Chloroform	0.6	60
Cyclohexane	38.8	3,880
1,2-Dichloroethene	18.7	1,870
Dichloromethane	6.0	600
1,2-Dimethoxyethane	1.0	100
N,N-Dimethylacetamide	10.9	1,090
N,N-Dimethylformamide	8.8	880
1,4-Dioxane	3.8	380
2-Ethoxyethanol	1.6	160
Ethylene glycol	6.2	620
Formamide	2.2	220
Hexane	2.9	290
Methanol	30.0	3,000
2-Methoxyethanol	0.5	50
Methylbutylketone	0.5	50
Methylcyclohexane	11.8	1,180
N-Methylpyrrolidone	5.3	530
Nitromethane	0.5	50
Pyridine	2.0	200
Sulfolane	1.6	160

Table 2

Solvent	PDE (mg/day)	Concentration Limit (ppm)
Tetrahydrofuran	7.2	720
Tetralin	1.0	100
Toluene	8.9	890
1,1,2-Trichloroethene	0.8	80
Xylene*	21.7	2,170

* usually 60% m-xylene, 14% p-xylene, 9% o-xylene with 17% ethyl benzene.

4.3 Solvents with Low Toxic Potential

Solvents in Class 3 (shown in Table 3) may be regarded as less toxic and of lower risk to target animal and human consumer health. Class 3 includes no solvent known as a human health hazard at levels normally accepted in pharmaceuticals. However, there are no long-term toxicity or carcinogenicity studies for many of the solvents in Class 3. Available data indicate that they are less toxic in acute or short-term studies and negative in genotoxicity studies. It is considered that amounts of these residual solvents of 50 mg per day or less (corresponding to 5,000 ppm or 0.5% under Option 1) would be acceptable without justification. Higher amounts may also be acceptable provided they are realistic in relation to manufacturing capability and good manufacturing practice.

Table 3: Class 3 Solvents which should be limited by GMP or other quality-based requirements

Acetic acid	Heptane
Acetone	Isobutyl acetate
Anisole	Isopropyl acetate
1-Butanol	Methyl acetate
2-Butanol	3-Methyl-1-butanol
Butyl acetate	Methylethyl ketone
tert-Butylmethyl ether	Methylisobutyl ketone
Cumene	2-Methyl-1-propanol
Dimethylsulfoxide	Pentane
Ethanol	1-Pentanol
Ethyl acetate	1-Propanol
Ethyl ether	2-Propanol
Ethyl formate	Propyl acetate
Formic acid	

4.4 Solvents For Which No Adequate Toxicological Data Was Found

The following solvents (Table 4) may also be of interest to manufacturers of excipients, active substances, or veterinary medicinal products. However, no adequate toxicological data on which to base a PDE was found. Manufacturers should supply justification for residual levels of these and other solvents for which a PDE has not been established for use in pharmaceutical products.

Table 4: Solvents for which no adequate Toxicological Data was found

1,1-Diethoxypropane	Methylisopropyl ketone
1,1-Dimethoxymethane	Methyltetrahydrofuran
2,2-Dimethoxypropane	Petroleum ether
Isooctane	Trichloroacetic acid
Isopropyl ether	Trifluoroacetic acid

GLOSSARY

Genotoxic carcinogens: Carcinogens which produce cancer by affecting genes or chromosomes.

LOEL: Abbreviation for lowest-observed effect level.

Lowest-observed effect level: The lowest dose of substance in a study or group of studies that produces biologically significant increases in frequency or severity of any effects in the exposed humans or animals.

Modifying factor: A factor determined by professional judgement of a toxicologist and applied to bioassay data to relate that data safely to humans.

Neurotoxicity: The ability of a substance to cause adverse effects on the nervous system.

NOEL: Abbreviation for no-observed-effect level.

No-observed-effect level: The highest dose of substance at which there are no biologically significant increases in frequency or severity of any effects in the exposed humans or animals.

PDE: Abbreviation for permitted daily exposure.

Permitted daily exposure: The maximum acceptable intake per day of residual solvent in pharmaceutical products.

Reversible toxicity: The occurrence of harmful effects that are caused by a substance and which disappear after exposure to the substance ends.

Strongly suspected human carcinogen: A substance for which there is no epidemiological evidence in humans of carcinogenesis but there are positive genotoxicity data and clear evidence of carcinogenesis in rodents (or other animal species).

Teratogenicity: The occurrence of structural malformations in a developing fetus when a substance is administered during pregnancy.

APPENDIX 1: LIST OF SOLVENTS INCLUDED IN THE GUIDELINE

Solvent	Other Names	Structure	Class
Acetic acid	Ethanoic acid	CH_3COOH	Class 3
Acetone	2-Propanone Propan-2-one	CH_3COCH_3	Class 3
Acetonitrile		CH_3CN	Class 2
Anisole	Methoxybenzene	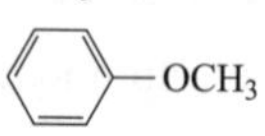	Class 3
Benzene	Benzol		Class 1
1-Butanol	*n*-Butyl alcohol Butan-1-ol	$CH_3(CH_2)_3OH$	Class 3
2-Butanol	*sec*-Butyl alcohol	$CH_3CH_2CH(OH)CH_3$	Class 3

	Butan-2-ol		
Butyl acetate	Acetic acid butyl ester	$CH_3COO(CH_2)_3CH_3$	Class 3
tert-Butylmethyl ether	2-Methoxy-2-methyl-propane	$(CH_3)_3COCH_3$	Class 3
Carbon tetrachloride	Tetrachloromethane	CCl_4	Class 1
Chlorobenzene		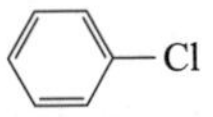	Class 2
Chloroform	Trichloromethane	$CHCl_3$	Class 2
Cumene	Isopropylbenzene	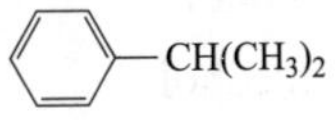	Class 3
	(1-Methyl)ethylbenzene		
Cyclohexane	Hexamethylene	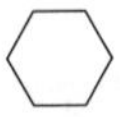	Class 2
1,2-Dichloroethane	*sym*-Dichloroethane	CH_2ClCH_2Cl	Class 1
	Ethylene dichloride		
	Ethylene chloride		
1,1-Dichloroethene	1,1-Dichloroethylene	$H_2C{=}CCl_2$	Class 1
	Vinylidene chloride		
1,2-Dichloroethene	1,2-Dichloroethylene	$ClHC{=}CHCl$	Class 2
	Acetylene dichloride		
Dichloromethane	Methylene chloride	CH_2Cl_2	Class 2
1,2-Dimethoxyethane	Ethyleneglycol dimethyl ether	$H_3COCH_2CH_2OCH_3$	Class 2
	Monoglyme		
	Dimethyl Cellosolve		
N,N-Dimethylacetamide	DMA	$CH_3CON(CH_3)_2$	Class 2
N,N-Dimethylformamide		DMF	$HCON(CH_3)_2$
	Class 2		
Dimethyl sulfoxide	Methylsulfinylmethane	$(CH_3)_2SO$	Class 3
	Methyl sulfoxide		
	DMSO		
1,4-Dioxane	p-Dioxane	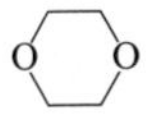	Class 2
	[1,4]Dioxane		
Ethanol	Ethyl alcohol	CH_3CH_2OH	Class 3
2-Ethoxyethanol	Cellosolve	$CH_3CH_2OCH_2CH_2OH$	Class 2
Ethyl acetate	Acetic acid ethyl ester	$CH_3COOCH_2CH_3$	Class 3
Ethyleneglycol	1,2-Dihydroxyethane	$HOCH_2CH_2OH$	Class 2
	1,2-Ethanediol		
Ethyl ether	Diethyl ether	$CH_3CH_2OCH_2CH_3$	Class 3
	Ethoxyethane		
	1,1'-Oxybisethane		
Ethyl formate	Formic acid ethyl ester	$HCOOCH_2CH_3$	Class 3
Formamide	Methanamide	$HCONH_2$	Class 2
Formic acid		HCOOH	Class 3
Heptane	n-Heptane	$CH_3(CH_2)_5CH_3$	Class 3

Hexane	n-Hexane	$CH_3(CH_2)_4CH_3$	Class 2
Isobutyl acetate	Acetic acid isobutyl ester	$CH_3COOCH_2CH(CH_3)_2$	Class 3
Isopropyl acetate	Acetic acid isopropyl ester	$CH_3COOCH(CH_3)_2$	Class 3
Methanol	Methyl alcohol	CH_3OH	Class 2
2-Methoxyethanol	Methyl Cellosolve	$CH_3OCH_2CH_2OH$	Class 2
Methyl acetate	Acetic acid methyl ester	CH_3COOCH_3	Class 3
3-Methyl-1-butanol	Isoamyl alcohol Isopentyl alcohol 3-Methylbutan-1-ol	$(CH_3)_2CHCH_2CH_2OH$	Class 3
Methylbutyl ketone	2-Hexanone Hexan-2-one	$CH_3(CH_2)_3COCH_3$	Class 2
Methylcyclohexane	Cyclohexylmethane	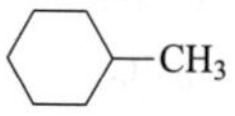	Class 2
Methylethyl ketone	2-Butanone MEK Butan-2-one	$CH_3CH_2COCH_3$	Class 3
Methylisobutyl ketone	4-Methylpentan-2-one 4-Methyl-2-pentanone MIBK	$CH_3COCH_2CH(CH_3)_2$	Class 3
2-Methyl-1-propanol	Isobutyl alcohol 2-Methylpropan-1-ol	$(CH_3)_2CHCH_2OH$	Class 3
N-Methylpyrrolidone	1-Methylpyrrolidin-2-one 1-Methyl-2-pyrrolidinone	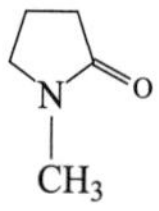	Class 2
Nitromethane		CH_3NO_2	Class 2
Pentane	*n*-Pentane	$CH_3(CH_2)_3CH_3$	Class 3
1-Pentanol	Amyl alcohol Pentan-1-ol Pentyl alcohol	$CH_3(CH_2)_3CH_2OH$	Class 3
1-Propanol	Propan-1-ol Propyl alcohol	$CH_3CH_2CH_2OH$	Class 3
2-Propanol	Propan-2-ol Isopropyl alcohol	$(CH_3)_2CHOH$	Class 3
Propyl acetate	Acetic acid propyl ester	$CH_3COOCH_2CH_2CH_3$	Class 3
Pyridine		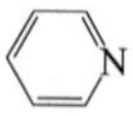	Class 2
Sulfonane	Tetrahydrothiophene 1,1-dioxide	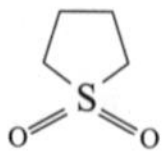	Class 2
Tetrahydrofuran	Tetramethylene oxide Oxacyclopentane		Class 2

Tetralin	1,2,3,4-Tetrahydro-naphthalene	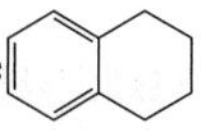	Class 2
Toluene	Methylbenzene	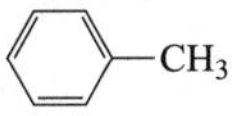	Class 2
1,1,1-Trichloroethane	Methylchlororoform	CH_3CCl_3	Class 1
1,1,2-Trichloroethene	Trichloroethene	$HClC{=}CCl_2$	Class 2
Xylene*	Dimethybenzene Xylol	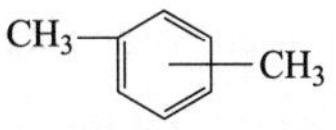	Class 2

* usually 60 % m-xylene, 14 % p-xylene, 9 % o-xylene with 17 % ethyl benzene

APPENDIX 2: ADDITIONAL BACKGROUND

A2.1 Environmental Regulation of Organic Volatile Solvents

Several of the residual solvents frequently used in the production of pharmaceuticals are listed as toxic chemicals in Environmental Health Criteria (EHC) monographs and the Integrated Risk information System (IRIS). The objectives of such groups as the International Programme on Chemical Safety (IPCS), the United States Environmental Protection Agency (USEPA), and the United States Food and Drug Administration (USFDA) include the determination of acceptable exposure levels. The goal is protection of human health and maintenance of environmental integrity against the possible deleterious effects of chemicals resulting from long-term environmental exposure. The methods involved in the estimation of maximum safe exposure limits are usually based on long-term studies. When long-term study data are unavailable, shorter term study data can be used with modification of the approach such as use of larger safety factors. The approach described therein relates primarily to long-term or *life-time exposure of the general population* in the ambient environment, i.e. ambient air, food, drinking water and other media.

A2.2 Residual Solvents in Pharmaceuticals

Exposure limits in this guideline are established by referring to methodologies and toxicity data described in EHC and IRIS monographs. However, some specific assumptions about residual solvents to be used in the synthesis and formulation of pharmaceutical products should be taken into account in establishing exposure limits. They are:

Veterinary patients (rather than the general animal population) receive pharmaceuticals to treat their diseases or for prophylaxis to prevent infection or disease. However, there are some veterinary medicinal products which are used as aids in agricultural production which are unrelated to the presence of infection or disease in the animal population.

The assumption of life-time exposure of the veterinary patient is not necessary for most pharmaceutical products but may be appropriate as a working hypothesis to reduce risk to human health as a life-time exposure of the human consumer to the edible tissues of food animals treated with the veterinary medicinal product.

Residual solvents are unavoidable components in pharmaceutical production and will often be a part of veterinary medicinal products.

Residual solvents should not exceed recommended levels except in exceptional circumstances, and then should be justified.

Data from toxicological studies that are used to determine acceptable levels for residual solvents should have been generated using appropriate protocols including, but not necessarily limited to those described by OECD, EPA and the FDA Red Book.

APPENDIX 3: METHODS FOR ESTABLISHING EXPOSURE LIMITS

The Gaylor-Kodell method of risk assessment (Gaylor, D. W. and Kodell, R. L.: Linear Interpolation algorithm for low dose assessment of toxic substance. J Environ. Pathology, 4, 305, 1980) is appropriate for Class 1 carcinogenic solvents. Only in cases where reliable carcinogenicity data are available should extrapolation by the use of mathematical models be applied to setting exposure limits. Exposure limits for Class 1 solvents could be determined with the use of a large safety factor (i.e., 10,000 to 100,000) with respect to the no-observed-effect level (NOEL). Detection and quantitation of these solvents should be by state-of-the-art analytical techniques.

Acceptable exposure levels in this guideline for Class 2 solvents were established by calculation of PDE values according to the procedures for setting exposure limits in pharmaceuticals (Pharmacopeial Forum, Nov-Dec 1989), and the method adopted by IPCS for Assessing Human Health Risk of Chemicals (Environmental Health Criteria 170, WHO, 1994). These methods are similar to those used by the USEPA (IRIS) and the USFDA (Red Book) and others. The method is outlined here to give a better understanding of the origin of the PDE values. It is not necessary to perform these calculations in order to use the PDE values tabulated in Section 4 of this document.

PDE is derived from the no-observed-effect level (NOEL), or the lowest-observed effect level (LOEL) in the most relevant animal study as follows:

$$PDE = \frac{NOEL \times \text{Weight Adjustmen}}{F1 \times F2 \times F3 \times F4 \times F5}$$

The PDE is derived preferably from a NOEL. If no NOEL is obtained, the LOEL may be used. Modifying factors proposed here, for relating the data to humans, are the same kind of "uncertainty factors" used in Environmental Health Criteria (Environmental Health Criteria 170, World Health Organisation, Geneva, 1994), and "modifying factors" or "safety factors" in Pharmacopeial Forum. The assumption of 100% systemic exposure is used in all calculations regardless of route of administration.

The modifying factors are as follows:

F1 = A factor to account for extrapolation between species

F1 = 5 for extrapolation from rats to humans

F1 = 12 for extrapolation from mice to humans

F1 = 2 for extrapolation from dogs to humans

F1 = 2.5 for extrapolation from rabbits to humans

F1 = 3 for extrapolation from monkeys to humans

F1 = 10 for extrapolation from other animals to humans

F1 takes into account the comparative surface area: body weight ratios for the species concerned and for man. Surface area (S) is calculated as:

$$S = kM^{0.67}$$

in which M = body mass, and the constant k has been taken to be 10. The body weights used in the equation are those shown below in Table A3.1.

F2 = A factor of 10 to account for variability between individuals

A factor of 10 is generally given for all organic solvents, and 10 is used consistently in this guideline.

F3 = A variable factor to account for toxicity studies of short-term exposure

F3 = 1 for studies that last at least one half lifetime (1 year for rodents or rabbits; 7 years for cats, dogs and monkeys).

F3 = 1 for reproductive studies in which the whole period of organogenesis is covered.

F3 = 2 for a 6-month study in rodents, or a 3.5-year study in non-rodents.

F3 = 5 for a 3-month study in rodents, or a 2-year study in non-rodents.

F3 = 10 for studies of a shorter duration.

In all cases, the higher factor has been used for study durations between the time points, e.g. a factor of 2 for a 9-month rodent study.

F4 = A factor that may be applied in cases of severe toxicity, e.g. non-genotoxic carcinogenicity, neurotoxicity or teratogenicity. In studies of reproductive toxicity, the following factors are used:

F4 = 1 for fetal toxicity associated with maternal toxicity

F4 = 5 for fetal toxicity without maternal toxicity

F4 = 5 for a teratogenic effect with maternal toxicity

F4 = 10 for a teratogenic effect without maternal toxicity

F5 = A variable factor that may be applied if the no-effect level was not established

When only an LOEL is available, a factor of up to 10 could be used depending on the severity of the toxicity.

The weight adjustment assumes an arbitrary adult human body weight for either sex of 50 kg. This relatively low weight provides an additional safety factor against the standard weights of 60 kg or 70 kg that are often used in this type of calculation. It is recognised that some adult patients weigh less than 50 kg; these patients are considered to be accommodated by the built-in safety factors used to determine a PDE.

As an example of the application of this equation, consider a toxicity study of acetonitrile in mice that is summarised in Pharmeuropa, Vol. 9, No. 1, Supplement, April 1997, page S24. The NOEL is calculated to be 50.7 mg kg^{-1} day^{-1}. The PDE for acetonitrile in this study is calculated as follows:

$$\text{PDE}=\frac{50.7\text{mg kg}^{-1}\text{day}^{-1}\times 50\text{kg}}{12\times 10\times 5\times 1\times 1}=4.22\text{mg.day}^{-1}$$

In this example,

F1 = 12 to account for the extrapolation from mice to humans

F2 = 10 to account for differences between individual humans

F3 = 5 because the duration of the study was only 13 weeks

F4 = 1 because no severe toxicity was encountered

F5 = 1 because the no effect level was determined

Table A.3.1: Values used in the calculations in this document

rat body weight	425g	mouse respiratory volume	43 L/day
pregnant rat body weight	330g	rabbit respiratory volume	1,440 L/day
mouse body weight	28g	guinea pig respiratory volume	430 L/day
pregnant mouse body weight	30g	human respiratory volume	28,800L/day
guinea pig body weight	500g	dog respiratory volume	9,000 L/day
Rhesus monkey body weight	2.5kg	monkey respiratory volume	1,150 L/day
Rabbit body weight (pregnant or not)	4kg	mouse water consumption	5 mL
beagle dog body weight	11.5 kg	rat water consumption	30 mL/day
rat respiratory volume	290 L/day	rat food consumption	30 g/day

The equation for an ideal gas, PV = nRT, is used to convert concentrations of gases used in inhalation studies from units of ppm to units of mg/L or mg/m^3. Consider as an example the rat reproductive toxicity study by inhalation of carbon tetrachloride (molecular weight 153.84) is summarised in Pharmeuropa, Vol, 9, No. 1, Supplement, April 1997, page S9.

$$\frac{n}{V}=\frac{P}{RT}=\frac{300\times10^{-6}\text{atm}\times153{,}840\text{ mg mol}^{-1}}{0.082\text{ L atm K}^{-1}\text{ mol}^{-1}\times298\text{ K}}-\frac{46.15\text{ mg}}{24.45\text{L}}=1.89\text{ mg/L}$$

The relationship 1,000 L = 1 m^3 is used to convert to mg/ m^3.

VALIDATION OF ANALYTICAL PROCEDURES: DEFINITION AND TERMINOLOGY

Recommended for Implementation
at Step 7 of the VICH Process
on 22 October 1998
by the VICH Steering Committee

This Guideline has been developed by the appropriate VICH Expert Working Group on the basis of the ICH guidelines on the same subject and has been subject to consultation by the parties, in accordance with the VICH Process. At Step 7 of the Process the final draft is recommended for adoption to the regulatory bodies of the European Union, Japan and USA.

1 Introduction

This document presents a discussion of the characteristics for consideration during the validation of the analytical procedures included as part of registration applications submitted within the EC, Japan and USA. This document does not necessarily seek to cover the testing that may be required for registration in, or export to, other areas of the world. Furthermore, this text presentation serves as a collection of terms, and their definitions, and is not intended to provide direction on how to accomplish validation. These terms and definitions are meant to bridge the differences that often exist between various compendia and regulators of the EC, Japan and USA.

The objective of validation of an analytical procedure is to demonstrate that it is suitable for its intended purpose. A tabular summation of the characteristics applicable to identification, control of impurities and assay procedures is included. Other analytical procedures may be considered in future additions to this document.

2 Types of Analytical Procedures to be Validated

The discussion of the validation of analytical procedures is directed to the four most common types of analytical procedures:

- Identification tests.
- Quantitative tests for impurities' content.
- Limit tests for the control of impurities.
- Quantitative tests of the active moiety in samples of drug substance or drug product or other selected component(s) in the drug product.

Although there are many other analytical procedures, such as dissolution testing for drug products or particle size determination for drug substance, these have not been addressed in the initial text on validation of analytical procedures. Validation of these additional analytical procedures is equally important to those listed herein and may be addressed in subsequent documents.

A brief description of the types of tests considered in this document is provided below.

- Identification tests are intended to ensure the identity of an analyte in a sample. This is normally achieved by comparison of a property of the sample (e.g., spectrum, chromatographic behaviour, chemical reactivity, etc) to that of a reference standard.

- Testing for impurities can be either a quantitative test or a limit test for the impurity in a sample. Either test is intended to accurately reflect the purity characteristics of the sample. Different validation characteristics are required for a quantitative test than for a limit test.

- Assay procedures are intended to measure the analyte present in a given sample. In the context of this document, the assay represents a quantitative measurement of the major component(s) in the drug substance. For the drug product, similar validation characteristics also apply when assaying for the active or other selected component(s). The same validation characteristics may also apply to assays associated with other analytical procedures (e.g., dissolution).

The objective of the analytical procedure should be clearly understood since this will govern the validation characteristics which need to be evaluated. Typical validation characteristics which should be considered are listed below:

Accuracy

Precision

Repeatability

Intermebiate Precision

Specificity

Detection Limit

Quantitation Limit

Linearity

Range

Each of these validation characteristics is defined in the attached Glossary. The table lists those validation characteristics regarded as the most important for the validation of different types of analytical procedures. This list should be considered typical for the analytical procedures cited but occasional exceptions should be dealt with on a case- by-case basis. It should be noted that robustness is not listed in the table but should be considered at an appropriate stage in the development of the analytical procedure.

Furthermore revalidation may be necessary in the following circumstances:

- changes in the synthesis of the drug substance;
- changes in the composition of the finished product;
- changes in the analytical procedure;

The degree of revalidation required depends on the nature of the changes. Certain other changes may require validation as well.

TABLE

Type of analytical procedure characteristics	IDENTIFICATION	TESTING FOR IMPURITIES		ASSAY -dissolution (measurement only) -content/potency	
		quantitat.	limit		
Accuracy	–	+	–	+	
Precision					
Repeatability	–	+	–	+	
Interm. Precision	–	+ (1)	–		+ (1)
Specificity (2)	+	+	+	+	
Detection Limit	–	– (3)	+	–	
Quantitation Limit	–	+	–	–	
Linearity	–	+	–	+	
Range	–	+	–	+	

- signifies that this characteristic is not normally evaluated

\+ signifies that this characteristic is normally evaluated

(1) in cases where reproducibility (see glossary) has been performed, intermediate precision is not needed

(2) lack of specificity of one analytical procedure could be compensated by other supporting analytical procedure(s)

(3) may be needed in some cases

3 GLOSSARY

3.1 ANALYTICAL PROCEDURE

The analytical procedure refers to the way of performing the analysis. It should describe in detail the steps necessary to perform each analytical test. This may include but is not limited to: the sample, the reference standard and the reagents preparations, use of the apparatus, generation of the calibration curve, use of the formulae for the calculation, etc.

3.2 SPECIFICITY

Specificity is the ability to assess unequivocally the analyte in the presence of components which may be expected to be present. Typically these might include impurities, degradants, matrix, etc.

Lack of specificity of an individual analytical procedure may be compensated by other supporting analytical procedure(s).

This definition has the following implications: Identification: to ensure the identity of an analyte.

Purity Tests: to ensure that all the analytical procedures performed allow an accurate statement of the content of impurities of an analyte, i.e. related substances test, heavy metals, residual solvents content, etc.

Assay (content or potency):

to provide an exact result which allows an accurate statement on the content or potency of the analyte in a sample.

3.3 ACCURACY

The accuracy of an analytical procedure expresses the closeness of agreement between the value which is accepted either as a conventional true value or an accepted reference value and the value found.

This is sometimes termed trueness.

3.4 PRECISION

The precision of an analytical procedure expresses the closeness of agreement (degree of scatter) between a series of measurements obtained from multiple sampling of the same homogeneous sample under the prescribed conditions. Precision may be considered at three levels: repeatability, intermediate precision and reproducibility.

Precision should be investigated using homogeneous, authentic samples. However, if it is not possible to obtain a homogeneous sample it may be investigated using artificially prepared samples or a sample solution.

The precision of an analytical procedure is usually expressed as the variance, standard deviation or coefficient of variation of a series of measurements.

3.4.1 Repeatability

Repeatability expresses the precision under the same operating conditions over a short interval of time. Repeatability is also termed intra-assay precision.

3.4.2 Intermediate precision

Intermediate precision expresses within-laboratories variations: different days, different analysts, different equipment, etc.

3.4.3 Reproducibility

Reproducibility expresses the precision between laboratories (collaborative studies, usually applied to standardization of methodology).

3.5 DETECTION LIMIT

The detection limit of an individual analytical procedure is the lowest amount of analyte in a sample which can be detected but not necessarily quantitated as an exact value.

3.6 QUANTITATION LIMIT

The quantitation limit of an individual analytical procedure is the lowest amount of analyte in a sample which can be quantitatively determined with suitable precision and accuracy. The quantitation limit is a parameter of quantitative assays for low levels of compounds in sample matrices, and is used particularly for the determination of impurities and/or degradation products.

3.7 LINEARITY

The linearity of an analytical procedure is its ability (within a given range) to obtain test results which are directly proportional to the concentration (amount) of analyte in the sample.

3.8 RANGE

The range of an analytical procedure is the interval between the upper and lower concentration (amounts) of analyte in the sample (including these concentrations) for which it has been demonstrated that the analytical procedure has a suitable level of precision, accuracy and linearity.

3.9 ROBUSTNESS

The robustness of an analytical procedure is a measure of its capacity to remain unaffected by small, but deliberate variations in method parameters and provides an indication of its reliability during normal usage.

VICH GL2 (VALIDATION METHODOLOGY)
October 1998
For implementation Step 7

VALIDATION OF ANALYTICAL PROCEDURES: METHODOLOGY

Recommended for Implementation
at Step 7 of the VICH Process
on 22 October 1998
by the VICH Steering Committee

This Guideline has been developed by the appropriate VICH Expert Working Group on the basis of the ICH guide lines on the same subject and has been subject to consultation by the parties, in accordance with the VICH Process. At Step 7 of the Process the final draft is recommended for adoption to the regulatory bodies of the European Union, Japan and USA.

INTRODUCTION

This document is complementary to the parent document which presents a discussion of the characteristics that should be considered during the validation of analytical procedures. Its purpose is to provide some guidance and recommendations on how to consider the various validation characteristics for each analytical procedure. In some cases (for example, demonstration of specificity), the overall capabilities of a number of analytical procedures in combination may be investigated in order to ensure the quality of the drug substance or drug product. In addition, the document provides an indication of the data which should be presented in a registration application.

All relevant data collected during validation and formulae used for calculating validation characteristics should be submitted and discussed as appropriate.

Approaches other than those set forth in this guideline may be applicable and acceptable. It is the responsibility of the applicant to choose the validation procedure and protocol most suitable for their product. However it is important to remember that the main objective of validation of an analytical procedure is to demonstrate that the procedure is suitable for its intended purpose. Due to their complex nature, analytical procedures for biological and biotechnological products in some cases may be approached differently than in this document.

Well-characterized reference materials, with documented purity, should be used throughout the validation study. The degree of purity necessary depends on the intended use.

In accordance with the parent document, and for the sake of clarity, this document considers the various validation characteristics in distinct sections. The arrangement of these sections reflects the process by which an analytical procedure may be developed and evaluated.

In practice, it is usually possible to design the experimental work such that the appropriate validation characteristics can be considered simultaneously to provide a sound, overall knowledge of the capabilities of the analytical procedure, for instance: specificity, linearity, range, accuracy and precision.

1 SPECIFICITY

An investigation of specificity should be conducted during the validation of identification tests, the determination of impurities and the assay. The procedures used to demonstrate specificity will depend on the intended objective of the analytical procedure.

It is not always possible to demonstrate that an analytical procedure is specific for a particular analyte (complete discrimination). In this case a combination of two or more analytical procedures is recommended to achieve the necessary level of discrimination.

1.1 Identification

Suitable identification tests should be able to discriminate between compounds of closely related structures which are likely to be present. The discrimination of a procedure may be confirmed by obtaining positive results (perhaps by comparison with a known reference material) from samples containing the analyte, coupled with negative results from samples which do not contain the analyte. In addition, the identification test may be applied to materials structurally similar to or closely related to the analyte to confirm that a positive response is not obtained. The choice of such potentially interfering materials should be based on sound scientific judgement with a consideration of the interferences that could occur.

1.2 Assay and Impurity Test(s)

For chromatographic procedures, representative chromatograms should be used to demonstrate specificity and individual components should be appropriately labelled. Similar considerations should be given to other separation techniques.

Critical separations in chromatography should be investigated at an appropriate level. For critical separations, specificity can be demonstrated by the resolution of the two components which elute closest to each other.

In cases where a non-specific assay is used, other supporting analytical procedures should be used to demonstrate overall specificity. For example, where a titration is adopted to assay the drug substance for release, the combination of the assay and a suitable test for impurities can be used.

The approach is similar for both assay and impurity tests:

1.2.1 Impurities are available

For the assay, this should involve demonstration of the discrimination of the analyte in the presence of impurities and/or excipients; practically, this can be done by spiking pure substances (drug substance or drug product) with appropriate levels of impurities and/or excipients and demonstrating that the assay result is unaffected by the presence of these materials (by comparison with the assay result obtained on unspiked samples).

For the impurity test, the discrimination may be established by spiking drug substance or drug product with appropriate levels of impurities and demonstrating the separation of these impurities individually and/or from other components in the sample matrix.

1.2.2 Impurities are not available

If impurity or degradation product standards are unavailable, specificity may be demonstrated by comparing the test results of samples containing impurities or degradation products to a second well-characterized procedure e.g.: pharmacopoeial method or other validated analytical procedure (independent procedure). As appropriate, this should include samples stored under relevant stress conditions: light, heat, humidity, acid/base hydrolysis and oxidation.

- for the assay, the two results should be compared.
- for the impurity tests, the impurity profiles should be compared.

Peak purity tests may be useful to show that the analyte chromatographic peak is not attributable to more than one component (e.g., diode array, mass spectrometry).

2 LINEARITY

A linear relationship should be evaluated across the range (see section 3) of the analytical procedure. It may be demonstrated directly on the drug substance (by dilution of a standard stock solution) and/or separate weighings of synthetic mixtures of the drug product components, using the proposed procedure. The latter aspect can be studied during investigation of the range.

Linearity should be evaluated by visual inspection of a plot of signals as a function of analyte concentration or content. If there is a linear relationship, test results should be evaluated by appropriate statistical methods, for example, by calculation of a regression line by the method of least squares. In some cases, to obtain linearity between assays and sample concentrations, the test data may need to be subjected to a mathematical transformation prior to the regression analysis. Data from the regression line itself may be helpful to provide mathematical estimates of the degree of linearity.

The correlation coefficient, y-intercept, slope of the regression line and residual sum of squares should be submitted. A plot of the data should be included. In addition, an analysis of the deviation of the actual data points from the regression line may also be helpful for evaluating linearity.

Some analytical procedures, such as immunoassays, do not demonstrate linearity after any transformation. In this case, the analytical response should be described by an appropriate function of the concentration (amount) of an analyte in a sample.

For the establishment of linearity, a minimum of 5 concentrations is recommended. Other approaches should be justified.

3 RANGE

The specified range is normally derived from linearity studies and depends on the intended application of the procedure. It is established by confirming that the analytical procedure provides an acceptable degree of linearity, accuracy and precision when applied to samples containing amounts of analyte within or at the extremes of the specified range of the analytical procedure.

The following minimum specified ranges should be considered:

- for the assay of a drug substance or a finished (drug) product: normally from 80 to 120 percent of the test concentration;

- for content uniformity, covering a minimum of 70 to 130 percent of the test concentration, unless a wider more appropriate range, based on the nature of the dosage form, is justified;

- for dissolution testing: +/-20 % over the specified range; e.g., if the specifications for a controlled released product cover a region from 20%, after 1 hour, up to 90%, after 24 hours, the validated range would be 0-110% of the label claim.

- for the determination of an impurity: from the reporting level of an impurity[1] to 120% of the specification; for impurities known to be unusually potent or to produce toxic or unexpected pharmacological effects, the detection/quantitation limit should be commensurate with the level at which the impurities must be controlled.

Note: for validation of impurity test procedures carried out during development, it may be necessary to consider the range around a suggested (probable) limit;

- if assay and purity are performed together as one test and only a 100% standard is used, linearity should cover the range from the reporting level of the impurities[1] to 120% of the assay specification;

4 ACCURACY

Accuracy should be established across the specified range of the analytical procedure.

4.1 Assay

4.1.1 Drug Substance

Several methods of determining accuracy are available:

a) application of an analytical procedure to an analyte of known purity (e.g. reference material);

b) comparison of the results of the proposed analytical procedure with those of a second well-characterized procedure, the accuracy of which is stated and/or defined (independent procedure, see 1.2.);

c) accuracy may be inferred once precision, linearity and specificity have been established.

---

[1] see chapters "Reporting Impurity Gontent of Batches" of the corresponding VICH- GEuidelines: "Impurities in New Drug Substances" and "Impurities in New Drug Products"

4.1.2 Drug Product

Several methods for determining accuracy are available:

a) application of the analytical procedure to synthetic mixtures of the drug product components to which known quantities of the drug substance to be analysed have been added;

b) in cases where it is impossible to obtain samples of all drug product components, it may be acceptable either to add known quantities of the analyte to the drug product or to compare the results obtained from a second well-characterized procedure, the accuracy of which is stated and/or defined (independent procedure, see 1.2.).

c) accuracy may be inferred once precision, linearity and specificity have been established.

4.2 Impurities (Quantitation)

Accuracy should be assessed on samples (drug substance/drug product) spiked with known amounts of impurities.

In cases where it is impossible to obtain samples of certain impurities and/or degradation products, it is considered acceptable to compare results obtained by an independent procedure (see 1.2.). The response factor of the drug substance can be used.

It should be clear how the individual or total impurities are to be determined e.g., weight/weight or area percent, in all cases with respect to the major analyte.

4.3 Recommended Data

Accuracy should be assessed using a minimum of 9 determinations over a minimum of 3 concentration levels covering the specified range (e.g. 3 concentrations/3 replicates each of the total analytical procedure).

Accuracy should be reported as percent recovery by the assay of known added amount of analyte in the sample or as the difference between the mean and the accepted true value together with the confidence intervals.

5 PRECISION

Validation of tests for assay and for quantitative determination of impurities includes an investigation of precision.

5.1 Repeatability

Repeatability should be assessed using:

a) a minimum of 9 determinations covering the specified range for the procedure (e.g. 3 concentrations/3 replicates each)

or

b) a minimum of 6 determinations at 100% of the test concentration.

5.2 Intermediate Precision

The extent to which intermediate precision should be established depends on the circumstances under which the procedure is intended to be used. The applicant should establish the effects of random events on the precision of the analytical procedure. Typical variations to be studied include days, analysts, equipment, etc. It is not considered necessary to study these effects individually. The use of an experimental design (matrix) is encouraged.

5.3 Reproducibility

Reproducibility is assessed by means of an inter-laboratory trial. Reproducibility should be considered in case of the standardization of an analytical procedure, for instance, for inclusion of procedures in pharmacopoeias. These data are not part of the marketing authorization dossier.

5.4 Recommended Data

The standard deviation, relative standard deviation (coefficient of variation) and confidence interval should be reported for each type of precision investigated.

6 DETECTION LIMIT

Several approaches for determining the detection limit are possible, depending on whether the procedure is a non-instrumental or instrumental. Approaches other than those listed below may be acceptable.

6.1 Based on Visual Evaluation

Visual evaluation may be used for non-instrumental methods but may also be used with instrumental methods.

The detection limit is determined by the analysis of samples with known concentrations of analyte and by establishing the minimum level at which the analyte can be reliably detected .

6.2 Based on Signal-to-Noise

This approach can only be applied to analytical procedures which exhibit baseline noise.

Determination of the signal-to-noise ratio is performed by comparing measured signals from samples with known low concentrations of analyte with those of blank samples and establishing the minimum concentration at which the analyte can be reliably detected. A signal-to-noise ratio between 3 or 2:1 is generally considered acceptable for estimating the detection limit.

6.3 Based on the Standard Deviation of the Response and the Slope

The detection limit (DL) may be expressed as:

$$DL = \frac{3.3\ \sigma}{S}$$

where σ = the standard deviation of the response S = the slope of the calibration curve

The slope S may be estimated from the calibration curve of the analyte. The estimate of σ may be carried out in a variety of ways, for example:

6.3.1 Based on the Standard Deviation of the Blank

Measurement of the magnitude of analytical background response is performed by analyzing an appropriate number of blank samples and calculating the standard deviation of these responses.

6.3.2 Based on the Calibration Curve

A specific calibration curve should be studied using samples containing an analyte in the range of DL. The residual standard deviation of a regression line or the standard deviation of y-intercepts of regression lines may be used as the standard deviation.

6.4 Recommended Data

The detection limit and the method used for determining the detection limit should be presented. If DL is determined based on visual evaluation or based on signal to noise ratio, the presentation of the relevant chromatograms is considered acceptable for justification.

In cases where an estimated value for the detection limit is obtained by calculation or extrapolation, this estimate may subsequently be validated by the independent analysis of a suitable number of samples known to be near or prepared at the detection limit.

7 QUANTITATION LIMIT

Several approaches for determining the quantitation limit are possible, depending on whether the procedure is a non-instrumental or instrumental. Approaches other than those listed below may be acceptable.

7.1 Based on Visual Evaluation

Visual evaluation may be used for non-instrumental methods but may also be used with instrumental methods.

The quantitation limit is generally determined by the analysis of samples with known concentrations of analyte and by establishing the minimum level at which the analyte can be quantified with acceptable accuracy and precision.

7.2 Based on Signal-to-Noise Approach

This approach can only be applied to analytical procedures that exhibit baseline noise.

Determination of the signal-to-noise ratio is performed by comparing measured signals from samples with known low concentrations of analyte with those of blank samples and by establishing the minimum concentration at which the analyte can be reliably quantified. A typical signal-to-noise ratio is 10:1.

7.3 Based on the Standard Deviation of the Response and the Slope

The quantitation limit (QL) may be expressed as:

$$QL = \frac{10\ \sigma}{S}$$

where σ = the standard deviation of the response S = the slope of the calibration curve

The slope S may be estimated from the calibration curve of the analyte. The estimate of σ may be carried out in a variety of ways for example:

7.3.1 Based on Standard Deviation of the Blank

Measurement of the magnitude of analytical background response is performed by analyzing an appropriate number of blank samples and calculating the standard deviation of these responses.

7.3.2 Based on the Calibration Curve

A specific calibration curve should be studied using samples, containing an analyte in the range of QL. The residual standard deviation of a regression line or the standard deviation of y-intercepts of regression lines may be used as the standard deviation.

7.4 Recommended Data

The quantitation limit and the method used for determining the quantitation limit should be presented.

The limit should be subsequently validated by the analysis of a suitable number of samples known to be near or prepared at the quantitation limit.

8 ROBUSTNESS

The evaluation of robustness should be considered during the development phase and depends on the type of procedure under study. It should show the reliability of an analysis with respect to deliberate variations in method parameters.

If measurements are susceptible to variations in analytical conditions, the analytical conditions should be suitably controlled or a precautionary statement should be included in the procedure. One consequence of the evaluation of robustness should be that a series of system suitability parameters (e.g., resolution test) is established to ensure that the validity of the analytical procedure is maintained whenever used.

Examples of typical variations are:

- stability of analytical solutions,
- extraction time

In the case of liquid chromatography, examples of typical variations are

- influence of variations of pH in a mobile phase,
- influence of variations in mobile phase composition,
- different columns (different lots and/or suppliers),

- temperature,
- flow rate.

In the case of gas-chromatography, examples of typical variations are

- different columns (different lots and/or suppliers),
- temperature,
- flow rate.

9 SYSTEM SUITABILITY TESTING

System suitability testing is an integral part of many analytical procedures. The tests are based on the concept that the equipment, electronics, analytical operations and samples to be analyzed constitute an integral system that can be evaluated as such. System suitability test parameters to be established for a particular procedure depend on the type of procedure being validated. See Pharmacopoeias for additional information.

VICH GL22 (SAFETY: REPRODUCTION)
Revision 1
May 2004
For implementation at Step 7

STUDIES TO EVALUATE THE SAFETY OF RESIDUES OF VETERINARY DRUGS IN HUMAN FOOD: REPRODUCTION TESTING

Recommended for Implementation
at Step 7 of the VICH Process
on June 2001
by the VICH Steering Committee

EDITORIAL CHANGES

This Guideline has been developed by the appropriate VICH Expert Working Group and has been subject to consultation by the parties, in accordance with the VICH Process. At Step 7 of the Process the final draft is recommended for adoption to the regulatory bodies of the European Union, Japan and USA.

1 INTRODUCTION

1.1 Objective of the guideline

In order to establish the safety of veterinary drug residues in human food, a number of toxicological evaluations are required, including the assessment of any risks to reproduction. The objective of this guideline is to ensure international harmonisation of reproduction testing, which is appropriate for the evaluation of risks to reproduction from long-term, low-dose exposures, such as may be encountered from the presence of veterinary drug residues in food.

1.2 Background

There has been considerable overlap in the reproduction and developmental toxicity testing requirements of the EU, Japan and the USA, for establishing the safety of veterinary drug residues in human food. Although each region differed on some aspects of detail, all required a multigeneration study in at least one rodent species, dosing beginning with the first parental (P_0) group and continuing through at least two subsequent (F_1 and F_2) generations. All three regions also required developmental toxicity (teratology) studies. Developmental toxicity studies are the subject of a separate guideline (see VICH GL32) and will not be further addressed here, except to note that it is no longer recommended that a developmental toxicity phase be included as part of a multigeneration study.

This approach to reproduction and developmental toxicity testing of veterinary products differs in some respects from that adopted by the International Conference on Harmonisation of Technical Requirements for Registration of Pharmaceuticals for Human Use (ICH). The ICH guideline advocates a combination of three studies, in which dosing extends for shorter periods to cover adult fertility and early embryonic development, pre- and postnatal development and embryo-fetal development. While such an approach is considered appropriate for most human medicines, exposure to veterinary drug residues in human food may be long-term, including exposure throughout life. For long-term, low-dose exposure, a multigeneration study, in which dosing extends through more than one generation is considered more appropriate. This guideline provides harmonised guidance on the core requirement for a multigeneration study for the safety evaluation of veterinary drug residues in human food.

The current guideline is one of a series of guidelines developed to facilitate the mutual acceptance of safety data necessary for the determination of Acceptable Daily Intakes (ADIs) for veterinary drug residues in human food by the relevant regulatory authorities. This guideline should be read in conjunction with the guideline on the overall strategy for the safety evaluation of veterinary residues in human food (see VICH GL33). It was developed after consideration of the existing ICH guideline for pharmaceuticals for human use on "Detection of Toxicity to Reproduction for Medicinal Products" and its Addendum, "Toxicity to Male Fertility", in conjunction with the current practices for evaluating veterinary drug residues in human food in the EU, Japan, the USA, Australia, New Zealand, and Canada

1.3 Scope of the guideline

This document provides guidance on the core requirement for a multigeneration study for those veterinary medicinal products that leave residues in human food. However, it does not seek to limit the studies that may be performed to establish the safety of residues in human food with respect to reproductive function. Neither does it preclude the possibility of alternative approaches that may offer an equivalent assurance of safety, including scientifically-based reasons as to why such data may not need to be provided. This guideline is not intended to cover the information that may be required to establish the safety of a veterinary product with respect to reproduction in the target species.

1.4 General principles

The aim of a multigeneration reproduction toxicity study is to detect any effect of the parent substance or its metabolites on mammalian reproduction. These include effects on male and female fertility, mating, conception, implantation, ability to maintain pregnancy to term, parturition, lactation, survival, growth and development of the offspring from birth through to weaning, sexual maturation and the subsequent reproductive function of the offspring as adults. While multigeneration studies are not specifically designed to detect developmental abnormalities because malformed offspring may be destroyed by the dams at birth, such studies may provide an indication of developmental toxicity if litter size at birth, birth weight or survival in the first few days after birth are reduced.

The study of more than one generation allows detection not only of any effects on adult reproduction, but also any effects on subsequent generations due to exposure *in utero* and early postnatally. Critical aspects of development, which affect adult reproductive capacity, take place prenatally and early postnatally. Adverse effects of sex hormones and their analogues administered during this critical period on reproductive tract development and function in males and females are well known. More recently, studies of other chemicals with endocrine disrupting potential have illustrated the critical role of exposure during the early developmental period on subsequent reproductive function in adult life. This can result in much greater effects on the reproductive capacity of subsequent generations compared with the original parental generation. Studies of more than one generation may also allow detection of reproductive effects due to bioaccumulation of the test substance. Interference with the developing reproductive tract or bioaccumulation may manifest themselves via increasing degree or severity of adverse effects in successive generations.

The design of the study should be such that where any effects on reproduction are detected, the dose(s) at which they occur and the dose(s) giving rise to no adverse effects are clearly identified. Some observations may require further studies to fully characterise the nature of the response or of the dose-response relationship.

2 GUIDELINE

2.1 Number of species

A multigeneration test in one species is normally sufficient. In practice, the majority of multigeneration studies for all classes of chemical have been conducted in the rat and the rat will undoubtedly continue to be the species of choice for most future studies. Provided strains with good fecundity are used, rats generally give more consistent reproductive performance than mice. There is also a much larger historical database available for rats. Reference can also be made, if necessary, to the results of other kinetic, metabolic and toxicity tests on rats within the overall test battery for the compound. However, studies on compounds originally used for other purposes but later proposed for veterinary use have sometimes been conducted in mice for historical reasons. Or there may be good scientific reason to conduct a study in mice (e.g. if there is known metabolic similarity to humans). Provided reproductive performance is satisfactory, there is no general reason why the mouse should not also be an acceptable test species.

Generally, it is recommended that a study in a single rodent species, preferably the rat, be conducted.

2.2 Number of generations

Studies in one generation only have been the normal testing requirement for pharmaceuticals for human use, where the main concerns are exposure during short-term dosing periods. However, multigeneration studies of two or three generations have long been the usual requirement for food additives and food contaminants such as pesticides and veterinary drug residues. One-generation studies, in which treatment is terminated when the first generation of offspring is weaned, do not permit assessment of the reproductive performance of animals that have been exposed to the test substance prenatally through to puberty. A study of more than one generation is therefore considered necessary (see 1.4.).

A study of more than one generation will also allow confirmation of any effects seen in the first generation or clarification of equivocal effects seen at any stage in the test. It may also give an indication of the effects due to bioaccumulation.

The minimum number of generations necessary to give clear and interpretable results in most cases is considered to be two. While early multigeneration test protocols for some chemical classes required a third generation in certain cases, it is now generally considered that effects which are clear in the third generation can also be adequately detected in the second generation.

It is therefore recommended that a study of two generations be conducted.

2.3 Number of litters per generation

A study with one litter per generation may be sufficient if the results clearly show either absence of any effects or presence of adverse effects with a well-defined no-adverse-effect level. Under certain circumstances however, it may be appropriate to extend the study to produce second litters and it is recommended that results from the study be closely monitored to enable such a decision to be taken, if necessary. The value of second litters is that they may help to clarify the significance of any apparently dose-related or equivocal effects in first litters, which may be either the result of treatment, or due to chance, or to poor reproductive performance unrelated to treatment. Poor reproductive performance in controls can be minimised by avoidance of nutritional problems and other disturbances, ensuring the weight variation of the parental (P_0) generation animals is not too great, and by not mating animals when they are too young or too old.

It is therefore recommended that in general a study with one litter per generation be conducted. It may be necessary, under certain circumstances mentioned above, to extend the study by producing second litters.

2.4 Recommended study protocol

The OECD Test Guideline 416 "Two-Generation Reproduction Toxicity Study" is an appropriate reference method for a multigeneration study to establish the safety of any veterinary residues in human food. This OECD Test Guideline includes discussion of the selection of test animals, selection of doses, timing of commencement of treatment, timing of mating, observations and reporting of results, all of which are relevant for the testing of veterinary products for the safety evaluation of residues in human food. It is noted that this Test Guideline is currently being updated. The Revised Draft Guideline 416 (1999 et seq.), in addition to the usual observations included in a multigeneration study conducted according to the 1983 Test Guideline 416, also includes evaluation of adult sperm parameters, sexual maturation of offspring and provision for functional investigations of offspring, if such investigations are not included in other studies. The inclusion of these additional parameters is considered appropriate for the testing of veterinary products to modern standards.

3 REFERENCES

ICH. 1993. ICH Harmonised Tripartite Guideline S5A. Detection of Toxicity to Reproduction for Medicinal Products. International Conference on Harmonisation of Technical Requirements for Registration of Pharmaceuticals for Human Use.

ICH. 1995. ICH Harmonised Tripartite Guideline S5B. Toxicity to Male Fertility: An Addendum to the ICH Tripartite Guideline on Detection of Toxicity to Reproduction for Medicinal Products. International Conference on Harmonisation of Technical Requirements for Registration of Pharmaceuticals for Human Use.

OECD. 1983. Test Guideline 416. In: Guidelines for the Testing of Chemicals. Two-Generation Reproduction Toxicity Study. Paris, Organisation for Economic Cooperation & Development.

OECD. 1999. Test Guideline 416. Two-Generation Reproduction Toxicity Study. Revised Draft Guideline 416, August 1999. Paris, Organisation for Economic Cooperation & Development.

VICH GL23 (R) (SAFETY) - GENOTOXICITY
October 2014
Revision at Step 9
For implementation at Step 7

STUDIES TO EVALUATE THE SAFETY OF RESIDUES OF VETERINARY DRUGS IN HUMAN FOOD: GENOTOXICITY TESTING

Revision at Step 9

Adopted at Step 7 of the VICH Process by the VICH Steering Committee in September 2014 for implementation by October 2015.

This Guideline has been developed by the appropriate VICH Expert Working Group and has been subject to consultation by the parties, in accordance with the VICH Process. At Step 7 of the Process the final draft is recommended for adoption to the regulatory bodies of the European Union, Japan and USA.

1 INTRODUCTION

1.1 Objective of the guideline

In order to establish the safety of veterinary drug residues in human foods, a number of toxicological evaluations are recommended, including investigation of possible hazard from genotoxic activity. Many carcinogens and/or mutagens have a genotoxic mode of action and it is prudent to regard genotoxicants as potential carcinogens unless there is convincing evidence that this is not the case.

Additionally, substances causing reproductive and/or developmental toxicity may have a mode of action that involves genotoxic mechanisms. The results of genotoxicity tests will not normally affect the numerical value of an acceptable daily intake (ADI), but they may influence the decision about whether an ADI can be established.

The objective of this guideline is to ensure international harmonization of genotoxicity testing.

1.2 Background

There have been differences in the genotoxicity testing requirements of the EU, Japan, and the USA for establishing the safety of veterinary drug residues in human food.

This guideline is one of a series of VICH guidelines developed to facilitate the mutual acceptance of safety data necessary for the establishment of ADIs for veterinary drug residues in human food by the relevant regulatory authorities. It should be read in conjunction with the guideline on the overall strategy for the evaluation of veterinary drug residues in human food (see VICH GL33). This VICH guideline was developed after consideration of the ICH guidelines for pharmaceuticals for human use: "Genotoxicity: A Standard Battery of Genotoxicity Testing of Pharmaceuticals" and "Guidance on Specific Aspects of Regulatory Genotoxicity Tests for Pharmaceuticals". Account was also taken of OECD Guidelines for Testing of Chemicals and of national/regional guidelines and the current practices for evaluating the safety of veterinary drug residues in human food in the EU, Japan, the USA, Australia, New Zealand, and Canada.

1.3 Scope of the guideline

This guideline recommends a Standard Battery of Tests that can be used for the evaluation of the genotoxicity of veterinary drugs. In most cases, the results will give a clear indication of whether or not the test material is genotoxic. However, the Standard Battery of Tests is not appropriate for certain classes of veterinary drugs. For instance, some antimicrobials may be toxic to the tester strains used in the test for gene mutation in bacteria. The guideline advises on amendments to the basic battery of tests that are needed for the testing of such drugs. In some instances the results of the Standard or amended Battery of Tests may be unclear or equivocal, so advice is given on the assessment and interpretation of results. Additional testing may be required in some instances, e.g., substances showing potential aneugenic and/or germ cell effects.

In most cases, it is the parent drug substance that is tested, although in some cases it may be necessary to also test one or more of the major metabolites that occur as residues in food. Instances when the need to test a metabolite may be required include situations in which the metabolite has structural alerts that are not present in the molecular structure of the parent drug and when the residues in food are mostly in the form of a metabolite that has a molecular structure that is fundamentally different from that of the parent drug. Salts, esters, conjugates and bound residues are usually assumed to have similar genotoxic properties to the parent drug, unless the converse can be demonstrated.

2 STANDARD BATTERY OF TESTS

The following battery of three tests is recommended for use as a screen of veterinary drugs for genotoxicity:

2.1 A test for gene mutation in bacteria.

For the bacterial gene mutation test, a very extensive database has been built up for bacterial reverse mutation tests for gene mutation in strains of *Salmonella typhimurium* and *Escherichia coli*. The best-validated strains are *Salmonella typhimurium* strains TA1535, TA1537 (or TA97 or TA97a), TA98 and TA 100. These strains may not detect some oxidizing mutagens and cross- linking agents, so to correct for this, *Escherichia coli* strains WP2 (pKM101), WP2uvrA (pKM101) or *Salmonella typhimurium* TA102 should also be used in the bacterial test. However, the bacterial gene mutation test, whilst being an efficient primary screen for detecting compounds with inherent potential for inducing gene mutations, does not detect all compounds with mutagenic potential. Some clastogenic compounds do not produce mutations in the Salmonella test (e.g., inorganic arsenic compounds).

2.2 A cytogenetic test for chromosomal damage (the *in vitro* metaphase chromosome aberration test or *in vitro* micronucleus test), or an *in vitro* mouse lymphomatk gene mutation assay.

The second test should evaluate the potential of a chemical to produce chromosomal effects. This can be evaluated using one of the following three tests: (1) an *in vitro* chromosomal aberrations test using metaphase analysis, which detects both clastogenicity and aneugenicity; (2) an *in vitro* mammalian cell micronucleus test, which detects the activity of clastogenicity and aneugenicity; or (3) a mouse lymphoma test, which, with modification, can detect both gene mutation and chromosomal damage.

2.3 An *in vivo* test for chromosomal effects using rodent haematopoietic cells.

A third test has been added to the Standard Battery of Tests in order to give added assurance that the Standard Battery of Tests will detect all potential mutagens. The VICH was aware that, for the testing of some classes of chemicals, some authorities recommend the use of an initial battery of mutagenicity tests that consists solely of *in vitro* tests, with *in vivo* testing required only if the *in vitro* battery gives a positive or equivocal result. The VICH considered this approach but chose to include an *in vivo* test in its basic battery of tests in order to achieve harmony with the requirements of ICH for testing human drugs for genotoxicity. This could be either a micronucleus test or a cytogenetics test.

3 MODIFICATIONS TO THE STANDARD BATTERY

For most substances the Standard Battery of Tests should be sufficient, but in a few instances there may be a need for modifications to the choice of tests or to the protocols of the individual tests undertaken. The physicochemical properties of a substance (e.g., volatility, pH, solubility, stability, etc.) can sometimes make standard test conditions inappropriate. It is essential that this be given due consideration before tests are conducted. Modified protocols should be used where it is evident that standard conditions will give a false negative result. The OECD Guidelines for Testing of Chemicals for the genotoxicity tests give some advice on the susceptibility of the individual tests to the physical characteristics of the test material and they give some advice on compensatory measures that may be taken. Drugs tested using alternative batteries of genotoxicity tests will be considered on a case-by-case basis. A scientific justification should be given for not using the Standard Battery of Tests.

3.1 Antimicrobials

Some antimicrobial substances are excessively toxic to bacteria and therefore difficult to test in bacterial tests. In this case, it would be appropriate to perform a bacterial test using concentrations up to the limit of cytotoxicity and to supplement the bacterial test with an *in vitro* test for gene mutation in mammalian cells.

3.2 Metabolic activation

The *in vitro* test should be performed in the presence and absence of a metabolic activation system. The most commonly used metabolic activation system is S9 mix from the livers of rats treated with an enzyme inducing agent (Aroclor 1254 or a combination of phenobarbital and beta- naphthoflavone). However, other systems may be used. A scientific rationale should be given to justify the choice of an alternative metabolic activation system.

4 THE CONDUCT OF TESTS

4.1 Bacterial Mutation test

A bacterial reverse mutagenicity test should be performed according to the protocol set out in OECD Test Guideline 471.

4.2 *In vitro* test for chromosomal effects in mammalian cells

Chromosome aberration tests should be performed according to OECD Test Guideline 473. These cytogenetic tests should detect clastogenicity and may also detect heteroploidy. To detect induction of polyploidy, longer (e.g., 3 normal cell cycles) continuous treatment can give higher sensitivity. Limited information on potential aneugenicity can be obtained by recording the incidences of hyperploidy, polyploidy and/or modification of mitotic index in the cytogenetic test. If there are indicators of aneugenicity (e.g., induction of polyploidy), then this should be confirmed using appropriate staining procedures such as FISH (fluorescence in situ hybridisation) or chromosome painting. As apparent loss of chromosomes can occur artifactually, only hyperploidy should be regarded as a clear indication of induced aneuploidy.

An *in vitro* mammalian cell micronucleus test (OECD Test Guideline 487) can be performed as part of the initial battery of genotoxicity tests as a substitute for the chromosome aberration tests described in OECD Test Guideline 473. The *in vitro* mammalian cell micronucleus test can detect both clastogenicity and aneugenicity, and can simultaneously detect mitotic delay, apoptosis, chromosome breakage, and chromosome loss.

If the mouse lymphoma tk test is conducted, it should be with a protocol amended to include measurements of both small and large colonies. The protocol should conform to the criteria set out in OECD Test Guideline 476 and should include the use of appropriate positive controls (clastogens).

4.3 *In vitro* test for gene mutation in mammalian cells

When an *in vitro* mammalian cell gene mutation test is used, it should be performed according to OECD Test Guideline 476.

4.4 *In vivo* test for chromosomal effects

Either a mammalian erythrocyte micronucleus test (OECD Test Guideline 474) or a mammalian bone marrow chromosome aberration test (OECD Test Guideline 475) may be performed as part of the initial battery of genotoxicity tests. The mammalian erythrocyte micronucleus test may be conducted by analysis of either bone marrow or peripheral blood. If it is conducted using peripheral blood, the test species should be the mouse and not the rat, as the spleen of the latter removes circulating micronucleated erythrocytes.

These tests are designed to give a qualitative answer to the question of whether or not a substance may express genotoxicity *in vivo*, not to establish no-effect levels.

5 ASSESSMENT OF TEST RESULTS

The assessment of the genotoxic potential of a compound should take into account the totality of the findings and acknowledge the intrinsic values and limitations of both *in vitro* and *in vivo* tests.

Clearly negative results for genotoxicity in a series of tests, including the Standard Battery of Tests, will usually be taken as sufficient evidence of an absence of genotoxicity.

If a substance gives clearly positive result(s) for genotoxicity *in vitro* but a clearly negative result in the *in vivo* genotoxicity test(s) performed using bone marrow, it will be necessary to confirm whether it is genotoxic or not with another *in vivo* genotoxicity test using a target tissue other than bone marrow. The most appropriate test will need to be chosen on a case-by-case basis.

In the case of other positive or equivocal results in the Standard Battery of Tests, the need for further tests should be decided on a case–by-case basis.

6 REFERENCES

OECD. 1997. Test Guideline 471. Bacterial Reverse Mutation Test. In: OECD Guideline for Testing of Chemicals. Paris, Organization for Economic Cooperation and Development.

OECD. 1997. Test Guideline 473. *In Vitro* Mammalian Chromosome Aberration Test. In: OECD Guideline for Testing of Chemicals.Paris, Organization for Economic Cooperation and Development.

OECD. 1997. Test Guideline 474. Mammalian Erythrocyte Micronucleus Test. In: OECD Guideline for Testing of Chemicals. Paris, Organization for Economic Cooperation and Development.

OECD. 1997. Test Guideline 475. Mammalian Bone Marrow Chromosome Aberration Test. In: OECD Guideline for Testing of Chemicals. Paris, Organization for Economic Cooperation and Development.

OECD. 1997. Test Guideline 476. *In Vitro* Mammalian Cell Gene Mutation Test. In: OECD Guideline for Testing of Chemicals. Paris, Organization for Economic Cooperation and Development.

OECD. 2010. Test Guideline 487. *In Vitro* Mammalian Cell Micronucleus Test. In: OECD Guideline for the Testing of Chemicals. Paris, Organization for Economic Cooperation and Development.

7 GLOSSARY

Aneugenicity: The ability to cause aneuploidy.

Aneuploidy: Numerical deviation of the modal number of chromosomes in a cell or organism, other than an extra or reduced number of complete sets of chromosomes.

Clastogen: An agent that produces structural changes of chromosomes, usually detectable by light microscopy.

Clastogenicity: The ability to cause structural changes of chromosomes (chromosomal aberrations).

Cytogenetics: Chromosome analysis of cells, normally performed on dividing cells when chromosomes are condensed and visible with a light microscope after staining.

Gene mutation: A detectable permanent change within a single gene or its regulating sequences. The change may be a point mutation, insertion, deletion, etc.

Genotoxicity: A broad term that refers to any deleterious change in the genetic material regardless of the mechanism by which the change is induced.

Heteroploidy: Any abnormal number of chromosomes in a cell or organism.

This is a general term that covers polyploidy, aneuploidy, hyperploidy, etc.

Hyperploidy: An increase over the normal number of chromosomes in a cell or organism.

Micronucleus: Particle in a cell that contains microscopically detectable nuclear DNA; it might contain a whole chromosome(s) or a broken centric or acentric part(s) of chromosome(s). The size of a micronucleus is usually defined as less than 1/5 but more than 1/20 of the main nucleus.

Mutagenicity: The capacity to cause a permanent change in the amount or structure of the genetic material in an organism or cell that may result in change in the characteristics of the organism or cell. The alteration may involve changes to the sequence of bases in the nucleic acid (gene mutation), structural changes to chromosomes (clastogenicity) and/or changes to the number of chromosomes in cells (aneuploidy or polyploidy).

Polyploidy: An extra or reduced number of complete sets of chromosomes.

VICH GL28 (SAFETY: CARCINOGENITICY)

Revision (at Step 9)

February 2005

For implementation at Step 7

STUDIES TO EVALUATE THE SAFETY OF RESIDUES OF VETERINARY DRUGS IN HUMAN FOOD: CARCINOGENICITY TESTING

Recommended for Adoption
at Step 7 of the VICH Process
in October 2004 by the VICH SC for implementation in March 2006

This Guideline has been developed by the appropriate VICH Expert Working Group and has been subject to consultation by the parties, in accordance with the VICH Process. At Step 7 of the Process the final draft is recommended for adoption to the regulatory bodies of the European Union, Japan and USA.

1 INTRODUCTION

1.1 Objective of the guideline

In order to establish the safety of veterinary drug residues in human food, a number of toxicological evaluations are required including the assessment of potential to induce neoplasia. The objective of this guideline is to ensure that the assessment of carcinogenic potential is appropriate for human exposure to veterinary drug residues in human food.

1.2 Background

The assessment of carcinogenic potential has been identified as one of the key areas to be considered in the evaluation of the safety of veterinary drug residues in human food. Exposure to residues of veterinary drugs will usually occur at extremely low levels, but potentially for long periods, possibly over a lifetime. To ensure that substances that could pose carcinogenic potential at relevant exposure levels are adequately assessed, it is necessary to consider a number of issues, including genotoxicity, metabolic fate, species differences, and cellular changes.

1.3 Scope of the guideline

This guideline sets out a data-driven decision pathway to determine the need to conduct carcinogenicity studies. It also provides guidance on the conduct of carcinogenicity studies.

2 CARCINOGENICITY ASSESSMENT

2.1 Overall approach

The decision to undertake carcinogenicity testing should take into consideration, 1) the results of genotoxicity tests, 2) structure-activity relationships, and 3) findings in systemic toxicity tests that may be relevant to neoplasia in longer term studies. It should also take into consideration any known species specificity of the mechanism of toxicity. Any differences in metabolism between the test species, target animal species, and human beings should be taken into consideration.

2.2 Genotoxic compounds

Many carcinogens have a genotoxic mode of action and it is prudent to regard genotoxicants as carcinogens unless there is convincing evidence that this is not the case. Clearly negative results for genotoxicity will usually be taken as sufficient evidence of a lack of carcinogenic potential via a genotoxic mechanism.

2.3 Non-genotoxic compounds

Because it is generally believed that non-genotoxic compounds exhibit a threshold dose for carcinogenicity and human exposure to residues of veterinary drugs is low, non-genotoxic compounds do not need to be routinely tested for carcinogenicity. Such tests may however be required if, for example, 1) the compound is a member of a chemical class known to be animal or human carcinogens, 2) available systemic toxicity studies with the compound identify potentially preneoplastic lesions or findings indicative of neoplasia, or 3) systemic toxicity studies indicate that the compound may be associated with effects known to be linked with epigenetic mechanisms of carcinogenicity that are relevant to humans.

2.4 *In vivo* carcinogenicity testing

2.4.1 Existing relevant guidelines

The OECD Test Guideline 451 "Carcinogenicity Studies"[1] contains study protocol guidelines and approaches for testing chemicals for carcinogenicity using experimental animals. This document serves as the basis for carcinogenicity testing of veterinary drugs with clarifications outlined in the following paragraphs.

Note: Information derived from a combined assay for carcinogenicity and chronic toxicity (OECD Test

Guideline 453 "Combined Chronic Toxicity/Carcinogenicity Studies") would also be acceptable.

2.4.2 Species selection for long-term carcinogenicity testing

Carcinogenicity bioassays consisting of a two-year rat study and an 18-month mouse study are generally required. With appropriate scientific justification, carcinogenicity studies may be carried out in one rodent species, preferably the rat. A positive response in either test species will be considered indicative of carcinogenic potential.

2.4.3 Number of animals and route of administration

Consistent with OECD Test Guideline 451 and common practice, a minimum of 50 rats and/or mice per dose (including concurrent controls) per sex is appropriate for carcinogenicity testing. The route of administration for carcinogenicity testing of veterinary drug residues in human food is oral, preferably dietary. Other routes of administration are not generally relevant for risk assessment of veterinary drug residues in human food.

2.4.4 Dose selection for carcinogenicity testing

2.4.4.1 General

It is recommended that at least three dose levels, in addition to a concurrent control group(s), be used for typical rodent carcinogenicity studies.

2.4.4.2 Dose selection

The high dose should be set to demonstrate a minimum toxic effect without affecting survivability due to effects other than carcinogenicity. Demonstration of a toxic effect in the carcinogenicity study, without compromising survivability or physiological homeostasis, ensures that the animals were sufficiently challenged and provides confidence in the reliability of a negative outcome.

Factors to be considered in establishing other doses include linearity of pharmacokinetics, saturation of metabolic pathways, anticipated human exposure levels, pharmacodynamics in the test species, the potential for threshold effects in the test species, available mechanistic information, and the unpredictability of the progression of toxicity observed in short-term rodent studies. One generally accepted default paradigm is to set the lowest dose at a level that does not induce significant toxicity and is not lower than 10% of the highest dose.

2.5 In-life observations and pathological examination

In-life observations and pathological examination, consistent with OECD Test Guideline 451, are appropriate for carcinogenicity studies of veterinary drugs. The following tissues should be included with those usually sampled: clitoral or preputial gland (rodents only), Harderian gland, lachrymal gland, larynx, nasal cavity, optic nerves, pharynx, and Zymbal gland (rodents only). Clinical pathology (hematology, urinalysis, and clinical chemistry) is not considered necessary or contributory to the assessment of neoplastic endpoints.

3 REFERENCES

OECD. 1981. Test Guideline 451. Carcinogenicity Studies. In: OECD Guideline for the Testing of Chemicals. Organization for Economic Cooperation & Development, Paris.

OECD.1981.Test Guideline 453. Combined Chronic Toxicity/Carcinogenicity Studies. In: OECD Guideline for the Testing of Chemicals. Organization for Economic Cooperation & Development, Paris.

STUDIES TO EVALUATE THE SAFETY OF RESIDUES OF VETERINARY DRUGS IN HUMAN FOOD: REPEAT-DOSE (90 DAYS) TOXICITY TESTING

Recommended for Implementation
on October 2002
by the VICH Steering Committee

EDITORIAL CHANGES

This Guideline has been developed by the appropriate VICH Expert Working Group and has been subject to consultation by the parties, in accordance with the VICH Process. At Step 7 of the Process the final draft is recommended for adoption to the regulatory bodies of the European Union, Japan and USA.

1 INTRODUCTION

1.1 Objective of the guideline

A variety of toxicological evaluations are performed to establish the safety of veterinary drug residues in human food. The objective of this guideline is to establish recommendations for internationally harmonized 90-day repeat-dose testing.

1.2 Background and scope of the guideline

The current guideline is one of a series of guidelines developed to facilitate the mutual acceptance of safety data necessary for the determination of acceptable daily intakes (ADIs) for veterinary drug residues in human food. This guideline was developed after consideration of the current practices for evaluating veterinary drug residues in human food in the EU, Japan, USA, Australia, New Zealand, and Canada.

While this guideline recommends the framework for 90-day toxicity testing of veterinary drugs, it is important that the design of the test remains flexible. Within the context of this guideline, tests should be tailored to adequately establish the dose-response and a NOAEL (no-observed adverse effect level) for toxicity following 90-day compound treatment.

1.3 General principles

Adequate toxicity testing necessitates assessment of the effects of repeated exposure to a parent compound and/or metabolites. It should also ascertain a dose that does not produce toxicity. As with other types of toxicity testing, available information on the compound should be utilized in designing the test. Repeat-dose toxicity tests should be performed in sensitive/appropriate species. While species selection should always take account of relevance to human metabolism, pharmacokinetics and pharmacodynamics, the generally accepted default species are the rat and the dog. Exposure should begin early enough in life to encompass the growth phase of the test animals. In general, the highest dose should be sufficient to produce toxicity. The data obtained from this test may be used to establish a NOAEL for a veterinary drug.

2 GUIDELINE

2.1 Repeat-dose (90-day) toxicity test

2.1.1 Purpose

Repeat-dose (90-day) toxicity testing should be performed in a rodent and a non- rodent species in order to (1) identify target organs and toxicological endpoints, (2) provide information that will help the setting of dose levels to be used in repeat-dose (chronic) toxicity testing, and, when necessary, (3) identify the most appropriate species for subsequent repeat-dose (chronic) toxicity testing. A NOAEL should be identified from the results of each repeat-dose (90-day) toxicity test.

2.1.2 Experimental design for a 90-day toxicity test

Repeat-dose (90-day) toxicity tests should be conducted in accordance with OECD Test Guidelines 408 "Repeated Dose 90-day Oral Toxicity Study in Rodents" and 409 "Repeated Dose 90-day Oral Toxicity Study in Non-rodents".

2.1.2.1 Pathological examination

Gross necropsy and histopathological examination should be performed in accordance with OECD Test Guidelines 408 and 409 with the following exception: for non-rodents, histopathological evaluations are made on a standardized set of tissues plus gross lesions from all animals in all groups.

3 REFERENCES

OECD. 1998. Test Guideline 408. Repeated Dose 90-day Oral Toxicity Study in Rodents. In: OECD Guidelines for the Testing of Chemicals. Organisation for Economic Cooperation & Development, Paris.

OECD. 1998. Test Guideline 409. Repeated Dose 90-day Oral Toxicity Study in Non-rodents. In: OECD Guidelines for the Testing of Chemicals. Organisation for Economic Cooperation & Development, Paris.

STUDIES TO EVALUATE THE SAFETY OF RESIDUES OF VETERINARY DRUGS IN HUMAN FOOD: DEVELOPMENTAL TOXICITY TESTING

Recommended for Implementation
on October 2002
by the VICH Steering Committee

EDITORIAL CHANGES

This Guideline has been developed by the appropriate VICH Expert Working Group and has been subject to consultation by the parties, in accordance with the VICH Process. At Step 7 of the Process the final draft is recommended for adoption to the regulatory bodies of the European Union, Japan and USA.

1 INTRODUCTION

1.1 Objective of the guideline

A number of toxicological evaluations are required to establish the safety of veterinary drug residues in human food, including the identification of any potential effects on prenatal development. The objective of this guideline is to ensure that developmental toxicity assessment is performed according to an internationally harmonized guideline. This guideline describes the test designed to provide information concerning the effects on the pregnant animal and on the developing organism following prenatal exposure.

1.2 Background

The assessment of the potential for developmental toxicity has been identified as one of the key areas to be considered in the evaluation of the safety of residues of veterinary drugs in human food.

The approach to reproductive and developmental toxicity testing of veterinary drugs differs from that adopted by the International Conference on Harmonisation of Technical Requirements for Registration of Pharmaceuticals for Human Use (ICH). The ICH guideline advocates a combination of three studies, in which dosing covers a number of stages that include, premating to conception, conception to implantation, implantation to closure of hard palate, closure of the hard palate to the end of pregnancy, birth to weaning and weaning to sexual maturity. While such an approach is considered appropriate for most human drugs, exposure to veterinary drug residues in human food may be long-term, potentially throughout life. For this reason, this VICH guideline in conjunction with the Reproduction Testing Guideline (see VICH GL22), is believed to be more appropriate for assessing the safety of veterinary drug residues in human food.

This guideline focuses on one stage of potential exposure, from implantation through the entire period of gestation to the day before caesarean section. This guideline provides harmonized guidance on the conduct of a developmental toxicity study for the safety evaluation of veterinary drug residues in human food and is a core requirement.

The current guideline is one of a series of guidelines developed to facilitate the mutual acceptance of safety data necessary for the determination of acceptable daily intakes (ADIs) for veterinary drug residues in human food. This guideline should be read in conjunction with the guideline on the general approach for the safety evaluation of veterinary drug residues in human food (VICH GL33). It was developed after consideration of the existing ICH guideline for pharmaceuticals for human use on "Detection of Toxicity to Reproduction for Medicinal Products", in conjunction with the current practices for evaluating veterinary drug residues in human food in the EU, Japan, USA, Australia, New Zealand, and Canada.

1.3 Scope of the guideline

This document provides guidance for developmental toxicity testing for those veterinary medicinal products used in food-producing animals. However, it does not limit the studies that may be performed to establish the safety of residues in human food with respect to developmental toxicity. The guideline does not preclude the possibility of alternative approaches that may offer an equivalent assurance of safety, including scientifically based reasons as to why developmental toxicity data may not need to be provided.

1.4 General principles

The aim of developmental toxicity testing is to detect any adverse effects on the pregnant female and development of the embryo and fetus consequent to exposure of the female from implantation through the entire period of gestation to the day before caesarean section. Such adverse effects include enhanced toxicity relative to that observed in non-pregnant females, embryo-fetal death, altered fetal growth, and structural changes in the fetus.

For the purpose of this guideline, teratogenicity is defined as the capability of producing a structural change in the fetus considered detrimental to the animal, which may or may not be compatible with life.

The design of the test should be such that if any adverse effects on development are detected, the dose(s) at which they occur and the dose(s) producing no adverse effects are clearly identified. Some observations may require further study to fully characterize the nature of the response or of the dose-response relationship.

Traditionally, two species, one rodent and one non-rodent have been used for developmental toxicity testing. Two species are still recommended under the ICH testing guideline for developmental toxicity testing for human drugs.

However, a review of an extensive database for veterinary products indicated that a tiered approach would provide sufficient data to evaluate veterinary drugs for developmental toxicity while reducing the number of animals used in testing. The tiered strategy for developmental toxicity testing of veterinary products for food animals was developed based on an evaluation of positive and negative teratogenic findings from the published Summary Reports of the EU Committee for Veterinary Medicinal Products and Joint FAO/WHO Expert Committee of Additives (JECFA) reports on veterinary drug residues in food. The data showed: (1) considerable concordance between test species;(2) no single test species was consistently more sensitive; and (3) in cases where the rabbit was more sensitive than the rat, the difference in sensitivity was well within the 10- fold safety factor used to account for interspecies variability.

This approach is described below.

2 GUIDELINE

2.1 Number of species

The tiered approach (see Figure 1) begins with developmental toxicity testing in the rat. If clear evidence of teratogenicity is observed, regardless of maternal toxicity, testing in a second species would not be required, except under the circumstances described in the next paragraph. If a negative or an equivocal result for teratogenicity is observed in the rat, a developmental test in a second species, preferably the rabbit, should be conducted. In the absence of teratogenicity in the rat, a developmental toxicity test in a second species would be required even if there were other signs of developmental toxicity in the rat (i.e. fetotoxicity or embryolethality).

If, upon review of all the core studies, it is apparent that the ADI would be based on teratogenicity occurring in the rat, a developmental toxicity study should be conducted in another species in order to determine whether the second species shows greater sensitivity for developmental effects. It is therefore recommended that a tiered approach beginning with a test in the rat be conducted. The outcome of this initial test will indicate the necessity of a developmental test in a second species.

Figure 1

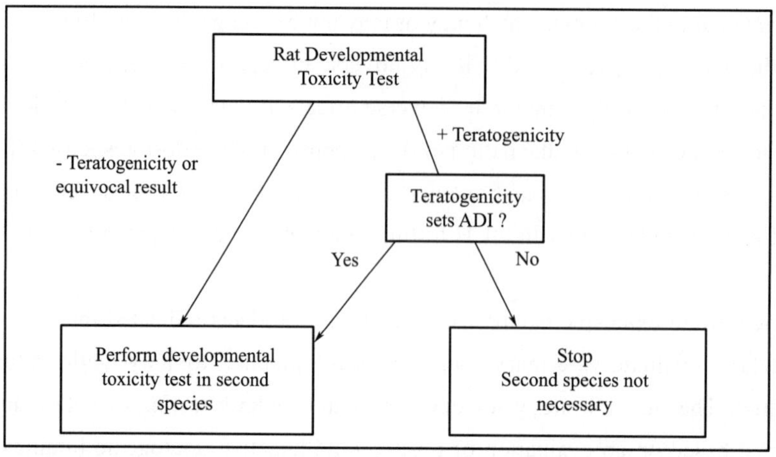

2.2 Recommended test protocol

The OECD Test Guideline 414 "Prenatal Developmental Toxicity Study" is an appropriate reference method for a developmental toxicity test to establish the safety of veterinary drugs used in food-producing animals. This test guideline includes discussion of the number of the test animals, administration period, selection of doses, observations of the dams, examination of the fetuses and reporting of results.

3. REFERENCES

ICH. 1993. ICH Harmonised Tripartite Guideline S5A. Detection of Toxicity to Reproduction for Medicinal Products. International Conference on Harmonisation of Technical Requirements for Registration of Pharmaceuticals for Human Use.

Hurtt, M.E., Cappon, G.D. and Browning, A. Proposal for a Tiered Approach to Developmental Toxicity Testing For Veterinary Pharmaceutical Products for Food Producing Animals. Food & Chemical Toxicology (submitted).

OECD. 2001. Test Guideline 414. Prenatal Developmental Toxicity Study. In: OECD Guidelines for the Testing of Chemicals. Organisation for Economic Cooperation & Development, Paris.

VICH GL33 (SAFETY: GENERAL APPROACH)

Revision 2 at step 9

February 2009

For implementation at Step 7 - Final

STUDIES TO EVALUATE THE SAFETY OF RESIDUES OF VETERINARY DRUGS IN HUMAN FOOD: GENERAL APPROACH TO TESTING

Recommended for Adoption
at Step 7 of the VICH Process
in February 2009 by the VICH SC
for implementation in February 2010

This Guideline has been developed by the appropriate VICH Expert Working Group and has been subject to consultation by the parties, in accordance with the VICH Process. At Step 7 of the Process the final draft is recommended for adoption to the regulatory bodies of the European Union, Japan and USA.

1 INTRODUCTION

1.1 Objective of the guideline

This guideline outlines a testing approach to assure the safety of human food derived from animals treated with veterinary drugs. The tests should provide an adequate amount of toxicological data to ensure human food safety, while reducing the number of animals used in testing and conserving resources.

VICH seeks to minimize animal testing by supporting the 3R's principle – replacement (replace with non-animal system or with phylogenectically lower species), refinement (lessen or eliminate pain or distress in animals) and reduction (lower the number of test animals needed) of animals in research. One of the expressed goals of VICH is to strive to eliminate repetitious and unnecessary testing through harmonization of regulatory requirements for the registration of veterinary products, a goal that undoubtedly leads to a reduction in the number of animals used for product development and registration.

Whenever possible, flexibility, minimum number of animals, as well as alternative in vivo and in vitro tests have been recommended.

When designing and carrying out the studies recommended below due regard for the welfare of the study animals should be given. The use of animals in the studies described below should adhere to these protocols and should conform to general ethical standards and to the national standards for the use and care of experimental animals.

While the validation of alternative testing protocols falls outside its remit, VICH recognizes that the international status and influence of VICH provide a unique opportunity to encourage the use of validated alternative methods. To this end, the Safety EWG that developed these guidelines involving animal experimentation has exercised its responsibility to consider animal welfare, and particularly the possibilities for replacement, refinement and reduction of animal testing.

VICH periodically reviews its guidelines to take into account the development of alternative testing protocols that have been validated, and amends its guidelines where appropriate to assure that they conform to the most recent alternative testing developments.

1.2 Background

The hazards associated with the consumption of food containing residues of veterinary drugs are generally assessed in laboratory animals treated with the drugs. International harmonization of testing requirements aims to assure that the development and registration of valuable animal drugs is achieved with maximum efficiency. The efficiency of the approval process has an impact on the expenditure of resources, time from discovery to new product approval, and the introduction of innovative drugs into the market.

The current toxicological testing requirements for veterinary drugs are based on the toxicological tests for human medicines, food additives and pesticides. This guideline indicates those tests particularly relevant to the identification of a no-observed adverse effect level (NOAEL) for veterinary drugs.

The appropriateness of a test for the purpose of assessing human food safety is determined by its ability to predict an adverse effect in humans. The selection of concise and appropriate tests was of major concern and a regimen was selected based on a minimum number of tests after consideration of extensive historical data and a review of widely accepted protocols. To increase the chance of identifying a potential adverse effect, both rodent and non-rodent models are included in the testing approach.

Additional studies, such as tests for effects on human intestinal flora, may be used to evaluate compound specific endpoints. A testing approach is designed to determine a dose that causes an adverse effect and a dose that can be identified as the NOAEL. A NOAEL is used to establish a human acceptable daily intake (ADI), which represents the amount of drug that can be safely consumed by a person on a daily basis for a lifetime.

1.3 Scope of the guideline

The scope of this guideline includes: 1) basic tests required for all new animal drugs used in food-producing animals in order to assess the safety of drug residues present in human food, 2) additional tests that may be required depending on specific toxicological concerns such as those associated with the structure, class, and mode of action of the drug, and 3) special tests which might assist in the interpretation of data obtained in the basic or additional tests.

Guidance on the design of protocols for basic and selected additional tests will be provided in separate VICH guidelines. Selection and protocol design of special tests and any other tests will be left to the discretion of the various regulatory authorities and/or drug sponsors.

2 GUIDELINES

Testing includes an assessment of systemic toxicity, reproduction toxicity, developmental toxicity, genotoxicity, carcinogenicity, and effects on the human intestinal flora. In general, oral administration is the route of choice for *in vivo* tests. The guidelines do not preclude the possibility of alternative approaches that may offer an equivalent assurance of safety, including scientifically based reasons as to why such data may not need to be provided. Testing described in this guideline is subject to national standards and/or compliance with Good Laboratory Practice.

2.1 Basic tests

2.1.1 Repeat–dose toxicity testing (VICH GL31 and VICH GL37)

Repeat-dose toxicity testing is performed to define (1) toxic effects based on repeated and/or cumulative exposures to the compound and/or its metabolites, (2) the incidence and severity of the effect in relation to dose and/or duration of exposure, (3) doses associated with toxic and biological responses, and (4) a NOAEL.

2.1.2 Reproduction toxicity testing (VICH GL22)

Multigeneration reproduction studies are designed to detect any effect on mammalian reproduction. These include effects on male and female fertility, mating, conception, implantation, ability to maintain pregnancy to term, parturition, lactation, survival, growth and development of the offspring from birth through to weaning, sexual maturity and the subsequent reproductive function of the offspring as adults.

2.1.3 Developmental toxicity testing (VICH GL32)

The aim of developmental toxicity testing is to detect any adverse effects on the pregnant female and development of the embryo and fetus consequent to exposure of the female from implantation through the entire period of gestation to the day before caesarean section. Such adverse effects include enhanced toxicity relative to that observed in non-pregnant females, embryo-fetal death, altered fetal growth, and structural changes to the fetus.

2.1.4 Genotoxicity testing (VICH GL23)

A battery of genotoxicity tests is used to identify substances that have the capacity to damage the genetic information within cells. Substances that are considered to be genotoxic are regarded as potential carcinogens. Those that cause genetic damage in germ cells also have the potential to cause reproductive/developmental effects.

2.2 Additional tests

These tests are required to address safety concerns such as those based on compound structure, class, and mode of action. Some examples of these studies are:

2.2.1 Testing for effects on the human intestinal flora (VICH GL36)

For compounds with antibacterial properties, information to determine the effects of residues of the drug on the human intestinal flora is required.

2.2.2 Pharmacological effects testing

Some veterinary drugs produce pharmacological effects in the absence of a toxic response or at doses lower than those required to elicit toxicity. The pharmacological NOAEL should be identified and taken into account in the setting of the ADI for the drug.

2.2.3 Immunotoxicity testing

For some classes of drugs such as beta-lactam antibiotics, the potential for the drug to elicit an allergic reaction in sensitive individuals should be investigated. Immunotoxicity testing may be required for other veterinary drugs when the results from other tests indicate a potential immunological hazard.

2.2.4 Neurotoxicity testing

Evidence of a neurotoxic potential may be identified in repeat-dose tests which may trigger further testing, such as that recommended in OECD Test Guideline 424 "Neurotoxicity Study in Rodents".

2.2.5 Carcinogenicity testing (VICH GL28)

For compounds that are suspected to have carcinogenic potential, carcinogenicity testing by the oral route is required. The decision to require carcinogenicity testing is based on all available data including results of genotoxicity testing, structure activity relationship (SAR) information and results of repeat-dose and mechanistic studies. It is recommended that carcinogenicity testing be performed using a carcinogenicity bioassay. However, information derived from a combined assay for carcinogenicity and chronic toxicity would also be acceptable.

2.3 Special tests

These are tests performed to understand the mode of action of the drug and used to aid in the interpretation of, or the assessment of the relevance of the data obtained in the basic and/or additional tests.

3 REFERENCES

OECD. 1997. Test Guideline 424. Neurotoxicity Study in Rodents. In: OECD Guidelines for the Testing of Chemicals. Organization for Economic Cooperation & Development, Paris.

VICH. 2001. VICH Harmonized Tripartite Guideline GL22. Studies to Evaluate the Safety of Residues of Veterinary Drugs in Human Food: Reproduction Toxicity Testing. International Cooperation on Harmonisation of Technical Requirements for Registration of Veterinary Medicinal Products.

VICH. 2001. VICH Harmonized Tripartite Guideline GL23. Studies to Evaluate the Safety of Residues of Veterinary Drugs in Human Food: Genotoxicity Testing. International Cooperation on Harmonisation of Technical Requirements for Registration of Veterinary Medicinal Products.

VICH. 2002. VICH Harmonized Tripartite Guideline GL28. Studies to Evaluate the Safety of Residues of Veterinary Drugs in Human Food: Carcinogenicity Testing. International Cooperation on Harmonisation of Technical Requirements for Registration of Veterinary Medicinal Products.

VICH. 2002. VICH Harmonized Tripartite Guideline GL31. Studies to Evaluate the Safety of Residues of Veterinary Drugs in Human Food: Repeat-Dose (90-Day) Toxicity Testing. International Cooperation on Harmonisation of Technical Requirements for Registration of Veterinary Medicinal Products.

VICH. 2002. VICH Harmonized Tripartite Guideline GL32. Studies to Evaluate the Safety of Residues of Veterinary Drugs in Human Food: Developmental Toxicity Testing. International Cooperation on Harmonisation of Technical Requirements for Registration of Veterinary Medicinal Products.

VICH. 2004. VICH Harmonized Tripartite Guideline GL36. Studies to Evaluate the Safety of Residues of Veterinary Drugs in Human Food: General Approach to Establish a Microbiological ADI. International Cooperation on Harmonisation of Technical Requirements for Registration of Veterinary Medicinal Products.

VICH. 2004. VICH Harmonized Tripartite Guideline GL37. Studies to Evaluate the Safety of Residues of Veterinary Drugs in Human Food: Repeat-Dose (Chronic) Toxicity Testing. International Cooperation on Harmonisation of Technical Requirements for Registration of Veterinary Medicinal Products.

VICH GL37 (SAFETY)
May 2004
For implementation at Step 7 - Final

STUDIES TO EVALUATE THE SAFETY OF RESIDUES OF VETERINARY DRUGS IN HUMAN FOOD: REPEAT-DOSE CHRONIC TOXICITY TESTING

Recommended for implementation by May 2005
by the VICH SC at its meeting held in May 2004

This Guideline has been developed by the appropriate VICH Expert Working Group and is subject to consultation by the parties, in accordance with the VICH Process. At Step 7 of the Process the final draft will be recommended for adoption to the regulatory bodies of the European Union, Japan and USA.

1 INTRODUCTION

1.1 Objective of the guideline

A variety of toxicological evaluations are performed to establish the safety of veterinary drug residues in human food. The objective of this guideline is to establish recommendations for internationally harmonized repeat-dose (chronic) toxicity testing.

1.2 Background and scope of the guideline

The current guideline is one of a series of guidelines developed to facilitate the mutual acceptance of safety data necessary for the determination of acceptable daily intakes (ADIs) for veterinary drug residues in human food. This guideline was developed after consideration of the current practices for evaluating veterinary drug residues in human food in the EU, Japan, USA, Australia, New Zealand, and Canada. It also took account of available data from sub-chronic and chronic toxicity studies.

While this guideline recommends the framework for chronic toxicity testing of veterinary drugs, it is important that the design of the test remains flexible. It is expected that most veterinary drugs will need to be tested for the adverse consequences of chronic exposure, as there is a potential for consumers to be exposed repeatedly throughout their lifetime. However, this guideline does not preclude the possibility of alternative approaches that may offer an equivalent assurance of safety, including scientifically based reasons as to why chronic toxicity testing may not need to be provided. Within the context of this guideline, tests should be tailored to adequately establish the dose-response relationship and a no-observed adverse effect level (NOAEL) for toxicity seen following chronic treatment.

1.3 General principles

Adequate toxicity testing necessitates the administration of repeated doses to assess the effects of prolonged exposure to a parent compound and/or metabolites, to define the toxic effects of compounds following chronic exposure, and to ascertain the highest dose that does not produce toxicity. All available information on the compound should be utilized in designing the chronic toxicity test. The data obtained in this test may be used to establish a NOAEL for a veterinary drug.

2 GUIDELINE

2.1 Repeat-dose (chronic) toxicity testing

2.1.1 Purpose

Chronic toxicity testing is performed to (1) define toxic effects based on long-term exposures to the compound and/or its metabolites, (2) identify target organs and toxicological endpoints in relation to dose and/or duration of exposure, (3) determine dosages associated with toxic and biological responses, and (4) establish a NOAEL.

2.1.2 Selection of test species

Species selection should always take account of relevance to human metabolism, pharmacokinetics and pharmacodynamics. If testing in two species is required, one should be a rodent and the other a non-rodent. The generally accepted default rodent species is the rat, and the default non-rodent species is the dog.

A review of available data on a large number of chemicals resulted in differing but equally valid interpretation as to whether one or two species are needed for chronic toxicity testing in the regions. Future was inconclusive with regard to the selection of the number of species needed for chronic toxicity testing. Further analysis of ddata may clarify this issue. In Japan, chronic studies are required in two species.

However, with appropriate scientific justification, chronic toxicity testing may be performed in only one species (see Appendix A). In the EU and the USA, chronic testing needs to be performed in the most appropriate species chosen on the basis of all available scientific data, including 90- day studies. The default species is the rat. at least one test species should be used. Chronic testing needs to be performed in the most appropriate species chosen on the basis of all available scientific data, including 90-day studies. The default species is the rat.

2.1.3 Experimental design

Chronic toxicity tests should be conducted in accordance with OECD Test Guideline 452 "Chronic Toxicity Studies".

2.1.4 Pathological examination

Gross necropsy and histopathological examination should be performed in accordance with OECD Test Guidelines 408 ("Repeated Dose 90-day Oral Toxicity Study in Rodents") and 409 ("Repeated Dose 90-day Oral Toxicity Study in Non-rodents") with the following amendments:

○ the following tissues also need to be examined: bone (sternum, femur and joint), clitoral or preputial gland (rodents only), Harderian gland, lachrymal gland, larynx, nasal cavity, optic nerves, pharynx, and Zymbal gland (rodents only).

○ for non-rodents, histopathological evaluations are made on all prescribed tissues plus gross lesions from all animals.

3 REFERENCES

OECD. 1981. Test Guideline 452. Chronic Toxicity Studies. In: OECD Guidelines for the testing of chemicals Organization for Economic Cooperation & Development, Paris.

OECD. 1998. Test Guideline 408. Repeated Dose 90-day Oral Toxicity Study in Rodents. In: OECD Guidelines for the testing of chemicals. Organization for Economic Cooperation & Development, Paris.

OECD. 1998. Test Guideline 409. Repeated Dose 90-day Oral Toxicity Study in Non-rodents. In: OECD Guidelines for the testing of chemicals. Organization for Economic Cooperation & Development, Paris.

APPENDIX A

Justification for Performing Chronic Toxicity Studies in Only One Species When Two are Normally Required

Some criteria for eliminating one species:

(1) When it is shown that the mechanism/mode of action that is responsible for the occurrence of toxicity of the test substance in one species cannot be extrapolated to humans.

(2) When it is demonstrated that the metabolism of the test substance in one species is not applicable to humans.

If these are unknown, then:

(3) When it is demonstrated that the absorption rate from the gastrointestinal tract is extremely low in one species, as compared to the other species.

STUDIES TO EVALUATE THE SAFETY OF RESIDUES OF VETERINARY DRUGS IN HUMAN FOOD: GENERAL APPROACH TO ESTABLISH AN ACUTE REFERENCE DOSE (ARfD)

Adopted at Step 7 of the VICH Process by the VICH Steering Committee in November 2016 for implementation by November 2017.

This Guideline has been developed by the appropriate VICH Expert Working Group and has been subject to consultation by the parties, in accordance with the VICH Process. At Step 7 of the Process the final draft is recommended for adoption to the regulatory bodies of the European Union, Japan and USA.

1 Introduction

1.1 Objective

The current guideline addresses the nature and types of data that can be useful in determining a toxicological acute reference dose (ARfD) for residues of veterinary drugs, the studies that may generate such data, and how the ARfD may be calculated based on these data.

1.2 Background

The safety of residues of veterinary drugs in human food is most commonly addressed through the conduct of toxicology studies in test animal species that provide for the determination of a no-observed-adverse-effect level (NOAEL)[1] and an acceptable daily intake (ADI) by application of appropriate safety/uncertainty factors (UF(s))[2]. The ADI, generally expressed as microgram (μg) or milligram (mg)/kg body weight per day, is defined as the daily intake which, for up to an entire lifetime, appears to be without adverse effects or harm to the health of the consumer (see Glossary).

It has been recognized that there is the potential for some veterinary drug residues to cause adverse effects in the human consumer following a single meal. The ADI may not be the appropriate value in such cases for quantifying the level above which exposure after a single meal or over one day can produce acute adverse effects. Determining the ARfD is an appropriate approach to address this concern.

The ARfD approach has been developed to provide a human health guidance value for pesticides and other chemicals, including veterinary drugs, when their use can result in residues high enough to cause adverse effects following acute or short-term exposures in people consuming large portions of food containing the residue. This contrasts with the use of ADIs, which are established to address potential adverse effects following chronic or long-term exposures to residues in foods.

Various publications which describe the ARfD approach are available. In 2005, some members of the United Nations Joint Food and Agriculture Organization (FAO)/World Health Organization (WHO) Meeting on Pesticide Residues (JMPR) published a paper describing the development of the ARfD for acute health risk assessment of agricultural pesticides (Solecki *et al.*, 2005). The Organization for Economic Co-Operation and Development (OECD) has finalized Guidance No. 124, "Guidance for the Derivation of an Acute Reference Dose", which is primarily intended for pesticides, biocides, and veterinary drugs (IOMC, 2010). The OECD Guidance No. 124 describes a tiered approach that is intended to maximize the use of available data and minimize the need for studies specifically designed to derive an ARfD. This approach is consistent with the 3-Rs (Replacement, Refinement and Reduction) minimizing the use of animals in the development of veterinary drugs. In addition, the Joint FAO/WHO Expert Committee on Food Additives (JECFA) has noted that "certain substances ..... *e.g.*, some metals, mycotoxins, or veterinary drug residues, could present an acute risk, *i.e.*, could raise concern regarding acute health effects in relation to short periods of intake at levels greater than the ADI or TDI[3]". JECFA agreed that, "building on the experience of and the guidance developed by JMPR ..... the need to establish an ARfD should be considered

[1] Both the terms NOEL (no-observed-effect level) and NOAEL (no-observed-adverse-effect level) have historically been used to establish an ADI. In practice, NOEL and NOAEL have had similar meanings when used for this purpose.

[2] While some regulatory authorities use the term "safety factor" and others use the term "uncertainty factor", there is a general agreement in the application of these terms to address variability between groups (e.g., from animal models to humans) and within groups (e.g., animal to animal or human to human variability). For the purpose of this document, UFs will be used to represent the use of either safety or uncertainty factors.

[3] TDI – tolerable daily intake.

on a case-by-case basis, and only if the substance, on the basis of its toxicological profile and considering the pattern of its occurrence and intake, is likely to present an acute health risk resulting from exposure in a period of 24 h or less" (JECFA, 2005). JECFA and JMPR have contributed to the International Program on Chemical Safety (IPCS) Environmental Health Criteria (EHC) 240 describing the derivation of an ARfD in the application of a maximum residue limit (MRL), a tolerance, or other national or regional tools used to establish an acceptable concentration of residues of the veterinary drug in the edible tissues of treated animals (IPCS, 2009). In 2016 the JECFA on veterinary drugs published a draft guidance for monographers on the use and interpretation of the ARfD. This document continues to be under development.

1.3 Scope of the current guideline

This guideline can be used to address the nature and types of data that should be useful in determining an ARfD, the studies that may generate such data, and how the ARfD can be calculated based on these data. The current guideline is limited to the application of toxicological and pharmacological endpoints and offers special consideration for residues of veterinary drugs in contrast to the available guidelines and guidances that address the derivation and use of the ARfD for human exposure to pesticides, contaminants, and chemicals other than veterinary drugs. The guideline provides internationally harmonized technical requirements for an ARfD used in support of veterinary product registration. Detailed guidance on the derivation of an ARfD may be found in OECD Guidance 124 (IOMC, 2010).

This guideline does not, except in very broad terms, address

• When an ARfD would or would not be appropriate to address the concerns of a national or regional regulatory authority.

• Evaluation of specific pharmacological or toxicological adverse effects that may lead to the determination of an ARfD.

• Human dietary exposure data that may be appropriate for use with an ARfD in the derivation of an MRL, a tolerance or other national or regional tools used to refine an acceptable concentration of the veterinary drug residue in food.

• Refinement of the exposure calculation for the acute health risk assessment.

• Routes of human exposure to veterinary drugs other than the oral route.

Recognizing international efforts to address possible acute effects of residues of an antimicrobial veterinary drug on the human intestinal microbiota following acute human exposure, the current guideline only provides a harmonized approach to a toxicological ARfD at this time.

Finally, this guideline does not seek to limit the studies that can be performed to establish the safety of residues in human food with respect to acute toxicity. Neither does it preclude the possibility of alternative approaches that can offer an equivalent assurance of safety, including scientifically-based reasons as to why such data are not warranted.

2 Guidance for an ARfD

2.1 Stepwise procedure

Before examining the endpoints of acute pharmacological effects and toxicity, and before designing studies, careful consideration should be given to the 3-Rs principles. Therefore, the following stepwise approach is recommended before conducting an acute toxicity study:

Step 1. Evaluate available pharmacological and toxicological data and information, including data from repeated-dose toxicity studies, in order to establish whether or not acute endpoints (attributable to the first 24 hours of dosing) have been adequately addressed.

Step 2. If additional acute toxicity information is needed, consideration to the 3-Rs principle should be given, for example, by integrating observations/examinations related to acute endpoints in planned standard toxicity studies.

Step 3. If the two options in Steps 1 and 2 are insufficient to provide adequate information on acute endpoints, then a new, specifically designed toxicity study(ies) can be considered.

See also the decision tree in Annex.

2.2 Information and studies to support an ARfD

The first consideration should be to examine available data and information that describe the physical, chemical, pharmacological, and toxicological characteristics of the veterinary drug. This information can be available from data provided to support human food safety as per VICH GL33 or through published peer reviewed literature. In addition the studies provided under VICH GL33 to support safety may provide useful information for the evaluation of acute toxicity endpoints that support the assessment of an ARfD. It is recommended that all information on a specific veterinary drug be considered in the derivation of a chemical specific ARfD.

2.2.1 Use of traditional repeat-dose toxicology studies

The following are key points for consideration when evaluating information regarding the potential for acute toxicity:

• In the absence of data to the contrary, all relevant indications of acute adverse pharmacological and toxicological effects observed in repeated-dose studies can be considered as potentially relevant to setting an ARfD.

• Particular emphasis should be given to observations and investigations at the beginning of repeated dose studies.

Examples of potential endpoints of acute toxicity in standard toxicity studies include those described in OECD Guidance No. 124 (see paragraphs 36 through 59) and in EHC 240 (see section 5.2.9.5). Endpoints could include, but are not limited to, haematoxicity, immunotoxicity, neurotoxicity, hepatotoxicity, nephrotoxicity, developmental effects, reproductive effects, pharmacological effects and direct effects on the gastrointestinal tract as well as clinical findings. In keeping with the goal of reducing the number of animals for testing, in some cases, it may be possible to modify the standard toxicology study protocols to provide more relevant information for the assessment of the ARfD without compromising the original objective of the study. For example, a veterinary drug might be anticipated to cause acute haematological changes; the protocol for a repeat-dose oral toxicity study in rats could be modified to include satellite groups where blood is sampled from control and treated animals beginning on the first day through the first two weeks of dosing to evaluate whether this endpoint occurs after one or just a few doses. If no effects are observed in the high dose group then no further evaluation of the collected samples would be warranted. Further, in this example a lower bound for potential acute toxicity may be established based on the high dose group in the study. In addition to the endpoints mentioned in EHC 240, adverse effects observed at the beginning of the study should be taken into consideration.

Prior to modification of an existing protocol, consideration should be given to available data and information that describe the physical, chemical, pharmacological, and toxicological characteristics of the veterinary drug, including its possible mode of action (MOA). While the relevant dosing for assessment of an ARfD is anticipated to be an acute dose (a single dose or up to a single day's dosing), the timing for measurement of effects should be based on an understanding of available pharmacokinetics and pharmacodynamics of the veterinary drug.

Particular emphasis should be given to observations and investigations at the beginning of the repeat-dose study in the determination of potential acute toxicity. The inclusion of selected endpoints for the evaluation of acute toxicity beyond those described in the guidance documents should be considered on a case-by-case basis.

Consideration should be given to dose selection, numbers of animals, and the use of satellite groups. A high dose group within the repeat-dose toxicity study protocol that is relevant to concerns related to acute exposure to the human consumer could inform an ARfD evaluation. Elements of study design described in OECD Guidance No. 124, Annex 2, can be incorporated into modifications of an existing repeat-dose toxicity study. Dose selection is also critical when developing a point of departure (POD) for the derivation of the ARfD. The POD from the most sensitive endpoint relevant to human food safety in the most appropriate species should be used.

2.2.2 Acute studies

In some cases, an appropriate POD to determine an ARfD is not available from existing information. Studies intended to address chronic toxicity may not provide sufficient information to allow a robust estimate of the ARfD. In such cases, a single exposure study specifically designed to support an ARfD for a given veterinary drug may be warranted. In all cases, it is recommended that the design of an acute effect study specifically to derive an ARfD include consideration of all available relevant physical, chemical, pharmacological and toxicological information, and also consider the MOA (particularly of the pharmacologically active substance) where relevant.

Specific guidance on the conduct of a single exposure toxicity study can be found in Annex 2 of OECD Guidance No. 124.

2.3 How to derive an ARfD

The basic approach for the derivation of an ARfD is based on the identification of an appropriate POD, or threshold, for the pharmacological or toxicological endpoint of concern. This is typically identified as a NOAEL dose or benchmark dose lower confidence limit (BMDL). The ARfD is determined by dividing this POD by an appropriate UF(s). The ARfD can be reported as an amount of the substance expressed on a per person or body weight basis (*e.g.*, mg/person or mg/kg body weight)

$$ARfD = \frac{POD}{UF}$$

Where:

POD is the point of departure or threshold for pharmacological or toxicological effects of concern (see Glossary).

UF is an uncertainty or safety factor, or series of factors that typically account for considerations such as animal to animal variability, interspecies extrapolation, quality of data, severity of response, etc. (see Glossary). Additional recommendations on the selection of an appropriate uncertainty factor (described as a chemical specific assessment factor) are provided in Step One of the Tiered-Approach for the Derivation of an appropriate ARfD in OECD Guidance No 124 (IOMC, 2010).

Consideration should be given to the discussion of uncertainty factors in OECD Guidance No. 124 (see page 21) and EHC 240 (see section 5.2.3). The selection of appropriate UFs for inter- species and human inter-individual variabilities should be considered based on available data. To provide for the quantitative incorporation of differences in the toxicokinetic/toxicodynamics for a chemical, the default 10-fold factor for inter-species variability and the default 10-fold factor for human inter-individual variability can be used. When available, chemical-specific UFs on one or more specific sources of variability could replace the default values to adjust sub-factors for inter-species and human inter-individual variabilities. If chemical specific toxicokinetic and toxicodynamic data are inadequate to justify data based UFs, consider any information (*e.g.*, quantitative structure-activity relationship (QSAR) or MOA, of closely related compounds) that would indicate reduced or increased uncertainty.

When an ARfD could be determined based on toxicological and/or pharmacological endpoints, the ARfD should be based on the endpoint that is most relevant for protecting public health.

3 Glossary

The following definitions apply for purposes of this guideline:

3-Rs Replacement, Refinement, Reduction. VICH is committed to approaches that reduce, refine or replace the use of laboratory animals (the 3Rs) while maintaining appropriate scientific standards. The 3Rs principles were first introduced in Russell and Burch's 1959 book, 'The principles of humane experimental technique'.

ADI Acceptable Daily Intake is the daily intake which, during up to an entire life of a human, appears to be without adverse effects or harm to the health of the consumer. The ADI most often will be set on the basis of the drug's toxicological, microbiological, or pharmacological properties. It is usually expressed in micrograms or milligrams of the chemical per kilogram of body weight per day.

ARfD Acute Reference Dose. An estimate of the amount of residues expressed on a body weight basis that can be ingested in a period of 24 h or less without adverse effects or harm to the health of the human consumer.

BMD Benchmark Dose. A dose of a substance associated with a specified low incidence of response, generally in the range of 1 to 10%, of a health effect, or a dose associated with a specified measure or change of a biological effect. See Benchmark Dose Software (BMDS) (US Environmental Protection Agency, 2015) and PROAST (National Institute for Public Health and the Environment (RIVM), 2014).

BMDL Benchmark Dose Lower Confidence Limit. A dose producing an appropriate, low, and measurable response at a defined lower bound response level based on the lower one-sided confidence limit of a 95% confidence interval extrapolated from a line fitted to available data for an appropriate endpoint.

EHC Environmental Health Criteria. International Program on Chemical Safety (IPCS) documents that provide international critical reviews on the effects on human health and the environment of chemicals or combinations of chemicals, including veterinary drugs, as well as physical and biological agents.

IPCS International Program on Chemical Safety. A joint program of the World Health Organization, International Labor Organization and the United Nations Environment Programme.

MOA Mode of Action. A biologically plausible sequence of key events leading to an observed effect supported by robust experimental observations and mechanistic data. A mode of action describes key cytological and biochemical events, that is, those that are both measurable and necessary to the observed effect in a logical framework.

NOEL No Observed Effect Level. The highest administered dose that was observed not to cause an effect in a particular study.

NOAEL No Observed Adverse Effect Level. The highest administered dose that was observed not to cause an adverse effect in a particular study

OECD Organization for Economic Co-operation and Development brings together the governments of various countries to support sustainable economic growth, boost employment, raise living standards, maintain financial stability, assist other countries' economic development and contribute to world trade.

POD Point of Departure. A reference point for hazard characterization; typically a point on a dose-response curve at which the response first becomes apparent, and represents toxicological or pharmacological effects of concern; often classified as a NOEL, NOAEL, or BMDL.

QSAR Quantitative Structure Activity Relationship. A quantitative relationship between a biological activity (*e.g.*, toxicity) and one or more molecular descriptions that are used to predict activity.

Satellite Groups Additional groups of animals typically treated following all or some of the study treatment protocol and then examined for endpoints that differ from the main study group or are in other ways treated differently. For example, a satellite group of rats receiving all treatments but limited to a few animals per treatment group can be used for pharmacokinetic/toxicokinetic measurements, or a satellite group containing all treatment groups but only receiving a single dose can be used to examine acute effects in a subchronic repeat dose study.

UF Uncertainty Factors. Typically UFs are intended to account for uncertainty in extrapolating animal data to humans (inter-species variability), the variation in sensitivity among humans (inter-individual variability), quality of data, severity of response, or other concerns, where available sources of variability can be replaced with chemical specific information to refine the UF, such as toxicokinetics, toxicodynamics, QSAR, MOA, and information on closely related compounds.

4 References

US Environmental Protection Agency (EPA). Benchmark dose software (BMDS) and User's Manual. Available from: http://www.epa.gov/NCEA/bmds/index

European Food Safety Agency (EFSA). Guidance of the Scientific Committee on a request from EFSA on the use of the benchmark dose approach in risk assessment. The EFSA Journal. 2009. 1150:1-72.

Inter-Organization Programme for the Sound Management of Chemicals (IOMC). 2010. OECD Environment Directorate Joint Meeting of the Chemicals Committee and the Working Party on Chemicals, Pesticides and Biotechnology. Series on Testing and Assessment. No. 124. Guidance for the Derivation of an Acute Reference Dose. Env/JM/MONO(2010)15.

Joint FAO/WHO Expert Committee on Food Additives. Sixty-fourth meeting. Rome, 8-17 February 2005. Summary and Conclusions. Available from: ftp://ftp.fao.org/es/esn/jecfa/jecfa64_summary.pdf.

International Programme on Chemical Safety. 2009. Environmental Health Criteria 240. Principles and Methods for the Risk Assessment of Chemicals in Food. Food and Agriculture Organization of the United Nations and World Health Organization.

Solecki, R, Davies L, Dellarco V, Dewhurst I, van Raaij M, and Tritscher A. 2005. Guidance on setting of acute reference dose (ARfD) for pesticides. Food and Chemical Toxicology 43:1569- 1593.

VICH. 2009. VICH Guideline 33, Safety Studies for Veterinary Drug Residues in Human Food: General Approach to Testing.

5 Annex Procedure for the Derivation of an Appropriate ARfD

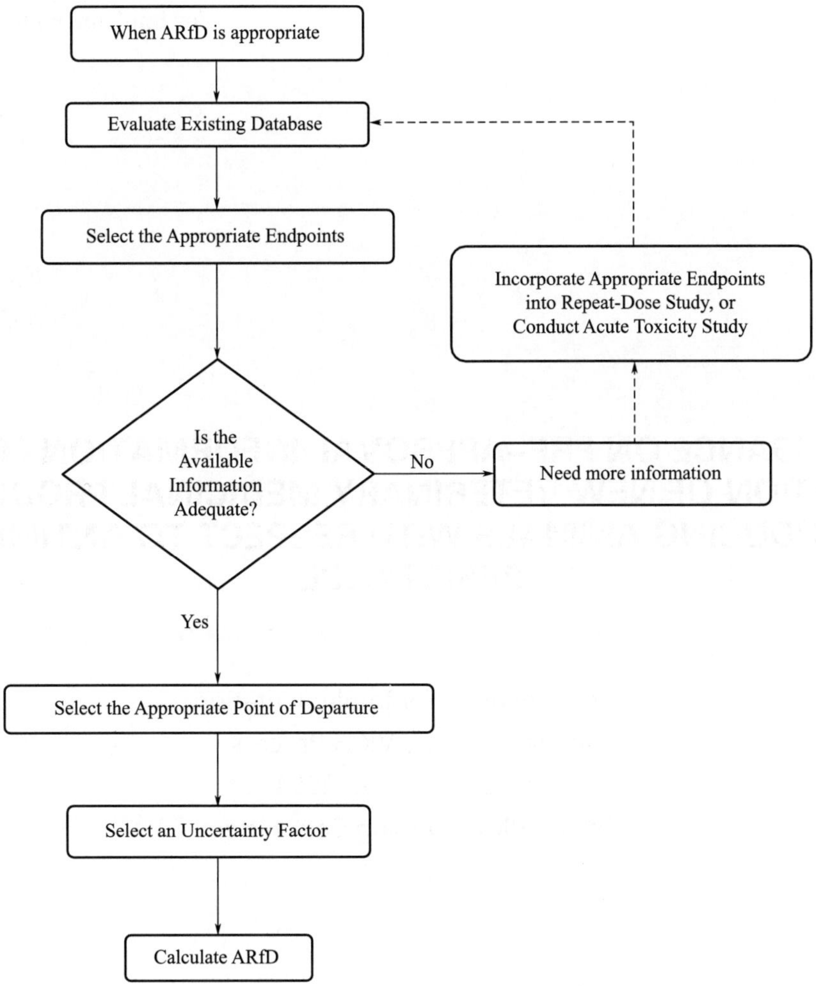

GUIDANCE ON PRE-APPROVAL INFORMATION FOR REGISTRATION OF NEW VETERINARY MEDICINAL PRODUCTS FOR FOOD PRODUCING ANIMALS WITH RESPECT TO ANTIMICROBIAL RESISTANCE

Recommended for Implementation
at Step 7 of the VICH Process
on 15 December 2004
by the VICH Steering Committee

This Guideline has been developed by the appropriate VICH Expert Working Group and has been subject to consultation by the parties, in accordance with the VICH Process. At Step 7 of the Process the final draft is recommended for adoption to the regulatory bodies of the European Union, Japan and the USA.

Introduction

The use of antimicrobial agents is likely to lead to selection of resistance whether administered to humans, animals or plants. Zoonotic organisms such as non-typhoid Salmonellae, *Campylobacter spp.* and enterohaemorrhagic *E. coli* (e.g. O157) can, by definition, be transferred to humans from animals. Therefore, it stands to reason that resistant zoonotic organisms can also be transferred to humans. The transfer of antimicrobial-resistant non-zoonotic bacteria or their genetic material from animals to humans via the food chain is also possible. However, data demonstrating the magnitude and importance of such transfer and whether such transfer occurs via consumption of contaminated meat or via contamination of water or vegetables by animal excreta are limited.[1,2,3] Humans are also a potential reservoir of antimicrobial-resistant microorganisms, [4,5]

The extent to which food-producing animals contribute to human exposure to antimicrobial- resistant microorganisms is difficult to quantify. However, when evaluating the safety of antimicrobial products for use in food-producing animals, regulatory authorities should consider the potential for such products to select for resistant bacteria. Therefore, guidance is needed for drug sponsors on the type of information that should be provided to the regulatory authorities.

This information should help to characterize the potential for the use of the product to select for antimicrobial-resistant bacteria of human health concern. The information provided should be used as part of an overall assessment of the potential impact of the product on human health.

Objectives

The objective of this document is to provide harmonized technical guidance in the E.U., Japan and the U.S. for registration of antimicrobial veterinary medicinal products intended for use in food-producing animals with regard to characterization of the potential for a given antimicrobial agent to select for resistant bacteria of human health concern.

For clarification, this guidance outlines the types of studies and data, which are recommended to characterize the potential resistance development as it might occur in the food-producing animal under the proposed conditions of use of the product. This includes information, which describes attributes of the drug substance, the drug product, the nature of the resistance and the potential exposure of the gut flora in the target animal species. It does not account for post-slaughter factors such as processing of food products or kitchen hygiene that affect the potential human health impact.

Pathogen load studies, ecotoxicity studies, the process of risk assessment, the establishment of Acceptable Daily Intakes (ADIs), and consideration of residues of antimicrobial agents are not included in this guidance.

Special considerations may be appropriate for aquaculture products, because of fundamental differences in production systems, bacterial populations present, and potential zoonotic public health threats.

Data recommendations

Information in the subsequent sections has been designated as 'basic' or 'additional' data. Where information is designated as 'basic', it is recommended that sponsors provide such information.

Where information is designated as 'additional', sponsors may choose to include some or all of those data. The proposed use conditions of the product, the potential exposure of animal gut flora to the antimicrobial agent, the potential exposure of humans to resistant bacteria or their resistance genes, and the perceived importance of the drug (or related drugs) to human medicine may be factors on which the sponsor provides 'additional' data.

1 Basic information

1.1 Antimicrobial class

This information can be based on the drug substance's chemical structure, patent information, and information that is contained in subsequent sections. For example, the common name, chemical name, CAS (Chemical Abstract Services) registry number, chemical structure, and manufacturer's code number and/or synonyms are recommended.

1.2 Mechanism and type of antimicrobial action

This information may be inferred from literature studies, patent information, or specific mechanism of action studies undertaken by the sponsor. Characterization as to bacteriostatic vs. bactericidal action should be included in this section.

1.3 Antimicrobial spectrum of activity

1.3.1 General data

Information on the antimicrobial agent should be provided by the sponsor including data from MIC (minimum inhibitory concentration) tests against a wide variety of microorganisms or from literature studies, in order to determine the overall spectrum of activity. Where MICs are determined by the sponsor, the source of the isolates may be from culture collections, diagnostic laboratories, or other repositories.

Where possible, MIC values should be determined with a validated and controlled method, such as those described in National Committee on Clinical Laboratory Standards (NCCLS) documents (e.g., M31-A2, Performance Standards for Antimicrobial Disk and Dilution Susceptibility Tests for Bacteria isolated from Animals; Approved Standard).

1.3.2 MICs of target animal pathogens (as per product label claim)

These data are considered supportive for the purposes of this guidance. Information on target animal pathogen MICs may be obtained from data within the Efficacy section of the dossier.

1.3.3 MICs of food–borne pathogens and commensal organisms

Data should be presented to show MICs of food-borne pathogens and commensal organisms. This information may be based on published data or on studies done by the sponsor. Depending on the spectrum of activity, appropriate organisms may include:

Food-borne pathogens:

- *Salmonella enterica*
- *Campylobacter* spp.

Food-borne commensal organisms such as:

- *Escherichia coli*
- *Enterococcus* spp.

When possible, the strains included should be selected according to the following recommendations:

- Strains of relevant bacterial species/serotypes should be isolated from the proposed target animal species. When the product is intended for a broad range of animal species, the strains should be from the main food-producing species (e.g. cattle, pigs, and poultry).
- Preferably, the strain collection should include recent isolates.

Information on the tested strains should include:

- Identification at least to the species level.

• Origin, source and date of isolation.

1.4 Antimicrobial resistance mechanisms and genetics

Where possible, information on the resistance mechanism(s) and information on the molecular genetic basis of resistance to the antimicrobial agent should be provided. This information may come from literature or from studies done by the sponsor. Information from analogues may be provided in the absence of data on the drug substance.

1.5 Occurrence and rate of transfer of antimicrobial resistance genes

Information on the occurrence, or absence, of transfer and rate of transfer of resistance genes should be provided. This information may come from literature or from studies done by the sponsor. Specific studies to evaluate the occurrence of genetic transfer may follow a protocol such as found in Antibiotics in Laboratory Medicine, 4th ed., V. Lorian, ed. 1996. Williams and Wilkins, Baltimore, Maryland.

The sponsor may consider including data on target animal pathogens, relevant food-borne pathogens, and relevant commensal organisms. Information from analogues may be provided in the absence of data on the antimicrobial agent.

1.6 Occurrence of cross-resistance

Information on cross-resistance to the antimicrobial agent should be provided. This information may come from literature or studies done by the sponsor. This should include a phenotypic description and, if available, a genotypic description.

1.7 Occurrence of co-resistance

Information on co-resistance of the antimicrobial agent in question with other antimicrobial agents should be provided by literature information or studies done by the sponsor. This should include a phenotypic description and, if available, a genotypic description.

1.8 Pharmacokinetic data

Pharmacokinetic data may be obtained from other sections of the dossier in order to predict the antimicrobial activity in the intestinal tract. Data may include the following:

• Serum / plasma concentrations versus time data
• Maximum concentration (Cmax)
• Time of maximum concentration (Tmax)
• Volume of distribution (VD)
• Clearance (Cl)
• Area under the concentration-time curve (AUC)
• Bioavailability
• Protein binding

2 Additional information

Sponsors may also choose to include some or all of the following:

2.1 *In vitro* mutation frequency studies

In vitro mutation frequency studies involving test organisms may follow a protocol such as found in Antibiotics in Laboratory Medicine, 4th ed., V. Lorian, ed. 1996. Williams and Wilkins, Baltimore, Maryland.

2.2 Antimicrobial agent activity in intestinal tract

Where available, details may be provided on the concentrations of microbiologically-active compound within the intestinal tract contents or the faeces when the antimicrobial product is administered according to the proposed conditions of use. The activity in question may be due to the parent antimicrobial agent, or to active metabolites.

Where such data are not available, details may be provided by metabolism studies relevant to the intestinal tract. Data from metabolism studies may be obtained from other sections of the dossier.

2.3 Other animal studies

The sponsor may choose to include information from other animal studies conducted to help characterize the rate and extent of resistance development associated with the proposed use of the antimicrobial product. This may include data from clinical studies conducted in support of other sections of the dossier.

The predictive value of the results of such studies is yet to be established with regards to resistance development. Therefore the results of such studies should be interpreted in the context of all other pre-approval information described in this document.

2.4 Supporting information

When available and relevant, supporting information from literature or studies on previously approved uses of the drug product or related products may be provided.

3 Discussion

The sponsor should characterize the potential for the use of the product to select for antimicrobial-resistant bacteria of human health concern. To accomplish this, the sponsor should discuss the information provided in the previous sections in terms of the exposure of food-borne pathogens and commensal organisms to microbiologically active substance in the target animal after administration of the veterinary medicinal product under the proposed conditions of use.

4 Glossary

Antimicrobial agent or antimicrobial(s): naturally occurring, semi-synthetic or synthetic substances that exhibit antimicrobial activity (kill or inhibit the growth of other micro-organisms).

Food-producing animals: Cattle, poultry and pigs are considered as food-producing animals. Because of regional differences, in some countries other animal species may be considered as food-producing animals.

Target animal pathogen: pathogenic bacterial species causing infection in the target animals for which the veterinary antimicrobial medicinal product is indicated to be used for, as claimed on the label.

Food-borne pathogens: zoonotic organisms, of which animals could be carriers in the intestinal content, that could be transmitted to humans by the food chain and subsequently cause food- borne infections in humans.

Food-borne commensal organisms: non-zoonotic bacterial species, living in the intestinal content of animals, that could be transmitted to humans by the food chain and that normally do not cause food-borne infections in humans.

5 References

Ministry of Agriculture Fisheries and Food. A Review of Antimicrobial resistance in the Food Chain: A Technical Report for MAFF. July 1998. http://www.foodstandards.gov.uk/maff/pdf/resist.pdf.

European Commission. Opinion of the Scientific Steering Committee on Antimicrobial Resistance. May 1999. http://europa.eu.int/comm/food/fs/sc/ssc/out50_en.pdf.

Commonwealth Department of Health ad Aged Care and the Commonwealth Department of Agriculture, Fisheries and Forestry-Australia. The use of antibiotics in food-producing animals: antibiotic-resistant bacteria in animals and humans. Report of the Joint Expert Advisory Committee on Antibiotic Resistance (JETACAR).

September 1999. http://www.health.gov.au/pubs/jetacar.pdf.

H. Kinde, et.al, Sewage Effluent: Likely Source of Salmonella enteritidis, Phage Type 4 Infection in a Commercial Chicken Layer Flock in Southern California. Avian Diseases 40:672-679, 1996.

H. Kinde, et.al, Prevalence of Salmonella in Municipal Sewage Treatment Plant Effluents in Southern California. Avian Diseases 41:392-398, 1997.

VICH GL36 (R) (SAFETY – MICROBIOLOGICAL ADI)

May 2012

Revision at Step 9

For Implementation at Step 7

STUDIES TO EVALUATE THE SAFETY OF RESIDUES OF VETERINARY DRUGS IN HUMAN FOOD: GENERAL APPROACH TO ESTABLISH A MICROBIOLOGICAL ADI

Adopted at Step 7 of the VICH Process
by the VICH Steering Committee
in May 2012
for implementation in June 2013.

This Guideline has been developed by the appropriate VICH Expert Working Group and has been subject to consultation by the parties, in accordance with the VICH Process. At Step 7 of the Process the final draft is recommended for adoption to the regulatory bodies of the European Union, Japan and the USA.

1 INTRODUCTION

1.1 Objectives of the guideline

A variety of toxicological evaluations are performed to establish the safety of veterinary drug residues in human food. An issue that needs to be addressed for veterinary antimicrobial drugs is the safety of their residues on the human intestinal flora. The objectives of this guideline are (1) to outline the steps in determining the need for establishing a microbiological acceptable daily intake (ADI); (2) to recommend test systems and methods for determining no- observable adverse effect concentrations (NOAECs) and no-observable adverse effect levels (NOAELs) for the endpoints of health concern; and (3) to recommend a procedure to derive a microbiological ADI. It is recognized that different tests may be useful. The experience gained with the recommended tests may result in future modifications to this guideline and its recommendations.

1.2 Background

The intestinal flora plays an important role in maintaining and protecting the health of individuals. This flora provides important functions to the host such as (1)metabolizing endogenous and exogenous compounds and dietary components; (2) producing compounds that are later absorbed; and (3) protecting against the invasion and colonization by pathogenic microorganisms.

Ingested antimicrobial drugs can potentially alter the ecology of the intestinal flora. They may reach the colon due to incomplete absorption or may be absorbed, circulated and then excreted via bile or secreted through the intestinal mucosa.

The microbiological endpoints of current public health concern that should be considered when establishing a microbiological ADI are:

Disruption of the colonization barrier: The colonization barrier is a function of the normal intestinal flora that limits colonization of the colon by exogenous microorganisms, as well as overgrowth of indigenous, potentially pathogenic microorganisms. The capacity of some antimicrobial drugs to disrupt this barrier is well established and known to have human health consequences.

Increase of the population(s) of resistant bacteria: For the purposes of this guideline, resistance is defined as the increase of the population(s) of bacteria in the intestinal tract that is (are) insensitive to the test drug or other antimicrobial drugs. This effect may be due either to the acquisition of resistance by organisms which were previously sensitive or to a relative increase in the proportion of organisms that are already less sensitive to the drug.

An extensive literature review did not reveal reports of human health effects (e.g. prolonged antimicrobial therapy, prolonged hospital stay, predisposition to infection, and treatment failure, etc.) that occur as a result of changes in the proportion of antimicrobial resistant bacteria in the normal human intestinal flora. However, based on the understanding of microbial ecology, such effects cannot be excluded.

Although the effect of antimicrobial residues in food on the human intestinal flora has been a concern for many years, a harmonized approach to determine the threshold dose that might adversely disturb the flora has not been established. International regulatory bodies have used a formula-based approach for determining microbiological ADIs for antimicrobial drugs. These formulae take into consideration relevant data including minimum inhibitory concentration (MIC) data against human intestinal bacteria. Due to the complexity of the intestinal flora, uncertainty factors have been traditionally included in the formula. However, the use of uncertainty factors results in conservative estimates and it was considered that more relevant test systems should be developed that would allow a more realistic estimate of a microbiological ADI possibly without the use of these factors.

The present guideline is an attempt to address the complexity of the human intestinal flora and reduce uncertainty when determining microbiological ADIs. The guideline outlines a process for determining the need for a microbiological ADI and discusses test systems that take into account the complexity of the human intestinal flora. These test systems could be used for addressing the effects of antimicrobial drug residues on human intestinal flora for regulatory purposes.

Since further research is needed to confirm the reliability and validity of all test systems discussed in this guideline (see Appendix A), this guideline does not recommend any one particular system for use in regulatory decision-making. Instead, this guideline provides recommendations for a harmonized approach to establish a microbiological ADI and offers test options rather than specifying a testing regimen.

1.3 Scope of the guideline

This document provides guidance for assessing the human food safety of residues from veterinary antimicrobial drugs with regard to effects on the human intestinal flora. However, it does not limit the choice of studies that may be performed to establish the safety of residues in human food with respect to adverse effects on human intestinal flora. This guidance does not preclude the possibility of alternative approaches that may offer an equivalent assurance of safety, including scientifically based reasons as to why microbiological testing may not need to be provided.

2 GUIDELINE

If a drug intended for use in food-producing animals has antimicrobial activity, the safety of its residues needs to be addressed with respect to the human intestinal flora. Derivation of a microbiological ADI is only necessary if residues reach the human colon and remain microbiologically active.

2.1 Steps in determining the need for a microbiological ADI

When determining the need for a microbiological ADI, the following sequence of steps is recommended. The data may be obtained experimentally or from other appropriate sources such as scientific literature.

Step 1. Are residues of the drug, and (or) its metabolites, microbiologically active against representatives of the human intestinal flora?

• Recommended data:

- MIC data, obtained by standard test methods, from the following relevant genera of intestinal bacteria (*E. coli*, and species of *Bacteroides, Bifidobacterium, Clostridium, Enterococcus, Eubacterium* (*Collinsella*), *Fusobacterium, Lactobacillus, Peptostreptococcus/Peptococcus).*
- It is recognized that the understanding of the relative importance of these microorganisms is incomplete and that the taxonomic status of these organisms can change. The selection of organisms should take into account current scientific knowledge.

• If no information is available, assume that the compound and (or) its metabolites are microbiologically active.

Step 2. Do residues enter the human colon?

• Recommended data:

- Absorption, distribution, metabolism, excretion (ADME), bioavailability, or similar data may provide information on the percentage of the ingested residue that enters the colon.

• If no information is available in humans, use appropriate animal data. If there is no available information, assume that 100% of the ingested residue enters the colon.

Step 3. Do the residues entering the human colon remain microbiologically active?

• Recommended data:

- Data demonstrating loss of microbiological activity from *in vitro* inactivation studies of the drug incubated with feces or data from *in vivo* studies evaluating the drug's microbiological activity in feces or colon content of animals.

If the answer to any of questions in steps 1, 2, or 3 is "no", then the ADI will not be based on microbiological endpoints and the remaining steps need not be addressed.

Step 4. Assess whether there is any scientific justification to eliminate the need for testing either one or both endpoints of concern. Take into account available information regarding colonization barrier disruption and resistance emergence for the drug. If a decision cannot be made based on the available information, both endpoints need to be examined.

Step 5. Determine the NOAECs/NOAELs for the endpoint(s) of concern as established in step 4. The most appropriate NOAEC/NOAEL is used to determine the microbiological ADI.

2.2 Recommendations for determining NOAECs and NOAELs for the endpoints of concern

2.2.1 Disruption of the colonization barrier

2.2.1.1 Detection of colonization barrier disruption

Changes in bacterial populations are indirect indicators of potential disruption of the colonization barrier. These changes can be monitored by various enumeration techniques in a variety of test systems. A more direct indicator of barrier disruption is the colonization or overgrowth of an intestinal ecosystem by a pathogen. *In vivo* test systems or complex *in vitro* test systems (e.g. fed-batch, continuous, or semi-continuous culture systems) have the potential to evaluate barrier disruption as evidenced by colonization of a challenge organism added to the test system.

Challenge organisms (e.g. *Salmonella, Clostridium*) should be insensitive to the test drug. Inoculation schemes with the challenge organisms should take into account the timing of the challenge relative to drug treatment, the number of organisms per challenge dose, and the number of times that the test system is challenged.

2.2.1.2 Test systems and study design

2.2.1.2.1 *In vitro* tests

The use of MICs to assess the potential for a drug to disrupt the colonization barrier does not take into account the complexity of the human intestinal flora. Therefore, the MIC_{50} of the most relevant genus/genera for which the drug is active (see Section 2.1.) results in a conservative estimate of a NOAEC for disruption of the colonization barrier. The NOAEC estimate is conservative because, among other reasons, the inoculum density is orders of magnitude lower than the bacterial population in the intestinal tract[1]. Therefore, it may be considered as an option to establish an ADI. The isolates should be obtained from multiple healthy individuals, and include a minimum of 10 isolates from each of the genera listed in Section 2.1.

Each MIC test of a pure culture of a relevant isolate provides data for a single strain of a species. Other *in vitro* test systems provide information for hundreds of bacterial species (>10^8 bacterial cells/g) for each fecal inoculum. Each inoculum can be tested in replicate to determine treatment effects. Based on all the above, *in vitro* systems using fecal batch cultures are inherently more robust and relevant than the MIC test system.

Other test systems discussed below, which model the intestinal flora, may result in a more appropriate NOAEC and possibly a higher ADI.

Fecal slurries provide a simple test system to derive a NOAEC for disruption of the colonization barrier following short-term exposure to the drug and may be appropriate for dose-titration studies. The slurries can be monitored for changes in bacterial populations and the production of short chain fatty acids. These two response variables, when monitored together, can be used as indirect indicators of barrier disruption. The NOAEC derived from this test system may prove to be a conservative estimate of barrier disruption.

Semi-continuous, continuous and fed-batch cultures of fecal inocula may be appropriate to evaluate disruption of the colonization barrier following prolonged exposure to the drug. However, exploratory work using continuous and semi- continuous cultures has given various NOAECs for barrier disruption because of differences in protocols. As a consequence, study designs should take into account the issues raised in Appendix A.

In the case of fecal slurries, semi-continuous and continuous cultures, and fed- batch cultures of fecal inocula, there are unresolved issues such as the impact of fecal inocula (individual variation and gender), dilution rate, duration of drug exposure, and reproducibility of the tests.

2.2.1.2.2 *In vivo* tests

In vivo test systems using human flora-associated (HFA) and conventional laboratory animals may be suitable for the assessment of disruption of the colonization barrier. Compared to conventional laboratory animals, the intestinal flora of HFA animals possesses greater similarity to the human intestinal flora, both in terms of the range of bacterial populations and metabolic activity.

However, the intestinal flora derived from humans may not be stable in the HFA animals. The relative importance of the stability of the implanted flora and the specific composition of the flora is unknown. For technical reasons, the conventional laboratory animal can be tested in higher numbers, which allows a more robust statistical analysis of the results.

Study design should take into account factors such as animal species, gender, inoculum variability among donors, number of animals per group, diet, randomization of treatment groups, minimization/elimination of coprophagy, housing of animals within an isolator, cross contamination within the isolator and route of drug administration (e.g. gavage, drinking water). Germ-free animals should be inoculated in sequence, first with a *Bacteroides fragilis* strain, followed by the fecal inoculum.

2.2.2 Increase in the population(s) of resistant bacteria in the human colon (as defined in Section 1.2.)

The guidance below highlights the considerations that need to be taken into account when addressing this endpoint.

2.2.2.1 Detection of changes in the population of resistant bacteria

Studies to evaluate the emergence of resistance should take into account the organisms of concern in the intestinal tract and the documented resistance mechanisms to the drug class. Preliminary information regarding the prevalence of resistance in the human intestinal flora, such as daily variation within individuals and the variation among individuals can be useful in developing criteria for evaluating resistance emergence. MIC distributions of sensitive and known resistant organisms of concern can provide a basis to determine what drug concentration should be used in the selective agar media to enumerate resistant organisms in the fecal samples. Since drug activity against an organism can vary with test conditions, the MIC of the organism growing on selective medium should be compared to the MIC determined by standard methods (e.g., National Committee for Clinical Laboratory Standards [NCCLS]). Changes in the proportions of resistant organisms during pre- treatment, treatment and post-treatment periods can be evaluated by enumeration techniques on media with and without the antimicrobial drug, applying phenotypic and molecular methodologies.

Changes in antimicrobial resistance can be influenced by factors other than drug exposure (e.g. animal stress) which should be taken into consideration in animal test systems.

2.2.2.2 Test systems and study design

2.2.2.2.1 *In vitro* tests

The duration of exposure required for resistance to develop in a population of bacteria can be dependent on the drug, the nature of the resistance mechanisms, and how it evolves in nature (e.g. by gene transfer between cells, by gene mutations). For these reasons acute studies of pure cultures to assess the endpoint are not considered to be appropriate. Therefore, MIC tests cannot be used to determine a NOAEC for increases in resistant populations.

Defined cultures may provide useful information to determine the potential for a resistant population to emerge due to mutation in an isolate and/or gene transfer among isolates. However, these test systems are not designed to evaluate changes in resistant populations and are not recommended.

Tests systems using short-term exposure of fecal slurries to a drug are not recommended for resistance emergence testing because the duration of the test is inadequate to assess changes in resistant populations.

Continuous and semi-continuous cultures and fed-batch cultures of fecal inocula provide a means to evaluate long-term exposure of bacteria to the drug. Refer to Appendix A for issues that must be addressed regarding study conduct and data evaluation.

2.2.2.2.2 *In vivo* tests

Changes in resistant populations can be assessed in HFA-rodents. General study design and supporting protocol should follow the recommendations stated in 2.2.1.2.2. The test system supports a complex flora, and would be a source of genetic resistance determinants. The system accommodates more replication than the continuous or semi-continuous culture systems, but less than fed-batch cultures. The variability of the HFA-rodent test has not been assessed; however it is useful for identifying gender differences. There are also advantages to conducting resistance studies in conventional laboratory animals.

HFA-rodents and conventional animals provide means to evaluate the potential for resistance emergence following long-term exposure of bacteria to the drug.

Refer to Appendix A for issues that must be addressed for study conduct and data evaluation.

2.3 General recommendations

• Fecal samples or bacterial isolates from human donors should be obtained from healthy subjects with no known exposure to antimicrobial agents for at least 3 months.

• In the case of *in vivo* tests, the test species selected for testing should allow for (1) maximum independent replication; (2) sufficient quantity of feces to be collected for analyses; and (3) minimal coprophagy. Evaluation of both genders should be considered unless data demonstrate that only one gender is appropriate.

• Statistical issues need to be addressed when designing studies of antimicrobial residues (see Appendix B).

• The pre-validation and validation process, such as that being developed by OECD since 1996[4], should be considered for subsequent validation of test systems to assess the effects of antimicrobial drugs on human intestinal flora. The process should be adapted and modified for this use depending on the test system being validated.

• Study designs should take into account unresolved issues of the effects of storage and incubation conditions on fecal inocula.

2.4 Derivation of a microbiological ADI

When more than one value can be determined for the microbiological ADI, in accordance with the methods discussed below, the most appropriate value (relevant to humans) should be used.

2.4.1 Disruption of the colonization barrier

2.4.1.1 Derivation of an ADI from *in vitro* data

If the endpoint of concern is disruption of the colonization barrier, the ADI may be derived from MIC data, fecal slurries, semi-continuous, continuous, and fed-batch culture test systems.

ADI derived from MIC data:

$$ADI = \frac{MIC_{calc} \times \text{Mass of Colon Content (220 g/day)}}{\begin{array}{c}\text{Fraction of oral dose}\\ \text{available to}\\ \text{microorganisms}\end{array} \times \text{60 kg person}}$$

MIC_{calc}: The MIC_{calc} is derived from the lower 90% confidence limit for the mean MIC_{50} of the relevant genera for which the drug is active, as described in Appendix C.

ADI derived from other *in vitro* test systems:

$$ADI = \frac{NOAEC \times \text{Mass of Colon Content (220 g/day)}}{\begin{array}{c}\text{Fraction of oral dose}\\ \text{available to}\\ \text{microorganisms}\end{array} \times \text{60 kg person}}$$

NOAEC: The NOAEC derived from the lower 90% confidence limit for the mean NOAEC from *in vitro* systems should be used to account for the variability of the data. Therefore, in this formula uncertainty factors are not generally needed to determine the microbiological ADI.

Mass of colon content: The 220 g value is based on the colon content measured from accident victims.

Fraction of an oral dose available for microorganisms: The fraction of an oral dose available for colonic microorganisms should be based on *in vivo* measurements for the drug administered orally. Alternatively, if sufficient data are available, the fraction of the dose available for colonic microorganisms can be calculated as 1 minus the fraction (of an oral dose) excreted in urine. Human data are preferred, but in its absence, non-ruminant animal data are acceptable. In the absence of data to the contrary, it is assumed that metabolites have antimicrobial activity equal to the parent compound. The fraction may be lowered if the applicant provides quantitative *in vitro* or *in vivo* data to show that the drug is inactivated during transit through the intestine.

2.4.1.2 Derivation of an ADI from *in vivo* data

The microbiological ADI is the NOAEL divided by the uncertainty factor.

Uncertainty factors for *in vivo* studies should be assigned as appropriate, taking into consideration the class of compound, the protocol, numbers of donors, and sensitivity of the measured outcome variables.

2.4.2 Increase in the population(s) of resistant bacteria

2.4.2.1 Derivation of an ADI from *in vitro* data

If the endpoint of concern is an increase in the population(s) of resistant bacteria, NOAECs derived from semi-continuous, continuous, and fed-batch culture test systems may be used to establish a microbiological ADI.

$$ADI = \frac{NOAEC \times \text{Mass of Colon Content (220 g/day)}}{\begin{array}{c}\text{Fraction of oral dose}\\ \text{available to}\\ \text{microorganisms}\end{array} \times \text{60 kg person}}$$

NOAEC: The NOAEC derived from the lower 90% confidence limit for the mean NOAEC from *in vitro* systems should be used to account for the variability of the data. Therefore, in this formula uncertainty factors are not generally needed to determine the microbiological ADI. However, where there are concerns arising from inadequacies in the quality or quantity of *in vitro* data used in determining the NOAEC, the incorporation of an uncertainty factor may be warranted.

2.4.2.2 Derivation of an ADI from *in vivo* data

The microbiological ADI is the NOAEL divided by the uncertainty factor.

Uncertainty factors for *in vivo* studies should be assigned as appropriate, taking into consideration the class of compound, the protocol, numbers of donors, and sensitivity of the measured outcome variables.

3 GLOSSARY

The glossary includes terminology referred to in the Appendices as well as in the text.

Acceptable Daily Intake (ADI)	An estimate of the amount of a substance, expressed on a body weight basis, that can be ingested daily over a lifetime without appreciable risk to human health.
Antimicrobial Activity	The effect of an antimicrobial agent on a bacterial population.
Antimicrobial Agent	A drug substance that is either biologically derived or chemically produced with antimicrobial activity as its major effect.
Balanced Design	A statistical design is balanced if each combination of values or levels of all factors in the design (treatment factors, factors of interest such as gender, or blocking factors) have the same number of experimental units or replicates. A partially balanced design is not balanced, but combinations of treatments and other factors occur in a regular way such that the analysis remains relatively simple.
Batch Culture	A culture where neither substrate nor waste products are removed until completion of incubation, normally incubated for short periods, generally up to 24 hours.
Blocking Factor	An experimental factor whose values or levels define groups of experimental units that are similar or that can be expected to respond in a similar manner. Systematic variation among blocks can be removed from the estimate of error in the statistical analysis, resulting in greater precision. An example is a cage containing several animals, which are the experimental units, or an isolator containing several cages.
Challenge organism	An organism added experimentally to a test system to evaluate colonization barrier disruption.
Colonization	The establishment of microorganisms in the intestinal tract.
Colonization Barrier	A function of the normal intestinal flora that limits colonization of the colon by exogenous microorganisms, as well as overgrowth of indigenous, potentially pathogenic microorganisms.
Complete Design	A statistical design is complete if all combinations of factors or groups in the design have at least one observation. An incomplete design is one in which no observations are made for some combinations of factors.
Continuous Culture	A culture maintaining continuous growth of microorganisms by the

	simultaneous supply of nutrient and removal of spent medium, maintaining a constant microbial load within a fixed incubation volume.
Conventional Laboratory Animal	A laboratory animal with its natural indigenous intestinal flora.
Coprophagy	The ingestion of feces.
Defined Culture	A microbial culture in which all microbial species are known.
Dilution (Flow) Rate	The rate of supply and removal of medium from a continuous culture system. Dilution rate controls the microbial growth rate within a continuous culture system.
Donor (Fecal) Inocula	Fecal flora obtained from human volunteers and used to inoculate the test system. Fecal flora is considered to be equivalent to the intestinal flora.
Drug Residue	The drug, including all derivatives, metabolites and degradation products that persists in or on food.
Experimental Unit	The standard subject to which a treatment is applied and a measurement is made. Examples include a whole animal or a specific organ or tissue, a cage containing several animals, a cell culture.
Factorial Design	An experimental design that involves combinations of a number of factors, including a treatment factor, each having two or more values or levels. Other factors may include stratification (e.g. gender) or blocking factors (e.g. cage). Typically the outcome variable is measured on a number of experimental units at each combination of levels of the various factors. The statistical analysis of the data involves a multifactorial analysis of variance.
Fecal Slurry	Human feces or fecal solids minimally diluted in anaerobic buffer.
Fed-Batch Culture	A batch culture fed continuously or semi-continuously with nutrient medium. Portions of the fed batch culture can be withdrawn at pre-determined intervals. A constant culture volume is not maintained.
Human Flora-Associated (HFA) Animal	A germ-free host animal implanted with human fecal flora.
Interaction Effect	Treatment effects that are modified by the presence of other factors. For example, the effect of a treatment may be greater or less in males than females, or may change over time.
Intestinal Flora	The normal microbial flora of the colon.
Minimum Inhibitory Concentration (MIC)	The lowest concentration of an antimicrobial compound that inhibits growth of the test organism as determined by standardized test procedures.
MIC_{50}	The concentration of an antimicrobial compound at which 50% of the tested isolates within a relevant genus are inhibited.
Microbiological ADI	An ADI established on the basis of microbiological data.
No-Observable Adverse Effect Concentration (NOAEC)	The highest concentration that was not observed to cause any adverse effect in a particular study.
No-Observable Adverse	The highest administered dose that was not observed to cause

Effect Level (NOAEL)	any adverse effect in a particular study.
Outcome Variable	A specific parameter measured in an experiment. Specific outcome variables must be defined as part of the protocol, and are the measurements actually made in the study.
Semi-continuous Culture	A culture where substrate and/or waste products are added and/or removed in a semi-continuous manner maintaining a fixed incubation volume.
Short Chain Fatty Acid	The volatile fatty acids that are produced by the intestinal flora. The principal acids are acetic, propionic and butyric.
Solid Phase	The particulate matter in an *in vitro* test system.
Systematic Variation	Factors that affect outcome variables. Such variation is systematic in the sense that it represents an effect that is reliably present. Systematic variation is distinguished from random variation, which is not predictable. Systematic variation may be caused by factors that are of interest, such as gender, or by factors such as the particular isolator, which are not.
Test System	A method used to determine the effects of antimicrobial residues on the human intestinal flora.
Uncertainty Factor	A correction factor that takes into account the characteristics of the test data as described in 2.4.1.2., 2.4.2.1. and 2.4.2.2.

4 REFERENCES

Cerniglia, C.E., and Kotarski, S. 1999. Evaluation of Veterinary Drug Residues in Food for Their Potential to Affect Human Intestinal Microflora. Regulatory Toxicology and Pharmacology. 29, 238-261.

National Committee for Clinical Laboratory Standards (NCCLS). 2004. Methods for Dilution Antimicrobial Susceptibility Tests for Bacteria that Grow Anaerobically; Approved Standard – Sixth Edition. NCCLS document M11-A6. NCCLS, 940 West Valley Road, Suite 1400, Wayne, PA, USA.

National Committee for Clinical Laboratory Standards (NCCLS). 2003. Methods for Dilution Antimicrobial Susceptibility Tests for Bacteria that Grow Aerobically; Approved Standard – Sixth Edition. NCCLS document M7-A6. NCCLS, 940 West Valley Road, Suite 1400, Wayne, PA,USA.

OECD. 2001. Series of Testing and Assessment No. 34, Environment, Health and Safety Publications. Draft Guidance Document on the Development, Validation and Regulatory Acceptance of New and Updated Internationally Acceptable Test Methods and Hazard Assessment. Organization for Economic Cooperation & Development, Paris.

APPENDIX A

Issues that Need to be Investigated in Developing Test Systems and Data Interpretation

1. Experimental Conditions

Data generated for continuous flow, semi-continuous flow and fed-batch studies will be affected by the growth conditions (e.g., growth medium, pH, dilution rate). Different bacterial species may have different growth rates under the experimental conditions used for the test system. If the dilution rate of the culture exceeds the growth rate of a bacterial species, then this species ultimately will be eliminated from the test culture. The test system should be designed to maximize the retention of the different bacteria, and maintain the complexity of the initial inoculum.

Test antimicrobial agents can affect growth rates of various bacterial groups. This may lead to loss of components of the mixed culture by a reduction of growth rate below that of the dilution rate used in the test system, which might cause some components of the flora to be washed out of the culture. This may be minimized by developing test conditions with lower dilution rates.

Antimicrobial susceptibility is influenced by the physical condition of the exposed organisms, which will be influenced by the growth conditions used in the test system. Based on the above, further work is needed to determine the impact of different growth conditions on the NOAECs derived for colonization barrier disruption and the increase in the population of resistant bacteria.

A number of factors should be considered in protocols for *in vivo* test systems. For example, cross-contamination is a major issue when performing animal studies within a germ-free isolator. The protocol should be designed to minimize cross-contamination.

2. Inoculum

The composition of the intestinal flora may vary among individuals with respect to bacterial groups and resistant organisms. The bacterial populations are relatively stable within a single individual, but this is not necessarily the case for resistant bacterial groups.

Multiple donors should be used to account for differences in flora between individuals. Pooled inocula do not account for differences in flora between individuals. Therefore, test systems that use fecal inocula obtained from individual donors are preferred to determine the effect of antimicrobial residues on the intestinal flora. In addition, the composition of the donor inocula should be taken into account when interpreting study results.

3. Study duration

The optimum incubation time to monitor for changes in bacterial populations in fecal batch cultures needs to be determined. Likewise, in the case of complex long-term *in vitro* or *in vivo* test systems, it is important to determine the period during which the integrity and complexity of the intestinal flora remains stable and representative of the intestinal flora.

APPENDIX B

Statistical Issues to be Considered When Designing Studies of Antimicrobial Residues

Two broad endpoints of current public health concern were identified, disruption of the colonization barrier and increases in population(s) of resistant bacteria.

The experimental design must depend on which of these is to be addressed and should take account of the particular outcome variables. A design paradigm for these test systems involves choice of the test system, application of treatments and follow-up of the system over time. The choice of test system depends on the characteristics of the human intestinal tract that must be represented by the test system. Since the MIC tests are simple in design, many of the issues discussed below do not apply to this method.

The experimental unit is a central component of the study design. For an *in vivo* test system, for example, the unit may be an individual animal or an entire cage. If cages are grouped within isolators, some or all of the treatments to different cages within each isolator can be applied. In this case the isolator becomes a blocking factor, since cages within the same isolator would be expected to respond in a similar fashion. The use of blocking factors is an important tool for reducing systematic variation. A related question is whether there are other systematic factors such as gender that must be included, that is, whether a factorial design must be used. If there are multiple factors, then the design involves choices of what combinations of these should be included. It is important that this be done in such a way that the resulting design is balanced. In a complete, balanced design, all combinations are represented, and occur the same number of times. It is also possible to have incomplete designs, as well as various kinds of partial balance. For such designs the analysis of variance may be required, but such designs can be useful when, for example, experimental resources are limited. An example of an incomplete design is the standard two period cross-over design.

It must be decided how the treatments should be applied to the experimental units. In some cases a two-stage treatment, involving a drug treatment and a bacterial challenge, may be necessary. There should be at least three antimicrobial treatment groups in addition to appropriate control groups. The choice of antimicrobial treatment levels will depend on the desired range of doses, but should cover both effect and no-effect levels. The duration and the method of drug administration will depend on the test system. An important aspect of some studies is the evolution of effects over time, and repeated measurement of outcome variables may be required. Common issues are the timing and spacing of the measurements and bias caused by missing data.

Control of random variation due to biological variability and to measurement error depends on the number of experimental units and number of samples. This number can be determined from previous knowledge of the test system and outcome variables, either from past experience or through a sample size computation, which should be employed where possible. Sufficient replication should be included to allow precise measurement of treatment effects and appropriate interaction effects, e.g., treatment effects that change over time. In some studies, it may be important to examine such interaction effects as part of the statistical analysis. Another type of replication is the pooling of fecal samples from animals in a single cage or the pooling of fecal samples from different donors. In both cases, we have the benefits of averaging, but not the ability to estimate variability among replicates. Pooling may obscure individual effects (of treatment and/or inoculum), and thus its use must be considered in terms of study objectives.

APPENDIX C

Calculation of MIC_{calc}

The MIC_{CALC} is derived from the lower 90% confidence limit for the mean MIC_{50} of the most relevant genera for which the drug is active. The lower 90% confidence limit is calculated using log transformed data. Thus the mean and standard deviation are calculated using the log transformed MIC_{50} values. This also implies that the lower 90% confidence limit needs to be back-transformed to obtain the correct value. The formula for the confidence limit is:

$$lower\ 90\%CL = Mean\ MIC_{50} - \frac{StdDev}{\sqrt{n}} \times t_{0.10,df}$$

where: ***Mean*** $\boldsymbol{MIC_{50}}$ is the mean of the log transformed MIC_{50} values, ***Std Dev*** is the standard deviation of the log transformed MIC_{50} values, ***n*** is the number of MIC_{50} values used in the calculations, $\mathbf{t_{0.10,df}}$ is the 90th percentile from a central t-distribution with df degrees of freedom, and df = n-1.

Examine the MIC_{50} of relevant genera (see Section 2.1). The MIC_{calc} is based on a summary value of those genera which are not inherently resistant to the compound. Thus the MIC_{calc} is based on MIC_{50} of those genera for which the compound is active. Ensure that all MIC_{50} values are not characterized as “</=”, so they may be used in the calculation of the MIC_{calc}.

Example Calculation

Any base log transformation of MIC_{50} values can be used. However, if 2-fold dilutions of drug are used in the MIC testing procedure, a base 2 log transformation conveniently will provide integer values for the calculation. In the following example, the MIC_{50} values were transformed as follows:

$$Log_2(MIC_{50}) - Log_2(minimum(MIC_{50})/2)$$

Example calculation of MIC_{calc}

Bifidobacterium	*Eubacterium*	*Clostridium*	*Bacteroides*	*Fusobacterium*	*Enterococcus*	*Escherichia coli*	*Peptococcus/ Peptostreptococcus*	*Lactobacillus*
MIC_{50}								
0.031,25	0.25	0.25	8.0	32	2.0	>128	0.25	1.0
$Log_2(MIC_{50}) - Log_2(0.031,25/2)$								
1	4	4	9	11	7	R*	4	6

Mean $(Log_2(MIC_{50}) - Log_2(0.031,25/2)) = 5.75$

StdDev $(Log_2(MIC_{50}) - Log_2(0.031,25/2)) = 3.196$

$t_{0.10,7} = 1.415$

Lower 90% Confidence Limit = 5.75 – 3.196/sqrt(8)*1.415 = 4.15

Back-transforming to the MIC scale = $2^{(4.15 + \log2(0.031,25/2))} = 0.277$

$MIC_{calc} = 0.277$

* MIC_{50} values of inherently resistant genera are not included in the calculation

APPENDIX D

Supplement to Section 2 Regarding the Determination of the Fraction of Oral Dose Available to Microorganisms

1. Introduction

VICH GL 36 has been implemented since 2005. Having gained experience in working with the guideline, regulators from all VICH regions agreed that additional guidance and clarity were needed regarding *in vivo* and *in vitro* testing methods to determine the fraction of oral dose available to microorganisms.

This Appendix is based on review of new data, scientific literature, and information from disclosed sponsor submissions.

This Appendix contains three sections: a table of examples of test systems for the assessment of the fraction of oral dose available to microorganisms, general considerations regarding methodological aspects of the implementation of these test systems, and a description of how the test systems could be used in determining the fraction of oral dose available to microorganisms.

2. Examples of Test Systems for the Assessment of the Fraction of Oral Dose Available to Microorganisms

Various *in vitro* and *in vivo* test systems could be used separately and in combination to determine the fraction of oral dose available to microorganisms. The table below provides examples of such test systems, the type of data generated and considerations relevant to their use.

Examples of Test Systems and Assay Methodology for the Assessment of the Fraction of Oral Dose Available to Microorganisms*		
Test System	**Type of Data Generated**	**Considerations**
	***In Vivo* Test Systems**	
Human and (or) animal absorption, distribution, metabolism and excretion (ADME) studies	-Concentration of administered drug (and metabolites) in urine and (or) feces -Metabolite profile of administered drug in urine and (or) feces -Percentage of administered drug entering the colon	-Data from oral (not parental) route of dosing should be used. -Oral dose levels given to the animals and duration of dosing may be considered. -Data for drug candidate are preferred, although data from humans dosed orally with a drug analog of the same class may provide supportive information. -When human ADME data are not available, ADME data from animals can be used. -Residue depletion studies in the target species may provide information about fecal metabolite profiles and (or) drug available to colonic microorganisms. -Data derived from chemical or radiolabel assays may be complemented by data from microbiological assays to determine the percentage of oral dose available to microorganisms.
Experimental animals dosed orally to determine drug available to colonic microorganisms	-Concentrations of drug in feces or intestinal contents determined by microbiological and (or) chemical assays -Metabolite profile in feces or intestinal contents	-Oral dose levels given to the animals and duration of dosing may be considered. -Human flora-associated rodents and conventional animals may be considered. -Ruminants and avian species are not appropriate.

	***In Vitro* Test Systems**	
Drug added to fecal slurries to determine fraction of drug available to microorganisms	-Concentration (mass per unit volume) of free drug in the test system -Percentage of added drug that is bound -Amount of added drug that is metabolized in the fecal slurries	-The experimental design should include considerations of incubation, sampling time points for kinetics, drug concentrations to be tested, fecal parameters such as non-sterilized and sterilized feces, and other test conditions. -Assays include both determination of microbiological activity and chemical analysis of the drug (see Microbiological and Chemical Assay Methodologies). -Incubation of non-sterile fecal slurries can be used to determine drug degradation.
	Microbiological Assay Methodology	
Microbiological assays to measure microbiological activity of drug concentrations in fecal samples or fecal slurry incubations	- Quantification of microbial growth or inhibition of growth to measure free drug concentrations	-For quantitative microbiological assays, the choice of the indicator bacterial strain should take into account the method used and the spectrum of activity of the drug. -Testing could include, for example, bacterial enumeration, MIC, killing curves, most probable number, detection of minimal disruption concentration, detection of indicator metabolic substances and molecular methods.
	Chemical Assay Methodology	
Chemical, radioisotopic, and (or) immunological assays of drug concentrations in fecal samples or fecal slurry incubations	-Quantification of total and free drug concentrations -Quantification of drug and metabolites	- Chemical analytical assays (e.g., Gas Chromatography, High Performance Liquid Chromatography (HPLC), HPLC-Mass Spectrophotometry), radioisotopic assays and (or) immunological assays could be used to detect and quantitate the drug and potential metabolites in fecal slurries.

*This is not a comprehensive list of test system options. One or more test systems could be used, as appropriate to the drug, to address the fraction of oral dose available to microorganisms.

3. Methodological Aspects of Test Systems

This section provides general considerations regarding the experimental conditions used in designing and conducting studies to determine the fraction of oral dose available to microorganisms.

a) Dose and concentration of drug:

• Dose and drug concentration range to be used in the test systems and the experimental objective should be justified.

• Dose and drug concentrations for testing should include levels that are expected with residue ingestion, as well as higher levels.

b) Fecal parameters:

• Source and number of fecal samples:

○ Donors should be healthy with no known exposure to antimicrobial agents for at least 3 months before fecal collection (see Section 2.3 of the guideline).

○ Variability among donors (e.g., age, sex, diet) is inherent, and the implications of donor variability for experimental design should be taken into account. The number of fecal donors should be based on the experimental objective, and a minimum of six donors are recommended (Figure 1).

○ It is recommended that fresh samples (first motion of the day) should be processed within the day of collection. Anaerobic storage for up to 72 hours at refrigerator temperatures is acceptable.

○ Physical characterization of fecal samples (e.g., fecal viscosity, water content, pH, and solid content) is recommended. This information may be useful in interpreting variability in subsequent study results.

• Fecal concentrations:

○ At least one fecal concentration should be considered. A 25% fecal preparation (1 part fecal sample + 3 parts diluent) is recommended as representative of colon contents.

• Diluent used to prepare fecal slurries:

○ The chemical components used in diluting fecal material should be standardized to minimize variability.

○ An anaerobic buffer that is based on minimal salts should be used.

• Fecal incubation:

○ Consider an initial experiment using a minimum of two donor samples to determine an appropriate protocol. This should include a relevant range of residue concentrations, incubation time and sampling at multiple time points, so as to enable kinetic calculations.

○ The data for a minimum of six donors should be used for the final determination of the fraction of oral dose available to microorganisms.

• Use of non-sterile or sterile fecal samples:

○ Consider the impact of sterilization of feces on drug binding to fecal suspensions in initial studies using a chemical assay.

○ Non-sterilized feces should be used where possible when conducting *in vitro* drug-binding/inactivation studies. Small differences between binding to non- sterilized and sterilized fecal suspensions may allow further studies to be based on sterilized feces only.

c) Methods to quantitatively determine the fraction of the microbiologically active drug available to microorganisms:

• While either microbiological or chemical assays may be used in these experiments, justification of the specific type of assay should be provided. If chemical assays are used, they should be bridged to the microbiological activity.

• The strain of the indicator bacterial species will depend on the spectrum of activity of the drug.

• The sensitivity and reproducibility of the assays should be considered.

• Study controls should be considered according to the test system used.

d) Reversibility of observed drug binding:

• A time course approach is recommended which will reveal possible reversibility of drug binding.

• Further work to define the mechanism of binding is not essential for the purpose of establishing the fraction of oral dose available to microorganisms.

4. Description of How Test Systems Could Be Used in Determining the Fraction of Oral Dose Available to Microorganisms

In vivo and *in vitro* approaches, using different test systems considered applicable to determine the fraction of oral dose available to microorganisms, were identified and reviewed. Conceptual approaches of their application in deriving this fraction are outlined below and illustrated in Figure 1.

APPROACH 1: *In vivo* test systems. Animals dosed with the drug, followed by one of the following options:

• Option A: chemical extraction and analysis of the intestinal content and (or) feces to determine the total drug concentration, is used to establish the fraction of oral dose available to microorganisms.

• Option B: both chemical and microbiological activity assays of the intestinal content and (or) feces of dosed animals is used to establish the fraction of oral dose available to microorganisms.

APPROACH 2. *In vitro* test systems. This approach comprises two steps (Phase A and B) using *in vitro* fecal slurry test systems (see Figure 1). Phase A is an initial experiment, with fecal samples from two donors, used to identify the incubation times and relevant range of added drug concentrations sampling at multiple time points. This phase includes both chemical and microbiological assays. Phase B is conducted based on results from Phase A with samples from four additional donors, and uses microbiological assays. The data for all six donors are used for the final determination of the fraction of oral dose available to microorganisms.

APPROACH 3: Approach 1[Option A] + Approach 2. This approach combines both *in vivo* studies and *in vitro* studies.

Figure 1. Schematic Representation of Test Systems to Determine the Fraction of Oral Dose Available to Microorganisms

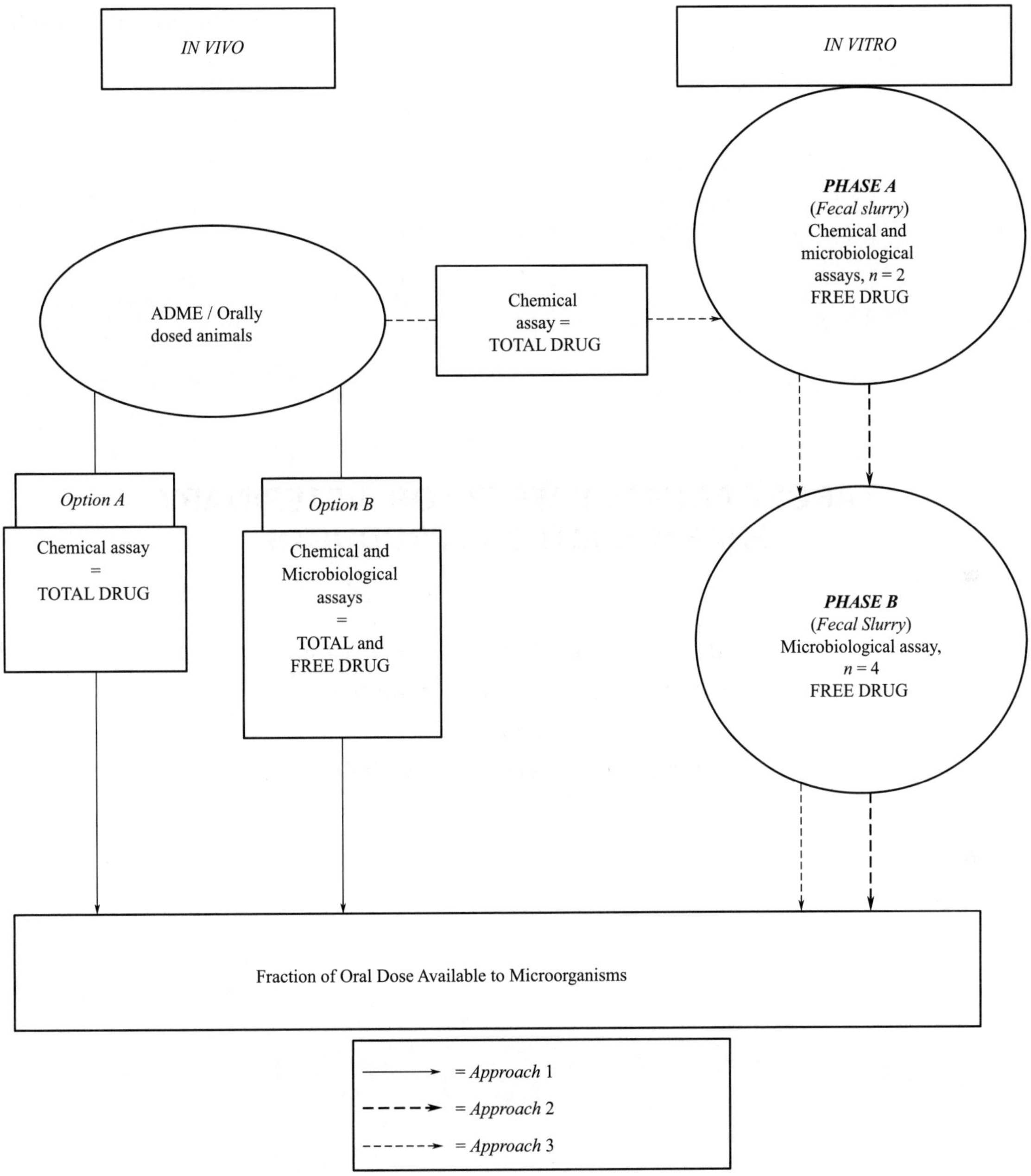

TARGET ANIMAL SAFETY FOR VETERINARY PHARMACEUTICAL PRODUCTS

Adopted at Step 7 of the VICH Process
by the VICH Steering Committee
in July 2008
for implementation in July 2009

This Guideline has been developed by the appropriate VICH Expert Working Group and has been subject to consultation by the parties, in accordance with the VICH Process. At Step 7 of the Process the final draft is recommended for adoption to the regulatory bodies of the European Union, Japan and USA.

1 INTRODUCTION

Data from target animal safety (TAS) studies are required for registration of veterinary products in the regions participating in the VICH. International harmonization of standards for essential TAS studies will facilitate adequacy of data and minimize the need to perform separate studies for regulatory authorities of different countries. Appropriate international standards should reduce research and development costs by minimizing repetition of similar studies in each region. Animal welfare should benefit because fewer animals may be needed. This VICH TAS guidance has been developed as a harmonized standard to aid in development of mutually acceptable TAS studies for relevant governmental regulatory bodies. The use of this VICH guidance to support registration of a product for local distribution only is strongly encouraged but is up to the discretion of the local regulatory authority.

1.1 Objective

The purpose of this harmonized guidance is to provide recommendations regarding TAS evaluation for regulatory submission of an Investigational Veterinary Pharmaceutical Product (IVPP), which is appropriate for determining the safety of an IVPP in the target animal, including identification of target organs, where possible, and confirmation of margin of safety, using the minimum number of animals appropriate for the studies.

1.2 Background

The VICH was initiated to develop internationally harmonized guidance that outlines recommendations for meeting regulatory requirements for registration of an IVPP in the regions participating in the program. By their nature, guidance documents cannot address all possibilities. The TAS Expert Working Group has developed the general principles included in this guidance document to aid in the development and conduct of TAS studies and to support the monitoring of potential adverse events in field studies. For more specific recommendations, review of the study protocol by the relevant regulatory authorities prior to the initiation of the study is encouraged, where review is available.

If in a particular circumstance an alternative approach is deemed more fitting, preparation of a reasoned explanation by the sponsor and discussion with the regulatory authorities is encouraged before work is initiated.

1.3 Scope

This guidance document is intended to cover any IVPP used in the following species: bovine, ovine, caprine, feline, canine, porcine, equine, and poultry (chickens and turkeys). The recommendations in this guidance may not be appropriate for local registration of a product for use in minor species or minor uses by national or regional authorities. The guidance does not provide information for the design of TAS studies in other species, including aquatic animals. For other species, TAS studies should be designed following national or regional guidance.

This guidance contributes to the international harmonization of methods used for evaluation of IVPP. The guidance is provided to aid sponsors in preparing and conducting TAS studies under laboratory conditions and in the field. All recommendations in this document may not be necessary for every IVPP. For other IVPP, additional information not specified in this document may be important to show target animal safety.

2 MARGIN OF SAFETY STUDIES

The aim of TAS studies is to provide information on the safety of an IVPP in the intended species under the proposed conditions of use. The margin of safety study is indispensable in the approval of an IVPP. Furthermore, adverse effects associated with overdoses and increased duration of administration of the IVPP should be identified, if possible. Dose confirmation and field studies conducted to confirm the effectiveness of the IVPP provide further information on safety in the target species. Depending on the known or suspected properties of the IVPP, it may be necessary to conduct additional toxicologic or specialized tests.

The margin of safety may be documented if the study includes both the recommended dose and overdoses, given for the proposed and longer treatment periods. The selection of dose and overdose levels and durations of treatment should always be justified by the sponsor, taking into account the proposed use of the product and the known pharmacologic and toxicologic properties of the active pharmaceutical ingredient (API). Where usage or formulation involves a greater risk or consequence of overdose, then a separate study, or inclusion of a higher dose level in the margin of safety study, is recommended for IVPP. This may include cases where a dose calculation error may be likely, such as a mistake in decimal point identification during addition to feed.

The design of the TAS evaluation and the prediction of potential adverse effects that may occur in the target species should be assisted by reference to data including published literature and preliminary studies, including pharmacokinetics, pharmacodynamics and toxicology from target and non-target laboratory animal studies. The specific information used to evaluate the safety of an IVPP depends on factors such as proposed usage regimen and dose, type of drug, chemistry and manufacturing considerations, claims, previous use history of similar products, and animal species including class and breed. Appropriate observations, physical examinations, clinical pathology tests (haematology, blood chemistry, urinalysis, faecal analysis, etc.), necropsy and histopathology should be conducted to identify possible adverse effects of IVPP.

Margin of safety studies are generally required for new salts or formulations of an API. Exceptions should be justified, for example, on the basis of known toxicology and target animal safety profiles for the API, widespread clinical use of existing products, and/or where the systemic or local exposure (as applicable) of the new product is proven to be equivalent to or less than that of the existing product.

If systemic exposure to the API is negligible and based on pre-existing knowledge in pharmacology and toxicology there is no safety concern, then the margin of safety study may not be needed. This should, however, be justified by the sponsor, and safety study at the site of administration (see 3.1. to 3.4.) is recommended.

2.1 Standards

Margin of safety and other laboratory safety studies must be performed in conformity with the principles of Good Laboratory Practices (GLP). The concepts of current Good Manufacturing Practices (cGMP) must be applied to the IVPP as appropriate for new animal products intended for investigational use.

2.2 Animals

Healthy animals, representative of the species and class in which the IVPP will be used, should generally be used in TAS studies. The age of animals should be considered carefully; if the product is intended for use in young, immature animals, then the animals in the TAS studies should generally be the youngest age for which product approval is sought. Otherwise, healthy young mature animals should be used. Additional studies may be needed for potentially sensitive subpopulations, if such groups have been identified in the intended target population.

Acclimatization of the animals to the study conditions is recommended. Treated and control animals should be managed identically and prophylactic treatments completed before the baseline period of the study, where possible. Use of concurrent therapy with other products during the study may make it more difficult to identify safety concerns due to the IVPP and is not recommended. Studies should be carefully planned to provide adequate information while minimizing the number of animals used. Housing and husbandry should be adequate for the purpose of the study as well as conforming to local animal welfare regulations. Environmental conditions, diet, and water should be controlled throughout the study as appropriate to the species, physiological state and age. It is recommended that quality and composition of diet and water are monitored throughout the study. Reduction or elimination of suffering during the study is essential. Euthanasia and necropsy of moribund animals is recommended.

2.3 Investigational Veterinary Pharmaceutical Product and Route of Administration

The IVPP to be evaluated should be the product intended to be marketed. If the market formulation is not used, comparative (bridging) studies may be necessary, e.g., the relevance of TAS data for one formulation of an IVPP to another formulation can be demonstrated by the use of bioequivalence or other data between the two formulations. The IVPP should be evaluated by comparison to a placebo (e.g., saline) or untreated control. The formulation details, generic or trade name, and batch number should be documented. Details of preparation, handling and storage of the IVPP should be documented and the products should be used in accordance with the study protocol. The site of administration is to be identified. Dosing should follow the use conditions suggested in the proposed labelling. If food affects API bioavailability, animals should be fed or fasted before administration to provide the highest likelihood of showing adverse effects. If volume or palatability becomes a limiting factor for higher dose levels, alternative techniques (for example, multiple sites, gavage, or increased frequency of administration) may be considered. If multiple routes of administration are proposed by the sponsor, the route that is most likely to cause adverse effects should be selected as the basis for safety studies. Additional studies on local tolerance (see 3.1. or 3.2.) should be conducted, as appropriate.

2.4 Dose, Frequency, and Duration of Administration

The general design for margin of safety studies uses multiples of the proposed use dose and duration of administration of the IVPP. Specific dose, frequency and duration combinations for use in TAS studies should be selected and justified based on the pharmacology and toxicology of the IVPP.

Unless otherwise justified by the pharmacologic-toxicologic properties of the API and the proposed use of the product, the design of the margin of safety study should include a negative control, the highest recommended dose level (1X), and two multiples of this use dose (in most cases three times (3X) and five times (5X)) for a period of time in excess of the recommended maximum duration of use. The highest recommended dose level (1X) is defined as the highest actual dose that will be stated on the proposed product label. The highest dose may be for the lowest body weight animal in a weight range for which a fixed mass of the API in a discrete dosage form (e.g., unit dose volume, tablet combination etc.) is recommended. In some regions, alternative designs based on the pharmacology and toxicology may be acceptable, for example, the administration of the product in excess of the recommended maximum duration of treatment given only in the highest recommended dose level (1X). Regardless of design, a negative control should always be included.

In general, it is recommended that each group be treated for at least 3 times the proposed duration up to a maximum of 90 days (for example, for a proposed single use IVPP, treatments should be administered for 3 consecutive intervals as determined by the pharmacologic characteristics of the IVPP; or for a proposed daily dosing for 7 days, treatments should be given for 21 consecutive days). If short-term, intermittent use is intended, treatments should be administered 3 times at the recommended interval (for example, proposed weekly treatments should be administered for 3 consecutive weeks). Where product use is expected to exceed 3 consecutive months in individual animals then, depending on pharmacology and toxicology, longer duration studies may be recommended up to 6 months or longer if appropriate (e.g., where drug accumulation may increase over time or where duration of drug activity following a single dose exceeds 2 months).

2.5 Study Design

The most important techniques for avoiding bias in studies are randomization and masking (blinding). A randomization plan should be used to allocate animals to treatment groups. Blocking may be used to control, as far as possible, the distribution of the one or two most important factors, such as sex, age, stage of lactation or body weight to ensure balance between treatments.

Target animal safety studies typically include relatively small numbers of experimental units (generally 8 per treatment) and assess large numbers of variables. Both males (4 per treatment) and females (4 per treatment) should be included unless the product is only intended for use in one sex. Medical, animal welfare and statistical considerations are generally used to determine the total number of animals used to evaluate the potential safety concerns. When interim sacrifice or withdrawals of animals for other reasons are anticipated, the number of experimental units should be increased accordingly. Although there is strong interest in the null hypothesis of no difference between treatments, study design constraints limit the statistical power and discriminatory ability of these studies. Under these conditions, statistical analysis alone may not detect potential adverse effects and thus provide assurance of safety. Results should be evaluated and interpreted based on a combination of medical, toxicologic and statistical principles with consideration of biological significance and plausibility.

Where group housing is needed to provide appropriate animal welfare and allow for adequate experimental conditions, certain variables, such as diarrhea, vomiting or feed or water consumption may be difficult to measure on an individual animal basis. In addition, even measurements that can be accurately made for individual animals from the same cage or pen may be influenced by the presence of the other animals in the group. For example, presence of a dominant animal in a pen may be a contributing factor in weight loss among other animals in the pen. Potential influence of group housing should be taken into consideration in interpreting drug effects from a study, even if statistical analyses are not used. Failure to consider this information might lead to incorrect attribution of effect to the IVPP.

The planned times for measuring each variable should be described in the study protocol. Often this schedule includes daily observations of animals throughout the study period, with more detailed measurements at several time points, including the beginning and end of the study. Pretreatment measurements should be made to identify baseline levels. Measurement at time points during the proposed label duration of IVPP use may help characterize the time course of potential safety issues. Equally-spaced measurement intervals may facilitate statistical modelling. For longer studies, data collection may be planned in designated phases, with different frequencies of data collection.

Data should be collected in a manner that minimizes bias. For example, when examinations are needed on a subgroup from each treatment, animals should be randomly designated before study initiation. Personnel collecting data, including gross *post mortem* results, should be masked to treatment. Histopathology data should be evaluated by recognized procedures (e.g., Crissman et al., Toxicologic Pathology, 32 (1), 126-131, 2004).

2.6 Variables

Many variables are measured during an animal safety study. The types of observations, examinations and tests for safety depend on the nature of the IVPP, proposed use, target animal and potential for adverse effects. In general, there are four types of variables that should be considered in margin of safety studies: physical examinations and observations, clinical pathology tests, necropsy and histopathology examinations. In addition, other types of variables may be considered, such as toxicokinetic evaluation of drug exposure (e.g., sparse sampling around the expected peak and trough concentration times). However, care should be taken to minimize the number of additional sampling points to avoid interference with primary safety endpoints.

2.6.1 Physical Examinations and Observations

A detailed physical examination by qualified personnel (generally a veterinarian) should be conducted at several time points during the study, including the beginning and end. Baseline observations of other variables should be made by qualified personnel at the beginning of the study. Observations relating to general health and behaviour by trained personnel (not generally a veterinarian) should be recorded on all animals daily, seven days a week, or at pre-determined intervals appropriate for the purpose of the study, during the entire period. Food and water consumption should be monitored at appropriate intervals. Body weights should be measured at the beginning, end and several other appropriate times.

Generally, the following should be considered and measured depending on the nature of the IVPP and the intended population:

General Physical Examination (these generally should be done by a veterinarian)

Ocular system	Nervous system
Musculoskeletal system	Integumentary system
Cardiovascular system	Respiratory system
Reproductive system	Urinary system
Lymphatic system	Gastrointestinal system
Behaviour	

Specific Examination of Injection/Application Site (semi-quantitative or quantitative assessment should be used wherever possible)

Appearance (e.g., erythema, eschar formation, hair loss, scaling, pigmentation)	Swelling
Pain	Heat

Observations (these should be done by appropriately trained staff)

Feed intake	Water intake
Weight	Behaviour
Body temperature	Signs of illness
Faeces (consistency, colour and mucus, blood)	

2.6.2 Clinical Pathology Tests (Haematology, Blood Chemistry, Urinalysis)

Haematology, blood chemistry and urinalysis should be conducted at several points during the study, including at the beginning and end of the study. Other specialty tests to monitor appropriate physiologic parameters may be appropriate, depending on the IVPP. A standardized feeding schedule prior to sample collection should be followed. Tests should be conducted on all animals or, where group size is greater than 8 (e.g., poultry), on subsets of animals that were selected for testing by a random process carried out at the beginning of the study. These tests are subject to influence by the conditions under which the samples are collected such as feeding or fasting, and sedation or anaesthesia, and therefore it is critical that samples are collected in the same manner from concurrent negative control and treatment groups of animals. Blood samples from multiple animals should not be pooled. For animals showing adverse events, additional clinical pathology and other diagnostic tests to determine the aetiology may be appropriate. Collection of clinical pathology data twice during the pre-treatment stage can be helpful in providing reliable baseline data for interpretation of study results. Measured variables, depending on the nature of the IVPP and the intended population, may include (units should be appropriate for regions):

Haematology

Erythrocytes: Total counts; and if applicable, reticulocyte count	Leukocytes: Total and differential counts
Packed cell volume (PCV)	Mean corpuscular volume (MCV)
Mean corpuscular haemoglobin (MCH) and Mean corpuscular haemoglobin concentration (MCHC)	Haemoglobin
Prothrombin time	Platelet count
Activated partial thromboplastin time	Buccal mucosal bleeding time
Whole blood clotting time	Fibrinogen
Acute phase protein	

Blood Chemistry

Sodium	Urea nitrogen
Potassium	Creatinine
Chloride	Alanine aminotransferase (ALT)
Calcium	Aspartate aminotransferase (AST)
Phosphate	Lactate dehydrogenase (LDH)
Magnesium	Gamma-glutamyltransferase (GGT)
Total protein	Alkaline phosphatase (AP)
Albumin	Creatine kinase (CK)
Globulin	Total bile acids
Glucose	Cholesterol
Amylase	

Urinalysis

Colour	Protein
pH	Ketone bodies
Specific gravity (e.g., by refractometer)	Bilirubin
Glucose	Urobilinogen
Microscopic examination of sediment (crystals, casts, RBCs, WBCs, epithelial cells)	

2.6.3 Necropsy and Histopathology Examinations

Tissues from all dose groups should be examined grossly and preserved for microscopic evaluation. Gross and microscopic examination of tissues of animals in all dose groups is recommended for IVPPs containing a new API, due to the small number of animals used and a general lack of other safety information in the target species. For other products, at a minimum, tissues from all animals in the negative control and highest dose groups should be examined microscopically (for recommended procedures, see Crissman et al., Toxicologic Pathology, 32 (1), 126-131, 2004). If lesions are found in any tissue from the highest dose group, then samples from tissues in animals in the next lowest dose group of the IVPP should be examined until a no- observable-adverse-effect level is determined by microscopy. In addition, all animals showing systemic clinical signs or abnormal findings in clinical pathology should normally be examined grossly and microscopically. Where the toxicity of the IVPP is anticipated to be relatively high, or where there is already information on toxicity from previous studies, different necropsy schemes may be recommended, to include gross and microscopic examinations for all animals or on subsets of animals that were selected for testing by a random process carried out at the beginning of the study. For an IVPP with a well documented broad margin of safety, including but not limited to comparative pharmacokinetic and comparative metabolism data, post mortem examination may not be necessary in the absence of systemic clinical signs or abnormal findings in clinical pathology, based on appropriate justification and pre-specified in the study protocol.

Organ weights, where appropriate, and gross lesions should be recorded. The organs selected for gross and microscopic examination will depend upon animal species and target tissues. Histopathology should be conducted on organs/tissues, with particular attention given to organs/tissues showing macroscopic lesions, including at the injection site, where applicable. Generally, it is recommended that the following organs/tissues be considered in gross and microscopic examinations, as appropriate:

Organs/tissues considered for gross and microscopic examination:

Pituitary gland	Brain	Bone and marrow
Thyroid gland	Spinal cord	Marrow smear
Parathyroid gland	Eyes	Spleen
Adrenal gland	Lung	Stomach
Pancreas	Muscle	Duodenum
Ovaries	Mammary gland	Jejunum
Uterus	Liver	Ileum
Testes	Gall bladder	Colon
Prostate	Kidneys	Caecum
Epididymis	Urinary bladder	Thymus
Heart	Lymph nodes	Injection site: e.g., muscle, subcutaneous tissue
Crop	Proventriculus	Bursa of Fabricius
Ventriculus	Skin	

2.7 Statistical Analysis

In most studies the safety implications are best addressed by applying descriptive statistical methods to the data. Tables and descriptive text are common methods of data summarization; however, it is also valuable to make use of graphical presentations in which patterns of adverse events are displayed both within treatments and within individual animals. Selection of the general form for a statistical model and the factors to be included in the model will depend on the nature of the response variable being analyzed and the study design. Regardless of the methods chosen, the process and steps used to conduct any statistical evaluations should be described. The outcomes of the data analysis should be clearly presented to facilitate evaluation of potential safety concerns. The terminology and methods of presentation should be chosen to clarify the results and expedite interpretation.

Tables may be used to present the data from individual animals and summary statistics from treatments. For quantitative variables, useful descriptive statistics include the number of animals in each treatment, median, mean, standard deviation, maximum, minimum, and the number and percentage of cases with values falling outside a recognized reference range. For some quantitative variables, categorization of animals with values that fall within different ranges may help to identify patterns. For qualitative variables, useful descriptive statistics include the total number of animals evaluated and the number and percentage of experimental units within each response category. Other events, such as adverse events, mortalities and early terminations may also be tabulated.

Graphs may be very helpful in depicting the data and identifying potential safety concerns, including possible dose trends, time-related patterns and values that fall outside reference ranges. Plots, that show responses over time, both within treatment groups and within individuals, may illustrate consistency of responses between animals, or sex, age or dose levels. These graphs may show trends or time-related patterns in adverse effects of treatment.

Statistical models should represent the study design. The individual animal may be considered to be the experimental unit when each animal is penned individually or animals from all treatments groups are mixed in a single pen. When animals that are penned together are all assigned to the same treatment, the pen is typically the experimental unit. If housing unit, environmental conditions, sex or pretreatment covariates differ between experimental units, these factors should be balanced in the design and accounted for in the analysis, as appropriate. A useful approach is to include the fewest number of terms that adequately represent the underlying process that generated the safety data, and to represent the longitudinal nature (repeated measurements) of the design (if applicable). Choice of model form should be driven by the nature of the response variable being analyzed. The potential impact of any missing data on the results should be considered.

Analysis results from statistical modelling include statements of significance levels for terms included in the model. The calculation of p-values is sometimes useful either as an aid to evaluating a specific difference of interest, or as a 'flagging' device applied to a large number of safety variables to highlight differences worth further attention. This is particularly useful for clinical pathology data, which otherwise can be difficult to summarize appropriately. It is recommended that clinical pathology data be subjected to both a quantitative analysis, e.g., evaluation of treatment means, and a qualitative analysis where counts of numbers above or below certain thresholds are calculated. While p-values are one indication of a substantial difference that should receive clinical appraisal, the small size of safety studies makes it crucial that clinical judgment be used to evaluate all differences, irrespective of the p-value observed. A statistically significant test does not necessarily indicate the presence of a safety concern. Similarly, a non-significant test does not necessarily indicate the absence of a safety concern. Statistical adjustments for multiplicity can be counterproductive for considerations of safety; the importance and plausibility of results will depend on prior knowledge of the pharmacology of the drug and this evaluation should be made by clinicians or scientists with appropriate experience and training in interpreting the biological relevance of the results.

2.8 Study Reports

A study report is a document describing the objectives, material and methods, any amendments or deviations from the protocol, results (including individual animal data, data summaries, and any analyses), and conclusions of a TAS study. In some regions, additional provision of raw data may be required.

3 OTHER LABORATORY SAFETY STUDY DESIGNS

Additional safety studies may be appropriate for a particular IVPP, depending on the conditions of use and the characteristics of the IVPP. Such studies may be combined with the margin of safety evaluation and, in food producing animals, residue studies. These specialized studies should be designed according to the general principles outlined below and follow any official local guidance. It is recommended that the specific study plans be determined by communication between the sponsor and the regulatory agency.

3.1 Injection Site Safety Studies

The basic study design should consider dose (1X), duration, route(s), vehicle, and maximum volume of the injection, generally using 8 animals per group. The study should include a saline control of the same volume as the complete and final formulation of the IVPP. In the case of non-liquid IVPP, an alternative suitable negative control should be used. The location and timing of each injection should be specifically noted to facilitate determination of time to resolution. The study should consider site lesions that may be produced by administration by syringe or other applicator by intravascular, intradermal, intramuscular and/or subcutaneous routes. If intravascular administration is the only route proposed, consideration should be given to the effects of extravascular administration of the IVPP. For formulations where intravascular use is not intended and there is a potential risk associated with unintended intravascular injection (e.g., certain subcutaneous injections in the ear), the safety in the event of intravascular injection should be considered.

Evaluation of safety data from injection site studies may include the following:

- Clinical signs including changes in behaviour or locomotion.
- Appearance, inflammation, oedema or other changes at the injection site.
- Measuring creatine kinase and aspartate transaminase levels.
- Gross pathology and histopathology of lesions at appropriate times.

If there is inflammation at the injection site that has not resolved on visual examination or by palpation by the end of the planned study, then the time required for return to clinically acceptable resolution at the injection site should be determined. Where clinical signs indicative of injection site effects are evident, it may be necessary to conduct histopathology of the lesions.

3.2 Administration Site Safety Studies for Dermally Applied Topical Product

Local adverse reactions to topically applied IVPP should be evaluated, generally in 8 animals per group, at the dosage proposed on the label unless the pharmacology and toxicology of the product warrants multiples of dose and/or duration. For systemically absorbed topical IVPP, it is recommended that evaluation of topical administration sites be included in studies of systemic TAS outcomes. In general, the site should be examined for swelling, pain, heat, erythema and other clinical signs. Changes in animal movement or behaviour should be noted. If there is inflammation or other clinical signs at the topical application site that have not resolved on visual examination or by palpation by the end of the planned study, then the time required for return to clinically acceptable resolution at the topical application site should be determined. Where clinical signs indicative of administration site effects are evident, it may be necessary to conduct histopathology of the lesions.

Oral dosing, generally at the maximum proposed dose of a topical formulation, is recommended to examine the safety of the IVPP if accidental ingestion is likely to occur after treatment (e.g., by licking). If, based on pharmacology and toxicology, there are no safety concerns regarding oral exposure, it may be appropriate to dispense with this study.

3.3 Reproductive Safety Studies

Reproductive safety studies are required for systemically absorbed API intended for use in breeding animals. The goal of reproductive safety studies is to identify any adverse effects of the IVPP on male or female reproduction or on offspring viability. These studies generally focus on reproductive variables, although safety data on other body systems may be collected. These studies do not usually extend to considering viability of offspring beyond the post-natal period, unless there is specific evidence of possible effects on, for example, sexual maturity based on pharmacology and toxicology of the API.

Healthy, intact, reproductively-sound males and females should be selected that are representative of the species, age and class in which the drug will be used. In general, it is recommended that 8 animals per sex be included per treatment. Males and females may be evaluated in the same or separate studies. Dose, route, frequency, and duration of administration should be selected and justified based on the pharmacology and toxicology of the IVPP and intended use, and should ensure continuous exposure throughout the study interval. Generally, males should be treated with a negative control and 3X doses of the IVPP throughout at least one spermatogenic cycle. Generally, females should be treated with a negative control and 3X doses of the IVPP prior to breeding (covering the follicular phase until conception), throughout the gestation period (including embryonic phase, fetal phase, and natal phase), and after parturition for an appropriate time covering the post-natal period that is sufficient to assess the initial development and locomotor function of the offspring. It is not necessary to administer the IVPP at or around parturition, unless the IVPP is specifically indicated for use at that time.

Reproductive safety studies should evaluate, as appropriate:

- in the male: spermatogenesis, semen quality and mating behaviour.
- in the female: oestrous cycle, mating behaviour, conception rates, length of gestation, parturition and lactation.
- in the offspring from treated males and/or females: developmental toxicology (including teratogenicity, fetotoxicity), fetal development, number of offspring, viability and growth, health and development to weaning.
- in poultry: also, egg weight, shell thickness, number of eggs laid by a hen, egg fertility, hatchability and chick viability.

Ideally, reproductive safety studies are conducted in the target species; however, data obtained from reproductive studies in laboratory animals may be considered, provided that the pharmacokinetic profiles of the API are comparable in laboratory animals and in all species in which the IVPP is intended for use. Depending on the results of such evaluation, appropriate information should be included on the labelling. However, if reproductive safety studies have not been conducted in the target species, labelling should reflect this and state that safety has not been determined in breeding, pregnant or lactating animals or their offspring.

3.4 Mammary Gland Safety Studies

Mammary gland safety studies should be conducted to evaluate the safety of IVPP intended for intramammary use in lactating or non-lactating animals. For these studies, animals should be free of subclinical or clinical mastitis. The IVPP should be administered as one dose to each teat. The conditions of use, dose (1X), and frequency of administrations should be those proposed on the label. Alternatives should be justified by the sponsor.

It is recommended that safety evaluation of an IVPP intended for use in lactating females include objective evaluation of acute inflammatory effects in early to mid-lactation animals (data collected in conformity with the principles of GLP). It is recommended that safety evaluation of an IVPP intended for use in non-lactating animals include both an objective evaluation of acute inflammatory effects in lactating animals (data collected in conformity with the principles of GLP) and clinical evaluation of chronic inflammatory effects in non-lactating animals (data collected in conformity with the principles of good clinical practice (GCP) or GLP).

For both lactating and non-lactating claims, it is preferred that a one-group, comparative design be used to evaluate similarity of values from pre-treatment and post-treatment periods within each animal. A two-group design may also be used, with treated animals compared to negative control animals. In general, 8 lactating animals, including 4 in their first lactation, should be assigned to each treatment in either study design for both lactating and non-lactating claims.

For all study animals, physical examination, including palpation, should be done to determine swelling, erythema, pain, or heat. For either study design in lactating animals (both lactating and non-lactating claims), data on all relevant variables associated with tissue irritation and milk production should be collected pre-treatment, at treatment, and post-treatment. The post- treatment monitoring period should be defined *a priori* based on the anticipated time for values to return to pre-treatment values. Samples for quantitative somatic cell count (SCC) and bacterial culture should be collected from each teat prior to milking. Daily milk yield, composition (e.g., fat, protein, lactose, and non-fat solids), and appearance should be recorded. Key variables for safety assessment generally include signs of mammary gland irritation, elevated SCC and changed milk production. The presence of very high post-treatment SCC or prolonged SCC elevation following treatment may not be acceptable and should be explained by the sponsor.

4 TARGET ANIMAL SAFETY DATA FROM FIELD STUDIES

Field studies intended to evaluate effectiveness of an IVPP also provide essential TAS data under conditions of intended use. These studies should be conducted in accordance with the principles of GCP.

Field studies are typically conducted under conditions representative of the target population and provide an evaluation of potential adverse effects at the intended use dosage in a much larger number of animals. Field studies use the target population which, if applicable, includes diseased animals. Where disease and husbandry are similar between regions, international data may be used for field studies, as long as a minimum proportion of the data acceptable to the region is generated within the region where approval is being sought. Including a relatively large number of animals in the study improves the ability to detect relatively low frequency adverse events. Animals should be representative of the age range, class, breed, and sex for which the IVPP is intended. The study should be designed with an appropriate control group. In each study, health observations should be performed by appropriate masked (blinded) personnel before, during, and after treatment, with specific evaluation of potential adverse effects (e.g., physical examination and clinical pathology tests). The appropriate variables for evaluation may be based on results of pharmacodynamic studies in laboratory animals or studies in the target species. Adverse events should be reported and determination of causality for the adverse event attempted.

5 RISK ASSESSMENT IN ANIMAL SAFETY EVALUATION

For some IVPP, laboratory and field safety data may not alone provide sufficient information to determine if an acceptable safety profile exists in relation to IVPP benefits. In these instances, risk assessment methodologies may provide a means to supplement or augment evaluation of target animal safety. Risk assessment uses the available body of evidence to weigh the severity of an adverse effect (harm), the potential of reversibility, and the probability that it will occur.

6 GLOSSARY

Active Pharmaceutical Ingredient (API) (or Drug Substance): Any substance or mixture of substances intended to be used in the manufacture of a drug (medicinal) product and that, when used in the production of a drug, becomes an active ingredient of the drug product. Such substances are intended to furnish pharmacological activity or other direct effect in the diagnosis, cure, mitigation, treatment, or prevention of disease or to affect the structure and function of the body.

Adverse Effect: Adverse event suspected to be related to IVPP.

Adverse Event: Any observation in animals that is unfavourable and unintended and occurs after the use of an IVPP, whether or not considered to be product related.

Baseline Data: Information collected after the acclimatization period and before the administration of the IVPP.

Breeding Animal: Any animal that is actively breeding, intended for breeding, or pregnant.

Class: Subset of target animal species which is characterized by factors such as reproductive status and/or use (dairy vs. beef, broiler vs. layer).

Current Good Manufacturing Practices (cGMP): The part of a quality system which ensures that products are consistently produced and controlled to the quality standards which they are represented to possess.

Experimental Unit: The smallest independent grouping of animals that could receive a different treatment during the study, given the methods of allocation and treatment administration.

Good Clinical Practices (GCP): A standard for the design, conduct, monitoring, recording, auditing, analysis, and reporting of clinical studies. Adherence to the standard provides assurance that the data and reported results are complete, correct and accurate, that welfare of the study animals and the safety of the study personnel involved in the study are ensured, and that the environment and the human and animal food chains are protected.

Good Laboratory Practices (GLP): A standard for the design, conduct, monitoring, recording, auditing, analysis, and reporting of non-clinical studies. Adherence to the standard provides assurance that the data and reported results are complete, correct and accurate, that welfare of the study animals and the safety of the study personnel involved in the study are ensured, and that the environment and the human and animal food chains are protected.

Investigational Veterinary Pharmaceutical Product (IVPP): Any pharmaceutical form of, or any animal feed containing one or more active pharmaceutical ingredients (API) being evaluated in a clinical or non-clinical study, to investigate any protective, therapeutic, diagnostic, or physiological effect when administered or applied to an animal.

Margin of Safety Study: Well-controlled study designed to show if an IVPP is safe for the intended species.

Masking/Blinding: A procedure to reduce potential study bias in which designated study personnel are kept uninformed of the treatment assignment(s).

Negative Control: Study animals that either receive a placebo or are untreated.

Reference range (clinical pathology or blood chemistry): The range of usual values found in healthy animals of a given class.

Target Animal: The specific animal species, class and breed identified as the animal for which the IVPP is intended for use.

STUDIES TO EVALUATE THE METABOLISM AND RESIDUE KINETICS OF VETERINARY DRUGS IN FOOD-PRODUCING ANIMALS: METABOLISM STUDY TO DETERMINE THE QUANTITY AND IDENTIFY THE NATURE OF RESIDUES

Adopted at Step 7 of the VICH Process
by the VICH Steering Committee
in February 2011
for implementation in February 2012

This Guideline has been developed by the appropriate VICH Expert Working Group and is subject to consultation by the parties, in accordance with the VICH Process. At Step 7 of the Process the final draft is recommended for adoption to the regulatory bodies of the European Union, Japan and the USA.

1 INTRODUCTION

1.1 Objective of the guidance

Drug sponsors should perform a comprehensive set of metabolism, residue depletion and pharmacokinetic studies to establish the safety of veterinary drugs in food. The objective of this guidance is to provide recommendations for internationally-harmonized test procedures to study the quantity and nature of residues of veterinary drugs in food-producing animals.

1.2 Background

This guidance is one of a series developed to facilitate the mutual acceptance by national/regional regulators of residue chemistry data for veterinary drugs used in food-producing animals. This guidance was prepared after consideration of the current national/regional requirements and recommendations for evaluating veterinary drug residues in the European Union, Japan, United States, Australia, New Zealand and Canada.

Although this guidance recommends a framework for metabolism testing, it is important that the design of the studies remain flexible. It is recommended that studies be tailored to sufficiently characterize the components of the residue of concern.

2 GUIDANCE

2.1 Purpose

The human food safety evaluation of veterinary drugs help ensure that food derived from treated animals is safe for human consumption. As part of the data collection process, studies should be conducted to permit an assessment of the quantity and nature of residues in food derived from animals treated with a veterinary drug. These metabolism studies provide data on (1) the depletion of residues of concern from edible tissues of treated animals at varying times after drug administration,(2) the individual components, or residues, that comprise the residue of concern in edible tissues, (3) the residue(s) that can serve as a marker for analytical methods intended for compliance purposes (i.e., monitoring of appropriate drug use), and (4) the identification of a target tissue or tissues, as applicable to national or regional programs.

2.2 Scope

Metabolism studies in food-producing animals most often are accomplished using radiolabeled drugs. These studies are sometimes referred to as total residue studies because they are capable of monitoring all (i.e., "total") drug-derived residues resulting from the administration of test material. This guidance recommends procedures for metabolism studies conducted with radiolabeled drugs, when such studies are performed.

Alternative approaches (i.e., not using radiolabeled drug) to characterize the components of the residue in food derived from treated animals might be suitable.

In any case, testing should be conducted in compliance with applicable Good Laboratory Practice (GLP).

2.3 Study to Determine the Quantity and Identify the Nature of Residues

2.3.1 Test Materials

2.3.1.1 Drug

The chemical identity (including, for example, the common name, chemical name, CAS-number, structure and molecular weight) and purity of the drug substance should be described. The chemical name and structure should indicate the position(s) of the radiolabel. Handling and disposal of radiolabeled materials should be in compliance with applicable laws and regulations.

2.3.1.2 Radiolabeled Drug

2.3.1.2.1 Nature and Site of Label

Carbon-14 (^{14}C) is the label of choice because intermolecular exchange is not an issue. Other isotopes, such as ^{3}H, ^{32}P, ^{15}N or ^{35}S, might be appropriate. Tritium (^{3}H) might be considered suitable if a rigorous demonstration of the stability of the tritium label is provided; for example, the extent of exchange with water is assessed and found to be $\leqslant$ 5%.

The drug should be radiolabeled in a site, or in multiple sites, to assure that the portions of the parent drug that are likely to be of concern are suitably labeled. The radiolabel should be placed in a metabolically stable position(s).

2.3.1.2.2 Purity of Radiolabeled Drug

Radiolabeled drugs should have a high level of purity, preferably of approximately 95%, in order to minimize artifactual results. Radiochemical purity should be demonstrated via appropriate analytical techniques (e.g., using two chromatographic systems).

2.3.1.2.3 Specific Activity

The specific activity of the synthesized radiolabeled drug should be stated in the study report. The specific activity should be high enough to permit tracking of the residue of concern in edible tissues. The sensitivity should be determined by the potency of the drug.

The specific activity can be adjusted, by mixing radiolabeled drug with unlabeled drug. To facilitate analytical measurements and conserve radiolabeled drugs, animals to be euthanized at early withdrawal periods can be dosed with drug of lower specific activity, while animals to be euthanized at later withdrawal periods can be dosed with drug of higher specific activity.

2.3.1.3 Analytical Standards

Analytical standards should be available for the parent drug and, if possible, for putative metabolites for use in the chromatographic characterization of drug residues.

2.3.2 Test Systems

There are some national/regional differences regarding the designation of major and minor species, particularly for turkeys and sheep. These differences can affect national/regional data collection requirements and recommendations. In certain instances, the total residue and metabolism data for a drug's use in a major species might be extrapolated to the minor species. When a national/regional authority calls for a total residue and metabolism study for a minor species or for a species considered to be major in one region but not another, the study design outlined in this guidance should be acceptable.

2.3.2.1 Animals

Animals used in the metabolism study should be representative of commercial breeds and representative of the target population. The source of the animals, their weights, health status, ages and sex should be provided.

Ordinarily, a single study can be performed in swine (~40 to 80 kg), sheep (~40 to 60 kg) and poultry. For cattle, a single study in beef cattle (~250 to 400 kg) could apply to dairy cattle, and vice versa. Generally, the results of a metabolism study in adult cattle and sheep can be extrapolated to calves and lambs, respectively. However, a second study might be appropriate for pre-ruminating animals if there is sufficient reason to believe the pre-ruminating animal will have significantly different metabolism than the adults. A separate study should be performed to demonstrate the total residue in milk of dairy cows.

If the study is intended to support a withdrawal period, the study parameters should address the worst-case study conditions (for example, animal weights and associated maximum injection volume).

2.3.2.2 Animal Handling

Animals should be allowed time to acclimatize. Normal husbandry practices should be applied to the extent possible. It is recognized that these studies might call for metabolism cages, a departure from "normal" practices; therefore metabolism cages should only be used if the study is intended to collect urine and excreta or other specification. Animals should be healthy and, preferably, should not have been previously medicated. The feed and water supplied to the animals should be free from other drugs and/or contaminants and adequate environmental conditions should be ensured to be consistent with animal welfare, in accordance with applicable national and regional regulations. However, it is recognized also that animals might have received biological vaccinations or other treatment, for example with anthelmintics. In any case an appropriate wash-out time should be observed for the animals prior to their being put on study. Animals should have a known history of medication.

Handling and disposal of animals and tissues from animals treated with radiolabeled materials should be in compliance with applicable laws and regulations.

2.3.3 Test Procedures

2.3.3.1 Drug Formulation

The drug formulation, method of dose preparation, and stability of the drug in the formulation during the dosing period should be described in the study report. Although it is recognized that metabolism studies can be conducted well in advance of definitive formulation decisions, the drug should be administered to test animals via the intended final formulation whenever possible; otherwise, representative or prototype formulations can be considered appropriate.

2.3.3.2 Route of Administration

The drug should be administered via the intended route of administration (e.g., orally, dermally, intramuscularly, subcutaneously). For drugs that are intended for oral administration, especially via feed or drinking water, gavage or bolus dosing can be employed to ensure that animals receive the complete dose and to minimize environmental concerns. For drugs that are intended for oral and parenteral administrations, usually separate metabolism studies should be performed. Ordinarily, a single study with a parenteral route will be applicable to cover all parenteral routes including intramuscular, intramammary, subcutaneous and topical. Similarly, a single study with an oral route ordinarily will be applicable to all potential oral formulations (e.g., drinking water, in-feed and quick release tablets).

2.3.3.3 Dosing

The dose should be the highest intended treatment concentration and should be administered for the maximum intended duration or for the time required for steady state to be achieved in edible tissues. Predosing of animals with unlabeled drug, followed by administration of radiolabeled drug, is not recommended.

For continuously administered drugs, a separate study to determine the time for residues to reach steady state in edible tissues might be appropriate. When a drug administered in a single dose is intended to have zero withdrawal, completion of the absorption phase should be demonstrated.

When gavage dosing for the feed and water routes, the dose should be divided and given in the morning and afternoon to better approximate actual use conditions.

2.3.3.4 Number of Animals and Number of Euthanasia Intervals

At least four groups of animals, evenly-mixed as to sex if the drug is intended for use in both males and females, should be euthanized at appropriately spaced time points. The following numbers of animals are recommended:

Large animals (cattle, swine, sheep): ⩾ 3 per euthanasia time

Poultry: ⩾ 3 per euthanasia time

Lactating cattle for milk collection: ⩾ 8 multiparous cattle representative of high and low milk production

Laying birds for egg collection: a number sufficient to collect ⩾ 10 eggs

For drugs for which a withdrawal period is not anticipated, euthanasia timepoints should reflect geographical distances in the amount of time to transport animals to the abattoir.

Typical timepoints for practical zero withdrawal would be:

0-2, 3-4, and 6 hours for poultry

0-3, 6-8, and up to 12 hours for large animals

Up to 12 hours for milk

A sufficient amount of control tissues should be available to permit a determination of background concentrations and combustion efficiency, and to provide tissue for related analytical methods testing.

2.3.3.5 Animal Euthanasia

Animals should be euthanized using commercially applicable procedures, making certain to observe appropriate exsanguination times. Chemical euthanasia can be used unless it will interfere with analysis of metabolites of interest.

2.3.3.6 Sample Collection – Edible Tissues

Following euthanasia, samples of sufficient amounts of edible tissues should be collected, trimmed of extraneous tissue, weighed, and divided into aliquots. If the analysis cannot be completed immediately, the samples should be stored under frozen conditions pending analysis. If samples are stored after collection, the sponsor should ensure that the radiolabeled compound remains intact throughout the storage period.

Recommended samples are shown in Table 1.

Table 1. Recommended samples to be taken from animals in the metabolism study

Edible Tissue Type	Species / Sample Description		
	Cattle/Sheep	Swine	Poultry
Muscle	Loin	Loin	Breast
Injection Site Muscle	Core of muscle tissue ~ 500 g 10 cm diameter x 6 cm deep for IM; 15 cm diameter x 2.5 cm deep for SC	Core of muscle tissue ~ 500 g 10 cm diameter x 6 cm deep for IM; 15 cm diameter x 2.5 cm deep for SC	Collect sample from entire site of injection, e.g., chicken: whole neck, whole breast, or whole leg. Larger birds: not to exceed 500 g
Liver	Cross-section of lobes	Cross-section of lobes	Entire
Kidney	Composite from combined kidneys	Composite from combined kidneys	Composite from combined kidneys
Fat	Peri-renal	NA	NA
Skin/Fat	NA	Skin with fat in natural proportions	Skin with fat in natural proportions
Milk	Whole milk	NA	NA
Eggs	NA	NA	Composite from combined white and yolk

NA: Not Applicable

The tissues shown in Table 1 should be analyzed. Additional tissues should be collected and analyzed to provide information on the one additional tissue to be analyzed in the marker residue depletion study. (see VICH GL 48 "Studies to Evaluate the Metabolism and Residue Kinetics of Veterinary Drugs in Food-producing Animals: Marker Residue Depletion Studies to Establish Product Withdrawal Periods," section 2.2.6.1) As appropriate to species, the additional tissues might include heart (cattle, swine, sheep, poultry), small intestines (cattle and swine) andgizzard (poultry); furthermore, it might be appropriate to collect and analyze other edible offal from the various species if it is deemed important for a safety assessment (e.g., offal with expected high residue concentrations or with residues having slow depletion rates).

2.3.3.7 Sample Collection – Excreta and Blood

Excreta and blood are not typically collected. However, analyses of these samples can be useful from several perspectives: first, analyses of the excreta and blood allow an estimate of the mass- balance, a valuable tool in assessing the quality of the study; second, the samples of excreta can be a good source of metabolites; and third, the samples can be of use in conducting an Environmental Risk Assessment. If the decision is made to collect such data, it is recommended that urine and excreta be collected from selected animals on a daily basis.

Blood samples can be taken from selected animals at various time points and at euthanasia . Data on the total residue in blood can provide valuable pharmacokinetic information.

2.3.3.8 Determination of Total Radioactivity

Total radioactivity in samples should be determined by established procedures which might include, for example, combustion followed by liquid scintillation counting, solubilization and counting, or direct counting, depending on the nature of the sample. The details of the radioassays, including preparation of analytical samples, instrumentation, and data from standards, control tissues, fortified tissues, and incurred tissues, should be completely described. The ability of the procedure to recover radioactivity added to control tissues should be demonstrated.

The results of analyses of samples for radioactivity should be reported on a wet weight basis and on a weight/weight basis, with μg/kg the preferred units. Sample calculations showing conversion from cpm/weight or dpm/weight to the weight/weight basis should be described in the study report.

2.3.4 Separation and Identification of Metabolites

Commonly available analytical technology (including, for example, thin layer chromatography, high performance liquid chromatography, gas chromatography, and mass spectrometry) enable the separation of the total residue into its components and the identification of the drug-derived residues.

2.3.4.1 Analytical Method

A complete description of the analytical method should be provided in the study report. The description should include the preparation of standards, reagents, solutions, analytical samples; the extraction, fractionation, separation and isolation of the residues; the instrumentation; and the data derived from standards, control tissues, fortified tissues and incurred tissues. The analytical method should be validated at least to demonstrate the recovery, the limit of detection and the variability.

2.3.4.2 Extent of Characterization/Major Metabolites

The degree of characterization and structural identification depends on several factors which include the amount of residue present, the concern for the compound or for the class of compounds to which it belongs, and the suspected significance of the residue based on prior knowledge or experience.

In general, characterization and structural identification of major metabolites should be accomplished using a combination of techniques and might include chromatographic comparison to standards or mass spectrometry.

As a point of reference, major metabolites are those comprising ⩾ 100 μg/kg or ⩾ 10% of the total residue in a sample collected at the earliest euthanasia interval (or following attainment of steady-state or at or near the end of treatment for continuous-use drug products). In some cases, chemical characterization rather than unequivocal structural identification for a major metabolite will be appropriate (e.g. when a conjugate is present or if mass spectrometry information indicates the likely biotransformation pathway (for example M+16 for hydroxylation)). Ordinarily, no differentiation of the radioactivity below these levels (i.e., of the minor metabolites) would be recommended unless there are concerns over residues occurring at the lower levels.

2.3.4.3 Characterization of Bound and Nonextractable Residues

An investigation into the nature of bound residues is usually optional. However, the information obtained from such an investigation might warrant the discount of some of the residues from the total residue of concern.

2.3.4.3.1 General Comments

The use of veterinary drugs in food-producing animals can result in residues that are neither extractable from tissues using mild aqueous or organic extraction conditions nor easily characterized. These residues arise from (a) incorporation of residues of the drug into endogenous compounds, (b) chemical reaction of the parent drug or its metabolites with macromolecules (bound residues), or (c) physical encapsulation or integration of radioactive residues into tissue matrices.

Those nonextractable residues shown to result from incorporation of small fragments of the drug (usually one or two carbon units) into naturally occurring molecules are not of significance.

Characterization of the bound residues of a veterinary drug is usually prompted when the bound residue comprises a significant portion of the total residue or when the concentration of bound residue is so high as to preclude the assignment of a practicable withdrawal period for the drug (i.e., the total residue does not deplete below the residue of concern because of the amount of bound residue). The extent of data collection on the bound residue depends on a number of factors, including the amount of bound residue, the nature of the bound residue and the potency of the parent drug or metabolite on which the Acceptable Daily Intake (ADI) is based.

2.3.4.3.2 Characterization of the Bound Residue

The characterization of bound residues is usually difficult, involving vigorous extraction conditions or enzymic preparations that can lead to residue destruction or artifact formation.

However, the biological significance of residues of veterinary drugs in foods usually depends on the degree to which those residues are absorbed when the food is ingested. Therefore, the determination of the bioavailable residues that result when tissue containing bound residue is fed to test animals can be a useful characterization tool (the method of Gallo-Torres (*Journal of Toxicology and Environmental Health*, **2**: 827-845 (1977)) might be an appropriate procedure for demonstrating bioavailability).

3 REPORTING OF DATA

The data should be presented so that it is possible to determine the marker residue to total residue ratio, the marker residue, and the target tissue if these concepts are called for by national/regional regulators. The total residue concentration for each tissue should be reported for each collection timepoint. The amounts of total residue radioactivity extracted (percentage extractable) using various treatments (enzyme, acid) should be provided. The target tissue is the edible tissue selected to monitor for the total residue in the target animal. The target tissue is usually, but not necessarily, the tissue with the slowest depletion rate of the residues.

The components of the total residues should be reported for each collection timepoint for comparison to the total residue concentrations. The components of the total residues (parent drug plus metabolite(s)) should be examined to select the marker residue. The marker residue might be the parent compound. However, the marker residue might also be defined as a combination of parent compound plus a metabolite(s) or as a sum of residues that can be chemically converted to a single derivative or fragment molecule.

An appropriate marker residue has the following properties:

1) there is a known relationship established between the marker residue and the total residue concentration in the tissue of interest;

2) the marker residue should be appropriate to test for the presence of residues at the time point of interest, i.e. adherence to the withdrawal period; and

3) there should be a practicable analytical method to measure the marker residue at the level of the MRL.

4 GLOSSARY

The following definitions apply for purposes of this document.

Acceptable daily intake (ADI) of a chemical is the daily intake which, during an entire lifetime, appears to be without appreciable risk to the health of the consumer. The ADI most often will be set on the basis of the drug's toxicological, microbiological or pharmacological properties. It is usually expressed in micrograms or milligrams of the chemical per kilogram of body weight.

Bound residues are residues formed by covalent binding of the parent drug or its metabolites with macromolecules in food-producing animals.

Edible tissues are tissues of animal origin that can enter the food chain and include, but are not limited to muscle, injection site muscle, liver, kidney, fat, skin with fat in natural proportions, whole eggs and whole milk.

Good laboratory practice (GLP) is the formalized process and conditions under which laboratory studies on veterinary drugs are planned, performed, monitored, recorded, reported and audited. Studies performed under GLP are based on national or regional requirements and are designed to assure the reliability and integrity of the studies and associated data.

Major metabolites are those comprising $\geqslant$ 100 μg/kg or $\geqslant$ 10% of the total residue in a sample collected from the target animal species in the metabolism study (VICH GL 46).

Marker residue is that residue whose concentration is in a known relationship to the concentration of total residue in an edible tissue.

Maximum residue limit (MRL) is the maximum concentration of a veterinary drug residue that is legally permitted or recognized as acceptable in or on a food as set by a national or regional regulatory authority. The term 'tolerance,' used in some countries, can be, in many instances, synonymous with MRL.

Metabolism, for purposes of this guidance, is the sum total of all physical and chemical processes that occur within an organism in response to a veterinary drug. It includes uptake and distribution of the drug within the body, changes to the drug (biodegradation), and elimination of drugs and their metabolites.

Practical zero withdrawal is representative of the shortest time interval between administration of the last dose of the drug (e.g. at the farm) and slaughter (including transport from the farm).

Residue means the veterinary drug (parent) and/or its metabolites.

Residue of concern refers to the total amount of residues that have relevance to the ADI established for the veterinary drug.

Total residue of a drug in edible tissues is the sum of the veterinary drug (parent) and all metabolites as determined in radiolabeled studies or other equivalent studies.

Wet weight basis means that samples are analyzed fresh, with no allowance made for the moisture content.

STUDIES TO EVALUATE THE METABOLISM AND RESIDUE KINETICS OF VETERINARY DRUGS IN FOOD-PRODUCING ANIMALS: LABORATORY ANIMAL COMPARATIVE METABOLISM STUDIES

Adopted at Step 7 of the VICH Process
by the VICH Steering Committee
in February 2011
for implementation in February 2012

This Guideline has been developed by the appropriate VICH Expert Working Group and is subject to consultation by the parties, in accordance with the VICH Process. At Step 7 of the Process the final draft will be recommended for adoption to the regulatory bodies of the European Union, Japan and the USA.

1 INTRODUCTION

1.1 Objective of the guidance

The objective of this guidance is to provide recommendations for internationally harmonized procedures to identify the metabolites of veterinary drugs produced by laboratory animals. The purpose of the comparative metabolism studies is to compare the metabolites of the laboratory animals used for toxicological testing to the residues of the veterinary drugs in edible tissues of foodproducing animals, in order to determine if the laboratory animals used for toxicological testing have been exposed to the metabolites that humans can be exposed to as residues in products of foodproducing animal origin.

1.2 Background

This guidance is one of a series developed to facilitate the mutual acceptance of residue chemistry data for veterinary drugs used in food-producing animals. This guidance was prepared after consideration of the current procedures for evaluating veterinary drug residues in the European Union, Japan, United States, Australia, New Zealand and Canada.

2 GUIDANCE

2.1 Purpose

The human food safety evaluation of veterinary drug residues assures that food derived from treated food-producing animals is safe for human consumption. As part of the data collection process, studies are conducted to characterize the metabolites to which laboratory animals are auto-exposed during the toxicological testing of the veterinary drug. The purpose of these studies is to determine whether the metabolites that people will consume from tissues of target food- producing animals are also produced by metabolism in the laboratory animals used for the safety testing. It is understood that, if the laboratory animals produce substantially similar metabolites as those produced by the food-producing animal, the laboratory animals will have been auto- exposed to the metabolites that humans will consume from tissues of treated food- producinganimals. Autoexposure of metabolites will ordinarily be taken as evidence that the safety of metabolites has been adequately assessed in the toxicology studies.

2.2 Scope

Demonstration of metabolites from the laboratory animal can be generally accomplished in one or more *in vitro* studies or in an *in vivo* study.

Use of one or more *in vitro* laboratory animal metabolism studies (e.g., laboratory animal liver slice metabolism) for comparison to the metabolism in the food-producing animal can be conducted to demonstrate that the relevant laboratory animal produces the metabolites that are found as residues in the edible tissues of the target food-producing animal. Conducting i*n vitro* studies can avoid the use of *in vivo* laboratory animal studies, can reduce the number of animals that are euthanized, and can reduce the cost of comparative metabolism studies. If the *in vitro* or *in vivo* studies do not demonstrate the metabolites produced by the target food-producing animal, the sponsor should address by other means the relevance to consumer safety of the food- producing animal metabolites.

Laboratory animal *in vitro* and *in vivo* metabolism studies are most often accomplished using radiolabeled drugs. These studies are capable of monitoring all of the drug-derived residues resulting from the administration of test material (note: only the major metabolites should be generally identified). This guidance, therefore, recommends procedures for metabolism studies conducted with radiolabeled drugs. However, alternative approaches (i.e., not using radiolabeled drug) to characterize the metabolites in laboratory animals can be suitable when the metabolites produced by the target food-producing animal as residues in edible tissues are readily identified in urine or tissues of the laboratory animals by chemical means.

Auto-exposure has been generally adequately demonstrated if laboratory animals produce each of the major metabolites of the residue that people will consume from edible tissues of treated food- producing animals. Qualitative information on the metabolites in laboratory animals should be reported. Quantification of the metabolites found in urine, fluids or tissues of laboratory animals is not generally an objective of the comparative metabolism studies. Only the major metabolites found as residues in the food-producing animal should generally be identified in the laboratory animals. Metabolites observed in laboratory animals that are not observed in the food-producing animal are not relevant to the objective of assuring that the laboratory animals are auto-exposed to the residue metabolites that humans will consume.

Comparative metabolism studies should be conducted in compliance with applicable Good Laboratory Practice (GLP).

2.3 Comparative Metabolism Studies in Laboratory Animals

2.3.1 Test Materials

2.3.1.1 Drug

The chemical identity (including, for example, the common name, chemical name, CAS-number, structure, stereochemistry and molecular weight) and purity of the drug substance should be described. The test drug should be representative of the active ingredient to be used in the commercial formulation.

2.3.1.2 Radiolabeled Drug

The position(s) of the radiolabel should be indicated. The characteristics of the radiolabeled drug used in comparative metabolism studies should meet the specifications identified in the guidance VICH GL 46 "Studies to Evaluate the Metabolism and Residue Kinetics of Veterinary Drugs in Food-producing Animals: Metabolism Study to Determine the Quantity and Identify the Nature of Residues" in the target food-producing animal regarding: a) the nature of the radiolabel, b) the site of the label in the test molecule, and c) the purity and specific activity of the radiolabeled drug.

2.3.1.3 Analytical Standards

Analytical standards should be available for the parent drug and, if possible, for metabolites known or expected to exist, for use in the chromatographic comparison of drug metabolites. The metabolites can be isolated from tissues generated in the target food-producing animal metabolism study (VICH GL 46).

2.3.2 *In vitro* Test Systems

Single or multiple in vitro metabolism test studies can be used as an alternative for the *in vivo* comparative metabolism studies.

The laboratory animal species used in the comparative metabolism study should preferably be the same species (and for rodents the same strain) as was used in the pivotal study for determining the toxicological acceptable daily intake (ADI) of the veterinary drug. In case another species is used, the choice of species should be justified in terms of relevance. The source of the animals, their weights, health status, ages and gender should be reported.

Various test systems have been published and are widely used. *In vitro* systems for comparative metabolism studies include primary hepatocytes, liver microsomes, the S9 sub-cellular fraction, cytosol, liver slices and whole cell lines. Protocols for these *in vitro* studies have not yet been standardized (e.g., OECD), therefore some strengths and weaknesses of each of these systems are discussed below:

- Primary (fresh or cryopreserved) hepatocytes: Primary hepatocytes are liver cells that are useful in evaluating Phase I and Phase II metabolism and moreover have the added advantage of taking membrane transport effects into account. These hepatocytes can be prepared in suspension, monolayer culture or sandwich cultures. The sandwich cultures have the advantage of maintenance of enzyme activities for a longer duration of time. If the food- producing animal residue metabolites are demonstrated in a primary hepatocytes system, then comparative metabolism has been generally demonstrated. Use of a primary hepatocytes- based system can be complimentary to one or more of the other *in vitro* systems to demonstrate the metabolism for a laboratory animal species.

- Liver microsomes: Liver microsomes include most of activities of cytochrome P450 (CYP) and flavin-containing monooxygenase (FMO) systems for evaluating phase I metabolism, along with uridine diphosphate-glucuronosyl-transferase (UDPGT) for phase II glucuronidation. If the food-producing animal residue metabolites are demonstrated in a liver microsome system, then comparative metabolism has been generally demonstrated. Use of a liver microsome-based system can be complimentary to one or more of the other *in vitro* systems to demonstrate the metabolism for a laboratory animal species.

- S9 sub-cellular fraction: The S9 sub-cellular fraction contains the same phase I and phase II enzymes present in liver microsomes as well as additional systems such as sulfotranferases and N-acetyltransferases. The S9 sub-cellular fraction is suitable for evaluating phase I and II metabolism or phase I metabolism followed by phase II conjugation. If the food-producing animal residue metabolites are demonstrated in a S9 sub-cellular fraction system, then comparative metabolism has been generally demonstrated. Use of a S9 sub-cellular fraction- based system can be complimentary to one or more of the other *in vitro* systems to demonstrate the metabolism for a laboratory animal species.

- Cytosol: This represents the supernatant fraction remaining following microsomal centrifugation. It contains some of the phase II conjugation systems but otherwise represents a relatively incomplete matrix for metabolic work. In general, the use of cytosolic systems alone is unlikely to provide a complete comparative metabolism profile, but if the food- producing animal residue metabolites are demonstrated in a cytosol system, then comparative metabolism has been generally demonstrated. Use of a cytosol-based system can be complimentary to one or more of the other *in vitro* systems to demonstrate the metabolism for a laboratory animal species.

- Liver slices: the use of whole liver slices for metabolism research is possible, however, the liver cell viability and corresponding enzyme activities decrease rather rapidly compared with the other alternatives. The conduct of comparative metabolism studies using liver slice methodology should not be used unless cell viability and enzyme activity can be demonstrated. However, if the food-producing animal residue metabolites are demonstrated in a liver-slice system, then comparative metabolism has been generally demonstrated. Use of a liver-slice-based system can be complimentary to one or more of the other *in vitro* systems to demonstrate the metabolism for a laboratory animal species.

- Whole cell lines: Use of whole cell lines is not currently recommended because the enzymatic activity is generally low. However, if the food-producing animal residue metabolites are demonstrated in a whole cell line system, then comparative metabolism has been generally demonstrated. Use of a whole cell line-based system can be complimentary to one or more of the other *in vitro* systems to demonstrate the metabolism for a laboratory animal species.

It is generally possible that only one of these specific *in vitro* options could be used for demonstration of comparative metabolism. However, if the target-species metabolic profile includes evidence of both phase I and phase II biotransformation, the Sponsor should consider investigating multiple options (*e.g.* microsomes and S9) to reproduce the complete metabolic profile.

Although many variations in test conditions have been reported in the literature, the following represents some general guidance for conduct of *in vitro* comparative metabolism studies:

• Test molecules are usually incubated in the *in vitro* system at 37 ℃ .

• The concentrations of target molecules are typically lower than 100μM.

• The incubation time is dependent upon the rate of metabolism of the target molecules and should be adjusted accordingly.

• Cofactors of phase I and II metabolism are scientifically necessary for incubation of liver microsomes and S9, such as NADPH (NADPH regeneration system) for phase I metabolism, UDPGA for glucuronidation, PAPS for sulfation.

When more standardized *in vitro* system metabolism study protocols become available, the general guidance above can be replaced according to the standardized protocols.

2.3.3 *In Vivo* Test Systems

2.3.3.1 Animals

The laboratory animal species used in the comparative metabolism study should preferably be the same species (and for rodents the same strain) as was used in the pivotal study for determining the toxicological acceptable daily intake (ADI) of the veterinary drug. In case another species is used, the choice of species should be justified in terms of relevance. The source of the animals, their weights, health status, ages and gender should be provided.

2.3.3.2 Animal Handling

Animals should be allowed adequate time to acclimatize. Normal laboratory animal caretaking practices should be applied. (Note: metabolism cage housing can be used).

Animals should be healthy and, preferably, should not have been previously medicated. However, it is recognized also that animals might have received biological vaccinations or other treatment, for example with anthelmintics. In any case an appropriate wash-out time should be observed for the animals prior to their being put on study. Animals should have a known history of medication.

Handling and disposal of animals and tissues from animals treated with radiolabeled materials should be in compliance with applicable laws and regulations.

2.3.3.3 Number of Animals

Enough animals should be treated with the drug in the comparative metabolism study to provide enough composited tissue or excreta for analysis. The samples of like material from different animals can be composited for a single analysis. There is no minimum number of animals for a comparative metabolism study; however, four animals of each gender are often used (but less can be used) to assure there is enough sample material. Demonstration of comparative metabolism is not generally conducted in each gender; therefore, the samples of like material can be pooled (without regard to gender) to increase the likelihood of demonstrating the metabolites of interest when gender differences in metabolic ratios might exist.

2.3.3.4 Drug Formulation

The drug formulation, method of dose preparation, and stability of the drug in the formulation during the treatment period should be described. It is not critical that the formulation used in the comparative metabolism studies is the same as the commercial product.

2.3.3.5 Route of Administration

The drug should be administered orally. Gavage or bolus dosing can be used to ensure that animals receive the complete dose and to minimize environmental concerns.

2.3.3.6 Dosing

The dose should be high enough to result in concentrations of metabolites in excreta or tissues for comparison.

The dose should be administered daily for enough time that the drug undergoes all relevant metabolic events, including those associated with enzyme induction. Normally, administration for five days is used unless there are data to show a longer time of administration can better demonstrate the formation of the metabolites of interest. Doses near the minimum toxic dose can be used to generate high concentrations of the metabolites of interest in tissues and urine but lower doses can be used.

2.3.3.7 Animal Euthanasia

Animals should be humanely euthanatized. Chemical euthanasia can be used unless it will interfere with analysis of the metabolites of interest.

Animals should be euthanized for metabolite analysis at a single time point, usually 2-4 hours after the last dose of the test substance. Multiple days of dosing provides the presence of metabolites resulting from sequential metabolism of the parent drug over time, and therefore additional euthanasia time points are not called for.

2.3.3.8 Sample Collection

Before euthanasia, urine, feces, and blood can be collected for analysis. The samples should be analyzed immediately or stored frozen (unless freezing causes a stability problem for the metabolites of interest) until analysis. Freezing of the samples is to reduce microbial metabolism from altering the metabolic profile. If the samples are stored after collection, the sponsor should ensure that the radiolabeled compound remains intact throughout the storage period.

Following euthanasia, samples of tissues can be collected. The tissue samples should be analyzed immediately or stored frozen (unless freezing causes a stability problem for the metabolites of interest) until analysis. Freezing of the samples is to reduce microbial metabolism from altering the metabolic profile. If the samples are stored after collection, the sponsor should ensure that the radiolabeled compound remains intact throughout the storage period.

Comparative metabolism can be demonstrated with one or more excreta or tissues. Samples that are typically taken for qualitative metabolite analysis can include blood/blood fractions, excreta, liver, bile, kidney, fat or other tissues. Enough tissue of each type should be taken from each animal for analysis or for pooling from more than one animal for analysis.

2.3.3.9 Determination of Total Radioactivity

Determination of total radioactivity in samples and accounting for the mass balance of the radioactivity are not normally conducted for the *in vivo* comparative metabolism studies. When total radioactivity is to be determined, the procedures presented in VICH GL 46 should be followed.

2.3.4 Separation and Comparison of Metabolites

Commonly available analytical technology, including, for example, high performance liquid chromatography, thin layer chromatography, gas chromatography, and mass spectrometry, are typically used for the separation of the total residue into its components and comparison of the drug-derived residues.

2.3.4.1 Analytical Methods

Similar procedures for chromatography and chemical characterization as those employed in VICH GL 46 should be used in the *in vivo* comparative metabolism studies in laboratory animals. Those methods can also be useful for *in vitro* investigations, although the sample preparation would be different. A description of the analytical methods should be provided as described in VICH GL 46. The repeatability of retention times for the analytical method should be demonstrated.

2.3.4.2 Extent of Characterization/Major Metabolites

Characterization and structural identification of the metabolites and demonstration of the tissue extraction efficiency during the comparative metabolism study are not normally conducted when the comparison of the chromatographic retention time(s) demonstrate the presence of the metabolites of interest in the laboratory animal.

2.3.4.3 Nonextractable Metabolites

Characterization of nonextractable metabolites in comparative metabolism studies in laboratory animals is normally not performed. Characterization of the covalently bound metabolites of a veterinary drug in laboratory animals should be performed only when the nonextractable residue contains a metabolite of interest that is not present in enough quantity for characterization in the easily extractable portion. In this case, the procedures identified in VICH GL 46 should be followed.

3 GLOSSARY

The following definitions apply for the purposes of this document:

Acceptable daily intake (ADI) of a chemical is the daily intake which, during an entire lifetime, appears to be without appreciable risk to the health of the consumer. The ADI most often will be set on the basis of the drug's toxicological, microbiological or pharmacological properties. It is usually expressed in micrograms or milligrams of the chemical per kilogram of body weight. This guideline applies to information concerning the toxicological ADI.

Major Metabolites are those comprising $\geqslant$ 100 μg/kg or $\geqslant$ 10% of the total residue in a sample collected from the target animal species in the metabolism study (VICH GL 46).

Nonextractable residues are residues that are not readily extractable from tissues using mild aqueous or organic extraction conditions. These residues arise from (a) incorporation of residues of the drug into endogenous compounds, (b) chemical reaction of the parent drug or its metabolites with macromolecules or (c) physical encapsulation or integration of radioactive residues into tissue matrices.

Metabolism for purposes of this guidance, is the sum total of all physical and chemical processes that occur within an organism in response to a veterinary drug. It includes uptake and distribution of the drug within the body, changes to the drug (biodegradation), and elimination of drugs and their metabolites.

Metabolites of interest refers to the veterinary drug (parent) and its metabolites that were demonstrated in the edible tissues of the food-producing animal and have relevance to the toxicological ADI established for the veterinary drug.

Residue means the veterinary drug (parent) and/or its metabolites.

STUDIES TO EVALUATE THE METABOLISM AND RESIDUE KINETICS OF VETERINARY DRUGS IN FOOD-PRODUCING ANIMALS: MARKER RESIDUE DEPLETION STUDIES TO ESTABLISH PRODUCT WITHDRAWAL PERIODS

Revision at step 9
Adopted at Step 7 of the VICH Process by the VICH Steering Committee in January 2015 for implementation by January 2016.

This Guideline has been developed by the appropriate VICH Expert Working Group. At Step 7 of the Process the final draft is recommended for adoption to the regulatory bodies of the European Union, Japan and the USA.

1 INTRODUCTION

1.1 Objective of guidance

As part of the approval process for veterinary medicinal products in food-producing animals, national/regional regulatory authorities require data from marker residue depletion studies in order to establish appropriate withdrawal periods in edible tissues including meat, milk and eggs. The objective of this guidance is to provide study design recommendations which will facilitate the universal acceptance of the generated residue depletion data to fulfill the national/regional requirements.

1.2 Background

This guidance is one of a series developed to facilitate the mutual acceptance of residue chemistry data for veterinary drugs used in food-producing animals. This guidance was prepared after consideration of the current national/regional requirements and recommendations for evaluating veterinary drug residues in the VICH regions.

2 GUIDANCE

2.1 Purpose

Marker residue depletion studies for registration or approval, as applicable, of a new veterinary medicinal product in the intended species are recommended to:

• demonstrate the depletion of the marker residue upon cessation of drug treatment to the regulatory safe level (*e.g.* maximum residue limit or tolerance).

• generate data suitable for elaboration of appropriate withdrawal periods/withholding times to address consumer safety concerns.

2.2 Scope

The intent is that one residue depletion study (per species), conducted within any VICH region, would satisfy the data recommendations for establishment of appropriate withdrawal periods for a specific product in food-producing animals.

The guidance encompasses the most common species, namely cattle, pig, sheep and poultry; however, the principles of this guidance can also be applied to related species not mentioned in this core group (e.g., cattle vs. all ruminants). The guidance does not provide study design recommendations for fish or honey bees (as producers of honey).

Studies should be conducted in conformity with the applicable principles of Good Laboratory Practice (GLP).

2.3 Marker Residue Depletion Studies

2.3.1 Test Article

The test article used for the study should be representative of the commercial formulation. Use of final GMP manufactured material (pilot scale or commercial scale) is the preferred source of test article; however, laboratory scale preparations characterized with respect to GLP could also be appropriate.

2.3.2 Animals and Animal Husbandry

Ordinarily, one marker residue depletion study (for tissues) should be performed in swine, sheep and poultry. For cattle, a single study in ruminating beef cattle could be applied to dairy cattle (or vice versa). However, because of differences in ruminant and pre-ruminant physiology, separate studies are recommended when the target species encompasses both adult and pre-ruminating animals. A separate study should be performed to demonstrate the residue depletion profile in milk of dairy animals or in eggs produced by laying hens.

Animals should be healthy and, preferably, should not have been previously medicated. However, it is recognized that animals might have received biological vaccinations or prior treatment, for example, with anthelmintics. In the latter case, an appropriate wash-out time should be observed for the animals prior to enrollment in the actual trial. Study animals should be representative of the commercial breeds and representative of the target animal population that will be treated. The source of the animals, their weights, health status, ages and sex should be reported.

Animals should be allowed adequate time to acclimatize and normal husbandry practices should be applied to the extent possible. The feed and water supplied to the animals should be free from other drugs and/or contaminants and adequate environmental conditions should be ensured to be consistent with animal welfare, in accordance with applicable national and regional regulations.

2.3.2.1 Intramammary Studies

For studies with intra-mammary products, all animals should have visibly healthy udders free from effects from chronic mastitis. For pre-parturition studies, pregnant animals with a predicted parturition date should be introduced into the study facility well in advance of study enrollment.

2.3.2.2 Other Parameters

The marker residue depletion study should take into account all factors that might contribute to the variability of residue levels in animal commodities in the planning and conduct of trials. The intent here is that these "other factors" (*e.g.,* animal breeds, physical maturity, etc) be considered within the pool of animals to be included in the marker residue depletion study without warranting an increase in the number of animals as recommended in 2.3.3. For example, if a milk residue depletion study recommends 20 animals, all "other factors" should be represented within the 20 initially selected animals (not an additional 20 animals representing each "other factor").

2.3.3 Number of animals for the study

The number of animals used should be large enough to allow a meaningful assessment of the data. From a statistical point of view, residue data from a minimum of 16 animals with four animals being euthanized at four appropriately distributed time intervals are recommended. Higher numbers of animals should be considered if the biological variability is anticipated to be substantial as the increased numbers might result in a better defined withdrawal period. Control (non-treated) animals are not necessarily called for as part of the actual marker residue depletion study; however, sufficient amounts of control matrices should be available to provide for related analytical methods testing. The following section provides a general recommendation for numbers of animals to be included in the study design.

2.3.3.1 Cattle, pigs and sheep for tissue residue studies

At least 4 (evenly mixed as per sex) per each slaughter time are recommended. The suggested bodyweight ranges are ~40 to 80 kg for swine, ~40 to 60 kg for sheep and ~250 to 400 kg for beef cattle. Consistent with Section 2.3.2, non-lactating dairy cows could also be used for these tissue residue studies.

2.3.3.2 Dairy animals for milk residue studies

For lactating animal studies, at least 20 animals, randomly selected from a herd where all lactation stages are represented, are recommended. High yielding animals at an early lactation stage and low yielding animals at a late lactating stage should be included in the group of animals but specific numbers of each are not called for.

For pre-parturition (*i.e.* dry-cow) studies, a minimum of 20 animals is recommended. The study should include randomly selected cows representative of commercial dairy practices.

2.3.3.3 Poultry

A sufficient number of birds should be used to obtain at least 6 samples at each slaughter time for tissue residue studies.

For egg residue studies, a sufficient number of birds should be used to collect (10) or more eggs at each interval time point.

2.3.4 Dosing and Route of Administration

2.3.4.1 General guidance

Animal treatment should be consistent with the intended product label including, for injectable products, the location and injection method. For multiple treatments, the injections should be given alternately between left and right sides of the animal.

The highest intended treatment dose should be administered for the maximum intended duration. If an extended drug administration period is intended, duration of treatment sufficient to reach steady state in target tissue(s) can be used instead of the full length of the treatment. The time to steady-state data are often obtained as part of the total residue study, see VICH GL 46, "Studies to Evaluate the Metabolism and Residue Kinetics of Veterinary Drugs in Food-Producing Animals: Metabolism Study to Determine the Quantity and Identify the Nature of Residues."

2.3.4.2 Considerations for products intended for intramammary administration

Drug products intended for intra-mammary administration either for lactating animals or for preparturition (*i.e.,* dry cow treatment) studies should be given to all quarters (*i.e.,* normally four quarters in bovine). Although, it is unlikely that all quarters will be treated with an intra- mammary product during commercial practice, for residue studies this study design represents a worst-case scenario.

For pre-parturition (*i.e.,* dry cow treatment) studies, the test article should be administered after the last milking (dry-off) and consistent with the desired pre-calving interval. It is recognized that these (dry-cow) studies comprise both a milk residue depletion phase (post-calving) as well as a decision on a desired pre-calving treatment interval. In order to reduce variability in the residue data, the pre-calving period should be tightly controlled and the study should be designed such that a sufficient number of animals give birth in a limited time interval (i.e., the differences between dry periods among animals within an experiment should be kept as small as possible). For instance, to target a pre-calving treatment interval of 30 days, data should be collected from at least 20 cows calving between, for example, 20-30 days after treatment. For a pre-calving treatment interval of 60 days, data should be collected for at least 20 cows calving between, for example, 40-60 days after treatment. This can be accomplished by drying-off and infusing animals with the test formulation based on the expected calving date.

2.3.4.3 Considerations for products intended for multiple routes of administration.

If the drug product is intended to be administered via more than one parenteral route (intramuscular (IM), subcutaneous (SC) or intravenous (IV)), a separate marker residue depletion study for each route of administration should be provided. If the withdrawal period is clearly defined by depletion of residues from the injection site following SC or IM dosing, a separate intravenous residue study (at the same dose) is not recommended provided the same withdrawal period (for SC or IM) can be applied to the IV route.

A single marker residue depletion study can be conducted for drug formulations containing the same active substance but which are applied via different dermal routes (*e.g.,* dipping, spray or pour-on). However, the methodology used in the study should represent delivery of the highest possible dose and this should be appropriately justified. The consequence of this approach is that the same withdrawal time would be applied to all approved dermal application routes. Separate residue studies are recommended if differentiation among these routes of administration is desired.

2.3.4.4 Considerations for Use of Multiple Injection Sites per Animal

Where the withdrawal period will clearly be determined by residue depletion at the site of injection, the

Sponsor generally has the option of collecting data from two injection sites per animal (and using the data from both sites in a determination of the withdrawal time). This practice can have a positive impact on study design with respect to animal welfare by reducing animal numbers. An example of where this approach is applicable is described below:

• For a product that utilizes only a single injection, treatment can be given on the right side of the neck on Day 0 and then on the left side of the neck on Day 4. Euthanasia on Day 7 following the final treatment would provide depletion data at 7-days (left injection site (IJS)) and 11 days (right IJS) withdrawal. In this case, however, collection and assay of the other tissues would not be warranted since the product was administered contrary to the label (two injections vs. one injection) and residues could be excessively elevated. Such a dosing regimen is designed specifically for determination of injection site residue depletion.

2.3.5 Animal Euthanasia

Animals should be euthanized using commercially applicable procedures, making certain to observe appropriate exsanguination times. Chemical euthanasia can be used unless it will interfere with the analysis of the marker residue.

2.3.6 Sampling

2.3.6.1 General Considerations

Following euthanasia, edible tissue samples in sufficient amounts should be collected, trimmed of extraneous tissue, weighed and divided into aliquots. If the analysis can not be completed immediately, the samples should be stored under frozen conditions pending analysis. If samples are stored after collection, the Sponsor generally bears the responsibility for demonstrating residue stability through the time of assay.

The tissue sampling protocol encompasses two sections; (1) those tissues that are recommended in support of registration or approval, as applicable, in all VICH regions and (2) additional tissues that can be collected to address specific national/regional consumption habits and/or legal concerns. Table 1 indicates the recommended samples for collection for all VICH regions. Table 2 indicates the recommended additional samples for collection.

For purposes of this guidance, one of the additional tissues from Table 2 (per species) should be selected for assay, based on the results of the total residue (TRR) study. This would typically be the additional tissue with the highest residues or the slowest depletion rate. It is important to emphasize that collection of only one additional tissue is recommended. For example, if the TRR study indicates that cattle heart has the slowest depletion rate, that additional tissue should be selected for assay in the marker residue depletion study, but cattle small intestine marker residue data are not recommended. Similarly, if poultry gizzard has the highest residues, assays of poultry heart are not recommended. If no TRR data are available for the additional tissues, it is suggested that the Sponsor discuss with the appropriate national/regional authorities how best to conduct the marker residue depletion study to satisfy the specific national/regional consumption habits and/or legal concerns, if any.

Table 1. Sample Collection from Animals in the Marker Residue Depletion Study (All Regions)

Edible Tissue Type	Species / Sample Description		
	Cattle / Sheep	Swine	Poultry
Muscle	Loin	Loin	Breast
Injection Site Muscle	Core of muscle tissue ~500 g 10 cm diameter x 6 cm deep for IM; 15 cm diameter x 2.5 cm deep for SC	Core of muscle tissue ~500 g 10 cm diameter x 6 cm deep for IM; 15 cm diameter x 2.5 cm deep for SC	Collect sample from entire site of injection, e.g., chicken whole neck, whole breast or whole leg. Larger birds, not to exceed 500 g

Table 1

Edible Tissue Type	Species / Sample Description		
	Cattle / Sheep	**Swine**	**Poultry**
Liver	Cross-section of lobes	Cross-section of lobes	Entire
Kidney	Composite from combined kidneys	Composite from combined kidneys	Composite from combined kidneys
Fat	Peri-renal	NA	NA
Skin / Fat	NA	Skin with fat in natural proportions	Skin with fat in natural proportions
Milk	Whole milk	NA	NA
Eggs	NA	NA	Composite from combined white and yolk

NA: not applicable

Table 2. Additional Tissues that can be Collected to Address Specific National/Regional Consumption and/or Legal Concerns in the Marker Residue Depletion Study

Edible Tissue Type	Species / Sample Description			
	Cattle / Sheep		Swine	Poultry
Gizzard	NA		NA	Entire
Heart	Cross-section		Cross-section	Entire
Small Intestine	Composite, rinsed of content		Composite, rinsed of content	NA
Other Tissues	Composite	Composite	Composite	Composite

NA: not applicable

2.3.6.2 Injection Sites

For parenteral preparations (IM or SC), residue depletion data from the injection site(s) should be included. Injection site residues are local residues (*i.e.* those that do not arise via the systemic circulation) that might or might not remain localized at the site of administration. As such, it is important for the Sponsor to develop appropriate quality control sampling procedures which ensure that the collected tissue actually encompasses the injection site. Any approach taken by the Sponsor should be justified on a case-by-case basis, taking into account the data available and the formulation characteristics. The following methodologies should be considered, however, this list is not to be considered comprehensive. Regardless of the option selected, the primary core sample should target 500 g ± 20%.

• Collection of an additional ring sample (300 g ± 20%) around the primary core sample (500 g ± 20%). These tissue amounts would generally not apply to small animals that do not allow sampling of 500 g. For these situations, the optimum sampling strategy should be defined on a case by case basis and should be justified. However, collection of two samples (a core and surrounding sample) remains appropriate.

• Collection of an elliptical (or other appropriate shape) sample along the injection track and/or the site of irritation. The Sponsor should provide evidence that this method correctly targets the injection site residues, such as with accompanying photographs of the site(s) of sampling.

• Provide data on the migration potential of injection site residues based on information obtained from the TRR study. For example, a circular core (or elliptical) sample would be taken along the injection track and/or site of irritation as well as several adjacent samples for TRR comparisons. If this protocol demonstrates an appropriate sample collection technique, only the primary sample should be collected during the marker residue depletion study. It might be constructive to include an additional time point (*i.e.,* at a longer withdrawal time) in this study.

• Provide data on the migration potential of injection site residues based on information obtained from a target animal safety study (*i.e.* pathological examinations of the physical injection site).

• Conduct one of the above study designs using a colored dye to provide a visual assessment of the migration potential of injection site residues.

Samples should be collected from the last injection site (or sites), as appropriate (see Section 2.3.4.4, Considerations for Use of Multiple Injection Sites per Animal). In the case of products requiring multiple injections, the study design should be such that the last injection site will occur on the side of the animal receiving the higher number of injections. When a circular cores sample is indicated, collection of the injection site muscle tissue (from large animals) should be centered on the point of injection and consistent with the recommendations shown in Table 1.

2.3.6.3 Other Considerations

• For formulations that are able to leave local residues, such as dermal pour-on products, samples of relevant tissues (*e.g.,* muscle, subcutaneous fat or skin/fat from the application site) should be harvested for analysis (in addition to those specified in Table 1).

• For clarity, if two or more of the tissues are assayed as composite tissues such as skin plus fat in natural proportions (pig and poultry), it is not recommended to assay separate samples of skin and fat.

• Muscle samples can be obtained from skeletal (striated) muscles that include intramuscular fat in natural proportion.

2.3.6.4 Milk Sampling

Milk samples should be obtained from all animals at appropriate intervals. Based on information obtained with respect to global commercial dairy management practices, 12 hr collection intervals represent the most common milking frequency. Variations to this practice occur within a range of 6 hr (4X per day) to 24 hr (1X per day) and the selection of the specific collection interval should be justified by the Sponsor. Four-quarter composite samples should be collected from individual cows at each time point. For multiple dosed products used in dairy animals, samples should be taken after the last treatment which should be administered following complete milk-out of the udder. For products that may qualify for a 0-day (nil) milk discard time, samples should also be collected during treatment. There is no standard number of sampling times. Milk collections should continue until the residues fall below the appropriate reference point (*e.g.,* MRL, tolerance, LOQ, etc) as determined by the chemical properties of the drug product.

Although beyond the scope of this guidance, the Sponsor might be requested to assess residues in calves fed milk (including colostrum) from treated adults (*i.e.,* mothers), if these animals are intended for human consumption (such as for veal calves).

2.3.6.5 Egg Sampling

Egg samples should be obtained from 10 or more laying hens at every laying time point during the medication period and after the final medication. Egg samples should be collected after the period necessary to complete egg yolk development, which is usually up to 12 days. Egg white and yolk should be combined for analysis.

2.3.7 Recommendations for Products Proposed for a 0-Day Tissue Withdrawal Period or a 0-Day (nil) Milk Discard Time

For products administered as one treatment or as several treatments (*i.e.,* daily for 3-5 days), or for continuous use products in which residues have reached steady state, a single time point study may be sufficient to qualify for 0-day tissue withdrawal period or a limited time point study may be sufficient to qualify for a 0-day (nil) milk discard time. The Sponsor should provide justification for use of a single (tissues) or limited (milk) time point study design. Considerations may include (1) the availability and relevance to the final commercial product of a VICH GL 46 compliant study where the total residue depletion characteristics of the drug have been adequately described and/or (2) reference to information in the public domain (*e.g.* regulatory summaries or the general scientific literature). If such information is available, then a single (tissues) or limited (milk) time point study conducted with the specified minimum number of animals is recommended to demonstrate acceptability of 0-day tissue withdrawal or nil milk discard time.

2.3.7.1 Zero-Day Tissue Withdrawal Time Study Design

- Poultry 12 birds (to provide at least 6 individual samples for assay)
- Large Animals: 6 animals

The sampling time chosen for this study should be consistent with the peak concentrations observed during the total residue depletion study, a minimum transit time (practical zero withdrawal; *e.g.,* not less than 3 hr) and a maximum time that would still qualify as 0-day withdrawal (*e.g.,* ≤ 12 hr). The increased animal numbers from that recommended in Section 2.3.3 is generally appropriate for the single time point.

2.3.7.2 Zero-Day (nil) Milk Discard Time Study Design

Sampling times should be consistent with peak concentrations and be consistent with commercial dairy practices. It is recognized that local and regional differences may exist with respect to number of milk collections per day from treated animals and that this may vary from as short as every 6 hours (4X per day) to every 24 hr (1X per day). On the other hand, milk collections every 2 hr (*i.e.* 12X per day) would not occur commercially. A recommendation that studies be conducted to take into account all potential milk dosing and sampling schemes was judged to be inconsistent with the principles of VICH and the objective of one common study design. It was also recognized that the vast majority of historical data have been generated using 2X per day milk collections. Nevertheless, consideration of only the 2X/day practice was judged to be insufficient to address global regulatory concerns when alternate milking frequencies may be employed, especially where a 0-day (nil) withdrawal classification is being pursued. As such, the following study design is recommended for drugs that may qualify for a zero-day withdrawal period (nil discard time) including no discard of milk during treatment.

- A minimum of 16 animals is recommended which should be subdivided into three groups (Group 1: n=3, Group 2: n=3, Group 3: n=10).
- All animals should receive treatment as soon as possible after the morning (or evening) milkout consistent with the vast majority of global commercial husbandry practices and when the animals are most readily available for handling.
- For products to be administered as multiple treatments (*e.g.* once daily for 3-5 days), milk should be collected during treatment at appropriate intervals justified by the Sponsor.
- Group 1 animals (minimum of n=3) should be fully milked out approximately 6 hours after the final (or cessation of) treatment and then milked out again at approximately 12 hr after final (or cessation of) treatment.
- Group 2 animals (minimum of n=3) should be fully milked out at approximately 8 hours after the final (or cessation of) treatment and then milked out again at approximately 12 hr after final (or cessation of) treatment.
- Group 3 animals (minimum of n=10) should be fully milked out at approximately 12 hr after final (or cessation of) treatment.
- All animals should be fully milked out at approximately 24 hr and at subsequent approximately 12 hour intervals to confirm that milk residues do not increase.

A diagram of this study design is shown below.

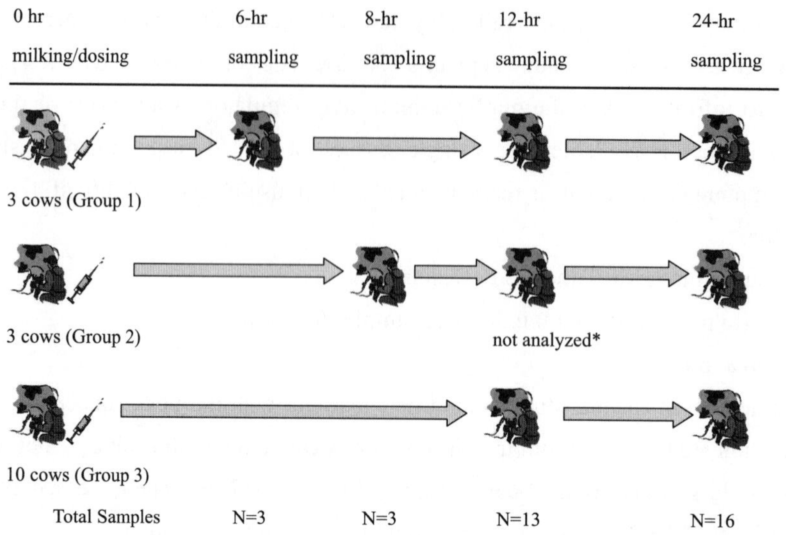

* Not analyzed (optional): this sample is considered to have limited value as it represents only a 4 hour milk collection interval. The sampling point was included at this time to return the animals to a 12 hour milking cycle consistent with the other two groups.

Milk collection at 12 hr after dose administration represents the maximum sampling interval which may still qualify for a 0-day (nil) withdrawal period designation.

While a 0-day milk withdrawal designation could possibly be achieved based solely on this study design (provided sufficient information was available to determine Cmax), it is strongly recommended that at least 4 additional samples be collected following the 12 hr sampling time to confirm that residue concentrations do not increase (as would not be expected for a 0-day withdrawal designated product). As milk studies do not call for terminal euthanasia following sample collection, compliance with this recommendation is straightforward. The recommended sampling interval for these additional collections is approximately 12 hr or at some alternative interval as justified by the Sponsor.

If the depletion study is conducted as described above (to include Groups 1-3), drug concentrations which remain below the appropriate reference point (*e.g.,* MRL, tolerance) at collection times ⩽ 12 hr after the final (or cessation of) treatment, would qualify for a 0-day (nil) milk discard designation based on appropriate regional data analysis procedures. Milk could be taken for human consumption at any time after treatment (*e.g.* at 6 hr, 8 hr, 10 hr, etc). Note that if the study design does not include the intermediate sampling points at 4 hr and 8 hr (Groups 1-2), and sampling occurs only at 12 hr (Group 3), milk could be taken for human consumption after 12 hr only, while milk collected prior to 12 hr would need to be discarded.

The study design outlined in this section is not appropriate where a withdrawal time other than 0-days is anticipated. For products anticipated to have a finite withdrawal time (greater than 0- days), a minimum of 20 animals is required as indicated in Section 2.3.3.2.

Alternative study designs for demonstration of 0-day withdrawal may be appropriate if justified by the Sponsor.

2.4 Analytical Method for Assay of Marker Residue

The Sponsor should submit a validated analytical method for the determination of the marker residue in samples generated from the residue depletion studies in the edible tissues and where applicable, in milk and eggs. The method(s) should be capable of reliably determining concentrations of marker residue which encompass the appropriate reference point (*i.e.,* MRL / Tolerance) for the respective tissues or products.

The parameters to be included in the method validation are fully discussed in the VICH GL 49, "Studies to

Evaluate the Metabolism and Residue Kinetics of Veterinary Drugs in Food Producing Animals: Validation of Analytical Methods Used in Residue Depletion Studies. "

3 GLOSSARY

The following definitions are applied for purposes of this document.

Acceptable daily intake (ADI) of a chemical is the daily intake which, during an entire lifetime, appears to be without appreciable risk to the health of the consumer. The ADI most often will be set on the basis of the drug's toxicological, microbiological or pharmacological properties. It is usually expressed in micrograms or milligrams of the chemical per kilogram of body weight.

Edible tissues are tissues of animal origin that can enter the food chain and include but are not limited to muscle, injection site muscle, liver, kidney, fat, skin with fat in natural proportions, whole eggs and whole milk.

Marker residue is that residue whose concentration is in a known relationship to the concentration of total residue in an edible tissue.

Maximum residue limit (MRL) is the maximum concentration of a veterinary drug residue that is legally permitted or recognized as acceptable in or on a food as set by a national or regional regulatory authority. The term 'tolerance,' used in some countries, can be, in many instances, synonymous with MRL.

Practical zero withdrawal is representative of the shortest time interval between administration of the last dose of the drug (e.g. at the farm) and slaughter (including transport from the farm).

Pre-ruminant is defined as immature cattle (including dairy breeds) lacking a functional rumen and intended for meat production. They are recognized as a separate class from suckling calves because of their handling, housing, and proximity to slaughter.

Residue means the veterinary drug (parent) and/or its metabolites.

Residue of concern refers to the total amount of residues that have relevance to the ADI established for the veterinary drug.

Total residue of a drug in edible tissues is the sum of the veterinary drug (parent) and all metabolites as determined in radiolabeled studies or other equivalent studies.

Zero-day withdrawal refers to a label indication that allows entry of edible tissues into the food chain without regard to the time of last drug administration.

STUDIES TO EVALUATE THE METABOLISM AND RESIDUE KINETICS OF VETERINARY DRUGS IN FOOD PRODUCING ANIMALS: VALIDATION OF ANALYTICAL METHODS USED IN RESIDUE DEPLETION STUDIES

Revision at step 9

Adopted at Step 7 of the VICH Process by the VICH Steering Committee in January 2015 for implementation by January 2016.

This Guideline has been revised by the appropriate VICH Expert Working Group. At Step 7 of the Process the final draft is recommended for adoption to the regulatory bodies of the European Union, Japan and the USA.

1 INTRODUCTION

1.1 Objective of the guidance

This guidance document is intended to provide a general description of the criteria that have been found by the European Union (EU), Japan, United States of America (USA), Australia, New Zealand and Canada to be suitable for the validation of analytical methods used in veterinary drug residue depletion studies.

1.2 Background

During the veterinary drug development process, residue depletion studies are conducted to determine the concentration of the residue or residues present in the edible products (tissues, milk, eggs or honey) of animals treated with veterinary drugs. This information is used in regulatory submissions around the world. Submission of regulatory methods (i.e., post approval control methods) and the validation requirements of the regulatory methods are usually well defined by various regulatory agencies worldwide and might even be defined by national or regional law. However, the residue depletion studies are generally conducted before the regulatory methods have been completed. Often times the in-house validated residue methods provide the framework for the methods submitted for regulatory monitoring. Harmonization of the validation requirements for methodology used during residue depletion studies and submitted to the regulatory agencies in support of the maximum residue limits (MRLs) and withdrawal periods should be achievable. It is the intent of this document to describe a validation procedure that is acceptable to the regulatory bodies of the VICH regions for use in the residue depletion studies. This validated method could continue on to become the "regulatory method" but that phase of the process will not be addressed in any detail in these guidelines.

A variety of validation guidelines exist for analytical methodology and many of the aspects of those validation procedures are incorporated in this document (VICH GL1 (Validation Definition), October 1998 and VICH GL2 (Validation Methodology), October 1998). However, there are aspects of residue validation procedures that are addressed in this guidance document that are not addressed in previous documents. The guidance provided here is intended to specifically address the validation of veterinary drug residue methods.

2 GUIDANCE

2.1 Purpose

The purpose of this document is to provide a general description of procedures that can be used for the validation of the analytical methods developed for the analysis of tissue samples obtained in residue depletion studies.

For purposes of this guidance, "acceptable" refers to the scientific evaluation of the analytical method in terms of the described validation criteria.

2.2 Scope

This guidance is only intended to apply to analytical procedures that have been developed for the evaluation of veterinary drug residue methods (assays developed to determine residues in marker residue depletion studies). It is not intended to define the criteria needed for validation of regulatory monitoring assay procedures.

This document provides performance characteristics of the residue assays that if followed would generally be considered acceptable by the regulatory agencies in the VICH regions. The intent is that methods validated according to this guidance will provide residue data that would generally be considered acceptable by the regulatory agencies in determining appropriate withdrawal periods.

While it is recognized that residue studies must be conducted under GLP using validated methodology, the actual method validation experiments do not fall within the scope of the GLP regulations. However, raw data generated as a result of a method validation should be archived as appropriate and be available for submission to regulatory authorities upon request.

3 PERFORMANCE CHARACTERISTICS

In general, there are specific performance characteristics of a method validation. Those performance characteristics are defined as follows:

Linearity

Accuracy

Precision

Limit of Detection

Limit of Quantitation

Selectivity

Stability in Matrix

Process Sample Stability

Robustness

Each of the characteristics will be described below as they apply to the validation of methods intended for use in veterinary drug residue depletion studies.

3.1 Linearity

A calibration curve should be generated in which the linear relationship is evaluated across the range of the expected matrix (tissue, milk, egg or honey) concentrations. Calibration standard curves can be generated in three formats depending upon the methodology: standards in solvent/buffer, standards fortified into control matrix extract and standards fortified into control matrix and processed through the extraction procedure. Linearity should be described by a linear, polynomial or other (as appropriate) regression plot of known concentration vs. response using a minimum of 5 different concentrations. Acceptability of weighting factors should be determined by evaluation of the residuals across three runs to determine if the residuals are randomly distributed. Evaluation of the residuals should be carried out across at least three separate runs.

The recommended acceptance criterion for a standard curve is dependent upon the format of the standard curve. Calibration standard curves generated by fortification of control matrix and processed through the procedure are subject to the same acceptance criteria as the samples (see Section *3.3. Precision*). Calibration standard curves generated by standards in solvent/buffer or by fortification of control matrix extract would require more stringent acceptance criteria (Repeatability $\leqslant$ 15% at all concentrations except at or below LOQ where it can be $\leqslant$ 20%).

Some assays (e.g. microbiological assays) could require log transformations to achieve linearity where other assays (e.g., ELISA, RIA) could require a more complicated mathematical function to establish the relationship between concentration and response. Again, acceptability of the function selected should be verified by evaluation of the residuals generated when that function is used.

3.2 Accuracy

Accuracy refers to the closeness of agreement between the true value of the analyte concentration and the mean result that is obtained by applying the experimental procedure. Accuracy is closely related to systematic error (analytical method bias) and analyte recovery (measured as percent recovery). Recommended accuracy for residue methods will vary depending upon the concentration of the analyte. The accuracy should meet the range listed below:

Analyte Concentration*	Acceptable Range for Accuracy
< 1 μg/kg	−50 % to +20 %
⩾ 1 μg/kg < 10 μg/kg	−40 % to +20 %
⩾ 10 μg/kg < 100 μg/kg	−30 % to +10 %
⩾ 100 μg/kg	−20 % to +10 %

* μg/kg =ng/g = ppb

3.3 Precision

Precision of a method is the closeness of agreement between independent test results obtained from homogenous test material under stipulated conditions of use. Analytical variability between different laboratories is defined as reproducibility, and variability from repeated analyses within a laboratory is repeatability. Single-laboratory validation precision should include a within-run (repeatability) and between-run component.

The within- and between-run precision of the analytical method can be determined as part of the validation procedure. There is generally not a need to determine reproducibility (between- laboratory precision) in order to conduct a residue depletion study, because the laboratory that is developing the method is often the same laboratory assaying the samples from the residue study. Instead of establishing reproducibility of the assay, a within-run precision, can be determined. Within- and between-run precision should be determined by the evaluation of a minimum of three replicates at three different concentrations representative of the intended validation range (which should include the LOQ) across three days of analysis.

For the purposes of the residue method validation, acceptable variability is dependent upon the concentration of the analyte. The precision should meet the range listed below:

Analyte Concentration	Acceptable within-run precision (Repeatability), %CV	Acceptable between-run precision %CV*
< 1 μg/kg	30 %	45%
⩾ 1 μg/kg < 10 μg/kg	25 %	32%
⩾ 10 μg/kg < 100 μg/kg	15%	23%
⩾ 100 μg/kg	10 %	16%

* as determined by the Horwitz equation $CV = 2^{(1-0.5 \log C)}$ where C = concentration expressed as a decimal fraction (e.g. 1 μg/kg is entered as 10^{-9}).

3.4 Limit of Detection

The limit of detection (LOD) is the smallest measured concentration of an analyte from which it is possible to deduce the presence of the analyte in the test sample with acceptable certainty. There are several scientifically valid ways to determine LOD and any of these could be used as long as a scientific justification is provided for their use. See Annex 1 and Annex 2 for examples of acceptable methods for determining LOD and Annex 3 for a suggested protocol for determining accuracy, precision, LOD, LOQ and selectivity in a single study.

3.5 Limit of Quantitation

The LOQ is the smallest measured content of an analyte above which the determination can be made with the specified degree of accuracy and precision. As with the LOD, there are several scientifically valid ways to determine LOQ and any of these could be used as long as scientific justification is provided. See Annex 1 and Annex 2 for examples of acceptable methods for determining LOQ and Annex 3 for a suggested protocol for determining accuracy, precision, LOD, LOQ and selectivity in a single study.

3.6 Selectivity

Selectivity is the ability of a method to distinguish between the analyte being measured and other substances which might be present in the sample being analyzed. For the methods used in residue depletion studies, selectivity is primarily defined relative to endogenous substances in the samples being measured. Because the residue depletion studies are well controlled, exogenously administered components (i.e., other veterinary drugs or vaccines) could either be known or not be allowed during the study. If it is the intent to submit the validated method as a regulatory method, it might be prudent for the investigator to test known products used in the animals being tested for possible interference.

A good measure of the selectivity of an assay is the determination of the response of control samples (see section 3.5 above). That response should be no more than 20% of the response at the LOQ. See Annex 3 for a suggested protocol for determining accuracy, precision, LOD, LOQ and selectivity in a single study.

3.7 Stability in Matrix

Samples (tissue, milk, eggs or honey) collected from residue depletion studies are generally frozen and stored until assayed. It is important to determine how long these samples can be stored under the proposed storage conditions without excessive degradation prior to analysis. As part of the validation procedure or as a separate study, a stability study needs to be conducted to determine the appropriate storage conditions (e.g., 4℃ , -20℃ , or -70℃) and length of time the samples can be stored prior to analysis.

Samples should be fortified with known quantities of analyte and stored under the appropriate conditions. Samples should be periodically assayed at specified intervals (e.g. initially, 1 week, 1 month, 3 months). If the samples are frozen, freeze/thaw studies should be conducted (3 freeze/thaw cycles – one cycle per day at a minimum). Alternatively, incurred samples can be used with initial assays conducted to determine the starting concentrations. The recommended protocol for assessing stability in matrix is the analysis of two different concentrations in triplicate near the high and low end of the validation range. Stability in matrix is considered acceptable if the mean concentration obtained at the specified stability time point agrees with the initial assay results or freshly fortified control sample assay results within the accuracy acceptance criteria established in Section 3.2.

3.8 Processed Sample Stability

Often, the samples are processed one day and assayed on a second day or because of an instrument failure are stored additional days, e.g. over a weekend. The stability of the analyte in the process sample extract might be examined as necessary to determine stability under processed sample storage conditions. Examples of storage conditions would be 4 to 24 hours at room temperature and 48 hours at 4 ℃ . Other storage conditions might be investigated consistent with the method requirements. The recommended protocol for assessing processed sample stability is the analysis of two different concentrations in triplicate near the high and low end of the validation range. Processed sample stability is considered adequate if the mean concentration obtained at the specified stability time point agrees with the initial assay results or with freshly fortified and processed control sample assay results within the accuracy acceptance criteria established in Section 3.2.

3.9 Robustness

Evaluation of the robustness of regulatory methods is of major importance. Evaluation of robustness for residue methodology is less of a concern for residue methods as these are usually conducted within a single laboratory using the same instrument. However, robustness should still be evaluated particularly for areas of the method that could undergo changes or modifications over time. These might include reagent lots, incubation temperatures, extraction solvent composition and volume, extraction time and number of extractions, solid phase extraction (SPE) cartridge brand and lots, analytical column brand and lots and HPLC elution solvent composition.

During the development, validation or use of the assay, method sensitivity to any or all of these conditions can become apparent and variations in the ones most likely to affect the method performance should be evaluated.

4 GLOSSARY

Accuracy – The accuracy of an analytical procedure expresses the closeness of agreement between the true value of the analyte concentration and the mean result that is obtained by applying the analytical procedure. This is generally expressed as % recovery or % bias.

Control sample – Tissue, milk, egg or honey from an animal that has not been treated with the veterinary drug under investigation.

Between-run Precision – Between-run precision expresses within-laboratory between-run variations.

Incurred sample – Tissue, milk, egg or honey from an animal treated with the veterinary drug under investigation that has a residue concentration of the analyte of interest.

Limit of Detection – The limit of detection of an individual analytical procedure is the lowest amount of analyte in a sample that can be detected with acceptable certainty but not quantitated as an exact value.

Limit of Quantitation – The limit of quantitation of an individual analytical procedure is the lowest amount of analyte in a sample that can be quantitatively determined with acceptable precision and accuracy.

Linearity – The linearity of an analytical procedure is its ability (within a given range) to obtain test results that are directly proportional to the concentration (amount) of analyte in the sample.

Marker residue – The residue whose concentration is in a known relationship to the concentration of total residue in an edible tissue.

Matrix – The matrix is basic edible animal products (tissue, egg, milk or honey) that contains or could contain the residue of interest.

Precision – The precision of an analytical procedure expresses the closeness of agreement between a series of measurements obtained from multiple sampling of the same homogenous sample under prescribed conditions. The precision of an analytical procedure is usually expressed as the variance, standard deviation or coefficient of variation of a series of measurements.

Processed Sample – A processed sample is a sample that has been extracted or otherwise processed to remove the analyte from much of the original sample matrix.

Repeatability – Repeatability expresses the precision under the same operating conditions over a short interval of time.

Reproducibility – Reproducibility expresses the precision between laboratories.

Residue – Veterinary drug (parent) and/or its metabolite.

Robustness – The robustness of an analytical procedure is a measure of its capacity to remain unaffected by small variations in method parameters and provides an indication of its reliability during normal usage.

Selectivity – Selectivity is the ability to assess the analyte in the presence of components (endogenous materials, degradation products, other veterinary drugs) that might be expected to be present.

Within-run Precision – Within-run precision expresses within-laboratory within-run variations.

5 Annex

Annex 1

Examples of Methods for Determining LOD and LOQ

One commonly used approach is referred to as the IUPAC definition.[1] In that procedure the LOD is estimated as mean of 20 control sample (from at least 6 separate sources) assay results plus 3 times the standard deviation of the mean. The LOQ then becomes the mean of the same results plus 6 or 10 times the standard deviation of the mean. Testing of the accuracy and precision at the estimated LOQ will provide the final evidence for determination of the LOQ. If the %CV for the repeatability measurement at that concentration is less than or equal to the accuracy and precision acceptance criteria (Section 3.2 and 3.3), then the estimated LOQ is acceptable.

Annex 2

U.S. Environmental Protection Agency Method for Determining LOD and LOQ

The procedure described below is a slight modification of a procedure used by USDA's Interregional Project No. 4 program which is published, in 40 CFR Part 136, Appendix B).[2] This modified procedure can be found in Appendix 1 of the U.S. Environmental Protection Agencies document entitled "Assigning Values to Non-detected/ Non-quantified Pesticide Residues in Human Health Food Exposure Assessments[3]. The procedure is provided below with minor modifications making it more representative of a tissue marker residue assay procedure example.

In this procedure, the estimation of the LOD and LOQ of a specific method for a specific analyte in a specific matrix can be done in the following two steps.

- The first step is to produce a preliminary estimate of the LOD and LOQ and to verify that a linear relationship between concentration and instrument response exists. These preliminary estimates correspond to what some term the IDL (Instrument Detection Limit) and IQL (Instrument Quantitation Limit), respectively. The matrix of interest will be fortified (spiked) at the estimate LOQ in the next step for the actual estimation of LOD and LOQ of the method.
- The second step is to use the initial estimate of the LOD and LOQ determined in Step 1 to estimate the method detection limit and the method quantitation limit in the matrix of interest.

An illustrative example follows:

Step 1. The analyst derives a standard curve for the method of interest. In this particular instance, the analyst prepares the standard solution in buffer or water with the following concentrations of the analyte of interest: 0.005, 0.010, 0.020, 0.050 and 0.100 μg/mL. For each concentration in the sample solution, the following instrument responses (measure peak height) are recorded:

Concentration (μg/mL)	Instrument Response (peak height)
0.100	206,493
0.050	125,162
0.020	58,748
0.010	32,668
0.005	17,552

In order to verify that a linear response is seen throughout the tested range, the instrument response is plotted as a function of injected concentration. The results (and associated statistics) are shown in Figure 1. Note from these results that the instrument response appears to be adequately linear throughout the range of tested concentrations (0.005 to 0.100 μg/mL), and that the R^2 value from the "Summary of Fit" box in Figure 1 as the Root Mean Square Error) is 8,986.8. The equation which describes this relationship (provided in the "Parameter Estimates" box of Figure 1) is as follows:

$$Y = 15,120 + 1,973,098 * (\text{Concentration})$$

Where Y is the instrument response (peak height)

The estimated LOD and LOQ are calculated as follows (assuming these values are set to 3 and 10 standard deviations above the blank response, respectively):

(1) The Peak Height at the LOD (Y_{LOD}) is calculated at 3 times the standard deviation while the Peak Height at the LOQ (Y_{LOQ}) is calculated at 10 times the standard deviation

$$Y_{LOD} = 15{,}120 + 3 * (8{,}987) = 42{,}081$$

$$Y_{LOQ} = 15{,}120 + 10 * (8{,}987) = 104{,}990$$

(2) These values (peak height at LOD and peak height and LOQ) are then used to calculate the concentrations associated with these peak heights as follows:

$$Y = 15{,}120 + 1{,}973{,}098 * (\text{Concentration})$$

Rearranging,

$$\text{Concentration} = (Y - 15{,}120) / 1{,}973{,}098$$

Therefore,

$$LOD = Y_{LOD} - 15{,}120 / 1{,}973{,}098 = (42{,}081 - 15{,}120) / 1{,}973{,}098 = 0.014\ \mu g/mL$$

$$LOQ = Y_{LOQ} - 15{,}120 / 1{,}973{,}098 = (104{,}990 - 15{,}120) / 1{,}973{,}098 = 0.046\ \mu g/mL$$

Thus, the initial estimated LOD and LOQ are 0.014 and 0.046 μg/mL, respectively which correspond to the IDL and IQL.

These estimated LODs (or IDLs) and LOQs (or IQLs) are expressed in terms of the solution concentration and not in terms of the matrix concentration. At this stage, the solution concentration (μg/mL solution) should be converted to the effective concentration in the matrix (e.g., μg/g of matrix).

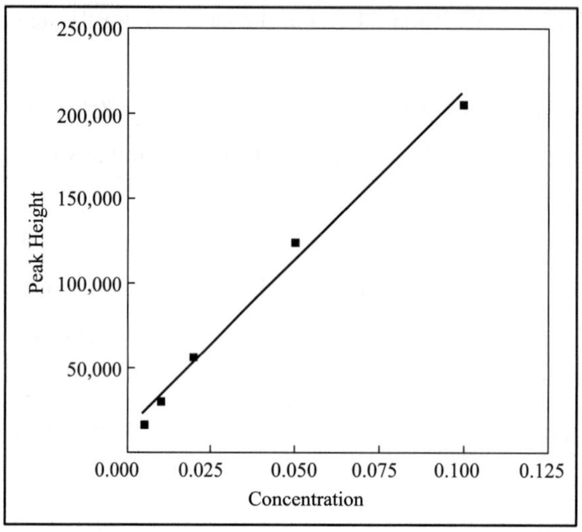

Summary of Fit	
RSquare	0.990,03
RSquare Adj	0.985,707
Root Heqn Square Brror	8,986.837
Hean of Response	88,124.5
Coservations (or Sum wgts)	5

Parameter Estimates

Term	Estimate	Std Error	t Ratio	Prob>|t|	Lower 95%	Upper 95%
Intercept	15,119.954	5,834.672	2.59	0.081,0	−3,448.891	33,688.799
Concentration	1,973,098.5	114,317.5	17.26	0.000,4	1,609,283.2	2,336,913.9

Figure 1. Statistical Results

Step 2. With the initial estimate of LOD (or IDL) and LOQ (or IQL) obtained and linearity verified, Step 2 involves estimating the LOQ and LOD in spiked matrix samples. This procedure uses the estimated instrumental LOQ and the procedure detailed in 40 CFR Part 136, Appendix B to provide a better estimate of LOQ and verifies that method recoveries are acceptable.

The method calls for the analysis of 7 or more untreated control samples spiked at the estimated LOQ. The standard deviation of these samples is measured and the LOD and LOQ are determined as follows:

$$LOD = t_{0.99} * S$$

$$LOQ = 3 * LOD$$

where t = one-tailed t-statistic at the 99% confidence level for n-1 replicates

S = Standard Deviation of n sample spikes at the estimated LOQ

The following is a set of t-values for use in the above equation:

# of Replicates (n)	Degrees of Freedom (n-1)	$t_{0.99}$	# of Replicates (n)	Degrees of Freedom (n-1)	$t_{0.99}$
3	2	6.965	13	12	2.681
4	3	4.541	14	13	2.650
5	4	3.747	15	14	2.624
6	5	3.365	16	15	2.602
7	6	3.143	17	16	2.583
8	7	2.998	18	17	2.567
9	8	2.896	19	18	2.552
10	9	2.821	20	19	2.539
11	10	2.764	21	20	2.528
12	11	2.718	22	21	2.518

In this example, the analyst prepated 7 untreated control samples spiked at the above estimated LOQ of 0.05 μg/g. The following results were obtained:

Concentration detected (μg/g)	Recovery (%)
0.039,7	79.4
0.040,3	80.6
0.040,0	80.0
0.036,0	72.0
0.049,8	99.6
0.037,9	75.8
0.038,8	77.6

Average Concentration: 0.040,4 μg/g

Standard Deviation: 0.004,4 μg/g

Average Recovery: 80.7%

Given that recoveries are adequate at the LOQ (average = 80.7%, range = 72.0% to 99.6%), the LOD and LOQ for the method are estimated as follows:

$LOD = t_{0.99} * S$ (for 7-1 = 6 degrees of freedom)

= 3.143 * 0.004,4 μg/g

= 0.013,8 μg/g

LOQ = 3 * LOD

= 3 * 0.013,8 μg/g

= 0.041,4 μg/g

Annex 3

Protocol for Residue Method Validation

Selectivity, LOD and LOQ are all interrelated and are affected by endogenous interferences that might be present in the matrix being assayed. LOD is often time difficult to determine particularly in LC/MS assays where control samples actually provide zero response at the retention time of the analyte. Without a response, it is impossible to calculate a standard deviation and therefore impossible to determine the LOD based on the mean plus 3 times the SD of the mean. Even if a mean plus 3 times the SD of the mean can be determined, it is often related to the instrument limit of detection rather than the method limit of detection. The following protocol is designed to determine specificity, LOD, LOQ, precision and accuracy in one study.

(1) Collect drug free matrix from 6 separate sources (animals) and screen for any possible analyte contamination.

(2) Fortify (spike) 1 each of a minimum of 3 samples (each source randomly selected such that each source is represented at least once at each concentration) of the 6 control samples at 0, at the estimated LOD (determined during assay development), at 3 times the estimated LOD (estimated LOQ), and 3 other concentrations that will encompass the expected concentration range (Table 1). Repeat the fortification process for Day 2 and Day 3 using a second and third set of 3 each (each source randomly selected such that each is represented at least once at each concentration) of the 6 control samples.

Table 1. Example of Minimum Study Design to Allow Determination of LOD, LOQ, Accuracy and Precision (Six Sources/Animals: A, B, C, D, E, and F) Within One Study

Fortification Concentration	Animal/Source ID†		
	Day/Run 1	Day/Run 2	Day/Run 3
0 (Control)	B, F, D	A, C, C	B, E, F
eLOD*	B, C, E	D, F, F	A, B, E
eLOQ (3 X eLOD)*	C, C, E	A, B, E	D, F, D
Lower part of Validation Range	A, B, E	A, C, D	B, E, F
Middle of Validation Range	B, C, E	C, E, F	A, D, F
Upper Part of Validation Range	A, B, B	D, F, F	A, C, E

* eLOD (estimated LOD) is generally determined from preliminary studies conducted during method development. eLOQ (estimated LOQ) is determined as 3 times eLOD.

† each source randomly selected such that each source is represented at least once at each concentration across the 3 validation runs.

(3) Assay the 18 samples each day and evaluate the results against a calibration standard curve.

(4) Plot the results of concentration found against concentration added across all three days of assays. This will normalize the data results across days and allow all the data from the 3 runs to be used in the determination of the LOD and LOQ.

(5) Establish a decision limit by calculating prediction intervals around the weighted regression line with the upper confidence interval line based upon the probability α (false positive) and the lower confidence interval line based upon the probability β (false negative)[4]. The decision limit (Y_C) then becomes the point at which the upper confidence limit crosses the Y-axis and can be converted to concentration by estimating from the regression line to the x-axis (L_C). This is the critical point where 50% of the responses are real. The L_D or LOD can be determined by estimating concentration from the lower confidence limit β that reduces the false negative rate to what level is assigned to β. Typically, both α and β are set equal to 5%.

(6) Establish a determination limit (Y_Q) by multiplying the detection limit (Y_C) by 3 (commonly accepted ratio between LOD and LOQ is 3). The LOQ (L_Q) can then be determined by estimating where the line Y_Q crosses the lower confidence limit β that reduces the false negative rate for the determination of LOQ to what level is assigned to β (typically 5%).

(7) Inter-day precision can be determined by calculating the %CV at each concentration evaluated. Accuracy can be determined by comparison of the results obtained to the fortification levels. Acceptance criteria for accuracy and precision are provided in Sections 3.2 and 3.3, respectively.

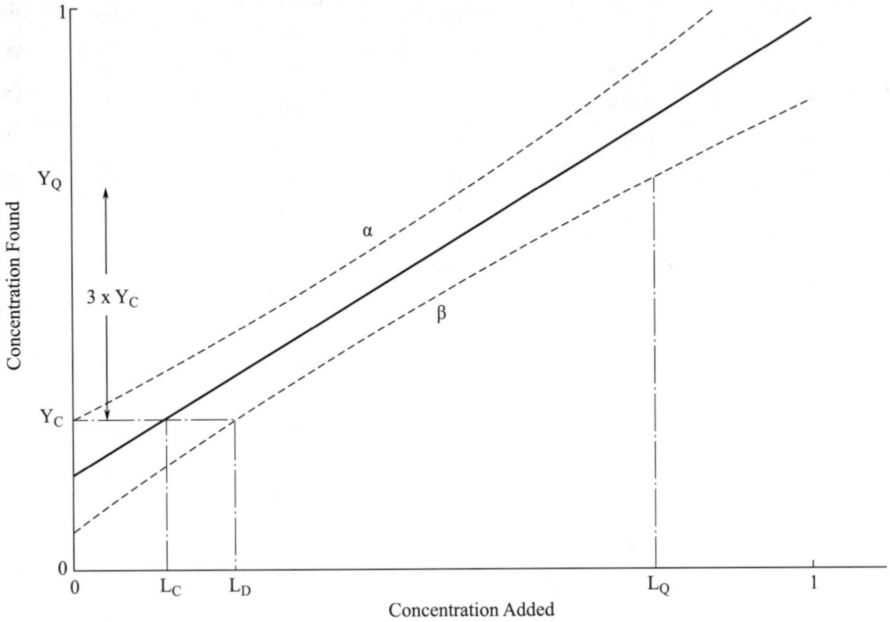

This approach takes into consideration the interrelationship between specificity, LOD and LOQ. By determining LOD and LOQ using 6 different sources of matrix, the variability due to the matrix as well as the variability of the assay is taken into account. Since specificity for residue methods is dependent upon the possible interference of matrix components this approach also addresses specificity and insures that specificity is acceptable at the LOD and LOQ determined. This approach is consistent with the determination of the detection limit and quantitation limit specified in VICH GL2 (Validation Methodology) Guideline.

Data Set Example:

A validation procedure based on the above methodology was conducted on an LC-MS/MS milk assay procedure.

Control bovine milk obtained from six different animals were each fortified with the analyte at 0, 4.2, 14.0, 35, 140 and 400 ng/mL giving a total of 36 samples. Milk samples from 3 of the 6 animals (insuring that each of the 6 animals were run at least once) were randomly chosen at each of the fortification levels to be run on each of the 3 days of assay for a total of 18 samples per day.

Based on these three days of analyses which consisted of 54 assays total the following determinations were done: repeatability (within-day precision), between-day precision, LOD and LOQ. The raw data and the results of the statistical analyses are listed below:

The statistical evaluation of the above data was conducted as follows: The percentage recovery was calculated for each sample using the concentration obtained and the fortification concentrations prior to analysis. A model which included the fixed effect of treatment (fortification level) and the random effects of run (day), run by treatment interaction and residual was used to obtain the least squares means and estimates of variation. To obtain the data in the table, the method calibration curve was calculated by weighted (1/variance) regression. Other weighting factors (*e.g.* 1/x, $1/x^2$) may be used, as appropriate, in calculating the regression equation of the calibration curve (see Zorn reference).

Concentration of Analyte in Control Milk Fortified at 0, 4.2, 14.0, 35.0, 140 and 400 ng/mL Across Three Days of Analysis

Conc. Added, ng/mL	Run 1		Run 2		Run 3	
	Animal ID	Conc. Found, ng/mL	Animal ID	Conc. Found, ng/mL	Animal ID	Conc. Found, ng/mL
0	B	0.494	A	0.233	B	0.154
	F	0.654	C	0.012	E	0.120
	D	0.588	C	0.117	F	0.313
4.2	B	4.38	D	4.97	A	3.80
	C	4.13	F	3.85	B	4.12
	E	4.33	F	4.41	E	3.67
14.0	C	13.2	A	11.1	D	11.8
	C	13.5	B	12.0	F	10.5
	E	11.9	E	12.8	D	11.7
35.0	A	31.5	A	51.0	B	27.3
	B	32.7	C	33.2	E	29.4
	E	34.4	D	32.9	F	25.5
140	B	131	C	137	A	118
	C	147	E	124	D	106
	E	127	F	131	F	118
400	A	396	D	396	A	335
	B	394	F	390	C	316
	B	384	F	373	E	344

In order to assess within-day variability, the residual variance was used in calculating the CV for each treatment and across treatments. The CVs were calculated by dividing the square root of the residual variance by the mean and multiplying by 100.

In order to assess across-day variability, the sum of the residual variance, the variance due to run, sample within run and run by treatment was used as the estimate of variance when calculating CVs for each treatment and overall treatments.

The results of the analysis were as follows:

Within- and Between-Run Assay Precision and Accuracy Determination*

Theoretical Concentration, ng/mL	n	Mean* Recovery, %	95% Confidence Interval	Precision, %CV	
				Within-Run	Between-Run
4.2	9	99.6	87.9 – 111.4	7.8	10.2
14.0	9	86.1	75.0 – 97.2	7.1	7.5
35.0	9	94.6	77.3 – 111.9	19.3	22.6
140	9	90.4	79.5 – 101.3	5.8	9.2
400	9	92.4	82.1 – 102.8	3.0	8.2

* The reported data in the above table were derived using statistical software capable of mixed-model analysis (*e.g.* SAS)

A graphical representation of the determination of LOD and LOQ is provided below:

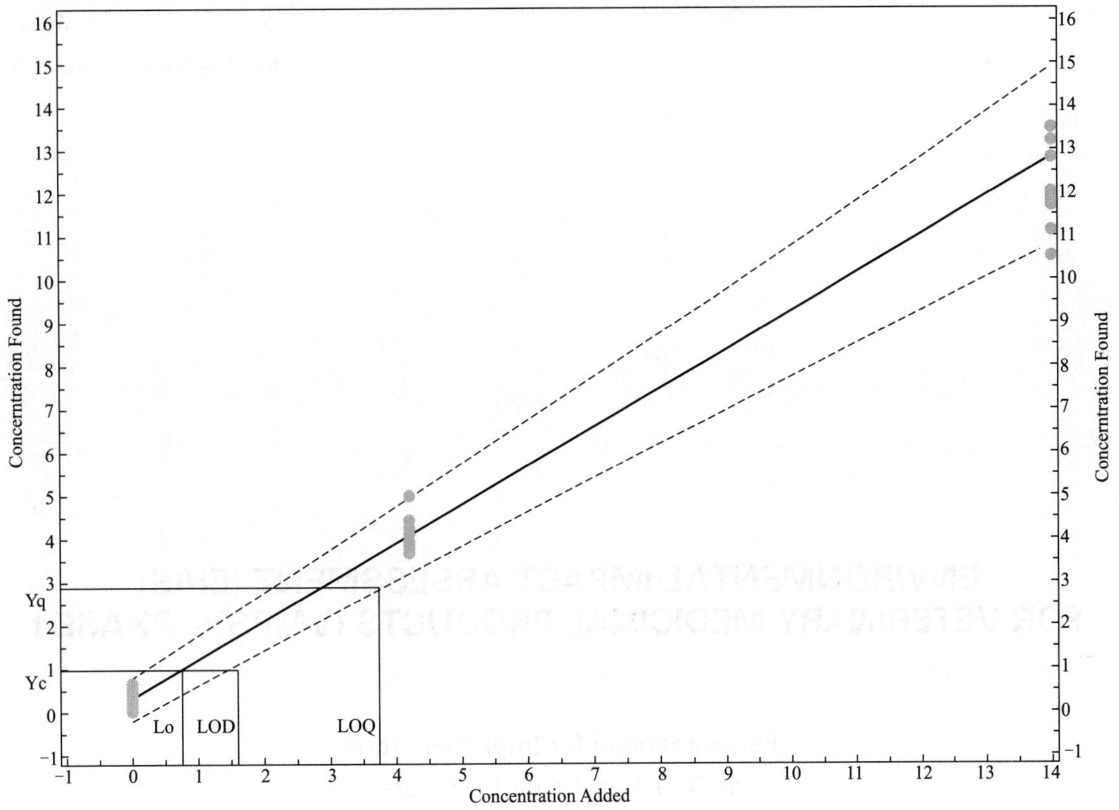

LOD = 1.6 ng/mL

LOQ = 3.7 ng/mL

This is a straightforward way to accurately determine precision, accuracy, LOD and LOQ within one study across three days of validation.

6 Reference

Codex Alimentarius Procedural Manual, 15th Ed., Twenty-eight Session of the Codex Alimentarius Commission, Rome, 2005, p 81.

U.S. Code of Federal Regulations, Title 40: Protection of Environment , Part 136 – Guidelines Establishing Test Procedures for the Analysis of Pollutants, Appendix B to Part 136 – Definition and Procedure for the Determination of the Method Detection Limit – Revision 1.11.

U.S. Environmental Protection Agency, Office of Pesticide Programs, March 23, 2000, "Assigning Values to Non- detected/Non-quantified Pesticide Residue in Human Health Food Exposure Assessments" Appendix 1, A-1 through A-8.

Zorn ME, Gibbons RD, Sonzogni WC. Weighted Least-Squares Approach to Calculating Limits of Detection and Quantification by Modeling Variability as a Function of Concentration, *Anal Chem* 1997, 69, 3069-3075.

ENVIRONMENTAL IMPACT ASSESSMENT (EIAS) FOR VETERINARY MEDICINAL PRODUCTS (VMPS) - PHASE I

Recommended for Implementation
at Step 7 of the VICH Process
on 15 June 2000
by the VICH Steering Committee

This Guideline has been developed by the appropriate VICH Expert Working Group and was been subject to consultation by the parties, in accordance with the VICH Process. At Step 7 of the Process the final draft is recommended for adoption to the regulatory bodies of the European Union, Japan and USA.

Introduction

In 1996, the VICH Steering Committee (VICH SC) authorized formation of a working group to develop harmonized guidance for conducting environmental impact assessments (EIAs) for veterinary medicinal products (VMPs) in the European Union (EU), Japan (JP) and the United States (US). The mandate of the VICH Ecotoxicity/Environmental Impact Assessment Working Group (VICH Ecotox WG), [1] as set forth by the VICH SC, is as follows:

"To elaborate tripartite guidelines on the design of studies and the evaluation of the environmental impact assessment of veterinary medicinal products. It is suggested to follow a tiered approach based on the principle of risk analysis. Categories of products to be covered by the different tiers of the guideline should be specified. Existing or draft guidelines in the EU, Japan, and the US should be taken into account."

This document presents guidance on how to conduct Phase I EIAs for VMPs other than biological products. Consistent with the mandate, two phases of EIA are recommended. In Phase I, the potential for environmental exposure is assessed based on the intended use of the VMP. It is assumed that VMPs with limited use and limited environmental exposure will have limited environmental effects and thus stop in Phase I. [2] Phase I also identifies VMPs that require a more extensive EIA under Phase II. [3] Some VMPs that might otherwise stop in Phase I may require additional environmental information to address particular concerns associated with their activity and use.[4] These situations are expected to be the exception rather than the rule and some evidence in support of the concern should be available. In an effort to harmonize the EIA to the maximum extent possible, it is expected that the EU, US, and JP will rely on this document for guidance on conducting Phase I EIAs for VMPs.

Phase I Guidance

The Phase I EIA for a VMP makes use of the decision tree in Figure 1. To use the Phase I decision tree, the applicant[5] works through the questions until they arrive at a question which allows them to conclude that their product qualifies for a Phase I report. If there is no information on a particular question, the question is ignored and the applicant continues to the next question. If while working through the decision tree, an applicant determines that their VMP did not need an EIA, Question 1 still applies. When an applicant determines that at least one of the Phase I criteria has been met, the applicant should produce a Phase I EIA report discussing the basis for the decision. If the assessment determines that the VMP has limited exposure for more than one reason, each reason may be discussed to strengthen the Phase I EIA report. However, as suggested by the Phase I decision tree, the types of Phase II studies needed will vary based upon the concerns identified in Phase I. In situations where clarification is needed, it is important that the applicant contact the appropriate regulatory authorities.

---

[1] Current working group members include Ms. Carol Aldridge (EMEA), Dr. Yuuko Endoh (JMAFF), Mr. Shuhei Ishihara (JVPA), Dr. Charles Eirkson (US/FDA/CVM), Dr. Joseph Robinson (AHI) and Dr. Leo Van Leemput (FEDESA).

[2] In the US, reference to a Phase I EIA is equivalent to either a categorical exclusion or an environmental assessment (EA) conducted under the National Environmental Policy Act (NEPA). A VMP that may stop at Phase I is equivalent to a categorical exclusion or an EA which leads to a finding of no significant impact (FONSI) under NEPA.

[3] Phase II represents a second level of environmental analysis that may include testing. In the US, a Phase II EIA is equivalent to an EA with more extensive data than would be required under the US equivalent of a Phase I EIA. A Phase II EIA may lead to a FONSI or an Environmental Impact Statement under NEPA.

[4] In the US, this is equivalent to an extraordinary circumstance under NEPA.

[5] In the US, the term "applicant" refers to the drug sponsor.

Question 1: Is the VMP exempt from the need for an EIA by legislation and/or regulation? [6]

This Phase I question takes into account the different statutory and regulatory requirements among the EU, JP, and US. If the answer to Question 1 is yes, the applicant does not need to continue through the Phase I decision tree but should comply with the region's rules regarding submission of required documentation.

Question 2: Is the VMP a natural substance, the use of which will not alter the concentration or distribution of the substance in the environment? [7]

It is assumed that many natural substances are already present in the environment or are rapidly degraded upon entry into the environment, such that environmental exposure is not altered. VMPs likely to stop at this question include electrolytes, peptides, proteins, vitamins, and other compounds that occur naturally in the environment. In answering this question, the applicant documents and should give a reasoned case that use of the VMP will not alter the concentration or distribution of the substance in the environment.

Question 3: Will the VMP be used only in non-food animals? [7]

Generally, non-food animals are not intensively reared. Also, products used in these animals are usually individual treatments. Approval of VMPs for use in non-food animals is likely to be associated with fewer environmental concerns than approval of VMPs in food-producing animals simply because there is less total amount of product used. The definition of non-food animals varies among the three regions.

Question 4: Is the VMP intended for use in a minor species that is reared and treated similarly to a major species for which an EIA already exists? [7]

VMPs intended for use in a minor species may stop in Phase I provided the VMP is already approved for use in a major species, the minor species is reared under similar conditions as the major species, the VMP is administered by the same route and the total dose administered to the minor species is no greater than that used in the major species. In this case, it is assumed that use in the minor species will have limited environmental impact. There are differences regarding what constitutes major versus minor species among the EU, JP, and US.

Question 5: Will the VMP be used to treat a small number of animals in a flock or herd? [7]

This question may exempt VMPs from the need for a further assessment when the product is used to treat an individual or a few animals in a flock or herd. It is assumed that the approval of VMPs captured under this question will produce environmental exposures well below concentrations that impact the environment. Products used to treat clinically mastitic cows, anesthetics used for surgical purposes, ophthalmics, and hormones used as reproductive aids for individual animals may fall within the scope of this question.

Question 6: Is the VMP extensively metabolized in the treated animal? [8]

It is assumed that VMPs that are extensively metabolized in the treated animal do not enter the environment. Demonstration of extensive metabolism may be accomplished through a radiolabeled residue depletion and excretion study. A VMP may be defined as "extensively metabolized" when analysis of excreta shows that it is converted into metabolites which have lost structural resemblance with the parent drug, are common to basic biochemical pathways or when no single metabolite or the parent drug exceeds 5% of the total radioactivity

[6] In the US, this includes products that are categorically excluded under NEPA. If a product is not categorically excluded due to an extraordinary circumstance, however, the answer to this question is no – the VMP is not exempt from the need for an EIA.

[7] In the US, these VMPs are usually categorically excluded under NEPA. (21 CFR 25.33(c), 25.33(d)(1), 25.33(d)(2), 25.33(d)(3), 25.33(d)(4), 25.33(d)(5)).

[8] In the US, information provided to respond to this question must be provided in an EA that includes documentation and mitigations, as appropriate, to support a FONSI.

excreted.

Question 7: Is the VMP used to treat species reared in the aquatic or in the terrestrial environment?

The answer to this question defines the initial route by which the VMP enters the environment. For VMPs intended for treatment of species reared in the aquatic environment, proceed to Questions 8-13. For VMPs intended for treatment of species reared in the terrestrial environment, proceed to Questions 14-19.

Aquatic Branch

Question 8: Is entry into the aquatic environment prevented by disposal of the aquatic waste matrix? [8]

Some VMPs used in aquaculture do not enter the environment because the treatment waste is disposed of by incineration or by other means which similarly preclude entry of the VMP to the environment. These VMPs have no opportunity to impact the environment. Applicants answering yes to this question should provide documentation to demonstrate that the VMP does not enter the environment. Incineration of the waste matrix, containing the VMP, is an example of a means of disposal that may permit stopping in Phase I, if the documentation described above can be provided.

Question 9: Are aquatic species reared in a confined facility? [8]

A confined facility is defined as one in which the effluent can be treated and the discharge controlled. This includes facilities such as tanks, lined ponds, and some raceways. VMPs introduced directly into the aquatic environment have a greater potential to contaminate aquatic habitats. This is because the aquaculture facility is contiguous with the aquatic environment, and there is no opportunity for processing or treatment of effluents. Therefore, any VMP used to treat aquatic species, where the product is placed directly into the environment, e.g., net pens, does not stop in Phase I.

Question 10: Is the VMP an ecto- and/or endoparasiticide?

The ecotoxicity database used to develop the quantitative value used in Question 11, included all classes of pharmaceuticals used in human medicine (Reference 1). Very few parasiticides are used in human therapy thus the human database is insufficient to establish a quantitative trigger value for these compounds. The ecotoxicological potential of this class of compounds needs to be assessed by conducting aquatic effects tests in Phase II.

Question 11: Is the environmental introduction concentration ($EIC_{aquatic}$) of the VMP released from aquaculture facilities less than 1 μg/L? [8]

The rationale for selecting 1 μg/L as the $EIC_{aquatic}$ is provided (Reference 1). This value is below the level shown to have adverse effects in aquatic ecotoxicity studies with human drugs. The $EIC_{aquatic}$ applies only to VMPs that will be used to treat fish and other aquatic species in confinement where the effluent can be treated and controlled prior to being discharged into the environment. In order to apply this value, it is necessary to estimate the concentration of VMP expected in the effluent from the aquaculture facility. For calculating the $EIC_{aquatic}$ a total residue concept is adopted. This involves summing the parent drug and all related metabolites excreted by the target species and entering the aquatic environment; as well as accounting for VMP in the uneaten feed and VMP released to water. This assumes that 100% of the dose is excreted unless there are data to support a value less than 100%. The $EIC_{aquatic}$ calculation may account for current management and engineering practices provided appropriate documentation is supplied by the applicant. The calculated value is compared against the 1 μg/L value. If the calculated $EIC_{aquatic}$ value for the VMP entering the environment is less than 1 μg/L, then the VMP may stop at Phase I.

Question 12: Do data or mitigations exist that alter the $EIC_{aquatic}$? [8]

The concentration of the VMP in the effluent may be decreased by filtration, settlement, dilution, or other mitigations. Other mitigations (both natural degradation and management practices) may reduce the concentration of the VMP in water and hence reduce environmental exposure. As a specific example, the $EIC_{aquatic}$ for an aquaculture facility may be reduced if additional volumes of water are used during treatment. In addition, UV/ozone treatments may be used to reduce the $EIC_{aquatic}$ if the VMP is known to be labile to these treatments. When the applicant demonstrates a mitigation exists, it can be considered in the calculation of the $EIC_{aquatic.}$

Question 13: Is recalculated $EIC_{aquatic}$ less than 1 μg/L? [8]

This recalculated value is then compared against the 1 μg/L value . If the recalculated $EIC_{aquatic}$ value for the VMP entering the environment is less than 1 μg/L, then the VMP may stop at Phase I.

Terrestrial Branch

Question 14: Is entry to the terrestrial environment prevented through disposal of the terrestrial waste matrix? [8]

Some VMP's used in intensive livestock production do not enter the environment because the treatment waste is disposed of by incineration, or by other means which similarly preclude entry of the VMP to the environment. These VMPs have no opportunity to impact the environment. Applicants answering yes to this question should provide documentation to demonstrate that the VMP does not enter the environment. Incineration of the waste matrix, containing the VMP, is an example of a means of disposal that may permit stopping in Phase I, if the documentation described above can be provided.

Question 15: Are animals reared on pasture?

For intensively-reared animals that are housed or raised in feedlots, excreta is collected in the form of manure and slurries, stored, and then spread onto agricultural land, with or without ploughing. For these VMP's advance directly to Question 17. This is in contrast to animals raised on pasture, where excretion is directly into the environment. For these VMP's advance directly to Question 16. For animals reared on pasture, there are specific concerns for certain types of products related to their direct entry into the environment. For some products both Question 16 and Question 17 will be applicable.

Question 16: Is the VMP an ecto- and/or endoparasiticide?

Ecto- and endoparasiticides have specific ecotoxicity concerns especially when used in animals reared on pasture. These VMPs are pharmacologically active against organisms that are biologically related to pasture invertebrates. Because protozoa are not biologically related to pasture invertebrates, products used to treat protozoa are not captured in this question. VMP's that are ecto- and/or endoparasiticides used in pasture should advance directly to Phase II to address specific areas of concern, e.g. dung fauna. Other VMP's used in pasture animals should advance to Question 17.

Question 17: Is the predicted environmental concentration of the VMP in soil (PEC_{soil}) less than 100 μg/Kg? [8]

The rationale for selecting the PEC_{soil} value of 100 μg/Kg is provided (Reference 2). This value is below the level shown to have effects in ecotoxicity studies conducted on earthworms, microbes, and plants, with VMP's currently registered in the USA.

In order to apply this value, it is necessary to estimate the concentration of the VMP in terrestrial ecosystems. An example on how to calculate the PEC_{soil} for VMP is provided (Reference 3). Other approaches for calculating PEC_{soil} should be used if they are more relevant for a particular region. For calculating PEC_{soil}, a total residue concept is adopted. This involves summing the parent drug with all related metabolites excreted by the treated animal. This assumes that 100% of the dose is excreted unless residue depletion data support a value less than 100%. The total residue approach is considered to be conservative in assessing effects in that it combines parent plus metabolites in calculating environmental concentrations, and metabolites generally have less biological activity than the parent compound. Results from degradation studies in manure and soils may be used to refine the estimate of the concentration of the VMP in soil (Reference 3). The calculated PEC_{soil} is compared against the value of 100 μg/Kg. If the PEC_{soil} for the VMP is less than the value, then the EIA for the VMP may stop in Phase I.

Some products used in intensively-reared livestock may also be used in pasture animals. In such cases, the PEC_{soil} calculations may differ. However, even in the pasture setting there is some migration of the VMP into soil. The PEC_{soil} estimate for a VMP excreted onto pasture assumes direct entry into soil with even distribution in the upper 5 cm of soil. This estimate for whole herd/flock treatments is based upon (1) dose/animal based on mg/kg and body-weight of animal;(2) percentage of dose excreted by the treated animals (use 100% if no excretion data are available); (3) stocking density of treated animals (animals/hectare); (4) excreted VMP is distributed in soil to 5 cm; and (5) bulk density of soil. Effectively, this means that for a soil bulk density of 1,500 kg/m^3, the total dose/hectare is distributed in 750,000 Kg of soil.

Question 18: Do any mitigations exist that alter the PEC_{soil}? [8]

The concentration of the VMP in soil may be decreased by standard animal husbandry practices, manure management, or other mitigations. Other mitigations (both natural and management practices) may reduce the concentration of the VMP in soil and hence reduce the environmental exposure. As a specific example, the PEC_{soil} may be reduced if there are legal requirements for a minimum storage period for manure and there are data to show that degradation during storage occurs. When the applicant demonstrates a mitigation exists, it can be considered in the calculation of the PEC_{soil}.

Question 19: Is the recalculated PEC_{soil} less than 100 μg/kg? [8]

The recalculated value is then compared against the 100 μg/Kg value. If the recalculated PEC_{soil} value for the VMP entering the environment is less than 100 μg/Kg, then the VMP may stop at Phase I.

REFERENCES

Center for Drug Evaluation and Research (CDER), US Food and Drug Administration, 1997. Retrospective review of ecotoxicity data submitted in environmental assessments for public display. Docket No. 96N-0057.

AHI Environmental Risk Assessment Working Group, 1997, Analysis Of Data And Information To Support A PEC_{soil} Trigger Value For Phase I (A retrospective review of ecotoxicity data from environmental assessments submitted to FDA/CVM to support the approval of veterinary drug products in the United States from 1973-1997).

Spaepen, K. R. I., L. J. J. Van Leemput, P. G. Wislocki and C. Verschueren, 1997. A uniform procedure to estimate the predicted environmental concentration of the residues of veterinary medicines in soil. Environmental Toxicology and Chemistry 16: 1977-1982.

Figure 1. Phase I Decision Tree

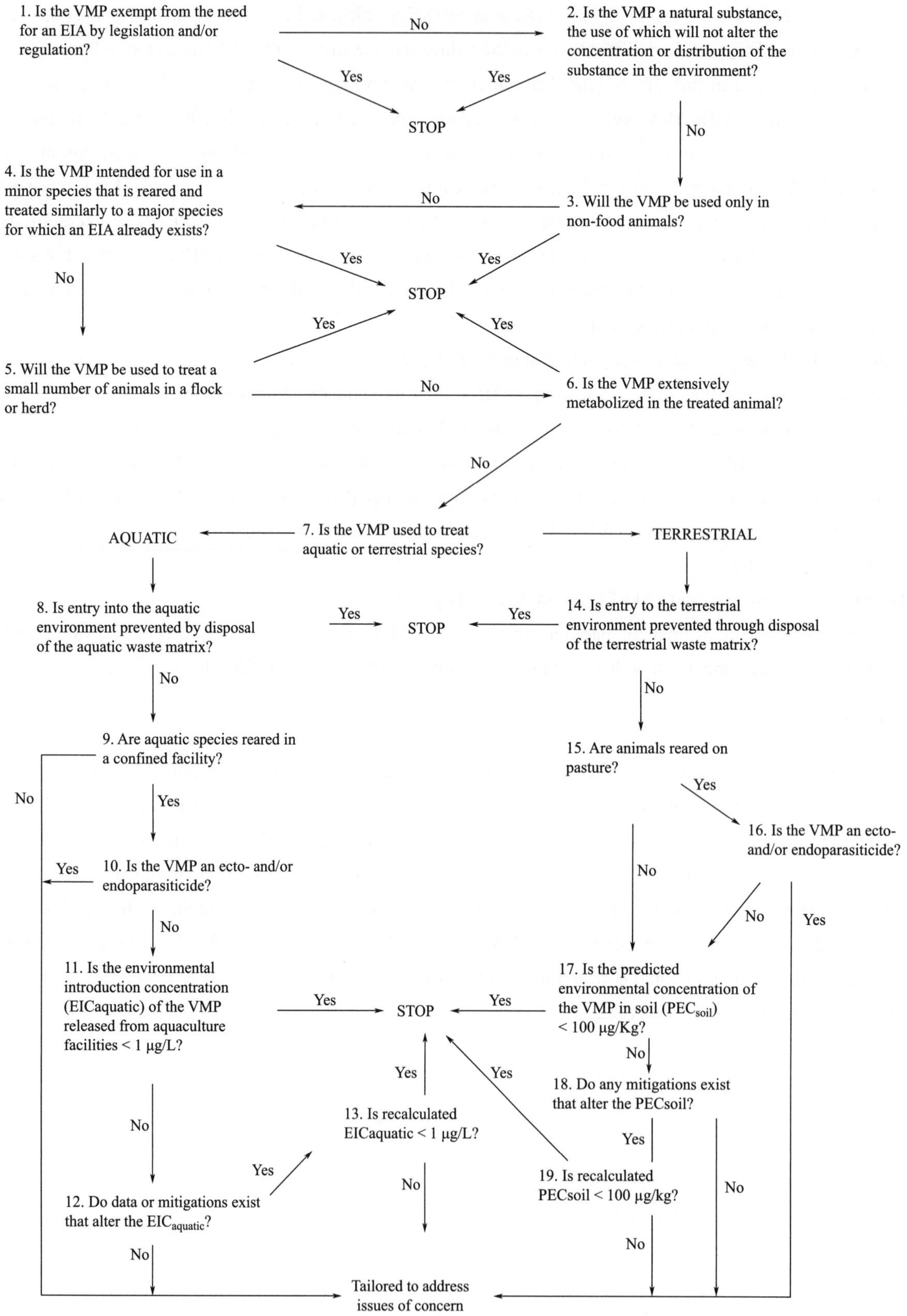

VICH GL 38 (ECOTOXICITY PHASE II)
October 2004
For implementation at Step 7

ENVIRONMENTAL IMPACT ASSESSMENT FOR VETERINARY MEDICINAL PRODUCTS PHASE II GUIDANCE

Recommended for Adoption
at Step 7 of the VICH Process
in October 2004 by the VICH SC for implementation in October 2005

This Guideline has been developed by the appropriate VICH Expert Working Group and is subject to consultation by the parties, in accordance with the VICH Process. At Step 7 of the Process the final draft will be recommended for adoption to the regulatory bodies of the European Union, Japan and USA.

1 INTRODUCTION

1.1 Purpose of this Guidance Document

The purpose of this document is to provide guidance for the use of a single set of environmental fate and toxicity data to be used by applicants/sponsors to obtain marketing approval in all VICH regions for those veterinary medicinal products (VMPs) identified as recommending data during the Phase I process. It also aims to be a major contribution towards the common use of study methods used to generate these data.

It needs to be kept in mind that guidances should not consist of rigid stipulations, but should make clear recommendations on the minimum information needed. By their nature, guidances address most, but not all possible eventualities. Each case has to be considered on its merits, and if in a particular circumstance an alternative approach, for example use of data published in the literature, is deemed more fitting, a reasoned argument for the deviation should be prepared and discussed with appropriate regulatory authorities before work is initiated.

Besides serving as a common basis for the Environmental Impact Assessment (EIA), this document provides an understanding of the type of information needed to protect the environment. The field of ecotoxicology is a complex science and gaps in data and knowledge exist. Notwithstanding these limitations, the Phase II recommendations should be based on science and strive for objectivity. The maximum amount of information should be extracted from each study to achieve an understanding of the potential for a given VMP to affect the environment.

An important factor in the use of the guidance contained herein is professional judgement. Expertise in the appropriate scientific disciplines is a valuable prerequisite for designing an EIA program for VMPs. Such expertise is important in evaluating the relevance of available data, for predicting environmental exposures, for identifying the recommended studies, and interpreting exposures relative to endpoint values obtained in such studies.

1.2 Scope

The mandate given by the VICH Steering Committee for developing this guidance is described in the Phase I document (http://www.emea.eu.int/pdfs/vet/vich/059298en.pdf, http://www.fda.gov/cvm/guidance/guide89.pdf).

The scope of the guidance is for VMPs, as defined by the individual parties to VICH. Particular VICH regions may mandate legislatively that this guidance be applicable to new products only or to both new and old products. Therefore, it is incumbent upon the applicant/sponsor to determine what the case is for a particular VMP. If an applicant/sponsor uses an alternative approach to conducting an EIA, then they should assess the suitability of the deviation from the guidance contained herein with the appropriate regulatory authority. However, an alternative approach, depending on the nature of the deviation from the guidance and the justification for it, may result in a submission not being accepted by all parties to VICH.

2 GENERAL ELEMENTS

Phase II provides a common basis for EIA testing for VMPs between the EU, Japan, US, Canada and Australia/New Zealand. It is recognized that significant regional differences (e.g. animal husbandry practices, climates, soil and water types, etc.) preclude fully harmonized guidance at this time. Full harmonization on principles of fate, effects and risk assessment is possible; the parameterization and decision making is, however, the prerogative of the individual regulatory authority. For this reason, the scope and extent of information recommended for EIAs for all regions cannot be completely specified. To the extent possible, Phase II provides recommendations for standard datasets and conditions for determining whether more information should be generated for a given VMP.

2.1 Protection Goals

Legislation and policy on environmental quality in the VICH regions set out the protection goals reflected in the EIA. The overall target of the assessment is the protection of ecosystems.

The aim of the guidance provided in Phase II (and in Phase I) is to assess the potential for VMPs to affect non-target species in the environment, including both aquatic and terrestrial species. It is not possible to evaluate the effects of VMPs on every species in the environment that may be exposed to the VMP following its administration to the target species. The taxonomic levels tested are intended to serve as surrogates or indicators for the range of species present in the environment.

Impacts of greatest potential concern are usually those at community and ecosystem function levels, with the aim being to protect most species. However, there may be a need to distinguish between local and landscape effects. There may be some instances where the impact of a VMP at a single location may be of significant concern, for example, for endangered species or a species with key ecosystem functions. These issues should be handled by risk management at that specific location, which may even include restriction or prohibition of use of the product of concern in that specific local area. Additionally, issues associated with cumulative impact of some VMPs may be appropriate at a landscape level. These types of issues cannot be harmonized but need to be considered as part of the EIA and if recommended, addressed by each region/local area.

2.2 General Description and Use of Phase II

This Phase II guidance contains sections for each of the major branches: (1) aquaculture, (2) intensively reared terrestrial animals and (3) pasture animals, each containing decision trees pertaining to the branch. The document also contains a section listing the recommended studies for physical/chemical properties, environmental fate and environmental effects, as well as a description of how to determine when studies may be relevant.

The guidance uses a two-tiered approach to the environmental risk assessment. The first tier, Tier A, makes use of simpler, less expensive studies to produce a conservative assessment of risk based on exposure and effects in the environmental compartment of concern. If the EIA cannot be completed with such data, due to a prediction of unacceptable risk, then the applicant/sponsor progresses to Tier B to refine the EIA.

In some cases, it may be possible to implement a risk management option instead of moving to Tier.

B. In these cases, discussion with the regulatory authority is necessary. It should be recognized that risk management may not be identical for all regions and where Tier B testing is omitted in one region, it may still be recommended in another.

For certain VMPs, it may be necessary to go beyond Tier B because more complex studies, specific to issues being addressed or to a particular region, are necessary to complete the risk assessment.

Such studies cannot be comprehensively dealt with in a harmonized guidance document. Therefore, these issues do not fall within the purview of this document, but should be addressed on a case-by- case basis with the appropriate regulatory authority. Examples include exceeding relevant trigger values in Tier B, where further testing may be warranted and/or risk mitigation measures may need to be implemented. As risk management measures are not within the scope of this guidance document, no guidance on these aspects is possible.

2.3 Exposure of VMPs to the Environment

The route and quantity of a VMP entering the environment determines the risk assessment scenarios that are applicable and the extent of the risk assessment. This guidance sets out a number of emission scenarios, using various assumptions. There may be some emission scenarios that are not applicable to a specific region. Emission can occur at various stages in the life cycle of the product. However, with the exception of certain topicals or those added directly to water, most VMPs first pass through the animal to which it is administered. Generally the most significant environmental exposure results from excretion of the active substance being the parent and/or its metabolites.

Following excretion, residues are generally assumed to be uniformly distributed in the environment; even though distribution may be patchy.

2.4 Risk Quotient (RQ) Approach

The EIA is based on the accepted principle that risk is a product of the exposure, fate and effects assessments of the VMP for the environmental compartments of concern. The Phase II EIA is based on a RQ approach, which is the ratio of the predicted environmental concentration (PEC) and the predicted no effect concentration (PNEC) on non-target organisms. The RQ (PEC/PNEC) is compared against a value of one, and a value less than one indicates that no further testing is recommended. However, in some circumstances, professional judgement is needed for a final determination.

The PEC of the RQ is defined as the concentration of the parent compound and metabolites predicted to be present in the soil, water and sediment compartment. Worldwide harmonization of PEC calculations is not practical or possible at this time. Regional differences in animal husbandry practices, different environmental conditions in the VICH regions, differences in treatment rates and frequency, should be taken into account when calculating PECs. Therefore this document does not contain any examples of PEC calculations but gives some general qualitative guidance needed to determine PECs. It is incumbent upon the applicant/sponsor to determine the most appropriate method of estimating exposures for the region of interest for a particular VMP based on regulatory guidance.

The PNEC of the RQ is determined from the experimentally determined effects endpoint divided by an appropriate assessment factor (AF). The AF is intended to cover uncertainties such as intra- and inter-laboratory and species variation, the need to extrapolate from laboratory study results to the field, and from short term to long term toxicity (acute:chronic ratios). The value varies depending on the type of study conducted. Variation in the AF applied should be clearly justified in the submission.

AFs of between 1,000 and 10 are used in the assessment. A factor of 1,000 is designed to be conservative and protective and is applied when only limited data are available; this value may be progressively reduced to 10 as more evidence becomes available. Such evidence could include:

(1) availability of data from a wide variety of species including those which are considered to represent the most sensitive species.

(2) information from structurally similar compounds, to suggest that the acute to chronic ratio is likely to be lower than that for many other compounds; and

(3) information to suggest that the chemical is rapidly degraded and not repeatedly administered so as to lead to chronic exposure.

2.5 Test Guidelines

The specific test guidelines/protocols recommended in Phase II are those finalized by OECD/ISO . This has the advantage of ensuring that environmental studies are current and broadly acceptable to regulatory authorities on a worldwide basis. Lack of a specific study recommendation, however, does not eliminate the importance for data on the specific organism class identified. In these situations, it is up to the applicant/sponsor to seek guidance from the appropriate regulatory authority.

Finally, conducting EIA studies in accordance with Good Laboratory Practice (GLP) is a regional requirement.

It is preferred that studies should be conducted using methods that allow for a data audit as may be necessary for some regions. It should be recognized that if studies are not conducted to GLP, they may not be accepted in some VICH regions.

2.6 Metabolites

In triggering a Phase II assessment, the exposure is based on the total residue approach, as described in question 11 and 17 of the Phase I document. The fate of chemicals in the environment is dependent on their chemical/physical properties and degradability. These properties will vary between the parent compound and the individual excreted metabolites, for example, the latter may be more water-soluble than the parent compound and may be more mobile and/or more persistent in the environment.

In general, the data generated at Phase II will be on the parent compound, but the risk assessment should also consider relevant metabolites. This is especially the case for pro-drugs that are efficiently metabolized into a single metabolite for which testing may be more appropriate.

Consideration of the excretion data is not initially recommended at Tier A, where a total residue approach should be taken and a $PEC_{initial}$ should be estimated. It should be assumed that the VMP is excreted 100% as parent.

If the RQ is $\geqslant 1$ for one or more tested taxonomic levels, then metabolism/excretion data from the residues and ADME part of the dossier should be considered as part of the PEC refinement.

Excreted metabolites representing 10% or more of the administered dose and which do not form part of biochemical pathways should be added to the active substance to allow the PEC to be recalculated.

If the RQ is still $\geqslant 1$ after PEC refinement and testing at Tier B, then guidance should be sought from the regulatory authority, including whether testing of the major environmentally relevant metabolites needs to be considered.

2.7 Special Consideration for Biodegradation Data

At Tier A if the RQ is <1 for all taxonomic levels tested, the assessment should normally stop. However, for persistent compounds (e.g. DT_{90} > 1 year in soil based on an annual application) it may be necessary to recalculate the $PEC_{initial}$ due to the possibility of accumulation in the environment.

In case of specific concerns related to the persistence and/or mobility, degradates formed during environmental fate studies may need further investigation. It should be noted that an individual substance may be both an excreted metabolite and a degradate in the environment. In both cases guidance should be sought from the regulatory authority.

3 RECOMMENDED STUDIES AT TIER A AND TIER B

Exposure to both the terrestrial and aquatic compartment may be applicable to a particular VMP depending on its route of environmental introduction. For instance, VMPs administered to intensively reared animals have the potential to impact terrestrial non-target species directly and non-target species in surface waters indirectly due to transport in water, including when adsorbed to soil particles and organic matter. Likewise, VMPs used to treat pasture animals may impact aquatic as well as terrestrial non-target species. Therefore, there should be a common set of criteria and studies that will be used when it is determined that testing is recommended. These can be applicable to all three branches or just two, e.g. intensively reared and pasture animals and are cross-referenced (as appropriate) in later sections of this document. If there is evidence that there will be no exposure to a particular compartment (i.e. water, soil/sediment and dung), then it may be possible to waive studies for that compartment. However, sound scientific evidence should be presented in the dossier in support of the omission of these studies.

This section summarizes the studies that are recommended at Tier A, and which should be conducted once it has been determined at Phase I that testing at Phase II is recommended. It also outlines the process that should be followed to determine whether testing at Tier B may be relevant and lists the studies recommended at this level.

All testing should be carried out on the parent compound, with the possible exception of VMPs such as pro-drugs as already discussed in section 2.6.

3.1 Tier A Testing

3.1.1 Tier A Physical-Chemical Properties Studies

Table 1 gives the studies recommended in this area in Tier A for all three Branches. Except where noted, all studies should be conducted.

Table 1. Physical-chemical Properties Studies at Tier A

Study	Guideline
Water Solubility	OECD 105
Dissociation Constants in Water	OECD 112
UV-Visible Absorption Spectrum	OECD 101
Melting Point/Melting Range	OECD 102
Vapour Pressure*	OECD 104
n-Octanol/Water Partition Coefficient **	OECD 107 or 117

* Calculation only, though a study is recommended when other physical-chemical properties, e.g. molecular weight, melting temperature, thermogravimetric analysis suggest that the vapour pressure may exceed 10^{-5} Pa at 20℃ .

** This criterion is not directly applicable to ionisable substances at environmental pH. If appropriate, the logKow for such substances should be measured on the non-ionised form at environmentally relevant pHs.

3.1.2 Tier A Environmental Fate Studies

Table 2 gives the recommended studies in this area in Tier A for all three branches. The degradation study should only be performed in soil or aquatic systems, depending on whether the initial exposure is to the terrestrial or aquatic environment. The photolysis and hydrolysis studies are optional (see comments under sections 4.2.1.2, 5.2.1.2 and 6.2.1.2) for the three branches.

Table 2. Environmental fate studies at Tier A

Study	Guideline
Soil Adsorption/Desorption*	OECD 106
Soil Biodegradation (route and rate)**	OECD 307
Degradation in aquatic systems**	OECD 308
Photolysis (optional)	Seek regulatory guidance***
Hydrolysis (optional)	OECD 111

*Adsorption/desorption studies should report both the K_{oc} and K_d values for a range of soils. Care should be taken in extrapolating the study results from soil to sediment, especially for substances which are ionized at environmentally relevant pHs.

** These studies are recommended only for the terrestrial and aquaculture branches, respectively. It may be appropriate to do the latter studies under saltwater conditions (regulatory guidance should be sought).

*** Draft OECD test guidelines for both aquatic and soil photolysis are in preparation.

3.1.3 Tier A Effects Testing

3.1.3.1 Tier A Aquatic Effects Studies

Table 3 gives the studies and AFs recommended in Tier A for both direct and indirect aquatic exposures. Testing of three taxonomic levels is recommended. At least one fish, one aquatic invertebrate and one algal species should be tested and the PNEC estimates for all taxonomic levels used individually for the RQ calculations.

VMPs to be used in freshwater should be studied using fresh water species and under freshwater conditions. Those used in saltwater should be studied using saltwater species and under saltwater conditions. Only the freshwater studies should be conducted for VMPs used on terrestrial animals. Species used should be characteristic of the environmental conditions (temperature range especially) in the region of use.

Table 3. Aquatic effects studies at Tier A

Medium	Studies	Toxicity endpoint	AF	Guideline
Freshwater	Algal growth inhibition*	EC_{50}	100	OECD 201
Freshwater	*Daphnia* immobilization	EC_{50}	1,000	OECD 202
Freshwater	Fish acute toxicity	LC_{50}	1,000	OECD 203
Saltwater	Algal growth inhibition	EC_{50}	100	ISO 10253
Saltwater	Crustacean acute toxicity	EC_{50}	1,000	ISO 14669
Saltwater	Fish acute toxicity	LC_{50}	1,000	Seek regulatory guidance

* For substances with anti-microbial activity, some regulatory authorities prefer a blue-green algae rather than a green algae species be tested.

3.1.3.2 Tier A Terrestrial Effects Studies

Table 4 gives the studies and AFs recommended in Tier A for soil exposures. These are generally only applicable to VMPs used for terrestrial treatments. All studies should be done and the PNEC estimates for all taxonomic levels used individually for the RQ calculations. For endo/ectoparasiticides used in intensively reared animals only, some regulatory authorities may seek additional information on the toxicity to non-target arthropods (e.g. Collembola).

In general, endo/ectoparasiticidal substances are not considered to be toxic for plants and microorganisms. Therefore for endo/ectoparasiticides used on pasture animals studies on plants and microorganisms are only recommended in case the trigger value given in phase I is exceeded.

Table 4. Terrestrial effects studies at Tier A

Study	Toxicity endpoint	AF	Guideline
Nitrogen Transformation (28 days)*	$\leqslant$ 25% of control	**	OECD 216
Terrestrial plants	EC_{50}	100	OECD 208
Earthworm Subacute/reproduction	NOEC	10	OECD 220 / 222

* Studies should be conducted at 1X and 10X the maximum PEC.

** An assessment factor is not relevant to this end point – when the difference in rates of nitrate formation between the lower treatment (i.e. the maximum PEC) and control is equal to or less than 25% at any sampling time before day 28, the VMP can be evaluated as having no long term influence on nitrogen transformation in soils. If this is not the case, the study should be extended to 100 days at Tier B (see Table 8).

In the specific case of endo/ectoparasiticides used in pasture treatments, the studies listed in Table 5 are also recommended for dung exposures. Regulatory guidance should be sought to determine the appropriate test guidelines to be used to conduct the toxicity studies for dung fauna. Both dung beetle larval and dung fly larval data are recommended to assess the effects on dung fauna of endo/ectoparasiticides excreted in dung. Regulatory guidance should be sought to determine the appropriate study guidelines to be used to conduct the effects studies for dung fauna. If sound scientific reasons can be advanced, for example evidence of nil absorption for topicals or extensive excretion in the urine, then these studies may be waived.

Table 5. Additional effects studies recommended for endo/ectoparasiticides used for pasture treatments at Tier A

Study	Toxicity endpoint	AF	Guideline
Dung fly larvae	EC_{50}	100	Seek regulatory guidance*
Dung beetle larvae	EC_{50}	100	Seek regulatory guidance*

* There are currently no internationally accepted guidelines or processed drafts available for these studies, but the VICH WG noted the ongoing work in developing standardised studies for dung fly and dung beetle larvae and their inclusion into the OECD Test Guidelines Program.

Studies for toxicity to vertebrates (e.g. mammals and birds) are not recommended. However, there may be cases where there is both high toxicity and potential exposure through the food chain and a consequent risk. An example is risk to birds feeding on the backs of animals that have been treated with pour-on formulations of endo/ectoparasiticides with potentially high mammalian/avian toxicity. In these cases, the applicant should consider the mammalian and (if available) avian toxicity data and seek regulatory guidance as to whether additional data are recommended.

3.1.4 Risk assessment at Tier A

The risk assessment approach that is recommended is to compare the $PEC_{initial}$ based on the total residue with the PNEC derived for each of the tested taxonomic levels as described above. Where the RQ for all taxonomic levels is < 1 it should be sufficient to conclude that the VMP does not pose a risk for the environment, unless based on the persistence of the active substance there is a potential for it to accumulate in the environment (see section 2.7). Where the RQ is ⩾ 1 a risk for the environment can not be excluded and further assessment is recommended.

3.1.4.1 PEC refinement

The first step should be to refine the $PEC_{initial}$ based on the total residue at Tier A through consideration of the metabolism/excretion information and the data on biodegradation in manure/soil/aquatic systems data (see section 2.6 and 2.7). The $PEC_{refined}$ should then be compared with the PNEC for the affected taxonomic level and a new RQ determined for each. If the RQ is now <1 for all taxonomic levels, the assessment stops.

If the RQ is still ⩾ 1 for any of the taxonomic levels tested, then the VMP moves to Tier B and testing for the affected taxonomic level is recommended.

For pasture treatments if the RQ is ⩾ 1 for dung insects for the $PEC_{dung\text{-}initial}$, then the excretion data should be examined and the $PEC_{dung\text{-}refined}$ used to recalculate the RQ. The $PEC_{dung\text{-}initial}$ assumes that all of the dose is excreted in a single day's dung. The $PEC_{dung\text{-}refined}$ is more realistic as it takes account of how many days the active substance is excreted in dung and at what concentrations (see Section 6.2.3.3). If the RQ is still ⩾ 1, further regulatory guidance should be sought.

3.2 Criteria for Tier B Testing

The main criteria for advancing to Tier B is when the RQ is ⩾ 1 or in the case of soil micro-organims an effect > 25%. Effects studies at Tier B are only recommended for affected taxonomic levels.

There are two other cases relating to bioaccumulation and sediment invertebrate toxicity, where Tier B testing is recommended.

The $logK_{ow}$ ⩾ 4 is used as a criterion for an assessment of bioaccumulation. This criterion is not directly applicable to ionisable substances at environmental pH. If appropriate, the $logK_{ow}$ for such substances should be measured on the non-ionised form at environmentally relevant pHs.

If the RQ for aquatic invertebrate is ⩾ 1 it is recommended to consider the $PEC_{sediment}/PNEC_{sediment}$ ratio. The $PNEC_{sediment}$ is calculated using equilibrium partitioning. This method uses the $PNEC_{aquatic\ invertebrate}$ and the sediment/

water partitioning coefficient as input. If the RQ is ⩾ 1, then testing of sediment organisms is recommended. For substances with a log K_{ow} ⩾ 5, the RQ is increased by an extra factor of 10 to take account of possible uptake via ingestion of sediment. If the RQ is ⩾ 1, then a study, preferably long-term, with benthic organisms using spiked sediment is recommended.

3.3 Tier B Testing

3.3.1 Tier B Physical-Chemical Properties Studies

Usually, there are no additional physical-chemical studies recommended in Tier B.

3.3.2 Tier B Environmental Fate Studies

If the logK_{ow} is ⩾ 4, evidence from metabolism/residues/excretion, biodegradation studies and molecular mass should be considered to see whether there is the potential for bioaccumulation to occur. If so, then the study listed in Table 6 is recommended to be carried out at Tier B. To assess the risk for secondary poisoning, the use of a predicted BCF based on QSARs may be considered. If in doubt, regulatory guidance should be sought.

Table 6. Environmental fate study at Tier B

Study	Guideline
Bioconcentration in fish	OECD 305

If the BCF is ⩾ 1,000, regulatory guidance should be sought.

3.3.3 Tier B Environmental Effects Studies

3.3.3.1 Tier B Aquatic effects studies

The studies in Table 7 are recommended only for those cases where the RQ for the affected taxonomic level is ⩾ 1 following use of the $PEC_{refined}$ (see section 3.1.4).

Table 7. Aquatic effects studies at Tier B

Environment	Study	Toxicity Endpoint	AF	Guideline
Freshwater	Algae growth inhibition*	NOEC	10	OECD 201
Freshwater	*Daphnia magna* reproduction	NOEC	10	OECD 211
Freshwater	Fish, early-life stage**	NOEC	10	OECD 210
Freshwater	Sediment invertebrate species toxicity	NOEC	10	OECD 218, 219***
Saltwater	Algae growth inhibition*	NOEC	10	ISO 10253
Saltwater	Crustacean chronic toxicity or reproduction	NOEC	10	Seek regulatory guidance
Saltwater	Fish chronic toxicity	NOEC	10	Seek regulatory guidance
Saltwater	Sediment invertebrate species toxicity	NOEC	10	Seek regulatory guidance

* Using the same study and species as in Tier A but the NOEC is used in Tier B.

** Alternative studies for fish: Fish short term toxicity test on embryo and sac-fry stage (OECD TG 212) and Fish juvenile growth test (OECD TG 215) are not favoured, noting *inter alia* that the first page of the former suggests why this may not be the first choice guideline and that OECD TG 210 is preferable.

*** It is suggested that if entry into the environment is through water, OECD TG 219 is used, if exposure is through sediment or adsorbed to soil in run-off, OECD TG 218 should be used.

If after the Tier B testing the RQ is ⩾ 1, regulatory guidance should be sought.

3.3.3.2 Tier B Terrestrial effects studies

The studies in Table 8 are recommended only for those cases where the RQ for the affected taxonomic levels is ⩾ 1 or in the case of soil micro-organisms an effect > 25% following use of the $PEC_{refined}$ (see above).

Table 8. Terrestrial effects studies at Tier B

Study	Endpoint	AF	Guideline
Nitrogen Transformation (100 days–extension of Tier A study)	⩽ 25% of control	*	OECD 216
Terrestrial plants growth, more species**	NOEC	10	OECD 208
Earthworm			None

* An assessment factor is not relevant to this end point - when the difference in rates of nitrate formation between the lower treatment (i.e., the maximum PEC) and control is equal to or less than 25% at any sampling time before day 100, the VMP can be evaluated as having no long term influence on nitrogen transformation in soils.

** The study should be repeated on two additional species from the most sensitive species category in the Tier A study, in addition to repeating the study on the most sensitive species.

If after the Tier B testing the RQ is ⩾ 1 or in the case of soil micro-organisms an effect > 25%, regulatory guidance should be sought.

For pasture treatments, if the RQ is still ⩾ 1 for dung fauna from the $PEC_{dung\text{-}refined}$, no additional studies are recommended at Tier B, but regulatory guidance should be sought.

4 AQUACULTURE BRANCH

4.1 Introduction

This section of the Phase II guidance deals with the environmental risk assessments for VMPs used in aquaculture. A variety of VMPs are administered to aquatic organisms. In many cases these are added to the organism's food or directly to their water, or they may be injected directly into the organism.

Aquaculture practices may vary widely between the VICH regions, but the generic types of aquaculture facilities are:

- net pens and cages in ocean, coastal and inland areas such as bays, estuaries, fjords, lakes and lochs;
- raceways, ponds or tanks/baths taking from, and returning water to, streams or rivers;
- raceways, ponds or tanks/baths discharging to a sewage treatment facility; and
- isolated ponds or tanks with limited discharge to a river or sewage treatment facility.

The above give an indication the spectrum of aquaculture facilities, which range from systems fully open to essentially closed to the aquatic environment. However, in the majority of cases there will be dilution of treated water/effluent on release into the environment.

Even with fully open systems during treatment with a VMP the net pen is often raised, e.g. so that the fish are contained in 2-3 m depth of water and enclosed in a tarpaulin to achieve the required concentration for a specified time period. At completion of the treatment, the used drug is assumed to be equally distributed within the reduced volume of water in the net pen. Following removal of the tarpaulin, the released active substance may initially be distributed evenly within an area of water around the facility. Eventually more widespread distribution in the environment of the active substance may occur due to passive diffusion/current movement. In other cases release may be more direct as no impervious barrier will be in place, or the tarpaulin is placed as a skirt around the net pen so that the bottom is open.

For systems that are partially closed to the environment, at the end of the VMP treatment release of effluent to the environment will occur together with other untreated water from the aquaculture facility. Again there will initially be dilution in receiving waters for a limited distance, followed by more widespread distribution. In some cases, effluent will pass through a sewage treatment facility, where there is the opportunity for the active substance to be removed by adsorption/degradation, prior to discharge to surface waters.

A decision tree/flow diagram is presented in Figure 1 at the end of this section as an overview of the risk assessment process for various types of VMPs used in aquaculture. The diagram provides a summary of the text, which is intended as a quick reference to the recommendations. However, the diagram should always be referred to in conjunction with the main text.

4.2 Tier A

4.2.1 Data recommended in Tier A

If a VMP used in aquaculture has failed to meet Phase I criteria, the following is the minimum testing data set recommended to be conducted in Tier A.

4.2.1.1 Physical-chemical properties studies

Table 1, Section 3.1.1 gives the studies recommended in Tier A. Except where noted, all studies should be conducted.

4.2.1.2 Environmental fate studies

Table 2, Section 3.1.2 gives the studies recommended in this area in Tier A. The degradation study should only be performed in aquatic systems. If initial chemical studies indicate a potential for the active substance to photolyse or hydrolyse, then photolysis or hydrolysis studies may be conducted.

4.2.1.3 Environmental effects studies

Table 3, Section 3.1.3.1 gives the studies and AFs recommended in Tier A. At least one species should be studied from each of the three taxonomic levels, i.e. fish, invertebrates and algae in the relevant medium (fresh or saltwater), and the PNEC to be used for the RQ estimated for each taxonomic level.

4.2.2 Calculation and comparison of $PEC_{surfacewater}$

4.2.2.1 Calculation of $PEC_{surfacewater\text{-}initial}$ ($PEC_{sw\text{-}initial}$)

The initial risk assessment should be conducted for a $PEC_{sw\text{-}initial}$.

The calculation should be based on:

• the total amount of VMP used in the aquaculture system within the consecutive administration period for one treatment (see Glossary);

• the volume of the aquatic environment within a defined distance of the treatment area (e.g. net pens), which is determined by the typical facility for the species and the country/region where the VMP is to be used;

• the assumption that the active substance is diluted within the system (the extent of which is dependent on the aquaculture practices and the facility and how it is operated), and then introduced into the wider environment;

• for a partially closed system, the extent of dilution within the fish farm and how much further dilution occurs in receiving waters such as running river/stream water when effluent is discharged from the fish farm; and

• for an open system, the extent of dilution is dependent on the shape, width and depth of the cultured area and water movement.

4.2.2.2 Comparison of PNEC and $PEC_{sw\text{-}initial}$

At this stage, the PNEC for all taxonomic levels determined during aquatic effects testing should be compared with the $PEC_{sw\text{-}initial}$. If the RQ is <1 for all taxonomic levels, no further assessment is recommended. However, if the RQ is ≥ 1, the $PEC_{sw\text{-}initial}$ should be refined, using a number of mitigations as described in Section 4.2.2.3.

4.2.2.3 Calculation of $PEC_{sw\text{-}refined}$

The $PEC_{sw\text{-}initial}$ calculations assume that all of the active substance is retained within the facility until released, and then is diluted only within a defined distance. The effect of further dispersal in open systems should be considered. Dispersal may be influenced by external factors such as wind, currents, tide and the extent of mixing of water as affected by temperature or salinity. The effect of adsorption onto sediments should be considered. There may also be a number of discrete applications within the one treatment period, which in open systems would be released as a series of pulses that will have largely dispersed prior to the next application.

4.2.3 Calculation and comparison of $PEC_{sediment}$

4.2.3.1 Calculation of $PEC_{sediment}$

If the RQ for the aquatic invertebrate study is still ≥ 1 following the calculation of $PEC_{sw\text{-}refined}$, the $PEC_{sediment}$ should be calculated to compare with the $PNEC_{sediment}$ (see section 3.2) to indicate whether an effects study for sediment species is triggered and should be conducted at Tier B. As for $PEC_{surfacewater}$, this should initially be carried out at a basic level, and then further refined if necessary. At the basic level $PEC_{sediment\text{-}initial}$, it should be assumed that partitioning processes between sediment and water are complete, and that sediment and water are in equilibrium in the aquatic environment.

4.2.3.2 Calculation of $PEC_{sediment}$ in cases of VMPs added to feed

It is often convenient to administer VMPs in the fish feed, particularly where a treatment has to be given for several days in succession. In such systems, the VMP may remain associated with waste feed which usually settles to the sediment under the net pens and for a distance beyond the net pens. For such VMPs it is also appropriate to calculate the $PEC_{sediment}$, using the following parameters:

• Percentage administered feed not eaten by fish and subsequently deposited on sediment;

• Total amount of VMP in fish feed;

• Percentage of dose excreted in faeces (in absence of data to the contrary assume this is 100% - the percentage of uneaten feed);

• Area of sediment directly beneath the net pen(s) and distance beyond net pen(s) in which uneaten feed and faeces are deposited;

• Depth to which the active substance is distributed in sediment; and

• Density of sediment.

Therefore, the concentration of the active substance in the sediment is a function of the amount reaching sediment in uneaten feed, the amount reaching sediment in excreted faeces and the weight/volume of sediment in which the active substance is distributed.

4.2.3.3 Comparison of PNEC and PEC

Once the $PEC_{sediment}$ has been calculated, it needs to be compared with the $PNEC_{sediment}$ as described in Section 4.2.3.1 to indicate whether an effects study for sediment species is triggered and should be conducted at Tier B.

4.3 Tier B

4.3.1 Triggers for testing in Tier B

The criteria for further testing at Tier B are given in Section 3.2.

4.3.2 Data recommended in Tier B

4.3.2.1 Physical-chemical properties studies

Usually, there are no additional physical-chemical studies recommended in Tier B.

4.3.2.2 Environmental fate studies

As noted in Section 3.3.2, if the $\log K_{ow}$ is ≥ 4, and following the consideration given in that section, the bioconcentration study in fish listed in Table 6 is recommended for VMPs used in aquaculture at Tier B.

4.3.2.3 Environmental effects studies

If the RQ is still ≥ 1 for one or more aquatic taxonomic levels, when the $PEC_{sw\text{-}refined}$ is compared with the

PNECs calculated for the acute studies conducted in Tier A, chronic testing for that particular taxonomic level is recommended as indicated in Table 7 of Section 3.3.3.1.

If following refinement, the RQ for an aquatic invertebrate in surface water is ⩾ 1, the $PEC_{sediment\text{-}refined}$/$PNEC_{sediment}$ should be considered. If RQ is ⩾ 1, a sediment invertebrate effects study is recommended in Tier B.

4.3.3 Further assessment

If there is still an indication of risk on completion of the Tier B assessment, e.g. for VMPs which still have an RQ ⩾ 1 or the BCF ⩾ 1,000, then the applicant is recommended to discuss their dossier and proposals for further data or risk mitigation with the regulatory authority.

Figure 1. Decision tree/Flow diagram for VMPs used for aquaculture

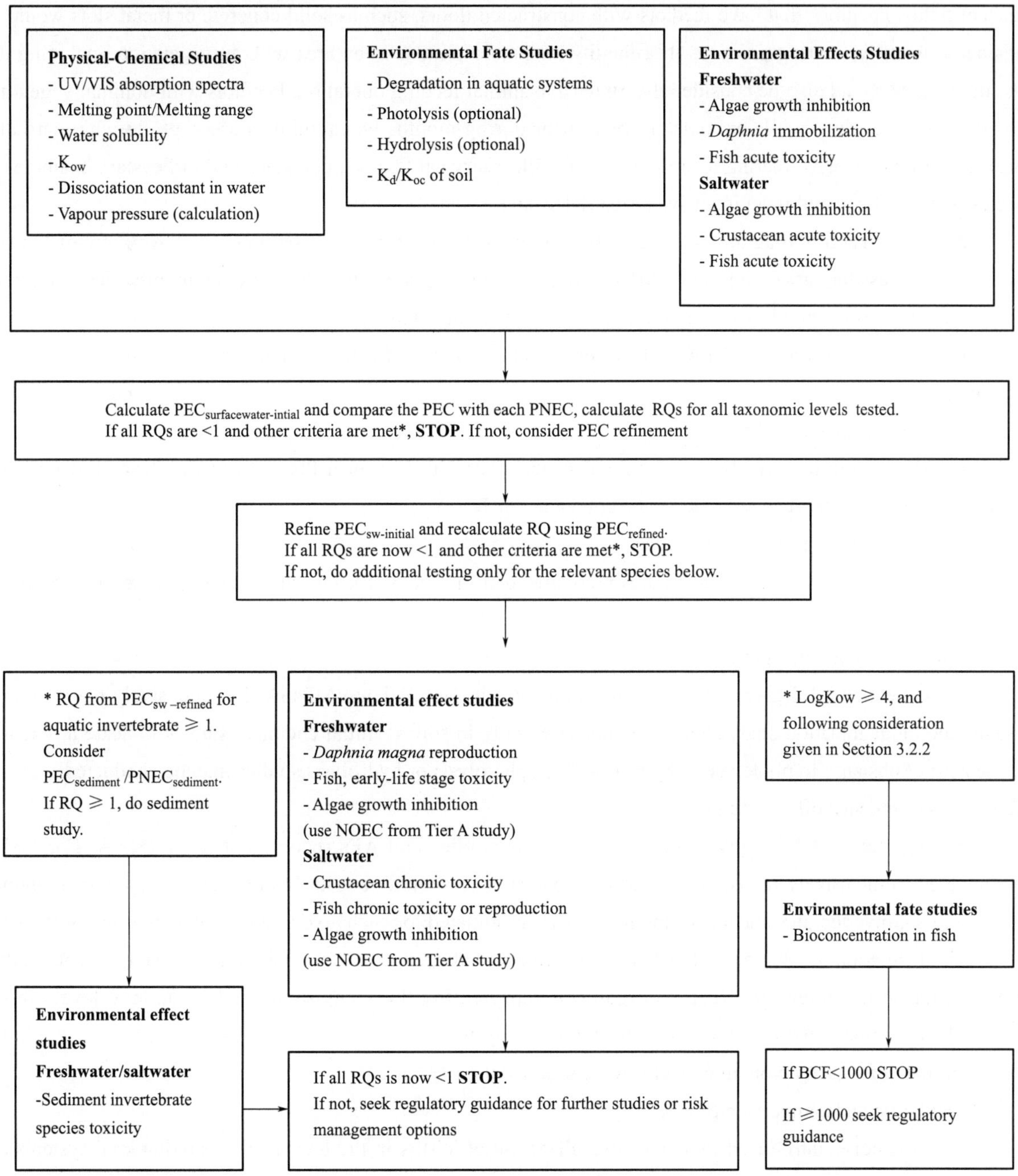

5 INTENSIVELY REARED ANIMALS BRANCH

5.1 Introduction

This section of the Phase II guidance deals with the risk assessments for VMPs used in intensively reared animal systems.

Intensively reared animal systems consist of areas where animals are kept and raised in confined situations, which may include housed animals or animals kept in feedlots. Producers confine animals, feed, manure and urine in a relatively small land area (feed-yard). Feed is brought to the animals rather than the animals only grazing or otherwise seeking feed in pastures, fields, or on rangelands. Waste is usually disposed of off-site by spreading on adjacent fields. Facilities that have feedlots with constructed floors, such as solid concrete or metal slots would be considered intensive rearing practices. If a facility maintains animals in an area without vegetation, including dirt lots, the facility would also be considered an intensive animal feeding operation. Feedlots with nominal vegetative growth along the edges while animals are present or during months when animals are kept elsewhere are also considered to be intensive rearing operations. Beef cattle, dairy cattle, pigs, chickens, and turkeys are examples of species that may be reared in an intensive terrestrial system.

A decision tree/flow diagram is presented in Figure 2 at the end of this section as an overview of the risk assessment process for various types of VMPs used in intensively reared animals. The diagram provides a summary of the text, which is intended as a quick reference to the recommendations.

However, the diagram should always be referred to in conjunction with the main text.

5.2 Tier A

5.2.1 Data recommended in Tier A

If a VMP used in intensively reared animal systems has failed to meet Phase I criteria, the following is the minimum testing data set recommended to be conducted in Tier A.

5.2.1.1 Physical-chemical properties studies

Table 1, Section 3.1.1 gives the studies recommended in Tier A. Except where noted, all studies should be conducted.

5.2.1.2 Environmental fate studies

Table 2, Section 3.1.2 gives the studies recommended in Tier A. For VMPs used in intensively reared animal systems the biodegradation study should be conducted only in soil. If initial chemical studies indicate a potential for the active substance to photolyse or hydrolyse, then photolysis or hydrolysis studies may be conducted.

5.2.1.3 Environmental effects studies

Table 3, Section 3.1.3.1 gives the aquatic effects studies and AFs recommended in Tier A. For VMPs administered to intensively reared animals at least one species should be tested from each of the three taxonomic levels e.g. fish, invertebrates and algae, and the PNEC is estimated for each taxonomic level to be used for the RQ.

Table 4, Section 3.1.3.2 gives the terrestrial effects studies and AFs recommended in Tier A. The studies provide data on the potential effects to organisms representing three environmental taxonomic levels in the terrestrial environment that are expected to be exposed, e.g. invertebrates, plants, and micro-organisms. Again the PNEC estimated for each taxonomic level is to be used for the RQ.

5.2.2 Calculation and comparison of PEC_{soil}

PECs of residues introduced to soil as a result of use of VMPs in the intensively reared animal systems are usually based on:

• The total amount of product administered; its dose and frequency of use per animal and pattern of use within a flock or herd;

• Metabolism in the treated animal, together with the pattern of excretion of parent and relevant metabolites;

• The manure output of the animal on a weight basis;

• Animal husbandry with respect to the number of animal cycles, length of individual animal cycles and proportion of year animals are housed;

• Manure storage times in relation to product usage; and

• Manure spreading practices in relation to any restrictions on time of spreading, whether manure is spread on an area once a year or on several occasions during the year, and legal or advisory limits to amounts spread.

5.2.2.1 Calculation of $PEC_{soil\text{-}initial}$

In Phase II Tier A the $PEC_{soil\text{-}initial}$ is first calculated and used in the risk assessment. As noted in Section 2.6 this will assume 100% excretion of the administered dose as parent and will have been calculated as part of the Phase I assessment.

$PEC_{soil\text{-}initial}$ should give consideration under spreading practices to the possibility of repeat applications of manure containing a active substance to the same area of land. As noted in Section 2.7, this will be of particular concern for persistent compounds, where repeat applications over several years could lead to elevated soil concentrations with consequent effects on soil function and possibly other environmental impacts.

5.2.2.2 Comparison of PNEC and $PEC_{soil\text{-}initial}$

At Tier A, the PNEC for all the taxonomic levels determined during terrestrial effects testing should be compared with the $PEC_{soil\text{-}initial}$. If the RQ is <1 for all taxonomic levels tested no further assessment is recommended. However, if the RQ is ⩾ 1 for one or more taxonomic levels, the worst case $PEC_{soil\text{-}initial}$ should be refined, as described in Section 5.2.2.3, and the RQ recalculated.

5.2.2.3 Calculation of $PEC_{soil\text{-}refined}$

The refinement of PEC_{soil} should occur prior to consideration of conducting any testing in Tier B. Any refinement should be carried out using appropriate calculations and methods.

$PEC_{soil\text{-}initial}$ can be refined by determining the actual composition of the dose excreted by the treated animal. As noted in Section 2.6, where excretion data are available then the active substance and relevant metabolites (defined as representing 10% or more of the administered dose and which do not form part of biochemical pathways) should be added to allow an estimate of the $PEC_{soil\text{-}refined}$.

The PEC may be refined further by several adjustments, including but not limited to the following:

• accounting for any degradation of the active substance during storage of manure before spreading on fields, as appropriate; and

• by degradation of the parent and relevant metabolites in the field, using the results of the laboratory soil degradation study from Tier A. Time to mineralization, formation of bound residue or degradation to substances that are part of biochemical pathways can be used to refine the PEC in this case.

5.2.3 Calculation and comparison of PEC water

As noted in the introduction to section 3, VMPs administered to intensively reared animals have the potential to impact non-target species in surface waters indirectly due to transport in water, including when adsorbed to soils. Therefore, it is appropriate to calculate PECs for both surface and groundwater.

5.2.3.1 Calculation and comparison of $PEC_{sw\text{-}initial}$

$PEC_{sw\text{-}initial}$ will be calculated from any form of indirect entry into surface water. $PEC_{sw\text{-}initial}$ is calculated from the $PEC_{soil\text{-}initial}$.

The factors that affect the likelihood of movement to surface water include the physical and chemical properties of the active substance, the amount of rainfall and the proportion that is likely to run off, and soil hydrology.

The PNEC for all tested aquatic taxonomic levels should be determined and compared with the $PEC_{sw\text{-}initial}$. If the RQ is <1 for all taxonomic levels, no further assessment is recommended.

However, if the RQ is ⩾ 1 for one or more taxonomic levels, the $PEC_{sw\text{-}initial}$ should be refined, using a number of mitigations as described in Section 5.2.2.3, and the RQ recalculated.

5.2.3.2 Calculation of $PEC_{groundwater}$

The factors important in movement to groundwater include the physical and chemical properties of the active substance, the amount of soil organic matter, amount of rain, depth to the aquifer or seasonally saturated layer and preferential flow.

The $PEC_{groundwater}$ should be considered on a regional level for additional testing and/or mitigation for public health concerns. Groundwater is a natural resource and should not only be assessed with regards to public health but also to possible harmful effects to the biota of groundwater.

5.3 Tier B

5.3.1 Triggers for further testing in Tier B

The criteria for further testing at Tier B are given in Section 3.2.

5.3.2 Data recommended in Tier B

5.3.2.1 Physical-chemical properties studies

Usually, there are no additional physical-chemical studies recommended in Tier B.

5.3.2.2 Environmental fate studies

If the $\log K_{ow}$ is ⩾ 4, and following the consideration given in Section 3.3.2, the bioconcentration study in fish listed in Table 6 is recommended for VMPs at Tier B.

5.3.2.3 Environmental effects studies

If the RQ is still ⩾ 1 or in case micro-organisms an effect > 25% for one or more taxonomic levels (both aquatic or terrestrial) when the $PEC_{soil/sw\text{-}refined}$ is compared with the results of the studies conducted in Tier A, testing for that particular taxonomic levels should be carried out as indicated in Tables 7 and 8 of Section 3.3.3.

If following refinement, the RQ for an aquatic invertebrate in surface water is ⩾ 1, the $PEC_{sediment\text{-}refined}/PNEC_{sediment}$ should be considered. If RQ is ⩾ 1, a sediment invertebrate effects study is recommended in Tier B. For calculation $PEC_{sediment}$ see section 4.2.3.1.

5.3.3 Further assessment

If there is still an indication of risk on completion of the Tier B assessment, e.g. for VMPs which still have an RQ ⩾ 1 or BCF ⩾ 1,000, then the applicant is recommended to discuss their dossier and proposals for further data or risk mitigation with the regulatory authority.

Figure 2. Decision tree/Flow diagram for VMPs used for intensively-reared animal systems

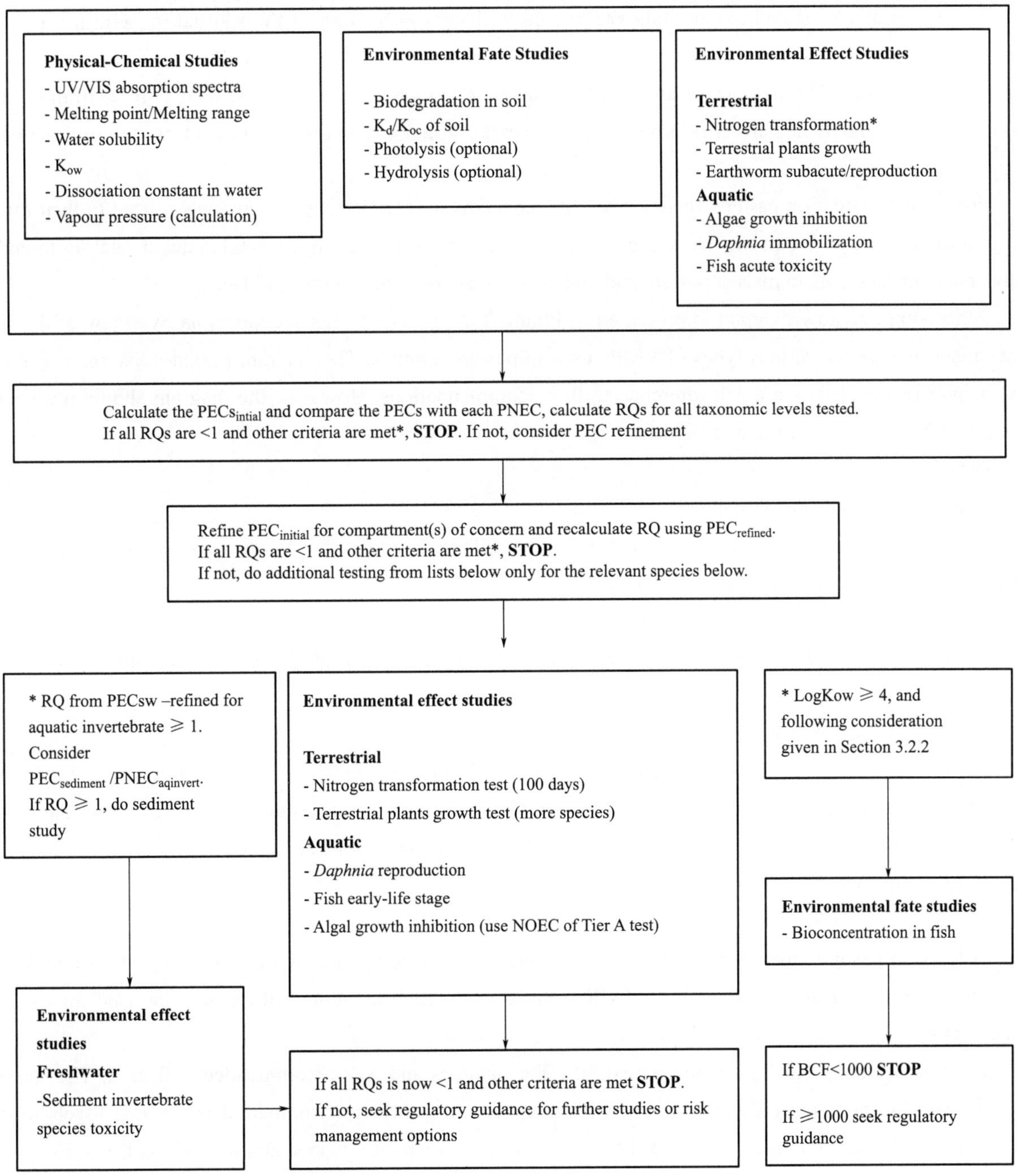

6 PASTURE ANIMALS BRANCH

6.1 Introduction

This section of the Phase II guidance deals with the environmental risk assessment for VMPs used in animals kept at pasture.

Pasture is defined as land covered with grass or herbage and grazed by or suitable for grazing by livestock. Pasture animals are those livestock reared for part or all of the year on grassland, and refers only to the time spent at pasture. Excretion occurs directly onto the pasture or onto other habitats within the grazed area. This is in contrast to intensive systems such as feedlots where manure is collected and later spread onto agricultural or grassland. At pasture, grazing provides the primary source of food for livestock.

The types of pasture where animals are grazed will vary according to their situation within a region, for instance in different parts of the EU, and also between regions, e.g. there will be differences between Japan and Australia. The number of animals that can be maintained on an area of land will be limited; and the number of animals/hectare is referred to as the stocking density that will vary both within and between regions.

For animals reared on pasture, there are specific concerns for certain types of products related to their direct entry to the aquatic environment. There are also some specific areas of environmental concern relating to endo/ectoparasiticides used in animals at pasture and both of these are described in this guidance.

A decision tree/flow diagram is presented in Figure 3 at the end of this section as an overview of the risk assessment process for various types of VMPs used in pasture animals. The diagram provides a summary of the text, which is intended as a quick reference to the recommendations. However, the diagram should always be referred to in conjunction with the main text.

6.2 Tier A

6.2.1 Data recommended in Tier A

If a VMP used on pasture animals has failed to meet Phase I criteria, the following is the minimum testing data set recommended to be conducted in Tier A.

6.2.1.1 Physical-chemical properties studies

Table 1, Section 3.1.1 gives the studies recommended in Tier A. Except where noted, all studies should be conducted.

6.2.1.2 Environmental fate studies

Table 2, Section 3.1.2 gives the studies recommended in this area in Tier A. For pasture animal VMPs the biodegradation study should be conducted only in soil. If initial chemical studies indicate a potential for the active substance to photolyse or hydrolyse, then photolysis or hydrolysis studies may be conducted.

6.2.1.3 Environmental effects studies

Table 3, Section 3.1.3.1 gives the aquatic effects studies and AFs recommended in Tier A. For VMPs administered to pasture animals at least one species should be tested from each of the three taxonomic levels i.e. fish, invertebrates and algae, and the PNEC estimated for each taxonomic level is to be used for the RQ calculations.

Table 4, Section 3.1.3.2 gives the terrestrial effects studies and AFs recommended in Tier A. The studies provide data on the potential effects to organisms representing three environmental taxonomic levels in the terrestrial environment that are expected to be exposed, e.g. invertebrates, plants, and micro-organisms. However, for endo/ectoparasiticides used on pasture animals studies on plants and microorganisms are usually recommended only in the case the trigger value given in Phase I is exceeded. If data are available to show a concern for these taxonomic levels the studies are recommended. Again the PNEC estimated for each taxonomic level is to be used for the RQ calculations.

Both dung beetle larval and dung fly larval data are recommended to assess the effects on dung fauna of endo/ectoparasiticides excreted in dung. Regulatory guidance should be sought on the appropriate study guidelines to use to assess toxicity to dung fauna. An earthworm study, listed in Table 4, is also recommended in regions where dung is colonised by earthworms.

6.2.2 Calculation and comparison of PEC_{soil}

VMPs may be used on animals that are kept at pasture, rather than being housed or kept in feedlots.

Consequently, any excretion of the active substance in urine or faeces will occur at pasture, rather than being collected, stored and spread onto land as manure. The proportion of the year livestock spend on pasture, in relation to the timing of treatment, is an important consideration when calculating the range of PEC values.

6.2.2.1 Calculation of $PEC_{soil\text{-}initial}$

At Tier A, an initial calculation of $PEC_{soil\text{-}initial}$ is recommended for all VMPs used in pasture animals, including topical products that are absorbed and excreted. Even though a later calculation will be done for $PEC_{dung\text{-}initial}$, at this stage the worst case calculation of $PEC_{soil\text{-}initial}$ should take account of active substance excreted in both faeces and urine. While in general, there will be excretion data available to determine the percentage of the administered dose of VMP excreted, and the relative contribution of parent and metabolites, initially it should be assumed that 100% of the administered dose is excreted onto pasture.

The $PEC_{soil\text{-}initial}$ is based on:

- 100% excretion of the administered dose;
- an assumption regarding depth of soil to which residue is distributed;
- livestock stocking density; and
- an even distribution of the active substance across the field.

6.2.2.2 Comparison of PNEC with $PEC_{soil\text{-}initial}$

At this stage, the PNECs for all taxonomic levels determined from terrestrial effects testing should be compared with the $PEC_{soil\text{-}initial}$. If the RQ is <1 for all taxonomic levels tested no further assessment is recommended. However, if the RQ is $\geqslant 1$, the $PEC_{soil\text{-}initial}$ should be refined, using a number of mitigations as described in Section 6.2.2.3, and the RQ recalculated.

6.2.2.3 Calculation of $PEC_{soil\text{-}refined}$

The refinement of PEC_{soil} should occur prior to consideration of conducting any testing in Tier B. Any refinement should be carried out using appropriate calculations and methods. Further refinement of PEC_{soil} can be done as described in Section 5.2.2.3 of the Intensively Reared Animals Branch.

6.2.3 Calculation and comparison of PEC_{dung}

6.2.3.1 Calculation of $PEC_{dung\text{-}initial}$

Some VMPs are excreted predominantly in the dung rather than in urine. Where such VMPs remain associated with the dung they are unlikely to be distributed in the soil initially, though there may be subsequent incorporation into soil by dung/soil fauna or by leaching.

For active substances excreted predominantly in dung, the $PEC_{dung\text{-}initial}$ should be estimated. This is the maximum concentration of the active substance in dung, and initially it should be assumed that there are no excretion data of the active substance in dung. Therefore, the $PEC_{dung\text{-}initial}$ should be calculated assuming that 100% of the dose is excreted in dung on a single day.

This is relevant in particular to endoparasiticides and ectoparasiticides that will be excreted at pasture following oral, parenteral or topical administration. For these products, the $PEC_{soil\text{-}initial}$ should also be estimated. However, there is also a need to estimate the concentration in dung as these products have the potential to affect dung fauna.

6.2.3.2 Comparison of PNEC with $PEC_{dung\text{-}initial}$

At this stage, the PNECs derived for dung fly, dung beetles and if applicable for earthworms should be compared with the $PEC_{dung\text{-}initial}$. If the RQ is <1 for all taxonomic levels tested no further assessment is recommended. However, if the RQ is $\geqslant 1$, the $PEC_{dung\text{-}initial}$ should be refined, as described in Section 6.2.3.3, and the RQ recalculated.

6.2.3.3 Calculation of $PEC_{dung\text{-}refined}$

In Tier B, the concentration in dung, PEC_{dung}, is not expressed as a single value. Excretion studies may be used to produce more realistic estimates of the PEC_{dung}. Data should be obtained on the concentrations of active substance in fresh dung excreted by treated animals. Dung concentrations should be measured by an appropriate method and for a period adequate to determine the concentrations of ecotoxicological significance.

The maximum PEC in dung excreted at each time point is compared to the PNEC for dung fauna. An assessment can then be made of the time period after treatment during which dung is toxic to dung fauna.

6.2.4 Calculation and comparison of PEC water

6.2.4.1 Surface water and groundwater

VMPs administered to pasture animals have the potential to impact non-target species in surface waters indirectly due to transport in water, including when adsorbed to soils. Therefore it is appropriate to calculate PECs for both surface and groundwater (see Section 5.2.3 of this guidance). However, the $PEC_{groundwater}$ should be considered at a regional level.

In addition there are other routes of exposure to the aquatic environment that are specific to animals reared at pasture. These are described in Section 6.2.4.2 and should also be referred to.

6.2.4.2 Aquatic Exposure Scenarios

There are a number of ways that contamination of the aquatic environment may occur and more than one of the scenarios below may be relevant to an individual product. Therefore it may be necessary to add the PEC values from the different routes of exposure to arrive at a PEC_{total}. Alternatively the different routes of exposure may mean that contamination of surface water occurs over a longer period of time. These factors should be considered when estimating the $PEC_{sw\text{-}initial}$.

An initial risk assessment can be conducted at Tier A using the $PEC_{sw\text{-}initial}$ based on the concentration estimated in the scenarios below.

6.2.4.2.1 Direct excretion of active substance into surface waters from pasture animals

This is relevant in pasture situations where livestock have direct access to surface waters as a source of drinking water. In addition, it is only relevant to those livestock species, e.g. cattle, that spend time standing in the water.

6.2.4.2.2 Contamination of hard-standing areas during application of topical ectoparasiticides, leading to indirect exposure of the aquatic environment through run-off from these surfaces following rainfall

This exposure scenario applies in situations where animals are gathered together in a specific area of the farm for application of topical ectoparasiticides. This may be an area of pasture, an area of bare ground, or an area of concrete. Such areas will become contaminated with VMPs as a result of mixing concentrate, splashing during administration, or from excess liquid draining from animals. During subsequent rainfall events there is potential for surface run-off of the active substance from this area to surrounding soil and nearby surface waters.

6.2.4.2.3 Entry of animals treated with high volume ectoparasiticides into surface waters leading to direct exposure of the aquatic environment

Animals treated with high volume VMPs include those that have been dipped, jetted or showered. After a period of time to allow excess liquid to drain off, treated animals will be returned to pasture. If they enter surface waters before the active substance has dried and adsorbed onto the greasy part of the fleece or hide, it will be readily lost into surface waters where the treated part of the body comes into direct contact with water. This will generally involve shallow surface waters and it may only be the legs, and possibly also the underbelly, that come into contact with water.

In general, animals that have been treated with a pour-on product (i.e., low volume) will not contaminate surface waters in this way, due to the low volumes used and the area of the animal to which the product is applied.

6.2.4.2.4 Use and disposal of sheep dip

Disposal of dilute dip to vegetated areas will lead to exposure of the soil and associated vegetation, as well as groundwater. High volume disposal of ectoparasiticides to land represents a potential impact in the environment and risk management may be required to prevent this impact. Where this practice is allowed, data should enable an assessment of the risk to the environment to be performed, as part of the authorization process for these VMPs. These situations should be addressed by the applicant in consultation with the appropriate regulatory authority on a case-by- case basis.

6.2.4.2.5 Sheep wool processing effluent

This issue is a concern for certain regions, but not for all regions that are party to VICH. Therefore, this issue will not form part of this guidance document. Applicants should approach the relevant regulatory authority for guidance.

6.2.4.3 Comparison of PNEC with $PEC_{sw\text{-}initial}$

The PNECs for all the taxonomic levels determined during the aquatic effects testing should be compared with the $PEC_{sw\text{-}initial}$. If the RQ is <1 no further assessment is recommended. However, if the RQ is ⩾ 1, the $PEC_{sw\text{-}initial}$ should be refined, as described in Section 6.2.4.4, and the RQ recalculated.

6.2.4.4 Calculation of $PEC_{sw\text{-}initial\text{-}refined}$

For $PEC_{sw\text{-}initial}$ it would be more realistic to assume that there is dilution and dispersion following entry into surface waters and there is the option to revise the $PEC_{sw\text{-}refined}$ in this way if the RQ are ⩾ 1 for any aquatic taxonomic level. This should take account of the volume of the receiving water and the water flow-rate to estimate the extent of dispersion and dilution. The resulting $PEC_{sw\text{-}refined}$ will be lower, due to degradation, dilution, adsorption and dispersion, but will cover a larger area. Estimates should be made of the area affected and the resulting concentration. These estimates will tend to be region specific and advice may be sought from the regulatory authority. However, they are only empirical models at this stage, based on simple estimates, which can be refined later if necessary.

6.3 Tier B

6.3.1 Triggers for further testing in Tier B

The criteria for further testing at Tier B are given in Section 3.2.

6.3.2 Data recommended for Tier B

6.3.2.1 Physical-chemical properties studies

Usually, there are no additional physical-chemical studies recommended in Tier B.

6.3.2.2 Environmental fate studies

If the $\log K_{ow}$ is ⩾ 4, and following the consideration given in Section 3.3.2, the bioconcentration study in fish listed in Table 6 is recommended for VMPs at Tier B.

6.3.2.3 Environmental effects studies

If following refinement of the PECs the RQ is still ⩾ 1 for one or more taxonomic levels (both aquatic or standard terrestrial) when the $PEC_{soil/sw\text{-}refined}$ is compared with the PNEC derived from Tier A or in case of micro-organisms an effect > 25%, additional testing for the particular taxonomic levels should be carried out as indicated in Tables 7 and 8 of Section 3.3.3.

For the studies on dung fauna, if the RQs at Tier B, i.e. comparison of $PEC_{dung\text{-}refined}$ and PNEC, are still ⩾ 1 for one or more taxonomic levels, then further testing should be conducted to determine the risk. Regulatory guidance should be sought on appropriate studies.

If following refinement, the RQ for an aquatic invertebrate in surface water is ⩾ 1, the $PEC_{sediment\text{-}refined}/PNEC_{sediment}$ should be considered. If RQ is ⩾ 1, a sediment invertebrate effects study is recommended in Tier B. For calculation $PEC_{sediment}$ see section 4.2.3.1.

6.3.3 Further assessment

If there is still an indication of risk on completion of the Tier B assessment, e.g. for VMPs which still have an RQ ⩾ 1 or BCF ⩾ 1,000, then the applicant is recommended to discuss their dossier and proposals for further data or risk mitigation with the regulatory authority.

Figure 3. Decision tree/Flow diagram for VMPs used for pasture animals

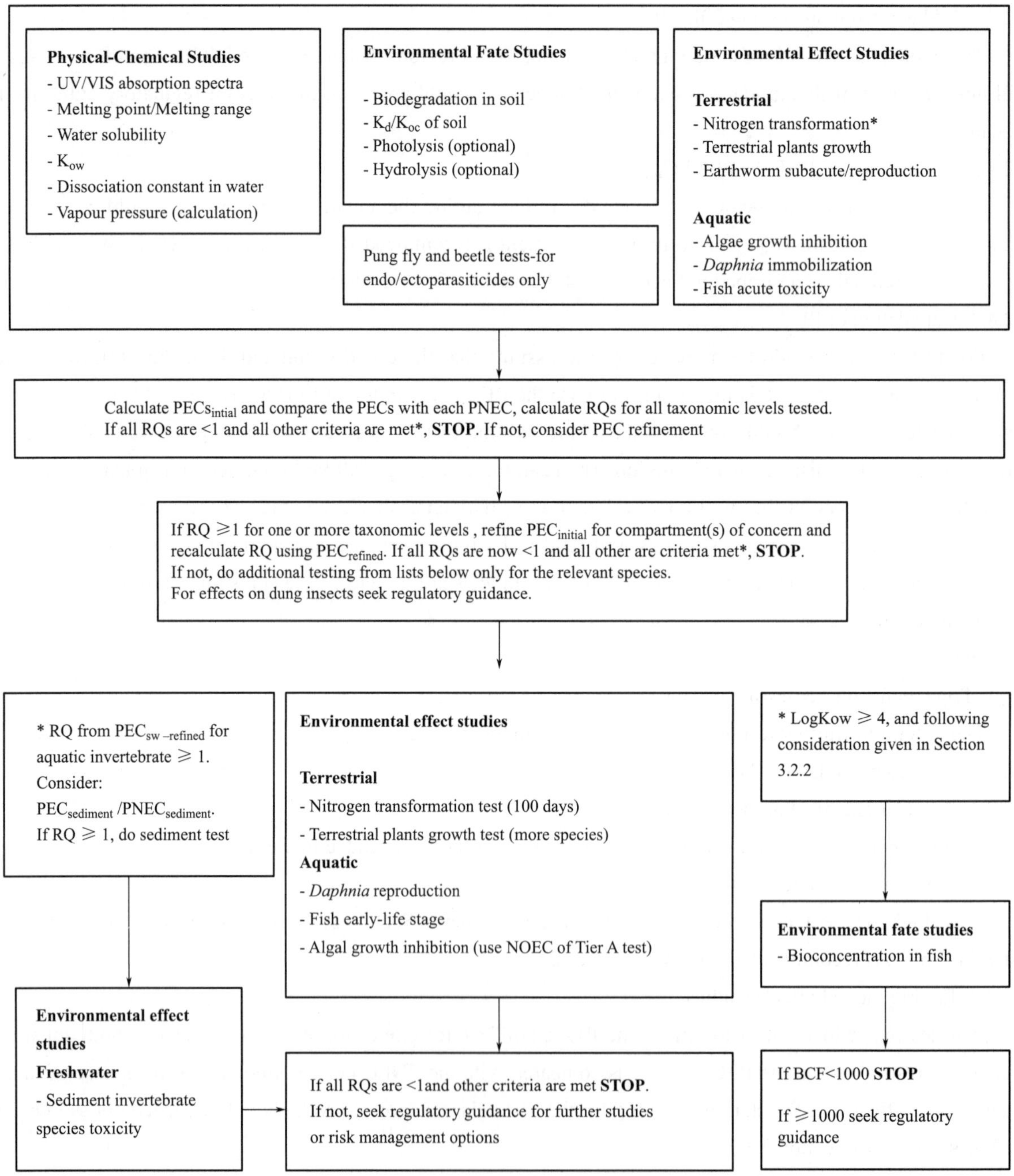

7 GLOSSARY (DEFINITIONS OF TERMS)

Active substance	=	parent and/or its metabolites
ADME	=	Absorption, Distribution, Metabolism, Excretion
BCF	=	Bioconcentration Factor
DT_{90}	=	Time to degradation of 90% of original concentration of the compound in the tested soils.
EC_{50}	=	The concentration of a test substance which results in 50% of the test animals being adversely affected, i.e., both mortality and sub-lethal effects.
K_d	=	Sorption/desorption coefficient
Koc	=	Sorption/desorption coefficient, normalized to organic carbon content
Kow	=	n-Octanol/water partitioning coefficient
LC_{50}	=	The concentration of a test substance which results in a 50% mortality of the test species.
NOEC	=	No-observed effect concentration, i.e., the test concentration at which no adverse effect occurs.
OECD	=	Organization for Economic Co-operation and Development
One treatment	=	is considered to be administration of the VMP in accordance with the proposed marketing authorisation/ registration, taking into account indication, amount administered and method of administration. A treatment can consist of multiple applications (e.g. once a day for seven consecutive days).
QSAR	=	Quantitative Structure Activity Relationship

8 OECD/ISO TEST GUIDELINES FOR RECOMMENDED STUDIES

OECD Guidelines for the Testing of Chemicals

(http://www.oecd.org/en/home/0,,en-home-524-nodirectorate-no-no-no-8,00.html)

Section 1 – OECD Physical-Chemical Properties

ADOPTED TEST GUIDELINES

TG No.	Title
101	UV-VIS Absorption Spectra *(Original Guideline, adopted 12th May 1981)*
102	Melting Point/Melting Range *(Updated Guideline, adopted 27th July 1995)*
104	Vapour Pressure *(Updated Guideline, adopted 27th July 1995)*
105	Water Solubility *(Updated Guideline, adopted 27th July 1995)*
106	Adsorption/Desorption Using a Batch Equilibrium Method *(Updated Guideline, adopted 21st January 2000)*
107	Partition Coefficient (n-octanol/water): Shake Flask Method *(Updated Guideline, adopted 27th July 1995)*
111	Hydrolysis as a Function of pH *(Original Guideline, adopted 12th May 1981)*
112	Dissociation Constants in Water *(Original Guideline, adopted 12th May 1981)*
117	Partition Coefficient (n-octanol/water), HPLC Method *(updated Guideline, adopted 1st February 2004)*

Section 2 – OECD Effects on Biotic Systems

ADOPTED TEST GUIDELINES

TG No.	Title
201	Alga, Growth Inhibition Test *(Updated Guideline, adopted 7 June 1984)*
202	*Daphnia* sp. Acute Immobilisation Test and Reproduction Test *(updated Guideline, adopted 1st February 2004)*
203	Fish, Acute Toxicity Test *(Updated Guideline, adopted 17th July 1992)*
208	Terrestrial Plants, Growth Test *(Original Guideline, adopted 4th April 1984)*
210	Fish, Early-Life Stage Toxicity Test *(Original Guideline, adopted 17th July 1992)*
211	*Daphnia magna* Reproduction Test *(Original Guideline, adopted 21st September 1998)*
216	Soil Microorganisms, Nitrogen Transformation Test *(Original Guideline, adopted 21st January 2000)*
218	Sediment Water Chironomid Toxicity Test Using Spiked Sediment *(Original Guideline, adopted 1st February 2004)*
219	Sediment Water Chironomid Toxicity Test Using Spiked Water *(Original Guideline, adopted 1st February 2004)*
220	Enchytraeidae Reproduction Test *(Original Guideline, adopted 1st February 2004)*
222	Earthworm Reproduction Test (*Eisenia fetida/Eisenia Andrei) (Original Guideline, adopted 1st February 2004)*

Section 3 – OECD Degradation and Accumulation

ADOPTED TEST GUIDELINES

TG No.	Title
305	Bioconcentration: Flow-through Fish Test *(Updated Guideline, adopted 14th June 1996)*
307	Aerobic and Anaerobic Transformation in Soil (*Original Guideline, adopted 24 April 2002*)
308	Aerobic and Anaerobic Transformation in Aquatic Sediment Systems (*Original Guideline, adopted 24 April 2002*)

Section 4 – ISO Guidelines

ADOPTED TEST GUIDELINES

ISO No.	Title
10253	Marine algae growth inhibition test with *Skeletonema costatum* and *Phaeodactylum tricornutum*
14669	Determination of acute lethal toxicity to marine copepods (Copepoda, Crustacea)

VICH GL9 (GCP)
June 2000
For Implementation at Step 7

GOOD CLINICAL PRACTICE

Recommended for Implementation
at Step 7 of the VICH Process
on 15 June 2000
by the VICH Steering Committee

This Guideline has been developed by the appropriate VICH Expert Working Group and has been subject to consultation by the parties, in accordance with the VICH Process. At Step 7 of the Process the final draft is recommended for adoption to the regulatory bodies of the European Union, Japan and USA.

INTRODUCTION

The objective of this document is to provide guidance on the design and conduct of all clinical studies of veterinary products in the target species.

It is directed at all individuals and organizations involved in the design, conduct, monitoring, recording, auditing, analysis and reporting of clinical studies in target species and is intended to ensure that such studies are conducted and documented in accordance with the principles of Good Clinical Practice (GCP).

Good Clinical Practice is intended to be an international ethical and scientific quality standard for designing, conducting, monitoring, recording, auditing, analyzing and reporting clinical studies evaluating veterinary products. Compliance with this standard provides public assurance about the integrity of the clinical study data, and that due regard has been given to animal welfare and protection of the personnel involved in the study, the environment and the human and animal food chains.

This guidance has been developed under the principles of the International Cooperation on Harmonization of Technical Requirements for Registration of Veterinary Medicinal Products (VICH) and will provide a unified standard for the European Union (EU), Japan and the United States of America (USA) to facilitate the mutual acceptance of clinical data by the relevant regulatory authorities. This guidance was developed with consideration of the current practices in the EU, Japan and the USA together with those of Australia and New Zealand.

This guidance should be followed when developing clinical study data that are intended to be submitted to regulatory authorities.

This guidance document represents the current best judgment of the relevant regulatory authorities on good clinical practices. It does not create or confer rights for or on any person and does not operate to bind the relevant regulatory authorities or the public. An alternative approach may be used if such an approach satisfies the applicable regulatory requirements. If a sponsor chooses to use alternative procedures or practices, discussion with the regulatory authority is advised.

When a guidance document states a requirement imposed by law, the requirement is law and its force and effect are not changed in any way by virtue of its inclusion in the guidance document.

1 GLOSSARY

1.1 Adverse Event (AE)

Any observation in animals that is unfavorable and unintended and occurs after the use of a veterinary product or investigational veterinary product, whether or not considered to be product related.

1.2 Applicable Regulatory Requirement(s)

Any law(s) and regulation(s) of the relevant regulatory authority addressing the conduct of studies using investigational veterinary products.

1.3 Audit

A systematic and independent examination of study related activities and documentation to determine whether the study being evaluated is or was properly conducted and whether the data are or were recorded, analyzed and accurately reported according to the study protocol, study related standard operating procedures (SOPs), Good Clinical Practice (GCP) and the applicable regulatory requirements.

1.4 Authenticated Copy

A copy, which is a complete reflection of an original document, that bears or contains a statement, signed and dated by the individual(s) making the copy, certifying that such copy is complete and accurate.

1.5 Blinding (Masking)

A procedure to reduce potential study bias in which designated study personnel are kept uninformed of the treatment assignment(s).

1.6 Case Report Forms/Data Capture Forms/Record Sheets

Printed, optical, electronic, or magnetic documents specifically designed to record study protocol-required and other observations of study animals or laboratory results.

1.7 Clinical Study

A single scientific experiment conducted in a target species to test at least one hypothesis relevant to the proposed effectiveness claim(s) or to in-use safety in the target animal for a veterinary product under investigation. For the purpose of this guidance, the term clinical study and study are synonymous.

1.8 Compliance (in relation to studies)

Adherence to the study protocol, relevant SOPs, Good Clinical Practice, and the applicable regulatory requirements.

1.9 Control Product

Any approved product used according to label directions, or any placebo, used as a reference in a clinical study for comparison with the investigational veterinary product under evaluation.

1.10 Contract Research Organization (CRO)

An individual or organization contracted by the sponsor or investigator to perform one or more of the obligations of the sponsor or investigator.

1.11 Disposal of Investigational Veterinary Products

The fate of investigational veterinary and control products during or following completion of the study. For example, after complying with any restrictions to minimize public health concerns, the products may be returned to the sponsor, incinerated or disposed of by other approved methods.

1.12 Disposal of Study Animals

The fate of the study animals or their edible products during or following completion of the study. For example, after complying with any restrictions to minimize public health concerns, animals may be slaughtered, returned to the herd, sold or returned to their owner.

1.13 Final Study Report (FSR)

A comprehensive description of a study of an investigational veterinary product that is written after the collection of all raw data is complete or the study is discontinued and that completely describes the objectives and experimental materials and methods (including statistical analyses), presents the study results and contains a critical evaluation of the study results.

1.14 Good Clinical Practice (GCP)

A standard for the design, conduct, monitoring, recording, auditing, analysis, and reporting of clinical studies. Adherence to the standard provides assurance that the data and reported results are complete, correct and accurate, that the welfare of the study animals and the safety of the study personnel involved in the study are ensured, and that the environment and the human and animal food chains are protected.

1.15 Informed Consent

A documented process by which an owner, or owner's agent, voluntarily confirms the owner's willingness to allow their animal(s) to participate in a particular study, after having been informed of all aspects of the study that are relevant to the decision to participate.

1.16 Inspection

The act by a relevant regulatory authority of conducting, in accordance with its legal authority, an official review of study documentation, facilities, equipment, finished and unfinished materials (and associated documentation), labeling, and any other resources related to the registration of an investigational veterinary product and that may be located at any site related to the study.

1.17 Investigational Veterinary Product

Any biological or pharmaceutical form of, or any animal feed containing one or more active substances being evaluated in a clinical study, to investigate any protective, therapeutic, diagnostic, or physiological effect when administered or applied to an animal.

1.18 Investigator

An individual responsible for all aspects of the conduct of a study at a study site. If a study is conducted by a group of individuals at a study site, the investigator is the leader of the group.

1.19 Monitor

An individual responsible for overseeing a clinical study and ensuring that it is conducted, recorded, and reported in accordance with the study protocol, Standard Operating Procedures (SOPs), Good Clinical Practice (GCP) and the applicable regulatory requirements.

1.20 Multicenter Study

A study conducted according to a single study protocol at more than one site.

1.21 Quality Assurance (QA)

A planned and systematic process established to ensure that a study is performed and the data are collected, documented (recorded) and reported in compliance with this guidance and the applicable regulatory requirements.

1.22 Quality Control (QC)

The operational techniques and activities undertaken within the quality assurance system to verify that the requirements for quality of the study- related activities have been fulfilled.

1.23 Randomization

The process of assigning study animals (or groups of study animals) to treatment or control groups using an element of chance to determine the assignments in order to reduce bias.

1.24 Raw Data

Any original worksheets, calibration data, records, memoranda and notes of firsthand observations and activities of a study that are necessary for the reconstruction and evaluation of the study. Raw data may include, but are not limited to, photographic materials, magnetic, electronic or optical media, information recorded from automated instruments, and hand recorded datasheets. Facsimile transmissions and transcribed data are not considered raw data.

1.25 Regulatory Authorities

Bodies having the statutory power to regulate. In this guidance, the expression 'regulatory authorities' includes the authorities that review submitted clinical data and conduct inspections.

1.26 Sponsor

An individual, company, institution or organization which takes responsibility for the initiation, management, and financing of a clinical study for the veterinary product under investigation.

1.27 Standard Operating Procedure (SOP)

A detailed, written instruction to facilitate consistency in the performance of a specific function.

1.28 Study Animal

Any animal that participates in a clinical study, either as a recipient of the investigational veterinary product or as a control.

1.29 Study Protocol

A document signed and dated by the investigator and the sponsor that fully describes the objective(s), design, methodology, statistical considerations and organization of a study. The study protocol may also give the background and rationale for the study but these could be provided in other study protocol-referenced documents. Throughout this guidance the term study protocol includes all study protocol amendments.

1.30 Study Protocol Amendment

A written change or modification of the study protocol effected prior to the implementation of the protocol or execution of the changed or modified task. Study protocol amendments should be signed and dated by the investigator and sponsor and incorporated into the study protocol.

1.31 Study Protocol Deviation

A departure from the procedures stated in the study protocol. Study protocol deviations should be recorded as a statement signed and dated by the investigator describing the deviation and the reason for its occurrence (if identifiable).

1.32 Target Animal

The specific animal by species, class and breed identified as the animal for which the investigational veterinary product is intended for use.

1.33 Veterinary Product

Any product with approved claims to having a protective, therapeutic or diagnostic effect or to affect physiological functions when administered to or applied to an animal. The term applies to therapeutics, biologicals, diagnostics and modifiers of physiological function.

2 THE PRINCIPLES OF VICH GCP

2.1 The purpose of the VICH GCP is to establish guidance for the conduct of clinical studies that ensures the accuracy, integrity and correctness of data.

Due regard should be given to the welfare of the study animals, the effects on the environment and the study personnel and to residues in the edible products derived from food-producing study animals.

2.2 Pre-established systematic written procedures for the organization, conduct, data collection, documentation and verification of clinical studies are necessary to assure the validity of data and to ensure the ethical, scientific and technical quality of studies. Data collected from studies designed, conducted, monitored, recorded, audited, analyzed and reported in accordance with this guidance can be expected to facilitate the review process since the regulatory authorities can have confidence in the integrity of studies which follow such pre-established written procedures.

2.3 By following such pre-established written procedures, it is likely that sponsors can avoid unnecessary repetition of definitive studies. Any requirement for local effectiveness studies to confirm the findings of the definitive studies is not affected by this guidance document. In addition, other guidance may exist which define study design and effectiveness criteria for specific veterinary product categories. These studies also should be conducted according to GCP principles.

2.4 Each individual involved in conducting a clinical study should be qualified by education, training, and expertise to perform their respective task(s). These individuals should demonstrate, in a manner that is evident from the study documentation, the highest possible degree of professionalism in the recording and reporting of study observations.

2.5 The relevant regulatory authority should provide procedures that independently assure that the study animals and the human and animal food chains are protected. The relevant regulatory authority should also assure that informed consent has been obtained from the owner of the study animals.

2.6 Studies covered by Good Laboratory Practice (GLP), basic exploratory studies or other clinical studies not intended to be used for regulatory support are not included in the scope of this guidance. However, data derived from safety and pre-clinical studies may be required to be submitted to the relevant regulatory authority in order that subsequent clinical studies may be properly authorized prior to commencement.

2.7 Wherever possible, investigational veterinary products should be prepared, handled and stored in accordance with the concepts of good manufacturing practice (GMP) of the relevant regulatory authorities. Details of preparation, handling and storage of investigational veterinary products should be documented and the products should be used in accordance with the study protocol.

2.8 The assurance of quality of every aspect of the study is a fundamental component of sound scientific practices. The principles of GCP support the use of quality assurance (QA) procedures for clinical studies. It is perceived that the sponsor would be the party responsible for the QA functions for these studies. All participants in clinical studies are encouraged to adopt and adhere to generally recognized sound QA practices.

3 THE INVESTIGATOR

3.1 General.

3.1.1 The investigator is the individual responsible for all aspects of the conduct of the study. These would include: the dispensing and the administration of the investigational and control veterinary product(s), the implementation of the study protocol, the collection and reporting of the study data and the protection of the health and welfare of the personnel involved in the study and the animals during the study.

3.1.2 The investigator should have sufficient knowledge, scientific training and experience, as evidenced by a current curriculum vitae and other credentials, to conduct clinical studies to investigate the effectiveness and in-use safety of investigational veterinary products in the target species. The investigator should be familiar with the background and requirements of the study before taking receipt of the investigational veterinary product.

3.1.3 If a study is conducted by a group of individuals, the investigator is the leader of the group.

3.1.4 The investigator may be assisted by trained competent staff in collecting, recording and the subsequent processing of data.

3.1.5 An individual should not serve as both the investigator and the monitor of any one study.

3.2 Responsibilities. The investigator should:

3.2.1 Submit to the sponsor, before the study is initiated, an up-to-date personal curriculum vitae and other applicable credentials.

3.2.2 Agree, by signature, to the study protocol with the sponsor that the study will be conducted according to the study protocol following the principles of GCP and applicable regulatory requirements.

3.2.3 Ensure that the study is conducted according to the study protocol, relevant SOPs, GCP and applicable regulatory requirements.

3.2.4 Maintain in the study documentation a signed and dated copy of the study protocol which includes each study protocol amendment. Each study protocol amendment, whether prepared by the sponsor or investigator, should be signed and dated by the sponsor and investigator and should identify what has been changed or modified and the reasons for such change or modification.

3.2.5 Record in a signed and dated statement, to be retained in the study documentation, any deviation from the study protocol and the reason for its occurrence (if identifiable).

3.2.6 Notify the sponsor promptly of any study protocol deviation.

3.2.7 Provide sufficient qualified personnel, including (as appropriate) a veterinarian to attend to the study animals, for the timely and proper conduct of the study. Adequately inform and provide any necessary training to personnel involved with the study or the management of the study animals to ensure compliance with the study protocol and applicable regulatory requirements.

3.2.8 Delegate any authority and work, including any subcontracted work, only to individuals qualified by training and experience to perform the assigned duties.

3.2.9 Provide relevant materials and information obtained from the sponsor to the study personnel.

3.2.10 Ensure that adequate and well-maintained facilities and equipment, whether owned or leased, are used to conduct the study.

3.2.11 Utilize Standard Operating Procedures (SOPs) for practical applications as appropriate.

3.2.12 Comply with applicable regulatory requirements governing the humane care of study animals.

3.2.13 Obtain informed consent from each owner, or owner's agent, before their animal(s) participate in the study. Each owner or owner's agent should receive relevant information regarding such participation from the investigator prior to giving their consent.

3.2.14 Supervise the housing, feeding, and care of all study animals at the study site and inform owners of animals housed off-site of their obligations as stated in the study protocol.

3.2.15 Document any veterinary care and procedures, changes in animal health, or significant environmental changes.

3.2.16 Comply with the study protocol regarding the use of edible products derived from food-producing animals treated with an investigational and control veterinary product(s) and the proper disposal of study animals.

3.2.17 Promptly notify the sponsor of adverse events (AEs).

3.2.18 Manage any code procedure and documentation (e.g. randomization envelopes, blinding information) with professional care and ensure that any treatment code is only broken in accordance with the study protocol and with the sponsor's knowledge and consent. Study personnel who can not be or are not blinded (masked) should participate in the conduct of the study to the minimum extent necessary.

3.2.19 Be responsible for the receipt, control, storage, distribution, and further mixing with subsequent assay (if any) of the investigational and control veterinary product(s) shipped or delivered to the investigator for the conduct of the study.

3.2.20 Provide secure storage of, and control the access to the investigational and control veterinary product(s) in accordance with the study protocol and label specifications.

3.2.21 Maintain a full inventory of receipt, usage, assay results for the investigational and control veterinary product(s) in feed or water (if further mixing by the investigator is required) and any remaining stocks of unused investigational and control veterinary product(s).

3.2.22 Ensure that the investigational and control veterinary product(s) are dispensed and administered to study animals in accordance with the study protocol.

3.2.23 Not redistribute the investigational and control veterinary product(s) to any individual not authorized to receive them.

3.2.24 At the end of the study, reconcile delivery records of the investigational and control veterinary product(s) with those of usage and returns including accounting for any discrepancies.

3.2.25 When the study is completed or discontinued, be responsible for and adequately document the safe and final disposal of the investigational and control veterinary product(s), including animal feed containing the investigational or control veterinary product(s). This may be achieved by return to the sponsor or other appropriate means of disposal.

3.2.26 Collect and retain the study documentation.

3.2.27 Document unanticipated events that may affect the quality and integrity of the study when they occur and any corrective action taken.

3.2.28 Collect and record data, including unanticipated observations, in accordance with the study protocol and applicable regulatory requirements in an unbiased manner that accurately and completely reflects the observations of the study.

3.2.29 Prepare and maintain an accurate and complete record of all contacts including all telephone calls, visits, letters, and other contacts with representatives of the sponsor, representatives of relevant regulatory authorities and other personnel (e.g., contract research organization personnel) concerning the design, conduct, documentation, and reporting of the study. A contact record should include: the date and time of the contact; the nature of the contact; the name and organizational affiliation of all individuals involved; a summary of the purpose of the contact and subject matter discussed with sufficient detail to describe the basis of any actions that may be taken by the investigator and/or the sponsor as a result of the contact.

3.2.30 Ensure that all specimens required to be retained by the study protocol and any applicable regulatory requirements are identified in a manner that is complete, accurate, legible and precludes loss of identification from the specimen.

3.2.31 Securely store, protected from deterioration, destruction, tampering, or vandalism, all study documentation or authenticated copies of study documentation required to be retained by the investigator for the period of time required by the relevant regulatory authorities.

3.2.32 Provide to the sponsor on request either the signed study documentation or an authenticated copy. When all or part of the study documentation is forwarded to the sponsor, an authenticated copy of the forwarded information should be retained by the investigator.

3.2.33 Participate, when applicable, in the preparation of the final study report.

3.2.34 Permit monitoring and quality auditing of a clinical study.

3.2.35 Permit the relevant regulatory authority to inspect the facilities used by the investigator for the study and to inspect and copy any or all of the study documentation made or kept by the investigator as part of or pertaining to the study for the purpose of verifying the validity of the data.

4 THE SPONSOR

4.1 General. An individual, company, institution or organization which takes responsibility for the initiation, management, and financing of a clinical study for the veterinary product under investigation.

4.2 Responsibilities. The sponsor should:

4.2.1 Ascertain that sufficient scientifically valid information exists with respect to the effectiveness and safety of the investigational veterinary product to justify conduct of the clinical study. The sponsor should also determine from this information that there are no environmental, welfare, ethical or scientific grounds which might preclude the conduct of a clinical study.

4.2.2 Ensure that notification or application relating to the conduct of the study has been submitted to the regulatory authorities where required.

4.2.3 Select the investigator(s) and assure their qualifications, determine their availability for the entire duration of the study, confirm that they agree to undertake the study in accordance with an agreed study protocol, GCP and applicable regulatory requirements.

4.2.4 Appoint appropriately qualified and trained monitor(s).

4.2.5 Arrange, as necessary, for the preparation of SOPs for the procedural and technical elements of the study.

4.2.6 Prepare a study protocol, in consultation with the investigator as appropriate, giving due regard to the above considerations and consistent with the principles for GCP.

4.2.7 Sign, along with the investigator, the study protocol as an agreement that the clinical study will be conducted according to the study protocol. Any amendments to the study protocol should have the signed agreement of both sponsor and investigator.

4.2.8 Ensure, for multicenter studies, that:

4.2.8.1 All investigators conduct the study in strict compliance with the study protocol agreed to by the sponsor and if required, by the regulatory authority.

4.2.8.2 The data capture system is designed to capture the required data at all multicenter study sites. For those investigators who are collecting additional data requested by the sponsor, supplemental data capture systems should be provided and designed to capture the additional data.

4.2.8.3 All investigators are given uniform instructions on following the study protocol, on complying with a uniform set of standards for the assessment of clinical and laboratory findings and on capturing data.

4.2.8.4 Communication between investigators is facilitated.

4.2.9 Inform the investigator of appropriate chemical, pharmaceutical, toxicological, safety, effectiveness and other relevant information as a prerequisite to conducting the study. The sponsor should also inform the investigator of any such pertinent information that becomes available during the study and when required, ensure that the relevant regulatory authority is also notified.

4.2.10 Report all AEs in accordance with applicable regulatory requirements.

4.2.11 Ensure the proper disposal of all study animals and any edible products derived from them according to the applicable regulatory requirements.

4.2.12 Ensure that the investigational and control veterinary product(s) have been prepared, labeled and shipped according to requirements of the relevant regulatory authority.

4.2.13 Prepare and retain records of shipment of the investigational veterinary and control product(s). When the study is completed or discontinued, ensure the proper and final disposal of all supplies of the investigational and control veterinary product(s) and any animal feed containing the investigational or control veterinary product.

4.2.14 Maintain study documentation, protected from deterioration, destruction, tampering or vandalism, for as long as required to fulfill applicable regulatory requirements in the countries where the study has been submitted in support of the registration of the investigational veterinary product.

4.2.15 In the event that an animal is treated with an investigational veterinary product, arrange for a study report to be written whether or not the study has been completed as planned.

4.2.16 Ensure the quality and integrity of data from clinical studies by implementing quality audit procedures that are consistent with well- recognized and accepted principles of quality assurance.

4.2.17 Comply with the applicable regulatory requirements governing the humane care of study animals.

4.3 Delegations to a CRO.

4.3.1 A sponsor may delegate any or all of the sponsor's study-related duties and functions to a CRO, but the ultimate responsibility for the quality and integrity of the study data always resides with the sponsor.

4.3.2 Any study-related duty or function that is delegated to a CRO should be specified in writing. The sponsor should notify the CRO of its responsibility to comply with applicable regulatory requirements.

4.3.3 Any study-related duties or functions not specifically delegated to a CRO are retained by the sponsor.

4.3.4 All references to a sponsor in this guidance also apply to a CRO to the extent that a CRO has assumed the study-related duties and functions of a sponsor.

5 THE MONITOR

5.1 General. An individual appointed by the sponsor to be responsible to the sponsor for monitoring and reporting on progress of the study, verifying the data and confirming that the clinical study is conducted, recorded and reported in compliance with GCP and applicable regulatory requirements. The monitor should have scientific training and experience to knowledgeably oversee a particular study. The monitor should be trained in quality control techniques and data verification procedures. The monitor should understand all applicable protocol requirements and be able to determine whether the study was conducted in accordance with the protocol and relevant SOPs. An individual should not serve as both the monitor and investigator for any one study. The monitor is the principal communication link between the sponsor and the investigator.

5.2 Responsibilities. The monitor should:

5.2.1 Assist the sponsor to select the investigator when requested.

5.2.2 Be reasonably available to the investigator for consultation in person, by telephone or by other means.

5.2.3 Determine that the investigator and staff have sufficient time to devote to the study. Also, determine that the study site has adequate space, facilities, equipment and staff and that an adequate number of study animals is likely to be available for the duration of the study.

5.2.4 Confirm that the study staff has been adequately informed about the details of the study.

5.2.5 Ensure that the investigator accepts responsibility for conducting the study and in so doing understands: the investigational status of the veterinary product under evaluation; the nature and details of the study protocol; the applicable regulatory requirements governing the humane care of study animals; the conditions of any authorization for the use of edible products derived from food-producing animals treated with the investigational or control veterinary product(s) and any other applicable restrictions on the disposal or subsequent use of study animals.

5.2.6 Work according to the sponsor's requirements, visit the investigator with sufficient frequency before, during and after the study to control adherence to the study protocol, GCP and applicable regulatory requirements.

5.2.7 Not, in any way, bias the data collection process or outcome of the study, other than to ensure that the current study protocol, relevant SOPs, GCP and applicable regulatory requirements are being followed.

5.2.8 Ensure that informed consent is obtained and recorded from the owner(s) or owner's agents prior to their animals participating in the study.

5.2.9 Ensure that all data are correctly and completely recorded.

5.2.10 Ensure that illegible, missing or corrected study documentation is fully explained.

5.2.11 Confirm that the storage, dispensing and documentation of the supply of the investigational and control veterinary product(s) are safe and appropriate and ensure that any unused products are returned by the investigator to the sponsor or disposed of properly.

5.2.12 Review the raw data and other study documentation necessary to determine that the study protocol is being followed and the information maintained or kept by the investigator is accurate and complete.

5.2.13 Prepare and maintain an accurate and complete record of all contacts including all telephone calls, visits, letters and other contacts with the investigator, representatives of the sponsor, representatives of relevant regulatory authorities and other personnel (e.g., contract research organization personnel) concerning the design, conduct, documentation, and reporting of the study. A contact record should include: the date and time of the contact; the nature of the contact; the name, and organizational affiliation of all individuals involved; a summary of the purpose of the contact and subject matter discussed with sufficient detail to describe the basis of any actions that may be taken by the investigator and/or the sponsor as a result of the contact.

5.2.14 Confirm investigator compliance to the principles of GCP by providing a signed and dated summary report of the contacts, visits made and activities witnessed during the conduct of the study. This summary report should be submitted to the sponsor at the end of the study.

6 THE STUDY PROTOCOL

6.1. General.

6.1.1 A study protocol is a document that states the objectives of the study and defines the conditions under which the study is to be performed and managed.

6.1.2 A well-designed study relies predominantly on a thoroughly considered, well-structured and comprehensive protocol which should be completed and approved by the sponsor and investigator before the study is initiated.

6.1.3 A comprehensive study protocol that is easily understood by the investigator executing the study and by the relevant regulatory authority reviewing the protocol and study results may facilitate the registration process for veterinary products.

6.2 Study Protocol Review. Review of the study protocol by the relevant regulatory authority prior to the initiation of the clinical study is encouraged within the principles of GCP particularly when there is any uncertainty about a proposed study design or there are differing opinions about the relevance of several options for conducting the study. Review of the study protocol by the relevant regulatory authority does not bind the authority to accept the data collected from a study conducted using such a study protocol. However, it is expected that both the sponsor and the relevant regulatory authority would benefit from such a review, in terms of a mutual understanding of the regulatory requirements and the relevance of the objective(s) of the study protocol.

6.3 Study Protocol Check List. The study protocol should contain the information given in the following list of items or this list should be considered whenever a study is contemplated. The list provided is not exhaustive nor is every item included applicable to all study protocols but it is intended to give guidance:

6.3.1 Title of the study.

6.3.2 Identifier unique to the study. A unique identifier consists of a study protocol number, the status of the study protocol (i.e., draft, final, amended) and the date of the version of the study protocol, all of which should be clearly located on the title page.

6.3.3 Study contacts. Study contacts include the investigator, representatives of the sponsor and all other participants responsible for major aspects of the study. List, for each contact, the title, qualifications, professional background, as well as the postal address telephone number and other communication means.

6.3.4 Identity of the sites (if known at the time of study protocol preparation).

6.3.5 Objective(s)/purpose of the study.

6.3.6 Justification. Describe all information where relevant to the understanding of the objective of the study (pre-clinical or clinical data published or otherwise available) that justifies the conduct of the clinical study.

6.3.7 Schedule of events. Schedule of key events occurring during the animal phase of the study including: the expected date and time of commencement of the animal phase, the period during which the investigational and control veterinary product(s) are being administered, the post administration observation period, the withholding period (when applicable) and the termination date where known.

6.3.8 Study design. Describe:

6.3.8.1 The overall design of the study, e.g. a placebo control clinical field effectiveness study or a randomized blocked design versus a positive control, with blinding.

6.3.8.2 The treatment, if any, in detail to be applied to control group(s) or for control period(s).

6.3.8.3 The randomization method, including the procedures to be adopted and practical arrangements to be followed to allocate animals to treatment groups and treatment groups to experimental units.

6.3.8.4 The experimental unit(s) and justify their selection.

6.3.8.5 The extent and methods of blinding (masking) and other bias reducing techniques to be used and state the provisions, including procedures and personnel, for access to treatment codes.

6.3.9 Animal selection and identification. Specification of the source, number, identity and type of study animal to be used, such as species, age, gender, breed category, weight, physiological status and prognostic factors.

6.3.10 Inclusion/exclusion and post-inclusion removal criteria. Specify objective criteria for the exclusion from, inclusion in and removal subsequent to inclusion in the study.

6.3.11 Animal management and housing. Describe:

6.3.11.1 The containment of the study animals, e.g. pens, kennels, pastures.

6.3.11.2 Space allocation per animal (in comparison to standard management practices).

6.3.11.3 The thermoregulation (heating/cooling) and ventilation of animal accommodation.

6.3.11.4 Permissible and non-permissible concomitant veterinary care and therapy.

6.3.11.5 The management of feed (including pasture management and the preparation and storage of mixed feeds) and water (including supply, availability and quality) and their presentation to the study animals.

6.3.12 Animal feeds. Authoritative reference sources may serve as useful guides in the determination of the nutritional requirements of the study animals and preparation of feeds. The ration-related study documentation should be sufficient to establish that the nutritional requirements of the animals are met so as not to compromise the objectives of the study and to ensure that animal welfare requirements are met. Where nutritional status can be critical to the measurements to be collected in the study, detailed records of feed characteristics should be collected. As appropriate:

6.3.12.1 Determine the nutrient needs of the study animals and prepare feeds meeting these needs.

6.3.12.2 Provide quantitative composition (e.g., feedstuffs, vitamins, minerals and, as appropriate, permissible feed additives) and calculated nutrient densities for all feeds used in the study.

6.3.12.3 Describe procedures for the sampling of the feed used in the study and subsequent analysis of these samples for selected nutrients.

6.3.12.4 Develop and follow objective criteria to determine whether feeds used in the study, based on actual laboratory nutrient analyses, meet the pre-determined calculated requirements.

6.3.12.5 Provide a feeding program (feeding schedule).

6.3.12.6 Collect records of the amount of feed offered and refused.

6.3.13 Investigational veterinary and control product(s).

6.3.13.1 Clearly and precisely identify the investigational veterinary product to readily permit an unambiguous determination of the specific formulation. Instructions for the further mixing (if any), packaging and storage of these products should be stated.

6.3.13.2 If the investigational veterinary product is administered in feed or water, describe the procedures for determining the concentration of the investigational veterinary product in the feed or water, including the sampling methods and assay methodologies (e.g. laboratory used, analytical method, number of replicates, assay limits, permitted analytical variation) to be used. Develop and follow objective criteria to determine whether the investigational veterinary product concentration in the feed or water is adequate.

6.3.13.3 Identify control products by generic or trade name; dosage form, formulation (ingredients); concentration; batch number; expiry date. Store and use these products according to label directions.

6.3.14 Treatments. For the investigational and control veterinary product(s):

6.3.14.1 Justify the dosing to be used.

6.3.14.2 Describe the dosing regimen (route, site of injection, dose, frequency and duration of administration) to be followed in administering the products.

6.3.14.3 Specify objective criteria for the potential use of concomitant veterinary treatment.

6.3.14.4 Describe the methods and precautions to be taken to ensure the safety of study personnel handling these products prior to and during administration.

6.3.14.5 Describe measures to ensure administration of these products in compliance with the study protocol or its labeling.

6.3.15 Disposal of study animals, products of study animals and investigational and control veterinary product(s).

6.3.15.1 Describe the proposed disposal of the study animals.

6.3.15.2 Describe the care to be given to animals removed from the study in accordance with pre-established criteria.

6.3.15.3 State the conditions for use of edible products from food- producing animals that must be followed in order to comply with the authorization granted by the relevant regulatory authority.

6.3.15.4 Describe the proposed disposal of the investigational and control veterinary product(s).

6.3.16 Assessment of effectiveness.

6.3.16.1 Define the effects to be achieved and the clinical end- point(s) to be reached before effectiveness can be claimed.

6.3.16.2 Describe how such effects and end-points are to be measured and recorded.

6.3.16.3 Specify the timing and frequency of study observations.

6.3.16.4 Describe the special analyses and/or tests to be performed including the time of sampling and the interval between sampling, storage of samples, and the analysis or testing.

6.3.16.5 Select and define any scoring system and measurements that are necessary to objectively measure the targeted response(s) of the study animal and evaluate the clinical response.

6.3.16.6 Define the methods for computing and calculating the effect of the investigational veterinary product.

6.3.17 Statistics/Biometrics. Thoroughly describe the statistical methodologies to be used to evaluate the effectiveness of the investigational veterinary product, including the hypotheses to be tested, the parameters to be estimated, the assumptions to be made and the level of significance, the experimental unit and the statistical model to be used. The planned sample size should be justified in terms of the target animal population, the power of the study and pertinent clinical considerations.

6.3.18 Handling of records. Specify procedures for recording, processing, handling, and retaining raw data and other study documentation required by the relevant regulatory authority.

6.3.19 Adverse events. Describe procedures for:

6.3.19.1 Observing study animals with sufficient frequency to detect AEs.

6.3.19.2 Taking appropriate actions in response to observed AEs. Appropriate actions may involve, among other items, locating and breaking blinding codes so that appropriate medical treatment can be given.

6.3.19.3 Recording of the AEs in the study documentation.

6.3.19.4 Reporting AEs to the sponsor.

6.3.20 Supplements to be appended to the protocol.

6.3.20.1 List any study-specific SOPs that apply to the conduct, monitoring and reporting of the study.

6.3.20.2 Attach a copy of all data capture and event record forms to be used during the study.

6.3.20.3 Include any other relevant supplements, e.g. information to be provided to the owners of animals, instructions to study personnel.

6.3.21 Changes to the study protocol. Instructions for preparation of amendments and reporting of deviations to the study protocol should be provided.

6.3.22 References. Provide citations to relevant literature referenced in the study protocol.

7 THE FINAL STUDY REPORT

7.1 General.

7.1.1 The final study report (FSR) is a complete and comprehensive description of the study written after its completion. It includes a description of the materials and methods, a presentation and evaluation of the results, statistical analyses and a critical clinical, scientific and statistical appraisal. The report should follow the format of the study protocol.

7.1.2 It is the responsibility of the sponsor to provide a FSR for any study in which an animal has been treated with an investigational veterinary product whether or not the study has been completed as planned.

7.2 Authorship.

7.2.1 The preparation of this report can be accomplished as follows:

7.2.1.1 The sponsor may prepare the FSR;

7.2.1.2 The investigator may prepare the FSR for the sponsor; o

7.2.1.3 The sponsor and investigator may prepare the FSR through a collaborative effort.

7.2.2 All individuals involved in the preparation of the FSR would be considered author(s).

7.2.3 When an investigator relinquishes authorship of the FSR, the investigator should provide to the authors:

7.2.3.1 All necessary study documentation specific to the site at which the investigator conducted the study.

7.2.3.2 A signed and dated document, to be included in the FSR, which adequately describes the study documentation provided to the author(s) and attests to the accuracy and completeness of the documentation provided.

7.2.4 The authors of the FSR should sign and date the report. Authors of the FSR should be aware that the regulatory authorities view these signatures as an affirmation that all data were collected in compliance with the study protocol, relevant SOPs, GCP and applicable regulatory requirements and that all statements are accurate and complete representations of study activities and results and are fully supported by the study documentation. Therefore, the authors may wish to include in the report a brief statement describing their contributions to the report.

7.3 Content of Final Study Report. The FSR should include relevant information from the following list. The list provided is not exhaustive nor is every item included applicable to all FSRs but it is intended to give guidance. The study protocol section should be consulted for an explanation of the items in this list.

7.3.1 Title and identifier of the study.

7.3.2.Objectives of the study.

7.3.3 The titles, names, qualifications and roles of all people involved in conducting key elements of the study.

7.3.4 The identity of the site(s) at which the study was conducted.

7.3.5.Key study dates.

7.3.6 Materials and methods.

7.3.6.1 Study design.

7.3.6.2 Animal selection and identification.

7.3.6.2.1 Full details of study animals in each group, including but not limited to: numbers, breed, age, gender and physiological status.

7.3.6.2.2 Disease history of the animals, where available and if appropriate, relevant to the condition under investigation, especially in the case of specific disease problems associated with an animal unit.

7.3.6.2.3 Where appropriate, diagnosis of the condition being treated or prevented, including a description of the clinical signs or other diagnostic methods according to conventional criteria.

7.3.6.2.4 Detailed inclusion and exclusion criteria applied to the selection of study animals.

7.3.6.2.5 Full information on any study animal removed subsequent to inclusion in the study.

7.3.6.3 Animal management and housing.

7.3.6.3.1 Details of animal housing and management.

7.3.6.3.2 Composition of feed and the nature and quantity of any additives in the feed.

7.3.6.3.3 Details of any concomitant treatment administered during the study, either prior to, during or after treatment with the investigational veterinary or control product(s) and details of any interactions observed.

7.3.6.4 Animal disposal. A summary of the disposal of the study animals and their edible products.

7.3.6.5 Treatments.

7.3.6.5.1 The identification of the study investigational formulation used in the study including strength, purity, composition, quantity and batch or code mark.

7.3.6.5.2 The dosage of the investigational veterinary product, method, route and frequency of administration and precautions, if any, taken during administration.

7.3.6.5.3 Details of the control product(s) used with a justification for their selection.

7.3.6.5.4 The duration of treatment and observation periods.

7.3.6.5.5 A summary of use and disposal of all investigational veterinary product and control product(s) shipped or delivered to the investigator.

7.3.6.6 Study procedures. A full description of the methods used including, if applicable, assay methods used to determine investigational veterinary product concentration in feed, water, body fluids and tissues.

7.3.6.7 Statistical methods A description of the transformations, calculations or operations performed on the raw data and any statistical methods employed to analyze the raw data. Reasons should be given if the statistical methods used differed from those proposed in the study protocol.

7.3.7 Results and their evaluation. A full description of the results of the study, whether favorable or unfavorable, including tables of all data recorded during the study.

7.3.8 Conclusions based on each individual case or treatment group as appropriate.

7.3.9 Administrative and compliance items.

7.3.9.1 A description of the procedures used to record, process, handle and retain raw data and other study documentation.

7.3.9.2 A description of any protocol deviations and/or amendments and an assessment of their impact on the outcome of the study.

7.3.9.3 A description of circumstances that could have affected the quality or integrity of the data, specifying the time frame and the extent of their occurrence.

7.3.9.4 Details of any AEs occurring during the study and any measures taken in consequence. For all studies where no AE was observed or recorded a statement to this effect should be included in the FSR.

7.3.9.5 The location of all study documentation.

7.3.10 Additional information. Additional information such as the following may be included in the body of the report or as an appendix:

7.3.10.1 Study protocol.

7.3.10.2 Dates of monitoring visits.

7.3.10.3 Audit certification by auditor, consisting of the dates of site visits, audits and when reports were provided to the sponsor.

7.3.10.4 Supplementary reports, e.g. analytical, statistical, etc.

7.3.10.5 Copies of study documentation supporting study conclusions.

7.4 Report Amendments. Any addition, deletion, or correction to the FSR should be in the form of an amendment by the authors. The amendment should clearly identify that part of the FSR that is being added, deleted or corrected and the reasons for the change(s) and should be signed and dated by the authors. Minor errors, e.g. typographical errors, noted after finalization of the report may be indicated directly on the FSR when accompanied by the signature or initials of the authors, the date of the change and the reason for the change.

8 STUDY DOCUMENTATION

8.1 General.

8.1.1 Study documentation consists of those records that individually and collectively permit evaluation of the conduct of the study and the quality of the data produced. Filing study documentation, or authenticated copies thereof, at the investigator and sponsor sites in a timely manner can greatly assist in the successful management of a study by the investigator and sponsor.

8.1.2 All study documentation should be retained for the period of time required by relevant regulatory authorities. Any or all of the study documentation described in this guidance is subject to, and should be available for monitoring on behalf of the sponsor. Study documentation should be audited by the sponsor's quality audit procedures, consistent with well-recognized and accepted principles of quality assurance. When a quality audit is conducted, the auditor should prepare a report for the sponsor which details the auditing process and which certifies that the audit has been conducted.

8.1.3 Any or all of the study documentation described in this guidance may be inspected, audited and copied by the relevant regulatory authority as part of the process to confirm the validity of the study conduct and the integrity of the data collected.

8.1.4 The requirements for the submission of study documentation should be governed by the relevant regulatory authority.

8.2 Categories of study documentation. Study documentation includes, but is not limited to:

8.2.1 Study protocol. This documentation consists of the original study protocol, all protocol amendments and records of all protocol deviations.

8.2.2 Raw data. The raw data of a study generally includes several classes of data. Neither the classes below nor the examples provided for each class are intended to be all-inclusive.

8.2.2.1 Animal records. All pertinent data relating to the study animals, such as: purchase records, documentation of animal exclusion from, inclusion in and removal subsequent to inclusion in the study, informed consent of the owner, treatment assignment, all recorded observations (including analytical assay results of biological samples), case report forms, adverse events, animal health observations, composition and nutrient assay of animal feeds and final animal disposal.

8.2.2.2 Investigational and control veterinary product records. All pertinent records of the ordering, receipt, inventory, assay, use or administration (documenting the dosing regimen, e.g. dose, rate, route, and duration of administration), return, and/or disposal of all the investigational and control veterinary product(s) including any animal feed containing the investigational or control veterinary product.

8.2.2.3 Contact records. The monitor's and investigator's records of all contacts (e.g. visits, telephone, written and electronic) relating to the design, conduct, documentation, and reporting of a study.

8.2.2.4 Facility and equipment records. As appropriate, descriptions of the study site, e.g. diagrams and photographs, equipment identification and specifications, equipment calibration and maintenance records, equipment failure and repair records, meteorological records and environmental observations.

8.2.3 Reports. Reports consist of:

8.2.3.1 Safety reports. Reports of adverse events.

8.2.3.2 Final study report.

8.2.3.3 Other reports. For example, statistical, analytical, and laboratory reports.

8.2.4 Standard operating procedures and reference materials. These include any reference materials and SOPs related to key elements of the study.

8.3 Recording and handling study documentation.

8.3.1 Raw data, whether handwritten or electronic, should be attributable, original, accurate, contemporaneous and legible. Attributable means the raw data can be traced by signature (or initials) and date to the individual who observed and recorded the data. If more than one individual observes or records the raw data, that fact should be reflected in the data entries. In automated data collection systems, the individual(s) responsible for direct data input should record their name along with the date at the time of data input. Original and accurate means the raw data are the firsthand observations. Contemporaneous means the raw data are recorded at the time of observation. Legible means the raw data are readable and recorded in a permanent medium, e.g. ink for written records or electronic records that are unalterable.

8.3.2 Raw data should be maintained in an organized manner and, where appropriate, should be recorded in a bound laboratory notebook or on pre-established forms designed specifically for recording particular observation(s). Records should be diligently completed with all data points recorded as required in the study protocol. When additional observations are warranted, e.g. to provide additional information for pre-planned observations or observation of unanticipated events, such observations should also be recorded.

8.3.3 Units used to measure observations should always be stated and transformation of units should always be indicated and documented. Values of laboratory analyses should always be recorded on a record sheet or attached to it. If available, normal reference values for the laboratory analyzing the specimens should be included.

8.3.4 If a portion of the raw data needs to be copied or transcribed for legibility, an authenticated copy of that data should be made. The reason for the copying or transcription should be explained in a dated memorandum or in a dated notation on the transcribed record, signed by the individual(s) making the copy or transcription. In such a case the copied raw data, the copy or transcript of the raw data and the memorandum should be kept together in the study documentation.

8.3.5 Any correction in the hand-written study documentation should be made by drawing one straight line through the original entry. The original entry should still be legible. The correction should be initialed and dated by the individual(s) making the correction at the time the correction is made and should describe the reason for the change.

8.3.6 Similarly, if data are entered directly into a computer system, the electronic record is considered the raw data. A computerized system should ensure that the methods for record keeping and retention afford at least the same degree of confidence as that provided with paper systems. For example, each entry, including any change, should be made under the electronic signature of the individual making the entry, and any changes that are made to data stored on electronic media should be maintained in an audit trail to protect the authenticity and integrity of the electronic records.

8.4 Retention of study documentation.

8.4.1 All study documentation should be stored in a manner that protects it from deterioration, destruction, tampering or vandalism in accordance with the nature of the records. The storage site should permit the orderly storage and easy retrieval of the retained documentation.

8.4.2 The location of the study documentation, and any authenticated copy, for a study should be specified in the final study report.

8.4.3 All study documentation should be retained for an appropriate period of time to satisfy the requirements of the relevant regulatory authorities to which the study may be or has been submitted in support of the registration of the investigational veterinary product.

BIOEQUIVALENCE:
BLOOD LEVEL BIOEQUIVALENCE STUDY

Adopted at Step 7 of the VICH Process by the VICH Steering Committee in August 2015 for implementation by August 2016.

This Guideline has been developed by the appropriate VICH Expert Working Group and has been subject to consultation by the parties, in accordance with the VICH Process. At Step 7 of the Process the final draft is recommended for adoption to the regulatory bodies of the European Union, Japan and USA.

I. INTRODUCTION

A Objective:

This guideline is intended to harmonize the data requirements associated with *in vivo* blood level bioequivalence (BE) for veterinary pharmaceutical products. To meet this objective, the guideline addresses the following topics:

• A harmonized definition of BE.

• Factors/variables that need to be considered when developing scientifically sound blood level BE study designs.

• Information that should be included in a blood level BE study report.

The International Cooperation on Harmonisation of Technical Requirements for Registration of Veterinary Medicinal Products (VICH) strives to eliminate repetitious and unnecessary testing through harmonisation of regulatory requirements for the registration of veterinary products, a goal that undoubtedly leads to a reduction in the number of animals used for product development and registration.

B Background:

Within the context of this guideline, BE is defined as the absence of a difference (within predefined acceptance criteria) in the bioavailability of the active pharmaceutical ingredient (API) or its metabolite(s) at the site of action when administered at the same molar dose under similar conditions in an appropriately designed study. When using blood drug concentrations as a surrogate for demonstrating product BE, there is an underlying assumption that two products having an "equivalent" rate and extent of drug absorption, as measured in the blood, will be therapeutically indistinguishable and therefore interchangeable in a clinical setting.

The determination of product BE in animal species can present numerous statistical, logistical, and regulatory challenges. International differences in addressing these challenges and in the respective criteria for defining product BE can lead to barriers in data exchange and scientific confusion. Therefore, the development of a harmonized guideline will unify the global veterinary community understanding of the basic pharmacokinetics (PK), study design considerations, and statistical principles upon which BE determinations are based. By their nature, guidelines address most, but not all possible eventualities. Alternative approaches can be used when scientifically justifiable.

C Scope:

This guideline focuses on the study designs and principles specific to the determination of *in vivo* blood level BE for veterinary drug products. The following topics are outside the scope of this guideline:

• Biowaivers

• Biomass products

• Therapeutic proteins or peptides

• Medicated premixes

• Pharmacological endpoint studies

• Clinical endpoint studies

• *In vitro* dissolution tests

• Human food safety

• Products where the blood concentrations may not be indicative of drug levels at the site of action. Examples include topically active formulations, intramammary products, and intravenous administration of complex drug delivery systems that release the API directly at the site of action.

• The potential need for supportive studies, such as palatability or licking studies (e.g. transdermal products, medicated blocks).

• Animal species from which multiple blood sampling is difficult (e.g., fish, honeybee etc.).

As appropriate, local guidance documents should be followed for the addressing topics that are outside the scope of this BE guideline.

BE is relevant not only for the comparison of generic (test) and reference products, but also in product development. For example, BE or relative bioavailability assessments can be used to bridge between different formulations, pharmaceutical forms, routes of administration, and comparison of formulations used in pivotal versus early clinical trials.

The glossary provides a definition of the various terms used in this guideline and provides some synonymous terms that may be applied in guidelines available in local jurisdictions.

An appendix is provided as additional clarification for the scientific and statistical concepts described in the guideline. Other relevant VICH guidelines should be consulted.

A sample exercise describing sample size estimation BE data statistical analysis, and a sequential analysis is provided in a separate, supporting document titled: "Supplemental Examples For Illustrating Statistical Concepts Described in the VICH Guideline #52." This can be found at the following URL:

English version

Japanese version

Please note the examples provided in the supplemental material are intended solely for informational purposes and therefore should not be interpreted as guidance.

Throughout this guideline, the terms blood, plasma and serum can be used interchangeably.

II. *IN VIVO* PROTOCOL DEVELOPMENT

All BE studies must be conducted in a manner that assures the reliability of the data generated. To be internationally acceptable, BE studies must be performed in conformity with the principles of Good Laboratory Practices (GLP).

A Product Selection:

Whereas the product selection for BE or relative bioavailability studies conducted during reference product development is not defined, the following conditions generally apply for product selection in BE studies supporting approval of generic veterinary drug products:

• BE studies are performed on test and reference products that contain the same API.

• The test product should be representative of the final formulation of the product to be marketed.

• The reference product must be from a lot associated with a veterinary medicinal product that has been granted approval within the jurisdiction for which the generic product approval is being sought.

• The API content of the test and reference products should be assayed prior to conducting the BE study. To be internationally acceptable[1], it is recommended that the assay content of the batches from which test and reference products were obtained should differ by no more than ±5% from each other.

• For use in the *in vivo* BE study, the test product should originate from a batch of at least 1/10 of production scale, unless otherwise justified.

[1] Where this phrase is used, it indicates that within some jurisdictions, requirements may be less stringent. This difference may be a consideration if a study is to be submitted to support product marketing solely within a specific region.

• The characterization and specification of critical quality attributes of the API, such as dissolution, should be established from the test batch for which BE has been demonstrated.

The study report should include the reference product name, strength (including assayed content), dosage form, batch number, expiry date (when available), and country of purchase. The test product name, strength (including assayed content), dosage form, composition, batch size, batch number, manufacturing date, and expiry date (where available) should be provided.

B Dose Selection:

For blood level BE studies, do not dose animals according to the assay content of the test and reference batches but rather to the labeled dose.

The blood level BE study should generally be conducted at the highest labeled (e.g., mg/kg) dose approved for the reference product. By using the highest approved dose, significant formulation differences are more easily detected in most cases. However, if it can be substantiated that the reference product exhibits linear PK across the entire dose range, then any approved dose may be used if a scientific justification is provided as to why the highest dose cannot be used. In exceptional cases where a batch of reference product with an assay content differing less than 5% from the test product cannot be found, the data could be dose normalized. In such cases, the procedure for dose normalization should be pre-specified and justified by inclusion of the results from the assay of the test and reference products in the protocol.

A BE study conducted at a higher than approved dose may be appropriate when a multiple of the highest approved dose is needed to achieve measurable blood levels. In general, the maximum dose would be limited to 3x the highest dose approved for the reference product. The reference product should have an adequate margin of safety at the higher than approved dose level and should exhibit linear PK (i.e., there are no saturable absorption or elimination processes). In this case, a scientific justification should accompany the choice of the dose.

For reference products with less than proportional increase in AUC with an increase in dose (nonlinear kinetics) across the therapeutic range, the following should be considered:

• When there is evidence indicating that the product absorption may be limited by saturable absorption processes, this can lead to two formulations appearing to be bioequivalent when administered at the highest labeled dose but fail to be bioequivalent when administered at lower approved doses. To avoid this situation, use of a dose that is less than the highest approved dose is preferable. In this case, a scientific justification should accompany the choice of the dose (showing that the dose is within the linear range).

• If there is nonlinearity over the therapeutic range due to low solubility, then BE should be established at both the highest labeled dose and at the lowest labeled dose (or a dose in the linear range), i.e. in this situation, two BE studies may be needed.

In crossover studies, the same total dose should be administered to each animal in all study periods. The use of dose adjustments in those rare situations where large weight changes are anticipated (e.g., studies conducted in rapidly growing animals where there is a risk of differences in drug absorption, distribution, metabolism, or elimination in period 1 vs 2 that could bias the within-subject comparison) will need to be considered on a case-by-case basis.

Where relevant, doses should be rounded up based on the available strength of the solid oral dosage form, or to the nearest upper division on the dosing equipment.

Solid oral dosage forms should not be manipulated in a way that could bias the study, e.g., by grinding or filing to achieve equal doses. Breaking tablets along score lines may be acceptable if the uniformity of the scored sections can be supported by pharmaceutical/manufacturing data (e.g., content uniformity of the halves). For reference products, in the absence of manufacturing or pharmaceutical data, the information included in the product labeling can be used as a guide for allowable tablet manipulation.

The study report should include the labeled dose administered to each animal in each period of the study.

C Route of Administration Selection:

Unless otherwise justified when conducting an *in vivo* BE study:

- The same route and site of administration should be used for the test and reference products.
- Separate BE studies should be submitted for each route of administration approved for the reference product.

D Study Design Considerations:

1. Crossover versus parallel study design:

A two-period, two-sequence, crossover study is commonly used in blood level BE trials because it eliminates a major source of study variability: between subject differences in the rates of drug absorption, drug clearance, and the volume of drug distribution. The study design is as follows:

	Sequence A	Sequence B
Period 1	Test	Reference
Period 2	Reference	Test

Note that to eliminate potential confounding by period effects, there needs to be two sequences included in the design of a two period crossover study.

Due to the potential risk of invalidating the crossover design, the treatment administered in Period 1 should not affect the PK associated with the treatment administered during Period 2. For this reason, the duration of the washout interval needs to ensure that the drug and its metabolites are essentially cleared from the body, and there are no residual physiological effects that will alter how the drug administered in Period 2 is processed by the study subjects. Therefore, in addition to proof of absence of pre-dose concentrations, to minimize the risk of carryover effects, it is recommended that the duration of the washout interval should be at least 5 times the blood terminal elimination half-life of the API and its metabolite(s) (when there is indication that the metabolites may affect pharmacokinetics of the parent compound in the second period).

When dealing with endogenous substances, the presence of carry-over effects is very difficult to quantify. Therefore, caution should be exercised to ensure that the washout period is of an adequate duration. The length of the washout period should be addressed and justified *a priori* in the protocol. For endogenous substances the predose (baseline) drug concentrations for Period 1 should be comparable to the pre-dose concentrations for Period 2.

A parallel study design may be preferable in the following situations:

- The parent compound and/or its metabolites induce physiological changes in the animal (e.g., liver microsomal enzyme induction, altered blood flow) that can alter the bioavailability of the product administered in Period 2.
- The parent compound and/or metabolites, or the drug product (e.g. flip flop kinetics) has a terminal elimination half-life so long that a risk is created of residual drug present in the blood at the time of Period 2 dosing (i.e., a wash-out period is not practical).
- The duration of the washout for the two-period crossover study is so long as to result in significant physiological changes in the study subjects.
- The total blood volume of the species precludes the capture of blood concentration- time profiles for more than one period.

Alternative study designs can be considered. For example:

• Replicate study designs (See subsection II. D. 2)

• Sequential study designs (See subsection II. D. 3)

• To obtain approvals in multiple regions, a 3-treatment crossover or a multiple reference parallel study design may be considered when performing one study with two different reference products, depending on the products registered in the respective regions.

Alternative designs and corresponding proposed method of statistical analysis can be discussed with the regulatory authority prior to conducting the BE study. Pilot data or literature may be used in support of alternative study designs.

Regardless of how the study will be conducted, the design should be described *a priori* in the protocol.

2. Replicate study design:

A replicate study design is an investigation where at least one of the treatments is repeated.

If it is estimated that a traditional crossover design would not be feasible without the inclusion of a very high number of animals, replicate study designs can be considered using three (partial replication where for example, the reference is replicated in all subjects) or four (full replication, where each subject receives the test and reference products twice) periods within each group. In some jurisdications, a replicate study design can also be used for applying a reference scaled in vivo bioequivalence approach. Individuals wishing to consider the use of alternative statistical approaches should contact individual regulatory authorities for additional information on potential statistical considerations and if/conditions under which such alternative approaches are considered acceptable.

3. Sequential study design:

It is acceptable to use a sequential approach when attempting to demonstrate product BE. When employing a sequential study design, an initial group of subjects can be treated and their data analysed. If bioequivalence has not been demonstrated, an additional group can be recruited and the results from both groups combined in a final analysis.

If this approach is adopted, appropriate steps must be taken to preserve the overall Type I error of the experiment and the stopping criteria should be clearly defined prior to initiating the study. The analysis of the first stage data should be treated as an interim analysis and both analyses should be conducted at adjusted significance levels (with the confidence intervals corrected accordingly using an adjusted coverage probability that will exceed 90%). The plan to use a two-stage approach must be pre-specified in the protocol along with the number of animals to be included in each stage and the adjusted significance levels to be used for each of the analyses.

4. Single dose versus multiple dose study design:

In most situations, a single dose BE study is recommended for both immediate- and modified- release drug products because single dose studies are generally the more sensitive approach for assessing differences in the release of the API from the drug product into the systemic circulation.

For extended release formulations intended for repeated dosing, demonstration of BE should be based on multiple dose studies if there is accumulation between doses (i.e., if there will be at least a 2-fold increase in drug concentrations at steady state as compared to that observed after a single dose). In such cases, the C_{trough} could be an important parameter to consider, in addition to C_{max} and the AUC. It should be noted that C_{trough} may not be equal to C_{min} in the case of products with a lag time. If there is no or negligible accumulation, single dose BE data could also be sufficient for extended release formulations intended for repeated dosing.

Furthermore, a multiple dose study may also be appropriate when:

• There are saturable elimination processes.

• The assay sensitivity is inadequate to permit drug quantification that sufficiently characterizes the AUC after administration of a single dose (see section II. I. Blood Sampling Schedule).

Both single and multiple dose studies can be conducted using a crossover study or parallel design. Due to complications associated with studies of very long duration, the use of sequential and replicate study designs are generally not recommended for multiple dose studies.

E Subject and Species Selection:

The animals to be studied must be of the target species. For each jurisdiction within which registration is sought, the BE studies must be performed on each of the major target animal species included on the approved reference product label. Extrapolation of results from a major species in which BE has been established to minor species could be acceptable if valid scientific arguments are provided to support such extrapolation, taking into account species anatomy and physiology, and properties of the API and formulation.

The experimental animals should be free of any drug residues prior to the *in vivo* phase of the BE study. In some cases, the necessary drug-free period may need to exceed that associated with drug residues to account for potential physiological carryover effects that could influence the data generated in the BE trial.

Studies should be conducted with healthy animals that are representative of the target population. For parallel design studies, the animals/treatment groups should be homogeneous and comparable in all known and prognostic variables that can affect the PK of the API, e.g. age, body weight, gender, nutrition, physiological state, and level of production (if relevant).

Animals should be randomized and an equal number of animals should be assigned to each sequence (crossover design) or each treatment (parallel study design).

A complete description of the above information should be included in the study report.

F Prandial State:

For all species prandial state and exact timing of feeding should be consistent with animal welfare (*e.g.*, ruminants would not be fasted) and the PK of the API.

For canine and feline drug products administered via the oral route, studies should be conducted in fasted animals unless the approval for the reference product recommends administration in the fed state only, in which case the study should be conducted accordingly. Fasting should be a minimum of 8 hours prior to dosing and 4 hours after dosing.

For orally administered modified release formulations intended for non-ruminants, BE normally needs to be established under both fed and fasted conditions unless adequately justified.

The study protocol and study report should contain the rationale for conducting the BE study under fed or fasted conditions and should describe the diet and feeding regimen.

G Exclusion of Data from Analysis:

There are numerous situations that may occur that will necessitate removal of all or a portion of an animal's data from the study. When this occurs, adequate justification for removal should be provided in the study report, and decisions to eliminate data should be made prior to analysis of blood samples to avoid bias.

There are situations that occur with sufficient frequency to require stipulation in the study protocol. For example, because there is the risk of losing all or part of the administered dose for oral formulations, the criteria for removal of subject data from analysis due to vomiting are expected to be specified *a priori* in the study protocol. Aspects to consider when defining such criteria are:

• What is an acceptable time between drug administration and a vomiting event (taking into account e.g. the expected time for the drug to exit the stomach, the prandial state of the animal)?

• What will be considered an allowable amount of material lost in the vomitus?

In addition, when re-dosing after vomiting is considered to be an option in the study, the criteria for re-dosing must be specified *a priori* in the study protocol. It is important that all available data be included in the statistical analysis. If for example, an animal is excluded from Period 2, the data gathered from that animal in Period 1 should not be excluded from the statistical evaluation.

To insure that all potential statistical concerns have been addressed, descriptive statistics with and without data from animals excluded from the BE evaluation should be provided.

H Sample Size Determination:

Pilot studies are useful for estimating the appropriate sample size for the pivotal BE study.

Sample size calculations assume that the estimates used (e.g., treatment differences and variances) will be realized in the future study. Additionally, sample sizes are generally estimated as the "minimum number" needed to demonstrate BE if those estimates are realized. A reference is provided that describes sample size calculations.

Sample size for a BE study should be based upon the number of subjects needed to achieve BE for the PK parameter anticipated to have the greatest magnitude of variability and/or difference in treatment means (e.g., C_{max}). Equations and examples are provided in the Appendix.

It should be noted that for a study to be internationally acceptable, a minimum 12 evaluable animals per treatment is necessary. For a crossover trial, this implies that the minimum number of subjects per sequent (n) = 6 (and therefore, the total number of study animals in a two-period, two-sequence crossover study, N, should be equal to or greater than 12). For a parallel study design, there should be no less than 12 evaluable subjects per treatment group (and thus the total number of animals enrolled in the BE trial would be equal to or greater than 24).

When the risk of subject loss is a concern, the sponsor may elect to design the study to include additional animals. In this situation, if animals are removed as the study progresses (due to vomiting or dosing errors or death/injury), the additional animals placed on study may allow appropriate statistical power to be maintained.

Sample size selection should be justified *a priori* in the study protocol.

I Blood Sampling Schedule:

The sampling schedule should include frequent sampling around T_{max} to provide a reliable estimate of C_{max}. For routes of administration other than intravenous injection, the sampling schedule should avoid situations where the first sampling time corresponds with $C_{max.}$ The duration of blood sampling should provide a reliable estimate of the extent of exposure which is achieved if $AUC_{0\text{-Last}}$ is at least 80% of $AUC_{0\text{-}\infty}$. At least 3 samples are needed during the terminal log-linear phase in order to reliably estimate k_e and obtain an accurate estimation of AUC0-∞.

For an API with a long terminal elimination half-life, BE may be based on AUC values that are less than 80% of total systemic exposure (in addition to C_{max}) as long as the absorption phase has been completed during the applied sample collection period.

In multiple dose studies, the pre-dose sample should be taken immediately before dosing and the last sample is recommended to be taken as close to the end of the dosing interval as possible to ensure an accurate determination of AUC_τ. Sampling should also be performed to show that steady state conditions are reached (*i.e.* trough concentrations should be sampled sequentially until C_{trough} is stable).

For endogenous compounds, the predose sampling schedule should be consistent with the method of baseline correction (see section II. J. Blood Level BE Parameters).

The planned and actual timing of blood sample collections for each individual should be included in the study report.

J Blood Level BE Parameters:

The following parameters should be collected. Some of these parameters will not be used for the statistical BE parameters (see section II. D. Study Design Considerations).

In single dose studies, C_{max}, T_{max}, $AUC_{0\text{-}Last}$, and $AUC_{0\text{-}\infty}$ should be determined.

In multiple dose studies, the AUC_{τ}, steady state C_{max} values ($C_{max\ ss}$), steady state C_{trough} values, and steady state T_{max} values ($T_{max\ ss}$) should be determined. In situations involving dosage forms associated with an intentional delayed release, a comparison of test and reference product C_{trough} values may also be appropriate.

If the API is an endogenous compound, the calculation of BE parameters should include a correction for baseline concentrations. The method for baseline correction should be specified and justified *a priori* in the study protocol. The recommended method of baseline correction is subtraction of the mean endogenous concentrations obtained from the pre-dose concentrations estimated at the same time on three consecutive days. If diurnal variations in the concentrations of the endogenous compound are anticipated, profiles characterizing this variation may be appropriate.

Additional parameters that may be relevant to report include k_e, terminal elimination half-life and T_{lag}.

Non-compartmental methods should be used for the determination of PK parameters in BE studies.

The study report should state the method used to derive the PK parameters from the raw data.

K Defining the Analyte:

In principle, BE evaluations should be based upon measured concentrations of the parent compound because the C_{max} of a parent compound is usually more sensitive to differences between product absorption rates as compared to the C_{max} of a metabolite. In general, product BE will be determined on the basis of total (free plus protein bound) concentrations of the API.

1. Pro–drugs

BE demonstration should be based upon the parent compound unless the parent compound is a pro-drug and that pro-drug is associated with negligible blood concentrations. In cases where there are negligible systemic concentrations of the pro-drug, the active metabolite (the compound formed upon absorption of the pro-drug) should be measured. Sponsors should provide scientific rationale for the compound to be quantified.

2. Enantiomers

Under most situations, use of an achiral assay will suffice for the assessment of product bioequivalence. However, the use of an enantiomer-specific analytical method will be necessary when all of the following conditions are met:

- The enantiomers exhibit different PK.
- The AUC ratio of the enantiomers is modified by a difference in their respective rates of absorption.
- The enantiomers have different pharmacodynamic characteristics.

If all three conditions are met, chiral (stereospecific) analytical methods will be needed. In addition, chiral methods may be necessary when the test or reference products include the use of a stereospecific (chiral) excipient that can selectively alter the absorption of one or both enantiomers. It may also be needed when a drug is a single enantiomer that undergoes in vivo chiral conversion.

L Bioanalytical Method Validation:

The bioanalytical phase of the BE study must be based upon an appropriately validated bioanalytical method.

The following aspects of bioanalytical method validation and performance should be summarized in the study report (or as otherwise deemed appropriate by the regulatory authority):

- Concentration range and linearity
- Matrix effects
- Limit of quantitation (LOQ)

• Specificity (selectivity)

• Accuracy

• Precision

• Stability of analyte and internal standard

The following data from quality control (QC) samples obtained during in-phase analytical runs containing incurred samples should be provided:

• Precision

• Accuracy

Regulatory authorities should be contacted regarding the possible need to include incurred sample reanalysis (IRS) as a component of the method validation (where IRS is the repeat analysis of a subset of subject samples in separate analytical runs).

III. STATISTICAL ANALYSIS:

The statistical BE evaluation is best generated by the use of 90% confidence intervals (i.e., the two-sided confidence interval approach). The two-sided confidence interval for the ratio of the treatment parameter means can be characterized as follows: "If an investigator repeatedly calculates these intervals from many independent and random samples, 90% of these intervals would correctly bracket the true population ratio".

The confidence interval approach should be applied to the individual parameters of interest, typically AUC and C_{max} (refer to section J). The sponsor should use the natural logarithmic transformation (Ln-transformation) of the parameters prior to statistical analysis.

A The Statistical Model:

The precise model to be used for the Analysis of Variance (ANOVA) should take into account sources of variation that can be reasonably assumed to have an effect on the response variable.

For a two-period, two- sequence, two-treatment crossover study, model terms usually include (but are not limited to) sequence, animal within sequence, period and treatment. Fixed effects, rather than random effects, should be used for testing of period and treatment effects. When using a parallel study design, the treatments are generally compared using a one-way ANOVA (i.e., treatment is the sole effect being tested by the statistical model). Accordingly, the residual error (random effect) is the appropriate error for statistically comparing the test and reference products.

Other statistical methods may be appropriate, depending upon study design.

The statistical model and randomization process should be defined *a priori* in the study protocol.

B Ln-Transformation:

Ln transformation should be used for BE evaluation because it generally improves our ability to meet the assumptions of the ANOVA. Reasons for this include:

• PK models are multiplicative rather than additive

• Ln transformation stabilizes the variances

• BE comparisons are generally expressed as ratios rather than differences

Other types of data transformation will be difficult to interpret.

C Dose Normalization:

Dose normalization is not appropriate when employing a crossover study design, except as described in section II. B. Dose Selection. In rare instances involving BE trials designed as a parallel study study and when the drugs are administered on a mg rather than on a mg/kg basis, between-animal differences in body weight could inflate the magnitude of the residual error to an extent that a prohibitively large increase in subject numbers would be necessary to maintain study power. In these situations, the acceptability of dose normalization and the corresponding method of data analysis should be discussed with the regulatory authorities during protocol development.

D Confidence Interval Acceptance Criteria:

To be internationally acceptable:

• The acceptance criteria for AUC and C_{max} should be 0.80 to 1.25, and

• In cases where multiple dose studies have been employed for extended release formulations and there is drug accumulation, these criteria will also be applied to C_{trough} values.

In cases where a sponsor intends to use an alternative study design to allow for an adjustment to the acceptance criteria based upon the variability of the reference product, the regional authorities could be consulted about appropriate statistical methods and study designs.

E Statistical Report:

At a minimum, the study report should include the individual subject concentration versus time data for each study period (indicating period and treatment associated with each blood level profile), subject allocation to sequence, individual parameter estimates, methods used for parameter estimation, summary statistics, and the statistical output (e.g., ANOVA). This would enable regulatory authorities to perform PK and statistical analyses if necessary.

IV. GLOSSARY

• **Acceptance criteria (syn: confidence bounds):** The upper and lower limits (boundary) of the 90% confidence interval that is used to define product BE.

• **Active pharmaceutical ingredient (API) (syn: active substance)**: A substance used in a finished pharmaceutical product, intended to furnish pharmacological activity or to otherwise have direct effects in the diagnosis, cure, mitigation, treatment or prevention of disease or to have direct effect in restoring, correcting or modifying physiological functions of the body.

Note: Due to international differences in the interpretations of what is considered to be the "same API" when considering, for example, different salts and esters, no agreed upon definition is provided. Sponsors should consult with the local regulatory authority for that jurisdiction's interpretation of what could be considered the "same API".

• **Area under the curve (AUC)**: Area under the plasma drug concentration versus time curve, which serves as a measure of drug exposure. It includes several different types of AUC estimates:

○ **$AUC_{0\text{-}Last}$**: AUC to the last blood sampling time associated with quantifiable drug concentrations. The last quantifiable concentration (the limit of quantification, LOQ) is determined by the sensitivity of the analytical method. The last quantifiable drug concentration may occur prior to the last blood sampling time.

○ **$AUC_{0\text{-}\infty}$**: $AUC_{0\text{-}Last}$ with the addition of the extrapolated area from the last quantifiable drug concentration to time infinity. The terminal area from the last quantifiable drug concentration to time infinity is estimated as C_{last}/λ_e, where C_{last} is the last quantifiable drug concentration and λ_e is the terminal slope of the Ln concentration-time profile.

○ **AUC_{tau} (AUC_τ)**: AUC over one steady state dosing interval. Mathematically, the quantity equals $AUC_{0\text{-}\infty}$ of the first dose if there is linear (non-saturable) PK.

• **Assay content**: The amount of the analyte in a sample.

• **Bioavailability**: The rate and extent to which the API or active metabolites enters the systemic circulation.

• **Bioequivalence**: The absence of a difference (within predefined acceptance criteria) in the bioavailability of the API or its metabolite(s) at the site of action when administered at the same molar dose under similar conditions in an appropriately designed study.

• **Biomass**: Crude products of fermentation, where the fermentation derived product is not extracted or purified; rather the resulting fermentation mixture, including the API and fermentation broth, is dried and used as is in the manufacture of medicated feeds or feed additives.

• **Biowaiver**: A waiver of the requirement to demonstrate *in vivo* BE between a test and reference drug product.

• **Blood:** Within this guidance, the terms blood, plasma, and serum are used interchangeably.

• **Composition**: The ingredients as well as the absolute amounts of these ingredients included in the formulation.

• $\mathbf{C_{max}}$: The maximum (or peak) concentration of API or its metabolite(s) in blood.

• $\mathbf{C_{min}}$: The minimum concentration of the API or its metabolites in the blood at steady state. In the absence of a measurable delay between drug administration and the first appearance of drug in the systemic circulation C_{min} equals C_{trough}.

• $\mathbf{C_{trough}}$: The concentration of API or its metabolite(s) in blood at steady state immediately prior to the administration of a next dose.

• **Dosage form (syn: pharmaceutical form):** The physical form of a dose of a medication such as tablet, capsule, paste, solution, suspension, etc.

Note: Due to international differences, what is considered to be the "same dosage form" in some jurisdictions may be considered as different dosage forms in other jurisdictions. Drug sponsors should consult with the local regulatory authority for that jurisdiction's interpretation of what could be considered the "same dosage form".

• **Drug product (syn: medicinal product)**: A finished dosage form that contains the API usually in association with one or more excipients.

• **Elimination rate constant ($\mathbf{k_e}$):** The first-order rate constant describing drug elimination from the body. Although the amount of drug eliminated in a first-order process changes proportionally with concentration, the fraction of a drug eliminated remains constant. The elimination rate constant is, then, a fraction of a drug that is removed from the body per unit of time.

• **Enantiomer**: a pair of chiral isomers (stereoisomers) that are direct, nonsuperimposable mirror images of each other. Enantiospecificity in pharmacokinetics can arise because of enantioselectivity in one or more of the processes of drug absorption, distribution, metabolism and excretion.

• **Excipient (syn: inactive ingredient):** A substance other than the API that has been appropriately evaluated for safety and is included in a drug product to either aid in its manufacturing; protect, support or enhance stability, bioavailability, or target animal acceptability; assist in product identification; or enhance any other attribute of the overall safety and effectiveness of the drug product during storage or use.

• **Extended release formulation:** A dosage form that is deliberately modified to protract the release rate of the API compared to that observed for an immediate release dosage form. This term is synonymous with prolonged or sustained release dosage forms.

• **Finished dosage form:** A dosage form of the API which is intended to be dispensed or administered to the animal and requires no further manufacturing or processing other than packaging and labelling.

• **Good Laboratory Practice (GLP)**: Quality standards for conducting non-clinical laboratory studies and field trials. Regional standards/regulations are specified by each regulatory jurisdiction.

• **Highest labeled dose**: The highest approved dose of the reference product as indicated on the label (usually defined as strength per unit body weight, e.g., mg/kg). If there is an approved dose range, the highest labeled dose would be the highest dose in that range.

• **Linear pharmacokinetics:** When the concentration of the API or its metabolite(s) in the blood increases proportionally with the increasing dose, and the rate of elimination is proportional to the concentration, the drug is said to exhibit linear pharmacokinetics. The clearance and volume of distribution of these drugs are dose-independent.

• **Modified release formulation:** Drug products where the rate and/or place of release of the API(s) is different from that of an immediate release dosage form administered by the same route. This deliberate modification is achieved by a special formulation design and/or manufacturing method.

• **Medicated Premix**: A veterinary medicinal product which has been granted marketing authorization and is intended for oral administration following its incorporation into animal feedstuffs. The medicated premix frequently consists of the API, a carrier, and a diluent.

• **Nonlinear pharmacokinetics**: As opposed to linear pharmacokinetics, the concentration of the API or metabolites in the blood does not increase proportionally with the increasing dose. The clearance and volume of distribution of these may vary depending on the administered dose. Nonlinearity may be associated with any component of the absorption, distribution, and/or elimination processes.

• **Pharmacokinetics (PK)**: The study of the absorption, distribution, metabolism, and excretion of an API and/or its metabolite(s).

• **Reference product**: The drug product to which the *in vivo* BE and, in some instances, the *in vitro* equivalence of the test drug product is compared.

• **Replicate study design**: an investigation where at least one of the treatments is repeated.

• **Relative bioavailability**: The bioavailability of a drug product when compared with another formulation of the same drug administered by an extravascular route.

• **Steady state (ss):** The condition where the API input rate is in dynamic equilibrium with its output (elimination) rate.

• **Stereoisomer**: compounds differing only in the spatial arrangement of their atoms.

• **Strength**: The amount of API in a drug product expressed in specific unit of measurement (e.g., 10 mg/mL, 25 mg/tablet).

• **Test product**: The drug product used for BE comparison to the reference product.

• $\mathbf{T_{lag}}$: The duration of time between drug administration and the appearance of the API in the systemic circulation.

• $\mathbf{T_{max}}$: Time to the C_{max}.

• **Transdermal product**: A dosage form designed to be applied to intact skin for the purpose of delivering the API for absorption through the skin and into the systemic circulation.

V. APPENDIX

An example of the sample size needed to attain a power of 80% at $\alpha = 0.05$ for a single variable in the case of the multiplicative model is provided in Table 1 below. Since the BE assessment is based upon the two one-sided tests procedure, the sample size calculation is based upon $\alpha = 0.05$ per tail, which translates into as a 90% confidence interval ($2\alpha = 0.10$). The number of subjects provided in the table (N), is the total number of subjects required in a two-period crossover design (where N = 2n and n = the number of subjects per sequence) for a given ratio of the test/reference product.

Table 1. An example of sample size estimates based upon a given ratio of test and reference treatment means and within subject variability where the confidence bounds (acceptance criteria) are 0.80 to 1.25.

	Ratio Test/Reference Products							
%CV	**0.85**	**0.9**	**0.95**	**1**	**1.05**	**1.1**	**1.15**	**1.2**
12.5	56	16	10	8	10	14	30	118
15	78	22	12	10	12	20	42	170
17.5	106	30	16	14	16	26	58	230
20	138	38	20	16	18	32	74	300
22.5	172	48	24	20	24	40	92	378
25	212	58	28	24	28	50	114	466
27.5	256	70	34	28	34	60	138	>500
30	306	82	40	34	40	70	162	>500
35	414	112	54	44	52	96	220	>500
40	>500	146	70	58	68	124	288	>500
50	>500	226	108	88	104	192	446	>500

The %CV reflects the residual error and includes any source of variability that is not accounted for in the statistical model. The benefit derived from a crossover trial is that the residual error only includes sources of within-subject variability. Typically, parallel study designs are associated with larger residual errors because the comparisons are generated between and not within subjects. As such, the residual error includes both within and between subject souces of error.

When considering a crossover study design, if a multiplicative model is used (where the within-subject %CV is 20 and the ratio of the test/reference products = 0.95), the equation results in an estimate of 20 subjects (10 in Sequence 1, 10 in Sequence 2). However, when this equation is applied to a parallel study design, N = the number of subjects per treatment. Therefore, 2xN =total number of subjects = N (test) + N (reference).

Sample Size Estimation

Ln-Transformed Data (based upon Hauschke et al., 1992).

In a crossover study, the number of subjects needed to achieve a 1-β power at the α nominal level is termed N, and N = 2n, where n is the number of subjects required per sequence. For the multiplicative model, the number of subjects can be estimated as follows:

If $\theta = 1$, then: $n \geqslant [t(\alpha, 2n-2) + t(\beta/2, 2n-2)]^2 [CV/\ln 1.25]^2$

If $1 < \theta < 1.25$, then: $n \geqslant [t(\alpha, 2n-2) + t(\beta, 2n-2)]^2 [CV/(\ln 1.25 - \ln\theta)]^2$

If $0.8 < \theta < 1$, then: $n \geqslant [t(\alpha, 2n-2) + t(\beta, 2n-2)]^2 [CV/(\ln 0.8 - \ln\theta)]^2$

Where:

n = the number of subjects per sequence

t(α, 2n-2) = t-value associated with the estimated confidence interval

α = Type 1 error = 0.05 for a one tailed test or 0.10 for a two-tailed test. For example, for a two tailed test (α = 0.05 per tail) and with 10 degrees of freedom, the corresponding value from a T distribution table = 1.812

2n-2 = the error degrees of freedom used to estimate the confidence interval

β = Type II error (usually 0.20). For example, with 10 degrees of freedom, the corresponding value from a T distribution table = 0.879. Similarly, $\beta/2$ (used when θ= 1) = 1.372.

μ_T = the expected population mean for the test product (log-transformed value)

μ_R = the expected population mean for the reference product (log-transformed value)

$\theta = (\mu_{T-} \mu_R)$

CV = coefficient of variation. This is calculated as the square root of the variance (i.e., the standard error) divided by the mean of all of the study observations

This same equation can be applied to situations when a parallel rather than a crossover study design is used. However, when this equation is applied to a parallel study design, n = the number of subjects per treatment. Therefore, N =total number of subjects = n (test) + n (reference).

Note: this is an iterative equation. Because of the potential for greater differences and variances to occur when the pivotal study is performed, it may be prudent to repeat sample size estimates using both greater variability and both higher and lower estimates of ratios between treatment means. Based upon this additional information, the number of animals can be selected that will provide the best chance for success using the resources available.

Reference

Hauschke D, Steinijans VW, Diletti E, and Burke M (1992). Sample size determination for bioequivalence assessment using a multiplicative model. *J Pharmacokinet Biopharm*.20:557- 561.

Supplemental Examples For Illustrating Statistical Concepts Described in the VICH In Vivo Bioequivalence Guidance GL52

EXAMPLE: SAMPLE SIZE ESTIMATION:

Scenario: The study will be conducted as a two-period, two-treatment, two-sequence crossover design where subjects receive a single dose of the test and reference products. For the sake of this example, animals are sorted by identification (ID) number and assigned to sequence 1 or 2 completely at random. The study design is as follows:

Sequence 1: Period 1 = Test; Period 2 = Reference

Sequence 2: Period 1 = Reference; Period 2 = Test

To estimate the number of subjects needed in the study, a pilot crossover study was conducted. The expected ratio of the test and reference means = 1.05. The anticipated within subject error = 15% Coefficient of variation (%CV). The iterative equation used for estimating the number of subjects is as follows:

If $\theta = 1$, then: $n \geqslant [t(\alpha, 2n\text{-}2) + t(\beta/2, 2n\text{-}2)]^2 [CV/\ln 1.25]^2$

If $1 < \theta < 1.25$, then: $n \geqslant [t(\alpha, 2n\text{-}2) + t(\beta, 2n\text{-}2)]^2 [CV/(\ln 1.25 - \ln \theta)]^2$

If $0.8 < \theta < 1$, then: $n \geqslant [t(\alpha, 2n\text{-}2) + t(\beta, 2n\text{-}2)]^2 [CV/(\ln 0.8 - \ln \theta)]^2$

Where $1\text{-}\beta$ = the power of the study (80%); α = the Type 1 error for each side of the 90% confidence interval (= 0.05), n = the number of subjects per sequence (and the total number of subjects = N = 2n), and θ = the anticipated ratio of the test/reference mean.

Based upon this equation and the results of the pilot study, sample size estimation procedure was as follows:

If we begin our sample size estimation with n = 5 (N=10), the equation would be:

$5 \geqslant [1.860+0.889]^2 * [0.15/(\text{Ln } 1.25 - \text{Ln } 1.05)]^2 = 5.59$.

Since this is not a true statement, we need to try the next highest value, n = 6 (N=12). In this case, the calculation is as follows:

$6 \geqslant [1.812+0.879]^2 * [0.15/(\text{Ln } 1.25 - \text{Ln } 1.05)]^2 = 5.40$.

When we use n=6, the conditional statement is now correct. Therefore, our sample size estimate (the number of subjects per sequence) = 6 and the total number of subjects included in this study should be no less than 12.

With N=12, the results of the simulated bioequivalence trial are as follows:

EXAMPLE: BIOEQUIVALENCE DATA STATISTICAL ANALYSIS:

Scenario: The study will be conducted as a two-period, two-treatment, two-sequence crossover design where subjects receive a single dose of the test and reference products. For the sake of this example, subjects are sorted by identification ID number and assigned to sequence 1 or 2 completely at random. The study design is as follows:

Sequence 1: Period 1 = Test; Period 2 = Reference

Sequence 2: Period 1 = Reference; Period 2 = Test

With N=12, the results of the simulated trial were as follow (Table 1):

Table 1. Dataset from a simulated bioequivalence trial

Animal	Sequence	Period	Treatment	Value
1	1	2	Reference	86.76
2	1	2	Reference	72.23
3	1	2	Reference	102.10
4	1	2	Reference	138.42
5	1	2	Reference	120.67
6	1	2	Reference	81.83

Animal	Sequence	Period	Treatment	Value
7	2	1	Reference	84.91
8	2	1	Reference	92.84
9	2	1	Reference	114.42
10	2	1	Reference	119.48
11	2	1	Reference	95.32
12	2	1	Reference	105.77
1	1	1	Test	93.38
2	1	1	Test	78.81
3	1	1	Test	108.81
4	1	1	Test	154.68
5	1	1	Test	131.96
6	1	1	Test	71.30
7	2	2	Test	75.80
8	2	2	Test	96.98
9	2	2	Test	129.46
10	2	2	Test	131.24
11	2	2	Test	91.27
12	2	2	Test	90.47

Prior to analysis, all data were transformed to the natural logarithm. The statistical model used in the analysis included sequence, period and treatment as fixed effects and animal-nested- within-sequence as a random effect. There are numerous statistical programs and program specifications that can be used. All correctly programmed analyzed data should give the following results (Tables 2 and 3).

Table 2. Test of fixed effects

Effect	Numerator Degrees of Freedom	Denominator Degrees of Freedom	F-Value	Probability of a Greater F
Sequence	1	10	<0.01	0.952,7
Period	1	10	0.89	0.366,7
Treatment	1	10	0.43	0.527,4

Table 3. Difference and confidence interval

Difference	Standard Error	Lower 90% Limit	Upper 90% Limit
0.019,58	0.029,91	–0.034,6	0.073,8

Using the statistical output information, we calculated the confidence bounds:

Lower BE Bound = Exp(-0.034,6) = 0.97

Upper BE Bound = Exp(0.073,8) = 1.08

If both the lower and upper BE bounds are between 0.80 and 1.25, bioequivalence is established for that value.

EXAMPLE: SEQUENTIAL ANALYSIS:

The use of a sequential analysis allows for an opportunity to recalculate sample size based upon the observed study variance by altering α to accommodate an interim analysis of the dataset. However, it is important to note that to avoid inflation of the Type I error, the sequential analysis does not allow for sample size adjustments based upon incorrect assumptions of the ratio of treatment means.

There are several types of sequential designs that can be used for bioequivalence studies. The following is only one possible example of how this analysis may be executed. The primary reference used in the writing of this example is Potvin et al., 2008, *Pharm Stat*, 7:245-262.

Readers may wish to also consider the follow-up reference by this group: Montague et al., 2012, *Pharm Stat*, 11:8-13.

Method B: Test for bioequivalence at the α = 0.029,4 level, regardless of power. At Stage 1, re-calculate necessary sample size for the entire study. Confidence intervals can be estimated at both Stages 1 and 2. A schematic diagram of the steps in the Method B version of the sequential analysis (based upon Potvin et al., 2008) is provided in Figure 1.

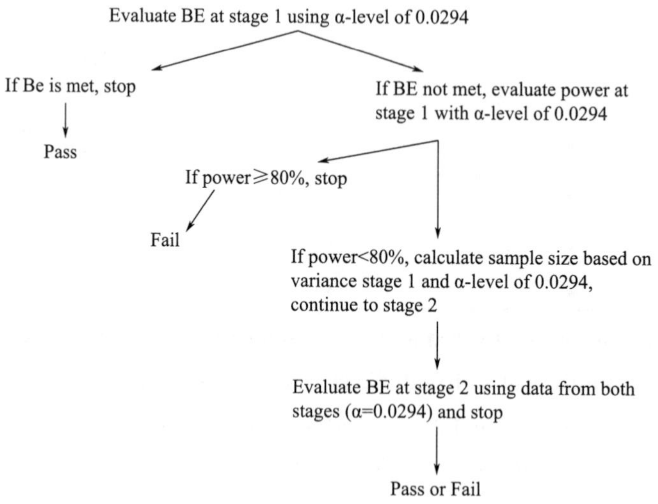

Figure 1. Schematic diagram of the steps involved in Method B version of the sequential analysis.

Evaluate BE at Stage 1 using an α level of 0.029,4, regardless of the power achieved. If the BE criteria are met or if the study power is equal to or greater than 80%, then no additional subjects should be tested. Conversely, if the BE criteria are not met, the sample size necessary to achieve 80% power should be calculated based on the information derived at Stage 1. At Stage 2, the confidence intervals are re-calculated at a level of α = 0.029,4 using data generated at Stages 1 and 2.

Bioequivalence evaluation does not extend beyond Stage 2, regardless of the outcome.

SCENARIO: For the sake of this example, we will use the following Stage 1 assumptions:

- We estimate a residual error of 20% CV and a ratio of the test/reference means of 0.90.
- We will conduct Stage 1 with 20 subjects (10 per sequence).

At Stage 1, we did not meet the BE criteria of 0.80 to 1.25. By having pre-planned the use of a sequential analysis (using Method B), we can combine the data generated with the original 20 subjects with that obtained from the additional subjects at Stage 2. So, the first question is how many total subjects will be needed to demonstrate product BE in this situation and how many additional subjects will need to be included in our trial at Stage 2?

To answer that question, we need to plug these observed values into the equation for sample size:

SAMPLE SIZE EQUATION:

If $0.8 < \theta < 1$, then: $n \geqslant [t(\alpha, 2n\text{-}2) + t(\beta, 2n\text{-}2)]^2 \, [CV/ (\ln 0.8 - \ln \theta)]^2$

Our first estimate is that N = 40 (20 per sequence). In that case, using the CV calculated in Stage I, our calculation is as follows (keeping in mind that α is now set at 0.029,4);

$[t(\alpha, 2n\text{-}2) = 1.948,\ t(\beta, 2n\text{-}2) = 0.851,$

$[t(\alpha, 2n\text{-}2) + t(\beta, 2n\text{-}2)]^2 = 7.834$

$[CV/ (\ln 0.8 - \ln \theta)]^2 = [0.2/(\ln 0.8 - \ln 0.90)]^2 = 2.883$

$n \geqslant [t(\alpha, 2n\text{-}2) + t(\beta, 2n\text{-}2)]^2 \, [CV/ (\ln 0.8 - \ln \theta)]^2 = 22.587$

We repeat our sample size calculation, this time using n = 23. If we plug the corresponding t values into the equation, the results again indicate an n of at least 23 subjects per sequence (i.e., convergence is achieved). Based upon this outcome, we conclude that the total number of study subjects (N) needed to meet the BE criteria with 20% CV and θ = 0.90 (at α = 0.029,4) will be 46. Since we already have Stage 1 data generated with N=20 (i.e., 10 subjects per sequence), Stage 2 will require an additional 13 subjects per sequence (N=26) based upon our revised estimates.

For the sake of comparison, if we had instead opted to do a pilot study prior to executing the pivotal BE trial, the total number of subjects (N) that would have been needed (at α = 0.05 rather than α=0.029,4) with the current estimates of θ = 0.90 and CV = 0.20 would have been 38 rather than 46.

EFFICACY OF ANTHELMINTICS: GENERAL REQUIREMENTS (EAGR)

Recommended for Implementation
at Step 7 of the VICH Process
on 21 November 2000
by the VICH Steering Committee

This Guideline has been developed by the appropriate VICH Expert Working Group and has been subject to consultation by the parties, in accordance with the VICH Process. At Step 7 of the Process the final draft is recommended for adoption to the regulatory bodies of the European Union, Japan and USA.

Introduction

The International harmonization of veterinary regulations has political and economical consequences.

The reduction or the elimination of the requirements to provide different sets of data for the marketing approvals could markedly reduce R&D costs and has a positive impact on the product approval process. Animal welfare will also benefit by eliminating unnecessary duplication of studies, which will lead to a reduction in the number of animals required for establishing the safety and effectiveness of veterinary antiparasitic drugs. An additional benefit would be the use of a single set of data to obtain marketing approval of products for the treatment of minor animal species.

Government regulatory authorities will also benefit by achieving recognition of uniform standards, which should have a positive impact on the resources dedicated to the approval process and should reduce the workload.

The present overall guideline will provide a major contribution towards the standardization and simplification of methods used for the evaluation of new anthelmintics and generic copies in domesticated animals. This overall guideline is supported by individual species guidelines for bovine, ovine, caprine, equine, swine, canine, feline, and poultry. These individual species guidelines are not intended for other animals.

Guidelines need to:

(1) Serve as models for government officials responsible for developing meaningful efficacy registration requirements within their country;

(2) Assist investigators in preparing basic plans to demonstrate effectively the efficacy of anthelmintics;

(3) Optimise the number of trials and experimental animals used for drug testing. This serves not only to diminish overall costs but is also an important welfare consideration.

The guidelines should not consist of rigid stipulations, but should make clear recommendations on the minimal standards needed. By their nature, guidelines address most, but not all possible eventualities. Each case has to be considered on its' merits, and if in a particular circumstance an alternative approach is deemed more fitting, a reasoned argument for the deviation should be prepared, and if possible discussed with appropriate authorities before work is initiated. Published data may be utilized also as substantial evidence to support effectiveness claims. This alternative approach should be discussed *a priori* with the corresponding regulatory authorities. It is important to emphasise that the acceptance of international data remains an important issue for the VICH guidelines.

Overall Anthelmintic Guidelines

Two sections have been identified in the guidelines: general elements, and specific evaluation studies. The General Elements section includes: good clinical practice, evaluation of effectiveness data, types of infection and parasite strains, product equivalence, recommendations for the calculation of effectiveness, standards of effectiveness and the definition of helminth claims. The Specific Evaluation Studies section describes: dose determination, dose confirmation, field and persistent efficacy studies.

A. General Elements

1 Good Clinical Practice

The principles of Good Clinical Practice (GCP) should apply to all clinical studies and sponsors should work within the principles of the GCP recommendations. Non-GCP studies are considered as non-pivotal studies and may be used as supporting data.

2 The evaluation of effectiveness data, use of natural or induced infections, definition of laboratory and field (helminth) strains

The evaluation of effectiveness data is based on parasite counts (adults, larvae) in dose determination and dose confirmation studies; egg counts/larval identification is the preferred method to evaluate the effectiveness in field studies. Controlled and critical tests are acceptable both for the dose determination and dose confirmation studies (critical tests cannot be used for those drugs that destroy the parasite's body). However, controlled tests are preferable, and the option to utilize critical tests should be supported with an explanation from the sponsor.

The use of natural or induced infections in effectiveness studies will be determined by the type of parasite and the claim proposed by the sponsor. In some rare, but epizootiologically important parasites, the use of induced infections is the only solution.

Recent field isolates generally are preferred to develop induced infections, although in some cases laboratory strains can be used (see glossary). Field strains are believed to reflect more accurately the current status of the parasite in nature. The characterisation of each of the laboratory isolates used in the investigations should be included in the final report i.e. source, maintenance procedure, drug sensitivity, number of passages and expected establishment rates in the target host. For field isolates, characterisation also needs to include source, date, location of isolation, previous anthelmintic exposure and maintenance procedure.

3 Product equivalence

The principle of product equivalence can be used for two products containing the same approved active ingredient(s), e.g. generic(s) when used at the same dose, by the same route of administration and in the same host. For a formulation change to an approved product where the same approved active ingredient(s) remains, the pharmacokinetic attributes of the drug as well as the predilection site of the targetted parasites should dictate the study type that should be conducted for product equivalence.

In either case for absorbed drugs that can be measured in the blood plasma, and for which a relationship with effectiveness can be correlated with pharmacokinetic parameters, a blood level bioequivalence study may be used. Alternatively and particularly where pharmacokinetic parameters cannot demonstrate a relationship with effectiveness, 2 dose confirmation studies using the dose-limiting parasite for therapeutic claims and/or 2 persistence efficacy studies per species claimed will be needed.

4 Recommendations for the calculation of effectiveness

The analysis of parasite data in support of effectiveness uses estimations of several parasitological parameters including faecal egg counts and worm counts, which may be a reflection of the success of the treatment. In most natural infections, and less in induced infections, large variations in data values between similarly treated animals have been observed. This may require additional studies to be conducted to increase the number of observations.

4.1 Data analysis recommendations

The statistical analysis of the study is a two-stage procedure. The requirements for approval of an anthelmintic product are based on significant statistical differences between the treated and control groups and on calculated percent effectiveness of 90% or more.

The type of statistical analyses must be determined by the sponsor in the protocol stage prior to any data analyses. Nonparametric or parametric procedures are acceptable. If the sponsor is able to demonstrate significant statistical differences between the treated and control groups, then percent effectiveness would be calculated using geometric means. For a product to be acceptable, the calculated percent effectiveness must be at least 90% (see Standards of Effectiveness).

4.2 Geometric versus arithmetic means

Differences in effectiveness may be seen whether geometric or arithmetic means are used. However, in the context of harmonization, recommendations are needed for one method of calculating the means. Log-transformed parasite counts or egg-counts tend to follow a normal distribution more closely than do non-transformed parasite counts. The geometric mean is therefore a more appropriate estimate of central tendency and has less potential for misinterpretation than the arithmetic mean. The use of arithmetic means to evaluate effectiveness has been considered to be a more stringent criterion reflected in a more conservative estimation of therapeutic activity of the product and may be acceptable in certain circumstances only.

For the calculation of percent of effectiveness geometric means are required for dose determination, dose confirmation, field trials and persistent efficacy studies. In certain circumstances there may be conditions acceptable for the use of arithmetic means.

4.3 Number of animals (dose determination, dose confirmation and persistency trials)

The minimum number of animals required per experimental group is a crucial point. The number of animals will depend on the type of statistical analysis used, however, the inclusion of at least 6 animals in each experimental group is a minimum recommended.

4.4 Pooling data

Pooling data is allowed when certain criteria are taken into account. For sponsors intending to pool data it is important to ensure that a general protocol is standardized for each type of study proposed, that is dose confirmation, field and persistency studies. There should be similarity among numbers of animals/group numbers of parasites, type of animals and experimental conditions. Where pooled data are used, any aberrant result should be explained to the regulatory authorities.

Pooling of data only will be considered where more than two studies (as defined in Section B-2 below) have been conducted and the majority of individual studies provide 90% or greater efficacy, i.e. minimally three studies with at least two of these demonstrating efficacy of 90% or greater are required to pool data. The overall efficacy of the pooled studies should demonstrate efficacy of 90% or greater.

In the case of rare parasites an alternative approach will have to be used (i.e. more trials may be required).

The geometric means are calculated based on all controls values, i.e. dropping zero counts in control groups and a corresponding number of zero treated animals will not be allowed.

4.5 Adequacy of infection

A universal definition of adequacy of infection cannot be formulated because of the diversity of genera, species and strains of helminths subject to evaluation. Furthermore, each strain under test may have unique characteristics of infectivity and pathogenicity. However, in the development of study protocols, the adequacy of infection should be addressed, especially in terms of the statistical, parasitological and clinical relevance of the infection level in individual control animals, as well as the number of control animals in which infections are established. The level of infection, and its' distribution, among control animals should be adequate to permit the appropriate standards of efficacy to be met with acceptable statistical and biological certitude/confidence. Multiple infections are acceptable, however, each helminth species must reach acceptable minimums of infection.

In cases where all animals in the control group are infected, then *one possible* statistical method involves the use of calculating the lower 95% confidence limit of the control group geometric mean burden. If this value is greater than 10% of the control group geometric mean burden, then the infection can be said to be adequate. In the case where some of the animals in the control group are not infected (counts=zero), then the geometric means should be replaced by the median and the 95% confidence limit will be based on the control group median burden.

However, whatever statistical method may be recommended, adequate infections are still required in (a minimum of) 6 control animals as outlined in the relevant species-specific guidelines.

4.6 Aliquot size

Aliquot size to determine parasite burdens should be at least 2%. Smaller aliquot size may be used with justification.

5 Standards of Effectiveness

A compound should be declared effective only when effectiveness against each parasite declared on the labelling stands at 90% or above, based on calculation of geometric means using pooled data (when appropriate), and there is a statistically significant difference in parasite numbers between control and treated animals. However, there are regional differences where the epizootiology of certain parasitic infections may require higher minimal effectiveness, especially when the aim for drug effectiveness is focussed specifically on preventing pasture contamination. These will be covered in the individual host species guidelines. Effectiveness below 90% may be adequate when the claimed parasites do not have any other effective treatment.

6 Definition of Helminth claims

Parasite identification will determine the type of claim proposed on the labelling. A species claim is highly recommended for adult stages. However, a genus claim should be acceptable for immature stages which cannot be specified where there is more than one species in that genus. If species claims are to be made then the presence of each should be confirmed including two dose confirmation studies for each parasite.

B. Specific evaluation studies

Three types of studies are used in the evaluation of all new anthelmintics: dose determination, dose confirmation and field efficacy studies. Special studies are also required to determine the persistent efficacy of an anthelmintic.

1 Dose Determination Studies

Dose titration trials shall from now on be referred to as dose determination studies, their purpose being to determine the dose rate to be recommended for the particular target animal. The studies may or may not be conducted using the final formulation. However, if not, any changes in the formulation must be scientifically justified. Some regulatory authorities may waive the requirement for a dose determination study where alternative data are presented to support the intended dosage. For generic products, where the optimum dose of the active ingredient has already been generally adopted, dose determination studies are not necessary.

When broad spectrum activity is claimed for an anthelmintic preparation, dose determination studies should contain a dose-limiting species within the claimed spectrum, and should be independent of whether the dose limiting species is a high or a low (= rare) prevalence species. The sponsor should select the parasites taking into consideration their impact on animal health. Confirmation of effectiveness against the species for which a claim is made, would be completed in the dose confirmation studies.

When only one parasite is claimed (e.g. *Dirofilaria immitis*), the discussion on the number of species and the dose limiter becomes irrelevant.

One internationally accepted design includes a minimum of three groups receiving different levels of anthelmintic treatment together with a group of untreated controls should be included in the trials e.g., 0, 0.5, 1 and 2x the anticipated dose. It is suggested that the range of doses should be selected on the basis of preliminary studies to encompass the approximate effective dose. The reason for the dose selected should be explained. For each selected parasite, groups of treated and untreated controls should consist of at least 6 (= recommended) adequately infected animals, but if there is any doubt about the level of infection then the number should be increased accordingly (see data analysis).

This phase of the testing should be conducted using adult parasites unless there is information that larvae of a particular parasite could be a dose-limiting stage or the proposed product claim is only targetting a specific parasite at the larval stage (e.g. *Dirofilaria immitis*). Dose determination studies may be conducted using natural infections, however induced infections are preferred. Both laboratory strains and recent field isolates (see glossary) can be used to develop induced infections.

2 Dose Confirmation Studies

These studies should be conducted using the final formulation of the drug to be commercialized. The dose confirmation work should not be conducted on known drug resistant strains of parasites. To investigate effectiveness against adult parasites, naturally infected animals are preferred.

However, induced infections using recent field isolates in one of the studies are acceptable. For rare parasite species, laboratory strains may be used and they may be conducted outside the geographic location in which the product will be authorized for marketing. Dose confirmation for larval stages should be conducted using induced infections. The sponsor should explain deviations from this recommendation. Against inhibited stages only natural infections are recommended.

At least two controlled or, when appropriate, critical dose confirmation studies per individual claim are recommended (single or multiple infections). Two studies are the minimum needed to verify that efficacy can be achieved against various helminth strains in animals raised in disparate regions and climates and under respective husbandry conditions. At least one of the studies should be conducted in the geographic location where registration is being pursued and both studies should be conducted under conditions that are sufficiently representative of the various conditions under which the product will be authorised. In the event that in certain locations parasites are particularly rare then two trials from outside the location will be acceptable. A dose determination study can be used in place of one of the confirmation studies, if the final formulation was used and administered under label recommendations.

For each study, at least 6 (= recommended) animals per treatment group shall be adequately infected. The adequacy of the infection should be defined in the protocol phase. A sufficient number of infected animals should be examined before treatment to ensure that at least 6 (= recommended) adequately infected animals for the parasite or life stage of a parasite are present at the start of the trial (see recommendations for the calculation of effectiveness).

3 Field Efficacy Studies

These studies shall be conducted using the final formulation of the drug product to be commercialized to confirm efficacy and safety. The number of field trials to be conducted and animals involved in each trial will depend on (1) the animal species, (2) the geographic location and (3) local/regional situations. The controls i.e. untreated animals or animals treated with a registered anthelmintic with a known profile, should equal a minimum of 25% of the treated animal numbers. Local/regional implies within a country and/or association with a climatic and/or management area (see also glossary). To achieve the requested numbers it is also acceptable to conduct multi-centre studies with sub-trials in each local/region. The request for additional (or fewer) studies, and/or animals (animal welfare considerations) by local regulatory authorities should be fully justified. The product should always be tested in the age range/class/production type of animal intended to be treated as indicated on the labelling.

4 Persistent Efficacy Studies

Modern broad spectrum anti-parasitic compounds may show persistent effectiveness due to the presence of residual activity of either the parent compound, or the metabolites, in the treated animal. These claims can only be determined on the basis of actual worm counts and not on number of eggs per gram of faeces. Claims of activity of less than seven days should not be considered a persistent effect and claims should mention persistent efficacy for a certain number of days. The type of protocol depends on the animal species and will be discussed under the specific target species guidelines.

As described for dose confirmation, a minimum for a persistence claim (for each duration and parasite claim) should include 2 trials (with worm counts) each with a non-treated and treated group. At least 6 animals (= recommended) per treatment group shall be adequately infected. The adequacy of the infection should be defined in the protocol phase. Persistence claims will only be granted on a species-by-species basis.

ACKNOWLEDGEMENTS

The workgroup acknowledge the help of J Reid (FEDESA, EU), L Maes (FEDESA, EU), T Kennedy (AHI, USA), P Jones (EMEA), J Messenheimer (FDA/CVM, USA), D J Shaw (EU), M Lamb (FDA/CVM, USA), A Nevius (FDA/CVM, USA), K Hamamoto (JMAFF, Japan) and N Hirayama (JMAFF, Japan).

GLOSSARY

ADEQUATE INFECTION: Natural or induced infection level defined in the study protocol that will allow the evaluation of the therapeutic effectiveness of the drug when comparing parasitological parameters (e.g., number of parasites) in medicated and control animals.

ALIQUOT SIZE: A sample (known volume) of gastrointestinal or other (lung etc) content collected to determine the number of parasites.

CLAIM: A parasite species or genus (adult and/or larvae) listed on the labelling with proven susceptibility (90% or better effectiveness) to an anthelmintic drug

CONTROLLED TEST: A procedure to study the effectiveness of a drug using two groups: a control and at least one treated group of experimental animals. Adequately parasitized animals are included in each treated and control group; after a suitable period of time after treatment the animals are necropsied and the parasites are enumerated and identified. The effectiveness of the compound is calculated as follows: 100 [(GM of N° of parasites in control group) - (GM of N° parasites in treated animals)] divided by [GM of N° of parasites in control animals] is equal to % Effectiveness for the parasite or life stage (GM = geometric mean). This test is the most widely used and accepted when the sample size is the same.

CRITICAL TEST: A procedure whereby the number of parasites recovered from an animal after the treatment is added to the number counted in the intestine at necropsy which are considered to be the total number of parasites in the animal at the time of treatment. The effectiveness is calculated as follows: [N° of parasites expelled] divided by [(N° of parasites expelled) plus (N° of parasites remaining)] ×100 is equal to % effectiveness in the individual animal.

DOSE CONFIRMATION STUDY: *In-vivo* study to confirm the effectiveness of a selected drug dose and formulation; may be conducted in the laboratory or in the field.

DOSE DETERMINATION STUDY: *In-vivo* study conducted to determine the most appropriate dose or range of effectiveness of a veterinary drug.

DOSE-LIMITING PARASITE: A parasite that will be identified during dose determination studies that will identify the dosage of the drug at which it shows 90% effectiveness. Any lower concentration of the product will show an effectiveness below 90% for the dose-limiting parasite even though it will adequately treat other parasites

(90% or better effectiveness) in the host.

EFFECTIVENESS: The degree to which the manufacturers claims on the labelling have been supported by adequate data i.e. providing control of at least 90% on the basis of the calculation of geometric means using pooled data from controlled studies.

FIELD EFFICACY STUDY: Larger scale study to determine effectiveness and safety of a veterinary drug under actual use conditions.

GCP: Good Clinical Practice: A set of recommendations intended to promote the quality and validity of test data. It covers the organizational process and the conditions under which studies are planned, performed, monitored, recorded and reported.

GENERIC(S) : A generic may be approved by providing evidence that it has the same active ingredient(s), in the same dosage, as the approved animal drug, and that it is bioequivalent to the approved animal drug product. Local regulatory requirements should be addressed accordingly.

GEOGRAPHICAL LOCATION: A subdivision where the guidelines will be implemented: Japan, European Union, USA and Australia/New Zealand.

FIELD ISOLATE: A collection of a sub-population of helminths for the conduct of drug effectiveness tests isolated from the field less than 10 years ago. The helminths are considered representative of current parasitic infections in the field and have been characterized (source, date, location, previous anthelmintic exposure and maitenance procedures).

LABORATORY STRAIN: A sub-population of helminths isolated form the field at least 10 years ago, which has been characterized and segregated in the laboratory. Segregation is based on a particular property making it unique for areas of research such as resistance to certain antiparasitic compounds.

RARE PARASITE: Low prevalence parasite species which may or may not be able to produce significant morbidity and clinical symptoms, usually limited to certain geographic locations.

REGION: An area within a geographical location defined by climatic conditions, target animal husbandry, and parasite resistance prevalence.

VICH: Veterinary International Cooperation on Harmonization.

EFFICACY OF ANTHELMINTICS: SPECIFIC RECOMMENDATIONS FOR BOVINES

Recommended for Implementation
at Step 7 of the VICH Process
on 16 November 1999
by the VICH Steering Committee

This Guideline has been developed by the appropriate VICH Expert Working Group and has been subject to consultation by the parties, in accordance with the VICH Process. At Step 7 of the Process the final draft is recommended for adoption to the regulatory bodies of the European Union, Japan and USA.

Introduction

These guidelines for bovines were developed by the Working Group established by the Veterinary International Cooperation on Harmonization (VICH), Anthelmintic Guidelines. They should be read in conjunction with the VICH Efficacy of Anthelmintics: General Requirements (EAGR) which should be referred to for discussion of broad aspects for providing pivotal data to demonstrate product anthelmintic effectiveness. The present document is structured similarly to the EAGR with the aim of simplicity for readers comparing both documents.

The guidelines for bovines are part of this EAGR and the aim is (1) to be more specific for certain specific issues for bovines not discussed in the overall guidelines; (2) to highlight differences with the EAGR on efficacy data requirements and (3) to give explanations for disparities with the EAGR.

It is also important to note that technical procedures to be followed in the studies are not the aim of this guideline. We recommend to the sponsors to refer to the pertinent procedures described in detail in other published documents e.g. WAAVP Second Edition of Guidelines for Evaluating the Efficacy of Anthelmintics in Ruminants (Bovine, Ovine, Caprine) Veterinary Parasitology ***58***: 181-213, 1995.

A. General Elements

1 The evaluation of effectiveness data

Only controlled tests based on parasite counts of adults/larvae are acceptable both for the dose determination and dose confirmation studies, since critical tests generally are not considered to be reliable for ruminants. Egg counts/larval identification is the preferred method to evaluate the effectiveness in field studies. Long-acting or sustained-release products should be subject to the same evaluation procedures as other-therapeutic anthelmintics. Adequate parasite infection should be defined in the protocol according to regional prevalence or historic and/or statistical data.

2 Use of natural or induced infections

Dose determination studies generally should be conducted using induced infections with either laboratory or recent field isolates. Limited experience exists with induced infections of *Toxocara vitulorum*, cestodes and *Dicrocoelium dendriticum*. For these parasites the use of natural infections instead of induced infections may be justified.

Dose confirmation studies should be conducted using naturally infected animals, however, induced infections or superimposed induced infections can also be used. This procedure will allow a wide range of parasites. For claims against 4th stage larvae, induced infections must be used. For claims against hypobiotic larvae, only natural infections can be considered. Sponsors should aim for a maximum period of accumulation of hypobiotic larvae for the particular parasite species being targeted in trial animals. This will be area or regionally dependent. Specific details on area or regional situations should be obtained from experts on a case by case basis. In all cases, animals need to be housed (to preclude reinfection) for a minimum of 2 weeks before treatment.

Persistent efficacy studies should be conducted using induced infections with recent field isolates.

The history of the parasites used in the induced infection studies should be included in the final report.

3 Number of infective parasitic forms recommended for induced infections.

The number to be used is approximate and will depend on the isolate that is used. The final number of larvae used in the infection should be included in the final report. Table 1 shows the range of numbers recommended for parasite species with existing infection models.

Table 1. Number of infective stages used to produce adequate infections in cattle for anthelmintic evaluation.

Parasites	Range of eggs/larvae
Abomasum	
Haemonchus placei	5,000-10,000
Ostertagia ostertagi	10,000-30,000
Trichostrongylus axei	10,000-30,000
Intestines	
Cooperia oncophora	10,000-30,000
C. punctata	10,000-15,000
T. colubriformis	10,000-30,000
Nematodirus spathiger	3,000-10,000
N. helvetianus	3,000-10,000
N. battus	3,000-6,000
Oesophagostomum radiatum	1,000-2,500
O. venulosum	1,000-2,000
Chabertia ovina	500-1,500
Bunostomum phlebotomum	500-1,500
Strongyloides papillosus	1,000-200,000
Trichuris spp.	1,000
Lungs	
Dictyocaulus viviparus	500-6,000
Liver	
Fasciola hepatica (metacercaria)	
Adult cattle	1,000
Young cattle	500-1,000

4 Recommendations for the calculation of effectiveness

4.1 Criteria to grant a claim

To be granted a claim the following pivotal data should be included:

a) Two dose confirmation studies conducted with a minimum of 6 adequately infected animals in each of the non-medicated control group and the treated group;

b) The differences in parasite counts between treated and control animals should be statistically significant ($p<0.05$);

c) Effectiveness should be 90% or higher calculated using transformed (geometric means) data;

d) Infection of the animals in the study will be deemed adequate based on historical, parasitological and/or statistical criteria.

This effectiveness standard (= 90% or higher) is based on helminth removal from the host. If, however, the focus of regional anthelmintic treatment is to target prevention of pasture contamination due to the epizootiology of gastrointestinal helminth parasites, then a higher minimum efficacy standard may be applied. Sponsors should discuss such situations with the regulatory authorities prior to commencement of trial work.

4.2 Number of animals (dose determination, dose confirmation and persistency trials)

The minimum number of animals required per experimental group is a critical point. Although the number of animals will depend on the possibility to process the data statistically according to the adequate statistical analysis, it has been recommended, to achieve harmonization, that the inclusion of at least 6 animals in each experimental group is a minimum.

In cases where there are several studies none of which have 6 adequately infected animals in the control group (for example, important rare parasites), the results obtained could be pooled to accumulate 12 animals in the studies; and statistical significance calculated. If the difference is significant ($p<0.05$), effectiveness may be calculated and if the infection is deemed adequate, the claim may be granted. Sampling techniques and estimation of worm burden should be similar among laboratories involved in the studies to allow adequate and meaningful extrapolation of the results to the population.

4.3 Adequacy of infection

Concerning minimum adequate number of helminths, the decision will be made when the final report is submitted based on statistical and historical data, literature review, or expert testimony. The range of bovine helminths (adults) that has been considered adequate to grant a claim will vary according to the species. Generally the minimal mean number of nematodes considered to be adequate is 100. Lower mean counts are to be expected with *Bunostomum* spp, *Oesophagostomum* spp., *Trichuris* spp., and *Dictyocaulus* spp. For *Fasciola* spp. minimal mean counts of 20 adults may be considered adequate.

4.4 Label claims

For adult claims as a general rule, the treatment should not be administered earlier than 21 to 25 days after infection; optimum for most species is 28 to 32 days. Major exceptions are *Oesophagostomum* spp. (34 to 49 days), *Bunostomum* spp. (52 to 56 days), *Strongyloides papillosus* (14 to 16 days) and *Fasciola* spp. (8 to 12 weeks).

For L4 claims, treatments should be given on the following days after infection: 3 to 4 days for *Strongyloides papillosus*., 5 to 6 days for *Haemonchus* spp., *Trichostrongylus* spp. and *Cooperia* spp., 7 days for *Ostertagia* spp. and *Dictyocaulus viviparus*, 8 to 10 days for *Nematodirus* spp. and 15 to 17 days for *Oesophagostomum* spp. The term immature on the labelling is not acceptable. For early immature *Fasciola* spp., treatments should be given 1 to 5 weeks after infection and for late immatures at 6 to 9 weeks.

5 Treatment procedures

The method of administration (oral, parenteral, topical, slow-release etc.), formulation and extent of activity of a product will influence the protocol design. It is advisable to consider the weather and animal relationship with regard to effectiveness of topical formulations. Slow- release products should be tested over the entire proposed effective time unless additional information suggests that this is unnecessary, e.g. blood levels demonstrate steady state at all points of the proposed therapeutic period.

When the drug is to be administered in the water or in a premix, it should be done as much as possible following the labelling recommendations. Palatability studies may be required for medicated premixes. Samples of medicated water or feed should be collected to confirm drug concentration. The amount of medicated product provided to each animal should be recorded to ensure that the treatment satisfies the label recommendations. For products used topically, the impact of weather (e.g. rainfall, UV light), and coat length should be included in the evaluation of the effectiveness of the product.

6 Animal selection, allocation and handling

Test animals should be clinically healthy and representative of the age, sex, and class for which the claim of the test anthelmintic is to be made. In general, the animals should be ruminating, and older than 3 months of age. Animals should be assigned randomly to each treatment. Blocking in replicates by weight, sex, age, and/or exposure to parasites may aid in reducing trial variance. Faecal egg/larval counts are also useful to allocate the experimental animals.

For induced infections, the use of helminth naive animals is recommended. Animals not raised in a helminth-free environment should be treated with an approved anthelmintic, chemically not related to the test drug, to remove pre-existing infections followed by faecal examination to determine that the animals are helminth free.

Animal housing, feeding and care should follow strict requirements of welfare including vaccination according to local practices. This information should be provided in the final report. A minimum 7-day acclimatisation period is recommended. Housing and feed/water should be adequate according to the geographical location. Animals should be monitored daily to determine adverse reactions.

B. Specific Evaluation Studies

1 Dose Determination Studies

No species specific recommendations.

2 Dose Confirmation Studies

Confirmation studies are needed to support each claim: adult, larvae and when applicable hypobiotic larvae.

3 Field Efficacy Studies

No species specific recommendations.

4 Persistent Efficacy Studies

Two basic study designs have been used to pursue persistent efficacy claims: one using a single challenge, another using multiple daily challenges following treatment. For both procedures, no standardised protocols have been developed. When conducting studies, protocols details should include among other things: determination of larval viability throughout the study, rationale for larval challenge and justification of slaughter-time. Parasite naive cattle are recommended in these studies. A study design is recommended using multiple daily challenges, as this most closely mimics what occurs in nature.

A minimum requirement for a persistent efficacy claim (for each duration and helminth claim) should include 2 trials (with worm counts) each with a non-treated and one or more treated groups. At least 6 animals in the control group shall be adequately infected. Persistent efficacy claims will only be granted on a species-by-species basis.

In the protocol using multiple daily challenges, different groups of animals are treated and exposed to a daily natural or induced challenge for 7, 14, 21 or more days after the treatment, then at approximately 3 weeks after the last challenge (or earlier) the animals are examined for parasite burden. The challenge interval and schedule may vary for longer acting products.

Persistent efficacy claims should be supported by a minimum 90% effectiveness based on geometric means.

EFFICACY OF ANTHELMINTICS: SPECIFIC RECOMMENDATIONS FOR OVINES

Recommended for Implementation
at Step 7 of the VICH Process
on 16 November 1999
by the VICH Steering Committee

This Guideline has been developed by the appropriate VICH Expert Working Group and has been subject to consultation by the parties, in accordance with the VICH Process. At Step 7 of the Process the final draft is recommended for adoption to the regulatory bodies of the European Union, Japan and USA.

Introduction

These guidelines for ovines were developed by the Working Group established by the Veterinary International Cooperation on Harmonization (VICH), Anthelmintic Guidelines. They should be read in conjunction with the VICH Efficacy of Anthelmintics: General Requirements (EAGR) which should be referred to for discussion of broad aspects for providing pivotal data to demonstrate product anthelmintic effectiveness. The present document is structured similarly to the EAGR with the aim of simplicity for readers comparing both documents.

The guidelines for ovines are part of this EAGR and the aim is (1) to be more specific for certain specific issues for ovines not discussed in the overall guidelines; (2) to highlight differences with the EAGR on efficacy data requirements and (3) to give explanations for disparities with the EAGR.

It is also important to note that technical procedures to be followed in the studies are not the aim of this guideline. We recommend to the sponsors to refer to the pertinent procedures described in details in other published documents e.g.WAAVP Second Edition of Guidelines for Evaluating the Efficacy of Anthelmintics in Ruminants (Bovine, Ovine, Caprine) Veterinary Parasitology 58: 181-213, 1995.

A. General Elements

1 The evaluation of effectiveness data

Only controlled tests based on parasite counts of adults/larvae are acceptable both for the dose determination and dose confirmation studies, since critical tests generally are not considered to be reliable for ruminants. Egg counts/larval identification is the preferred method to evaluate the effectiveness in field studies. Long-acting or sustained-release products should be subject to the same evaluation procedures as other-therapeutic anthelmintics. Adequate parasite infection should be defined in the protocol according to regional prevalence or historic and/or statistical data.

2 Use of natural or induced infections

Dose determination studies generally should be conducted using induced infections with either laboratory or recent field isolates. If no infection model exists for a parasite species (Protostrongylidae, cestodes, Dicrocoelium spp.), the use of natural infections instead of induced infections is justified.

Dose confirmation studies should be conducted using naturally infected animals, however, induced infections or superimposed induced infections can also be used. This procedure will allow a wide range of parasites. For claims against 4th stage larvae, induced infections must be used. For claims against hypobiotic larvae, only natural infections can be considered. Sponsors should aim for a maximum period of accumulation of hypobiotic larvae for the particular parasite species being targeted in trial animals. This will be area or regionally dependent. Specific details on area or regional situations should be obtained from experts on a case by case basis, if needed. In all cases, animals need to be housed (to preclude reinfection) for a minimum of 2 week before treatment.

Persistent efficacy studies should be conducted using induced infections with recent field isolates. The history of the parasites used in the induced infection studies should be included in the final report.

3 Number of infective parasitic forms recommended for induced infections.

The number to be used is approximate and will depend on the isolate that is used. The final number of larvae used in the infection should be included in the final report. Table 1 shows the range of numbers recommended for parasites with existing infection models.

Table 1. Number of infective stages used to produce adequate infections in sheep for anthelmintic evaluation

Parasites	Range of eggs/larvae
Abomasum	
Haemonchus contortus	400-4,000
Teladorsagia circumcincta	6,000-10,000
Trichostrongylus axei	3,000-6,000
Intestines	
Cooperia curticei	3,000-6,000
T. colubriformis & T. vitrinus	3,000-6,000
Nematodirus spp.	3,000-6,000
Oesophagostomum spp.	500-1,000
Chabertia ovina	800-1,000
Bunostomum trigonocephalum	500-1,000
Strongyloides papillosus	80,000
Gaigeria pachyscelis	400
Trichuris spp.	1,000
Lungs	
Dictyocaulus filaria	1,000-2,000
Liver	
Fasciola hepatica (metacercaria)	
	100-200 (chronic)
	1,000-1,500 (acute)

4 Recommendations for the calculation of effectiveness

4.1 Criteria to grant a claim

To be granted a claim the following pivotal data should be included:

a) Two dose confirmation studies conducted with a minimum of six adequately infected non-medicated animals (control group) and 6 adequately infected medicated animals (treated group);

b) The differences in parasite counts between treated and control animals should be statistically significant ($p<0.05$);

c) Effectiveness should be 90% or higher calculated using transformed (geometric means) data;

d) The infection of the animals in the study will be deemed adequate based on historical, parasitological and/or statistical criteria.

This effectiveness standard (= 90% or higher) is based on helminth removal from the host. If, however, the focus of regional anthelmintic treatment is to target prevention of pasture contamination due to the epizootiology of gastrointestinal helminth parasites, then a higher minimum efficacy standard may be applied. Sponsors should discuss such situations with the regulatory authorities prior to commencement of trial work.

4.2 Number of animals (dose determination, dose confirmation and persistency trials)

The minimum number of animals required per experimental group is a critical point. Although the number of animals will depend on the possibility to process the data statistically according to adequate statistical analysis, it has been recommended, to achieve harmonization, that the inclusion of at least 6 animals in each experimental group is a minimum.

In cases where there are several studies none of which have 6 adequately infected animals in the control group (for example, important rare parasites), the results obtained could be pooled to accumulate 12 animals in the studies; and statistical significance calculated. If the difference is significant ($p<0.05$), effectiveness may be calculated and if the infection is deemed adequate, the claim may be granted. Sampling techniques and estimation of worm burden should be similar among laboratories involved in the studies to allow adequate and meaningful extrapolation of the results to the population.

4.3 Adequacy of infection

Concerning minimum adequate number of helminths, the decision will be made when the final report is submitted based on statistical and historical data, literature review, or expert testimony. The range of ovine helminths (adults) that has been considered adequate to grant a claim will vary according to the species. Generally the minimal mean number of nematodes considered to be adequate is 100. Lower mean counts are to be expected with Bunostomum spp., Oesophagostomum spp., Trichuris spp., Gaigeria pachyscelis and Dictyocaulus filaria. For Fasciola spp. minimal mean counts of 20 adults may be considered.

4.4 Label claims

For adult claims as a general rule, the treatment should not be administered earlier than 21 to 25 days after infection; optimum for most species is 28 to 32 days. Major exceptions are Oesophagostomum spp. (28 to 41 days), Bunostomum spp. (52 to 56 days), Strongyloides papillosus (14 to 16 days) and Fasciola spp. (8 to 12 weeks).

For L4 claims, treatments should be given on the following days after infection: 3 to 4 days for Strongyloides papillosus, 5 to 6 days for Haemonchus spp., Trichostrongylus spp. and Cooperia spp.,7 days for T.(O.) circumcincta , 8 to 10 days for Nematodirus spp., and D. filaria and 15 to 17 days for Oesophagostomum spp. The term immature on the labelling is not acceptable. For early immature Fasciola spp., treatments should be given 1 to 4 weeks after infection and for late immatures at 6 to 8 weeks.

5 Treatment procedures

The method of administration (oral, parenteral, topical, slow-release etc.), formulation and extent of activity of a product will influence the protocol design. It is advisable to consider the weather and animal relationship with regard to effectiveness of topical formulations. Slow-release products should be tested over the entire proposed effective time unless additional information suggests that this is unnecessary, e.g. blood levels demonstrate steady state at all points of the proposed therapeutic period.

When the drug is to be administered in the water or in a premix, it should be done as much as possible following the labelling recommendations. Palatability studies may be required for medicated premixes. Samples of medicated water or feed should be collected to confirm drug concentration. The amount of medicated product provided to each animal should be recorded to ensure that the treatment satisfies the label recommendations. For products used topically, the impact of weather (e. g. rainfall, UV light), and fleece length should be included in the evaluation of the effectiveness of the product.

6 Animal selection, allocation and handling

Test animals should be clinically healthy and representative of the age, sex, and class for which the claim of the test anthelmintic is to be made. In general, the animals should be ruminating, and older than 3 months of age. Animals should be assigned randomly to each treatment. Blocking in replicates by weight, sex, age, and/or exposure to parasites may aid in reducing trial variance. Faecal egg/larval counts are also useful to allocate the experimental animals.

For induced infections, the use of helminth naive animals is recommended. Animals not raised in a helminth-free environment should be treated with an approved anthelmintic, chemically not related to the test drug, to remove pre-existing infections followed by faecal examination to determine that the animals are helminth free.

Animal housing, feeding and care should follow strict requirements of welfare, including vaccination according to local practices. This information should be provided in the final report. A minimum 7-day acclimatisation period is recommended. Housing and feed/water should be adequate according to the geographical location. Animals should be monitored daily to determine adverse reactions.

B. Specific Evaluation Studies

1 Dose Determination Studies

No species specific recommendations.

2 Dose Confirmation Studies

Confirmation studies are needed to support each claim: adult, larvae and when applicable hypobiotic larvae.

3 Field Efficacy Studies

No species specific recommendations.

4 Persistent Efficacy Studies

Two basic study designs have been used to pursue persistent efficacy claims: one using a single challenge, another using multiple daily challenges following treatment. For both procedures, no standardised protocols have been developed. When conducting studies, protocols details should include among other things : determination of larval viability throughout the study, rationale for larval challenge and justification of slaughter time. Parasite naive sheep are recommended in these studies. A study design is recommended using multiple daily challenges, as this most closely mimics what occurs in nature.

A minimum requirement for a persistent efficacy claim (for each duration and helminth claim) should include 2 trials (with worm counts) each with a non-treated and one or more treated groups. At least 6 animals in the control group shall be adequately infected. Persistent efficacy claims will only be granted on a species-by-species basis.

In the protocol using multiple daily challenges, different groups of animals are treated and exposed to a daily natural or induced challenge for 7, 14, 21 or more days after the treatment, then at approximately 3 weeks after the last challenge (or earlier) the animals are examined for parasite burden. The challenge interval and schedule may vary for longer acting products.

Persistent efficacy claims should be supported by a minimum 90% effectiveness based on geometric means.

EFFICACY OF ANTHELMINTICS: SPECIFIC RECOMMENDATIONS FOR CAPRINES

Recommended for Implementation
at Step 7 of the VICH Process
on 16 November 1999
by the VICH Steering Committee

This Guideline has been developed by the appropriate VICH Expert Working Group and has been subject to consultation by the parties, in accordance with the VICH Process. At Step 7 of the Process the final draft is recommended for adoption to the regulatory bodies of the European Union, Japan and USA.

Introduction

These guidelines for caprines were developed by the Working Group established by the Veterinary International Cooperation on Harmonization (VICH), Anthelmintic Guidelines. They should be read in conjunction with the VICH Efficacy of Anthelmintics: General requirements (EAGR) which should be referred to for discussion of broad aspects for providing pivotal data to demonstrate product anthelmintic effectiveness. The present document is structured similarly to the EAGR with the aim of simplicity for readers comparing both documents.

The guidelines for caprines are part of this EAGR and the aim is (1) to be more specific for certain specific issues for caprines not discussed in the overall guidelines; (2) to highlight differences with the EAGR on efficacy data requirements and (3) to give explanations for disparities with the EAGR.

It is also important to note that technical procedures to be followed in the studies are not the aim of this guideline. We recommend to the sponsors to refer to the pertinent procedures described in details in other published documents e.g.WAAVP Second Edition of Guidelines for Evaluating the Efficacy of Anthelmintics in Ruminants (Bovine, Ovine, Caprine) Veterinary Parasitology *58*: 181-213, 1995.

The cost of a full development programme may preclude the development of products for this species, and since the helminth species of caprines are identical to those of ovines, it is recommended that consideration be given to an abbreviated schedule of studies to obtain approval.

A. General Elements

1 The evaluation of effectiveness data

Only controlled tests based on parasite counts of adults/larvae are acceptable both for the dose determination and dose confirmation studies, since critical tests generally are not considered to be reliable for ruminants. Egg counts/larval identification is the preferred method to evaluate the effectiveness in field studies. Long-acting or sustained-release products should be subjected to the same evaluation procedures as other-therapeutic anthelmintics. Adequate parasite infection should be defined in the protocol according to regional prevalence or historic and/or statistical data.

2 Use of natural or induced infections

Dose determination studies generally should be conducted using induced infections with either laboratory or recent field isolates. If no infection model exists for a parasite species (Protostrongylidae, cestodes, *Dicrocoelium* spp.), the use of natural infections instead of induced infections is justified.

Dose confirmation studies should be conducted using naturally infected animals, however, induced infections or superimposed induced infections can also be used. This procedure will allow a wide range of parasites. For claims against 4th stage larvae, induced infections must be used. For claims against hypobiotic larvae, only natural infections can be considered. Sponsors should aim for a maximum period of accumulation of hypobiotic larvae for the particular parasite species being targeted in trial animals. This will be area or regionally dependent. Specific details on area or regional situations should be obtained from experts on a case by case basis, if needed. In all cases, animals need to be housed (to preclude reinfection) for a minimum of 2 week before treatment.

Persistent efficacy studies should be conducted using induced infections with recent field isolates. The history of the parasites used in the induced infection studies should be included in the final report.

3 Number of infective parasitic forms recommended for induced infections.

The number to be used is approximate and will depend on the isolate that is used. The final number of larvae used in the infection should be included in the final report. Table 1 shows the range of numbers recommended for parasites with existing infection models.

Table 1. Number of infective stages used to produce adequate infections in goats for anthelmintic evaluation

Parasites	Range of eggs/larvae
Abomasum	
Haemonchus contortus	400-4,000
Teladorsagia circumcincta	6,000-10,000
Trichostrongylus axei	3,000-6,000
Intestines	
Cooperia curticei	3,000-6,000
T. colubriformis & T. vitrinus	3,000-6,000
Nematodirus spp.	3,000-6,000
Oesophagostomum spp.	500-1,000
Chabertia ovina	800-1,000
Bunostomum trigonocephalum	500-1,000
Strongyloides papillosus	80,000
Gaigeria pachyscelis	400
Trichuris spp.	1,000
Lungs	
Dictyocaulus filaria	1,000-2,000
Liver	
Fasciola hepatica (metacercaria)	100-200 (chronic)
	1,000-1,500 (acute)

4 Recommendations for the calculation of effectiveness

4.1 Criteria to grant a claim

To be granted a claim the following pivotal data should be included:

a) Two dose confirmation studies conducted with a minimum of 6 adequately infected non- medicated animals (control group) and 6 adequately infected medicated animals (treated group);

b) The differences in parasite counts between treated and control animals should be statistically significant ($p<0.05$);

c) Effectiveness should be 90% or higher calculated using transformed (geometric means) data;

d) The infection of the animals in the study will be deemed adequate based on historical, parasitological and/ or statistical criteria.

This effectiveness standard (= 90% or higher) is based on helminth removal from the host. If, however, the focus of regional anthelmintic treatment is to target prevention of pasture contamination due to the epizootiology of gastrointestinal helminth parasites, then a higher minimum efficacy standard may be applied. Sponsors should discuss such situations with the regulatory authorities prior to commencement of trial work.

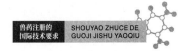

4.2 Number of animals (dose determination, dose confirmation and persistency trials)

The minimum number of animals required per experimental group is a critical point. Although the number of animals will depend on the possibility to process the data statistically according to adequate statistical analysis, it has been recommended, to achieve harmonization, that the inclusion of at least 6 animals in each experimental group is a minimum.

In cases where there are several studies none of which have 6 adequately infected animals in the control group (for example, important rare parasites), the results obtained could be pooled to accumulate 12 animals in the studies; and statistical significance calculated. If the difference is significant ($p<0.05$), effectiveness may be calculated and if the infection is deemed adequate, the claim may be granted. Sampling techniques and estimation of worm burden should be similar among laboratories involved in the studies to allow adequate and meaningful extrapolation of the results to the population.

4.3 Adequacy of infection

Concerning minimum adequate number of helminths, the decision will be made when the final report is submitted based on statistical and historical data, literature review, or expert testimony. The range of caprine helminths (adults) that has been considered adequate to grant a claim will vary according to the species. Generally the minimal mean number of nematodes considered to be adequate is 100.

Lower mean counts are to be expected with *Bunostomum* spp, *Oesophagostomum* spp., *Trichuris* spp., *Gaigeria pachyscelis* and *Dictyocaulus filaria*. For *Fasciola* spp., minimal mean counts of 20 adults is considered adequate.

4.4 Label claims

For adult claims as a general rule the treatment should not be administered earlier than 21 to 25 days after infection; optimum for most species is 28 to 32 days. Major exceptions are *Oesophagostomum* spp. (34 to 49 days), *C. ovina* (49 days), *Bunostomum* spp. (52 to 56 days), *Strongyloides papillosus* (14 to 16 days) and *Fasciola* spp. (8 to 12 weeks).

For L4 claims, treatments should be given on the following days after infection: 3 to 4 days for *Strongyloides papillosus,* 5 to 6 days for *Haemonchus* spp., *Trichostrongylus* spp. and *Cooperia* spp., 7 days for *T. (O.) circumcinca*, 8 to 10 days for *Nematodirus* spp. and *D. filaria* and 15 to 17 days for *Oesophagostomum* spp. The term immature on the labelling is not acceptable. For early immature *Fasciola* spp., treatments should be given 1 to 4 weeks after infection and for late immatures at 6 to 8 weeks.

5 Treatment procedures

The method of administration (oral, parenteral, topical, slow-release etc.), formulation and extent of activity of a product will influence the protocol design. It is advisable to consider the weather and animal relationship with regard to effectiveness of topical formulations. Slow-release products should be tested over the entire proposed effective time unless additional information suggests that this is unnecessary, e.g. blood levels demonstrate steady state at all points of the proposed therapeutic period.

When the drug is to be administered in the water or in a premix, it should be done as much as possible following the labelling recommendations. Palatability studies may be required for medicated premixes. Samples of medicated water or feed should be collected to confirm drug concentration. The amount of medicated product provided to each animal should be recorded to ensure that the treatment satisfies the label recommendations. For products used topically, the impact of weather (e.g. rainfall, UV light), and coat length should be included in the evaluation of the effectiveness of the product.

6 Animal selection, allocation and handling

Test animals should be clinically healthy and representative of the age, sex, and class for which the claim of the test anthelmintic is to be made. In general, the animals should be ruminating, and older than 3 months of age. Animals should be assigned randomly to each treatment. Blocking in replicates by weight, sex, age, and/or exposure to parasites may aid in reducing trial variance. Faecal egg/larval counts are also useful to allocate the experimental animals.

For induced infections, the use of helminth naive animals is recommended. Animals not raised in a helminth-free environment should be treated with an approved anthelmintic, chemically not related to the test drug, to remove pre-existing infections followed by faecal examination to determine that the animals are helminth free.

Animal housing, feeding and care should follow strict requirements of welfare, including vaccination according to local practices. This information should be provided in the final report. A minimum 7-day acclimatisation period is recommended. Housing and feed/water should be adequate according to the geographical location. Animals should be monitored daily to determine adverse reactions.

B. Specific Evaluation Studies

1 Dose Determination Studies

A dose determination trial and/or sheep/goat comparative pharmacokinetic studies where appropriate, should verify if the dose selected is effective in goats.

2 Dose Confirmation Studies

Confirmation studies including at least the dose limiting helminth(s) and stages in each study are needed. If efficacy is demonstrated for the test parasites a claim can be supported for all the helminth species claimed for the sheep host.

3 Field Efficacy Studies

No species specific recommendations

4 Persistent Efficacy Studies

Two basic study designs have been used to pursue persistent efficacy claims: one using a single challenge, another using multiple daily challenges following treatment. For both procedures, no standardised protocols have been developed. When conducting studies, protocols details should include among other things : determination of larval viability throughout the study, rationale for larval challenge and justification of slaughter time. Parasite naive goats are recommended in these studies. A study design is recommended using multiple daily challenges, as this most closely mimics what occurs in nature.

A minimum requirement for a persistent efficacy claim (for each duration and helminth claim) should include 2 trials (with worm counts) each with a non-treated and one or more treated groups. At least 6 animals in the control group shall be adequately infected. Persistent efficacy claims will only be granted on a species-by-species basis.

In the protocol using multiple daily challenges, different groups of animals are treated and exposed to a daily natural or induced challenge for 7, 14, 21 or more days after the treatment, then at approximately 3 weeks after the last challenge (or earlier) the animals are examined for parasite burden. The challenge interval and schedule may vary for longer acting products.

Persistent efficacy claims should be supported by a minimum 90% effectiveness based on geometric means.

VICH GL15 (ANTHELMINTICS: EQUINE)
June 2001
For implementation at Step 7 - Draft 1

EFFICACY OF ANTHELMINTICS: SPECIFIC RECOMMENDATIONS FOR EQUINES

Recommended for Implementation
on June 2001
by the VICH Steering Committee

This Guideline has been developed by the appropriate VICH Expert Working Group and has been subject to consultation by the parties, in accordance with the VICH Process. At Step 7 of the Process the final draft is recommended for adoption to the regulatory bodies of the European Union, Japan and USA.

INTRODUCTION

The present guideline for equines was developed by the Working Group established by the Veterinary International Co-operation on Harmonization (VICH), Anthelmintic Guidelines. It should be read in conjunction with the VICH Efficacy of anthelmintics: General requirements (EAGR) which should be referred to for discussion of broad aspects for providing pivotal data to demonstrate product anthelmintic effectiveness. The present document is structured similarly to the EAGR with the aim of simplicity for readers comparing both documents.

The guideline for equines is part of this EAGR and the aim is (1) to be more specific for certain issues for equines not discussed in the EAGR; (2) to highlight differences with the EAGR on efficacy data requirements and (3) to give explanations for disparities with the EAGR.

It is also important to note that technical procedures to be followed in the studies are not the aim of this guideline. We recommend to the sponsors to refer to the pertinent procedures described in detail in other published documents, e.g. WAAVP Guidelines for Evaluating the Efficacy of Equine Anthelmintics. Veterinary Parasitology, ***30***: 57-72, 1988.

A. General Elements

1 The evaluation of effectiveness data

Controlled tests are recommended both for the dose determination and dose confirmation studies. Critical tests also can be used for certain adult large nematodes e.g. *Parascaris equorum* and *Oxyuris equi*. Long-acting products or sustained- release products should be subject to the same evaluation procedures as other therapeutic anthelmintics. Adequate parasite infection should be defined in the protocol according to regional prevalence or historic and/or statistical data.

In the case of *Strongyloides westeri*, the evaluation of effectiveness data may be based on egg counts (at least 2 field efficacy studies). The justification for this is the fact that *S.westeri* is mainly observed in young animals. At this age few other helminths have matured and use of young animals in terminal tests is inappropriate from an ethical perspective.

2 Use of natural or induced infections

Because of the difficulties involved in carrying out induced infections in worm-free equines, most studies can be carried out in naturally-infected animals.

<u>Dose determination studies</u> can be conducted using natural or induced infections with either laboratory or recent field isolates.

<u>Dose confirmation studies</u> against adult stages for a wide range of parasites can be conducted using naturally-infected animals which were superimposed with induced infections of recent field isolates. Induced infections with recent field isolates are also acceptable. For claims against (developing) larval stages (e.g. L4 stages) only induced infections of recent field isolates can be considered. For claims against hypobiotic larvae (early L3 of small strongyles) only natural infections can be considered. In these cases, animals need to be housed for a minimum of 2 weeks before treatment to preclude unintended reinfection.

To determine the number of hypobiotic larvae, digestion of the large intestinal mucosa is required, the number of intramucosal developing stages (late L3/L4 of small strongyles) should be determined by using both the digestion technique and the transillumination technique due to the inherent limitation of each technique in isolation.

Persistent efficacy studies should be conducted using induced infections with recent field isolates and using young equines i.e. < 12 months of age.

The history of the parasites used in the induced-infection studies should be included in the final report.

3 Number of infective parasitic forms recommended for induced infections

As the use of induced infections in equines is not common (see above), only limited data on the number of infective larvae to administer are available. The following range of infective larvae/eggs to be administered can be recommended:

Parascaris equorum	100-500
Trichostrongylus axei	10,000-50,000
Strongylus vulgaris	500-750
Small strongyles (Cyathostominae)	100,000-1,000,000

4 Recommendations for the calculation of effectiveness

4.1 Criteria to grant a claim

To be granted a claim the following pivotal data should be included:

a) Two dose confirmation studies conducted with a minimum of 6 adequately infected non- medicated animals (control group) and 6 adequately infected medicated animals (treated group) in each study; where a critical test is used only 6 animals are needed for each study as each animal acts as its own control;

b) The differences in parasite counts between treated and control animals should be statistically significant ($p<0.05$);

c) Effectiveness should be 90% or higher using transformed (geometric means) data;

d) The infection of the animals in the study will be deemed adequate based on historical, parasitological and/ or statistical criteria.

4.2 Number of animals (dose determination, dose confirmation and persistency trials)

The minimum number of animals required per experimental group is a critical point. Although the number of animals will depend on the possibility to process the data statistically according to adequate statistical analysis, it has been recommended, to achieve harmonization, that the inclusion of at least 6 animals in each experimental group is a minimum.

In cases where there are several studies, none of which has 6 adequately infected animals in the control group (for example, important rare parasites), the results obtained could be pooled to accumulate 12 animals in the studies; and statistical significance calculated.

If the differences are significant ($p<0.05$), effectiveness may be calculated and if the infection is deemed adequate, the claim may be granted. Sampling techniques and estimation of worm burden should be similar among laboratories involved in the studies to allow adequate and meaningful extrapolation of the results to the worm population.

4.3 Adequacy of infection

With respect to the minimum adequate number of helminths, the decision will be made when the final report is submitted based on statistical and historical data, literature review, or expert testimony. The range of equine helminths (adults) that has been considered adequate to grant a claim will vary according to the species. Generally the minimal mean number of nematodes considered to be adequate is 100. Lower mean counts are to be expected with *P. equorum, Dictyocaulus arnfieldi* and *Fasciola* spp.

4.4 Label claims

Adult or L3/ L4 stages: the term immature on the labelling is not acceptable. For adult and larval claims, treatment should correspond to life-cycle timing appropriate for the species claimed. In the case of small strongyles distinction needs to be made between early (hypobiotic) L3 stages, (developing) intramucosal L4 stages, lumenal L4 stages and adults.

Parasite identification will determine the type of claim proposed on the labelling. A species claim is highly recommended. For the small strongyles a genus claim should be acceptable on the assumption that generally speaking there is more than one species in that genus and the study was conducted with a mixed larval population.

5 Treatment procedures

The method of administration (oral, parenteral, topical, slow-release etc.), formulation and extent of activity of a product will influence the protocol design. It is advisable to consider the weather and animal relationship with regard to effectiveness of topical formulations. Slow-release products should be tested over the entire proposed effective time unless additional information suggests this is unnecessary e.g. for systemic acting compounds blood levels demonstrate steady state at all points of the proposed therapeutic period. When the drug is to be administered in the water or via a premix, it should be done as much as possible following the labelling recommendations. Palatability studies may be required for medicated feed. Samples of medicated water or feed should be collected to confirm drug concentration. The amount of medicated product consumed by each animal should be recorded to ensure that the treatment satisfies the label recommendations. For products used topically, the impact of weather (e.g. rainfall, UV light), and coat length should be included in the evaluation of the effectiveness of the product.

6 Animal selection, allocation and handling

Test animals should be clinically healthy and representative of the age, sex, and class for which the claim of the test anthelmintic is to be made. In general, the animals should be 3 to 12 months of age and raised helminth free, if induced infections are used because there is no guarantee that pre-existing infections can be removed. For natural infections animals between 12 to 24 months are preferred (except for *S. westeri*) and to reduce individual variations in worm counts it can be useful to graze the equines for at least 5 months together on the same infected pasture. Animals should be assigned randomly to each treatment. Blocking in replicates by weight, sex, age, and/ or exposure to parasites may aid in reducing trial variance. Faecal egg/larval counts are also useful to allocate the experimental animals. Animal housing, feeding and care should follow strict requirements of welfare including vaccination according to local practices. This information should be provided in the final report. A minimum 7 day acclimatisation period is recommended. Housing and feed-water supply should be adequate according to the geographical location. Animals should be monitored daily to determine adverse reactions.

B. Specific evaluation studies

1 Dose Determination studies

No species specific recommendations.

2 Dose Confirmation Studies

Confirmation studies are recommended to support each claim: adult, larvae and when applicable hypobiotic larvae. For additional descriptions of the procedures refer to EAGR.

3 Field Efficacy Studies

No species specific recommendations.

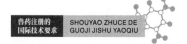

4 Persistency Studies

These claims can only be determined on the basis of actual worm counts and not on eggs per gram of faeces to demonstrate drug effectiveness.

A minimum requirement for a persistent efficacy claim (for each duration and helminth claim) should include two trials (with worm counts) each with a non-treated and one or more treated groups. At least 6 animals in the control group (of the same age) shall be adequately infected. Persistent efficacy claims will only be granted on a species-by-species basis, genus-by-genus in the case of small strongyles.

Two basic study designs have been used to pursue persistent efficacy claims. One using a single challenge, another using multiple daily challenges following treatment. For consistency of interpretation of results, a standardised study design is recommended using multiple daily challenges, as this most closely mimics what occurs in nature.

In the protocol using multiple daily challenges different groups of animals are treated and exposed to a daily natural or induced challenge for 7, 14, 21 or more days after the treatment. Then at approximately three weeks after the last challenge (or earlier) the animals are examined for parasite burden.

Persistent efficacy claims should be supported by a minimum 90% effectiveness based on geometric means.

5 Egg Reappearance Period (ERP) Studies

ERP only relates to strongyles. ERP is a pasture contamination management tool and is not intended to be used to measure individual animal strongyle burdens. It is a developing new tool to manage equine strongyles on a herd basis focussing on pasture contamination management. Claims for egg reduction during a certain period after treatment are only acceptable if the reduction in treated animals is at least 90% compared to pretreatment egg counts. In these studies animals should remain on infected pastures. Two studies are the minimum needed to determine the ERP. At least one of the two studies should be conducted in the geographical location where registration is being pursued. These studies should be conducted so that they are sufficiently representative of the various conditions under which the product will be authorised.

EFFICACY OF ANTHELMINTICS: SPECIFIC RECOMMENDATIONS FOR PORCINES

Recommended for Implementation
on June 2001
by the VICH Steering Committee

This Guideline has been developed by the appropriate VICH Expert Working Group and has been subject to consultation by the parties, in accordance with the VICH Process. At Step 7 of the Process the final draft is recommended for adoption to the regulatory bodies of the European Union, Japan and USA.

INTRODUCTION

The present guideline for porcines was developed by the Working Group established by the Veterinary International Co-operation on Harmonization (VICH), Anthelmintic Guidelines. It should be read in conjunction with the VICH Efficacy of anthelmintics: General requirements (EAGR) which should be referred to for discussion of broad aspects for providing pivotal data to demonstrate product anthelmintic effectiveness. The present document is structured similarly to the EAGR with the aim of simplicity for readers comparing both documents.

The guideline for porcines is part of this EAGR and the aim is (1) to be more specific for certain issues for porcines not discussed in the EAGR; (2) to highlight differences with the EAGR on efficacy data requirements and (3) to give explanations for disparities with the EAGR.

It is also important to note that technical procedures to be followed in the studies are not the aim of this guideline. We recommend to the sponsors to refer to the pertinent procedures described in details in other published document e.g WAAVP Guidelines for Evaluating the Efficacy of Anthelmintics in swine. Veterinary Parasitology *21* : 69 - 82, 1986.

A. General Elements

1 The evaluation of effectiveness data

Only controlled tests are acceptable both for the dose determination and dose confirmation studies. Critical tests are generally considered not to be very reliable for porcine.

Long-acting or sustained-release products should be subject to the same evaluation procedures as other therapeutic anthelmintics. Adequate parasite infection should be defined in the protocol according to regional prevalence or historic and/or statistical data.

2 Use of natural or induced infections

Dose determination studies generally should be conducted using induced infections with either laboratory or recent field isolates.

Dose confirmation studies should be conducted using naturally infected animals. Induced infections with recent field isolates are also acceptable, as well as natural infections which can have superimposed induced infections of certain parasites. This procedure will allow a wide range of parasites.

Persistent efficacy studies should be conducted using induced infections with recent field isolates.

The history of the parasites used in the induced infection studies should be included in the final report.

3 Number of infective parasitic forms recommended for induced infections

The number to be used is approximate and will depend of the isolate that is used. The final number of larvae or eggs used in the infection should be included in the final report. Table 1 shows the range of viable L3 or eggs recommended.

Table 1. Range of viable L3 or eggs used to produce adequate infections in porcine for anthelmintic evaluation.

Parasites	Range
Stomach	
Ascarops strongylina	200
Hyostrongylus rubidus	1,000-4,000
Physocephalus sexalatus	500

(Table 1)

Parasites	Range
Intestines	
*Ascaris suum**	250-2,500
Oesophagostomum spp.	2,000-15,000
Strongyloides ransomi	1,500-5,000
Trichuris suis	1,000-5,000
Lungs	
Metastrongylus spp.	1,000-2,500
Kidney	
Stephanurus dentatus	1,000-2,000

* To maximize the establishment of adult worms a trickle infection with a low number of eggs is recommended.

4 Recommendations for the calculation of effectiveness

4.1 Criteria to grant a claim

To be granted a claim the following pivotal data should be included:

a) Two dose confirmation studies conducted with a minimum of 6 adequately infected non- medicated animals (control group) and 6 adequately infected medicated animals (treated group) in each study;

b) The differences in parasite counts between treated and control animals should be statistically significant ($p<0.05$);

c) Effectiveness should be 90% or higher using transformed (geometric means) data;

d) The infection of the animals in the study will be deemed adequate based on historical, parasitological and/ or statistical criteria.

4.2 Number of animals (dose determination, dose confirmation and persistency trials)

The minimum number of animals required per experimental group is a critical point. Although the number of animals will depend on the possibility to process the data statistically according to adequate statistical analysis, it has been recommended, to achieve harmonization, that the inclusion of at least 6 animals in each experimental group is a minimum.

In cases where there are several studies, none of which have 6 adequately infected animals in the control group (for example, important rare parasites), the results obtained could be pooled to accumulate 12 animals in the studies; and statistical significance calculated.

If the differences are significant ($p<0.05$), effectiveness may be calculated and if the infection is deemed adequate, the claim may be granted. Sampling techniques and estimation of worm burden should be similar among laboratories involved in the studies to allow adequate and meaningful extrapolation of the results to the population.

4.3 Adequacy of infection

With respect to the minimum adequate number of helminths, the decision will be made when the final report is submitted based on statistical and historical data, literature review, or expert testimony. The range of porcine helminths (adults) that has been considered adequate to grant a claim will vary according to the species. Generally the minimal mean number of nematodes considered to be adequate is 100. Lower mean counts are to be expected with *A.suum, A. strongylina, P. sexalatus, S. dentatus*, *Metastrongylus* spp. and *Fasciola* spp.

4.4 Label claims

The term immature on the labelling is not acceptable. For adult claims as a general rule the treatment should not be administered earlier than 35 days for *A. strongylina,* 26 days for *H. rubidus,* 55 days for *P. sexalatus*, 65 days for *A. suum,* 10 days for *S. ransomi*, 28 to 45 days for *O. dentatum* and *O. quadrispinulatum* , 50 days for *T. suis*, 35 days for *Metastrongylus* spp. and 10 months for *S. dentatus*.

For L4 claims treatments should be given as general rule 7 to 9 days days after infection with exceptions: 3 to 4 days for *S. ransomi* 11 to 15 days for *A. suum,* and 16 to 20 days for *T. suis*

For claims against transmammary transmission of *S. ransomi* somatic larvae, natural or artificially infected pregnant sows should be treated at various times prior to parturition and the efficacy checked by counting the larvae in the sow milk and the adult worms in the small intestine of the litter.

5 Treatment procedures

The method of administration (oral, parenteral etc), formulation and extent of activity of a product will influence the protocol design. Slow-release products should be tested over the entire proposed effective time unless additional information suggest that this is unnecessary e.g. for systemically acting compounds blood levels demonstrate steady state at all points of the proposed therapeutic period. When the drug is to be administered in the water or via a premix, it should be done following the labelling recommendations. Palatability studies may be required for medicated feed. Samples of medicated water or feed should be collected to confirm drug concentration. The amount of medicated product consumed to each animal or group of animals should be recorded to ensure that the treatment satisfies the label recommendations.

6 Animal selection, allocation and handling

Test animals should be clinically healthy and representative of the age, sex, and class for which the claim of the test anthelmintic is to be made. In general the animals should be 2 to 6 months of age. Animals should be assigned randomly to each treatment. Blocking in replicates by weight, sex, age, and/or exposure to parasites may aid in reducing trial variance. Faecal egg/larval counts are also an adequate method to allocate the experimental animals.

For induced infections, the use of helminth naive animals is recommended. Animals not raised in a helminth-free environment should be treated with an approved anthelmintic drug to remove preexisting infections followed by faecal examination to determine that the animals are helminth free.

Animal housing, feeding and care should follow strict requirements of welfare including vaccination according to local practices. This information should be provided in the final report. A minimum 7 day acclimatisation period is recommended. Housing and feed/water supply should be adequate according to the geographical location. Animals should be monitored daily to determine adverse reactions.

B. Specific evaluation studies

1 Dose Determination Studies

No species specific recommendations.

2 Dose Confirmation Studies

Confirmation studies are needed to support each claim: adult and larvae. For additional descriptions of the procedures refer to EAGR.

3 Field Efficacy Studies

No species specific recommendations.

4 Persistent Efficacy Studies

Two basic study designs have been used to pursue persistent efficacy claims. One using a single challenge, another using multiple daily challenges following treatment. For consistency of interpretation of results, a standardised study design is recommended using multiple daily challenges, as this most closely mimics what occurs in nature.

A minimum requirement for a persistent efficacy claim (for each duration and helminth claim) should include 2 trials (with worm counts) each with a non-treated and one or more treated groups. At least 6 animals in the control group shall be adequately infected. Persistent efficacy claims will only be granted on a species-by-species basis.

In the protocol using multiple daily challenges different groups of animals are treated and exposed to a daily natural or induced challenge for 7, 14, 21 or more days after the treatment. Then at approximately three weeks after the last challenge (or earlier) the animals are examined for parasite burden.

Persistent efficacy claims should be supported by a minimum 90% effectiveness based on geometric means.

VICH GL19 (ANTHELMINTICS: CANINE)
June 2001
For implementation at Step 7 - Draft 1

EFFICACY OF ANTHELMINTICS: SPECIFIC RECOMMENDATIONS FOR CANINES

Recommended for Implementation
on June 2001
by the VICH Steering Committee

This Guideline has been developed by the appropriate VICH Expert Working Group and was subject to consultation by the parties, in accordance with the VICH Process. At Step 7 of the Process the final draft is recommended for adoption to the regulatory bodies of the European Union, Japan and USA.

Introduction

The present guideline for canines was developed by the Working Group that was established by the Veterinary International Cooperation on Harmonization (VICH), Anthelmintic Guidelines. It should be read in conjunction with the VICH Efficacy of Anthelmintics: General Requirements (EAGR) which should be referred to for discussion of broad aspects for providing pivotal data to demonstrate product anthelmintic effectiveness. The present document is structured similarly to the EAGR with the aim of simplicity for readers comparing both documents.

The guideline for canines are part of the EAGR and the aim is: (1) to be more detailed for certain specific issues for canines and felines not discussed in the EAGR; (2) to highlight differences with the EAGR on data requirements and (3) to give explanations for disparities with the EAGR guideline.

It is important to note that technical procedures to be followed in the studies are not the aim of this guideline. We recommend that the sponsors refer to pertinent procedures described in details in other published documents, e.g. WAAVP Guidelines for Evaluating the Efficacy of Anthelmintics for Dogs and Cats, Veterinary Parasitology *52*: 179-202, 1994.

A. General Elements

1 The evaluation of effectiveness data

The evaluation of effectiveness data is based on parasite counts (adults, larvae) in dose determination and dose confirmation studies; egg counts/larval identification is the preferred method to evaluate effectiveness in field studies.

The controlled test is the most widely accepted of the testing procedures for evaluation of anthelmintic drug effectiveness. However, the critical test may be appropriate for some intestinal species of parasites, e.g. ascarids.

Adequate parasite infection should be defined in the protocol according to regional prevalence or historic and/or statistical data.

2 Use of natural or induced infections

Dose determination studies should be conducted using induced infections with either laboratory or recent field isolates.

Dose confirmation studies should be conducted using naturally or artificially infected animals, however, at least one study should be conducted in naturally infected animals for each parasite claimed on the label. *Echinococcus* spp. and *Dirofilaria* spp. testing may be conducted using animals harbouring induced infections due to public health considerations for echinococcosis and the complexity of the claims for heartworm. Due to the zoonotic potential of *Echinococcus* spp. trials conducted using this genus should be carried out under high biosecurity provisions.

For the following helminths, induced infections may also be the only method to determine effectiveness of the product because of difficulties in obtaining a sufficient number of infected animals: *Filaroides milksi*, *F. hirthi, Dioctophyma renale, Capillaria aerophila, C. plica, Spirocerca lupi, Physaloptera* spp, *Mesocestoides* spp. and *Crenosoma vulpis*. For claims against larval stages, only studies with induced infections are acceptable.

The history of the parasites used in the induced infection studies should be included in the final report.

3 Number of infective parasitic forms recommended for induced infections.

The number to be used is approximate and will depend on the isolate. The final number of larvae used in the infection should be included in the final report. Table 1 shows the range of numbers recommended for common helminths.

Table 1. Range of infective stages used to produce adequate infections in canines for anthelmintic evaluation.

Parasites	Range
Small Intestine	
Toxocara canis	100-500*
Toxascaris leonina	200-3,000
Ancylostoma caninum	100-300
Ancylostoma braziliense	100-300
Uncinaria stenocephala	1,000-1,500
Strongyloides stercoralis	1,000-5,000
Echinococcus granulosus	20,000-40,000
Taenia spp.	5-15
Large Intestine	
Trichuris vulpis	100-500
Heart	
Dirofilaria immitis	30-100**

* In suckling canines or canines less than 5 months of age.

** For adulticidal or microfilaricidal testing 5 to 15 pairs of adult worms can be transplanted.

4 Recommendations for the calculation of effectiveness

4.1 Criteria to grant a claim

To be granted a claim the following pivotal data should be included:

a) Two dose confirmation studies conducted with a minimum of 6 adequately infected non- medicated animals (control group) and 6 adequately infected medicated animals (treated group);

b) The differences in parasite counts between treated and control should be statistically significant ($p<0.05$);

c) Effectiveness should be 90% or higher calculated using transformed (geometric means) data. For some parasites with public health, animal welfare/clinical implications, e.g. *E. granulosus* and *D. immitis* , respectively, higher efficacy standards (i.e. up to 100%) may be imposed. The regulatory authority of the region in which the product is intended to be registered should be consulted;

d) The infection of the animals in the study will be deemed adequate based on historical, parasitological and/ or statistical criteria;

e) Effectiveness against helminths will be evaluated examining for the presence or absence of parasitic elements in faecal material or blood. An *Echinococcus* spp. claim does not require field studies due to public health concerns.

4.2 Number of animals (dose determination and dose confirmation trials)

The minimum number of animals required per experimental group is a critical point. Although the number of animals will depend on the ability to process the data statistically according to the adequate statistical analysis it has been recommended, to achieve harmonization, that the inclusion of at least 6 animals in each experimental group is a minimum.

In cases where there are several studies, none of which have 6 adequately infected animals in the control group (for example, important rare parasites), the results obtained could be pooled to accumulate 12 animals in the studies; and statistical significance calculated.

If the differences are significant ($p<0.05$), effectiveness may be calculated and if the infection is deemed adequate, the claim may be granted. Sampling techniques and estimation of worm burden should be similar among laboratories involved in the studies to allow adequate and meaningful extrapolation of the results to the population.

4.3 Adequacy of infection

With respect to the minimum adequate number of helminths, the decision will be made when the final report is submitted based on historical data, literature review, or expert testimony. Generally the minimal number of nematodes in canines considered to be adequate is in the range of 5 to 20. Higher counts are to be expected with *A. caninum* and *U. stenocephala*.

4.4 Label claims

A claim for effectiveness against life stages of each parasite should refer to each stage in the case of natural infections, or age in days in the case of induced infection. Table 2 is provided as a guide for the recommended time of treatment of induced infections.

With the majority of parasites approximately 7 days is a sufficient time period from the termination of treatment until the animals are necropsied. The following parasites are the exception to the above general recommendation:

- *Physaloptera* spp., *S. lupi, C. plica, D. renale, E. granulosus, Taenia* spp., *D. caninum, Mesocestoides* spp.: 10 to 14 days;
- *C. vulpis*: 14 days;
- *F. milksi, F. hirthi*: 42 days;
- *F. osleri*: one-half of the animals at 14 days and the other half at 28 days;
- *D. immitis*: varies by trial design.

Table 2. Recommended time of treatment after infection.

Parasite	Adult Stages	Larval Stages
S. stercoralis	5 to 9 days	
T. vulpis	84 days	
A. caninum	> 21 days	6 to 8 days * (L4)
A. braziliense	> 21 days	6 to 8 days (L4)
U. stenocephala	> 21 days	6 to 8 days (L4)
T. canis	49 days	3 to 5 days (L3/L4) 14 to 21 days (L4/L5)
T. leonina	70 days	35 days (L4)
D. immitis	180 days	2 days (L3), 20 to 40 days (L4) 70 to 120 days (L5), 220 days (microfilariae)
E. granulosus	> 28 days	
Taenia spp.	> 35 days	

* For somatic larvae, treat within 2 days prior to parturition.

For claims against transplacental and/or transmammary transmission of *T. canis* somatic larvae of natural or artificially infected pregnant bitches should be treated prior to parturition and the efficacy checked by counting the larvae in the bitch milk and/or the adult worms in the small intestines of the litter.

5 Treatment procedures

The method of administration (oral, parenteral, topical), formulation and extent of activity of the product will influence the protocol design. It is advisable to consider the weather and animal relationship and bathing with regard to effectiveness of topical formulations.

For oral formulations, palatability studies should always be included in the evaluation of the effectiveness of the product. For products administered topically, the impact of weather (e.g. rainfall, UV light), bathing and coat length should be included in the evaluation of the effectiveness of the product.

6 Animal selection, allocation and handling

Approximately 6 month old canines are suitable for effectiveness studies. However there are exceptions:

- *S. stercoralis* : less than 6 months;
- *A.caninum, A. braziliense, A. tubaeforme, U. stenocephala* : 6 to 12 weeks;
- *T. canis, T. leonina* : 2 to 6 weeks;
- *D. caninum* : 3 months or older;
- *Mesocestoides* spp.: 8 weeks or older;
- *U. stenocephala* and *T. vulpis* : older canines can be used.

Naturally infected animals are selected based on egg output or expelled proglottids for gastrointestinal parasites, and parasitological and/or immunological methods for *D. immitis*. They should be assigned to each group and replicated using an adequate method that should be described in the final report. Replications should cover each factor that may have an impact on the final evaluation of the effectiveness of the formulation. Animal housing, feeding and care should follow strict requirements of welfare for canines. Animals should be acclimated for at least 7 days to the experimental facilities and personnel. Animals should be monitored daily to determine adverse reactions.

B. Specific Evaluation Studies

1 Dose Determination Studies

No species-specific recommendation.

2 Dose Confirmation Studies

No species-specific recommendation.

3 Field Efficacy Studies

Field (clinical) studies should not be conducted with canines infected with *Echinococcus* spp.

4 Persistent Efficacy

Due to the differing biologies for the helminths of canines and the lack of experience with persistent efficacy for these parasites, no recommendations can be provided.

EFFICACY OF ANTHELMINTICS: SPECIFIC RECOMMENDATIONS FOR FELINES

Recommended for Implementation
on June 2001
by the VICH Steering Committee

This Guideline has been developed by the appropriate VICH Expert Working Group and was subject to consultation by the parties, in accordance with the VICH Process. At Step 7 of the Process the final draft is recommended for adoption to the regulatory bodies of the European Union, Japan and the USA.

Introduction

The present guideline for felines was developed by the Working Group that was established by the Veterinary International Cooperation on Harmonization (VICH), Anthelmintic Guidelines. It should be read in conjunction with the "VICH Efficacy of Anthelmintics: General Requirements (EAGR)" which should be referred for discussion of broad aspects for providing pivotal data to demonstrate product anthelmintic effectiveness. The present document is structured similarly to the EAGR guideline with the aim of simplicity for readers comparing both documents.

The guideline for felines is part of the EAGR and the aim is: (1) to be more detailed for certain specific issues for felines not discussed in the EAGR; (2) to highlight differences with the EAGR on data requirements, and (3) to give explanations for disparities with the EAGR guideline.

It is important to note that technical procedures to be followed in the studies are not the aim of this guideline. We recommend that the sponsors refer to the pertinent procedures described in details in other published documents e.g. WAAVP Guidelines for Evaluating the Efficacy of Anthelmintics for Dogs and Cats, Veterinary Parasitology ***52***: 179-202, 1994.

A. General elements

1 The evaluation of effectiveness data

The evaluation of effectiveness data is based on parasite counts (adults, larvae) in dose determination and dose confirmation studies; egg counts/larval identification is the preferred method to evaluate the effectiveness in field studies.

The controlled test is the most widely accepted of the testing procedures for the evaluation of anthelmintic drug effectiveness. However, the critical test may be appropriate for some intestinal species of parasites, e.g. ascarids.

Adequate parasite infection should be defined in the protocol according to regional prevalence or historic and/or statistical data.

2 Use of natural or induced infections

Dose determination studies should be conducted using induced infections with, either laboratory or recent field isolates.

Dose confirmation studies should be conducted using naturally or artificially infected animals. Generally, when induced infections are used, at least one study should be conducted in naturally infected animals for each parasite claimed on the labelling. *Echinococcus multilocularis* and *Dirofilaria* spp. testing may be conducted using animals harbouring induced infections due to public health considerations for echinococcosis and the complexity of the claims for heartworm. Due to the zoonotic potential of *E. multilocularis* trials conducted using this parasite should be carried out under high biosecurity provisions.

For the following helminths, induced infections may also be the only method to determine effectiveness of the product because of the difficulties in obtaining a sufficient number of infected animals: *Capillaria aerophila, Physaloptera* spp., *Crenosoma vulpis*. For claims against larval stages, only studies with induced infections are acceptable.

The history of the parasites used in the induced infection studies should be included in the final report.

3 Number of infective parasitic forms recommended for induced infections

The number to be used is approximate and will depend on the isolate that is used. The final number of larvae used in the infection should be included in the final report. Table 1 shows the range of numbers recommended for common helminths.

Table 1. Range of infective stages used to produce adequate infections in felines for anthelmintic evaluation.

Parasites	Range
Small Intestine:	
Toxocara cati	100-500
Toxascaris leonina	200-3,000
Ancylostoma tubaeforme	100-300
Ancylostoma braziliense	100-300
Strongyloides stercoralis	1,000-5,000
Taenia taeniaeformis	5-15
Large Intestine	
Trichuris campanula	100-500
Heart	
Dirofilaria immitis	30-100*

* For adulticidal or microfilaricidal testing 5 to 15 pairs of adult worms can be transplanted.

4 Recommendations for the calculation of effectiveness

4.1 Criteria to grant a claim

To be granted a claim the following pivotal data should be included:

a) Two dose confirmation studies conducted with a minimum of 6 adequately infected non-medicated animals (control group) and 6 adequately infected medicated animals (treated group);

b) The differences in parasite counts between treated and control should be statistically significant ($p<0.05$);

c) Effectiveness should be 90% or higher calculated using transformed (geometric means) data. For some parasites with public health, animal welfare/clinical implications e.g. *E. multilocularis* and *D. immitis* , respectively, higher efficacy standards (i.e. up to 100%) may be imposed. The regulatory authority of the region in which the product is intended to be registered should be consulted;

d) The infection of the animals in the study will be deemed adequate based on historical, parasitological and/or statistical criteria;

e) Effectiveness against helminths will be evaluated examining for the presence or absence of parasitic elements in faecal material or blood. An *E. multilocularis* claim does not require field studies due to public health concerns.

4.2 Number of animals (dose determination and dose confirmation trials)

The minimum number of animals required per experimental group is a critical point. Although the number of animals will depend on the ability to process the data statistically according to the adequate statistical analysis it has been recommended, to achieve harmonization, that the inclusion of at least 6 animals in each experimental group is a minimum.

In cases where there are several studies none of which have 6 adequately infected animals in the control group (for example, important rare parasites), the results obtained could be pooled to accumulate 12 animals in the studies; and statistical significance calculated.

If the differences are significant ($p<0.05$), effectiveness may be calculated and if the infection is deemed adequate, the claim may be granted. Sampling techniques and estimation of worm burden should be similar among laboratories involved in the studies to allow adequate and meaningful extrapolation of the results to the population.

4.3 Adequacy of infection

With respect to the minimum adequate number of helminths, the decision will be made when the final report is submitted based on historical data, literature review, or expert testimony. Generally, the minimal number of nematodes in felines considered to be adequate is in the range of 5 to 20. Higher counts are to be expected with *A. tubaeforme*.

4.4 Label claims

A claim for effectiveness against life stages of each parasite should refer to each stage in the case of natural infections, or age in days in the case of induced infection. Table 2 is provided as a guide for the recommended time of treatment of induced infections.

With the majority of parasites approximately 7 days is a sufficient time period from the termination of treatment until the test animals are necropsied. The following parasites are the exception to the above general recommendation:

Physaloptera spp., *C. aerophila, E. multilocularis, T. taeniaeformis*, *Dipylidium caninum*: 10 to 14 days;

C. vulpis: 14 days;

D. immitis: varies by trial design.

Table 2. Recommended time of treatment after infection

Parasite	Adult Stages	Larval Stages
S. stercoralis	5 to 9 days	
T. campanula	84 days	6 to 8 days (L4)
A. tubaeforme	> 21 days	6 to 8 days (L4)
A. braziliense	> 21 days	3 to 5 days (L3/L4)
T. cati	60 days	28 days (L4/L5)
		35 days (L4)
T. leonina	70 days	2 days (L3), 20 to 40 days (L4)
D. immitis	180 days	70 to 120 days (L5), 220 days (microfilariae)
T. taeniaeformis	> 35 days	

For claims against transmammary transmission of *T. cati* somatic larvae of natural or artificially infected pregnant queens should be treated prior to or just after parturition and the efficacy checked by counting the larvae in the queen milk and/or the adult worms in the small intestines of the litter.

5 Treatment procedures

The method of administration (oral, parenteral, and topical) and extent of activity of the product will influence the protocol design. It is advisable to consider the weather and animal relationship and bathing with regard to effectiveness of topical formulations.

For oral formulations, palatability studies should always be included in the evaluation of the effectiveness of the product. For products administered topically, the impact of weather (e.g. rainfall, UV light), bathing and coat length should be included in the evaluation of the effectiveness of the product.

6 Animal selection, allocation and handling

Approximately 6-month-old felines are generally suitable for controlled studies, however, older and younger animals can also be used and the following exceptions have to be taken into account:

- *S. stercoralis*: less than 6 months;
- *A. braziliense, A. tubaeforme:* 6 to 16 weeks;
- *T. cati, T. leonina:* 4 to 16 weeks;
- *D. caninum:* 3 months or older.

Naturally infected animals are selected based on egg output or expelled proglottids in gastrointestinal parasites, and parasitological and/or immunological methods for *D. immitis*. They should be assigned to the each group and replicated using an adequate method that should be described in the final report. Replications should cover each factor that may have an impact on the final evaluation of the effectiveness of the formulation. Animal housing, feeding and care should follow strict requirements of welfare for felines. Animals should be acclimated for at least 7 days to the experimental facilities and personnel. Animals should be monitored daily to determine adverse reactions.

B. Specific evaluation studies

1 Dose determination studies

No species specific recommendations.

2 Dose confirmation studies

No species specific recommendations.

3 Field efficacy studies

Field (clinical) studies should not be conducted with felines infected with *E. multilocularis* and *D. immitis*.

4 Persistency efficacy studies

Due to the differing biology of helminths in felines and the lack of experience with persistent efficacy for these parasites, no recommendations can be provided.

EFFICACY OF ANTHELMINTICS: SPECIFIC RECOMMENDATIONS FOR POULTRY – *GALLUS GALLUS*

Recommended for Implementation
on June 2001
by the VICH Steering Committee

This Guideline has been developed by the appropriate VICH Expert Working Group and was subject to consultation by the parties, in accordance with the VICH Process. At Step 7 of the Process the final draft is recommended for adoption to the regulatory bodies of the European Union, Japan and USA.

INTRODUCTION

The present guideline for chickens (*Gallus gallus*) was developed by the Working Group established by the Veterinary International Cooperation on Harmonization (VICH), Anthelmintic Guidelines. It should be read in conjunction with the VICH Efficacy of Anthelmintic: General Requirements Guidelines (EAGR) which should be referred to for discussion of broad aspects for providing pivotal data to demonstrate product anthelmintic effectiveness. The present document is structured similarly to the EAGR with the aim of simplicity for readers comparing both documents.

This guideline for chickens is part of this EAGR and the aim is (1) to be more specific for certain specific issues for poultry not discussed in the EAGR; (2) to highlight differences with the EAGR on efficacy data requirements and (3) to give explanations for disparities with the EAGR. Although technical procedures to be followed are not the aim of this guideline, some details are given as until now the pertinent procedures have not been described elsewhere.

A. General Elements

1 The evaluation of effectiveness data

Only controlled tests based on parasite counts of adults/larvae are acceptable both for the dose determination and dose confirmation studies, since critical tests generally are not considered to be reliable for chickens. Egg counts with identification of the genus is the preferred method to evaluate the effectiveness in field studies. Adequate parasite infection should be defined in the protocol according to regional prevalence or historic and/or statistical data.

2 Use of natural or induced infections

Dose determination studies generally should be conducted using induced infections with either laboratory or recent field isolates.

Dose confirmation studies could be conducted using naturally infected birds which can have superimposed induced infections. This procedure will allow a wide range of parasites to be present in the experimental birds. Also induced infections in one of the studies is acceptable. Studies for larval stages should be conducted with induced infections only.

The history of the parasites used in the induced infection studies should be included in the final report.

3 Number of infective forms recommended for induced infections

Table 1 indicates the number of eggs/cysticercoids recommended to be used and will depend on the isolate that is used. The final number of eggs/cysticercoids used in the infection should be included in the final report.

Table 1. Range of infective stages used to produce adequate infections in chickens for anthelmintic evaluation.

Parasites	Range
Ascaridia galli	200-500
Capillaria obsignata	100-300
Heterakis gallinarum	200-300
Raillietina cesticillus	50-100
Syngamus trachea	200-600

Some factors to consider for induced infections in chickens are:

a) Young birds should be used in the studies;

b) To maximize the establishment of adequate infections it is recommended to use low numbers of infective stages;

c) Stress (e.g. poor diets) is not required to generate helminth infections;

d) Housing conditions should not allow accidental infections.

4 Recommendations for the calculation of effectiveness

4.1 Criteria to grant a claim

To be granted a claim, the following pivotal data should be included:

a) Two dose confirmation studies conducted with a minimum of 6 adequately infected birds in each of the non-medicated group and the treated group;

b) The differences in parasite counts between treated and control birds should be statistically significant ($p<0.05$);

c) Effectiveness should be 90% or higher calculated using transformed (geometric means) data of worm counts;

d) The infection of the birds in the study will be deemed adequate based on historical, parasitological and/or statistical criteria.

4.2 Number of animals (dose determination and dose confirmation trials)

The minimum number of birds required per experimental group is a crucial point. Although the number of birds will depend on the possibility to process the data according to the adequate statistical analysis , it has been recommended, to achieve harmonization, that the inclusion of at least 6 birds in each experimental group is a minimum.

4.3 Adequacy of infection

Concerning the minimum adequate number of helminths, the decision will be made when the final report is submitted based on statistical and historical data, literature review, or expert testimony. The range of chicken helminths (adults) considered adequate to grant a claim will vary according to the species. Generally a mean number of 20 adult *A. galli* is considered to be adequate. Lower counts may be expected with *H. gallinarum*, *C. obsignata* and *R. cesticellus*. Necropsies should be conducted within 10 days of treatment.

4.4 Label claims

For adult claims, as a general rule, the treatment should not be administered earlier than 28 days after infection. It is recommended to include at least 6 sentinel birds for helminth characterization and quantification before treatment is initiated. For L4 claims, treatments should be given, as a general rule, 7 days after infection, except for *A. galli and H. gallinarum* which should be 16 days after infection.

5 Treatment procedures

The method of administration (oral, parenteral, topical, slow release etc.), formulation and extent of activity of a product will influence the protocol design.

When the drug is to be administered in the water or in a premix, it should be done as much as possible following the labelling recommendations. Palatability/consumption studies may be required for medicated premixes. Samples of medicated water or feed should be collected to confirm drug concentration. The amount of medicated product provided to each animal should be recorded to ensure that the treatment satisfies the label recommendations.

6 Bird selection, allocation and handling

Test birds should be clinically healthy and representative of the age, sex, and class for which the claim of the test anthelmintic is to be made. In general, birds should be young and from a breed that is susceptible to helminth infections. Birds should be randomly assigned to each group. Blocking in replicates by weight, sex, age, and/or exposure to parasites may aid in reducing trial variance. Faecal egg counts are also acceptable to allocate the experimental birds. Control birds must be of the same weight, age, breed, sex and history as the treated group. For induced infections, the use of helminth naive birds is recommended.

Animal housing, feeding and care should follow strict requirements of welfare, including vaccination according to local practices. This information should be provided in the final report. A minimum 10-day acclimatisation period is recommended. Housing and feed/water should be adequate according to the geographical location. Birds should be monitored daily to determine adverse reactions.

B. Specific Evaluation Studies

1 Dose determination studies

If the treatment requires extended administration, one or more studies are required to determine the minimum treatment period for efficacy.

2 Dose confirmation

No species specific recommendations.

3 Field efficacy studies

Due to commercial constraints the experimental unit in these studies invariably will be the shed/house. A shed/house can receive only one treatment, i.e. control or medicated.

Clinical observations, production variables, and records of mortality should be maintained and compared to historical data of the commercial establishment. Slaughterhouse inspection reports should be included in the final report, when the number of test animals can not be confirmed.

PHARMACOVIGILANCE OF VETERINARY MEDICINAL PRODUCTS: MANAGEMENT OF ADVERSE EVENT REPORTS (AERs)

Adopted at Step 6 of the VICH Process
by the VICH Steering Committee
on 18 October 2007
for implementation to be determined,
pending adoption of VICH Guideline 30 (Controlled list of Terms)
and VICH Guideline 35 (Electronic Standards for Transfer of Data).

Regulatory Authorities may consider implementation at an earlier stage as appropriate.

1 Introduction

Pharmacovigilance of veterinary medicinal products (VMPs) can be defined as the detection and investigation of the effects of the use of these products, mainly aimed at safety and efficacy in animals and safety in people exposed to the products. This document will only deal with the spontaneous reporting system for identification of possible adverse events following the use of marketed VMPs.

Within all regions involved in the VICH process there are certain legal obligations for the pharmaceutical industry, the commercial party responsible for the products, with regard to adverse events reported to them. Those legal obligations relate to the acceptance of adverse event reports and the storage and submission of those reports to the authorities.

It is of importance for all parties, the Marketing Authorization Holders (MAHs), the Regulatory Authorities (RAs) and the users of VMPs to develop harmonized and common systems, common definitions and standardized terminology within pharmacovigilance. Harmonization of those elements between the regions facilitates the reporting responsibilities for the MAHs, many with worldwide activities. At the same time harmonization of systems and requirements facilitates the inter-regional comparison of data and exchange of information, thereby increasing the general knowledge of a product`s general performance and safety profile.

2 Scope

The scope of pharmacovigilance in this VICH document is defined as the management of the detection and investigation of the clinical effects of marketed VMPs mainly concerned with the safety and efficacy in animals and the safety in people exposed to these products. While pharmacovigilance in its broadest sense may entail a wide range of activities, this document only deals with the spontaneous reporting system for the identification of possible adverse events following the use of marketed VMPs.

3 Definitions

The terms and definitions in this document are intended to harmonize other previously used terms referring to similar concepts. Within the scope of this document the following definitions of items or actions have been developed.

3.1 Veterinary Medicinal Product (VMP)

Any medicinal product with approved claim(s) to having a protective, therapeutic or diagnostic effect or to alter physiological functions when administered to or applied to an animal. The term applies to therapeutics, biologicals, diagnostics and modifiers of physiological function.

The "same biological VMP" is defined as originating from the same MAH being responsible for pharmacovigilance of this/these VMPs with same manufacturing specifications.

The "same pharmaceutical VMP" is defined as originating from the same MAH being responsible for pharmacovigilance of this/these VMPs with same formulations.

A "similar pharmaceutical VMP" is defined as:

- originating from the same MAH being responsible for pharmacovigilance of this/these VMPs,
- the same active ingredients,
- major excipients with the same or similar pharmaceutical function,
- at least one common registered species.

3.2 Adverse Event (AE)

An adverse event is any observation in animals, whether or not considered to be product-related, that is unfavorable and unintended and that occurs after any use of VMP (off-label and on-label uses). Included are events related to a suspected lack of expected efficacy according to approved labeling or noxious reactions in humans after being exposed to VMP(s).

An AE may at some point be concluded by a RA to be an adverse reaction when there is at least a reasonable possibility (i.e., relationship cannot be ruled out) that harmful and unintended observations were a response to a VMP administered at doses normally used in animals for prophylaxis, diagnosis or therapy of disease or for modification of physiological function.

3.3 Serious Adverse Event

A serious adverse event is any adverse event which results in death, is life- threatening, results in persistent or significant disability/incapacity, or a congenital anomaly or birth defect.

For animals managed and treated as a group, only an increased incidence of serious adverse events as defined above exceeding the rates normally expected in that particular group is considered a serious adverse event.

3.4 Unexpected Adverse Event

An unexpected adverse event is an adverse event of which the nature, severity or outcome is not consistent with approved labeling or approved documents describing expected adverse events for a VMP.

3.5 Adverse Event Report (AER)

An adverse event report is a direct communication from an identifiable first-hand reporter (see 4.7) that includes at least the following information:

- an identifiable reporter
- an identifiable animal(s) or human(s)
- an identifiable VMP
- one or more adverse events

One animal or one human being, or a medically appropriate group exhibiting similar clinical signs should be included in a single report.

3.6 Marketing Authorization Holder (MAH)

The Marketing Authorization Holder is the commercial party who, according to the RA is responsible for the pharmacovigilance of the VMP.

3.7 Regulatory Authority (RA)

The Regulatory Authority is the national or regional authority which, according to the legislation, is responsible for the issuing, adaptation or withdrawal of marketing authorizations/licences of VMPs and for pharmacovigilance activities.

3.8 Periodic Summary Update (PSU)

The document submitted to the RA at set intervals to support the continued marketing and the adequacy of the approved labeling of the VMP and will include an analysis of all AERs received during the interval.

3.9 International Birth Date

International Birth Date (IBD) is the date of the first marketing authorization for same or similar product granted in any VICH region.

4 The Pharmacovigilance Process

4.1 Information Flow in the Pharmacovigilance System.

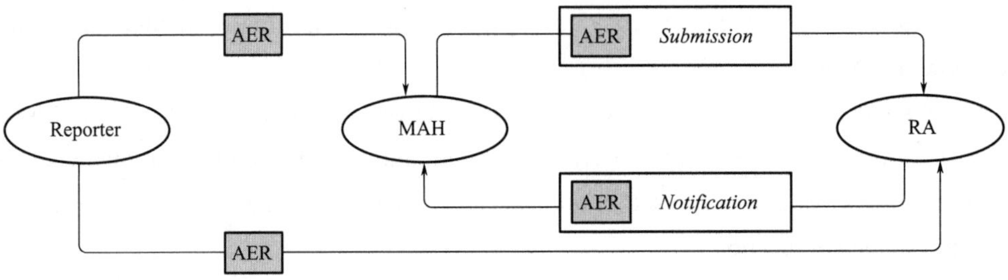

The flow of information is illustrated below:

Information Flow in the Pharmacovigilance System.

Data preferably flows as shown in the upper half of the figure, where the reporter communicates with the MAH and the MAH submits AERs it has received to the RA. An alternate path is shown in the lower half, where the reporter communicates with the RA and the RA notifies the MAH of AERs it has received.

4.2 Informational Unit

The basic unit of information in the pharmacovigilance system covered by this document is the AER.

4.3 Recording AERs

The MAH must record each AER received and store it in a manner which allows easy access to the data. The receipt, acknowledgement or recording of an AER by the MAH or the RA does not necessarily have any implication regarding the veracity or authenticity of the AER nor implies any degree of causality.

4.4 Submitting AERs

The MAH should submit an AER to regional authorities as provided by relevant laws or legislation either as an expedited submission or as a periodic submission.

The submission of an AER does not necessarily imply an endorsement or agreement with its content, unless regional or national regulations require differently.

4.5 Expedited AER Submissions

Expedited submission of certain AERs may be required, related to the seriousness or unexpectedness of the reported event or because of the urgency of its implications regarding the safety of animals or man.

Expedited submission to RAs in other VICH regions/observer countries will occur when:

• an AER is an expedited submission in the country where the AER occurs and

• the same VMP is approved in other VICH regions/observer countries and

• the species of animal involved in the AER is a species approved in the other VICH regions/observer countries or

• there are serious implications regarding human safety

The time clock for the expedited submission to RAs in other VICH regions/observer countries will begin when the AER becomes the knowledge of the MAH within the other region. A follow up submission will occur when the investigation of the AER is completed by the MAH in the country where the AER occurred.

If the RA decides on a regulatory action based on these expedited submissions the MAH will immediately inform all VICH regions/observer country RAs where the same VMP is approved about this action.

In addition, when the MAH determines that it is likely that actions will be implemented based on the AERs it has received, the MAH will contact all VICH regions/observer RAs where the same VMP is approved to inform them of the MAH concerns and its likely actions.

4.6 Periodic AER Submissions

At regular intervals, the MAH should submit all AERs not previously submitted.

4.7 Reporting Source

Although reporting via the attending veterinarian is encouraged, an AER may be initiated by anyone directly involved with the purported adverse event. Preferably, an AER is communicated by the reporter directly to the MAH, but the AER may also have been routed through an agent or the RA. A communication through an intermediate agent is considered an AER only if the agent has been authorized by the reporter and provides sufficient information to allow direct contact between the reporter and the MAH.

VICH GL 29 (PHARMACOVIGILANCE)
June 2006
For implementation at Step 7 - Final

PHARMACOVIGILANCE OF VETERINARY MEDICINAL PRODUCTS – MANAGEMENT OF PERIODIC SUMMARY UPDATE REPORTS

Recommended at Step 7 of the VICH Process
by the VICH Steering Committee in June 2006
for implementation by June 2007

This Guideline has been developed by the appropriate VICH Expert Working Group and is subject to consultation by the parties, in accordance with the VICH Process. At Step 7 of the Process the final draft will be recommended for adoption to the regulatory bodies of the European Union, Japan and USA.

I. INTRODUCTION

Pharmacovigilance of veterinary medicinal products (VMP) is important to guarantee the continued safety and efficacy of VMPs in use. The objective of this guidance document is to standardise the data for submission in a Periodic Summary Update (PSU). A consistent set of data will contribute to a harmonised approach for the detection and investigation of adverse events (AE) for VMPs and thus help to increase public and animal health. Based on definitions and terminologies defined in the GL 24 document, this document will give guidance related to the scope, timing and contents of the PSU.

II. SCOPE

The scope of pharmacovigilance in this VICH document is defined as the management of the detection and investigation of the clinical effects of marketed VMPs concerned with the safety and efficacy in animals and the safety in people exposed to these products. This document defines all items submitted in the PSU concerning AERs. While pharmacovigilance in its broadest sense may entail a wide range of activities, this document deals with the spontaneous reporting system for the identification of possible adverse events following the use of marketed VMPs. An RA may request additional information for the VMP(s) based on special circumstances.

III. DEFINITIONS

Refer to GL 24 Management of Adverse Event Report (AER) for definitions.

IV. TIMING OF REPORTING

Each VMP should have an International Birth Date (IBD) as defined in GL 24. The IBD can be designated as the last day of the same month for administrative convenience, if desired by the MAH. The IBD is the basis for harmonizing MAH periodic reporting dates.

The requirements for frequency of reporting are subject to local regulatory needs and the time that a VMP has been authorized may influence such requirements. In the early years of commercialization of a product authorization and market introduction will vary in different countries, and it is during this period that frequency of reporting and the harmonization of such frequency is important.

Therefore it is recommended, when and where required, that preparations of PSUs for all regulatory authorities would be submitted every 6 months for the first two years after the first marketing approval in a VICH region based on the IBD or as per regional requirement if legislated requirements is greater than 6 months.

The various parties to VICH have expressed a good faith commitment to revisit in the future the issue of frequency of PSU reporting in order to consider the possibility of decreasing such frequency to a 12-month period following authorization on condition that a product has been commercialized in one VICH region for a minimum of two years without significant efficacy or safety concerns associated with the use of the product having been identified.

After the first two years of marketing following the IBD, PSUs should be required no more frequently than yearly for the next 4 years of marketing in any VICH region. Beyond the sixth year of marketing, PSUs should be submitted no more frequently than every 3 years.

V. CONTENTS

1. Name and address of the MAH responsible for the VMP detailed in the PSU.

2. The PSU will clearly identify the VMP(s).

3. Time period covered by the PSU (start date and end date).

4. The PSU will contain AERs for the VMP(s) identified in V.2 and AERs for same and similar pharmaceutical VMP(s) or same biological VMP(s).

5. All data elements for the AERs submitted in the PSU are described in GL 42. Until electronic submission (GL 35) has been implemented by the RA, a subset of GL 42 may be submitted as a line listing of AERs.

6. A bibliographic listing of scientific articles that address AEs found in a widely accepted search engine published during the time period of the PSU that pertains to the VMP(s) identified in V.2., and a brief statement assessing the relevance of these articles to the VMP(s). Additionally, a bibliographic listing of the studies that address AEs and the MAH has sponsored for the VMP(s) identified in V.2. should be included.

7. The PSU must address the relationship of sales volume of the VMP(s) identified in V.2. to the number of AERs. Sales volume by country should be provided.

8. For the same and similar VMP(s), an update should be presented if there are RA-mandated or MAH-initiated regulatory actions (e.g. changes to the VMP(s), changes to labeling, and market suspensions) that have been taken, or are pending for safety and effectiveness reasons during the reporting period. The format should be a brief narrative stating the reasons for the action(s), with documentation appended when appropriate.

9. The PSU should include a concise critical analysis and opinion on the risk/benefit profile of the VMP(s) identified in V.2. Comment on important developments for the following:

a. Evidence of previously unidentified concerns

b. Changes in frequency of AEs

c. Drug interactions

d. Human AEs

The evaluation should indicate whether the data remain in line with the cumulative experiences to date and the approved labels, including proposed actions.

PHARMACOVIGILANCE OF VETERINARY MEDICINAL PRODUCTS: DATA ELEMENTS FOR SUBMISSION OF ADVERSE EVENT REPORTS (AERs)

Recommended for Implementation
at Step 7 of the VICH Process
by the VICH Steering Committee.
The implementation date will be determined by the
VICH Electronic Standards Implementation EWG.

This Guideline has been developed by the appropriate VICH Expert Working Group and has been subject to consultation by the parties, in accordance with the VICH Process. At Step 7 of the Process the final draft is recommended for adoption to the regulatory bodies of the European Union, Japan and USA.

I. Introduction

Pharmacovigilance of veterinary medicinal products (VMPs) is important to guarantee the continued safety and efficacy of VMPs in use. The objective of this guidance document is to standardise the data for submission of adverse events relating to VMPs. A consistent set of data will contribute to a harmonised approach for the detection and investigation of adverse effects of marketed VMPs and thus help to increase public and animal health.

II. Scope

The scope of this guidance document is to describe the specific data elements to be used for the submission and exchange of spontaneous adverse event reports (AER) between marketing authorisation holders (MAH) and regulatory authorities (RA). For the purpose of this guidance document, refer to the definitions given in VICH GL24 (Management of Adverse Event Reports). For the purpose of electronic reporting, this document should be read together with GL30 (Controlled Lists of Terms), GL35 (Electronic Standards for Transfer of Data), and other relevant VICH guidelines.

This guidance document applies also to the minimum information for the collection of the AER information. The mandatory data elements described in this guidance document are required to submit the AER. The optional data elements described in this guidance document are required to be submitted if the data elements have been reported to the MAH. The MAH will strive to collect the information necessary to complete all the data elements in this guidance document. The submission of unstructured data, such as clinical records or images, not described in this guidance document will not be required unless specifically requested by the RA.

For the data fields that use controlled lists of terms (GL30), user systems can, to facilitate reporting or inputting, use a subset of terms listed in GL30 that are considered relevant to the region and to the products involved. However, when receiving reports electronically, that are compliant with the relevant VICH guidelines, all systems must be capable of importing and storing the full report including all standard terms and codes, without loss of information.

III. Format and Description of Data Elements

The data elements are sufficiently comprehensive to cover complex reports from most sources, different sets and transmission situations or requirements. Structured data are strongly recommended to facilitate consistent data input, submission, and analysis. Controlled vocabularies and lists of terms have been developed for this purpose (see GL 30). In certain instances, there are provisions for the submission of some unstructured free text items.

Data elements, as defined in this document, will be used for electronic transmission of AER information, as well as additional transmission information (e.g. sender and receiver identifiers). These issues are addressed in GL30 and GL35.

The specific data elements are described below. User guidance is presented *in italics* and notes for the submission format are included as SMALL CAPITALS. To fill an AER related to human exposure to VMP(s), refer to Appendix 1 entitled *User Guideline for Submission of Human AERs.*

A Administrative and Identification Information

A.1 Regulatory Authority (RA)

RA name

Street address

City

State/county

Mail/zip code

Country (3 character country codes ISO 3166)

User guidance: Mandatory. RA where the AER was initially submitted.

A.2 Marketing Authorisation Holder (MAH)

A.2.1 MAH Information

Business name

Street address

City

State/county

Mail/zip code

Country (3 character country codes ISO 3166)

User guidance: Mandatory only for the MAH submitting this AER.

A.2.2 Person Acting on Behalf of MAH

Title

First name

Last name

Telephone

Fax

e-mail

User guidance: Optional. The person acting on behalf of the MAH is the contact person for this AER and its contents.

NOTE CONCERNING SUBMISSION: TEXT

A.3 Person(s) Involved in the AER

A.3.1 Primary Reporter

Last name

First name

Telephone

Fax

e-mail

Business name

Street address

City

State/county

Mail/zip code

Country (3 character country codes ISO 3166)

User guidance: Last name and country code are mandatory. Other fields are optional. If the reporter requests not to be identified, then enter "WITHHELD" in the "Last name" field. If "WITHHELD" submit reporter's geographic information as privacy legislation allows. The Primary Reporter is determined by the MAH as the person/organization which holds/provides the most pertinent information related to the AER case.

NOTE CONCERNING SUBMISSION: TEXT

A.3.1.1 Primary Reporter Category

User guidance: Mandatory. An Agent acting for the owner will be entered as the animal owner (A.3.1.1).

NOTE CONCERNING SUBMISSION: CHOOSE FROM THE CONTROLLED LIST OF *REPORTER CATEGORIES.*

A.3.2 Other Reporter

Last name

First name

Telephone

Fax

e-mail

Business name

Street address

City

State/county

Mail/zip code

Country (3 character country codes ISO 3166)

User guidance: Optional. If reporter requests not to be identified, then enter "WITHHELD" in the "Last name" field. If "WITHHELD" submit reporter's geographic information as privacy legislation allows. The individual/organization providing information for the AER.

NOTE CONCERNING SUBMISSION: TEXT

A.3.2.1 Other Reporter Category

User guidance: Mandatory if Other Reporter given in A.3.2. An Agent acting for the owner will be entered as the animal owner (A.3.2.1).

NOTE CONCERNING SUBMISSION: CHOOSE FROM THE CONTROLLED LIST OF *REPORTER CATEGORIES.*

A.4 AER Information

A.4.1 Unique Adverse Event Report Identification Number

User guidance: Mandatory. Globally unique identifier for the adverse event report, designated by the MAH or RA, to be referred to in future follow-ups. Three character country code-8 character MAH or 8 character RA identifier code-unique number (e.g. USA- MERIALLT-xxxxx, USA-USFDACVM-xxxxx). The country code-MAH or RA is for the country where the AE occurred. Use the 3 character country codes from ISO 3166.

NOTE CONCERNING SUBMISSION: TEXT. CHOOSE FROM THE CONTROLLED LIST OF *RA IDENTIFIER CODES.*

A.4.2 Original Receive Date

User guidance: Mandatory. This is the date of first communication of an AER from the primary reporter to the MAH or RA. This date is fixed and cannot be changed in future submissions.

NOTE CONCERNING SUBMISSION: DATE FORMAT: DAY, MONTH, YEAR

A.4.3 Date of Current Submission

User guidance: Mandatory. Date current AER submitted to RA.

NOTE CONCERNING SUBMISSION: DATE FORMAT: DAY, MONTH, YEAR

A.4.4 Type of Report

A.4.4.1 Type of Submission

User guidance: Mandatory.

NOTE CONCERNING SUBMISSION: CHOOSE FROM THE CONTROLLED LIST OF *TYPE OF SUBMISSION* CATEGORIES.

A.4.4.2 Reason for Nullification Report

User guidance: Mandatory if nullification is checked in A.4.4.1.

NOTE CONCERNING SUBMISSION: TEXT

A.4.4.3 Type of Information in Report

User guidance: Optional.

NOTE CONCERNING SUBMISSION: CHOOSE FROM THE CONTROLLED LIST OF *TYPE OF INFORMATION IN REPORT* CATEGORIES.

B Description of the AE

B.1 Animal Data

User guidance: Except for B.1.1, data relates to the affected animals only.

B.1.1 Number of Animals Treated

User guidance: Optional. (Estimated) number of animals treated.

NOTE CONCERNING SUBMISSION: INTEGER

B.1.2 Number of Animals Affected

User guidance: Mandatory. (Estimated) number of animals affected in the AER which will also include indirectly exposed animals, e.g. treated during pregnancy or lactation, co- mingled, infectious spread, et cetera.

NOTE CONCERNING SUBMISSION: INTEGER

B.1.2.1 Attending Veterinarian's Assessment of the Animal(s) Health Status Prior to VMP Use

User guidance: Optional. This is the attending Veterinarian's assessment of the health status of the animal(s) involved in the AE prior to their exposure to the VMP. The MAH should choose from the list the Attending Veterinarian's assessment of animal health status prior to treatment with the VMP(s). The definitions of these values will be left to the veterinarian's medical opinion. The MAH should select "Unknown" if the attending veterinarian does not provide the information.

NOTE CONCERNING SUBMISSION: CHOOSE FROM THE CONTROLLED LIST OF *ATTENDING VETERINARIAN'S HEALTH STATUS ASSESSMENT* CATEGORIES.

B.1.3 Species

User guidance: Mandatory. In case of human AE, species is "human".

NOTE CONCERNING SUBMISSION: CHOOSE FROM THE CONTROLLED LIST OF *SPECIES* (includes human).

B.1.4 Breed

User guidance: Optional. B.1.4.1.1 and B.1.4.2.1 are repeatable fields.

For reports involving a single purebred animal, place the breed in B.1.4.1.1. For reports involving a single crossbred animal and the breeds in the cross are known, up to 3 breeds can be listed in B.1.4.2.1. If the breed makeup of this single crossbred animal is unknown then use the term "Crossbred/[Species]" in B.1.4.2.1.

For groups of purebred animals, list the breeds of the affected animals in B.1.4.1.1. For groups of both

purebred and crossbred affected animals B.1.4.1.1 and B.1.4.2.1 should be populated respectively. When affected animals include various crossbreds and their breed makeup is known, use B.1.4.2.1 as a repeatable field to capture each breed. When affected animals include various crossbreds and the breed makeup of some of the crossbreds is unknown, then also include the term "Crossbred/[Species]" in B.1.4.2.1. The breeds of treated but not affected animals may be entered in the narrative, if relevant.

B.1.4.1 PUREBRED

User guidance: This field is for purebred animal(s).

B.1.4.1.1 BREED

User guidance: This is the breed of the animal(s).

NOTE CONCERNING SUBMISSION: CHOOSE FROM THE CONTROLLED LIST OF *BREEDS.*

B.1.4.2 CROSSBRED

User guidance: This field is for crossbred animal(s).

B.1.4.2.1 BREED

User guidance: If the actual breed makeup is unknown then choose the appropriate "Crossbred/[Species]".

NOTE CONCERNING SUBMISSION: CHOOSE FROM THE CONTROLLED LIST OF *BREEDS.*

B.1.5 Gender

User guidance: Optional. "Mixed" is used for groups of male and female animals. "Unknown" only should be used for animal events where the gender is not known.

NOTE CONCERNING SUBMISSION: CHOOSE FROM THE CONTROLLED LIST OF *GENDER* CATEGORIES.

B.1.6 Reproductive Status

User guidance: Optional

NOTE CONCERNING SUBMISSION: CHOOSE FROM THE CONTROLLED LIST OF *REPRODUCTIVE STATUS* CATEGORIES.

B.1.7 Female Physiological Status

User guidance: Optional: For cases where there are only male animal(s) and(or) neutered female animal(s), the appropriate term from the list would be "Not Applicable". If there is a mixed group of male and female animals then select the physiological status appropriate for the female animals. Select "MIXED" if the group has multiple different physiological statuses. If the physiological status of the animal(s) is not known then the appropriate term from the list would be "Unknown".

NOTE CONCERNING SUBMISSION: CHOOSE FROM THE CONTROLLED LIST OF *FEMALE PHYSIOLOGICAL STATUS* CATEGORIES.

B.1.8 Weight

B.1.8.1 Measured, Estimated, Unknown Weights

User guidance: Mandatory if minimum or maximum weight is specified. "UNKNOWN" means that the information was not available from the reporter. If "UNKNOWN" is selected then B.1.8.2 and B.1.8.3 will not be completed.

NOTE CONCERNING SUBMISSION: CHOOSE FROM THE CONTROLLED LIST OF *PRECISION CATEGORIES*

B.1.8.2 Minimum Weight

User guidance: Optional. For groups of animals, estimated minimum weight of an individual in kilos of the animals affected. For a single animal the weight goes in the minimum weight field.

NOTE CONCERNING SUBMISSION: NUMBER (2 DECIMALS)

B.1.8.3 Maximum Weight

User guidance: Optional. For groups of animals, estimated maximum weight of an individual.

NOTE CONCERNING SUBMISSION: NUMBER (2 DECIMALS)

B.1.9 Age

B.1.9.1 Measured, Estimated, Unknown Age

User guidance: Mandatory if minimum or maximum age is specified. "UNKNOWN" means that the information was not available from the reporter. If "UNKNOWN" is selected then B.1.9.2 and B.1.9.2.1; and B.1.9.3 and B.1.9.3.1 will not be completed.

NOTE CONCERNING SUBMISSION: CHOOSE FROM THE CONTROLLED LIST OF *PRECISION CATEGORIES*

B.1.9.2 Minimum Age

User guidance: Optional. (Estimated) Age of the animal(s) affected. For a single animal the age goes in the minimum age field.

NOTE CONCERNING SUBMISSION: NUMBER

B.1.9.2.1 Minimum Age Units

User guidance: Mandatory if minimum age is specified.

NOTE CONCERNING SUBMISSION: CHOOSE THE TIME UNITS FROM THE CONTROLLED LIST OF *UNITS OF MEASUREMENT.*

B.1.9.3 Maximum Age

User guidance: Optional. For groups of animals, estimated maximum age of an individual.

NOTE CONCERNING SUBMISSION: NUMBER

B.1.9.3.1 Maximum Age Units

User guidance: Mandatory if maximum age is specified.

NOTE CONCERNING SUBMISSION: CHOOSE THE TIME UNITS FROM THE CONTROLLED LIST OF *UNITS OF MEASUREMENT.*

B.2 VMP(s) Data and Usage

User guidance: The set of fields in B.2.1 – B.2.5.1 should be repeated for each VMP involved in the AE with as much information as is available.

B.2.1 Registered or Brand Name

User guidance: Mandatory for MAH's product(s). For all other non-MAH products, provide brand name(s) in B.2.1, or active ingredient(s) in B.2.2. Registered or Brand name of the VMP involved in the AE.

NOTE CONCERNING SUBMISSION: TEXT FIELD(S)

B.2.1.1 Product Code

User guidance: Optional

NOTE CONCERNING SUBMISSION: CHOOSE FROM THE LIST TO BE DEVELOPED.

THE AVAILABILITY OF SUCH CODES SOLELY DEPENDS ON THE DEVELOPMENT OF A GLOBAL VETERINARY PRODUCT DICTIONARY BY THE REGULATORY AUTHORITIES.

B.2.1.2 Registration Identifier

User guidance: Mandatory for MAH's product(s) unless cannot be determined due to insufficient information from reporter, then "Cannot Be Determined" is entered. Optional for other MAHs' VMP(s). The Registration Identifier consists of the (3 character county code)-(8 character RA Identifier Code)-(registration number of the

VMP involved in the AE). The country code is for the country where the product is approved. Use the 3 character country codes from ISO 3166. {For EU centrally authorized products use GBR for the character country code and EUEMA000 for the 8 character RA Identifier Code.}

Note: Use the 8 character RA identifier codes. For example, FDA CVM approved products, the registration identifier could be the [3 character country code]-[8 character RA Identifier Code]-[FDA CVM NADA/ANADA Number] (e.g. USA-USFDACVM-xxxxxx for FDA CVM). An example of a registration identifier for an USDA approved biologic product could be USA-APHISCVB-xxxxxx. For other than USA USDA or FDA CVM products, use the country code where the product is approved and the registration number associated with that country's approval. For Japan approved products, the registration identifier would be JPN- JPNJMAFF -xxxxxxxxxxxxxx.

NOTE CONCERNING SUBMISSION: TEXT

B.2.1.3 Anatomical Therapeutic Chemical Vet (ATCvet) Code

User guidance: Mandatory for MAH product(s). To be used for RA searching purposes. For purposes of AER submission this is not to be used to define "same" or "similar" VMPs. If cannot be determined, then "Unknown" may be entered. More information is available about the ATCvet Code at the following website: http://www.whocc.no/atcvet.

NOTE CONCERNING SUBMISSION: ATCVET CODE (FROM WHO LIST)

B.2.1.4 Company or MAH

User guidance: Optional. MAH associated with the VMP identified in B.2.1 involved in the AE.

NOTE CONCERNING SUBMISSION: TEXT

B.2.1.5 MAH Assessment

User guidance: In those regions where required, assessment by the MAH of the association between the use of the VMP and the AE based on a hierarchical system. For the purposes of 3rd country reports of an AE, the assessment originally conducted by the MAH will be sufficient for subsequent RAs.

NOTE CONCERNING SUBMISSION: TEXT AND/OR CODE

B.2.1.6 RA Assessment

User guidance: Assessment of the association between the use of the VMP and the AE(s). Each VMP is evaluated and assigned to one of the categories as defined within regions.

NOTE CONCERNING SUBMISSION: CHOOSE FROM THE CONTROLLED LIST OF *RA ASSESSMENT* CATEGORIES.

B.2.1.6.1 Explanation Relating to Assessment

NOTE CONCERNING SUBMISSION: TEXT

B.2.1.7 Route of Exposure

User guidance: Optional. Route(s) of exposure/administration of the VMP involved in the AE. For a VMP given through multiple routes of exposure, this field B.2.1.7 and subfields are repeated. The MAH should choose from the list the routes of exposure (administration) for the VMP(s).

NOTE CONCERNING SUBMISSION: CHOOSE FROM THE CONTROLLED LIST OF *ROUTE OF EXPOSURE.*

B.2.1.7.1 Dose Administration per Unit

User guidance: Optional. Dose administered, not by default the dosage as registered. Fields B.2.1.7.1 and B.2.1.7.2 and associated subfields are repeatable if different doses of the VMP are given over time.

Numerator: This is the quantity/volume of the actual dose given, e.g., number of tablets, number of boluses, amount of feed, quantity of solution, etc

Denominator: This describes the recipient of the dose by individual animal, weight, volume, etc. Complex situations, such as premixes for multiple animals, should be described in the narrative.

Examples:

The owners give 3 tablets to their dog.

Numeric value numerator 3

Unit for numeric value numerator tablets

Numeric value denominator 1

Unit for numeric value denominator animal

The veterinarian gives each animal in the herd 10 ml of the VMP per kg of body weight.

Numeric value numerator 10

Unit for numeric value numerator ml Numeric value denominator 1

Unit for numeric value denominator kg

The flock of 10,000 birds in an enclosure is administered a vaccine by spray at the labeled dose

Numeric value numerator 1

Unit for numeric value numerator dose

Numeric value denominator 1

Unit for numeric value denominator animal

The pond of 100,000 fish is administered a one litre container of a 100 mg/L strength liquid tetracycline at a dose of 100 mg/1,000 L .

Numeric value numerator 1

Unit for numeric value numerator container

Numeric value denominator 1,000

Unit for numeric value denominator L

Or

Numeric value numerator 1

Unit for numeric value numerator L

Numeric value denominator 100,000

Unit for numeric value denominator animals

A cow is infused with 1 tube of VMP in her right front quarter.

Numeric value numerator 1

Unit for numeric value numerator tube

Numeric value denominator 1

Unit for numeric value denominator quarter

A goat is infused with 1 tube of VMP in her left mammary gland.

Numeric value numerator 1

Unit for numeric value numerator tube

Numeric value denominator 1

Unit for numeric value denominator teat

B.2.1.7.1.1 Numeric Value for Dose (Numerator)

NOTE CONCERNING SUBMISSION: NUMERIC FIELD

B.2.1.7.1.1.1 Units of Value for Dose (Numerator)

User guidance: These are the units that qualify the numeric value for numerator dose.

NOTE CONCERNING SUBMISSION: CHOOSE FROM THE CONTROLLED LIST OF *UNITS OF MEASUREMENT* (EXCLUDING ALL TIME UNITS) OR *UNITS OF PRESENTATION.*

B.2.1.7.1.2 Numeric Value for Dose (Denominator)

NOTE CONCERNING SUBMISSION: NUMERIC FIELD

B.2.1.7.1.2.1 Units of Value for Dose (Denominator)

User guidance: These are the units that qualify the numeric value for denominator dose.

NOTE CONCERNING SUBMISSION: CHOOSE FROM THE CONTROLLED LIST OF *UNITS OF MEASUREMENT* (EXCLUDING ALL TIME UNITS), *UNITS OF PRESENTATION,* OR *DOSE DENOMINATOR QUALIFIERS.*

B.2.1.7.1.3 Interval of Administration

User guidance: Optional. This is the interval of administration or frequency of administration of the VMP involved in the AE. If there are multiple intervals of administration or frequency of administrations the same given dose per administration then B2.1.7.1.2.1 - B.2.1.7.1.2.3 and B.2.1.7.1.2.1.1 are repeatable.

B.2.1.7.1.3.1 Numeric Value for Interval of Administration

NOTE CONCERNING SUBMISSION: INTEGER

B.2.1.7.1.3.1.1 Units of Value for the Interval of Administration

User guidance: Mandatory if interval of administration specified.

NOTE CONCERNING SUBMISSION: CHOOSE THE TIME UNITS FROM THE CONTROLLED LIST OF *UNITS OF MEASUREMENT.*

B.2.1.7.1.3.2 Date of First Exposure

User guidance: Optional. (Approximate) date of first exposure/treatment with VMP involved in the AE.

NOTE CONCERNING SUBMISSION: DATE FORMAT: DAY, MONTH, YEAR

B.2.1.7.1.3.3 Date of Last Exposure

User guidance: Optional. (Approximate) date of last exposure/treatment with VMP involved in the AE.

NOTE CONCERNING SUBMISSION: DATE FORMAT: DAY, MONTH, YEAR

B.2.2 Active Ingredient(s)

User guidance: For all biologic products involved in the case, as long as the registration identifier is provided in B.2.1.2, the active ingredients field (B.2.2.1) and strength fields (B.2.2.1.1 and B.2.2.1.1.1) are not required.

In cases where the user has altered the physical characteristics of the VMP prior to administration (example-mixed VMPs together or diluted a VMP) the fields B.2.2.1 are to be filled in with the characteristics of the VMP as sold. In addition, fields for dose per administration B.2.1.7.1 should be ignored and a description of the dose administered should be accurately described in narrative B.3.1.

B.2.2.1 Active Ingredient(s)

User guidance: Mandatory for MAH product(s). For all other non-MAH products, provide brand name(s) in B.2.1, or active ingredient(s) in B.2.2.1. For VMP(s) with multiple active ingredient(s), fields B.2.2.1 and subfields are repeated.

User guidance: Mandatory for MAH's product(s) unless cannot be determined due to insufficient information from reporter, then "Cannot be determined" is entered.

Strength is optional for all other non-MAH products. Strength with its associated strength unit should be reported for both the numerator and the denominator for each Active Ingredient in the VMP. For a VMP with multiple active ingredients these fields are repeated. Strength of the active pharmaceutical ingredient of the VMP involved in the AE.

NOTE CONCERNING SUBMISSION: REPEATABLE TEXT FIELD(S)

B.2.2.1.1 Numeric Value for Strength (Numerator)

NOTE CONCERNING SUBMISSION: NUMERIC FIELD

B.2.2.1.1.1 Units for Numeric Value for Strength (Numerator)

User guidance: Mandatory if strength is specified.

NOTE CONCERNING SUBMISSION: CHOOSE FROM THE CONTROLLED LISTS OF *UNITS OF MEASUREMENT* (EXCLUDING ALL TIME UNITS).

B.2.2.1.2 Numeric Value for Strength (Denominator)

NOTE CONCERNING SUBMISSION: NUMERIC FIELD

B.2.2.1.2.1 Units for Numeric Value for Strength (Denominator)

User guidance: Mandatory if strength is specified.

NOTE CONCERNING SUBMISSION: CHOOSE FROM THE CONTROLLED LISTS OF *UNITS OF MEASUREMENT* (EXCLUDING ALL TIME UNITS); OR *UNITS OF PRESENTATION*

B.2.2.1.3 Active Ingredient Code

NOTE CONCERNING SUBMISSION: CHOOSE FROM THE LIST TO BE DEVELOPED.

THE AVAILABILITY OF SUCH CODES SOLELY DEPENDS ON THE DEVELOPMENT OF A GLOBAL VETERINARY PRODUCT DICTIONARY BY THE RAS

B.2.2.2 Dosage Form

User guidance: Optional. This is the dosage form of the VMP involved in the AE. The MAH should choose from the list the labeled dosage form of the VMP(s).

NOTE CONCERNING SUBMISSION: CHOOSE FROM THE CONTROLLED LIST OF *DOSAGE FORMS.*

B.2.3 Lot Number

User guidance: Optional. Lot number of the VMP involved in the AE.

NOTE CONCERNING SUBMISSION: REPEATABLE TEXT

B.2.3.1 Expiration Date

User guidance: Optional.

NOTE CONCERNING SUBMISSION: DATE FORMAT: DAY, MONTH, YEAR

B.2.4 Who Administered the VMP

User guidance: Optional. Category of the person who administered the VMP involved in the AE. An Agent acting for the owner will be entered as the owner.

NOTE CONCERNING SUBMISSION: CHOOSE FROM THE CONTROLLED LIST OF *ADMINISTRATORS OF THE VMP.*

B.2.5 Use According to Label

User guidance: Optional. Information on whether the VMP was used according to its label recommendations.

NOTE CONCERNING SUBMISSION: CHOOSE FROM THIS LIST: YES, NO, UNKNOWN

B.2.5.1 Explanation for Off-Label Use

User guidance: Optional. Explanation on why the VMP was not used according to its label recommendations. To be filled only if 'no' was selected in B.2.5.

NOTE CONCERNING SUBMISSION: CHOOSE FROM THE CONTROLLED LIST OF *OFF-LABEL USE CODING SYSTEM.*

B.3 Adverse Event Data

B.3.1 Narrative of AE

User Guidance: Mandatory.

The narrative should describe the sequence of events, where information is available, including:

- *administration of VMP(s)*
- *clinical signs*
- *sites of responses*
- *severity*
- *pertinent laboratory test results*
- *necropsy results (accurate description of gross pathology and accurate description of histopathologic findings including a pathologists assessment)*
- *possible contributing factors*
- *treatment of AE*
- *relevant medical history*
- *reason for use of VMP*
- *comment on assessment (veterinarian's or MAH's)*
- *chronological sequence of events*

NOTE CONCERNING SUBMISSION: TEXT

B.3.2 Adverse Clinical Manifestations

User guidance: Mandatory. Adverse clinical manifestations observed in the AE.

NOTE CONCERNING SUBMISSION: CHOOSE FROM THE CONTROLLED LIST OF *VEDDRA TERMS.*

The MAH should use the VeDDRA medical terminology to describe the adverse clinical manifestations. The lowest level term from VeDDRA should be transmitted.

NOTE CONCERNING SUBMISSION: REPEATABLE

B.3.2.1 Number of Animals

User guidance: Optional. Number of animals associated with VeDDRA term selected in B.3.2. As the number of animals affected within an AER increases, the willingness and ability of the reporter to know the exact number of animals displaying each clinical sign is expected to decrease. When animals are kept as a herd, one may only observe a small number of animals and then make estimates about the rate and seriousness of events within the remainder of the herd. Regardless, collecting the number of animals affected per clinical sign can have value to pharmacovigilance. Therefore, the MAH will make a reasonable attempt to collect the number of animals affected per clinical sign. When only percentages have been made available, the MAH will convert this percentage into an integer and insert this value into B.3.2.1. The way in which the MAH arrives at the integer should be provided in the narrative. If the reporting party cannot or will not provide an integer value or a percentage estimate then the MAH should provide an explanation in the narrative.

NOTE CONCERNING SUBMISSION: Integer

B.3.2.1.1 Accuracy of the Number of Animals

User guidance: Optional. If a value is entered in the Number of Animals field, please indicate whether the integer provided under B.3.2.1 is an actual or estimated number.

NOTE CONCERNING SUBMISSION: Choose from the controlled List of *Accuracy of No. of Animals* categories.

B.3.3 Date of Onset of AE

User guidance: Mandatory. (Approximate) date on onset of the AE.

NOTE CONCERNING SUBMISSION: DATE FORMAT: DAY, MONTH, YEAR

B.3.4 Length of Time Between Exposure to VMP(s) and Onset of AE

User guidance: Optional. Length of time refers to the difference between the exposure in B.2.1.7.1.2.2 and onset of AE in B.3.3. This field will be used for cases where there is a clear time relationship between the VMP and onset of AE(s). Generally, this field would be for single VMP cases or when multiple VMPs are given at the same time. When a clear time picture is difficult to ascertain or not coded easily, particularly in cases where multiple VMPs are involved; or, in single/multiple VMP cases where more explanation is necessary, the time relationship should be described in the narrative to the best detail possible.

NOTE CONCERNING SUBMISSION: CHOOSE FROM THE CONTROLLED LIST OF *EXPOSURE AND ONSET TIME*.

B.3.5 Duration of AE

User guidance: Approximate length of time the AE lasted.

B.3.5.1 Duration

User guidance: Optional.

NOTE CONCERNING SUBMISSION: INTEGER

B.3.5.1.1 Duration Time Unit

User guidance: Mandatory if duration is specified.

NOTE CONCERNING SUBMISSION: CHOOSE THE TIME UNITS FROM THE CONTROLLED LIST OF *UNITS OF MEASUREMENT.*

B.3.6 Serious AE

User guidance: Mandatory. To be completed (Yes/No) by MAH.

NOTE CONCERNING SUBMISSION: CHOOSE FROM THIS LIST: YES, NO

B.3.7 Treatment of AE

User guidance: Optional. If the AE was treated, description of the treatment should be included in the Narrative of AE (B.3.1).

NOTE CONCERNING SUBMISSION: CHOOSE FROM THIS LIST: YES, NO, UNKNOWN

B.3.8 Outcome to Date

B.3.8.1 Ongoing

B.3.8.2 Recovered/Normal

B.3.8.3 Recovered with Sequela

B.3.8.4 Died

B.3.8.5 Euthanized

B.3.8.6 Unknown

User guidance: Optional. The number of animal(s) in each category should be given. The total number from B.3.8.1 to B.3.8.6 should be equal to the Number of Animals Affected in B.1.2.

NOTE CONCERNING SUBMISSION: INTEGER.

B.3.9 Previous Exposure to the VMP

User guidance: Optional. This field applies only to exposures outside the dates mentioned in Date of First Exposure (B.2.1.7.1.2.2) and Date of Last Exposure (B.2.1.7.1.2.3). If there was a previous exposure to the VMP, choose "YES" and provide the dates of previous exposure in the Narrative of AE (B.3.1). Choose "NO" if there was no previous exposure. Choose "UNKNOWN" if the information was not available from the reporter.

NOTE CONCERNING SUBMISSION: CHOOSE FROM THIS LIST: YES, NO, UNKNOWN

B.3.10 Previous AE to the VMP

User guidance: Optional. This field refers only to clinical manifestations that occurred during the previous exposure mentioned in B.3.9. Choose "YES"if there was previous AE(s) from an exposure to the VMP and "NO" if there was not a previous AE(s) to the VMP. If "YES" is chosen, describe the clinical signs of in the Narrative of AE (B.3.1).. Choose "UNKNOWN" if the information is not available from the reporter.

NOTE CONCERNING SUBMISSION: CHOOSE FROM THIS LIST: YES, NO, UNKNOWN

B.4 Dechallenge-Rechallenge Information

User guidance: The information in this section relates to affected animal(s). This set of fields will be used for cases where dechallenge or rechallenges occur in single VMP events.

Dechallenge-Rechallenge information for multiple VMP events should be described in the narrative to the best detail possible.

B.4.1 Did AE Abate After Stopping the VMP

User guidance: Optional. Choose from the list whether or not the AE stopped or diminished after dechallenge. Dechallenge is the removal, withdrawal, or discontinuance of a VMP from the animal's therapeutic regimen. Dechallenge also includes a substantial dosage reduction. Choose "UNKNOWN" if the information is not available from the reporter.

NOTE CONCERNING SUBMISSION: CHOOSE FROM THIS LIST: YES, NO, NOT APPLICABLE, UNKNOWN

B.4.2 Did AE Reappear After Re-introduction of the VMP

User guidance: Optional. . Choose from the list whether or not the AE reappeared after the rechallenge. Rechallenge is the reintroduction of a VMP after the occurrence of a positive dechallenge. It also includes a substantial increase in dosage following a previous reduction which produced improvement in the clinical manifestation. Choose "UNKNOWN" if the information is not available from the reporter.

NOTE CONCERNING SUBMISSION: CHOOSE FROM THIS LIST: YES, NO, NOT APPLICABLE, UNKNOWN

B.5 Assessment of AE

B.5.1 Attending Veterinarian's Assessment

User guidance: Optional. Assessment by the attending veterinarian on the association between the VMP(s) and the AE (other than human). The MAH should choose from the list the Attending Veterinarian's assessment on the association between the VMP(s) and the AE. The definitions of these values will be left to the veterinarian's medical opinion.

NOTE CONCERNING SUBMISSION: CHOOSE FROM THE CONTROLLED LIST OF *ATTENDING VETERINARIAN'S CAUSALITY ASSESSMENT* CATEGORIES.

B.6 Report Number(s) of Linked Report(s)

This field is for RA use only. This section should be used to identify reports that warrant being evaluated together.

NOTE CONCERNING SUBMISSION: TEXT

B.7 Supplemental Documents

User guidance: Utilized by MAH upon request from RA for additional information on a specific AER, or voluntarily by the MAH. This field is a file attachment to be used for pathology, radiology, clinical chemistry reports, et cetera. The MAH should provide a description of the contents in the files and a listing of the files. This section is repeatable for each supplemental document. The description of the contents of the file should be given in the B.3.1 Narrative of AE.

NOTE CONCERNING SUBMISSION: OBJECT FIELD

B.7.1 Attached Document Filename (Text Field)

This field will specify the filename of the document.

NOTE CONCERNING SUBMISSION: TEXT

B.7.1.1 Attached Document Type (List)

The MAH will choose from the list of supplemental document types, e.g. necropsy, pathology, clinical chemistry reports, that describe the contents of the file.

NOTE CONCERNING SUBMISSION: REPEATABLE. CHOOSE FROM THE CONTROLLED LIST OF *DOCUMENT TYPES.*

Appendix

User Guideline for Submission of Human AERs

To fill an AER related to human exposure to VMP(s), the following user guidance should be considered:

A.3.1	Primary Reporter	Enter the information on the
A.3.2	Other Reporter	'attending physician' Enter the information on the
B.1	Animal Data	person exposed to the VMP(s) Relates to the person exposed to
B.1.3	Species	the VMP(s) Select 'human'
B.1.4	Breed	Not applicable for humans
B.2.1.7	Route of Exposure	Indicate the route of exposure
B.2.1.7.1	Dose per Administration	Indicate the dose to which the
B.2.1.7.1.2.3	Date of Last Exposure	person was exposed For most reports there will be no
B.2.5.1	Explanation for Off-Label Use	date entered Not applicable
B.5.1	Attending Veterinarian's Assessment	Assessment of attending Physician

VICH GL25 (BIOLOGICALS: FORMALDEHYDE)
April 2002
For implementation at Step 7 - Final

TESTING OF RESIDUAL FORMALDEHYDE

Recommended for Implementation
on April 2002
by the VICH Steering Committee

This Guideline has been developed by the appropriate VICH Expert Working Group and was subject to consultation by the parties, in accordance with the VICH Process. At Step 7 of the Process the final draft is recommended for adoption to the regulatory bodies of the European Union, Japan and USA.

INTRODUCTION

1 Objective of Guideline

Many inactivated veterinary vaccines, particularly bacterins contain residual levels of formaldehyde. It is important to determine the residual level of formaldehyde to:

a) help assure product safety,

b) assure the product will not inactivate other products used in combination,

c) help assure the product remains active throughout its shelf life, and

d) assure any clostridial toxoids will be antigenic and safe.

This document provides a guideline for the general requirements for residual formaldehyde testing. The guideline leaves the flexibility for other testing methods based on the specific scientific situations or characteristics of the target material. These variations must be stated in the manufacturers production method and include equivalence data.

2 Scope of Guideline

This guideline applies to final product testing for all formaldehyde-containing new veterinary vaccines.

3 Background

A number of assays are available for the determination of residual free formaldehyde in inactivated vaccines, including acetyl acetone titration, ferric chloride titration and the basic fuchsin test. The ferric chloride method was selected since it has shown to be compatible with products neutralized with sodium bisulphite.[1]

Residual formaldehyde will be reported as g/L, a conversion table is provided as Appendix 1.

4 General Principle

Total formaldehyde is determined based on the reaction of formaldehyde with Methylbenzothiazolone hydrazone hydrochloride (MBTH). The method involves (a) the combination of MBTH and formaldehyde to give one product, (b) the oxidation of excess MBTH to give another product and (c) the combination of these two to give a blue chromophore which is measured at 628 nm.[2]

Ferric Chloride Method

1 Reagents

1.1 *Ferric chloride-sulphamic acid reagent*. A solution containing 10 g/L of *ferric chloride* and 16 g/L of *sulphamic acid.*

1.2 *Methylbenzothiazolone hydrazone hydrochloride reagent. (MW 233.7). [CAS 149022- 15-1]. 3-Methylbenzothiazol-2(3H)one hydrazone hydrochloride monohydrate. An almost white or yellowish crystalline powder. mp: about 270 °C.* A solution containing 0.5 g/L L (WARNING: This solution is not stable and should be prepare fresh daily).

1.3 *Suitability for determination of aldehydes*. To 2 ml of *aldehyde-free methanol* add 60 μl of a 1 g/L *solution of propionaldehyde* in *aldehyde-free methanol* and 5 ml of a 4 g/L *solution of* methylbenzothiazolone hydrazone hydrochloride. Mix, allow to stand for 30 min. Prepare a blank omitting the propionaldehyde solution. Add 25.0 ml of a 2 g/L *solution of ferric chloride* to the test solution and to the blank, dilute to 100.0 ml with *acetone* R and mix. Measure absorbance of the test solution on a spectrophotometer at 660 nm in a 1 cm cell using the blank as compensation liquid. The absorbance of the test solution must be greater than or equal to 0.62 absorbance units.

1.4 *Formaldehyde solution*, containing not less than 34.5 percent w/v and not more than 38.0 percent w/v of formaldehyde (CH_2O)

1.5 *isopropyl myristate*, analytical grade

1.6 *hydrochloric acid* (1 M), analytical grade

1.7 *chloroform*, analytical grade

1.8 *sodium chloride* (9 g/L and 100 g/L aqueous solutions), analytical grade

1.9 *polysorbate 20*, analytical grade

2 Sample and Standards Preparation

2.1 Prepare *formaldehyde* standards of 0.25, 0.50, 1.00 and 2.00 g/L by diluting *formaldehyde* solution (1.3) with water in suitable volumetric flasks.

2.2 If vaccine to be examined is an oil emulsion, the emulsion should be broken by a suitable method. The formaldehyde concentration in the aqueous phase should be measured. The following separation techniques have been shown to be appropriate.

a) Add 1.00 ml of vaccine to 1.0 ml of *isopropyl myristate and* mix. To the mixture, add 1.3 ml of 1 *M hydrochloric acid*, 2.0 ml of *chloroform* and 2.7 ml of 9 g/L *sodium chloride*. Mix thoroughly. Centrifuge at 15,000 g for 60 min. Transfer the aqueous phase to a 10 ml volumetric flask and dilute to volume with water. Use the diluted aqueous phase for the test for formaldehyde. If this procedure described fails to separate the aqueous phase, add 100 g/L of *polysorbate* 20 to the sodium chloride solution and repeat the procedure, but centrifuge at 22,500 g.

b) Add 1.00 ml of vaccine to 1.0 ml of a *100 g/L solution of sodium chloride* and mix. Centrifuge at 1,000 g for 15 minutes. Transfer the aqueous phase to a 10 ml volumetric flask and dilute to volume with water. Use the diluted aqueous phase for the test for formaldehyde.

c) Add 1.00 ml of vaccine to 2.0 ml of a *100 g/L solution of sodium chloride* and 3.0 ml of *chloroform* and mix. Centrifuge at 1,000 g for 5 minutes. Transfer the aqueous phase to a 10 ml volumetric flask and dilute to volume with water. Use the diluted aqueous phase for the test for formaldehyde.

NOTE: Volumes used for breaking emulsions are for the purpose of illustration. Volumes may differ subject to proportional adjustment of the volumes of other reagents used in the extraction process.

3 Test Method

3.1 To 0.50 ml of a 1 in 200 dilution of the vaccine to be examined (if emulsion, use 0.50 ml of a 1 in 20 dilution of the diluted aqueous phase), and to 0.50 ml of 1 in 200 dilution of each of the *formaldehyde* standards, add 5.0 ml of the *methylbenzothiazolone hydrazone hydrochloride reagent*. Close the tubes, shake, and allow to stand for 60 min.

3.2 Add 1 ml of *ferric chloride-sulphamic acid reagent* and allow to stand for 15 min.

3.3 Measure absorbance of vaccines and standards on a spectrophotometer at the maximum at 628 nm in a 1 cm cell, using the reagent blank as compensation liquid.

4 Calculations and Interpretation

Calculate total formaldehyde concentration (g/L) from the standard curve using linear regression (acceptable correlation coefficient [r] equal to or greater than 0.97).

Appendix

Formaldehyde level conversion table

G/L formaldehyde	% w/v formaldehyde	% v/v formaldehyde solution*	ppm formaldehyde
2.0	0.2	0.5	2,000
0.8	0.08	0.2	800
0.4	0.04	0.1	400
0.5	0.05	0.125	500
0.05	0.005	0.012,5	50
0.04	0.004	0.01	40

* based on 40% formaldehyde solution

References

Chandler, M.D. & G.N. Frerichs, Journal of Biological Standardization (1980) 8, 145-149.

Knight, H, & Tennant R.W.G. Laboratory Practice, (1973) 22, 169-173.

VICH GL26 (BIOLOGICALS: MOISTURE)
April 2002
For implementation at Step 7 - Final

TESTING OF RESIDUAL MOISTURE

Recommended for Implementation
on April 2002
by the VICH Steering Committee

This Guideline has been developed by the appropriate VICH Expert Working Group and was subject to consultation by the parties, in accordance with the VICH Process. At Step 7 of the Process the final draft is recommended for adoption to the regulatory bodies of the European Union, Japan and USA.

INTRODUCTION

1 Objective of Guideline

Freeze-dried veterinary vaccines always contain some water, commonly known as residual moisture (RM). It is important to determine the level of RM in final products, since a satisfactory test gives assurance of an adequate shelf life and that the manufacturer's freeze-dry cycle was properly controlled. The RM test should confirm that moisture level is consistently within the manufacturer's specification.

This document provides a guideline on the general requirements for residual moisture testing. The guideline leaves the flexibility for other test methods based on the specific scientific situations or characteristics of the target material. These variations must be stated in the manufacturer's production method and include equivalence data. It is recognized that the limits for the alternative equivalent assay may be different from the gravimetric assay.

2 Scope of Guideline

This guideline applies to final product testing for all freeze-dried new veterinary vaccines.

3 Background

Three common methods are generally recognized for use in determining residual moisture, these are:

• Titrimetric method, (Karl Fischer)

• Azeotropic method

• Gravimetric method.

Neither EU or USDA specify a test for residual moisture. The USA Code of Federal Regulations (9CFR 113.29) states " a suitable method used to determine the moisture content shall be described in an outline of production approved for filing by APHIS." The EU Directives/Guidelines state that each batch <of product> is tested for residual humidity and " Where applicable, the freeze-drying process is checked by a determination of water and shown to be within the limits set for the product." Japanese Standard Requirements specify the "loss on drying method."

4.General Principle

Residual moisture is determined by the gravimetric method as follows: Residual moisture is driven from the test product by heating under vacuum. The residual moisture content (as per cent) of the test product is calculated based the product weight loss during the drying cycle.

Residual Moisture Assay

1 Materials and equipment

1.1 Cylindrical weighing bottles: individually numbered with airtight glass stoppers.

1.2 Vacuum oven: equipped with validated thermometer and thermostat. A suitableair- drying device must be attached to the inlet valve.

1.3 Balance: capable of readability to 0.1 mg (rated precision ± 0.1 mg).

1.4 Desiccator: with phosphorus pentoxide, silica gel or equivalent.

1.5 Sample: desiccated veterinary vaccine in original sealed vial.

2 Preparation for the test

2.1 Preparation for the test: Environment Conduct all operations in an environment with a relative humidity less than 45%.

2.2 Preparation for the test: Weighing bottles

Label the weighing bottle for sample(s). Thoroughly clean weighing bottles.

Place stopper at an angle on top of bottle and dry for a minimum of 30 minutes at 60°C± 3°C under vacuum (<2.5 kPa). While hot, immediately transfer bottles and stoppers into a desiccator. Allow to cool to room temperature, close stopper, weigh and record the weights as "A". Return bottles to desiccator.

2.3 Preparation of the sample: Retain sample, in original airtight containers at room temperature until use. Do not break the seal until ready to proceed.

3 Performance of the test

3.1 Procedure

3.1.1 Break sample container seal. Using a spatula, break up desiccated product and rapidly transfer (minimum of 100 mg or the amount required for a precise determination at the lower limit, use more than one vial for single dose products if needed) to a previously weighed bottle. Close stopper and immediately weigh. Record the weight as "B".

3.1.2 Place the bottle with the stopper at an angle in the vacuum oven. Set vacuum to <2.5 kPa and the temperature to 60°C ± 3°C.

3.1.3 After a minimum of 3 hrs, turn off the vacuum pump and bleed dry air into the oven until the pressure inside of the oven is equalized with the atmosphere.

3.1.4 While the bottle is still warm, stopper bottle and transfer to desiccator, and allow to cool to room temperature (for a minimum of two hours or a time validated to yield a constant weight). Weigh, and record the weight as "C".

4 Calculations and Results

Calculate the residual moisture (%) as ((B−C) / (B−A)) × (100) A is tare weight of bottle.

B minus A is weight of sample before assay.

B minus C is weight equivalent to residual moisture of sample.

TESTING FOR THE DETECTION OF MYCOPLASMA CONTAMINATION

Adopted at Step 7 of the VICH Process by the VICH Steering Committee
in February 2013
for implementation by 28 February 2014.

This Guideline has been developed by the appropriate VICH Expert Working Group and is subject to consultation by the parties, in accordance with the VICH Process. At Step 7 of the Process the final draft is recommended for adoption to the regulatory bodies of the European Union, Japan and USA.

1 INTRODUCTION

1.1 Objective of the guideline

This VICH (International Cooperation on Harmonization of Technical Requirements for Registration of Veterinary Medicinal Products) guideline is intended to facilitate the harmonized licensing of new products for veterinary use. It is important that biological products for veterinary use are free of contamination with Mycoplasmas to help assure consistency of production and final product safety. Mycoplasma contaminants may be introduced into cell culture and *in ovo* origin biological products through the master seeds, the master cell seed (stock), starting materials of animal origin, and in processing of biological materials during passage and product assembly. Therefore it is necessary to demonstrate through testing that Mycoplasmas are not present, within the limits of the test, in the final product, working seeds and cells and harvests, and starting materials such as the master seed, master cell seed, and ingredients of animal origin. This guideline establishes stages of manufacture to be tested and test procedures to detect the presence of Mycoplasma contamination. It will provide a unified standard that will facilitate the mutual acceptance of test data by the relevant regulatory authorities. Methods proven equivalent to the guideline method by scientifically accepted criteria could also be acceptable.

1.2 Background

The present methods for testing for Mycoplasma contamination are described in the Japanese "Minimum requirements of biological products for animal use (2002)", the European Pharmacopoeia (7th Edition, 2011, 2.6.7), and the United States Code of Federal Regulations, Title 9, 113.28. These requirements are all similar in that they require testing for Mycoplasma contamination using a broth and agar technique. The requirements do however differ in the specifics of these broth and agar tests as well as other alternative test methods that are required or approved for use in detecting Mycoplasma contamination.

1.3 Scope of guideline

This guideline describes the manner in which tests conducted to detect the presence of Mycoplasma contamination in cell culture and *in ovo* origin biological products for veterinary use shall be done to assure the absence of Mycoplasma contamination.

Tests on master seeds, master cell seeds (stocks), working seeds and cells, ingredients of animal origin, harvests and live final vaccine and harvests for killed products are included. Bacterial products which grow in the mycoplasma test media and products for which mycoplasma contamination risk has been addressed through a validated mycoplasma inactivation procedure will be considered outside this guideline. The absence of mycoplasma contamination in eggs used for production is controlled by appropriate testing of the flock, which is not covered by this guideline.

1.4 Test Methods

The guideline describes two test methods: ① expansion in broth culture and detection by colony formation on nutrient agar plates; and ② expansion in cell culture and characteristic fluorescent staining of deoxyribonucleic acid (DNA) (a technique capable of detecting non-cultivatable strains).

A third test methodology, nucleic acid amplification (NAT), is acknowledged, but is not included in this guideline. The use of validated NAT techniques is currently approved or under consideration by regulatory authorities for more rapid detection confirmation, and strain identification. Appropriately validated NAT techniques may be used as an alternative to the broth/agar culture method and/or the indicator cell culture method provided the NAT test is shown to be at least equivalent in detection limit to the test methods in this guideline. A sample that tests positive by NAT may be directly considered unsuitable for use. If confirmation of the presence of living mycoplasma in the material under test is needed, the broth/agar culture method or the indicator cell culture method should be used. Evaluation of NAT method use is encouraged in parallel testing to further develop, compare, and refine the technique for possible inclusion in future versions of this guideline.

2 GUIDELINE FOR TESTING FOR MYCOPLASMA CONTAMINATION

2.1 General test procedures for detecting Mycoplasma contamination

The culture method using broth and agar is the fundamental method of Mycoplasma detection. A solid and liquid media culture method shall be used to test harvests or final batches of vaccine, and ingredients of animal origin. Master seed, master cell seed (stock), and working seed and cell lots shall be tested using both a solid and liquid media culture method and an indicator cell culture method with DNA stain.

Should either method result in a positive test for mycoplasma the sample is considered positive and is unsuitable for use.

Material	Broth & Agar Culture	DNA Stain
Master Seed & Master Cell Seed	Required	Required
Working Seed & Working Cell Seed	Required	Required
Ingredient of Animal Origin[1,2]	Required	
Harvest	When testing required[3]	
Final Product	When testing required[3]	

[1] Excluding eggs;

[2] Unless a validated mycoplasma inactivation procedure has been applied;

[3] The competent authorities require testing of different combinations of harvests and final product.

2.2 Culture test system validation

The culture method should be carried out to validate the detection limit of a laboratory's mycoplasma detection method. A sufficient number of both solid and liquid media shall be used to insure the growth of a low level of the following 5 strains of mycoplasmas.

Acholeplasma laidlawii

Mycoplasma hyorhinis

Mycoplasma orale

Mycoplasma synoviae

Mycoplasma fermentans

The species were selected to reflect a range (within a practical number) of antibiotic sensitivity (to detect inhibition of mycoplasma growth in the assay), fastidiousness, rapidity of growth, likelihood of being a contaminant, and pathogenicity in avian or mammalian target species. *Acholeplasma laidlawii* is a common cell culture contaminant of animal and possibly environmental origin. *Mycoplasma hyorhinis* is fastidious, a common cell culture contaminant of animal origin, and a mammalian pathogen. *Mycoplasma orale* is antibiotic sensitive and is a common cell culture contaminant of human origin. *Mycoplasma synoviae* is fastidious (having a nicotinamide-adenine-dinucleotide [DPN, NAD] and cysteine requirement) and is an avian pathogen. *Mycoplasma fermentans* is a slow-growing organism and a common cell culture contaminant of human origin.

References of the strains used to validate the laboratory mycoplasma contamination culture test system should be of low passage level (15 or less), and identified relative to type culture isolates, (see Appendix 3.2 for further information on reference strains). The reference strains used to validate the culture test system will be appropriate to the products tested (see table). Validation for *M. synoviae* is required when materials of avian origin are used at any stage in development and production. Validation for *M. hyorhinis* and *A. laidlawii* is required when materials of mammalian origin are used at any stage in development and production. Validation for *M. orale* is required when an antibiotic has been used at any stage in development and production. Reference Preparations shall be used to validate each production lot of broth and agar. At least one reference strain must be used as a control with each test.

Required Reference Organisms by: product type; test method, and presence of antibiotics

Vaccine type Antibiotic content Test Method	*A. laidlawii*	*M. orale*	*M. hyorhinis*	*M. synoviae*	*M. fermentans*
Avian *in ovo* origin vaccine Without Antibiotics Broth/Agar Method				×	×
Avian *in ovo* origin vaccine With Antibiotics Broth/Agar Method		×		×	×
Avian cell culture origin vaccine Without Antibiotics Broth/Agar Method	×			×	×
Avian cell culture origin vaccine With Antibiotics Broth/Agar Method	×	×		×	×
Mammalian cell culture origin vaccine Without Antibiotics Broth/Agar Method	×		×		×
Mammalian cell culture origin vaccine With Antibiotics Broth/Agar Method	×	×	×		×
Vaccine Without Antibiotics DNA Staining Method		×	×		
Vaccine With Antibiotics DNA Staining Method		×	×		

2.3 Culture Method

2.3.1 Incubation conditions

Incubate the broth culture medium or media in tightly stoppered containers in air. Incubate all agar plates under microaerophilic conditions (nitrogen containing 5-10% CO_2). For the solid medium or media, maintain an atmosphere of adequate humidity to prevent desiccation of the agar surface.

2.3.2 Nutritive properties of a new batch of medium

Each new lot (batch) of medium must be tested for the nutritive properties using references specified above in **Section 2.2**. Each testing laboratory must determine the inoculum for each of their references that will contain a low level (not more than 100 colony forming units [CFU]). Inoculate the solid medium with a low level (not more than 100 CFU) per 60 mm plate and per 100 ml container of broth medium. Use at least one agar plate and broth container for each reference. Incubate the agar and broth media and make subcultures from the broth onto agar at the specified intervals. The agar medium batch complies with the test for nutritive properties if for all the references specified, growth obtained does not differ by a factor greater than 5 from the value calculated with respect to the inoculum. The broth complies if Mycoplasma growth on those agar plates subcultured from the broth is achieved for each reference specified. Media formulations found effective are included in **Appendix 3.1** of this guideline.

2.3.3 Inhibitory substances

Carry out the test for nutritive properties in the presence and absence of the material to be tested at the time of prelicense and whenever there is a change in the production method that may affect the detection of mycoplasmas. If growth of the references occurs more than one sub-culture sooner without the test material than with the test material, or if plates directly inoculated with the test material have less than one-fifth of the colonies of those directly inoculated without the test material, the test material contains inhibitory substances.

These substances must be neutralized or their effect otherwise countered, e.g., through passage in substrates not containing inhibitors or dilution in a larger volume of medium, before the test for mycoplasma contamination is carried out. For the dilution technique, larger medium volumes may be used or the inoculum volume may be divided among multiple 100 ml flasks. The effectiveness of the neutralization or other process is confirmed by repeating the test for inhibitory substances after neutralization.

2.3.4 Test method

2.3.4.1 The amount of inoculum for each plate of solid medium is 0.2 ml of product to be examined. When an assay for mycoplasma concerns master and working seeds, master and working cells, and ingredients of animal origin a volume of not less than 10 ml of undiluted sample shall be tested in each liquid medium. The volume of final product to be tested in each liquid medium shall be as required by the regulatory authority issuing the marketing authorization. These are currently not less than 1 ml in Japan and the US and not less than 10 ml in the EU. Incubate the agar plates at 35°C to 38°C, microaerophilically, for 10-14 days in an atmosphere of adequate humidity to prevent desiccation of the surface. Incubate the liquid media at 35° C to 38° C in tightly stoppered containers in air for 20-21 days. At the same time incubate an uninoculated 100 ml portion of each liquid medium and agar plates as a negative control. If any significant pH change occurs upon the addition of the product to be examined (this should be determined at the time of prelicense), the liquid medium shall be restored to its original pH value by the addition of a solution of either sodium hydroxide or hydrochloric acid. Between the 2nd and 4th day after inoculation, subculture each liquid culture by inoculating at least 1 plate of each solid medium with 0.2 ml and incubate them at 35°C to 38°C microaerophilically for 10-14 days. Repeat the procedure between the 6th and 8th day, again between the 13th and 15th day, and again between the 19th and 21st day of the test. Incubate those agar plates inoculated on day 19, 20, or 21 for 7 days. Observe the liquid medium or media every 2 or 3 days and if a color change occurs, subculture. Color change detection requires the addition of phenol red to the media.

2.3.4.2 If the liquid medium or media shows bacterial or fungal contamination, repeat the test. If it is not possible to read at least one plate per inoculation day, the test must be repeated.

2.3.4.3 Include in the test, positive controls prepared by inoculating a low level (not more than 100 CFU) of at least one of the reference species onto the agar plates and into the broth medium or media. If the test is run on a routine basis, the control species should be rotated on a regular basis. This control shall be used in each test conducted with a medium that has been validated for nutritive properties using references determined by the types of products being tested as specified in **Section 2.2** of this guideline.

2.3.5 Judgment of the culture method

At the end of the incubation period, examine all the inoculated solid media microscopically for the presence of mycoplasma colonies. The product is negative for Mycoplasma contamination if the growth of typical Mycoplasma colonies has not occurred on any of the inoculated solid media. If growth of typical Mycoplasma colonies has occurred on any of the solid media, the test and sample tested are considered positive for Mycoplasma contamination. The test is invalid if the positive controls do not show growth of mycoplasma on at least one subculture plate or the negative controls are positive for mycoplasma contamination. If either of the controls is invalid the test must be repeated. If suspect colonies are observed, confirmation of mycoplasma contamination may be accomplished using an appropriate and validated method.

2.4 Indicator cell culture method

Cell cultures are stained with a fluorescent dye that binds to DNA. Mycoplasmas are detected by their characteristic particulate or filamentous pattern of fluorescence on the cell surface, and if contamination is heavy, in the surrounding areas. Mitochondria in the cytoplasm may be stained, but may be differentiated from mycoplasma.

2.4.1 Validation of the indicator cell culture method

Using a VERO or other equivalent in efficiency indicator cell culture substrate, validate the procedure using an inoculum not more than 100 CFU or CFU-like micro-organisms of appropriate references of *M. hyorhinis* and *M. orale*. Both references must be positive when stained with the DNA stain at the end of the test.

If for viral, etc., suspensions the interpretation of results is affected by cytopathic effects, the virus may be neutralized using a specific antiserum that has no inhibitory effects on mycoplasmas, or an alternative cell culture substrate that does not allow the growth of the virus may be used. To demonstrate the absence of inhibitory effects of serum, carry out the positive control tests in the presence of neutralizing antiserum. Antiserum lots may be qualified once rather than at use.

2.4.2 Test method

2.4.2.1 Seed the indicator cell culture at a suitable density that will yield confluence of the cells after 3 days of growth (example: 2×10^4 to 2×10^5 cells per ml, 4×10^3 to 2.5×10^4 cells/cm^2) in a cell culture vessel of not less than 25 cm^2. The indicator cell culture should be sub- cultured without antibiotic prior to use. Inoculate 1 ml of the sample to be examined into the cell culture vessel and incubate at 35° C to 38° C.

2.4.2.2 After at least 3 days of incubation and the cells have grown to confluence, make a subculture onto cover slips in suitable containers or on some other surface (chambered slides) suitable for the test procedure. Seed the cells in the second subculture at a low density so that they reach only 50% confluence after 3-5 days of incubation. Complete confluence must be avoided because it impairs visualization of mycoplasmas after staining.

2.4.2.3 Remove medium from cover slips or chambered slides. Rinse the monolayer of indicator cells with phosphate buffered saline (PBS) and then fix with glacial acetic acid/methanol (1 to 3) or some other suitable fixing solution.

2.4.2.4 Remove the fixing solution and discard. Wash the fixing solution with sterile water and dry slides completely if they are to be stained more than one hour later.

2.4.2.5 Add a suitable fluorescent dye that binds to DNA such as bisbenzimide stain (Hoechst compound 33258, bisbenzimidazole, 5 ug/L) and allow to stain for a suitable time.

2.4.2.6 Remove the stain and rinse the monolayer with water. Mount the cover slips if applicable and examine the slides by fluorescence (for bisbenzimide stain use a 330 nm/380 nm excitation filter, LP 440 nm barrier filter) at 400 × magnification or greater.

2.4.2.7 Compare the microscopic appearance of the test cultures with that of the negative and reference controls, examining for extranuclear fluorescence. Mycoplasmas produce pinpoints or filaments over the indicator cell's cytoplasm. They may also produce pinpoints and filaments in the intercellular spaces. Multiple microscopic fields as validated should be examined.

2.4.3 Judgment of the indicator cell culture method

The product being examined is negative for Mycoplasma contamination if there is no evidence of pinpoints or filaments of extranuclear fluorescence. If the slides inoculated with the product contain evidence of pinpoints or extranuclear fluorescence indicative of Mycoplasma, the test and sample tested are considered positive for

Mycoplasma contamination. The test is invalid if the positive controls do not show the presence of the appropriate extranuclear fluorescence of the reference organisms or the negative cell controls contain extranuclear fluorescence. If either of the controls is invalid the test must be repeated.

3 APPENDICES

3.1 Regional examples of suitable broth and agar formulations

9 CFR Mycoplasma Broth

Heart Infusion Broth	62.5 g
Proteose Peptone #3	25.0 g
Yeast Extract	12.5 ml
1% Thallium Acetate	62.5 ml
1% Tetrazolium Chloride	13.75 ml
Penicillin (100,000 units/ml)	12.5 ml
Heat inactivated Horse Serum	250 ml
H_2O	2,425 ml

Mix all ingredients well and adjust pH to 7.9 with 10 Normal NaOH.

Filter sterilize through a 0.2 μ filter. Dispense into sterile test vessels. Add DPN/L-Cysteine solution before use, 2 ml/100 ml of broth.

9 CFR Mycoplasma Agar

Heart Infusion Agar	25 g
Heart Infusion Broth	10 g
Proteose Peptone #3	10 g
1% Thallium Acetate	25 ml
H_2O	995 ml
Heat Inactivated Horse Serum	126 ml
Yeast Extract	5 ml
Penicillin (100,000 units/ml)	5.2 ml
DPN/L-Cysteine	21 ml

Combine heart infusion agar, heart infusion broth, proteose peptone #3, Thallium acetate, and H_2O.

Mix and bring to boil, then cool. Adjust the pH to 7.9 with 10 Normal NaOH. Autoclave 20 min. at 121° C. Cool in water bath to 56°C.

Aseptically add: horse serum, yeast extract, Penicillin, and DPN/L-Cysteine. Dispense 12 ml into each 15mm × 60 mm petri dish.

DPN/L-Cysteine solution

Nicotiamide-adenine-dinucleotide (DPN, NAD)	5 g
Q.S. with H_2O to	500 ml
L-Cysteine	5 g
Q.S. with H_2O to	500 ml

Mix each chemical separately until dissolved. Mix the two solutions and filter sterilize.

Japanese Liquid Medium for Mycoplasma

Basal Medium

50 % w/v Bovine Cardiac Muscle Extract	100 ml

Meat Peptone	10 g
Sodium Chloride	5 g
Glucose	1 g
Sodium L-glutamate	0.1 g
L-arginine hydrochloride	1 g
H_2O	QS to 1,000 ml

Filter sterilize through 0.22 μ membrane filter or sterilize at 121° C for 15 min. Adjust the pH of the medium after sterilization to 7.2-7.4.

Additives for 77 ml of the Basal medium;

Horse Serum	10 ml
Inactivated Porcine Serum	5 ml
25% w/v Fresh Yeast Extract	5 ml
1% w/v β-NAD (oxidized)	1 ml
1% w/v L-cysteine HCL (1 H_2O)	1 ml
0.2% w/v phenol red	1 ml

Previously filter sterilize the additives and aseptically add to the sterilized basal medium. The additives which can be sterilized by high pressure can be autoclaved. Penicillin G potassium, 500 units/ml of the medium, and/or Thallium acetate, 0.02 % w/v, can be added.

Japanese Agar Medium for Mycoplasma

Basal Medium	78 ml
Agar	1 g

Sterilize by autoclaving 121°C for 15 min.

Additives:

Horse Serum	10 ml
Inactivated Porcine Serum	5 ml
25 % w/v fresh yeast extract	5 ml
1 % w/v β-NAD (oxidized)	1 ml
1 % w/v L-cysteine HCl (1 H_2O)	1 ml

Penicillin G potassium, 500 units per ml of medium, and/or thallium acetate, 0.02 % w/v can be added.

Add the additives to basal/agar medium which has been liquefied by heating, and divide into sterile petri dishes, 45-55 mm. Cool and allow to solidify.

EP Hayflick media (Recommended media for the general detection of *mycoplasmas*)

Liquid Medium:

Beef Heart Infusion Broth (1)	90 ml
Horse Serum (unheated)	20 ml
Yeast Extract (250 g/L)	10 ml
Phenol Red (0.6 g/L solution)	5 ml
Penicillin (20,000 I.U. per ml)	0.25 ml
Deoxyribonucleic acid (2 g/L solution)	1.2 ml

Adjust to pH 7.8.

Solid Medium:

Prepare as described for the liquid medium above but replace beef heart infusion broth with beef heart infusion agar containing 15 g/L of agar.

EP Frey media (Recommended Media for the detection of *M. synoviae*)

Liquid Medium:

Beef Heart Infusion Broth (1)	90 ml
Essential Vitamins (2)	0.025 ml
Glucose monohydrate (500 g/L solution)	2 ml
Swine serum (inactivated at 56°C for 30 min.)	12 ml
β-Nicotinamide adenine dinucleotide (10 g/L solution) 1 ml	
Cysteine hydrochloride (10 g/L solution)	1 ml
Phenol Red (0.6 g/L solution)	5 ml
Penicillin (20,000 I.U. per ml)	0.25 ml

Mix the solutions of β-nicotinamide adenine dinucleotide and cysteine hydrochloride and after 10 minutes, add the other ingredients. Adjust pH to 7.8.

Solid Medium:

Beef Heart Infusion Broth (1)	90 ml
Ionagar (3)	1.4 g

Adjust pH to 7.8, and sterilize by autoclaving, then add:

Essential Vitamins (2)	0.025 ml
Glucose monohydrate (500 g/L solution)	2 ml
Swine serum (unheated)	12 ml
β-Nicotinamide adenine dinucleotide (10g/L solution)	1 ml
Cysteine hydrochloride (10 g/L solutions)	1 ml
Phenol Red (0.6 g/L solution)	5 ml
Penicillin (20,000 I.U. per ml)	0.25 ml

EP Friis media (Recommended Media for the Detection of Non-avian Mycoplasmas)

Liquid Medium:

Hank's Balanced Salt Solution (modified) (4)	800 ml
H_2O	67 ml
Brain Heart Infusion (5)	135 ml
PPLO Broth	248 ml
Yeast Extract (170 g/L)	60 ml
Bacitracin	250 mg
Meticillin	250 mg
Phenol Red (5 g/L)	4.5 ml
Horse Serum	165 ml
Swine Serum	165 ml

Adjust the pH to 7.40-7.45

Solid Medium:

Hank's Balanced Salt Solution (modified) (4)	200 ml
DEAE-dextran	200 mg
Ionagar (3)	15.65 g

Mix well and sterilize by autoclaving. Cool to 100°C. Add this to 1,740 ml of the liquid medium described above.

EP Media Sub parts

(1) Beef Heart Infusion Broth

Beef Heart (for preparation of the infusion)	500 g
Peptone	10 g
Sodium Chloride	5 g
H_2O	QS to 1,000 ml

Sterilize by autoclaving.

(2) Essential Vitamins

Biotin	100 mg
Calcium pantothenate	100 mg
Choline chloride	100 mg
Folic acid	100 mg
i-Inositol	200 mg
Nicotinamide	100 mg
Pyridoxal hydrochloride	100 mg
Riboflavin	10 mg
Thiamine hydrochloride	100 mg
H_2O	QS to1,000 ml

(3) Ionagar

A highly refined agar for use in microbiology and immunology, prepared by an ion- exchange procedure which results in a product having superior purity, clarity, and gel strength.

It contains approximately:

H_2O	12.2 %
Ash	1.5 %
Acid insoluble ash	0.2 %
Chlorine	0.0 %
Phosphate (calculated as P_2O_5)	0.3 %
Total Nitrogen	0.3 %
Copper	8 ppm
Iron	170 ppm
Calcium	0.28 %
Magnesium	0.32 %

(4) Hank's Balanced Salt Solution (modified)

Sodium chloride	6.4 g
Potassium chloride	0.32 g
Magnesium sulphate heptahydrate	0.08 g
Magnesium chloride hexahydrate	0.08 g
Calcium chloride, anhydrous	0.112 g
Disodium hydrogen phosphate dihydrate	0.059,6 g
Potassium dihydrogen phosphate, anhydrous	0.048 g
H_2O	QS to 800 ml

(5) Brain heart infusion

Calf brain infusion	200 g
Beef heart infusion	250 g
Proteose peptone	10 g
Glucose	2 g
Sodium chloride	5 g
Disodium hydrogen phosphate, anhydrous	2.5 g
H_2O	QS to 1,000 ml

(6) PPLO broth

Beef heart infusion	50 g
Peptone	10 g
Sodium chloride	5 g
H_2O	QS to 1,000 ml

Bisbenzimide stain solution for DNA Staining

Hoechst compound 33258 (bisbenzimidazole), 5 μg per liter of buffered aqueous solution.

Note: The solution should be protected from light.

3.2 Mycoplasma References

Standardization of testing between laboratories and between regions would be enhanced by use of references common within or between regions, This has been shown to be presently impractical due to the difficulty of producing consistent batches of lyophilized references and the shipping issues with frozen references. Therefore, regions or laboratories may use their own references, providing that they are of low passage level (15 or less), identified relative to type culture isolates, stable, and appropriately validated as suitable for use in the context of this guideline. It is strongly recommended to include in the validation of detection limit a comparison to the EDQM reference strains (described below) for international recognition. Regions or laboratories may produce their own validated references, or may acquire commonly available and appropriately validated references, such as the following produced by the EDQM.

The 5 strains of Mycoplasma listed in **Section 2.3** were isolated by laboratories of the European Union and donated to the European Directorate for the Quality of Medicines and HealthCare (EDQM). EDQM produced a sufficient quantity of these frozen references, and performed an intra-region EU validation/stability study (C. Milne, A. Daas. Establishment of European Pharmacopoeia Mycoplasma Reference Strains.

Pharmeuropa Bio 2006(1):57-72). Completion of further validation studies by the regulatory agencies and the industries in Japan, USA, and Canada confirmed that the strains are very suitable for use in the context of this guideline. (VICH Collaborative Study on the Ph. Eur. Mycoplasma Reference Strains: EDQM Report Compiling and Analysing the Data Set for the VICH Collaborative Study on the European Pharmacopoeia Mycoplasma Reference Strains, EDQM Administrator Representative, C. Milne, 2010.) The BQMEWG commends the Staff at the EDQM for their efforts and perseverance in producing and validating these very excellent references.

For DNA staining validation, the following strains may also prove useful:

M. hyorhinis——ATCC 29052

M. orale——ATCC 23714

3.3 Glossary

Batch (lot, serial) of starting material of animal origin

The total quantity of homogenous material (e.g., cells, serum) identified by a unique serial number.

Cell-seed system

A system whereby successive final lots (batches) of a product are manufactured by culture in cells derived from the same master cell seed. A number of containers from the master cell seed are used to prepare a working cell seed.

Cell lines

Cultures of cells >10 passages or subcultures from the tissue of origin and having a high capacity for multiplication *in-vitro.*

Final product, batch, lot, or serial

A collection of closed, final containers or other final dosage units that are expected to be homogeneous and equivalent with respect to risk of contamination during filling or preparation of the final product. The dosage units are filled, or otherwise prepared, from the same final bulk product, freeze-dried together (if applicable) and closed in one continuous working session. They bear a distinctive number or code identifying the final lot (batch, serial). Where a final bulk product is filled and/or freeze-dried on several separate sessions, there results a related set of final lots (batches, serials) that are usually identified by the use of a common part in the distinctive number or code; these related final lots (batches, serials) are sometimes referred to as sub-batches, subserials, sub-lots or filling lots. For the purposes of mycoplasma testing, a single sub-batch may be considered representative of the batch.

Harvests

Material derived on one or more occasions from a single production culture inoculated with the same working seed lot (single harvest) or pooled material containing a single strain or type of micro-organism or antigen and derived from a number of eggs, cell culture containers, etc. that are processed at the same time (monovalent pooled harvest).

Master cell seed (stock)

A collection of aliquots of cells (primary or cell line) of a single passage level for use in the preparation of the product, distributed into containers in a single operation, processed together and stored in such a manner as to ensure uniformity and stability and to prevent contamination. Master cell seed is usually stored at temperatures of -70 ℃ or lower.

Master seed

A collection of closed containers of a culture of micro-organisms of a single passage level used for the production of all batches of a designated veterinary biological product, distributed from a single bulk into containers and processed together in a single operation in such a manner as to ensure uniformity and stability and to prevent contamination.

Microaerophilic condition

A nitrogen atmosphere containing 5%-10% carbon dioxide and sufficient humidity to prevent drying of the agar plates.

Passage

One transfer of cells or microorganisms followed by the normally used incubation period for the cell or microorganism concerned.

Primary cell cultures

Primary cell cultures are cultures of cells essentially unchanged from those in the animal tissues from which they have been prepared and being no more than 10 *in-vitro* passages to the test level from the initial preparation from the animal tissue. The first *in-vitro* cultivation is regarded as the first passage of the cells

Seed-lot system:

A system in which successive batches of a product are derived from the same master seed virus. For routine production, a working seed virus may be prepared from the master seed virus.

Working cell seed (stock)

A collection of aliquots of cells derived from the master cell seed and at the passage level used in the preparation of production cell cultures. The working cell seed is distributed into containers, processed and stored as described for master cell seed. The term includes production cell seed.

Working References

A passage of the Reference strains of Mycoplasma produced in the testing laboratory for use as controls to satisfy the reference requirements specified in this document.

Working seed

A collection of aliquots of a microorganism derived from the master seed virus and at the passage level used in the preparation of product. Working seed virus is distributed into containers and stored as described for master seed virus. The term includes production seed.

VICH GL17 (STABILITY 4)
June 2000
For implementation at Step 7

STABILITY TESTING OF NEW BIOTECHNOLOGICAL/BIOLOGICAL VETERINARY MEDICINAL PRODUCTS

Recommended for Implementation
at Step 7 of the VICH Process
on 15 June 2000
by the VICH Steering Committee

This Guideline has been developed by the appropriate VICH Expert Working Group on the basis of the ICH guidelines on the same subject and was subject to consultation by the parties, in accordance with the VICH Process. At Step 7 of the Process the final draft is recommended for adoption to the regulatory bodies of the European Union, Japan and USA.

1 PREAMBLE

2 SCOPE OF THE ANNEX

3 TERMINOLOGY

4 SELECTION OF BATCHES

4.1 Drug Substance (Bulk Material)

4.2 Intermediates

4.3 Drug Product (Finished Product)

4.4 Sample Selection

4.5 Container/Closure

5 STABILITY-INDICATING PROFILE

5.1 Protocol

5.2 Potency

5.3 Purity and Molecular Characterization

5.4 Other Product Characteristics

6 STORAGE CONDITIONS

6.1 Temperature

6.2 Humidity

6.3 Accelerated and Stress Conditions

6.4 Light

7 USAGE CONDITIONS

7.1 Stability after First Opening or Reconstitution of Freeze-Dried Product

7.2 Multiple-Dose Vials

8 TESTING FREQUENCY

9 SPECIFICATIONS

10 LABELING

11 GLOSSARY

1 PREAMBLE

The guidance stated in the VICH harmonized tripartite guideline entitled "Stability Testing of New Veterinary Drug Substances and Medicinal Products", (GL3) applies in general to new biotechnological/biological products. However, biotechnological/biological products have distinguishing characteristics to which consideration should be given in any well-defined testing program designed to confirm their stability during the intended storage period. For such products in which the active components are typically well-characterized proteins and/or polypeptides, maintenance of molecular conformation and, hence, of biological activity, is dependent on noncovalent as well as covalent forces. The products are particularly sensitive to environmental factors such as temperature changes, oxidation, light, ionic content, and shear. To ensure maintenance of biological activity and to avoid degradation, stringent conditions for their storage are usually necessary.

The evaluation of stability may necessitate complex analytical methodologies. Assays for biological activity, where applicable, should be part of the pivotal stability studies.

Appropriate physicochemical, biochemical, and immunochemical methods for the analysis of the molecular entity and the quantitative detection of degradation products should also be part of the stability program whenever purity and molecular characteristics of the product permit use of these methodologies.

With these concerns in mind, the applicant should develop the proper supporting stability data for a new biotechnological/biological product and consider many external conditions that can affect the product's potency, purity, and quality. Primary data to support a requested storage period for either drug substance or drug product should be based on long-term, real-time, real-condition stability studies. Thus, the development of a proper long-term stability program becomes critical to the successful development of a commercial product. The purpose of this document is to give guidance to applicants regarding the type of stability studies that should be provided in support of marketing applications. It is understood that during the review and evaluation process, continuing updates of initial stability data may occur.

2 SCOPE OF THE ANNEX

The guidance stated in this annex applies to products composed of well-characterized proteins and polypeptides, and their derivatives which are isolated from tissues, body fluids, cell cultures, or produced using recombinant deoxyribonucleic acid (r-DNA) technology.

Thus, the document covers the generation and submission of stability data for products such as cytokines, growth hormones and growth factors, insulins, monoclonal antibodies, and those vaccines which consist of well-characterized proteins or polypeptides even when chemically synthesized. This document dose not cover antibiotics, heparins, vitamins, cell metabolites, DNA products, allergenic extracts, conventional vaccines, cells, whole blood, and cellular blood components.

3 TERMINOLOGY

For the basic terms used in this annex, the reader is referred to the "Glossary" in "Stability Testing of New Veterinary Drug Substances and Medicinal Products." However, because manufacturers of biotechnological/biological products sometimes use traditional terminology, traditional terms are specified in parentheses to assist the reader. A supplemental glossary is also included that explains certain terms used in the production of biotechnological/biological products.

4 SELECTION OF BATCHES

4.1 Drug Substance (Bulk Material)

Where bulk material is to be stored after manufacture, but before formulation and final manufacturing, stability data should be provided on at least three batches for which manufacture and storage are representative of the manufacture scale of production. A minimum of six months stability data at the time of submission should be submitted in cases where storage periods greater than six months are requested. For drug substances with storage periods of less than six months, the minimum amount of stability data in the initial submission should be determined on a case-by-case basis. Data from pilot-plant scale batches of drug substance produced at a reduced scale of fermentation and purification may be provided at the time the dossier is submitted to the regulatory agencies with a commitment to place the first three manufacturing scale batches into the long-term stability program after approval.

The overall quality of the batches of drug substance placed on formal stability studies should be representative of the quality of the material used in preclinical and clinical studies and of the quality of the material to be made at manufacturing scale. In addition, the drug substance (bulk material) made at pilot-plant scale should be produced by a process and stored under conditions representative of that used for the manufacturing scale. The drug substance entered into the stability program should be stored in containers that properly represent the actual holding containers used during manufacture. Containers of reduced size may be acceptable for drug substance stability testing provided that they are constructed of the same material and use the same type of container/closure system that is intended to be used during manufacture.

4.2 Intermediates

During manufacture of biotechnological/biological products, the quality and control of certain intermediates may be critical to the production of the final product. In general, the manufacturer should identify intermediates and generate in-house data and process limits that assure their stability within the bounds of the developed process. Although the use of pilot-plant scale data is permissible, the manufacturer should establish the suitability of such data using the manufacturing scale process.

4.3 Drug Product (Finished Product)

Stability information should be provided on at least three batches of finished product representative of that which will be used at manufacturing scale. Where possible, batches of finished product included in stability testing should be derived from different batches of bulk material. A minimum of six months data at the time of submission should be submitted in cases where storage periods greater than six months are requested. For drug products with storage periods of less than six months, the minimum amount of stability data in the initial submission should be determined on a case-by-case basis. Product expiration dating should be based upon the actual data submitted in support of the application. Because dating is based upon the real-time/real-temperature data submitted for review, continuing updates of initial stability data should occur during the review and evaluation process. The quality of the finished product placed on stability studies should be representative of the quality of the material used in the preclinical and clinical studies. Data from pilot-plant scale batches of drug product may be provided at the time the dossier is submitted to the regulatory authorities with a commitment to place the first three manufacturing scale batches into the long-term stability program after approval. Where pilot-plant scale batches were submitted to establish the dating for a product and, in the event that the product produced at manufacturing scale does not meet those long-term stability specifications throughout the dating period or is not representative of the material used in preclinical and clinical studies, the applicant should notify the appropriate regulatory authorities to determine a suitable course of action.

4.4 Sample Selection

Where one product is distributed in batches differing in fill volume (e.g., 1 milliliter (ml), 2 ml, or 10 ml), unitage (e.g., 10 units, 20 units, or 50 units), or mass (e.g., 1 milligram (mg), 2 mg, or 5 mg), samples to be entered into the stability program may be selected on the basis of a matrix system and/or by bracketing.

Matrixing, i.e., the statistical design of a stability study in which different fractions of samples are tested at different sampling points, should only be applied when appropriate documentation is provided that confirms that the stability of the samples tested represents the stability of all samples. The differences in the samples for the same drug product should be identified as, for example, covering different batches, different strengths, different sizes of the same closure, and, possibly, in some cases, different container/closure systems.

Matrixing should not be applied to samples with differences that may affect stability, such as different strengths and different containers/closures, where it cannot be confirmed that the products respond similarly under storage conditions.

Where the same strength and exact container/closure system is used for three or more fill contents, the manufacturer may elect to place only the smallest and largest container size into the stability program, i.e., bracketing. The design of a protocol that incorporates bracketing assumes that the stability of the intermediate condition samples are represented by those at the extremes. In certain cases, data may be needed to demonstrate that all samples are properly represented by data collected for the extremes.

4.5 Container/Closure

Changes in the quality of the product may occur due to the interactions between the formulated biotechnological/biological product and container/closure. Where the lack of interactions cannot be excluded in liquid products (other than sealed ampoules), stability studies should include samples maintained in the inverted or horizontal position (i.e., in contact with the closure), as well as in the upright position, to determine the effects of the closure on product quality. Data should be supplied for all different container/closure combinations that will be marketed.

5 STABILITY-INDICATING PROFILE

On the whole, there is no single stability-indicating assay or parameter that profiles the stability characteristics of a biotechnological/biological product. Consequently, the manufacturer should propose a stability-indicating profile that provides assurance that changes in the identity, purity, and potency of the product will be detected.

At the time of submission, applicants should have validated the methods that comprise the stability-indicating profile, and the data should be available for review. The determination of which tests should be included will be product-specific. The items emphasized in the following subsections are not intended to be all-inclusive, but represent product characteristics that should typically be documented to demonstrate product stability adequately.

5.1 Protocol

The dossier accompanying the application for marketing authorization should include a detailed protocol for the assessment of the stability of both drug substance, when applicable, and drug product in support of the proposed storage conditions and expiration dating periods. The protocol should include all necessary information that demonstrates the stability of the biotechnological/biological product throughout the proposed expiration dating period including, for example, well-defined specifications and test intervals. The statistical methods that should be used are described in the tripartite guideline on stability.

5.2 Potency

When the intended use of a product is linked to a definable and measurable biological activity, testing for potency should be part of the stability studies. For the purpose of stability testing of the products described in this guideline, potency is the specific ability or capacity of a product to achieve its intended effect. It is based on the measurement of some attribute of the product and is determined by a suitable quantitative method. In general, potencies of biotechnological/biological products tested by different laboratories can be compared in a meaningful way only if expressed in relation to that of an appropriate reference material. For that purpose, a reference material calibrated directly or indirectly against the corresponding national or international reference material should be included in the assay if possible.

Potency studies should be performed at appropriate intervals as defined in the stability protocol and the results should be reported in units of biological activity calibrated, whenever possible, against nationally or internationally recognized standards. Where no national or international reference standards exist, the assay results may be reported in in-house derived units using a characterized reference material.

In some biotechnological/biological products, potency is dependent upon the conjugation of the active ingredient(s) to a second moiety or binding to an adjuvant. Dissociation of the active ingredient(s) from the carrier used in conjugates or adjuvants should be examined in real-time/real-temperature studies (including conditions encountered during shipment). The assessment of the stability of such products may be difficult because, in some cases, *in vitro* tests for biological activity and physicochemical characterization are impractical or provide inaccurate results. Appropriate strategies (e.g., testing the product before conjugation/binding, assessing the release of the active compound from the second moiety, *in vivo* assays) or the use of an appropriate surrogate test should be considered to overcome the inadequacies of *in vitro* testing. In many cases, the validated *in vivo* potency test will indicate that there has been no significant dissociation.

5.3 Purity and Molecular Characterization

For the purpose of stability testing of the products described in this guideline, purity is a relative term. Because of the effect of glycosylation, deamidation, or other heterogeneities, the absolute purity of a biotechnological/ biological product is extremely difficult to determine. Thus, the purity of a biotechnological/biological product should be typically assessed by more than one method and the purity value derived is method-dependent. For the purpose of stability testing, tests for purity should focus on methods for determination of degradation products.

The degree of purity, as well as the individual and total amounts of degradation products of the biotechnological/biological product entered into the stability studies, should be reported and documented whenever possible and necessary. Limits of acceptable degradation should be derived from the analytical profiles of batches of the drug substance and drug product used in the preclinical and clinical studies.

The use of relevant physicochemical, biochemical, and immunochemical analytical methodologies should permit a comprehensive characterization of the drug substance and/or drug product (e.g., molecular size, charge, hydrophobicity) and the accurate detection of degradation changes that may result from deamidation, oxidation, sulfoxidation, aggregation, or fragmentation during storage. As examples, methods that may contribute to this include electrophoresis (SDS-polyacrylamide gel electrophoresis, immunoelectrophoresis, Western blot, isoelectrofocusing), high-resolution chromatography (e.g., reversed-phase chromatography, gel filtration, ion exchange, affinity chromatography), and peptide mapping.

Wherever significant qualitative or quantitative changes indicative of degradation product formation are detected during long-term, accelerated, and/or stress stability studies, consideration should be given to potential hazards and to the need for characterization and quantification of degradation products within the long-term stability program. Acceptable limits should be proposed and justified, taking into account the levels observed in material used in preclinical and clinical studies.

For substances that cannot be properly characterized or products for which an exact analysis of the purity cannot be determined through routine analytical methods, the applicant should propose and justify alternative testing procedures.

5.4 Other Product Characteristics

The following product characteristics, though not specifically relating to biotechnological/biological products, should be monitored and reported for the drug product in its final container:

Visual appearance of the product (color and opacity for solutions/suspensions; color, texture, and dissolution time for powders), visible particulates in solutions or after the reconstitution of powders or lyophilized cakes, pH, and moisture level of powders and lyophilized products.

Sterility testing or alternatives (e.g., container/closure integrity testing) should be performed at a minimum initially and at the end of the proposed shelf life.

Additives (e.g., stabilizers, preservatives) or excipients may degrade during the dating period of the drug product. If there is any indication during preliminary stability studies that reaction or degradation of such materials adversely affects the quality of the drug product, these items may need to be monitored during the stability program.

The container/closure has the potential to affect the product adversely and should be carefully evaluated.

6 STORAGE CONDITIONS

6.1 Temperature

Because most finished biotechnological/biological products need precisely defined storage temperatures, the storage conditions for the real-time/real-temperature stability studies may be confined to the proposed storage temperature.

6.2 Humidity

Biotechnological/biological products are generally distributed in containers protecting them against humidity. Therefore, where it can be demonstrated that the proposed containers (and conditions of storage) afford sufficient protection against high and low humidity, stability tests at different relative humidities can usually be omitted. Where humidity-protecting containers are not used, appropriate stability data should be provided.

6.3 Accelerated and Stress Conditions

As previously noted, the expiration dating should be based on real-time/real-temperature data. However, it is strongly suggested that studies be conducted on the drug substance and drug product under accelerated and stress conditions. Studies under accelerated conditions may provide useful support data for establishing the expiration date, provide product stability information for future product development (e.g., preliminary assessment of proposed manufacturing changes such as change in formulation, scale-up), assist in validation of analytical methods for the stability program, or generate information that may help elucidate the degradation profile of the drug substance or drug product.

Studies under stress conditions may be useful in determining whether accidental exposures to conditions other than those proposed (e.g., during transportation) are deleterious to the product and also for evaluating which specific test parameters may be the best indicators of product stability. Studies of the exposure of the drug substance or drug product to extreme conditions may help to reveal patterns of degradation; if so, such changes should be monitored under proposed storage conditions. Although the tripartite guideline on stability describes the conditions of the accelerated and stress study, the applicant should note that those conditions may not be appropriate for biotechnological/biological products. Conditions should be carefully selected on a case-by-case basis.

6.4 Light

Applicants should consult the appropriate regulatory authorities on a case-by-case basis to determine guidance for testing.

7 USAGE CONDITIONS

7.1 Stability after First Opening or Reconstitution of Freeze-Dried Product

The stability of freeze-dried products after their reconstitution should be demonstrated for the conditions and the maximum storage period specified on containers, packages, and/or package inserts. Such labeling should be in accordance with relevant national/regional requirements.

7.2 Multiple-Dose Vials

In addition to the standard data necessary for a conventional single-use vial, the applicant should demonstrate that the closure used with a multiple-dose vial is capable of withstanding the conditions of repeated insertions and withdrawals so that the product retains its full potency, and quality for the maximum period specified in the instructions-for-use on containers, packages, and/or package inserts. Such labeling should be in accordance with relevant national/regional requirements.

8 TESTING FREQUENCY

The shelf-lives of biotechnological/biological products may vary from days to several years. Thus, it is difficult to draft uniform guidelines regarding the stability study duration and testing frequency that would be applicable to all types of biotechnological/biological products. With only a few exceptions, however, the shelf-lives for existing products and potential future products will be within the range of 0.5 to five years. Therefore, the guidance is based upon expected shelf-lives in that range. This takes into account the fact that degradation of biotechnological/biological products may not be governed by the same factors during different intervals of a long storage period.

When shelf-lives of less than one year are expected, the real-time stability studies should be conducted monthly for the first three months and at three month intervals thereafter. For products with expected shelf-lives of greater than one year, the studies should be conducted every three months during the first year of storage, every six months during the second year, and annually thereafter.

While the testing intervals listed above may be appropriate in the pre-approval or pre-license stage, reduced testing may be appropriate after approval or licensure where data are available that demonstrate adequate stability. Where data exist that indicate the stability of a product is not compromised, the applicant is encouraged to submit a protocol that supports elimination of specific test intervals (e.g., nine-month testing) for post-approval/post-licensure, long-term studies. If *in vivo* potency tests are part of the stability protocol, the omission of some testing points for those tests should be justified.

9 SPECIFICATIONS

Although biotechnological/biological products may be subject to significant losses of activity, physicochemical changes, or degradation during storage, international and national regulations have provided little guidance with respect to distinct release and end of shelf-life specifications. Recommendations for maximum acceptable losses of activity, limits for physicochemical changes, or degradation during the proposed shelf-life have not been developed for individual types or groups of biotechnological/biological products but are considered on a case-by-case basis. Each product should retain its specifications within established limits for safety, purity, and potency throughout its proposed shelf-life. These specifications and limits should be derived from all available information using the appropriate statistical methods. The use of different specifications for release and expiration should be supported by sufficient data to demonstrate that the clinical performance is not affected, as discussed in the tripartite guideline on stability.

10 LABELING

For most biotechnological/biological drug substances and drug products, precisely defined storage temperatures are recommended. Specific recommendations should be stated, particularly for drug substances and drug products that cannot tolerate freezing. These conditions, and where appropriate, recommendations for protection against light and/or humidity, should appear on containers, packages, and/or package inserts. Such labeling should be in accordance with relevant national and regional requirements.

11 GLOSSARY

Conjugated Product

A conjugated product is made up of an active ingredient (e.g., peptide, carbohydrate) bound covalently or noncovalently to a carrier (e.g., protein, peptide, inorganic mineral) with the objective of improving the efficacy or stability of the product.

Degradation Product

A molecule resulting from a change in the drug substance (bulk material) brought about over time. For the purpose of stability testing of the products described in this guideline, such changes could occur as a result of processing or storage (e.g., by deamidation, oxidation, aggregation, proteolysis). For biotechnological/biological products, some degradation products may be active.

Impurity

Any component of the drug substance (bulk material) or drug product (finished product) that is not the chemical entity defined as the drug substance, an excipient, or other additives to the drug product.

Intermediate

For biotechnological/biological products, a material produced during a manufacturing process that is not the drug substance or the drug product but whose manufacture is critical to the successful production of the drug substance or the drug product. Generally, an intermediate will be quantifiable and specifications will be established to determine the successful completion of the manufacturing step before the manufacturing process is continued. This includes material that may undergo further molecular modification or be held for an extended period before further processing.

Manufacturing Scale Production

Manufacture at the scale typically encountered in a facility intended for product production for marketing.

Pilot-Plant Scale

The production of the drug substance or drug product by a procedure fully representative of and simulating that to be applied at manufacturing scale. The methods of cell expansion, harvest, and product purification should be identical except for the scale of production.

VICH GL40 (QUALITY)
November 2005
For implementation at Step 7

TEST PROCEDURES AND ACCEPTANCE CRITERIA FOR NEW BIOTECHNOLOGICAL/BIOLOGICAL VETERINARY MEDICINAL PRODUCTS

Recommended for Adoption
at Step 7 of the VICH Process
in November 2005 by the VICH SC
for implementation in November 2006

This Guideline has been developed by the appropriate VICH Expert Working Group and is subject to consultation by the parties, in accordance with the VICH Process. At Step 7 of the Process the final draft will be recommended for adoption to the regulatory bodies of the European Union, Japan and USA.

6.2 Appendix for Impurities

6.2.1 Process-related impurities and contaminants

6.2.2 Product-related impurities including degradation products

1 INTRODUCTION

1.1 Objective

This guidance document provides general principles on the setting and justification, to the extent possible, of a uniform set of international specifications for biotechnological and biological products to support new marketing applications.

1.2 Background

A specification is defined as a list of tests, references to analytical procedures, and appropriate acceptance criteria which are numerical limits, ranges, or other criteria for the tests described. It establishes the set of criteria to which a drug substance, medicinal product or materials at other stages of its manufacture should conform to be considered acceptable for its intended use. "Conformance to specification" means that the drug substance and medicinal product, when tested according to the listed analytical procedures, will meet the acceptance criteria. Specifications are critical quality standards that are proposed and justified by the manufacturer and approved by regulatory authorities as conditions of approval.

Specifications are one part of a total control strategy designed to ensure product quality and consistency. Other parts of this strategy include thorough product characterization during development, upon which many of the specifications are based, adherence to Good Manufacturing Practices, a validated manufacturing process, raw materials testing, inprocess testing, stability testing, etc.

Specifications are chosen to confirm the quality of the drug substance and medicinal product rather than to establish full characterization and should focus on those molecular and biological characteristics found to be useful in ensuring the safety and efficacy of the product.

1.3 Scope

The principles adopted and explained in this document apply to products composed of well-characterized proteins and polypeptides, and their derivatives which are isolated from tissues, body fluids, cell cultures, or produced using recombinant deoxyribonucleic acid (r-DNA) technology. Thus, the document covers the generation and submission of specifications for products such as cytokines, growth hormones and growth factors, insulins, and monoclonal antibodies. This document does not cover antibiotics, heparins, vitamins, cell metabolites, DNA products, allergenic extracts, vaccines, cells, whole blood, and cellular blood components.

A separate VICH Guideline, "Specifications: Test Procedures and Acceptance for New Veterinary Drug Substances and Medicinal Products: Chemical Substances" addresses specifications, and other criteria for chemical substances.

This document does not recommend specific test procedures or specific acceptance criteria nor does it apply to the regulation of preclinical and/or clinical research material.

2 PRINCIPLES FOR CONSIDERATION IN SETTING SPECIFICATIONS

2.1 Characterization

Characterization of a biotechnological or biological product (which includes the determination of physicochemical properties, biological activity, immunochemical properties, purity and impurities) by appropriate techniques is necessary to allow relevant specifications to be established. Acceptance criteria should be established and justified based on data obtained from lots used in preclinical and/or clinical studies, data from lots used for demonstration of manufacturing consistency and data from stability studies, and relevant development data.

Extensive characterization is performed in the development phase and, where necessary, following significant process changes. At the time of submission, the product should have been compared with an appropriate reference standard, if available. When feasible and relevant, it should be compared with its natural counterpart. Also, at the time of submission, the manufacturer should have established appropriately characterized in-house reference materials which will serve for biological and physicochemical testing of production lots. New analytical technology and modifications to existing technology are continually being developed and should be utilized when appropriate.

2.1.1 Physicochemical properties

A physicochemical characterization program will generally include a determination of the composition, physical properties, and primary structure of the desired product. In some cases, information regarding higher-order structure of the desired product (the fidelity of which is generally inferred by its biological activity) may be obtained by appropriate physicochemical methodologies.

An inherent degree of structural heterogeneity occurs in proteins due to the biosynthetic processes used by living organisms to produce them; therefore, the desired product can be a mixture of anticipated post-translationally modified forms (e.g., glycoforms). These forms may be active and their presence may have no deleterious effect on the safety and efficacy of the product (section 2.1.4). The manufacturer should define the pattern of heterogeneity of the desired product and demonstrate consistency with that of the lots used in preclinical and clinical studies. If a consistent pattern of product heterogeneity is demonstrated, an evaluation of the activity, efficacy and safety (including immunogenicity) of individual forms may not be necessary.

Heterogeneity can also be produced during manufacture and/or storage of the drug substance or medicinal product. Since the heterogeneity of these products defines their quality, the degree and profile of this heterogeneity should be characterized, to assure lot- to-lot consistency. When these variants of the desired product have properties comparable to those of the desired product with respect to activity, efficacy and safety, they are considered product-related substances. When process changes and degradation products result in heterogeneity patterns which differ from those observed in the material used during preclinical and clinical development, the significance of these alterations should be evaluated.

Analytical methods to elucidate physicochemical properties are listed in Appendix 6.1. New analytical technology and modifications to existing technology are continually being developed and should be utilized when appropriate.

For the purpose of lot release (section 4), an appropriate subset of these methods should be selected and justified.

2.1.2 Biological activity

Assessment of the biological properties constitutes an equally essential step in establishing a complete characterization profile. An important property is the biological activity that describes the specific ability or capacity of a product to achieve a defined biological effect. A valid biological assay to measure the biological activity should be provided by the manufacturer. Examples of procedures used to measure biological activity include:

- Animal-based biological assays, which measure an organism's biological response to the product;
- Cell culture-based biological assays, which measure biochemical or physiological response at the cellular level;

• Biochemical assays, which measure biological activities such as enzymatic reaction rates or biological responses induced by immunological interactions.

Other procedures such as ligand and receptor binding assays, may be acceptable.

Potency (expressed in units) is the quantitative measure of biological activity based on the attribute of the product which is linked to the relevant biological properties, whereas, quantity (expressed in mass) is a physicochemical measure of protein content. Mimicking the biological activity in the clinical situation is not always necessary. A correlation between the expected clinical response and the activity in the biological assay should be established in pharmacodynamic or clinical studies.

The results of biological assays should be expressed in units of activity calibrated against an international or national reference standard, when available and appropriate for the assay utilized. Where no such reference standard exists, a characterized in-house reference material should be established and assay results of production lots reported as in-house units.

Often, for complex molecules, the physicochemical information may be extensive but unable to confirm the higher-order structure which, however, can be inferred from the biological activity. In such cases, a biological assay, with wider confidence limits, may be acceptable when combined with a specific quantitative measure. Importantly, a biological assay to measure the biological activity of the product may be replaced by physicochemical tests only in those instances where:

• sufficient physicochemical information about the drug, including higher-order structure, can be thoroughly established by such physicochemical methods, and relevant correlation to biologic activity demonstrated; and

• there exists a well-established manufacturing history.

Where physicochemical tests alone are used to quantitate the biological activity (based on appropriate correlation), results should be expressed in mass.

For the purpose of lot release (section 4), the choice of relevant quantitative assay (biological and/or physicochemical) should be justified by the manufacturer.

2.1.3 Immunochemical properties

When an antibody is the desired product, its immunological properties should be fully characterized. Binding assays of the antibody to purified antigens and defined regions of antigens should be performed, as feasible, to determine affinity, avidity and immunoreactivity (including cross-reactivity). In addition, the target molecule bearing the relevant epitope should be biochemically defined and the epitope itself defined, when feasible.

For some drug substances or medicinal products, the protein molecule may need to be examined using immunochemical procedures (e.g., ELISA, Western-blot) utilizing antibodies which recognize different epitopes of the protein molecule. Immunochemical properties of a protein may serve to establish its identity, homogeneity or purity, or serve to quantify it.

If immunochemical properties constitute lot release criteria, all relevant information pertaining to the antibody should be made available.

2.1.4 Purity, impurities and contaminants

• Purity

The determination of absolute, as well as relative purity, presents considerable analytical challenges, and the results are highly method-dependent. Historically, the relative purity of a biological product has been expressed in terms of specific activity (units of biological activity per mg of product) which is also highly method-dependent. Consequently, the purity of the drug substance and medicinal product is assessed by a combination of analytical procedures.

Due to the unique biosynthetic production process and molecular characteristics of biotechnological and biological products, the drug substance can include several molecular entities or variants. When these molecular entities are derived from anticipated post- translational modification, they are part of the desired product. When variants of the desired product are formed during the manufacturing process and/or storage and have properties comparable to the desired product, they are considered product-related substances and not impurities (section 2.1.1).

Individual and/or collective acceptance criteria for product-related substances should be set, as appropriate.

For the purpose of lot release, (section 4), an appropriate subset of methods should be selected and justified for determination of purity.

• Impurities

In addition to evaluating the purity of the drug substance and medicinal product, which may be composed of the desired product and multiple product-related substances, the manufacturer should also assess impurities which may be present. Impurities may be either process or product-related. They can be of known structure, partially characterized, or unidentified. When adequate quantities of impurities can be generated, these materials should be characterized to the extent necessary and, where appropriate, their biological activities should be evaluated.

Process-related impurities encompass those that are derived from the manufacturing process, i.e., cell substrates (e.g., host cell proteins, host cell DNA), cell culture (e.g., inducers, antibiotics, or media components), or downstream processing (see "Appendix", section 6.2.1). Product-related impurities (e.g., precursors, certain degradation products) are molecular variants arising during manufacture and/or storage, which do not have properties comparable to those of the desired product with respect to activity, efficacy, and safety.

Further, the acceptance criteria for impurities should be based on data obtained from lots used in preclinical and clinical studies and manufacturing consistency lots.

Individual and/or collective acceptance criteria for impurities (product-related and process- related) should be set, as appropriate. Under certain circumstances, acceptance criteria for selected impurities may not be necessary (section 2.3).

Examples of analytical procedures which may be employed to test for the presence of impurities are listed in Appendix 6.2. New analytical technology and modifications to existing technology are continually being developed and should be utilized when appropriate.

For the purpose of lot release (section 4), an appropriate subset of these methods should be selected and justified.

• Contaminants

Contaminants in a product include all adventitiously introduced materials not intended to be part of the manufacturing process, such as chemical and biochemical materials (e.g., microbial proteases), and/or microbial species. Contaminants should be strictly avoided and/or suitably controlled with appropriate in-process acceptance criteria or action limits for drug substance or medicinal product specifications (section 2.3). For the special case of adventitious viral or mycoplasma contamination, the concept of action limits is not applicable, and the strategies proposed in ICH Harmonised Tripartite Guidelines "Quality of Biotechnological/Biological Products: Viral Safety Evaluation of Biotechnology Derived Products Derived from Cell Lines of Human or Animal Origin" and "Quality of Biotechnological/Biological Products: Derivation and Characterization of Cell Substrates Used for Production of Biotechnological/Biological Products" may be considered.

2.1.5 Quantity

Quantity, usually measured as protein content, is critical for a biotechnological and biological product and should be determined using an appropriate assay, usually physicochemical in nature. In some cases, it may be demonstrated that the quantity values obtained may be directly related to those found using the biological assay. When this correlation exists, it may be appropriate to use measurement of quantity rather than the measurement of biological activity in manufacturing processes, such as filling.

2.2 Analytical Considerations

2.2.1 Reference standards and reference materials

For drug applications for new molecular entities, it is unlikely that an international or national standard will be available. At the time of submission, the manufacturer should have established an appropriately characterized in-house primary reference material, prepared from lot(s) representative of production and clinical materials. In-house working reference material(s) used in the testing of production lots should be calibrated against this primary reference material. Where an international or national standard is available and appropriate, reference materials should be calibrated against it. While it is desirable to use the same reference material for both biological assays and physicochemical testing, in some cases, a separate reference material may be necessary. Also, distinct reference materials for product-related substances, product-related impurities and process-related impurities, may need to be established. When appropriate, a description of the manufacture and/or purification of reference materials should be included in the application. Documentation of the characterization, storage conditions and formulation supportive of reference material(s) stability should also be provided.

2.2.2 Validation of analytical procedures

At the time the application is submitted to the regulatory authorities, applicants should have validated the analytical procedures used in the specifications in accordance with the VICH Harmonised Tripartite Guidelines "Validation of Analytical Procedures: Definitions and Terminology" and "Validation of Analytical Procedures: Methodology", except where there are specific issues for unique tests used for analyzing biotechnological and biological products.

2.3 Process Controls

2.3.1 Process-related considerations

Adequate design of a process and knowledge of its capability are part of the strategy used to develop a manufacturing process which is controlled and reproducible, yielding a drug substance or medicinal product that meets specifications. In this respect, limits are justified based on critical information gained from the entire process spanning the period from early development through commercial scale production.

For certain impurities, testing of either the drug substance or the medicinal product may not be necessary and may not need to be included in the specifications if efficient control or removal to acceptable levels is demonstrated by suitable studies. This testing can include verification at commercial scale in accordance with regional regulations. It is recognized that only limited data may be available at the time of submission of an application. This concept may, therefore, sometimes be implemented after marketing authorization, in accordance with regional regulations.

2.3.2 In-process acceptance criteria and action limits

In-process tests are performed at critical decision making steps and at other steps where data serve to confirm consistency of the process during the production of either the drug substance or the medicinal product. The results of in-process testing may be recorded as action limits or reported as acceptance criteria. Performing such testing may eliminate the need for testing of the drug substance or medicinal product (section 2.3.1). In-process testing for adventitious agents at the end of cell culture is an example of testing for which acceptance criteria should be established.

The use of internal action limits by the manufacturer to assess the consistency of the process at less critical steps is also important. Data obtained during development and validation runs should provide the basis for provisional action limits to be set for the manufacturing process. These limits, which are the responsibility of the manufacturer, may be used to initiate investigation or further action. They should be further refined as additional manufacturing experience and data are obtained after product approval.

2.3.3 Raw materials and excipient specifications

The quality of the raw materials used in the production of the drug substance (or medicinal product) should meet standards, appropriate for their intended use. Biological raw materials or reagents may require careful evaluation to establish the presence or absence of deleterious endogenous or adventitious agents. Procedures which make use of affinity chromatography (for example, employing monoclonal antibodies), should be accompanied by appropriate measures to ensure that such process-related impurities or potential contaminants arising from their production and use do not compromise the quality and safety of the drug substance or medicinal product. Appropriate information pertaining to the antibody should be made available.

The quality of the excipients used in the medicinal product formulation (and in some cases, in the drug substance), as well as the container/closure systems, should meet pharmacopoeial standards, where available and appropriate. Otherwise, suitable acceptance criteria should be established for the non-pharmacopoeial excipients.

2.4 Pharmacopoeial Specifications

Pharmacopoeias contain important requirements pertaining to certain analytical procedures and acceptance criteria which, where relevant, are part of the evaluation of either the drug substance or medicinal product. Such monographs, applicable to biotechnological and biological products, generally include, but are not limited to tests for sterility, endotoxins, microbial limits, volume in container, uniformity of dosage units and particulate matter.

With respect to the use of pharmacopoeial methods and acceptance criteria, the value of this guidance is linked to the extent of harmonisation of the analytical procedures of the pharmacopoeias. The pharmacopoeias are committed to developing identical or methodologically equivalent test procedures and acceptance criteria.

2.5 Release Limits vs. Shelf-life Limits

The concept of different acceptance criteria for release vs. shelf-life specifications applies to medicinal products only; it pertains to the establishment of more restrictive criteria for the release of a medicinal product than are applied to the shelf-life. Examples where this may be applicable include assay and impurity (degradation product) levels. In some regions, the concept of release limits may only be applicable to in-house limits and not to the regulatory shelf-life limits. Thus, in these regions, the regulatory acceptance criteria are the same from release throughout shelf-life; however, an applicant may choose to have tighter in-house limits at the time of release to provide increased assurance to the applicant that the product will remain within the regulatory acceptance criterion throughout its shelf- life. In the European Union there is a regulatory requirement for distinct specifications for release and for shelf-life where different.

2.6 Statistical Concepts

Appropriate statistical analysis should be applied, when necessary, to quantitative data reported. The methods of analysis, including justification and rationale, should be described fully. These descriptions should be sufficiently clear to permit independent calculation of the results presented.

3 JUSTIFICATION OF THE SPECIFICATION

The setting of specifications for drug substance and medicinal product is part of an overall control strategy which includes control of raw materials and excipients, in-process testing, process evaluation or validation, adherence to Good Manufacturing Practices, stability testing, and testing for consistency of lots. When combined in total, these elements provide assurance that the appropriate quality of the product will be maintained. Since specifications are chosen to confirm the quality rather than to characterize the product, the manufacturer should provide the rationale and justification for including and/or excluding testing for specific quality attributes. The following points should be taken into consideration when establishing scientifically justifiable specifications.

• *Specifications are linked to a manufacturing process.*

Specifications should be based on data obtained from lots used to demonstrate manufacturing consistency. Linking specifications to a manufacturing process is important, especially for product-related substances, product-related impurities and process-related impurities. Process changes and degradation products produced during storage may result in heterogeneity patterns which differ from those observed in the material used during preclinical and clinical development. The significance of these alterations should be evaluated.

• *Specifications should account for the stability of drug substance and medicinal product.*

Degradation of drug substance and medicinal product, which may occur during storage, should be considered when establishing specifications. Due to the inherent complexity of these products, there is no single stability-indicating assay or parameter that profiles the stability characteristics. Consequently, the manufacturer should propose a stability- indicating profile. The result of this stability-indicating profile will then provide assurance that changes in the quality of the product will be detected. The determination of which tests should be included will be product-specific. The manufacturer is referred to the VICH Harmonised Tripartite Guideline: "Stability Testing of Biotechnological/Biological Products".

• *Specifications are linked to preclinical and clinical studies.*

Specifications should be based on data obtained for lots used in pre-clinical and clinical studies. The quality of the material made at commercial scale should be representative of the lots used in preclinical and clinical studies.

• *Specifications are linked to analytical procedures.*

Critical quality attributes may include items such as potency, the nature and quantity of product-related substances, product-related impurities, and process-related impurities. Such attributes can be assessed by multiple analytical procedures, each yielding different results. In the course of product development, it is not unusual for the analytical technology to evolve in parallel with the product. Therefore, it is important to confirm that data generated during development correlate with those generated at the time the marketing application is filed.

4 SPECIFICATIONS

Selection of tests to be included in the specifications is product specific. The rationale used to establish the acceptable range of acceptance criteria should be described.

Acceptance criteria should be established and justified based on data obtained from lots used in preclinical and/or clinical studies, data from lots used for demonstration of manufacturing consistency, and data from stability studies, and relevant development data. In some cases, testing at production stages rather than at the drug substance or medicinal product stages may be appropriate and acceptable. In such circumstances, test results should be considered as in-process acceptance criteria and included in the specification of drug substance or medicinal product in accordance with the requirements of the regional regulatory authorities.

4.1 Drug Substance Specification

Generally, the following tests and acceptance criteria are considered applicable to all drug substances (for analytical procedures see section 2.2.2). Pharmacopoeial tests (e.g., endotoxin detection) should be performed on the drug substance, where appropriate.

Additional drug substance specific acceptance criteria may also be necessary.

4.1.1 Appearance and description

A qualitative statement describing the physical state (e.g., solid, liquid) and color of a drug substance should be provided.

4.1.2 Identity

The identity test(s) should be highly specific for the drug substance and should be based on unique aspects of its molecular structure and/or other specific properties. More than one test (physicochemical, biological and/or immunochemical) may be necessary to establish identity. The identity test(s) can be qualitative in nature. Some of the methods typically used for characterization of the product as described in section 2.1 and in Appendix 6.1 may be employed and/or modified as appropriate for the purpose of establishing identity.

4.1.3 Purity and impurities

The absolute purity of biotechnological and biological products is difficult to determine and the results are method-dependent (section 2.1.4.). Consequently, the purity of the drug substance is usually estimated by a combination of methods. The choice and optimization of analytical procedures should focus on the separation of the desired product from product-related substances and from impurities.

The impurities observed in these products are classified as process-related and product- related:

• Process-related impurities (section 2.1.4) in the drug substance may include cell culture media, host cell proteins, DNA, monoclonal antibodies or chromatographic media used in purification, solvents and buffer components. These impurities should be minimized by the use of appropriate well-controlled manufacturing processes.

• Product-related impurities (section 2.1.4) in the drug substance are molecular variants with properties different from those of the desired product formed during manufacture and/or storage.

For the impurities, the choice and optimization of analytical procedures should focus on the separation of the desired product and product-related substances from impurities.

Individual and/or collective acceptance criteria for impurities should be set, as appropriate. Under certain circumstances, acceptance criteria for selected impurities may not be required (section 2.3).

4.1.4 Potency

A relevant, validated potency assay (section 2.1.2) should be part of the specifications for a biotechnological or biological drug substance and/or medicinal product. When an appropriate potency assay is used for the medicinal product (section 4.2.4), an alternative method (physicochemical and/or biological) may suffice for quantitative assessment at the drug substance stage. In some cases, the measurement of specific activity may provide additional useful information.

4.1.5 Quantity

The quantity of the drug substance, usually based on protein content (mass), should be determined using an appropriate assay. The quantity determination may be independent of a reference standard or material . In cases where product manufacture is based upon potency, there may be no need for an alternate determination of quantity.

4.2 Medicinal product Specification

Generally, the following tests and acceptance criteria are considered applicable to all medicinal products. Each section (4.2.1 - 4.2.5) is cross-referenced to respective sections (4.1.1 - 4.1.5) under Drug Substance. Pharmacopoeial requirements apply to the relevant dosage forms. Typical tests found in the pharmacopoeia include, but are not limited to sterility, microbial limits, volume in container, particulate matter, uniformity of dosage units, and moisture content for lyophilized medicinal products. If appropriate, testing for uniformity of dosage units may be performed as in-process controls and corresponding acceptance criteria set.

4.2.1 Appearance and description

A qualitative statement describing the physical state (e.g., solid, liquid), color, and clarity of the medicinal product should be provided.

4.2.2 Identity

The identity test(s) should be highly specific for the medicinal product and should be based on unique aspects of its molecular structure and for other specific properties. The identity test(s) can be qualitative in nature. While it is recognized that in most cases, a single test is adequate, more than one test (physicochemical, biological and/or immunochemical) may be necessary to establish identity for some products. Some of the methods typically used for characterization of the product as described in section 2.1 and in Appendix 6.1 may be employed and/or modified as appropriate for the purpose of establishing identity.

4.2.3 Purity and impurities

Impurities may be generated or increased during manufacture and/or storage of the medicinal product. These may be either the same as those occurring in the drug substance itself, process-related, or degradation products which form specifically in the medicinal product during formulation or during storage. If impurities are qualitatively and quantitatively (i.e., relative amounts and/or concentrations) the same as in the drug substance, testing is not necessary. If impurities are known to be introduced or formed during the production and/or storage of the medicinal product, the levels of these impurities should be determined and acceptance criteria established.

Acceptance criteria and analytical procedures should be developed and justified, based upon previous experience with the medicinal product, to measure changes in the drug substance during the manufacture and/or storage of the medicinal product.

The choice and optimization of analytical procedures should focus on the separation of the desired product and product-related substances from impurities including degradation products, and from excipients.

4.2.4 Potency

A relevant, validated potency assay (section 2.1.2) should be part of the specifications for a biotechnological and biological drug substance and/or medicinal product. When an appropriate potency assay is used for the drug substance, an alternative method (physicochemical and/or biological) may suffice for quantitative assessment of the medicinal product. However, the rationale for such a choice should be provided.

4.2.5 Quantity

The quantity of the drug substance in the medicinal product, usually based on protein content (mass), should be determined using an appropriate assay. In cases where product manufacture is based upon potency, there may be no need for an alternate determination of quantity.

4.2.6 General tests

Physical description and the measurement of other quality attributes is often important for the evaluation of the medicinal product functions. Examples of such tests include pH and osmolarity.

4.2.7 Additional testing for unique dosage forms

It should be recognized that certain unique dosage forms may need additional tests other than those mentioned above.

5 GLOSSARY

Acceptance Criteria

Numerical limits, ranges, or other suitable measures for acceptance of the results of analytical procedures.

Action Limit

An internal (in-house) value used to assess the consistency of the process at less critical steps.

Biological Activity

The specific ability or capacity of the product to achieve a defined biological effect. Potency is the quantitative measure of the biological activity.

Contaminants

Any adventitiously introduced materials (e.g., chemical, biochemical, or microbial species) not intended to be part of the manufacturing process of the drug substance or medicinal product.

Degradation Products

Molecular variants resulting from changes in the desired product or product-related substances brought about over time and/or by the action of, e.g., light, temperature, pH, water, or by reaction with an excipient and/or the immediate container/closure system. Such changes may occur as a result of manufacture and/or storage (e.g., deamidation, oxidation, aggregation, proteolysis). Degradation products may be either product-related substances, or product-related impurities.

Desired Product

(1) The protein which has the expected structure, or (2) the protein which is expected from the DNA sequence and anticipated post-translational modification (including glycoforms), and from the intended downstream modification to produce an active biological molecule.

Drug Product (Dosage Form; Finished Product)

A pharmaceutical product type that contains a drug substance, generally, in association with excipients.

Excipient

An ingredient added intentionally to the drug substance which should not have pharmacological properties in the quantity used.

Impurity

(1) Any component of the new drug substance which is not the chemical entity defined as the new drug substance. (2) Any component of the medicinal product which is not the chemical entity defined as the drug substance or an excipient in the medicinal product.

In-house Primary Reference Material

An appropriately characterized material prepared by the manufacturer from a representative lot(s) for the purpose of biological assay and physicochemical testing of subsequent lots, and against which in-house working reference material is calibrated.

In-house Working Reference Material

A material prepared similarly to the primary reference material that is established solely to assess and control subsequent lots for the individual attribute in question. It is always calibrated against the in-house primary reference material.

New Drug Substance

The designated therapeutic moiety, which has not previously been registered in a region or Member State (also referred to as a new molecular entity or new chemical entity). It may be a complex, simple ester, or salt of a previously approved drug substance.

Potency

The measure of the biological activity using a suitably quantitative biological assay (also called potency assay or bioassay), based on the attribute of the product which is linked to the relevant biological properties.

Process-Related Impurities

Impurities that are derived from the manufacturing process. They may be derived from cell substrates (e.g., host cell proteins, host cell DNA), cell culture (e.g., inducers, antibiotics, or media components), or downstream processing (e.g., processing reagents or column leachables).

Product-Related Impurities

Molecular variants of the desired product (e.g., precursors, certain degradation products arising during manufacture and/or storage) which do not have properties comparable to those of the desired product with respect to activity, efficacy, and safety.

Product-Related Substances

Molecular variants of the desired product formed during manufacture and/or storage which are active and have no deleterious effect on the safety and efficacy of the medicinal product. These variants possess properties comparable to the desired product and are not considered impurities.

Reference Standards

Refer to international or national standards.

Specification

A specification is defined as a list of tests, references to analytical procedures, and appropriate acceptance criteria which are numerical limits, ranges, or other criteria for the tests described. It establishes the set of criteria to which a drug substance, medicinal product or materials at other stages of its manufacture should conform to be considered acceptable for its intended use. "Conformance to specification" means that the drug substance and medicinal product, when tested according to the listed analytical procedures, will meet the acceptance criteria.

Specifications are critical quality standards that are proposed and justified by the manufacturer and approved by regulatory authorities as conditions of approval.

6 APPENDICES

6.1 Appendix for Physicochemical Characterization

This appendix provides examples of technical approaches which might be considered for structural characterization and confirmation, and evaluation of physicochemical properties of the desired product, drug substance and/or medicinal product. The specific technical approach employed will vary from product to product and alternative approaches, other than those included in this appendix, will be appropriate in many cases. New analytical technology and modifications to existing technology are continuously being developed and should be utilized when appropriate.

6.1.1 Structural characterization and confirmation

a) Amino acid sequence

The amino acid sequence of the desired product should be determined to the extent possible using approaches such as those described in items b) through e) and then compared with the sequence of the amino acids deduced from the gene sequence of the desired product.

b) Amino acid composition

The overall amino acid composition is determined using various hydrolytic and analytical procedures, and compared with the amino acid composition deduced from the gene sequence for the desired product, or the natural counterpart, if considered necessary. In many cases amino acid composition analysis provides some useful structural information for peptides and small proteins, but such data are generally less definitive for large proteins. Quantitative amino acid analysis data can also be used to determine protein content in many cases.

c) Terminal amino acid sequence

Terminal amino acid analysis is performed to identify the nature and homogeneity of the amino- and carboxy-terminal amino acids. If the desired product is found to be heterogeneous with respect to the terminal amino acids, the relative amounts of the variant forms should be determined using an appropriate analytical procedure. The sequence of these terminal amino acids should be compared with the terminal amino acid sequence deduced from the gene sequence of the desired product.

d) Peptide map

Selective fragmentation of the product into discrete peptides is performed using suitable enzymes or chemicals and the resulting peptide fragments are analyzed by HPLC or other appropriate analytical procedure. The peptide fragments should be identified to the extent possible using techniques such as amino acid compositional analysis, N-terminal sequencing, or mass spectrometry. Peptide mapping of the drug substance or medicinal product using an appropriately validated procedure is a method that is frequently used to confirm desired product structure for lot release purposes.

e) Sulfhydryl group(s) and disulfide bridges

If, based on the gene sequence for the desired product, cysteine residues are expected, the number and positions of any free sulfhydryl groups and/or disulfide bridges should be determined, to the extent possible. Peptide mapping (under reducing and non-reducing conditions), mass spectrometry, or other appropriate techniques may be useful for this evaluation.

f) Carbohydrate structure

For glycoproteins, the carbohydrate content (neutral sugars, amino sugars, and sialic acids) is determined. In addition, the structure of the carbohydrate chains, the oligosaccharide pattern (antennary profile) and the glycosylation site(s) of the polypeptide chain is analyzed, to the extent possible.

6.1.2 Physicochemical properties

a) Molecular weight or size

Molecular weight (or size) is determined using size exclusion chromatography, SDS- polyacrylamide gel electrophoresis (under reducing and/or non-reducing conditions), mass spectrometry, and other appropriate techniques.

b) Isoform pattern

This is determined by isoelectric focusing or other appropriate techniques.

c) Extinction coefficient (or molar absorptivity)

In many cases it will be desirable to determine the extinction coefficient (or molar absorptivity) for the desired product at a particular UV/visible wavelength (e.g., 280 nm). The extinction coefficient is determined using UV/visible spectrophotometry on a solution of the product having a known protein content as determined by techniques such as amino acid compositional analysis, or nitrogen determination, etc. If UV absorption is used to measure protein content, the extinction coefficient for the particular product should be used.

d) Electrophoretic patterns

Electrophoretic patterns and data on identity, homogeneity and purity can be obtained by polyacrylamide gel electrophoresis, isoelectric focusing, SDS-polyacrylamide gel electrophoresis, Western-blot, capillary electrophoresis, or other suitable procedures.

e) Liquid chromatographic patterns

Chromatographic patterns and data on the identity, homogeneity, and purity can be obtained by size exclusion chromatography, reverse-phase liquid chromatography, ion- exchange liquid chromatography, affinity chromatography or other suitable procedures.

f) Spectroscopic profiles

The ultraviolet and visible absorption spectra are determined as appropriate. The higher- order structure of the product is examined using procedures such as circular dichroism, nuclear magnetic resonance (NMR), or other suitable techniques, as appropriate.

6.2 Appendix for Impurities

This appendix lists potential impurities, their sources and examples of relevant analytical approaches for detection. Specific impurities and technical approaches employed, as in the case of physicochemical characterization, will vary from product to product and alternative approaches, other than those listed in this appendix will be appropriate in many cases.

New analytical technology and modifications to existing technology are continuously being developed, and should be applied when appropriate.

6.2.1 Process-related impurities and contaminants

These are derived from the manufacturing process (section 2.1.4) and are classified into three major categories: cell substrate-derived, cell culture-derived and downstream- derived.

a) Cell substrate-derived impurities include, but are not limited to, proteins derived from the host organism, nucleic acid (host cell genomic, vector, or total DNA). For host cell proteins, a sensitive assay e.g., immunoassay, capable of detecting a wide range of protein impurities is generally utilized. In the case of an immunoassay, a polyclonal antibody used in the test is generated by immunization with a preparation of a production cell minus the product-coding gene, fusion partners, or other appropriate cell lines. The level of DNA from the host cells can be detected by direct analysis on the product (such as hybridization techniques). Clearance studies, which could include spiking experiments at the laboratory scale, to demonstrate the removal of cell substrate-derived impurities such as nucleic acids and host cell proteins may sometimes be used to eliminate the need for establishing acceptance criteria for these impurities.

b) Cell culture-derived impurities include, but are not limited to, inducers antibiotics, serum, and other media components.

c) Downstream-derived impurities include, but are not limited to, enzymes, chemical and biochemical processing reagents (e.g., cyanogen bromide, guanidine, oxidizing and reducing agents), inorganic salts (e.g., heavy metals, arsenic, non metallic ion), solvents, carriers, ligands (e.g., monoclonal antibodies), and other leachables.

For intentionally introduced, endogenous and adventitious viruses, the ability of the manufacturing process to remove and/or inactivate viruses should be demonstrated. The strategy described in ICH Harmonised Tripartite Guideline "Viral Safety Evaluation of Biotechnology Products Derived From Cell Lines of Human or Animal Origin" should be considered.

6.2.2 Product-related impurities including degradation products

The following represents the most frequently encountered molecular variants of the desired product and lists relevant technology for their assessment. Such variants may need considerable effort in isolation and characterization in order to identify the type of modification(s). Degradation products arising during manufacture and/or storage in significant amounts should be tested for and monitored against appropriately established acceptance criteria.

a) Truncated forms: Hydrolytic enzymes or chemicals may catalyze the cleavage of peptide bonds. These may be detected by HPLC or SDS-PAGE. Peptide mapping may be useful, depending on the property of the variant.

b) Other modified forms: Deamidated, isomerized, mismatched S-S linked, oxidized or altered conjugated forms (e.g., glycosylation, phosphorylation) may be detected and characterized by chromatographic, electrophoretic and/or other relevant analytical methods (e.g., HPLC, capillary electrophoresis, mass spectroscopy, circular dichroism).

c) Aggregates: The category of aggregates includes dimers and higher multiples of the desired product. These are generally resolved from the desired product and product-related substances, and quantitated by appropriate analytical procedures (e.g., size exclusion chromatography, capillary electrophoresis).

HARMONISATION OF CRITERIA TO WAIVE TARGET ANIMAL BATCH SAFETY TESTING FOR INACTIVATED VACCINES FOR VETERINARY USE

Revision at Step 9
Adopted at Step 7 of the VICH Process by the VICH Steering Committee
in May 2017
for implementation by May 2018.

This Guideline has been developed by the appropriate VICH Expert Working Group and has been subject to consultation by the parties, in accordance with the VICH Process. At Step 7 of the Process the final draft is recommended for adoption to the regulatory bodies of the European Union, Japan and USA.

1 INTRODUCTION

Submission of batch safety test data from target or laboratory animals is a requirement for batch release of veterinary vaccines in most regions participating in the VICH[1]. The VICH Steering Committee has decided to aim at harmonization of the batch safety tests across the regions in order to minimize the need to perform separate studies for regulatory authorities of different countries. However, due to the great divergence in requirements between the regions it was concluded to adopt a phased approach with the first step to harmonize the criteria on data requirements for waiving of the target animal batch safety test (TABST) for inactivated vaccines in regions where it is required. In a second step, a comparable guideline has been developed for live vaccines (VICH GL55). Moreover, VICH is also working on a guideline on harmonization of criteria to waive the laboratory animal batch safety test for veterinary vaccines.

This guideline has been developed under the principle of VICH and will provide unified criteria for government regulatory bodies to accept waivers for TABST. The use of this VICH guideline to support a similar approach for products for local distribution only is strongly encouraged but is up to the discretion of the local regulatory authority. Furthermore, it is not always necessary to follow this guideline when there are scientifically justifiable reasons for using alternative approaches.

Global implementation of TABST waiver reduces the use of animals for routine batch release and should be encouraged.

1.1 Objective of the Guideline

The objective of this guideline is to provide internationally harmonized recommendations for criteria on data requirements to waive target animal batch safety testing of inactivated veterinary vaccines in regions where it is required.

1.2 Background

Most batch safety tests in laboratory and/or target animals on final product can be considered as general safety tests. They apply to a broad group of veterinary vaccines and should provide some assurance that the product will be safe in the target species, i.e. they should reveal "unfavorable reactions attributable to the biological product ..." (Title 9. United States Code of Federal Regulations) or "no abnormal changes" (Minimum Requirements for Veterinary Biological Products under *the Act on Securing Quality, Efficacy and Safety of Pharmaceuticals, Medical Devices, Regenerative and Cellular Therapy Products, Gene Therapy Products, and Cosmetics* in Japan) or, as formerly required in Europe, "abnormal local or systemic reactions".

Over the last two decades, the relevance of batch safety tests has been questioned by representatives of regulatory authorities and vaccine manufacturers (Sheffield and Knight, 1986; van der Kamp, 1994; Roberts and Lucken, 1996; Zeegers et al., 1997; Pastoret et al., 1997; Cussler, 1999; Cussler et al., 2000; AGAATI, 2002; Cooper, 2008). Particularly, the introduction of Good Manufacturing Practice (GMP) and Good Laboratory Practice (GLP; OECD 1998) or similar quality systems appropriate to regional requirements as well as a seed lot system into the manufacture of vaccines has greatly increased the consistency of the batches produced and hence their quality and safety. This has also influenced the attitude towards quality control from the traditional batch control for veterinary vaccines (based in major parts on *in vivo* testing) towards putting more emphasis on documentation of consistency of production which is mostly based on *in vitro* technologies (Lucken, 2000, Hendriksen et al., 2008, de Mattia et al., 2011).

---

[1] In the EU TABST is no longer required (see section 2.2.1)

2 GUIDELINE

2.1 Scope

This guideline is limited to the criteria on data requirements for waiving target animal batch safety tests (TABST) of inactivated veterinary vaccines.

2.2 Regional Requirements

2.2.1 Target animal batch safety testing

Currently the following testing procedures (Table 1) are required for target animal batch safety testing of inactivated veterinary vaccines covered by this guideline:

Table 1

VICH region	Requirements	Remarks
Europe:	Since April 2013, the TABST[2] is no longer required.	
USA: 9CFR – General requirements for inactivated bacterial vaccines (113.100)	TABST required for: - poultry (9 CFR 113.100(b)(2)), or aquatic species or reptiles (9 CFR 113.100(b)(3))	Since 2013, Veterinary Services Memorandum 800.116 in place providing the possibility to request exemptions from target animal safety testing.
9CFR – General requirements for killed virus vaccines (113.200)	Safety tests using the target species are combined with potency tests.	If TABST is not combined with potency tests, Veterinary Services Memorandum 800.116 applies.
Japan: Minimum Requirements for Veterinary Biological Products under the Act on Securing Quality, Efficacy and Safety of Pharmaceuticals, Medical Devices, Regenerative and Cellular Therapy Products, Gene Therapy Products, and Cosmetics	Safety test using the target species[3] - mammalian: 2 to 4 mammals, 1 to 5x dose, approved route, 10 to 14 d observation - birds: 10 birds, 1x dose, approved route, 2 to 5 weeks observation - fish: 15 to 120 fishes, 1x dose, approved route, 2 to 3 weeks observation	Since 2014, TABST can be waived provided that at least 10 consecutive batches have been tested and product compiled with the test; Minimum Requirements for Veterinary Biological Products (The notice from director general of the National Veterinary Assay Laboratory, No.3000. Feb. 28 2014).

2.2.2 Other relevant requirements

2.2.2.1 Quality systems

Good Manufacturing Practices (GMP) and similar quality systems have been established in VICH countries/ regions to cover the manufacture and testing of medicinal products including veterinary medicinal products. These quality systems provide assurance that products placed on the market have been manufactured in a consistent and suitable manner.

2.2.2.2 Seed lot system

The establishment of a seed lot system, subject to quality and manufacturing controls, provides further assurance of the consistent production of vaccine batches and resulting batch quality.

2.2.2.3 Pharmacovigilance

The VICH process increasingly includes pharmacovigilance (post-marketing surveillance of medicines) in the

[2] Before its deletion, TABST could be waived provided that at least 10 consecutive batches from separate final bulks had been tested and product complied with the test; European Pharmacopoeia (2004) General monograph, Vaccines for Veterinary Use (0062); 4th Edition Supplement 4.6. Council of Europe, Strasbourg, France.

veterinary field and the harmonization of the requirements and performance. This provides for early detection of safety problems associated with the inconsistent quality of a vaccine in the field. Thus, pharmacovigilance provides extra information about the product's safety that cannot always be obtained in the TABST.

2.3 Data Requirements for Waiving of Target Animal Batch Safety Tests

2.3.1 Introduction

The TABST may be waived by the regulatory authority when a sufficient number of production batches have been produced under the control of a seed lot system and found to comply with the test, thus demonstrating consistency of the manufacturing process.

In general, it is sufficient to evaluate existing information which is available from routine batch quality control and pharmacovigilance data, without the need for any additional supplementary studies. The data which should be presented by the manufacturer to support an application to waive TABST are presented below. However, this should not be taken as an exhaustive list, and in all cases applications for waiving the TABST should be accompanied by a summary of all the data and a conclusion on the assurance of the product's safety being maintained.

In exceptional cases, significant changes to the manufacturing process may require resumption of target animal batch safety testing to re-establish consistency of the safety profile of the product. The occurrence of unexpected adverse events or other pharmacovigilance problems which could be avoided using a TABST may also lead to the resumption of the test. For products with an inherent safety risk, it may be necessary to continue to conduct the TABST on each batch.

2.3.1.1 The characteristics of the product and its manufacture

The manufacturer should demonstrate that the product is manufactured following the quality principles, i.e. the product has been manufactured in a consistent and suitable manner.

For those circumstances when *in vivo* batch tests are conducted in target animals for reasons other than the target animal safety test (e.g. potency tests) and these tests include the collection of safety information (e.g. on mortality), it is recommended that manufacturers use these tests to gain additional data of the safety of the vaccine in the target species.

2.3.1.2 Information available on the current batch safety test

The manufacturer should submit batch protocol data for a sufficient number of consecutive batches to demonstrate that safe and consistent production has been established. Without prejudice to the decision of the competent authority in light of the information available for a given vaccine, test data of 10 batches (or a minimum of 5 batches if 10 batches are not manufactured within 3 years) is likely to be sufficient for most products. The data should be obtained from consecutively tested batches from different vaccine bulks. The manufacturer should examine the variability of the local (if applicable) and systemic reactions observed in the TABST results and the nature of these reactions in relation to those observed in any developmental studies submitted in support of the registration or licensure of the product.

Generally, data from TABST of combined vaccines may be used to waive the TABST of vaccines containing fewer antigen and/or adjuvant components provided the remaining components are identical in each case and it is only the number of antigens and/or adjuvant which has decreased. For example, TABST data from a combination product can be sufficient to waive TABSTs for all the fallout products. The manufacturer should provide a summary and discussion of the findings.

The conduct of the TABST shall be in accordance with the regional requirements in operation at the time when the tests were performed. There should be a thorough examination of any batches that have failed the TABST in the time period during which the agreed number of consecutive batches have been tested. This information, along with an explanation as to the reasons for failure, should be submitted to the regulatory authorities.

2.3.1.3 Pharmacovigilance data

A pharmacovigilance system in accordance with the VICH Guidelines, where available, should have been in place over the period during which the batches for which data are submitted were on the market. Safety information from pharmacovigilance and TABST are by nature different but complement each other.

Available pharmacovigilance data to demonstrate the consistent safe performance of the vaccine in the field should be provided using recent Periodic Safety Update Reports for the relevant time period.

Where there exists a system for post-marketing re-examination of field safety data for new veterinary vaccines, such data should also be considered alongside the pharmacovigilance data.

2.3.2 Procedure for waiving the target animal batch safety test

A report should provide an overall assessment of the consistency of the product's safety and would include taking into account the number of batches manufactured, the number of years the product has been on the market, the number of doses sold and the frequency and seriousness of any adverse reactions in the target species and any investigations into the likely causes of these events.

3 GLOSSARY

Good Laboratory Practices (GLP): A standard for the design, conduct, monitoring, recording, auditing, analysis, and reporting of non-clinical studies. Adherence to the standard provides assurance that the data and reported results are complete, correct and accurate, that welfare of the study animals and the safety of the study personnel involved in the study are ensured, and that the environment and the human and animal food chains are protected (OECD, 1998).

Good Manufacturing Practices (GMP): Is part of a quality system covering the manufacture and testing of medicinal products including veterinary medicines. GMPs are guidelines that outline the aspects of production and testing that can impact the quality of a product standard assuring the quality of production processes and the production environment during the production of a medicinal product.

Production Batch: A defined quantity of starting material, packaging material or product processed in one process or series of processes so that it could be expected to be homogeneous.

Note: To complete certain stages of manufacture, it may be necessary to divide a batch into a number of sub batches, which are later brought together to form a final homogeneous batch. In the case of continuous manufacture, the batch must correspond to a defined fraction of the production, characterised by its intended homogeneity.

Seed Lot System: A seed lot system is a system according to which successive batches of a product are derived from the same master seed lot at a given passage level. For routine production, a working seed lot is prepared from the master seed lot. The final product is derived from the working seed lot and has not undergone more passages from the master seed lot than the vaccine shown in clinical studies to be satisfactory with respect to safety and efficacy. The origin and the passage history of the master seed lot and the working seed lot are recorded.

Target Animal Batch Safety Test (TABST): Safety test in target animals which is performed as a routine final product batch test for all inactivated and/or live veterinary vaccines.

Target Animal: The specific animal species, class and breed identified as the animal for which the veterinary vaccine is intended for use.

4 REFERENCES

AGAATI (2002). The Target Animal Safety Test - Is it Still Relevant? Biologicals 30, 277– 287.

Cooper J (2008). Batch safety testing of veterinary vaccines – potential welfare implications of injection volumes. ATLA 36, 685-694.

Cussler K (1999). A 4R concept for the safety testing of immunobiologicals. Dev. Biol.

Standard. 101, 121-126.

Cussler K, van der Kamp MDO & Pössnecker A (2000). Evaluation of the relevance of the target animal safety test. In: Progress in the Reduction, Refinement and Replacement of Animal Experimentation, pp. 809-816. Eds M Balls, A-M van Zeller and ME Halder. Amsterdam, The Netherlands: Elsevier Science B.V.

De Mattia F, Chapsal J, Descamps J, Halder M, Jarrett N, Kross I, Mortiaux F, Ponsar C, Redhead K, McKelvie J & Hendriksen CFM (2011). The consistency approach for quality control of vaccines e A strategy to improve quality control and implement 3Rs. Biologicals 39, 59-65.

Hendriksen CFM, Arciniega J, Bruckner L, Chevalier M, Coppens E, Descamps J, Duchêne M, Dusek D, Halder M, Kreeftenberg H, Maes A, Redhead K, Ravetkar S, Spieser JM & Swam H (2008). The consistency approach for the quality control of vaccines. Biologicals 36, 73-77.

Lucken R (2000). Eliminating vaccine testing in animals – more action, less talk. Developments in Animal and Veterinary Sciences 31, 941-944.

OECD (1998) Principles on Good Laboratory Practice and Compliance Monitoring. OECD, Paris, France. Available at: www.oecd.org.

Pastoret PP, Blancou J, Vannier P, Verschueren C (1997). Veterinary Vaccinology. Amsterdam, Elsevier Science B.V.

Roberts B & Lucken RN (1996). Reducing the use of the target animal batch safety test for veterinary vaccines. In: Replacement, reduction and refinement of animal experiments in the development and control of biological products, pp. 97–102. Eds: F Brown, K Cussler & CFM Hendriksen. Basel, Switzerland: S. Karger, AG.

Sheffield FW & Knight PA (1986). Round table discussion on abnormal toxicity and safety tests. Dev. Biol. Standard. 64, 309.

Van der Kamp MDO (1994). Ways of replacing, reducing and refining the use of animals in the quality control of veterinary vaccines. Institute of Animal Science and Health, Lelystad.

Zeegers JJW, de Vries WF, Remie R (1997). Reducing the use of animals by abolishment of the safety test as routine batch control test on veterinary vaccines. In: Animal Alternatives, Welfare and Ethics, pp. 1003-1005. Eds: LFM Van Zutphen & M Balls. Amsterdam, The Netherlands: Elsevier Science B.V.

HARMONISATION OF CRITERIA TO WAIVE TARGET ANIMAL BATCH SAFETY TESTING FOR LIVE VACCINES FOR VETERINARY USE

Adopted at Step 7 of the VICH Process by the VICH Steering Committee
in May 2017
for implementation by May 2018.

This Guideline has been developed by the appropriate VICH Expert Working Group and has been subject to consultation by the parties, in accordance with the VICH Process. At Step 7 of the Process the final draft is recommended for adoption to the regulatory bodies of the European Union, Japan and USA.

1 INTRODUCTION

Submission of batch safety test data from target or laboratory animals is a requirement for batch release of veterinary vaccines in most regions participating in the VICH[1]. The VICH Steering Committee has decided to aim at harmonization of the batch safety tests across the regions in order to minimize the need to perform separate studies for regulatory authorities of different countries. However, due to the great divergence in requirements between the regions it was concluded to adopt a phased approach. As a first step *VICH GL 50 on the Harmonization of Criteria to Waive Target Animal Batch Safety Testing for Inactivated Vaccines for Veterinary Use* was developed and finally agreed upon in 2013. The second step now focuses on target animal batch safety testing (TABST) for live vaccines and harmonization of criteria on waiving it in regions where it is required. VICH is also working on a guideline on harmonization of criteria to waive the laboratory animal batch safety test for veterinary vaccines.

This guideline has been developed under the principle of VICH and will provide unified criteria for government regulatory bodies to accept waivers for TABST. The use of this VICH guideline to support a similar approach for products for local distribution only is strongly encouraged but is up to the discretion of the local regulatory authority. Furthermore, it is not always necessary to follow this guideline when there are scientifically justifiable reasons for using alternative approaches.

Global implementation of TABST waiver reduces the use of animals for routine batch release and should be encouraged.

1.1 Objective of the Guideline

The objective of this guideline is to provide internationally harmonized recommendations for criteria on data requirements to waive target animal batch safety testing of live veterinary vaccines in regions where it is required.

1.2 Background

Most batch safety tests in laboratory and/or target animals on final product can be considered as general safety tests. They apply to a broad group of veterinary vaccines and should provide some assurance that the product will be safe in the target species, i.e. it should reveal "unfavorable reactions attributable to the biological product ..." (Title 9. United States Code of Federal Regulations) or "no abnormal changes" (Minimum Requirements for Veterinary Biological Products under *the Act on Securing Quality, Efficacy and Safety of Pharmaceuticals, Medical Devices, Regenerative and Cellular Therapy Products, Gene Therapy Products, and Cosmetics* in Japan) or, as formerly required in Europe, "abnormal local or systemic reactions".

Over the last two decades, the relevance of batch safety tests has been questioned by representatives of regulatory authorities and vaccine manufacturers (Sheffield and Knight, 1986; van der Kamp, 1994; Roberts and Lucken, 1996; Zeegers et al., 1997; Pastoret et al., 1997; Cussler, 1999; Cussler et al., 2000; AGAATI, 2002; Cooper, 2008). Particularly, the introduction of Good Manufacturing Practice (GMP) and Good.

Laboratory Practice (GLP; OECD, 1998) or similar quality systems appropriate to regional requirements as well as a seed lot system into the manufacture of vaccines has greatly increased the consistency of the batches produced and hence their quality and safety. This has also influenced the attitude towards quality control from the traditional batch control for veterinary vaccines (based in major parts on *in vivo* testing) towards putting more emphasis on documentation of consistency of production which is mostly based on in vitro technologies (Lucken, 2000; Hendriksen et al., 2008; de Mattia et al., 2011).

[1] In the EU TABST is no longer required (see section 2.2.1)

Following the finalization of VICH GL50 concerning TABST for inactivated veterinary vaccines this guideline describes the criteria to waive the target animal batch safety tests for live vaccines.

2 GUIDELINE

2.1 Scope

This guideline is limited to the criteria on data requirements for waiving target animal batch safety tests (TABST) of live veterinary vaccines.

2.2 Regional Requirements

2.2.1 Target animal batch safety testing

Currently the following testing procedures (Table 1) are required for target animal batch safety testing of live veterinary vaccines covered by this guideline:

Table 1

VICH region	Requirements	Remarks
Europe:	Since April 2013, the TABST[2] is no longer required.	
USA: - 9CFR – General requirements for live bacterial vaccines (113.64)	TABST is required for vaccines in – dogs (113.40(b)) when recommended for dogs – 2 dogs, 10x dose; 14 d observation – calves (113.41) when recommended for cattle – 2 calves, 10x dose; 21 d observation – sheep (113.45) when recommended for sheep – 2 sheep, 2x dose; 21 d observation – swine (113.44) when recommended for swine – 2 pigs, 2x dose; 21 d observation – vaccines for other species are tested in the target species. The specific test parameters depend on the agent and species.	Veterinary Services Memorandum 800.116 will be updated in near future to cover the possibility to request exemptions from target animal safety testing for live vaccines.
- 9CFR – General requirements for live virus vaccines (113.300)	Safety test using the target species (10x dose) as described above for dogs, cattle, sheep, swine – cats: (113.39(b)) when recommended for cats – 2 cats, 10x dose; 14 d observation – poultry (25 animals, 10x dose; 14 or 21 d observation depending on viral agent) – vaccines for other species are tested in the target species. The specific test parameters depend on the agent and species.	Veterinary Services Memorandum 800.116 will be updated in near future to cover the possibility to request exemptions from target animal safety testing for live vaccines.

[2] Before its deletion, TABST could be waived provided that at least 10 consecutive batches from separate final bulks had been tested and product complied with the test; European Pharmacopoeia (2004) General monograph, Vaccines for Veterinary Use (0062); 4th Edition Supplement 4.6. Council of Europe, Strasbourg, France.

(Table 1)

VICH region	Requirements	Remarks
Japan: – Minimum Requirements for Veterinary Biological Products under the Act on Securing Quality, Efficacy and Safety of Pharmaceuticals, Medical Devices, Regenerative and Cellular Therapy Products, Gene Therapy Products, and Cosmetics	Safety test using the target species: – cattle: 1 or 2 calves, 1x dose, approved route, 14 d observation – swine: 2, 3, 4 or 5 pigs, 1x, 10x, 60x or 100x dose, approved route, 2 or 3 w observation – poultry: 15 or 30 poultry, 1x, 5x, 10x or 100x dose, approved route, 2, 3, 4, 5 or 7 w observation – dog: 5 dogs, 1x dose, approved route, 4- 8 w observation – cat: 5 cats, 1 x dose, approved route, 5 or 7 w observation When using target species for safety test, animal number, inoculation dose and observation period may vary depending on agent.	

2.2.2 Other relevant requirements

2.2.2.1 Quality systems

Good Manufacturing Practices (GMP) and similar quality systems have been established in VICH countries/ regions to cover the manufacture and testing of medicinal products including veterinary medicinal products. These quality systems provide assurance that products placed on the market have been manufactured in a consistent and suitable manner.

2.2.2.2 Seed lot system

The establishment of a seed lot system, subject to quality and manufacturing controls, provides further assurance of the consistent production of vaccine batches and resulting batch quality.

2.2.2.3 Pharmacovigilance

The VICH process increasingly includes pharmacovigilance (post-marketing surveillance of medicines) in the veterinary field and the harmonization of the requirements and performance. This provides for early detection of safety problems associated with the inconsistent quality of a vaccine in the field. Thus, pharmacovigilance provides extra information about the product's safety that cannot always be obtained in the TABST.

2.3 Data Requirements for Waiving of Target Animal Batch Safety Tests

2.3.1 Introduction

The TABST may be waived by the regulatory authority when a sufficient number of production batches have been produced under the control of a seed lot system and found to comply with the test, thus demonstrating consistency of the manufacturing process.

In general, it is sufficient to evaluate existing information which is available from routine batch quality control and pharmacovigilance data, without the need for any additional supplementary studies. The data which should be presented by the manufacturer to support an application to waive TABST are presented below. However, this should not be taken as an exhaustive list, and in all cases applications for waiving the TABST should be accompanied by a summary of all the data and a conclusion on the assurance of the product's safety being maintained.

In exceptional cases, significant changes to the manufacturing process may require resumption of target animal batch safety testing to re-establish consistency of the safety profile of the product. The occurrence of unexpected adverse events or other pharmacovigilance problems which could be avoided using a TABST may also lead to the resumption of the test. For products with an inherent safety risk, it may be necessary to continue to conduct the TABST on each batch.

2.3.1.1 The characteristics of the product and its manufacture

The manufacturer should demonstrate that the product is manufactured following the quality principles, i.e. the product has been manufactured in a consistent and suitable manner.

For those circumstances when *in vivo* batch tests are conducted in target animals for reasons other than the target animal safety test (e.g. potency tests) and these tests include the collection of safety information (e.g. on mortality), it is recommended that manufacturers use these tests to gain additional data of the safety of the vaccine in the target species.

2.3.1.2 Information available on the current batch safety test

The manufacturer should submit batch protocol data for a sufficient number of consecutive batches to demonstrate that safe and consistent production has been established. Without prejudice to the decision of the competent authority in light of the information available for a given vaccine, test data of 10 batches (or a minimum of 5 batches if 10 batches are not manufactured within 3 years) is likely to be sufficient for most products. The data should be obtained from consecutively tested batches from different vaccine bulks. The manufacturer should examine the variability of the local (if applicable) and systemic reactions observed in the TABST results and the nature of these reactions in relation to those observed in any developmental studies submitted in support of the registration or licensure of the product.

Generally, data from TABST of combined vaccines may be used to waive the TABST of vaccines containing fewer antigen and/or adjuvant components provided the remaining components are identical in each case and it is only the number of antigens and/or adjuvant which has decreased. For example, TABST data from a combination product can be sufficient to waive TABSTs for all the fallout products. The manufacturer should provide a summary and discussion of the findings.

The conduct of the TABST shall be in accordance with the regional requirements in operation at the time when the tests were performed. There should be a thorough examination of any batches that have failed the TABST in the time period during which the agreed number of consecutive batches have been tested. This information, along with an explanation as to the reasons for failure, should be submitted to the regulatory authorities.

2.3.1.3 Pharmacovigilance data

A pharmacovigilance system in accordance with the VICH Guidelines, where available, should have been in place over the period during which the batches for which data are submitted were on the market. Safety information from pharmacovigilance and TABST are by nature different but complement each other.

Available pharmacovigilance data to demonstrate the consistent safe performance of the vaccine in the field should be provided using recent Periodic Safety Update Reports for the relevant time period.

Where there exists a system for post-marketing re-examination of field safety data for new veterinary vaccines, such data should also be considered alongside the pharmacovigilance data.

2.3.2 Procedure for waiving the target animal batch safety test

A report should provide an overall assessment of the consistency of the product's safety and would include taking into account the number of batches manufactured, the number of years the product has been on the market, the number of doses sold and the frequency and seriousness of any adverse reactions in the target species and any investigations into the likely causes of these events.

3 GLOSSARY

Good Laboratory Practices (GLP): A standard for the design, conduct, monitoring, recording, auditing, analysis, and reporting of non-clinical studies. Adherence to the standard provides assurance that the data and reported results are complete, correct and accurate, that welfare of the study animals and the safety of the study personnel involved in the study are ensured, and that the environment and the human and animal food chains are protected (OECD, 1998).

Good Manufacturing Practices (GMP): Is part of a quality system covering the manufacture and testing of medicinal products including veterinary medicines. GMPs are guidelines that outline the aspects of production and testing that can impact the quality of a product standard assuring the quality of production processes and the production environment during the production of a medicinal product.

Production Batch: A defined quantity of starting material, packaging material or product processed in one process or series of processes so that it could be expected to be homogeneous.

Note: To complete certain stages of manufacture, it may be necessary to divide a batch into a number of sub batches, which are later brought together to form a final homogeneous batch. In the case of continuous manufacture, the batch must correspond to a defined fraction of the production, characterised by its intended homogeneity.

Seed Lot System: A seed lot system is a system according to which successive batches of a product are derived from the same master seed lot at a given passage level. For routine production, a working seed lot is prepared from the master seed lot. The final product is derived from the working seed lot and has not undergone more passages from the master seed lot than the vaccine shown in clinical studies to be satisfactory with respect to safety and efficacy. The origin and the passage history of the master seed lot and the working seed lot are recorded.

Target Animal Batch Safety Test (TABST): Safety test in target animals which is performed as a routine final product batch test for all inactivated and/or live veterinary vaccines.

Target Animal: The specific animal species, class and breed identified as the animal for which the veterinary vaccine is intended for use.

4 REFERENCES

AGAATI (2002). The Target Animal Safety Test - Is it Still Relevant? Biologicals 30, 277– 287.

Cooper J (2008). Batch safety testing of veterinary vaccines – potential welfare implications of injection volumes. ATLA 36, 685-694.

Cussler K (1999). A 4R concept for the safety testing of immunobiologicals. Dev. Biol. Standard. 101, 121-126.

Cussler K, van der Kamp MDO & Pössnecker A (2000). Evaluation of the relevance of the target animal safety test. In: Progress in the Reduction, Refinement and Replacement of Animal Experimentation, pp. 809-816. Eds: M Balls, A-M van Zeller and ME Halder. Amsterdam, The Netherlands: Elsevier Science B.V.

De Mattia F, Chapsal J, Descamps J, Halder M, Jarrett N, Kross I, Mortiaux F, Ponsar C, Redhead K, McKelvie J & Hendriksen CFM (2011). The consistency approach for quality control of vaccines - A strategy to improve quality control and implement 3Rs. Biologicals 39, 59-65.

Hendriksen CFM, Arciniega J, Bruckner L, Chevalier M, Coppens E, Descamps J, Duchêne M, Dusek D, Halder M, Kreeftenberg H, Maes A, Redhead K, Ravetkar S, Spieser JM & Swam H (2008). The consistency approach for the quality control of vaccines. Biologicals 36, 73-77.

Lucken R (2000). Eliminating vaccine testing in animals – more action, less talk. Developments in Animal and Veterinary Sciences 31, 941-944.

OECD (1998). Principles on Good Laboratory Practice and Compliance Monitoring. OECD, Paris, France. Available at: www.oecd.org.

Pastoret PP, Blancou J, Vannier P & Verschueren C (1997). Veterinary Vaccinology. Amsterdam, The Netherlands: Elsevier Science B.V.

Roberts B & Lucken RN (1996). Reducing the use of the target animal batch safety test for veterinary vaccines. In: Replacement, reduction and refinement of animal experiments in the development and control of biological products, pp. 97–102. Eds: F Brown, K Cussler & CFM Hendriksen. Basel, Switzerland: S. Karger, AG.

Sheffield FW & Knight PA (1986). Round table discussion on abnormal toxicity and safety tests. Dev. Biol. Standard. 64, 309.

Van der Kamp MDO (1994). Ways of replacing, reducing and refining the use of animals in the quality control of veterinary vaccines. Institute of Animal Science and Health, Lelystad, the Netherlands.

Zeegers JJW, de Vries WF & Remie R (1997). Reducing the use of animals by abolishment of the safety test as routine batch control test on veterinary vaccines. In: Animal Alternatives, Welfare and Ethics, pp. 1003-1005. Eds: LFM Van Zutphen & M Balls. Amsterdam, The Netherlands: Elsevier Science B.V.

TARGET ANIMAL SAFETY: EXAMINATION OF LIVE VETERINARY VACCINES IN TARGET ANIMALS FOR ABSENCE OF REVERSION TO VIRULENCE

Recommended for Adoption
at Step 7 of the VICH Process
in July 2007 by the VICH SC
for implementation in July 2008

This Guideline has been developed by the appropriate VICH Expert Working Group and is subject to consultation by the parties, in accordance with the VICH Process. At Step 7 of the Process the final draft will be recommended for adoption to the regulatory bodies of the European Union, Japan and USA.

1 INTRODUCTION

The absence of reversion to or increase in virulence test is generally an essential requirement for the registration or licensure of live vaccines in the EU, Japan and the USA. International harmonization of this test will minimize the need to perform separate studies for regulatory authorities of different countries. Appropriate international standard methods will reduce research and development costs by avoiding, whenever possible, duplication of tests. Animal welfare will benefit because fewer animals will be needed by eliminating repetition of similar tests in each region.

This guideline has been developed under the principle of VICH and will provide a unified standard for government regulatory bodies to facilitate the mutual acceptance of reversion to virulence data by the relevant authorities. The use of this VICH guideline to support registration of a product for local distribution only is strongly encouraged but is up to the discretion of the local regulatory authority. Furthermore, it is not always necessary to follow this guideline when there are scientifically justifiable reasons for using alternative approaches.

1.1 Objective

This guideline establishes agreed criteria and requirements for the conduct of studies that examine the potential for reversion to or increase in virulence of live veterinary vaccines in target animals.

1.2 Scope and General Principle

This guideline is intended to cover live vaccines. Live vaccines[1] are those that may be capable of replication in the target animal, stimulate a useful immune response, and generally cannot be completely characterized by chemical and physical tests alone. The guideline covers the following species: bovine, ovine, caprine, feline, canine, porcine, equine, poultry (chickens and turkeys). This guideline will not provide information for the design of tests in other species including aquatic animals. For other species, tests should be designed following local guidance. Guidance on laboratory tests to determine adequate attenuation of the vaccine strain is not within the scope of this guideline.

2 STUDY DESIGN

This study is carried out using the master seed. If the quantity of the master seed sufficient for testing is not available, the lowest passage seed used for production that is available in sufficient quantity should be examined. Use of another passage option must be justified. Generally, serial passages should be made in target animals through five groups of animals, unless there is justification to make more passages or the organism disappears from the test animals sooner. The time interval between inoculation of the animal and harvest for each passage must be justified based upon the characteristics of the test organism. If recovery is successful, passages should continue through five groups of animals. Appropriate methods, preferably *in vitro* propagation, should be used to confirm the presence and to determine the number of the test organisms at each passage. *In vitro* propagation may not be used to expand the passage inoculum.

Where a reasonable explanation for the sudden loss of the organism exists, e.g. experimental error, the previous passage may be repeated. When the organism is not recovered from any intermediate *in vivo* passage, a reasonable attempt should be made to repeat the test in 10 animals (90% probability of isolating the organism at 20% probability of recovery – see Appendix) using *in vivo* passaged material from the last passage in which the organism was recovered. If the target organism is recovered from one or more animals in the repeat test, the

[1] In case of vector vaccines this only covers vector vaccine seeds that replicate in the target species.

passages should continue using the material recovered in the repeat test as the inoculum for the next passage. The repeat test will be counted as a passage. If the target organism is not recovered, the experiment is considered to be completed with the conclusion that the target organism does not show an increase in or reversion to virulence.

Generally, for each target species, the most sensitive class, age, sex and serological status of animals should be used. In cases where alternative approaches are used, alternatives should be justified. Generally, a minimum of two animals is used for the first four groups and a minimum of eight animals is used for the fifth group.

Housing and husbandry should be adequate for the purpose of the study and conform to local animal welfare regulations. Animals should be appropriately acclimatized to the study conditions. Appropriate prophylactic treatment should be completed before the initiation of the study. Reduction or elimination of suffering during the study is essential. Euthanasia and necropsy of moribund animals is recommended.

The initial administration and subsequent passages shall be carried out using a recommended route of administration or natural route of infection that is the most likely to lead to reversion to or increase in virulence and result in recovery of the organism following replication in the animal. The route used must be justified.

The initial inoculum should contain the maximum release titer expected in the recommended dose or, in the cases where the maximum release titer to be licensed is not specified, then a justifiable multiple of the minimum release titer can be used. Passage inocula should be collected and prepared from the most likely source of spread of the organism, unless there is scientific justification to use another material.

General clinical observations should be made during the study. Animals in the fifth group should be observed for 21 days unless otherwise justified. These observations should include all relevant parameters typical for the disease which could indicate reversion to or increase in virulence. If signs consistent with the target disease are observed, then causality needs to be investigated. No evidence of an increase in virulence, indicative of reversion, should be seen with passage.

If the fifth group of animals shows no evidence of an increase in virulence indicative of reversion during the observation period, further testing is not required. Otherwise, materials used for the first passage and the final passage should be used in a separate experiment using at least 8 animals per group to directly compare the clinical signs and other relevant parameters. This study should be done by the route of administration that was used for previous passages. An alternative route of administration may be used if scientifically justified.

When attenuation of a test organism is known to be the result of a well characterized specific marker or genetic change, additional tests using suitable molecular biological methods for comparison of the initial seed organism and the organism recovered from the final passage should be performed, thus confirming the genetic stability of the attenuation marker in the vaccine strain.

If available data or assessment indicate a substantial risk that the test organism may revert to or increase in virulence, additional studies may be required to provide further information on the organism.

Except in exceptional and justified cases, if the completed studies show that the test organism does revert to or increase in virulence after passage in the target animal, the test organism will be deemed to be unsuitable for use as a live vaccine.

3 GLOSSARY

Class. Subset of target animal species which is characterized by factors such as reproductive status and/or use (dairy vs. beef, broiler vs. layer)

Master seed. A collection of aliquots of a micro-organism suspension for use in the preparation of the product, obtained from single culture, distributed from a single bulk into containers and processed together in a single operation in such a manner as to ensure uniformity and stability.

Maximum release titer. The expected highest number of viable organisms allowed per dose in vaccines at the time of release, verified by safety studies. In regions where a maximum release potency is not established, a justifiable multiple of the release antigen content is applied.

Minimum release titer. The expected lowest number of viable organisms required per dose in vaccines at the time of release, verified by efficacy and stability data.

Passage. Transfer of organisms through a group of inoculated animals, either from the beginning seed material or from a pervious passage in animals.

TARGET ANIMAL SAFETY FOR VETERINARY LIVE AND INACTIVATED VACCINES

Adopted at Step 7 of the VICH Process by the VICH Steering Committee
in July 2008
for implementation in July 2009

This Guideline has been developed by the appropriate VICH Expert Working Group and has been subject to consultation by the parties, in accordance with the VICH Process. At Step 7 of the Process the final draft is recommended for adoption to the regulatory bodies of the European Union, Japan and USA.

1 INTRODUCTION

Submission of target animal safety (TAS) data is a requirement for the registration or licensure of veterinary live and inactivated vaccines in the regions participating in the VICH. International harmonization will minimize the need to perform separate studies for regulatory authorities of different countries. Appropriate international standards will reduce research and development costs by avoiding, when possible, duplication of TAS studies. Animal welfare will benefit because fewer animals will be needed by eliminating repetition of similar studies in each region.

This guideline has been developed under the principle of VICH and will provide a unified standard for government regulatory bodies to facilitate the mutual acceptance of TAS data by the relevant authorities. The use of this VICH guideline to support registration of a product for local distribution only is strongly encouraged but is up to the discretion of the local regulatory authority. Furthermore, it is not always necessary to follow this guideline when there are scientifically justifiable reasons for using alternative approaches.

1.1 Objective

This guideline establishes agreed criteria and recommendations for the conduct of studies that evaluate the safety of final formulation of veterinary live and inactivated vaccines (investigational veterinary vaccines, IVVs) to be marketed for use in target animals.

1.2 Background

The VICH TAS Working Group was formed to develop an internationally harmonized guideline outlining recommendations for meeting regulatory requirements for the registration of IVVs in the regions participating in the initiative. By their nature, guidelines address most, but not all possibilities. General principles are included in this guideline to aid in the development of TAS study protocols.

It is important to emphasize that the international acceptance of data remains a fundamental principle for VICH.

1.3 Scope

This guideline is intended to cover safety studies of IVVs including genetically engineered products used in the following species: bovine, ovine, caprine, feline, canine, porcine, equine and poultry (chickens and turkeys). This document does not cover TAS studies conducted as part of post-approval batch release requirements. Products for use in minor species or minor uses may be exempted from this requirement for local registration. The guideline will not provide information for the design of TAS studies in other species including aquatic animals. For other species, TAS studies should be designed following national or regional guidance. Additional requirements may apply to genetically engineered products according to the region in which authorization is sought. Immune modulators are not considered in this guideline. During development, animal safety shall be evaluated in the target animal. The purpose of the evaluation is to determine the safety of the dose of the vaccine proposed for registration. The guideline is therefore limited to the health and welfare of the target animals. It does not include evaluation of food safety or environmental safety including impact on human health.

The guideline is a contribution towards international harmonization and standardization of methods used for evaluation of target animal safety of IVVs. The guideline is provided to aid sponsors in preparing protocols for TAS studies conducted under laboratory conditions and in related field studies (which use a larger number of animals). All studies may not be needed. Additional studies not specified in this document and necessary to investigate specific safety concerns of the vaccine in the target animal may be necessary for certain IVVs. Therefore, specific additional information not specified in this document may be determined by communication between the sponsor and the regulatory authority.

Reversion to virulence is dealt with in a separate VICH guideline (GL 41).

1.4 General Principles

The specific information required to demonstrate target animal safety of an IVV depends upon factors such as proposed usage regimen and dose, type of IVV, nature of adjuvants, excipients, claims, previous use history of similar product, species, class, and breed.

Generally, the data from safety tests on combined vaccines may be used to demonstrate the safety of vaccines containing fewer antigen and/or adjuvant components provided the remaining components are identical in each case and it is only the number of antigens and/or adjuvant which has decreased. In some regions, this approach may not apply to field safety studies. In this case, each combination of antigens/adjuvant in the final formulation intended to be registered has to be tested.

Adverse events must be described and included in the final report and determination of causality for the adverse event attempted.

1.4.1 Standards

TAS studies done under laboratory conditions should be performed and managed in accordance with the principles of Good Laboratory Practices (GLP), for example the Organization for Economic Co-operation and Development (OECD), and field safety studies should be conducted in conformity with the principles of VICH Good Clinical Practices (GCP).

1.4.2 Animals

The animals should be appropriate for the purpose of the test with regard to species, age and class for which the IVV will be used. Treated and control animals (when used) are managed similarly. The environmental conditions of the groups should be as similar as possible. Housing and husbandry should be adequate for the purpose of the study and conform to local animal welfare regulations. Animals should be appropriately acclimatized to the study conditions. Appropriate prophylactic treatment should be completed before initiation of the study. Reduction or elimination of suffering during the study is essential. Euthanasia and necropsy of moribund animals is recommended.

1.4.3 IVV and Route of Administration

The IVV and the routes and methods of administration should be appropriate for each type of study as described later in this document.

1.4.4 Study Design

Where studies performed by a sponsor differ from those specified in this document, the sponsor may conduct a literature search and combine these findings with the results of any preliminary experiments to justify any alternative TAS study designs. Essential parameters to be evaluated for the safety of a vaccine are local and systemic reactions to vaccination, including application site reactions and their resolution and clinical observation of the animals. The reproductive effects of the vaccine shall be evaluated where applicable.

Special tests may be required, such as hematology, blood chemistry, necropsy or histological examination. Where these tests are conducted in a subset of animals, these animals should be randomly selected with adequate sampling rate before study initiation to avoid bias, unless otherwise justified. In case of unexpected reactions or results, samples should be selected appropriately in order to identify the cause of the problem observed, if possible.

Whenever possible, the personnel collecting data in the studies should be masked (blinded) to treatment identification to minimize bias. Pathologists are not required to be masked to the type of IVV and the possible clinical effects but should be masked to the treatment groups. Histopathology data should be evaluated by recognized procedures (e.g., Crissman et al., Toxicologic Pathology, 32 (1), 126-131, 2004).

1.4.5 Statistical Analysis

In laboratory studies the safety implications are best addressed by applying descriptive statistical methods to the data. Tables and descriptive text are common methods of data summarization; however, it may also be valuable to make use of graphical presentations in which patterns of adverse events are displayed both within treatments and within individual animals. In field studies, if applicable, selection of the general form for a statistical model and the factors to be included in the model will depend on the nature of the response variable being analyzed and the study design. Regardless of the methods chosen, the process and steps used to conduct any statistical evaluations should be described. The outcomes of the data analysis should be clearly presented to facilitate evaluation of potential safety concerns. The terminology and methods of presentation should be chosen to clarify the results and expedite interpretation.

Although there may be interest in the null hypothesis of no difference between treatments, study design constraints limit the statistical power and discriminatory ability of these studies. Under these conditions, statistical analysis alone may not detect potential adverse effects and thus provide assurance of safety. A statistically significant test does not necessarily indicate the presence of a safety concern. Similarly, a non-significant test does not necessarily indicate the absence of a safety concern. Results should therefore be evaluated based on statistical principles but interpretation should be subject to veterinary medical considerations.

2 GUIDELINES

Target animal safety for IVV is determined using laboratory and field studies. For both live and inactivated vaccines, any data collected which could be related to the safety of IVV should be reported from studies conducted during development phase of the IVV. These data may be utilized to support TAS laboratory study design and to identify critical parameters to be examined.

Laboratory safety studies are designed to be the first step in evaluating target animal safety and provide basic information before initiating the field studies. The design of laboratory safety studies will vary with the type of product and intended use of the product being tested.

2.1 Laboratory Safety Tests

2.1.1 Overdose Test for Live Vaccines

For live vaccines shown to retain residual pathogenicity by induction of disease specific signs or lesions, overdose testing of the live vaccine component should be conducted as part of the risk analyses for the acceptability of the micro-organism as vaccine strain. The study should be conducted using either a pilot or production batch. A 10X dose based on the maximum release titer for which the application is submitted shall be administered. In the case where the maximum release titer to be licensed is not specified, the study should be conducted with a justifiable multiple of the minimum release titer, taking into account the need to ensure an appropriate safety margin. Exceptions need to be scientifically justified. Generally 8 animals per group should be used unless otherwise justified. If adjuvant or other components are contained in a diluent for the live vaccine, the amount and concentration in a dose administered should be as proposed and justified in the draft registration dossier. If a 10X titer of antigen cannot be dissolved in 1X dose volume, then a double dose or other minimum volume of diluent sufficient to achieve dissolution should be used. The inoculum may be administered using multiple injection sites if justified by the required dose volume or the target species.

In general other vaccines do not require overdose testing.

Generally, for each target species, the most sensitive class, age and sex proposed on the label should be used. Seronegative animals should be used. In cases where seronegative animals are not reasonably available, alternatives should be justified. If multiple routes and methods of administration are specified for the product concerned, administration by all routes is recommended. If one route of administration has been shown to cause the most severe effects, this single route may be selected as the only one for use in the study.

Where applicable, the titer or potency of the batches used for safety testing, particularly the overdose studies, will form the basis for establishing the maximum release titer or potency for batch release.

2.1.2 One Dose and Repeat Dose Test

For vaccines that require a single life time dose or primary vaccination series only, the primary vaccination regimen should be used. For vaccines that require a single dose or primary vaccination series followed by booster vaccination, the primary vaccination regimen plus an additional dose should be used. For convenience, the recommended intervals between administrations may be shortened to an interval of at least 14 days.

Evaluation of the one/repeat dose testing should be conducted using either a pilot or production batch of IVV containing the maximum release potency or, in the case where maximum release potency to be licensed is not specified, then a justified multiple of the minimum release potency should be used.

Generally, 8 animals per group should be used unless otherwise justified. Generally, for each target species, the most sensitive class, age and sex proposed on the label should be used.

Seronegative animals should be used for live vaccines. In cases where seronegative animals are not reasonably available, alternatives should be justified.

If multiple routes and methods of administration are specified for the product concerned, administration by all routes is recommended. If one route of administration has been shown to cause the most severe effects, this single route may be selected as the only one for use in the study.

2.1.3 Data Collection

General clinical observations appropriate for the type of IVV and animal species should be made every day for 14 days after each administration. In addition, other relevant criteria such as rectal temperature (for mammals) or performance measurement are recorded within this observation period with appropriate frequency. All observations should be recorded for the entire period. Injection sites should be examined daily or at other justified intervals by inspection and palpation for a minimum of 14 days after each administration of the IVV. When injection site adverse reactions are present at the end of the 14 days observation, the observation period should be extended until clinically acceptable resolution of the lesion has occurred or, if appropriate, until the animal is euthanized and histopathological examination is performed.

2.2 Reproductive Safety Test

Examinations of reproductive performance of breeding animals must be considered when data suggest that the starting material from which the product is derived may be a risk factor. The laboratory studies in concert with the field safety studies (detailed in 2.3) are required to support use in breeding animals. If the reproductive safety studies are not performed, an exclusion statement must be included on the label, unless a scientific justification for absence of risk for use of the IVV in the breeding animal is provided. The design and extent of the laboratory and field safety studies will be based upon the type of organism(s) involved, the type of vaccine, timing and route of delivery, and the animal species involved.

For examination of reproductive safety, animals appropriate for the purpose of the study will be vaccinated with at least the recommended dose according to the vaccination scheme indicated. If multiple routes and methods of administration are specified for the product concerned, administration by all routes is recommended. If one route of administration has been shown to cause the most severe effects, this single route may be selected as the only one for use in the study. Generally, 8 animals per group should be used unless otherwise justified using either a pilot or production batch. The animals should be observed for a period appropriate to determine reproductive safety, including daily safety observations specified in 2.1.3. Exceptions should be justified. A control group should be included.

Vaccines recommended for use in pregnant animals must be tested as described above in each of the specific periods of gestation recommended for use on the label. An exclusion statement will be required for those gestation periods not tested. The observation period must be extended to parturition, to examine any harmful effects during gestation or on progeny. Exceptions should be justified.

When scientifically warranted, additional studies may be required to determine the effect(s) of IVV on semen, including shedding of the live organism in semen. The observation period should be appropriate for the purpose of the study.

For IVVs recommended for use in future layers or laying hens, study design should include evaluation of parameters that are appropriate for the class of hens vaccinated.

2.3 Field Safety Test

Where disease and husbandry are similar between regions participating in the VICH, international data may be used for field studies, as long as a minimum proportion of the data, acceptable to the regional authorities, is generated within the region where approval is being sought. It is the responsibility of the sponsor to ensure that field studies should be conducted under animal husbandry conditions representative of those regions in which authorization is sought. Local authorizations must be obtained prior to conduct of the study. Consultation with regional regulatory authorities regarding study design prior to conduct of the studies is recommended.

If a label indicates use in breeding animals, appropriate field safety studies need to be performed to show the safety of the IVV under field conditions.

2.3.1 Animals

The animals should be in the age range/class intended for treatment as indicated in the proposed labeling. Serological status may be considered. Whenever possible either a negative or positive control group is included.

Treated and control animals are managed similarly. Housing and husbandry should be adequate for the purpose of the study and conform to local animal welfare regulations.

2.3.2 Study Sites and Treatment

Two or more different geographical sites are recommended. The recommended dosage(s) and route(s) for vaccination should be used. The studies should be conducted using representative batch(es) of the IVV. Some regions may require that the field safety study be performed using more than one batch of product.

2.3.3 Data Collection

Observations should be made over a period of time appropriate for the IVV and adverse events should be documented and included in the final report. Reasonable attempts should be made to determine causality for the adverse event.

3 GLOSSARY

Adverse Effect: Adverse event suspected to be related to an IVV.

Adverse Event: Any observation that is unfavorable and unintended and occurs after the use of an IVV, whether or not considered to be product related.

Class: Subset of target animal species which is characterized by factors such as reproductive status and/or use (dairy vs. beef, broiler vs. layer).

Dosage: The amount of the IVV dose including volume or potency of the vaccine given (ml), frequency and duration of administration.

Field Safety Study: Clinical study conducted using the IVV under actual marketing conditions and following labeling indications to assess efficacy and/or safety.

Good Clinical Practices (GCP): A standard for the design, conduct, monitoring, recording, auditing, analysis, and reporting of clinical studies. Adherence to the standard provides assurance that the data and reported results are complete, correct and accurate, that welfare of the study animals and the safety of the study personnel involved in the study are ensured, and that the environment and the human and animal food chains are protected.

Good Laboratory Practices (GLP): A standard for the design, conduct, monitoring, recording, auditing, analysis, and reporting of non-clinical studies. Adherence to the standard provides assurance that the data and reported results are complete, correct and accurate, that welfare of the study animals and the safety of the study personnel involved in the study are ensured, and that the environment and the human and animal food chains are protected.

Investigational Veterinary Vaccine (IVV): Any live or killed vaccines being evaluated in a clinical or non-clinical study, to investigate any protective, therapeutic, diagnostic, or physiological effect when administered or applied to an animal.

Masking/Blinding: A procedure to reduce potential study bias in which designated study personnel are kept uninformed of the treatment assignment(s).

Maximum Release Potency: The expected maximum antigen content allowed at the time of release expressed in units appropriate for the IVV.

Maximum Release Titer: The expected highest number of viable organisms allowed per dose in a vaccine at the time of release, verified by safety studies.

Minimum Release Potency: The expected minimum antigen content allowed at the time of release expressed in units appropriate for the IVV.

Minimum Release Titer: The expected lowest number of viable organisms required per dose in a vaccine at the time of release, verified by efficacy and stability studies.

Negative Control: Healthy animals that are untreated or which receive a vehicle, placebo or sham treatment.

Pilot Batch: A batch of an IVV manufactured by a procedure fully representative of and simulating that to be applied at commercial scale. The methods of cell expansion, harvest, and product purification should be identical except for the scale of production.

Positive Control: Healthy animals that are given a similar vaccine, which is normally registered in the country in which the study is conducted. This product is chosen by the company (the sponsor), and it is indicated for the disease and the target species claimed for the tested IVV.

Production Batch: A batch of an IVV manufactured in the intended production facility by the method described in the application.

Protocol: A document that fully describes the objective(s), design, methodology, statistical considerations and organization of a study. The document is signed and dated by the investigator for clinical studies (or study director for GLP studies) and the sponsor. The protocol may also give the background and rationale for the study but these could be provided in other study protocol-referenced documents. The term includes all protocol amendments.

Residual pathogenicity: The potential of viruses or bacteria which have been attenuated for specific target animal species and for specific routes of administration to induce clinical signs or lesions of disease or persistence/latency of the micro-organism in the body of vaccinated animals.